HANDBUCH PORSCHE 911 TYP 997

Alle Varianten von 2004 bis 2012

Impressum

HEEL Verlag GmbH
Gut Pottscheidt
53639 Königswinter
Tel.: 02223 9230-0
Fax: 02223 923026
info@heel-verlag.de
www.heel-verlag.de
Deutsche Ausgabe:

2. Auflage 2024

Englische Originalausgabe:
Veloce Publishing Ltd.
Veloce House, Parkway Farm Business Park
Middle Farm Way, Poundbury
Dorchester DT1 3AR
England

Englischer Originaltitel:
Porsche 997 – The Essential Companion

Deutsche Übersetzung: Manfred Kolb
Lektorat: Thomas Albrecht
Titelbild: Andreas Beyer
Satz: F5 Mediengestaltung Ralf Kolmsee, Bonn

Printed in Slovakia

ISBN 978-3-95843-595-7

Zur Vermeidung rechtlicher Probleme jetzt schon dieser Warnhinweis:

Dieses Buch soll Hilfe zur Selbsthilfe sein. Die hierin veröffentlichten technischen Ratschläge entsprechen nicht immer den üblichen Handwerksregeln.
Für etliche technische Ratschläge in diesem Buch wird handwerkliches Grundwissen vorausgesetzt, ohne das man die entsprechenden Arbeiten nicht angehen soll.
Im Zweifelsfall sollte man vor Durchführung von technischen Arbeiten immer einen geschulten Spezialisten zu Rate ziehen und die Arbeiten nicht selbst durchführen.
Etliche Ratschläge können bei fehlerhafter Ausführung unter bestimmten Umständen zu erheblichen Folgeschäden führen. Autoren und Verlag lehnen daher ausdrücklich jede Haftung für die veröffentlichten Arbeitsanweisungen und daraus gefolgerte Schlüsse ab. Für alle anhand dieses Buches ausgeführten Arbeiten übernimmt der durchführende Schrauber, Bastler oder Mechaniker das alleinige und uneingeschränkte Risiko. Ebenso ist die Haftung der Autoren und des Verlags für Druckfehler, Schreibfehler und sachliche Fehler jeder Art ausdrücklich ausgeschlossen.
Bei dem vorliegenden Handbuch handelt es sich um eine Übersetzung aus dem Englischen. Deshalb verwendet der Autor zur Veranschaulichung der durchzuführenden Arbeiten gelegentlich auch rechtsgelenkte Fahrzeuge.
Wichtig: Bitte beachten Sie, dass es bei linksgelenkten Ausführungen zu dementsprechenden Abweichungen bei Befestigungspunkten und Bauteilausführungen kommen kann. Generell ist die Abfolge der Arbeitsschritte aber identisch.

Adrian Streather

HANDBUCH PORSCHE 911 TYP 997

Alle Varianten von 2004 bis 2012

HEEL

Inhalt

Warnungen

Hinweis: Dieses Buch kann die aktuellen Werksveröffentlichungen der Porsche AG nicht ersetzen. Nicht jedes bei der Arbeit am 997 zu beachtende Detail kann hier beschrieben werden. Ebensowenig kann vor jedem Risiko gewarnt werden, das der Umgang mit Technik und Werkzeugen birgt.

Regelmäßig aktualisiert Porsche sowohl seine Wartungs- und Reparaturhinweise als auch die Ersatzteillisten. In diesem Buch beschriebene Arbeiten und Daten können daher inzwischen veraltet sein. Halten Sie sich also bei Ihrem Porsche-Händler auf dem Laufenden oder abonnieren Sie einen Aktualisierungsdienst, um immer auf dem neuesten Stand zu sein.

Somit können weder der Autor noch der Verlag ausdrücklich oder stillschweigend eine Haftung dafür übernehmen, dass dieses Buch vollständig und fehlerfrei ist. Die Haftung für die Eignung für bestimmte Zwecke ist daher ausgeschlossen, selbst wenn sie dem Autor oder dem Verlag dafür empfohlen wurden oder wenn in diesem Buch ein bestimmter Verwendungszweck angegeben ist. Autor und Verlag schließen außerdem die Haftung aus für unmittelbare, mittelbare sowie für zufällige und Folgeschäden aus der Verwendung von Beispielen, Anweisungen oder anderen Informationen aus diesem Buch. Die sonstige Haftung, gesetzlich oder vertraglich, ist auf den Kaufpreis dieses Buches begrenzt.

Zu Ihrer Sicherheit

Ersetzen Sie Befestigungselemente, die durch Gebrauch verschlissen oder verformt sind. Viele Befestigungselemente sind nur für einmalige Verwendung ausgelegt und können Schaden verursachen, wenn sie abermals verwendet werden. Dies schließt Schrauben, Bolzen, Muttern, Unterlegscheiben, selbstsichernde Muttern und Schrauben, Sicherungsringe und Splinte ein. Ersetzen Sie diese stets durch neue.

Arbeiten Sie unter einem aufgebockten Fahrzeug erst, wenn es sicher auf dafür bestimmten Böcken abgestützt ist, nicht wenn es nur auf einem Wagenheber steht. Arbeiten Sie niemals bei laufendem Motor unter dem Fahrzeug.

Beachten Sie immer die Sicherheitsvorschriften. Die richtige Sicherheitsausrüstung ist unverzichtbar, sobald Sie mit gefährlichen Stoffen umgehen. Vor der Arbeit mit Chemikalien lesen Sie bitte erst die Sicherheitshinweise des Herstellers.

Klemmen Sie das Massekabel von der Batterie (Minuspol) ab, wann immer Sie an Kraftstoffanlage oder Elektrik arbeiten.

Halten Sie einen geprüften Feuerlöscher in greifbarer Nähe bereit.

Lassen Sie niemals den Motor in Werkstatt oder Garage laufen, solange nicht für ausreichende Belüftung gesorgt ist.

Batterien geben explosives Wasserstoffgas ab. Halten Sie deshalb Zündquellen von der Batterie fern.

Achten Sie auf gute Beleuchtung des Arbeitsplatzes. Benutzen Sie Sicherheits-Handleuchten, wenn Sie in oder unter dem Fahrzeug arbeiten.

Bei der Entsorgung von Flüssigkeiten aus dem Fahrzeug sind die Vorschriften zu beachten. Sammeln Sie Öl, Kraftstoff oder Bremsflüssigkeit in geeigneten Behältern.

Die Klimaanlage ist mit dem Kältemittel R134a befüllt. Das Mittel ist in hohem Maße umweltschädlich und darf nicht ins Freie gelangen. Die Klimaanlage darf daher nur mit spezieller geprüfter Ausrüstung zum Auffangen und Recycling des Kältemittels gewartet werden.

Die Hochspannung an Zündspule, Verteiler oder Zündkerzen des laufenden Motors ist lebensgefährlich. Arbeiten Sie daran nicht bei laufendem Motor.

Vor jedweder Schweißarbeit sollten Sie die Batterie ausbauen oder zumindest den Minuspol abklemmen.

Schweißen Sie nie in der Nähe von Kraftstoff oder in der Nähe von Kraftstofftank, Expansionsbehälter, Kraftstoffpumpe, Kraftstoffleitungen oder Kraftstoffablasshähnen.

Stellen Sie sicher, dass alle offenen Kraftstoffsysteme entleert und von Kraftstoffdunst befreit sind, bevor Sie daran schweißen.

Klemmen Sie die Batterie nicht bei laufendem Motor ab, weil dadurch der Schutz vor kurzzeitigen Spannungsspitzen durch die Batterie verloren geht.

Vorsicht:
Die in diesem Buch angegebenen Teilenummern dienen lediglich der Identifizierung und nicht zur Bestellung. Lassen Sie sich die Bestellnummern von Ihrem Porsche-Händler geben und die Verfügbarkeit der Teile bestätigen, bevor Sie Ihre Arbeit beginnen.

Bevor Sie mit dem Selbermachen beginnen, klären Sie, dass alle erforderlichen Werkzeuge und Ersatzteile verfügbar sind. Lesen Sie die Gebrauchsanweisungen gründlich. Benutzen Sie stets nur das für den jeweiligen Arbeitsgang geeignete Werkzeug.

Druckluft- und Elektroschrauber eignen sich zum Lösen von gewöhnlichen Schrauben und Muttern. Verwenden Sie sie zum Anziehen nur, wenn sie eine Kupplung haben. Sie sind ungeeignet zum Festziehen, wenn ein bestimmtes Anzugsdrehmoment gefordert wird.

Entfernen Sie alle elektronischen Steuereinrichtungen, bevor Sie den 997 Temperaturen von mehr als 80°C aussetzen (z.B. Trockner nach dem Lackieren oder Heizlampe).

Stellen Sie vor Abklemmen der Batterie sicher, dass Ihnen der Code für die Aktivierung des Radios bekannt ist. Ansonsten könnten Sie gezwungen sein, sich wegen der Wiederaktivierung zum Händler bemühen zu müssen.

Lassen Sie den Motor nicht laufen, wenn Kerzenstecker von den Zündkerzen getrennt sind. Schäden an der Katalysatoranlage können die Folge sein.

Manche Alarmanlagen aus dem Zubehörhandel, einschließlich der Nachrüstanlagen von Porsche haben einen speziellen Notfallschlüssel. Den sollten Sie parat haben, wenn Sie Arbeiten am 997 vornehmen, mit denen die Alarmanlage gestört werden könnte. Manchmal ist er nötig, um die Wegfahrsperre abzuschalten.

Vorwort

Der 997 löste 2004 die 911-Baureihe 996 ab. Ich war der Glückliche, dem man für dieses neue Modell die Entwicklungsleitung für das Außendesign übertragen hatte.

Als ich seinerzeit für den ersten Boxster verantwortlich war, erlebte ich hautnah während der Entwicklung des 986 und des 996 – die unter enormem Zeitdruck bei begrenzten Budgets stand – die schwerste Krise von Porsche. Der Erfolg dieser beiden Modelle beendete die Flaute bei Porsche, und wir konnten uns wieder intensiv mit der nächsten Generation unserer Sportwagen beschäftigen.

Grant Larson, der verantwortliche Designer für das Exterieur des 997, bei der Arbeit. *(Bild: Porsche AG)*

Die Vorgabe beim 997 war, wieder die ureigenen Werte aufzugreifen, die ein 911 in unseren Augen haben sollte: klare und straffe Konturen; puristisch, funktional und emotional; dabei modern und zeitlos. Dabei war unser Hauptanliegen, die Qualität und Präzision des Designs auf ein neues Niveau anzuheben und dadurch den 911 vom Boxster stärker abzugrenzen. Drei Schlüsselwörter beschrieben das wesentliche Design-Ziel: ‚Klarheit, Spannung und Präzision'. Die Scheinwerfer, wie auch viele andere Teile, sollten nicht länger mit denen des Boxsters identisch sein, und wir kehrten zu den runden Leuchten zurück, die seit jeher für den 911 charakteristisch waren. Sie erhielten wieder ihre klassische runde Form, verfügten aber über Halogen- bzw. Bi-Xenon-Technologie. Darüber hinaus legten wir großen Wert auf präzise Werkzeuge bei der Produktion, um nicht nur gut aussehende, sondern auch gut passende Bauteile zu erhalten. Dieses Gefühl höchster Präzision wurde auch auf das Interieur übertragen, das die technischen Aspekte des 997 betonte, aber gleichzeitig den Stil seiner Vorgänger respektierte.

Natürlich erforderte der neue klassische Auftritt auch angemessene Fahreigenschaften. Die Spitzenleistung des Basismodells stieg von 320 PS auf 345 PS, dazu waren jetzt serienmäßig 18"-Räder montiert. Als Sonderausstattung waren 19"-Räder erhältlich, um die breiteren Radhäuser voll auszufüllen. Mehr Einsatz von Aluminium half darüber hinaus Gewicht einzusparen. Parallel zum Basis-Carrera wurde ein ‚S'-Modell angeboten, das einen 3,8-Liter-Motor mit zusätzlichen 35 PS hatte.

Obwohl das Chassis samt Fahrgastzelle in seinen Grundzügen vom 996 übernommen wurde, wendeten wir all unsere Designer-Tricks an, um den 997 davon abzugrenzen. So entstand ein neues Modell, mit dem der Porsche 911 ein weiteres erfolgreiches Kapitel in seiner scheinbar nicht enden wollenden Modellgeschichte aufschlagen sollte. Im Hinblick auf den Ur-911 von F. A. Porsche war es mein größtes Anliegen, den Kultstatus dieses Autos weiter zu festigen und das besondere Gefühl zu betonen, das einen Porsche 911 ausmacht.

Grant Larson

Danksagungen

Ohne enthusiastische Mitstreiter kommt ein Buch wie dieses nicht zustande.

Beitragende 997-Besitzer:

John Balson (AUS)
Cesare Beretta (CH)
Geoff Crowe (AUS)
Susan Davies (AUS)
Gael Filippini (AUS)
Peter Fitzgerald (AUS)
Paul Guggenbuehl (USA)
Paul Heaft (AUS)
Ronn Hosmer (USA)
Chris Kolstad (USA)
Jim Kouts (AUS)
Jinny Lee (USA)
Peter Mayer (AUS)
Bob Miller (USA)
Jim Pierson (AUS)
Christophe Poos (B)
Joe Ramos (USA)
Paul Simmons (USA)
Wayne Smith (USA)
Chip Witt (USA)
David Yusem (USA)

Allgemeine Beiträge leisteten:

Autofarm (1973) Ltd (GB)
Jürgen Barth (D)
BELCAR Group (AUS)
Loren Bellocchio (USA)
Holger Brandt, Director After Sales Porsche Japan KK (J)
Alexandra Bromley (AUS)
Buik Motorworks (AUS)
Callas Rennsport (USA)
Tony Callas (USA)
Steven Cole (USA)
Sue Corbett (AUS)
Dr. Ing. h.c. F. Porsche AG, Herr Grant Larson (D)

Danke!

(Bild: Adrian Streather)

Dr. Ing. h.c. F. Porsche AG, Historisches Archiv für 997-Bilder, Herr Jens Torner (D)
Dr. Ing. h.c. F. Porsche AG, Historisches Archiv für 997-Dokumentation, Herr Dieter Gross (D)
Dr. Ing. h.c. F. Porsche AG, Herr Walter Bohn-Dumele (D)
Dr. Ing. h.c. F. Porsche AG, Herr Tony Hatter (D)
Kurt Fischer (USA)
Marcus Groos (D)
Claudia Mueller (D)
Antoine Pex (NL)
Duram Plummer (USA)
Tom Prine (USA)
Porsche Club South Australia (AUS)
Porsche Centre Willoughby (AUS)
Rennlist.net
Renntech.org
RUF Automobile GmbH (D)
Alois Ruf (D)
Dede Seward (USA)
Ben Staneland (USA)
Gail Streather (AUS)
Larry Turner (USA)
VICI Racing (USA)
Peter & Wolf Car Co (USA)

Fotograf:

Curtis Reeder (AUS)

Grafik

Alle Fotos von Dritten wurden mir mit schriftlicher Erlaubnis zur Veröffentlichung in diesem Buch zur Verfügung gestellt.

Die Fotos, Technischen Zeichnungen und Daten, die durch das historische Archiv und die Abteilung Vertrieb/Aftersales/Technik (VAT) der Porsche AG zur Verfügung gestellt wurden, sind ausschließlich für dieses Werk bestimmt und dürfen nur mit Genehmigung der Porsche AG kopiert werden.

Hinweis:
Dieses Buch ist das Werk von Enthusiasten. Einige der gezeigten Fotos mögen nicht den höchsten Standards entsprechen. Dennoch wurden sie wegen der Seltenheit oder hohen Bedeutung für das Thema mit aufgenommen. Ein Bild sagt oft mehr als tausend Worte.

Kapitel 1: Perfekt übergeben

Schönheitsoperation

Letzte Arbeiten ...

(Bild: Porsche AG)

Röntgenzeichnungen vom 997

(Bild: Porsche AG)

Der erste 997 für einen Endkunden verließ 2004 das Montageband. *(Bild: Adrian Streather)*

Der 1978 eingesetzte Porsche 935/78 mit dem Spitznamen Moby Dick hatte einen 3,2-Liter-Turbomotor mit partieller Wasserkühlung und war damit der erste Porsche-Rennwagen mit dieser Technologie.

(Bild: Porsche AG)

Er hatte es nicht leicht: Der viel geschmähte 996 wurde nach neun Produktionsjahren vom 997 abgelöst. *(Bild: Adrian Streather)*

Einführung

So schnell vergeht die Zeit: Zum Zeitpunkt der Veröffentlichung dieses Buches im Jahr 2016 war es bereits gut 20 Jahre her, dass der erste wassergekühlte 911 Carrera vom Typ 996 die Produktionshallen verließ – er wurde nach Brasilien ausgeliefert. 1998 entstand der letzte luftgekühlte Porsche-Motor und ebenfalls 1998 gewann das Porsche Werksteam mit dem wassergekühlten GT1/98 auf Anhieb das 24-Stunden-Rennen von Le Mans.

Die Produktion des 997, von dem dieses Buch handelt, begann 2004.

Allerdings sollte bei dieser Gelegenheit daran erinnert werden, dass die von Ferry Porsche in den 40er Jahren gegründete Porsche KG herzlich wenig Probleme damit hatte, ob die von ihr entwickelten Fahrzeuge einen luft- oder wassergekühlten Motor vorne oder hinten hatten. Porsche-Entwicklungen entstanden nach den Anforderungen die der Kunde stellte, und folgten nicht irgendwelchen Tendenzen oder vorgefassten Meinungen.

Den ersten Wagen mit einem wassergekühlten Motor, den Typ 542, entwickelte Porsche in den frühen 50er Jahren im Auftrag des US-amerikanischen Herstellers Studebaker. Dabei handelte es sich um eine viertürige Limousine mit einem V6-Frontmotor. Zwei Exemplare dieses Fahrzeugs wurden zur Begutachtung nach Amerika verschifft und in der Firmenzentrale sehr positiv bewertet. Allerdings geriet Studebaker in finanzielle Schwierigkeiten und das Projekt wurde gestoppt, denn man war der Meinung, dass ein „Kompaktwagen" für den damaligen amerikanischen Markt keine gute Idee sei.

Die Porsche-Entwickler setzten ihre Experimente mit wassergekühlten Motoren für die hauseigenen Rennwagen fort, während beim Serien-911 im Heck weiterhin der bewährte und charakteristische luftgekühlte 6-Zylinder-Boxer zum Einsatz kam. Aber die Dinge sollten sich ändern.

Strengere Abgas- und Geräuschvorschriften führten schließlich dazu, dass Porsche Mitte der 90er Jahre den 996, einen 911 mit wassergekühltem Motor vorstellte. Das führte zwar bei den 911-Puristen zu einer Glaubenskrise, war aber ein unvermeidlicher Schritt, der getan werden musste. Leider stand der 996 ziemlich in der Kritik, doch dann erschien 2004 die 1. Generation des Porsche 997 auf dem Markt. Ein völlig neuer 911 – oder was war er genau ...?

Hinweis:

Zum Zeitpunkt der Drucklegung war die Dr. Ing. h.c. F. Porsche AG ein Unternehmen des VW-Konzerns, nachdem Anfang des Jahrtausends der Versuch von Porsche VW zu übernehmen gescheitert war.

Hans Mezger und sein Team entwickelten diesen Motor, der 1978 in den Rennwagen „Moby Dick" eingebaut war: Der 3,2-l-Motor vom Typ 930/78 hatte zwei Turbolader und eine partielle Wasserkühlung – nur die Zylinderköpfe waren vom Kühlmittel durchströmt. (Bild: Porsche AG)

Der legendäre 3,2-l-Rennmotor mit Doppelturboaufladung, mit dem der Porsche GT1 1998 in Le Mans den Sieg errang. Ironischerweise hatte der GT1 die Fahrgestellnummer eines (luftgekühlten) 993-Serienautos. (Bild: Porsche AG)

Bei der ersten 997-Generation von 2004 kam in der 3,6-l-Version der wassergekühlte Motor M96.05 zum Einsatz. (Bild: Porsche AG)

Porsches Definition eines wassergekühlten Motors

„Zu einem richtigen 911 gehört ein luftgekühlter Boxer-Motor im Heck ..." Dieses Thema sorgt unter den Fans auch zwei Jahrzehnte nach der Einstellung der 993-Produktion im Jahr 1998 noch für hitzige Diskussionen. Für Porsche selbst stellte sich die Sache völlig anders dar. Das Unternehmen musste aus vielerlei Gründen der Wasserkühlung den Vorzug geben, während über das Heckmotorkonzept nicht ernsthaft diskutiert wurde. Aber was muss man sich eigentlich unter einer Wasserkühlung vorstellen?

Karl Ludvigsen, der vielfach ausgezeichnete Journalist und Porsche-Kenner, erklärt in seinem Werk „Perfektion ist selbstverständlich", was Porsche unter einer Wasserkühlung versteht. So ist ein Porsche-Motor wassergekühlt, wenn sowohl der Zylinderkopf als auch der Zylinder direkt durch ein Kühlmittel und nicht mittels Öl oder Luft gekühlt werden.

Da in der Automobilbranche jeder Stillstand ein Rückschritt ist, erfuhr auch der wassergekühlte Saugmotor von Porsche eine kontinuierliche Weiterentwicklung. Die 997 der 1. Generation hatten noch den von der 996-Baureihe her bekannten Motor in Open-Deck-Bauweise und separatem Hauptlagergehäuse. Allerdings gab es hier einen kleinen Unterschied: Die Basis-Carreras waren mit dem 3,6-Liter-Motor M96.05 ausgerüstet, während die Carrera S-Modelle die 3,8-Liter-Version M97.01 erhielten.

Der wesentliche Unterschied zwischen den Motoren war eine 3 mm größere Bohrung beim 3,8-Liter-Motor.

Mit der zweiten 997-Generation wurden auch neue wassergekühlte Saugmotoren mit Direkteinspritzung (DFI) eingeführt. Ihr Kurbelgehäuse bestand nur noch aus zwei Teilen und war in der Closed-Deck-Bauweise ausgeführt. Ihre Typenbezeichnung lautete nun MA1.01 und MA1.02.

Einen regelrechten Quantensprung im Vergleich zu den Vorgängern stellten die Turbomotoren der zweiten 997-Generation dar. Sie hatten die Bezeichnung MA1.70 und MA1.70S und verfügten auch über die variable Turboladergeometrie (VTG) ihrer Vorgänger. Dagegen waren die Turbo-Motoren der ersten 997-Generation noch relativ konventionell ausgeführt und hatten noch einen separaten Öltank (allerdings keinen Ölmessstab mehr).

Der überragende wassergekühlte GT3-Motor baute auch im Wesentlichen auf erprobter Technik auf. Alle GT3-Modelle beider Generationen hatten ebenfalls Trockensumpfschmierung – sie erfüllte sehr gut die Anforderungen der Einsatzbedingungen, daher gab es hier keinen Änderungsbedarf. Der fand sich an anderen Stellen, wie z. B. beim Hubraum und in der Ventilsteuerung.

Gleichteile mit dem 996

Drei Jahre lang wurden die Baureihen 996 und 997 parallel gefertigt. *(Bild: Porsche AG)*

Als 1996 die Baureihe 996 vorgestellt wurde, hieß es intern, dass 1993 so der 993 hätte aussehen sollen. 2004, bei der Einführung der ersten 997-Generation, war die einhellige Meinung, dass so der 996 hätte aussehen sollen.
Vor diesem Hintergrund lohnt es sich, das letzte 996-Modell von 2004 und das erste 997-Modell von 2004/2005 einmal näher zu betrachten.

Hinweis:
Der 996 und 997 wurde drei Jahre lang (2003 – 2005) parallel gefertigt.

Der Untertitel dieses Kapitels lautet „Schönheitsoperation". Grund dafür ist die Tatsache, dass die 997 Carrera-Modelle der 1. Generation das gleiche Chassis hatten wie der 996 Carrera. Es war lediglich etwas „verschlankt in der Taille" (daher „Schönheitsoperation"), um auch in der „schmalen" Basisausführung das Heck ähnlich wie beim 993 stärker zu betonen. Darüber hinaus waren im Gegensatz zum 996 Carrera bei der 997-Baureihe der Carrera und Carrera S um 38 mm breiter. Unterm Strich erforderte die Anpassung der Rohkarossen-Produktion aber keine großen Änderungen.
Dagegen hatten die 997-Modelle gegenüber dem Vorgänger eine fast komplett neue Außenhaut, lediglich das Dach und der Türrahmen konnten übernommen werden. Auffälligster Unterschied in der Frontpartie waren die Scheinwerfer; am Heck fanden sich neue Rückleuchten und ein höher angeordneter Motorraumdeckel.

Auf diesem Bild können die an den 993 erinnernden Karosseriekonturen des 997 Carrera gut erkannt werden. *(Bild: Porsche AG)*

Der 997 Carrera war mit einem 3,6-Liter-Motor des Typs M96.05 ausgerüstet, der mit dem M96.03 des Vorgängers weitgehend identisch ist. Die höhere Leistung resultierte aus einer optimierten Auspuffanlage, die den Gaswechsel verbesserte. Im Wesentlichen unverändert blieb auch die Digitale Motor Elektronik (DME) des 3,6-Liters.

Hinweis:
Ab dem Modelljahr 2005 war die DME-Software des M96.05 überarbeitet, um die Emissionsanforderungen von Kalifornien zu erfüllen und zusätzliche Diagnosemöglichkeiten beim Einsatz des PWIS-Testers zu schaffen.

Der 3,8-Liter-Motor M97.01 *(Bild: Porsche AG)*

Der 3,8-Liter-Motor M97.01 des 997 Carrera S basierte auf dem M96.05, hatte aber eine von 96 mm auf 99 mm vergrößerte Bohrung. Übernommen wurde auch die DME des M96.05-Motors. Im Kapitel 3 werden die Unterschiede genauer erläutert.
Leider tauchten bei der ersten 997-Generation auch einige technische Probleme am Motor auf, die bereits von der

Zuerst fällt an der 997-Baureihe der neue Scheinwerfer auf – mehr 993 und weniger 996. Darüber hinaus sind auf diesem Bild weitere Designmerkmale zu entdecken.

(Bild: Porsche AG)

Heckansichten: Das Bild zeigt links einen 997 GT3 und rechts einen 996 GT3. Deutlich zu erkennen sind die unterschiedlichen Motorraumhauben, hinteren Stoßfänger und Seitenteile sowie die Heckleuchten.

(Bild: Adrian Streather)

996-Baureihe bekannt waren, wie z. B. Schäden am Zwischenwellenlager und Undichtigkeiten des Wellendichtrings am schwungradseitigen Kurbelwellenende. Mit letzterem hatten auch die 997 GT3 zu kämpfen.

Hinweis:
Die Probleme mit dem schwungradseitigen Kurbelwellendichtring waren beim 997 bei weitem nicht so gravierend wie beim 996, denn ab dem Modelljahr 2005 übernahm Porsche die Wellendichtring-Ausführung des Cayenne bei den Motoren M96.05 und M97.01. Vereinzelt kam es jedoch immer noch zu Ölverlusten an dieser Stelle. Trotz mehrmaliger Konstruktionsänderungen an der Lagerung der Zwischenwelle blieb diese Stelle ein Schwachpunkt, bis mit der 2. Generation des 997 die neuen MA1-Motoren erschienen, die keine Zwischenwelle mehr hatten.

Komplett neu war das Sechsgang-Schaltgetriebe G97.01 aus japanischer Fertigung, das von Beginn an bei der 997-Baureihe verwendet wurde. Die Fünfgang-Tiptronic S mit der Bezeichnung A97.01 war dagegen identisch mit der Ausführung A96.01, die beim 2004er 996 eingebaut wurde. Bevor jetzt die Besitzer eines 997 Carrera oder Carrera S unruhig werden, weil ihr Liebling anscheinend nur ein kosmetisch aufbereiteter 996 ist, folgt hier eine Auflistung über die Unterschiede der beiden Baureihen. Auf Seite 16 ist eine weitere Gegenüberstellung in tabellarischer Form wiedergegeben, die von der Porsche AG zur Verfügung gestellt wurde.
Die wichtigsten Unterschiede sind:

- Neu gestaltete Außenhaut, insbesondere vordere Kotflügel, hintere Seitenteile sowie Gepäckraum- und Motorraumdeckel
- Geänderte Stoßfänger vorn und hinten
- Neuer Front- und Heckspoiler
- Deutlich besserer Luftwiderstandsbeiwert durch neue Karosserieform
- Abdeckung des Unterbodens um ca. 50% vergrößert
- Überarbeitung der Fahrzeugbeleuchtung
- Doppelarm-Außenspiegel
- 19-Zoll-Räder erstmals serienmäßig (Carrera S)
- Porsche Active Suspension Management serienmäßig beim Carrera S

Zweifellos hat die 1. Generation des 997 einen Großteil der 996 DNA übernommen, aber als Ehrerbietung gegenüber der Vergangenheit sind auch einige 993-Gene vorhanden. Das Modell 997 erfüllte die Forderungen, die an diese nächste 911-Baureihe gestellt wurden. Eine perfekte Fortsetzung, getreu dem Motto: „Es gibt nichts Vergleichbares".

Unterschiede zwischen 911 Carrera Modelljahr 2005 (997) und 911 Carrera Modelljahr 2004 (996)

Bereich	Detail	911 Carrera MJ 05 (997)	911 Carrera MJ 04 (996)
Exterieur	Endrohre	2 Einzel-Endrohre (neues Design)	2 Einzel-Endrohre
	Verglasung	hydrophobe Seitenscheiben (vorn)	herkömmliche Seitenscheiben
	Räder	18" Carrera III Rad VA: 8J x 18 ET 57 HA: 10J x 18 ET 58	17" Carrera II Rad VA: 7J x 17 ET 50 HA: 9J x 17 ET 55
	Reifen	VA: 235/40 ZR 18 HA: 265/40 ZR 18	VA: 205/50 ZR 17 HA: 255/40 ZR 17
	Notlaufsystem	Reifendichtmittel mit Kompressor	Hochdruck-Notrad im Kofferraum
	Außen-Beleuchtung	Heimleuchtautomatik Serie	Nicht verfügbar
Motor	Motor	6-Zylinder-Boxermotor 3,6 l mit 325 PS 370 Nm bei 4.250 1/min	6-Zylinder-Boxermotor 3,6 l mit 320 PS 370 Nm bei 4.250 1/min
Fahrwerk	Spur	VA: 1.486 mm HA: 1.534 mm	VA: 1.465 mm HA: 1.500 mm
Aerodynamik	Luftwiderstand	c_W: 0,28	c_W: 0,30
	Unterbodenverkleidung	Vollverkleidung	Teilverkleidung
Interieur	Nachtdesign	durchgängig weiße LED-Beleuchtung	gelbe LED-Beleuchtung
	Farben	Serienfarben: schwarz, steingrau, sandbeige, seeblau, palmgrün	Serienfarben: schwarz, graffitigrau, savannabeige, metropolblau
Sicherheit	Fahrstabilisierung	PSM Serie (neu abgestimmt)	PSM optional
	Airbags	Frontairbags sowie Kopf- und Thorax-Airbags	Front- und Seitenairbags
Elektronik	PCM	serienmäßig (ohne Navigation)	optional
	Audio	Sound Package Plus mit 9 Lautsprechern	CDR 23 mit 4 Lautsprechern

(Quelle: Porsche AG)

Schweißroboter fügen die Hauptbauteile der Rohkarosse zusammen ...

(Bild: Porsche AG)

... allerdings bleiben noch einige Arbeiten übrig, die manuelle Eingriffe erfordern.

(Bild: Porsche AG)

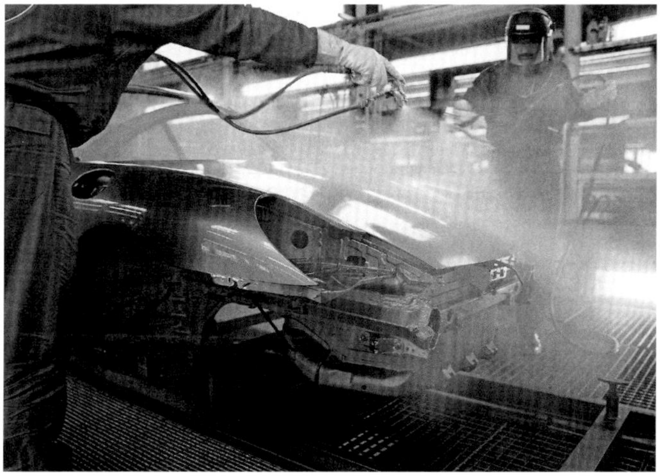

Ein Lackierer bei der Arbeit.

(Bild: Porsche AG)

Produktionsprozess

Einführung

Offizieller Produktionsbeginn des 997 war im April 2004 (Modelljahr 2004). Porsche hatte in seiner Zuffenhausener Fabrik die Fertigung des 993 ab dem Modelljahr 1996 erheblich rationalisiert und natürlich entstand auch der 997 unter diesen Voraussetzungen. Bereits 1985 übernahmen im Karosseriebau Roboter die Punktschweißungen und wurden 1988 durch Schweißmaschinen ergänzt, die Verschweißungen in drei Achsen durchführen konnten. Allerdings konnte trotzdem nicht vollständig auf manuelle Eingriffe verzichtet werden.

Hinweis:
Die Schweißnähte von Wettbewerbs- und/oder Homologationsfahrzeugen werden weiterhin von Hand gezogen.

Nach den Schweißarbeiten an der Rohkarosse wurde diese gemeinsam mit den Türen, den Deckeln und – falls es sich um ein Cabrio handelte – dem Hardtop in die Lackiererei transportiert.

Hinweis:
Mit dem Produktionsstart der zweiten 997-Generation wurde in Zuffenhausen auch eine neue Lackiererei in Betrieb genommen.

Nach der Lackierung gelangte der noch leere 997 auf das computergesteuerte Fließband. Roboter zogen auch hier schrittweise ein und mit dem Produktionsbeginn des 997 übernahmen Maschinen jetzt die Montage von Frontscheibe, Vordersitzen und Rädern. Dennoch waren weiterhin etliche Arbeiter in der Fertigung beschäftigt, allerdings deutlich weniger als zuvor.

Hinweis:
997-Modelle, deren Besitzer eine sehr außergewöhnliche Sonderausstattung bestellt hatten, wurden aus dem normalen Produktionsprozess herausgenommen und an Porsche Exclusive und die dortigen Mitarbeiter zur Endmontage übergeben. Weniger ausgefallene Bestellungen wurden von eigens abgestelltem Porsche Exclusive Personal direkt am Fließband umgesetzt.

Vielleicht werden zukünftige 911-Baureihen vollständig von Robotern zusammengebaut, aber in die Herstellung des 997 waren noch viele Menschen eingebunden. Im Anhang A sind weitere Bilder von der Produktion und den daran beteiligten Arbeitern zu finden.

Roboter übernehmen die Radmontage. (Bild: Porsche AG)

Gegen Ende steht der 997 mit den eigenen vier Rädern auf der Montagestraße. (Bild: Porsche AG)

Probleme mit dem Kurbelwellendichtring und dem Zwischenwellenlager können nach dem Ausbau des Schwungrads besser beurteilt werden. (Bild: Adrian Streather)

Die eigentliche Fertigungsstraße des 911 war und ist ein technisches Wunderwerk, besonders im Hinblick auf die unterschiedlichen Systeme, die in die einzelnen Länderversionen eingebaut werden müssen, während die betreffenden Fahrzeuge direkt hintereinander auf dem Montageband aufgereiht sind. Das wurde noch komplexer, als mit dem Modelljahr 2010 ein weiterer 997-Fahrzeugtyp eingeführt wurde. So gab es nun neben der Basisvariante zwei weitere Versionen, eine für die USA und Kanada und eine weitere für China, Brasilien, Mexiko und Korea.

Hinweis:
Vor dem Modelljahr 2010 erhielten Kanada, Brasilien und Mexiko die US-amerikanische Ausführung. Für China gab es zudem eine eigene Individualausstattung mit der Nummer I075.

Damit gab es bei der 2. Generation des 997 die bis dahin umfangreichste Typenvielfalt. So wiesen die Ersatzteilkataloge für das Modelljahr 2010 für Coupé, Cabrio, Targa, Turbo und GT3 27 verschiedene Typen aus, dazu kamen noch die Extrawünsche der Kunden und später die Sondermodelle. Für die Fließbandfertigung eine logistische Mammutaufgabe, die hervorragend gelöst wurde.

Hinweis:
Auch alle 997 GT3 Cup-Wagen entstanden ebenfalls auf dem gleichen Fließband.

Gegenüber der neun Jahre anhaltenden Kritik an der Fertigungsqualität des 996 war es bei der 997-Produktion in dieser Hinsicht etwas ruhiger geworden, allerdings stand weiter der Vorwurf im Raum, dass sich der Einsatz von Großserien-Produktionsmethoden nachteilig auf das Markenimage von Porsche auswirken würde.
Wahr ist, dass Porsche über 212.000 Autos vom Typ 997 baute, 40.000 mehr als vom Vorgängermodell, und die meisten Experten (auch der Autor) sind der Meinung, dass mit dem 997 eine deutlich bessere Arbeit abgeliefert wurde als beim 996.
Allerdings werden potenzielle 997-Käufer bei ihrer Recherche leider auch immer wieder auf abfällige Kommentare stoßen, besonders bei den Modellen der 1. Generation mit Saugmotor. Anlass dafür waren die bereits erwähnten Probleme mit der Zwischenwellenlagerung sowie gelegentliche Ölundichtigkeiten am schwungradseitigen Kurbelwellendichtring, die ja schon bei der 996-Baureihe auftraten.

Die Entstehung jedes 997 begann an der gleichen Stelle.

(Bild: Porsche AG)

Der Fertigungsprozess wird penibel überwacht und dokumentiert.

(Bild: Porsche AG)

Kontinuierlich transportiert das Fließband Fahrzeug für Fahrzeug seiner Fertigstellung entgegen.

(Bild: Porsche AG)

Hinweis:
Der Wertverlust der ersten 997-Generation war besonders in Europa und den USA beträchtlich.

Produktionszeiträume

Im Automobilbau hat eine Jahresangabe drei Bedeutungen:

- Für Verkauf, Werbung, Fakturierung und Zulassungen als Kalenderjahr von Januar bis Dezember
- Für Konstruktion und Produktion als Modelljahr
- Für die Bilanzierung als Geschäftsjahr (im Falle Porsche mit dem Modelljahr übereinstimmend)

Modelljahre im Fokus

Modelljahr	Dauer
2003	August 2002 bis Juli 2003
2004	August 2003 bis Juli 2004
2005	August 2004 bis Juli 2005
2006	August 2005 bis Juli 2006
2007	August 2006 bis Juli 2007
2008	August 2007 bis Juli 2008
2009	August 2008 bis Juli 2009
2010	August 2009 bis Juli 2010
2011	August 2010 bis Juli 2011
2012	August 2011 bis Juli 2012
2013	August 2012 bis Juli 2013

Hinweis:
Die letzten produzierten 997 waren Turbo-Versionen des Modelljahres 2013; sie wurden durch das 2013er Modell des 991 Turbo mit seiner neuen Plattform abgelöst.

◀ Der Weg vom Karosserierohbau zur Lackiererei

Regelmäßige interne Tests sichern eine hohe Qualität.

(Bild: Porsche AG)

Jedes 997-Modelljahr hat seine eigene Modell-Palette: In manchen Jahren blieb das Angebot gleich, in anderen kamen neue Versionen hinzu oder andere wurden eingestellt.

(Bild: Porsche AG)

Ausgiebige Testfahrten waren selbstverständlich fester Bestandteil des 997-Entwicklungsprogramms.

(Bild: Porsche AG)

Überblick nach Modelljahren

Einführung

Dieser Abschnitt stellt die verschiedenen Modellvarianten des 997 in der Reihenfolge ihres Erscheinens vor. Zu Beginn bot Porsche nur zwei Coupés der 1. Generation an: den 997 Carrera und Carrera S. Das Modelljahr 2004 war für den Restwelt-Markt (RdW; Rest der Welt) bestimmt, im Modelljahr 2005 kam die US-Version dazu.

Die Modellpalette der ersten 997-Generation entwickelte sich mit den Jahren allmählich so wie die der vorigen 911-Baureihe. Neue Modelle kamen hinzu, aber im Grunde handelte es sich um bereits Bekanntes.

Die Produktion der ersten 997-Generation mit Saugmotoren lief bis in das Modelljahr 2008, die der Turbomodelle endete mit dem Modelljahr 2009.

2008 erschien dann die 2. Generation der 997-Baureihe in den Verkaufsräumen; zuerst für den Restwelt-Markt, ab Modelljahr 2009 waren die Fahrzeuge auch offiziell in den USA erhältlich.

Dieses Mal bot Porsche schnell die komplette bekannte Modellpalette an, ergänzt um eine weitere länderspezifische Ausführung sowie einige Sondermodelle, zu denen auch drei Kleinserien für China gehörten.

Hinweis:
Durch die Vielzahl an 997-Versionen in den Modelljahren 2010 und 2011 ist es schwierig, zu allen Fahrzeugen entsprechendes Bildmaterial zu zeigen.

Mit der zweiten 997-Generation wurden auch etliche neue Technologien eingeführt. Dazu gehörten:

- Zweiteiliges Kurbelgehäuse in Closed-Deck-Bauweise
- Direkteinspritzung (DFI; Direct Fuel Injection)
- Überarbeiteter VTG-Turbolader (Variable Turbolader Geometrie)
- Siemens EMS SD3.1 Motorsteuerung mit Onboard-Diagnose (entwickelt von Continental)
- 7-Gang PDK (Porsche Doppelkupplungsgetriebe)
- Zentralverschlussräder

Darüber hinaus gab es viele weitere Änderungen, die in den betreffenden Kapiteln (3 – 8) ausführlicher behandelt werden.

Lebe wohl, 996? Noch nicht gleich, zwei weitere Jahre wurden ihm noch zugestanden.

(Bild: Porsche AG)

2004 erschienen der 997 Carrera und der 997 Carrera S.

(Bild: Porsche AG)

Carrera und Carrera S waren die beiden einzigen für das Modelljahr 2004 produzierten 997-Modelle.

(Bild: Porsche AG)

2003 (10. FIN-Ziffer = 3)

Die Produktionsaufzeichnungen von Porsche weisen für 2003 zwei 997 Carrera und elf 997 Carrera S aus, die parallel zur 996-Baureihe gebaut wurden. Es ist äußerst unwahrscheinlich, dass sich eines dieser Fahrzeuge in Kundenhand befindet – aber was wohl mit ihnen passiert ist? Fielen sie einem Crashtest oder übereifrigen Journalisten zum Opfer? Von einigen früheren Vorserien-Porsche ist bekannt, dass sie nachträglich in den Serienstand versetzt und verkauft wurden.

2004 (10. FIN-Ziffer = 4)

Als offizieller Produktionsbeginn für die erste 997-Baureihe wird der April 2004 genannt (Modelljahr 2004). Gemäß den Produktionsaufzeichnungen von Porsche entstanden über 3300 Carrera und Carrera S Coupés ausschließlich für den Restwelt-Markt.

Mit den 997 Carreras einschließlich den später folgenden C4- und Targa 4-Modellen kehrte auch eine Begriffsänderung ein. Bei früheren 911-Baureihen wurde mit einem „S" in erster Linie der Turbolook oder eine gegenüber der Serie verbreiterte Karosserie bezeichnet. So war es z. B. beim 993 oder 996 C4S der Fall; mehr drückte das „S" nicht aus. Beim 997 Carrera waren dagegen das Standard- und das S-Modell von den Abmessungen her identisch.

Üblicherweise steht die Modellbezeichnung „S" für „Sport" oder „Spezial", die Porsche-Sprachregelung verwendet dafür mitunter auch den Oberbegriff „Superlativ". Da alles für die 997-Baureihe zutrifft, sei es dem Leser selbst überlassen, was er darunter verstehen möchte ...

Die wesentlichen Unterschiede zwischen dem 997 Carrera Standardmodell und seinem „S"-Gegenstück waren (unabhängig von der Karosserieausführung) der Hubraum des Motors sowie diverse Zusatzausstattungen, wie z. B. das Porsche Active Suspension Management (PASM).

Alle Carrera Standardmodelle der ersten Generation waren in jeder Karosserie- und Antriebsversion mit dem 3,6-Liter-Motor M96.05 ausgerüstet. Dieser wassergekühlte 6-Zylinder-Boxermotor war eine Weiterentwicklung des Motors M96.03 in Open-Deck-Bauweise, der im 996 eingebaut war. Der aufmerksame Beobachter konnte entdecken, dass der auffälligste Unterschied zwischen den beiden Motoren der nicht mehr vorhandene Ölmessstab am M96.05 war. Bei allen Carrera S-Modelle der ersten Generation war unabhängig von Karosserieform und Antrieb der 3,8-Liter-Motor M97.01 eingebaut.

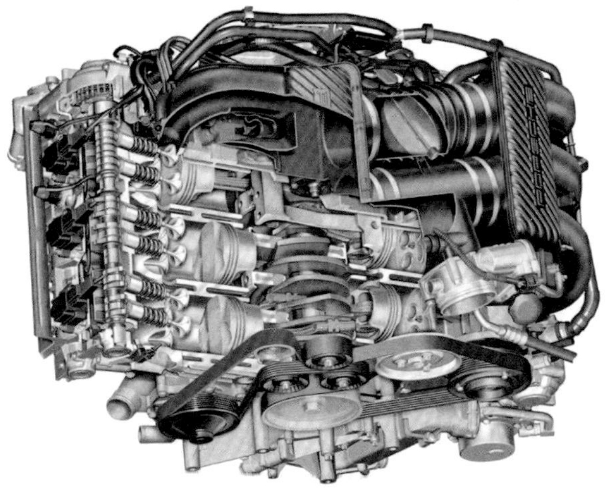

Schnittzeichnung des Motors M96.05 *(Bild: Porsche AG)*

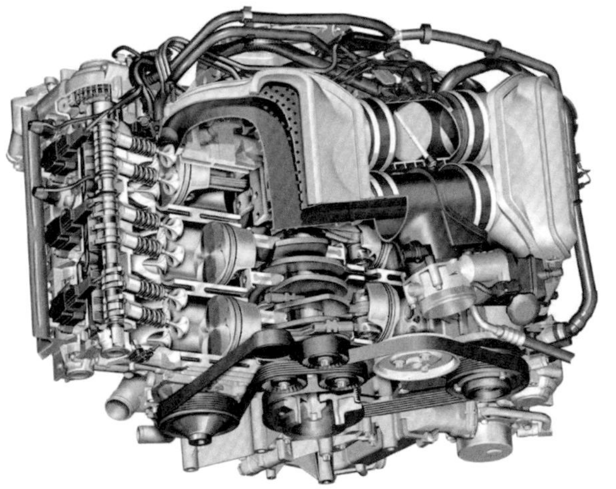

Schnittzeichnung des Motors M97.01 *(Bild: Porsche AG)*

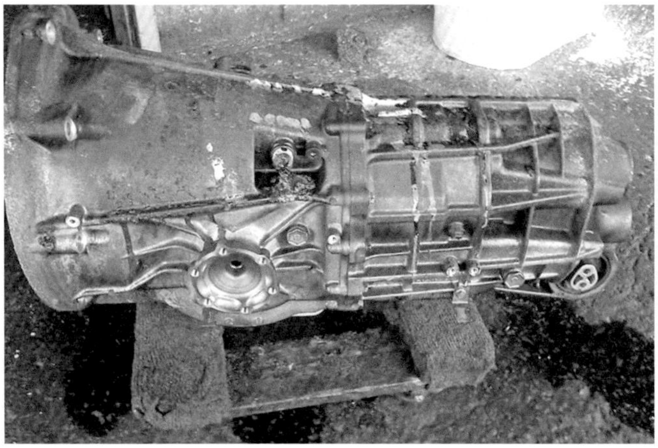

Das neue Sechsgang-Schaltgetriebe G97.01 des japanischen Herstellers AISIN; hier allerdings in einem schlechten optischen Zustand. *(Bild: Adrian Streather)*

Auch der Motor M97.01 basiert auf dem früheren M96.03, weist allerdings zusätzliche Änderungen auf, unter anderem:

- Bohrung 3 mm größer
- Kein Ölmessstab
- Zusätzlicher Schwingungsdämpfer
- Höhere Verdichtung

Hinweis:
Porsche verwendete jetzt keine getriebetyp-abhängigen Motorbezeichnungen mehr. Lediglich die Ersatzteilnummer des Motors verdeutlichte, ob er für ein Schalt- oder Automatikgetriebe vorgesehen war.

Folgende Getriebe waren im Modelljahr 2004 für den 997 Carrera erhältlich:

- Das völlig neue Sechsgang-Schaltgetriebe G97.01 des japanischen Herstellers AISIN.
- Die erprobte und bewährte 5-Gang-Automatik Tiptronic S mit der neuen Bezeichnung A97.01; hergestellt bei Daimler (damals noch DaimlerChrysler).

Preise 2004

Bei den Preisangaben handelt es sich um den Grundpreis in Deutschland ohne MwSt und länderspezifische Anforderungen, gültig ab April 2004.

Modell	Grundpreis
Carrera Coupé	64.700,00 €
Carrera S Coupé	73.300,00 €

Hinweis:
In Deutschland lag der Aufpreis für die optional erhältliche Tiptronic S bei 2.475,00 € zzgl. MwSt.

Hinweis:
Alle 997-Modelle der ersten Generation mit dem 3,6-Liter-Motor M96.05 waren (unabhängig von der Karosserieausführung und Getriebebauart) werkseitig mit 18-Zoll-Rädern ausgerüstet. Die Modelle mit dem 3,8-Liter-Motor M97.01 hatten serienmäßig 19-Zoll-Räder.

2005 endete die Produktion des 996. Inmitten von 997-Modellen verließen die letzten 996 Turbo S das Fließband.

(Bild: Porsche AG)

Ein Carrera S Coupé aus dem Modelljahr 2005 (Produktionsmonat April) *(Bild: Adrian Streather)*

Carrera Cabriolet, Modelljahr 2005

(Bild: Porsche AG)

2005 (10. FIN-Ziffer = 5)

Das geschah im Modelljahr 2005:

- Offizielle endgültige Einstellung der Baureihe 996
- Einführung des Cabriolets
- Verkaufsstart des 997 Coupés/Cabriolets in Basis- und S-Version in den USA
- Produktionsstart des allradgetriebenen Carrera 4 Coupés/Cabrios, allerdings noch nicht für die USA
- Fertigstellung eines GT3- und zweier GT3 RS-Modelle in straßentauglicher Ausführung, aber noch nicht käuflich. Beide Versionen waren mit dem Motor M97.76 versehen.
- Die Produktion lag bei über 24.000 gebauten Einheiten, erreichte aber noch kein Rekordniveau.

Die einzige wesentliche technische Änderung des Modelljahres 2005 war eine aktualisierte Version der Bosch DME für die Motoren M96.05 und M97.01.

Hinweis:
Eine Auflistung der wichtigsten Änderungen an beiden Modellgenerationen ist weiter hinten in diesem Kapitel aufgeführt.

Das serienmäßige Sechsgang-Schaltgetriebe und die optionale Tiptronic S waren in den heckgetriebenen Carrera- und Carrera S-Modellen identisch mit denen des Modelljahrgangs 2004.

Die allradgetriebenen Modelle Carrera 4 und 4S in Coupé- und Cabrio-Ausführung erhielten das neue Sechsgang-Schaltgetriebe G97.31 von AISIN, das auf dem Getriebetyp G97.01 der Hecktriebler aufbaute.

Aus dem 996 von 2002 stammte die 5-Gang-Tiptronic S für die 997 C4-Modelle, jetzt mit der Bezeichnung A97.31 versehen und weiterhin bei Daimler gefertigt.

Auch vom Allradantrieb des 996 übernommen waren der Kardanwellenantrieb zur Vorderachse und das vordere Differenzial. Ein wesentlicher Unterschied zwischen den heck- und allradgetriebenen Carreras war die um 44 mm verbreiterte Karosserie der C4-Modelle – in der Basis- und in der S-Version.

Hinweis:
Targa 4 und Targa 4S hatten die gleiche Karosseriebreite wie die C4- und C4 S-Modelle.

C4-Paket
- Allradantrieb mit Visco-Lamellenkupplung zur Verteilung der Antriebskräfte
- Breitere Karosserie bei Coupé und Cabriolet (+ 44 mm)
- Breitere Felgen und Reifen an der Hinterachse
- Größere Spurweite der Hinterachse (Basis-Modell + 14 mm, S-Modell + 32 mm)
- Tandem-Bremskraftverstärker
- Erweitertes PSM mit zwei zusätzlichen Funktionen:
  - Erhöhte Bremsbereitschaft durch Vorbefüllung der Bremsanlage beim schnellen Gaswegnehmen
  - Bremsassistent
- Tankinhalt auf 67 Liter vergrößert (+ 3 Liter)
- Carrera Schriftzüge mit zusätzlicher „4" auf Motorraumhaube und Türeinstiegsblenden

S-Paket
- Leistungsstärkerer Motor mit 3,8 Litern Hubraum und 261 kW/355 PS, zwei doppelte Endrohre
- Porsche Active Suspension Management (PASM)
- Verstärktes Bremssystem mit 330-mm-Bremsscheiben, rote Bremszangen
- 19 Zoll Carrera S Räder
- Bi-Xenon-Scheinwerfer
- Drei-Speichen-Sportlenkrad
- Interieur teilweise in Alu-Optik lackiert (Luftdüsen, Zierblende Schalttafel, Zierblende Schalt- bzw. Wählhebel)
- Silberfarbener Schriftzug auf der Motorraumhaube
- Carrera- und Carrera 4-Logo mit zusätzlichem „S" auf der Motorraumhaube, dem Luftfiltergehäuse und den Türeinstiegsblenden

Vergleich des Carrera 4- und 4S-Pakets *(Quelle: Porsche AG)*

Immerhin bekommt der Käufer für sein sauer verdientes Geld einigen Gegenwert ...

Im Gegensatz zum allradgetriebenen 997 Turbo, der im nächsten Modelljahr folgte, besaßen der Carrera 4 und Carrera 4S kein Porsche Traction Management (PTM).

Dafür hatten beide Modelle das bewährte und jetzt etwas überarbeitete Porsche Stability Management (PSM), das von den 996 Carrera 4-Modellen her bekannt war.

In traditioneller Weise präsentierte Porsche das Carrera und Carrera 4S Coupé vor den beiden entsprechenden Cabrio-Ausführungen.

Im Gegensatz zum 996 Cabriolet gehörte das Hardtop nicht mehr zur Serienausstattung und musste zusätzlich bestellt werden.

Unter der Bestellnummer I550 ist diese Option in der Liste der aufpreispflichtigen Extras weiter hinten in diesem Kapitel aufgeführt.

Im Modelljahr 2005 entstanden 215 C4-Coupés, die nur für den Restwelt-Markt bestimmt waren. Als Antrieb diente der Motor M96.05 in Verbindung mit dem serienmäßigen Sechsgang-Getriebe G 97.31; optional konnte die 5-Gang-Tiptronic S A 97.31 bestellt werden.
Vom C4S-Coupé wurden im Modelljahr 2005 314 Einheiten für den Restwelt-Markt gebaut. Sie waren ab Werk mit dem Motor M97.01 und dem Sechsgang-Getriebe G97.31 ausgestattet; auch hier konnte stattdessen die 5-Gang-Tiptronic S A97.31 bestellt werden.

C4-Geschwister des Modelljahrs 2005 *(Bild: Porsche AG)*

Carrera 4, Modelljahr 2005 *(Bild: Porsche AG)*

Carrera 4S, Modelljahr 2005 *(Bild: Porsche AG)*

Carrera 4 Cabriolet mit Hardtop, Modelljahr 2005. Das Hardtop gehörte nicht mehr zur Serienausstattung und musste extra bestellt werden. *(Bild: Porsche AG)*

Hinweis:
Bei der Baureihe 997 kennzeichnete das „S" einen größeren Motor und keine verbreiterte Karosserie wie bei den bisherigen 911-Serien.

Zusätzlich bereitete das Werk für die Rennsaison 2005 36 neue 997 Cup-Wagen vor, die ab März 2005 erhältlich waren.

Preise 2005
Bei den Preisangaben handelt es sich um den Grundpreis in Deutschland ohne MwSt. und länderspezifische Anforderungen, gültig ab August 2005.

Modell	Grundpreis
Carrera Coupé	66.000,00 €
Carrera S Coupé	74.800,00 €
Carrera Cabriolet	74.800,00 €
Carrera S Cabriolet	83.600,00 €
Carrera 4 Coupé	71.100,00 €
Carrera 4S Coupé	79.900,00 €
Carrera 4 Cabriolet	79.900,00 €
Carrera 4S Cabriolet	88.700,00 €
997 Cup	90.000,00 €

Hinweis:
In Deutschland lag der Aufpreis für die optional erhältliche Tiptronic S bei 2.475,00 € zzgl. MwSt.

2006 (10. FIN-Ziffer = 6)

Im Modelljahr 2006 konnte die Produktion gegenüber dem Vorjahr um 50% gesteigert werden – 36.000 Einheiten gegenüber 24.000 im Vorjahr – aber nicht alle Modellvarianten profitierten davon.
Bei den heckgetriebenen Carreras kam es zu einem deutlichen Rückgang der Stückzahlen, während sich die Allradmodelle zunehmender Beliebtheit erfreuten. Weitere Informationen dazu finden Sie im Anhang A.
Darüber hinaus bestätigte sich die Richtigkeit von Porsches Entscheidung, eine S-Version mit einem größeren 3,8-Liter-Motor und einigen serienmäßigen Extras wie dem PASM anzubieten. Die Verkäufe der S-Version übertrafen deutlich die der Basis-Variante mit 3,6-Liter-Motor.
Neu waren 2006 in erster Linie einige Exterieurfarben und Interieurauswahlmöglichkeiten. Ansonsten wurde an der bereits bestehenden Modellpalette nur wenig geändert.

Ab Modelljahr 2006 war das Aero-Kit Cup für die 997-Baureihe erhältlich. *(Bild: Porsche AG)*

Ein 2006er Carrera Coupé mit Rechtslenkung
(Bild: Adrian Streather)

997 GT3 Cup-Wagen der 1. Generation
(Bild: Adrian Streather)

Hinweis:
Die wichtigsten und bekannten kleineren Modifikationen an den Carrera- und Carrera 4-Modellen im Modelljahr 2006 sind an anderer Stelle dieses Kapitels aufgelistet.

Auch wenn im Modelljahr 2006 außer den Produktionszahlen keine großen Veränderungen eintraten, handelte es sich doch um ein sehr bedeutendes Jahr für die 997-Baureihe:

- In diesem Jahr wurde die einzige Sondermodellserie der ersten 997-Generation produziert. Dabei handelte es sich um 50 Exemplare des 911 Club Coupé, des ersten 997, der mit dem Motor M97.01S (Leistungssteigerung X51 werkseitig montiert) ausgerüstet war. Anlass für den Bau dieser Fahrzeuge war das 50jährige Jubiläum des Porsche Club America. Eine ausführliche Beschreibung des Club Coupés finden Sie im Abschnitt zu den Sondermodellen in diesem Kapitel.
- Das neue 997 Turbo Coupé mit VTG-Turbolader (Variabler Turbinengeometrie) wird weltweit eingeführt.
- Die neuen 997 Targa 4 und Targa 4S-Modelle werden in nur sehr begrenzter Stückzahl für den Restwelt-Markt gebaut.
- In das Modelljahr 2006 fiel auch der Fertigungsbeginn der neuen GT3- und GT3 RS-Modelle.

In diesem Modelljahr wurde auch die Produktion des neuen 997 GT3 Cup in der Rennabteilung von Porsche in Weissach gestartet. Die weiß-lackierten Rohkarosserien dazu lieferte die Fabrik.
Die erste Generation der 997 Targa-Modelle unterschied sich – abgesehen vom prinzipiellen Aufbau des Panoramadachs und seiner Funktion – deutlich vom bisherigen 996 Targa. Neben den vorhandenen Unterschieden zwischen der 996- und 997-Baureihe hatten die 997 Targa 4- und 4S-Modelle eine Leiste aus eloxiertem und poliertem Aluminium, die dem Dachverlauf folgend von den Außenspiegeln zum Fahrzeugheck verlief.
Ohne Änderung vom 996 übernommen wurde das als Sonnenschutz dienende elektrische Rollo im Innenraum.

Hinweis:
Ursprünglich wurde das Panorama-Glasdach der 911-Baureihe von DaimlerChrysler für den 993 Targa entwickelt und gefertigt. Zu Zeiten des 996 stellte ein Unternehmen das Dach her, das aus einem Gemeinschaftsvertrag zwischen DaimlerChrysler und Porsche heraus entstanden war. Als 2006 der 997 Targa auf den Markt kam, gehörte dieses Unternehmen vollständig zur Porsche Automobil Holding SE. Bei Drucklegung dieses Buches waren diese Firmen im VW-Konzern integriert.

Der Erste mit Panoramadach: der 993 Targa.
(Bild: Porsche AG)

Die 997 Targa 4-Modelle entstanden auf dem Chassis des Carrera 4 und haben damit die gleichen verbreiterten Karosserien wie die Carrera 4-Modelle (breiter als Carrera und Carrera S). Konsequenterweise sind die 997 Targa-Modelle daher auch nur mit Allradantrieb erhältlich.
Der 997 Targa 4 ist serienmäßig mit dem Motor M96.05 und dem Sechsgang-Schaltgetriebe G97.31 ausgerüstet. Beim 997 Targa 4S ist dagegen der Motor M97.01, aber mit dem gleichen Getriebe eingebaut. Optional ist für beide Versionen die Allradausführung A97.31 der 5-Gang-Tiptronic S erhältlich.

Hinweis:
Im Porsche Ersatzteilkatalog wird das Basismodell mit dem 3,6-Liter-Motor als Targa 4 bezeichnet, aber auf der Motorraumhaube ist manchmal nur die Bezeichnung Targa vorhanden.

Das Folgemodell 996 Targa
(Bild: Porsche AG)

86 Targa 4- und 141 Targa 4S-Modelle wurden im Modelljahr 2006 hergestellt; im darauffolgenden Jahr stieg die Zahl deutlich an. DAS Ereignis im Modelljahr 2006 war aber die Vorstellung des neuen 997 Turbo Coupés.
Zeitlicher Ablauf der Einführung des neuen 997 Turbo Coupés:

- Januar 2006: Produktionsstart der linksgelenkten Restwelt-Modelle und der USA-Ausführung
- März 2006: Produktionsstart der rechtsgelenkten Modelle
- 13. Februar 2006: Erste Pressemitteilungen
- 28. Februar 2006: Vorstellung auf dem Genfer Autosalon
- 24. Juni 2006: Gleichzeitige weltweite Markteinführung

997 Targa 4S: Die Basiskonstruktion des Glasschiebedachs sowie des inneren Sonnenschutz-Rollos ist identisch mit der des 993 bzw. 996. *(Bild: Porsche AG)*

Was erhielt nun der zahlungskräftige Käufer eines neuen 997 Turbo Coupés?

- Verbreiterte Karosserie, basierend auf dem Chassis des Carrera 4S, mit turbo-spezifischem Heck und Lufteinlässen für die Ladeluftkühler
- Türen und Kofferraumhaube aus gewichtssparendem Aluminium
- Charakteristische Bugverkleidung, serienmäßige Bi-Xenon-Scheinwerfer, LED-Blinkleuchten und integrierte Nebelscheinwerfer
- Turbospezifische Motorraumhaube mit neugeformtem Heckspoiler („Spaltflügel")
- Verchromter „Turbo"-Schriftzug
- Geänderte Heckpartie mit integrierten Auspuffendrohren und Luftaustrittsöffnungen für die Ladeluftkühler

Aus jeder Perspektive schön anzusehen: das 997 Turbo Coupé.
(Bild: Porsche AG)

Turbo Coupés in ihrem Element *(Bild: Porsche AG)*

Walter Röhrl im 997 Turbo Coupé *(Bild: Porsche AG)*

- 19 Zoll Turbo Räder
- 3,6-Liter-Motor M97.70, zwei Abgasturbolader mit variabler Turbinengeometrie (VTG)
- Allradantrieb, Porsche Traction Management (PTM) mit elektronisch gesteuerter Lamellenkupplung
- Leistungsfähigeres Bremssystem mit 6-Kolben-Bremssätteln vorn und 4-Kolben-Bremssätteln hinten, rot lackiert
- Turbo-Schalthebelknauf
- Türeinstiegsblenden mit „Turbo"-Schriftzug
- Kombiinstrument-Zifferblätter mit „Turbo"-Schriftzug, digitale Ladedruckanzeige
- Metallicfarbe serienmäßig
- Reifendruckkontrollsystem (RDK)
- Lederausstattung
- Elektrische verstellbare Sitze mit Lordosenstütze
- 3-Speichen-Lenkrad mit Glattlederbezug
- Automatisch abblendende Innen/Außenspiegel mit integriertem Regensensor
- Navigationsmodul für PCM
- Bose® Surround Sound-System
- Heckscheibenwischer serienmäßig
- Optionales Sport Chrono Paket Turbo mit Overboost-Funktion
- Optionale Keramikbremsanlage PCCB mit 380-mm-Bremsscheiben vorn

Was wurde gegenüber dem 996 Turbo alles geändert?

- Verbreiterte Karosserie, basierend auf dem Chassis des Carrera 4S, mit turbo-spezifischem Heck und Lufteinlässen für die Ladeluftkühler
- Türen und Kofferraumhaube aus gewichtssparendem Aluminium
- Charakteristische Bugverkleidung, serienmäßige Bi-Xenon-Scheinwerfer, LED-Blinkleuchten und integrierte Nebelscheinwerfer
- Turbospezifische Motorraumhaube mit neugeformtem Heckspoiler („Spaltflügel")
- Türgriffe und Pedale in sportlichem Design
- Verchromter „Turbo"-Schriftzug
- Geänderte Heckpartie mit integrierten Auspuffendrohren und Luftaustrittsöffnungen für die Ladeluftkühler
- 3,6-Liter-Motor M97.70, zwei Abgasturbolader mit variabler Turbinengeometrie (VTG)
- Maximale Leistung 380 kW (480 PS)
- Maximales Drehmoment 620 Nm, mit Overboost 680 Nm
- Ölmessstab entfallen
- Neue Ladedruckanzeige

Der neue Turbo wies gegenüber seinem Vorgänger einige interessante Neuerungen auf. *(Bild: Porsche AG)*

Allerdings stellte sich die Frage, ob sich die 1. Generation des 997 Turbo Coupés mit dem Motor M97.70 wirklich wesentlich vom 996 unterscheidet? *(Bild: Porsche AG)*

Und war er wirklich so viel besser oder sollten die enthusiastischen Sportfahrer auf die 2. Generation und damit auf etwas vollständig Neues warten? Beides ist richtig – aber der GT2, der hier in der Mitte steht, war auch nicht schlecht ...

(Bild: Porsche AG)

- Neu abgestimmte optionale Tiptronic S, Typ A97.31
- Allradantrieb, Porsche Traction Management (PTM) mit elektronisch gesteuerter Lamellenkupplung
- Porsche Active Suspension Management (PASM)
- Leistungsfähigeres Bremssystem mit 6-Kolben-Bremssätteln vorn und 4-Kolben-Bremssätteln hinten, rot lackiert
- Serienmäßig 350-mm-Bremsscheiben vorne und hinten
- Optionale Keramikbremsanlage PCCB mit 380-mm-Bremsscheiben vorn
- 19 Zoll Turbo Räder
- Reifendruckkontrollsystem (RDK)
- Reifendichtmittel mit Kompressor, kein Ersatzrad
- Turbo-Schalthebelknauf
- Türeinstiegsblenden mit „Turbo"-Schriftzug
- Kombiinstrument-Zifferblätter mit „Turbo"-Schriftzug, digitale Ladedruckanzeige
- Metallicfarbe serienmäßig
- Lederausstattung
- Elektrische verstellbare Sitze mit Lordosenstütze
- 3-Speichen-Lenkrad mit Glattlederbezug
- Automatisch abblendende Innen/Außenspiegel mit integriertem Regensensor
- Navigationsmodul für PCM
- Bose® Surround Sound-System
- Heckscheibenwischer serienmäßig
- Optionales Sport Chrono Paket Turbo mit Overboost-Funktion
- Zweistufiges Airbagsystem mit situationsabhängiger Auslösung
- Steuergeräte-Kommunikation über MOST-Bussystem

Preise Modelljahr 2006

Bei den Preisangaben handelt es sich um den Grundpreis in Deutschland ohne MwSt. und länderspezifische Anforderungen, gültig ab August 2005.

Hinweis:

In Deutschland lag der Aufpreis für die optional erhältliche Tiptronic S bei 2.475,00 € zzgl. MwSt.

Modell	Grundpreis
Carrera Coupé	66.000,00 €
Carrera S Coupé	74.800,00 €
Club Coupé	$US 99.911, $CAN145.911, nur dort an ausgewählte Clubmitglieder verkauft

Dieses 997 Turbo Cabriolet ist bei einem Moskauer Händler ausgestellt.

(Bild: Porsche AG)

Eines der ersten GT2-Modelle auf Testfahrt.

(Bild: Porsche AG)

997 GT3, Modelljahr 2007

(Bild: Adrian Streather)

Modell	Grundpreis
Carrera Coupé	66.000,00 €
Carrera Cabriolet	74.800,00 €
Carrera S Cabriolet	83.600,00 €
Carrera 4 Coupé	71.100,00 €
Carrera 4S Coupé	79.900,00 €
Carrera 4 Cabriolet	79.900,00 €
Carrera 4S Cabriolet	90.000,00 €
Targa 4	79.000,00 €
Targa 4S	87.900,00 €
GT3 Cup	93.000,00 €
Turbo Coupé	115.000,00 €

2007 (10. FIN-Ziffer = 7)

Das Modelljahr 2007 war für den Porsche 911 mit über 38.000 gefertigten 997 ein Rekordjahr. Niemals zuvor war eine solche Stückzahl erreicht worden und es sollte sich auch während der gesamten Produktionszeit des 997 nicht mehr wiederholen.

Mit über 7.000 Einheiten hatte das 997 Turbo Coupé daran den größten Anteil. Und auch diese Zahl konnte von keiner anderen 997-Version übertrumpft werden. Die Turbo-Modellpalette sollte allerdings noch eine weitere Rekordmarke setzen, aber erst im Modelljahr 2008 ...

Im Modelljahr 2007 entstanden keine Sondermodelle. Alle Modelle mit Saugmotoren – Carrera, Carrera 4 und Targa 4 – wurden weiter produziert, aber die Stückzahlen der Fahrzeuge mit dem 3,6-Liter-Motor M96.05 begannen deutlich zurückzugehen.

In diesem Jahr wurde auch eine neue Karosserievariante des Turbomodells eingeführt: das 997 Turbo Cabriolet. Davon verließen etwas über 800 Einheiten das Fertigungsband.

Vom GT2 entstand mit 16 Exemplaren eine sehr geringe Stückzahl, die vorwiegend Porsche-intern Verwendung fanden oder wie der Vorgänger nur in der Schweiz und Deutschland verkauft wurden. Einzelheiten dazu behandelt der folgende Modelljahrüberblick.

Das Modelljahr 2007 war auch für die 997 GT3 Cup-Fahrzeuge recht erfolgreich. Die Rennsportabteilung in Weissach liefert über 230 Exemplare an die Rennkundschaft weltweit aus. Aber 2007 bleibt am besten in Erinnerung wegen zweier Neuheiten, die der Weltöffentlichkeit präsentiert wurden: der 997 GT3 und sein muskulöser Bruder 997 GT3 RS, der schon weitgehend für den Renneinsatz vorbereitet war.

Ein originaler 996 Prototyp aus dem Jahr 1999. *(Bild: Porsche AG)*

GT3-Prototyp – beachten Sie den hinteren GT3-Schriftzug.
(Bild: Porsche AG)

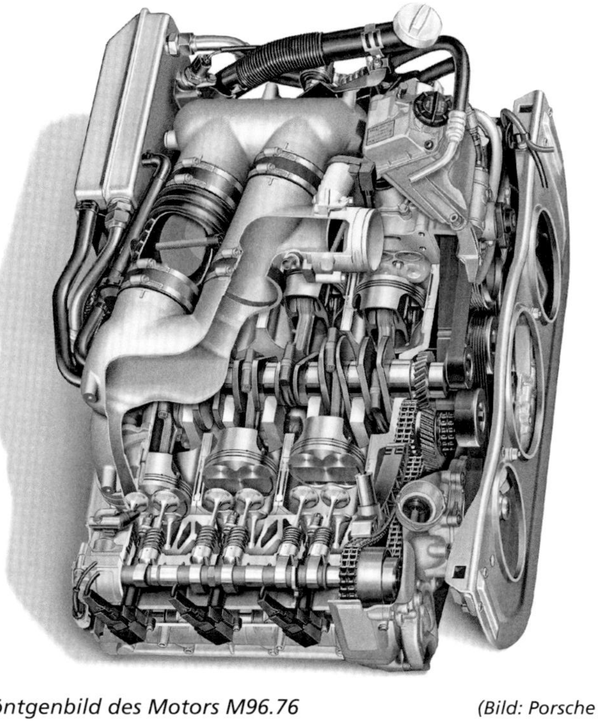

Röntgenbild des Motors M96.76 *(Bild: Porsche AG)*

Etwas GT3-Geschichte

Der 996 GT3, mit dem an die ruhmreiche Rennvergangenheit des 911 angeknüpft werden sollte, hatte im Modelljahr 2000 Premiere. Die straßentaugliche GT3-Version mit 265 kW (360 PS) mit dem neuen wassergekühlten Motor M96.76 leitete eine neue Epoche für die 911-Enthusiasten ein, die für einige Wochenenden im Jahr einen Rennwagen wollten, für die restliche Zeit aber einen Gran Turismo. Dieser neue Porsche-Motor entstand aus einer Mischung aus alten und neuen Technologien. Die wassergekühlten Zylinderköpfe des M96.75 basierten auf denen des Porsche 959, erforderten aber erhebliche Änderungen, um auf das Kurbelgehäuse des 964-Motors M64 aufgesetzt werden zu können.

So wurde ein zusätzlicher Wassermantel zwischen den Zylinderköpfen und dem Kurbelgehäuse eingesetzt. Im Gegensatz zu den bisherigen 911-Baureihen befand sich der Öltank nicht mehr im rechten Radhaus, sondern war direkt am Motor befestigt. Ein Wärmetauscher sorgte für einen zusätzlichen Temperaturübergang zwischen Motoröl und Kühlmittel; die Ölfüllmenge war auf 12,5 Liter erhöht worden. Die Motorsteuerung übernahm eine vom 996 Carrera übernommene DME Version 5.2.2 mit Rennsport-Kennfeld, allerdings ohne CAN-Bus. Darüber hinaus war auch das Sekundärluftsystem entfallen.

Das Sechsgang-Schaltgetriebe des 996 GT3 war eine Weiterentwicklung des 993 GT2-Getriebes G50.54 und hatte die Bezeichnung G96.90. In der Entwicklungsphase hatte es noch das Schaltgestänge des 993, dieses wurde aber später aus Gewichtsgründen durch den Seilzugmechanismus des 996 abgelöst. Für die GT3-Kunden in Japan gab es eine eigene Getriebeversion mit der Bezeichnung G96.63, die abweichende Übersetzungen hatte. Beide Getriebeversionen hatten die gleiche Hinterachs-Quersperre von GKN mit 40% Sperrwirkung im Zug und 65% Sperrwirkung im Schub.

Als Basis für die Karosserie des GT3 diente eine schmale 996 Carrera 4-Version, die dem neuen Einsatz entsprechend modifiziert wurde.

Unübersehbar war der starr angebrachte hintere Heckflügel, aber auch sonst wurde viel Detailarbeit in die Verbesserung der Aerodynamik investiert. Für die Radaufhängungen und die Fahrwerksgeometrie griff Porsche auf die vorhandenen Erfahrungen mit den 964 Carrera 3.8 RS & RSR zurück. Zusätzlich flossen neue Erkenntnisse aus der Entwicklungsabteilung ein. Serienmäßig hatte der 996 GT3 ein 3-Kanal-ABS 5.3, das vom 993 übernommen wurde.

Im Kofferraum befand sich ein 90-Liter-Tank aus dem 964 Carrera RS, der für ein Ersatzrad keinen Platz mehr übrigließ.

Montage eines 996 GT3-Motors
(Bild: Porsche AG)

US-Modell des GT3 aus 2004
(Bild: Paul Guggenbuehl)

US-Modell des GT3 aus 2004
(Bild: Paul Guggenbuehl)

Die Clubsport-Ausführung (CS) hatte zusätzlich ein leichtes Einmassen-Schwungrad, einen verschraubten Überrollkäfig (für den die Seitenairbags entfernt werden mussten), leichte Schalensitze mit feuerhemmenden Bezügen, einen 6-Punkt-Sicherheitsgurt für den Fahrer, einen Feuerlöscher sowie einen Batteriehauptschalter.

Im Modelljahr 2004 erschien eine neue 996 GT3-Version. Die wesentlichen Änderungen an dieser als MK2 bezeichneten Ausführung gegenüber dem bisherigen Modell waren:

- Ein überarbeiteter Motor (Typ M96.79) mit erleichtertem Kurbel- und Ventiltrieb, elektronische Motorsteuerung DME 7.8 mit Selbstdiagnose, Leistungssteigerung auf 280 kW (381 PS)
- Drehzahlbegrenzer in Gängen 1 bis 4 erst bei 8.200 min^{-1} eingreifend, ab 5. Gang bei 8.000 min^{-1}
- Variocam Plus mit geradverzahnter Zwischenwelle
- Längere Pleuel aus Titan
- Heißfilm-Luftmassensensor speziell auf den GT3-Motor M96.79 abgestimmt
- Sekundärluftsystem
- OBD2/LEV und EOBD-taugliche Motorsteuerung mit Warnanzeige
- Für USA: Kraftstoffdampfrückgewinnung
- Für USA: Tankdrucksensor
- Tank des GT2 (außer Rechtslenker und US-Fahrzeuge)
- Rechtslenker: Tank des 996 Carrera 4 von 2002
- Für USA: Tank des 996 Carrera von 2003
- Für USA: Größerer Aktivkohlebehälter
- Wegfahrsperre mit Transponder
- CAN-Bus vernetzt
- Neu gestaltete Lufteinlässe in der Kofferraumhaube
- Elektronisches Gaspedal
- Abgasreinigungsanlage mit Lambdasonden und Katalysatoren auf OBD2/LEV und EOBD-Standard
- Sechsgang-Schaltgetriebe G96.96, basierend auf dem Getriebe G96.88 des 996 GT2
- Öl/Wasser-Wärmetauscher
- Schaltwegverkürzung
- Asymmetrisch arbeitende Hinterachs-Quersperre mit 40% Sperrwirkung beim Beschleunigen und 60% im Schiebebetrieb
- Viele Fahrwerksteile vom 996 GT2 übernommen und angepasst
- Vierkanal-ABS 5.7, individuelle Radregelung
- Vorn rote Monoblock-Sechskolben-Bremssättel von Brembo, Bremsscheiben 330x34 mm, Bremsbeläge Pagid P90
- Bremsen hinten wie GT3 Serie 1, Bremsbeläge Pagid P90-2

GT3-Schriftzug auf der Türeinstiegsblende (Modelljahr 2004)
(Bild: Paul Guggenbuehl)

GT3 RS, Modelljahr 2004
(Bild: Adrian Streather)

GT3 RS, Modelljahr 2004
(Bild: Porsche AG)

- Auf Wunsch Keramikbremse (PCCB) mit gelben Sechskolben-Bremssätteln vorn und gelben Vierkolben-Bremssätteln hinten, Bremsscheiben vorn und hinten 350 mm Durchmesser, vorn 34 mm und hinten 28 mm stark (identisch mit Standardbremsscheiben)
- Verbesserte Bremsenkühlung
- Frontverkleidung, Seitenschürzen und Heckspoiler aerodynamisch verbessert
- Innenraum wie Carrera Coupé von 2003 mit GT3-spezifischen Änderungen, wie beispielsweise Kunststoff-Schalensitze

Ebenfalls 2004 wurde eine begrenzte Stückzahl einer 996 GT3 RS-Version verkauft. Der RS unterschied sich vom normalen GT3 in zahlreichen Punkten:

- Geänderte Geometrie der Einlasskanäle, daher neue Motorbezeichnung M96.80
- Motronic auf Euro-4-gerechte Abgaswerte programmierbar
- Ram-Air-Einlass auf der Motorhaube mit Luftkanal zum Luftfilterkasten
- Auspuffendrohre mit Mattschliffoptik
- Spezielle Zündkerzen mit M12 x 1,25 Gewinde und zwei Masseelektroden; Wechselintervall 40.000 km
- Einmassen-Schwungrad, G96.80-Getriebe mit Öl-Wasser-Wärmetauscher
- Geänderte Radträger vorn und hinten
- Härtere Vorderachsfedern (45 N/mm)
- Vergrößerter Einstellbereich für die Bodenfreiheit für bessere Beeinflussung der Radlastverteilung beim Kurvenfahren
- Hintere untere Schräglenker zweiteilig wie vorn
- Längslenker vorn und hinten mit Langlöchern für Silentblöcke
- Einstellbereich der Exzenter für Vorspur und Nachlauf erweitert
- Drehstab-Stabilisatoren auf die spezifischen Anforderungen des GT3 angepasst
- Fahrwerkseinstellung geändert
- Kofferraumhaube aus Karbonfaser gefertigt und von außen lackiert, innen Karbonlook
- Porsche-Wappen am Bug in Form eines bedruckten Kunststoffaufklebers
- Motorhaube mit größerem Heckspoiler aus Karbonfaser
- Keine Seitenairbags
- Grundfarbe Carreraweiß, auf Wunsch mit roten oder blauen GT3 RS-Aufklebern an Türen und Heck, Felgensterne rot oder blau lackiert
- Maschengitter vor den Luftein- und -auslässen

GT3 RS, Modelljahr 2004 *(Bild: Porsche AG)*

GT3, Modelljahr 2007, als Komfortmodell mit Schiebedach
(Bild: Adrian Streather)

Der überarbeitete Heckspoiler des 997 GT3. Während der obere Flügel einstellbar war, hatte der untere, in die Motorhaube integrierte Flügel eine „Gurney Flap". *(Bild: Adrian Streather)*

- Zusätzliche Öffnungen an der Bugschürze vor der Kofferraumhaube, in der Mitte Kühlluftaustritt
- Heckscheibe aus Kunststoff (Polycarbonat)
- Rückspiegel im Karbon-Look
- Sicherheitsgurte in Carreraweiß mit roten oder blauen Farbakzenten
- Lenkrad mit rot oder blau vernähtem Alcantara bezogen
- Schaltknauf und Handbremshebelgriff in Alcantara, rot oder blau vernäht
- Türablagefächer anstelle Lautsprecher
- Keine Klimaanlage

Das waren in Kürze die wichtigsten Merkmale des 996 GT3 und der RS-Version. Was hat das nun mit dem 997 GT3 zu tun? Eine ganze Menge ...

Das Chassis des 996 GT3 war eine Weiterentwicklung auf der Basis des Carrera 4. In das 997-Chassis flossen gleich mehrere Modelle ein: Die Frontpartie der Rohkarosse stammte vom 997 Carrera 4 Coupé, das Mittel- und Heckteil vom Carrera Coupé. Insgesamt war das Chassis breiter als das der Vorgänger, aber es gab noch weitere gravierende Unterschiede zwischen dem 996 und 997 GT3.

Der Heckspoiler und die Motorhaube wurden neu gestaltet und bildeten eine Einheit. Für den Renneinsatz konnte der Anstellwinkel des oberen Flügels geändert werden, während der untere Flügel starr in die Motorhaube integriert war. Er hatte als weitere aerodynamische Maßnahme eine so genannte Gurney Flap (ein rechtwinkliges Profil am hinteren Ende), die zusätzlichen Abtrieb erzeugte, ohne den Luftwiderstand zu beeinträchtigen.

Zwei Lufthutzen auf der Motorhaube leiteten Luft sowohl zur Verbrennung in das Ansaugsystem als auch zur Kühlung in den Motorraum. Über ein Belüftungssystem in der Heckschürze gelangte die warme Abluft ins Freie.

Das Sechsgang-Schaltgetriebe G97.90 des japanischen Herstellers AISIN hatte einen Seilzugschaltmechanismus, die Schaltwege waren um 15% verkürzt. Die Kraftübertragung erfolgte über eine Einscheiben-Kupplung mit hydraulischer Betätigung. Ein Öl-Wasser-Wärmetauscher senkte die Temperatur, außerdem war eine Hinterachs-Quersperre mit 28% Sperrwirkung im Zug und 40% im Schub vorhanden.

Hinweis:
In allen Produktionsjahren des 997 GT3 kam nur das G97.90-Getriebe zum Einsatz.

- Porsche Active Suspension Management serienmäßig
- 19 Zoll GT3 Räder mit GT3-Logo und 5-Loch-Befesti-

Die Lufthutzen auf der Motorhaube des GT3
(Bild: Adrian Streather)

19 Zoll GT3 Räder mit GT3-Logo und 5-Loch-Befestigung
(Bild: Adrian Streather)

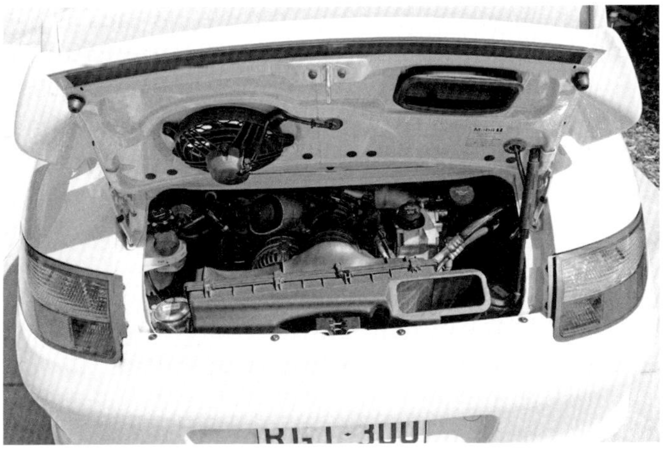

Hier wird der Zweck der Lufthutzen auf der Motorraumhaube deutlich. (Bild: Adrian Streather)

gung. Durch geänderte Einpresstiefe erhöhte sich die hintere Spurweite um 34 mm
- Neu gestaltetes Bugteil mit zusätzlichem Kühlluftauslass vor der Kofferraumhaube
- Aluminiumtüren mit Türgriffen in Bügeloptik
- Kofferraumhaube aus Aluminium
- H7-Scheinwerfer
- Linkslenkermodelle mit 90 Litern Tankinhalt, US- und Rechtslenkermodelle nur 67 Liter
- US-Modelle mit ORVR-System (On-board refuelling vapour recovery, Kraftstoffdampfrückgewinnung)
- US-Modelle serienmäßig mit Schiebedach
- Alle Modelle serienmäßig mit Sportsitzen
- Höhenverstellbares 3-Speichen-GT3-Lenkrad
- Porsche Side Impact Protection System (POSIP) mit separatem Kopf- und Thorax-Airbag
- Besonderer GT3-Schalthebel mit Alcantara-Schaltknauf
- Reifendruckkontrollsystem serienmäßig für US-Modelle, Sonderausstattung für Restwelt-Modelle
- CDR-24-Radio mit vier Lautsprechern serienmäßig
- Neue Exterieurfarben
- Reduzierte Auswahl an Interieurfarben: schwarz/schwarz oder schwarz/dunkelgrau natur

Als Antrieb diente der Motor M97.76 mit Zweimassen-Schwungrad, prinzipiell baugleich mit dem Motor M96.79 des GT3 von 2004 (der wiederum ein überarbeiteter Ableger des Motors M96.76 aus dem GT3 des Modelljahres 2000 war). Porsche gab als maximale Leistung 305 kW (415 PS) an; für das maximale Drehmoment 405 Nm und als Höchstdrehzahl 8.400 min^{-1}.

Erwähnenswert ist, dass der 997 GT3 RS (Rennsport) gemeinsam mit dem schmaleren und schwereren 997 GT3 auf dem gleichen Fertigungsband entstand.

Beide Modelle wurden zur gleichen Zeit produziert, wobei die verkauften Stückzahlen der RS-Version immer unter denen der Standard-Ausführung lagen, aber im Vergleich zum RS-Vorgänger von 2004 deutlich höher waren.

Der Grundpreis eines GT3 RS war über 18.000 € höher als der eines Standard-GT3. Identisch bei beiden Modellen waren zum Beispiel:
- der Motor Typ M97.76
- das manuelle Sechsgang-Getriebe G97.90
- die Traction Control mit ABD (Aktives Bremsdifferenzial), ASR (Anti-Schlupf-Regelung) und MSR (Motor-Schleppmoment-Regelung)
- das Fahrwerk mit PASM (Porsche Active Suspension Management), Sportabstimmung und 30 mm Tieferlegung gegenüber 911 Carrera

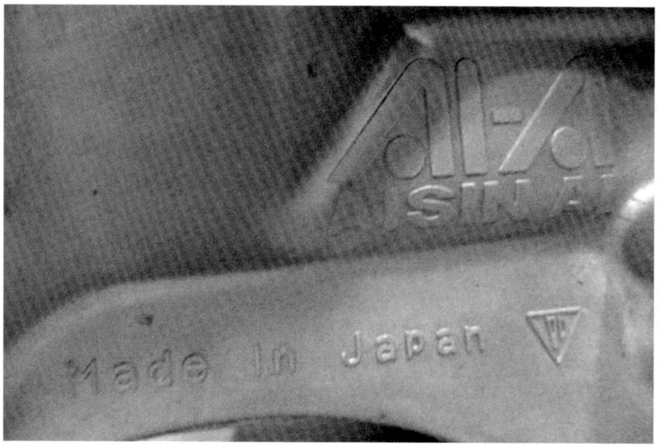

Der Schriftzug des Getriebeherstellers AISIN – Made in Japan

(Bild: Adrian Streather)

Als Basis für den GT3 RS diente das Chassis des Carrera 4.

(Bild: Adrian Streather)

Hier wird die größere Baubreite des GT3 RS gegenüber dem Standard-GT3 deutlich.

(Bild: Adrian Streather)

- Die Brems- und Lichtanlage sowie die Instrumentierung

Die wichtigsten Änderungen am GT3 RS waren:

- Chassis auf dem Carrera 4-Modell basierend, weshalb der RS 44 mm breiter als der GT3 war, dessen Karosserie das 997 Carrera-Heck hatte
- Einmassenschwungrad anstelle eines Zweimassenschwungrads
- 20 kg leichter
- Heckscheibe aus Kunststoff
- Geändertes Bugteil mit zusätzlicher Anspoilerung
- Clubsportpaket serienmäßig (geschraubter Überrollkäfig hinten, Vorrüstung Batteriehauptschalter und beigelegter 6-Punkt-Gurt sowie Feuerlöscher mit Halterung)
- Türeinstiegsleisten und Fondteppich mit RS-Logo
- Keine Ablagefächer in den Türverkleidungen
- Stark begrenzte Exterieur-Farbauswahl, als Nicht-Metallic-Farbe nur schwarz verfügbar
- Innenausstattung nur in schwarz erhältlich

Wer von den beiden ist nun der Bessere?

Der Autor war in der glücklichen Lage, einen GT3 und einen GT3 RS im serienmäßigen Auslieferungszustand direkt vergleichen zu können. Kurz gesagt, erwies sich für ihn der RS auf der Straße als das bessere Auto, weil sich damit das perfektere Fahrgefühl einstellte. Es war ganz ähnlich dem eines 964 Carrera RS 3.8 – und das war ein überragender RS.

Auf alle Fälle ist der 997 GT3 RS seinen Aufpreis wert und setzt die Erfolgsgeschichte seiner Vorgänger standesgemäß fort.

Zum Schluss der GT3-Abhandlung für dieses Modelljahr müssen leider noch einige technische Schwierigkeiten zur Sprache kommen.

Bei jedem GT3 und GT3 RS, mit denen der Autor beim Schreiben dieses Buchs zu tun hatte, musste wiederholt der schwungradseitige Kurbelwellendichtring gewechselt werden. Am schlimmsten traf es einen RS-Vorführwagen, bei dem diese Reparatur gleich viermal erforderlich war.

Ein weiteres Manko war die untere Frontspoilerlippe. Sie war so tief angebracht, dass sie sehr leicht aufsetzte und beschädigt wurde. Fahrbahnschweller sind der Albtraum eines jeden 997 GT3-Besitzers.

Damit endet die Geschichte des GT3 und GT3 RS mit dem wassergekühlten Motor 97.76. Allerdings nur vorübergehend, um es mit den Worten eines berühmten Schauspielers zu sagen: „Ich komme wieder". Einige Jahre später war es soweit, mit neuen Motoren und Getrieben.

Unter dem Kohlefaser-Heckspoiler des GT3 RS sind die beiden Lufthutzen für die Zuführung der Ansaug- bzw. Kühlluft erkennbar.

(Bild: Adrian Streather)

Leider kein Einzelfall: eine beschädigte Frontspoilerlippe an einem GT3 RS.

(Bild: Adrian Streather)

Welcher ist der Beste? Nach der Meinung des Autors lohnt es sich, den Mehrpreis für den GT3 RS auszugeben.

(Bild: Adrian Streather)

Preise 2007

Bei den Preisangaben handelt es sich um den Grundpreis in Deutschland ohne MwSt. und länderspezifische Anforderungen, gültig ab August 2007.

Modell	**Grundpreis**
Carrera Coupé	67.000,00 €
Carrera S Coupé	75.900,00 €
Club Coupé	93.400,00 €
Carrera Cabriolet	75.900,00 €
Carrera S Cabriolet	84.800,00 €
Carrera 4 Coupé	72.200,00 €
Carrera 4 Cabriolet	81.100,00 €
Carrera 4S Cabriolet	81.100,00 €
Targa 4	79.000,00 €
Targa 4S	87.900,00 €
GT3	93.000,00 €
GT3 RS	111.600,00 €
GT3 Cup	93.000,00 €
Turbo Coupé	117.600,00 €
Turbo Cabriolet	126.600,00 €

Hinweis:

In Deutschland lag der Aufpreis für die optional erhältliche Tiptronic S bei 2.475,00 € zzgl. MwSt.

Mit dem Modelljahr 2008 ging auch die Produktion der 1. Generation der 997-Carrera-Modelle zu Ende.

(Bild: Porsche AG)

Den GT3-Modellen der 1. Generation wurde noch ein weiteres Jahr gewährt.

(Bild: Adrian Streather)

Eine Neuerscheinung des Modelljahres 2008 war der GT2 mit 3,6-Liter-Motor und Turboaufladung.

(Bild: Porsche AG)

2008 (10. FIN-Ziffer = 8)

Mit Beginn des Modelljahrs 2008 lief die Produktion der kompletten 997-Baureihe auf Hochtouren. Über 30.000 Einheiten wurden gebaut, aber dennoch zeichnete sich für die erste 997-Generation das Ende ab.

Während der GT3 und der Turbo in das Modelljahr 2009 übernommen werden sollten, stand für die Motoren M96.05 und M97.01 das Aus am Ende des Modelljahrs 2008 bevor. Ganz unspektakulär war 2008 allerdings nicht, denn mit dem 911 GT2 Coupé erschien ein neues Modell im Angebot. Der spartanische 997 GT2 lässt sich am zutreffendsten damit beschreiben, dass es sich hier um ein Coupé mit Heckantrieb handelte, das deutlich mehr als ein normaler 997 Turbo kostete. Allerdings war es auch erheblich leistungsstärker und zeigte sich bei unvorsichtigem Betätigen des Gaspedals absolut gnadenlos.

Warum war der GT2 so viel teurer als ein normaler 997 Turbo? Porsche hatte den GT2 zum Top-Modell der 997-Baureihe auserkoren und so sollte er sich in seiner Klasse gegenüber seinen Konkurrenten durch überragende Technik und einzigartige Innovationen abheben.

Dadurch zeichnete sich der GT2 aus:

- Ein neues Äußeres verdeutlichte, dass der 997 GT2 seine Wurzeln im Motorsport hatte und kein gewöhnlicher Straßenwagen war
- Verbesserte Aerodynamik mit GT2-spezifischem Heckspoiler und geänderten Schwellerleisten, die gegenüber anderen GT-Varianten einen höheren Abtrieb erzeugten
- Leistungsgesteigerte Version des 3,6-Liter-Motors M97.70S mit 390 kW/530 PS
- Überarbeitete VTG-Abgasturbolader
- Neu entwickelte Expansionssauganlage
- Leichte Auspuffanlage aus Titan
- Launch Assistant und Traction Control
- Angepasstes Sechsgang-Schaltgetriebe G97.88
- Fahrfertige Fahrzeughöhe 25 mm niedriger als beim 997 Carrera
- GT2-spezifische 19-Zoll-Räder und Reifen; Reifenbreite hinten größer als beim 997 Turbo
- Speziell abgestimmtes PASM (Porsche Active Suspension Management)
- Erstmaliger Einsatz des PSM (Porsche Stability Management) an einem GT-Modell, mit dem durch individuelle Bremsvorgänge an den einzelnen Rädern die Spurhaltung gesichert wurde, dreistufig einstellbar und abschaltbar
- PCCB (Porsche Ceramic Composite Brake) serienmäßig.
- Eigenständiges Interieur mit serienmäßigen Sportschalensitzen, um die Rennsport-DNA zu verdeutlichen

Die 1. Generation des 997 GT2 wurde zwei Jahre gebaut, dabei entstanden 1252 Exemplare.
In einem folgenden Kapitel werden die technischen Besonderheiten und Innovationen des GT2 ausführlicher behandelt.
Darüber hinaus entstanden im Modelljahr 2008 keine Kleinserien oder Sondermodelle. Für die 997 GT3-Baureihe erwies sich dieses Jahr als sehr erfolgreich, denn es wurden noch fast 2000 GT3 und GT3 RS produziert. Dazu kamen 280 Exemplare des GT3 Cup. Sie entstanden in der Porsche Rennsportabteilung in Weissach auf Rohkarossen, die von der Fabrik angeliefert wurden.
Damit endet nicht nur die Zusammenfassung des Modelljahres 2008, sondern auch die Geschichte der 997-Modelle der 1. Generation. Sie sollten kurz darauf durch die 2. Generation ersetzt werden.

Für die GT2-Modelle wurden eigene Räder entwickelt.
(Bild: Porsche AG)

Preise 2008
Bei den Preisangaben handelt es sich um den Grundpreis in Deutschland ohne MwSt. und länderspezifische Anforderungen, gültig ab August 2007.

Modell	Grundpreis
Carrera Coupé	68.000,00 €
Carrera S Coupé	77.000,00 €
Carrera Cabriolet	77.000,00 €
Carrera S Cabriolet	86.000,00 €
Carrera 4 Coupé	73.300,00 €
Carrera 4S Coupé	82.300,00 €
Carrera 4 Cabriolet	82.300,00 €
Carrera 4S Cabriolet	91.300,00 €
Targa 4	80.200,00 €
Targa 4S	89.200,00 €
GT3	93.000,00 €
GT3 RS	111.600,00 €
GT3 Cup	93.000,00 €
Turbo Coupé	117.600,00 €
Turbo Cabriolet	126.600,00 €
GT2	189.500,00 €

Der GT2 von links vorne schräg.
(Bild: Porsche AG)

Hinweis:
In Deutschland lag der Aufpreis für die optional erhältliche Tiptronic S bei 2.475,00 € zzgl. MwSt.

Rechte Seitenansicht des GT2
(Bild: Porsche AG)

Nach den Werksaufzeichnungen aus dem Jahr 2013 wurden im Modelljahr 2008 bereits rund 4.000 997-Modelle der 2. Generation produziert. Allerdings tauchte bisher kein 997 der 2. Generation mit dem Baujahr 2008 auf. Daher wird vermutet, dass diese Autos bereits die FIN der 2009er Fahrzeuge erhielten.

Der markante Heckspoiler des GT2
(Bild: Porsche AG)

Innenraum eines GT2
(Bild: Porsche AG)

GT2 (Mitte) und auch das Turbo Coupé der 1. Generation (links) waren auch im Modelljahr 2009 weiterhin erhältlich.

(Bild: Porsche AG)

Nach den Produktionsaufzeichnungen und dem Ersatzteilkatalog traf das ebenfalls für den GT3 zu.

(Bild: Porsche AG)

Das Schicksal dieses Käfers wird einen 911 wohl eher selten ereilen.

(Bild: Porsche AG)

2009 (10. FIN-Ziffer = 9)

Für das Modelljahr 2009 wurden die Modelle GT3, GT3 RS, Turbo Coupé/Cabriolet und GT2 der ersten 997-Generation weiterhin produziert.
Insgesamt entstanden 2811 Exemplare der drei Turbo-Modelle für den weltweiten Verkauf.

Preise 2009 für die 997-Turbomodelle der 1. Generation.
Bei den Preisangaben handelt es sich um den Grundpreis in Deutschland ohne MwSt. und länderspezifische Anforderungen.

Modell	Grundpreis
Turbo Coupé	119.900,00 €
Turbo Cabriolet	129.100,00 €
GT2	190.000,00 €

Hinweis:
In Deutschland lag der Aufpreis für die optional erhältliche Tiptronic S bei 2.475,00 € zzgl. MwSt.

Aus den vorliegenden Produktionszahlen geht nicht eindeutig hervor, wie viele GT3 und GT3 RS der 1. Generation für das Modelljahr 2009 entstanden sind und in welche Märkte sie geliefert wurden. Im Ersatzteilkatalog ist allerdings ersichtlich, dass unterschiedliche FIN für beide Modelle angelegt waren.
Im Modelljahr 2009 wurden auch keine Kleinserien oder Sondermodelle gebaut, aber die Produktion war trotzdem gut ausgelastet. Über 24.000 neue 997 der 2. Generation verließen in diesem Jahr die Fertigungsstraße.
Im Mai 2009 musste Porsche seinen Plan aufgeben, VW zu übernehmen und wurde selbst Teil des VW-Konzerns. Damit endete dramatisch das über vier Jahre andauernde Bestreben von Porsche zur Umsetzung dieses Vorhabens. Für den VW-Aufsichtsratsvorsitzenden Ferdinand Piëch erfüllte sich dagegen ein lang gehegter Traum, aber diese Geschichte liefert genug Stoff für ein eigenes Buch.
Zurück zum Modelljahr 2009:
In der Produktionseinstellung der Motoren M96 und M97 sahen viele selbst ernannte Experten die Bestätigung ihrer Kritik an der in ihren Augen fehlerhaften Konstruktion. Tatsächlich waren in der Vergangenheit verhältnismäßig viele 996- und 997-Besitzer weltweit von ärgerlichen Schäden an diesen Motoren betroffen gewesen.
Noch einmal kurz zur Erinnerung: Bei den erwähnten Schwierigkeiten handelte es sich um Undichtigkeiten am schwungradseitigen Kurbelwellendichtring sowie um Defekte am Zwischenwellenlager. Letztere können zu einem

Seine Zeit war vorüber: Der Motor M96 mit vierteiligem Kurbelgehäuse. *(Bild: Porsche AG)*

Damit sind auch potenzielle Zwischenwellenprobleme aus der Welt. *(Bild: Porsche AG)*

Eine Plakette weist auf die Direkteinspritzung des neuen MA1-Motors hin. *(Bild: Adrian Streather)*

kapitalen Motorschaden führen; im Kapitel 3 wird dieser Sachverhalt ausführlicher behandelt.
Welche Maßnahmen ergriff Porsche in diesem Zusammenhang? Der bisherige Motor M96 in Open-Deck-Bauweise und vierteiligem Kurbelgehäuse wurde durch eine völlig neue Konstruktion in Closed-Deck-Ausführung und zweiteiligem Kurbelgehäuse ersetzt. Dadurch entfielen die Zwischenwelle und auch das separate Kurbelwellen-Lagergehäuse, das in das vertikal geteilte Kurbelgehäuse eingesetzt und verschraubt wurde und für die Undichtigkeiten hauptverantwortlich war.

Hinweis:
Von Anbeginn hatten alle 911-Motoren eine Zwischenwelle zum Antrieb der Nockenwellen. Damit war jetzt Schluss. Bei der neuen Motorkonstruktion treibt die Kurbelwelle direkt die Nockenwellen an. Im Kapitel 3 wird das genauer erklärt.

Nach Meinung des Autors dauerte es zu viel lange, bis die Schwierigkeiten mit dem Motor M96 beseitigt waren. Eigentlich hätte der neue Motor schon viel früher im 996 zu dessen Facelift in 2002 erscheinen müssen. Das hätte Porsche ein verlorenes Gerichtsverfahren erspart, aber das ist Geschichte. Der entscheidende Schritt wurde 2009 unternommen und es war an der Zeit, dass etwas passierte.
Zwar war der neue Motor nicht die einzige wichtige Änderung des Modelljahres 2009, er soll aber zuerst behandelt werden.
Bei dem neuen Motor MA1 handelte es sich um einen wassergekühlten Saugmotor mit Direkteinspritzung und integrierter Trockensumpfschmierung. Eingebaut wurde er in die Modelle Carrera Coupé, Cabriolet und Targa 4 der 2. Generation. Die unterschiedlichen Motorversionen erhielten diese Bezeichnungen:

- MA1.01, ein 3,8-Liter-Motor für das Carrera Coupé/Cabriolet S/4S sowie den Targa 4S.
- MA1.02, ein 3,6-Liter-Motor für das Carrera Coupé/Cabriolet mit Heck- und Allradantrieb und den Targa 4.
- MA1.01S, ein 3,8-Liter-Motor mit X51 Leistungssteigerung, eingebaut auf Kundenwunsch sowie in einige Sondermodelle.

Was war so unterschiedlich bei diesen neuen Motoren? Eine stichpunktartige Beschreibung des 3,6- und 3,8-Liter-Motors MA1.XX folgt an dieser Stelle; ausführlicher werden die Motoren und die Motorsteuerung in den Kapiteln 3 und 4 behandelt.

- 3,6-Liter-Motor, Leistung 254 kW/345 PS bei 6.500 min^{-1}, Drehmoment 390 Nm bei 4.400 min^{-1}

Ein Carrera Coupé der 2. Generation von 2009 mit dem neuen Motor MA1.02 mit 3,6 Litern Hubraum und Direkteinspritzung.

(Bild: Adrian Streather)

Der 3,6-Liter-Motor MA1.02 mit Direkteinspritzung.

(Bild: Adrian Streather)

Ein Carrera Cabriolet 4S der 2. Generation von 2009 mit dem neuen Motor MA1.01 mit 3,8 Litern Hubraum und Direkteinspritzung.

(Bild: Porsche AG)

- 3,8-Liter-Motor, Leistung 283 kW/385 PS bei 6.500 min^{-1}, Drehmoment 420 Nm bei 4.400 min^{-1}
- Motor durch flachere Ölwanne 10 mm tiefer eingebaut als bisher, der dadurch niedrigere Schwerpunkt verbessert die fahrdynamischen Eigenschaften
- Zweiteiliges, vertikal geteiltes Kurbelgehäuse ohne separates Lagergehäuse, geringeres Gewicht als Vorgängermotor
- Kurbelgehäuse vollständig aus einer Aluminium-Silizium-Legierung (ALUSIL) hergestellt
- Zylinderblöcke in Closed-Deck-Ausführung (Kühlwasserraum nach oben weitgehend geschlossen)
- Nockenwellenantrieb mittels Steuerketten direkt über die Kurbelwelle, keine Zwischenwelle mehr vorhanden
- Schmiedekolben mit neuer Kolbenbodenform
- Riemenscheibe mit Schwingungsdämpfer
- Poly-Rip-Riemen mit wartungsfreiem hydraulischem Spannelement
- Einteiliger Zylinderkopf ohne separates Tassenstößelgehäuse
- Mehrlagige Zylinderkopfdichtung aus Metall mit temperaturbeständiger Kunststoffbeschichtung
- Mechanische Unterdruckpumpe
- Schmiersystem überarbeitet
- Hochdruck-Kraftstoffpumpe mit Hitzeschutz an Zylinderkopf 1-3 angeflanscht, Antrieb über Auslass-Nockenwelle
- Fünf Ölpumpen statt bisher drei; Antrieb über Kette von der Kurbelwelle; Schmierölpumpe mit elektronischer Bedarfsregelung; außerdem vier Spülpumpen für die Zylinderköpfe
- Direkteinspritzung (Direct Fuel Injection, DFI)
- Digitale Motor Elektronik (Steuergerät) Siemens EMS SDI 3.1
- Sekundärluftsystem entfallen
- Neue Auspuffanlage mit überarbeiteten Auspuffkrümmern und geänderten Katalysatoren; Erfüllung der Abgasnormen EU5 und US LEV II

Aber nicht nur der Motor M96 wurde bei der 2. Generation ersetzt, sondern auch das Automatikgetriebe Tiptronic hatte ausgedient. Dieses technische Meisterwerk, das von ZF in Friedrichshafen konstruiert und gebaut wurde, war mit dem Modelljahr 1990 eingeführt worden.

Hinweis:
Die ursprüngliche Tiptronic-Ausführung hatte vier Gänge.

Die bewährte 5-Gang-Tiptronic S konnte als Sonderausstattung bestellt werden, ausgenommen waren einige wenige

Dieses 964 Carrera 2 Coupé war mit der ersten Tiptronic-Ausführung von ZF ausgerüstet. *(Bild: Porsche AG)*

Noch mit vier Gängen: die erste Tiptronic-Ausführung Typ A50. *(Bild: Porsche AG)*

Wählhebel des neuen Doppelkupplungsgetriebes PDK *(Bild: Adrian Streather)*

Modelle (GT3, GT3 RS, GT2 und 911 Club Coupé). Jetzt wurde sie durch das 7-Gang-Doppelkupplungsgetriebe von Porsche (PDK) ersetzt.

Hinweis:
Aufgrund seiner Bauart wird ein Doppelkupplungsgetriebe auch als automatisiertes Schaltgetriebe bezeichnet.

Entwickelt wurde das Doppelkupplungsgetriebe von Porsche, hergestellt wird es aber wieder bei ZF in Friedrichshafen.

Bei einem Doppelkupplungsgetriebe handelt es sich im Prinzip um zwei parallel angeordnete mechanische Wechselgetriebe 1 und 2, die jeweils über eine eigene Kupplung mit dem Motor verbunden sind.

- Getriebe 1, zu dem die äußere Kupplung 1 gehört, schaltet die ungeraden Gänge 1, 3, 5, 7 und den Rückwärtsgang.
- Getriebe 2 mit der innenliegenden Kupplung 2 schaltet die geraden Gänge 2, 4 und 6.

Im Fahrbetrieb war natürlich nur ein Getriebe über die entsprechende Kupplung mit dem Motor verbunden.

Hinweis:
Dieses Prinzip trifft für jedes Porsche-Modell mit PDK zu.

Der Wählhebel des PDKs hatte zwei Schaltgassen. Befand sich der Hebel in der rechten Schaltgasse in der Wählhebelstellung „D", schaltete das Getriebe automatisch hoch und zurück. Wurde der Wählhebel in die linke Gasse („M") gelegt, konnte manuell hoch- und zurückgeschaltet werden. Das erfolgte entweder über den Wählhebel oder die Schalttasten am Lenkrad.
997-Modelle der 2. Generation erhielten mit dem PDK auch ein neues 3-Speichen-Sportlenkrad, bei dem in die linke und rechte Lenkradspeiche eine Schalttaste eingelassen war. Das Hochschalten erfolgte durch Drücken der Schalttaste, das Zurückschalten mittels Herunterziehen. Dabei war es egal, welche der Tasten für das Schalten benutzt wurde. Durch Dauerbetätigung konnten nacheinander mehrere Gänge hoch- bzw. zurückgeschaltet werden.
Der jeweilige aktive Wählmodus wurde im Instrumentenfeld angezeigt und eine digitale Anzeige informierte den Fahrer über den eingelegten Gang.
Befand sich der Wählhebel zwischen zwei Positionen, blinkte die entsprechende Wählhebelstellung im Kombiinstrument. Weitere PDK-relevante Anzeigen im Instrumentenfeld waren:

Das zum PDK zugehörige 3-Speichen-Sportlenkrad
(Bild: Porsche AG)

PDK-Schnittmodell
(Bild: Porsche AG)

PDK-Schnittmodell
(Bild: Porsche AG)

- „Getriebe Temperatur zu hoch". Der Fahrer wurde aufgefordert, seinen Fahrstil zu ändern. Beim Anfahren trat ein „Warnruckeln" auf und die Motorleistung konnte eingeschränkt sein.

Achtung:
Das Auto am Berg nicht mit dem Gaspedal, sondern mit dem Bremspedal oder der Handbremse halten.

Falls möglich, den Wagen an einer geeigneten Stelle anhalten und den Motor in der Wählhebelstellung „P" oder „N" so lange laufen lassen, bis die Warnmeldung erlischt.

- „Getriebe Notlauf" in weißer Schrift signalisierte, dass der Wagen weitergefahren werden kann, aber eine qualifizierte Porsche-Werkstatt aufgesucht werden sollte.
- „Getriebe Notlauf" in roter Schrift bedeutete, dass nur noch bis zum Fahrzeugstillstand weitergefahren werden konnte.

Die Doppelkupplung, die aus zwei Mehrscheiben-Nasskupplungen bestand, war ein zentrales Bauteil des PDK und hatte folgende Eigenschaften:

- Äußerst schnelle Reaktionszeit, geringe rotierende Massen und gute Reibwerte für weiches Einkuppeln
- Hohe Standzeit für sportliche Fahrweise
- Optimale und komfortable Gangwechsel bei jeder Fahrweise
- Aus Sicherheitsgründen trennten die Kupplungen, sobald sie deaktiviert und drucklos geschaltet wurden.

Hinweis:
Doppelkupplungsgetriebe PDK siehe auch Kapitel 5

Neben den neuen Motoren und dem als Sonderausstattung erhältlichen PDK gab es noch weitere Änderungen an der zweiten 997-Generation, so zum Beispiel am Chassis:

- Die S-Modelle waren serienmäßig mit dem Porsche Active Suspension Management (PASM) ausgestattet und 10 mm tiefergelegt.
- Als Individualausstattung gab es nur für die Coupés das PASM mit 20 mm Tieferlegung und mechanischer Hinterachs-Quersperre.

Alle 997-Modelle der 2. Generation hatten unabhängig vom eingebauten Getriebe einen Anfahrassistenten. Er verhinderte durch die Betriebsbremse für eine begrenzte Zeitspanne das Vor- oder Zurückrollen des Fahrzeugs. Damit ermöglichte der Anfahrassistent ein sicheres und weiches Anfahren am Berg ohne den Einsatz der Handbremse.

Ein schöner Rücken kann entzücken – Carrera S Coupé der 2. Generation. *(Bild: Porsche AG)*

Neue, größere Außenspiegel gehörten ebenfalls zu den Änderungen an der zweiten 997-Generation.
(Bild: Adrian Streather)

Größere Lufteinlässe mit neuen Gittern erfüllten die gestiegenen Kühlungsanforderungen der neuen 997-Motoren.
(Bild: Adrian Streather)

Auch die Karosserie des 997 erhielt mit der 2. Generation ein Facelift:

- Größere Außenspiegel in neuem Design
- Neue Bugverkleidung mit größeren Lufteinlässen; 20% Steigerung der Luftzufuhr zu den Kühlern, um die gestiegenen Anforderungen des neuen Motors zu erfüllen

- Neue Lufteinlassgitter; schwarz lackiert bei den Modellen mit Heckantrieb, titanfarben bei den Allrad-Modellen
- Neue Hauptscheinwerfer
- Allrad-Modelle mit neuem Heckleuchtenband auf der Motorraumhaube
- Neue Heckverkleidung und LED-Heckleuchten
- Allrad-Modelle mit schwarz lackierten Blenden an der Unterseite der Heckverkleidung
- Neue Steuerung der Klimaanlage und Heizung/Lüftung; ausführliche Beschreibung siehe Kapitel 8

Hinweis:
Weitere Unterschiede zwischen der ersten und zweiten 997-Generation sind in den jeweiligen Kapiteln aufgeführt: Kapitel 3 – Motor, Kapitel 4 – Nebenaggregate, Kapitel 5 – Getriebe, Kapitel 6 – Radaufhängungen, Bremsen und Räder, Kapitel 7 – Karosserie, Kapitel 8 – Bordsysteme.

Preise 2009

Bei den Preisangaben handelt es sich um den Grundpreis in Deutschland ohne MwSt. und länderspezifische Anforderungen, gültig ab Juli 2008.

Modell	Grundpreis
Carrera Coupé	69.600,00 €
Carrera S Coupé	78.800,00 €
Carrera Cabriolet	78.800,00 €
Carrera S Cabriolet	88.000,00 €
Carrera 4 Coupé	75.100,00 €
Carrera 4S Coupé	84.300,00 €
Carrera 4 Cabriolet	84.300,00 €
Carrera 4S Cabriolet	93.500,00 €
Targa 4	82.100,00 €
Targa 4S	91.300,00 €

Hinweis:
In Deutschland lag der Aufpreis für das optional erhältliche 7-Gang-PDK bei 2.950,00 € zzgl. MwSt.

Ein 997 Carrera 4 Coupé der 2. Generation aus 2009 mit dem neuen Heckleuchtenband auf der Motorraumhaube.

(Bild: Porsche AG)

Zum Vergleich: ein Carrera S Cabriolet der 2. Generation aus 2009. Hier fehlt das Heckleuchtenband (kein Allrad-Modell).

(Bild: Porsche AG)

Beim Targa 4 und Targa 4S ist das neue Heckleuchtenband vorhanden.

(Bild: Porsche AG)

Hinweis:
Wie bereits bei der 1. Generation des 997 waren die Modelle mit 3,6-Liter-Motor mit 18-Zoll-Rädern ausgestattet, die Modelle mit 3,8-Liter-Motor mit 19-Zoll-Rädern.

Abgesehen von allem Beschriebenen hatte sich 2009 nicht viel geändert ...

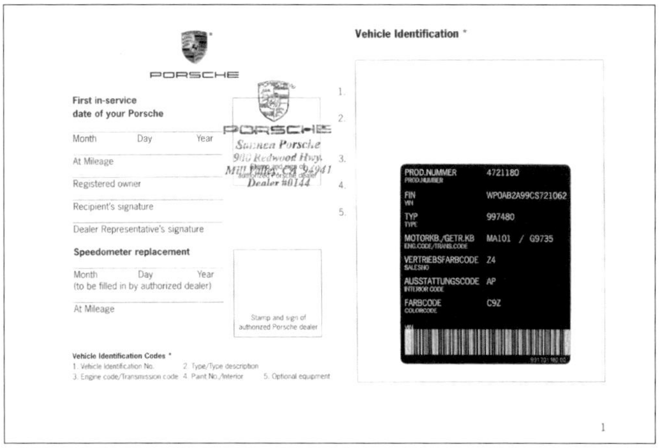

PORSCHE

First in-service date of your Porsche

Month Day Year

At Mileage

Registered owner

Recipient's signature

Dealer Representative's signature

Speedometer replacement

Month Day Year
(to be filled in by authorized dealer)

At Mileage

Stamp and sign of authorized Porsche dealer

Vehicle Identification Codes *
1. Vehicle Identification No. 2. Type/Type description
3. Engine code/Transmission code 4. Paint No./Interior 5. Optional equipment

Vehicle Identification *

PROD.NUMMER PROD.NUMBER	4721180
FIN VIN	WP0AB2A99CS721062
TYP TYPE	997480
MOTORKB./GETR.KB ENG.CODE/TRANS.CODE	MA101 / G9735
VERTRIEBSFARBCODE SALESNO	Z4
AUSSTATTUNGSCODE INTERIOR CODE	AP
FARBCODE COLORCODE	C9Z

Ab Modelljahr 2010 gültig: die neue Fahrgestellnummer (VIN) der US-Modelle. Aus dem Typ 997 wurde der A97.

(Bild: Paul Simmons)

Ein 997 für den chinesischen Markt (Restwelt 1)

(Bild: Porsche AG)

Der Fahrgestellnummernaufbau der 997-Restwelt-Modelle blieb in den Modelljahren 2010 – 2013 gleich. Nur die US-Modelle hatten die besondere VIN erhalten.

(Bild: Adrian Streather)

2010 (10. FIN-Ziffer = A)

Aus vielerlei Gründen war das Modelljahr 2010 sehr bedeutend.

Zu Beginn des Modelljahres 1981 lief das erste 911 SC Coupé vom Band, das eine 17stellige Fahrgestellnummer (VIN) hatte: WP0AA091xDS120001.

Dabei handelte es sich um ein Fahrzeug für den US-Markt. Von dieser Nummer an bis zur letzten VIN des Modelljahres 2009 war die 7. Stelle immer die Zahl „9", die auch mit der ersten Stelle der Fahrzeugtypenbezeichnung übereinstimmte. Diese langjährige Tradition änderte sich jedoch ab dem Modelljahr 2010, denn ab diesem Jahr stand an der 7. Stelle der VIN bei den US-Modellen der Buchstabe „A". Ab sofort stand in der US-VIN für den 911 die Typenbezeichnung A97.

Hinweis:

Diese Änderung in der Fahrgestellnummer betraf auch alle anderen Porsche Fahrzeuge für die USA wie Boxster, Cayman, Panamera und Cayenne. Der Macan hatte bereits diese geänderte Nummer.

Auch der Restwelt-Markt (RoW) war nicht von Änderungen ausgenommen. Ab dem Modelljahr 2010 und folgend führte Porsche eine neue Modellversion ein, die für die Märkte in China, Korea, Mexico und Brasilien vorgesehen war und in diesem Buch mit Restwelt 1 bezeichnet wird. Mit der US-Version bediente Porsche den nordamerikanischen und kanadischen Markt.

In Ländern wie Amerika, Kanada und Australien hatte sich gerade der Anteil des Graumarkts verdoppelt – jetzt reichte aber nicht mehr die Erklärung aus, dass es sich um einen Restwelt-Import handelte, sondern es musste auch angegeben werden, aus welchem Restwelt-Markt das Auto stammte.

Durch die neuen Märkte, die Porsche nun zusätzlich belieferte, erhöhte sich auch die Anzahl der Ländercodes. Allerdings ist die Anzahl der verwendbaren zweistelligen Codes in der Fahrzeugdatenbank begrenzt und als Konsequenz verschwanden einige (z. B. C04 für Puerto Rico) und andere wurden zusammengelegt (z. B. C23 für Australien und Neuseeland). Andere entstanden aufgrund unterschiedlicher Fahrbahnbenutzung: C14 Asien/Pazifik steht für die Linkslenkermodelle von Taiwan, Vietnam und den Philippinen, unter C15 Asien/Pazifik sind die rechtsgelenkten Fahrzeuge für Singapur, Malaysia, Indonesien, Brunei, Sri Lanka und Thailand zusammengefasst. Alle Ländercodes sind im Anhang B aufgelistet.

Im Modelljahr 2010 wurden insgesamt 27.197 997-Modelle der 2. Generation in drei marktspezifischen Versionen her-

Nicht überall erhältlich: der neue 997 Carrera GTS des Modelljahres 2010.

(Bild: Porsche AG)

Der GT3 Cup für die Rennsaison 2010 stammte vom GT3 RS ab.

(Bild: Adrian Streather)

GT2 RS

(Bild: Porsche AG)

gestellt. Wie viele verschiedene 997-Ausführungen waren tatsächlich im Programm?

Im Modelljahr 2010 wurde die vom Vorjahr bekannte Carrera-Modellpalette weitergeführt. Erhältlich waren wieder alle drei Karosserievarianten, die Standard- und die S-Versionen sowie der Heck- bzw. Allradantrieb.

Hinweis:

Der 997 Targa wurde während der gesamten Bauzeit nur mit Allradantrieb angeboten.

Für den Restwelt-Markt wurden zwei neue Carrera-Modelle mit Saugmotor ins Programm aufgenommen: die leistungsstarken Carrera GTS als Coupé und Cabriolet, die auch in einer recht hohen Stückzahl gebaut wurden.

Hinweis:

Das Carrera GTS Coupé und Cabriolet wurden erst 2011 im US-Markt eingeführt und werden in diesem Kapitel gemeinsam mit den GTS-Allradmodellen behandelt.

Auch ein neuer GT3 und GT3 RS waren im Angebot zu finden. Beide Modelle hatten als Antrieb den 3,8-Liter-Motor M97.77.

Hinweis:

Der GT3 und GT3 RS sowie der spätere GT3 RS 4.0 waren die einzigen Saugmotoren, die weiterhin eine klassische Trockensumpfschmierung mit externem Öltank hatten.

Für die Rennsaison 2010 stand ebenfalls ein neuer GT3 Cup bereit. Abweichend von der bisherigen Tradition, nach der als Basis für das Cup-Auto das Carrera Coupé diente, war der jetzige GT3 Cup vom neuen GT3 RS abgeleitet.

Bei den Turbomodellen gab es das bekannte Coupé und Cabriolet jetzt auch in einer zusätzlichen S-Variante, die in einer sehr begrenzten Stückzahl ausgeliefert wurden.

Für den Restwelt-Markt gab es für das Modelljahr 2010 mit dem GT2 RS eine neue Ausführung des bekannten GT2 Coupés. Zwar hatte der GT2 RS mit dem 3,6-Liter-Motor M97.70S und dem Getriebe G97.88 die gleiche Antriebseinheit wie der Vorgänger, aber der Turbomotor des RS hatte etliche Änderungen aufzuweisen (einschließlich neuem Ladeluftkühler). Damit lag die Leistung nun bei beeindruckenden 456 kW (620 PS) bei 6.500 min^{-1} und das maximale Drehmoment war auf 700 Nm angewachsen.

Hinweis:

Der Autor besaß selbst für kurze Zeit einen 996 GT2 des Modelljahres 2002. Modifiziert von der Schweizer Firma Sportec, hatte der Motor eine Leistung von 478 kW (650 PS).

Motorraum des GT2 RS
(Bild: Porsche AG)

Innenraum des GT2 RS
(Bild: Porsche AG)

Zwei Sondermodelle, die im Modelljahr 2010 im Angebot waren: Der Sport Classic und der Speedster (mit noch wenigen Exemplaren).
(Bild: Porsche AG)

Daneben unterschied sich der neue GT2 RS erheblich von seinem Vorgänger GT2 der 1. Generation. Die wichtigsten Änderungen waren:

- 68 kg geringeres Gewicht durch vermehrten Einsatz von Aluminium und Kohlefaser
- Einmassen- statt Zweimassenschwungrad
- Hinterradfedern zweiteilig
- Vorderradfedern mit reduzierter Wicklungszahl
- Bremsscheibennaben aus Aluminium
- Heckscheibe der Restwelt-Modelle aus Kunststoff
- Sitze mit Airbag für US-Modelle
- Optionale Lithium-Ionen-Batterie für zusätzliche Gewichtseinsparung
- Leichterer Teppich
- Vordere Spurweite um 12,7 mm verbreitert
- Starrer Heckspoiler mit schmalerer Lippe

Ursprünglich wollte Porsche nur 500 Exemplare des GT2 RS bauen, denn diese Anzahl hätte die FIA-Vorschriften für ein Homologationsmodell erfüllt. Porsche legte jedoch nach und lieferte 497 Fahrzeuge im Modelljahr 2010 und im Folgejahr nochmals 13 Exemplare aus.

Hinweis:
In einigen Ländern war der GT2 RS erst im Modelljahr 2011 erhältlich. So zum Beispiel in Australien, wo der Verkaufspreis bei 560.000 AUD (ca. 400.000 €) lag.

Im Modelljahr 2010 wurde die Modellpalette wieder um einige Sondermodelle erweitert. Allerdings wurde nur eines davon in den USA angeboten und das erst für das Modelljahr 2011.
Die 2010er Sondermodelle waren:

- 997 Sport Classic (nur Restwelt)
- 997 Coupé China Edition (nur China)
- 997 Cabriolet China Edition (nur China)
- 911 Speedster (weltweit)

In den meisten Märkten erschien der Speedster erst mit dem Modelljahr 2011, aber 26 Exemplare wurden im Modelljahr 2010 hergestellt.
Die Sondermodelle werden im Kapitel nach der Modelljahrübersicht behandelt.
Wie bereits erwähnt, ergänzten zwei neue GT3-Versionen das 2010er Modellangebot:

- Der GT3, dessen Rohkarosserie sich aus dem vorderen Chassisabschnitt des Carrera 4 Coupés der 2. Generation, und dem Mittel- und Heckteil des Carrera Coupés, ebenfalls aus der 2. Generation, zusammensetzte

GT3 Coupé der 2. Generation
(Bild: Porsche AG)

GT3 Coupé der 2. Generation
(Bild: Porsche AG)

GT3 Coupé der 2. Generation
(Bild: Porsche AG)

- Der GT3 RS, der vollständig auf dem Chassis des Carrera 4 der 2. Generation basierte

Andere wesentliche Unterschiede zu den Vormodellen waren:

- GT3: Neuer 3,8-Liter-Saugmotor M97.77 (entwickelt aus dem bisherigen 3,6-Liter-Motor M97.76) mit einer Leistung von 320 kW (435 PS) bei 7.600 min^{-1} und einem Drehmoment von 430 Nm bei 6.250 min^{-1}
- GT3 RS: Neuer 3,8-Liter-Saugmotor M97.77R (entwickelt aus dem bisherigen 3,6-Liter-Motor M97.76) mit einer Leistung von 331 kW (450 PS) bei 7.600 min^{-1} und einem Drehmoment von 430 Nm bei 6.750 min^{-1}
- Einmassenschwungrad (nur GT3 RS)
- Luftfiltergehäuse mit zwei Filtern (nur GT3 RS)
- Auspuff teilweise aus Titan (nur GT3 RS)
- Weiterentwickeltes VarioCam-System mit verstellbaren Einlass- und Auslassnockenwellen
- Dynamische Motorlager als Sonderausstattung beim GT3, serienmäßig beim GT3 RS
- Neues G97.92 Sechsgang-Getriebe (nur GT3 RS); G97.70-Getriebe beim GT3
- Bremsscheibendurchmesser vorn auf 380 mm vergrößert; hinten weiterhin 350 mm
- Bremsscheibenreibfläche aus Grauguss, Bremsscheibennabe aus Aluminium
- Zusätzliche Kühlluftkanäle für Hinterradbremse
- Neue Räder mit V-förmigem Speichendesign
- Erstmaliger Einsatz des Porsche Stability Managements PSM in einem GT3-Modell
- Optional erhältliche Niveauanhebung der Vorderachse
- Neu geformter Heckflügel mit 3.8-Logo (übernommen vom 964 Carrera RS 3.8)
- Neues GT3-Lenkrad mit 3 Speichen
- 24 kg geringeres Gewicht
- Einklappbare Fußstütze
- Schiebedach als Individualausstattung entfallen

Damit endet die Übersicht des Modelljahres 2010.

Preise 2010

Bei den Preisangaben in € handelt es sich um den Grundpreis in Deutschland ohne MwSt. und länderspezifische Anforderungen.

GT3 RS Coupé der 2. Generation
(Bild: Porsche AG)

GT3 RS Coupé der 2. Generation
(Bild: Porsche AG)

Innenraum des GT3 RS Coupé der 2. Generation
(Bild: Porsche AG)

Modell	Grundpreis
Carrera Coupé	71.700,00 €
Carrera 4 Coupé	77.400,00 €
Carrera S Coupé	82.700,00 €
Carrera GTS Coupé	88.000,00 €
Carrera 4S Coupé	88.400,00 €
Carrera Cabriolet	81.200,00 €
Carrera S Cabriolet	92.200,00 €
Carrera GTS Cabriolet	96.500,00 €
Carrera 4 Cabriolet	86.900,00 €
Carrera 4S Cabriolet	97.900,00 €
Targa 4	84.500,00 €
Targa 4S	95.500,00 €
GT3	101.200,00 €
GT3 RS	124.800,00 €
Turbo Coupé	126.000,00 €
Turbo Cabriolet	135.700,00 €
GT2 RS	237.000,00 €
Speedster	201.682,00 €
Coupé China Style Edition	225.000,00 $
Cabriolet China Style Edition	ca. 241.000,00 $
Sport Classic	169.300,00 €

Hinweis:
In Deutschland lag der Aufpreis für das optional erhältliche 7-Gang-PDK bei 2.950,00 € zzgl. MwSt.

Hinweis:
Ein weiteres GT3-Modell sollte ebenfalls noch erscheinen.

Hinweis:
Die GT3 Cup-Wagen für die Rennsaisons 2010 und 2011 basieren auf den 997 GT3 RS der 2. Generation.

Carrera GTS Coupé

(Bild: Porsche AG)

2011 (10. FIN-Ziffer = B)

In diesem Modelljahr kam es zu einem nicht unerheblichen Rückgang der Produktionszahlen, dafür waren zusätzliche Neu- und Sondermodelle im Angebot.
Die Sondermodelle (sie werden später ausführlicher behandelt) waren:

- Einsteigermodell Black Edition Coupé
- Einsteigermodell Black Edition Cabriolet
- Speedster für den US-Markt
- Turbo S China Edition

Neu in der Modellpalette 2011 und erhältlich in allen Märkten waren:

- GT2 RS
- Carrera 4 GTS Coupé
- Carrera 4 GTS Cabriolet
- GT3 RS 4.0

Carrera GTS Coupé

(Bild: Porsche AG)

Wo lagen nun die Unterschiede zwischen dem 2010 vorgestellten Carrera GTS Coupé und Cabriolet und dem 2011 eingeführten Carrera 4 GTS Coupé und Cabriolet?

- Das Carrera GTS Coupé und Cabriolet hatten nur einen Heckantrieb und basierten auf der breiten Karosserie des Carrera 4S.
- Das Carrera 4 GTS Coupé und Cabriolet waren allradgetriebene, modifizierte Versionen des Carrera 4S.

Alle Carrera GTS waren serienmäßig mit folgenden Sonderausstattungen versehen:

- 3,8-Liter-Motor MA1.01S mit Leistungssteigerung X51; max. Leistung 300 kW (408 PS) bei 7.300 min^{-1}; max. Drehmoment 420 Nm bei 5.600 min^{-1}
- 19 Zoll RS Spyder Räder mit Zentralverschluss
- GT3-Interieur
- Spezielle GTS-Applikationen

Hinweis:
Diese Ausführung des MA1.01S-Motors war auch mit einem neu entwickelten Resonanzeinlass-System mit sechs unterdruckgesteuerten Klappen versehen; siehe Kapitel 3.

Ein Schriftzug auf den Türen weist den Betrachter auf das Modell hin. *(Bild: Porsche AG)*

Das letzte 2011 eingeführte Neumodell war der GT3 RS 4.0, der mit seinen GT3-Vorgängern recht wenig gemeinsam hatte, da es sich hier um das Homologationsmodell für den neuen GT3 RSR handelte.
Als Antrieb des neuen GT3 RS diente der 4,0-Liter-Motor M97.74, der aus dem vorigen M97.77S weiterentwickelt wurde. Allerdings war die Kurbelwelle des RSR-Rennmotors eingebaut, die den Hub auf 80,4 mm vergrößerte. Porsche gab als maximale Leistung 368 kW (500 PS) bei 8.250 min^{-1},

Motorraum des Carrera 4 GTS
(Bild: Porsche AG)

Innenraum des Carrera 4 GTS Cabriolets
(Bild: Porsche AG)

19-Zoll RS Spyder-Rad mit Zentralverschluss an einem Carrera 4 GTS *(Bild: Porsche AG)*

das maximale Drehmoment mit 460 Nm bei 5.750 min^{-1} an. Das Chassis des GT3 RS 4.0 wurde prinzipiell vom GT2 RS übernommen, hatte aber etliche abweichende Bauteile. Zur Kraftübertragung war nur das Sechsgang-Schaltgetriebe G97.92 in Verbindung mit Heckantrieb erhältlich. Der neue GT3 RS 4.0 war leichter als der GT3 RS. Erreicht wurde das u. a. durch die Verwendung von Kohlefaser als Werkstoff für die Kofferraumabdeckung, Kotflügel und Sitze; außerdem war ein leichterer Teppich eingebaut. So wog der GT3 RS 4.0 nur 1360 kg.

Hinweis:
Die Restwelt-Versionen erhielten zusätzlich leichte Scheiben (Seiten und Heck) aus Kunststoff, außerdem war ein Überrollkäfig montiert.

Erstmals waren an einem Porsche auch Luftleitschaufeln (Flics) an der Bugverkleidung montiert.

Hinweis:
Weiterhin serienmäßig vorhanden waren die Klimaanlage und ein Radio.

Den GT3 RS 4.0 gab es nur in diesen zwei Farben:
- Schwarz
- Weiß

Von diesem neuen RS-Modell sollten 600 Einheiten gebaut werden, 126 davon für den US-amerikanischen Markt. Die Produktionszahlen weisen jedoch 613 Fahrzeuge aus: 550 entstanden im Modelljahr 2011 und weitere 63 im Modelljahr 2012.

Preise 2011

Bei den Preisangaben in € handelt es sich um den Grundpreis in Deutschland ohne MwSt. und länderspezifische Anforderungen.

Modell	Grundpreis
Carrera Coupé	73.800,00 €
Carrera 4 Coupé	80.400,00 €
Carrera S Coupé	85.900,00 €
Carrera GTS Coupé	88.000,00 €
Carrera 4S Coupé	91.800,00 €
Carrera Cabriolet	84.300,00 €
Carrera S Cabriolet	95.700,00 €
Carrera GTS Cabriolet	96.500,00 €

GT3 RS 4.0
(Bild: Porsche AG)

Motorraum des GT3 RS 4.0
(Bild: Porsche AG)

Innenraum des GT3 RS 4.0
(Bild: Porsche AG)

Modell	**Grundpreis**
Carrera 4 Cabriolet	86.900,00 €
Carrera 4S Cabriolet	97.900,00 €
Targa 4	84.500,00 €
Targa 4S	95.500,00 €
GT3	116.900,00 €
GT3 RS	145.800,00 €
GT3 RS 4.0	178.800,00 €
GT3 Cup	106.400,00 €
Turbo Coupé	126.000,00 €
Turbo S Coupé	145.400,00 €
Turbo Cabriolet	135.700,00 €
Turbo S Cabriolet	154.900,00 €
GT2 RS	237.000,00 €
Speedster	201.682,00 €
Black Edition Coupé	85.500,00 €
Black Edition Cabriolet	96.800,00 €
Coupé China Style Edition	225.000,00 $
Cabriolet China Style Edition	ca. 241.000,00 $
Turbo S China Edition	ca. 523.200,00 $

Hinweis:
In Deutschland lag der Aufpreis für das optional erhältliche 7-Gang-PDK bei 2.950,00 € zzgl. MwSt.

Damit endet der fahrzeugreiche Überblick des Modelljahres 2011.

Für das 997 Carrera S Coupé der 2. Generation kam mit dem Modelljahr 2012 das Aus.
(Bild: Porsche AG)

Nachfolger waren die neuen 991-Modelle, hier als Carrera Coupé S.
(Bild: Adrian Streather)

Den 997 Turbo-Versionen war eine längere Laufzeit beschieden; eingestellt wurde allerdings der GT2 RS. *(Bild: Porsche AG)*

2012 (10. FIN-Ziffer = C)

Für einige 997-Modelle der 2. Generation kam mit dem Modelljahr 2012 das Aus, sie wurden durch die neuen 991-Modelle ersetzt. Betroffen waren:

- Carrera Coupé
- Carrera S Coupé
- Carrera Cabriolet
- Carrera S Cabriolet
- Carrera GTS Coupé
- Carrera GTS Cabriolet
- GT3
- GT3 RS

Hinweis:
Einige GTS Coupés und Cabriolets, die noch 2012 im US-amerikanischen Markt ausgeliefert wurden, waren bereits im Modelljahr 2011 produziert worden.

Einige 997-Modelle mit Saugmotor blieben jedoch auch im Modelljahr 2012 im Angebot. Dazu gehörten:

- Carrera 4 Coupé
- Carrera 4S Coupé
- Carrera 4 Cabriolet
- Carrera 4S Cabriolet
- Carrera 4 GTS Coupé
- Carrera 4 GTS Cabriolet
- Targa 4
- Targa 4S
- GT3 RS 4.0

Neu eingeführt wurden 2012 die 991-Modelle:

- Carrera Coupé
- Carrera S Coupé

Die vier Basismodelle des 997 Turbo waren ebenfalls weiterhin im Programm, ergänzt durch zwei Sondermodelle:

- Turbo S Coupé 918 Spyder
- Turbo S Cabriolet 918 Spyder

Eingestellt wurde dagegen das Homologationsmodell GT2 RS, nachdem 510 Exemplare hergestellt wurden. Für eine Rennversion hätte somit die FIA-Genehmigung erlangt werden können, sie wurde jedoch nie gebaut.

Hinweis:
Für Normalsterbliche waren die Sondermodelle Turbo S 918 Spyder Coupé/Cabriolet nicht erhältlich. Nur ein Käufer eines 918 Spyders konnte sich eines dieser Fahrzeuge mit den giftgrünen Gestaltungselementen sichern.

Auch für den GT2 RS kam das Aus, allerdings waren aus Homologationsgründen auch nur 500 Exemplare geplant.

(Bild: Porsche AG)

Zur äußeren Unterscheidung trugen die 918-Spyder-Sondermodelle ein giftgrünes „S" im Schriftzug.

(Bild: Porsche AG)

Preise 2012

Bei den Preisangaben in € handelt es sich um den Grundpreis in Deutschland ohne MwSt. und länderspezifische Anforderungen.

Modell	Grundpreis
Carrera 4 Coupé	81.800,00 €
Carrera S Coupé	94.200,00 €
Carrera 4 Cabriolet	92.500,00 €
Carrera 4S Cabriolet	104.900,00 €
Targa 4	84.500,00 €
Targa 4S	95.500,00 €
GT3 RS 4.0	178.800,00 €
GT3 Cup	106.400,00 €
Turbo Coupé	126.000,00 €
Turbo S Coupé	145.400,00 €
Turbo Cabriolet	135.700,00 €
Turbo S Cabriolet	154.900,00 €
Turbo S Coupe 918 Spyder	173.000,00 €
Turbo S Cabriolet 918 Spyder	185.000,00 €

Hinweis:

In Deutschland lag der Aufpreis für das optional erhältliche 7-Gang-PDK bei 2.950,00 € zzgl. MwSt.

Damit verabschiedeten sich die 997-Modelle mit Saugmotor und machten Platz für die neuen 991-Modelle Carrera und Carrera S.

Dieses Grün fand sich auch bei den Nähten und anderen Details dieser Sondermodelle wieder.

(Bild: Porsche AG)

Aus dem Speedster stammte die Türeinstiegsleiste, die auf das 25-jährige Bestehen von Porsche Exclusive hinwies und im Modelljahr 2012 das Carrera 4 GTS Coupé und Cabriolet zierte.

(Bild: Porsche AG)

Für die 997 Turbo-Modelle gab es im Modelljahr 2013 noch ein kurzes Weiterleben, während die Saugmotor-Modelle schon längst durch die Nachfolger der 991 Baureihe ersetzt waren.

(Bild: Porsche AG)

Aber auch sie wurden bald durch den 991 Turbo ersetzt, dessen Produktion im Oktober 2012 startete.

(Bild: Porsche AG)

Aber das ist eine andere Geschichte für ein anderes Buch.

(Bild: Porsche AG)

2013 (10. VIN-Ziffer = D)

Auch im Modelljahr 2013 blieben die 997 Turbo-Modelle noch für kurze Zeit in Produktion, um die Bestellungen zu erfüllen.
Der letzte 997 Turbo lief im Oktober 2012 vom Band, unmittelbar gefolgt von seinem Nachfolger, dem 991 Turbo.

Hinweis:
Der Autor entdeckte 2015 in Beverly Hills ein zum Verkauf stehendes, 2013 gebautes silberfarbenes 997 Turbo Coupé (VIN WP0AD2A91DS766105); ein Beleg ist das „D" in der VIN eines 997-Modells.

Die Plattform des 991 war eine völlige Neuentwicklung. Zum Zeitpunkt der Veröffentlichung dieses Buches gab es nur drei Porsche 911-Plattformausführungen, auf denen die jeweiligen Modelle aufbauten:

- Die Urversion für die Modelljahre 1964 - 1998
- 996- und 997-Modelle für die Modelljahre 1997 - 2012
- 991-Modelle ab 2012 bis in die Gegenwart

Preise 2013

Bei den Preisangaben in € handelt es sich um den Grundpreis in Deutschland ohne MwSt. und länderspezifische Anforderungen.

Modell	Grundpreis
Turbo Coupé	126.000,00 €
Turbo S Coupé	145.400,00 €
Turbo Cabriolet	135.700,00 €
Turbo S Cabriolet	154.900,00 €

Hinweis:
In Deutschland lag der Aufpreis für das optional erhältliche 7-Gang-PDK bei 2.950,00 € zzgl. MwSt.

Damit endete die Produktion des 997.

Sondermodelle vom 997

Bei einigen Sondermodellen, besonders bei den Ausführungen „Made for China", war es sehr schwierig Bilder zu finden, so wie hier bei diesem ausschließlich für den chinesischen Markt vorgesehenen Modell.

(Bild: Porsche AG)

997 Club Coupé

(Bild: Porsche Cars North America)

997 Club Coupé

(Bild: Porsche Cars North America)

In der ersten 997-Generation gab es zwar etliche Modelle, aber nur ein einziges Sondermodell – das 911 Club Coupé. Auch die 2. Generation startete in dieser Hinsicht zögerlich, aber im Modelljahr 2010 gab es eine regelrechte kleine Sondermodellflut. Und selbst als sich bereits das Ende der 997-Baureihe abzeichnete, war Porsche Exclusive noch fleißig dabei, letzte Sondermodelle herzustellen.

Hinweis:
Aufgrund der relativ hohen Stückzahlen an gebauten Fahrzeugen, betrachtet der Autor die straßentauglichen 997-Modelle GT3 und GT2 als „begrenzt durch Verkauf" und nicht als „begrenzt durch Planung". Die Porsche Motorsport Fahrzeuge GT3 Cup und GT3 RSR werden in Kapitel 12 behandelt.

Club Coupé

Das 911 Club Coupé war das einzige Sondermodell der ersten 997-Generation mit einer Straßenzulassung.
Zum 50jährigen Jubiläum des Porsche Club America (PCA) wurden 50 Club Coupés produziert. Dieses Sondermodell war für den PCA und seine amerikanischen und kanadischen Mitglieder bestimmt, mit anderen Worten nur für den US-Markt gedacht. Eines dieser Fahrzeuge wurde als Preis unter den Clubmitgliedern verlost, 48 Exemplare an Mitglieder verkauft. Dieses 997 Club Coupé war bis dahin der stärkste Porsche 911 mit Saugmotor, der in die USA geliefert wurde.
Die wesentlichen Merkmale waren:

- Basismodell 997 Carrera S Coupé
- 3,8-Liter-Motor mit Leistungssteigerung X51 (M97.01S) mit 280 kW (381 PS), nur mit manuellem Sechsgang-Getriebe G97.01
- Exklusive Metallic-Lackierung in Azurblau
- 19 Zoll SportDesign Räder
- Ausgerüstet mit ABS, PSM, ABD, ASR und PASM
- Sport Chrono Paket Plus
- Schwarze Zifferblätter
- Porsche Side Impact Protection System (POSIP)
- Sportsitze mit Lederbezug und integrierten Airbags
- Nummerierte Plakette auf Türverkleidung „PCA x/50"
- Türeinstiegsblenden aus Edelstahl mit Schriftzug 911 Club Coupé
- PCM mit 5,8-Zoll-Farbdisplay
- Schaltwegverkürzung
- Schwarze Lederausstattung
- Aufgepolstertes 3-Speichen-Sportlenkrad mit farblich abgesetztem Pralltopf

Das Original: Der hintere Spoiler („Entenbürzel“) eines 911 RS.
(Bild: Adrian Streather)

- Grundpreis in USA $US 99.911,00
- Grundpreis in Kanada $CAN 145.911,00

Sport Classic

Mit dem 997 Sport Classic sollten (zumindest optisch) die ruhmreichen Zeiten der 70er Jahre wieder aufleben. Der wohl bekannteste Vertreter aus dieser Epoche (und der wohl berühmteste jemals gebaute 911) war der legendäre 911 RS mit seinem Entenbürzel.

Hinweis:
Vielleicht gab es hier auch Einflüsse von RUF Automobile, denn dieser Porsche-Veredler baute ebenfalls ein Retro-Modell mit Entenbürzel, den RGT RS. Es wurde im April 2004 präsentiert – dem gleichen Jahr und Monat, in dem auch die 997-Produktion startete.

Der Nachbau: Heckspoiler des 997 Sport Classic
(Bild: Porsche AG)

Als Ausgangsbasis für den Sport Classic diente das Carrera S Coupé, allerdings mit dem Heck des Carrera 4S Coupés und 20 mm tiefergelegt.
Der 3,8-Liter-Motor MA1.01S leistete 300 kW (408 PS) bei 7.200 min^{-1}, das maximale Drehmoment von 420 Nm lag bei 5.600 min^{-1} an. Erreicht wurden diese 993 TT-ähnlichen Werte durch die Leistungssteigerung X51 und das kurz zuvor vorgestellte Einlass-Resonanzsystem mit sechs unterdruckgesteuerten Klappen. Mehr dazu im Kapitel 3.
Weitere Merkmale des 997 Sport Classic-Sondermodells von 2010 waren:

- Nur mit Sechsgang-Getriebe erhältlich
- PCCB-Bremsanlage
- Mechanische Hinterachs-Quersperre
- Schwarze 19-Zoll-Räder im Fuchs-Felgen-Stil
- Dach mit zwei Ausbuchtungen im Stil des Porsche Carrera GT
- Nur in einer Außenfarbe erhältlich: Sportclassicgrau (63A) mit serienmäßigen mittig verlaufenden Streifen
- Rückleuchten mit Klarglasoptik
- Schwarze Scheinwerferzierringe vorn
- Neue Schwellerblenden
- Interieur nur in Farbe Espresso natur
- Interieur über Porsche Exclusive – umfangreiche Ledervollausstattung inkl. Zündschlosseinfassung, Luftdüsen und Türgriffen sowie abgesetzten Nähten
- Sport Classic-Schriftzüge in Kopfstützen und Zifferblättern, Fabrikationsschild mit Wagennummer am Handschuhfachdeckel

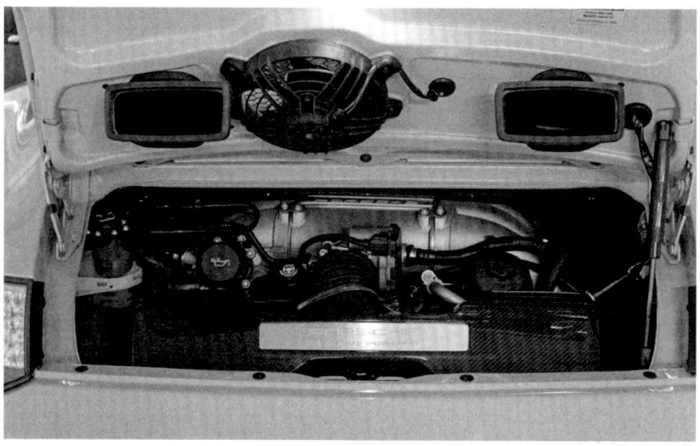

MA1.01S-Motor des 997 Sport Classic
(Bild: Porsche AG)

997 Sport Classic *(Bild: Porsche AG)*

◀ Der Farbton Sportclassicgrau war ausschließlich dem Sport Classic vorbehalten und wurde durch farblich passende „Rallye-Streifen" ergänzt. Doch dieses Sondermodell sah damit nicht nur schnell aus – es war es auch!

Die schwarz lackierten 19-Zoll-Räder konnten ihre Verwandtschaft zu den Fuchs-Felgen nicht verbergen. *(Bild: Porsche AG)*

◀ Da das Chassis und die Frontpartie vom Carrera S stammten, das Heck dagegen vom Carrera 4S, gab es beim Fahrzeugäußeren leichte Unterschiede zu den Standardmodellen.

Der Arbeitsplatz des Sport Classic-Fahrers. *(Bild: Porsche AG)*

◀ Die Lederinnenausstattung wurde nur im Farbton Espresso natur angeboten.

Vor dem 997 Speedster entstand bei Porsche Exclusive der 993 Speedster im Turbolook in einer Auflage von nur sechs Fahrzeugen. *(Bild: Porsche AG)*

Darum geht es und das muss gefeiert werden.
(Bild: Porsche AG)

Speedster

Früher gab es bei Porsche die Abteilung „Sonderwünsche", um auf Kundenansprüche besser eingehen zu können. Allerdings wurde nur ein Bruchteil der Arbeiten intern erledigt – in der Regel Änderungen am Interieur – während Karosseriearbeiten und Leistungssteigerungen am Motor an externe Firmen vergeben wurden. Diese Situation änderte sich 1985, als die neue Abteilung Porsche Exclusive ins Leben gerufen wurde. Erstmals wurde jetzt auch ein Tequipment-Katalog mit Zubehörteilen und Umbausätzen erstellt.

Schon bei den ersten 356 Speedster erfüllte Porsche Sonderwünsche der Kunden. Der Speedster-Gedanke selbst wurde im Modelljahr 1989 mit dem 911 Speedster wieder aufgegriffen und im Modelljahr 1994 mit dem 964 Speedster weitergeführt.

Im Modelljahr 1997 entstanden bei Porsche Exclusive nur sechs 993 Speedster im Turbolook, was dieses Modell sehr selten macht. Vom Modell 996 gab es keine Speedster-Version.

Zum 25jährigen Jubiläum von Porsche Exclusive wurde wieder ein Speedster-Modell aufgelegt.

Laut Produktionsstatistik entstanden 2010 26 Exemplare und weitere 335 im Modelljahr 2011; das ergibt eine Gesamtproduktion von 361 Fahrzeugen. Allerdings wurden nur 356 mit einer VIN versehen und an die weltweite Kundschaft verkauft.

Ein Aushängeschild von Porsche Exclusive sind hochwertige Innenausstattungen und Verarbeitung auf höchstem Niveau.
(Bild: Porsche AG)

Der 997 Speedster braucht sich hinter seinen Vorgängern nicht zu verstecken.

(Bild: Porsche AG)

Sowohl mit geschlossenem Dach ...

(Bild: Porsche AG)

... als auch geöffnet sieht er einfach gut aus.

(Bild: Porsche AG)

Diese Zutaten verwendete Porsche Exclusive für den 997 Speedster:

- 3,8-Liter-Motor MA1.01S mit 300 kW (408 PS) bei 7.300 min^{-1} und 420 Nm bei 5.600 min^{-1}
- Chassis basierend auf Carrera S Cabriolet, jedoch mit dem breiteren Heck des Carrera 4S Cabriolet
- Frontscheibe 77 mm niedriger als beim Carrera S Cabriolet, Anstellwinkel identisch
- Front- und Heckschürze umgestaltet, Speedster-eigene Schwellerverkleidungen
- Schwarze Steinschlagschutzfolie auf den hinteren Radhäusern
- Nur mit Heckantrieb erhältlich
- Nur mit Porsche Doppelkupplungsgetriebe erhältlich, kein manuelles Schaltgetriebe
- Porsche Active Suspension Management (PASM)
- Porsche Ceramic Composite Brakes (PCCB)
- 19-Zoll-Räder im Fuchs-Felgen-Stil
- Nur in zwei Farben erhältlich: Purblau oder Carreraweiß (ohne Aufpreis)
- Dynamisches Kurvenlicht
- Schwarze Scheinwerferringe
- Schwarze Frontscheibeneinfassung
- Hochwertig verarbeitete rauchfarbene Lederausstattung mit abgesetzten Nähten
- Manuell zu schließendes, wasserdichtes Stoffdach, aufklappbarer Deckel als Persenning
- Schwarzer Speedster-Schriftzug auf den Motorraumabdeckung

Hinweis:
Im Gegensatz zu seinen Vorgängern ist der 997 Speedster relativ schwer. Er wiegt so viel wie das Carrera S Cabriolet, obwohl er kein elektrisch zu bedienendes Dach hat.

Hinweis:
Purblau, die Standard-Exterieurfarbe, sollte ursprünglich exklusiv dem 997 Speedster vorbehalten bleiben, allerdings wurde sie später auch für ein 981 Boxster Spyder-Modell verwendet. Der Autor hat keine Bestätigung für die Behauptung, dass einige der 356 Exemplare des 997 Speedsters mit dem Sonderausstattungscode für eine Individualfarbe ausgeliefert wurden. Falls jedoch ein Speedster in einer anderen Farbe als Purblau oder Carreraweiß zum Verkauf angeboten wird, sollten zur Rückversicherung die Fahrzeugpapiere daraufhin geprüft werden.

997 Black Edition Coupé und Cabriolet.
(Bild: Porsche AG)

Black Edition
Im Modelljahr 2011 nahm Porsche die „Black Edition"-Sondermodelle in Coupé- und Cabriolet-Ausführung ins Programm auf. Allerdings handelte es sich dabei nicht um die üblichen sündhaft teuren Versionen, sondern sie lagen preislich nur geringfügig über dem Standardmodell.
Die Planung von Porsche sah 1.911 gebaute Fahrzeuge vor, die Produktionszahlen weisen allerdings nur 1.883 Exemplare aus.

Hinweis:
Bei dem Erscheinen der Black Edition frotzelten etliche Automobilzeitschriften, dass durch die zahlreichen von Porsche aufgelegten 997-Sondermodelle nicht diese selbst, sondern der Serien-997 bald zur Sammlerrarität würde.

Der Name ist Programm.
(Bild: Porsche AG)

Der Name war Programm, daher gab es die Black Edition-Modelle nur in Schwarz. Zumindest konnte man aber unter verschiedenen Schwarztönen auswählen:
- Serienmäßig war die Uni-Farbe Schwarz
- Gegen Aufpreis war Basaltschwarzmetallic erhältlich

Als Basisfahrzeug diente das heckgetriebene 997 Coupé bzw. Cabriolet der 2. Generation mit dem 3,6-Liter-Motor MA1.02 und einer Leistung von 254 kW (345 PS).
Als Grundausstattung war das Sechsgang-Getriebe G97.05 eingebaut, optional konnte das Siebengang-PDK bestellt werden.

Zur Serienausstattung der Black Edition-Modelle zählten außerdem:
- 19 Zoll Turbo II-Räder
- Bose® Surround Sound-System
- PCM3 mit Navigationsmodul
- Schwarze Bremssättel
- Interieur in Alu-Optik
- Windschutzscheibe mit Graukeil
- Plakette mit Seriennummer des Sondermodells auf Handschuhfachdeckel
- Silberfarbener 911-Schriftzug auf Motorraumabdeckung

19 Zoll große Turbo II-Räder und schwarz lackierte Bremssättel
(Bild: Porsche AG)

Innenraum in Alu-Optik
(Bild: Porsche AG)

◀ Serienmäßig war das manuelle Sechsgang-Getriebe G97.05 eingebaut.

Beeindruckend war die hochwertige Verarbeitung im Innenraum. Das Cabriolet hatte serienmäßig ein schwarzes Stoffdach.
(Bild: Porsche AG)

◀ Im Fahrzeugpreis war eine umfangreiche Ausstattung des Innenraums mit Zubehör enthalten.

Nur 1911 Exemplare waren geplant, letztendlich wurden aber weniger gebaut.
(Bild: Porsche AG)

◀ Eine Plakette auf dem Handschuhfachdeckel wies auf das Sondermodell hin.

Die 911 Edition Style-Modelle gab es nur in drei Farben.

(Bild: Porsche AG)

China Style Edition

Im Modelljahr 2010 stellte Porsche für den chinesischen Markt die 997-Modelle China Style Edition Coupé und Cabriolet vor. Beide Versionen wurden auch noch 2011 gebaut und in China als 911 Edition Style bezeichnet.

Nach den Produktionszahlen von Porsche entstanden von dieser Sonderserie im Modelljahr 2010 75 Coupés und 32 Cabriolets, im Modelljahr 2011 weitere 65 bzw. 15, woraus eine Gesamtzahl von 187 Fahrzeugen resultiert.

Als Basismodell diente auch hier wieder das 997 Carrera Coupé bzw. Cabriolet der 2. Generation mit Heckantrieb und dem 3,6-Liter-Motor MA1.02 mit 254 kW (345 PS).

Besonderheiten des 911 Edition Style-Modells waren:

- Nummerierte Sondermodellplakette auf dem Handschuhfachdeckel
- Türeinstiegsleisten mit speziellem Schriftzug

Die 911 Edition Style-Modelle gab es nur in drei Farben:

- Rubinrotmetallic
- Macadamiametallic
- Basaltschwarzmetallic

Der Einstiegspreis für ein 911 Style Edition-Modell lag 2010 bei RMB 1.500.000,00 oder $ 225.000,00.

Beim Öffnen der Tür wies die Türeinstiegsleiste mit entsprechendem Schriftzug auf das Sondermodell hin.

(Bild: Porsche AG)

Die Handschrift von Porsche Exclusive lässt sich im Innenraum ablesen, beispielsweise an den Nähten.

(Bild: Porsche AG)

Turbo S Coupé China Edition in Goldbronzemetallic und mit Designelementen in Carbon-Optik.

(Bild: Porsche AG)

Turbo S Coupé China Edition

Zum 10jährigen Jubiläum von Porsche China baute Porsche im Modelljahr 2011 in einer Kleinserie von zehn Exemplaren das Modell 997 Turbo S Coupé China Edition. Ausgestattet war dieses Modell neben dem serienmäßigen PDK mit allen für das Turbo S Coupé verfügbaren Extras. Vom normalen Turbo S unterschied es sich durch:

- Exterieur-Sonderfarbe Goldbronzemetallic mit Designelementen in Carbon-Optik
- 19-Zoll-Räder im Fuchs-Felgen-Stil (wie 911 Sport Classic)
- Sondermodellplakette mit Fahrzeugnummer auf Handschuhfachdeckel
- Interieur in Alcantara und schwarzem Stoff ausgeführt, goldfarben eingefasst
- Türeinstiegsleisten mit Sondermodell-Schriftzug

Der Preis des Turbo S Coupé China Edition lag 2011 bei CNY 3.488.000,00, das entsprach etwa € 470.000,00.

Innenraum des Turbo S Coupé China Edition

(Bild: Porsche AG)

Zuerst musste der (zahlungskräftige) Kunde einen 918 Spyder verbindlich bestellen ...

(Bild: Porsche AG)

... bevor er eines dieser Turbo S Coupés ...

(Bild: Porsche AG)

... oder Turbo S Cabriolets mit grünen Farbtupfern kaufen konnte.

(Bild: Porsche AG)

Turbo S 918 Spyder

In der Geschichte der Porsche-Fahrzeuge nehmen die Turbo S Coupé/Cabriolet 918 Spyder einen besonderen Platz ein. Der Autor kann sich an kein anderes Sondermodell erinnern, dessen Kauf an ein anderes Modell geknüpft war: Vor dem Erwerb eines Turbo S 918 Spyder musste der potenzielle Interessent erst einen 918 Spyder bestellt haben.

Hinweis:

Was passiert, wenn eines der beiden Autos von seinem Besitzer verkauft wird? Muss der Verkäufer eines 918 Spyders auch seinen Turbo S Spyder mitverkaufen? Darüber kursieren diverse Theorien ...

Der Typenbezeichnung folgend wurden vom Modell 918 Spyder auch 918 Exemplare gebaut und analog dazu eine gleich große Anzahl an Turbo S 918 Spyder Coupés und Cabriolets. Nach Angaben von Porsche kauften alle 918 Spyder-Kunden „ihren" Turbo S 918 Spyder mit dazu.

Hinweis:

Diese Behauptung wurde von einigen Fachjournalisten angezweifelt.

Was unterschied den Turbo S 918 Spyder vom normalen Turbo S? Eigentlich recht wenig, es waren in erster Linie farbliche Akzente: In Acidgreen lackiert waren die Bremssättel, Außenspiegelsockel, seitlichen Schriftzüge und das hintere Logo, während im Innenraum das schwarze Leder durch grüne Sitznähte, Sitzschriftzüge und ebenfalls grün ausgeführte Instrumentendetails ergänzt wurde.
Serienmäßig war das PDK eingebaut, ein manuelles Schaltgetriebe war nicht erhältlich.
Der Preis lag bei € 173.241,00, was jedoch nur statistischen Wert hat, weil der Otto Normalverbraucher keines der Fahrzeuge kaufen konnte.

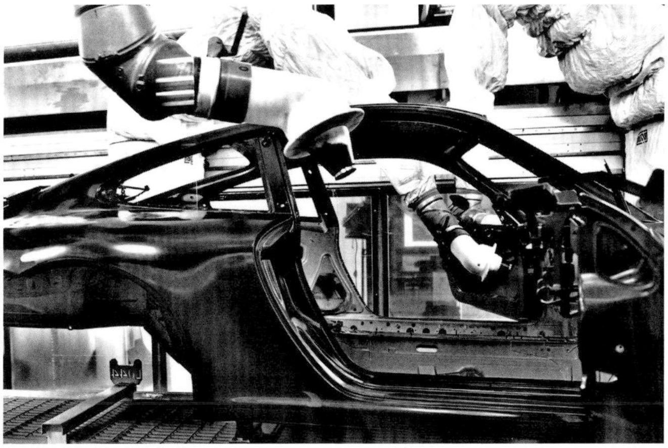

Hinsichtlich der Farbwahl erfüllte Porsche jeden Kundenwunsch – aber das hatte auch seinen Preis!

(Bild: Porsche AG)

Aufpreispflichtige Extras

Die hier zu findenden Angaben zu den Sonderausstattungen sind unvollständig und geben nur einen groben Überblick.

Bestellcode	Bezeichnung
E4	Carmonarotmetallic für Coupé und Cabriolet
G4	Lagogrünmetallic für Coupé und Cabriolet
J2	Lapisblaumetallic für Coupé und Cabriolet
Y1	Sealgraumetallic für Coupé und Cabriolet
7G	Dunkelolivemetallic für Coupé und Cabriolet
9Q	Meteorgraumetallic für Targa 4
9S	Macadamiametallic für Targa 4
A6	Rubinrotmetallic für Targa 4
D2	Aquablaumetallic für Targa 4
J1	Porsche Racinggreenmetallic für Targa 4
N4	Dunkelblaumetallic für Targa 4
Z1	Basaltschwarzmetallic für Coupé und Cabriolet, Targa 4
8W	Nordischgoldmetallic für Targa 4
T2	Cremeweiß für Targa 4
B4	Carreraweiß für GT3
56	Cobaltblaumetallic Coupé und Cabriolet, GT3
E7	Atlasgraumetallic für GT3, Targa 4, Coupé und Cabriolet
E9	Nachtblaumetallic für GT3, Coupé und Cabriolet
X1	Arktissilbermetallic für Coupé und Cabriolet, Targa 4, GT3
Z4	Basaltschwarz für GT3
53	Tannengrünmetallic für Coupé und Cabriolet, GT3
J5	Grün für GT3 RS
N2	Orange für GT3 RS
59	Schiefermetallic für Coupé/Cabriolet, Turbo Coupé und Cabriolet, GT3
7G	Dunkelolivemetallic für Turbo Coupé und Cabriolet, GT3
E7	Atlasgraumetallic für Turbo Coupé und Cabriolet

Bestellcode	Bezeichnung
H1	Malachitmetallic für Targa 4, Turbo Coupé und Cabriolet
U2	GT-Silbermetallic für Coupé/Cabriolet, Turbo Coupé/Cabriolet, GT3, Targa 4
98	Uni-Farbe nach Muster (alle Modelle)
99	Metallic-Farbe nach Muster (alle Modelle)
98	Uni-Farbe nach Muster für Targa 4
99	Metallic-Farbe nach Muster für Targa 4
B4	Carreraweiß für GT3
56	Cobaltblaumetallic GT3
E7	Atlasgraumetallic für GT3
E9	Nachtblaumetallic für GT3
X1	Arktissilbermetallic für GT3
Z4	Basaltschwarz für GT3
53	Tannengrünmetallic für GT3
59	Schiefermetallic für GT3
7G	Dunkelolivemetallic für GT3
J5	Grün für GT3 RS
N2	Orange für GT3 RS
U2	GT-Silbermetallic für GT3
98	Uni-Farbe nach Muster für GT3
99	Metallic-Farbe nach Muster für GT3
59	Schiefermetallic für Turbo Coupé und Cabriolet
7G	Dunkelolivemetallic für Turbo Coupé und Cabriolet
E7	Atlasgraumetallic für Turbo Coupé und Cabriolet
H1	Malachitmetallic für Turbo Coupé und Cabriolet
U2	GT-Silbermetallic für Turbo Coupé und Cabriolet
98	Uni-Farbe nach Muster für Turbo Coupé und Cabriolet
99	Metallic-Farbe nach Muster für Turbo Coupé und Cabriolet
550	Hardtop für Cabriolet
030	PASM-Sportfahrwerk (-20 mm)
P17	PASM-Sportfahrwerk (-20 mm) inkl. mechanischer Hinterachs-Quersperre
220	Mechanische Hinterachs-Quersperre
249	Tiptronic S
250	Porsche Doppelkupplungsgetriebe PDK
XCZ	Schaltwegverkürzung
450	Porsche Ceramic Composite Brake (PCCB)
475	Porsche Active Suspension Management (PASM)
509	Feuerlöscher
267	Selbsttätig dimmende Spiegel
425	Heckscheibenwischer
549	Dachtransportsystem
603	Dynamisches Kurvenlicht

Bestellcode	Bezeichnung
P77	Sportsitze
Verschiedene	Ledervollausstattung
Verschiedene	Lederausstattung in Sonderfarbe
99	Lederausstattung in Farbe nach Muster
810	Fußmatten in Interieurfarbe
CFX	Individuelle Fußmatte mit Ledereinfassung
CJX	Fußmatten mit Ledereinfassung
342	Sitzheizung
541	Sitzbelüftung
982	Raffledersitzanlage
P01	Adaptive Sportsitze mit Fahrermemory
P03	Sportschalensitze
P15	Komfortsitze mit Fahrermemory
XSC	Porschewappen auf Kopfstützen
635	ParkAssistent
640	Sport Chrono Paket Plus
641	Elektronisches Fahrtenbuch
671	Sprachbedienung
672	Navigationsmodul
680	Bose® Surround Sound-System
693	CD-/DVD-Wechsler, sechsfach
870	Universelle Audioschnittstelle (AUX, USB, i-Pod®)
404	19 Zoll Turbo-Rad
405	19 Zoll Carrera Classic-Rad
407	19 Zoll SportDesign-Rad
419	19 Zoll Carrera S II-Rad
446	Radnabenabdeckung
XD9	Felgenstern lackiert
CRX	Felgenstern lackiert in abweichender Exterieurfarbe
XDA	Felgenstern in Schwarz lackiert
XRP	Distanzscheiben, 5 mm
XRR	19 Zoll Carrera Sport-Rad
345	Lenkradheizung

Die wohl bedeutendste Änderung in der gesamten 997-Baureihe war beim Generationswechsel die Ablösung der „alten" Motoren M96.05 und M97.01 durch die neu entwickelten, einfacher aufgebauten Motoren MA1.01 und MA1.02 mit Direkteinspritzung.

(Bild: Adrian Streather)

Modellpflege und Änderungen von 2004 – 2012

Die folgende Liste erhebt keinen Anspruch auf Vollständigkeit. Viele Änderungen an den 997-Modellen flossen bereits werkseitig während der laufenden Produktion ein. Das Wissen um diese Änderungen bewahrt unter Umständen vor unnötigen Ausgaben, was besonders für den selbstschraubenden Besitzer von Bedeutung ist. Denn das Bestellen der richtigen Ersatzteile spart Zeit und Geld.

Hinweis:
In den Ersatzteilkatalogen für die Modelle 997.1 und 997.2 werden die heckgetriebenen Versionen teilweise als Carrera 2 bezeichnet. Allerdings fand sich diese Bezeichnung weder als Schriftzug auf der Motorraumabdeckung noch in den Verkaufsbroschüren. Trotzdem werden auf dem Gebrauchtmarkt gelegentlich 997 mit dieser Bezeichnung angeboten.

Hinweis:
Es kann nicht davon ausgegangen werden, dass jede von Porsche per Technischer Kundendienstmitteilung veröffentlichte erforderliche Änderung oder Reparatur für bereits in Kundenhand befindliche Fahrzeuge auch tatsächlich durchgeführt wurde. So wurden nicht alle Besitzer von ihren Werkstätten über diese Mitteilungen informiert oder in Kenntnis gesetzt, ob und was an ihrem Wagen repariert wurde.

Modelljahr	Änderung
2005	Bosch DME überarbeitet für Motortypen M96.05 und M97.01, neue Ersatzteilnummer
	Tiptronic S Steuergerät überarbeitet, neue Ersatzteilnummer
	Kabelstrang Fahrer- und Beifahrertür für neue Funktionen überarbeitet
2006	Verbesserte Katalysatoren, neue Ersatzteilnummer
	Neue Lambdasonden für US-Markt (LEV II)
	Bosch DME überarbeitet für Motortypen M96.05 und M97.01, neue Ersatzteilnummer
	Kabelstrang Motor überarbeitet für Motortypen M96.05 und M97.01
	Neues Kupplungsausrücklager, neue Ersatzteilnummer
	Tiptronic S Steuergerät überarbeitet, neue Ersatzteilnummer
	MP3-Funktion in PCM 2.1 integriert
	Änderungen im Exterieurfarben-Angebot: Tannengrünmetallic ersetzt Lagogrünmetallic; Lagogrünmetallic wird Sonderfarbe
	Kartentasche in Rückenlehne entfällt (alle Modelle)
	12-V-Steckdose im Beifahrerfußraum entfällt

Modelljahr	Änderung
	Erweiterung des Interieurfarben-Angebots: Bi-Color Lederausstattung in drei Farbkombinationen Steingrau/Schwarz, Sandbeige/Schwarz, Terracotta/Schwarz
	„S"-Schalthebel in Aluminiumoptik bei allen Carrera-Modellen
	Erweitertes Airbag-System nur für US-Version Amerika, Kanada, Mexiko
	Reifendruckkontrollsystem RDK weltweit erhältlich
	Erweitertes Navigationsmodul
	Einführung des elektronischen Fahrtenbuchs (nur in Verbindung mit Navigationsmodul)
	Vorrüstung Vehicle Tracking System
	Leistungssteigerung X51 für Carrera S (neue Zylinderköpfe, Auslassventile etc.)
	19 Zoll Carrera Sport-Rad als Sonderausstattung
	Spurverbreiterung mit 5 mm Distanzscheiben als Sonderausstattung
	Diverse neue Individualisierungsangebote für das Interieur
	Neuer Handsender für Porsche Access System (PAS), neue Ersatzteilnummer
	Kabelstrang Fahrer- und Beifahrertür für neue Funktionen überarbeitet
2007	Bosch DME überarbeitet für Motortypen M96.05 und M97.01, neue Ersatzteilnummer
	Kabelstrang Motor überarbeitet für Motortypen M96.05 und M97.01
	Tiptronic S Steuergerät überarbeitet, neue Ersatzteilnummer
	Porsche Access System (PAS) Steuergerät und Handsender überarbeitet, neue Ersatzteilnummern
	Trägerplatte für Batterie überarbeitet (nur S-Modelle)
	Kabelstrang Airbag-System für neue Funktionen überarbeitet
	Kabelstrang Fahrer- und Beifahrertür für neue Funktionen überarbeitet
	Neue Hochton- und Tiefton-Fanfare
2008	Porsche Access System (PAS) Steuergerät überarbeitet, neue Ersatzteilnummer
	Kabelstrang Airbag-System für neue Funktionen überarbeitet
	Neue Hochton- und Tiefton-Fanfare
2009	997-Modelle der 2. Generation, nur Carrera-Modelle mit Saugmotoren
	3,6-Liter-Motor MA1.02 mit Direkteinspritzung ersetzt den Motor M96.05 im Carrera, Carrera 4 und Targa 4
	3,8-Liter-Motor MA1.01 mit Direkteinspritzung ersetzt den Motor M97.01 im Carrera S, Carrera 4S und Targa 4S
	Sechsgang-Getriebe G97.05 ersetzt Getriebe G97.01
	Sechsgang-Getriebe G97.35 (Allradantrieb) ersetzt Getriebe G97.31
	Vorderachsgetriebe Z97.51 ersetzt Z97.00
	Porsche Doppelkupplungsgetriebe CG1.00 ersetzt Tiptronic S A97.01
	Porsche Doppelkupplungsgetriebe CG1.30 (Allradantrieb) ersetzt Tiptronic S A97.81
	Siemens EMS SDI 3.1 ersetzt Bosch DME
	ZF PDK-Steuergerät ersetzt Daimler Steuergerät für Tiptronic S
	Karosserieänderungen zur besseren Unterscheidung der heck- bzw. allradgetriebenen Carrera-Modelle
	Neue Außenspiegel
	Größere Lufteinlässe vorn

Modelljahr	Änderung
	Neue waagrechte Zusatzleuchten mit LED-Technik
	Geänderte Schalldämpferendrohre
	PCM 3.0 mit 6,5-Zoll-Touchscreen ersetzt bisheriges PCM 2.1 mit 5,8-Zoll-Monitor und Tastensteuerung
	Vordere Mittelkonsole mit weniger Bedienknöpfen
	Klimaanlagenkompressor mit externer Steuerung Erstmals bei einem 911-Modell, übernommen vom Cayenne
	Neue Sitzheizung
	Sitzbelüftung für Vordersitze als Sonderausstattung erhältlich
	Reifendruckkontrollsystem (RDK) überarbeitet
2010	Turbo- und GT3-Modelle der 2. Generation eingeführt
	MA1.70 Turbomotor mit VTG-Technologie ersetzt den Motor M97.70
	Sechsgang-Getriebe G97.55 (Allradantrieb) ersetzt Getriebetypen G97.50 und G97.88
2011	4,0-Liter-Motor M97.74 ersetzt den Motor M97.77 des GT3 RS In einigen Märkten ist der GT3 RS mit Motor M97.77 weiter erhältlich
2012	Produktionsende der 997-Modelle mit Saugmotor Erste 991-Modelle auf neuer Plattform
2013	Produktionsende der 997-Modelle mit Turbomotor Neuer 991-Turbo auf neuer Plattform

LED-Heckleuchte des 997, 2. Generation

(Bild: Joe Ramos)

RUF RGT-Coupé auf 997-Basis
(Bild: RUF Automobile GmbH)

Arbeitsplatz des RUF RGT-Piloten
(Bild: RUF Automobile GmbH)

RUF RGT-Coupé auf 997-Basis
(Bild: RUF Automobile GmbH)

RUF Porsche auf 997-Basis

Seit 2000 ist der Autor mit Alois Ruf, Inhaber der RUF Automobile GmbH, und seiner Frau Estonia bekannt. Diese freundschaftliche Beziehung fand ihre Anfänge durch das Erstlingswerk des Autors, *Handbuch Porsche 911 Typ 964,* und die Weihnachtsfeier der deutschen Sektion des Porsche Club of America in Heidelberg.
Drei RUF-Kreationen auf Porsche 997-Basis werden in diesem Zusammenhang kurz vorgestellt. Unterstützung dabei leistete Marcel Groos, der Sohn von Alois Ruf, aber der Chef behielt sich weiterhin die Absegnung der Inhalte vor.

RUF RGT

Angeboten wurde der RUF RGT in zwei Karosserieversionen: Coupé und Cabriolet. Beide entstanden auf einem 997 Carrera, erhielten aber an den vorderen und hinteren Kotflügeln angeschraubte Verbreiterungen.

Als Motorisierung stand nur ein Saugmotor zur Verfügung: Ein 3,8-Liter vom Typ M97.76, den RUF einer Behandlung unterzogen hatte und der dadurch 327 kW (445 PS) bei 7.600 min^{-1} leistete; das maximale Drehmoment lag bei 420 Nm bei 5.100 min^{-1}.

Beide Ausführungen des RUF RGT gab es nur mit Sechsgang-Schaltgetriebe samt Schaltwegverkürzung sowie Heckantrieb mit mechanischer Hinterachs-Quersperre.
Zudem bot RUF weder für das Coupé noch für das Cabriolet Zubehör an. Dafür war die Serienausstattung sehr umfangreich; die wichtigsten Punkte sind hier kurz aufgeführt:

- Keine Rücksitze
- Tachometeranzeige bis 370 km/h
- Teil-Lederausstattung
- Voll einstellbares 3-Speichen-Sportlenkrad
- Dachhimmel in Alcantara
- Integrierte Cupholder
- Türeinstiegsleisten mit RUF-Schriftzug
- 12-Speichen Superleggera-Räder
- Rot lackierte Bremssättel mit RUF-Schriftzug

In 2008 waren die Grundpreise der RUF RGT-Modelle:

- Coupé: 185.200,00 €
- Cabriolet: 198.275,00 €

RUF R Kompressor Coupé auf 997-Basis

(Bild: RUF Automobile GmbH)

RUF R Kompressor Coupé auf 997-Basis: Für eine Zulassung in den USA entstanden für jedes RUF-Modell zusätzliche Kosten von 3.000,00 €.

(Bild: RUF Automobile GmbH)

RUF R Kompressor Coupé auf 997-Basis

(Bild: RUF Automobile GmbH)

RUF R Kompressor

Kompressor = Mechanischer Verdichter zur Erhöhung des Motorfüllungsgrades (Aufladung).

Ein 996 mit Kompressor war das erste aufgeladene RUF-Modell, das den Autor die hohe Kunst des PS-Zauberers Alois Ruf erfahren ließ. Mit dem Folgemodell RUF R Kompressor legte das Unternehmen die Messlatte auf ein neues Niveau.

Das RUF-Modell R Kompressor konnte auf Basis dieser 997-Ausführungen geordert werden:

- Carrera Coupé mit Heckantrieb
- Carrera S Coupé mit Heckantrieb
- Carrera Cabriolet mit Heckantrieb
- Carrera S Cabriolet mit Heckantrieb
- Carrera 4 Coupé mit Allradantrieb
- Carrera 4S Coupé mit Allradantrieb
- Carrera 4 Cabriolet mit Allradantrieb
- Carrera 4S Cabriolet mit Allradantrieb

Darüber hinaus konnte jede Variante mit einem dieser beiden Motoren versehen sein:

- 3,6-Liter 6-Zylindermotor mit Kompressor (Basis Typ M96.05) mit 305 kW (415 PS) bei 7.000 min^{-1} und 450 Nm bei 5.500 min^{-1}.
- 3,8-Liter 6-Zylindermotor mit Kompressor (Basis Typ M97.01) mit 320 kW (435 PS) bei 7.000 min^{-1} und 470 Nm bei 5.500 min^{-1}.

Alle möglichen Kombinationen von Karosserie und Antriebsart konnten entweder mit einem Sechsgang-Schaltgetriebe und Zweimassen-Schwungrad oder optional mit dem RUFtronic Fünfgang-Automatikgetriebe mit Schaltpaddeln ausgerüstet werden.

Die Grundpreise für die verschiedenen RUF R Kompressor-Modelle mit 3,6-Liter-Motor waren 2008:

- Coupé mit Heckantrieb und Sechsgang-Getriebe: 118.800,00 €
- Cabriolet mit Heckantrieb und Sechsgang-Getriebe: 128.000,00 €
- Coupé mit Allradantrieb und Sechsgang-Getriebe: 124.200,00 €
- Cabriolet mit Allradantrieb und Sechsgang-Getriebe: 133.400,00 €

In 2008 waren die Grundpreise für die verschiedenen RUF R Kompressor-Modelle mit 3,8-Liter-Motor:

- Coupé mit Heckantrieb und Sechsgang-Getriebe: 128.000,00 €
- Cabriolet mit Heckantrieb und Sechsgang-Getriebe: 137.200,00 €

RUF Rt 12 Coupé auf 997-Basis
(Bild: RUF Automobile GmbH)

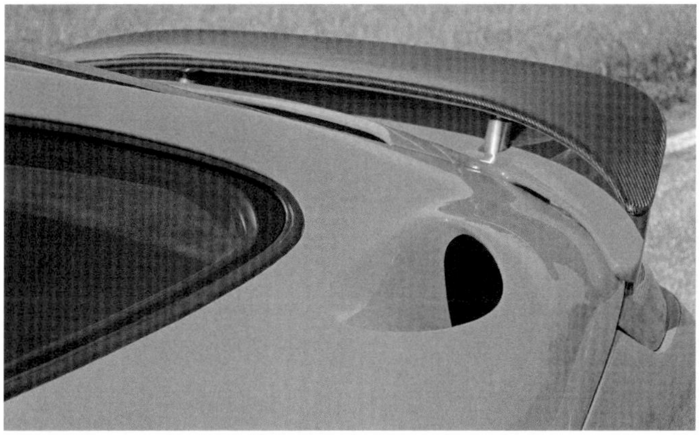

Heckspoiler des RUF Rt 12 Coupés
(Bild: RUF Automobile GmbH)

RUF Rt 12 Coupé auf 997-Basis
(Bild: RUF Automobile GmbH)

- Coupé mit Allradantrieb und Sechsgang-Getriebe: 133.400,00 €
- Cabriolet mit Allradantrieb und Sechsgang-Getriebe: 142.600,00 €

RUF Rt 12

Das RUF-Modell Rt 12 entstand auf Basis des Turbo Coupé bzw. Cabriolet der 1. Generation.
In der Grundversion wurde der Rt 12 mit einem Sechsgang-Getriebe mit Schaltwegverkürzung und Heckantrieb ausgeliefert. Als Antrieb dienten wahlweise:

- ein von RUF optimierter 3,6-Liter-Motor (Typ M97.70) mit zwei Turboladern; max. Leistung 412 kW (560 PS) bei 6.900 min^{-1}, max. Drehmoment 790 Nm von 3.500 bis 4.000 min^{-1} oder
- ein ebenfalls von RUF optimierter 3,8-Liter-Motor (Typ M97.70) mit zwei Turboladern; max. Leistung 478 kW (560 PS) bei 6.900 min^{-1}, max. Drehmoment 870 Nm von 3.500 bis 4.000 min^{-1}

Optional bot RUF folgende Ausstattungen an:

- Allradantrieb für beide Karosserieversionen und Motorvarianten
- Fünfgang-Automatikgetriebe RUFtronic mit Schaltpaddeln
- Schiebedach für das Coupé
- Hardtop für das Cabriolet
- ParkAssistent
- Porsche Ceramic Composite Brakes
- Frontscheibe mit Graukeil
- Reifendruckkontrollsystem (RDK)
- Farbige Zifferblätter
- GT3-Schalensitze in verschiedenen Ausführungen
- Überrollkäfig für das Coupé mit bzw. ohne Schiebedach

In 2008 waren die Grundpreise für die verschiedenen RUF Rt 12-Modelle:

- Coupé mit Heckantrieb und Sechsgang-Getriebe: 240.900,00 €
- Cabriolet mit Heckantrieb und Sechsgang-Getriebe: 271.900,00 €
- Coupé mit Allradantrieb und Sechsgang-Getriebe: 250.100,00 €
- Cabriolet mit Allradantrieb und Sechsgang-Getriebe: 281.200,00 €

Kapitel 2: Kauf und Unterhalt

Vom Nervenkitzel, einen Porsche zu besitzen.

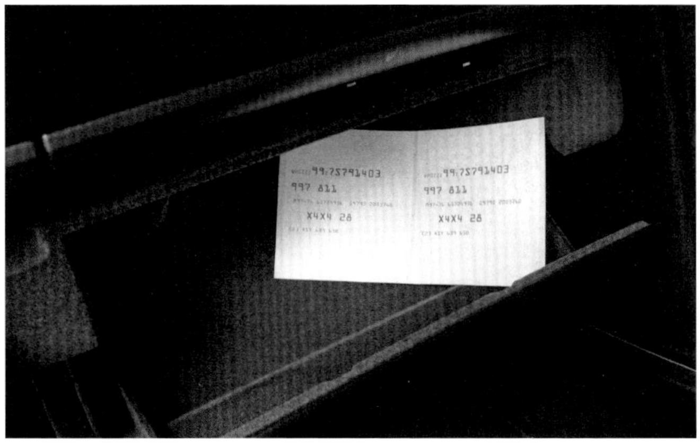

Die Papiere, bitte! Bei der 997-Baureihe änderte sich auch die Dokumentation der Fahrzeugdaten.

(Bild: Paul Heaft)

Einführung

Die erste und zweite 997-Generation wurden in den Modelljahren 2004 bis einschließlich 2013 produziert.

Hinweis:
In den Modelljahren 2004 und 2005 entstanden die 997-Modelle noch parallel mit Fahrzeugen der Baureihe 996 auf der gleichen Montagestraße.

Hinweis:
Im Modelljahr 2013 wurden noch einige wenige 997 Turbo-Modelle hergestellt.

Der Typ 997 war die zweite 911-Baureihe, die in zwei unterschiedlichen Serien produziert wurde:
- 1. Generation: Modelljahre 2004 - 2009
- 2. Generation: Modelljahre 2009 - 2013

Hinweis:
Der Wechsel von der ersten zur zweiten Modellgeneration erstreckte sich fließend über die Jahre 2008 und 2009. Die Turbo-Modelle der 2. Generation blieben bis zum Oktober 2012 in Produktion und erhielten eine 2013er VIN mit einem „D".

Die Gesamtproduktionszahl des 997 liegt bei über 212.000 Einheiten, daher ist das Angebot an Gebrauchtfahrzeugen deutlich höher als bei allen anderen Serien. Von der 997-Baureihe entstanden auch bis dahin die meisten Sondermodelle, allerdings verringerte sich damit auch das Angebot an Exterieur- und Interieur-Farben sowie bei der Materialauswahl.
Ohne Zweifel gehört der 997 zu den Besten seiner Klasse. In der Regel erhält man für seinen Einsatz einen guten Gegenwert und so ist es jeder 997 wert, bei Interesse näher untersucht zu werden.
In diesem Kapitel findet ein potenzieller 997-Käufer die wichtigsten Informationen zur Kaufentscheidung. Darüber hinaus sind für die Zeit nach dem Kauf die anfallenden Wartungsarbeiten angegeben, die von einem durchschnittlich begabten Hobbyschrauber erledigt werden können.
All das gehört zum „Porsche-Erlebnis". Seine Vermittlung war die Veranlassung dazu, dieses Handbuch und die früheren Ausgaben zu schreiben.
Allerdings sollte man sich immer bewusst sein, dass es beim Gebrauchtkauf eines Fahrzeugs nie eine 100%ige Sicherheit gibt.

Im April 2004 (Modelljahr 2004) begann die Produktion des 997 Carrera und Carrera S für den Restwelt-Markt.

(Bild: Porsche AG)

Der US-Markt musste auf seine 997 Carrera- und Carrera S-Modelle bis 2005 warten.

(Bild: Porsche AG)

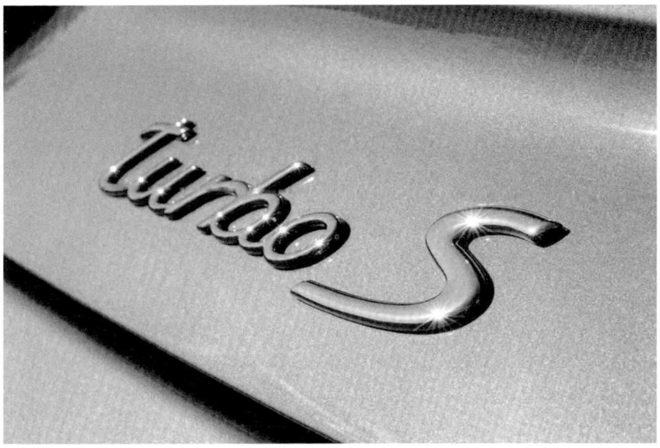

Das letzte produzierte 997-Modell war ein Turbo S, der im Oktober 2012 (Modelljahr 2013) die Montagestraße verließ.

(Bild: Porsche AG)

1.808 mm breit ist der Carrera S. *(Bild: Adrian Streather)*

Mit 1.852 mm ist der Carrera 4 um 44 mm breiter.
(Bild: Porsche AG)

Die gleichen Verhältnisse finden sich beim GT3 und GT3 RS.
(Bild: Adrian Streather)

Erster Kauf

Die folgenden Informationen basieren auf dem Wissen des Autors über den 997, ergänzt mit Erfahrungen weiterer Besitzer aus aller Welt sowie Informationen direkt aus dem Werk.

Für den Neuling ist es wichtig, alle Ratschläge in diesem Buch sorgfältig zu lesen. Holen Sie sich auch ruhig weitere Meinungen ein! Wer sich nicht so genau mit Porsche-Modellen und speziell dem 911 auskennt, läuft am ehesten Gefahr, Opfer eines Fehlkaufs zu werden.

Die Baureihe 997 unterscheidet sich bei der Bezeichnung der unterschiedlich breiten Karosserieausführungen von den Vorgängerserien des 911. Beim 997 gibt es beim Coupé, Cabriolet und Targa keine schmale Karosserieversion und keine verbreiterte S-Version. Die heckgetriebenen 997 Carrera (Coupé und Cabriolet) sind schmaler als die allradgetriebenen Ausführungen und die Turbo-Modelle; die Basis- und die parallelen S-Modelle haben dagegen identische Abmessungen.

In der Basisausführung hatte der 997 einen Saugmotor mit 3,6 Litern Hubraum und 18-Zoll-Räder. Das S-Modell verfügte dagegen über einen 3,8 Liter Saugmotor und hatte serienmäßig 19-Zoll-Räder. Dieser Unterschied bestand auch über den Wechsel von der ersten zur zweiten Generation hinaus.

Die heckgetriebenen Modelle Carrera Coupé und Cabriolet (einschließlich der S-Varianten) und der GT3 zählten mit 1808 mm Breite zu den „schmalen" 997-Versionen. Alle anderen Modelle einschließlich GT3 RS, den Turbos in Standard- und S-Ausführung sowie dem GT2 und GT2 RS hatten mit 1.852 mm Gesamtbreite 44 mm mehr „auf den Hüften".

Innerhalb der 997-Baureihe gab es etliche Änderungen, besonders bei der 2. Generation. So erschienen Motoren mit Direkteinspritzung oder Räder mit Zentralmuttern.

Wissen ist eine wesentliche Voraussetzung beim Fahrzeugkauf. Fragen Sie andere 997-Besitzer nach ihren Erfahrungen.

Informationen aus erster Hand sind natürlich unbezahlbar, aber am Wichtigsten ist, nicht den Gefühlen den Vorrang einzuräumen und die Vernunft auszublenden. Seien Sie geduldig und beschäftigen Sie sich ernsthaft nur mit dem Fahrzeug, das Ihnen ein besonders breites Lächeln ins Gesicht zaubert – aber lassen Sie Ihren Verstand dabei nicht außer Acht.

Modellübersicht

Coupé, Targa oder Cabriolet?

Für die Rennstrecke am besten geeignet: das Coupé ohne Schiebedach. *(Bild: Adrian Streather)*

Eine sehr persönliche Entscheidung, abhängig von den Vorlieben und Gefühlen, während praktische Überlegungen hier meist keine Rolle spielen.

Das 997 Carrera Coupé ohne Schiebedach ist der klassische Elfer – robust, stark, windschnittig und schön.

Eine Öffnung in ein Coupé-Dach zu machen ist in einigen Ländern sehr beliebt, aber: Ein Schiebedach, sein Betätigungsmechanismus, zusätzliche Versteifungen und die sicherheitshalber mitzuführende Sonnencreme erhöhen das Gewicht. Außerdem erfordert das Schiebedach gelegentlich zusätzlichen Wartungsaufwand und birgt die Gefahr von Defekten, was zusätzliche Kosten verursachen kann.

Ein nur teilweise geöffnetes Schiebedach
(Bild: Adrian Streather)

Hinweis:
Mit Schäden am Schiebedach ist erst bei höherem Fahrzeugalter zu rechnen. Mangelhafte Schmierung bzw. Wartung oder äußere Schäden können die Ursachen sein. Allerdings kann es in manchen Ländern schwierig sein, ein 997 Coupé ohne Schiebedach zu finden. Sogar einige GT3 waren damit ausgestattet ...

Das Coupé hat von allen Karosserievarianten die höchste Verwindungssteifigkeit und weist die besten Handlingeigenschaften auf, aber das ist auf normalen Straßen mit Geschwindigkeitsbegrenzung nicht unmittelbar spürbar. Auf der Autobahn oder Rennstrecke spielt das Coupé dann seine Stärken aus. Auf kurvigen Strecken mit welligem Fahrbahnbelag kann die etwas geringere Steifigkeit der Cabrio- bzw. Targa-Karosserie wahrgenommen werden.

Der 997 Targa hat ein großflächiges, getöntes Glasdach, das im geöffneten Zustand dem Fahrer oder der Fahrerin den Wind durch die Haare wehen lässt. Für ungetrübten Sonnengenuss ist die Mitnahme von Sonnenschutzmittel ratsam.

Der Targa mit seinem einzigartigen Panorama-Glasdach
(Bild: Porsche AG)

Durch das zusätzliche Gewicht werden die Fahrleistungen beeinflusst, weshalb der Targa sich weniger für die Rennstrecke empfiehlt, obwohl die Karosseriestabilität des Coupés fast uneingeschränkt erhalten werden konnte.

Die zu öffnende Heckscheibe des Targa erleichtert dafür den Zugang zum hinteren Stauraum.

Erhältlich war der 997 als Targa 4 und Targa 4S und damit nur mit Allradantrieb.

Das 997 Cabriolet wurde in diesen Versionen angeboten:

- Nur mit Heckantrieb als Carrera (3,6-Liter-Motor), Carrera S (3,8-Liter-Motor) und Carrera GTS (3,8-Liter-Motor mit Leistungssteigerung)

Cabriolet mit Verdeck
(Bild: Porsche AG)

Cabriolet mit Hardtop (Sonderausstattung)
(Bild: Porsche AG)

Das Verdeck des Speedsters war nur manuell zu bedienen.
(Bild: Porsche AG)

- Mit Allradantrieb als Carrera 4 (3,6-Liter-Motor), Carrera 4S (3,8-Liter-Motor) und Carrera 4 GTS (3,8-Liter-Motor mit Leistungssteigerung)
- Mit Allradantrieb als Turbo oder Turbo S
- Nur mit Heckantrieb als Sondermodell Black Edition bzw. China Style Edition (beide Ausführungen mit 3,6-Liter-Motor)

Hinweis:
Die Turbo-Modelle der 2. Generation (außer dem GT2 RS) sind mit dem neuen Motor MA1.70 mit integriertem Öltank ausgerüstet. Das heißt, ab Modelljahr 2010 haben Turbo-Modelle mit diesem Motor keine klassische Trockensumpfschmierung mehr.

Serienmäßig sind alle 997 Cabriolets mit einem elektrisch-hydraulisch öffnenden Verdeck ausgestattet, dessen Farbauswahl allerdings begrenzt war. Zusätzlich wurde als Sonderausstattung ein Hardtop angeboten. Nur damit eignet sich das 997 Cabriolet uneingeschränkt für den Winterbetrieb. Es ist eher etwas für Sonnenanbeter, wobei der Carrera 4 und 4S problemlos für die winterliche Urlaubsreise in die Berge in Betracht kommen.
Zwei wichtige Besonderheiten der Cabrios im Winterbetrieb werden gerne übersehen: Man sollte bedenken, dass aufliegender Schnee das Verdeck an seine Belastungsgrenzen bringen kann und dass der Verdeckmechanismus bei sehr niedrigen Temperaturen in der Funktion beeinträchtigt sein kann. Vor dem Öffnen muss das Verdeck vollständig von Eis und Schnee befreit sein!
Aber auch der Sommerbetrieb hat seine Auswirkungen. UV-Strahlung schädigt nicht nur die menschliche Haut, sondern auch das Verdeck. Starke Sonneneinstrahlung kann über die Jahre hinweg den Stoff ausbleichen und zur Rissbildung führen. Durch Beachten dieser Hinweise können Schäden am Verdeckmechanismus und Bezugsstoff weitgehend verhindert werden. Wie bereits erwähnt, empfiehlt sich für den Wintereinsatz in den Bergen ein Hardtop.
Das Sondermodell Speedster (nur 356 Exemplare standen zum Verkauf) hat nur Heckantrieb und entstand auf dem Chassis des 997 Carrera S Cabriolets. Für den entsprechenden Vortrieb sorgt der gleiche 3,8-Liter-Motor mit Direkteinspritzung und Leistungssteigerung X51, wie er auch bei den Modellen Carrera GTS und Carrera 4 GTS Cabriolet eingebaut ist.
Für den Speedster gelten die gleichen Einschränkungen wie für das Cabriolet; hinzu kommt noch das nur manuell zu bedienende Dach, dessen Öffnen und Schließen etwas Zeit erfordert. Vor der Ausfahrt sollte daher der Wetterbericht gehört werden.

Beim M96.05-Motor ist der Ölfilter von der Motorunterseite zugänglich. *(Bild: Ronn Hosmer)*

Beim MA1.01-Motor ist der Ölfiltergehäusedeckel auf der rechten Motoroberseite erkennbar. *(Bild: Porsche AG)*

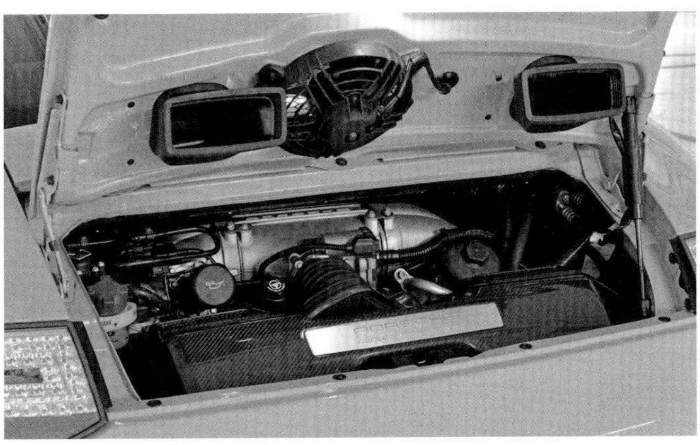

Mit einer Leistungssteigerung von Porsche Exclusive war der MA1.01-Motor in den Carrera S-Versionen serienmäßig ausgestattet. *(Bild: Porsche AG)*

3,6-Liter-Motor oder 3,8-Liter-Motor?

Bei der 997-Baureihe unterscheiden sich die Standard- und die S-Ausführung durch den Hubraum und die Ausstattung; bei den vorherigen Baureihen sind verschiedene Karosseriebreiten das Erkennungsmerkmal. Darüber hinaus führte Porsche mit der zweiten 997-Generation auch neue Motoren ein, was die Auswahlmöglichkeiten zusätzlich erweitert.

Die Carrera-Modelle der 1. Generation waren in allen Karosserieausführungen serienmäßig mit dem 3,6-Liter-Motor M96.05 ausgerüstet. Er unterscheidet sich nur in wenigen äußerlichen Änderungen vom 3,6-Liter-Motor M96.03 der 996-Baureihe.

Bei den Carrera S-Modellen kam in allen Karosserieausführungen serienmäßig der 3,8-Liter-Motor M97.01 zum Einsatz. Er ist bis auf eine 3 mm größere Bohrung im Prinzip identisch mit dem M96.05-Motor, hat natürlich mehr Leistung und weicht in einigen wenigen optischen Details von seinem kleineren Bruder ab.

Hinweis:

Alle kritischen Berichte über die M96-Motoren des 986 Boxsters und 996 betreffen auch die Motoren M96.05 und M97.01, die in der ersten 997-Generation eingebaut waren. Siehe dazu auch Kapitel 3.

Hinweis:

Einige 997-Modelle aus 2005 sind in den Vergleich einbezogen, der durch eine Sammelklage in den USA erzielt wurde.

Ab der 2. Generation hatten die 997 Carrera-Modelle in allen Karosserieausführungen serienmäßig den 3,6-Liter-Motor MA1.02, die Carrera S-Modelle dagegen die 3,8-Liter-Version MA1.01.

Wesentliche Konstruktionsmerkmale der MA1.XX-Motoren sind die Direkteinspritzung und ein völlig neues Kurbelgehäuse.

Hinweis:

Ein Erkennungsmerkmal der MA1.01- und MA1.02-Motoren ist der rechts auf der Motoroberseite angeordnete Ölfiltergehäusedeckel. Bei den Motoren M96.05 und M97.01 ist der Ölfilter von der Unterseite zugänglich.

Welcher ist die beste Wahl? Ein 3,8-Liter-Motor der 1. oder 2. Generation hat mehr Leistung als die 3,6-Liter-Ausführung. Für beide 3,8-Liter-Versionen gab es darüber hinaus die Leistungssteigerung X51, jedoch nicht für die 3,6-Liter-Motoren beider Generationen.

Carrera S der 1. Generation mit Heckantrieb
(Bild: Adrian Streather)

Carrera 4 der 1. Generation mit Allradantrieb
(Bild: Porsche AG)

Carrera 4 GTS der 2. Generation mit Allradantrieb
(Bild: Paul Simmons)

Heckantrieb oder Allradantrieb?

Während die heckgetriebenen 997-Modelle ihre Antriebskraft natürlich lediglich über die Hinterräder übertragen können, wird sie bei den Modellen mit Allradantrieb auf Vorder- und Hinterachse verteilt, wobei es dabei generationsbedingte Unterschiede gibt.

Bei den Allradmodellen der 1. Generation (Carrera 4, Targa 4 und Turbo-Versionen – ohne GT2) übertragen die Vorderräder permanent mindestens 5% der Antriebskraft, der Rest erfolgt über die Hinterräder.

Die Allradmodelle der 2. Generation (Carrera 4, Targa 4 und Turbo-Versionen – ohne GT2) besitzen eine vom Porsche Traction Management (PTM) elektronisch gesteuerte Lamellenkupplung, die ein Launch Control beinhaltet.

Eine Visco-Lamellenkupplung übernimmt bei den erwähnten Allradmodellen der 1. Generation die Kraftverteilung und leitet maximal 40% der zur Verfügung stehenden Antriebskraft an die Vorderräder weiter. Das ist allerdings nur bei durchdrehenden Hinterrädern der Fall. Bei sehr hohen Geschwindigkeiten (250 km/h) überträgt die Visco-Kupplung durch die Viskositätsänderung der Silikonflüssigkeit etwa 30% an die Vorderräder.

Das PTM der 997-Modelle aus der 2. Generation passt die Antriebskraftverteilung an die vorhandenen Fahrbedingungen an und gewährleistet so bestmöglichen Vortrieb.

Für Ganzjahres-Fahrer, die auch auf schneebedeckten Straßen bzw. in den Bergen unterwegs sind, sollte ein Carrera 4 der 1. oder 2. Generation in Betracht gezogen werden.

Für diejenigen, die ganzjährig in den Sonnenstaaten Südeuropas unterwegs sind (und keine Ski-Touren planen) reicht ein 997 Carrera mit Heckantrieb völlig aus.

Ein Allradantrieb ist in manchen Gegenden nicht nötig, warum also einen allradgetriebenen Wagen kaufen? Generell ist ein Allradsystem natürlich sehr nützlich, wenn es darum geht, möglichst viel Leistung sicher auf die Straße zu bekommen. Allerdings hat diese „Traktionssicherheit" auch ihren Preis in Form von Mehrgewicht, das sich natürlich bei jedem Beschleunigungs- und Bremsvorgang bemerkbar macht. Auch der Anschaffungspreis des Fahrzeugs erhöht sich, und letztendlich können Reparaturen am Allradsystem empfindlich teuer werden. Das Fahrverhalten wird dank des Allradantriebsstrangs aber deutlich sicherer.

Für Ausflüge auf Feldwege oder Schotterpisten bietet sich ein Carrera 4 an, aber der fehlende Motorschutz (wie er noch bei den Modellen 993 und 996 vorhanden war) erhöht die Gefahr einer Beschädigung des Motorgehäuses; daher ist ein solcher Einsatz nicht empfehlenswert.

Die 997 Carrera 4-Modelle der 1. und 2. Generation sind mit Sicherheit perfekte Sportwagen, aber der heckgetriebene

Der Motor M97.76 dient als Antriebsquelle für den GT3 und GT3 RS der 1. Generation.

(Bild: Adrian Streather)

GT3 RS der 2. Generation mit dem Motor M97.77R. Das eingeschränkte Angebot an Exterieur- und Interieurfarben betrachten manche als Nachteil.

(Bild: Porsche AG)

GT3 RS 4.0

(Bild: Porsche AG)

Carrera ist leichter und auf trockener Straße etwas schneller. Auf rutschiger Fahrbahn hat dagegen der Carrera 4 die Nase vorn.

GT3, GT3 RS oder GT3 RS 4.0?

Der GT3 ist ein als Straßenfahrzeug getarnter Rennwagen. Falls beabsichtigt wird, auf die Rennstrecke zu gehen, ist er die einzig wahre Wahl. Seine Wettbewerbsfähigkeit und sein Leistungspotenzial basiert auf langjähriger Rennerfahrung und kann von Mitbewerbern in dieser Kategorie nur schwer erreicht werden. Die große Mehrheit der 911-Fahrer ist erfolgsorientiert – sei es im Beruf, im Straßenverkehr oder auf der Rennstrecke – und der GT3 passt am besten zu dieser Einstellung. Aber welche Version ist jetzt die beste Wahl: ein GT3 oder GT3 RS der 1. Generation oder ein GT3, GT3 RS bzw. GT3 RS 4.0 der 2. Generation? Der GT3 und auch GT3 RS der 1. Generation haben als Antrieb den gleichen 3,6-Liter-Motor M97.76. Die wichtigsten technischen Unterschiede zwischen den beiden Modellen sind die im Heckbereich 44 mm breitere Karosserie des RS, seine größere Spurweite der Hinterräder und sein besseres Handling. In der Optik punktet der GT3, da hier eine größere Farbauswahl zur Verfügung steht. Den GT3 RS gab es dagegen nur in einigen wenigen Exterieurfarben zu kaufen. Die 2. Generation der GT3-Modelle wird von verschiedenen 3,8-Liter-Motoren angetrieben: der GT3 erhielt den Motor M97.77, der GT3 RS den Motor M97.77R und schließlich der GT3 RS 4.0 mit dem Motor M97.74. Das war auch der letzte Motor mit Trockensumpfschmierung und externem Öltank. Hier stehen die Leistung und Renntauglichkeit im Vordergrund. Beide GT3 RS-Modelle sind dem Standard-GT3 um vieles voraus, wenn es aber um die Alltagstauglichkeit und Farbwünsche geht, ist der GT3 die bessere Wahl. Der Autor zieht die RS-Modelle der 1. oder 2. Generation dem Standard-GT3 vor, aber das ist eine rein persönliche Meinung.

Hinweis:

Manchmal wird behauptet, dass die Motoren M97.76/77/74 der 997 GT3-Modelle eine Weiterentwicklung des wassergekühlten 3,2-Liter-Turbomotors wären, den Porsche im Le-Mans-Siegerwagen 911 GT1 von 1998 verwendete. Von diesem GT1-Motor wird berichtet, dass er mehr oder weniger von einer früheren Rennmotorengeneration aus den 70er Jahren abstammt, die auf Hans Mezger zurückgeht. Er war der leitende Ingenieur bei der Entwicklung des ersten wassergekühlten 3,2-Liter-Turbomotors 930.78, mit dem der Porsche 935/78 – bekannt als „Moby Dick" – ausgerüstet war. Alle wassergekühlten Motoren mit Trockensumpfschmierung und externem Öltank werden nun kurzerhand als

Die erste Wahl für Sonnenanbeter: die Cabrio-Versionen des 997.
(Bild: Porsche AG)

Der Targa bietet eine einzigartige Panorama-Aussicht.
(Bild: Porsche AG)

Turbo Cabriolet
(Bild: Adrian Streather)

„Mezger"-Motoren bezeichnet. Das ist allerdings nicht korrekt. Tatsächlich war der Wassermantel der Zylinder das einzige Bauteil des GT1-Motors, das für den Prototyp des GT3-Motors M96.75 übernommen wurde. Der turboaufgeladene Motor M96.70 war dagegen eine völlige Neukonstruktion.

Angebote für Sonnenanbeter

Für manche gehört das Fahren mit offenem Verdeck und Fahrtwind in den Haaren zum ganz normalen Alltag.
Die 997-Baureihe bietet mit der 1. und 2. Generation eine reichhaltige Auswahl an Cabriolets für Frischluftfans:

- Carrera, Carrera 4, Black Edition und China Style Edition mit den 3,6-Liter-Motoren M96.05 bzw. MA1.02
- Carrera S und Carrera 4S mit den 3,8-Liter-Motoren M97.01 bzw. MA1.02
- Carrera GTS und Carrera 4 GTS mit dem 3,8-Liter-Motor MA1.01S

In Gegenden mit milden Wintern ist der nur heckgetriebene Carrera wahrscheinlich die bessere Wahl als der Carrera 4.
Die Sicherheit kann beim Cabrio ein Problem sein. Diebe können das Dach leicht aufschlitzen und im Fahrzeug zurückgelassene Wertsachen stehlen. Alte Polizeiweisheit: Seien Sie vorsichtig und lassen Sie Wertgegenstände – wenn überhaupt – niemals sichtbar im Wagen liegen.
Sowohl in der ersten als auch in der zweiten Generation der 997-Baureihe gab es Targa-Modelle mit einem großen, elektrisch zu öffnenden Glasdach: den Targa 4 mit 3,6-Liter-Motor und den Targa 4S mit 3,8-Liter-Motor.
Zwar hat der Targa durch dieses Dach einen leichten Gewichtsnachteil, es ist aber stabiler gebaut und viel leichter zu schließen als das Cabrio.
Eine Sonderstellung nimmt der in sehr limitierter Auflage produzierte Speedster ein, der einen 3,8-Liter-Motor des Typs MA1.01S hatte.
Wie man sieht, ist das Angebot an 997-Modellen für Sonnenhungrige bereits bei den Fahrzeugen mit Saugmotoren groß. Hinzu kommen noch zwei weitere Cabriolets mit Turboaufladung – bzw. drei, wenn man das Sondermodell 918 Spyder noch hinzuzählt.

Zwischen den Turbo Coupés der ersten und zweiten Generation steht ein GT2. *(Bild: Porsche AG)*

Frischluftexpress: das Turbo Cabriolet
(Bild: Porsche AG)

Die 2. Generation: 3,8-Liter-Turbomotor MA1.70 mit Direkteinspritzung.
(Bild: Porsche AG)

Saug- oder Turbomotor?

Wem Kraft und Höchstgeschwindigkeit wichtig sind, der ist mit einem 997 Turbo-Modell gut beraten. Er kann wählen zwischen:

- Turbo und Turbo S Coupé
- Turbo Cabriolet und Turbo S Cabriolet
- GT2 und GT2 RS

Hinweis:
Das Sondermodell Turbo S 918 Spyder (Stückzahl insgesamt 918 Exemplare als Coupé und Cabriolet) war nicht frei käuflich. Nur ein Käufer eines Porsche 918 Spyder konnte ein solches Modell neu erwerben.

Die 997 Turbo-Modelle Coupé und Cabriolet haben serienmäßig Allradantrieb, der für optimale Traktion auch bei schwierigen Straßenverhältnissen sorgt. Die Turbo-Modelle der 1. Generation sind mit dem 3,6-Liter-Motor M97.70 mit Trockensumpfschmierung und externem Öltank ausgerüstet, die Modelle der 2. Generation besitzen den 3,8-Liter-Motor MA1.70 mit integrierter Trockensumpfschmierung und Direkteinspritzung.
Beide Motorausführungen haben wassergekühlte Turbolader mit variabler Turbinengeometrie (VTG).
Den GT2 und GT2 RS gab es nur mit Heckantrieb, und durch ihre leistungsstarken Motoren (M97.70S) können sie sich bei Nässe trotz moderner Traktions-Kontrollsysteme in sehr gefährliche Monster verwandeln. Aber auch auf trockener Fahrbahn will der GT2 beim harten Beschleunigen mit dem Heck nach links ausbrechen. Ein geübter Fahrer kann das abfangen, aber auf nasser Straße stoßen selbst Experten im Umgang mit dem GT2 an ihre Grenzen. Und doch ist es Fahrspaß pur, gepaart mit permanenten Adrenalinschüben.

Hinweis:
Jeder GT2-Fahrer sollte ein Fahrsicherheitstraining absolvieren, um sein Gefährt gerade bei rutschigen Fahrbahnverhältnissen besser kennen zu lernen. Es mag zutreffen, dass die Straßen meist trocken sind, aber auch 911-Fahrer sind keine Götter, die das Wetter beeinflussen können.

Unterhalt und Wartung des Turbo und GT2 sind deutlich teurer als bei den 997 mit Saugmotoren.
Der Kauf eines Turbos als Einstieg ins Hochleistungssegment will sorgfältig überlegt sein. Der 997 Turbo und sein viel kräftigerer Bruder GT2 zählen zwar zu den Spitzenprodukten dieser Gattung, können aber den Unerfahrenen und Unvorsichtigen schnell überfordern – mit manchmal tragischem Ausgang.
Für den Autor ist und bleibt der GT2 die erste Wahl.

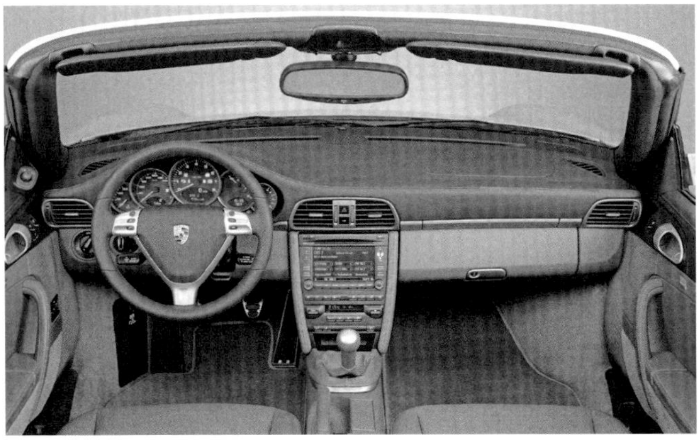

Schalthebel des Sechsgang-Schaltgetriebes

(Bild: Porsche AG)

Wählhebel der Tiptronic S

(Bild: Porsche AG)

Wählhebel des PDK

(Bild: Porsche AG)

Schaltgetriebe, Tiptronic S oder PDK?

Alle 997-Modelle der 1. Generation sind serienmäßig mit dem Sechsgang-Schaltgetriebe G97.XX des japanischen Herstellers AISIN ausgerüstet.

Mit Ausnahme von GT2, GT3, GT3 RS und 911 Club Coupé konnten alle anderen 997-Modelle der 1. Generation mit der von Daimler gefertigten Fünfgang-Automatik Tiptronic S bestellt werden.

Auch die meisten 997-Modelle der 2. Generation hatten serienmäßig ein Sechsgang-Schaltgetriebe G97.XX aus japanischer Fertigung.

Außer beim GT2, GT3, GT3 RS und Sport Classic konnte ab der 2. Generation optional das Siebengang-Doppelkupplungsgetriebe (PDK) von ZF geordert werden. Allerdings wurden manche 997-Modelle nur mit PDK angeboten.

Die in den heck- und allradgetriebenen Fahrzeugen der 1. Generation verbaute Tiptronic S ist etwas teurer, wiegt im Vergleich zum Schaltgetriebe etwas mehr und fährt sich etwas schwerfälliger. Aber sowohl im dichten Berufsverkehr als auch auf der Rennstrecke kann sie ihre Vorzüge (einfaches Bedienen und Fahren) ausspielen.

Das Porsche Doppelkupplungsgetriebe (PDK) mit sieben Gängen ist ein automatisiertes Schaltgetriebe; auch hier ist das Kupplungspedal nicht mehr vorhanden.

Einige 997-Modelle sind mit PDK – trotz eines zusätzlichen Gewichts von 25 kg – auf der Rennstrecke schneller unterwegs, weil die Gangwechsel beim PDK mit sagenhafter Geschwindigkeit und Präzision erfolgen.

Während für die Puristen unter den 911-Fahrern die Tiptronic S keine Alternative ist, bietet sie klare Vorteile für diejenigen, denen ein Schalthebel fremd ist. Wer aber das reine Porsche-Fahrgefühl erleben will, sollte den Umgang damit lernen.

Das PDK ist dagegen ein mindestens ebenbürtiger Ersatz für das Schaltgetriebe und ermöglicht fast spielerisch beeindruckende Fahrleistungen.

Der einzige Nachteil des PDK sind seine Komplexität und die damit verbundenen Kosten. Ein eventueller Schaden am PDK kann mit enormen Instandsetzungskosten verbunden sein.

Rennstreckeneinsatz eines Carrera S aus der 1. Generation auf dem Kurs von Mallala, Süd-Australien.

(Bild: Adrian Streather)

Ein GT3 der 1. Generation auf dem Kurs von Mallala, Süd-Australien.

(Bild: Adrian Streather)

Dieser GT3 RS (1. Generation) im Erstbesitz war noch nie und wird wohl auch nicht auf einer Rennstrecke eingesetzt.

(Bild: Adrian Streather)

Informationen für Kaufinteressenten

Bevor Sie Ihre Suche beginnen oder sich auf eine bestimmte Version des 997 festlegen, sollten Sie sich fragen, wie Sie den Wagen einzusetzen gedenken. Alltags- oder Wochenendfahrzeug? Straße oder Rennstrecke oder beides? Schönheitswettbewerbe oder Markentreffen? Oder nur etwas zum Spielen in der Garage?

Von wirklich exotischen und ausgefallenen Fahrzeugen einmal abgesehen, ist der Kauf eines Autos nicht unbedingt eine Investition in die Zukunft.

Einen Porsche zu besitzen bedeutet in der Regel auch, im Laufe der Jahre eine Menge Geld auf Nimmerwiedersehen zu versenken. Falls es sich um ein wirklich seltenes Modell handelt, müsste man es – um eine Wertsteigerung zu erzielen – für 20 Jahre und mehr wegstellen, niemals fahren und im absoluten Originalzustand belassen.

Vier Sondermodelle der 997-Baureihe haben das Potenzial zu einem hochpreisigen Sammlerobjekt, falls sie gepflegt und im Originalzustand erhalten werden (gebaute Stückzahl in Klammer):

- China Style Edition Turbo S Coupé (10)
- 911 Sport Coupé (50)
- 911 Sport Classic (256)
- Speedster (356)

Mitunter werden einige 997 mit geringer Laufleistung angeboten, aber die meisten Exemplare haben einen Tachostand von 80.000 km aufwärts bei einem Fahrzeugalter zwischen vier und dreizehn Jahren (zum Zeitpunkt der Veröffentlichung).

Wie die Fahrzeuge bisher eingesetzt wurden, hat auf die zukünftige Zuverlässigkeit erheblichen Einfluss. Dieses Kapitel soll dem Käufer helfen, versteckte Fehler eines angebotenen 997 aufzuspüren, um Enttäuschungen nach dem Kauf zu vermeiden.

Wie im richtigen Leben ist auch der Preisrahmen wichtig, wenn es um die Wahl des in Betracht kommenden Modells geht.

Vielleicht hat das örtliche Porsche-Zentrum ein passendes Exemplar im Angebot? *(Bild: Adrian Streather)*

Lohnenswert ist auch der Besuch eines namhaften und seriösen Gebrauchtwagenhändlers. *(Bild: Adrian Streather)*

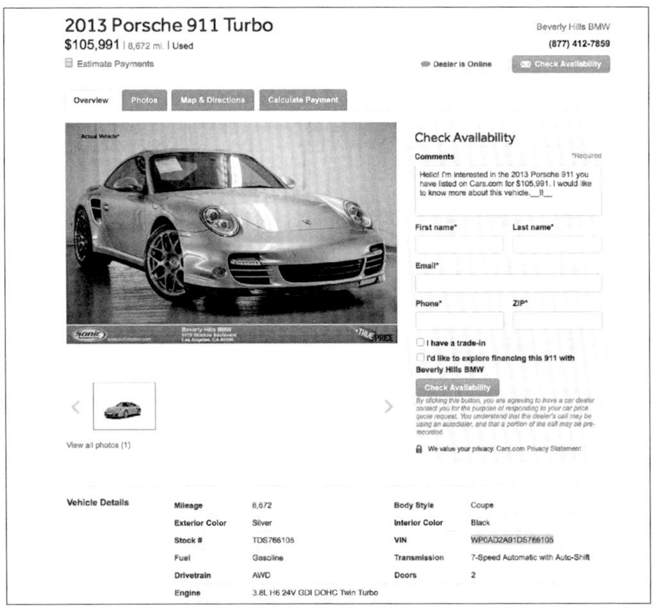

Fahrzeugsuche im Internet *(Bild: Adrian Streather)*

Wo findet man einen 997?

Als erste Regel gilt, sich zunächst einen Überblick über marktübliche Preise zu verschaffen. Dazu sollten Sie so viel Material wie möglich über den 997 in Verkaufsanzeigen aus Automagazinen, Porsche-Club-Zeitungen, dem Internet und anderen Quellen sammeln. Sondieren Sie das Gebrauchtwagenangebot in Ihrer Nähe. Erst wenn man einen Wagen einmal aus der Nähe betrachtet hat und quasi auf Tuchfühlung gegangen ist, kann man verlässlich entscheiden, welche Modell-Version in Frage kommt und welche nicht. Seien Sie vorsichtig beim Kauf vom Fähnchen-Händler, besonders wenn er keine auf Porsche spezialisierte Werkstatt hat. Die Inspektion beim Porsche-Zentrum sollte obligatorisch sein. Hier wird ein ausführliches Bewertungsverfahren für Gebrauchtfahrzeuge angeboten, eine hundertprozentige Sicherheit wird es aber nie geben.

Fest steht: Gebrauchtwagenverkäufer verkaufen Autos. Sie sind keine technischen Experten; der Fahrzeugabsatz ist ihr Ziel, denn davon leben sie.

Beiträge im Internet sollte man immer mit Vorsicht genießen. Sehr häufig findet man abfällige Kommentare, besonders auch über die technischen Schwierigkeiten mit den 997-Motoren der 1. Generation. Es kann ein Körnchen Wahrheit in dem stecken, was manche Leute berichten, aber viele der negativen Kommentare stammen von Menschen, die noch nie einen 997 besaßen und sind auf persönliche Vorbehalte gegen die Marke oder wassergekühlte Motoren zurückzuführen. Die Haltung: „Es stand im Internet, also muss es wahr sein" sollte nicht übernommen werden – und nicht nur von einem potenziellen 997-Käufer, sondern generell.

Die erste 997-Generation hatte einige Schwachstellen, die in diesem Buch zur Sprache kommen und für die, wenn möglich, eine Abhilfemaßnahme vorgestellt wird.

Vorsicht:

Der Autor möchte den 997 gewiss nicht schönreden. Einige behauptete Probleme werden jedoch übertrieben. Das größte Problem, mit dem sich potenzielle und tatsächliche Besitzer eines 997 auseinandersetzen müssen, sind verallgemeinernde und dramatisch übertriebene negative Behauptungen, die nur schwer aus der Welt zu schaffen sind. Jeder Gebrauchtwagenkauf birgt seine Risiken, und Bauteile können nun einmal kaputt gehen.

Mangelndes Wissen und unvollständige Information sind das größte Hindernis für einen „preiswerten" Kauf. Wie bereits erwähnt, sollte man sich vor Beginn der Suche über das Preisgefüge informiert haben. Neben dem Internet und der Tageszeitung gibt es auch auf Fahrzeugbewer-

Ein Porsche 997 wird in keinem Land ein wirkliches Sonderangebot sein. *(Bild: Adrian Streather)*

Je nach Land unterscheiden sich die Preise für Links- und Rechtslenker. *(Bild: Adrian Streather)*

Der Speedster liegt bei den 997-Modellen im Preissegment ganz weit oben ... *(Bild: Porsche AG)*

tungen spezialisierte Organisationen, wie z. B. Classic Data. Die Experten aus Bochum beobachten seit über 30 Jahren den Markt für zwei- und vierrädrige Klassiker und bieten ein bundesweites Netz qualifizierter Kfz-Sachverständiger, die u. a. Wertgutachten für angebotene oder gekaufte Fahrzeuge erstellen. Unter www.classic-data.de findet man eine nach Postleitzahlen sortierte Liste der Classic-Data-Partner. Außerdem erscheinen regelmäßig Marktführer mit den aktuellen Preisen.

Letztendlich hängt der Preis von vielen Faktoren ab, aber ein Wagen ist nur so viel wert, wie der Käufer dafür zu bezahlen bereit ist. Dabei sollte er aber nicht den Fehler machen, sich von seinen Gefühlen leiten zu lassen, anstatt von seinem Verstand.

Lassen Sie sich niemals zu einem Spontankauf verleiten, denn eine einzige schlechte Erfahrung kann die Begeisterung für die gesamte Marke Porsche auslöschen.

Was beeinflusst den Preis?

- Die Marke Porsche
- Länderspezifische Ausführungen
- Links- bzw. Rechtslenker
- Seltenheit des Modells
- Farbkombinationen
- Zu erwartende Probleme bestimmter Modelle oder Versionen
- Originalität (Unfallwagen, nachträgliche Veränderungen wie z. B. Umbau eines Cabriolets zu einem Speedster oder ein Motortuning, meist fälschlicherweise als werkseitige Sonderausführungen deklariert, rechtfertigen einen Preisabschlag)
- Laufleistung
- Baujahr
- Schaltgetriebe, Tiptronic oder PDK
- Wartungs- und Unterhaltskosten (hier unterbietet der 997 viele frühere 911-Versionen)

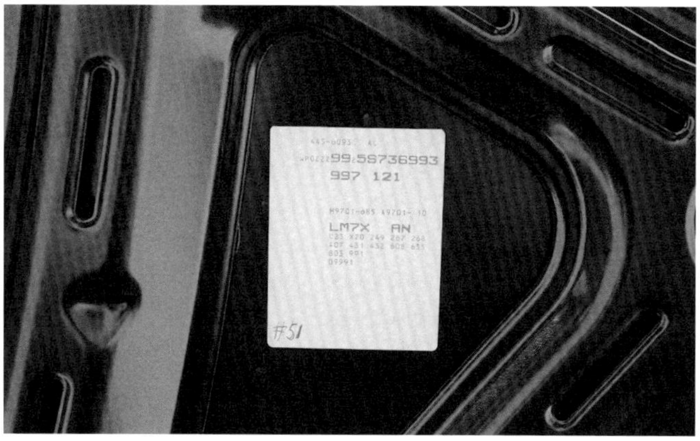

Aufgeklebter Datenträger an der Unterseite der Kofferraumhaube. *(Bild: Adrian Streather)*

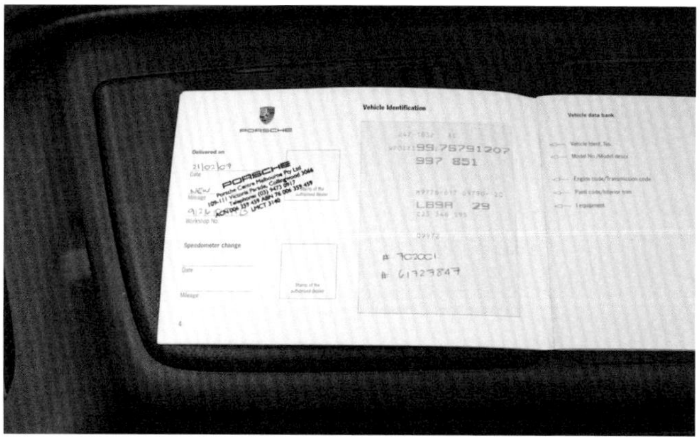

Aufgeklebter Datenträger im Garantie- und Wartungsheft.
(Bild: Adrian Streather)

Hier ist kein Datenträger an der Unterseite der Kofferraumhaube vorhanden, aber dieser 2010er Carrera war in keinen Unfall verwickelt. Jemand hat hier wohl geschludert ...

(Bild: Adrian Streather)

Fahrzeugdatenträger

In den Modelljahren 1982 bis 2004 wurde bei allen 911 vor dem Verlassen des Montagebands ein weißes Schild mit den Fahrzeugdaten an der Unterseite der Kofferraumhaube angebracht und eine Kopie davon in das Garantie- und Wartungsheft eingeklebt. Anhand dieser Informationen konnte ein Interessent die Originalität überprüfen. Noch viel wichtiger war, dass bei nicht mehr vorhandenem Datenträger im Kofferraum mit großer Wahrscheinlichkeit eine Unfallreparatur durchgeführt wurde.

Ab Modelljahr 2005 änderte sich jedoch aus nicht bekannten Gründen diese Praxis. Die Datenträger wurden in das Handschuhfach gelegt und es wurde dem Handel überlassen, sie anzubringen – was bedauerlicherweise in vielen Fällen nicht geschah.

Der Autor konnte bei der Überprüfung von sieben 997-Modellen vier verschiedene Situationen feststellen:

- Keine Datenträger vorhanden
- Datenträger unter der Kofferraumhaube vorhanden, fehlt aber im Garantie- und Wartungsheft
- Aufkleber im Garantie- und Wartungsheft vorhanden, fehlt aber unter der Kofferraumhaube
- Beide Datenträger am richtigen Platz

Aufgrund dieser Änderung in der Handhabung des Fahrzeugdatenträgers kann nicht länger davon ausgegangen werden, dass ein fehlender Datenträger auf einen gestohlenen oder unfallreparierten Wagen hinweisen könnte.

Hinweis:

Oftmals wird behauptet, dass es nicht möglich sei, einen Ersatz-Datenträger von Porsche zu beziehen. Dem Autor sind einige Besitzer bekannt, die von ihrer Werkstatt auf den fehlenden Datenträger hingewiesen wurden, daraufhin das Werk kontaktierten und einen Ersatz geliefert bekamen. Allerdings war dafür etwas Geduld und freundliches Zureden erforderlich.

Datenträger eines Restwelt-Modells, eingeklebt an der Unterseite der Kofferraumhaube. *(Bild: Adrian Streather)*

VIN-Aufkleber an einem US-Modell vor 2010, aufgeklebt am hinteren Türrahmen der Fahrertüre. Dem Besitzer dieses 997 Carreras fehlen die originalen Datenträger.

(Bild: Ronn Hosmer)

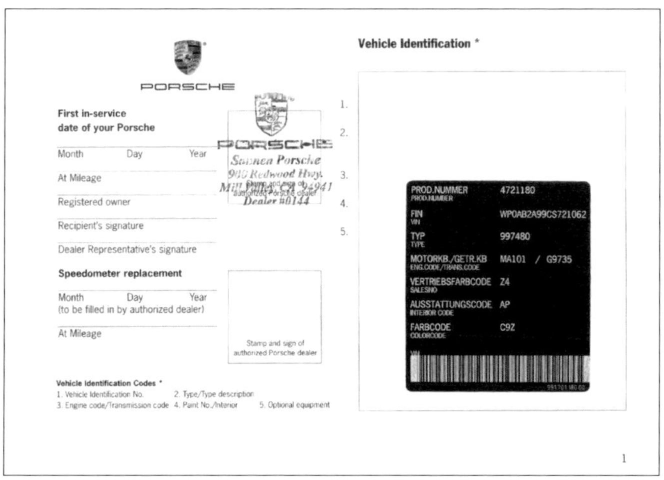

PORSCHE

First in-service date of your Porsche

Month Day Year

At Mileage

Registered owner

Recipient's signature

Dealer Representative's signature

Speedometer replacement

Month Day Year
(to be filled in by authorized dealer)

At Mileage

Stamp and sign of authorized Porsche dealer

Vehicle Identification Codes *
1. Vehicle Identification No. 2. Type/Type description
3. Engine code/Transmission code 4. Paint No./Interior 5. Optional equipment

Vehicle Identification *

1.
2.
3.
4.
5.

PROD.NUMMER PROD.NUMBER	4721180
FIN VIN	WP0AB2A99CS721062
TYP TYPE	997480
MOTORKB./GETR.KB ENG.CODE/TRANS.CODE	MA101 / G9735
VERTRIEBSFARBCODE SALESNO	Z4
AUSSTATTUNGSCODE INTERIOR CODE	AP
FARBCODE COLORCODE	C9Z

1

Eingeklebter Datenträger im Garantie- und Wartungsheft eines 2010er US-Modells. *(Bild: Paul Simmons)*

Welche Angaben befinden sich auf dem Datenträger?

Die 17stellige Fahrzeugidentifizierungsnummer (VIN) dient zur eindeutigen Bestimmung eines Kraftfahrzeuges.
Außer auf dem Datenträger ist die VIN eines Porsche 997 noch an weiteren Stellen vorhanden:

- Neben der linken A-Säule und durch die Frontscheibe sichtbar
- Hinten rechts im Batteriefach
- Auf einem Typenschild unter einer abnehmbaren Verkleidung rechts vorn im Kofferraum (nur Restwelt-Modelle)

Für einen Kaufinteressenten ist neben der völligen Übereinstimmung der VIN mit den Fahrzeugdokumenten die 10. Stelle der VIN von zusätzlicher Bedeutung, da sie das Modelljahr angibt: 4 = 2004, 5 = 2005, 6 = 2006, 7 = 2007, 8 = 2008, 9 = 2009, A = 2010, B = 2011, C = 2012 und D = 2013. Passt das in der VIN hinterlegte Modelljahr zum Fahrzeuginserat?
Anhand der VIN kann auch schnell der Fahrzeugtyp identifiziert werden. WP0ZZZ steht für ein Restwelt-Modell. Schließen sich an WP0 zwei Buchstaben und eine Nummer an, handelt es sich um ein US-Modell, z. B. WP0AA2.
Darüber hinaus stecken in der VIN noch weitere Informationen für den Käufer, siehe dazu Anhang A.
Ab Modelljahr 2010 und nur für den US-Markt änderte sich die 7. Stelle der VIN von einer „9" zu einem „A".

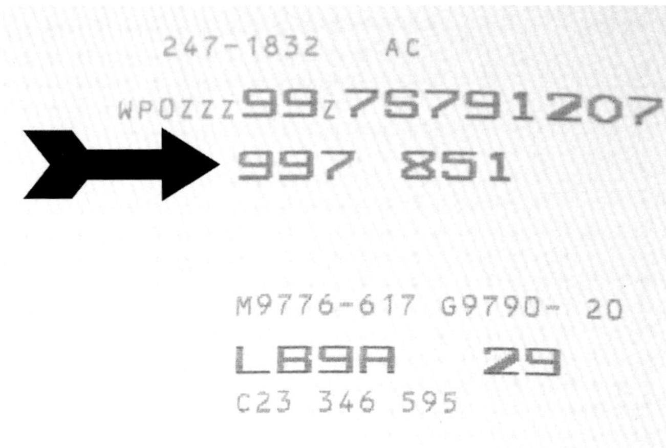

Typ- oder Modellcodes

Die nächste Zeile unter der VIN gibt den Typcode des 997 an.

Stellen Sie anhand der folgenden Tabelle fest, ob das Fahrzeug mit den Angaben auf dem Datenträger übereinstimmt.

Im Gegensatz zu den vorigen Baureihen entschied sich hier Porsche, auch die Sondermodelle exakt zu identifizieren. Damit kann eindeutig festgestellt werden, ob es sich um ein originales Sondermodell oder einen Umbau handelt.

Typcodes der Baureihe 997			
Modell	**Code**	**Motortyp-Code**	**Modelljahr anhand der 10. Stelle in der VIN**
Carrera Coupé (Linkslenker)	997 110	M96.05	4, 5, 6, 7, 8
Carrera Coupé (Rechtslenker)	997 111	M96.05	5, 6, 7, 8
Carrera S Coupé (Linkslenker)	997 120	M97.01	4, 5, 6, 7, 8
Carrera S Coupé (Rechtslenker)	997 121	M97.01	5, 6, 7, 8
Carrera Cabriolet (Linkslenker)	997 310	M96.05	4, 5, 6, 7, 8
Carrera Cabriolet (Rechtslenker)	997 311	M96.05	5, 6, 7, 8
Carrera S Cabriolet (Linkslenker)	997 320	M97.01	4, 5, 6, 7, 8
Carrera S Cabriolet (Rechtslenker)	997 321	M97.01	5, 6, 7, 8
Carrera 4 Coupé (Linkslenker)	997 410	M96.05	5, 6, 7, 8
Carrera 4 Coupé (Rechtslenker)	997 411	M96.05	6, 7, 8
Carrera 4S Coupé (Linkslenker)	997 430	M97.01	5, 6, 7, 8
Carrera 4S Coupé (Rechtslenker)	997 431	M97.01	6, 7, 8
Carrera 4 Cabriolet (Linkslenker)	997 610	M96.05	5, 6, 7, 8
Carrera 4 Cabriolet (Rechtslenker)	997 611	M96.05	6, 7, 8
Carrera 4S Cabriolet (Linkslenker)	997 620	M97.01	5, 6, 7, 8
Carrera 4S Cabriolet (Rechtslenker)	997 621	M97.01	6, 7, 8
Targa 4 (Linkslenker)	997 510	M96.05	6, 7, 8
Targa 4 (Rechtslenker)	997 511	M96.05	7, 8
Targa 4S (Linkslenker)	997 520	M97.01	6, 7, 8
Targa 4S (Rechtslenker)	997 521	M97.01	7, 8
GT3 (Linkslenker)	997 810	M97.76	7, 8, 9
GT3 (Rechtslenker)	997 811	M97.76	7, 8, 9
GT3 Cup (Linkslenker)	997 830	M97.75	6, 7, 8, 9
GT3 RS (Linkslenker)	997 850	M97.77	7, 8, 9
GT3 RS (Rechtslenker)	997 851	M97.77	7, 8, 9
Turbo Coupé (Linkslenker)	997 420	M97.70	6, 7, 8, 9
Turbo Coupé (Rechtslenker)	997 421	M97.70	7, 8, 9
Turbo Cabriolet (Linkslenker)	997 630	M97.70	7, 8, 9

Typcodes der Baureihe 997			
Modell	**Code**	**Motortyp-Code**	**Modelljahr anhand der 10. Stelle in der VIN**
Turbo Cabriolet (Rechtslenker)	997 631	M97.70	8, 9
GT2 (Linkslenker)	997 840	M97.70S	7, 8, 9
GT2 (Rechtslenker)	997 841	M97.70S	8, 9
Carrera Coupé (Linkslenker)	997 110	MA1.02	9, A, B
Carrera Coupé (Rechtslenker)	997 111	MA1.02	9, A, B
Carrera S Coupé (Linkslenker)	997 120	MA1.01	9, A, B
Carrera S Coupé (Rechtslenker)	997 121	MA1.01	9, A, B
Carrera Cabriolet (Linkslenker)	997 310	MA1.02	9, A, B
Carrera Cabriolet (Rechtslenker)	997 311	MA1.02	9, A, B
Carrera S Cabriolet (Linkslenker)	997 320	MA1.01	9, A, B
Carrera S Cabriolet (Rechtslenker)	997 321	MA1.01	9, A, B
Carrera 4 Coupé (Linkslenker)	997 410	MA1.02	9, A, B, C
Carrera 4 Coupé (Rechtslenker)	997 411	MA1.02	9, A, B, C
Carrera 4S Coupé (Linkslenker)	997 430	MA1.01	9, A, B, C
Carrera 4S Coupé (Rechtslenker)	997 431	MA1.01	9, A, B, C
Carrera 4 Cabriolet (Linkslenker)	997 610	MA1.02	9, A, B, C
Carrera 4 Cabriolet (Rechtslenker)	997 611	MA1.02	9, A, B, C
Carrera 4S Cabriolet (Linkslenker)	997 620	MA1.01	9, A, B, C
Carrera 4S Cabriolet (Rechtslenker)	997 621	MA1.01	9, A, B, C
Targa 4 (Linkslenker)	997 510	MA1.02	9, A, B, C
Targa 4 (Rechtslenker)	997 511	MA1.02	9, A, B, C
Targa 4S (Linkslenker)	997 520	MA1.01	9, A, B, C
Targa 4S (Rechtslenker)	997 521	MA1.01	9, A, B, C
GT3 (Linkslenker)	997 810	M97.77	A, B
GT3 (Rechtslenker)	997 811	M97.77	A, B
GT3 RS (Linkslenker)	997 850	M97.77R	A, B
GT3 RS (Rechtslenker)	997 851	M97.77R	A, B
GT3 RS 4.0-litre (Linkslenker)	997 880	M97.74	B, C
GT3 RS 4.0-litre (Rechtslenker)	997 881	M97.74	B, C
Turbo Coupé (Linkslenker)	997 420	MA1.70	A, B, C, D
Turbo Coupé (Rechtslenker)	997 421	MA1.70	A, B, C, D
Turbo S Coupé (Linkslenker)	997 450	MA1.70	B, C, D
Turbo S Coupé (Rechtslenker)	997 451	MA1.70	B, C, D
Turbo S Coupé 918 Spyder (Linkslenker)	997 470	MA1.70S	B, C
Turbo S Coupé 918 Spyder (Rechtslenker)	997 471	MA1.70S	B, C
Turbo Cabriolet (Linkslenker)	997 630	MA1.70	A, B, C, D
Turbo Cabriolet (Rechtslenker)	997 631	MA1.70	A, B, C, D
Turbo S Cabriolet (Linkslenker)	997 650	MA1.70	B, C, D
Turbo S Cabriolet (Rechtslenker)	997 651	MA1.70	B, C, D

Typcodes der Baureihe 997			
Modell	**Code**	**Motortyp-Code**	**Modelljahr anhand der 10. Stelle in der VIN**
Turbo S Cabriolet 918 Spyder (Linkslenker)	997 670	MA1.70S	B, C
Turbo S Cabriolet 918 Spyder (Rechtslenker)	997 671	MA1.70S	B, C
GT2 RS (Linkslenker)	997 860	M97.70S	B, C
GT2 RS (Rechtslenker)	997 861	M97.70S	B, C
Sport Classic (Linkslenker)	997 140	MA1.01S	A
Sport Classic (Rechtslenker)	997 141	MA1.01S	A
Carrera GTS Coupé (Linkslenker)	997 150	MA1.01S	B, C
Carrera GTS Coupé (Rechtslenker)	997 151	MA1.01S	B, C
Carrera GTS Cabriolet (Linkslenker)	997 350	MA1.01S	B, C
Carrera GTS Cabriolet (Rechtslenker)	997 351	MA1.01S	B, C
Carrera 4 GTS Coupé (Linkslenker)	997 480	MA1.01S	B, C
Carrera 4 GTS Coupé (Rechtslenker)	997 481	MA1.01S	B, C
Carrera 4 GTS Cabriolet (Linkslenker)	997 680	MA1.01S	B, C
Carrera 4 GTS Cabriolet (Rechtslenker)	997 681	MA1.01S	B, C
Carrera Black Edition Coupé (Linkslenker)	997 160	MA1.02	B
Carrera Black Edition Coupé (Rechtslenker)	997 161	MA1.02	B
Carrera Black Edition Cabriolet (Linkslenker)	997 360	MA1.02	B
Carrera Black Edition Cabriolet (Rechtslenker)	997 361	MA1.02	B
Speedster (Linkslenker)	997 720	MA1.01S	A, B
Speedster (Rechtslenker)	997 721	MA1.01S	A, B
Carrera Coupé China Edition	997 170	MA1.02	A, B, C
Carrera Cabriolet China Edition	997 370	MA1.02	A, B, C

Hinweis

Für einige wenige 997-Modelle und Ausführungen finden sich in den Produktionsunterlagen von Porsche Übergänge zwischen den Modelljahren. Es war durchaus normal, dass einige 997 im Restwelt-Markt eingeführt wurden und erst im folgenden Modelljahr im US-Markt erhältlich waren.

Motortyp-Code

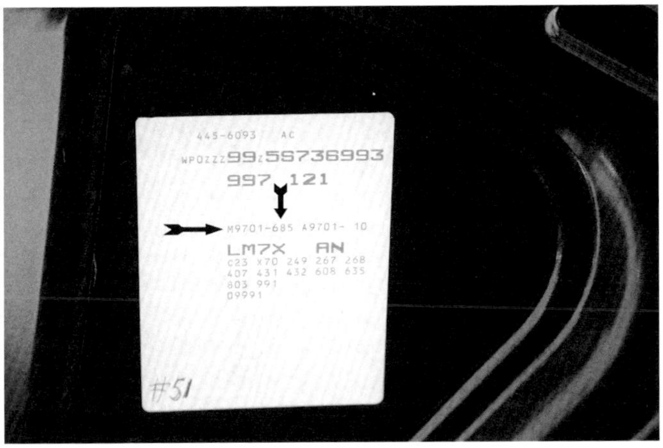

◀ Der Motortyp und die Motornummer sind ebenfalls auf dem Datenträger hinterlegt.

Hinweis:
Auf dem Datenträger werden nur die ersten drei Ziffern der Motornummer aufgeführt.

Vergleichen Sie den Typ und die ersten drei Ziffern der Motornummer des eingebauten Motors mit den Angaben auf dem Datenträger. Informationen zum Entschlüsseln finden Sie im Anhang A.
Vergleichen Sie die Ziffer für das Modelljahr in der Motornummer mit der 10. Stelle der VIN des betreffenden Fahrzeugs.
Eine Gegenprüfung dieser Nummern sollte, wenn möglich, bei jedem vorliegenden Fahrzeugdokument (z. B. Auslieferungsprotokoll) vorgenommen werden.

◀ Anordnung der Motornummer bei den Motortypen M96.05 und M97.01/70/74/76/77

◀ Anordnung der Motornummer bei den Motortypen MA1.01/02/70

Getriebetyp-Code

Getriebetypen 1. Generation 997-Modelle:

- Sechsgang-Schaltgetriebe G97.01, G97.31, G97.50, G97.88 und G97.90
- Fünfgang-Tiptronic S A97.01, A97.31 und A97.50

Getriebetypen 2. Generation 997-Modelle:

- Sechsgang-Schaltgetriebe G97.05, G97.35, G97.55, G97.88, G97.90 und G97.92
- Siebengang-Doppelkupplungsgetriebe PDK CG1.00, CG1.30 und CG1.50

◀ Der Getriebetyp ist ebenfalls auf dem Datenträger hinterlegt.

Hinweis:

Die Getriebenummer kann bei einem eingebauten Getriebe ohne umfangreiche Demontagearbeiten nicht abgelesen werden. Diese Arbeiten überschreiten den normalen Umfang einer Fahrzeugüberprüfung im Rahmen eines Fahrzeugkaufs.

Farbcode

◀ Allen Farbcodeangaben auf dem Datenträger ist ein „L" für Lack vorangestellt.

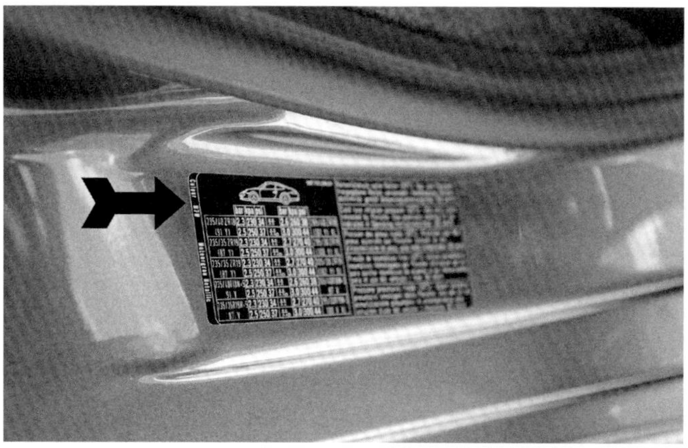

◀ Auf weiteren Aufklebern, wie z. B. am hinteren Türrahmen der Fahrertür, sind die Farbcodeangaben nur noch dreistellig angegeben. Im Anhang B ist eine vollständige Auflistung der Farben vorhanden.

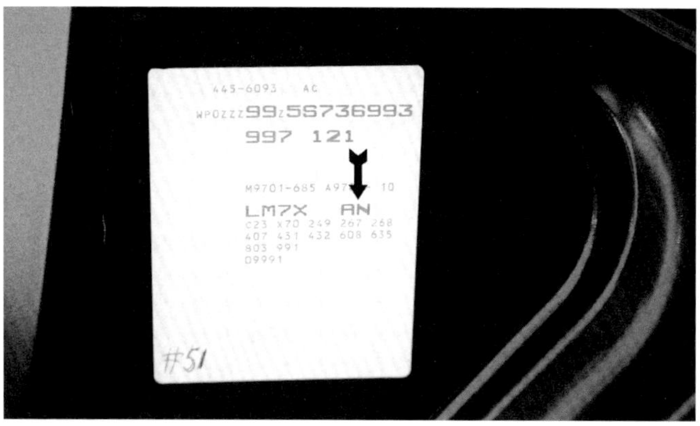

Innenausstattungscode

◀ Der zweistellige Innenausstattungscode auf dem Datenträger kann mit der im Anhang B hinterlegten Liste entschlüsselt werden.

Individualausstattungen

◀ Der Abschnitt der Individualausstattungen beginnt immer mit dem Ländercode, hier C23 = Australien und Neuseeland. Daran schließen sich die verschiedenen Codes für die Extras an. Auch dazu ist im Anhang B eine Liste zur Entschlüsselung vorhanden.

Hinweis:
Der Ländercode ist außerordentlich wichtig bei der Einfuhr eines Wagens aus einem anderen Land. Erfüllt das Fahrzeug nicht die Gesetzgebung des neuen Landes, kann es erhebliche Schwierigkeiten mit der Zulassung des Wagens geben.

◀ Auflistung der eingebauten Individualausstattungen

Hinweis:
Diese Auflistung ist keineswegs vollständig. Eine komplette Liste der vorhandenen Extras ist nur im Produktionsdatenblatt des jeweiligen Fahrzeugs hinterlegt.

Gegen Eigentumsnachweis und Zahlung einer recht hohen Gebühr kann der Fahrzeugeigentümer ein Zertifikat von Porsche erhalten, das die Angaben auf dem Typenschild bestätigt. Für die Richtigkeit der Angabe übernimmt Porsche jedoch keine Garantie.

Das Zertifikat wird normalerweise von Porsche in Stuttgart oder von Porsche Cars North America (PCNA) ausgestellt. Im anderen Ländern wendet man sich am besten zunächst an einen Porsche-Händler, der die Vorgehensweise kennen wird.

PORSCHE

Certificate of Authenticity

The Porsche vehicle with the identification number listed below was manufactured with the following assembly specifications:

WP0AA29987S710356

Model Year/Type 2007 911 Carrera Coupe	**Engine Number/Type** 69701844 (M96/05)
Production Completion Date 09/21/2006	**Transmission Number/Type** 1047120 (G97/01)
Manufacturer's Suggested Retail Price (MSRP) $87,970.00 USD	**Exterior Paint Color/Code** Forest Green Metallic/53
	Interior Material Color/Type Sand Beige Full Leather/TG

Optional Equipment

Self Dimming Mirrors	Painted Model Designation Rear Lid
Heated Seats - Front	Sand Beige Floor Mats
19" Carrera S Wheels	Power Seat Package
Wheel Caps w/ Colored Crest	Bi Xenon Headlamp Package
Delete Model Designation	Stainless Steel Exhaust Pipes
Navigation for PCM	Rear Center Console - Leather
Bose High End Sound Package	Porsche Crest in Headrest
Storage Lid w/ Porsche Crest	

Detlev von Platen
President and Chief Executive Officer
Porsche Cars North America, Inc.

◀ Beispiel eines „Certificate of Authenticity", wie es von Porsche Cars North America ausgestellt wird.

Für eine gründliche Überprüfung ist eine Besichtigung des Fahrzeugs auch von der Unterseite unbedingt erforderlich.

(Bild: Adrian Streather)

Die Fahrzeugdokumentation eines Porsche 997 ist recht umfangreich – hier ist nur ein kleiner Teil davon.

(Bild: Adrian Streather)

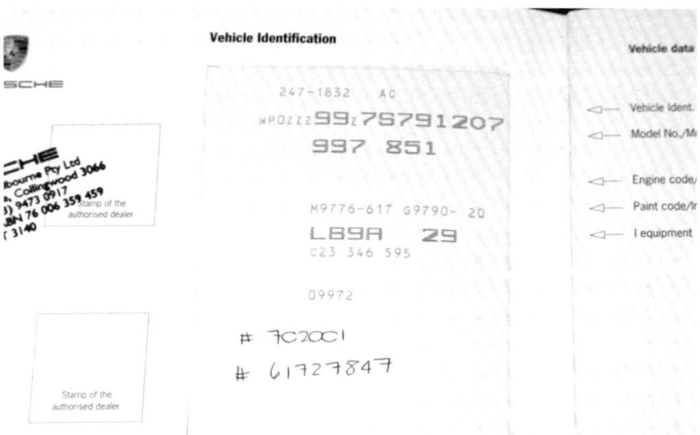

Ein originales Garantie- und Wartungsheft mit eingeklebtem Datenträger

(Bild: Adrian Streather)

Erste Inaugenscheinnahme

Bei der Erstbesichtigung kommt es darauf an herauszufinden, ob es lohnenswert ist, sich näher mit diesem 997 zu beschäftigen, denn das Angebot ist groß. Durch Beachtung der folgenden Ratschläge können Sie weniger interessante Fahrzeuge rasch von ihrer Kaufliste streichen, was Ihnen Zeit und Geld spart.

Prüfen Sie die Identität des Fahrzeugs wie im vorigen Abschnitt beschrieben.

Bitten Sie den Verkäufer, Ihnen die erwähnten Dokumente oder aussagekräftige Fotos von Nummern etc. zukommen zu lassen. Besser ist es natürlich, sie vor Ort selbst abzulesen, aber nicht immer möglich.

Wenn der Verkäufer die geforderten Informationen nicht herausrückt, sollten Sie ein anderes Fahrzeug suchen.

Prüfen Sie die Eigentumsverhältnisse, indem Sie sich den Fahrzeugbrief vorlegen lassen. Der Kauf im Ausland erfordert einige Vorbereitung, nicht nur wegen der Echtheitsfrage, sondern auch weil eventuelle Zulassungshindernisse zu bedenken sind.

Lassen Sie sich vom Verkäufer diese Unterlagen vorlegen:

- Betriebsanleitung
- Garantie- und Wartungsheft
- Bescheinigung der letzten Abgasuntersuchung
- Alle Reparaturrechnungen
- Stellen Sie sicher, dass alle Codekarten für Radio, PCM und Navigationsmodul (falls eingebaut) vorliegen. Ansonsten kann nach einem Batterieausfall oder einer defekten Sicherung nur noch ein Porsche-Händler diese Systeme wieder aktivieren.
- Stellen Sie sicher, dass die Tür- und Zündschlüsselkarte vorliegt
- Stellen Sie sicher, dass der Reserveschlüssel vorhanden ist (nur 1. Generation) und dass der Schlüssel auf die Fahrertür passt und sich der Motor damit starten lässt.

Beim Garantie- und Wartungsheft überprüfen Sie, ob es sich um ein Original oder eine Kopie handelt. Ersatzhefte sind auf jeder Seite mit dem Hinweis „Duplikat" gekennzeichnet. Im Duplikat wird auch der eingeklebte Datenträger fehlen. Stattdessen werden die Angaben von Hand eingetragen und nicht vollständig sein.

Prüfen Sie anhand der Einträge im Garantie- und Wartungsheft, ob alle Inspektionen rechtzeitig (km- bzw. zeitabhängig) ausgeführt wurden. Sehr wichtig ist, dass auch die Untersuchungen der Karosserie im Rahmen der Langzeit-Garantie gegen Durchrostung regelmäßig durchgeführt wurden. Falls nicht, wird Porsche im Schadensfall die Übernahme von Kosten ablehnen.

Die Inspektion kann beginnen ...

(Bild: Adrian Streather)

Fragen Sie nach den eingebauten Sonderausstattungen und vergleichen Sie diese mit Anhang B.
Sollten bis jetzt keine Zweifel an der Identität des 997 aufgekommen sein, beginnen Sie mit der ersten allgemeinen Durchsicht.
Diese erste Inspektion dient allein dem Zweck herauszufinden, ob der Wagen eine genauere Untersuchung wert ist. Folgendes Vorgehen hat sich dafür bewährt:
Suchen Sie nach Hinweisen auf Rost und Beschädigungen, Lackausbesserungen bzw. Neulackierungen. Verwenden Sie möglichst ein Lackdickenmessgerät, um die Dicke des Lacks an verschiedenen Stellen der Karosserie zu vergleichen. Je nach Lackart und Farbe ist die Lackschicht unterschiedlich dick, Nachbesserungen sind meist sehr dünn. Stärken unter 0,4 mm sollten Ihnen verdächtig erscheinen. Starke Unterschiede in der Stärke verlangen ebenfalls nach einer Erklärung. Mit dem Lackdickenmessgerät kann man übrigens auch Spachtelmasse ausfindig machen, weil es bei diesem Untergrund nichts anzeigt.

Hinweis:
Steht kein Lackdickenmessgerät zur Verfügung, kann auch ein schwacher Magnet zum Aufspüren von Spachtelmasse verwendet werden. Allerdings haben manche 997-Modelle eine Türhaut aus Aluminium oder Kohlefaser. Verdächtigen Sie den Besitzer nicht zu Unrecht!

Zur Untersuchung der Lackierung beginnt man an einem beliebigen Punkt und geht langsam um das Fahrzeug herum.

(Bild: Adrian Streather)

Porsche-Lackierungen sind sehr hochwertig; Metallic-Lacke sind jeweils mit einer Klarlackschicht überzogen. Neulackierungen können meist mit etwas Aufmerksamkeit erkannt werden. Am ehesten verrät sich eine Reparatur an weniger zugänglichen Stellen wie den Türvorderkanten oder unter den Kotflügeln. Finden Sie dort Farbabweichungen? Eine schlechte Nachlackierung ist Grund genug, ein Fahrzeug nicht zu kaufen.

Hinweis:
Wenn der Verkäufer nicht der Erstbesitzer ist, kann es sein, dass er von einem Unfallschaden nichts weiß. Bleiben Sie also höflich, aber kaufen Sie auf keinen Fall einen Unfallwagen.

Kontrollieren Sie, ob die Lackierung in Nuancen variiert. Im Dunkeln, in einer Garage oder unter künstlichem Licht werden Sie das allerdings nicht sehen. Lassen Sie den Wagen in die Sonne stellen und gehen Sie mit ein paar Metern Abstand um ihn herum. Selbst kleine Farbunterschiede werden Ihnen sofort auffallen.
Unprofessionelle Reparaturen mit Spachtelmasse erkennt man ebenfalls an einer leichten Farbabweichung.

Gehen Sie langsam um das Fahrzeug, achten Sie auch auf kleine Details und beherzigen Sie die Ratschläge dieses Abschnitts.

(Bild: Adrian Streather)

Der Abschlepphaken ist hervorragend dazu geeignet, eine verzogene Karosserie zu entlarven.

(Bild: Adrian Streather)

Achten Sie auf Spaltmaße – sie lügen nicht.

(Bild: Adrian Streather)

Achten Sie darauf, ob irgendwo Farbe abplatzt, besonders unter den Kotflügeln. Porsche-Farben blättern nicht ab, einige neigen jedoch zum Ausbleichen, zum Beispiel Indischrot.
Suchen Sie am vorderen und hinteren Stoßfänger nach Hinweisen auf Unfallreparaturen. Die originalen Stoßfänger sind aus thermoplastischem Material.

Hinweis:
Im Laufe der Jahre bilden sich sehr feine Risse im Kunststoff, die man im Sonnenlicht leicht erkennen kann. Aber selbst bei sehr frühen 997 sollte das nicht auftreten – es sei denn es ging ein Unfall voraus.

Bei jeglichem Schaden an einem der Stoßfänger sollte sofort die „rote Warnlampe" aufleuchten!
Ob die Karosserie gerade ist, kann man mit dem Abschlepphaken leicht feststellen. Lässt sich der Haken leicht einschrauben und steht er anschließend gerade, so deutet das darauf hin, dass keine größeren Unfälle passiert sind. Kann er aber nur leicht schräg eingedreht werden, schlägt er an den Kanten der Öffnung an oder ist er nur schwer hinein- und herauszudrehen, dann müssen Sie der Sache nachgehen.
Messen Sie die Spaltmaße mit einem normalen Lineal. Dazu muss der Wagen auf ebenem Boden stehen. Sie können sich mit wenigen Messungen um Türen und Hauben begnügen. Sind die Maße in etwa gleich, dann ist die Karosserie gerade und die Radaufhängungen sind passend eingestellt. Größere Unterschiede deuten auf vorangegangene Unfälle oder völlig verstellte Aufhängungen hin.

Hinweis:
Stellen Sie vorher sicher, dass die Hauben richtig verschlossen sind. Während der Überprüfung wird das leicht vergessen und bei so vorgenommenen Messungen kann dann eine für Verkäufer und Interessent gleichermaßen peinliche Situation entstehen.

Kontrollieren Sie, ob zusätzliche Karosserieveränderungen vorgenommen wurden und vergleichen Sie, ob diese Modifikationen bei den Extras auf dem Datenträger aufgeführt sind. Siehe dazu auch Kapitel 11.

Hinweis:
Aerokits für die 997-Modelle in Standard- und S-Ausführung werden sowohl über Porsche Tequipment als auch im Zubehörmarkt angeboten.

Im Modelljahr 2008 gab es ein Problem bei den Modellen GT3 und GT3 RS mit den Schaltern des PASM und der Traktionskontrolle. *(Bild: Adrian Streather)*

Die Sicherheitsgurthalteplatte des Speedsters musste überprüft und gegebenenfalls ausgetauscht werden. *(Bild: Porsche AG)*

Leider waren auch einige 2005er Modelle des 997 von einer Sammelklage in den USA gegen PCNA betroffen. *(Bild: Porsche AG)*

Rückrufaktionen

Die 997-Baureihe war von vier „freiwilligen" Rückrufaktionen betroffen, die allerdings auch nur eine begrenzte Anzahl von Fahrzeugen betrafen:

- GT3 und GT3 RS, Modelljahr 2008: Die Konsole für die Schalter des Porsche Active Suspension Management PASM und der Traktionskontrolle war fehlerhaft montiert und konnte so ein Verstellen der Fahrwerkseinstellung oder Ausschalten der Traktionskontrolle ohne Zutun des Fahrers auslösen. Porsche-Händler tauschten die Schalterkonsole aus.
- Turbo, Turbo S, GT3, GT3 RS und GT2 RS (Produktionszeitraum 18. Mai 2009 – 17. September 2010) mit Zentralmutterrädern: Im Laufe der Zeit verschlissen die Radnaben, wodurch sich die Radmuttern lockern konnten und Unfallgefahr entstand. Bei einem Porsche-Händler konnten die Radnaben und Räder kostenlos gegen verbesserte Bauteile ausgetauscht werden.
- Speedster und GT3 RS (Produktionszeitraum 31. Mai 2011 bis 10. Juni 2011): Es bestand die Möglichkeit, dass die Bohrung für die Befestigungsschraube in der Sicherheitsgurthalteplatte zu klein war. Dadurch konnte sich die Halteplatte nicht wie vorgesehen um die Befestigungsschraube drehen oder die Schraube konnte sich lösen, was das Verletzungsrisiko bei einem Unfall steigen ließ. Porsche informierte die Besitzer und ein Porsche-Händler konnte die Sachlage überprüfen und gegebenenfalls den Sicherheitsgurt tauschen.

Gerichtsverfahren

Aufgrund von Motorschäden, verursacht durch einen Defekt an der Zwischenwelle, wurde in den USA eine Sammelklage gegen Porsche Cars North America eingereicht. Bekannt war sie unter dem Begriff „Eisen gegen Porsche Cars North America Inc." und führte zu einem Vergleich. Dieser Vergleich traf auch auf einige 2005er Modelle des 997 Carrera und Carrera S Coupé/Cabriolet zu. Die betroffenen VINs waren:

- WP0AA29905S715077 – WP0AA29905S717475
- WP0AB299X5S740081 – WP0AB29955S742109
- WP0CA29935S755064 – WP0CA29935S755209
- WP0CB29915S765072 – WP0CB29925S765212
- WP0ZZZ99Z5S731099 und
- WP0ZZZ99Z5S701444

Erneute Überprüfung desselben 997, der auch schon auf Seite 101 zu sehen ist.

(Bild: Adrian Streather)

Informationen zur Kaufentscheidung

Im Folgenden wird davon ausgegangen, dass eine erste allgemeine Überprüfung bereits stattgefunden hat. Nun ist es an der Zeit herauszufinden, ob dieser 997 den beabsichtigten Kauf auch wert ist. Wenn die Erstuntersuchung bereits eine Weile zurückliegt, sollten Sie diese zu Ihrer eigenen Sicherheit wiederholen.

Karosserie-Überprüfung bei allen Modellen

Bei der Untersuchung der Karosserie achten Sie zunächst auf jegliche Anzeichen von Rost. Ja, auch der 997 kann rosten! Die Verzinkung verzögert die Korrosion, kann sie aber nicht unterbinden. Korrosion an tragenden Teilen wird aber nur nach unfachmännisch ausgeführten Unfallreparaturen auftreten. Mancher 997 wird oberflächlichen Rost an Schrauben und Befestigungselementen aufweisen, besonders wenn er im Winter gefahren wurde.

Vorsicht:

Beim 997 ist keine Unterbodenverkleidung unter dem Motor vorhanden. Dadurch kann Streusalz den Motorraum unansehnlich werden lassen. Neben dem Winterbetrieb kann auch häufiges Fahren in Meeresnähe zu Korrosionserscheinungen führen.

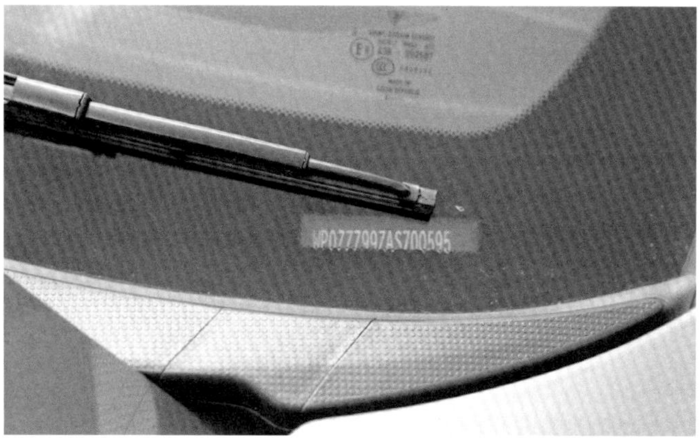

Besondere Aufmerksamkeit verdient der untere Frontscheibenrahmen. *(Bild: Adrian Streather)*

Stellen, die auf Korrosion überprüft werden sollten:

- Unterer Frontscheibenrahmen
- Bereiche um Anbauteile; hier auf Bläschen und Risse im Lack achten
- Vordere Fahrzeugunterseite; neben Kunststoff gibt es hier auch Blechverkleidungen
- Kühler im Fahrzeugbug; Korrosionsspuren an den Leitungen sowie Undichtigkeiten durch Beschädigungen
- Motorhaubenunterseite im Bereich der Dichtung

Untersuchen Sie die Frontpartie und Seiten des 997 auf durch Steinschlag verursachte Schäden. Wurden Sie nicht behandelt, wird bald Rost auftreten, denn die Grundierung könnte auch beschädigt sein.

Die ausgestellten Radhäuser sind eine Zielscheibe für Steinschlag.

(Bild: Adrian Streather)

Hinweis:

Zur Behandlung von Steinschlagschäden bieten sich Lackstifte an, die in der passenden Farbe über einen Porsche-Händler bezogen werden können.

Der Bremsflüssigkeitsausgleichsbehälter befindet sich vor dem Bremskraftverstärker. *(Bild: Adrian Streather)*

Heckleuchte der 1. Generation *(Bild: Adrian Streather)*

Heckleuchte der 2. Generation *(Bild: Adrian Streather)*

Im Kofferraum entfernen Sie vorsichtig alle leicht demontierbaren Verkleidungen und achten auf:

- Rostige Teile
- Lackschäden durch ausgetretene Bremsflüssigkeit
- Korrosion im Batteriebereich. Diese kann entstehen, wenn die Batterie überladen wurde. Auch sammelt sich hier gern Laub, das dann langsam verrottet, besonders wenn Feuchtigkeit dazukommt.
- Ausgetretene Bremsflüssigkeit im Bereich des Bremskraftverstärkers
- Hinweise auf eine Lackausbesserung oder Neulackierung an den sichtbaren Metallteilen im Kofferraum.

Hinweis:
Die deutlichsten Anzeichen von Unfallschäden im Front- und Seitenbereich findet man im Kofferraum.

Kontrollieren Sie die Rückleuchteneinheit: Ist Schmutz eingedrungen oder die Streuscheibe verblasst?
Ab der 2. Generation sind Carrera 4, 4S und 4 GTS mit einem zusätzlichen Heckleuchtenband versehen. Es sollte sich in einem guten Zustand befinden, beschädigte oder verblasste Elemente erfordern weitere Untersuchungen.

Zusätzliche Überprüfungen bei Cabriolets

Bitten Sie den Besitzer, das Dach zu öffnen. Achten Sie auf die korrekte Klappfunktion gemäß der Bedienungsanleitung. Quietscht oder knarrt es, wenn das Verdeck sich bewegt? Wenn etwas klemmt, kann der Verdeckstoff einreißen. Achten Sie bei geschlossenem Verdeck auf Schäden oder Ausbleichungen. Ein beschädigtes Verdeck zu reparieren oder zu ersetzen, ist sehr kostspielig.
Sehen Sie nach, ob Hydrauliköl oder Wasser in den hinteren Innenraum eindringt. Meist sind verräterische Flecken auf dem Teppich ein eindeutiges Indiz für solche Undichtigkeiten.
Wenn das Hardtop ebenfalls zum Verkauf steht, so prüfen Sie, ob es genau passt. Schauen Sie sich die Befestigungsstifte an. Oft sind die Verriegelungen überdreht, und wenn das Dach zu sehr nach unten gezogen wird, verursacht dies mit der Zeit auch erhebliche Schäden an der Karosserie.

Zusätzliche Überprüfungen bei Targa-Modellen

Bitten Sie den Verkäufer, das Sonnenrollo und dann das Dach zu öffnen. Sind Glas oder Führungen beschädigt?

Das Targadach sollte einer eingehenden Inspektion unterzogen werden.

(Bild: Porsche AG)

Sehr wichtig ist das problemlose Ablaufen des Wassers aus dem Inneren der Türen. Geflutete Türen verursachen nach einiger Zeit hohe Kosten.

(Bild: Adrian Streather)

Starrer Heckspoiler an einem GT3

(Bild: Porsche AG)

Das Sonnenrollo wird etwas verblichen sein, aber ein sehr starkes Verblassen bedeutet, dass der Targa lange Zeit in der prallen Sonne stand.

Funktioniert das Dach so, wie in der Betriebsanleitung angegeben? Das Sonnenrollo muss sich auf jeden Fall zurückziehen, wenn das Dach bei geschlossenem Rollo geöffnet wird.

Sind Spuren von Wassereintritt an den Rändern des Glasdachs erkennbar? Wasserränder an der Innenseite oder am Sonnenrollo wären solche Anzeichen, ebenso Kondenswasser auf der Innenseite des Glases.

Überprüfungen bei allen Modellen (Fortsetzung)

Kontrollieren Sie sämtliche Dichtungen, besonders die der Türen. Ein Trick: Schütten Sie bei geschlossener Tür Wasser über die Türvorderkante. Überprüfen Sie, ob Wasser ins Fahrzeug und auf den Teppich läuft. Legen Sie Lappen auf die Innenverkleidung und schauen Sie, ob sie nass werden. Wenn ja, ist die Türdichtung defekt und ein mögliches Biotop unter dem Teppich.

Hinweis:
Ähnliche Tests können natürlich auch zur Dichtheitsprüfung des Targa- und Cabriolets-Dachs durchgeführt werden.

Drücken Sie kräftig auf die Bodenteppiche. Hören Sie ein Geräusch wie von nassen Schuhen und Strümpfen beim Laufen, wenn Sie den Druck zurücknehmen, ist der Teppich feucht. Eventuell riecht er bereits muffig. Ein ähnlicher Geruch kann freilich auch auf langen Stillstand (z. B. im Winter ohne Belüftung) oder einen feuchten Abstellplatz zurückzuführen sein.

Heckspoiler

Werkseitig wurden bei der 997-Baureihe nur der GT2 und GT3 mit einem starren (aber einstellbaren) Heckspoiler ausgerüstet. Alle anderen Modelle einschließlich des Turbo haben einen elektronisch gesteuerten, ausfahrbaren Heckspoiler.

Starre Heckspoiler waren für alle anderen 997-Modelle von Porsche Exclusive (bei der Neuwagenbestellung) oder von Porsche Tequipment (als Nachrüstteil) erhältlich.

Ist ein starrer Heckspoiler montiert, sollte die entsprechende Ausstattungsnummer auf dem Datenträger hinterlegt sein (siehe auch Anhang B). Falls die Nummer fehlt (z. B. XAA), muss bis zum Beweis des Gegenteils von einer Nachrüstung ausgegangen werden.

19 Zoll Carrera S-Rad der 1. Generation
(Bild: Adrian Streather)

19 Zoll Turbo-Rad
(Bild: Adrian Streather)

19 Zoll Carrera S-Rad der 2. Generation
(Bild: Adrian Streather)

Räder und Reifen

Prüfen Sie Größe, Zustand, Form und Befestigungsart der Räder. Felgen mit Zentralmutter gab es nur bei bestimmten Modellen der 2. Generation. Serienmäßig waren beim Carrera, Carrera 4 und Targa 4 18-Zoll-Räder montiert. Räder in 19-Zoll-Ausführung hatten ab Werk die Modelle Carrera S, Carrera 4S und Targa 4S. Alle GT3 und Turbo-Modelle waren mit einteiligen 19-Zoll-Felgen ausgerüstet. Im Kapitel 6 finden sie eine umfassende Liste werkseitig freigegebener Räder und Reifen.

Vorsicht:
Manche Länder wie z. B. die Schweiz haben für den 997 nur bestimmte Felgen zugelassen. Werden bei einer Verkehrskontrolle oder Hauptuntersuchung nicht zugelassene Felgen festgestellt, kann die Zulassung des Fahrzeugs erlöschen.

Vorsicht:
Im Straßenbetrieb sind für den 997 GT3 keine 18-Zoll-Räder zugelassen.

Achten Sie an den Radläufen auf weiter herumgebogene Kanten, um Platz für größere Räder zu schaffen. Oft werden dazu von Hobby-Schraubern unpassende Hilfsmittel eingesetzt.
Falls Sie solche Veränderungen feststellen, fragen Sie den Verkäufer, was es damit auf sich hat.
Wenn aber die Radläufe bearbeitet wurden und der Wagen dennoch die serienmäßigen Räder hat, steht zu vermuten, dass er zuvor anders bereift war. Warum also wieder die Serienbereifung? Hier sollten Sie genau nachforschen, weil noch weitere, tiefgreifende Modifikationen durchgeführt worden sein könnten. Ein anderer Grund könnte auch ein größerer Unfallschaden sein, der zweifelhaft behoben wurde und der eigentliche Anlass für einen scheinbar günstigen Verkauf ist.
Prüfen Sie die Reifen. Ist das Fabrikat unbekannt oder sind sie in einem schlechten Zustand, müssen sie ausgetauscht werden, was eine teure Angelegenheit ist. Der zum Verkauf stehende 997 sollte auf Markenreifen wie Bridgestone, Continental, Dunlop, Kumho, Michelin, Pirelli, Toyo oder Yokohama stehen. Mehr dazu in Kapitel 6.

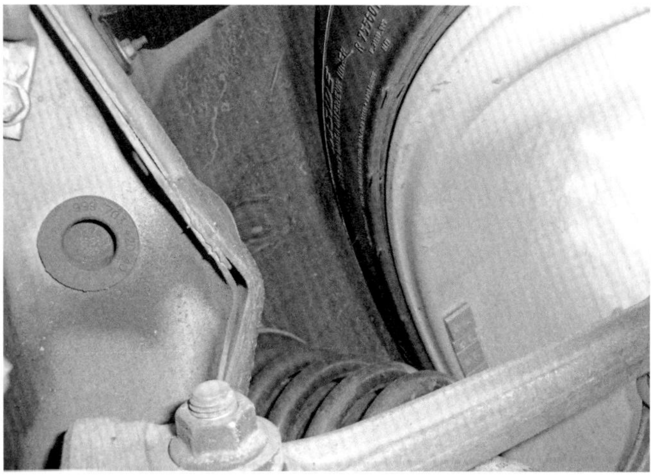

Falls keine Hebebühne oder Untersuchungsgrube vorhanden ist, kann eine kleine Digitalkamera eingesetzt werden.

(Bild: Adrian Streather)

Nehmen Sie sich Zeit für die Überprüfung des Motorraums. Hier können etliche „Sünden" verborgen sein.

(Bild: Adrian Streather)

K&N-Luftfiltersatz für den 997. Achtung: Auf die Zulassungsbestimmungen/ABE achten! *(Bild: Adrian Streather)*

Radaufhängung

Tieferlegung und Ähnliches müssen nicht unbedingt einem Kauf entgegenstehen, es gab bereits werkseitig etliche Fahrwerksumrüstungen. Fragen Sie aber den Verkäufer, welche Modifikationen vorhanden sind und wer sie durchgeführt hat. Diese Arbeiten sind nichts für Hobbyschrauber, besonders wenn der 997 mit PASM (wie alle S-Modelle) oder anderen komplexen Systemen zur Traktionsverbesserung ausgerüstet ist.

Hinweis:

Weder mit dem Serienfahrwerk des Standard-997 noch mit dem Porsche Sportfahrwerk sind Einstellungen hinsichtlich des Kurvenverhaltens, der Fahrzeughöhe oder Bodenfreiheit möglich.

Innenraum

Den Innenraum bewerten Sie hauptsächlich nach seinem Zustand. Achten Sie darauf, dass nichts gerissen oder verzogen ist. Leder ist recht widerstandsfähig und kann viel vertragen, jedoch nicht die Kunststoffmaterialien.

Motorraum

Die Motornummer ist unten in das Kurbelgehäuse eingeschlagen und muss mit der Nummer in der Fahrzeugdokumentation übereinstimmen.
Suchen Sie im Motorraum nach Spuren von Ölverlust. Ist der Motor auffällig sauber im Vergleich zum restlichen Wagen, fragen Sie, warum er zuvor gereinigt wurde.

Hinweis:

Der 997 hat keine Zündverteiler, Hochspannungs-Zündkabel oder sichtbaren Zündspulen, sondern die Zündspulen sind in die Zündkerzenstecker integriert und werden direkt vom DME-Steuergerät (Motorsteuergerät) geschaltet. Schäden an einer dieser Spulen oder im zugehörigen Schaltkreis werden durch Blinken der Motorwarnleuchte im Instrumentenfeld angezeigt – was bedeutet, dass man sofort anhalten sollte, um Schäden am Motor oder Katalysator abzuwenden.

Suchen Sie auch nach äußerlich erkennbaren Modifikationen wie K&N-Luftfilter oder ein gelochtes Luftfiltergehäuse. Diese Umrüstungen werden auch unter dem Namen „Cold Air Intake Kit" angeboten.
Dabei gründen sich die Vorbehalte gegen diese Änderungen auf:

- Fahrbarkeit: Während der Probefahrt sollte die Leerlaufdrehzahl bei 670 min^{-1} ± 40 min^{-1} liegen. Der Motor darf nicht ausgehen, wenn die Klimaanlage eingeschaltet ist und stark gebremst wird.

Achten Sie auf Ölflecken auf dem Abstellplatz.
(Bild: Adrian Streather)

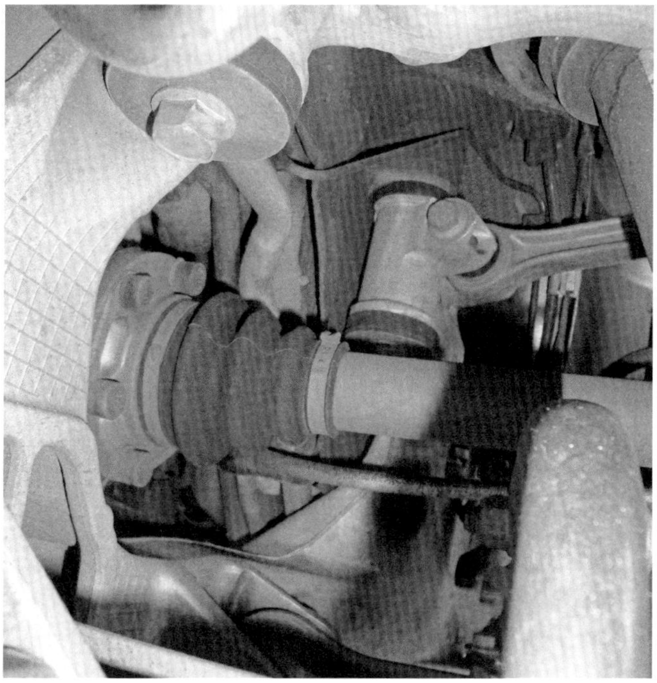

Eine Digitalkamera leistet hier gute Dienste.
(Bild: Adrian Streather)

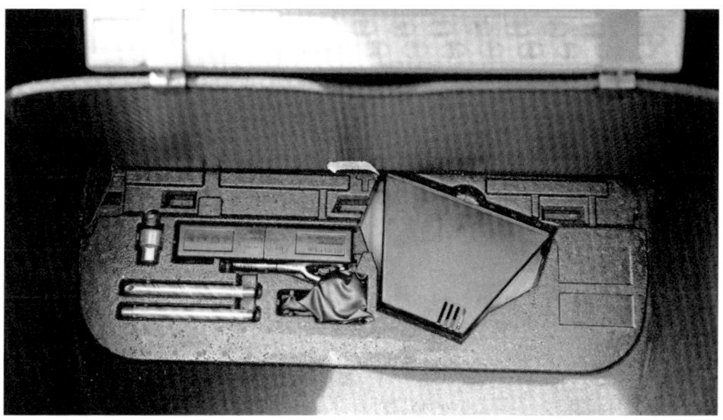

Bordwerkzeug eines 997 GT3 *(Bild: Adrian Streather)*

- Auspuff und Abgasreinigung: Manche Änderungen lassen den 997 den Abgastest nicht mehr bestehen. Fragen Sie den Verkäufer nach dem letzten AU-Protokoll.
- Zuverlässigkeit: Einige Modifikationen beeinträchtigen die Langlebigkeit des Motors.
- Schäden an anderen Bauteilen: Offene, geölte Luftfilter (z. B. K&N) können den Luftmassenmesser schädigen und sind bezüglich der Reinigungsleistung nicht so gründlich wie normale Filterausführungen (auf ABE achten!).

Bei der Untersuchung eines 997-Modells der 1. Generation mit den Motoren M96.05 und M97.76 (3,6-Liter) bzw. M97.01 (3,8-Liter) achten Sie auf Ölflecken auf dem Abstellplatz, speziell in dem Bereich, wo das Getriebe an den Motor angeflanscht ist. Hier befindet sich der Wellendichtring des schwungradseitigen Hauptlagers, der gelegentlich undicht ist. Durch den Einbau des entsprechenden Bauteils aus dem Porsche Cayenne soll dieses Problem abgestellt sein, kann aber vereinzelt noch vorkommen.

Vorsicht:
Leckende Wellendichtringe am schwungradseitigen Hauptlager können bei den 997 GT3 mit dem Motor M97.76 ein leidiges Problem sein. Alle dem Autor zum Zeitpunkt der Veröffentlichung dieses Buches bekannten GT3 hatten wiederholt Undichtigkeiten an dieser Stelle, ohne dass eine dauerhafte Lösung gefunden werden konnte.

Kontrollieren Sie mit einer hellen Taschenlampe, ob das Getriebe, die Vorderradantriebseinheit (bei Allradantrieb) und die Servolenkung äußerlich trocken sind.

Kupplung und Schwungrad

Fragen Sie den Verkäufer nach Belegen für den letzten Tausch von Zweimassen-Schwungrad und Kupplung.

Bordwerkzeug

Öffnen Sie die Werkzeugrolle und prüfen Sie den Inhalt auf Vollständigkeit. Sind Gegenstände rostig oder beschädigt? Alle 997 wurden ohne Ersatzrad ausgeliefert, stattdessen war ein Reifendichtmittelsatz vorhanden. Dieser Satz sollte unter anderem das Reifendichtmittel, einen Kompressor und einen Druckprüfer beinhalten. Prüfen Sie den Satz, er sollte vollständig und unbenutzt sein.
Im Kofferraum ist kein Ersatzrad mehr vorhanden.
Bevor Sie mit dem 997 zu einer Probefahrt starten, sollten Sie die Funktionen aller Systeme testen. Nehmen Sie dazu die Betriebsanleitung zur Hand und führen Sie die folgenden Prüfungen durch.

Überprüfen Sie die Funktionen des Zündschlüssels.
(Bild: Adrian Streather)

Anordnung der Alarmanlagen-LED
(Bild: Adrian Streather)

Kontrollieren Sie die Beleuchtungsanlage.
(Bild: Porsche AG)

Zentralverriegelung über Fernbedienung
Kontrollieren Sie, ob alle Funktionen der Fernbedienung richtig funktionieren.

Alarmanlage
Schaltet sie sich beim Verriegeln ein und beim Entriegeln aus? Wenn sie korrekt aktiviert ist, blinkt im Bereich der mittleren Luftdüsen in der Schalttafel eine LED im Sekundentakt. Liegt ein Fehler vor – oder ein Schloss ist nicht vollständig geschlossen – blinkt die LED mit einer hohen Frequenz.

Hinweis:
Sollte das Fahrzeug innerhalb 7 Tagen nicht gestartet bzw. mit der Fernbedienung entriegelt werden, schaltet die Funktionsbereitschaft der Fernbedienung ab (Schonung der Fahrzeugbatterie). In diesem Fall muss die Fahrertür wie in früheren Zeiten mit dem Schlüssel am Türschloss entriegelt werden.

Beleuchtung
Prüfen Sie die Funktion von
- Tagfahrlicht (falls vorhanden)
- Scheinwerfer
- Rückleuchten
- Nebelleuchten
- Innenleuchten
- Kofferraum- und Motorraumbeleuchtung
- Handschuhfachbeleuchtung
- Blinker und Warnblinkanlage

Elektrische Fensterheber
Probieren Sie alle Schalter – sie befinden sich in der Mittelkonsole. Achten Sie auf merkwürdige Geräusche beim Bewegen der Fenster. Sind die hochfahrenden Scheiben plötzlich feucht? Solche Feuchtigkeit deutet darauf hin, dass eingetretenes Wasser aus der Tür nicht mehr ablaufen kann.
Öffnen Sie bei geschlossenen Seitenscheiben die Türen. Dabei müssen die Scheiben automatisch ein wenig herunterfahren und nach dem Schließen der Tür wieder hochfahren. Dabei sollte die Scheibe in die Dichtung einfahren und nicht nur aufliegen.

Hinweis:
Die elektrischen Fensterheber haben noch Unterfunktionen, wie z. B. den Einklemmschutz, die in der Bedienungsanleitung beschrieben sind.

Vor der Funktionsprüfung der Scheibenwischer sollten die Scheiben mit Wasser benetzt werden.

(Bild: Adrian Streather)

Kontrollieren Sie, ob alle Sitzverstellungen arbeiten.

(Bild: Adrian Streather)

Sicherheitsgurte sind sicherheitsrelevant und erfordern eine genaue Untersuchung.

(Bild: Adrian Streather)

Scheibenwischer; Scheiben- und Scheinwerferwaschanlage

- Benetzen Sie die Windschutzscheibe mit Wasser und testen Sie alle Geschwindigkeitsstufen und – wenn kein Regensensor eingebaut ist – die Intervallschaltung.
- Überprüfen Sie einen vorhandenen Regensensor, indem Sie Wasser direkt auf seinen Erfassungsbereich aufsprühen, während der Wischerhebel auf Automatik steht.
- Tritt das Waschwasser aus allen Düsen gleichmäßig aus?
- Prüfen Sie bei eingeschaltetem Licht die Scheinwerferwaschanlage.
- Testen Sie einen eventuell vorhandenen Heckscheibenwischer (mit zuvor angefeuchteter Scheibe).

Heckscheibenheizung

Eine feuchte Scheibe lässt erkennen, ob alle Heizelemente funktionieren.

Außenspiegel

Prüfen Sie an beiden Außenspiegeln, ob die Verstellung in alle Richtungen funktioniert.

Hinweis:
Die Außenspiegel aller 997 sind serienmäßig mit einer Heizung versehen. Sie arbeitet allerdings nur in Verbindung mit der Heckscheibenheizung.

Sitze

- Prüfen Sie die mechanischen und elektrischen Funktionen beider Vordersitze. Lassen sie sich gleichmäßig nach vorn und hinten bewegen? Falls etwas nicht funktioniert, prüfen Sie, ob diese Individualausstattung tatsächlich vorhanden ist.
- Kontrollieren Sie den Zustand der elektrischen Steckverbinder unter dem Sitz. Beschädigte Stecker können die Ursache für Probleme mit der Türverriegelung, Sitzverstellung oder der Sitzmemory-Funktion sein.
- Falls eine Sitzheizung eingebaut ist, prüfen Sie, ob sie auch funktioniert. Die Betriebsanleitung erläutert alle Sitzfunktionen und wie man sie steuert.
- Kontrollieren Sie, ob sich die Lehnen beider Rücksitze vorklappen lassen und in Normalstellung wieder einrasten.

Sicherheitsgurte

Sehen Sie sich genau den Zustand jedes Gurts an. Achten Sie darauf, dass sie am Rand nicht ausgefranst oder gar eingerissen sind, und dass sie einwandfrei funktionieren.

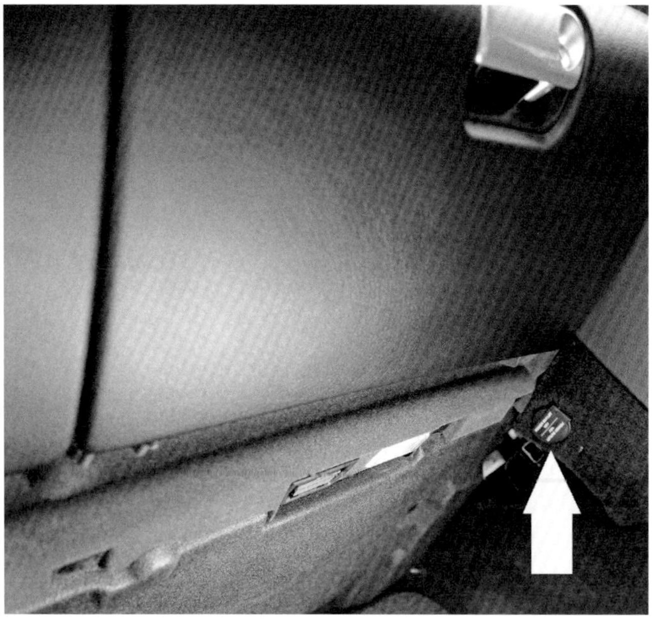

12V-Steckdose im Beifahrerfußraum *(Bild: Adrian Streather)*

Bildschirmanzeige des Navigationssystems. Überprüfen Sie alle PCM-Funktionen. *(Bild: Joe Ramos)*

Zigarettenanzünder
Funktion prüfen

12-V-Steckdose im Beifahrerfußraum
Funktion prüfen, falls eingebaut

Serienmäßiges Sound-System
- Schalten Sie den CD-Spieler ein und spielen Sie eine CD ab. Wählen Sie beim Abspielen eine andere CD aus, um zu prüfen, ob der CD-Wechsler funktioniert. Lassen Sie den CD-Spieler während der Probefahrt an und achten Sie darauf, ob Titel übersprungen werden.
- Zählen Sie die eingebauten Lautsprecher und prüfen Sie ihre Funktion.

Hinweis:
Die Überprüfung des CD-Wechslers ist äußerst wichtig. Bestehen Sie also darauf, dass CDs in den Wechsler eingelegt werden.

Hinweis:
Beim Coupé und Targa können maximal 12 Lautsprecher vorhanden sein, beim Cabriolet 11.

Porsche Communication Management (PCM)
Folgende Funktionen sollten hier geprüft werden:
- Radiomodul FM/AM
- CD-Spieler
- GPS-Navigationssystem
- Freisprecheinrichtung (falls vorhanden)
- Trip-Seiten
- Systemseiten

Hinweis:
Wer einen Porsche mit PCM kaufen will, sollte jede dieser Funktionen vor dem Kauf getestet haben. Speziell für das PCM gibt es eine umfangreiche Bedienungsanleitung. Entsprechend schwierig ist es, sich mit allen Funktionen vertraut zu machen. Lassen Sie sich deshalb vom Verkäufer die Funktionen zeigen und erklären. Stellen Sie auch sicher, dass die richtige Navigations-CD bzw. -DVD vorhanden ist. Weitere Angaben zum Navigationssystem sind im Kapitel 8 aufgeführt.

Überprüfung des Instrumentenfelds

(Bild: Joe Ramos)

Der Schalter zum Öffnen des Schiebedachs ist zwischen den Sonnenblenden angeordnet.

(Bild: Adrian Streather)

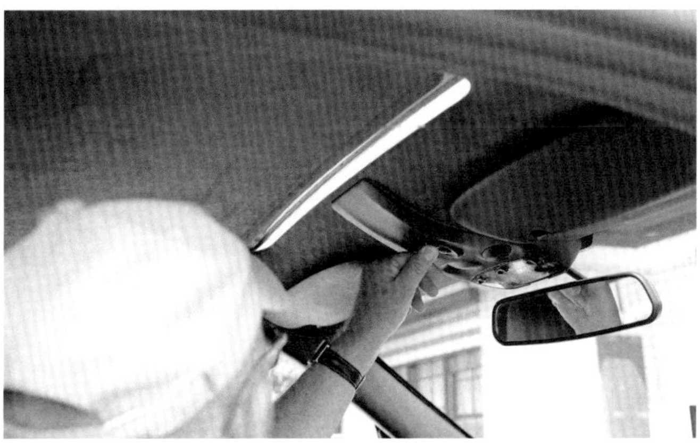

Bei gedrücktem Schalter öffnet das Schiebedach so lange, bis der Schalter losgelassen wird. Durch kurzes Antippen des Schalters öffnet es vollständig.

(Bild: Adrian Streather)

Instrumentenfeld

- Wird die richtige Uhrzeit und Außentemperatur angezeigt?
- Lassen sich die Digitalanzeigen in allen Instrumenten leicht ablesen und bleibt kein Segment leer, so dass die Ziffern nur schwer zu deuten sind?
- Überprüfen Sie bei Fahrzeugen mit Tiptronic S oder PDK, ob die Gänge und andere Systeminformationen korrekt angezeigt werden.

Ausfahrbarer Heckspoiler

Bei allen 997-Modellen einschließlich der Turbo-Versionen befindet sich in der Mittelkonsole ein Schalter, mit dem der Heckspoiler manuell ausgefahren werden kann. Bewegt er sich beim Aus- und Einfahren gleichmäßig und weitgehend geräuschlos? Sehen Sie bei ausgefahrenem Spoiler nach, ob das Dichtelement unbeschädigt ist. Diese Abdichtung ist bei den Turbo-Modellen nicht vorhanden.

Schiebedach

Bewegt es sich gleichmäßig und geräuschlos? Lässt sich das Dach neigen sowie vorwärts und rückwärts bewegen? Achten Sie auch darauf, ob der Windabweiser wie vorgesehen aus- und einfährt.

Cabrioverdeck

Bedienen Sie es gemäß der Betriebsanleitung. Funktionieren alle hydraulischen und mechanischen Teile? Sind die Verdeckstangen gerade und nicht verbogen? Keine der Stangen darf den Anschein erwecken, unter Spannung zu stehen. Mehr Informationen dazu finden Sie in Kapitel 7.

Targadach

Bedienen Sie es gemäß der Betriebsanleitung und achten Sie auf die elektrische und mechanische Funktionalität. Mehr dazu in Kapitel 7.

Die wichtige Probefahrt

Wenn alles zufriedenstellend funktioniert, machen Sie mit dem 997 eine Probefahrt.

Warnleuchten:

- Bevor Sie losfahren, prüfen Sie aber, ob alle Warnleuchten bis auf die für den Heckspoiler an- und wieder ausgegangen sind (entfällt bei 997-Modellen mit starrem Heckspoiler). Die Leuchte für den Heckspoiler befindet sich im Schalter für die manuelle Steuerung.
- Sollte eine Warnleuchte (ausgenommen die des Heckspoilers) immer noch leuchten, so fahren Sie nicht los, sondern untersuchen Sie den Grund dafür.

Dieser Heckspoiler hat keine Kontrollleuchte.
(Bild: Adrian Streather)

Bei vollem Lenkeinschlag kann die Freigängigkeit der Reifen geprüft werden.
(Bild: Adrian Streather)

Alle Bedienknöpfe der Klimaautomatik sollten ausprobiert werden.
(Bild: Paul Simmons)

Hinweis:
Die Heckspoiler-Kontrollleuchte erlischt, wenn sich die Räder drehen und der Systemcheck keine Fehler ergeben hat.

Freigängigkeit der Reifen prüfen

Drehen Sie bei Vorwärts- und Rückwärtsfahrt das Lenkrad bis zu den beiden Anschlägen. Werden dabei Schleifgeräusche der Reifen hörbar, so haben entweder die Felgen die falsche Einpresstiefe und/oder die Reifen haben die falsche Dimension.

ABS-Test

Es empfiehlt sich – natürlich auf einem entsprechenden freien Gelände oder bei angemessener Verkehrslage – eine Notbremsung vorzunehmen, um das ABS zu überprüfen. Dabei kann ein Pulsieren des Bremspedals wahrgenommen werden, dass durch die Bremsdruckregelung an den Bremszangen hervorgerufen wird.

Test von Traktionskontrolle (TC), Porsche Stability Management (PSM) oder Porsche Traction Management (PTM).

- Ohne Verkehrsregeln zu verletzen oder andere Verkehrsteilnehmer zu gefährden, sollte man die TC bei einer scharfen Kurvenfahrt überprüfen. Neigt dabei ein Rad zum Durchdrehen, wird die Traktionskontrolle aktiv. Schalten Sie die Traktionskontrolle mit dem Wippschalter aus und achten Sie darauf, wie sich das Fahrverhalten ändert.
- Auch das PSM kann ohne Risiko und Aufwand bei scharfem Kurvenfahren geprüft werden. Wenn ein Rad die Traktion verliert und durchdreht oder die Systeme eine Schlupfneigung erkennen, wird das betreffende Rad abgebremst. Das kann vom Fahrer wahrgenommen werden. Stellen Sie das PSM zum Vergleich einmal ab; der Unterschied ist feststellbar.
- Für einen Funktionstest des PTM ist eine rutschige Fahrbahnoberfläche erforderlich. Die Hinterräder müssen durchdrehen, um über das System die Antriebskraft auf die Vorderräder verlagern zu können. Vor dem Test sollte die Erlaubnis des Verkäufers eingeholt werden. Viel Glück beim Ausprobieren.

Klimaautomatik

Die 997-Modelle sind mit einer Klimaautomatik ausgestattet, die für die Funktion nur geringes Zutun des Fahrers erfordert. Im „Auto"-Modus regelt die Klimaanlage in Verbindung mit der Heizung selbsttätig die Lufttemperatur. Die einfache Bedienung ist in der Betriebsanleitung erläutert.

Beobachten Sie alle Instrumente während der Fahrt.
(Bild: Porsche AG)

Das Motorraumgebläse muss sich bei zu warmem Motorraum einschalten. *(Bild: Paul Simmons)*

Während der Probefahrt mit einem Blick in den Rückspiegel kontrollieren, ob eine Rauchentwicklung am Heck zu beobachten ist.
(Bild: Porsche AG)

Windschutzscheibe entfrosten
Stellen Sie auf „Defrost". Das Gebläse läuft nun mit höchster Drehzahl und sollte heiße trockene Luft gegen die Windschutzscheibe blasen.

Hinweis:
Die Klimaanlage läuft dabei mit, um die Luft zu entfeuchten.

Instrumente
Funktionieren alle Anzeigen korrekt? Vergleichen Sie den digitalen mit dem analogen Tachometer. Behalten Sie Kühlwasser- und Öltemperatur sowie den Öldruck im Auge, sie sollten im mittleren Bereich liegen.

Tempostat
Überprüfen Sie die Funktionen des Bedienhebels am Lenkrad. Bedienungshinweise finden Sie in der Betriebsanleitung.

Kühler und Motorraumgebläse
Wenn die Klimaanlage nicht läuft und die Wassertemperatur einen bestimmten Wert erreicht, beginnen die Kühlerlüfter zu laufen. Wenn die Luft im Motorraum zu warm wird, schaltet sich das Motorraumgebläse ein. Während dieses Gebläse leicht zu hören ist, sind die Ventilatoren vorn am Kühler kaum wahrzunehmen.

Hinweis:
Bei eingeschalteter Klimaanlage drehen die vorderen Ventilatoren stets in der untersten Stufe. Falls erforderlich, schaltet das Motorsteuergerät sie auf maximale Drehzahl um.

Es ist sehr wichtig, dass das Fahrzeug während der Probefahrt nicht nur um den Block gefahren, sondern wirklich gefordert wird.
Nehmen Sie den Wagen bei der Probefahrt im Rahmen des gesetzlich Zulässigen ruhig etwas härter heran, sonst erfüllt sie nicht ihren Zweck.

Während der Probefahrt
- Achten Sie dabei im Rückspiegel auf eventuellen Rauch aus dem Auspuff.
- Prüfen Sie die Bremsen, der Wagen darf dabei nicht zur Seite ziehen. Durch die verschiedenen Traktionskontrollsysteme des 997 können die Bremsbeläge ungleich abgenutzt sein, was zu unterschiedlicher Bremswirkung mit einseitigem Ziehen führen kann.
- Prüfen Sie, ob die Servolenkung mahlende Geräusche macht, was sowohl gehört, als auch im Lenkrad gefühlt werden kann.

Servolenkungstest am Lenkanschlag

(Bild: Adrian Streather)

Idealerweise sucht man für eine Begutachtung einen 997-Experten auf.

(Bild: Adrian Streather)

Eine saubere und professionell eingerichtete Werkstatt vermittelt ein gewisses Vertrauen.

(Bild: Adrian Streather)

- Prüfen Sie die Kupplungsfunktion und Schaltbarkeit. Die Kupplung des 997 erfordert etwas Eingewöhnung. Achten Sie darauf, dass die Kupplung nicht rupft oder rutscht. Falls das beim Einkuppeln nach den Schaltvorgängen auftritt, deutet dies auf einen bevorstehenden Kupplungswechsel hin. Zuerst sollte aber der Ausrückmechanismus geprüft werden.
- Versuchen Sie bei einem Carrera 4 oder Turbo wenigstens einmal, die Räder zum Durchdrehen zu bringen. Wann ziehen auch die Vorderräder? So kann man einfach den Einsatz der Visco-Kupplung der 1. Generation bzw. der elektronisch gesteuerten Lamellenkupplung der 2. Generation testen.

Hinweis:
Der permanent vorhandene Einsatz des Vorderradantriebs ist normalerweise nur schwer zu spüren.

Fachmännische Inspektion vor dem Kauf

Fragen Sie den Verkäufer, ob er mit einer Begutachtung vor dem Kauf einverstanden ist. Stimmt er zu, arrangieren Sie eine Durchsicht bei einem (von Käufer und Verkäufer) unabhängigen 997-Experten.

Im Rahmen einer solchen Inspektion sollten zwei Überprüfungen vorgenommen werden:
- Fehlerprotokoll des Motorsteuergeräts auslesen
- Abgasuntersuchung vornehmen

Diese beiden Tests werden, besonders nach ausgiebiger Probefahrt, alle verdeckten Probleme offenlegen.

Hinweis:
Die Abgasuntersuchung sollte nur bei heißer Auspuffanlage und betriebswarmem Motor vorgenommen werden.

Nicht irgendein Auto, sondern ein sehr früher 997 Turbo.
(Bild: Adrian Streather)

Es gibt nichts Vergleichbares: Carrera S (links) und Carrera GT sind eine Klasse für sich. *(Bild: Adrian Streather)*

Ehrlich gesagt: Wer würde denn einen 997 verschmähen?
(Bild: Adrian Streather)

Schlussüberlegungen

Vor der Kaufentscheidung sollten Sie folgendes überlegen:

- Ein Porsche 997 ist nicht irgendein Auto, sondern ein ganz besonderer Sportwagen. Das hat Vor- und Nachteile.
- Ein dickes Fell gegenüber abfälligen Kommentaren ist vorteilhaft, wenn man einen Porsche besitzt.
- Die Kosten regelmäßiger Wartungen und unregelmäßiger Reparaturen sind hoch.
- Bei hohem Tempo steigt der Verbrauch, aber auch der Spaßfaktor.
- Geeignete Reifen sind teuer und in manchen Ländern nur schwer zu beziehen.

Der 997 ist sehr zuverlässig, es kann aber sehr teuer werden, wenn doch einmal etwas kaputtgeht. Reparaturen sind selten einfach, und Porsche-Werkstätten haben recht hohe Stundensätze, die nur von Ferrari oder Maserati übertroffen werden. Stellen Sie sicher, dass die Werkstatt, die Sie zur Wartung auswählen, mit vollständigen offiziellen Reparaturunterlagen und neuesten Porsche-Testgeräten ausgerüstet ist.

- Die Versicherungskosten sind je nach Gesellschaft, Alter des Fahrers, vorhandener Garage und Land sehr unterschiedlich.

Wartung nach dem Kauf

Anders als bei den Vorgängermodellen kann man sich bei einem Kauf eines 997 einen Werkstattbesuch sparen, wenn nicht bei der Inspektion vor dem Kauf Dinge zutage getreten sind, die der Reparatur bedürfen. Es reicht, wenn man sich an das übliche Wartungsintervall hält.

Vorsicht:
Denken Sie daran, dass vor dem Auslaufen einer Garantie eine große Inspektion durchgeführt werden sollte.

Es empfiehlt sich, nach den ersten 200 km alle Flüssigkeitsstände einschließlich der Bremsflüssigkeit und des Kühlwassers zu kontrollieren, um Undichtigkeiten auszuschließen.

Hinweis:
Wenn Sie das Gefühl haben, dass Ihre Werkstatt den 997 nicht schätzt, suchen Sie sich eine andere! Die Einstellung der Mechaniker wird sich früher oder später an ihrer Arbeit bemerkbar machen.

Hinweis:
Sollte Ihr 997 mit Keramikbremsen (PCCB) ausgerüstet sein, muss unbedingt ein Satz Radmontagehilfen im Bordwerkzeug enthalten sein.

Die Wartungsintervalle bei den Restwelt-Modellen lagen modelljahrabhängig bei 20.000 km bzw. 30.000 km. Für diesen 997 Carrera S von 2010 treffen die 30.000er-Intervalle zu.

(Bild: Adrian Streather)

Bei den US-Modellen lagen die Wartungsintervalle modelljahrabhängig bei 12.000 Meilen bzw. 20.000 Meilen. Für diesen 997 Carrera 4S von 2012 sind die 20.000er-Intervalle gültig.

(Bild: Paul Simmons)

Auch die Überprüfung des Airbagsystems ist ein regelmäßiger Wartungspunkt.

(Bild: Adrian Streather)

Inspektion

Während der 997-Produktion änderten sich die von Porsche vorgegebenen Inspektionsintervalle. Es ist möglich, dass einige Besitzer über diese Änderungen nicht informiert sind. Bevor Sie eigenmächtig die Intervalle abändern, sollte mit einem Porsche-Zentrum Rücksprache gehalten werden. Außerdem können die Wartungsintervalle je nach Region unterschiedlich ausfallen.

Die von Porsche vorgegebenen Wartungsintervalle für die 997-Baureihe sind wie folgt:

- Restwelt-Modelle, nur MJ 2004: 20.000 km oder alle zwei Jahre, je nachdem was zuerst eintritt. Abwechselnd Kleine Wartung und Große Wartung.
- Restwelt-Modelle, MJ 2005 – 2008: 30.000 km oder alle zwei Jahre, je nachdem was zuerst eintritt. Abwechselnd Kleine Wartung und Große Wartung.
- Restwelt-Modelle, MJ 2009 – 2013: 30.000 km oder alle zwei Jahre, je nachdem was zuerst eintritt. Abwechselnd Zwischenwartung und Wartung.
- US-Modelle, MJ 2005 – 2008: 12.000 Meilen oder alle zwei Jahre, je nachdem was zuerst eintritt. Abwechselnd Kleine Wartung und Große Wartung.
- US-Modelle, MJ 2009 – 2013: 20.000 Meilen oder alle zwei Jahre, je nachdem was zuerst eintritt. Abwechselnd Zwischenwartung und Wartung.

Hinweis:
Ab 2009 wurden die Bezeichnungen der Inspektionen von Kleiner Wartung und Großer Wartung auf Zwischenwartung und Wartung geändert.

Hinweis:
Im kanadischen Markt wurden US-Modelle verkauft, für die Wartung aber die km-Intervalle angesetzt.

Neben dem normalen Wartungsumfang fielen zusätzliche Arbeiten an, die allerdings im Rahmen einer regulären Inspektion durchgeführt werden konnten. Alle Wartungspunkte sind in den Wartungsplänen am Ende dieses Kapitels aufgeführt.

Fahrspaß im Alltag
(Bild: Porsche AG)

Kein Zuckerschlecken: der Straßenverkehr in Rom.
(Bild: Adrian Streather)

Harter Einsatz – und natürlich eine Menge Spaß!
(Bild: Adrian Streather)

Kleine Wartung/Große Wartung

Die von Porsche angegebenen Wartungsintervalle orientieren sich an den Verhältnissen des Durchschnittsfahrers. Je nach Klima und Betriebsbedingungen kann eine häufigere Inspektion für diejenigen 997-Besitzer ratsam sein, die ihr Fahrzeug auch bei schlechtestem Wetter bewegen oder es besonders fordern.

Unter bestimmten Bedingungen verkürzte Wartungsintervalle schreibt Porsche nicht vor. Folgende Einsatzbedingungen können allerdings die Häufigkeit der empfehlenswerten Inspektionen beeinflussen:

- Betrieb in staubiger (Wüste), nasser (tropisch) oder schlammreicher (schlechtes Straßennetz) Umgebung
- Häufiger Stadtverkehr mit Staus
- Häufiger Kurzstreckenbetrieb, ohne dass der Motor seine optimale Betriebstemperatur erreicht
- Sehr hohe oder niedrige Außentemperaturen
- Betrieb in den Bergen oder im Hochland über 1500 m
- Rennstreckeneinsatz oder allgemein bei Einsätzen im Breitenmotorsport

Wartungskosten

Die regulären Wartungskosten fallen in den verschiedenen Ländern sehr unterschiedlich aus. Eine genaue Angabe hierzu ist deshalb in diesem Rahmen nicht möglich.

Allgemein kann jedoch gesagt werden, dass über die Jahre betrachtet die Wartungskosten der wassergekühlten 997-Baureihe niedriger sind als bei den luftgekühlten 911ern, obwohl zur Befüllung des Kühlsystems mit seinen zwei oder drei Kühlern bis zu 32 Liter Kühlmittel erforderlich sind.

Die Unterhaltskosten eines 997 der 1. Generation mit 3,6-Liter-Motor entsprechen denen des Vorgängermodells aus der 996-Baureihe. Durch das aus Wettbewerbsgründen erforderliche Hinzufügen neuer Systeme wurden die Fahrzeuge jedoch komplexer und auch schwerer.

Doch für die gesamte 997-Baureihe blieb der unverwechselbare Porsche-Stil erhalten. Dem Motto „Es gibt nichts Vergleichbares“ konnte (meistens) ohne übertriebenen Technikeinsatz Folge geleistet werden.

Jede Straßenversion des 997 erhält im Werk einen Mobil 1-Aufkleber, der auf der Unterseite der Motorhaube angebracht wird. Der japanische Importeur entfernt ihn meist.

(Bild: Adrian Streather)

Hinweis:
Porsche erteilt nur für synthetische und Hydrocrack-Öle eine Freigabe. Mineralöle dürfen nicht im 997 verwendet werden, da sie höhere Reibung verursachen und auch bei häufigerem Wechsel nicht den geforderten Verschleißschutz bieten.

Vorsicht:
Während der Garantiezeit darf für den 997 nur Öl verwendet werden, das von Porsche getestet und freigegeben ist (siehe Betriebsanleitung).

Motoröl

Das Einzige, was sich nicht änderte bei Markteinführung des 997, war die Streitfrage um das richtige Öl, die wohl so alt ist wie das Auto selbst. Welches ist der beste Schmierstoff, und wie oft sollte man ihn wechseln? Zuerst zur zweiten Frage.
Obwohl Porsche den Öl- und Ölfilterwechsel für den 997 ab 2005 nur alle 30.000 km (oder alle zwei Jahre) vorschreibt, halten manche Besitzer in 2015 dieses Intervall für zu lang. Natürlich kann man, wenn die Kosten keine Rolle spielen, die Ölwechselintervalle auch verkürzen.

Hinweis:
Die meisten dem Autor bekannten 997-Besitzer wechseln früher das Öl, da sie weniger als 10.000 km im Jahr fahren.

Welches ist nun das geeignetste Öl? Hier kommt es objektiv zuerst einmal auf die örtlichen Klima- und Einsatzbedingungen an. Porsche empfiehlt drei verschiedene Viskositätsklassen: 0W-40, 5W-40 und 5W-50.
Viele 5W-50-Fahrer argumentieren, dass damit der Motor bei hohen Temperaturen besser geschmiert werde als mit dem dann dünnflüssigeren 0W-40. Das mag bei hartem Einsatz wie Rennbetrieb zutreffen, und dieses Öl ist sicher für Rennwagen geeignet. Für den 997-Durchschnittsfahrer, der seinen Motor niemals so hoch belastet, trifft dieses Argument nicht zu.
0W-40-Fahrer sind der Meinung, dass dieses Öl wesentlich besser für den 997 geeignet sei, weil bei kaltem Motor und Motoröl (nasskaltes Winterwetter) das dünnflüssigere 0W-40 wesentlich schneller zu den kritischen Schmierstellen wie dem VarioCam oder den Hydrostößeln bzw. Kettenspannern gelangt und so den Kaltstartverschleiß reduziert.
Selbst im innerstädtischen Stop-and-Go-Verkehr erreicht der Motor bei intaktem Kühlsystem keine Temperaturen, bei denen das dünnere Öl von Nachteil wäre. In der Regel hilft ein Blick in die Betriebsanleitung bzw. eine Anfrage beim Porsche-Händler, dem ein jährlich aktualisiertes Verzeichnis der zugelassenen Schmierstoffe vorliegt.

Von Porsche zugelassene Öle

Welches Öl letztendlich verwendet wird, ist Sache des Besitzers und/oder seiner Porsche-Werkstatt. Seit 2005 hat Porsche für alle Boxermotoren ab Modelljahr 1984 Öle der Viskositätsklassen 0W-40, 5W-40 und 5W-50 zugelassen.

Motorölstand prüfen (1)

Die einzige Möglichkeit, bei der 997-Baureihe den Ölstand zu prüfen, ist über die Anzeige im Instrumentenfeld.

(Bild: Adrian Streather)

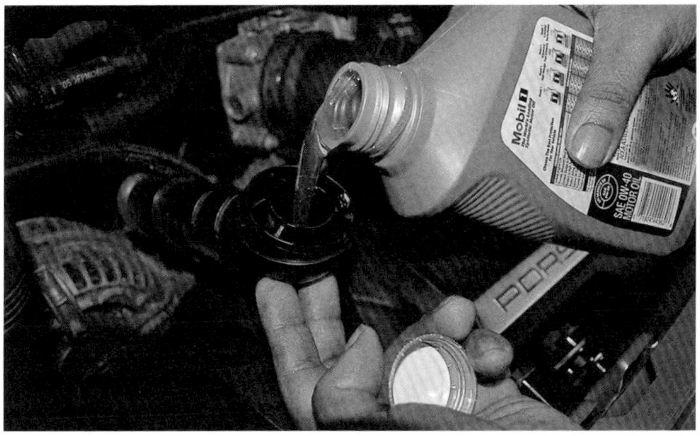

Öl nachfüllen über den herausziehbaren Einfüllstutzen.

(Bild: Adrian Streather)

Öleinfüllstutzen eines M97.01-Motors

(Bild: Adrian Streather)

Vorsicht:

Bei keinem Motor der 997-Baureihe ist noch ein Ölmessstab vorhanden. Die im folgenden beschriebene Vorgehensweise ist die einzige Möglichkeit, den Ölstand zu messen.

Motortypen M96.05, M97.01

Vorgehensweise

- Lassen Sie den Motor laufen, bis die Betriebstemperatur (70 – 90°C) erreicht ist. Am schnellsten erreichen Sie dies im Rahmen einer Fahrt.
- Stellen Sie den Wagen auf einer ebenen Fläche ab und schalten Sie den Motor aus.
- Schalten Sie anschließend die Zündung wieder ein, aber starten Sie nicht den Motor.
- Beobachten Sie die Ölstandmessung im Display des Bordcomputers. Eine Wartezeit wird angezeigt und läuft automatisch ab. Anhand der Temperatur berechnet der Bordcomputer, wie lange es dauert, bis das Öl in den internen Öltank zurückgeflossen ist. Während der Wartezeit wird kein Ölstand angezeigt.
- Nach abgeschlossener Messung können Sie den Motorölstand an der Segmentanzeige ablesen.
- Sind die Segmente (ein Segment entspricht 0,4 l) bis zur oberen Linie ausgefüllt, hat der Ölstand die Maximalmarkierung erreicht und es darf keinesfalls Öl nachgefüllt werden.
- Falls der Ölstand die Minimalmarkierung erreicht hat, fehlen etwa 1,2 l Motoröl.
- Sollte das letzte Segment der Ölstandanzeige blinken, ist das Niveau unter die Minimalmarkierung gefallen und es muss umgehend Öl nachgefüllt werden.

Öl nachfüllen

Falls Öl nachgefüllt werden muss, ziehen Sie das Einfüllrohr aus seiner Halterung. Entfernen Sie den Deckel der Öleinfüllöffnung und füllen Sie in dosierten Schritten eine entsprechende Menge Öl nach. Wiederholen Sie anschließend die Ölstandmessung. Nach Beendigung schrauben Sie den Verschlussdeckel wieder auf und schieben das Einfüllrohr wieder in seine Halterung.

Vorsicht:

Überschreiten Sie beim Öleinfüllen nie die Maximalmarkierung!

Hinweis:

Der Ölstand wird automatisch beim Tanken geprüft. Die Ölstandmessung kann auch über das Menü des Bordcomputers aufgerufen werden.

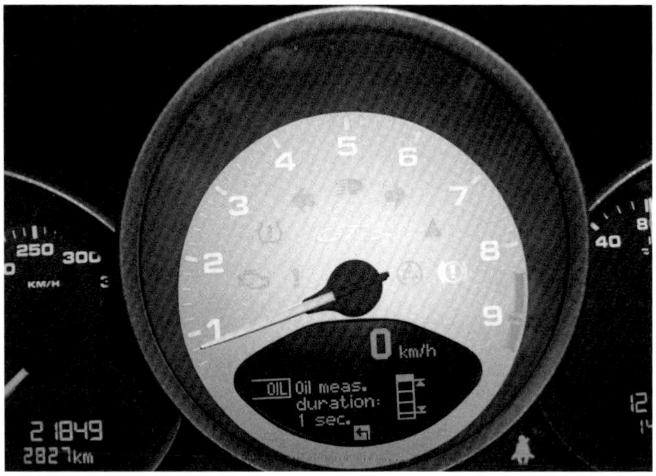

Erst nach Ablauf der Wartezeit wird der Ölstand angezeigt.

(Bild: Paul Heaft)

Ölstandmessung an einem GT3. Ein Segment in der Anzeige entspricht ca. 300 ml. *(Bild: Paul Heaft)*

Öl nachfüllen an einem Motor des Typs M97.76. Immer nur kleine Mengen einfüllen. Bei Überfüllung beginnt der Motor stark zu qualmen und es besteht die Gefahr von Ölaustritt.

(Bild: Paul Heaft)

Motorölstand prüfen (2)

Motortypen MA1.01, MA1.02 (Carrera); M97.76, M97.77, M97.77R (GT3); M97.70, M97.70S und MA1.70 (Turbo)

Vorgehensweise

- Lassen Sie den Motor laufen, bis die Öltemperatur mindestens 60°C erreicht hat. Am schnellsten geschieht dies im Rahmen einer Fahrt.
- Stellen Sie den Wagen auf einer ebenen Fläche ab und lassen Sie den Motor im Leerlauf laufen. Schalten Sie den Motor nicht aus.
- Drücken Sie den Bedienhebel des Bordcomputers nach vorn, um das Auswahlfeld einzuschalten.
- Wählen Sie mit dem Bedienhebel „OEL" aus.
- Drücken Sie den Bedienhebel nach vorn, um die Messung zu starten.
- Beobachten Sie die Ölstandmessung im Display des Bordcomputers. Eine Wartezeit wird angezeigt und läuft automatisch ab. Diese Zeit ist erforderlich, um in Abhängigkeit von der Öltemperatur den richtigen Füllstand im externen Öltank zu erreichen. Während dieser Wartezeit wird kein Ölstand angezeigt.
- Nach abgeschlossener Messung können Sie den Motorölstand an der Segmentanzeige ablesen.
- Sind die Segmente bis zur oberen Linie ausgefüllt, hat der Ölstand die Maximalmarkierung erreicht. Jetzt darf keinesfalls Motoröl nachgefüllt werden.
- Ist das unterste Segment ausgefüllt, hat der Ölstand die Minimalmarkierung erreicht und es fehlt ungefähr 1 l Motoröl. Ein Segment entspricht beim Carrera 0,4 l, beim GT3 0,3 l und bei den Turbo-Motoren 0,42 l.
- Blinkt das unterste Segment, ist der Ölstand unter die Minimummarkierung gefallen und es muss umgehend Öl nachgefüllt werden.

Öl nachfüllen

Stellen Sie zum Öl nachfüllen den Motor ab. Entfernen Sie den Deckel der Öleinfüllöffnung und füllen Sie das Motoröl maximal halbliterweise nach. Schrauben Sie den Verschlussdeckel wieder auf und führen Sie erneut die Ölstandprüfung wie beschrieben bei laufendem Motor durch. Falls noch Öl ergänzt werden muss, stellen Sie den Motor wieder ab und wiederholen die Prozedur. Lassen Sie sich dafür Zeit.

Vorsicht:
Überschreiten Sie beim Öleinfüllen nie die Maximalmarkierung!
Hinweis:
Während der Fahrt läuft im Hintergrund eine zusätzliche Ölstandmessung ab.

Motoröl- und Ölfilterwechsel (1)

Teileauflistung für die Motortypen M96.05 und M97.01

Benennung	Verwendung	Menge	Teilenummer
Motoröl für Ölwechsel	M96.05 M97.01	8,25 Liter 8,5 Liter	Nach Wahl des Besitzers
Ölfiltereinsatz	Alle	1	996 107 225 53
Dichtring Ölfiltergehäuse (O-Ring)	Alle	1	996 107 313 51
Optimoly MP3 Fett	Alle	Nach Bedarf	000 043 205 10
Dichtring Ölablassschraube	Alle	1	900 123 106 30
Ölfilterschlüssel Porsche-Werkzeug 9204 oder gleichwertig wie z. B. Hazet 2171-2	Alle	1	000 721 920 40

Vor dem Ölwechsel den Motor wie beschrieben auf Betriebstemperatur bringen.

◀ Heben Sie den 997 an und sorgen Sie für einen sicheren Stand.

Vorsicht:

Verwenden Sie eine professionelle Hebebühne oder Unterstellböcke, die für diesen Zweck bestimmt sind. Ein normaler Wagenheber ist keine ausreichend stabile Stütze, wenn jemand unter dem Fahrzeug arbeiten muss.

Stellen Sie ein ausreichend großes Gefäß für das auslaufende Öl unter die Ölablassschraube an der Ölwanne.

◀ Lösen Sie mit einem 8-mm-Inbusschlüssel die Schraube und lassen Sie das Öl ab, was etwa 20 Minuten dauert.

Vorsicht:

Tragen Sie dabei Handschuhe, damit Sie sich am heißen Öl nicht verbrühen.

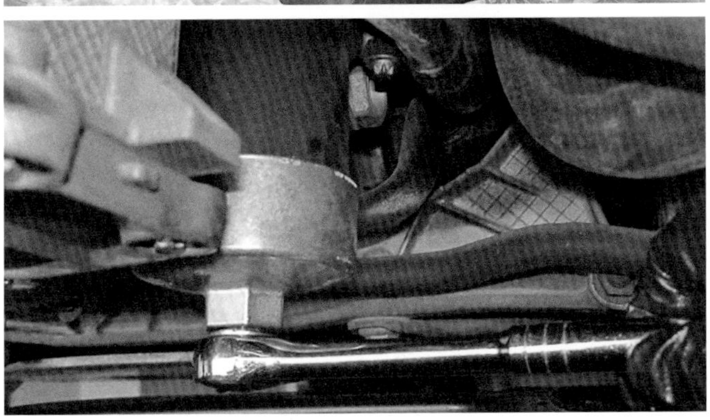

Reinigen Sie die Ölablassschraube und setzen Sie diese wieder mit einem neuen Dichtring ein. Anzugsmoment: 50 Nm.

◀ Lösen Sie den Ölfilter am Kurbelgehäuse mit dem Porsche-Werkzeug 9204 oder dem Hazet-Schlüssel 2171-2. Nehmen Sie das Ölfiltergehäuse ab und lassen Sie das darin befindliche Öl ablaufen. Entfernen Sie den Filtereinsatz, der sich entweder im Ölfiltergehäuse befindet oder am Motor verblieben ist, und entsorgen Sie ihn vorschriftsmäßig.

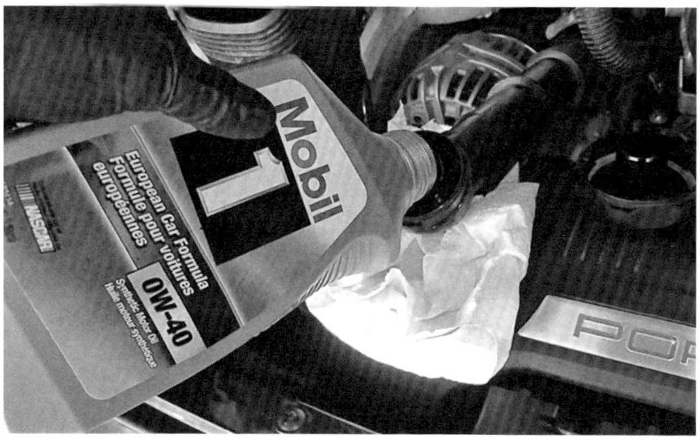

Nehmen Sie den O-Ring am Ölfiltergehäuse ab und tragen Sie auf den neuen O-Ring vor und nach der Montage am Gehäuse etwas Optimoly MP3-Fett auf. Anschließend setzen Sie den neuen Filtereinsatz in das Ölfiltergehäuse.

Hinweis:
Wird das Ölfiltergehäuse vor dem Einbau mit etwas frischem Motoröl befüllt, baut sich der Öldruck schneller auf.

Schrauben Sie das Ölfiltergehäuse zuerst mit der Hand wieder ein, und ziehen Sie es anschließend mit 25 Nm fest.
Lassen Sie den Wagen wieder ab und achten Sie darauf, dass er auf einer ebenen Fläche steht.
Ziehen Sie das Öleinfüllrohr aus seiner Halterung, schrauben Sie den Deckel der Einfüllöffnung ab und befüllen Sie den Motor mit frischem Motoröl:
Motortyp M96.05: 8,25 Liter
Motortyp M97.01: 8,5 Liter
Schrauben Sie den Deckel wieder auf und drücken Sie das Einfüllrohr in seine Halterung.
Starten Sie den Motor und lassen Sie ihn die Betriebstemperatur erreichen. Stellen Sie den Motor ab und führen Sie die Ölstandmessung wie vorher beschrieben durch. Füllen Sie erforderlichenfalls Öl nach.

Hinweis:
Falls nur das Motoröl ohne Ölfilter gewechselt wird, verringert sich die Einfüllmenge um ca. 0,5 Liter.

Vorsicht:
Prüfen Sie nach dem Ölwechsel, am besten nach einer kurzen Fahrt, ob Ölablassschraube und Ölfilter dicht sind.

Vorsicht:
Achten Sie darauf, dass der Deckel der Einfüllöffnung immer fest verschlossen ist. Ansonsten wird die Motorwarnleuchte aufleuchten.

Vorsicht:
Beachten Sie die geltenden Umweltvorschriften bei der Entsorgung des Altöls und Ölfilters.

Hinweis:
Falls nicht anders angegeben, stammen alle Fotos von Adrian Streather.

Motoröl- und Ölfilterwechsel (2)

Teileauflistung für die Motortypen M97.70, M97.70S, M97.74, M97.76 und M97.77.

Benennung	Verwendung	Menge	Teilenummer
Motoröl für Ölwechsel	Alle	9,0 Liter	Nach Wahl des Besitzers
Ölfiltereinsatz	Alle	1	996 107 225 53
Dichtring Ölfilter (O-Ring)	Alle	1	999 707 465 40
Dichtring Ölfiltergehäuse (O-Ring)	Alle	1	996 107 313 51
Optimoly MP3 Fett	Alle	Nach Bedarf	000 107 313 51
Dichtring Ölablassschraube Öltank	Alle	1	900 123 010 20
Dichtring Ölablassschraube Kurbelgehäuse	Alle	1	900 123 018 30
Ölfilterschlüssel Porsche-Werkzeug 9204 oder gleichwertig wie z. B. Hazet 2171-2	Alle	1	000 721 920 40

Hinweis:
Bei den 997-Modellen Turbo, GT2, GT2 RS, GT3 und GT3 RS hat die Ablassschraube des Kurbelgehäuses die Ersatzteilnummer 944 107 197 01 und die des Öltanks die Nummer 900 065 018 00.

Vor dem Ölwechsel den Motor wie beschrieben auf Betriebstemperatur bringen.

◀ Heben Sie den 997 mit einem Wagenheber mit niedriger Unterfahrhöhe an und sorgen Sie für einen sicheren Stand.

Vorsicht:
Verwenden Sie eine professionelle Hebebühne oder Unterstellböcke, die für diesen Zweck bestimmt sind. Ein normaler Wagenheber ist keine ausreichend stabile Stütze, wenn jemand unter dem Fahrzeug arbeiten muss.

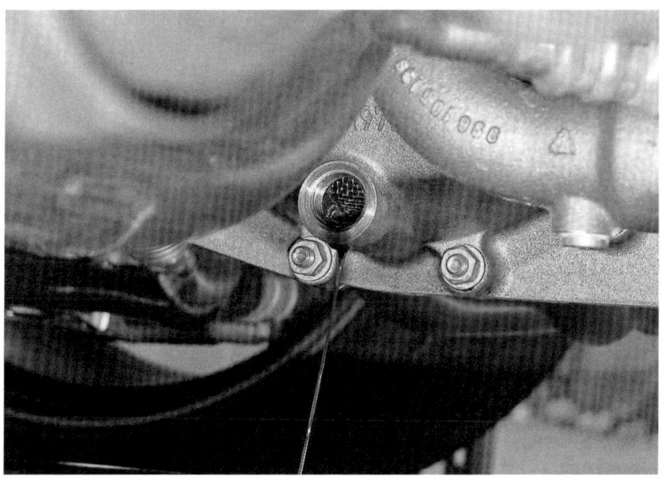

Stellen Sie ein ausreichend großes Gefäß für das auslaufende Öl unter die Ablassschraube an der Ölwanne.
Entfernen Sie die Ölablassschraube (Schlüsselweite 15) und lassen Sie das Öl in die bereitgestellte Auffangwanne laufen.

Vorsicht:
Tragen Sie dabei Handschuhe, damit Sie sich am heißen Öl nicht verbrühen.

Reinigen Sie die Ölablassschraube und setzen Sie diese wieder mit einem neuen Aluminiumdichtring ein. Anzugsmoment: 60 Nm.
Stellen Sie ein ausreichend großes Gefäß unter die Ölablassschraube am Öltank.

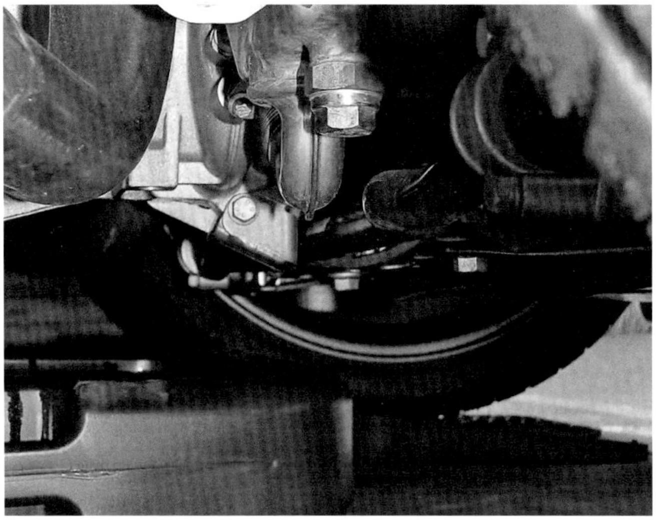

Entfernen Sie die Ölablassschraube (Schlüsselweite 19) und lassen Sie das Öl in die bereitgestellte Auffangwanne laufen.

Vorsicht:
Um eine Beschädigung des Öltanks zu vermeiden, muss beim Lösen oder Festziehen der Ölablassschraube mit einem geeigneten Werkzeug gegengehalten werden.

Reinigen Sie die Ölablassschraube und setzen Sie diese wieder mit einem neuen Kupferdichtring ein. Anzugsmoment: 60 Nm.

Entfernen Sie vom links im Motorraum befindlichen Ölfiltergehäuse den Deckel und O-Ring.

Nehmen Sie den Ölfiltereinsatz und den O-Ring aus dem Gehäuse.

Entfernen Sie den Filtereinsatz und den O-Ring vom Ölfiltergehäuse.

Vor dem Einbau des neuen Filtereinsatzes müssen das noch im Filtergehäuse befindliche Öl abgesaugt und alle Teile gereinigt werden.

Tragen Sie etwas Optimoly auf die Dichtfläche des Ölfiltergehäuses.

Bringen Sie einen neuen O-Ring am Deckel des Ölfiltergehäuses an und schmieren Sie diesen ebenfalls mit Optimoly-Fett.

Setzen Sie den neuen Ölfilter mit einem neuen O-Ring ins Filtergehäuse ein.

Schrauben Sie den Deckel des Ölfiltergehäuses mit der Hand ein, bis er aufsitzt. Anschließend ziehen Sie ihn mit 25 Nm fest.

Lassen Sie den Wagen wieder ab und achten Sie darauf, dass er auf einer ebenen Fläche steht.

Entfernen Sie den Deckel der Öleinfüllöffnung und füllen Sie ca. 9 Liter Öl ein.

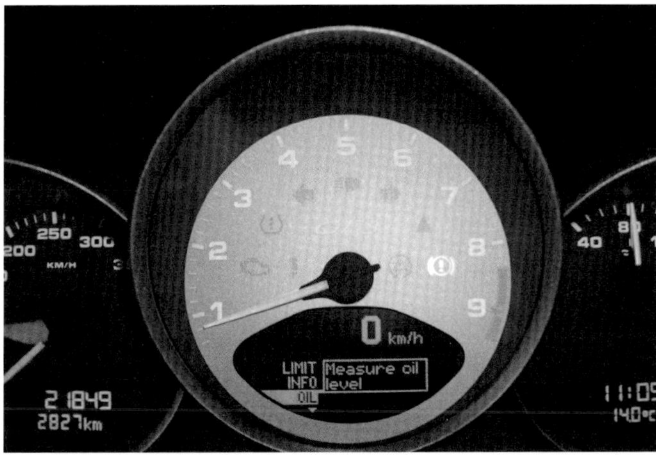

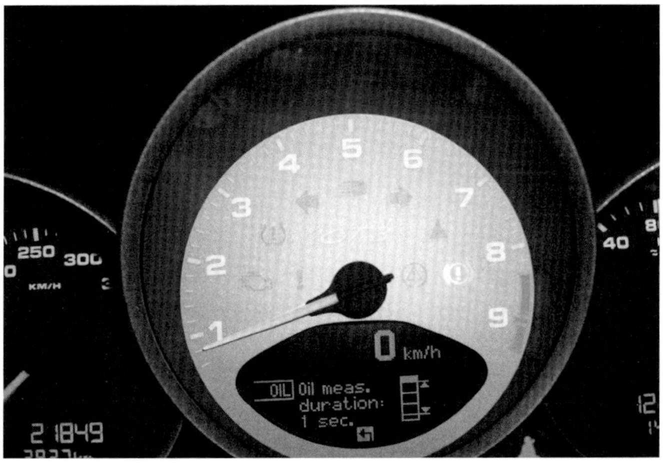

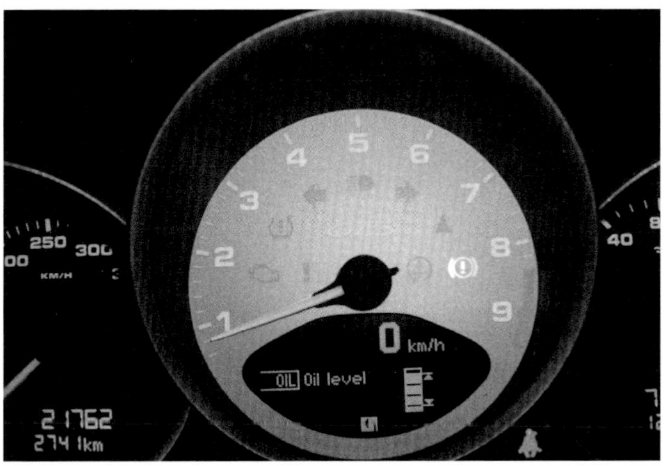

Hinweis:
Falls nur das Motoröl ohne Ölfilter gewechselt wird, verringert sich die Einfüllmenge um ca. 0,5 Liter.

Starten Sie den Motor, lassen Sie ihn die Betriebstemperatur erreichen und führen Sie die vorher beschriebene Ölstandmessung (2) durch. Füllen Sie erforderlichenfalls Öl nach.

Vorsicht:
Prüfen Sie nach dem Ölwechsel, am besten nach einer kurzen Fahrt, ob Ölablassschraube und Ölfilter dicht sind.

Vorsicht:
Achten Sie darauf, dass der Deckel der Einfüllöffnung immer fest verschlossen ist. Ansonsten wird die Motorwarnleuchte aufleuchten.

Vorsicht:
Beachten Sie die geltenden Umweltvorschriften bei der Entsorgung des Altöls und Ölfilters.

Fotos: Alle Bilder zum Ölauffüllen und zur Ölstandmessung von Paul Heaft.

Probefahrt mit anschließender Dichtheitskontrolle

Hinweis:
Falls nicht anders angegeben, stammen alle Fotos von Adrian Streather.

Motoröl- und Ölfilterwechsel (3)

Teileauflistung für die Motortypen MA1.01, MA1.01S, MA1.02 und MA1.70

Benennung	Verwendung	Menge	Teilenummer
Motoröl für Ölwechsel	Alle	7,5 Liter	Nach Wahl des Besitzers
Ölfiltereinsatz	Alle	1	948 107 222 00
Dichtring Ölfiltergehäuse (O-Ring)	Alle	1	948 107 322 00
Optimoly MP3 Fett	Alle	Nach Bedarf	000 043 205 10
Dichtring Ölablassschraube	Alle	1	900 123 106 30
Ölfilterschlüssel Porsche-Werkzeug 9204 oder gleichwertig wie z. B. Hazet 2171-2	Alle	1	000 721 920 40

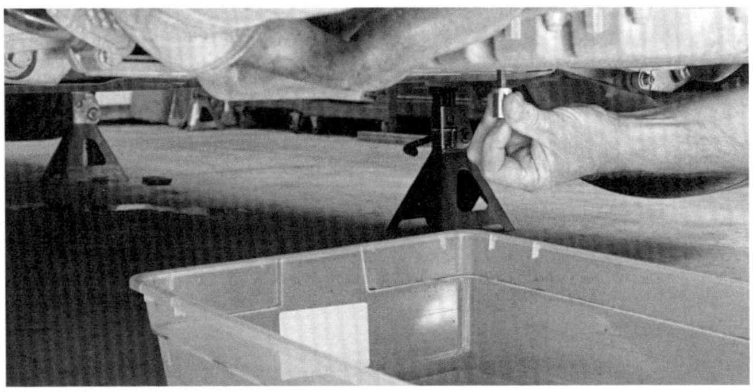

Die Arbeitsbeschreibung wurde erstellt und durchgeführt von David Yusem und Wayne Smith, alle Bilder stammen von David Yusem.
Vor dem Ölwechsel den Motor wie beschrieben auf Betriebstemperatur bringen.
Heben Sie den 997 mit einem Wagenheber mit niedriger Unterfahrhöhe an und sorgen Sie für einen sicheren Stand, siehe auch Kapitel 10.

Vorsicht:
Verwenden Sie eine professionelle Hebebühne oder Unterstellböcke, die für diesen Zweck bestimmt sind. Ein normaler Wagenheber ist keine ausreichend stabile Stütze, wenn jemand unter dem Fahrzeug arbeiten muss.

Stellen Sie ein ausreichend großes Gefäß für das auslaufende Öl unter die Ölablassschraube an der Ölwanne.
Lösen Sie mit einem 8-mm-Inbusschlüssel die Schraube und lassen Sie das Öl ab, was etwa 20 Minuten dauert.

Vorsicht:
Tragen Sie dabei Handschuhe, damit Sie sich am heißen Öl nicht verbrühen.

Reinigen Sie die Ölablassschraube und setzen Sie diese wieder mit einem neuen Dichtring ein. Anzugsmoment: 50 Nm.
Entfernen Sie vom rechts im Motorraum befindlichen Ölfiltergehäuse den Deckel und O-Ring und nehmen Sie den Filtereinsatz heraus.

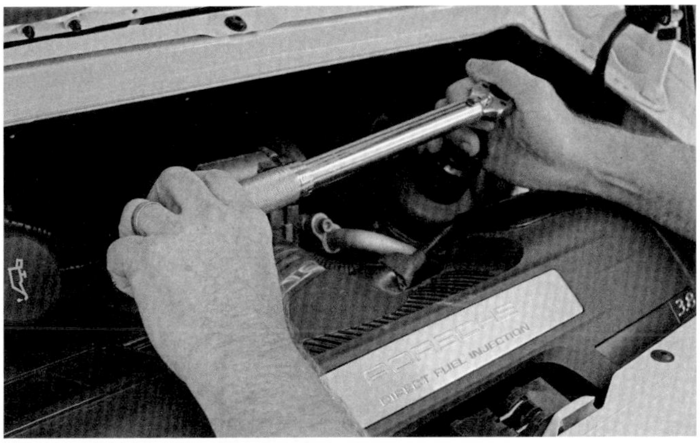

Vor dem Einbau des neuen Filtereinsatzes müssen das noch im Filtergehäuse befindliche Öl abgesaugt und alle Teile gereinigt werden.

Tragen Sie etwas Optimoly auf die Dichtfläche des Ölfiltergehäuses.

Bringen Sie einen neuen O-Ring am Deckel des Ölfiltergehäuses an und schmieren Sie diesen ebenfalls mit Optimoly-Fett.

Setzen Sie den neuen Ölfilter ins Filtergehäuse ein.

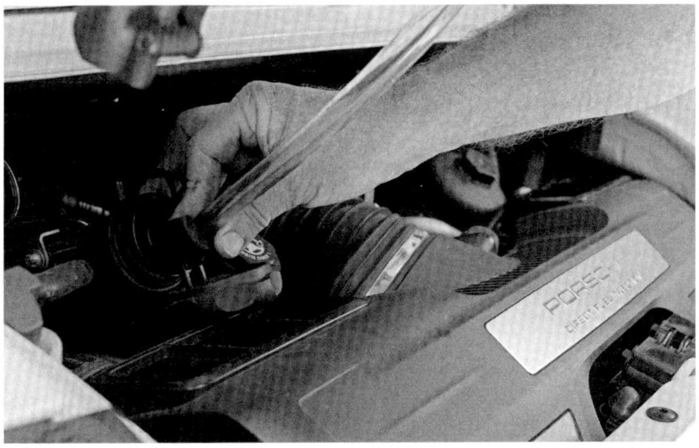

Schrauben Sie den Deckel des Ölfiltergehäuses mit der Hand ein, bis er aufsitzt. Anschließend ziehen Sie ihn mit 25 Nm fest.

Lassen Sie den Wagen wieder ab und achten Sie darauf, dass er auf einer ebenen Fläche steht.

Drehen Sie den Deckel der Öleinfüllöffnung (links im Motorraum) um ca. 90° nach links, ziehen Sie das Öleinfüllrohr am Deckel ganz heraus und klappen Sie dann den Deckel nach unten. Füllen Sie ca. 7,5 Liter frisches Öl ein.

Hinweis:
Falls nur das Motoröl ohne Ölfilter gewechselt wird, verringert sich die Einfüllmenge um ca. 0,5 Liter.

Klappen Sie den Deckel der Einfüllöffnung nach oben, schieben Sie das Öleinfüllrohr ganz hinein und drehen Sie den Deckel bis zum spürbaren Anschlag nach rechts.

Starten Sie den Motor, lassen Sie ihn die Betriebstemperatur erreichen und führen Sie die vorher beschriebene Ölstandmessung (2) durch. Füllen Sie erforderlichenfalls Öl nach.

Vorsicht:
Prüfen Sie nach dem Ölwechsel, am besten nach einer kurzen Fahrt, ob Ölablassschraube und Ölfilter dicht sind.

Vorsicht:
Beachten Sie die geltenden Umweltvorschriften bei der Entsorgung des Altöls und Ölfilters.

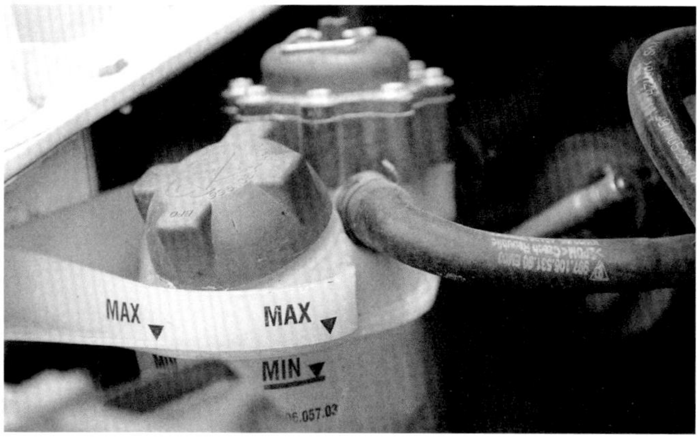

Hier kann zuerst festgestellt werden, ob Öl in das Kühlmittel gelangt ist.

(Bild: Adrian Streather)

Kommt es in einem Wärmetauscher zu einer inneren Undichtigkeit, tritt Öl in das Kühlsystem ein – und umgekehrt.

(Bild: Adrian Streather)

Hoffentlich erfordert die Entdeckung von schmutzigbraunem Kühlmittel keinen Motorwechsel.

(Bild: Autofarm 1973 Ltd)

Kühlmittelstand prüfen

Je nach Modell liegt die Kühlmittelmenge bei der 997-Baureihe zwischen 28,9 und 32 Litern.
Nach Porsche-Angaben muss das Kühlmittel bei der normalen Wartung niemals gewechselt werden. Allerdings kann im Lauf der Zeit ein Nachfüllen erforderlich sein.

Zwei Kühlmittelkontrollen müssen regelmäßig durchgeführt werden:
- Kühlmittelfarbe prüfen
- Kühlmittelstand prüfen

Kühlmittelfarbe prüfen

Zur Kühlung wird nicht nur das Kühlwasser verwendet, sondern auch Öl zirkuliert zur Kühlung durch den Motor, die Turbolader, einige Schaltgetriebe und alle Automatikgetriebe. Mittels Wärmetauschern kann das Öl seine Temperatur an das Kühlmittel abgeben. Sollte ein Wärmetauscher eine innere Undichtigkeit aufweisen, können sich Öl und Kühlmittel vermischen; aber auch eine defekte Zylinderkopfdichtung kann diese Vermischung hervorrufen.
Umsichtige 997-Besitzer kontrollieren daher regelmäßig die Kühlmittelfarbe im Ausgleichsbehälter, der sich links im Motorraum befindet.
Erscheint das Kühlmittel durch den weißen Kunststoffbehälter schmutzig-braun, ist irgendwo im System Öl in das Kühlsystem eingetreten.
Um endgültigen Aufschluss über die Farbe zu erhalten, muss der Ausgleichsbehälter eventuell geöffnet werden. Folgen Sie beim Öffnen des Deckels unbedingt der Vorgehensweise wie unter „Kühlmittel nachfüllen" beschrieben.
Falls die Vermischung mit Öl durch eine defekte Zylinderkopfdichtung oder einen anderen Schaden innerhalb des Motors verursacht wurde, z. B. ein Riss im Kühlmittelmantel, ist ein Motortausch die einfachste Reparatur.
Liegt der Fehler jedoch außerhalb des Motors, z. B. an einem defekten Wärmetauscher (hoffentlich vor dem Ausbau des Motors festgestellt), kann eine Instandsetzung ohne größeren Aufwand möglich sein. Allerdings muss im Zuge der Reparatur der Motor gespült werden, was im 997-Werkstatthandbuch ausführlich beschrieben wird.

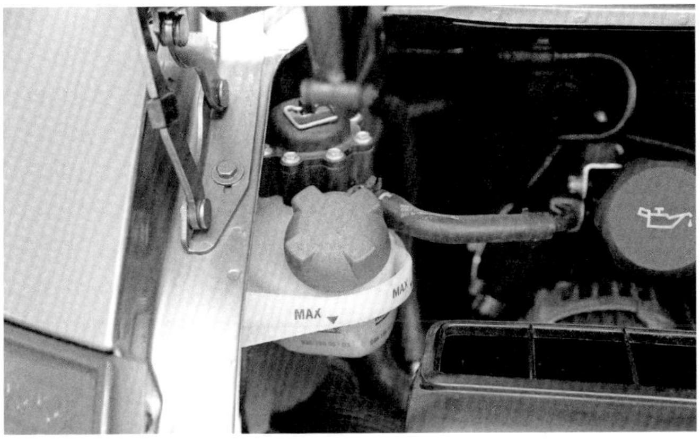

Bei allen 997-Modellen ist der Kühlmittel-Ausgleichsbehälter an der gleichen Stelle links im Motorraum angebracht.

(Bild: Adrian Streather)

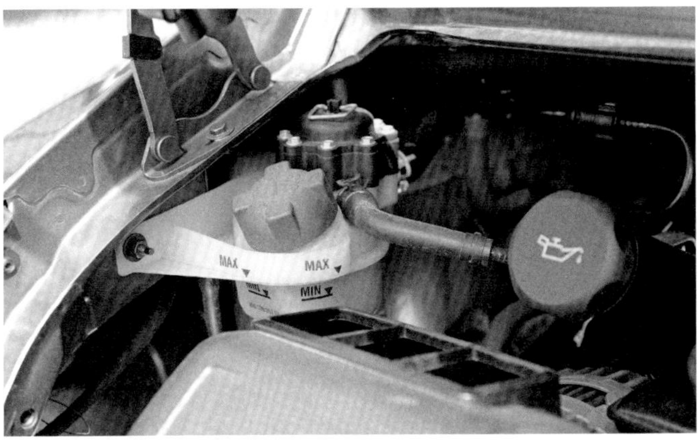

Der Kühlmittelstand sollte sich zwischen der Min.- und Max.-Markierung befinden. Nicht überfüllen!

(Bild: Adrian Streather)

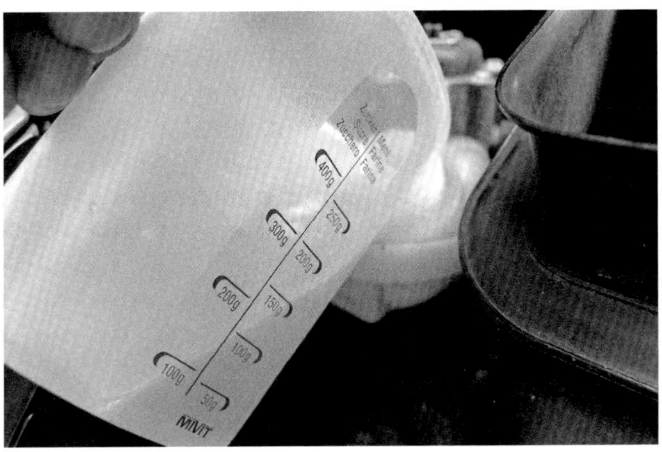

Zum Ergänzen nur vorgemischtes Kühlmittel und kein reines Wasser verwenden.

(Bild: Adrian Streather)

Füllstand kontrollieren

Der Kühlmittel-Ausgleichsbehälter befindet sich im Motorraum auf der linken Seite. Bei kaltem Motor und waagerecht stehendem Fahrzeug muss der Kühlmittelstand zwischen der Min.- und Max.-Markierung liegen.
Sollte der Stand unter der Min.-Markierung sein, muss umgehend nach Undichtigkeiten gesucht werden, besonders am vorderen Ende des Fahrzeugs. Ist kein Leck erkennbar und die Kühlmittelfarbe in Ordnung, so füllen Sie einfach entsprechend nach.
Zum Kühlmittel nachfüllen zuerst den Deckel des Ausgleichsbehälters mit einem Lappen bedecken. Öffnen Sie den Deckel vorsichtig, um den Überdruck im Kühlsystem entweichen zu lassen. Sobald das Zischgeräusch aufgehört hat, den Deckel ganz abschrauben.

Vorsicht:
Verletzungsgefahr – Verschlussdeckel des Ausgleichsbehälters nicht bei heißem Motor öffnen!

Anschließend vorgemischtes Kühlmittel bis zur Max.-Markierung auffüllen.

Vorsicht:
Unabhängig vom Einsatzgebiet nur von Porsche freigegebenes Kühlmittel im korrekten Mischungsverhältnis mit destilliertem Wasser verwenden. Dazu sind zwei Mischungsverhältnisse angegeben: 50% Frostschutzgehalt für -35°C, 60% Frostschutzgehalt für -50°C.

Vorsicht:
Wurde das vorhandene Kühlmittel im Fahrzeug nur durch einfaches Wasser ergänzt, stimmt das Mischungsverhältnis nicht mehr. Man kann jetzt versuchen, durch Ersetzen einer Kühlmittelteilmenge durch reines Kühlmittel das vorgeschriebene Verhältnis wiederherzustellen, oder erneuert die gesamte Füllung.

Setzen Sie den Deckel wieder auf und schrauben Sie ihn mit der Hand fest. Nicht zu fest anziehen, da ansonsten der Ausgleichsbehälter einreißen und undicht werden kann.

Warnung:
Das von Porsche verwendete Kühlmittel ist Elf Glaceelf Supra Antifreeze. Sollte es nicht zur Verfügung stehen, so verwenden Sie nur von Porsche freigegebene Sorten.

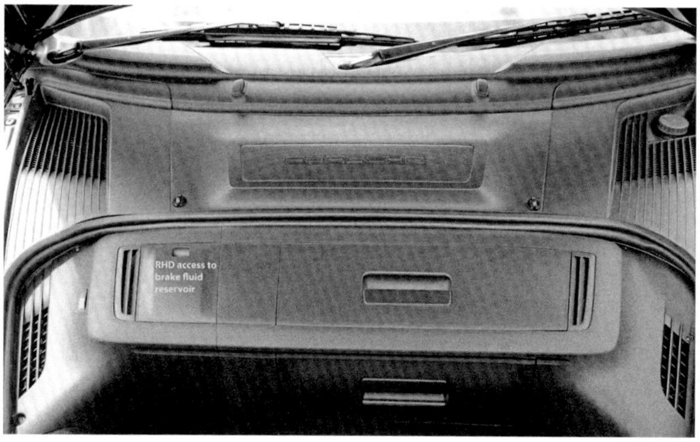

Abdeckklappe des Bremsflüssigkeitsbehälters bei einem rechtsgelenkten Wagen

(Bild: Adrian Streather)

Bremsflüssigkeitsbehälter an einem Rechtslenker-Modell.

(Bild: Adrian Streather)

Bremsflüssigkeitsbehälter an einem Linkslenker-Modell.

(Bild: Porsche AG)

Bremsflüssigkeit

Die Wirksamkeit der Bremsanlage hängt vom Zustand der Bauteile sowie der Bremsflüssigkeit ab. Sie muss frei sein von Luft, Wasser und anderen Verunreinigungen.

Vorsicht:
Bei Arbeiten an der Bremsanlage halten Sie sich stets an die Anweisungen im Porsche Werkstatthandbuch. Die Bremsanlage ist sicherheitsrelevant. Von ihrer einwandfreien Funktion hängen Ihre Gesundheit und Ihr Leben ab. Die gegenwärtig von Porsche freigegebene Bremsflüssigkeit ist früheren Produkten überlegen. Die wichtigste Verbesserung ist die verringerte Wasseraufnahme und ein höherer Nass-Siedepunkt. Schon ein Wassergehalt von 2% verringert den Siedepunkt um 60°C. Die Verwendung von DOT5-Bremsflüssigkeit auf Silikonbasis ist nicht erlaubt.

Bremsflüssigkeitsstand prüfen

Vorgehensweise bei allen 997-Modellen

Der Bremsflüssigkeitsbehälter befindet sich bei den Links- und Rechtlenkermodellen im Kofferraum hinten jeweils auf der Lenkradseite unter einer Abdeckklappe.
Prüfen Sie, ob der Flüssigkeitspegel zwischen der Min.- und Max.-Markierung steht.

Hinweis:
Ist er nur knapp über der Minimum-Markierung, so starten Sie den Motor, treten Sie das Pedal so fest wie möglich und kontrollieren Sie nochmals den Flüssigkeitspegel, bevor Sie nachfüllen. Betätigen Sie auch das Kupplungspedal, um ganz sicher zu gehen.

Durch den Verschleiß der Bremsbeläge sinkt der Bremsflüssigkeitsstand ab. Füllen Sie daher nicht einfach nur Flüssigkeit nach, sondern stellen Sie auch die Ursache für das Absinken fest.

Vorsicht:
Füllen Sie den Bremsflüssigkeitsbehälter nicht über die Max.-Markierung hinaus. Das Fassungsvermögen des Behälters beträgt 0,45 Liter.

Vorsicht:
Verwenden Sie nur neue, unbenutzte, von Porsche freigegebene Bremsflüssigkeit.

Vorsicht:
Achten Sie darauf, keine Bremsflüssigkeit im Kofferraum oder auf lackierte Flächen zu verschütten.

Anordnung des Hydraulikbehälter-Verschlussdeckels bei den Motoren M96.05 und M97.01: Mitte hinten, über dem Lufteinlassschlauch.

(Bild: Adrian Streather)

Anordnung des Hydraulikbehälter-Verschlussdeckels bei dem Motor M97.76: Links neben dem Öleinfüllstutzen.

(Bild: Adrian Streather)

Anordnung des Hydraulikbehälter-Verschlussdeckels bei dem Motor MA1.02: Rechts neben dem Öleinfüllstutzen.

(Bild: Adrian Streather)

Servolenkung

Der Hydraulikflüssigkeitsbehälter befindet sich im Motorraum; seine Lage hängt davon ab, welcher Motor eingebaut ist.
Im gesamten Hydrauliksystem, einschließlich des Behälters, befinden sich etwa 1,27 Liter Hydraulikflüssigkeit (Pentosin CHF 11S® oder CHF 202®).

Prüfen des Hydraulikflüssigkeitstands

Vorgehensweise bei allen 997-Modellen

Für diese Prüfung sollte der Motor kalt sein (ca. 20°C).
Starten Sie den Motor und stellen Sie ihn nach maximal 20 Sekunden wieder ab.
Öffnen Sie die Motorraumabdeckung und nehmen Sie den Deckel des Vorratsbehälters ab. Wischen Sie den daran befindlichen Messstab mit einem fusselfreien Lappen ab, setzen Sie den Deckel wieder ein und schrauben Sie ihn fest.
Nehmen Sie den Deckel erneut ab und prüfen Sie den Flüssigkeitsstand am Messstab. Bei den Motoren M96.05 und M97.XX der 1. Generation sollte der Ölstand im schraffierten Bereich der Cold-Markierung liegen; bei den Motoren MA1.XX der 2. Generation zwischen der Min.- und Max.-Markierung.
Füllen Sie bei Bedarf Pentosin CHF 11S® oder CHF 202®nach.

Vorsicht:
Max.-Markierung nicht überschreiten!

Vorsicht:
Achten Sie beim Umgang mit Pentosin darauf, dass es nicht mit den Kühlsystemschläuchen in Berührung kommt. Verschüttete Tropfen müssen sofort beseitigt werden. Andernfalls quellen die Schläuche an dieser Stelle auf und können undicht werden.

Hinweis:
Pentosin CHF 202® wurde ab dem Modelljahr 2005 eingeführt.

Profilbild bei korrektem Reifendruck und richtiger Fahrwerkeinstellung. *(Bild: Adrian Streather)*

Rennreifen haben nur eine kurze Lebensdauer.

(Bild: Adrian Streather)

Jeff Zwart mit seinem 997 beim Pikes Peak-Rennen: Für diese extremen Fahrbahnverhältnisse sind besonders haftfähige Reifen erforderlich.

(Bild: Porsche AG)

Reifen

Zustand

Die Reifen sind für Ihre Sicherheit wichtig. Ihre Funktion erfüllen Sie nur dann gut und zuverlässig, wenn sie den richtigen Fülldruck und ausreichend Profil haben.
Die Reifendruckangaben sind die Mindestwerte bei kalten Reifen. Bei noch niedrigerem Reifendruck verschlechtert sich das Fahrverhalten. Außerdem werden die Reifen beschädigt und müssen früher ersetzt werden.

Hinweis:
Porsche-Neulinge beklagen oft den hohen Reifenverschleiß. Die Abnutzung der Reifen steht im direkten Zusammenhang mit der Fahrweise, der Reifenpflege und der Fahrwerkseinstellung.

Ventilkappen schützen die Ventile vor eindringendem Schmutz und damit vor Undichtigkeit.
Daher sollten die Kappen eine Abdichtung haben und fest, aber nicht zu fest angezogen sein. Ersetzen Sie fehlende Kappen umgehend.
Verwenden Sie nur möglichst leichte Kappen aus Kunststoff.
Aus Sicherheitsgründen prüfen Sie nicht nur regelmäßig den Reifenluftdruck, sondern achten auch auf:

- Ausreichende Profiltiefe
- Im Reifen steckende Gegenstände
- Stiche, Schnitte oder sonstige Beschädigungen und Ausbuchtungen in den Reifenflanken
- Schäden am Gewebeunterbau

Berücksichtigen Sie die in den einzelnen Ländern gesetzlich vorgeschriebenen Profiltiefen.
Auf keinen Fall sollten die unabhängig vom Modell vorgeschriebenen Mindestprofiltiefen unterschritten werden. Allgemein sind das 1,5 mm bei Sommerreifen und 4 mm bei Winterreifen.
Einen Porsche 911 unter winterlichen Bedingungen mit abgefahrenen Sommerreifen zu fahren ist bodenloser Leichtsinn.

Hinweis:
Winterreifen sind im Vergleich zu Sommerreifen aus einer weicheren, haftfähigeren Gummimischung gefertigt. Auf trockenem, warmem Asphalt verschleißen sie sehr schnell.

19 Zoll Carrera S-Rad *(Bild: Adrian Streather)*

19 Zoll GT3 RS-Rad *(Bild: Adrian Streather)*

19 Zoll Turbo-Rad. Vielleicht war der Fahrer öfters auf dem Nürburgring unterwegs? *(Bild: Adrian Streather)*

Reifendrücke

997-Modelle der 1. Generation

Reifendruck für 18-Zoll-Rad bei kaltem Reifen (20°C) für 997 Carrera, vollbeladen:
- vorn 2,5 bar
- hinten 3,0 bar

Reifendruck für 19-Zoll-Rad bei kaltem Reifen (20°C) für 997 Carrera S und Standard-Turbo, teilbeladen:
- vorn 2,3 bar
- hinten 2,7 bar

Reifendruck für 19-Zoll-Rad bei kaltem Reifen (20°C) für 997 Carrera S und Turbo, vollbeladen:
- vorn 2,5 bar
- hinten 3,0 bar

Reifendruck für 18- und 19-Zoll-Rad bei kaltem Reifen (20°C) für 997 Carrera 4 und Carrera 4S, teilbeladen:
- vorn 2,3 bar
- hinten 2,7 bar

Reifendruck für 18- und 19-Zoll-Rad bei kaltem Reifen (20°C) für 997 Carrera 4 und Carrera 4S, vollbeladen:
- vorn 2,5 bar
- hinten 3,0 bar

Reifendruck für 19-Zoll-Rad bei kaltem Reifen (20°C) für 997 GT3, vollbeladen, nur Sommerreifen:
- vorn 2,0 bar
- hinten 2,1 bar

Reifendruck für 19-Zoll-Rad bei kaltem Reifen (20°C) für 997 GT3, vollbeladen, nur Winterreifen:
- vorn 2,0 bar
- hinten 2,4 bar

Reifendruck für 19-Zoll-Rad bei kaltem Reifen (20°C) für 997 GT2, nur Sommerreifen:
- vorn 2,2 bar
- hinten 2,7 bar

Hinweis:
Wenn nicht anders angegeben, gelten die Reifendrücke für Sommer- und Winterreifen gleichermaßen. Teilbeladen = 2 Personen ohne Gepäck; Vollbeladen = 2 Personen mit Gepäck.

18 Zoll Carrera-Rad der 2. Generation

(Bild: Adrian Streather)

Schild mit Reifendruckangaben an einem Carrera S der 1. Generation

(Bild: Adrian Streather)

997-Modelle der 2. Generation

Reifendruck für 18-Zoll-Rad bei kaltem Reifen (20°C) für 997 Carrera, teilbeladen:
- vorn 2,3 bar
- hinten 2,6 bar

Reifendruck für 18-Zoll-Rad bei kaltem Reifen (20°C) für 997 Carrera, vollbeladen:
- vorn 2,5 bar
- hinten 3,0 bar

Reifendruck für 19-Zoll-Rad bei kaltem Reifen (20°C) für 997 Carrera S und Turbo-Modelle, teilbeladen:
- vorn 2,3 bar
- hinten 2,7 bar

Reifendruck für 19-Zoll-Rad bei kaltem Reifen (20°C) für 997 Carrera S und Turbo-Modelle, vollbeladen:
- vorn 2,5 bar
- hinten 3,0 bar

Reifendruck für 18- und 19-Zoll-Rad bei kaltem Reifen (20°C) für 997 Carrera 4 und 4S, teilbeladen:
- vorn 2,3 bar
- hinten 2,5 bar

Reifendruck für 18- und 19-Zoll-Rad bei kaltem Reifen (20°C) für 997 Carrera 4 und 4S, vollbeladen:
- vorn 2,5 bar
- hinten 3,0 bar

Hinweis:
Wenn nicht anders angegeben, gelten die Reifendrücke für Sommer- und Winterreifen gleichermaßen. Teilbeladen = 2 Personen ohne Gepäck; Vollbeladen = 2 Personen mit Gepäck.

Hinweis:
Das Schild mit den Angaben zum Reifendruck befindet sich bei allen 997-Modellen der 1. und 2. Generation im linken Türausschnitt.

Einmotten

Ungeeignet für den Wintereinsatz in Europa und den USA

(Bild: Adrian Streather)

Im Herbst stellt sich dem Porsche-Fahrer die Frage: Einmotten oder weiterfahren?

Jeder mag hierzu seine eigene Entscheidung treffen. Bei den Wintern hierzulande mit Temperaturen unter 7°C und Schneefallrisiko empfiehlt der Autor: Gönnen Sie Ihrem 997 einen Winterschlaf.

Die 997-Modelle mit Allradantrieb sind natürlich wintertauglich, aber der Einsatz auf salzigen Straßen schadet ihnen sehr und ist den Spaß nicht wert. Am Heck und unter dem Motorraum fehlt gegenüber den früheren 911-Modellen die Unterbodenverkleidung. Salzwasser wird daher im Winterbetrieb auch im Motorraum für starke Korrosion sorgen.

Generell ungeeignet für den Wintereinsatz

(Bild: Porsche AG)

Hinweis:

Fahrerassistenzsysteme wie ABD, ASR und PSM funktionieren bei niedrigem Tempo hervorragend, sind jedoch geschwindigkeitsbegrenzt und stehen bei Bedarf mitunter nicht zur Verfügung. Winterliche Fahrversuche vor einigen Jahren zeigten, dass diese Systeme bei schneebedeckten Fahrbahnen nur bis 50 km/h wirksam waren. Auch mechanische Sperrdifferenziale stoßen bei Schnee und Eis an ihre Grenzen.

Für all die tapferen 997-Besitzer, die trotzdem bei Schnee und Eis unterwegs sind, wird nach den Erläuterungen zum Einmotten erklärt, wie man den Wagen für das Fahren unter diesen Bedingungen vorbereitet.

Wintertauglich, aber das Fahren bei Schnee und Eis sollte unterlassen werden. Salzwasser wird sehr wahrscheinlich zu starken Korrosionserscheinungen führen.

(Bild: Porsche AG)

Vorsicht:

Die Modelle GT2 und GT3 sollten niemals unter winterlichen Bedingungen gefahren werden, und es wird auch keine Vorbereitung für einen solchen Einsatz beschrieben. Der Begriff „Nicht anwendbar" soll an entsprechender Stelle diesen Sachverhalt unterstreichen.

Wie viel Aufwand der Besitzer mit den Vorbereitungen für den Winterschlaf seines 997 betreibt, bleibt ihm überlassen. Besondere Aufmerksamkeit sollte man der elektrischen Kofferraumentriegelung widmen, denn diese funktioniert nicht mehr, wenn die Batterie entladen ist. Falls dieser Fall eingetreten ist, geht man folgendermaßen vor: Mit dem Schlüssel die Fahrertür entriegeln und links im Fahrerfußraum die Abdeckung des Sicherungskastens entfernen. Im Sicherungskasten befindet sich ein Pluspol, der mittels einer Kunststoffklammer herausgezogen werden kann. Daran klemmt man den Pluspol einer Fremdbatterie an, den Minuspol der Fremdbatterie verbindet man mit

Batterie leer? Dann müssen Sie eine Fremdbatterie an den herausziehbaren roten Pluspol im Sicherungskasten anklemmen und den Minuspol dieser Batterie mit Fahrzeugmasse verbinden.

(Bild: Joe Ramos)

Entsprechende Geräte sind bereits recht günstig im Zubehörhandel zu bekommen. Porsche selbst bietet mit dem Charge-o-mat Pro ein Batterielade- und Ladungserhaltungsgerät mit erhöhter Ladeleistung (5,0 A) und zusätzlichem Li-Ion-Modus für die Leichtbau-Batterie an (Preis: rund 170,00 €).

(Bild: Adrian Streather)

dem Gelenk der Türfeststellbremse (Fahrzeugmasse). Jetzt kann mit der Funkfernbedienung die Kofferraumhaube entriegelt werden – und auch die Alarmanlage ausgeschaltet werden, die beim Anklemmen des Minuspols der Fremdbatterie loslegt, wenn vorher das Fahrzeug verriegelt war.
Um größere Schwierigkeiten zu umgehen, sollte man die Batterie ausbauen und den Wagen unverschlossen und mit geöffnetem Kofferraum in den Winterschlaf schicken.

Hinweis:
Mit Abklemmen der Batterie vergisst das Auto viele der gespeicherten Daten wie etwa die Sitzpositionen und Navi-Einstellungen. Eine entladene Batterie hat logischerweise dieselben Auswirkungen.

Es ist auch möglich, die Batterie eingebaut zu lassen und mit einem Batterie-Erhaltungsladegerät (Dauerladegerät) nachzuladen. Bei einem direkt an die Batterie angeschlossenem Ladegerät sollte man die Kofferraumhaube in jedem Fall nicht ganz schließen, um die Anschlusskabel nicht einzuklemmen. So kann man im Fall der Fälle immer die Batterie erreichen, falls diese über den Winter doch ihren Geist aufgibt. Falls das Ladegerät in den Innenraum gestellt wird, sollte man bedenken, dass es im Betrieb warm werden kann. Stellen Sie sicher, dass die Türe unverschlossen und das Fenster geöffnet ist, um Zugang zum Innenraum zu gewährleisten.

Vorsicht:
Besonders wenn das Ladegerät längere Zeit angeschlossen bleibt und auch beim Einsatz von Frischhaltegeräten sollte man die Sache nicht sich selbst überlassen. Regelmäßige Kontrollen, ob die Batterie nicht überladen wird und explosive Gase entstehen oder ein Kurzschluss das Gerät abgeschaltet hat, sind sehr wichtig. Diese Szenarien treten zwar nur selten ein, aber der Schaden ist dann beträchtlich.

Auch wenn es freilich nicht immer anders möglich ist, sollte man den 997 besser nicht im Freien überwintern lassen. Bleibt nur der „Freiluftparkplatz“, so führen Sie die empfohlenen Wintervorbereitungen durch, nutzen aber eine dickere, wetterfeste Abdeckung für den Wagen oder am besten eine Umhüllung mit integrierter Luftentfeuchtung.

Der Winter steht vor der Tür – Zeit für das Einmotten.

(Bild: Porsche AG)

Maßnahmen für das perfekte Einmotten

Beginnen Sie mit einigen wichtigen Schritten:

Der Kraftstofftank aus Kunststoff sollte nicht mehr als halbvoll sein. Bei langem Stillstand entmischt sich der Kraftstoff und jegliches Wasser sinkt aufgrund seines höheren spezifischen Gewichts dabei nach unten. Durch den geringen Inhalt ist auch die Menge des sich absetzenden Wassers überschaubar und der Volumenzuwachs durch die Entmischung hält sich in Grenzen, so dass kaum Kraftstoffdämpfe aus dem Tank herausgedrückt werden.

Stellen Sie sicher, dass der Reifendruck dem Normaldruck entspricht. Eine Erhöhung des Reifendrucks ist entgegen weit verbreiteter Meinung nicht erforderlich – aber auch kein Fehler.

Hinweis:

Entspricht der Reifendruck dem Sollwert, so werden in fünf Monaten Winterpause keine bleibenden Standplatten entstehen.

Waschen, reinigen und (besonders wichtig) trocknen Sie den 997 von außen gründlich. Reinigen Sie am Vorderwagen die Kühlernetze auf der linken und rechten Seite und die davor angebrachten Klimaanlagen-Kondensatoren.

Bei Modellen mit Tiptronic S bzw. dem Turbo oder den GT-Modellen ist eine Reinigung des mittleren Kühlers ebenfalls angebracht.

Sehr wichtig ist das gründliche Reinigen der Kühler- bzw. Klimaanlagen-Kondensatoren.

(Bild: Adrian Streather)

Hinweis:

Insekten und Blätter sollten Sie nicht vor den Kühlern verrotten lassen. Einige 997-Besitzer haben Drahtnetze vor den Kühlern angebracht, um sie zusätzlich vor dem Einschlag größerer Fremdkörper wie Vögeln oder Steinen zu schützen. Leider tragen diese Vorkehrungen auch dazu bei, dass sich kompostierbares Material in diesem Bereich sammelt.

Nehmen Sie Teppiche, Matten und Abdeckungen heraus, sofern sie nicht verklebt sind. Stellen Sie sicher, dass darunter alles trocken ist, und lagern Sie die ausgebauten Teile an einem trockenen Ort.

Hinweis:

So sind die Teile vor Kondenswasser geschützt, das während der Überwinterung zwangsläufig entstehen wird. Jeder 911, auch der 997, hat Stellen, wo sich Feuchtigkeit sammelt. Sind die Verkleidungen ausgebaut, findet das Wasser leichter seinen Weg zu den Abläufen und ins Freie.

Kofferraum ausräumen und aussaugen

(Bild: Adrian Streather)

Parkposition erreicht

(Bild: Adrian Streather)

Vorbereitung für den Batterieausbau: Die Batterie nur abzuklemmen und sie dann weiter im Fahrzeug zu belassen ist nicht empfehlenswert. Es wird trotzdem zu einer Entladung und der Bildung von Ablagerungen kommen.

(Bild: Adrian Streather)

Wählen Sie einen Stellplatz, auf dem der Wagen den ganzen Winter stehen kann. Nach dem Einmotten sollte der Wagen nicht mehr bewegt werden.

Legen Sie einen alten Teppich auf den vorgesehenen Stellplatz. Er dient als Feuchtigkeitssperre und nimmt evtl. abtropfendes Öl auf.

Ist der 997 in der Garage abgestellt, lassen Sie die Seitenfenster um etwa 25 mm ab und entriegeln Sie Kofferraum- und Motorhaube. Achten Sie auch darauf, dass die Türen nicht verriegelt sind.

Hinweis:
Die um einen Spalt geöffneten Seitenfenster lassen Luft herein und verhindern Kondenswasser und Schimmelbildung. Die unverriegelten Hauben und Türen erleichtern den Zugang zur Batterie bei der Wiederinbetriebnahme.

Vorsicht:
Die Sicherheits-Codekarten für Radio, PCM/Navigationssystem sollten vorhanden sein, wenn Sie den nächsten Schritt unternehmen wollen. Nach dem Abklemmen und/oder Ausbau der Batterie haben Sie sonst ein Problem.

Hinweis:
Während der vorbereitenden Arbeiten sollte immer eine Tür geöffnet sein und die Schlüssel weiter entfernt aufbewahrt werden, damit nicht versehentlich die Schlösser verriegelt werden.

Entfernen Sie die Batterieabdeckung; klemmen Sie den Minus- und dann den Pluspol ab, lösen Sie die Halterung und nehmen Sie die Batterie heraus. Sie sollte an einem trockenen, sauberen Ort gelagert werden. Stellen Sie die Batterie nicht direkt auf den Boden, der über den Winter kalt werden kann. Decken Sie die Batteriepole mit nicht leitfähigem Material ab. Während längerer Stillstandzeit sollte die Batterie nicht im Fahrzeug verbleiben.

Abgedeckt
(Bild: Adrian Streather)

Den Wagen auf Böcke zu stellen, erfordert schon etwas Zeit. Und denken Sie daran, dass er dann nicht mehr bewegt werden kann.
(Bild: Adrian Streather)

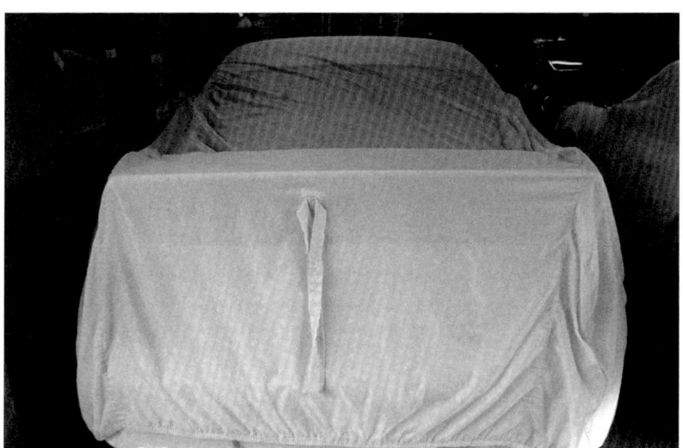

Winterschlaf
(Bild: Paul Heaft)

Säubern Sie das Batteriefach und den umgebenden Bereich, wo sich Laub und ähnlicher Unrat angesammelt haben kann. Auch hier leistet ein Staubsauger gute Dienste.
Senken Sie die Kofferraumhaube so weit ab, dass der Sicherheitshaken einrastet, aber nicht das Schloss. Falls ein Batteriefrischhaltegerät eingesetzt wird, dürfen die Anschlusskabel nicht eingeklemmt werden.
◀ Decken Sie den Wagen mit einer geeigneten Schutzhülle gegen Staub ab und verzurren Sie diese, falls erforderlich.

Hinweis:
Besonders im Freien ist eine wasserdichte und robuste Abdeckung sehr wichtig.

Vorsicht:
Lassen Sie unter keinen Umständen während des Winterschlafs den Motor kurzzeitig an. Während der Standzeit wird das Öl von den Metallteilen des Motors komplett abtropfen. Durch den vorherigen Motorbetrieb sind im Öl Säuren enthalten, die durch das kurze Anlassen im Motor verteilt würden, ohne dass das Öl ausreichend Gelegenheit hat, sie wieder abzuwaschen. Wird der Motor angelassen, sollte er mindestens 15 Minuten laufen, damit das nicht passiert. Besser ist es aber, den Motor während der winterlichen Ruhephase erst gar nicht zu starten. Auch die Servolenkung könnte davon Schaden nehmen.

Hinweis:
Einige Besitzer gehen sogar noch weiter: Sie stellen ihren Wagen auf Unterstellböcke und nehmen die Räder ab. Für den, der genug Zeit und Platz hat, ist das ohne Zweifel eine sinnvolle zusätzliche Maßnahme. Allerdings lässt sich das Fahrzeug im Notfall auch nicht mehr bewegen.

Nun können Sie Ihren 997 in den Winterschlaf verabschieden. Sofern Sie ein Ladegerät angeschlossen haben, sollten Sie während der nächsten Wochen gelegentlich überprüfen, ob noch alles in Ordnung ist.
Mancher nutzt die Winterpause für zeitaufwändige Instandsetzungsarbeiten, so dass der Wagen nicht wirklich weggestellt ist. Er wird nur nicht gefahren.
Der Winter ist nicht allzu lang. Lesen Sie dieses Buch, um Entzugserscheinungen vorzubeugen!

Zeit für die Vorbereitung auf den Winterbetrieb. Zuerst müssen die Reifen gewechselt werden.

(Bild: Cesare Beretta)

Eine sorgfältige Überprüfung der Bremsen ist unbedingt erforderlich.

(Bild: Adrian Streather)

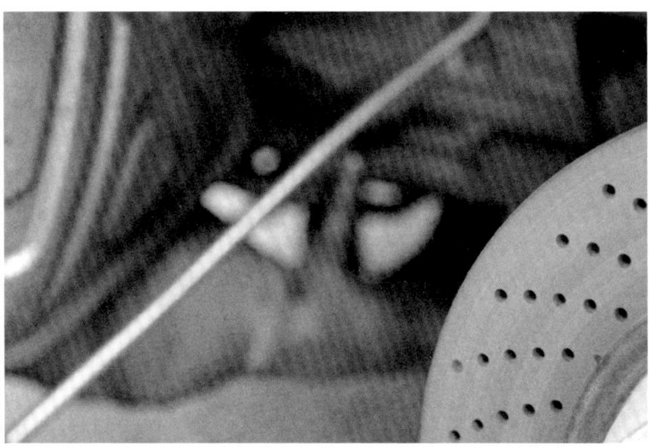

Nahaufnahme

(Bild: Adrian Streather)

Fahren im Winter

Vorbereitung auf den Winterbetrieb

Nachdem Sie die Warnungen gelesen haben, wird klar sein, dass die wichtigste Vorbereitung für den Winter darin besteht, die Sommerreifen gegen Winterreifen mit N-Kennzeichnung zu tauschen.

Hinweis:

Von Porsche freigegebene Räder- und Reifengrößen für den Winterbetrieb mit der richtigen Einpresstiefe können in den jeweiligen Betriebsanleitungen oder im Kapitel 6 dieses Buchs nachgelesen werden.

Porsche-Händler bieten einen Wintercheck als Komplettpaket an. Eine lohnenswerte Ausgabe, wenn Sie den Wagen in der kalten Jahreszeit fahren.

Der Zustand der Bremsscheiben und Bremsbeläge ist im Winter besonders wichtig, da in diesen Monaten die Bremsen stärker beansprucht werden; hinzu kommen Straßen mit Frostschäden bzw. hohes Verkehrsaufkommen.

Bremsscheiben und -beläge verschleißen im Winter schneller, weil die Straßen durch Sand, Schmutz und auch Salz verunreinigt sind. Die Bremsen sollten daher vor dem Wintereinsatz in bestmöglichen Zustand versetzt werden.

Hinweis:

Die Porsche Keramikbremsen PCCB vertragen den Wintereinsatz nicht besonders gut.

Weitere empfohlene Vorbereitungen für den Winter:

Waschen Sie den Wagen und trocknen Sie ihn anschließend gründlich ab. Eine Wachsschicht hilft, die Lackierung zu schützen, denn sie reduziert die Eisbildung auf dem Lack auf ein Minimum.

Entfernen Sie die vorderen und hinteren Porsche-Fußmatten und legen Sie für die Winterzeit Billigausführungen aus dem Supermarkt hinein.

Im Winter werden Sie an Ihren Schuhen viel mehr Dreck und Schmutz ins Fahrzeug tragen als im Sommer. Warum damit die schönen Porsche-Matten ruinieren?

Säubern Sie gründlich alle Gummidichtungen im Karosseriebereich (Türen und Hauben) mit einem geeigneten Reiniger und behandeln Sie sie im Anschluss mit einem entsprechenden Pflegemittel (z. B. Petzoldt's Premium Gummipflege) – das hilft zu verhindern, dass die Türen und Hauben festfrieren.

Schmieren Sie alle sichtbaren Karosseriedichtungen mit Vaseline® oder gleichwertigem. Achten Sie darauf, dass Ihre Kleidung daran nicht verschmutzt.

(Bild: Adrian Streather)

Ein vorhandener Heckwischer sollte auch etwas Pflege erfahren.

(Bild: Adrian Streather)

Schmieren Sie die Mechanik des ausfahrbaren Heckspoilers und überprüfen Sie seine Funktion.

(Bild: Adrian Streather)

Hinweis:
Als geeignetes Schmiermittel hat sich Vaseline® erwiesen. Eine dünne Schicht reicht normalerweise über den ganzen Winter.

Vorsicht:
Silikonspray ist nicht empfehlenswert; generell sollten keine Silikonprodukte verwendet werden. Halten Sie ihre Kleidung fern von geschmierten Teilen, besonders Ihren Ausgehanzug.

Verwenden Sie für die Türschlösser geeignete Schmiermittel und Enteisersprays.

Vorsicht:
Schnell ist ein Autoschlüssel in einem gefrorenen Türschloss abgebrochen. Falls die Fernbedienung den Wagen nicht entriegelt, sollten Sie den Autoschlüssel aus der warmen Jackentasche erst auf Umgebungstemperatur abkühlen lassen, bevor Sie ihn ins eiskalte Schloss stecken. Ansonsten besteht die Gefahr, dass er festfriert.

Kontrollieren Sie, ob das Waschwasser für die Scheiben und Scheinwerfer genügend Frostschutzmittel enthält.
Behandeln Sie die beweglichen Teile von Heckwischer und -spoiler mit dünnem Graphitfett.
Prüfen Sie alle Systeme, die im Winter benötigt werden, einschließlich der Heizung. Eine gute Batterie ist wichtig, also lassen Sie sie vorher überprüfen und im Zweifelsfall erneuern, um sich späteren Ärger zu sparen.

Vorsicht:
Es ist dringend angeraten, die elektrischen Fensterheber im Winter solange nicht zu benutzen, bis der Innenraum durchgewärmt ist. Andernfalls kann der Fensterhebermotor überlastet werden. Der 997 hat zwar eine Schutzvorrichtung, die das verhindert; ihre Funktion sollte man aber nicht unnötig ausprobieren.

Hinweis:
Denken Sie daran, dass auch die Klimaanlage im Winter benötigt wird.

Prüfen Sie den Zustand der vorderen und hinteren Wischerblätter. Eis auf der Scheibe kann ein Wischerblatt schnell unbrauchbar machen. Verwenden Sie nur eine gut passende, besonders widerstandsfähige Ausführung und wechseln Sie die Wischerblätter spätestens in jedem zweiten Winter.

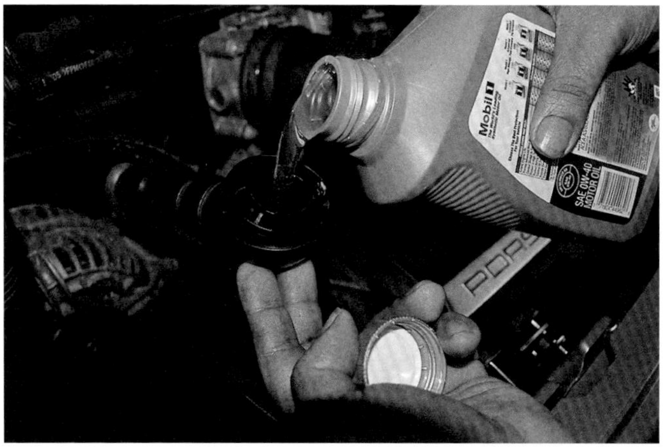

Regelmäßiges Säubern der Radhäuser verhindert die Ansammlung von salzhaltigen Ablagerungen.

(Bild: Adrian Streather)

Streusalz auf den Straßen ist der Alptraum jedes Autoliebhabers.

(Bild: Adrian Streather)

Hinweis:
Steht der Wagen im Freien, ist ein jährlicher Wechsel der Wischerblätter ratsam.

Falls der Motor nicht mit wintertauglichem Mehrbereichsöl der Viskosität 0W-40 oder 5W-40 befüllt ist, könnte der Wechsel auf ein spezielles Winteröl empfehlenswert sein.

Vorsicht:
Fahren Sie nie im Winter mit ungeeignetem Öl (falsche Viskositätsklasse). Denken Sie auch daran, dass die Nachttemperaturen in großen Höhen deutlich niedriger sein können als im Flachland.

Vorsicht:
Öle der Viskositätsklasse 15W-50 sind für den Winterbetrieb völlig ungeeignet. Schauen Sie daher bei der Vorbereitung für den Wintereinsatz, welches Öl eingefüllt ist. Falls Sie bei der Auswahl des richtigen Öls unsicher sind, fragen Sie eine erfahrene Porsche-Werkstatt.

Winterliche Fahrzeugpflege

Waschen Sie das Salz an der Karosserie mit warmem Seifenwasser ab.
Alle zwei Wochen sollten mit einem Wasserschlauch oder Hochdruckreiniger (geringen Druck einstellen!) die Radhäuser und der Wagenboden gesäubert werden.

Vorsicht:
Stellen Sie sicher, dass sich in den Radhäusern und im Bereich um die Kühler kein Eis oder salzhaltiger Schmutz ansammelt. Reinigen Sie diese Stellen regelmäßig.

Vorbereitung auf den Sommerbetrieb

Wird das Wetter besser, sollten Sie den 997 aus dem Winterschlaf wecken und auf die kommende Saison vorbereiten.

Hinweis:
Meist ist die zweite April-Hälfte dafür optimal. Trotzdem sollten Sie die Wettervorhersagen beachten, denn in manchen Gegenden kann es im Mai noch schneien.

Wenn man sich für die Wiederinbetriebnahme des Wagens entschieden hat, gibt es ein paar wichtige Dinge, die man beachten sollte. Zuerst entfernt man die Abdeckung und montiert (gegebenenfalls) die Räder wieder, um den Wagen von den Unterstellböcken nehmen zu können.
Nun öffnen Sie alle Türen und Hauben. Irgendwo werden Sie immer Kondenswasser finden, das sich niedergeschlagen hat. Durchlüften Sie also das Fahrzeug und entfernen Sie solches Kondenswasser. Finden Sie feuchte oder nasse Verkleidungen, so entfernen Sie diese aus dem Wagen und lassen sie gründlich trocknen, bevor sie wieder eingebaut werden. Sonst würde Ihr Fahrzeug nach ein paar warmen Tagen muffig riechen.

Hinweis:
Hat der Wagen draußen überwintert, ist Kondenswasser trotz aller Vorsichtsmaßnahmen unvermeidlich. Alles gründlich trocknen zu lassen ist hier besonders wichtig. Den sonst entstehenden muffigen Geruch wieder los zu werden ist schwierig.

Hinweis:
Für den Fall, dass die Kofferraumhaube verschlossen ist und nicht geöffnet werden kann, wird im Kapitel 10 das Öffnen mittels einer Fremdbatterie beschrieben.

Der Sommer steht vor der Tür – Zeit den 997 aus dem Winterquartier zu holen.

(Bild: Adrian Streather)

Sobald der Wagen wieder beweglich ist, wird er mit geöffneten Türen und Hauben in die Sonne gestellt.

(Bild: Adrian Streather)

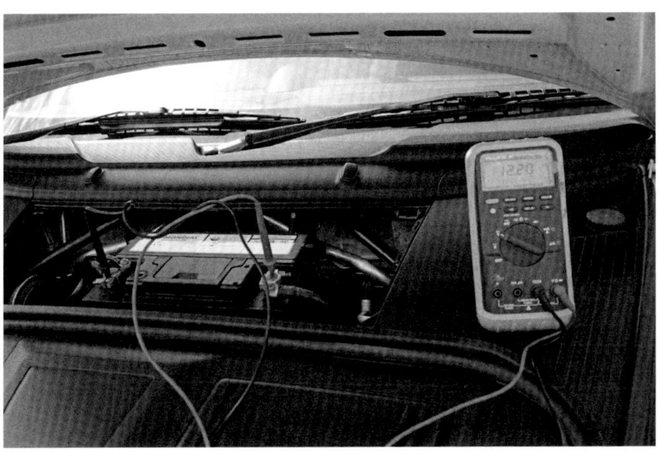

Die Spannung der wieder eingebauten Batterie sollte für den Startvorgang problemlos ausreichen.

(Bild: Adrian Streather)

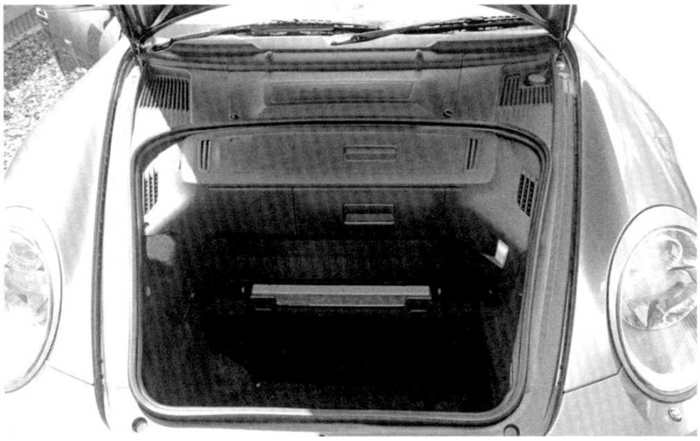

Nach dem Einbau der Batterie wird die Abdeckung wieder aufgesetzt.

(Bild: Adrian Streather)

Bauen Sie die Batterie wieder ein, schrauben Sie ihre Halterung fest und schließen Sie die Kabel an, beginnend mit dem Pluspol. Anschließend bringen Sie die Batterieabdeckung wieder an.
Bevor Sie die Kofferraumhaube schließen, prüfen Sie den Bremsflüssigkeitsstand.
Schalten Sie die Zündung ein und geben Sie alle Sicherheitscodes ein. Lassen Sie den Motor an und fahren Sie den Wagen unverzüglich ins Freie.

Hinweis:
Beim ersten Anlassen nach der Winterpause können einige seltsame Geräusche auftreten. Das ist normal, weil es einen kurzen Moment dauert, bis das Öl alle Schmierstellen wieder erreicht hat.

Draußen im Freien lassen Sie den Motor mit Rücksicht auf die Nachbarschaft warmlaufen, bis die Temperaturanzeige des Kühlmittels die Betriebstemperatur anzeigt. Dann stellen Sie den Motor wieder ab.
Bauen Sie alle entfernten Teile wieder ein, aber lassen Sie die Türen und Hauben weiter offenstehen. Nach der Kontrolle des Reifendrucks kann eine erste Probefahrt unternommen werden.
Prüfen Sie alle Funktionen im Fahrzeug einschließlich der Fensterheber. Wenn eine Seitenscheibe beim Hochfahren wasserbenetzt aus der Tür kommt, ist diese innen feucht und erfordert weitere Sonneneinstrahlung zum Trocknen.
Nach erfolgter Probefahrt können eine gründliche Wäsche und ein Wachsen des Lacks nicht schaden. Eine ausgiebige Innenreinigung ist ebenfalls angebracht.
Jetzt kann eine neue aufregende Saison mit dem 997 beginnen!

Lassen Sie die Türen und Hauben ruhig etwas länger geöffnet.

(Bild: Adrian Streather)

Bereit für die erste Ausfahrt

(Bild: Adrian Streather)

Fahrzeugpflege

Wir alle lieben den Anblick eines makellosen, frisch gewaschenen und polierten Autos. Aber auch der bestgepflegte Porsche ist schädlichen Umwelteinflüssen wie UV-Strahlung, Schmutz, Reifenabrieb und saurem Regen ausgesetzt. Die Wagenpflege erfordert bei einem Porsche einigen Fleiß und sollte gründlich durchgeführt werden, um der Karosserie und dem Interieur ein möglichst langes Leben zu bescheren.

Das Ergebnis belohnt die Mühen der Reinigung.

(Bild: Adrian Streather)

Außenwäsche

Vorsicht:
Achten Sie darauf, dass Katalysatoren, Schalldämpfer und Bremsen nicht mehr zu heiß sind, bevor sie kaltem Wasser ausgesetzt werden. Richten Sie den Wasserstrahl nicht direkt auf Be- und Entlüftungsöffnungen, die Rückleuchten oder auf den Heckspoiler.

Vorsicht:
Die Waschstraße sollten Sie mit einem Porsche meiden. Bei maschineller Reinigung kann, allen Versprechen zum Trotz, der Lack Kratzer und Hologramme davontragen.

Beim Reinigen der Räder mit einem schwachen Wasserstrahl beginnen, um den harten Schmutz aufzuweichen. Mit einem milden Felgenreiniger (z. B. Tuga grün) kann der Schmutz vorher eingeweicht werden.

(Bild: Adrian Streather)

Für die Außenwäsche von Hand verwenden Sie nur geeignete Mikrofaserprodukte: Mikrofaserwaschhandschuhe für die Schaumwäsche findet man im Sortiment vieler Markenhersteller, ebenso gibt es großflächige Trockentücher, um das Fahrzeug nach dem Waschen auch von den letzten Wasserresten zu befreien. Ein kurzfloriges Mikrofastertuch wird für die Türeinstiege und Haubenöffnungen benötigt. Natürlich können alle Mikrofaserprodukte nach Gebrauch in der Waschmaschine im Schonprogramm und mit speziellem Waschmittel gereinigt werden.
Waschen Sie den Wagen möglichst nicht in praller Sonne. Dort würde das Waschwasser allzu rasch trocknen und die gelösten Bestandteile als Flecken auf der Karosserie zurückbleiben. Halten Sie mit der Waschlanze genügend Abstand zum Lack. Verwenden Sie die „Zwei-Eimer-Technik": In dem einen Eimer befindet sich das frische Waschwasser mit Shampoo, im anderen Eimer kann der Waschhandschuh regelmäßig ausgewaschen werden.
Nach erfolgter Vorwäsche führen Sie den Waschhandschuh mit nur ganz wenig Druck nur in einer Richtung (nicht kreisförmig!) über den Lack. Bei zu hohem Druck kann der gelöste Schmutz Kratzer auf der Lackierung verursachen. Waschen Sie den Mikrofaserhandschuh regelmäßig in dem zweiten Eimer aus! Ist die Wäsche soweit abgeschlossen, spritzen Sie den Wagen mit klarem Wasser

Besonders im Winter sollten die Radhäuser regelmäßig gereinigt werden.

(Bild: Adrian Streather)

Mit einem speziellen Mikrofasertrockentuch werden die Wassertröpfchen aufgenommen.

(Bild: Adrian Streather)

Nahaufnahme einer Kühler/Kondensator-Baugruppe. Jeweils eine befindet sich auf jeder Seite und beide erfordern eine regelmäßige Reinigung.

(Bild: Adrian Streather)

Reinigung der Kühler/Kondensator-Baugruppe mit einem Hochdruckreiniger. An diesem Carrera S ist ein zusätzliches Schutzgitter angebracht, das Straßenschmutz abhalten soll aber möglicherweise besonders im Herbst für andere Schwierigkeiten sorgt.

(Bild: Adrian Streather)

ab und entfernen Sie die Wasserreste mit dem speziellen Trockentuch.

Hinweis:
Informieren Sie sich über aktuelle Produkte im Bereich Autopflege! Spezialisten wie Koch Chemie, Sonax oder Chemical Guys bieten Shampoos und Pflegemittel für jeden Bedarf an (siehe auch www.waschhelden.de).

Hinweis:
Informieren Sie sich vorab, ob es bei Ihrer SB-Waschbox erlaubt ist, eigene Produkte mitzubringen.

Reinigen der Kühler

Jeder 997 ist mit mindestens zwei (manche Modelle haben sogar drei) Kühlern ausgerüstet. Vor den Kühlern links und rechts ist zusätzlich jeweils ein Kondensator für die Klimaanlage angeordnet.

Porsche hat sich effektive Lufteinlässe einfallen lassen, um den Kühlern bestmöglich Frischluft zuführen zu können. Leider sammeln Sie ähnlich einer Straßenreinigungsmaschine auch Insekten, Papierschnipsel und Laub ein. Dieser Unrat lagert sich dann um den Kühler an und setzt ihn im schlimmsten Fall zu.

Der Anbau von zusätzlichen Schutzgittern fördert sogar das Schmutzsammeln. Ein solches Gitter hält auf der Rennstrecke hervorragend Fremdkörper von den Kühlern fern, im normalen Straßeneinsatz verkehrt sich ihre Schutzwirkung allerdings ins Gegenteil.

Bei der Wäsche sollten sie die Kühler regelmäßig und vorsichtig mit einem Hochdruckreiniger säubern.

Vorsicht:
Vernachlässigt man die regelmäßige Reinigung der Kühler- und Klimaanlagen-Kondensatoren, verringert sich ihr Wirkungsgrad und die Kühlmitteltemperatur steigt an. Im schlimmsten Fall muss die Frontschürze abgenommen werden, um allen Unrat zu entfernen.

Die Klimaanlagen-Kondensatoren sind bei allen Modellen vor den Kühlern des Kühlsystems angebracht. Daher ist hier ein höherer Arbeitsaufwand erforderlich, um Korrosion vorzubeugen. Bei jeder Arbeit im Frontbereich sollte daher gleichzeitig auch eine gründliche Reinigung vorgenommen werden.

Für manche Besitzer ist die Fahrzeugpflege eine Entspannungstherapie.

(Bild: Adrian Streather)

Lackpflege

Der Lack Ihres Fahrzeugs muss vor UV-Strahlung und Luftverschmutzung geschützt werden, um möglichst lange neuwertig auszusehen. Für ein perfektes Erscheinungsbild gehen Sie in drei Schritten vor:

- Waschen
- Polieren
- Versiegeln

Hierzu muss man bedenken, dass ein Polieren – per Hand oder Maschine – vom jeweiligen Lackzustand abhängig ist. Bevor man diesen Schritt in Angriff nimmt, sollte der Lack vorher mit einer speziellen Reinigungsknete (in Verbindung mit dem passenden Gleitmittel) von besonders hartnäckigen Verschmutzung, die nicht durch die Handwäsche entfernt werden konnten wie Teer, Baumharz oder Insekten, befreit werden. Anschließend erfolgt die Behandlung mit einem speziellen Reiniger, der auch Politurreste, Staub und Fett beseitigt.

Nun ist der Lack bereit für eine Versiegelung und/oder ein hochwertiges Wachs. Die Standzeit einer Lackversiegelung beträgt je nach Produkt zwischen 1 bis 3 Jahre; das Wachs hält je nach Hersteller zwischen 6 und 12 Monaten.

Perfekte Arbeit

(Bild: Adrian Streather)

Hinweis:

Egal ob Versiegelung oder Wachs: Hier sollte man nicht am falschen Ende sparen. Schließlich trägt eine gute Pflege maßgeblich zum Werterhalt eines 997 bei.

Hinweis:

Es gibt nicht das eine Produkt, das allen anderen Anbietern überlegen ist. Der Markt hält eine Vielzahl von Wachsen bereit, die alle ihre Vor- und Nachteile haben.

Reinigung des Innenraums

Eine gründliche Innenreinigung erfordert den Ausbau der Sitze. Das wird meist nicht möglich sein. Dennoch sollte man sich bemühen, auch schwer zugängliche Stellen am Mitteltunnel oder unter den Sitzen zu erreichen. Zuerst reinigt man mit einem Staubsauger den kompletten Innenraum. Entfernen Sie die Fußmatten und klopfen Sie diese gründlich aus, bevor Sie auch hier den Staubsauger einsetzen.

Zeit für den Staubsaugereinsatz

(Bild: Adrian Streather)

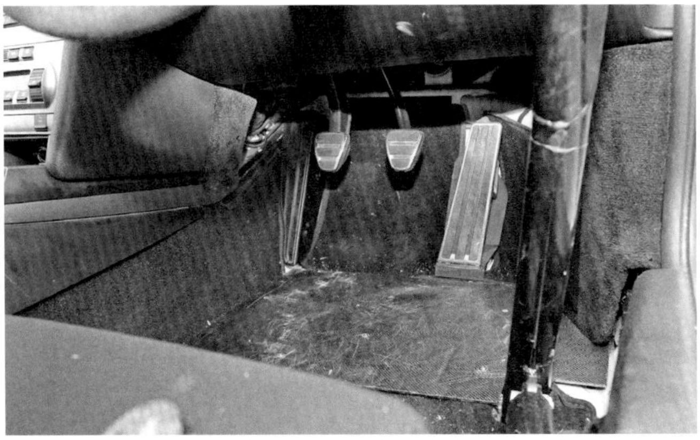

Hier ist eine Reinigung dringend angesagt.
(Bild: Adrian Streather)

Ein gepflegter Innenraum steigert den Wiederverkaufswert.
(Bild: Adrian Streather)

Mit etwas Pflege sehen die Reifen wieder wie neu aus.
(Bild: Adrian Streather)

Hinweis:
Industriestaubsauger, wie die an manchen Tankstellen, sind für die Reinigung von Fußmatten und Teppichen oft zu stark, und defekte Düsen beschädigen das Gewebe.

Leichte Verschmutzungen oder Flecken im Teppich lassen sich meist mit einem guten Teppichreiniger beseitigen. Am besten probiert man an versteckten Stellen, um das Ergebnis zu prüfen. Mit einem feuchten Tuch und etwas Reinigungsmittel reibt man kreisförmig und mit sanftem Druck. Hartnäckige Flecken erfordern einen professionellen Dampfreiniger oder einen Fachmann von der Fahrzeugaufbereitung.

Pflege von Sitzen, Leder und Innenausstattung

Soweit Leder verarbeitet ist, verwenden Sie Lederreiniger und Lederpflegemittel.
Vorher wischen Sie jedoch das Leder mit einem leicht angefeuchteten, Mikrofasertuch ab, um Schmutz und Staub zu entfernen.
Leder braucht Nahrung, deshalb sind geeignete Pflegemittel so wichtig. Reiben Sie das Pflegemittel gründlich in jede Oberfläche ein. Wenn es eingezogen ist, wischen Sie das Leder mit einem trockenen Tuch ab.

Reifenpflege

Für die Reifenpflege muss der Gummi völlig trocken sein. Tragen Sie eine gleichmäßige Schicht Reifenpflegemittel auf die Reifenoberfläche auf. Lassen Sie das Mittel gut einziehen, was nur wenige Minuten dauert. Sobald der Schaum am Reifen verschwunden ist, wischen Sie mit einem feuchten, sauberen Tuch überschüssige Reste von der Felge ab. Die Reifen sollten jetzt wieder gut aussehen, allerdings braucht man etwas Übung, um sie wie neu wirken zu lassen.

Batteriebelüftung an einem Carrera S *(Bild: Adrian Streather)*

Batteriebelüftung an einem GT3 *(Bild: Adrian Streather)*

Wartungsfreie Batterie, eingebaut in einem GT3 RS. Auch Batterien dieser Bauart haben ein Entlüftungsventil, das bei zu hohem Innendruck (Überladen) öffnet. *(Bild: Adrian Streather)*

Reinigung des Motors

Normalerweise reicht eine einfache Wäsche mit dem Dampfstrahler aus. Beachten Sie aber den Warnhinweis, falls der Einsatz von Motorreinigern erforderlich ist. Generell überlässt man die Reinigung besser dem Fachmann, der über die richtige Ausrüstung (Ölabscheider) und die geeigneten Reinigungsmittel verfügt.

Vorsicht:

Aufgrund von Umwelt- und Abfallvorschriften, die das Einleiten des Abwassers in die Kanalisation verbieten, ist eine heimische Motorwäsche verboten!

Batteriepflege

Korrosion an den Batteriepolen und im Batteriefach selbst sind oft die Folge durch Überladen ausgetretener Batteriesäure, oder aus der Batterie entwichener Dämpfe. Man entfernt sie am besten mit einer Mischung aus gleichen Anteilen Wasser und Backpulver (Natron).

Die Batterie sollte an die im 997 vorhandene Batteriebelüftung angeschlossen sein, um dieses Problem von vornherein zu vermeiden.

Wartungspläne

Diese Wartungspläne für die komplette 997-Baureihe der 1. und 2. Generation basieren auf den Empfehlungen des Hauses Porsche und dienen als Leitlinie.
Jeder Besitzer kann sich für kürzere Intervalle entscheiden. Für den Durchschnittsfahrer, der sein Fahrzeug normal einsetzt, besteht dafür jedoch kein Anlass; er würde sich nur unnötige Kosten aufbürden.

Wartungsarbeit (alle 997-Modelle, falls nicht anders angegeben)	**30.000 km oder alle 2 Jahre Zwischenwartung**	**60.000 km oder alle 4 Jahre Wartung**	**90.000 km oder alle 6 Jahre**	**120.000 km oder alle 12 Jahre**
Diagnosesystem: Fehlerspeicher auslesen, Wartungsintervall zurücksetzen	X	X		
Motoröl und Ölfilter wechseln	X	X		
Fahrzeugunterseite und Motorraum: Sichtprüfung auf Dichtheit (Öle und Flüssigkeiten) und Scheuerstellen (Leitungen und Schläuche)				
Abdeckungen des Unterbodens: Sichtprüfung auf Vollständigkeit, Befestigung und Beschädigung	X	X		
Kühlflüssigkeitsschläuche: Zustand prüfen				
Kühler und Lufteinlässe: Sichtprüfung auf äußerliche Verschmutzung und Verstopfung				
Kühlflüssigkeit: Stand und Frostschutz prüfen	X	X		
Partikelfilter: Filtereinsatz ersetzen	X	X		
Bremsanlage: Sichtprüfung der Bremsbeläge und Bremsscheiben auf Verschleiß	X	X		
Bremsschläuche und Leitungen: Sichtprüfung auf Dichtheit, Beschädigung und Korrosion	X	X		
Gelenkwellen: Sichtprüfung der Manschetten auf Dichtheit und Beschädigung	X	X		
Bereifung: Zustand und Reifendruck prüfen	X	X		
Cabriolet-Verdeck warten und pflegen	X	X		
Tür-, Deckelschlösser und Sicherheitshaken des vorderen Deckels auf festen Sitz und Funktion prüfen	X	X		
Fahrzeugbeleuchtung: Funktion prüfen				
Alle Scheinwerfer: Einstellung prüfen	X	X		
Signalhorn: Funktion prüfen	X	X		
Scheibenwisch-/-waschanlage, Scheinwerfer-Reinigungsanlage Flüssigkeitsstand und Düseneinstellungen prüfen, in den Wintermonaten Frostschutz beachten, Wischerblätter prüfen	X	X		

Wartungsarbeit (alle 997-Modelle, falls nicht anders angegeben)	**30.000 km oder alle 2 Jahre Zwischen-wartung**	**60.000 km oder alle 4 Jahre Wartung**	**90.000 km oder alle 6 Jahre**	**120.000 km oder alle 12 Jahre**
Elektrische Einrichtungen sowie Kontroll- und Warnleuchten: Funktion prüfen	X	X		
Kraftstoffanlage: Sichtprüfung auf Beschädigung, Verlegung und Festsitz der Leitungsverbindungen		X		
Luftfilter: Filtereinsatz ersetzen		X		
Handbremse: Leerweg des Handbremshebels prüfen		X		
Lenkgetriebe: Sichtprüfung der Faltenbälge auf Beschädigung				
Spurstangengelenke: Spiel und Staubkappen prüfen		X		
Achsgelenke: Spiel prüfen, Sichtprüfung der Staubkappen auf Beschädigung		X		
Zündkerzen ersetzen		X		
Antriebsriemen prüfen		X		
Kraftstofffilter ersetzen (nur Turbo)		X		
Verteilergetriebe Allradantrieb: Öl ersetzen (nur Turbo)		X		
Antriebsriemen ersetzen			X	
Verteilergetriebe Allradantrieb: Öl ersetzen (nur Carrera 4S)			X	
PDK-Kupplung: Öl ersetzen			X	
Schaltgetriebe: Öl ersetzen				X
Automatikgetriebe: ATF und ATF-Filter ersetzen				X
Automatikgetriebe: Öl im Achsantrieb ersetzen				X
PDK Getriebe: Öl ersetzen				X
Achsantrieb Allrad: Öl ersetzen				X

Hinweis:
Die „Kleine Wartung" wurde 2009 in „Zwischenwartung" umbenannt.

Hinweis:
Die „Große Wartung" wurde 2009 in „Wartung" umbenannt.

Hinweis:
Nach Angabe von Porsche ist ein Wechsel des Kühlmittels beim Modell 997 nicht mehr erforderlich.

Wartungsarbeiten nach Zeitintervall	Zeitintervall
Zustandsbericht – Langzeitgarantie erstellen	Erste Inspektion nach 2 Jahren und dann jährlich
Bremsflüssigkeitswechsel	Alle 2 Jahre
Überrollschutzsystem prüfen (nur Cabriolets)	Alle 2 Jahre
Reifendichtmittel ersetzen	Alle 4 Jahre
Batterie des Reifendruckkontrollsystems prüfen	Nach 4 Jahren, dann alle 2 Jahre
Airbagsystem überprüfen	
Aggregatelagerung und Fahrwerk: Sichtprüfung aller Gummilager auf Beschädigung	Nach 4, 8, 10 und danach alle 2 Jahre

Probefahrt	Intervall
Fernbedienung, Vordersitze, Fuß- und Handbremse (auch Betätigungsweg), Motor, Kupplung, Lenkung, Getriebe, ParkAssistent, Automatische Geschwindigkeitsregelung, PSM-Schalter, PASM-Schalter, Sport-Schalter, Heizung, Klimaanlage und Instrumente: Funktion prüfen	Nach jeder Wartung
Nach der Probefahrt: Öle, Flüssigkeiten, Sichtprüfung auf Dichtheit	

Nach jeder Wartung ist eine ausgiebige Probefahrt unbedingt erforderlich.

(Bild: Adrian Streather)

Kapitel 3: Der Motor des 997

Das Porsche-Herz des 21. Jahrhunderts ist wassergekühlt ...

Die eigentliche Geschichte der 997-Baureihe ist die ihrer Motoren. Anfänglich diente noch die vom Vorgängermodell bekannte Motorversion als Antrieb, sie wurde jedoch durch eine völlige Neukonstruktion ersetzt, die auch das bevorstehende Ende der klassischen Trockensumpfschmierung einläutete.

(Bild: Porsche AG)

MA1.70 Motorschnitt

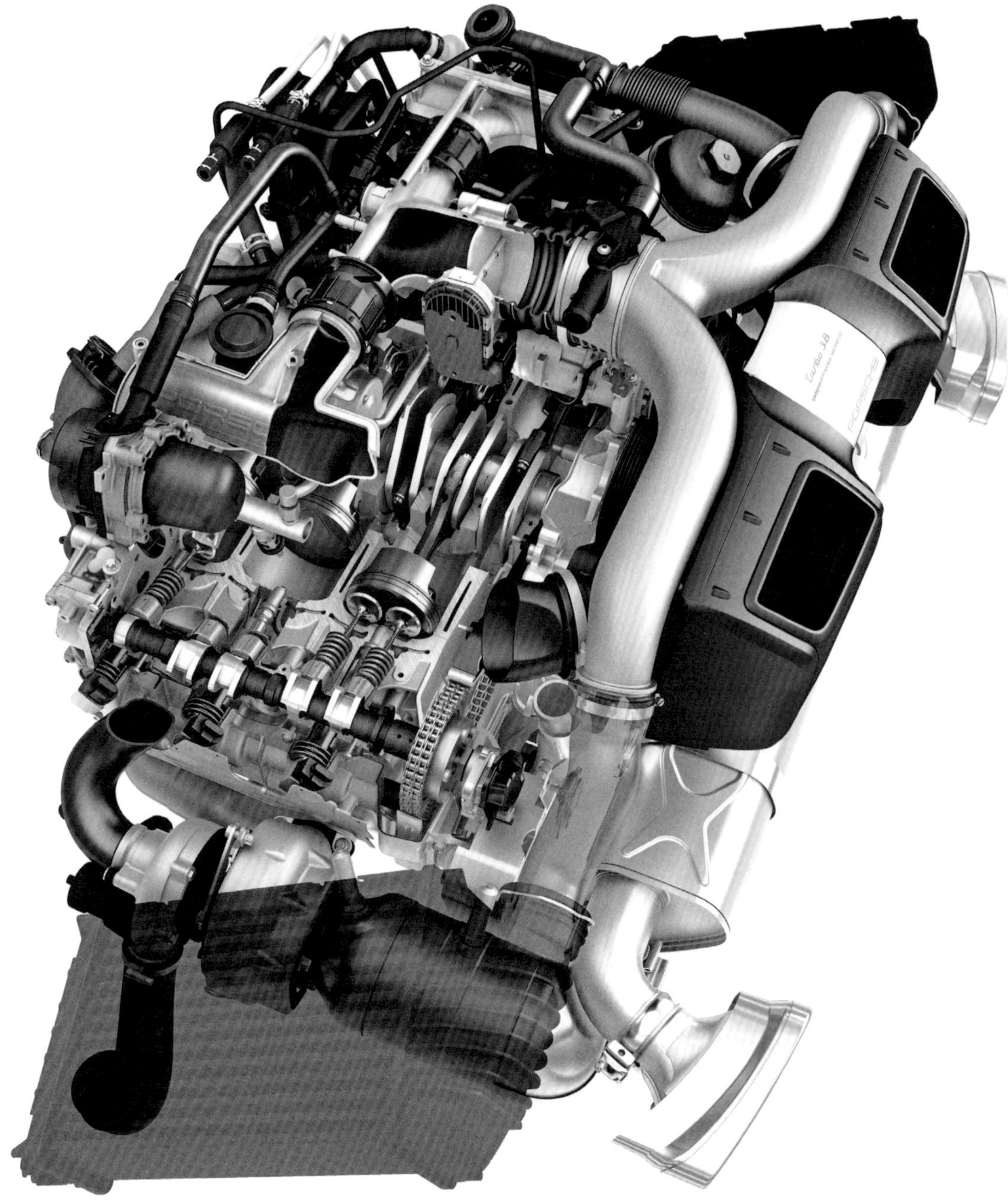

(Bild: Porsche AG)

Hinweis:
Der 3,8-Liter-Motor MA1.70 war der erste Motor mit integrierter Trockensumpfschmierung, der in einem Porsche 911 Turbo zum Einsatz kam.

Bei der Open-Deck-Bauweise stehen die Zylinder mehr oder weniger frei im Kurbelgehäuse.

(Bild: Autofarm 1973 Ltd)

Ist der schlechte Ruf der M96-Baureihe wirklich gerechtfertigt?

(Bild: Porsche AG)

Warum Porsche erst zum Modelljahr 2009 den neuen Motor einführte wird nie geklärt werden – es hätte aber schon 10 Jahre früher geschehen sollen. (Bild: Porsche AG)

Einführung

Jeder, der die Meinungsbildung in Presse und Internet verfolgt oder sich mit selbsternannten Porsche-Experten unterhält, wird relativ schnell den Eindruck erhalten, dass der Motortyp M96 kein Ruhmesblatt für Porsche war. Dieser Motor war von 1997 bis 2005 in einer 3,4- und 3,6-Liter-Variante in der 996-Baureihe eingebaut und verursachte Probleme durch Undichtigkeiten am schwungradseitigen Kurbelwellendichtring und Defekte am Zwischenwellenlager. Das führte am Ende sogar dazu, dass gegen Porsche Cars North America eine Sammelklage eingereicht wurde. Der erzielte Vergleich fiel milde für Porsche aus, traf nur auf die Modelljahre 2001 bis 2005 und einige Modelle der 997-Baureihe zu.

Zweifellos hatte das Unternehmen Porsche mit der Einführung der Wasserkühlung für die 6-Zylinder-Boxermotoren, welche eine Folge der weltweiten verschärften Zulassungsvorschriften war, keine allzu glückliche Hand, aber es ist absolut unverständlich, dass die im wesentlichen gleiche Motorkonstruktion auch in der folgenden 997-Baureihe weiterverwendet wurde.

Natürlich trifft es zu, dass über die Jahre nur ein kleiner Prozentsatz der gesamten Produktion von kapitalen Motorschäden betroffen war, die von einem fehlerhaften Zwischenwellenlager verursacht wurden. Eine deutlich höhere Zahl an Fahrzeugen erforderte allerdings eine Reparatur des schwungradseitigen Kurbelwellendichtrings, manche sogar mehrfach, und bei einigen konnte das Problem nicht abgestellt werden. So steht die Kurbelwellendichtring-Problematik auf der Beschwerdeliste der 997 GT3-Besitzer ganz oben.

Allerdings treten Zwischenwellenlagerdefekte und leckende Kurbelwellendichtringe bei den 3,6-Liter-Motoren M96.05 und den 3,8-Liter-Motoren M97.01 der ersten 997-Generation deutlich weniger häufig auf als bei den vorherigen 3,4-Liter-Motoren M96.01/02/04 und 3,6-Liter-Motoren M96.03 der 996-Baureihe. Dafür sind undichte Kurbelwellendichtringe beim GT3-Motor M97.76 öfter zu beklagen als beim Vorgänger M96.76.

Mit der Einführung der zweiten 997-Generation in 2008 kam schließlich das Ende des M96-Motors, und der neue Motortyp MA1 löste ihn ab. Dieser Motor war deutlich einfacher aufgebaut, hatte Direkteinspritzung, und ebenfalls eine integrierte Trockensumpfschmierung. Zuerst gab es ihn nur als Saugmotor mit 3,6 und 3,8 Litern Hubraum, 2010 folgte eine 3,8-Liter-Turboversion. Diese löste bei allen Turbomodellen den 3,6-Liter-Motor M97.70 ab. Ausgenommen davon war der GT2, der weiter den Motor M97.70S als Antriebsquelle hatte.

Die Aufschrift auf dem Kohlefaser-Luftfiltergehäuse weist auf eine vorgenommene Leistungssteigerung hin.

(Bild: Porsche AG)

Schnittbild des 997 GT3 Hybrid

(Bild: Porsche AG)

Überragender Sieg in Le Mans für den Porsche 919 im Juni 2015

(Bild: Porsche AG)

Daher haben der 3,6-Liter-Motor MA1.02, der 3,8-Liter-Motor MA1.01 und der 3,8-Liter-Turbomotor MA1.70 für alle Märkte jeweils die selbe Bezeichnung und Ersatzteilnummer.

Für die 3,6-Liter-Motoren M96.05, M97.70 und MA1.02 bot Porsche weder werksseitig noch über Porsche Exclusive bzw. Porsche Tequipment (die Porsche Zubehörsparte) eine Leistungssteigerung an. Ausgenommen davon waren der GT2 und GT2 RS, deren M97.70S-Motoren eine werksseitige Leistungssteigerung erhielten, die nicht als Zubehör erhältlich war. Für die 3,8-Liter-Motoren M97.01, MA1.01, MA1.70 und M97.77 gab es dagegen eine Leistungssteigerung als Individualisierungsangebot.

Mit der 1. Generation der 997-Baureihe wurde auch ein neues Motordiagnosesystem mit der Bezeichnung PIWIS (Porsche Integriertes Werkstatt- Informations-System) eingeführt. Dieses wird im Anhang C ausführlicher behandelt. Erwähnt wird es hier, weil die Vorschriften zur Überwachung der Abgasemissionen deutlich verschärft wurden. Das hatte unmittelbaren Einfluss auf die Motorkonstruktion des 997 und führte letztendlich zur Einführung der Motoren mit Direkteinspritzung.

Die GT3-Modelle der 997-Baureihe waren die letzten 911er, die mit einer klassischen Trockensumpfschmierung mit externem Öltank ausgerüstet waren. Damit endete eine Epoche, aber gleichzeitig läutete der 997 GT3 R Hybrid ein neues Zeitalter ein, das mit Gesamtsiegen des Porsche 919 Hybrid-Rennwagens in Le Mans 2015, 2016 und 2017 einen vorläufigen Höhepunkt hatte. Entwickelt wurde dieser Wagen aus dem Porsche 918 Hybrid-Sportwagen; für das Mittelmotor-Coupé 918 RSR wurden Komponenten aus der Antriebstechnik der 997 GT3 R Hybrid verwendet.

Zurück zum Thema. In diesem Kapitel werden die unterschiedlichen Motortechnologien der ersten und zweiten 997-Generation beschrieben, bekannte Probleme angesprochen und mögliche Abhilfemaßnahmen dargestellt.

Montage eines 3,8-Liter-Motors M97.01: Nach der Fertigstellung wird er in einen 997 Carrera 4S eingebaut.
(Bild: Porsche AG)

Motorvarianten

Im Folgenden werden die einzelnen Motorvarianten für die unterschiedlichen 997-Modelle aufgeführt.

Hinweis:
Erste 997-Generation = Modelljahre 2004 bis 2008 der Saugmotor-Modelle und Modelljahre 2005 bis 2009 der Turbomotor-Modelle.

Zweite 997-Generation = Modelljahre 2009 bis 2012 der Saugmotor-Modelle und Modelljahre 2010 bis 2013 der Turbomotor-Modelle.

Motorvarianten der 1. Generation			
Modell	**Motortyp**	**Hubraum**	**Anmerkung**
Carrera Coupé	M96.05	3,6 Liter	
Carrera Cabriolet	M96.05	3,6 Liter	
Carrera S Coupé	M97.01	3,8 Liter	
911 Club Coupé	M97.01S	3,8 Liter	Leistungssteigerung X51
Carrera S Cabriolet	M97.01	3,8 Liter	
Carrera 4 Coupé	M96.05	3,6 Liter	
Carrera 4 Cabriolet	M96.05	3,6 Liter	
Carrera 4S Coupé	M97.01	3,8 Liter	
Carrera 4S Cabriolet	M97.01	3,8 Liter	
Targa 4	M96.05	3,6 Liter	
Targa 4S	M97.01	3,8 Liter	
GT3	M97.76	3,6 Liter	
GT3 RS	M97.76	3,6 Liter	
Turbo Coupé	M97.70	3,6 Liter	
Turbo Cabriolet	M97.70	3,6 Liter	
GT2	M97.70S	3,6 Liter	Individualausstattung 101

Motorvarianten der 2. Generation			
Modell	**Motortyp**	**Hubraum**	**Anmerkung**
Carrera Coupé	MA1.02	3,6 Liter	
China Style Edition Coupé	MA1.02	3,6 Liter	
Black Edition Coupé	MA1.02	3,6 Liter	
Carrera Cabriolet	MA1.02	3,6 Liter	
China Style Edition Cabriolet	MA1.02	3,6 Liter	
Black Edition Cabriolet	MA1.02	3,6 Liter	
Carrera S Coupé	MA1.01	3,8 Liter	
Sport Classic Coupé	MA1.01S	3,8 Liter	Leistungssteigerung X51
Carrera GTS Coupé	MA1.01S	3,8 Liter	Leistungssteigerung X51
Carrera S Cabriolet	MA1.01	3,8 Liter	
Carrera GTS Cabriolet	MA1.01S	3,8 Liter	Leistungssteigerung X51
Speedster	MA1.01S	3,8 Liter	Leistungssteigerung X51
Carrera 4 Coupé	MA1.02	3,6 Liter	
Carrera 4 Cabriolet	MA1.02	3,6 Liter	
Carrera 4S Coupé	MA1.01	3,8 Liter	
Carrera 4 GTS Coupé	MA1.01S	3,8 Liter	Leistungssteigerung X51
Carrera 4S Cabriolet	MA1.01	3,8 Liter	
Carrera 4 GTS Cabriolet	MA1.01S	3,8 Liter	Leistungssteigerung X51
Targa 4	MA1.02	3,6 Liter	
Targa 4S	MA1.01	3,8 Liter	
GT3	M97.77	3,8 Liter	
GT3 RS	M97.77R	3,8 Liter	Individualausstattung 004
GT3 RS 4.0	M97.74	4,0 Liter	Homologationsmodell
Turbo Coupé	MA1.70	3,8 Liter	
Turbo Cabriolet	MA1.70	3,8 Liter	
Turbo S Coupé	MA1.70S	3,8 Liter	Leistungssteigerung X50
Turbo S Cabriolet	MA1.70S	3,8 Liter	Leistungssteigerung X50
Turbo S Coupé 918 Spyder	MA1.70S	3,8 Liter	Leistungssteigerung X50
Turbo S Cabriolet 918 Spyder	MA1.70S	3,8 Liter	Leistungssteigerung X50
GT2 RS	M97.70S	3,6 Liter	Individualausstattung 101

Motordaten

Die nachfolgenden Übersichten geben die wichtigsten technischen Daten der verschiedenen in der 997-Baureihe verwendeten Motoren wieder:

3,6-Liter-Motoren der 1. Generation (ohne GT3)	
Motortyp	M96.05
Bohrung	96 mm
Hub	82,8 mm
Hubraum	3.596 cm^3
Verdichtungsverhältnis	11,3 : 1
Leistung	239 kW (325 PS) bei 6.800 min^{-1}
Drehmoment	370 Nm bei 4.250 min^{-1}
Leerlaufdrehzahl Schaltgetriebe/Tiptronic S	670 ± 40 min^{-1}
Maximale Drehzahl	7.300 min^{-1}
Kraftstoffqualität ROZ/CLC oder AKI	Empfohlen 98/93, mindestens 95/90
Öldruck bei 5.000 min^{-1} und 90°C	5 bar
Ölfüllmenge	9,9 Liter
Zulässiger Ölverbrauch	1,5 Liter auf 1.000 km
Motorgewicht Schaltgetriebeausführung	201,7 kg mit Zweimassen-Schwungrad
Motorgewicht Tiptronic S-Ausführung	191,5 kg

3,8-Liter-Motoren der 1. Generation		
Motortyp	M97.01	M97.01S
Bohrung	99 mm	
Hub	82,8 mm	
Hubraum	3.824 cm^3	
Verdichtungsverhältnis	11,8 : 1	
Leistung	261 kW (355 PS) bei 6.800 min^{-1}	280 kW (381 PS) bei 7.200 min^{-1}
Drehmoment	400 Nm bei 4.600 min^{-1}	415 Nm bei 5.500 min^{-1}
Leerlaufdrehzahl Schaltgetriebe/Tiptronic S	670 ± 40 min^{-1}	
Maximale Drehzahl	7.300 min^{-1}	
Kraftstoffqualität ROZ/CLC oder AKI	Empfohlen 98/93, mindestens 95/90	
Öldruck bei 5.000 min^{-1} und 90°C	5 bar	
Ölfüllmenge	10,3 Liter	
Zulässiger Ölverbrauch	1,5 Liter auf 1.000 km	
Motorgewicht Schaltgetriebeausführung	201,6 kg mit Zweimassen-Schwungrad	
Motorgewicht Tiptronic S-Ausführung	191 kg	

3,6-Liter-Motoren der 2. Generation	
Motortyp	MA1.02
Bohrung	97 mm
Hub	81,5 mm
Hubraum	3.614 cm^3
Verdichtungsverhältnis	12,5 : 1
Leistung	254 kW (345 PS) bei 6.500 min^{-1}
Drehmoment	390 Nm bei 4.400 min^{-1}
Leerlaufdrehzahl Schaltgetriebe/PDK	680 ± 80 min^{-1}
Maximale Drehzahl	7.500 min^{-1}
Kraftstoffqualität ROZ/CLC oder AKI	Empfohlen 98/93, mindestens 95/90
Öldruck bei 5.000 min^{-1} und 90°C	5 bar
Ölfüllmenge	10,5 Liter
Zulässiger Ölverbrauch	1,5 Liter auf 1.000 km

3,8-Liter-Motoren der 2. Generation (ohne GT3)		
Motortyp	MA1.01	MA1.01S
Bohrung	102 mm	
Hub	77,5 mm	
Hubraum	3.800 cm^3	
Verdichtungsverhältnis	12,5 : 1	
Leistung	283 kW (385 PS) bei 6.800 min^{-1}	
Drehmoment	420 Nm bei 4.400 min^{-1}	
Leerlaufdrehzahl Schaltgetriebe/PDK	680 ± 80 min^{-1}	
Maximale Drehzahl	7.500 min^{-1}	
Kraftstoffqualität ROZ/CLC oder AKI	Empfohlen 98/93, mindestens 95/90	
Öldruck bei 5.000 min^{-1} und 90°C	5 bar	
Ölfüllmenge	10,5 Liter	
Zulässiger Ölverbrauch	1,5 Liter auf 1.000 km	

Die 997 Carrera S-Modellpalette der 2. Generation

(Bild: Porsche AG)

3,6-Liter-Motoren der 1. Generation (nur GT3 und GT3 RS)	
Motortyp	M97.76
Bohrung	100 mm
Hub	76,4 mm
Hubraum	3.596 cm^3
Verdichtungsverhältnis	12,0 : 1
Leistung	305 kW (415 PS) bei 7.600 min^{-1}
Drehmoment	405 Nm bei 5.500 min^{-1}
Leerlaufdrehzahl	780 ± 40 min^{-1}
Maximale Drehzahl	8.400 min^{-1}
Kraftstoffqualität ROZ/CLC oder AKI	Empfohlen 98/93, mindestens 95/90
Öldruck bei 5.000 min^{-1} und 90°C	7 bar
Ölfüllmenge	12,0 Liter
Zulässiger Ölverbrauch	1,5 Liter auf 1.000 km
Motorgewicht	274 kg

3,8-Liter-Motoren der 2. Generation (nur GT3 und GT3 RS)		
Motortyp	M97.77	M97.77R
Bohrung	102,7 mm	
Hub	76,4 mm	
Hubraum	3.797 cm^3	
Verdichtungsverhältnis	12,0 : 1	12,2 : 1
Leistung	320 kW (435 PS) bei 7.600 min^{-1}	331 kW (450 PS) bei 7.900 min^{-1}
Drehmoment	430 Nm bei 6.250 min^{-1}	430 Nm bei 6.250 min^{-1}
Leerlaufdrehzahl	620 ± 40 min^{-1}	
Maximale Drehzahl	8.500 min^{-1}	
Kraftstoffqualität ROZ/CLC oder AKI	Empfohlen 98/93, mindestens 95/90	
Öldruck bei 5.000 min^{-1} und 90°C	7 bar	
Ölfüllmenge	12,0 Liter	
Zulässiger Ölverbrauch	1,5 Liter auf 1.000 km	
Motorgewicht	183 kg	

GT3 der 2. Generation

(Bild: Porsche AG)

4,0-Liter-Motoren der 2. Generation (nur GT3 RS)	
Motortyp	M97.74
Bohrung	102 mm
Hub	80,4 mm
Hubraum	3.996 cm³
Verdichtungsverhältnis	12,6 : 1
Leistung	368 kW (500 PS) bei 8.250 min⁻¹
Drehmoment	460 Nm bei 5.750 min⁻¹
Leerlaufdrehzahl	720 ± 40 min⁻¹
Maximale Drehzahl	8.500 min⁻¹
Kraftstoffqualität ROZ/CLC oder AKI	Empfohlen 98/93, mindestens 95/90
Öldruck bei 5.000 min⁻¹ und 90°C	7 bar
Ölfüllmenge	12,0 Liter
Zulässiger Ölverbrauch	1,5 Liter auf 1.000 km
Motorgewicht	181 kg

3,6-Liter-Turbomotoren der 1. Generation			
Motortyp	M97.70	M97.70S GT2	M97.70S GT2 RS
Bohrung	100 mm		
Hub	76,4 mm		
Hubraum	3.596 cm³		
Verdichtungsverhältnis	9,0 : 1		
Leistung	353 kW (480 PS) bei 6.000 min⁻¹	390 kW (530 PS) bei 6.300 min⁻¹	456 kW 620 PS) bei 6.500 min⁻¹
Drehmoment	620 Nm von 1.950 - 5.000 min⁻¹ Overboost: 680 Nm von 2.100 - 4.000 min⁻¹	680 Nm von 2.200 - 4.500 min⁻¹	700 Nm von 2.250 - 5.500 min⁻¹
Leerlaufdrehzahl Schaltgetriebe Tiptronic S	740 ± 40 min⁻¹ 740 ± 40 min⁻¹	740 ± 40 min⁻¹ Entfällt	740 ± 40 min⁻¹ Entfällt
Maximale Drehzahl	1. - 5. Gang: 6.750 min⁻¹ 6. Gang: 6.800 min⁻¹	6.750 min⁻¹	6.750 min⁻¹
Kraftstoffqualität ROZ/CLC oder AKI	Empfohlen 98/93, mindestens 95/90		
Öldruck bei 5.000 min⁻¹ und 90°C	6,5 bar		
Ölfüllmenge	11,0 Liter		
Zulässiger Ölverbrauch	1,5 Liter auf 1.000 km		
Motorgewicht Schaltgetriebeausführung	260 kg		
Motorgewicht Tiptronic S-Ausführung	253 kg	Entfällt	Entfällt

3,8-Liter-Turbomotoren der 2. Generation		
Motortyp	MA1.70	MA1.70S
Bohrung	102 mm	
Hub	77,5 mm	
Hubraum	3.800 cm^3	
Verdichtungsverhältnis	9,8 : 1	
Leistung	368 kW (500 PS) bei 6.000 min^{-1}	390 kW (523 PS) von 6.250 - 6.750 min^{-1}
Drehmoment	650 Nm von 1.950 - 5.000 min^{-1}	
Overboost: 700 Nm von 2000 - 4500 min^{-1}	700 Nm von 2.100 - 4.250 min^{-1}	
Leerlaufdrehzahl Schaltgetriebe		
Leerlaufdrehzahl PDK	680 ± 25 min^{-1}	
680 ± 25 min^{-1}	Entfällt	
680 ± 25 min^{-1}		
Maximale Drehzahl	7.000 min^{-1}	
Maximaler Ladedruck	0,8 bar	1,0 bar
Kraftstoffqualität ROZ/CLC oder AKI	Empfohlen 98/93, mindestens 95/90	
Öldruck bei 5.000 min^{-1} und 90°C	6,5 bar	
Ölfüllmenge	10,5 Liter	
Zulässiger Ölverbrauch	1,5 Liter auf 1.000 km	
Motorgewicht	217 kg	

997 Turbo Coupé und Cabriolet der 2. Generation

(Bild: Porsche AG)

Hinweis:
Auf der Tankklappe ist die empfohlene Kraftstoffqualität angegeben.

Hinweis:
Die angegebene Ölfüllmenge bezieht sich auf die Gesamtfüllung. Beim Ölwechsel verbleibt jedoch eine Restmenge im Motor, richten Sie sich also beim Öleinfüllen nicht nach dieser Tabelle!

Motorkonstruktion

Geschichte des flüssigkeitsgekühlten 6-Zylinder-Boxers

Der erste flüssigkeitsgekühlte 6-Zylinder-Boxermotor des Hauses Porsche entstand 1978 mit der Bezeichnung 930.78. Dabei handelte es sich um einen 3,2-Liter-Motor mit Doppelturboaufladung und partieller Flüssigkeitskühlung, d. h. nur die Zylinderköpfe waren wassergekühlt. Entwickelt wurde das Triebwerk unter der Leitung von Hans Mezger. Es diente als Antrieb für den legendären Porsche 935, der auch unter dem Spitznamen Moby Dick bekannt war.

Nach Angabe von Karl Ludvigsen griff die Entwicklungsmannschaft auf einen bereits vorhandenen Motor mit partieller Flüssigkeitskühlung zurück. Er war 1968 entwickelt worden und trug die interne Projektnummer 908.

Den nächsten flüssigkeitsgekühlten Motor stellte Porsche im Dezember 1979 vor. Er diente als Antrieb für den Monoposto-Rennwagen Interscope, mit dem Porsche 1980 an den 500 Meilen von Indianapolis teilnehmen wollte. Wegen Reglementänderungen musste die Nennung jedoch zurückgezogen werden.

Der nächste Entwurf dieser Art war der Formel-1-Rennmotor für McLaren-TAG, Typ 2623. Zwar waren bei diesem 1,6-Liter-V6-Turbomotor die beiden Zylinderbänke im Winkel von 80° zueinander angeordnet, aber Porsche konnte hier dennoch viel Erfahrung mit der Querstrom-Kühlmittelführung sammeln.

Danach stellte Porsche den CART Typ 2708 vor, der einen flüssigkeitsgekühlten V8 mit Turboaufladung hatte.

Durch das Projekt Footwork-Porsche FA12 (ebenfalls 80° Zylinderwinkel) gewann Porsche schließlich weitere wertvolle Erkenntnisse für den Bau eines leichten Motors mit Querstromkühlung. Diese F1-Technologie wurde auf die ersten flüssigkeitsgekühlten Motoren M86 und M96 übertragen, die im Boxster und 996 zum Einsatz kamen.

Hinweis:
Hans Mezger leitete das F1-Entwicklungsteam von Mitte der 1980er Jahre bis zur Einstellung des Projekts 1991. Nach über 40 Jahren bei Porsche ging er Mitte der 1990er Jahre in den Ruhestand.

Integrierte Trockensumpfschmierung

Der ursprüngliche 3,4-Liter-Saugmotor mit integrierter Trockensumpfschmierung weist folgende Merkmale auf:

- Vierteiliges, senkrecht geteiltes Kurbelgehäuse in Open-Deck-Bauweise und separatem Hauptlagergehäuse. Die Leichtmetall-Legierung für das Kurbelgehäuse besteht aus 88% Aluminium, 9% Silizium und 3% Kupfer.
- Die geschmiedete Kurbelwelle ist siebenfach gelagert und hat 12 Gegengewichte.
- Hauptlager Nr. 4 dient als Axiallager. Dazu sind in die Gehäusehälfte von Zylinder 4 bis 6 zwei Anlaufscheiben eingelegt.
- Das Hauptlagergehäuse ist ebenfalls aus Leichtmetall hergestellt.
- Eingegossene Einlagen aus Sphäroguss (GGG60) verstärken das Kurbelgehäuse im Bereich der Kurbelgehäuse- und Zylinderkopfverschraubungen. Diese Lösung stammt aus einem V6-Projekt, das Porsche für die Ford Motor Company entwickelte.
- Die sechs geschmiedeten Pleuel werden nach dem Bearbeiten am kurbelwellenseitigen Ende gebrochen. Die ungleichmäßige Bruchstelle sorgt für eine exakte Passung der beiden Teile und erübrigt eine Kennzeichnung, da ein Vertauschen nicht möglich ist.
- Die sechs Kolben aus einer Leichtmetall-Legierung haben zur Reibungsverminderung einen eisenbeschichten Kolbenschaft.
- Jeder Kolben hat drei Kolbenringe. Der obere Rechteckring ist 1,2 mm dick und aus nitriertem Stahl gefertigt. Der mittlere Ring ist angeschrägt, misst 1,5 mm und besteht aus Gusseisen, während der untere dreiteilige Ölabstreifring 2 mm dick ist und aus nitriertem Stahl hergestellt ist.
- Die sechs Zylinder sind Bestandteil des Kurbelgehäuses. Ihre Laufbahnen erhielten durch das Lokasil®-Verfahren die erforderliche Verschleißfestigkeit. Um die gewünschte Konzentration von Silizium-Kristallen zu erreichen, werden vor dem Gießen drei ca. 6 mm starke vorgeformte Röhren an die Stelle der späteren Laufbahn in die Gussform gelegt. Diese bestehen aus porösem Fasermaterial mit etwa 25% Siliziumanteil. Das flüssige Aluminium in der Gussform lässt die Faserstruktur verdampfen und die Siliziumkristalle werden in den Aluguss eingebettet, jedoch nur bis zu einer gewissen Tiefe.

Nachdem der Lokasil®-Prozess abgeschlossen ist, wird mit 28 Tonnen Druck die Kurbelgehäusehälfte in die richtige Form gepresst. Nach dem Abkühlen wird das Werkstück aus der Form genommen und mit einer anderen Kurbelgehäusehälfte auf Lebenszeit gepaart. Die beiden Hälften werden miteinander verschraubt und mit einem Druck von 30 Tonnen fixiert, während die Zylinderlaufbahnen in drei Arbeitsgängen mit einem Honwerkzeug bearbeitet werden, um die Siliziumkristalle an der Oberfläche freizulegen. Dadurch entsteht eine äußerst verschleißfeste Lauffläche.

- In den beiden Zylinderköpfen aus Leichtmetall arbeiten jeweils zwei Nockenwellen (DOHC) und zwei dreiteilige Spülölpumpen.
- Jeder Zylinder besitzt zwei Einlass- und zwei Auslassventile, die über Tassenstößel mit hydraulischem Ventilspielausgleich betätigt werden.
- Die Zwischenwelle wird von der Kurbelwelle über eine Duplex-Rollenkette mit hydraulischem Kettenspanner angetrieben.
- Die beiden hohlgegossenen und gehärteten Auslassnockenwellen werden über eine Duplex-Rollenkette von der Zwischenwelle angetrieben.
- Die ebenfalls hohlgegossenen und gehärteten Einlassnockenwellen werden über eine Einzel-Rollenkette von der jeweiligen Auslassnockenwelle angetrieben.
- Die Steuerzeitenverstellung erfolgt über das patentierte VarioCam-System, das durch elektrohydraulisch bewegliche Kettenspanner eine Verstellung um 12,5° (entspricht 25° an der Kurbelwelle) bewirkt.

Bei der Open-Deck-Bauweise stehen die Zylinderlaufbuchsen mehr oder weniger frei im Kurbelgehäuse und sind dadurch sehr gut vom Kühlmittel umspült. Bei abgenommenem Zylinderkopf sind die freistehenden Laufbuchsen gut zu erkennen und der nach oben offene Kühlmittelmantel gab der Konstruktion ihren Namen. Der hier verwendete Begriff „Laufbuchsen" heißt aber nicht, dass es sich um separate Teile handelt, sie werden wie beschrieben mit dem Gehäuse gegossen.

Ein weiterer Vorteil dieser Bauweise ist das geringere Gewicht. Nachteilig wirkt sich allerdings bei sehr hoher Belastung die geringere Stabilität durch die fehlende Fixierung der Zylinder im oberen Bereich aus.

Der 3,6-Liter-Motor M96.03, aus dem der 3,6-Liter-Motor M96.05 und der 3,8-Liter-Motor M97.01 (Carrera und Carrera S der 1. Generation) hervorgingen, unterscheidet sich in verschiedenen Punkten von der ursprünglichen 3,4-Liter-Ausführung:

- Um die Pumpverluste innerhalb des Kurbelgehäuses zu verringern, wurde das untere Zylinderende nicht mehr flach, sondern abgerundet ausgeführt.
- Wegen des Hubraumzuwachses um 200 cm^3 stieg der Hauptlagerdurchmesser von 60 mm auf 63 mm an.
- Der Hub wurde von 78 mm auf 82,8 mm erhöht, außerdem wurde der Pleuellagerdurchmesser von 60 mm auf 63 mm vergrößert.
- Die geschmiedeten und am Pleuelfuß gebrochenen Pleuel wurden um 3 mm auf 142 mm verkürzt, um den längeren Hub zu kompensieren.
- Die sechs Kolben erhielten für einen leiseren Lauf eine Graphal-Schicht.
- Die Zylinderköpfe wurden für die neue VarioCam-Plus-Ventilsteuerung komplett umgestaltet. Die Tassenstößelführungen erhielten zusätzlich Ölkanäle.
- Die neue Zylinderkopfdichtung besteht aus mehreren Lagen dünnen Stahls, deren Kunststoffbeschichtung die Dichteigenschaften weiter verbessern soll.
- Die hohlgegossenen und gehärteten Einlassnockenwellen wurden mit zwei unterschiedlichen Nockenprofilen pro Ventil versehen.
- Alle vier Nockenwellen wurden nun mittels Duplex-Rollenketten mit automatischem Kettenspanner und Kunststoff-Führungsschienen direkt von der Zwischenwelle angetrieben.
- Der Antrieb der Zwischenwelle über eine Zahnkette blieb unverändert.

Hinweis:
Der neuentwickelte Zylinderkopf bestand wie zuvor aus drei Teilen: Zylinderkopf, Stößelgehäuse und Ventildeckel.

Saugmotoren mit klassischer Trockensumpfschmierung

Der GT3-Motor M96.76 weist folgende Konstruktionsmerkmale auf:

- Kurbelwelle vom 3,6-Liter-Motor M64.50 des Porsche 964
- Zylinderköpfe vom 2,84-Liter-Motor des Porsche 959
- Nockenwellengehäuse vom 2,84-Liter-Motor des Porsche 959
- Kurbelgehäusehälften von den 3,6-Liter-Motoren M64.01 und M64.50
- Kurbelwellenlager von den 3,6-Liter-Motoren M64.01 und M64.50
- Pleuellagerschalen vom 3,3 Liter Porsche Turbo
- Kühlwassermantel vom 3,2-Liter-Motor des GT1, der auf dem 930 basiert
- Einmassenschwungrad (für Clubsport-Ausführung) und Zweimassenschwungrad und Kupplungsscheibe aus der Baureihe 964
- Zwischenwelle, Steuerkettenantrieb und Kettenspanner vom Porsche 959
- Ölpumpenantrieb vom 930 Turbo
- Viele Kleinteile wie Federn und Anlaufscheiben stammen aus den Motoren der Porsche-Modelle 901, 928, 944, 986 und 993.

Aus diesem GT3-Motor des Modelljahres 2004 wurde der 3,6-Liter-Motor M96.79 entwickelt, der als Nachfolgemotor für den M97.76 (und seiner Versionen) in den GT3-Modellen der 997-Baureihe zum Einsatz kam.
Seine wesentlichen Merkmale sind:

- Alle Hauptbauteile, die aus zwei Hälften bestehen, sind gepaart, d. h. sie werden unmittelbar nach dem Gießen zusammengefügt und dann gemeinsam bearbeitet.
- Kurbelgehäusehälften in Spanien gegossen
- Härten der Kurbelwelle mit umweltfreundlichem thermochemischen Plasma-Nitrierverfahren
- Reduzierung der bewegten Massen durch Einsatz verschiedener Materialien wie zum Beispiel Sintermetall
- Titanpleuel für höhere Festigkeit kugelgestrahlt, mit 130 mm Länge 2,4 mm länger als im Ursprungsmotor
- Ursprünglicher GT1-Kühlmittelmantel durch eine neue Zylinderbank ersetzt, leichtere Kolben, Kolbenringe und Kolbenbolzen
- Neue Zylinderköpfe, Nockenwellen- und Steuerkettengehäuse
- Neue Einlass- und Auslassnockenwellen
- Neue Steuerkettenräder
- Neuer VarioCam-Aktuator
- Neue Einlass- und Auslassventilfedern
- Neue Hydrostößel
- Neuer Hallsensor

Turbomotoren mit klassischer Trockensumpfschmierung

Der Turbomotor M96.70 wurde komplett neu konstruiert, ist also kein Ableger eines anderen Motors und sollte auch nicht als „Mezger-Motor" bezeichnet werden. Er ist vollständig flüssigkeitsgekühlt und hat eine Trockensumpfschmierung mit externem Öltank. Die wichtigsten Konstruktionsmerkmale sind:

- Im Gesenk geschmiedete, plasmanitrierte Kurbelwelle
- Zweiteiliges Kurbelgehäuse aus der gleichen Aluminiumlegierung wie Standard-M96-Gehäuse; sieben Hauptlager, zusätzliches Axiallager am vorderen Motorende
- Zahnradgetriebene Zwischenwelle; darüber Antrieb der Hauptölpumpe
- Sechs geschmiedete Pleuel mit abgesetztem Schaft
- Zwei Zylinderbänke mit jeweils drei Zylindern; mit dem Kurbelgehäuse verschraubt und über dreilagige Dichtung abgedichtet
- Nasse Zylinderlaufbuchsen aus Aluminium; Zylinderlaufbahnen mit Nikasil®-Beschichtung, über O-Ringe abgedichtet
- Leichtmetall-Gusskolben mit 100 mm Durchmesser; schwimmende Kolbenbolzen; Kolbenbolzensicherungsring mit Verdrehsicherung
- DOHC-Zylinderköpfe aus warmfester Leichtmetall-Legierung RR350; halbkugelförmige Brennräume; zwei Spülölpumpen
- Zwei Einlass- und zwei Auslassventile pro Zylinder; doppelte Ventilfedern
- Hohlgegossene Nockenwellen; Antrieb über Zwischenwelle mittels Duplex-Rollenkette und automatischen hydraulischen Steuerkettenspannern, Kunststoffgleitschienen
- VarioCam Plus: Verstellbare Einlassnockenwellen; zwei Nocken pro Ventil für Ventilhubsteuerung
- Antrieb der Spülölpumpen in den Zylinderköpfen über Auslassnockenwellen
- Nockenwellenlagerung im Gehäuse über Lagerschalen

Hinweis
Manchmal werden für diese Motoren acht Hauptlager angegeben. Allerdings dient eines dieser Lager nur für die axiale Führung der Kurbelwelle.

Ein Ableger dieses Motors dient als Antrieb bei den Turbo-Modellen der ersten 997-Generation.
Der 3,6-Liter-Motor M97.70S in den 997 GT2-Modellen entstand durch die Kombination der bewährten Technologie des M96.70S (996-Baureihe) mit der neuen Technik des

M97.70 (997-Baureihe). Das Resultat hatte darüber hinaus diese Änderungen:

- Größere Turbolader
- Geänderte Vorschalldämpfer zur Reduzierung des Abgasgegendrucks
- Ladeluftkühler mit neuem Netz und 5% höherer Leistung
- Verbesserte Durchströmung der Ladeluftkühler durch optimierte Lufteinlässe und Luftführung
- Überarbeitete Motorsteuerung DME 7.8 (Datenspeicher und Kennfelder)
- Modifizierte Membranen in den Luftsteuerventilen

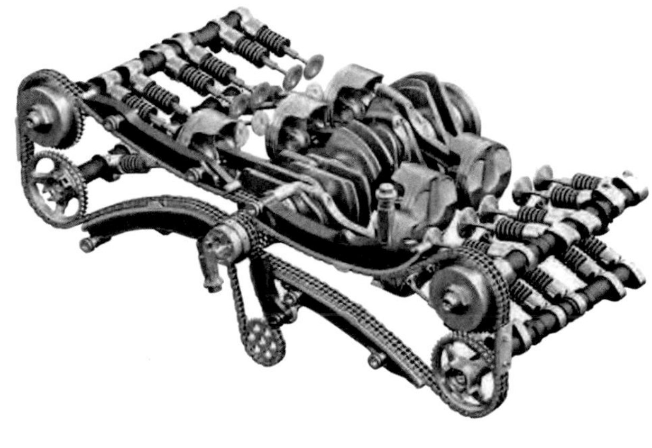

Die Zwischenwelle ist bei den MA1-Motoren nicht mehr vorhanden.

(Zeichnung: Porsche AG)

DFI-Motoren mit integrierter Trockensumpfschmierung

Nach 13 Jahren schloss das Unternehmen Porsche das weniger ruhmreiche Kapitel der Motortypen M96 und M97 mit den daraus hervorgegangenen Ablegern. Im Modelljahr 2009 erschien endlich die schon seit 2002 überfällige Nachfolgegeneration neuer 3,6- und 3,8-Liter-Motoren, die nicht nur eine höhere Leistung hatten, sondern auch deutlich weniger Kraftstoff verbrauchten.

So wurde diese Leistungssteigerung und Kraftstoffersparnis erzielt:

- Direkteinspritzung (DFI) anstelle der bisherigen Saugrohreinspritzung
- Überarbeitetes Ansaug- und Auspuffsystem
- Reduzierung der Verlustleistung
- Geringere Motorhöhe durch flachere Ölwanne (10 mm), dadurch tieferer Schwerpunkt und bessere Fahrdynamik

Merkmale der neuen DFI-Motoren:

- Zweiteiliges, senkrecht geteiltes Kurbelgehäuse aus Aluminium-Silizium-Legierung (ALUSIL®); integrierte verstärkte Kurbelwellenaufnahme
- Zylinderblock in Closed-Deck-Bauweise. Zylinderlaufbuchsen stützen sich am oberen Ende am Gehäuse ab, wodurch eine höhere Stabilität und Maßhaltigkeit der Zylinder (Rundheit und Parallelität der Laufbahnen) erreicht wird.
- Weitere Vorteile der Closed-Deck-Bauweise: Bessere Abdichtung der Kolbenringe, weniger Öl gelangt aus dem Kurbelgehäuse in den Brennraum, umgekehrt tritt weniger Kraftstoff-/Luftgemisch in das Kurbelgehäuse ein.
- Achtfach gelagerte, gesenkgeschmiedete Kurbelwelle mit 12 Gegengewichten
- Antrieb der beiden Steuerketten und der bedarfsgeregelten Ölpumpe am riemenscheibenseitigen Ende der Kurbelwelle
- Schmiedepleuel mit 140 mm Länge; Pleuelfuß gebrochen; Kolbenbolzensicherungsringe mit Verdrehsicherung und zusätzlichem Ausziehhaken

Der Besitzer dieses Carrera 4S aus 2010 braucht sich keine Sorgen um einen möglichen Ausfall des Zwischenwellenlagers zu machen ...

(Bild: Adrian Streather)

- Schmiedekolben mit neuer Kolbenbodenkontur, die maßgebliche Einflüsse auf die Gemischbildung und Verbrennung hat und die Gemischbildung im Zündkerzenbereich während der Einspritzphase im Verdichtungstakt stabilisiert. Kolbenbodenkühlung durch Spritzöl über eingepresste Düsen im Kurbelgehäuse.
- Verbesserter Riemenantrieb der Nebenaggregate durch neuen Polyrib-Antriebsriemen, Schwingungsdämpfer und wartungsfreien hydraulischen Spanner
- Markierungen und Fixierbohrungen an Riemenscheibe und Kurbelgehäuse erleichtern die Wartung und Reparatur.
- Einteilige Zylinderköpfe mit separatem Stößelgehäuse. Gewichtseinsparung gegenüber bisherigen zweiteiligen Zylinderköpfen durch neues Gussverfahren.
- Optimierte Einlasskanäle und Ventilsitzringe
- Geänderte Steuerzeiten einlass- und auslassseitig für verbesserten Gaswechsel; höhere Spitzenleistung und mehr Drehmoment im unteren Drehzahlbereich
- Mehrlagige Zylinderkopfdichtungen aus Stahl; kunststoffbeschichtet, um Abdichtung zu verbessern
- Nockenwellenlagerdeckel zur besseren Zuordnung mit Zahlen und Buchstaben markiert: E für Einlass, A für Auslass
- Ventildeckel aus Leichtmetall mit Gummiabdichtung zum Zylinderkopf
- Nockenwellenantrieb direkt über die Kurbelwelle mittels Duplex-Rollenkette
- Ventilhub Einlass:
  3,6-Liter-Motor MA1.02: 3,6 mm bzw. 10,5 mm
  3,8-Liter-Motor MA1.01: 3,6 mm bzw. 11,0 mm
- Ventilhub Auslass:
  3,6-Liter-Motor MA1.02: 10,35 mm
  3,8-Liter-Motor MA1.01: 11,0 mm
- Die Zwischenwelle ist bei den MA1-Motoren nicht mehr vorhanden. Möglich wurde das durch die Verwendung hochfester Steuerketten. Das Motorgewicht wird dadurch verringert und gleichzeitig die Drehfreude gesteigert.
- Steuerkettenführung über Gleit- und Spannschienen; hydraulische Steuerkettenspanner, an Motorölkreislauf angeschlossen.
- Hochdruckkraftstoffpumpe an Zylinderkopf 1-3 angeflanscht, Antrieb über Auslassnockenwelle; Hitzeschild gegen Abwärme der Auspuffkrümmer.

Hinweis:
Weitere Merkmale der DFI-Motoren werden im Folgenden und weiteren Kapiteln behandelt.

Motortypen der 997-Baureihe

3,6-Liter-Motor M96.05
(Bild: Porsche AG)

M96.05

Der 3,6-Liter-Motor M96.05 ist ein direkter Ableger des 3,6-Liter-Motors M96.03 aus dem Modelljahr 2004. In diesen Punkten wurde er überarbeitet:

- Modifizierte Luftfilteranlage
- Optimiertes Kühlsystem mit 13% höherer Förderleistung der Kühlmittelpumpe (Rotordurchmesser + 3 mm) sowie vergrößertem Kühlmitteleinlass ins Kurbelgehäuse. Außerdem erhielt der Wärmetauscher zwei zusätzliche Kanäle. Die vorderen Kühler weisen neue Kühlernetze auf, zusätzlich wurde durch eine geänderte Anströmung der Luftdurchsatz erhöht.
- Die Unterdruckerzeugung für den Bremskraftverstärker erfolgt jetzt über eine mechanische Pumpe anstelle der bisherigen Saugstrahlpumpe. Sie wird gemeinsam mit der Spülölpumpe von der Auslassnockenwelle des rechten Zylinderkopfs angetrieben und liefert ein gleichmäßig hohes Unterdruckniveau.
- Diverse Gitter im Motorinnern fangen die umherwirbelnden Öltröpfchen im Kurbelgehäuse auf und verhindern so ein übermäßiges Ansteigen des Innendrucks.
- Überarbeitetes Ölstandmesssystem: Der Ölmessstab ist entfallen, dafür wurde ein vollelektronisches Messsystem vorgesehen. Bei den Motoren der 996-Baureihe mit integrierter Trockensumpfschmierung musste sich nach dem Abstellen des Motors das gesamte Motoröl in der Ölwanne sammeln, bevor der Ölstand gemessen werden konnte. Dafür war eine relativ lange Wartezeit erforderlich.
- Das elektronische Messsystem erfasst den aktuellen Ölstand in der Ölwanne und kalkuliert anhand der Öltemperatur und der verstrichenen Zeitspanne seit dem Abstellen des Motors die vorhandene Gesamtmenge. Der Ölstand wird nach kurzer Zeit im Display angezeigt und die Wartezeit vor der Messung deutlich reduziert.
- Eine überarbeitete Auspuffanlage verbessert den Gaswechsel und steigert die Leistung um 4 kW/5 PS.

Alle Motoren der 997-Baureihe erhielten eine mechanische Unterdruckpumpe; hier ist sie am Motor M96.05 zu sehen.
(Bild: Porsche AG)

Einbau der Motor-/Getriebeeinheit (Motortyp M96.05)
(Bild: Porsche AG)

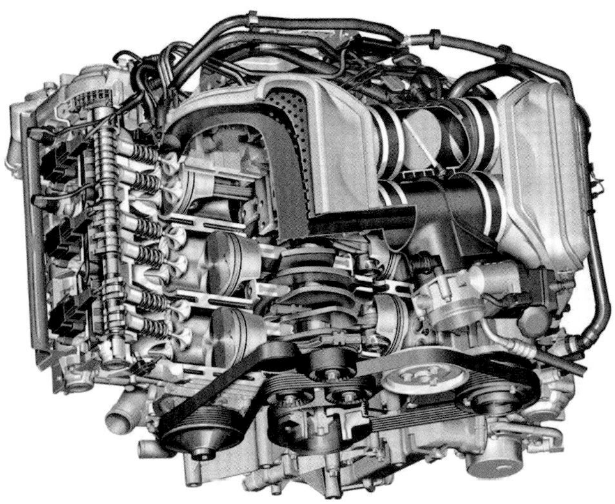

3,8-Liter-Motor M97.01
(Bild: Porsche AG)

Drehschwingungsdämpfer des Motors M97.01
(Bild: Porsche AG)

Fahrzeugunterseite bei eingebauter Leistungssteigerung X51
(Bild: Adrian Streather)

M97.01 und M97.01S

Der 3,8-Liter-Motor M97.01 ist ebenfalls ein Ableger des Motors M96.03. Von ihm unterscheidet er sich durch folgende Änderungen:

- Alle Modifikationen, die beim Motor M96.05 vorgenommen wurden, sind auch hier vorhanden.
- Bohrung um 3 mm vergrößert, woraus ein Hubraum von 3,8 Litern resultiert.
- Größere Kurbelgehäusequerschnitte zwischen den einzelnen Zylindern, um die durch den größeren Hubraum höhere Pumpwirkung zu kompensieren.
- Die stärkeren Vibrationen des 3,8-Liter-Motors werden durch einen auf der Kurbelwelle montierten Drehschwingungsdämpfer aus Aluminium reduziert.
- Ventilhub sowie Einlass- und Auslasskanalquerschnitte sind identisch mit dem ursprünglichen Motor. Allerdings wurden die Steuerzeiten für einen besseren Gaswechsel optimiert.
- Einteiliger Ansaugstutzen aus Kunststoff (M96.05: dreiteiliger Aluminiumstutzen)

Die M97.01-Motoren erhielten durch den Einbau der Leistungssteigerung X51 bei Porsche Exclusive zusätzlich das Kürzel „S". Der Umbau umfasste folgende Maßnahmen:

- Neue Zylinderköpfe mit strömungsoptimierten Einlass- und Auslasskanälen
- Größere Auslassventile mit härteren Ventilfedern
- Strömungsgünstige Auspuffkrümmer mit größeren Querschnitten
- Einlasskrümmer aus Aluminium mit größeren Querschnitten
- Drosselklappenteil mit größerem Querschnitt (82 mm statt bisher 76 mm)
- Luftfiltergehäuse aus Kohlefaser mit zwei Ansaugöffnungen
- Motorsteuergerät mit modifizierten Kennfeldern
- Höheres Drehzahllimit

Die Leistungssteigerung X51 umfasste auch folgende Änderungen am Fahrzeug:

- Sportabgasanlage mit verchromten Endrohren
- Neue Unterbodenabdeckung im Heckbereich
- Zusätzlicher Kühler mit eigenem vorderen Lufteinlass, siehe Hinweis

Hinweis:
Bei den Carrera S- und 4S-Modelle mit Tiptronic S war bereits ein dritter Kühler eingebaut.

Vorbereitung eines M97.76-Motors für den Einbau in einen GT3.
(Bild: Porsche AG)

M97.76

Der 3,6-Liter-Motor M97.76 war von 2007 bis 2009 nur in den Modellen GT3 und GT3 RS eingebaut und ist eine weiterentwickelte Version des GT3-Motors M96.79 von 2004. Die wesentlichen Unterschiede zwischen den Motoren sind:

- Elektronisches Ölstandmesssystem anstelle eines Ölmessstabs
- Anhebung des Drehzahllimits um 200 min^{-1}
- Variables Ansaugsystem mit zwei Luftklappen
- Sportabgasanlage mit geringerem Abgasgegendruck und zentralem Doppelendrohr
- Leistungssteigerung durch optimierte Motorelektronik DME 7.8

Diesen GT3 RS treibt ein M97.77-Motor an.
(Bild: Porsche AG)

M97.77 und M97.77R

Der 3,8-Liter-Motor M97.77 ist eine Weiterentwicklung des 3,6-Liter-Motors M97.76 und diente 2010 und 2011 als Antrieb für die GT3-Modelle sowie 2010 für den GT3 RS.
Die Hubraumerweiterung von 3.596 cm^3 auf 3.797 cm^3 wurde durch die Vergrößerung der Bohrung von 100 mm auf 102,7 mm erreicht. Weitere Maßnahmen waren:

- Erweitertes Variocam-System mit verstellbaren Einlass- und Auslassnockenwellen
- Leistungssteigerung durch optimierte Motorsteuerelektronik DME 7.8.2

Darüber hinaus wies der M97.77R-Motor, der im GT3 RS des Modelljahres 2011 eingebaut war, folgende zusätzliche Änderungen auf:

- Leicht erhöhtes Verdichtungsverhältnis
- Mehr Leistung

Neben dem als Rennwagen homologierten GT3 R steht ein GT3 RS 4.0. Hier ist der Motortyp M97.74 eingebaut.
(Bild: Porsche AG)

M97.74

Zu Homologationszwecken entstand aus dem Motortyp M97.77 der 4,0-Liter-Motor M97.74. Durch eine Vergrößerung des Hubs von 76,4 mm auf 80,4 mm wuchs der Hubraum von 3.797 cm^3 auf 3.996 cm^3. Zu den weiteren tiefgreifenden Maßnahmen gehörten z. B. der Einbau der Kurbelwelle samt Lager aus dem Rennwagen 997 RSR.

M97.70 und M97.70S

Der 3,6-Liter-Turbomotor M97.70 basiert auf dem Turbomotor M96.70 der letzten 996-Modelle, die noch 2005 gefertigt wurden. Für die neue Motorenbaureihe wurden folgende Änderungen vorgenommen:

- Elektronisches Ölstandmesssystem anstelle eines Ölmessstabs
- Verbesserte Turboaufladung durch flüssigkeitsgekühlte Lader mit VTG-Technologie
- Mehr Leistung und eine Overboost-Funktion in Verbindung mit dem optionalen Sport Chrono Plus-Paket Turbo
- Das überarbeitete VarioCam Plus-System konnte neben den Steuerzeiten der Einlassnockenwelle auch den Hub der Einlassventile verändern; als Steuerelement diente nun ein neuer Flügelzellenversteller. Im Vergleich zum vorigen M96.70-Motor wurden auch die Steuerzeiten und Verstellbereiche verändert. Das neue System ermöglichte eine kontinuierliche und weitreichendere Anpassung.
- Erhöhung des kleinen Ventilhubs von 3 mm auf 3,6 mm
- Überarbeitete Auslassventilfedern
- Modifizierte Trockensumpfschmierung mit einer zusätzlichen Spülölpumpe im Kurbelgehäuse. Damit erhöhte sich die Anzahl der Spülpumpen von sieben auf acht. Zwei sind für die Turbolader zuständig, vier für die Zylinderköpfe (zwei pro Kopf) und zwei für das Kurbelgehäuse. Mit der Förderpumpe im Kurbelgehäuse addiert sich die Ölpumpenzahl auf neun – gegenüber acht Pumpen im M96.70-Motor.
- Optimierte Kühlungsleistung durch zweistufige Ölkühlung
- Verbesserte Ladeluftkühler
- Neue Abgasanlage mit Einzelendrohren
- Verbesserte Emissionskontrolle und -überwachung für die USA (LEV II und schärfere OBD II mit CAN-Bus) und Europa (EURO 4)
- Mechanische Flügelpumpe anstelle Saugstrahlpumpe zur Unterdruckerzeugung für Bremskraftverstärker. Die Pumpe ist am Zylinderkopf 1-3 montiert und wird über die Auslassnockenwelle angetrieben.
- Komplett überarbeitetes Ansaugsystem mit zwei Lufteinlässen in der Motorhaube, zwei unabhängigen Heißfilm-Luftmassenmessern und einem neuen Luftfilterelement.
- Ansaugleitungen vom Luftfilter zum Turbolader und Druckleitungen vom Turbolader zum Drosselklappenteil strömungstechnisch optimiert und mit verringertem Durchflusswiderstand.
- Die Ansaugstutzen sind nun einteilig und in Kunststoff ausgeführt und im Vergleich zur mehrteiligen Aluminiumausführung des M96.70-Motors 2 kg leichter. Die Größe wurde den VTG-Ladern angepasst; ihr Aussehen verbessert zudem die Optik des Motorraums.
- Im Vergleich zum M96.70 konnte das Gewicht der Abgasanlage um 4 kg verringert werden.

Die Motorsteuerung DME 7.8.1 basiert auf der Version 7.8 und erhielt zusätzliche Funktionen:

- Steuerung der VTG-Turbolader
- Abgastemperaturkontrolle über zusätzliche Temperatursensoren im Turbinengehäuse zum Schutz der VTG-Lader
- Onboard-Diagnose mittels CAN-Bus
- Kontinuierliche Lambdasonden-Überwachung
- Ladedrucküberwachung bei Overboost-Funktion

Mit dem Einbau der Leistungssteigerung X50 von Porsche Exclusive erhielt der Motor M97.70 das Kürzel „S" angehängt. Dieser M97.70S-Motor war der Antrieb für den 997 GT2 der 1. Generation und den 997 GT2 RS der 2. Generation.

M97.70 Motorschnittzeichnung *(Bild: Porsche AG)*

Der 3,6-Liter-Motor MA1.02 *(Bild: Porsche AG)*

Der 3,8-Liter-Motor MA1.01 *(Bild: Porsche AG)*

Der 3,8-Liter-Motor MA1.70 mit Turboaufladung
(Bild: Porsche AG)

MA1.01 und MA1.01S

Der 3,8-Liter-Motor MA1.01 war eine völlige Neukonstruktion mit integrierter Trockensumpfschmierung und Direkteinspritzung. Er diente ab Modelljahr 2009 weltweit als Antrieb für die 2. Generation der 997-Modelle Carrera S, 4S und Targa 4S. Sein Aufbau wurde bereits weiter vorne in diesem Kapitel beschrieben.
Mit dem Einbau der Leistungssteigerung X51 von Porsche Exclusive erhielt der Motor MA1.01 das Kürzel „S" angehängt. Der Motor MA1.01S diente als Antrieb für die 997-Modelle GTS, Sport Classic und Speedster.

MA1.02

Der 3,6-Liter-Motor MA1.02 war eine völlige Neukonstruktion mit integrierter Trockensumpfschmierung und Direkteinspritzung. Er diente ab Modelljahr 2009 weltweit als Antrieb für die 2. Generation der 997-Modelle Carrera, 4 und Targa 4. Sein Aufbau wurde bereits weiter vorne in diesem Kapitel beschrieben.

MA1.70 und MA1.70S

Der 3,8-Liter-Turbomotor MA1.70 war eine völlige Neukonstruktion mit integrierter Trockensumpfschmierung und Direkteinspritzung. Er diente ab Modelljahr 2010 weltweit als Antrieb für die 2. Generation der 997-Modelle Turbo Coupé und Cabriolet. Sein Aufbau wurde bereits weiter vorne in diesem Kapitel beschrieben
Mit dem Einbau der Leistungssteigerung X50 von Porsche Exclusive erhielt der Motor MA1.70 das Kürzel „S" angehängt. Der Motor MA1.01S diente als Antrieb für die 997-Modelle Turbo S sowie Turbo S 918 Spyder Coupé und Cabriolet.

VarioCam

VarioCam

In allen 997-Modellen ist das Porsche-eigene und patentierte VarioCam-System vorhanden, das variable Ventilsteuerzeiten ermöglicht. Ursprünglich sollte es zur Verbesserung der Abgaswerte dienen, jedoch kann dadurch auch das Drehmoment im mittleren Drehzahlbereich erhöht und der Verlauf der Drehmomentkurve auf einem gleichbleibend hohen Niveau gehalten werden.
Vorrangig ist in den 997-Modellen das VarioCam Plus-System eingebaut, gegen Ende der Produktionszeit kam in einigen Modellen auch ein erweitertes VarioCam-System zum Einsatz, das die Einlass- und Auslassnockenwellen verstellt.

VarioCam Plus

Wann und wie das VarioCam Plus-System aktiviert wird, berechnet das DME-Steuergerät nicht anhand von fest hinterlegten Drehzahlwerten, sondern anhand der Motorlast, d. h. dem Öffnungswinkel der Drosselklappe und weiteren Informationen.
Der variable Ventilhub dient in erster Linie zur Verbrauchsreduzierung bei niedrigen Drehzahlen.
Der Nockenwellen-Verstellbereich des VarioCam Plus-Systems reicht von 0° bis 40°, wobei die Anpassung kontinuierlich über einen Drehflügelversteller erfolgt.

Hinweis:
Die Einlassnockenwellen des VarioCam Plus-Systems haben zwei Nocken pro Einlassventil. Fast alle 997-Motoren arbeiten mit diesem 2002 eingeführten Doppelnockensystem. Ausnahmen bilden der M97.76-Motor des GT3, der das herkömmliche VarioCam-System hat und die GT3-Motoren M97.74 und M97.77. Letztere sind mit dem erweiterten VarioCam-System ausgerüstet, das mit verstellbaren Einlass- und Auslassnockenwellen arbeitet. Der Nockenwellen-Verstellbereich des Motors M97.76 liegt zwischen 0° und 52°.

Die Steuerung des VarioCam Plus-Systems übernimmt das DME-Steuergerät; in dem auch eine Diagnose-Software integriert ist. Die an der Verarbeitung beteiligten Parameter sind:

- Drosselklappenstellung
- Gemischbildung (Einspritzzeit)
- Zündzeitpunkt
- Motoröltemperatur
- Kühlmitteltemperatur
- Gangstufe

Diese Parameter lassen sich auch unter dem Begriff Motorlast zusammenfassen. Anhand der berechneten Motorlast entscheidet das Steuergerät, welche Verstelleinrichtungen aktiviert werden und in welchen Bereichen sie verstellen sollen. Dazu sind im Steuergerät vorprogrammierte Kennfelder hinterlegt, deren Werte entsprechend dem Rechenergebnis abgerufen werden.

Funktionsweise

Hinweis:
Auf eine vollständige technische Beschreibung, wie jedes der VarioCam-Systeme funktioniert, wird in diesem Abschnitt verzichtet, weil dies den Rahmen dieses Buches sprengen würde. Die Systeme arbeiten sehr zuverlässig und ausfallsicher. Sollte eine Störung auftreten, leuchtet die Warnleuchte „Check Engine" auf. Die Reparatur erfordert Fach- und Sachkenntnis sowie die entsprechenden Werkzeuge und überschreitet die Möglichkeiten eines durchschnittlichen 997-Besitzers.

Als Medium für die Verstelleinrichtungen des VarioCam Plus-Systems dient das normale Motorenöl.
VarioCam Plus besteht aus den folgenden Bauteilen:

- Flügelzellenversteller für die Einlassnockenwelle: Er besteht aus einem Stator, der mit dem Steuerkettenrad verbunden ist; dem Rotor, der auf der Nockenwelle fixiert ist und mehreren Drehflügeln, die in den Rotor eingesetzt sind und Öldruckkammern jeweils in zwei Hälften unterteilen. Die Verstellung der Nockenwelle im Verhältnis zum Steuerkettenrad erfolgt durch Erhöhen des Öldrucks in einer Kammerhälfte, wodurch sich Rotor und Stator gegeneinander verdrehen. Wie weit die Verdrehung erfolgt, wird durch das Motorsteuergerät errechnet. Mechanische und hydraulische Begrenzungen sorgen dafür, dass Rechenfehler keinen Schaden verursachen.
- Vierwege-Öldruck-Magnetventil: Es schaltet den erforderlichen Druck für die Nockenwellenverstellung und -fixierung in der neuen Position. Dabei bestimmt es auch die Richtung und Geschwindigkeit der Verstellung. Seine Ansteuerung erfolgt ausschließlich über das Motorsteuergerät.

Ein Rückschlagventil stellt sicher, dass die Einlassnockenwellen auch unter schwierigen Bedingungen in die gewünschte Position verstellt werden können. In Aktion tritt es meist bei heißem Motor, niedriger Drehzahl und niedrigem Öldruck, und bewirkt auch unter diesen Voraussetzungen eine schnelle Anpassung der Steuerzeiten.

Steuerung des Ventilhubs

Mit der Ventilhubsteuerung wird der Tatsache Rechnung getragen, dass im Leerlauf oder knapp darüber die Einlassventile nicht weit öffnen müssen.
Bei den 997-Motoren mit VarioCam Plus sind die Einlassnockenwellen mit zwei unterschiedlichen Nocken pro Einlassventil versehen. Der kleinere Nocken öffnet das Ventil nur 3,6 mm weit, der größere dagegen um 11 mm.

Hinweis:
Der GT3-Motor M97.76 besitzt weder eine Ventilhubsteuerung noch Einlassnockenwellen mit zwei Nocken. Durch die höheren Leistungsanforderungen wurde der Hub auf 12,7 mm erhöht (Vorgängermotor M96.79: 12,3 mm). Übernommen vom Vorgänger wurden die Nockenform und der Hub von 11,1 mm der Auslassnockenwelle.

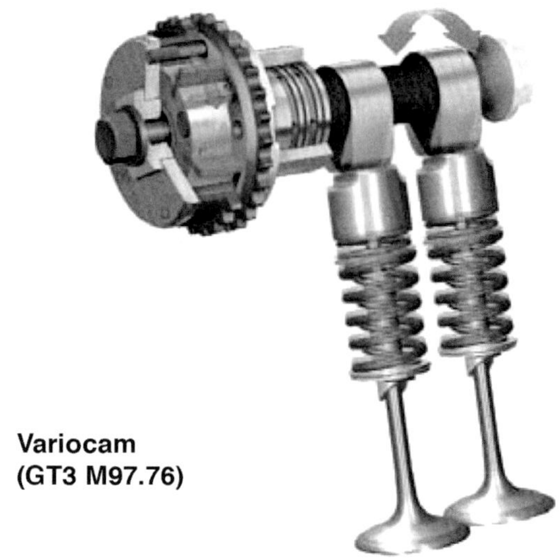

VarioCam (Motor M97.76)
(Bild: Porsche AG)

Mit Umschalten auf den kleinen Ventilhub und mit einer geringfügigen Anpassung der Steuerzeiten durch Verdrehen der Nockenwelle wird die Ventilüberschneidung der Einlass- und Auslassventile verkleinert. Das hat in diesem Betriebszustand positive Auswirkungen auf den Gaswechsel, und die Spülverluste fallen geringer aus. So werden der Kraftstoffverbrauch verringert und die Leerlaufeigenschaften verbessert.
Unter Volllast wird die maximale Leistung dadurch erzielt, dass durch die Aktivierung des zweiten Nockens das Einlassventil nun 11 mm weit geöffnet wird. Gleichzeitig verstellt das VarioCam-System die Steuerzeiten auf die für diese Betriebsbedingungen optimale Position.
Wie erreicht man es nun, dass dieser andere Nocken das Ventil öffnet? Dazu sind zwei Tassenstößel konzentrisch ineinander angeordnet, die über einen Sperrriegel miteinander verbunden werden können. Bewegt wird der Sperrriegel über Öldruck, den ein vom Motorsteuergerät geschaltetes Magnetventil steuert. In der Ruheposition des Sperrriegels öffnet der nur kleine Nocken das Ventil, während die Hubbewegung des großen Nockens „ins Leere läuft", d. h. lediglich die Ventilfeder zusammendrückt aber nicht das Ventil bewegt. Wird der Sperrriegel verschoben, so dass die Tassenstößel miteinander verbunden werden, kann der Öffnungshub des großen Nockens auf das Ventil übertragen werden.
Ein automatischer Ventilspielausgleich ist in jedem Tassenstößel vorhanden.

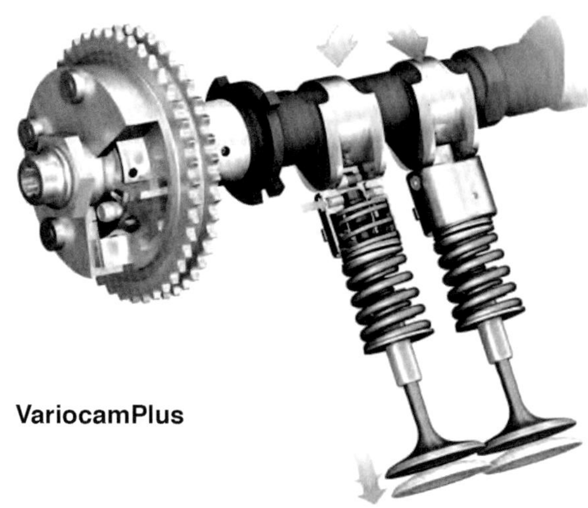

VarioCam Plus
(Bild: Porsche AG)

Schmiersystem

Allgemeines

Kontroversen sind gleichermaßen Freund und Feind eines Autors. In allen Diskussionen zur Marke Porsche wird es immer Verfechter einer Meinung geben, die sich nicht überzeugen lassen.

Das Unternehmen Porsche entwickelte 1972 seine Version einer Trockensumpfschmierung, um die Auswirkungen der Fliehkräfte auf das Motoröl beim Kurvenfahren auf der Rennstrecke möglichst gering zu halten. Dazu wird das Öl permanent aus dem Kurbelgehäuse abgesaugt und in einem externen Öltank gesammelt, von wo aus es wieder zu den Schmierstellen gefördert wird. Als zusätzlicher Nebeneffekt wird die Bauhöhe des Motors verringert, weil keine größere Ölwanne mehr erforderlich ist.

Die Trockensumpfschmierung gehörte zur Standardausrüstung bei allen Porsche 911 Sport- und Rennwagen. 1996 kam es zu einem Aufruhr bei den Porsche-Anhängern, als die Baureihen 986 Boxster und 996 von einem flüssigkeitsgekühlten Motor angetrieben wurden, der keinen externen Öltank mehr hatte. Die Porsche-Werbung bezeichnete das Schmiersystem als integrierte Trockensumpfschmierung, was zusätzlichen Unmut erzeugte.

In der Tat erschien es zuerst so, dass der Nimbus der Trockensumpfschmierung auf ein Triebwerk übertragen werden sollte, das eine solche gar nicht hat. So verbreiteten traditionelle Porsche-Anhänger schon bald das Gerücht, es handele sich dabei um eine normale Nasssumpfschmierung. Beim genaueren Betrachten der integrierten Trockensumpfschmierung wird aber deutlich, dass diese Behauptung falsch ist.

Bei allen 911-Motoren mit klassischer Trockensumpfschmierung und externem Öltank läuft das Öl bei abgestelltem Motor mehr oder weniger in das Kurbelgehäuse zurück. Daher ist am Kurbelgehäuse auch eine Ablassschraube vorhanden. Der einzige wirkliche Unterschied zwischen der integrierten Trockensumpfschmierung und der klassischen Bauweise mit externem Öltank ist die Einbaulage des Öltanks.

Daher ist die Bezeichnung „integrierte Trockensumpfschmierung" keine beschönigende Umschreibung einer Nasssumpfschmierung. Aber manche „Fachleute" lassen sich nicht überzeugen.

Bei Produktionsende der 997-Baureihe hatten nur noch zwei Modelle mit Saugmotor eine klassischen Trockensumpfschmierung mit externem Öltank:

- GT2 RS (Motortyp M97.70S)
- GT3 RS 4.0 (Motortyp M97.74)

Integrierte Trockensumpfschmierung

Die Trockensumpfschmierung mit internem Öltank findet man in den Motoren M96.05, M97.01, M97.01S, MA1.01, MA1.01S, MA1.70 und MA1.70S. Sie besteht aus folgenden Bauteilen:

- Ausbaubarer bzw. austauschbarer integrierter Öltank (im Kurbelgehäuse zwischen den Zylinderköpfen)
- Ölpumpe; im Kurbelgehäuse angeordnet; angetrieben von der Zwischenwelle bzw. der Kurbelwelle bei den MA1.XX-Motoren
- Ölsaugrohr zwischen Ölbehälter und Ölpumpe
- Bis zu sechs im Motor verteilte Spülölpumpen (einschließlich Zylinderkopf und Kurbelgehäuse); zusätzliche Spülölpumpen im Schmiersystem der VTG-Turbolader bei den Motortypen MA170 und MA1.70S
- Ölvorratsbehälter an den Turboladern ohne Ablassschrauben
- Überdruckventil am druckseitigen Ausgang der Hauptölpumpe
- Hauptstromölfilter (zwei verschiedene, motortypabhängige Einbaulagen) an der Förderseite zwischen Ölpumpe und Wärmetauscher
- Öl-Kühlmittel-Wärmetauscher
- Ölseparatoren (im Kurbelgehäuse zwischen den Spülölpumpen und dem Öltank) dienen zum Abscheiden von Luftblasen aus dem Öl (nur 3,6-Liter-Motor M96.05)
- Neues Auffangsystem für Sprühöl in den Motortypen M97.01 und M97.01S
- Öldrucksensor
- Ölstandgeber (kein Ölmessstab)
- Öltemperatursensor
- Ölspritzdüsen zur Kolbenbodenkühlung, Druck- und Rückführungsleitungen

Drei unterschiedliche interne Öltanks kommen zum Einsatz:

- Standardausführung in Kunststoff
- Die Leistungssteigerung X51 beinhaltet einen Aluminiumöltank mit verstärkten Schwallblechen
- Rennausführung mit 0,5 Liter größerem Volumen, ebenfalls aus Aluminium mit verstärkten Schwallblechen

Ölentschäumung/Kurbelgehäuseentlüftung Motortyp M96.05

Bei diesem Motor wird das Öl zum Entschäumen über zylindrische Behälter („Swirlpots") geleitet. Durch die Zentrifugalwirkung trennt sich das Öl von der Luft und gelangt in das Kurbelgehäuse zurück. So behält es jederzeit die optimale Schmierfähigkeit und die Funktion der mit Motoröl betriebenen hydraulischen Systeme ist gewährleistet.

Motor M97.01

Aufgrund der größeren Ölfüllmenge musste für den 3,8-Liter-Motor M97.01 ein neues Ölabscheidesystem entwickelt werden. Es besteht aus zwei Vor-Ölabscheidern, die an den Zylinderköpfen angebracht sind und einem Hauptölabscheider, der sich in der Motormitte unterhalb des Ansaugsystems befindet. In den Vorabscheidern findet eine erste grobe Trennung von Öl und Luft statt, im Hauptabscheider setzt sich dann das restliche Öl ab und gelangt wieder in den Schmierkreislauf. Die gereinigte Luft wird hinter der Drosselklappe zur Verbrennung in das Ansaugsystem geleitet.

Trockensumpfschmierung mit externem Öltank

Die Trockensumpfschmierung mit externem Ölvorratsbehälter findet man bei den Motoren M97.70, M97.70S, M97.74, M97.76, M97.77 und M97.77R. Sie besteht aus folgenden Bauteilen:

- Externer Öltank, auf dem Motor montiert
- Rückschlagventil im Kurbelgehäuse
- Öldruckventil
- Tandemölpumpe (Druck- und Saugfunktion) im Kurbelgehäuse, von der Zwischenwelle angetrieben
- Zwei Ölansaugrohre zur Hauptspülpumpe, um das Öl aus dem Kurbelgehäuse abzusaugen und in den Öltank zu fördern
- Je eine Spülölpumpe in den Zylinderköpfen, vom Kettenrad der Auslassnockenwelle angetrieben
- Hauptstromölfilter an der Förderseite zwischen Ölpumpe und Wärmetauscher
- Öl-Kühlmittel-Wärmetauscher
- Ölvorratsbehälter an den Turboladern mit Ablassschrauben
- Tandemspülölpumpe (Doppelpumpe) am Wasserpumpengehäuse; Teil des Turbolader-Schmierkreislaufs; Antrieb über Zwischenwelle
- Rückschlagventil im Turbolader-Schmierkreislauf, verhindert das Abfließen des Öls von den Ladern ins Kurbelgehäuse
- Öldrucksensor
- Ölstandgeber
- Öltemperatursensor
- Ölspritzdüsen zur Kolbenbodenkühlung, Druck- und Rückführungsleitungen

Motoröl-Hydrauliksysteme

Das Motoröl dient nicht nur der Schmierung und Kühlung, sondern darüber werden auch folgende Komponenten gesteuert oder aktiviert:

- Hydrostößel
- Steuerkettenspanner
- Flügelzellenversteller des VarioCam-Systems

Vorsicht:

VarioCam und VarioCam Plus benötigen Motoröl zur Versorgung ihres Hydrauliksystems. Stellen Sie sicher, dass der Ölstand immer über Minimum und näher an der Maximum-Markierung liegt. Bei zu niedrigem Ölstand und zugleich niedrigem Öldruck im unteren Drehzahlbereich bei heißem Motor kann es im Extremfall zur Unterbrechung der Ölversorgung kommen. Dadurch entsteht übermäßiger Verschleiß, der die Lebensdauer der Bauteile verkürzt und im schlimmsten Fall einen Motorschaden nach sich zieht.

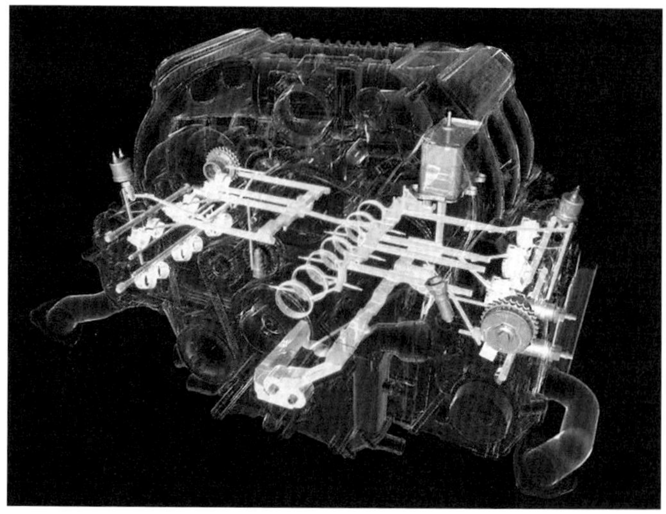

Ölkreislauf des Motortyps M97.01
(Bild: Porsche AG)

Kühlsystem

Allgemeines

Der legendäre luftgekühlte 6-Zylinder-Boxermotor diente von 1964 bis 1998 bei allen 911-Modellen als Antrieb. Höhere Anforderungen und schärfere Emissionsvorschriften bedeuteten letztendlich das Aus für dieses unvergleichliche Triebwerk.
Die neuen Motoren mussten noch kraftvoller sein, um den Anschluss an die Konkurrenz zu halten. Zugleich sollten sie elastischer, leichter, sparsamer, schadstoffärmer und leiser werden. So war die Flüssigkeitskühlung die einzig logische Entwicklungsrichtung für die Ingenieure. Dennoch hatten Luft und Öl als Kühlmedien nicht ganz ausgedient.
In allen 997-Motoren dient das Motoröl zur Kühlung verschiedener Bauteile, und das Kühlmittel der Flüssigkeitskühlung gibt seine Wärme über die Kühler letztendlich an die Umgebungsluft ab.

Funktionsweise

Wie zuvor bei der 996-Baureihe vertraute Porsche auch bei allen 997-Motoren auf das für die Formel 1-Rennwagen entwickelte Querstromprinzip bei der Kühlmittelführung. Bei diesem Prinzip strömt das Kühlmittel nicht nur in eine Richtung, sondern die Führung ist so ausgeklügelt, dass keine Hitzenester entstehen und aus allen Motorbereichen die Wärme gleichmäßig abgeführt wird.
Allerdings konnte bei den Motortypen M96.05 und M97.01 in Open-Deck-Bauweise trotz des Querstromprinzips eine ungleichmäßige Temperaturverteilung um die Zylinder auftreten. Mit der Einführung der zweiten 997-Generation mit ihren MA1.XX-Motoren in Closed-Deck-Bauweise war diese Erscheinung beseitigt.
Um ein Aufheizen des Kofferraums durch den hohen Wärmetransport zu vermeiden, erhielten der Carrera und Carrera S geänderte Kühlluftkanäle an den vorderen Kühlern. Die Abluft der Kühler wurde nun nicht mehr über den Kofferraum ins Freie geleitet, sondern über Lamellen in die vorderen Radhäuser.

Komponenten

Das Kühlsystem der ersten 997-Generation setzte sich aus folgenden Bauteilen zusammen:

- Riemengetriebene Kühlmittelpumpe (13% höhere Förderleistung gegenüber Motortyp M96.03); am Kurbelgehäuse montiert bei den Motoren M96.05 und M97.01 bzw. an der Kühlmittelführung bei den Motoren M97.70 und M97.76
- Kühlmittelführung/-verteilung
- Kühlmittelthermostat
- Kühler links und rechts bei allen 997 Carrera-Modellen; zusätzlicher mittlerer Kühler bei Ausstattung mit Tiptronic S
- Wärmetauscher für Innenraumheizung
- Öl-Wasser-Wärmetauscher; baugleiche Ausführung bei den Motoren M96.05 und M96.03, zusätzliche Kühllamellen bei Motortyp M97.01
- Ausgleichsbehälter links im Motorraum; Anordnung bei allen 997-Modellen unabhängig von Motortyp und Baujahr gleich
- Absperrventil
- Überdruckleitung zwischen Motor und Ausgleichsbehälter
- Überdruckleitung zwischen Kühler und Ausgleichsbehälter
- Kühlerlüfter links und rechts
- Motorraumgebläse

Modellabhängige Abweichungen:

- Turbo-Modelle, GT2, GT3 und GT3 RS mit zusätzlichem vorderen mittleren Kühler
- Turbo-Modelle und GT2 mit zwei Öl-Kühlmittel-Wärmetauschern
- zusätzlicher ATF-Kühlmittel-Wärmetauscher bei Tiptronic S
- GT2, GT2 RS (G97.88) und alle GT3-Getriebe (G97.70 und G97.92) mit Getriebeöl-Kühlmittel-Wärmetauscher; Ölabscheider mit Kühlmittelkanälen durchzogen, um Eisbildung zu verhindern
- GT2 aufgrund größerer Lufteinlässe für Kühler nicht mit Nebelscheinwerfern ausrüstbar

Änderungen am Kühlsystem der zweiten 997-Generation:

- Durch die neue Motorenbaureihe MA1.XX wurde die Kühlmittelführung im Motor eingehend überarbeitet.
- Alle anderen Komponenten des Kühlsystems blieben unverändert.

Modellabhängige Abweichungen:

- Turbo-Modelle, GT2 RS, GT3, GT3 RS und GT3 RS 4.0 mit zusätzlichem vorderen mittleren Kühler
- GT3-Getriebe (G97.90 und G97.92) mit Getriebeöl-Kühlmittel-Wärmetauscher
- GT3 und GT3 RS mit zusätzlichem Öl-Kühlmittel-Wärmetauscher

Stufenlose Kühlerlüftersteuerung

Für die 997-Modelle entwickelte Porsche eine besondere neuartige Steuerung für die Kühlerlüfter. Die Drehzahl der Lüfter wurde elektronisch gesteuert; als Berechnungsgrundlage dienten die Kühlmitteltemperatur und der Druck in der Klimaanlage. Das heißt, die Lüfterdrehzahl ist nicht mehr auf eine bestimmte Drehzahl fixiert, sondern wird bedarfsgerecht eingeregelt, um die Kühlungsanforderungen optimal zu erfüllen.

Darüber hinaus ist die Stromaufnahme der neuen Lüftersteuerung deutlich geringer als bei der vorigen 2-Stufen-Lösung, allerdings handelt es sich hier nur um einen Bruchteil des Gesamtstromverbrauchs im ohnehin gut geladenen Bordnetz des 997 (manche unterstellen sogar, es sei zu gut geladen). Ein weiterer Effekt der bedarfsgerechten Drehzahlregelung ist eine niedrigere Lüfterdrehzahl, die weniger Geräusche und Vibrationen erzeugt.

Die Lüftersteuerung übernimmt das Motorsteuergerät, das die berechnete Drehzahl via CAN-Bus über den Verteileranschluss zum vorderen Steuermodul übermittelt, welches die Daten wiederum an das Kühlerlüfter-Steuermodul überträgt. Die Drehzahlregelung erfolgt über ein pulsweiten-moduliertes Spannungssignal.

Motorraumbelüftung

Das an der Innenseite der Motorhaube angebrachte Motorraumgebläse kann in zwei Stufen aktiviert werden:

- In Stufe 1 läuft das Motorraumgebläse permanent mit niedriger Drehzahl. Die Stromzufuhr erfolgt über das Kraftstoffpumpenrelais in Verbindung mit einem Wechsler- und einem Abschaltrelais. Ein zusätzlicher vorgeschalteter Widerstand regelt den Stromfluss und begrenzt so die Leistung des Elektromotors auf 10 Watt.
- In Stufe 2 schaltet das Motorsteuergerät den Lüfter direkt über das Wechsler- und Abschaltrelais ein. Die Aktivierung hängt von der Kühlmitteltemperatur, der Motoröltemperatur und dem Verhältnis zwischen Ansaug- und Umgebungstemperatur ab. Durch die direkte Ansteuerung steigt die Leistung auf 33 Watt.
- Stufe 2 wird auch bei starker Beschleunigung eingeschaltet.

- Sobald die Motorraum- und Umgebungstemperatur unter bestimmte Grenzwerte fallen, wird das Motorraumgebläse wieder auf Stufe 1 (Dauerbetrieb) zurückgeschaltet.

Der genaue Einbauort, die Anbringung und die Größe des Motorraumgebläses sind je nach 997-Modell etwas unterschiedlich. Allgemein kann gesagt werden, dass sich der Lüfter immer links von der Mitte unter der Motorraumhaube befindet.

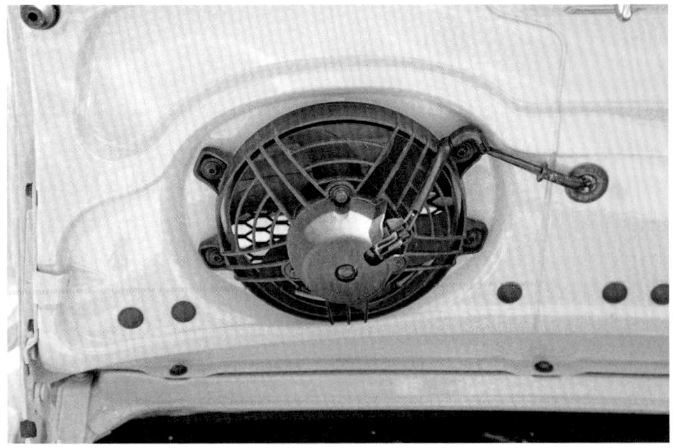

(Fotos: Adrian Streather)

Kritik am Motor – Fakten und Irrtümer

Die Hand zu heben und einen Fehler zuzugeben ist eine ehrenwerte Haltung und kein Zeichen von Schwäche. Was die Kundenreklamationen bezüglich der Modellreihe 996/997 betrifft, agierte man bei Porsche vielleicht nicht immer so klug, wie man das von einem so renommierten Sportwagenhersteller vielleicht erwartet hätte. Und so hält man sich auch heute noch zurück, wenn man versucht, verlässliche Zahlen hinsichtlich des Garantieaufkommens und der Häufigkeit verschiedener Schäden an den 996/997-Modellen zu erhalten. Die Antwort auf die offizielle Anfrage des Autors nach diesbezüglichen Informationen für das vorliegende Buch fiel dann auch eher knapp aus: „Wir werden keine internen Daten veröffentlichen, können aber bestätigen, dass es einzelne Fälle gegeben hat, in denen sich Kunden über Ölundichtigkeiten ihres Motors beschwert haben."
Natürlich muss man kritisch hinterfragen, ob es nicht grundsätzlich besser wäre, einen bekannten Fehler an einem neuen Produkt gleich zu vermeiden, anstatt die Problematik zu übernehmen, ohne im Rahmen der Neukonstruktion eine grundlegende Änderung vorzunehmen. Aber genau das passierte im Fall der ersten 997-Generation. Eigentlich kam noch ein weiteres Problem hinzu, denn bei dem Motortyp M97.76 der GT3-Modelle (Modelljahre 2007 bis 2009) traten ebenfalls Undichtigkeiten des schwungradseitigen Kurbelwellendichtrings auf, die bisher nicht bekannt waren.
Mangels einer offiziellen und fundierten Erklärung seitens des Werks, welche Ursachen der Fehler hat und wie man gedenkt, mit diesem Problem umzugehen, kursierten im Internet die wildesten Gerüchte und Mutmaßungen. Letztendlich führten die Umstände zu einer Sammelklage in den USA, siehe dazu auch Kapitel 2.
Bei nüchterner Betrachtung muss man aber feststellen, dass die Schwierigkeiten mit den Motoren der ersten 997-Generation bei weitem nicht so gravierend sind wie bei den vorherigen M96-Motoren.

Undichter schwungradseitiger Kurbelwellendichtring

Kein anderes Thema hat die Porsche-Gemeinde derart stark beschäftigt. Betroffen waren 997-Besitzer, in deren Wagen einer dieser Motortypen eingebaut war: M96.05, M97.01, M97.01S oder M97.76. Dabei handelt es sich nicht um ein Problem, das einen kapitalen Motorschaden nach sich zieht, aber Ölundichtigkeiten können auch zu Problemen bei der Hauptuntersuchung führen – von dem Ärgernis eines von Ölspuren gekennzeichneten Parkplatzes ganz zu schweigen. Dieser Wellendichtring dichtet das vorne aus dem Motor austretende Kurbelwellenende ab, an dem auch das Schwungrad angeflanscht ist.
Porsche unternahm etliche Versuche, um diese Undichtigkeit bei den Motortypen M96.05 und M97.01 zu beseitigen, aber bis 2005 gab es keine endgültige Lösung. Dazu hieß es in einer Stellungnahme, man habe zunächst die betroffenen Motoren komplett getauscht, um das Problem analysieren zu können. Dabei stellte sich heraus, dass die Mikro-Dichtlippe des Wellendichtrings für den Ölaustritt ursächlich war. Deshalb sei man im Februar 2005 auf das Material PTFE übergegangen. Nachdem die Versuche im August 2005 abgeschlossen waren, seien diese neuen Dichtringe auch für ältere Motoren freigegeben worden. In Fällen von Undichtigkeiten wegen dieser Dichtlippe werde sich Porsche stets großzügig verhalten.
Zum Zeitpunkt der Veröffentlichung konnte ein undichter Kurbelwellendichtring an den Motortypen M96.05 und M97.01 für etwa 1.000 € instandgesetzt werden, was für Porsche-Verhältnisse nicht teuer ist. Wichtig ist, dass die Reparatur von einem erfahrenen Porsche-Mechaniker mit den entsprechenden Kenntnissen durchgeführt wird und dabei die erforderlichen Spezialwerkzeuge verwendet werden.
Das Wellendichtringproblem ist als zweitrangig zu betrachten, so dass ein Weiterfahren durchaus möglich ist (solange es nicht zu schlimm wird), sofern der Besitzer regelmäßig Ölverbrauch und Ölstand kontrolliert. Leider lässt sich an den Modellen GT3 und GT3 RS mit dem Motortyp M97.76 diese Erscheinung nicht so einfach abstellen. Jeder dem Autor bekannte GT3-Besitzer kann über mehrere erfolglose Reparaturversuche berichten.

Hinweis:
Das Technische Rundschreiben 3/08 beschreibt den Einbau einer zusätzlichen Distanzhülse an dieser Stelle, allerdings zur Behebung von Startschwierigkeiten, die durch einen Unterdruckabfall wegen des undichten Wellendichtrings auftreten. Das sollte keine Abhilfemaßnahme gegen den Ölverlust sein, aber in einigen GT3 wurde damit scheinbar auch dieses Problem gelöst.

Das schwungradseitige Kurbelwellenende wurde mit einem neuen Dichtring versehen.
(Bild: Adrian Streather)

Zerstörtes Zwischenwellenlager
(Bild: Adrian Streather)

LN Engineering aus den USA bietet ein Zwischenwellenlager aus Keramik an, passend für die Motortypen M96.05 und M97.01 der Modelljahre 2004 bis 2005. *(Bild: LN Engineering)*

Zwischenwelle

Ein Defekt an der Zwischenwelle ist außergewöhnlich, aber leider kein Einzelfall. Ursächlich für frühe Schäden war eine lose Halteschraube eines Lagergehäuses, wodurch die kettengetriebene Zwischenwelle sich im Gehäuse verschob und zu schweren Motorschäden führte. Solche Vorkommnisse sind jedoch von den 997-Motortypen M96.05 und M97.01 nicht bekannt.

Einige 996-Besitzer berichten von gerissenen Steuerketten, aber auch dieses Problem ist nie bei den 997-Motoren aufgetreten.

Allerdings sind Fälle bekannt, bei denen das in Schwungradnähe eingebaute einreihige bzw. zweireihige Kugellager mangels korrekter Schmierung ausfiel und einen kapitalen Motorschaden verursachte. Betroffen davon können die Motoren ab Modelljahr 2004 (Restwelt-Markt) bzw. 2005 (alle Märkte) sein, die in den Modellen Carrera und Carrera S eingebaut sind.

Der Hauptausfallgrund des schwungradseitigen Zwischenwellenlagers bei den Modelljahren 2001 bis 2009 ist Schmierungsmangel. Das ursprüngliche einreihige Kugellager (997-Modelljahre 2004 bis 2005) und das größer dimensionierte, ebenfalls einreihige Lager der Modelljahre 2006 bis 2008 waren gekapselt, und nachdem die werkseitig eingebrachte Schmiermittelfüllung verschwunden war, überhitzte das Lager und zerstörte sich selbst.

Die Zwischenwelle hat zwei Lagerstellen. Während das Lager an der Riemenscheibenseite von Motoröl geschmiert wird, ist das gekapselte Lager an der Schwungradseite dauergeschmiert und daher von einem Ausfall bedroht. Die erste Lagerausführung (Modelljahre 2004 bis 2005) konnte ohne Ausbauen und Zerlegen des Motors gewechselt werden. Die größere einreihige Variante, die in den Motortypen M96.05 und M97.01 der Modelljahre 2006 bis 2008 zum Einsatz kam, erfordert zum Wechseln die Zerlegung des Motors.

Einige Firmen behaupten, sie hätten eine endgültige Lösung für das Zwischenwellenlagerproblem gefunden. So bietet ein Unternehmen ein Lager aus Keramik an, ein anderes bindet das Lager in den Ölkreislauf des Motors ein.

Der Autor favorisiert eine erweiterte Werkstatt-Garantie; allerdings sollte vor dem Unterschreiben das Kleingedruckte genau gelesen werden, das „bekannte Probleme“, „Rückrufaktionen“ oder „bereits vorhandene Schäden“ ausschließt. Achten Sie darauf, dass die Reparaturkosten möglichst in voller Höhe erstattet werden.

Stadtbummel in Rom

(Bild: Adrian Streather)

Landleben

(Bild: Adrian Streather)

Rennstreckenfahren macht Spaß, führt aber auch zu höherem Verschleiß.

(Bild: Adrian Streather)

Motorlebensdauer

Einige 997-Besitzer, die ihren Wagen täglich nutzen, beklagen sich über die Lebensdauer der Motoren – besonders bei der ersten Modellgeneration. Ihre Beschwerden beziehen sich aber immer auf die erreichte Laufleistung. So heißt es meistens, dass der Besitzer von einem 100.000 € teuren Auto erwartete, dass es weiter als 160.000 km fahren könne, bevor größere Probleme aufträten.

In Wirklichkeit stehen die Motorlebensdauer und Zuverlässigkeit nicht in direktem Zusammenhang zur Laufleistung, sondern zu den geleisteten Betriebsstunden – mit anderen Worten, wie lange der Motor tatsächlich lief und nicht, wie viele Kilometer er zurückgelegt hat.

Beispiel: Ein 997-Besitzer, der in der Stadt wohnt, fährt täglich 80 km weit mit einer Durchschnittsgeschwindigkeit von 40 km/h. Das ergibt zwei Betriebsstunden.

Ein Besitzer, der auf dem Land wohnt, legt die gleiche Strecke mit einer Durchschnittsgeschwindigkeit von 80 km/h zurück. Hier leistet der Motor nur eine Betriebsstunde.

Beide Besitzer fahren in einem Jahr eine Gesamtstrecke von 19.200 km, aber der Motor des Stadtbewohnerwagens hat 480 Betriebsstunden hinter sich gebracht, der des Landbewohners nur 240 Stunden.

Der Motor eines Wagens, der nur im Stadtverkehr bewegt wird, hat daher einen deutlich höheren Verschleiß als im Überlandbetrieb: 160.000 km entsprechen im Stadtverkehr 4.000 Betriebsstunden, im Überlandbetrieb 2.000 Betriebsstunden.

Hinweis:

Regelmäßiger Rennstreckeneinsatz und scharfe Fahrweise wirken sich auch nachteilig auf die Lebensdauer aus.

Kapitel 4: Nebenaggregate

Die Summe aller Teile

Wenn das Werk, Porsche Exclusive und die externen Zulieferer perfekt zusammenarbeiten, entsteht auch ein perfektes Produkt.
(Bild: Porsche AG)

Schnittzeichnungen von 997-Modellen

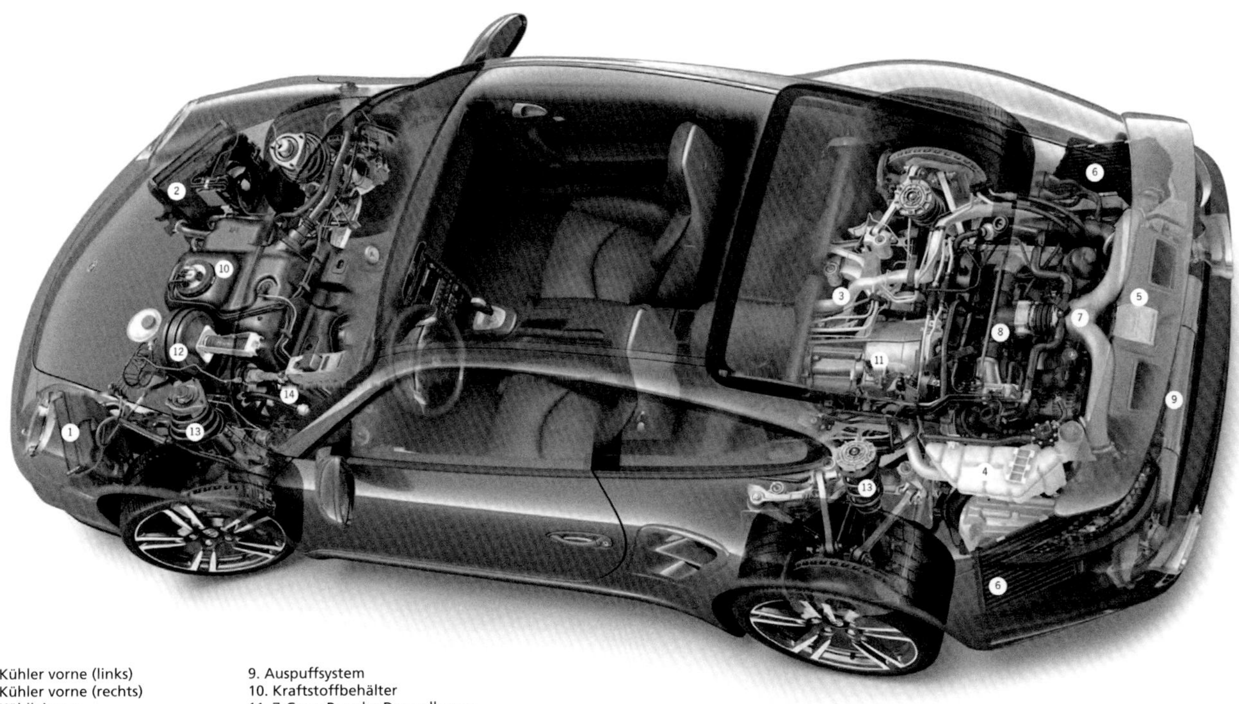

1. Kühler vorne (links)
2. Kühler vorne (rechts)
3. Kühlleitung
4. Wasserbehälter
5. Luftfilter
6. Ladeluftkühler
7. Druckrohr
8. Verteilerrohr (Einlasskrümmer)
9. Auspuffsystem
10. Kraftstoffbehälter
11. 7-Gang Porsche Doppelkupplungsgetriebe (PDK)
12. Tandem-Bremskraftverstärker
13. Federbein mit PASM-Dämpfer
14. Lenksäule

(Bild: Porsche AG)

Im Modelljahr 1984 wurde die DME von Bosch erstmals bei den Modellen 944 und 911 Carrera 3.2 eingesetzt.

(Bild: Porsche AG)

Mit dem Generationswechsel in der 997-Baureihe ersetzte Siemens als Hersteller der Motorsteuergeräte den bisherigen Zulieferer Bosch. (Bild: Ronn Hosmer)

Einführung

Entwicklungsgeschichte der Digitalen Motor Elektronik (DME) von Bosch

Die Digitale Motor Elektronik (DME) von Bosch wurde 1984 bei den Porsche-Modellen 944 und 911 Carrera 3.2 eingeführt und diente nur zur Motorsteuerung.

Um die Anforderungen der kalifornischen Abgasgesetze zu erfüllen, erhielten die Steuergeräte 1986 zusätzlich eine Software für die Onboard-Diagnose (OBD). Zu dieser Zeit entwickelte Porsche gemeinsam mit der Robert Bosch GmbH unzählige Steuergeräteversionen (mitunter wird ein Steuergerät auch ECU – Electronic Control Unit genannt). Diese hatten auch unterschiedliche Ersatzteilnummern und waren für die weltweit stark voneinander abweichenden marktspezifischen Anforderungen bzw. Abgasvorschriften erforderlich.

Die gleiche Vorgehensweise wurde auch bei den folgenden Baureihen 964 und 993 verfolgt. Für den 993 gab es die meisten Ersatzteilnummern für Steuergeräte in der Porsche-Firmengeschichte. Grund dafür waren gravierende Änderungen in der Abgasgesetzgebung und die Einführung der OBD II. Mit der Einführung der wassergekühlten Motoren reduzierte Porsche die Anzahl der Hardwarevarianten und die Unterschiede konzentrierten sich auf die Software. So gab es für das Modell 996 65 verschiedene Softwarevarianten. Falls der 997 weiter mit dem M96-Motor angetrieben worden wäre, hätte er wahrscheinlich die gleiche Anzahl an Softwarevarianten erhalten. 2009 kam es aber zu einer einschneidenden Veränderung: Die neu entwickelten MA1-Motoren erhielten auch eine neue, von Continental entwickelte und von Siemens gefertigte Motorsteuerung. Die Porsche-Welt war im Umbruch. Auch der 3,6-Liter-Turbo-Motor mit der klassischen Trockensumpfschmierung fristete nur noch in den limitierten GT2-Modellen ein zeitlich begrenztes Dasein, der GT3-Motor wurde 2013 eingestellt.

Damit endet der historische Rückblick. Dieses Kapitel behandelt diverse Nebenaggregate und Systeme, die mit dem Motormanagement in Verbindung stehen. Ihre Erklärung soll so ausführlich wie nötig, aber auch so kurz wie möglich sein.

Hinweis:

Das Ziel dieses Buches ist zu informieren und nicht zu verwirren – was nicht immer ganz einfach ist, denn der Teufel steckt oft im Detail.

Ein Vertreter der M96-Motorbaureihe mit Kunststoff-Ansaugrohren und einem klappengesteuerten Resonanzansaugsystem.

(Bild: Porsche AG)

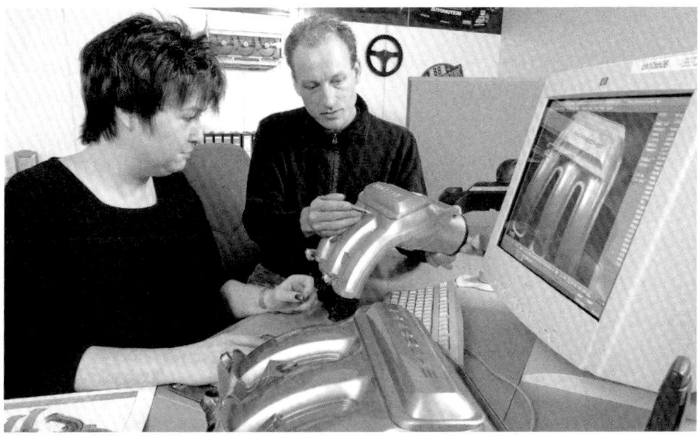

Entwicklungsarbeit am Ansaugverteiler der ersten 997-Generation im Porsche Entwicklungszentrum in Weissach.

(Bild: Porsche AG)

Das fertige Produkt für den 997 aus silberfarbenem Kunststoff.

(Bild: Porsche AG)

Luftzufuhr

Einführung

Die Luftzuführung und ihre Funktionsweise sind bei allen 997-Motoren im Wesentlichen gleich. Die wichtigsten Unterschiede zwischen den 997-Modellen sind:

- Gestaltung des Lufteintritts in den Motorraum und von dort zum Luftfiltergehäuse
- Gestaltung des Luftfiltergehäuses
- Luftführung durch das Luftfiltergehäuse
- Konstruktion und Ausführung der Ansaugkrümmer

Hinweis:
Bei Saugmotoren saugen die Kolben die zur Verbrennung erforderliche Luft durch das Luftfiltergehäuse über den Drosselklappenstutzen in den Zylinder. Bei Turbomotoren saugen die Turbolader die Luft durch das Luftfiltergehäuse an und fördern die verdichtete Luft über die Ladeluftkühler und den Drosselklappenstutzen in die Zylinder.

Die ersten Kunststoff-Ansaugrohre wurden 1991 bei den Motortypen M64.01 und M64.02 eingebaut. Seither wird dieser Werkstoff kontinuierlich weiterverwendet, und auch für die Ansaugrohre der 2009 eingeführten MA1-Motorenbaureihe kommt dieses Material zum Einsatz. Für den thermoplastischen Kunststoff sprechen folgende Gründe:

- Geringes Gewicht
- Kunststoff bildet eine glatte Oberfläche, während Leichtmetallgussteile zur Glättung eine intensive Nacharbeit erfordern, bei der manche Bereiche nur äußerst schwierig erreichbar sind.
- Leichtmetallgussteile nehmen im Vergleich zu Kunststoffteilen mehr Wärme auf und geben sie an die durchströmende Ansaugluft ab. Dadurch verringert sich die Luftdichte und damit auch der Sauerstoffanteil, und der Motor erzeugt weniger Leistung.
- Die Herstellung ist einfacher und kostengünstiger.

Hinweis:
Thermoplastischer Kunststoff sieht auch ohne Politur neuwertig aus. Schmutz und Ölrückstände sind darauf auch weniger leicht zu erkennen als auf einem hochglanzpolierten Metallteil.

Luftfiltergehäuse des Motortyps M96.05
(Bild: Ronn Hosmer)

Luftfiltergehäuse des Motortyps M97.01
(Bild: Porsche AG)

Luftfiltergehäuse des Motortyps MA1.02
(Bild: Adrian Streather)

Luftfiltergehäuse

Motortypen M96.05 und M97.01

Im Wesentlichen wurde das Luftfiltergehäuse vom Vorgängermotor M96.03 übernommen. Das Gehäuse ist aus schwarzem Kunststoff hergestellt, im Innern befindet sich ein einteiliger Luftfiltereinsatz. Etwas abgeändert wurde der Ansaugschnorchel der Frischluftzufuhr. Großer Wert wurde auf die Abdichtung des Gehäuses gelegt, um das Ansaugen von warmer Motorraumluft unter allen Umständen zu vermeiden.

Das obere Filtergehäuse wurde überarbeitet und mit dem Porsche-Schriftzug sowie der Hubraumangabe versehen.

Beim Motortyp M97.01 wurde dem Luftfilterkasten lediglich eine Resonanzkammer hinzugefügt, die bei Bedarf zugeschaltet wird. Sie dient in erster Linie zur Unterdrückung von unerwünschten Geräuschen, die im Innenraum wahrgenommen werden. Die Kammer wird in Abhängigkeit von der Motortemperatur und Drehzahl mittels einer Unterdruckdose geöffnet und geschlossen. Durch die Änderung des Luftvolumens im Luftfiltergehäuse verbessert sich das Ansauggeräusch des 3,8-Liter-Motors.

Motortypen MA1.01, MA1.01S und MA1.02

Das Luftfiltergehäuse für die Motortypen MA1.01 und MA1.02 der 2. Generation wurde komplett überarbeitet. Anstelle eines Einzelluftfilters sind jetzt zwei Luftfilter und zwei Ansaugöffnungen vorhanden. Die dazugehörigen Ansaugschnorchel befinden sich in der Motorraumhaube.

Die Umstellung des Luftfiltersystems von einem Plattenfilter auf zwei runde Filtereinsätze bietet folgende Vorteile:

- Geringerer Durchflusswiderstand
- Längere Wartungsintervalle durch größere Filterfläche, die zudem gleichmäßiger durchströmt wird
- Die zweiteilige Ausführung verringert den Einströmwiderstand und damit auch die Strömungsverluste, was wiederum die Motorleistung erhöht.

Um sicherzustellen, dass das gewohnte Porsche-Ansauggeräusch im Innenraum wahrgenommen werden kann, sind im unteren Luftfiltergehäuseteil spezielle Öffnungen vorhanden.

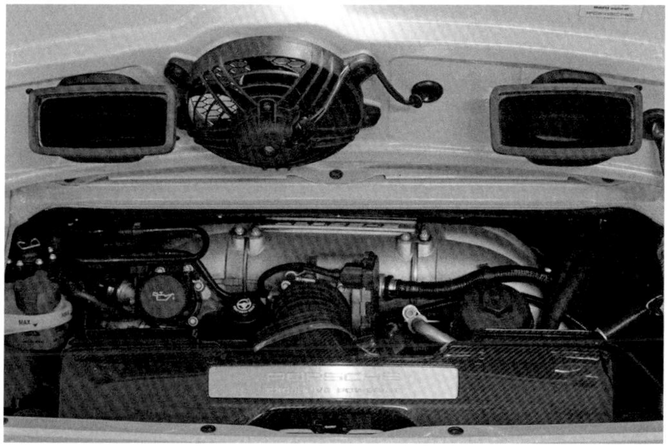

Luftfiltergehäuse von Porsche Exclusive für den Motor MA1.01S: Beachten Sie die Ansaugrohre aus Aluminiumguss.

(Bild: Porsche AG)

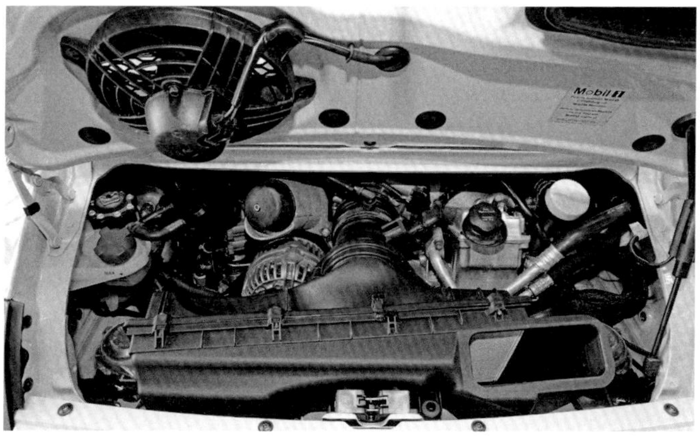

Luftfiltergehäuse für den Motortyp M97.76

(Bild: Porsche AG)

Luftfiltergehäuse für den Motortyp M97.76

(Bild: Porsche AG)

Wie bei den Motoren der 1. Generation sind diese großen Öffnungen mit nahezu luftdichten Abdeckungen aus Polyamid verschlossen, um den Eintritt von warmer Luft aus dem Motorraum zu vermeiden.

Außerdem ist ein Resonanzsystem im Luftfiltergehäuse integriert. Der Aufbau und die Aktivierung ist im Wesentlichen identisch mit der Ausführung beim Motortyp M97.01 und erfüllt den gleichen Zweck.

Der einzige Unterschied zwischen den Luftfiltergehäusen der beiden Motoren ist die Bezeichnung „3.6" bzw. „3.8" auf dem Schild mit dem Schriftzug „Direct Fuel Injection" oben auf dem Luftfiltergehäuse.

Auch der 3,8-Liter-Motor MA1.01S hat das gleiche Luftfiltergehäuse wie die Standard-Motoren. Bei einem Serienmodell wie dem Carrera 4 GTS besteht es ebenfalls aus Kunststoff, die Ausführung von Porsche Exclusive dagegen aus Kohlefaser. Der Schriftzug ist auch unterschiedlich, je nachdem welche Abteilung die Leistungssteigerung X51 eingebaut hat.

Motortypen M97.76, M97.77 und M97.74

Diese Motoren der ersten und zweiten 997 GT3-Generation erhalten die erforderliche Luft über ein Staudrucksystem, das exklusiv dem GT3 vorbehalten war. Dazu befinden sich zwei Lufthutzen auf der Motorraumhaube, mit denen die über das Fahrzeug strömende Luft aufgefangen wird. Die linke Hutze leitet Kühlluft in den Motorraum, über die rechte Hutze wird die Verbrennungsluft dem Motor zugeführt.

Das Luftfiltergehäuse wurde direkt vom 996 GT3 übernommen. Allerdings stieg der Durchmesser der Austrittsöffnung zum Drosselklappengehäuse von 76 mm auf 82 mm an, was den Durchflusswiderstand verringert und den Gaswechsel verbessert.

Motortyp M97.74

Der 4,0-Liter-Motor M97.74 ist mit einem Luftfiltergehäuse aus Kohlefaser ausgestattet, das von Porsche Motorsport entwickelt und für den 997 RSR homologiert wurde. Das Schild auf dem Gehäuse trägt die entsprechende Beschriftung.

Luftfiltergehäuse des Motortyps M97.70S, eingebaut in einem GT2 RS

(Bild: Porsche AG)

Luftfiltergehäuse des Motortyps MA1.70S

(Bild: Porsche AG)

Luftfiltergehäuse des Motortyps MA1.70S, eingebaut in einem Turbo S

(Bild: Porsche AG)

Motortyp M97.70

Der 3,6-Liter-Turbo-Motor M97.70 hat gegenüber dem Vorgängermotor M96.70 ein vollständig geändertes, längeres Luftfiltergehäuse. Außerdem sind jetzt auch zwei Heißfilm-Luftmassensensoren (MAF) anstelle eines einzigen vorhanden. Auch dieses neue Gehäuse trägt ein Schild mit dem Modellschriftzug, das hier nahe am Fahrzeugheck angebracht ist.

Motortyp M97.70S

Der 3,6-Liter-Turbo-Motor M97.70S hat das gleiche Luftfiltergehäuse wie die Basisausführung. Der einzige Unterschied besteht in der Angabe auf dem Luftfilterkastenschild.

Hinweis:

Das Luftfiltergehäuse des 2011er GT2 RS besteht aus Kohlefaser anstelle des herkömmlichen schwarzen Kunststoffs.

Motortyp MA1.70

Der 3,8-Liter-Turbo-Motor MA1.70 hat gegenüber dem Vorgänger M97.70 ein leicht abgeändertes Luftfiltergehäuse und einen anderen Filtereinsatz.

Hinweis:

Das Luftfiltergehäuse der Turbo S-Modelle (mit Leistungssteigerung X50, vormals MQAI.70S) besteht aus Kohlefaser anstelle des schwarzen Kunststoffs der Basisversion.

Ansaugsystem

Motortyp M96.05

Das Resonanzansaugsystem wurde im Prinzip vom Motortyp M96.03 aus 2004 übernommen und setzt sich zusammen aus den Ansaugverteilern, der schaltbaren Resonanzklappe und den Verteilerrohren.

Dabei ist das System zweistufig aufgebaut und die schaltbare Resonanzklappe öffnet und schließt eine zusätzliche Verbindung zwischen den Ansaugverteilern.

Durch entsprechendes Öffnen oder Schließen der Klappe können die Pulsationen der angesaugten Luft im Ansaugtrakt dazu verwendet werden, die Füllung der Brennräume und damit das Drehmoment bei niedrigen und hohen Drehzahlen zu verbessern. Dazu wird die Klappe bei Vollgasstellung der Drosselklappe zwischen 2.600 min^{-1} und 5.100 min^{-1} geschlossen, außerhalb dieses Drehzahlbereichs dagegen geöffnet.

Motortyp M97.01

Hier kommt das gleiche Resonanz-Ansaugsystem wie beim Motortyp M96.05 zum Einsatz. Allerdings besteht das gesamte Ansaugsystem aus Kunststoff und ist daher deutlich leichter als beim 3,6-Liter-Motor, bei dem noch einige Elemente aus Aluminium gefertigt sind. Darüber hinaus sind die Ansaugverteiler mit silberfarbenem Strukturlack lackiert.

Die Querschnitte im Ansaugbereich wurden dem höheren Luftbedarf des 3,8-Liter-Motors angepasst.

So ist der Öffnungsquerschnitt der Ansaugrohre durchweg gleich, während sich beim 3,6-Liter-Motor die Kanäle konisch verengen.

Vervollständigt wird das Ansaugsystem durch zwei Resonatoren, die sich jeweils in den Ansaugverteilern befinden. Diese Kammern dämpfen störende Resonanzgeräusche, die sonst besonders bei Vollgas zwischen 5.000 min^{-1} und 6.000 min^{-1} auftreten würden, und tragen zu einem kraftvolleren Ansauggeräusch des 3,8-Liter-Motors bei.

Die Resonanzkammern sind über gelochte Abdeckungen mit den Ansaugverteilern verbunden. Größe und Anzahl der Bohrungen sowie das Volumen der Kammern erzeugen den gewünschten Effekt.

Identisch mit dem 3,6-Liter-Motor ist wieder die Funktion des zweistufigen Resonanzansaugsystems mit der schaltbaren Klappe.

Motortypen M97.76, M97.77 und M97.74

Hier durchströmt die Ansaugluft den Luftfilter, passiert den Heißfilm-Luftmassensensor und gelangt über die Drosselklappe in ein Verteilerrohr aus Aluminiumguss mit zwei schaltbaren Klappen.

Im Gegensatz zum 996 GT3 ist hier eine zusätzliche Resonanzklappe vorhanden, die entscheidend für die höhere Leistungsausbeute des Motors M97.76 ist.

Das neue Resonanzansaugsystem besteht im Wesentlichen aus den zwei Ansaugverteilern, dem Verteilerrohrgebilde mit drei getrennten Rohrverbindungen (einem offenen Verteilerrohr sowie zwei klappengesteuerten Verbindungsrohren) und den kurzen einzelnen Ansaugstutzen der Zylinder.

Ein strömungsgünstig gestaltetes Ansaugsystem mit glatten Oberflächen und großen Querschnitten ist unbedingte Voraussetzung für eine gute Füllung der Zylinder, und damit für eine hohe Leistung. Die Ansaugverteiler und Ansaugstutzen sind großzügig dimensioniert und haben eine sorgfältig gestaltete innere Kontur. Zusätzlich dienen die Pulsationen der Ansaugluft für eine weitere Verbesserung der Zylinderfüllung. Dafür sind zwischen den Ansaugverteilern zwei Verbindungsrohre mit schaltbaren Klappen vorhanden, die von der DME gesteuert werden.

Durch die Kolbenbewegung und das Öffnen und Schließen der Ventile pulsiert im Ansaugsystem eine Luftsäule. Die Stärke der Pulsationen hängt von der Motordrehzahl und den Resonanzeigenschaften des Ansaugsystems ab. Innerhalb eines schmalen Drehzahlbereichs gerät die pulsierende Luftsäule in Resonanz, und die Schwingungen werden deutlich verstärkt. Dadurch steigt die Füllung der Zylinder an, und der Motor erzeugt ein höheres Drehmoment.

Der Resonanzeffekt fällt bei den wechselnden Motordrehzahlen unterschiedlich aus. Um diesen Effekt in einem breiteren Drehzahlband nutzen zu können, muss die Eigenfrequenz des Ansaugsystems verändert werden. Das wird durch das Öffnen und Schließen der Resonanzklappen in den Verbindungsrohren erreicht.

Bei niedrigen Drehzahlen sind beide Klappen geschlossen. Im mittleren Drehzahlbereich öffnet zuerst eine (kleinere) Klappe, und bei hohen Drehzahlen sind beide geöffnet.

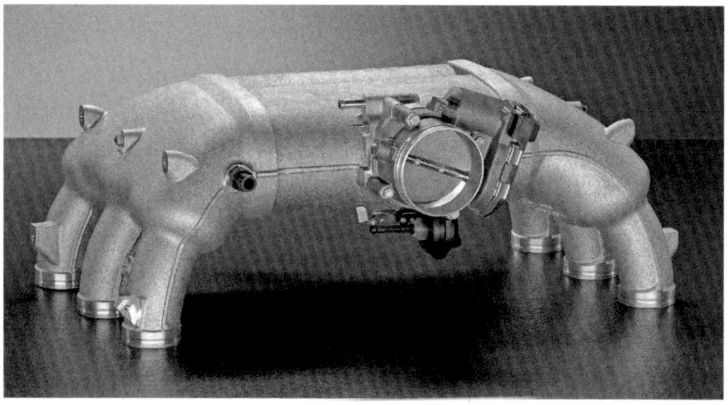

Das Ansaugsystem des 3,8-Liter-Motors M97.77 ist baugleich mit dem des Motortyps M97.76, während das Ansaugsystem des 4,0-Liter-Motors M97.74 dem von Porsche Motorsport homologierten System des 997 RSR entspricht.

Motortyp M97.70

Der 3,6-Liter-Turbo-Motor M97.70 arbeitet mit einem Resonanzansaugsystem, das dem des Vorgängermotors M96.70 stark ähnelt, welches wiederum aus dem des 3,6-Liter-Motors M96.03 abgeleitet wurde.

Das Ansaugsystem besteht aus thermoplastischem Kunststoff und wird durch die Resonanzklappe geteilt, die die Schwingungen der Luftsäule in den Saugrohren über einen weiten Drehzahlbereich zur Verbesserung der Füllung nutzbar macht (Resonanzaufladung).

Durch die unterschiedlichen Ansaugvorgänge der einzelnen Zylinder wird die Luft abwechselnd aus beiden Teilen des Systems angesaugt.

Außerdem wird die Luftsäule innerhalb des Ansaugsystems in Schwingung versetzt. Eine Resonanzsituation wird erreicht, wenn die Ansaugfrequenz einer Zylinderreihe mit der Luftsäulenfrequenz im entsprechenden Ansaugverteiler übereinstimmt. Das hängt von der Geometrie der Saugrohre, des Resonanzrohres und der Ansaugverteiler ab.

Wenn eine solche Resonanzsituation eintritt, wird die Zylinderfüllung verbessert. Dann ist mehr Kraftstoff-Luftgemisch im Brennraum vorhanden, dessen Verbrennung im Arbeitstakt mehr Leistung erzeugt.

Motortyp M97.70S

Die 3,6-Liter-Motoren M97.70S der 997-Modelle GT2 und GT2 RS besitzen als einzige eine besondere, von Porsche entwickelte Expansionssauganlage.

Ihre Funktionsweise ist völlig unterschiedlich zum Prinzip der bisherigen Resonanzansaugsysteme an konventionellen Motoren.

Bei einem Resonanzansaugsystem wird die Zylinderfüllung dadurch erhöht, dass durch die entsprechende Gestaltung der Saugrohre der Druck im Ansaugsystem seinen Maximalwert erreicht, wenn die Einlassventile öffnen. Allerdings steigt mit dem Druck nicht nur die Luftdichte, sondern auch die Temperatur, was wiederum einen nachteiligen Einfluss auf den Zündzeitpunkt hat.

Die Expansionssauganlage von Porsche erzeugt mit einer völlig anderen Saugrohrgeometrie einen umgekehrten Effekt, aber mit verbesserter Wirkung.

Zu den wesentlichen Änderungen gehören ein längeres Verteilerrohr mit geringerem Durchmesser und kürzere Saugrohre. Die Anlage ist so gestaltet, dass sich die Luft vor dem Eintritt in den Brennraum in ihrer Expansionsphase befindet. Da eine Expansion mit einer Abkühlung verbunden ist, sinkt auch die Temperatur des Kraftstoff-Luftgemischs, und durch Vorverlegung des Zündzeitpunkts kann eine höhere Leistung erzielt werden.

Allerdings ist die Luftdichte in der Expansionsphase geringer, was über einen höheren Ladedruck kompensiert wird. Der damit einhergehende Temperaturanstieg durch die Verdichtung der Luft wird wiederum über leistungsfähigere Ladeluftkühler ausgeglichen.

Durch dieses Ansaugsystem gelangt kühlere Luft in die Brennräume, was zu einer höheren Leistungsausbeute führt.

Motortypen MA1.01 und MA1.02

Die Resonanzansaugsysteme dieser Motoren bestehen wie die der Vorgängermotoren M96.05 und M97.01 vollständig aus Kunststoff.

Geändert wurden folgende Punkte:

- Design
- Herstellungsmethode
- Verteilerrohr im integrierten Resonanzrohr. Das quer eingebaute Resonanzrohr war bei den Modellen der 1. Generation parallel zum Verteilerrohr angeordnet. Jetzt ist es im Verteilerrohr integriert, was Gewicht und Baugröße einspart.
- Ansaugverteiler mit integriertem Akustikvolumen (Resonanzkammern)
- Angepasste Rohrlängen und -querschnitte

Das Resonanzansaugsystem des Motortyps MA1.01 unterscheidet sich von dem des MA1.02 durch eine zweite Resonanzklappe im Resonanzrohr zwischen den Ansaugverteilern. Auch dieses System arbeitet in zwei Stufen und nutzt die Schwingungen der Luftsäule im Ansaugsystem, um die Zylinderfüllung über einen weiten Drehzahlbereich zu verbessern und damit die Motorleistung zu erhöhen.
Geschaltet wird die Resonanzklappe über eine Unterdruckdose und ein Magnetventil, das am Resonanzrohr angebracht ist. Bei Volllast ist zwischen 3.000 min^{-1} und 5.000 min^{-1} die Klappe geschlossen, und außerhalb dieses Drehzahlbereichs geöffnet.
Resonanzkammern in den Ansaugverteilern verbessern wie schon beim Motortyp M97.01 das Ansauggeräusch (siehe entsprechenden Abschnitt).

Motortyp MA1.70

Das Ansaugsystem des 3,8-Liter-Turbo-Motors MA1.70 ist identisch mit dem des Motortyps M97.70S aus dem Modell GT2, das weiter vorne beschrieben wurde.

Leistungssteigerung X51 für die Saugmotoren M97.01 und MA1.01

Im Paket enthalten ist der Austausch der aus thermoplastischem Kunststoff hergestellten Saugrohre gegen Gussteile aus Leichtmetall.

Heißfilm-Luftmassensensor (MAF)

Im Ausgangsbereich des Luftfiltergehäuses ist vor der Drosselklappe ein Heißfilm-Luftmassenmesser des Typs HFM 5 von Bosch angeordnet. Durch eine besondere C-förmige Kontur ist seine korrekte Einbaurichtung gewährleistet.
In den Motortypen M96.05 und M97.01 ist ein HFM 5-Sensor mit einer Ersatzteilnummer vom 986 Boxster eingebaut. Bei allen anderen Saugmotoren der 997-Baureihe hat der Sensor eine 997-spezifische Ersatzteilnummer, aber Ausführung und Funktionsweise sind identisch.

Alle Turbo-Motoren der Baureihen M97 und MA1 besitzen zwei Bosch HFM 5-Sensoren.
Der HFM 5 kann eine Luftmasse von 640kg/h messen, seine Reaktionszeit liegt unter 15 Millisekunden bei 10 kg/h und die Abweichung über den gesamten Messbereich unter 3%.
Heißfilm-Luftmassenmesser enthalten eine Sensorplatte, auf der temperaturabhängige Widerstände als dünner Widerstandsfilm aufgebracht sind. Der Sensor wird auf einer konstant hohen Temperatur gehalten. Die durch die vorbeiströmende Ansaugluft verursachte Abkühlung des Sensors wird durch den Heizstrom wieder ausgeglichen. Über den zum Ausgleich der Temperaturdifferenz benötigten Heizstrom ermittelt das Steuergerät der DME die angesaugte Luftmasse.

Vorsicht:
Die Sensorplatte des Luftmassensensors kann durch Motoröl oder Luftfilteröl von Zubehörluftfilter in ihrer Funktion beeinträchtigt werden.

Vorsicht:
Eine aufleuchtende Warnleuchte „Check Engine" ist der häufigste Hinweis an den Fahrer über einen MAF-Fehler, allerdings gibt es auch andere Anzeichen dafür. Falls der MAF-Sensor ausfällt, setzt das Motorsteuergerät einen Fehler und stoppt die Übertragung des Lastsignals an andere Steuergeräte, die es ebenfalls weiterverarbeiten. Somit fallen auch diese Systeme aus, was durch entsprechende Warnleuchten angezeigt wird.

Ansaugluft-Temperaturfühler

Der Ansaugluft-Temperaturfühler befindet sich im Gehäuse des Luftmassensensors und liegt direkt im Ansaugluftstrom. Seine Information wird vom Steuergerät der DME weiterverarbeitet und dient zur Korrektur des Kraftstoff-Luftgemischs entsprechend den Betriebsbedingungen des Motors.

Hinweis:
Mit zunehmender Ansauglufttemperatur steigt die Gefahr, dass Selbstentzündungen des Kraftstoff-Luftgemischs auftreten können.

Ladeluftkühler

Bevor die im Turbolader verdichtete und dadurch erhitzte Luft in den Ansaugtrakt gelangt, wird sie im Ladeluftkühler heruntergekühlt und dadurch weiter verdichtet.

Hinweis:
Ist die Ladeluft zu heiß, hat das negative Auswirkungen für den Motor, insbesondere durch eine verstärkte Klopf- bzw. Klingelneigung.

Die Turbo-Motoren der Baureihe 997 besitzen auf jeder Seite des Motors einen Ladeluftkühler. Deren Ausgangsleitungen aus Aluminiumguss verbinden sich kurz vor dem Drosselklappengehäuse, so dass sich die Luft von beiden Seiten bereits vermischen kann. Für die Kühlungsfunktion wird Umgebungsluft über seitliche Lufteinlässe durch die Ladeluftkühler gedrückt. In beiden Ladeluftkühlern sind Lufttemperaturfühler eingebaut und übermitteln die Temperatur der verdichteten Luft an das Motorsteuergerät.

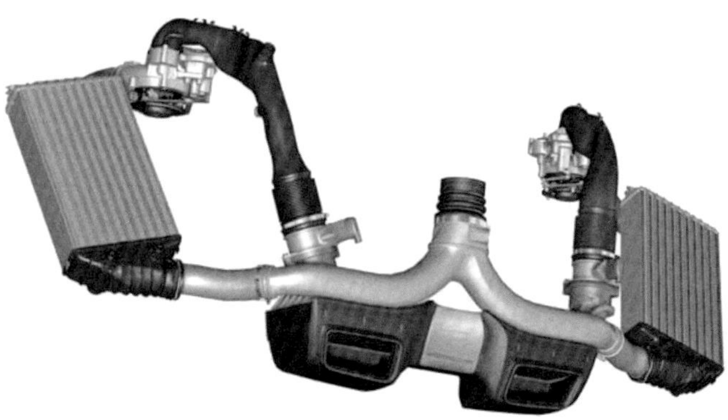

E-Gas (elektronisches Gaspedal)

Das elektronische Gaspedal wurde 1999 mit dem 996 Carrera 4 eingeführt. Anstelle eines Seilzugs zwischen dem Gaspedal und der Drosselklappe bewegt hier ein Elektromotor über ein Zahnradgetriebe die Drosselklappenwelle. Ab Modelljahr 2000 war es in der gesamten 996-Baureihe vorhanden und wurde leicht geändert für die 997-Reihe übernommen.

Die einzige Änderung betrifft das Gaspedal selbst. Im 997 ist das Gewicht dieser Baugruppe um 60% reduziert. Erreicht wurde die Gewichtseinsparung durch die Zusammenfassung und Integrierung der beiden erforderlichen Potenziometer in das Gaspedal. Dadurch entfällt auch der kurze Gaszug, der beim Vorgängersystem das Pedal mit der externen Potenziometereinheit verbunden hatte.

Das Gaspedal ist bei der 997-Baureihe eine vollständige Einheit. Beim Betätigen übermitteln die integrierten Potenziometer elektrische Signale an das Motorsteuergerät, das daraus die entsprechende Drosselklappenstellung berechnet und einen Schrittmotor am Drosselklappengehäuse ansteuert.

Vorteile gegenüber der Seilzug-Lösung:

- Höherer Bedienungskomfort
- Reduzierte Abgasemissionen bei kaltem Motor, weil das Steuergerät unnötige Gaspedalbewegungen herausfiltern kann, während es durch einen späteren Zündzeitpunkt und die dadurch entstehenden höheren Abgastemperaturen die Katalysatoren schneller auf Betriebstemperatur bringt.
- Besserer Drehmomentverlauf
- Genauere Drehzahlsteuerung, dadurch reduzierte Abgasemissionen und geringere Wärmebelastung der Katalysatoren.
- Unter bestimmten Erfordernissen können Fahrervorgaben durch das System unterlaufen werden.

Das elektronische Gaspedal wurde nach kurzer Zeit auch unter dem Begriff E-Gas bekannt.

Kraftstoffsystem

Tankinhalte

Der Kunststofftank hat bei den verschiedenen 997-Modellen folgendes Fassungsvermögen:

Tankinhalte der 997-Modelle			
Modell	Linkslenker (Liter)	US-Modell (Liter)	Rechtslenker (Liter)
Carrera und Carrera S	64	64	67
Carrera 4 und Carrera 4S	67	67	67
GT3 und GT3 RS	67	67	67
Turbo	67	67	67
GT2 und GT2 RS	90	67	67

Sowohl in der Betriebsanleitung als auch unter der Tankklappe des Carreras finden Sie die Kraftstoffempfehlungen. Verwenden Sie immer die höchste Oktanzahl.

(Bild: Adrian Streather)

Gleiches gilt für den GT3.

(Bild: Adrian Streather)

Kraftstoffempfehlungen

Vorsicht:
Verwenden Sie ausschließlich bleifreie Kraftstoffe, da ansonsten die Katalysatoren beschädigt werden.

Vorsicht:
Achten Sie darauf, dass die Betriebsanleitung Ihres 997 für das jeweilige Land gültig ist. Kraftstoffempfehlungen finden Sie auch auf dem Aufkleber unter der Tankklappe.

Vorsicht:
Die Langzeitwirkung von alkoholhaltigen Kraftstoffen ist bei den 997-Motoren noch nicht endgültig bekannt. Am sichersten ist, keinen Kraftstoff mit Ethanolzusatz zu verwenden. Sollte das nicht zu umgehen sein, darf der Ethanolgehalt nicht mehr als 10% betragen. Es ist bekannt, dass bei Fahrzeugen, die aus der gleichen Zeit wie die frühen 997-Modelle stammen und mit der gleichen Einspritztechnologie ausgerüstet waren, bei einem Gehalt von 15% und mehr erhebliche Korrosionsschäden im Einspritzsystem aufgetreten sind.

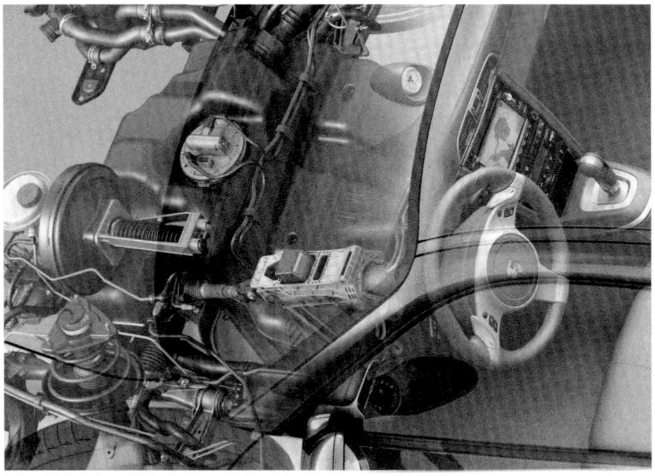

Ein Kraftstofftank für einen 997 Carrera S. Die Prägung ORVR weist ihn als US-Ausführung aus. *(Bild: Porsche AG)*

Kraftstofftank eines 997 Carrera 4 *(Bild: Porsche AG)*

Kraftstofftank eines 997 Turbo, 2. Generation
(Bild: Adrian Streather)

Kraftstofffördersystem der Modelle mit Saugrohreinspritzung

Alle 997-Modelle mit Saugrohreinspritzung sind mit einem rücklauffreien Kraftstofffördersystem ausgerüstet. Die Kraftstoffpumpe, der Kraftstoffdruckregler und der Kraftstofffilter (der nicht gewechselt werden muss) sind hier im Kraftstofftank eingebaut.

Bei einem rücklauffreien Fördersystem ist die Rücklaufleitung entfallen, über die überschüssiger Kraftstoff vom Kraftstoffsammelrohr am Motor wieder zurück in den Tank geleitet wurde (Ausführung vor Modelljahr 2002). Der überschüssige Kraftstoff wird jetzt über den Druckregler an der Kraftstoffpumpe direkt in den Tank abgelassen, d. h. nur die tatsächlich an den Einspritzventilen benötigte Kraftstoffmenge wird zu den Kraftstoffsammelrohren gefördert.

Kraftstofftank

Bei allen 997-Modellen befindet sich der Kraftstofftank im vorderen Kofferraum. Nach Ausbau der Batterie und des Batteriehalters ist er über das Batteriefach teilweise zugänglich.

Das Kraftstofffördersystem und auch der Kraftstofftank sind nicht bei allen 997-Modellen identisch. Einige Unterschiede sind:

- Die Kraftstofftanks der Restwelt-Modelle mit Saugrohreinspritzung sind aus einlagigem, schlagfestem Material hergestellt.
- Die Kraftstofftanks der US-Modelle mit Saugrohreinspritzung haben einen mehrlagigen Aufbau.
- Alle Carrera-Modelle mit Heckantrieb haben eine andere Tankform als die 997-Modelle mit einer Carrera 4-Rohkarosse oder Teilkarosse.
- Die Carrera Restwelt-Modelle mit Heckantrieb verfügen über eine im Tank integrierte Pumpeneinheit mit zwei Kraftstoffpumpen. Eine Pumpe füllt das Pumpengehäuse, die andere erzeugt den Einspritzdruck.
- Bei den Carrera US-Modellen mit Heckantrieb ist nur eine elektrische Kraftstoffpumpe im Tank vorhanden. Sie liefert den Einspritzdruck, während das Pumpengehäuse mittels einer Saugstrahlpumpe gefüllt wird.
- Alle 997-Modelle mit dem Carrera 4-Kraftstofftank haben eine im Tank integrierte elektrische Kraftstoffpumpe zur Erzeugung des Einspritzdrucks sowie zwei Saugstrahlpumpen zur Befüllung des Pumpengehäuses.
- Die 997 Turbo-Modelle der 1. Generation sind mit einer doppelten Kraftstoffpumpe und einem externen Kraftstofffilter (links am Motor) ausgerüstet.

Wichtige Kraftstoffsystemkomponenten der Saugrohreinspritzung, Restwelt-Modelle:

- Kraftstoffpumpe mit Pumpengehäuse
- Saugstrahlpumpen (nur bei C4-Kraftstofftank)
- Leitungen für Saugstrahlpumpen (nur bei C4-Kraftstofftank)
- Kraftstofffilter (in Kraftstofftank; außer 997 Turbo)
- Kraftstoffdruckregler
- Kraftstoffleitungen zu EV14-Einspritzventilen
- Aktivkohlefilter
- Spülluftleitung des Aktivkohlefilters zum Motor
- Außenbelüftung
- Unterdruckventil für Tankbelüftung (ca. 20 mbar Unterdruck)
- Überdruckventil für Tankbelüftung (max. 130 mbar Überdruck)
- Tankbelüftungsleitung
- Entlüftungsleitung für Tankbefüllung
- Tankeinfüllstutzen und Anbauteile

Wichtige Kraftstoffsystemkomponenten der Saugrohreinspritzung, US-Modelle:

- Kraftstoffpumpe mit Pumpengehäuse
- Saugstrahlpumpe(n)
- Leitungen für Saugstrahlpumpe(n)
- Kraftstofffilter (in Kraftstofftank; außer 997 Turbo)
- Kraftstoffdruckregler
- Kraftstoffleitungen zu Einspritzventilen
- 4-Kammer-Aktivkohlefilter
- Spülluftleitung des Aktivkohlefilters zum Motor
- Außenbelüftung
- Tankleckage-Diagnosemodul (DM-TL)
- Filter für DM-TL
- Tankbelüftungsventil (ORVR)
- Überdruckventil für Tankbelüftung (max. 130 mbar Überdruck)
- Kraftstoffstand-Steuerventil
- Spritzschutz-Rückschlagventil
- Tankeinfüllstutzen und Anbauteile

Kraftstoffdruckregler

Der Kraftstoffdruckregler reguliert den Ausgangsdruck auf 3,8 bar ± 0,1 bar bei einer Durchflussrate von 80 l/h. Bei Leerlaufdrehzahl steigt der Druck um 0,1 bar.

Einspritzventile

Alle 997-Modelle mit Saugrohreinspritzung haben ein EV-14 Einspritzventil pro Zylinder.

Im Vergleich zu den EV-6 Einspritzventilen des 3,6-Liter-Motors M96.03 unterscheiden sich die EV-14 Ventile durch:

- Geringeren Außendurchmesser
- Überarbeitete Magnetspule und Ventilbaugruppe
- Austrittsöffnung um 5 mm nach vorn verlegt
- Ventilkörper im Kraftstoffförderbereich aus korrosionsbeständigem Stahl

Kraftstofftankbelüftung

Restweltmodelle

Jedes 997-Restwelt-Modell ist mit einem vorgeschriebenen Aktivkohlefiltersystem zur Kraftstofftankbelüftung ausgerüstet, das allerdings im Vergleich zum Vorgängermodell 996 deutlich vereinfacht wurde.
Der Aktivkohlebehälter ist hinter dem rechten Vorderrad eingebaut und speichert die Kraftstoffdämpfe, die über das Überdruckventil der Tankbelüftung austreten. Während der Reinigungsphase des Aktivkohlebehälters werden die Kraftstoffdämpfe daraus abgesaugt und dem Motor zur Verbrennung zugeführt, während gleichzeitig Frischluft in den Behälter eintritt.

Hinweis:
Aktivkohle hat die Eigenschaft, durch Spülen mit Frischluft wieder regeneriert werden zu können.

Hinweis:
Im Kraftstoffsystem der Restwelt-Modelle entsteht bei geschlossenem Tankdeckel und erwärmtem Kraftstoff ein zusätzlicher Überdruck von bis zu 20 mbar. Das kann beim Öffnen des Tankdeckels zu einem Entlüftungsgeräusch von bis zu 10 Sekunden Dauer führen.

Die Reinigung bzw. Spülung des Aktivkohlefilters wird vom Motorsteuergerät vorgenommen und hängt von diversen Faktoren ab. Das Motorsteuergerät wählt dazu geeignete Betriebssituationen, da bei der Reinigung über die Spülluftleitung Kraftstoffdämpfe in das Ansaugsystem eintreten und das Kraftstoff-Luftgemisch anreichern. Der erste Spülvorgang wird nach dem Anlassen des Motors und dem Eintreten bestimmter Voraussetzungen eingeleitet. Er dauert maximal 250 Sekunden, wird unterbrochen und der nächste Spülvorgang setzt ein, der dann 100 Sekunden dauert.
Je nach Betriebsbedingungen wird dieser Vorgang entsprechend wiederholt.

US-Modelle

Die Belüftung des Kraftstoffsystems der US-Modelle ist deutlich komplizierter als die der Restwelt-Modelle. Die zusätzlichen Besonderheiten sind:

- 4-Kammer-Aktivkohlebehälter (neben der Batterie eingebaut)
- Kraftstoffdunstsammelsystem (Onboard Refuelling Vapour Recovering System ORVR)
- Tankleckage-Diagnosesystem (DM-TL)

Kraftstoffdunstsammelsystem (Onboard Refuelling Vapour Recovering System ORVR)

Dieses System findet sich ausschließlich in den US-Ausführungen des 997.

Durch Einführen der Zapfpistole in die Tanköffnung wird gleich hinter der Dichtklappe ein Reed-Kontakt geschlossen, der das System und das Frischluftventil des Aktivkohlebehälters mit Bordspannung versorgt.

Durch das Tanken werden Kraftstoffdämpfe aus dem Tank gedrückt und gelangen über das Füllstandbegrenzungsventil und das ORVR-Ventil in den Aktivkohlebehälter, über dessen Frischluftventil ein Druckausgleich stattfindet. Bei jedem Anlassen des Motors werden die Kraftstoffdämpfe aus dem 4-Kammer-Aktivkohlebehälter abgesaugt und dem Motor zur Verbrennung zugeführt.

Tankleckage Diagnosemodul (DM-TL)

Dieses System ist ebenfalls nur in den US-Modellen des 997 vorhanden.

Das Diagnosemodul ist eine in sich geschlossene Einheit und besteht aus einer elektrischen Pumpe und einem Umschaltventil. Es kann bereits sehr kleine Leckstellen im Kraftstofftank feststellen.

Kraftstofffördersystem der Modelle mit Direkteinspritzung

Die weltweite Einführung der Motoren mit Direkteinspritzung im Modelljahr 2009 war auch mit einigen Änderungen im Kraftstoffsystem verbunden. Während die Form des Kraftstofftanks gleich blieb und das System weiterhin rücklauffrei war, gelangte der Kraftstoff nicht mehr auf dem direkten Weg vom Tank zu den Einspritzventilen. Durch die Direkteinspritzung (ähnlich der Technik von Dieselmotoren) war eine zusätzliche Technik erforderlich. Das bisher vorhandene Kraftstofffördersystem wurde nun in Niederdrucksystem umbenannt.

Der Kraftstoffdruck im Niederdrucksystem wird vom Kraftstoffdruckregler im Tank auf einem konstanten Wert von 5,0 bar gehalten.

Hinweis:

Der Kraftstoffdruck bei den 997-Modellen mit Saugrohreinspritzung liegt bei ca. 3,8 bar.

Durch die bedarfsgeregelte Kraftstoffförderung kann es dazu kommen, dass der Kraftstoffdruck für kurze Zeit bei extremen Lastschwankungen leicht abweicht. Um Dampfblasenbildung bei heißem Motor zu verhindern, wird nach dem Abstellen der Kraftstoffdruck für mindestens 20 Minuten über 4,0 bar gehalten.

Kraftstoffpumpensteuergerät

Das Kraftstoffpumpensteuergerät ist rechts im Kofferraum untergebracht und sorgt für die richtige Fördermenge auf der Niederdruckseite.

Es erhält seine Befehle vom Motorsteuergerät und schaltet die Kraftstoffpumpe wie folgt ein:

- Beim Einschalten der Zündung läuft die elektrische Kraftstoffpumpe für ca. 3 Sekunden
- Wenn der Motor angelassen wird, erhält die Kraftstoffpumpe je nach Betriebstemperatur für ca. 5 Sekunden die volle Spannung, um eine maximale Kraftstoffförderung zu gewährleisten. Die weitere Pumpenaktivierung hängt vom Kraftstoffbedarf des Motors ab. Bei Leerlaufdrehzahl arbeitet die Pumpe mit der niedrigsten Spannung (> 8 Volt). Steigt der Kraftstoffbedarf an, erhöht das Kraftstoffpumpensteuergerät die Spannung und damit auch die Fördermenge.

Hochdrucksystem der Direkteinspritzung

Im Hochdrucksystem entstehen die erforderlichen Einspritzdrücke von 40 bis 120 bar. Die Hochdruckpumpe fördert den Kraftstoff zu den Sammelrohren der beiden Zylinderbänke. Von dort aus gelangt er zu den Hochdruckinjektoren.

Das Hochdrucksystem besteht aus:

- Hochdruckpumpe mit Abdeckung
- Integriert in die Hochdruckpumpe sind außerdem die Temperaturkompensation, das Durchflusssteuerventil und das Druckbegrenzungsventil.

Steuerung und Temperaturkompensation

In Abhängigkeit von der benötigten Kraftstoffmenge und ihrer berechneten Temperatur regelt das Motorsteuergerät über das Durchflusssteuerventil die Kraftstoffzufuhr zu den Hochdruckinjektoren.
Die Kraftstofftemperatur im Niederdrucksystem wird anhand eines Berechnungsmodells im Motorsteuergerät kalkuliert. Folgende Informationen fließen in die Berechnung ein:

- Außentemperatur
- Temperatur des Durchflusssteuerventils
- Einschaltdauer
- Lastzustand
- Tankinhalt
- Leerlaufphase vor dem Fahren

Hochdruckpumpe

Die Hochdruckpumpe ist als Axialkolbenpumpe mit drei Kolben ausgeführt und wird von der Auslassnockenwelle der linken Zylinderbank angetrieben. Ihre maximale Förderleistung beträgt etwa 180 l/h bei einem Druck von 120 bar.

In die Pumpe integriert sind:

- Durchflusssteuerventil mit Druckregulierung für die Hochdruckseite
- Druckbegrenzungsventil
- Bypass-Ventil
- Temperaturkompensation
- Filtersieb einlassseitig mit 50 µm Netzgitter

Das elektrisch arbeitende Durchflusssteuerventil befindet sich im Einlassbereich (Niederdrucksystem) der Hochdruckpumpe und wird vom Motorsteuergerät überwacht.
Nach dem Abstellen des Motors wird der Druck im Hochdruckbereich durch das integrierte Druckentlastungsventil verringert. Die Überwachung des Kraftstoffdrucks erfolgt über den Kraftstoffdrucksensor.

Falls das Durchflusssteuerventil ausfällt, schaltet das Motorsteuergerät in das Notlaufprogramm. Der Motor kann weiter betrieben werden, allerdings nur noch mit dem Kraftstoffdruck des Niederdrucksystems (5,0 bar). In diesem Fall öffnet das integrierte Bypass-Ventil und stellt eine direkte Verbindung zwischen dem Niederdruck- und dem Hochdruckbereich her. Außerdem leuchtet die Warnleuchte „Check Engine" auf. Das Bypass-Ventil wird auch geöffnet, wenn das Hochdrucksystem befüllt werden muss, z. B. bei einem neuen Fahrzeug oder nach einer umfangreicheren Reparatur.
Das integrierte Druckbegrenzungsventil ist eine Sicherheitseinrichtung. Es verbindet Hochdruck- und Niederdrucksystem, wenn der Kraftstoffdruck im Hochdrucksystem 140 bar überschreitet.

Hochdrucküberwachung

Die Pumpenkolben saugen den Kraftstoff aus dem Niederdrucksystem über das Durchflusssteuerventil und die Einlassventile an und fördern ihn über die Auslassventile in das Hochdrucksystem. Das Druckentlastungsventil hat die Aufgabe, das System vor Überdruck zu schützen und nach dem Abstellen des Motors den Druck aus dem Hochdrucksystem abzulassen.

Vorsicht:
Nach dem Austausch der Hochdruckpumpe muss durch das System ein Feinabgleich bei der Zusammensetzung des Kraftstoff-Luftgemischs vorgenommen werden.

Die Hochdrucküberwachung greift nur bei sehr geringen Durchflussmengen ein, verursacht durch:

- Motor dreht mit Leerlaufdrehzahl
- Hohe Öl- und Kühlmitteltemperatur
- Hoher Kraftstoffanteil aus Tankentlüftung
- Geringe Motorlast (Klimaanlage ausgeschaltet, wenige elektrische Verbraucher)

Hochdruckleitungen

Von der Hochdruckpumpe gelangt der Kraftstoff über Hochdruckleitungen zu den Kraftstoffsammelrohren an Zylinderbank 1 und 2.
Die Sammelrohre befinden sich unter dem Ansaugsystem, fixieren die Hochdruckinjektoren im Zylinderkopf und führen allen Injektoren den Kraftstoff mit dem gleichen Druck zu. Das Volumen der Sammelrohre ist auf den Kraftstoffbedarf des Motors abgestimmt.

Hinweis:
Das Volumen der Kraftstoffsammelrohre beim 997 beträgt etwa 100 cm³.

Das Volumen der Sammelrohre wird durch die Auswirkungen der zulässigen Druckschwankungen und die Motoranlassphase bestimmt. Volumen und interne Widerstände des Hochdrucksystems dämpfen Druckschwankungen, verzögern aber den Druckaufbau beim Anlassen.

Kraftstoffdrucksensor

Der Kraftstoffdrucksensor befindet sich im rechten Kraftstoffsammelrohr und informiert das Motorsteuergerät über den Druck im Hochdrucksystem. Anhand dieser Information reguliert das Steuergerät über das Durchflusssteuerventil die Kraftstoffmenge auf der Hochdruckseite.

Hochdruckinjektoren

Die Motoren mit Direkteinspritzung (MA1.01, MA1.02 und MA1.70) haben unterschiedliche Injektoren, die auf die Erfordernisse jedes Motors abgestimmt sind. Unterschieden werden können sie durch unterschiedliche Ersatzteilnummern und Farbcodes:

- 9A1 110 128 00 MA1.01
- 9A1 110 128 10 MA1.02
- 9A1 110 128 70 MA1.70

Eigenschaften der Hochdruckinjektoren:

- Einspritzmenge bei 40 bar Kraftstoffdruck und 0,6 ms Öffnungszeit = 7,5 mg/Hub
- Einspritzmenge bei 120 bar Kraftstoffdruck und 5,2 ms Öffnungszeit = 80 mg/Hub
- Hub der Ventilnadel ca. 50 µm
- Durchschnittliche Tröpfchengröße ca. 30 µm
- Strahlwinkel ca. 69°
- Spritzwinkel ca. 15°

Hinweis:
Neben der eingespritzten Kraftstoffmenge, der Einspritzzeit und der Tröpfchengröße sind auch die Form und Passung der Injektorventilnadel wichtig.

Funktionsweise der Hochdruckinjektoren

Die elektromagnetischen Hochdruckinjektoren sind auf der Einlassseite im Zylinderkopf angeordnet und sind über einen O-Ring am Kraftstoffsammelrohr abgedichtet.
Sie werden vom Motorsteuergerät entsprechend der Zündfolge aktiviert und spritzen den Kraftstoff mit einem Druck von 40 bis 120 bar direkt in den Brennraum ein. Bevor der Kraftstoff aus dem Injektor austritt, erhält er einen Drall und bildet einen fein zerstäubten konischen Strahl.
In Abhängigkeit vom Betriebszustand (Anlassen, Leerlauf, Teillast, Vollast) wird die benötigte Kraftstoffmenge unter 3.200 min^{-1} in einem, zwei oder drei Intervallen eingespritzt. Das verbessert die Gemischbildung und den Motorlauf. Beim Kaltstart wird Kraftstoff nur unmittelbar vor dem Zünden eingespritzt, um die erforderliche Kraftstoffmenge für den Startvorgang zu reduzieren. Der Einspritzdruck wird verringert, wenn ein vorgegebener temperaturabhängiger Druck von ca. 35 – 100 bar erreicht wurde.

Kraftstofftankbelüftung

Das Kraftstofftankbelüftungssystem der 997-Modelle mit Direkteinspritzung entspricht denen der Modelle mit Saugrohreinspritzung, d. h. ebenfalls unterschiedliche Ausführungen für die Restwelt- und US-Modelle.

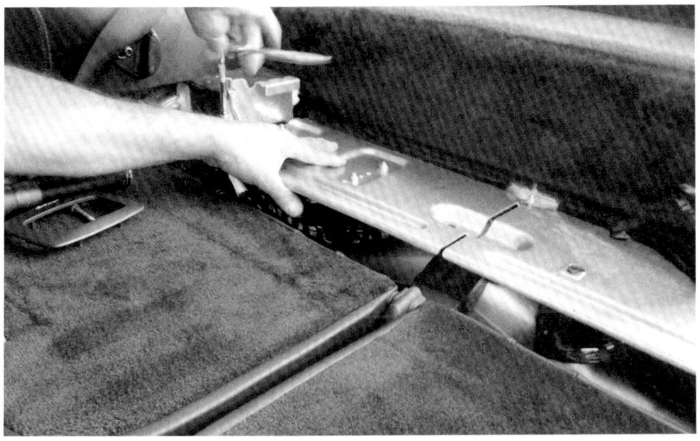

Bauteilsuche

(Bild: Callas Motorsport)

Bosch Motronic 7.8 Motorsteuergerät eines 997 der 1. Generation

(Bild: Callas Motorsport)

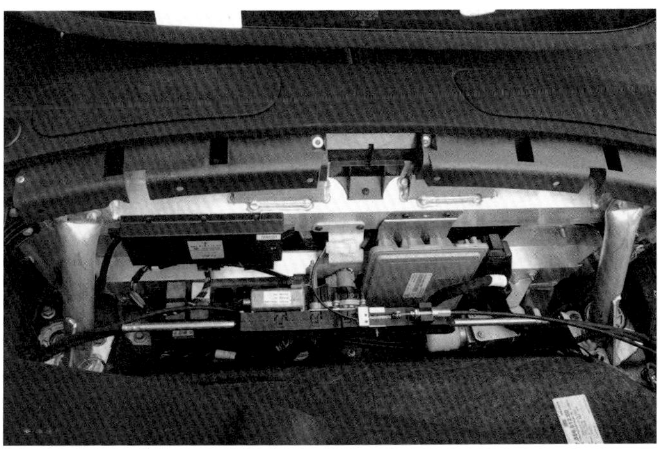

Siemens SDI 3.1 Motorsteuergerät eines 997 Carrera Cabriolet der 2. Generation

(Bild: Callas Motorsport)

Motormanagement

Bosch Motronic 7.8

Betrifft Motortypen mit Saugrohreinspritzung M96.05, M97.01, M97.01S, M97.70, M97.70S, M97.74, M97.76, M97.77 und M97.77R

Alle Modelle der ersten 997-Generation mit Saug- und Turbomotor, sowie noch die GT2 RS- und GT3-Modelle der zweiten Generation waren mit der Digitalen Motorelektronik von Bosch, Steuergerät ME 7.8, sowie einer Variante der Motorsteuerungs- und Onboard-Diagnose-Software 7.8min, 7.8.1 oder 7.8.2 ausgerüstet.

Je nach Modell, Motortyp und Getriebeversion gibt es zwar unterschiedliche Ersatzteilnummern für das Motorsteuergerät, aber die Funktionsweise ist im Prinzip immer gleich (lediglich die hinterlegten Kennfelder oder Sensorwerte sind unterschiedlich). Daher soll in diesem Kapitel beispielhaft mit der Bosch Motronic 7.8min die Standardausführung der Carrera-Modelle beschrieben werden.

Bosch Motronic DME Steuergerät

Im Vergleich zur Ausführung der 996-Baureihe weist das Motorsteuergerät der 997-Modelle eine höhere Rechenleistung und einen größeren Speicher auf, um die gestiegenen Anforderungen der Onboard-Diagnose (OBD) erfüllen zu können. Diese schreiben u. a. vor, dass der Fahrer beim Auftreten eines Fehlers, der Folgen für das Abgasverhalten bzw. den Motor hat, durch ein entsprechendes Signal in der Instrumenteneinheit gewarnt wird. Jedes OBD-System erfüllt alle nationalen Gesetzesvorschriften.

- Warnleuchte „Check Engine" leuchtet = emissionsrelevanter Fehler
- Warnleuchte „Check Engine" blinkt = Fehler beschädigt den Katalysator
- Alle auftretenden Fehler werden mit begleitenden Informationen im Fehlerspeicher des Steuergeräts hinterlegt und können mit dem PIWIS-Tester ausgelesen werden.

Zusätzliche Anforderungen in Kalifornien:

- Umfangreichere Sensordiagnose
- Die Arbeitsbereiche und die Plausibilität emissionsrelevanter Sensorsignale wie Außenluftdruck, Öl- und Außentemperatur müssen überprüft sein.
- Mehr Fehlerangaben; jeder Fehler eines Signals muss separat gespeichert werden.

Die Eigenschaften des Motronic Motorsteuergeräts wurden erweitert, um die Funktionen des optionalen Sport Chrono-Pakets ausführen zu können.
Das Motorsteuergerät der Bosch Motronic 7.8 steuert folgende Bauteile und Systeme:

- Elektronische Drosselklappe
- Sequenzielle Kraftstoffeinspritzung
- Zylinderspezifische Klopfregelung
- Zündanlage mit ruhender Hochspannungsverteilung und Einzelzündspulen
- Lasterfassung über Heißfilm-Luftmassensensor (HFM 5 CL)
- Stereo-Lambda-Regelung
- Beheizte Lambdasonden
- Zwei 3-Wege-Katalysatoren
- Sekundärluftsystem
- Kraftstofftank-Leckagesystem (nur US-Modelle)
- Variocam-Nockenwellenverstellung mit Flügelzellenversteller
- Variocam Plus-Ventilhubsteuerung (nicht GT3)
- Kraftverteilung für Tiptronic und PSM
- Onboard-Diagnosesysteme für Emissionskontrolle (OBD II und EOBD)
- Stufenlose Regelung der Kühlerlüfterdrehzahl
- Motorraumgebläse
- Klimaanlagenkompressor
- Tempostatfunktion (mit elektronischer Drosselklappe)
- Heckspoiler-Aktivierung (abhängig von Fahrgeschwindigkeit und Motorraumtemperatur)
- Sport Chrono Paket Plus (Individualausstattung)
- Resonanzkammer in Luftfilterkasten (nur 997 S)

Das Motorsteuergerät hat folgende Anschlüsse bzw. verarbeitet folgende Informationen:

- Spannungsversorgung über die Klemmen 15, 30, 87 und Masse
- Geschwindigkeitssignale
- Einlassnockenwellenpositionen über die Hallsensoren der Zylinderbänke 1 und 2
- Lastsignal und Ansauglufttemperatur über den Heißfilm-Luftmassensensor HFM 5
- Kühlmitteltemperatur
- Klopfsensorsignale von Zylinderbank 1 und 2
- Lambdasondensignale vor Katalysator von Zylinderbank 1 und 2
- Potenziometer 1 und 2 der elektronischen Drosselklappe
- Öltemperatur und Ölstand
- Öldruck
- Motorraumtemperatur
- Tankleckagen über Diagnosemodul (nur US-Modelle)
- CAN-Bus-Information
- Bremslichtschalter
- Kupplungspedalschalter
- Kraftstoffstand

Zum Anlassen des Motors und im Motorbetrieb steuert das Motorsteuergerät folgende Bauteile:

- Anlasserrelais
- Kraftstoffpumpenrelais
- Einspritzventile der Zylinder 1 – 6
- Einzelzündspulen der Zylinder 1 – 6
- Drosselklappenposition (elektronische Drosselklappe)
- Tempostat
- Lambdasondenheizung
- Schaltventil für Nockenwellenverstellung für Zylinderbank 1 und 2
- Schaltventil für Ventilhubverstellung für Zylinderbank 1 und 2
- Schaltventil für Resonanzklappe
- Tankbelüftungsventil
- Tankleckage-Diagnosemodul (nur US-Modelle)
- Sekundärluftpumpe
- Kühlerlüfter links und rechts (über zusätzliches Steuergerät)
- Motorraumgebläse
- Kühlmittel-Abschaltventil (nur Tiptronic S)
- Klimakompressorrelais
- Schaltventil für Resonanzkammer im Luftfiltergehäuse (nur S-Modelle)

Beim Betätigen des Sport Chrono-Knopfes schaltet das Steuergerät diese zusätzlichen Funktionen:

- Spontanere Reaktion auf Stellungsänderungen des Gaspedals durch Anpassung der Einspritzmenge und des Zündzeitpunkts, besonders beim Gaswegnehmen, um dynamischere Laständerungen zu erhalten
- Optimierter Einsatz des Drehzahlbegrenzers. Sobald der Motor die Maximaldrehzahl erreicht hat, wird umlaufend zwischen den Zylindern die Kraftstoffeinspritzung und Zündung abgeschaltet, anstatt für alle gleichzeitig. Dadurch kann der Fahrer besser die idealen Schaltpunkte herausfinden, um so wenig wie möglich an Vortrieb zu verlieren. Der optimierte Drehzahlbegrenzereinsatz ist in allen Gängen des Schaltgetriebes und in der Fahrstufe „M“ der Tiptronic aktiv.

CAN-Bus (Controller Area Network)

Ein internes Hochgeschwindigkeitsnetzwerk erlaubt den schnellen Datenaustausch zwischen den vielen Steuergeräten des 997. Dieses interne Datennetzwerk wird als Controller Area Network oder CAN-Bus bezeichnet.
Über den CAN-Bus kommuniziert das Motorsteuergerät mit diesen weiteren Steuergeräten bzw. Sensoren:

- Gateway-Steuergerät
- Zündanlassschalter-Steuergerät (Porsche Access System)
- Tiptronic S-Steuergerät
- Porsche Stability Management-Steuergerät
- Lenkwinkelsensor
- Querbeschleunigungssensor
- Airbag-Steuergerät
- Klimaanlagen-Steuergerät

Das Motorsteuergerät befindet sich rechts hinten im Innenraum an der Unterseite einer Verkleidung. Um Zugang zum Steuergerät zu erhalten, muss die Verkleidung ausgebaut und umgedreht werden – die bisher am schwierigsten zugängliche Anordnung für dieses Bauteil.

Motorstart

Zum Anlassen des Motors muss der ins Zündschloss gesteckte Zündschlüssel erkannt worden sein und das Kupplungspedal (Schaltgetriebe) oder Bremspedal (Tiptronic S) betätigt werden. Fahrzeuge mit Tiptronic S können nur in der Wählhebelstellung P (Park) oder N (Neutral) gestartet werden.

Betriebsmodi des Motorsteuergeräts

Offener Regelkreis

Solange die beiden Lambdasonden ihre Betriebstemperatur noch nicht erreicht haben, arbeitet das Steuergerät ohne Lambda-Regelung.

Geschlossener Regelkreis

Sobald die beiden Lambdasonden ihre Betriebstemperatur erreicht haben, schaltet das Steuergerät in den geschlossenen Regelkreis um. Die Sondensignale dienen als Grundlage zur Anpassung des Kraftstoff-Luftgemischs an die Gesetzesvorgaben für das Abgasverhalten.

Notlaufprogramm

Falls bestimmte Sensoren oder Bauteile ausfallen, kann das Steuergerät noch in das Notlaufprogramm umschalten und einen stark eingeschränkten Motorbetrieb aufrecht zu erhalten. Das Aktivieren des Notlaufprogramms wird durch das Aufleuchten der Warnleuchte „Check Engine" angezeigt.

Was versteht man unter Direkteinspritzung (DFI)?

Bei einem Motor mit Direkteinspritzung wird der Kraftstoff zur Gemischbildung direkt in den Brennraum eingespritzt. Unterschiede zu den bisherigen Motoren:

- Motorsteuergerät Siemens EMS SDI 3.1, angepasst an die Erfordernisse des neuen Einspritzsystems und die landesspezifischen Anforderungen
- Zylinderköpfe an DFI angepasst
- Kolben an DFI angepasst
- Höheres Verdichtungsverhältnis
- Elektronisch geregelte Ölpumpe mit Bedarfsförderung
- Neues hubraumspezifisches Ansaugsystem
- Überarbeitetes Niederdruck- und neues Hochdruck-Kraftstoffsystem
- Neue hubraumspezifische Abgasanlage

Vorteile der Direkteinspritzung:

- Bessere Zylinderfüllung
- Geringere Klopfneigung
- Höheres Verdichtungsverhältnis möglich
- Verbessertes Kaltstartverhalten
- Mehrfacheinspritzung möglich

Die Direkteinspritzung der MA1.XX-Motoren basiert auf einer homogenen Gemischbildung. Dabei wird der in den Brennraum eingespritzte Kraftstoff möglichst gleichmäßig verteilt und mit der Luft vermischt, um einen optimalen Verbrennungsvorgang zu erzielen.
Die Konizität des Kraftstoffstrahls und der Spritzwinkel sind für diesen Zweck genau ausgerichtet. Durch einen Drall in der Austrittsdüse des Einspritzventils bildet sich die gewünschte konische Kraftstoffwolke, und die sehr feine Zerstäubung lässt den Kraftstoff schneller in den gasförmigen Zustand übergehen. Die entstehende Verdunstungskälte senkt die Temperatur der angesaugten Luft, die deshalb weniger Raum einnimmt. So kann bei geöffnetem Einlassventil mehr Luft einströmen, was wiederum die Füllung verbessert. Bei niedrigeren Temperaturen sinkt auch die Klopfneigung, was wiederum ein höheres Verdichtungsverhältnis ermöglicht und die Effizienz des Motors verbessert.

Siemens EMS SDI 3.1

Die neuen MA1.XX-Motoren mit Direkteinspritzung erhielten auch ein neues Steuergerät. Ein von Continental entwickeltes und von Siemens gebautes Steuergerät mit der Bezeichnung EMS SDI 3.1 ersetzt das bisherige Bosch Motronic Steuergerät 7.8.

Das neue Steuergerät weist eine größere Rechenleistung bei dreifacher Rechengeschwindigkeit und 65% höherer Speicherkapazität auf. Eine Direkteinspritzung erfordert deutlich mehr Funktionen und eine schnellere Datenverarbeitung. Verantwortlich dafür sind in erster Linie die Mehrfacheinspritzung und die umfangreicheren Kennfelder, auf deren Daten zuruckgegriffen wird.

Zum Öffnen der DFI-Hochdruckinjektoren sind 75 Volt Gleichspannung erforderlich. Erzeugt wird diese Spannung über einen 12V/75V-Spannungswandler, der sich im Motorsteuergerät befindet.

Vorsicht:
Einige Bereiche des Spannungswandlers werden sehr heiß, und diese Wärme wird über das Aluminiumgehäuse abgeleitet.

Neben dem vollständigen Betrieb der Direkteinspritzung steuert das neue Motorsteuergeräts SDI 3.1 auch die Förderleistung der bedarfsgeregelten Ölpumpe und die Schaltanzeige in der Instrumenteneinheit.

Dazu tauscht es Daten mit den Steuergeräten des Porsche Doppelkupplungsgetriebes (PDK), des Porsche Stability Managements (PSM) und des Porsche Traction Managements (PTM) aus.

Als Eingangssignale dienen unter anderem:
- Kurbelwellenposition und -drehzahl
- Einlassnockenwellenposition
- Lastsignal über Heißfilm-Luftmassensensor
- Gaspedalstellung
- Drosselklappenposition
- Klopfsensorsignale (für zylinderselektive Klopfregelung)
- Lambdasondensignale (vor jedem Katalysator ist eine Breitbandlambdasonde angeordnet, um einen doppelten geschlossenen Regelkreis zu ermöglichen); zwei weitere Lambdasonden (Spannungssprungsonden) sind hinter den Katalysatoren vorhanden, um die Katalysatorfunktion zu überwachen
- Temperaturen (Kühlmittel, Ansaugluft, Motoröl, Umgebung)
- Fahrgeschwindigkeit
- Klimaanlagenleistung
- Kraftstoffdruck auf Hochdruckseite
- Öldruck
- Umgebungsluftdruck

CAN-Bus

Über den CAN-Bus erhält das Motorsteuergerät Daten von:
- Fahrzeugdynamiksteuerung
- Getriebesteuerung
- Wegfahrsperre
- Instrumenteneinheit
- Klimaanlagensteuerung

Zur Ausführung der gewünschten Funktionen aktiviert das Motorsteuergerät folgende Bauteile:
- Sechs Zündmodule (Einzelzündspulen mit integrierter Endstufe)
- Sechs Hochdruckinjektoren
- Kraftstoffpumpen-Steuergerät (für bedarfsgerechte Kraftstoffförderung der tankintegrierten Kraftstoffpumpe auf der Niederdruckseite)
- Durchflusssteuerventil (für Kraftstofffluss auf der Hochdruckseite)
- Stellmotor der elektronischen Drosselklappe
- Vier Lambdasondenheizungen
- Zwei Flügelzellenversteller zur Anpassung der Einlassnockenwellenstellung
- Zwei Ventilhubversteller zur Änderung der Einlassventilhübe
- Tankbelüftungsventil
- Motorraumgebläse
- Anlasser
- Bedarfsgerechte Ölversorgung
- Resonanzklappe (nur S-Modelle)
- Warnleuchte Check Engine

Identisch mit dem bisherigen Steuergerät von Bosch sind die Betriebsmodi Offener Regelkreis, Geschlossener Regelkreis und Notlaufprogramm.

Bei Auftreten eines Fehlers setzt das neue Steuergerät auch wieder einen Fehlercode (siehe Anhang C), der durch den PIWIS-Tester oder einen anderen geeigneten Motortester ausgelesen werden kann.

Neue und gebrauchte Bosch-Zündkerzen

(Bild: Rennlist)

Einzelzündspule

(Bild: Rennlist)

Zündkerzen von nahem besehen, gut erkennbar sind die vier Masseelektroden.

(Bild: Rennlist)

Zündanlage

Motoren mit Saugrohreinspritzung

Beim Zündsystem der 997-Motoren M96 und M97 handelt es sich um eine ruhende Hochspannungszündung. Jeder Zylinder besitzt eine eigene Zündspule, es ist kein Zündverteiler mit Verteilerkappe und Zündkabeln vorhanden. Die Auslösung des Zündfunkens erfolgt bei den Motoren mit Saugrohreinspritzung über das Steuergerät der Motronic.

Das Zündsystem des 997 besteht aus den folgenden Komponenten:

- Motronic Steuergerät mit sechs integrierten Endstufen
- Sechs Einzelzündspulen, die direkt auf die Zündkerzen aufgesetzt sind
- Sechs Gleitfunken-Zündkerzen mit vier Masseelektroden
- Kabelbaum zur Verbindung der Zündspulen mit den entsprechenden Endstufen im Steuergerät

Die Verbindung zwischen dem Hochspannungsausgang der Zündspulen und der Zündkerze erfolgt über einen Steckeraufsatz mit einem Widerstand mit 2 kΩ.

Hinweis:

Eine häufige Ursache für das Blinken der Motorwarnleuchte ist der Ausfall einer oder mehrerer Zündspulen, meist verursacht durch Alterungsprozesse oder Wärme. Das Motorsteuergerät erkennt dies als Fehlzündung und schaltet daher die Warnleuchte ein.

Systemfunktion

Zur Berechnung des Zündzeitpunkts zieht das Motorsteuergerät Informationen über die Motorlast, Motordrehzahl und Ansauglufttemperatur heran. Im Zündkennfeld ist der optimale Zündzeitpunkt für die verschiedenen Drehzahlen und Lastzustände hinterlegt. Beim Starten ist in erster Linie das Signal des Kurbelwellensensors ausschlaggebend; sobald der Motor läuft, wird der Zündzeitpunkt ständig an die vorherrschenden Betriebsbedingungen angepasst.

Darüber hinaus berechnet das Steuergerät den optimalen Schließwinkel. Der Begriff stammt noch aus der Zeit der Unterbrecherkontakte und drückt die Zeitspanne aus, während dieser der Primärstrom zum Aufbauen des Magnetfelds eingeschaltet ist. Am Ende des Schließwinkels bzw. der Schließzeit wird der Primärstrom abgeschaltet und das Magnetfeld bricht zusammen.

Die Magnetfeldlinien schneiden die Sekundärwicklungen und induzieren dort die Hochspannung, die in einem Funkenüberschlag an der Zündkerze resultiert.
Für die Berechnung des Schließwinkels verwendet das Motorsteuergerät die Informationen Motordrehzahl und Batteriespannung. Bei niedriger Batteriespannung erhöht sich entsprechend die Einschaltdauer des Primärstroms.
Die Motordrehzahlinformation dient dazu, den Schließwinkel so zu steuern, dass der Primärstrom so kurz wie möglich und lang wie nötig eingeschaltet ist, um die thermische Belastung der Zündspulen gering zu halten und trotzdem auch bei hohen Drehzahlen einen kräftigen Zündfunken zu erzeugen.
Durch die seitliche Anordnung der vier Masseelektroden an den Zündkerzen gleitet der Funke zuerst von der Mittelelektrode kommend über den Keramikisolator und springt dann zur Masseelektrode über. Damit wird ein sicherer Funkenüberschlag gewährleistet, was eine gute Verbrennung und verringerte Abgasemissionen sicherstellt.

Motoren mit Direkteinspritzung (DFI)

Die Motorenbaureihe MA1.XX ist mit der gleichen Zündsystembauart ausgerüstet wie der Porsche Cayenne mit V8-Motor und Direkteinspritzung. Für den Einsatz in den 6-Zylinder-Boxermotoren musste das Motorsteuergerät von Siemens unter anderem durch andere Zündkennfelder entsprechend angepasst werden.
Auch hier handelt es sich um eine ruhende Hochspannungszündverteilung mit direkt auf den Zündkerzen montierten Zündspulen. Allerdings sind im Vergleich zum Zündsystem der 1. Modellgeneration die Leistungsendstufen in die Zündspulen integriert. Dadurch wird das Motorsteuergerät thermisch entlastet, weil es nur noch einen geringen Steuerstrom entsprechend der Zündfolge 1-6-2-4-3-5 für die Einzelfunkenspulen schalten muss.
Falls das Steuergerät den Ausfall einer Zündspule erkennt, wird auch die Kraftstoffeinspritzung des betreffenden Zylinders abgeschaltet.
Die Verbindung des Hochspannungsausgangs der Zündspule mit der Zündkerze erfolgt über eine kurze Steckverbindung; die Zündspule ist mechanisch mit einer Befestigungsschraube fixiert. Sowohl der vierpolige Niederspannungsanschluss als auch der Hochspannungsausgang sind gegen Wassereintritt abgedichtet.
Im Gegensatz zu den Zündspulen des Cayenne V8 ist die Endstufe der 997-Zündspule direkt im gedruckten Schaltkreis (Platine) des Moduls integriert. Auch sind im Vergleich zum Cayenne keine außenliegenden Kühlrippen am Modul vorhanden, alle Kühlungsmaßnahmen befinden sich auf der Platine.
Die vier Masseelektroden der Zündkerze sind gleichmäßig um die Mittelelektrode angeordnet. Bei dieser als Gleitfunken-Zündkerze bezeichneten Bauart verläuft die Funkenstrecke von der Mittelelektrode zuerst über den Isolator und weiter über einen kleinen Luftspalt zur Masseelektrode. Der Vorteil dieser Gleitfunkenkerzen ist der höhere Selbstreinigungseffekt, weil jegliche Ablagerungen, die sich zum Beispiel während der Startphase bilden können, durch den Funkenüberschlag beseitigt werden.
Die Klopfsensoren sind ähnlich wie bei der Saugrohreinspritzung in das Zündsystem der Direkteinspritzung integriert.
Auf jeder Kurbelgehäuseseite ist ein Klopfsensor angeordnet, um Selbstzündungserscheinungen in den jeweiligen Zylindern zu erkennen. Um das Klopfen zu verhindern, greift die zylinderselektive Klopfregelung in die elektronische Zündverstellung ein. Anhand der Klopfsensorsignale nimmt das Motorsteuergerät den Zündzeitpunkt des klopfenden Zylinders so weit zurück, bis das Klopfen aufhört. Falls ein Klopfsensor ausfällt, wird der Zündzeitpunkt aller Zylinder an eine Sicherheitsgrenze zurückverlegt, was zu einer deutlich geringeren Leistung und einem erhöhten Kraftstoffverbrauch führt.

Vorsicht:
Um Klopfen vorzubeugen, betanken Sie Ihren 997 niemals mit einem Kraftstoff, dessen Oktanzahl niedriger ist, als in der Betriebsanleitung oder auf dem Aufkleber unter der Tankklappe angegeben.

Sekundärluftsystem

Geschichte

Das erste Sekundärluftsystem an einem Porsche 911 wurde 1976 bei den Modellen für die Schweiz installiert und etablierte sich schnell auch in anderen Landesausführungen als Maßnahme zur Abgasreinigung. Nach der Einführung der Katalysatortechnik als Standardsystem zur Abgasreinigung in Verbindung mit der Bosch Motronic verschwand 1986 das Sekundärluftsystem bis auf die USA in den meisten Ländern.

1991 kehrte das Sekundärluftsystem bei den Turbomotoren wieder zurück, blieb aber bei den Saugmotoren bis Modelljahr 2000 nur den US-Ausführungen vorbehalten.

Das Sekundärluftsystem ist nicht nur bei den 997-Modellen mit Saugrohreinspritzung eingebaut. Zwar ist es bei den Motortypen mit Direkteinspritzung MA1.01, MA1.01S und MA1.02 nicht vorhanden, aber die Turbomotoren MA1.70 und MA1.70S sind weiterhin damit ausgestattet, wenn auch mit einigen Änderungen, wie zum Beispiel an der Sekundärluftpumpe.

Systemkomponenten und Funktionsweise

Komponenten

- Elektrische Sekundärluftpumpe
- Rückschlagventil
- Leitungssystem zu den Zylinderbänken

Aufgabe

Das Sekundärluftsystem hat die Aufgabe, während der Warmlaufphase Frischluft (Sauerstoff) in das Auspuffsystem einzuleiten. Durch den Sauerstoffeintritt findet eine Nachverbrennung der Abgase statt, die zu höheren Abgastemperaturen führt und so die Katalysatoren schneller ihre Betriebstemperatur erreichen lässt. Bis zum Erreichen dieses Betriebszustands arbeitet das Steuergerät mit einem offenen Regelkreis und die Abgasreinigung wird nach vorgegebenen Werten vorgenommen.

Funktionsweise

Das Sekundärluftsystem wird über das Motorsteuergerät aktiviert.

Die Sekundärluftpumpe fördert Außenluft über das Rückschlagventil in das zu den Zylindern führende Leitungssystem, wo sie unmittelbar hinter den Auslassventilen in die Auslasskanäle eintritt. Dort findet eine Nachverbrennung der Abgase statt, da in dieser Betriebsphase durch ein relativ fettes Kraftstoff-Luftgemisch der Anteil der unverbrannten Kohlenwasserstoffe im Abgas relativ hoch ist. Damit erreichen die Katalysatoren schneller ihre Arbeitstemperatur, die ab ca. 350°C beginnt.

Das Sekundärluftsystem wird beim ersten Kaltstart aktiviert, sofern die Kühlmitteltemperatur zwischen -10°C und +42°C liegt. Falls der Motor mit Leerlaufdrehzahl oder nur knapp darüber arbeitet, läuft die Sekundärluftpumpe für ca. 60 Sekunden. Bei Teillast verlängert sich die Dauer um ca. 20 Sekunden auf 80 Sekunden. Sollte während des Betriebs des Sekundärluftsystems eine Einlassluftmasse von 332kg/h gemessen werden (starke Beschleunigung), wird das System abgeschaltet.

1 Lufteintritt
2 Luftfilter
3 Ausgang
4 Rotor
5 Elektromotor
6 Motorgehäuse
7 Rotorgehäuse
8 Luftfiltergehäuse

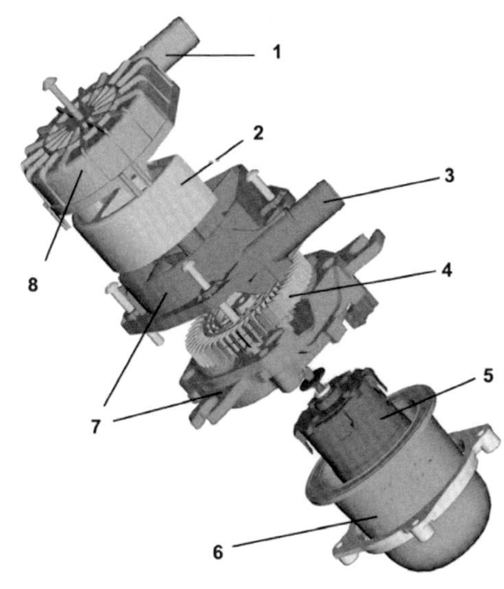

Explosionszeichnung der Sekundärluftpumpe
(Bild: Porsche AG)

Abgasanlage eines M97.01-Motors mit Saugrohreinspritzung
(Bild: Adrian Streather)

Auspuffanlage eines M97.70-Motors mit Turboaufladung
(Bild: Porsche AG)

Auspuffanlage eines M97.70S-Motors mit Turboaufladung; im Gegensatz zum M97.70 besteht der Schalldämpfer aus Titan.
(Bild: Porsche AG)

Abgasanlage

Motoren mit Saugrohreinspritzung

Auspuffanlage und Abgasreinigung

Lärmreduzierende Maßnahmen

Die Auspuffanlagen innerhalb der gesamten 997-Baureihe wurden von der Porsche-Entwicklungsmannschaft so gestaltet, dass sowohl für den Fahrer, den Beifahrer und auch für Außenstehende kein Zweifel besteht, dass hier ein echter Porsche fährt und gleichzeitig die weltweit gültigen Vorschriften eingehalten werden.
Eine gleichzeitige Verringerung der Wind- und Reifenabrollgeräusche erlaubte zudem, dem Motorsound mehr Aufmerksamkeit zu schenken.

Abgasvorschriften

Alle 997-Modelle mit Saugrohreinspritzung (Motortypen M96 und M97) erfüllen die EURO4-Abgasvorschrift sowie die LEV (Low Emission Vehicle) in den USA.

Auspuffanlage

Der grundsätzliche Aufbau der 996-Auspuffanlage von 2004 wurde für die erste 997-Generation im Prinzip übernommen; einschließlich der Auspuffkrümmer, Katalysatoren und Schalldämpfer.
Allerdings konnte durch die Reduzierung der Wandstärke an allen Bauteilen im Vergleich zur 996-Anlage ca. 5,5 kg Gewicht eingespart werden.
Der 3,8-Liter-Motor M97.01 des 997 S erhielt geänderte Auspuffkrümmer, die eine leistungssteigernde Zusammenführung der Abgasströme ermöglichen.

Katalysatoren

Alle 997-Modelle weltweit verfügen über zweistufige Katalysatoren.

Zum Katalysatorsystem gehören:
- Zwei 3-Wege-Katalysatoren für Zylinderbank 1
- Zwei 3-Wege-Katalysatoren für Zylinderbank 2
- Zwei Lambdasonden (Spannungssprungsonden) vor den Katalysatoren
- Zwei Lambdasonden (Spannungssprungsonden) nach den Katalysatoren

Schalldämpfer
Für die Erfüllung der länderspezifischen Geräuschvorschriften gibt es drei verschiedene Schalldämpferversionen mit entsprechender Abdeckung für die Einzelrohre der 3,6-Liter-Modelle bzw. der Doppelrohre für den 3,8-Liter Carrera S.

Funktionsweise
Die ausströmenden Abgase aus den Brennräumen der linken bzw. rechten Zylinderbank gelangen bei den Saugmotoren über den jeweiligen Auspuffkrümmer zu den zweistufigen Katalysatoren.
Bei den Motoren mit Turboaufladung verläuft die Abgasführung anders, weil die Strömungsenergie der Abgase zum Antrieb der VTG-Turbolader verwendet wird (Beschreibung folgt).
Nach den Katalysatoren gelangen die Auspuffgase durch die Schalldämpfer und die Endrohre ins Freie.
Die Auspuffanlage ist mit diversen Halterungen am Motor befestigt und mit Hitzeschutzschilden versehen, um die Karosserie und den Motor von der Strahlungswärme abzuschirmen.

Auspuffanlage der Turbomotoren
Die Auspuffanlage des Motortyps M97.70 ist teilweise neu. Durch verbesserte Katalysatoren und ein überarbeitetes Sekundärluftsystem konnten sowohl die Abgasvorschriften EURO 4 als auch USA LEV II erfüllt, und zudem Gewicht eingespart werden.
Im Vergleich zum 996 Turbo ist die Auspuffanlage durch eine dünnwandigere Ausführung ca. 4 kg leichter.
Außerdem sind die Endrohre etwas höher als beim Vorgängermodell angeordnet und ähnlich wie beim Carrera GT in die Heckschürze integriert.

Funktionsweise
Die Zusammenführung der Abgase aus den beiden Zylinderbänken erfolgt jeweils über extrem kurze Auspuffkrümmer und dann weiter zu den Abgasturbinen der Turbolader.

Hinweis:
Durch kurze Auspuffkrümmer können die Strömungsenergieverluste der Auspuffgase vor dem Eintritt in den Turbolader klein gehalten und die Ansprechzeit des Motors verkürzt werden (Stichwort „Turboloch").

Die linke und rechte Katalysator-/Schalldämpfereinheit ist direkt am linken und rechten Turbolader angeflanscht. So erreicht der kleinere Katalysator schon recht schnell nach dem Anlassen seine Betriebstemperatur. Von dort gelangt das Abgas über den Hauptkatalysator in den Schalldämpfer und schließlich über die Endrohre ins Freie.
Der 3,6-Liter-Motor M97.70S mit Saugrohreinspritzung der GT2- bzw. GT2 RS-Modelle hat gegenüber dem M97.70-Motor eine abweichende Auspuffanlage und größere VTG-Turbolader. Zudem ist der Schalldämpfer aus Titan.

Ein Turbomotor auf dem Prüfstand
(Bild: Porsche AG)

Motoren mit Direkteinspritzung

Abgasanlage und Abgasreinigung

Die Abgasanlage der DFI-Motoren wurde konstruktiv überarbeitet, um bei maximaler Leistung die geringsten Schadstoffemissionen zu erzeugen. Geändert ist unter anderem:

- Formgebung der Auspuffkrümmer
- Anordnung der Katalysatoren
- zusätzlicher Vorschalldämpfer

Das Auspuffsystem aller MA1.XX-Saugmotoren ist gleich, einziger Unterschied ist die Form der Endrohre.
Abweichend davon ist die Auspuffanlage des Turbomotors MA1.70, da hier die Auspuffgase die beiden VTG-Turbolader antreiben müssen.

Abgasreinigung

Die neue Auspuffanlage ermöglicht in Verbindung mit der Direkteinspritzung die Einhaltung der Abgasnormen EURO 5 für Europa sowie LEV II für die USA.

Auspuffkrümmer und Katalysatoren

Die überarbeiteten Auspuffkrümmer weisen eine nahezu einheitliche Länge auf, die den Gaswechsel begünstigt und zu ausgeglichenen Verbrennungsprozessen in allen Zylindern führt. Eine weitere Neuerung ist die Anordnung der Katalysatoren. Bei den neuen Modellen sind die Katalysatoreinheiten in die Auspuffkrümmer integriert, während sie zuvor quer hinter dem Motor angebracht waren. Dadurch entfällt eine zusätzliche Flanschverbindung und die Katalysatoren erreichen besonders beim Kaltstart schneller ihre Betriebstemperatur. Das war eine Voraussetzung für das Erfüllen der EURO 5-Norm und ist in Verbindung mit einer besonderen Aufheizphase durch die Direkteinspritzung so effektiv, dass bei den Saugmotoren auf das Sekundärluftsystem verzichtet werden konnte. Weiterhin mit Sekundärluftsystem ausgestattet ist der Turbomotor MA1.70. Als Trägermaterial innerhalb der Katalysatoren kommt bei den DFI-Motoren Keramik zum Einsatz.

Vorschalldämpfer

Der Vorschalldämpfer ist ein weiteres neues Merkmal der zweiten 997-Generation. Er ist quer hinter dem Motor angeordnet und ergänzt die beiden Hauptschalldämpfer.
Um die unterschiedlichen weltweiten Geräuschvorschriften zu erfüllen, gibt es den Vorschalldämpfer in verschiedenen Ausführungen, die sich durch einen geänderten inneren Aufbau unterscheiden.

Funktionsweise

Die Auspuffgase der Zylinderbank 1 (links) gelangen vom Auspuffkrümmer an der Breitband-Lambdasonde vorbei zur Katalysatoreinheit. Danach passieren sie den Vor- und Hauptschalldämpfer und treten über die Doppelendrohre ins Freie. Für die Abgase der rechten Zylinderbank sind die gleichen Komponenten noch einmal vorhanden.

Abgasanlage der Turbomotoren

Der Turbomotor MA1.70 mit Direkteinspritzung erhielt eine Edelstahlabgasanlage und erfüllt ebenfalls die Abgasnormen EURO 5 und USA LEV II. Die Funktionsweise und Verbindungen zu den VTG-Turboladern sind identisch mit dem Vorgängermotor M97.70.

Der Turbomotor MA1.70 ist mit einer Edelstahlabgasanlage ausgestattet.

(Bild: Porsche AG)

Der Turbomotor M97.70 mit VTG-Turboladern in Standardgröße
(Bild: Porsche AG)

Die Turbolader des Motortyps M97.70S sind größer dimensioniert.
(Bild: Porsche AG)

VTG-Turbolader in Standardgröße (Bild: Porsche AG)

VTG-Turbolader

Die Turbolader mit variabler Geometrie (VTG) der 997-Turbomotoren M97.70, M97.70S, MA1.70 und MA1.70S sind wasser- und ölgekühlt und weisen verstellbare Leitschaufeln vor dem Turbinenrad auf.

Hinweis:
Der Turbolader des M97.70S-Motors (GT2 und GT2 RS) ist größer, hat ein geändertes Turbinenrad, eine verbesserte Abgasführung und ein größeres Verdichterrad als der Turbolader des M97.70-Motors.

Hinweis:
Die Ölbehälter unter den VTG-Turboladern haben keine Ablassschraube.

Die VTG-Technologie wurde für Seriendieselmotoren 1996 eingeführt, und im Modelljahr 2006 erhielt der 997 Turbo diese Technik. Schlüsselelement der variablen Turbinengeometrie (VTG) sind verstellbare Leitschaufeln, mit denen die Strömungsgeschwindigkeit der Abgase vor dem Auftreffen auf das Turbinenrad verändert werden kann.
Der Einsatz dieser Technik in Ottomotoren ist aufgrund der deutlich höheren Abgastemperaturen schwieriger als bei Dieselmotoren. So liegt die Spitzentemperatur am Turbineneingang bei Benzinmotoren bei ca. 1.000°C, bei Dieselmotoren nur bei 700°C. Diese wesentlich höhere Temperatur stellt für das Material und die Konstruktion eine erhebliche Mehrbelastung dar. Bei den VTG-Ladern von Porsche sind daher neben sorgfältig ausgewählten Werkstoffen ein zweistufiges Ölkühlsystem einschließlich einer nachlaufenden Pumpe, sowie ein zusätzlicher Kühlmittelanschluss für das Lagergehäuse vorhanden.

VTG-Prinzip

Ein Turbolader mit einer variablen Turbinengeometrie verbindet die Vorteile eines kleinen und eines großen Turboladers. Durch die geringere Masse des Turbinenrads reagieren kleine Turbolader spontaner auf den auftreffenden Abgasstrom. Größere Turbolader weisen hier eine deutliche größere Verzögerung auf („Turboloch", bekannt z. B. vom Porsche 930), denn es dauert erheblich länger, bis das schwere Turbinenrad vom Abgasstrom beschleunigt werden kann. Anders ausgedrückt vergeht mehr Zeit, bis der Abgasstrom beim vollen Beschleunigen die Turbinendrehzahl ansteigen lässt, als bei einem kleineren Lader.

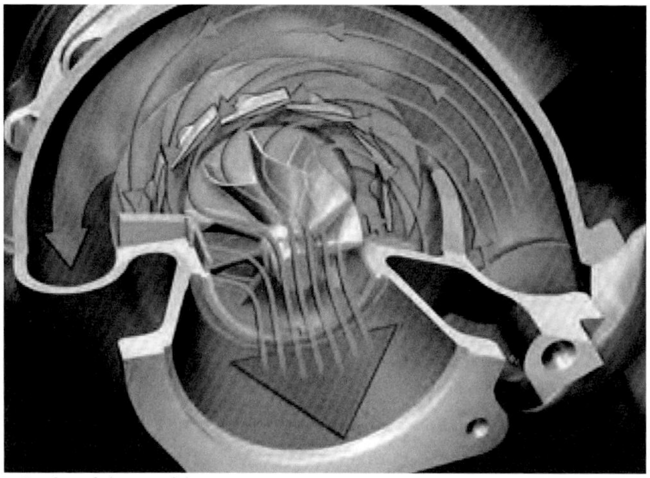
Leitschaufeln geschlossen

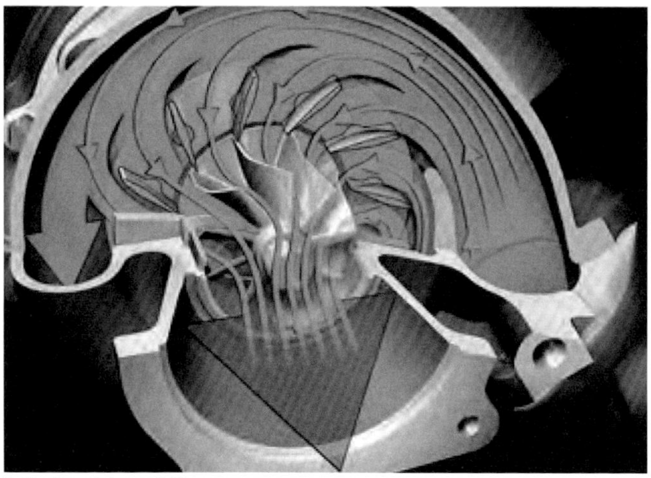
Leitschaufeln geöffnet

Leitschaufel-Darstellung
(Bild: Porsche AG)

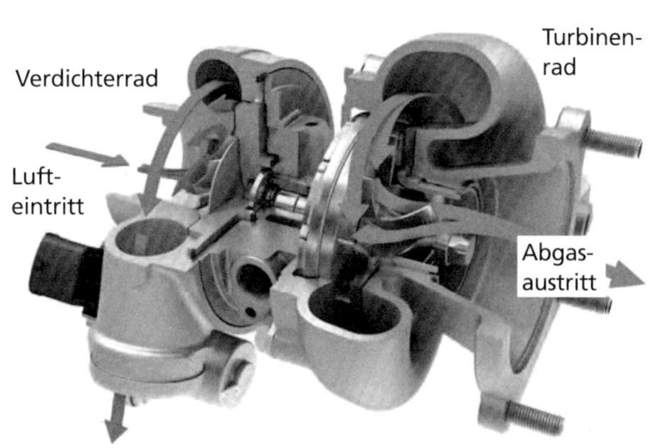

Strömungsverlauf in einem VTG-Turbolader
(Bild: Porsche AG)

Ist allerdings die Turbine eines großen Turboladers auf Drehzahl gebracht, ist der Durchflusswiderstand des Abgases im Lader bei hohem Gasdurchsatz geringer. Das liegt in den großen Strömungsquerschnitten des Gehäuses begründet und erlaubt einen besseren Gaswechsel und einen höheren Ladedruck, was letztendlich die Leistung steigert. Größere Turbolader erzeugen also eine höhere Leistung, reagieren aber dafür träger.
Eine variable Turbinengeometrie ermöglicht die kürzeren Ansprechzeiten eines kleinen Turboladers und gleichzeitig die Förderleistung eines großen Turboladers.
Der VTG-Turbolader weist durch Schließen von Leitschaufeln im Turbinengehäuse die Charakteristik eines kleinen Laders auf, durch Öffnen der Leitschaufeln entsprechend die einer großen Ausführung. Die Verknüpfung der Vorteile beider Versionen ermöglicht kurze Reaktionszeiten mit einem hohen Drehmoment bei niedrigen Drehzahlen, ohne Leistungseinbußen bei hohen Drehzahlen hinzunehmen.
Wenn die Leitschaufeln bei niedrigen Motordrehzahlen geschlossen sind, muss das Abgas durch relativ kleine Spalten strömen, wird dadurch beschleunigt und trifft in einem idealen Anströmwinkel auf die Schaufeln des Turbinenrads. Dessen Drehzahl wird auf das auf der gleichen Welle sitzende Verdichterrad übertragen, und der Ladedruck steigt an. Mit zunehmender Motordrehzahl erhöht sich auch der Abgasstrom, und bei Erreichen des maximalen Ladedrucks werden die Leitschaufeln geöffnet. Das Ändern der Leitschaufelstellung dauert nur ca. 100 Millisekunden und erfolgt durch Verdrehen eines Stellrings. Durch Öffnen der Leitschaufeln sinkt der Durchflusswiderstand des Laders und stellt so eine maximale Effizienz der Turboaufladung über den gesamten Drehzahlbereich sicher.
Durch die elektronische Regelung und angepasste Turbinengröße kann das so genannte Waste-Gate für die Ladedruckbegrenzung entfallen. Somit sind auch diverse Leitungen und Ventile überflüssig, die im 996 Turbo noch vorhanden sein mussten.
Kleine Querschnitte an den Leitschaufeln erhöhen nicht nur die Strömungsgeschwindigkeit, sondern die Abgase treffen direkter auf die Schaufeln des Turbinenrads und erzeugen ein höheres Antriebsmoment. Bei geöffneten Leitschaufeln strömen die Abgase paralleler zu den Schaufeln ein und das Antriebsmoment ist schwächer.
Die optimale Stellung der Leitschaufeln im jeweiligen Betriebszustand wurde in umfangreichen Testläufen ermittelt und in einem Kennfeld hinterlegt.

Nahaufnahme eines VTG-Turboladers

(Bild: Porsche AG)

Voller Einsatz: Unter Vollast erhitzt sich der Turbo bis zur Rotglut.

(Bild: Porsche AG)

Die Stoppuhr in der Mitte der Instrumententafel verrät das vorhandene Sport Chrono-Paket.

(Bild: Porsche AG)

VTG-Verstellung

Die Verstelleinrichtung besteht aus 11 drehbaren Leitschaufeln, die über einen Stellring miteinander verbunden sind. Der Stellring wiederum kann über ein Hebelsystem von einem elektrischen Stellmotor verdreht werden. Seine Befehle erhält der platzsparend integrierte Stellmotor vom Motorsteuergerät, das über diese Mechanik eine sehr präzise Einstellung der Leitschaufeln vornimmt.

Wenn die Drosselklappe schnell geschlossen wird (Schiebebetrieb), steigt der Druck vor der Drosselklappe an, weil der Turbolader zunächst weiterhin Ladedruck erzeugt. Daher ist im Turboladergehäuse ein automatisch öffnendes Überdruckventil vorhanden, das überschüssigen Ladedruck ablassen kann.

Eine zusätzliche Leistungssteigerung ermöglicht die Sport-Taste des optionalen Sport Chrono-Paket Turbo. Bei voller Beschleunigung wird darüber im unteren und mittleren Drehzahlbereich der Ladedruck um ca. 0,2 bar erhöht. Damit entwickeln die Turbomotoren M97.70 und MA1.70 ein zusätzliches Drehmoment von 50 Nm.

Motorelektrik

Batterie

Jedes 997-Modell ist mit einer Blei/Säure-Batterie ausgerüstet. Als Plus- bzw. Minuspol dienen Platten aus unterschiedlichem Bleimaterial, als Elektrolyt verdünnte Schwefelsäure. Damit lässt sich elektrische Energie chemisch speichern.

Die Batterie liefert beim Starten des Motors den erforderlichen Strom für den Anlasser, das Zünd- und Kraftstoffsystem sowie alle weiteren Einrichtungen und unterstützt bei Belastungsspitzen, wenn die Ladeleistung des Generators nicht ausreicht.

Außerdem dient die Batterie auch als Spannungsstabilisator. Sie dämpft Spannungsspitzen ab und verhindert so Schäden an elektronischen Bauteilen.

Die Kapazität einer Batterie ist begrenzt, und die durch die Stromentnahme stattfindenden chemischen Prozesse entladen allmählich die Batterie. Daher muss rechtzeitig nachgeladen werden, was im Normalfall durch den vom Motor angetriebenen Generator erfolgt. Bei stehendem Motor und ausgeschalteter Zündung kann dies über ein Frischhaltegerät oder vollwertiges Batterieladegerät vorgenommen werden.

Serienbatterie in einem Carrera S der 1. Generation

(Bild: Adrian Streather)

Eine Leichtbaubatterie in einem GT3 der 1. Generation

(Bild: Adrian Streather)

Batteriekenngrößen

Die Kapazität wird in Amperestunden (Ah) angegeben und definiert die Strommenge, die innerhalb von 20 Stunden bei 27°C entnommen werden kann, bis die Batteriespannung auf 10,5 Volt abgefallen ist. Beispiel: Eine Batterie, die über 20 Stunden 4 Ampere liefern kann erhält die Kapazität 4 A x 20 h = 80 Ah. Dieser Wert hat allerdings nichts mit der Startleistung zu tun.

Der Prüfstrom (Cranking Amps, CA) ist die Amperezahl, die eine voll geladene Batterie für 30 Sekunden bei 0°C kontinuierlich liefern kann, ohne dass die Klemmenspannung unter 7,2 Volt abfällt.

Der Kälteprüfstrom (Cold Cranking Amps CCA) ist die Amperezahl, die eine voll geladene Batterie für 30 Sekunden bei -18°C kontinuierlich liefern kann, ohne dass die Klemmenspannung unter 7,2 Volt abfällt. Damit wird ein Startvorgang nach einer kalten Nacht simuliert.

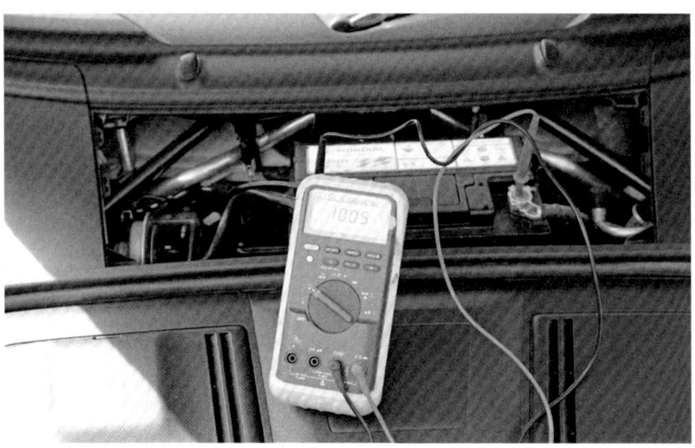

Spannungsmessung beim Anlassen

(Bild: Adrian Streather)

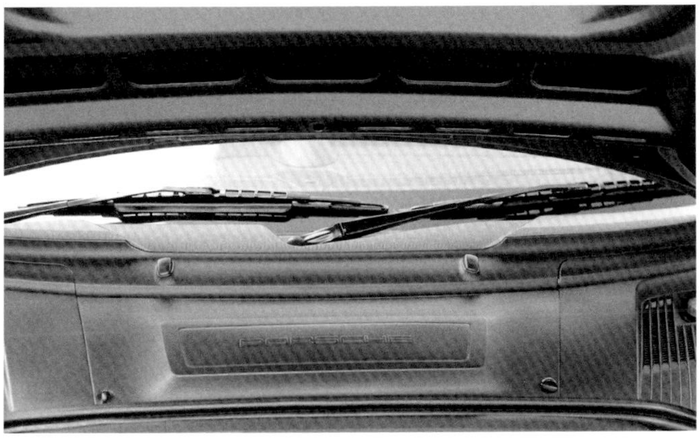

Auf dem Batteriefachdeckel steht der Porsche-Schriftzug.

(Bild: Adrian Streather)

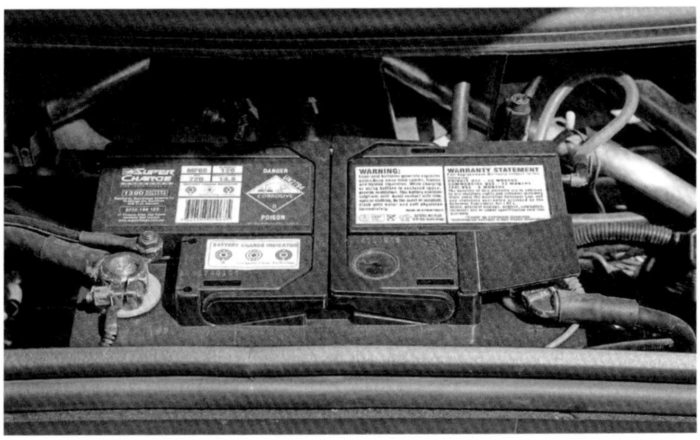

Auf diesem Bild ist die Batteriebelüftung (oben rechts) gut zu erkennen.

(Bild: Adrian Streather)

Dieser 997 GT3 der 1. Generation hat einen Batteriehauptschalter und eine Optima-Batterie aus dem Zubehörhandel.

(Bild: Adrian Streather)

Bei allen 997-Modellen in Straßenausführung befindet sich die Batterie in einem leicht zugänglichen Fach im mittleren hinteren Bereich des Kofferraums.
Ein Belüftungssystem stellt sicher, dass die während des Ladevorgangs entstehenden explosiven Gase sich nicht im Batteriefach sammeln oder in den Kofferraum austreten können.

Vorsicht:
Es wird dringend darauf hingewiesen, in die straßentauglichen 997-Modelle nur Blei/Säure-Batterien mit Entlüftung einzubauen und diese an das Belüftungssystem anzuschließen.

Innerhalb der 997-Baureihe kommen zwei Batterieversionen mit unterschiedlicher Kapazität zum Einsatz:
- Alle Modelle außer GT3 und GT3 RS: 70 Ah
- GT3 und GT3 RS: 60 Ah (geringeres Gewicht)

Ein Batteriehauptschalter (siehe auch Kapitel 11) wird für die GT3-Baureihe als optionales Zubehör angeboten.

Neutralisierung von verschüttetem Elektrolyten
Ausgelaufener Elektrolyt muss sofort neutralisiert werden, um Schäden an der Lackierung, Karosserie und/oder am Kofferraumteppich zu verhindern.
Entsprechend der ausgetretenen Elektrolytmenge wird Backpulver in Wasser aufgelöst und auf alle betroffenen Bereiche aufgetragen.
Bei der Neutralisierung entsteht in den Zonen, wo die chemische Reaktion stattfindet, eine Schaumbildung. Nach dem Ende der Reaktion werden die Bereiche mit viel Wasser abgespült.

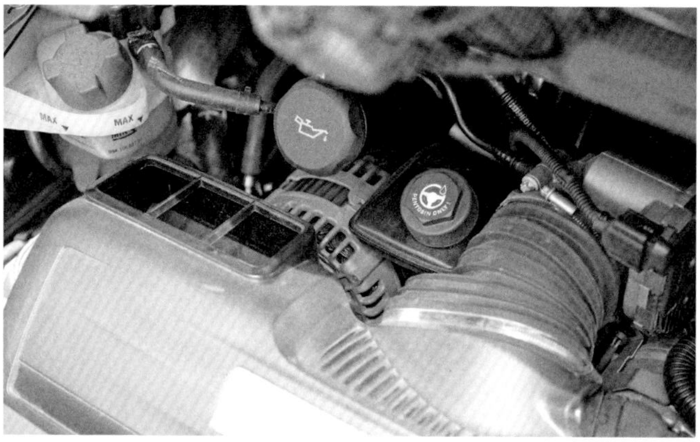

Der Generator sitzt bei allen Modellen mehr oder weniger an der gleichen Stelle im Motorraum, jedoch ist die Einbausituation im Motorraum zwischen der 1. und 2. Generation recht verschieden. Das Gehäuse ist bei den Generatoren der 2. Generation aus einer anderen Legierung hergestellt und korrosionsbeständiger. *(Bild: Adrian Streather)*

Ein Generator der 1. Generation; gut sichtbar sind die Wicklungen des Stators. *(Bild: Adrian Streather)*

Der Keilrippenriemen treibt neben dem Generator auch noch andere Aggregate an. *(Bild: Ronn Hosmer)*

Generator (Lichtmaschine)

Alle 997-Modelle haben den gleichen luftgekühlten Drehstromgenerator, der von der Kurbelwelle über einen Keilrippenriemen angetrieben wird und 2,1 kW leistet.

Hinweis:
Der Generator ist bei den Cayenne-Modellen flüssigkeitsgekühlt.

Zu den Merkmalen des Generators gehören:
- Maximale Dauerleistung: 2.100 Watt
- Maximaler Ladestrom 175 Ampere
- Gewicht 6,5 kg
- Verbesserte Belüftung, um Betriebstemperatur der Bauteile zu verringern.
- Schutz des Spannungsreglers sowie der gesamten Bordelektrik gegen Überspannung und Spannungsspitzen über 33 Volt in positiver und negativer Richtung durch Zenerdioden im Vollweg-Gleichrichter.

Die Vorerregung des Generators erfolgt direkt durch den integrierten Spannungsregler durch Takten der Reglerendstufe.

Spannungsregelung

Die Spannungsmessung und -regelung findet auf der Plusseite des Generators statt und wird über den integrierten Spannungsregler vorgenommen. Bei niedrigen Temperaturen ist die Ausgangsspannung auf 15 Volt Gleichspannung begrenzt.

Die Ladekontrollleuchte leuchtet unter folgenden Bedingungen auf:
- Der Generator erzeugt keine Spannung.
- Der Antriebsriemen ist lose oder gerissen.
- Der Generator erzeugt eine zu hohe Spannung (außerhalb der Toleranz).

Um das Anlassen des Motors zu erleichtern, wird die Leistungsabgabe des Generators beim Anlassen unterbrochen und dann allmählich aufgebaut.
Im Leerlauf steigt die Ladeleistung des Generators nur langsam an, um einen Drehzahlabfall des Motors zu verhindern und den Keilriemen zu schonen.

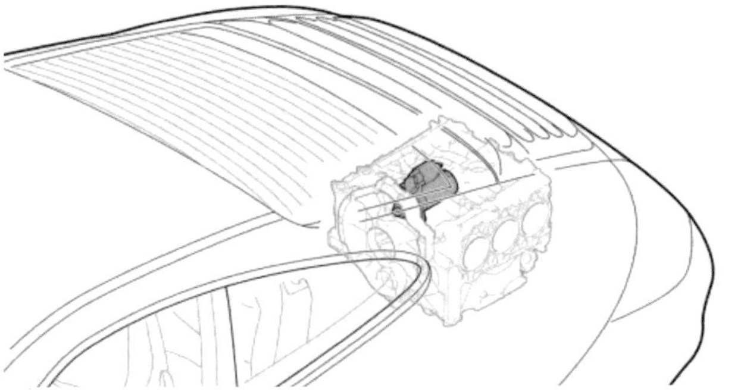

Anordnung des Anlassers am Motor. Normalerweise ist er nicht zu sehen und nur schwer zu erreichen. *(Bild: Porsche AG)*

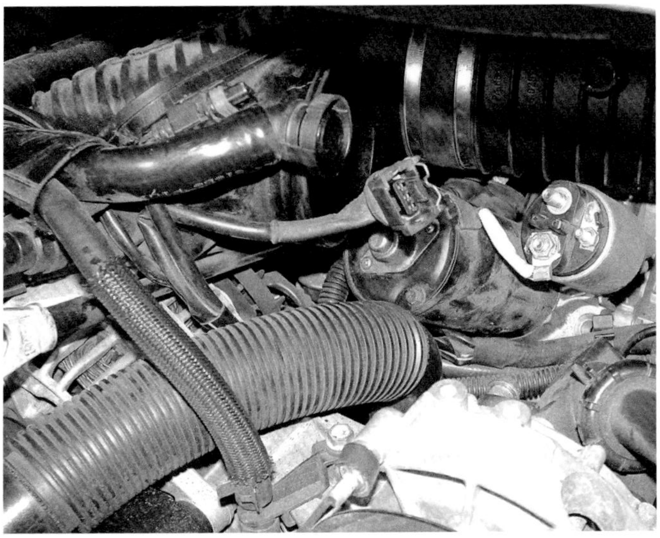

Ausbau eines Anlassers *(Bild: Pelican Parts)*

Anlasser ausgebaut *(Bild: Pelican Parts)*

Anlasser

Der Hochleistungsanlasser befindet sich vorne links am Motorgehäuse und ist mit dem Elektromotor nach hinten weisend angeflanscht. Dabei handelt es sich um einen Schub-Schraubtrieb-Starter mit frei ausstoßendem Ritzel und einer Leistung von 1,7 kW.

Hinweis:
Bei einem frei ausstoßenden Ritzel ist kein äußeres Lager auf der Ritzelwelle vorhanden. Die komplette Lagerung befindet sich innerhalb des Anlassers.

Die wesentlichen Bauteile des Starters sind:
- Anker
- Polmagnete
- Kohlebürsten
- Zwischengetriebe
- Einspurmechanismus
- Magnetschalter

Der Anlasserantrieb ist an einem Wellenende des Ankers angeordnet. Er besteht aus der hervorstehenden Ritzelwelle, dem Zwischengetriebe und einem Freilauf. Sobald der Elektromotor dreht, sperrt der Freilauf und treibt über das Zwischengetriebe die Ritzelwelle an, die gleichzeitig in den Zahnkranz am Schwungrad eingespurt wird. Wenn der Motor anspringt, wird der Freilauf unterlaufen und verhindert schädliche Drehzahlen des Ankers.
Der Magnetschalter übernimmt mehrere Aufgaben. Einmal schaltet und unterbricht er die Verbindung zwischen der Batterie und dem Anlasser, außerdem verschiebt er die Ritzelwelle nach außen, damit das Ritzel in das Schwungrad einspuren kann.
Dafür hat der Magnetschalter zwei Wicklungen: eine Arbeitswicklung und eine Haltewicklung. Wenn der Zündschlüssel in die Stellung Start gedreht wird und das Motorsteuergerät den Startvorgang freigibt, fließt Strom durch beide Wicklungen des Magnetschalters.

Die Schwungradseite des Motortyps M97.01 mit abgenommenem Getriebe. Oben rechts erkennt man den Anlasser.

(Bild: Adrian Streather)

Das Startrelais Nr. 15 befindet sich seitlich im Fahrerfußraum.

(Bild: Joe Ramos)

Beide Wicklungen zusammen erzeugen ein kräftiges Magnetfeld, das einen Stößel in die Spule zieht. Mit dieser Bewegung wird der Schalter geschlossen und der Anlassermotor mit der Batterie verbunden.

Außerdem lässt diese Bewegung das Ritzel in den Schwungradzahnkranz einspuren und der Anlasser dreht den Motor. Sobald der Magnetschalter vollständig geschaltet hat, wird die Arbeitsspule abgeschaltet und nur die Haltespule wird weiterhin von Strom durchflossen. Das von ihr erzeugte Magnetfeld ist stark genug, den Magnetschalter im geschlossenen Zustand zu halten, solange der Zündschlüssel in der Startstellung steht.

Hinweis:
Damit das Motorsteuergerät den Startvorgang einleiten kann, muss bei Wagen mit Schaltgetriebe das Kupplungspedal und bei Wagen mit Tiptronic/PDK das Bremspedal betätigt werden, bevor der Zündschlüssel auf „Start" gedreht wird.

Wenn der Motor anspringt, überschreitet seine Drehzahl sehr schnell die des Anlassermotors. Das Motorsteuergerät überwacht die Motordrehzahl und schaltet durch Abschalten des Startrelais die Anlasssperre ein sowie die Stromzufuhr zum Magnetschalter ab. Die dafür maßgeblichen Motordrehzahlen sind:

- 600 min^{-1} bei einer Motortemperatur über 12°C
- 1.000 min^{-1} bei einer Motortemperatur unter 12°C

Das Startrelais hat die Nr. 15 und befindet sich in einem Relaiskasten im Fahrerfußraum (links bei Linkslenkern und rechts bei Rechtslenkern).

Kapitel 5: Getriebe

Einen Gang hochschalten ...

Im Modelljahr 2009 wurde ein völlig neues 7-Gang-Getriebe vorgestellt: Das Porsche Doppelkupplungsgetriebe (PDK) setzte neue Maßstäbe in Sachen Fahrerlebnis. Einige 997-Modelle der 2. Generation waren sogar nur mit diesem Getriebe erhältlich.

(Bild: Porsche AG)

Schnittzeichnungen

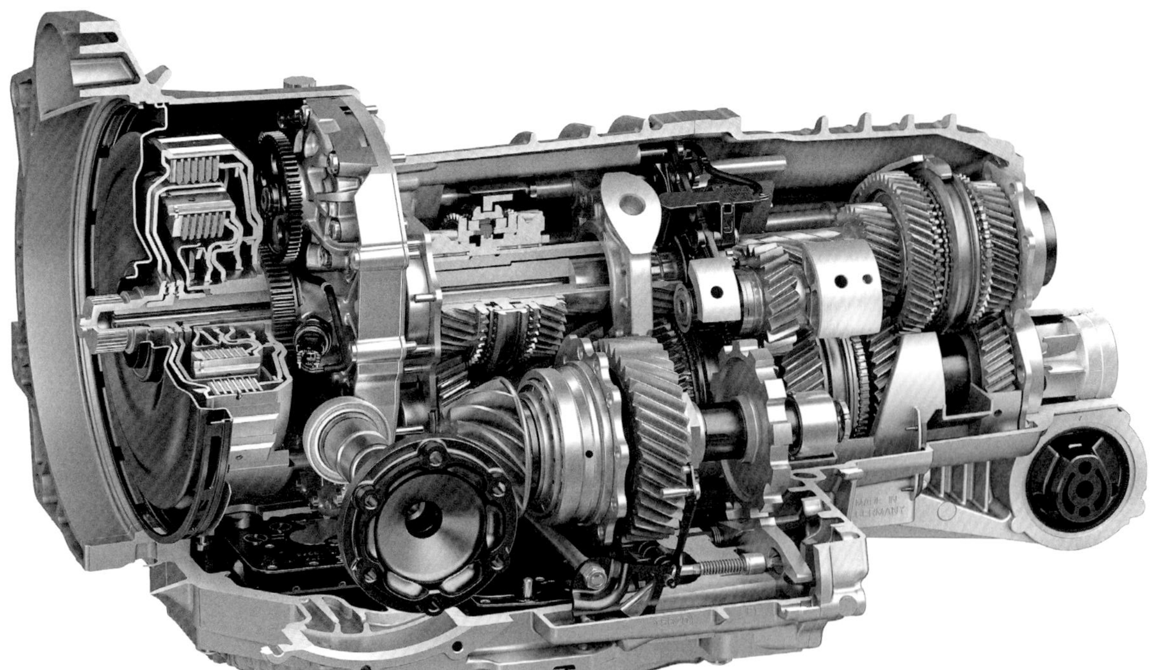

(Zeichnungen: Porsche AG)

Das letzte Getrag-Getriebe „Made in Germany" für einen Porsche 911. Allerdings lieferte Getrag weiterhin Schaltgetriebe für andere Porsche-Modelle.

(Bild: Porsche AG)

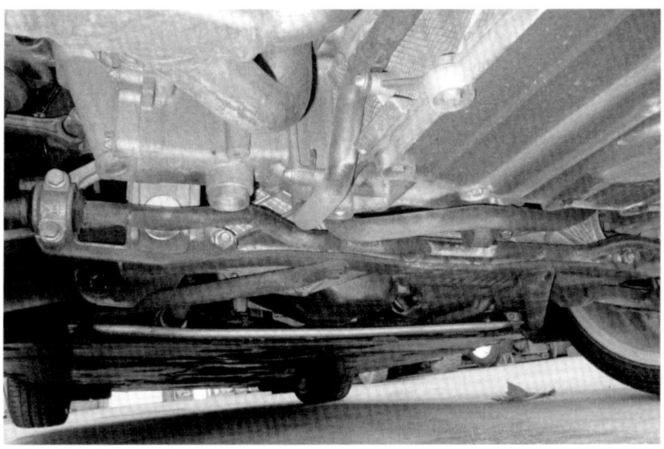

Ein Carrera S des Modelljahres 2005 mit einer Tiptronic S A97.01 von DaimlerChrysler.

(Bild: Adrian Streather)

Porsche Doppelkupplungsgetriebe im Schnitt

(Bild: Porsche AG)

Einführung

Der Begriff „Meilenstein" wird normalerweise in Verbindung mit Porsche-Getrieben weniger gebraucht. Der Autor verwendete ihn beim Modell 996, um eine gravierende Änderung im Antrieb zu beschreiben. Die Neuerungen in der 997-Baureihe sind jedoch so wegweisend, dass jetzt wieder davon gesprochen werden muss.
Jeder, der sich in der Porsche-Geschichte von 1964 bis heute etwas auskennt, wird bei einem Blick unter den Wagen erkennen, wie sehr sich die Fahrzeuge verändert haben. Zu Beginn war auf fast jedem Bauteil mit bloßem Auge der Schriftzug „Made in West-Germany" gut lesbar. Bis zur Baureihe 996 wurde dieses Monopol aufgeweicht und so erschienen die Schriftzüge „Made in Austria", „Made in Spain" und „Made in the USA". „Made in Germany" stand noch auf dem 6-Gang-Schaltgetriebe von Getrag – aber nicht mehr beim Modell 997.
Hier kam ein neuer Schaltgetriebe-Hersteller ins Spiel: der japanische Hersteller AISIN. Jedes 6-Gang-Schaltgetriebe des Typs G97.XX, das in den 997-Straßenmodellen der 1. und 2. Generation eingebaut ist, trägt den Aufdruck „Made in Japan".
Aber das war nur der erste Einschnitt bei den Getrieben, es sollten noch weitere Änderungen kommen.

Das von DaimlerChrysler hergestellte 5-Gang-Automatikgetriebe Tiptronic S, Typ 96.XX, erhielt nach einigen kleineren Änderungen die Bezeichnung A97.XX und konnte ab Modelljahr 2004 bei den Saugmotoren und ab Modelljahr 2005 bei den Turbomotoren in beiden Antriebsversionen als Sonderausstattung bestellt werden.

Hinweis:
Der Zusammenschluss von DaimlerChrysler wurde im März 2007 aufgelöst und der Herstellername für die Tiptronic S lautete nun Daimler AG oder Mercedes.

Ab Modelljahr 2009 wurde bei den Carrera-Modellen mit 3,6-Liter- und 3,8-Liter-Motor die optional erhältliche Tiptronic S ersetzt durch das revolutionäre Porsche Doppelkupplungsgetriebe PDK mit sieben Gängen. Es hatte die Typenbezeichnungen CG1.00 bzw. CG1.30.

Die 1. Generation des 997 Turbo war bereits mit Allradantrieb und PTM erhältlich.

(Bild: Porsche AG)

Ab der 2. Generation erhielten auch die Carrera 4-Modelle das PTM.

(Bild: Porsche AG)

Vom Modell 996 stammte die Kupplungsscheibe, die auch bei den 3,6-Liter-Motoren der ersten 997-Generation verwendet wurde. (Bild: www.renntech.org)

Den Getriebetyp CG1.50 erhielten ab 2010 die 997 Turbo-Modelle, und für etliche Sondermodelle war es sogar das einzige angebotene Getriebe.

Hinweis:
Die 997 GT3- und GT2-Modelle waren nur mit Schaltgetriebe erhältlich.

Aber es ging noch weiter. Der vom Modell 996 bekannte Allradantrieb mit Viscokupplung wurde unverändert für die erste 997-Allradgeneration mit den Modellen Carrera 4, Carrera 4S, Targa 4 und Targa 4S übernommen. Die Turbo-Modelle der 1. Generation (außer dem GT 2) erhielten jedoch das Porsche Traction Management System (PTM), das 964 Carrera 4-Besitzern irgendwie bekannt vorkam, denn es war eine moderne, weiterentwickelte Ausführung des alten PDAS oder Traction Control Systems, allerdings ohne einen permanenten mechanischen Eingriff des Allradantriebs.

Schwungrad

Zweimassenschwungrad Schaltgetriebe

◀ Die LUK GmbH & Co, ein 1936 in Bühl gegründetes Unternehmen, lieferte das Zweimassenschwungrad für die Schaltgetriebe.

Hinweis:
Für Porsche-Kenner ist der Name LUK kein unbekannter, denn schon der 356 fuhr mit einem Schwungrad dieses Herstellers.

Das Zweimassenschwungrad von LUK wurde erstmals im luftgekühlten 993 GT2 eingesetzt und stellte in diesem straßentauglichen Rennwagen die Verbindung zwischen dem 450 PS starken Rennmotor und einem G50.53-Getriebe her. Porsche wählte dieses Schwungrad, weil es weniger Gewicht hatte und ein geräuschärmeres sowie komfortableres Fahren ermöglichte als die in der Rennversion des GT2 (mit G50.54-Getriebe) verwendete Ausführung. Auch war das LUK-Zweimassenschwungrad deutlich leichter als die ersten Ausführungen, die 1990 bei den Modellen 964 Carrera 2 und Carrera 4 verwendet wurden. Komplettiert mit Kupplungsscheibe und Druckplatte wiegt die Einheit nur 11 kg, statt 15 kg wie die alten Versionen. Die verringerte Masse erhöht die Drehfreude des Motors und ein verbesserter Dämpfungsmechanismus unterdrückt lästige Vibrationen, die außen und innen wahrnehmbare, unangenehme Dröhngeräusche hervorrufen können. Trotzdem kann problemlos auch die Kraft sehr leistungsstarker Motoren übertragen werden.

Eingebaut war das Zweimassenschwungrad von LUK bei allen 997-Modellen mit Schaltgetriebe, ausgenommen GT3 RS.

Zweimassenschwungrad PDK

◀ Da das Porsche Doppelkupplungsgetriebe keinen Drehmomentwandler wie ein klassisches Automatikgetriebe hat, entfällt auch die Adapterplatte, die das Bauteil mit der Kurbelwelle verbindet. Die Verbindung zwischen Motor und Doppelkupplungsgetriebe erfolgt hier ebenfalls über ein Zweimassenschwungrad, das von ZF geliefert wurde; dem gleichen Unternehmen, das auch das PDK herstellte.

Hinweis:
ZF steht für „Zahnradfabrik Friedrichshafen"; zu den Gründern gehörte unter anderem der Luftschiffbauer Zeppelin.

Ein erleichtertes Einmassenschwungrad hatte bereits der 964 Carrera RS.

(Bild: Porsche AG)

So sah das Einmassenschwungrad beim 997 GT3 RS aus.

(Bild: Adrian Streather)

Werksseitig wurde das Einmassenschwungrad nur in den 997 GT3 RS eingebaut.

(Bild: Adrian Streather)

Erleichtertes Einmassenschwungrad

Das erleichterte Einmassenschwungrad stammt aus dem 964 Carrera RS und war nur in den 997 GT3 RS-Typen 997 850 und 997 851 verbaut.

Mit einem Gewicht von nur ca. 5 kg erlaubt es ein blitzartiges Hochdrehen des Motors bis zur Maximaldrehzahl von 8400 min^{-1}, was besonders in den unteren Gängen spürbar ist.

Porsche veröffentlichte eine Technische Service Information (36/08), in der die Porsche-Händler darauf hingewiesen wurden, das erleichterte Einmassenschwungrad nicht in die normalen GT3-Modelle einzubauen.

Die Kernaussage des Rundschreibens lautete sinngemäß:

Austausch des Zweimassenschwungrads durch ein Einmassenschwungrad

Marktbeobachtungen haben ergeben, dass in der Handelsorganisation das serienmäßige Zweimassenschwungrad der GT3-Modelle 997 810/811 durch das Einmassenschwungrad des GT3 RS, Modelltypen 997 850/851, ausgetauscht wird.

Hintergrund

Aufgrund einer steigenden Anzahl von aufgetretenen Schäden weisen wir ausdrücklich darauf hin, dass der Einbau des Einmassenschwungrads aus dem GT3 RS in den GT3-Motor von Porsche nicht freigegeben ist.

Da der 997 GT3-Motor für die Verwendung eines Zweimassenschwungrads konzipiert ist, führt eine nachträgliche Umrüstung mit einem Einmassenschwungrad zu folgenden Problemen:

- Das Einmassenschwungrad verursacht Drehschwingungen und Vibrationen im unteren Drehzahlbereich, wodurch der Motor rauer läuft. Die Kurbelwelle wird dadurch einseitiger Belastung ausgesetzt, was zu Schäden führen kann.
- Die einseitige Belastung der Kurbelwelle kann außerdem zum Lockern der Riemenscheibe führen, was zu Schäden am Riementrieb und am Motor führen kann.
- Jeglicher Schaden, der auf den Umbau zurückzuführen ist, unterliegt nicht der Garantie.

Bitte informieren Sie Ihre Kunden über diesen Sachverhalt.

Kupplungsscheibe und Druckplatte *(Bild: Adrian Streather)*

Kupplungsscheibe mit Schwingungsdämpfer für das Einmassenschwungrad, hergestellt von Sachs. *(Bild: Adrian Streather)*

Zweimassenschwungrad des 997 *(Bild: www.renntech.org)*

Kupplung

Die Kupplung der 3,6-Liter-Motoren der 1. Generation stammte noch vom 996 des Modelljahres 2004, während die 3,8-Liter-Motoren bereits mit einer neuen, selbstnachstellenden Kupplung ausgerüstet waren. Mit der Einführung der 2. Generation hatten jedoch alle Carrera-Modelle die gleiche, selbstnachstellende Kupplung. Darüber hinaus gab es jedoch in der 997-Baureihe eine Vielzahl unterschiedlicher Kupplungen:

1. Generation:
Carrera-Modelle mit 3,6-Liter-Motor M96.05 und Getriebe G97.01 (Heckantrieb) bzw. G97.31 (Allradantrieb):
Zweimassenschwungrad, Einscheiben-Trockenkupplung ohne Servounterstützung
Carrera S-Modelle mit 3,8-Liter-Motor M97.01 und Getriebe G97.01 und G97.31:
Zweimassenschwungrad, Einscheiben-Trockenkupplung ohne Servounterstützung, selbstnachstellend
GT3-Modelle mit 3,6-Liter-Motor M96.76 und Getriebe G97.90:
Zweimassenschwungrad, Einscheiben-Trockenkupplung ohne Servounterstützung
GT3 RS-Modelle mit 3,6-Liter-Motor M96.76 und Getriebe G97.90:
Einmassenschwungrad, Einscheiben-Trockenkupplung ohne Servounterstützung, Kupplungsscheibe mit Schwingungsdämpfer
Turbo-Modelle mit 3,6-Liter-Motor M97.70 und Getriebe G97.50:
Zweimassenschwungrad, Einscheiben-Trockenkupplung mit Servounterstützung
GT2-Modelle mit 3,6-Liter-Motor M97.70S und Getriebe G97.88:
Zweimassenschwungrad, Einscheiben-Trockenkupplung ohne Servounterstützung

2. Generation:
Carrera und Carrera S-Modelle mit 3,6-Liter-Motor MA1.02 und 3,8-Liter-Motor MA1.01 und Getriebe G97.05 (Heckantrieb) und G97.35 (Allradantrieb):
Zweimassenschwungrad, Einscheiben-Trockenkupplung ohne Servounterstützung, selbstnachstellend
Hierzu gehören auch die Sondermodelle, die serienmäßig mit 6-Gang-Getriebe ausgeliefert wurden.
GT3-Modelle mit 3,8-Liter-Motor M97.77 und Getriebe G97.90:
Zweimassenschwungrad, Einscheiben-Trockenkupplung ohne Servounterstützung

Verschlissene Kupplungsscheibe einer 240-mm-Standardkupplung

(Bild: www.renntech.org)

Druckplatte einer Standardkupplung

(Bild: www.renntech.org)

Der linke GT3 RS ist mit einer Kupplungsscheibe mit Schwingungsdämpfer ausgerüstet, die auf keinen Fall in einen GT3 wie rechts im Bild eingebaut werden darf.

(Bild: Adrian Streather)

GT3 RS-Modelle mit 3,8-Liter-Motor M97.77 und Getriebe G97.90 oder G97.92:
Einmassenschwungrad, Einscheiben-Trockenkupplung ohne Servounterstützung, Kupplungsscheibe mit Schwingungsdämpfer
Turbo-Modelle mit 3,8-Liter-Motor MA1.70 und Getriebe G97.55:
Zweimassenschwungrad, Einscheiben-Trockenkupplung mit Servounterstützung
GT2 RS-Modelle mit 3,6-Liter-Motor M97.70S und Getriebe G97.88:
Zweimassenschwungrad, Einscheiben-Trockenkupplung ohne Servounterstützung

Standard-Kupplung

Die Kraftübertragung an den 3,6-Liter-Motoren M96.05, M97.70, M97.70S M97.76 und an den 3,8-Liter-Motoren M97.77 (nicht GT3 RS) erfolgt über ein Zweimassenschwungrad, eine Kupplungsscheibe ohne Schwingungsdämpfer und eine nicht nachstellbare Druckplatte, und ist nicht servounterstützt.

Hinweis:
An einer Kupplungsscheibe kann ein Schwingungsdämpfer vorhanden sein, der aus kreisförmig angeordneten Schraubenfedern unterschiedlicher Stärke besteht. Dieser Dämpfer ist bei einem Zweimassen-Schwungrad nicht unbedingt erforderlich, da hier die Funktion vom Schwungrad übernommen wird. Kupplungsscheiben ohne Schwingungsdämpfer haben aus Gewichtsgründen oftmals Aussparungen im Trägermetall zwischen der Keilverzahnung in der Mitte und der Aufnahme der Reibbeläge.

Die Standard-Kupplung an einem Zweimassenschwungrad besteht aus zwei Hauptbauteilen:
- Nicht nachstellbare Druckplatte
- Kupplungsscheibe mit 240 mm Durchmesser und asbestfreiem Belagmaterial

Vorsicht:
Es ist nicht möglich, eine Kupplungsscheibe mit Schwingungsdämpfer in eine Kupplung an einem Zweimassenschwungrad einzubauen, da für die Federn des Dämpfers kein Bauraum vorhanden ist.

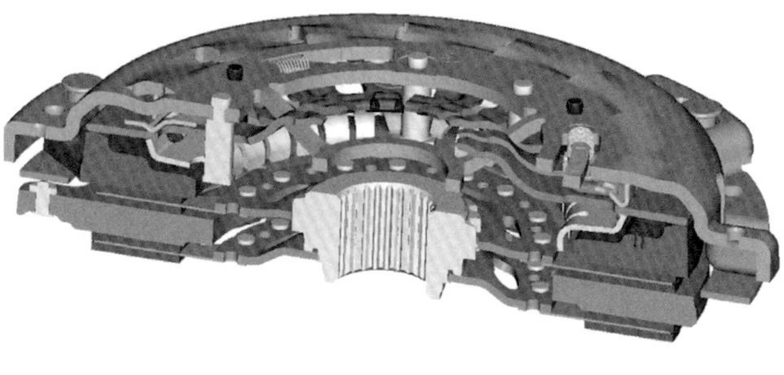

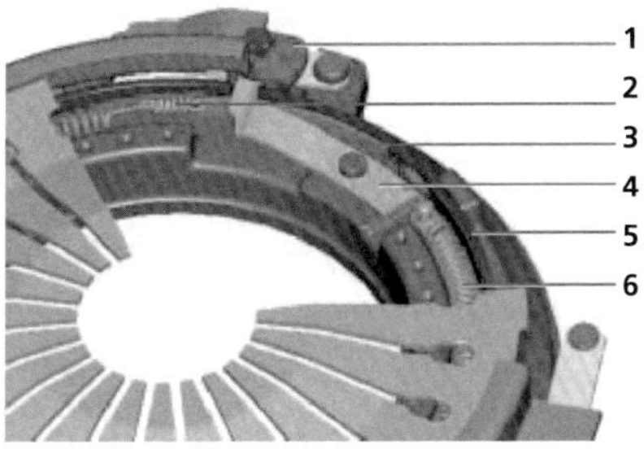

Exemplarische Schnittzeichnung einer selbstnachstellenden Kupplung

(Bild: Porsche AG)

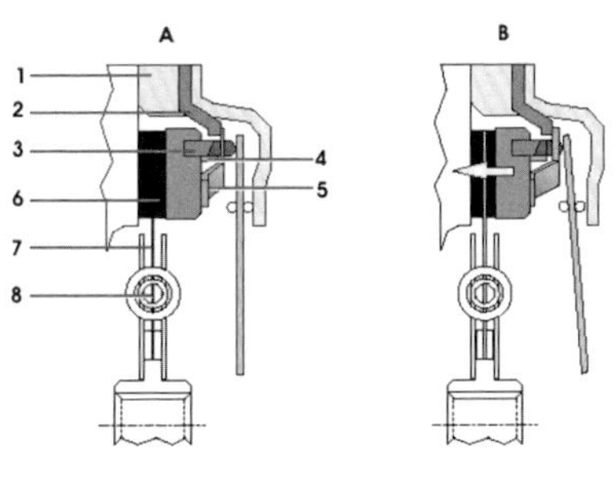

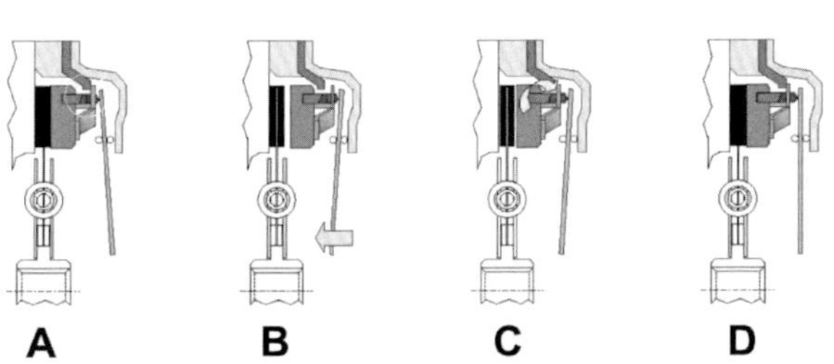

A Der Gehäuseanschlag hebt die Sensorfeder vom Verstellring ab und das Schiebestück füllt den Spalt
B Beim nächsten Auskuppeln ...
C ... gleicht der rote Verstellring den Verschleiß aus.
D Die Kupplung hat den Verschleiß kompensiert; Pedalweg und -kraft entsprechen den Werten einer neuen Kupplung.

Funktionsweise

(Bild: Porsche AG)

Selbstnachstellende Kupplung

LUK stellte 1986 erstmals eine selbstnachstellende Kupplung vor. Der erste Porsche mit diesem System war das Modell 997 Carrera S mit 3,8-Liter-Motor. Alle Karosserievarianten mit Heck- und Allradantrieb waren damit ausgerüstet; es blieb allerdings in der 1. Generation nur der S-Version vorbehalten. Ab der 2. Generation erhielten schließlich beide Motorversionen des Carreras (3,6-Liter und 3,8-Liter) eine selbstnachstellende Kupplung.

Welchen Vorteil hat eine selbstnachstellende Kupplung? Viele Automobilbauer verwenden dieses System bereits seit Jahren. Die Erfahrungen von BMW, VW, Audi und weiteren Herstellern haben gezeigt, dass mit einer selbstnachstellenden Kupplung die Lebensdauer der Kupplungsscheibe deutlich ansteigt, weil die Betätigung des Kupplungspedals (Druckpunkt, Kraftaufwand) während dieser Zeit konstant bleibt.

Die Reibbeläge der Kupplungsscheibe verschleißen im Betrieb – sie werden dünner – weshalb die Reibfläche der Druckplatte in Richtung Schwungrad wandert, während dadurch die Federenden der Membranfeder immer weiter in die entgegengesetzte Richtung weisen. Damit ändern sich die Anpresskraft, die erforderliche Ausrückkraft und auch der Druckpunkt bei der Kupplungsbetätigung.

Bei der selbstnachstellenden Kupplung wird diese Problematik dadurch gelöst, dass der Verschleiß des Kupplungsbelags von der Vorspannung der Kupplungsfeder entkoppelt ist. Der Nachstellmechanismus erkennt den Kupplungsscheibenverschleiß und kompensiert ihn durch das Bewegen eines Verstellrings in der Druckplatte.

Die wesentlichen Bauteile des Nachstellmechanismus sind:

- Zwei Verstellringe
- Zwei Zugfedern
- Eine Sensorfeder
- Eine keilförmige Rampe
- Ein Gehäuseanschlag

Funktion

Bei jedem Einkuppeln legt sich die Sensorfeder am Gehäuseanschlag an. Falls Verschleiß aufgetreten ist, entsteht zwischen der Sensorfeder und den Verstellringen ein kleiner Spalt. Durch die Zugfedern wird die keilförmige Rampe verschoben und der Spalt geschlossen. Damit ist beim nächsten Auskuppeln die ursprüngliche Kupplungsfederposition sichergestellt und eine gleichbleibende Pedalkraft und ein optimaler Ausrückweg gewährleistet.

Ein 997 mit gewichtsoptimierter Kupplung

(Bild: Porsche AG)

Auch dieser 997 ist als eines der wenigen Straßenmodelle mit einer gewichtsoptimierten Kupplung versehen.

(Bild: Porsche AG)

In Wettbewerbsfahrzeugen ist in der Regel eine gewichtsoptimierte Kupplung eingebaut.

(Bild: Porsche AG)

Gewichtsoptimierte Kupplung

Bei den 3,6-Liter-Motoren M97.76 (nur GT3 RS), 3,8-Liter-Motoren M97.77 und M97.77R (nur GT3 RS) sowie den 4,0-Liter-Motoren M97.74 (GT3 RS 4.0) mit Einmassenschwungrad ist zur weiteren Kraftübertragung an das 6-Gang-Getriebe eine Kupplungsscheibe mit Schwingungsdämpfer und eine Druckplatte ohne Nachstellvorrichtung und Servounterstützung eingebaut.

Hinweis:
Der Schwingungsdämpfer in der Kupplungsscheibe kann besonders bei niedrigen Drehzahlen Getriebegeräusche nicht unterdrücken.

Die gewichtsoptimierte Kupplung besteht aus den folgenden drei Hauptbauteilen:
- Kupplungsscheibe mit Schwingungsdämpfer
- Druckplatte ohne Nachstelleinrichtung
- Einmassenschwungrad mit Anlasserzahnkranz

Kupplungsbelüftung

In der sonst geschlossenen Kupplungsglocke befinden sich eine Lufteinlass- und Luftaustrittsöffnung. Radial angeordnete Schaufeln auf der Außenseite des Druckplattengehäuses erzeugen bei laufendem Motor eine Ventilationswirkung.

Hinweis:
Alle Druckplatten sind mit radial angeordneten Schaufeln versehen, die bei laufendem Motor die Luft in der Kupplungsglocke zirkulieren lassen.

Frischluft wird zentral über die Eintrittsöffnung in die Kupplungsglocke hineingezogen, tritt in das Innere der Druckplatte ein und kühlt die Reibflächen.
Die warme Abluft tritt seitlich über eine Öffnung wieder aus.
Eine gute Kühlung senkt die Temperaturen in der Kupplungsglocke, verringert dadurch den Verschleiß und verlängert die Lebensdauer der Kupplungsscheibe.

Kupplungsbetätigung ohne Servounterstützung

Die wesentlichen Bauteile der Kupplungsbetätigung ohne Servounterstützung sind:

- Kupplungsgeberzylinder
- Kupplungsnehmerzylinder
- Ausrückgabel
- Ausrücklager (Drucklager)
- Führungshülse

Der Kupplungsgeberzylinder ist über eine Betätigungsstange mit dem Kupplungspedal verbunden. Beim Treten des Kupplungspedals wird Flüssigkeitsdruck erzeugt, der an den getriebeseitigen Kupplungsnehmerzylinder übertragen wird. Über ein Gestänge bewegt der Kolben des Nehmerzylinders die Ausrückgabel und rückt die Kupplung aus.
Das Hydrauliksystem der Kupplungsbetätigung ist mit Bremsflüssigkeit befüllt, die aus dem Bremsflüssigkeitsvorratsbehälter stammt.

Vorsicht:
Nach dem Trennen einer Hydraulikleitung muss das System entlüftet werden.

Vorsicht:
Falls nach Arbeiten am Bremssystem entlüftet werden muss, sollte auch das Kupplungssystem entlüftet werden.

Kupplungsbetätigung mit Servounterstützung

Vom 996 Turbo des Modelljahres 2005 stammt die servounterstützte Kupplungsbetätigung, die an allen Turbo-Modellen der 1. und 2. Generation (ausgenommen GT2 und GT2 RS) mit dem Schaltgetriebe G97.50 bzw. G97.55 vorhanden war.
Für die Servounterstützung wird die Hydraulikpumpe der Servolenkung einschließlich des Ölvorrats herangezogen.

Hinweis:
Die Servounterstützung ist völlig vom Bremssystem getrennt.

Die Servoeinheit ist mit dem Kupplungsnehmerzylinder und einem Druckspeicher zusammengefasst.
Für den Kupplungsgeberzylinder ist ein zusätzlicher kleiner Vorratsbehälter mit Hydraulikflüssigkeit vorhanden.
Die Hauptbauteile dieser Kupplungsbetätigung sind:

- Hydraulikpumpe im Motorraum
- Hauptvorratsbehälter für Hydrauliköl im Motorraum
- Kupplungsgeberzylinder am Kupplungspedal
- Vorratsbehälter für Kupplungsgeberzylinder im Kofferraum, unter einem Deckel hinter dem Bremsflüssigkeitsvorratsbehälter angeordnet. Bei rechtsgelenkten Modellen wandert der Vorratsbehälter mit dem Bremskraftverstärker und der Pedalerie nach rechts.
- Kupplungsnehmerzylinder mit Servoeinheit am Getriebe
- Druckspeicher mit internem Reservoir an der Servoeinheit
- Druckregelventil im Hydrauliköl-Hauptvorratsbehälter
- Druckregelventil in der Servoeinheit
- Ausrückgabel
- Ausrücklager
- Führungshülse

Die Funktion der servounterstützten Kupplung ist identisch mit der normalen Kupplungsbetätigung.

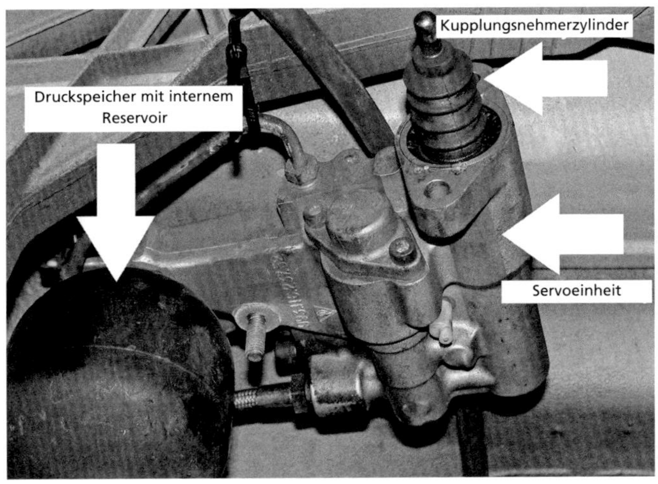

Servounterstützte Kupplung am 997 Turbo
(Bild: Adrian Streather)

Getriebe

Getriebezuordnung

Die folgenden Tabellen zeigen, welche Getriebetypen mit welchen Motoren verbaut wurden und in welchen 997-Modellen sie zum Einsatz kamen.

6-Gang-Schaltgetriebe			
Getriebetyp	**Motortyp**	**Modell**	**Anmerkung**
G97.01	M96.05	Carrera-Modelle in allen Karosserievarianten	1. Generation
G97.31	M96.05	Carrera 4-Modelle in allen Karosserievarianten	1. Generation
G97.01	M97.01	Carrera S-Modelle in allen Karosserievarianten	1. Generation
G97.31	M97.01	Carrera 4S-Modelle in allen Karosserievarianten	1. Generation
G97.50	M97.70	Turbo-Modelle außer GT2	1. Generation
G97.88	M97.70S	GT2 und GT2 RS	1. und 2. Generation
G97.90	M97.76	GT3 und GT3 RS	1. Generation
G97.05	MA1.02	Carrera-Modelle in allen Karosserievarianten	2. Generation
G97.35	MA1.02	Carrera 4-Modelle in allen Karosserievarianten	2. Generation
G97.05	MA1.01	Carrera S-Modelle in allen Karosserievarianten	2. Generation
G97.35	MA1.01	Carrera 4S-Modelle in allen Karosserievarianten	2. Generation
G97.55	MA1.70	Turbo-Modelle außer GT2	2. Generation
G97.90	M97.77	GT3 und GT3 RS	2. Generation
G97.92	M97.77R	GT3 RS	2. Generation
G97.92	M97.74	GT3 RS 4.0	2. Generation

5-Gang-Tiptronic S			
Getriebetyp	**Motortyp**	**Modell**	**Anmerkung**
A97.01	M96.05	Carrera-Modelle in allen Karosserievarianten	1. Generation
A97.31	M96.05	Carrera 4-Modelle in allen Karosserievarianten	1. Generation
A97.01	M97.01	Carrera S-Modelle in allen Karosserievarianten	1. Generation
A97.31	M97.01	Carrera 4S-Modelle in allen Karosserievarianten	1. Generation
A97.50	M97.50	Turbo-Modelle außer GT2	1. Generation

7-Gang-Doppelkupplungsgetriebe PDK			
Getriebetyp	**Motortyp**	**Modell**	**Anmerkung**
CG1.00	MA1.02	Carrera-Modelle in allen Karosserievarianten	2. Generation
CG1.30	MA1.02	Carrera 4-Modelle in allen Karosserievarianten	2. Generation
CG1.00	MA1.01	Carrera S-Modelle in allen Karosserievarianten	2. Generation
CG1.30	MA1.01	Carrera 4S-Modelle in allen Karosserievarianten	2. Generation
CG1.50	MA1.70	Turbo-Modelle außer GT2	2. Generation

Übersetzungen

Die folgende Übersicht enthält die Übersetzungen der im 997 verwendeten Schaltgetriebe:

Übersetzungen der 6-Gang-Schaltgetriebe									
Getriebetyp	**G97.01**	**G97.31**	**G97.05**	**G97.35**	**G97.50**	**G97.55**	**G97.88**	**G97.90**	**G97.92**
1. Gang	3,91 : 1				3,82 : 1		3,15 : 1	3,82 : 1	
2. Gang	2,32 : 1				2,14 : 1		1,89 : 1	2,26 : 1	
3. Gang	1,61 : 1				1,48 : 1		1,40 : 1	1,64 : 1	
4. Gang	1,28 : 1				1,18 : 1		0,91 : 1	1,29 : 1	
5. Gang	1,08 : 1				0,97 : 1		0,89 : 1	0,94 : 1	
6. Gang	0,88 : 1				0,79 : 1		0,73 : 1	0,92 : 1	0,88 : 1
R-Gang	3,59 : 1								
Endantrieb	3,44 : 1								

Die Tiptronic versah über 20 Jahre lang in drei verschiedenen 911-Baureihen ihren Dienst.

(Bild: Steven Cole)

Übersetzungen der 5-Gang-Tiptronic S			
Getriebetyp	**A97.01**	**A97.31**	**A97.50**
1. Gang	3,60 : 1		
2. Gang	2,19 : 1		
3. Gang	1,41 : 1		
4. Gang	1,00 : 1		
5. Gang	0,83 : 1		
Rückwärtsgang 1	3,17 : 1		
Rückwärtsgang 2	1,93 : 1		
Endantrieb	3,56 : 1		3,06 : 1

3-Speichen-Sportlenkrad mit Bedienelementen für das PDK

(Bild: Porsche AG)

Übersetzungen des Porsche Doppelkupplungsgetriebes			
Getriebetyp	**CG1.00**	**CG1.30**	**CG.50**
1. Gang	3,91 : 1		
2. Gang	2,29 : 1		
3. Gang	1,65 : 1		1,58 : 1
4. Gang	1,30 : 1		1,18 : 1
5. Gang	1,08 : 1		
6. Gang	0,88 : 1		
7. Gang	0,62 : 1		
Rückwärtsgang	3,55 : 1		
Endantrieb	3,44 : 1		

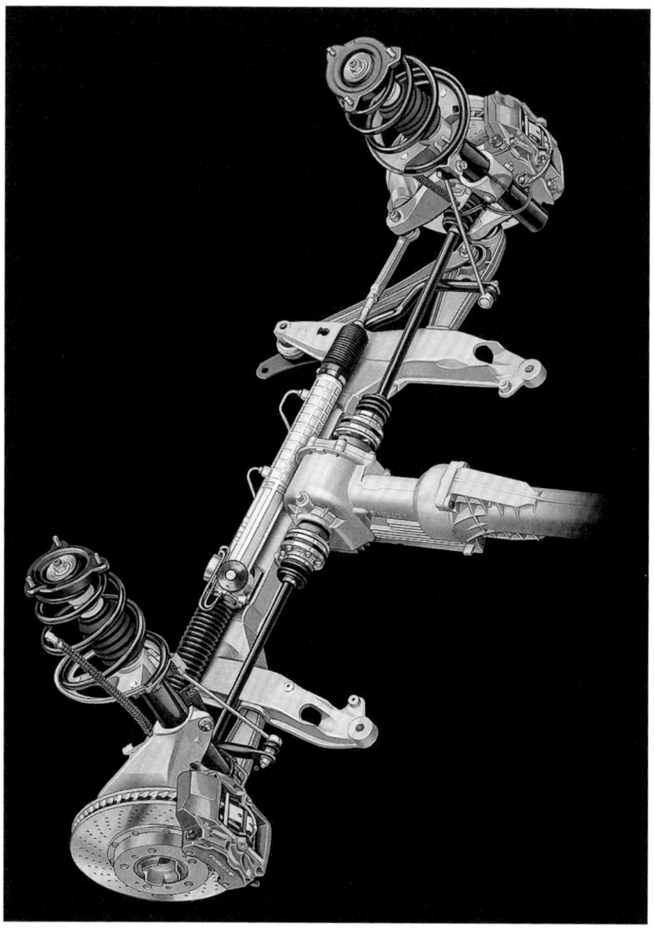

Vorderachsantrieb eines Carrera 4 der 1. Generation mit Visco-Kupplung. Die Übersetzung des Endantriebs beträgt hier 3,33 : 1.

(Bild: Porsche AG)

Schaltgetriebe von AISIN

997 GT2 mit Schaltgetriebe G97.88

6-Gang-Schaltgetriebe G97.01 von AISIN

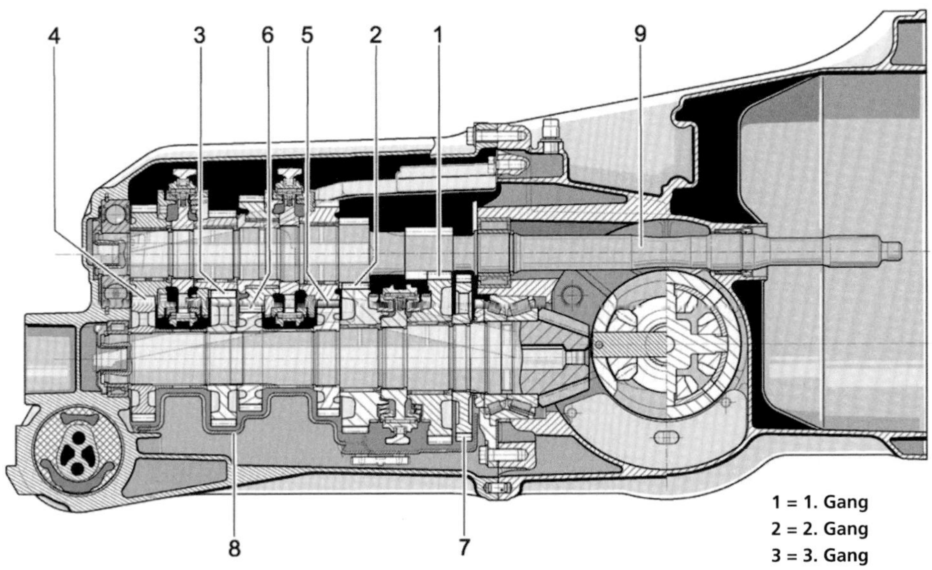

1 = 1. Gang
2 = 2. Gang
3 = 3. Gang
4 = 4. Gang
5 = 5. Gang
6 = 6. Gang
7 = Rückwärtsgang
8 = Radsatzkapsel
9 = Hauptwelle

(Abbildungen: Porsche AG)

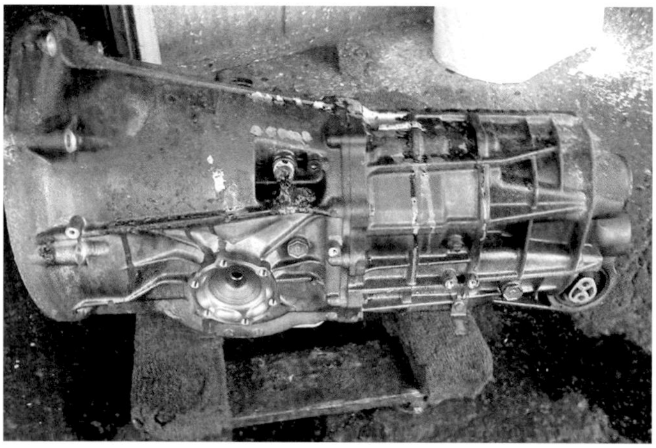

6-Gang-Schaltgetriebe G97.01 von AISIN

(Bild: Adrian Streather)

6-Gang-Schaltgetriebe G97.05 von AISIN

(Bild: Adrian Streather)

„Made in Japan" für Porsche ...

(Bild: Adrian Streather)

Einführung

Aus nicht bekannten Gründen wechselte Porsche beim 997 den Getriebehersteller: Anstelle des langjährigen Zulieferers Getrag produzierte nun der japanische Hersteller AISIN völlig neue 6-Gang-Getriebe für die gesamte erste und zweite 997-Generation.

Größere Räder und der dadurch etwa 5% größere Abrollumfang der Hinterräder erforderten bei allen 997-Modellen um ca. 5% kürzere, individuell angepasste Getriebeübersetzungen. Zusätzlich weist das neue AISIN-Getriebe auch eine sportlichere Abstufung der Gänge auf.

Insgesamt gibt es für den 997 sieben verschiedene 6-Gang-Getriebe von AISIN:

1. Generation:

- G97.01 für Heckantrieb
- G97.31 für Saugmotoren mit Allradantrieb
- G97.50 für Turbomotoren mit Allradantrieb

2. Generation

- G97.05 für Heckantrieb
- G97.35 für Saugmotoren mit Allradantrieb
- G97.55 für Turbomotoren mit Allradantrieb
- G97.92 für GT3 RS

1. und 2. Generation

- G97.88 für GT2 und GT2 RS
- G97.90 für GT3 und GT3 RS

Hinweis:

Die Getriebetypen G97.63 und G97.70 für Wettbewerbszwecke wurden bei Porsche Motorsport produziert. Siehe Kapitel 12.

Beim Wechsel von der ersten zur zweiten 997-Generation musste die Kupplungsglocke des Getriebes zum Anflanschen an die neuen DFI-Motoren etwas modifiziert werden.

Gangschaltung

Bei allen 997-Modellen erfolgt das Schalten über Kabelzüge, weil dadurch die Übertragung von Bewegungen und Vibrationen der Antriebseinheit auf den Schalthebel vermieden wird, ohne Einbußen bei der Schaltgenauigkeit hinnehmen zu müssen.

Im Gegensatz zu den bisherigen Getrag-Getrieben weist das AISIN-Getriebe um 15% verkürzte Schaltwege auf, vermittelt aber das gleiche Schaltgefühl hinsichtlich Schaltkraft und Druckpunkt.

Das Spiel in den Schaltgassen unter dem Schalthebel wurde auch verringert, was die Schaltgenauigkeit weiter verbesserte. Zur Beschleunigung des Schaltvorgangs wird über einen Kabelzug die Schaltebene gewählt und über einen weiteren die Gangstufe geschaltet.
Das Gehäuse des neuen AISIN-Getriebes ist zweiteilig und aus Leichtmetallguss hergestellt. Zur besseren Wärmeableitung und Verstärkung ist es an der Außenseite mit Rippen versehen. Über einen Lufteinlass im unteren vorderen Fahrzeugbereich strömt zusätzliche Frischluft von vorne über die Getriebeaußenseite.
Das Getriebe ist als Zwei-Wellen-Getriebe ausgeführt, wobei die Antriebswelle (Hauptwelle) über der Ritzelwelle (Ausgangswelle) angeordnet ist. Alle Verzahnungen der Vorwärtsgang-Zahnräder sind für leisen Lauf sorgfältig bearbeitet, so dass eine Paarung nicht mehr erforderlich ist.
Zur Reibungsreduzierung sind alle Losräder nadelgelagert. Auch der Rückwärtsgang ist synchronisiert und kann bereits eingelegt werden, wenn der Wagen langsam rollt.
Der Endantrieb ist als Hypoid-Antrieb ausgeführt, d. h. die Achsen von Kegelrad und Tellerrad schneiden sich nicht. Durch diesen Achsversatz erhöhen sich die Laufruhe und die übertragbare Kraft, außerdem kann durch die versetzte Anordnung des Tellerrades auch der Beugewinkel der Antriebswellengelenke verringert werden.
Die Ritzelwelle ist zur Gewichtseinsparung und für eine bessere Schmierung hohl ausgeführt; über Querbohrungen gelangt das Öl zu den Zahnrädern. Die Festräder von Rückwärtsgang, 1. und 2. Gang sind Bestandteil der Eingangswelle (Hauptwelle). Die Antriebswelle ist aus den gleichen Gründen ebenfalls hohl ausgeführt.

Gangräder

Aus Gewichtsgründen sind die Festräder des 3. und 4. Gangs mit Bohrungen versehen, die entsprechenden Losräder sind abgesetzt.

Synchronisierung

Unterschiedlich fällt die Synchronisierung der Gänge aus: der 1. und 2. Gang sind dreifach synchronisiert, der 3. Gang zweifach und die Gänge 4, 5 und 6 einfach. Die Synchronringe sind aus Stahl, haben aber abweichende Beschichtungen an den Reibflächen:

- Karbonbeschichtung beim 1. - 3. Gang
- Molybdänbeschichtung beim 4. - 6. Gang
- Bei den Getriebetypen G97.50 und G97.55 der Turbo-Modelle sind alle Synchronringe mit Karbon beschichtet.

Synchronisation des 1. und 2. Gangs

Durch das hohe Übersetzungsverhältnis ist die Masse der Losräder in diesen Gangstufen relativ hoch, daher ist hier eine Dreifach-Synchronisation eingebaut. Bei dieser Synchronisierungsart sind drei Reibflächen in die Drehzahlangleichung involviert, die zur Verschleißminderung mit Karbon beschichtet sind. Um Schaltprobleme bei hohen Getriebetemperaturen zu vermeiden, sind die Synchronringe aus Stahl gefertigt.

Synchronisation des 3. und 4. Gangs

Zur Synchronisierung des 3. Gangs ist eine doppelte Synchronisierung mit zwei karbonbeschichteten Reibflächen vorhanden. Der gegenüberliegende 4. Gang hat dagegen nur eine einfache Synchronisierung mittels eines molybdänbeschichteten Synchronrings. Allerdings ist bei den Getrieben G97.50 und G97.55 der Turbo-Modelle auch der 4. Gang doppelt synchronisiert.

Synchronisation des 5. und 6. Gangs

Für den 5. und 6. Gang reicht eine einfache Synchronisierung mittels eines molybdänbeschichteten Synchronrings aus. Bei den Getrieben G97.50 und G97.55 der Turbo-Modelle sind dagegen auch die Gänge 5 und 6 doppelt synchronisiert.

Synchronisation des Rückwärtsgangs

Der Rückwärtsgang ist einfach synchronisiert.

Radsatzkapsel

Das G97-Getriebe von AISIN hat im Innern eine Radsatzkapsel aus dünnem Leichtmetallguss. Dadurch werden Panschverluste vermieden und das Öl weniger aufgeschäumt. Da allerdings damit auch die Schmierung beeinträchtigt werden könnte, wird das Öl in der Kapsel gesammelt und über Kanäle besonderen Schmierstellen zugeführt. Einige Schaltgabelachsen sind ebenfalls in der Radsatzkapsel gelagert.

Schmierung der Standardgetriebe

Im Getriebeinnern befinden sich Ölfangbleche und Ölleitbleche zur Schmierung der Losräder, der Rückwärtsgangräder und des Kegelradlagers. Diese Bleche fangen das vom Tellerrad abgeschleuderte Öl auf und leiten es an die entsprechenden Schmierstellen.

Eines dieser Ölleitbleche ist mit einer Ablaufbohrung versehen. Durch sie tropft Öl auf ein Sammelblech und gelangt weiter zu der Lagerung der Rückwärtsgangräder.

Schmierung der GT2- und GT3-Getriebe

Die Schaltgetriebe G97.88, G97.90 und G97.92 haben ein internes Schmiersystem mit einer eigenen Ölpumpe, die von der Antriebswelle (Hauptwelle) angetrieben wird.

Die Vorteile dieser Getriebeschmierung sind:

- Optimale Ölversorgung aller kritischen Schmierstellen
- Gleichmäßige Ölverteilung
- Weniger Panschverluste
- Niedrigere Betriebstemperatur

Die Getriebeölpumpe saugt das Öl aus dem Differenzialgehäuse an, fördert es durch den Wärmetauscher und weiter zu den verschiedenen Schmierstellen.

Das Differenzialgehäuse wird durch eine Schottwand in zwei Zonen unterteilt, um das Ansaugen von luftblasenfreiem Öl zu gewährleisten.

In einer dieser Zonen dreht das Tellerrad, in der anderen sammelt sich das Öl; hier befindet sich auch das Ansaugrohr der Ölpumpe.

Das Öl tritt über den vorderen Getriebedeckel in die hohlgebohrten Getriebewellen ein und gelangt über Querbohren direkt zu den Lagerstellen der Losräder auf den Wellen.

Über eine Ölleitung werden diverse Spritzdüsen versorgt, die Öl direkt auf die Zähne des 3. bis 6. Gangs sowie des Kegel- und Tellerrads sprühen.

Die Förderleistung der Ölpumpe beträgt ca. 8 Liter bei 6.000 min^{-1}, der Öldruck wird über ein Kugelventil auf 3 bar begrenzt.

Kühlung der GT2- und GT3-Getriebe

Die GT2- und GT3-Modelle der 997-Baureihe verfügen über einen getriebeseitig montierten Wärmetauscher, der die Getriebeöltemperatur an das Kühlmittel des Motors überträgt. Damit sollen besonders im Renneinsatz unzulässig hohe Getriebeöltemperaturen verhindert werden.

Durch den Wärmetauscher überschreitet die Öltemperatur auch unter extremen Bedingungen nicht 120°C. Ein Abschaltventil im Kühlmittelkreislauf stellt sicher, dass über das Kühlmittel nur Wärme abgeführt und das Getriebeöl nicht aufgeheizt wird.

Das Motorsteuergerät überwacht mit einem Temperatursensor am Wärmetauscher permanent die Öltemperatur. Sobald die Öltemperatur 105°C überschreitet, schaltet das Motorsteuergerät die Kühlmittelzufuhr zum Wärmetauscher ein. Unterschreitet die Öltemperatur 95°C, wird der Kühlmittelfluss wieder unterbrochen.

Sollte die Kühlmitteltemperatur über 105°C ansteigen, bleibt die Getriebeölkühlung ebenfalls abgeschaltet.

Getriebe für Allradantrieb

Die G97-Getriebe für Fahrzeuge mit Allradantrieb basieren auf den Getrieben für den alleinigen Heckantrieb. Folgende Unterschiede sind vorhanden:

- Die einzige Änderung am Getriebe selbst ist eine verlängerte Ritzelwelle (Ausgangswelle), die aus dem Getriebegehäuse herausgeführt wird.
- Auf dem nach außen ragenden Ende der Ritzelwelle ist ein Kardanflansch montiert.
- Am Kardanflansch ist eine Kardanwelle befestigt, mit der die Antriebskraft an das Vorderradachsgetriebe übertragen wird.

Hinweis:

Das Vorderachsgetriebe wird im Abschnitt zum Allradantrieb in diesem Kapitel beschrieben.

Tiptronic S von Daimler

997 Turbo mit Tiptronic S, Getriebetyp A97.50

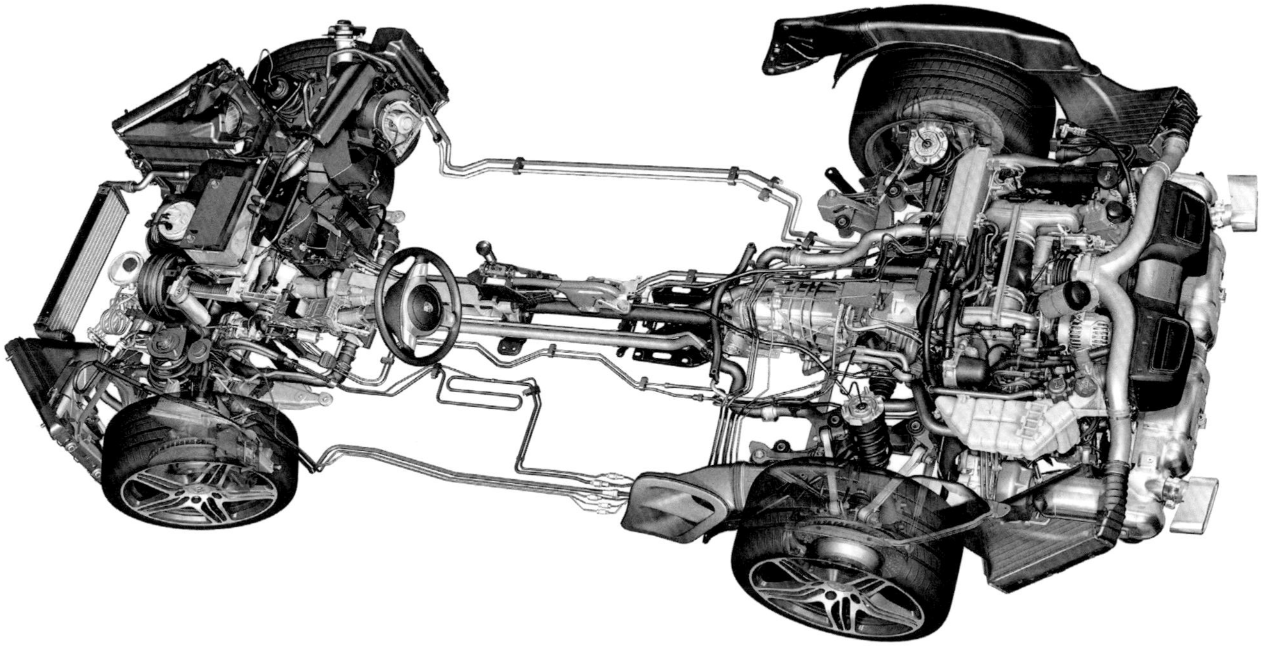

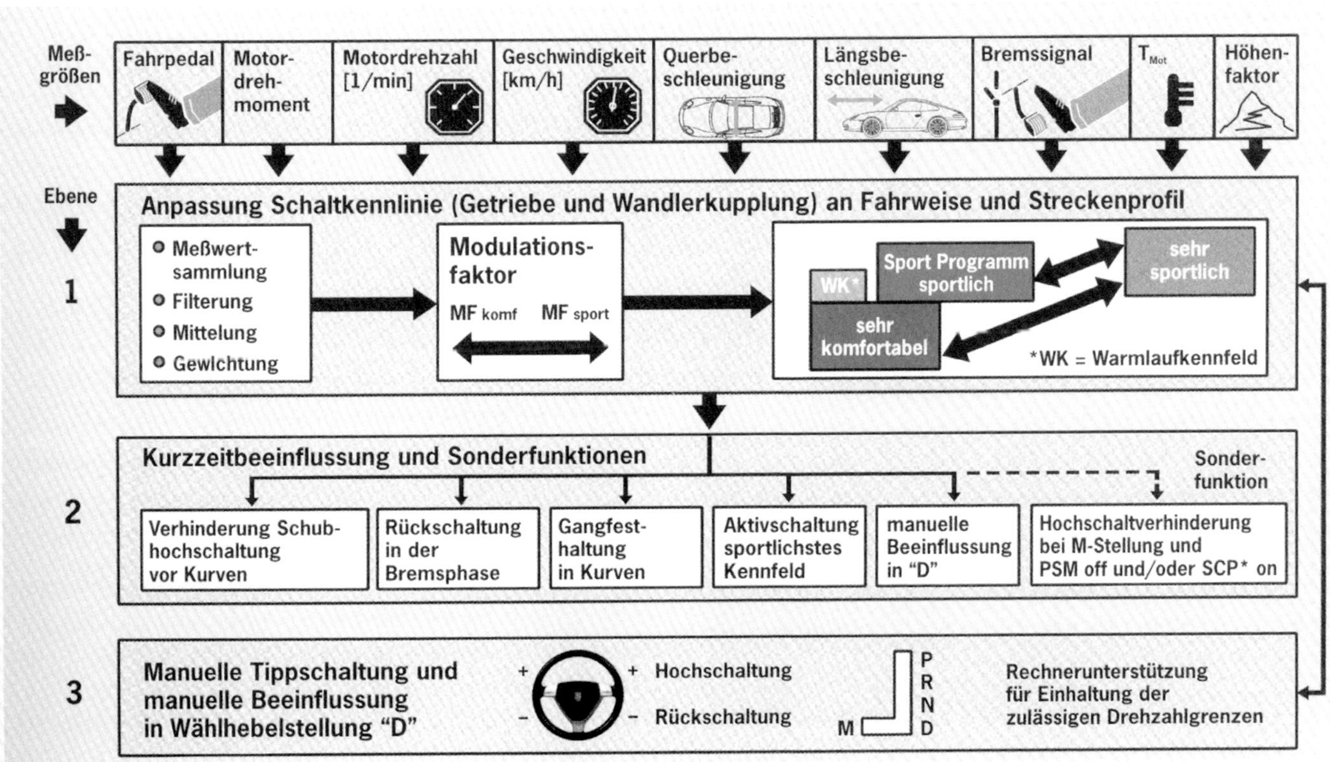

(Bildmaterial: Porsche AG)

Das erste Tiptronic-Getriebe *(Bild: Porsche AG)*

Das letzte hergestellte Tiptronic S-Getriebe hatte die Bezeichnung A97.50 und war für Turbomodelle des 997 mit 3,6-Liter-Motor bestimmt. *(Bild: Adrian Streather)*

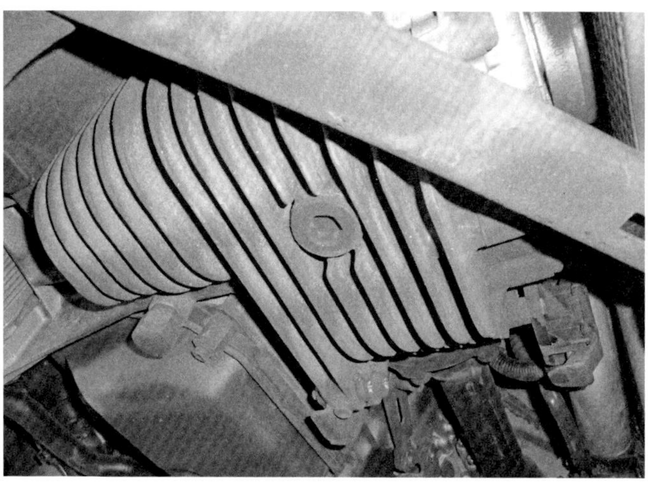

Von unten besehen: ein 3,8-Liter Carrera S der 1. Generation mit dem Getriebe A97.01. *(Bild: Adrian Streather)*

Einführung

In Sachen Automatikgetriebe für die neuen 997 Carrera-Modelle mit 3,6-Liter- und 3,8-Liter-Motor hielt Porsche zunächst an Bewährtem fest und übernahm die 5-Gang-Tiptronic S des 996 aus dem Modelljahr 2004, die weiterhin von Daimler produziert wurde. Das Getriebe hatte genug Reserven, um auch den gestiegenen Anforderungen der neuen Motoren gewachsen zu sein. Mit höheren Schaltdrücken wurde es an die gestiegenen Drehmomente angepasst, was besonders beim 3,8-Liter-Motor erforderlich war. Zudem stieg der Schaltkomfort, indem der Öldruckaufbau während des Schaltvorgangs feiner geregelt wurde.

Hinweis:

Dieser Abschnitt über die optional erhältliche Tiptronic S für die 997-Modelle der 1. Generation behandelt nur die allgemeinen Informationen, Verbesserungen, Änderungen und Sicherheitshinweise dazu. Einige Hinweise sind auch im Kapitel über die Turbo-Modelle zu finden. Eine vollständige technische Beschreibung der Tiptronic S kann im „Handbuch Porsche 911, Typ 996", erschienen im Heel-Verlag, nachgelesen werden.

Was ist neu?

Folgende Änderungen wurden an der Tiptronic S, Getriebetyp A96.XX, für den Einsatz in der neuen 997-Baureihe vorgenommen:

- Anpassung der Endübersetzung
- Hochschaltunterdrückung im manuellen Modus, wenn das PSM (Porsche Stability Management) abgeschaltet ist
- Drehzahlanpassung beim Herunterschalten im Schiebebetrieb
- Zusätzliche Sport-Chrono-Funktion für kürzere Schaltzeiten
- Geänderte Drehmomentwandler-Charakteristik
- Keine Drehzahlbegrenzung in Fahrstufen P und N
- Erhöhter Schaltkomfort
- Neue Ölfüllung und erweiterte Wechselintervalle
- Modifizierter Tempostat

Näher betrachtet:

Anpassung der Endübersetzung

Der 5% größere Reifenumfang der 997-Modelle erforderte eine Anpassung der Getriebe-Endübersetzung. Dementsprechend wurde das Übersetzungsverhältnis von Kegel-/Tellerrad um ca. 5% verkürzt und beträgt jetzt 3,562 : 1.

Schaltstrategien

Im Prinzip übernahm Porsche die vorhandenen Schaltstrategien der 2004er Tiptronic S für die erste 997-Generation, erweiterte sie für das neue optionale Sport Chrono Paket Plus, und modifizierte die Schaltfunktionen bei ausgeschaltetem PSM.

Die Schaltpunkte werden im Fahrbetrieb ständig angepasst, als Grundlage dienen dabei fünf Fahrprogramme mit einer Bandbreite beginnend bei entspanntem Fahren bis hin zum sportlichen Programm für höchste Fahrdynamik.

Folgende Strategien werden durch die Programmwahl beeinflusst:

- Unterdrücken des Hochschaltens beim schnellen Gaswegnehmen vor Kurven
- Früheres Herunterschalten beim Bremsen in Abhängigkeit von der Fahrgeschwindigkeit und Verzögerung
- Anpassung der Schaltpunkte durch Erkennen der Fahrbahnneigung. Anstieg bzw. Gefälle werden erkannt durch den Vergleich zwischen geforderter und tatsächlicher Beschleunigung.
- Anpassung der Schaltpunkte durch Auswertung der geographischen Höhe
- Unterdrücken des Hochschaltens in Kurven in Abhängigkeit von der Fahrgeschwindigkeit und Querbeschleunigung

Befindet sich der Wählhebel auf Automatikbetrieb, können trotzdem mit den Wipptasten am Lenkrad die Gänge gewechselt werden. Wird nicht mehr manuell geschaltet, kehrt das System automatisch nach 8 Sekunden wieder in den Automatikmodus zurück. Die Länge der Haltezeit wird von den Fahrbedingungen beeinflusst (Schiebebetrieb bzw. Querbeschleunigung); ein Kickdown führt unmittelbar zur Rückkehr in den Automatikmodus.

Hochschaltunterdrückung bei abgeschaltetem PSM

Bei den 997-Modellen Carrera und Carrera S hat die Tiptronic S eine Funktion zur Unterdrückung des Hochschaltens, wenn der Wählhebel in M-Position steht und das PSM ausgeschaltet ist. Um die sportlichen Eigenschaften der Tiptronic S besser zur Geltung kommen zu lassen, wird bei Erreichen des roten Bereichs das Hochschalten unterdrückt, um den Motor bis zum Drehzahlbegrenzer arbeiten lassen zu können.

Diese Funktion ist auch möglich, wenn der Wählhebel in D steht und eine der Wipptasten gedrückt wird.

Bei aktivem Kickdown wird jedoch bei Erreichen des roten Bereichs automatisch hochgeschaltet.

Drehzahlanpassung beim Herunterschalten im Schiebebetrieb

Das Herunterschalten im Schiebebetrieb kann automatisch beim Bremsen erfolgen oder manuell per Wipptastendruck am Lenkrad.

Mit der Drehzahlanpassung beim Herunterschalten im Schiebebetrieb verkürzt sich die Schaltzeit, erhöht sich der Fahrkomfort und wird das Blockieren der Hinterräder verhindert. Zwar verhindert die Schleppmomentüberwachung des Motors durch das PSM ebenfalls ein Blockieren der Hinterräder, allerdings nur in Verbindung mit einer Beeinträchtigung der Reifenhaftung. Durch die Drehzahlanpassung über die Tiptronic-Steuerung wird das Blockieren der Räder bereits im Vorfeld aktiv unterbunden.

Sport Chrono-Funktion

Das Sport Chrono Paket Plus ist eine Individualausstattung der gesamten 997-Baureihe. Seine Funktionen ermöglichen ein noch sportlicheres Fahrerlebnis, besonders auf Rennstrecken.

Durch Drücken der Sporttaste in Wählhebelposition D verschieben sich die Schaltlinien der Tiptronic S in den oberen, sportlichen Bereich. Die Schaltzeiten werden kürzer, die Schaltvorgänge sportlicher.

Die verkürzten Schaltzeiten entstehen durch ein schnelleres Füllen der Hydraulikkupplungen mit Öl (kürzere Reaktionszeit) und einen höheren Öldruck beim Schaltvorgang. Diese Änderungen im Schaltvorgang lassen ein dynamischeres und sportlicheres Fahrgefühl entstehen. Außerdem werden die Schaltpunkte an den gegenwärtigen Fahrstil angepasst und sind mehr sportlich ausgeprägt. Zudem erfolgt im Sport Chrono-Modus das selbsttätige Herunterschalten schon bei geringeren Beschleunigungen und höheren Motordrehzahlen, um die Agilität des 997 zu erhöhen.

Bei gedrückter Sporttaste in Wählhebelstellung M erfolgt bei Erreichen des roten Bereichs kein automatisches Hochschalten. Damit wird es erstmals dem Fahrer ermöglicht, mit einem Tiptronic-Getriebe den Motor in den Drehzahlbegrenzer zu drehen, um den Sportmodus des Sport Chrono Plus Pakets voll zu nutzen.

Die Hochschaltunterdrückung ist nur im manuellen Modus aktiv, bei manuellem Eingreifen per Wipptaste im Automatikmodus ist sie deaktiviert.
Das Hochschalten beim Erreichen des Drehzahlbegrenzers kann über die Kickdown-Funktion eingeleitet werden. Wenn z. B. im manuellen Modus nach einem Überholmanöver der Motor in den roten Bereich dreht, kann mittels Kickdown hochgeschaltet werden, die Betätigung einer Wipptaste ist nicht erforderlich. Diese Eigenschaft verleiht der Beschleunigung zusätzlichen Schub und verkürzt Überholvorgänge. Dabei handelt es sich um die einzige Fahrsituation, bei der ein Kickdown hochschaltet, statt wie üblich herunterzuschalten.

Drehmomentwandler

Durch Änderungen der Drehmomentwandlereigenschaften konnte das Startverhalten verbessert werden. Um bessere Beschleunigungswerte zu erzielen, ist jetzt folgende Funktion vorhanden: Falls Vollgas gegeben wird und dabei ein Herunterschalten in den ersten Gang erfolgt, wird der Wandler überbrückt und der Schlupf minimiert. Für einen weiteren Beschleunigungsschub sorgt die Anhebung des Schaltpunkts von 5.800 min^{-1} auf 6.300 min^{-1} beim Schalten vom ersten in den zweiten Gang bei verkürzter Schaltzeit. Um die sportlichere Abstimmung der neuen Tiptronic S zu unterstreichen, kann nunmehr auch in Wählhebelstellung P oder N der Motor bei stehendem Fahrzeug bis in den Drehzahlbegrenzer gedreht werden.

Vorsicht:
Falls der Motor in Wählhebelstellung P oder N über 2.500 min^{-1} gedreht wird, ist keine Fahrstufenauswahl mehr möglich. Erst wenn die Drehzahl wieder absinkt, wird diese Sperre aufgehoben, um Schäden am Getriebe zu vermeiden.

Leichtlauföl/Ölführungen

Alle Tiptronic S-Getriebe des Typs A97 sind mit einem neuen ATF-Leichtlauföl befüllt und haben neue Ölführungen. Diese erhöhen den Schaltkomfort, während das Leichtlauföl die Reibungsverluste innerhalb des Getriebes verringert. Durch das neue Öl konnten auch die Wartungsintervalle erweitert werden.

Tempostat

Eine weitere neue Funktion der Tiptronic S ist das aktive Herunterschalten bei Bergabfahrt mit eingeschaltetem Tempostat. Vorher konnte es bei dieser Fahrsituation passieren, dass der 911 auf eine Geschwindigkeit beschleunigte, die über der eingestellten Tempostat-Geschwindigkeit lag, wenn der Fahrer nicht selbst herunterschaltete. Mit dieser neuen Funktion schaltet die Tiptronic S zum Einhalten der Geschwindigkeit erforderlichenfalls nun automatisch zurück.

Wählhebelsperre

Bei Geschwindigkeiten über 10 km/h tritt eine Sperre in Aktion, die das Einlegen der Wählhebelpositionen R und P verhindert.

Kühlung des ATF-Öls

Im Fahrbetrieb erwärmt sich das ATF-Öl im Getriebe und muss gekühlt werden. Daher ist am Getriebe ein Wärmetauscher montiert, über den die Öltemperatur an das Kühlmittel übertragen wird.
Die Kühlung ist eingeschaltet, wenn:
- die Kühlmitteltemperatur unter 90°C liegt bzw.
- die ATF-Öltemperatur 90°C überschreitet.

Die Kühlung ist abgeschaltet, wenn:
- die Kühlmitteltemperatur über 100°C steigt bzw.
- die ATF-Öltemperatur unter 83°C fällt.

Beim Überschreiten einer ATF-Öltemperatur von 143°C reduziert das Motorsteuergerät die Motorleistung.

Eingeschränktes Fahrprogramm

Bei Ausfall einer elektronischen Getriebekomponente schaltet das Tiptronic-Steuergerät je nach festgestelltem Defekt automatisch in einen Notlaufmodus. Dadurch wird der zuletzt gewählte Gang beibehalten, Modulier- und Schaltdruck werden auf das Maximum erhöht und die Wandlerüberbrückung wird getrennt.
Falls der Fahrer den Wählhebel in die Position P stellt, den Motor ausschaltet, nach ca. 10 Sekunden wieder neu startet und die Wählhebelstellung D einlegt, schaltet das Getriebe in den zweiten Gang. Auch der Rückwärtsgang ist dann verfügbar.
Der Notlaufmodus wird dem Fahrer durch abwechselndes Anzeigen der Fahrstufe (einem D) und des vierten Gangs (einer 4) in der Instrumententafel angezeigt.
Man kann den Wagen in diesem Notlaufprogramm unbeschränkt weit fahren, selbst wenn das Steuergerät das Getriebe nicht mehr beeinflussen kann.

Anschleppen
Auf keinen Fall darf versucht werden, einen 997 mit einer Tiptronic zum Starten des Motors anzuschleppen, weil dadurch das Getriebe beschädigt wird.

Abschleppen
Wenn der Motor nicht läuft, ist die Schmierung der Automatik nicht gewährleistet. Deshalb ist vor dem Abschleppen folgendes zu beachten:
- Motor anlassen und sicherstellen, dass er nicht ausgeht
- Wählhebel auf N stellen
- Maximale Schleppgeschwindigkeit: 50 km/h
- Maximale Schleppdistanz: 50 km

Vorsicht:
Falls der Motor nicht läuft oder die Schleppdistanz weiter als erlaubt ist, muss der 997 auf einem Anhänger transportiert werden.

Vorsicht:
Fahrzeuge mit Tiptronic S und Allradantrieb dürfen niemals mit angehobener Hinterachse geschleppt werden. Falls die Vorderachse angehoben ist, muss sichergestellt sein, dass die Vorderräder frei drehen können. Die sicherste Transportmethode ist ein Anhänger oder Abschleppwagen mit Ladefläche.

Vorsicht:
Ein 997 mit Allradantrieb darf ausschließlich auf einem dafür geeigneten Rollenprüfstand getestet werden. Dazu muss immer ein Prüfstand für beide Achsen verwendet werden; der maximal zulässige Drehzahlunterschied zwischen der Vorder- und Hinterachse beträgt 8 km/h.

Initialisieren und Anlernen des Tiptronic-Steuergeräts
Nach einer Reparatur oder dem Austausch der Tiptronic müssen das Getriebe und das Steuergerät mittels des PIWIS-Testers neu abgeglichen werden.
Falls ein neues Steuergerät eingebaut wurde, muss es zuerst mittels einer Probefahrt initialisiert werden. In dieser „Lernphase" kann schlechtes Schalten auftreten. Nach der Fahrt muss der Motor für 10 Minuten im Leerlauf drehen. Dabei werden die aufgenommenen Werte im Steuergerät gespeichert.

Weitere Informationen zur Tiptronic S
Die 997 Turbo-Modelle der 1. Generation erhielten eine Weiterentwicklung des Getriebetyps A96.50, der im 996 Turbo von 2005 eingebaut war. Neben einigen mechanischen Verbesserungen hinsichtlich Belastbarkeit und Robustheit wurde bei der Überarbeitung großer Wert auf eine Optimierung der dynamischen Schaltvorgänge gelegt. Mit kürzeren Schalt- und Reaktionszeiten und der zusätzlichen Funktion für schnelles Zurückschalten fährt sich die Tiptronic A97.50 noch sportlicher.

Grundlegender Aufbau der Tiptronic S
Die bewährte Konstruktion besteht unter anderem aus Planetenradsätzen und einem Drehmomentwandler mit einer Kupplung zur Überbrückung des Wandlers in den Gängen 2 bis 5. Diese Wandlerüberbrückung wurde wesentlich verbessert, hat weniger Schlupf und passt sich schneller an Laständerungen an. Das führt zu spontaneren Reaktionen auf jegliche Änderungen der Gaspedalstellung und einer dynamischeren Beschleunigung. Ansonsten sind alle vom 996 Turbo bekannten Funktionen weiterhin vorhanden und optimiert.

Hochschaltunterdrückung
Zur Aktivierung dieser Funktion muss der Fahrer nun nicht mehr vollständig vom Gas gehen. Damit ergibt sich besonders auf kurvigen Landstraßen ein flüssigeres Fahrverhalten.

Herunterschalten beim Bremsen
Die 997 Turbo-Modelle erhielten eine eigene Version dieser Funktion, die bei gleichzeitigem Bremsen schneller herunterschaltet, um einen sportlicheren Fahrstil zu ermöglichen. Falls der Fahrer innerhalb von 1,5 Sekunden nach Lösen des Gaspedals das Bremspedal betätigt, schaltet die Tiptronic automatisch einen Gang zurück.
Mit dieser Funktion wird die Verzögerungszeit bis zum Auslösen des automatischen Herunterschaltens drastisch verkürzt. Das erste Zurückschalten erfolgt wesentlich spontaner als bei der normalen automatischen Zurückschalt-Funktion. Die folgenden Schaltvorgänge in niedrigere Gangstufen erfolgen dann wieder unter der normalen Funktion. Damit passt die Tiptronic schon beim Bremsen vor der Kurve die Getriebeübersetzungen schneller an, um unter sportlicher Fahrweise beim Herausbeschleunigen die bestmögliche Zugkraft bereitstellen zu können.

Porsche Doppelkupplungsgetriebe PDK von ZF

(Abbildungen: Porsche AG)

Schnittmodell des 5-Gang-Doppelkupplungsgetriebes, das zeitweilig in den Rennwagen 956 und 962 eingesetzt wurde.

(Bild: Porsche AG)

Das erste Doppelkupplungsgetriebe mit fünf Gängen wurde sogar im 944 Turbo getestet; jedoch kamen die Versuche nicht über das Prototypenstadium hinaus.

(Bild: Adrian Streather)

Das erste 5-Gang-Doppelkupplungsgetriebe war im Porsche 956, FIN 003 eingebaut. Allerdings wurde es nie in Le Mans eingesetzt.

(Bild: Porsche AG)

Einführung

Mit der Einführung des Porsche Doppelkupplungsgetriebes gab es auch wieder eine Änderung des Zulieferers: Als im Modelljahr 2002 der 3,6-Liter-Motor beim 996 eingeführt wurde, ersetzte gleichzeitig eine von Daimler-Chrysler gefertigte Tiptronic S die bisherige von ZF gelieferte Version. Bei den 997-Modellen der 2. Generation wurde das wieder umgekehrt und die von Daimler produzierte Tiptronic S vom PDK abgelöst, das wieder von ZF gebaut wurde.

Geschichte

Die Idee des Doppelkupplungsgetriebes tauchte Ende der 1960er Jahre über den ungarischen Ingenieur Imre Szofridt bei Porsche auf und wurde von Ferdinand Piëch begeistert aufgenommen.

Ursprünglich sollte das unter der Bezeichnung 919 entwickelte Getriebe die 3-Gang-Sportomatic ersetzen. Schaltprobleme führten jedoch dazu, dass die Konstruktion für etliche Jahre beiseite gelegt wurde. In den 1970er Jahren reaktivierte der Porsche-Ingenieur Helmut Flegl das Projekt für die Beteiligung von Porsche an einer Initiative zum „Auto der Zukunft", aber der erste praktische Einsatz erfolgte in einem Rennwagen: Ein 5-Gang-Doppelkupplungsgetriebe vom Typ 2612 war im Porsche 956 mit der Seriennummer 003 eingebaut. Zum Einlegen des ersten Gangs war noch ein Kupplungspedal vorhanden, mit dem die vordere Kupplung betätigt werden konnte.

Hinweis:

Das zugrundeliegende Doppelkupplungsgetriebe 2612 war eine Gemeinschaftskonstruktion von Porsche, Getrag, Hurth und Bosch und wurde von Ferdinand Piëch auch mit zu Audi genommen.

In den nächsten Jahren beschäftigte sich die Motorsportabteilung von Porsche mit dem Doppelkupplungsgetriebe und setzte es regelmäßig in den Rennwagen 956 und 962C ein. Das Doppelkupplungsgetriebe wog zwar 40 kg mehr als ein normales Renngetriebe, jedoch siegte im April 1986 in Monza erstmals ein damit ausgerüsteter 962C. Zwar gab er noch weitere Renneinsätze, aber 1987 war es damit vorbei. Auch war diese Technik noch weit davon entfernt, im normalen Straßenverkehr eingesetzt werden zu können. Einige Testwagen des Typs 924 und 944 Turbo erhielten es zu Versuchszwecken, aber die technischen Möglichkeiten in den 80er Jahren waren noch nicht geeignet, um den hohen Anforderungen der vielen mechanischen Steuerelemente (wie z. B. das Einrücken der hydraulisch gesteuerten Kupplung) gerecht werden zu können, deren Erfüllung für einen hohen Fahrkomfort unbedingt erforderlich

Das geschnittene PDK-Gehäuse erlaubt einen Blick in das Innenleben.

(Bild: Porsche AG)

PDK Typ CG1.50

(Bild: Adrian Streather)

Unten links ist der Wärmetauscher des PDK erkennbar.

(Bild: Adrian Streather)

ist. Zudem war, angesichts der heraufziehenden Probleme, denen sich das Unternehmen Porsche Ende der 80er Jahre stellen musste, eine Weiterentwicklung des Doppelkupplungsgetriebes einfach nicht finanzierbar.

Einführung

Eine Anmerkung zu Beginn: Das in diesem Kapitel beschriebene Porsche Doppelkupplungsgetriebe (PDK) hat wenig Gemeinsamkeiten mit dem schweren und unausgereiften Getriebe, das in den Porsche Rennwagen 956 und 962C eingebaut war und mit dem auch einige wenige Versuchswagen des Typs 924 bzw. 944 Turbo ausgerüstet waren.

Das Porsche Doppelkupplungsgetriebe wird auch als automatisiertes Schaltgetriebe bezeichnet. Da ein Kupplungspedal fehlt, ist bei manchen Fahrern etwas Überzeugungsarbeit erforderlich, da sie der Meinung sind, ein mechanischer Gangwechsel wäre ein koordinierter Ablauf zwischen Hand und Fuß.

Eine Besonderheit des PDK ist, dass zwei Gänge gleichzeitig eingelegt sein können. Über einen Gang erfolgt der Antrieb, der andere Gang ist bereits vorgewählt. Wenn nun über den Schalthebel oder die Tasten am Lenkrad geschaltet wird, öffnet die Kupplung des gerade aktiven Gangs, während gleichzeitig die andere des vorgewählten Gangs schließt. Das kann unter Last erfolgen und geschieht so schnell, dass keine nennenswerte Zugkraftunterbrechung auftritt.

Nicht alle mögen gleicher Meinung sein, aber die Behauptung ist absolut berechtigt, dass durch diese schnellen Gangwechsel bei nahezu permanentem Vortrieb das PDK ein deutlich dynamischeres Fahrverhalten ermöglicht als ein herkömmliches Schaltgetriebe, und gleichzeitig den Komfort eines Automatikgetriebes bietet.

PDK war als Individualausstattung für die meisten Carrera-Modelle der 2. Generation mit Heck- und Allradantrieb und alle Turbo-Modelle der 2. Generation erhältlich, und war serienmäßig in den Turbo S-Modellen. Für einige 997-Sondermodelle gab es das PDK nicht als Option – oder sie wurden sogar nur mit PDK angeboten.

Getriebeöl

Aufgrund der hohen Scherkräfte, denen das Öl im Differenzial ausgesetzt ist, gibt es im PDK zwei getrennte Ölkammern mit unterschiedlichen Ölfüllungen:

Zur Schmierung der Getrieberadsätze dienen 2,95 Liter Mobilube PTX Formula A, (SAE 75W-90, GL4-5); zur hydraulischen Steuerung sind 5,2 Liter Pentosin Gear Oil FFL3 vorhanden.

Aufbau des PDK

Das PDK besteht im Prinzip aus zwei vollwertigen Schaltgetrieben, die in einem gemeinsamen Gehäuse untergebracht sind. Dabei hat jedes Getriebe eine eigene Kupplung: Für Getriebe 1 ist die äußere Kupplung (Nr. 1) zuständig, für Getriebe 2 die innere Kupplung (Nr. 2).
Getriebe 1 schaltet die ungeraden Gänge 1, 3, 5 und 7 sowie den Rückwärtsgang, Getriebe 2 die geraden Gänge 2, 4 und 6. Im Fahrbetrieb überträgt jeweils nur ein Getriebe über die jeweilige Kupplung die Kraft auf die Antriebsräder.

Bedienung

Wie die Tiptronic S hat auch das PDK zwei Schaltgassen für den Wählhebel:

- Automatischer Wählmodus
- Manueller Wählmodus

Im automatischen Wählmodus (Wählhebelstellung D in der rechten Schaltgasse) erfolgt der Gangwechsel automatisch. Befindet sich der Wählhebel in der linken Schaltgasse (Wählhebelstellung M) kann mit dem PDK-Wählhebel oder den Schalttasten am Lenkrad manuell geschaltet werden.
Bei ausgeschalteter Zündung ist der Wählhebel blockiert; bei eingeschalteter Zündung kann er aus Stellung P und N nur bei gedrückter Entriegelungstaste (auf dem Wählhebel) und betätigtem Bremspedal bewegt werden.
Das neue 3-Speichen-Sportlenkrad für die 997-Modelle mit PDK wurde im Vergleich zu den Tiptronic-Ausführungen vollständig überarbeitet. Es besitzt zwei Schalttasten, die ergonomisch in die Lenkradspeichen integriert sind. Durch Drücken einer Schalttaste nach vorne schaltet das Getriebe hoch, durch Ziehen einer Taste zum Fahrer wird heruntergeschaltet. Dabei ist es unerheblich, welche der beiden Tasten benutzt wird.

Hinweis:
Durch Dauerbetätigung des Wählhebels oder der Schalttasten werden nacheinander mehrere Gänge hoch-/zurückgeschaltet.

PDK-Anzeige in der Instrumententafel

Der eingelegte Wählmodus bzw. die aktive Fahrstufe werden durch LEDs angezeigt, die neben den entsprechenden Buchstaben aufleuchten, zusätzlich wird der aktuelle Gang in einem Zahlendisplay dargestellt.
Weitere Anzeigen zum PDK:

- Sollte sich der Wählhebel zwischen zwei Stellungen befinden, blinkt die entsprechende Position im Kombiinstrument, und im Bordcomputer erscheint die Warnung „Wählhebel nicht eingerastet".
- Die Warnmeldung „Getriebe Temperatur zu hoch" fordert den Fahrer auf, seinen Fahrstil zu ändern. Beim Anfahren ist ein „Warnruckeln" zu spüren und die Motorleistung kann eingeschränkt sein. Die Motorbeanspruchung sollte verringert werden; falls möglich, an einer geeigneten Stelle anhalten und den Motor in Wählhebelstellung N oder P solange laufen lassen, bis die Warnung erlischt.

Vorsicht:
Einen 997 mit PDK niemals mit dem Gaspedal am Berg halten. Dazu darf nur die Betriebs- oder Handbremse verwendet werden!

- Die Warnung „Getriebe Notlauf" in weißen Buchstaben bedeutet, dass der 997 zwar weitergefahren werden kann, aber umgehend eine Fachwerkstatt aufgesucht werden sollte.
- Die Warnung „Getriebe Notlauf" in roten Buchstaben bedeutet, dass sich das Fahrzeug nur noch bis zum Stillstand fahren lässt. Der Wagen sollte an geeigneter Stelle angehalten und in eine qualifizierte Fachwerkstatt geschleppt werden.

Schaltstrategien

In der Mittelkonsole befinden sich eine Sport- und – je nach Modell und Ausstattung – eine Sport Plus-Taste, mit denen der gleichnamige Modus abgerufen werden kann. Je nachdem, welche der Tasten betätigt wird, hat das unterschiedlichen Einfluss auf die Schaltvorgänge.
Beim Fahren im manuellen Wahlmodus, ohne dass eine der beiden Tasten betätigt ist, kann mittels der Schalttasten am Lenkrad oder des Wählhebels hoch- und zurückgeschaltet werden. In diesem Fall werden die Schaltvorgänge an den individuellen Fahrstil des Fahrers angepasst, um einen hohen Fahrkomfort zu ermöglichen, einschließlich einer Reduzierung des Motordrehmoments beim Gangwechsel. Beim Herunterschalten während einer normalen Verzögerung wird über einen kaum wahrnehmbaren Gasstoß die Motordrehzahl angepasst. Um zu niedrige Motordrehzahlen mit entsprechenden Fahrkomforteinbußen zu vermeiden wird automatisch zurückgeschaltet, sobald die Motordrehzahl 1.200 min^{-1} unterschreitet. Ein Hochschalten am Drehzahllimit wird nur bei einem Kickdown durchgeführt. Zum Anfahren schaltet das Getriebe immer in den 1. Gang; die Launch Control ist deaktiviert.
Fahren im manuellen Wählmodus (M) mit betätigter Sport-Taste: Hoch- und Zurückschalten kann über die Schalttasten am Lenkrad oder den Wählhebel erfolgen.

Wie zuvor, passt sich die Getriebesteuerung an den Fahrstil an, hat aber laut Porsche eine sportlichere Auslegung und nur geringe Zugkraftunterbrechung beim Gangwechsel. Alle weiteren Funktionen sind so wie zuvor bei nichtbetätigter Sporttaste beschrieben.
Fahren im manuellen Wählmodus (M) mit betätigter Sport Plus-Taste: Hoch- und Zurückschalten kann über die Schalttasten am Lenkrad oder den Wählhebel erfolgen. Die Schaltvorgänge sind jedoch nicht mehr angepasst und somit deutlicher spürbar. Es gibt keine Zugkraftunterbrechung beim Gangwechsel. Beim Verzögern wird das Herunterschalten von einem deutlich hörbaren Gasstoß begleitet. Um zu niedrige Motordrehzahlen mit entsprechenden Fahrkomforteinbußen zu vermeiden, wird zurückgeschaltet, sobald die Motordrehzahl 1.200 min^{-1} unterschreitet. Ein Hochschalten an der oberen Drehzahlgrenze wird nur bei einem Kickdown durchgeführt. Zum Anfahren schaltet das Getriebe immer in den 1. Gang. Bei dieser Einstellung wird nicht in den 7. Gang geschaltet und die Launch Control ist aktiviert.
Fahren im automatischen Wählmodus (D) ohne betätigte Sport- oder Sport Plus-Taste: Abhängig von Fahrweise und Fahrwiderstand verschieben sich die Schaltpunkte fließend zu niedrigeren oder höheren Drehzahlbereichen. Nur geringe Drehzahlanpassung beim Zurückschalten, daher kaum wahrnehmbar.
Fahren im automatischen Wählmodus (D) mit betätigter Sport-Taste: Das PDK-Getriebe wechselt in ein sportliches Schaltkennfeld und verkürzt die Schaltzeiten. Sportliche Fahrweise wird schneller erkannt und führt adaptiv zu fahrleistungsorientierten Schaltdrehzahlen. Bremsrückschaltungen werden früher eingeleitet. Schon bei geringen Verzögerungen, selbst bei hohen Drehzahlen wird zurückgeschaltet. Der 7. Gang wird weitgehend vermieden und nur bei höheren Geschwindigkeiten eingelegt.
Fahren im automatischen Wählmodus (D) mit betätigter Sport Plus-Taste: Keine Anpassungen der Schaltvorgänge mehr. Das PDK wechselt in ein für die Rundstrecke konzipiertes Schaltprogramm. Keine Zugkraftunterbrechung, geringerer Schaltkomfort, Schaltvorgänge sind von deutlich wahrnehmbaren Gasstößen begleitet. Der 7. Gang wird nicht mehr eingelegt; Launch Control ist einsetzbar.

Anpassung

Zahlreiche Messgrößen, wie z. B. Gaspedalstellung, Änderungsgeschwindigkeit der Gaspedalstellung, Längs- und Querbeschleunigung, Fahrgeschwindigkeit und Motordrehzahl sowie der Lenkwinkel werden ausgewertet, um die Schaltpunkte kontinuierlich an den Fahrstil anzupassen. Solange keine der Sport-Tasten gedrückt ist, erfolgt diese Anpassung in allen normalen Fahrmodi, manchmal auch bei gedrückter Sport-Taste, jedoch nie bei gedrückter Sport Plus-Taste.
Zusätzlich zu den Messgrößen wertet die Getriebesteuerung auch das Streckenprofil, d. h. den Fahrwiderstand aus. Hier machen sich Änderungen besonders beim Bergauf- bzw. Bergabfahren bemerkbar. Zusätzlich fließt auch noch die Höhenlage als Korrekturfaktor ein. Mit steigender Höhe verschlechtert sich der Füllungsgrad des Motors. Über den Höhensensor erkennt das Steuergerät die Situation und passt die Schaltkennfelder entsprechend an.

Hinweis:
Saugmotoren sind von großen Höhen deutlich mehr beeinträchtigt als Turbomotoren.

Besondere PDK-Funktionen

Die Funktion Launch Control (Anfahren mit bestmöglicher Beschleunigung) ist im Sport Plus-Modus in den Wählhebelpositionen D und M abrufbar. Die Bedingungen dafür sind:

- Stehendes Fahrzeug
- Bremspedal betätigt
- Kickdown-Stellung des Gaspedals

Das Anfahren wird durch die Freigabe des Bremspedals gestartet. Das Doppelkupplungsgetriebe ermöglicht nun eine maximale Beschleunigung mit bestmöglicher Traktion.
Allerdings hat diese Funktion auch Nebenwirkungen: Durch das Lösen des Bremspedals bei Vollgasstellung steigen die Belastungen aller beteiligten Bauteile in der Kraftübertragung deutlich an. Zusätzlich entstehen in den Kupplungen hohe Temperaturen. Zum Schutz der Komponenten ist die Launch Control für 2,5 km nach einem solchen Start gesperrt und während dieser Distanz werden die Kupplungen maximal gekühlt.

Hochschaltunterdrückung im Schiebebetrieb

Wenn der Fahrer vor einer Kurve schnell vom Gas geht, bleibt der aktuelle Gang eingelegt. Betätigt er zusätzlich das Bremspedal, schaltet das Getriebe passend zur Fahrgeschwindigkeit herunter, so dass beim Annähern an eine Kurve die Motorbremswirkung ausgenutzt werden kann und beim anschließenden Herausbeschleunigen die optimale Gangstufe zur Verfügung steht. Beim Öffnen der Drosselklappe schaltet das Getriebe dann wieder entsprechend den Anforderungen des Fahrers.

Die Hochschaltunterdrückung ist jedoch vom ausgewählten Modus abhängig. In den normalen Fahrmodi ist diese Funktion nur bei großen Winkeländerungen des Gaspedals beim Schließen aktiv. Im Sport-Modus ist die erforderliche Auslenkung geringer, während im Sport Plus-Modus schon kleine Winkeländerungen ausreichen.

Zurückschalten beim Bremsen

Ein Herunterschalten wird sofort ausgelöst, wenn der Fahrer innerhalb einer Sekunde nach dem Gaswegnehmen das Bremspedal betätigt. Allerdings bestimmen noch der ausgewählte Modus und das aktive Kennfeld, bei welcher Drehzahl das Zurückschalten eingeleitet wird.

Schaltunterdrückung beim Kurvenfahren

Unter der Mittelkonsole befindet sich der Querbeschleunigungssensors des PSM. Seine Signale werden jedoch auch von der PDK-Steuerung ausgewertet, um – abhängig vom aktiven Schaltkennfeld – beim Kurvenfahren den gerade eingelegten Gang beizubehalten.

Automatische Auswahl eines sportlicheren Schaltkennfelds

Für eine erhöhte Anpassungsfähigkeit wählt das System automatisch ein sportlicheres Schaltkennfeld, wenn der Fahrer das Gaspedal schneller und weiter bewegt. Danach kehrt das System wieder zum vorigen Kennfeld zurück. Diese Funktion ist für Überholvorgänge vorgesehen, die für kurze Zeit einen dynamischeren Fahrstil erfordern.

Manuelles Schalten im automatischen Wählmodus (D)

Dadurch soll ein Zurückschalten z. B. vor einer Kurve, beim Einfahren in Ortschaften oder beim Bergabfahren möglich sein.

Die Schalttasten am Lenkrad sind auch im automatischen Wählmodus aktiv. Da auch keine Getriebesperre vorhanden ist, kann sich damit der Fahrer über den automatisch ausgewählten Gang hinwegsetzen. Beim Drücken einer Schalttaste leuchtet „M" im Kombiinstrument auf und der befohlene Gangwechsel wird ausgeführt. Gleichzeitig startet im PDK-Steuergerät eine Stoppuhr. Wenn innerhalb von acht Sekunden nochmals ein manueller Gangwechsel eingeleitet wird, wird die Stoppuhr erneut gestartet. Das PDK schaltet wieder in den automatischen Wählmodus („D" leuchtet wieder im Kombiinstrument), wenn:

- innerhalb von acht Sekunden kein Gangwechsel erfolgt, keine Kurve durchfahren wird und der Wagen nicht im Schiebebetrieb fährt
- der Wählhebel von D nach M und wieder nach D bewegt wird.

Das automatische Hoch- und Zurückschalten innerhalb der vorgegebenen Motordrehzahlgrenzen bleibt erhalten, ebenso die Zurückschaltfunktion beim Verzögern.

Warmlaufphase

Für die Warmlaufphase gibt es ein eigenes Schaltkennfeld mit angehobenen Schaltpunkten, damit die Katalysatoren möglichst schnell ihre Funktion aufnehmen. Auch der Motor und das Getriebe erreichen mit diesem Kennfeld schneller ihre Betriebstemperatur.

Beim Anlassen des Motors prüft das PDK-Steuergerät die Kühlmitteltemperatur. Unter 20°C wird das Warmlauf-Programm aktiviert und bei Erreichen von 30°C wieder abgeschaltet.

Überhitzungsschutz

Mit zahlreichen Vorkehrungen wird das komplette PDK-System, einschließlich der Kupplungen, vor zu hohen Temperaturen geschützt. Ein Temperatursensor misst die Öltemperatur in der Getriebeölwanne; außerdem wird mittels eines Berechnungsmodells die Kupplungstemperatur aus den Faktoren Motordrehmoment und Kupplungsschlupf ermittelt.

Der Überhitzungsschutz wird in mehreren Stufen eingeleitet und der Fahrer aufgefordert, seinen Fahrstil zu ändern. In der ersten Stufe ist ein deutlich wahrnehmbares Ruckeln beim Anfahren oder bei Kriechgeschwindigkeit zu spüren. Die Motorleistung wird reduziert und die Kickdown-Drehzahl ist niedriger. Im Kombiinstrument erfolgt noch keine Anzeige, allerdings ist ein Fehlercode im Motorsteuergerät hinterlegt.
Sollte die Temperatur weiter ansteigen, wird die zweite Stufe eingeleitet. Das Ruckeln dauert an, gleichzeitig wird die Motorleistung noch deutlicher zurückgenommen. Im Kombiinstrument erscheint die Warnung „Getriebe Temperatur zu hoch" und ein weiterer Fehlercode wird im Steuergerät gespeichert.
Falls möglich, Fahrzeug an geeigneter Stelle anhalten, Motor in der Wählhebelstellung P oder N solange laufen lassen, bis die Warnung erlischt.

Hochschaltunterdrückung für den 7. Gang
Der 7. Gang des PDK-Getriebes ist als Overdrive ausgelegt und lang übersetzt. Bei bestimmten Fahrsituationen (hohe Fahrwiderstände) kann es vorkommen, dass der 997 im 7. Gang langsamer wird. Daher erfolgt unter diesen Bedingungen kein Hochschalten in die höchste Fahrstufe.

Hochschaltunterbrechung
Bei Automatikgetrieben wird die Zeitspanne, die zwischen dem Erkennen der Erfordernis eines Schaltvorgangs und dem tatsächlichen Gangwechsel verstreicht, auch als Reaktionszeit bezeichnet. Sie hängt vom Schaltprogramm und der Schaltcharakteristik ab. In dieser Zeit hat der Fahrer noch nicht bemerkt, dass ein Gangwechsel bereits eingeleitet wurde. Falls der Fahrer in diesem Fall beispielsweise schnell vom Gas geht, wird der Schaltvorgang unterbrochen.

Dauerbetätigung
Zum Einlegen der niedrigsten oder höchsten Gangstufe können die Schalttasten am Lenkrad, oder der Wählhebel, in die entsprechende Richtung gedrückt und gehalten werden. Damit muss der Fahrer nicht mehrmals hintereinander die Tasten oder den Hebel betätigen. Nach 25 Sekunden wird diese Funktion deaktiviert, um Fehlfunktionen zu verhindern.

Kriechfunktion
Um beim PDK ähnliche Eigenschaften beim Anfahren zu erzielen wie bei einer Tiptronic, ist die Kupplung Nr. 1 nach dem Einlegen des ersten Gangs leicht kraftschlüssig, so dass der Wagen mit der Fußbremse gehalten werden muss. Dadurch fährt das Fahrzeug auch schon bei leichtem Gasgeben weich an. Stärkeres Betätigen des Gaspedals führt entsprechend zu schnellerem Losfahren.

Anhalten
Beim Anhalten des Wagens trennt die Kupplung 1 zuerst den Kraftschluss zwischen Motor und Getriebe, um dann leicht eingerückt die Kriechfunktion zu gewährleisten.

Anfahrassistent
Wenn ein 997 an einer Steigung gestoppt wird und der Fahrer mit der Fußbremse das Fahrzeug hält, wird der Anfahrassistent eingeschaltet. Dazu wird der vom Fahrer aufgebaute Bremsflüssigkeitsdruck erfasst und gespeichert. Wechselt der Fahrer zum Anfahren vom Fußbremspedal zum Gaspedal, bleibt der eingespeicherte Bremsflüssigkeitsdruck für zwei Sekunden erhalten, um den Wagen vor einem Zurückrollen zu sichern.

Anschleppen
Ein Anschleppen eines 997 mit PDK ist nicht möglich und sollte auch wegen der Gefahr erheblicher Getriebeschäden nicht versucht werden.

Abschleppen
Bei stehendem Motor ist eine ausreichende Schmierung des PDK nicht gewährleistet. Um Getriebeschäden zu vermeiden, müssen folgende Punkte beachtet werden:
- Motor anlassen
- Wählhebelstellung N einlegen
- Höchstgeschwindigkeit von 50 km/h nicht überschreiten
- Maximale Schleppentfernung 50 km

Vorsicht:
Bei größerer Schleppentfernung muss das Fahrzeug auf einen Autotransporter oder Anhänger verladen werden

Vorsicht:
Allrad-Fahrzeuge mit PDK dürfen zum Abschleppen niemals an der Hinterachse angehoben werden. Die sicherste Methode ist das Transportieren auf einem Autotransporter oder Anhänger.

Vorsicht:
Ein 997 mit Allradantrieb darf auf keinen Fall auf einem Rollenprüfstand für nur eine Achse getestet werden. Dazu muss immer ein Prüfstand für beide Achsen verwendet werden; der maximal zulässige Drehzahlunterschied zwischen der Vorder- und Hinterachse beträgt 8 km/h.

Innenleben des PDK

Synchronisierung
Die Gänge 1, 2 und 3 sowie der Rückwärtsgang sind mit einer Dreifachsynchronisierung versehen, womit sich die Schaltkräfte deutlich verringern. Für die Gänge 4, 5, 6 und 7 ist eine Einfachsynchronisierung ausreichend.
Der Endantrieb ist mit einer Hypoidverzahnung versehen. Anstelle des serienmäßigen Differenzials konnte als Individualausstattung (220) eine mechanische Hinterachs-Quersperre (Sperrdifferenzial) bestellt werden mit den Sperrwerten 22% im Zug und 27% im Schub.

Schalten
Ähnlich wie in einem normalen Schaltgetriebe wird beim Einlegen eines Gangs das Losrad über eine Schaltmuffe mit der Getriebewelle verbunden. Bevor die Schaltverzahnung der Schaltmuffe in die Verzahnung des Losrads eingreifen kann, muss die Synchronisationseinrichtung die Drehzahl von Schaltmuffe und Losrad angleichen. Das Verschieben der Schaltmuffe erfolgt über eine Schaltgabel, die an der Schaltstange befestigt ist. Die Schaltstange wiederum wird hydraulisch bewegt. Insgesamt sind vier Schaltstangen vorhanden, die jeweils zwei Gänge schalten (7 Vorwärtsgänge + Rückwärtsgang). Sobald ein Gang eingelegt ist, wird die Schaltstange druckentlastet. Durch die Ausführung der Schaltverzahnung bleibt der Gang auch bei Lastwechseln sicher im Eingriff.
Der Schaltweg aus der Ruhestellung bis zur Endposition ist für alle Schaltstangen gleich. Über Sensoren am Getriebegehäuse und Magneten an den Schaltstangen wird die Bewegung erfasst, den jede Schaltstange beim Schaltvorgang zurücklegt.

Verriegelung
Die Schaltstangen sind nach dem Einlegen eines Gangs in ihrer jeweiligen Endposition verriegelt. Schaltstange 3 (1./3. Gang) ist gegen Schaltstange 2 (5./7. Gang) verriegelt; Schaltstange 1 (4./6. Gang) gegen Schaltstange 4 (2./Rückwärtsgang). Der Rückwärtsgang ist zusätzlich gegen alle Vorwärtsgänge gesperrt.

Parksperre
Wie ein Fahrzeug mit normalem Schaltgetriebe kann der 997 mit PDK bei eingelegtem Gang wegrollen, da die Kupplungen bei stehendem Fahrzeug nahezu drucklos sind. Das ungewollte Bewegen verhindert beim PDK wie in anderen Automatikgetrieben die Parksperre.
Bei stehendem Fahrzeug wird die Parksperre über den Wählhebel eingelegt und damit die Kegelradwelle des Endantriebs mechanisch über eine Verzahnung blockiert.

Kraftfluss im Getriebe
Das Motordrehmoment wird über ein Zweimassenschwungrad an die Kupplung 1 oder 2 übertragen. Kupplung 1 sitzt auf der Eingangswelle 1 (innere Eingangswelle), Kupplung 2 auf der Eingangswelle 2 (äußere Eingangswelle). Auf der Eingangswelle 1 sind die Gänge 1, 3, 5 und 7 sowie der Rückwärtsgang angeordnet, auf der Eingangswelle 2 die Gänge 2, 4 und 6.

Doppelkupplung
Die im Ölbad laufende Doppelkupplung ist zentrales Bauteil des PDKs. Durch ihre ausgeklügelte Technik erfüllt sie die besonderen Anforderungen dieses Getriebes und verleiht dem PDK seine einzigartige Charakteristik.
Dieses Kupplungskonzept ermöglicht sehr kurze Reaktionszeiten, hat eine geringe Massenträgheit und weist gute Reibwerte für hohen Fahrkomfort auf. Es hat eine hohe Standzeit auch bei sportlicher Fahrweise und ermöglicht sowohl äußerst dynamische Gangwechsel als auch entspanntes Dahingleiten. Aus Sicherheitsgründen werden die Kupplungen beim Abschalten des Schließdrucks geöffnet und somit deaktiviert.
Die konzentrisch angeordneten Scheibenpakete ergeben die bestmögliche Kombination aus übertragbarer Leistung und Platzbedarf.
Die Auswahl des Belagmaterials, die Scheibengröße und eine gleichmäßige Wärmeableitung und Ölverteilung innerhalb des Scheibenpakets sind gemeinsam mit den geeigneten Ölsorten unbedingte Voraussetzungen für hohen Fahrkomfort und lange Lebensdauer.
Geringe Reibungsverluste auch bei niedrigen Temperaturen und hohe Zuverlässigkeit auch bei starker Beanspruchung sind nicht zuletzt auch sicherheitsrelevante Aspekte.

Funktion

Die Doppelkupplung ist direkt am Getriebeeingang angeordnet und überträgt das vom Motor über das Zweimassenschwungrad abgegebene Drehmoment an die Getriebeeingangswellen.

Die beiden Scheibenpakete sind konzentrisch angeordnet. Über das äußere Paket wird das Drehmoment an die Gänge 1, 3, 5 und 7 bzw. den Rückwärtsgang übertragen, während die innere Kupplung mit den Gängen 2, 4 und 6 verbunden ist. Durch Einleiten von Hydraulikdruck wird das Scheibenpaket zusammengepresst, und die entsprechende Kupplung wird kraftschlüssig.

Für das Schließen und Kühlen der Kupplungen wird ein eigenes Hydrauliköl verwendet, mit dem auch die Gänge geschaltet werden. Zum Schmieren und Kühlen der Getrieberadsätze ist eine getrennte Ölfüllung vorhanden, die nicht mit dem Hydrauliköl vermischt werden darf.

Das Schließen bzw. Trennen und die Schlupfregulierung der beiden Kupplungen kann für jede Kupplung individuell erfolgen. Dabei ist die Trennwirkung bei Kupplung 1, die auch zum Anfahren dient, so ausgelegt, dass bei eingelegtem ersten Gang der Wagen anrollt und daher mit der Bremse gehalten werden muss.

Kühlung der Doppelkupplung

Über einen zusätzlichen Ölkreislauf werden die beiden Kupplungen gekühlt und so vor zu hohen Temperaturen geschützt. Die Kühlung setzt gleichzeitig mit dem Schließen der Kupplung ein und wird über ein Steuerventil reguliert, das sich im hydraulischen Steuergerät befindet.

Hydraulische Steuerung

Im Ölwannenbereich befindet sich das hydraulische Steuergerät, das folgende Funktionen ausführt:

- Systemsteuerung und Druckregulierung
- Ölversorgung der Aktuatoren und Kupplungen sowie des Schmier- und Kühlsystems
- Ansteuern der Kupplungen und Aktuatoren
- Steuerung der hydraulischen Parksperre

Ölkühler (Wärmetauscher)

Durch die auftretende Reibungswärme bei der Kupplungsfunktion entstehen relativ hohe Öltemperaturen. Daher ist außen am Getriebe ein Wärmetauscher vorhanden, über den das Hydrauliköl seine Temperatur an das Motorkühlmittel übertragen kann.

Elektronische Steuerung

Folgende Sensoren sind am PDK vorhanden:

- Vier Wegsensoren zur Überwachung der Schaltstangenbewegung (in einem Gehäuse zusammengefasst)
- Zwei Drehzahlsensoren (in einem Gehäuse zusammengefasst)
- Zwei Drucksensoren
- Ein Temperatursensor

Diese Sensoren befinden sich alle innerhalb des Getriebes und sind von außen nicht zugänglich.

Die beiden Ölkreisläufe des Getriebes haben für ihre elektrischen Komponenten auch getrennte Kabelbäume. Der Hydraulikkreislauf hat einen 20-poligen Kabelbaum, der eigentliche Getriebeölkreislauf einen Kabelbaum mit 16 Kontakten.

Die Weg- und Drehzahlsensoren sind an den 16-poligen Kabelbaum angeschlossen.

Die Drucksensoren sind dagegen mit dem 20-poligen Kabelbaum verbunden.

Wegsensoren

Die Wegsensoreinheit (auch als „Sensorturm" bezeichnet) dient zur Erfassung der jeweiligen Schaltstangenpositionen. In der Einheit sind vier Wegsensoren zusammengefasst, die jeweils einer Schaltstange zugeordnet sind. Jede Schaltstange trägt außerdem einen Magneten zur Signalauslösung. Die Wegsensoren werden mit 5 Volt Gleichspannung versorgt und wandeln die lineare Bewegung der Schaltstangen in wegabhängige pulsweitenmodulierte Signale um.

Drehzahlsensoren

Zwei in einem gemeinsamen Gehäuse untergebrachte Drehzahlsensoren messen die Drehzahlen der beiden Getriebeeingangswellen. Die Drehzahl der Eingangswelle 1 erfasst der zuständige Sensor über einen auf der Welle angeordneten Impulsgeberrotor, die Drehzahl der Eingangswelle 2 wird über das fest mit der Welle verbundene Zahnrad des zweiten Gangs erkannt. Die Drehzahlen werden in Form von Rechtecksignalen an das Steuergerät übertragen; die Sensorversorgungsspannung beträgt 8,5 Volt Gleichspannung.

Drucksensoren

Der Öldruck in den beiden Kupplungen wird direkt an der Öleintrittsstelle gemessen. Die Sensoren werden mit 5 V Gleichspannung versorgt.

Temperatursensor

Er misst die Öltemperatur in der Ölwanne des Hydrauliköls und arbeitet ebenfalls mit 5 Volt Gleichspannung.

PDK-Steuergerät

Das Getriebesteuergerät befindet sich links hinter der Fahrertür im Schwellerbereich und kommuniziert mit anderen Steuergeräten über den CAN-Bus. Folgende Informationen werden verarbeitet:

- Wählhebelposition
- Position der Sport-Taste bzw. Sport Plus-Taste
- Gaspedalstellung
- Bremspedalstellung

Dazu fließen diese Informationen ein:

- Raddrehzahl
- Fahrgeschwindigkeit
- Fahrwiderstand
- Längs- und Querbeschleunigung
- Höhenwert
- Motor- und Getriebedrehzahlen
- Motor- und Getriebetemperaturen

Alle diese Angaben verarbeitet das Getriebesteuergerät, um zu erkennen, welcher Fahrstil vorliegt und welches Schaltprogramm die Anforderungen am besten erfüllt.
Datenschnittstelle des PDK-Wählhebels:

- Bei ausgeschaltetem Motor werden die Daten über eine serielle Verbindung ausgetauscht (Ganganzeige aus dem Kombiinstrument).
- Bei laufendem Motor erfolgt der Datenaustausch über einen CAN-Bus.

PDK-Wählhebel

Die Wählhebelstellung wird elektrisch/elektronisch übertragen, d. h. es ist keine mechanische Verbindung zwischen dem Wählhebel und dem Getriebe vorhanden – ausgenommen davon ist die mechanische Parksperre. Zwei Mikroschalter und zwei Hallsensoren erfassen die Wählhebelposition (redundante Positionserkennung); die Datenübertragung erfolgt über einen CAN-Bus und einem seriellen Bus als redundante Funktion.
Die Wählhebelsperre für den Zündschlüssel und den Hebel selbst wird vom PDK-Steuergerät geschaltet.

Kegelrad-Ausgleichsgetriebe ohne eingebaute Sperre
(Bild: Adrian Streather)

Schnittzeichnung eines Sperrdifferenzials am PDK
(Bild: Porsche AG)

Diese beiden Sondermodelle von Porsche Exclusive waren mit einem Sperrdifferenzial ausgerüstet. *(Bild: Porsche AG)*

Hinteres Differenzial

Differenzial ohne Sperre

Das bei Modellen mit Schaltgetriebe serienmäßig eingebaute Differenzial ist als Kegelrad-Ausgleichsgetriebe ausgeführt und im Getriebegehäuse integriert. Es verteilt das Antriebsmoment bei Geradeausfahrt gleichmäßig auf beide Räder. Erreicht jedoch ein Rad die Schlupfgrenze, wird das Antriebsmoment weitgehend an dieses nun durchdrehende Rad weitergeleitet.

Auch die Tiptronic S hat ein Differenzial ohne Sperrwirkung. Bedingt durch die Ölfüllung des Automatikgetriebes mit ATF-Öl, das für die Schmierung des Differenzials ungeeignet ist, ist das Ausgleichsgetriebe in einem eigenen Gehäuse untergebracht und wird von der Tiptronic über eine externe Welle angetrieben.

Das PDK wird sowohl ohne als auch mit Sperre angeboten. Hier ist das Differenzial wieder in das Schaltgetriebe integriert.

Sperrdifferenzial

Im Porsche-Sprachgebrauch wird das Sperrdifferenzial als mechanische Hinterachs-Quersperre bezeichnet. Für das Modelljahr 2004 entwickelte das Unternehmen GKN ein Sperrdifferenzial mit einer Sperrwirkung von 22% im Zug bzw. 27% im Schub, mit dem fast alle 997-Modelle ausgerüstet werden konnten.

Unter dem Individualausstattungscode 220 konnte für die 997-Modelle der 1. und 2. Generation die mechanische Hinterachs-Quersperre für folgende Schaltgetriebe bestellt werden: G97.01, G97.05, G97.31, G97.35, G97.50 und G97.55. Ausgenommen waren die Typen G97.88 (GT2) und G97.92 (GT3).

Das PDK gab es ebenfalls auf Wunsch mit Sperrdifferenzial, während es für die letzten Tiptronic-Getriebetypen A97.XX nicht im Programm war.

Hinweis:
Der Individualausstattungscode 220 gilt für die werkseitige Ausrüstung mit Sperrdifferenzial. Der Einbau über Porsche Exclusive außerhalb der Fabrik lief unter der Bestellnummer X75.

Der 997 GT2 hat serienmäßig ein Sperrdifferenzial mit den Sperrwerten 28% / 40%.

(Bild: Porsche AG)

Auch der 997 GT3 hat serienmäßig ein Sperrdifferenzial mit den Sperrwerten 28% / 40%.

(Bild: Porsche AG)

Ebenso hat der 997 GT3 RS serienmäßig ein Sperrdifferenzial mit den Sperrwerten 28% / 40%.

(Bild: Porsche AG)

Sperrwerte

Der Nachteil des herkömmlichen Kegelrad-Ausgleichsgetriebes liegt darin, dass bei fehlender Haftung an einem der beiden angetriebenen Räder dieses Rad durchdreht, während das andere Rad stehenbleibt und damit kein Antriebsmoment mehr übertragen werden kann.

Durch ein Sperrdifferenzial kann das Antriebsmoment des durchdrehenden Rads teilweise auf das noch Haftung aufbauende Rad übertragen werden. Dadurch wird das durchdrehende Rad verlangsamt und hat es leichter, wieder Traktion aufzubauen. So wird der Vortrieb insgesamt verbessert und ein seitliches Ausbrechen des Hecks unwahrscheinlicher. Wie viel Drehmoment auf das nicht durchdrehende Rad übergeht, hängt vom Sperrwert ab.

Serienmäßig waren nur 997 GT2, GT2 RS, GT3 und GT3 RS mit einem asymmetrisch wirkenden Sperrdifferenzial ausgestattet.

Durch die Anordnung des Motors im Fahrzeugheck und die daraus resultierende Radlastverteilung können auch die leistungsstarken GT2- und GT3-Modelle die Motorleistung auch unter widrigen Fahrbahnverhältnissen sehr effektiv in Vortrieb umsetzen. Die Porsche-Ingenieure befanden, dass bei einem asymmetrisch wirkenden Sperrdifferenzial ein Sperrfaktor von 28% für die Zugphase ausreichend ist. Höhere Sperrwerte hätten einen nachteiligen Effekt auf die Kurvenfahrt, ohne dass dadurch die Traktion nennenswert verbessert worden wäre.

Der Sperrwert für den Schubbetrieb liegt bei 40%. Der Wert für die Schubphase ist höher, weil das Bremsmoment des Motors geringer ist als das abgegebene Drehmoment. Darüber hinaus unterdrückt diese Abstimmung ein Übersteuern des GT2 oder GT3 bei Lastwechseln während des Kurvenfahrens.

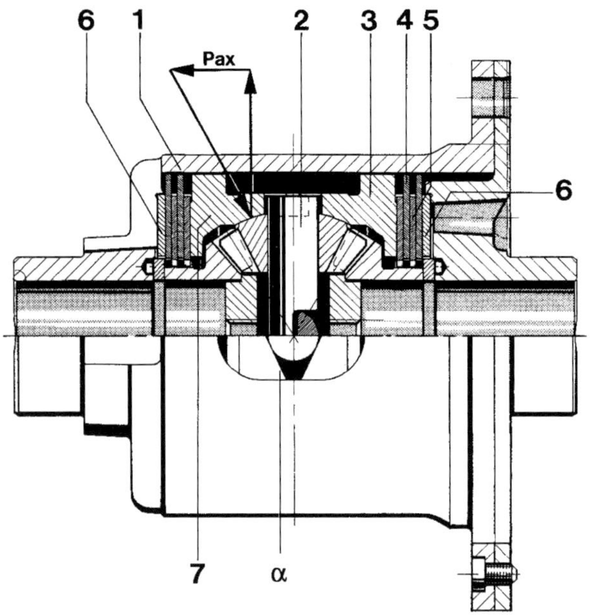

Schnittzeichnung eines Sperrdifferenzials; Beschreibung im nebenstehenden Text

(Abbildung: Porsche AG)

Einzelteile eines GT2-Sperrdifferenzials

(Bild: Adrian Streather)

Funktion

Das Differenzialgehäuse (1) wird vom Tellerrad angetrieben.

Die Druckringe (3) und (7) sind im Gehäuse so gelagert, dass sie nur eine axiale Bewegung ausführen können. Beim Übertragen eines Drehmoments ergeben sich Reaktionskräfte, die eine Verdrehung der Differenzialachsen (2) erzeugen und die Druckringe auf das linke und rechte Scheibenpaket (4) pressen.

Die Spreizkraft (P_{ax}) hängt vom anliegenden Drehmoment und dem Winkel (α) der Schrägflächen zwischen Druckring und Differenzialachse ab.

Je höher die in beide Richtungen wirkende Spreizkraft (Pax) auf die Scheibenpakete ist, umso größer ist die Sperrwirkung des Differenzials.

Durch Tellerfedern (6) werden die beiden Scheibenpakete vorgespannt, so dass kein Spiel in den Scheibenpaketen und bereits ein gewisses Reibmoment vorhanden ist.

Im Fahrbetrieb nimmt das durch die Vorspannung der Scheibenpakete verursachte Reibungsmoment erheblich zu, weil die Spreizkraft zusätzlich auf das Scheibenpaket einwirkt.

Der Winkel der Schrägflächen ist so gewählt, dass im Schiebebetrieb eine Sperrwirkung bis 60% entsteht (Spreizkraft P_{ax} + Vorspannung der Tellerfedern). Für die Zugphase wurde der Schrägflächenwinkel so ausgelegt, dass sich eine Sperrwirkung von 40% ergibt.

Hinweis:

Einige amerikanische Porsche-Besitzer berichten, dass an Fahrzeugen mit PDK und Sperrdifferenzial nach nur fünf Rennstreckentagen erheblicher Verschleiß am Scheibenpaket aufgetreten wäre. Der Autor konnte die näheren Umstände dazu nicht in Erfahrung bringen, allerdings konnte ein solcher Verschleiß auch am werkseitigen Sperrdifferenzial früherer 911-Baureihen beobachtet werden.

Allradantrieb

Schnittzeichnung eines 997 Carrera 4 der 1. Generation

Schnittzeichnung eines 997 Carrera 4 der 2. Generation

(Abbildungen: Porsche AG)

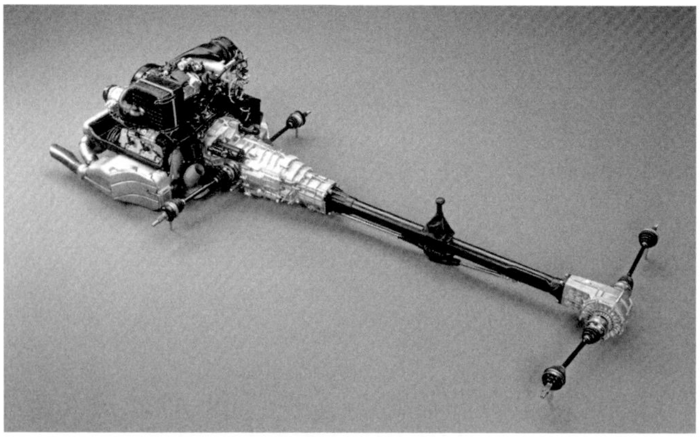

Allradantrieb eines 964 *(Bild: Porsche AG)*

Schnittzeichnung der Frontantriebseinheit mit ZF-Viscokupplung (Abbildung: Porsche AG)

Den 997 Targa gab es nur mit Allradantrieb; in der 1. Generation mit Viscokupplung, in der 2. Generation mit PTM.
(Bild: Porsche AG)

Einführung

Die Kraftübertragung vom Motor über das Getriebe G64 zum vorderen Differenzial war beim Modell 964 eine recht komplizierte Angelegenheit. Das Zentraldifferenzial darf als technisches Meisterwerk betrachtet werden. Der Nachteil bestand jedoch darin, dass dadurch weit mehr Kraft an die Vorderachse geleitet wurde als bei trockener Straße sinnvoll war. Außerdem war das Bauteil sehr schwer und verursachte im Schadensfall hohe Reparaturkosten. Porsche entschied sich deshalb, das Ganze durch eine Viscokupplung zu ersetzen.

Hinweis:
Die Viscokupplung ist eine Erfindung des britischen Rennfahrers Tony Rolt und seines Geschäftspartners Freddie Dixon.

Der erste Versuch von Porsche mit einer Viscokupplung basierte auf einer Subaru-Konstruktion. Das recht sperrige gekapselte Bauteil befand sich im G64-Getriebe der letzten luftgekühlten 993-Baureihe. Allerdings ermöglichte es nur eine Art von variabler Traktionskontrolle.
Mit der von ZF neu entwickelten Frontantriebseinheit kam man dem Niveau der ursprünglichen Allradausführung des 964 wieder deutlich näher. Die Viscokupplung von ZF leitet im Betrieb mindestens 5% der Antriebskraft an die Vorderräder. Mit zunehmender Geschwindigkeit steigt der Anteil an und erreicht bei 250 km/h eine Antriebskraftverteilung von 30% vorn und 70% hinten. Dieses System wurde auch für die Carrera 4-Modelle der ersten 997-Generation übernommen.

Allrad im 997

Folgende 997-Modelle der 1. Generation (sowohl mit Schaltgetriebe als auch mit Tiptronic S) waren mit Allradantrieb mittels ZF-Viscokupplung ausgerüstet:
- Carrera 4
- Carrera 4S
- Targa 4
- Targa 4S

Viscokupplung

Die Viscokupplung besteht aus einem Lamellenpaket mit zwei Scheibensätzen, die in einer sehr speziellen, sehr zähen Silikonflüssigkeit rotieren. Ein Scheibensatz ist mit den Vorderrädern verbunden, der andere mit den Hinterrädern. Beim Dahinrollen ohne Kraftübertragung drehen die beiden Scheibensätze mit gleicher Drehzahl.

Die Silikonflüssigkeit reagiert stark auf Temperaturänderungen und verändert ihre Viskosität, wird also bei Erwärmung immer härter und zähfließender. Drehen die Scheibensätze unterschiedlich schnell, entsteht durch die Reibung zwischen den Scheiben Wärme, die Temperatur der Flüssigkeit steigt an und sie verhärtet sich. Durch die hohe Zähigkeit entsteht Kraftschluss zwischen den beiden Scheibensätzen, und die Drehzahlen der Räder werden angeglichen.

Bei einer herkömmlichen Viscokupplung verhärtet sich die Flüssigkeit bei etwa 160°C. Drehen sich die Scheiben alle gleich schnell, so entsteht keine Reibung und die Flüssigkeit bleibt gleitfähig. Die gesamte Antriebskraft wird an die Hinterräder weitergeleitet, die Vorderräder laufen einfach mit.

Für den 996 konstruierte ZF eine neue Viscokupplung, die auch für die Allradmodelle der ersten 997-Generation übernommen wurde. Die neue Kupplung ist deutlich kleiner, so dass auch der Inhalt an Silikonflüssigkeit geringer ist. Zudem wurde die Scheibenanzahl der beiden Pakete erhöht, dadurch entsteht mehr Reibung und die Flüssigkeit erwärmt sich schneller.

So erreicht schon bei normaler Fahrweise die Flüssigkeit eine Temperatur von über 160°C. Dadurch tritt eine Verhärtung der Silikonflüssigkeit ein, so dass ein kleiner Anteil der Antriebskraft (ca. 5%) an die Vorderräder weitergeleitet wird. Im Fahrbetrieb tritt das schon nach ca. 45 Sekunden auf.

Innerhalb der ZF-Viscokupplung ist das Scheibenpaket der Vorderräder mit der Differenzialantriebswelle der Vorderräder verbunden, das Scheibenpaket der Hinterräder mit einer vom Getriebe kommenden Kardanwelle, die von der Antriebswelle des hinteren Differenzials angetrieben wird. Mit zunehmender Fahrgeschwindigkeit rotieren die Scheiben in der Viscokupplung immer schneller. Dadurch verhärtet sich die Silikonflüssigkeit zusehends.

Bei ungefähr 250 km/h ist sie soweit verhärtet, dass rund 30% der Motorleistung an die Vorderräder geleitet werden. Bei durchdrehenden Hinterrädern können sogar bis zu 40% erreicht werden.

Die Reaktionszeit und der Antriebsanteil können verbessert werden, wenn man wie im Fall des 997 besondere Reifenkombinationen verwendet. Wenn der Abrollumfang der Hinterräder etwas geringer ist als an den Vorderrädern, müssen die Hinterräder schneller drehen als die Vorderräder, um die gleiche Wegstrecke zurückzulegen. Das heißt, das Scheibenpaket der Hinterräder in der Viscokupplung dreht schneller und erzeugt dadurch die Voraussetzungen für eine geringe, aber ständige Antriebskraftübertragung an die Vorderräder.

Frontantriebseinheit

In den Carrera 4-Modellen der ersten 997-Generation war ein Vorderachsgetriebe von ZF, Typ Z97.00 eingebaut, das im Wesentlichen mit der Vorgängerausführung Z96.00 übereinstimmte. Der Antrieb besteht aus fünf Hauptbauteilen:

- Kardanwelle (Vorderradantriebswelle) zur Verbindung des Getriebes mit dem Vorderachsgetriebe, sie trägt am vorderen Ende auch die Viscokupplung
- Vorderachsgetriebestütze, in der die Kardanwelle rotiert
- Viscokupplung
- Vorderachsgetriebegehäuse mit der Antriebswelle zum vorderen Differenzial, die ebenfalls mit der Viscokupplung verbunden ist
- Vorderes Differenzial (ohne Sperre), im Vorderachsgetriebegehäuse montiert

Das Vorderachsgetriebe ist mit einer vorderen und hinteren Aufhängung am Fahrzeugboden befestigt. Das Übersetzungsverhältnis des Endantriebs beträgt 3,33 : 1

Vorsicht:

Ein 997 mit Allradantrieb darf ausschließlich auf einem dafür geeigneten Rollenprüfstand getestet werden. Dazu muss immer ein Prüfstand für beide Achsen verwendet werden; der maximal zulässige Drehzahlunterschied zwischen der Vorder- und Hinterachse beträgt 8 km/h.

Vorsicht:

Falls ein Allradfahrzeug mit einer angehobenen Achse abgeschleppt wird, müssen die Räder der angehobenen Achse frei rotieren können. Die sicherste Methode ist das Transportieren auf einem Autotransporter oder Anhänger.

Porsche Traction Management (PTM)

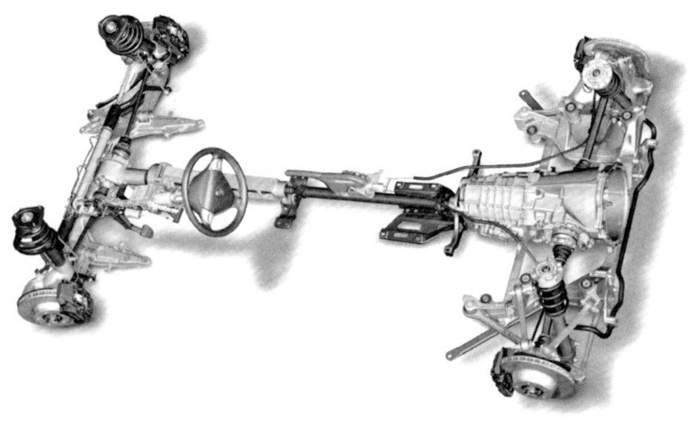

Schnittzeichnung des Allradantriebs eines Carrera 4 der 2. Generation mit PTM

(Abbildung: Porsche AG)

Schnittzeichnung eines 997 Turbo mit PTM

(Abbildung: Porsche AG)

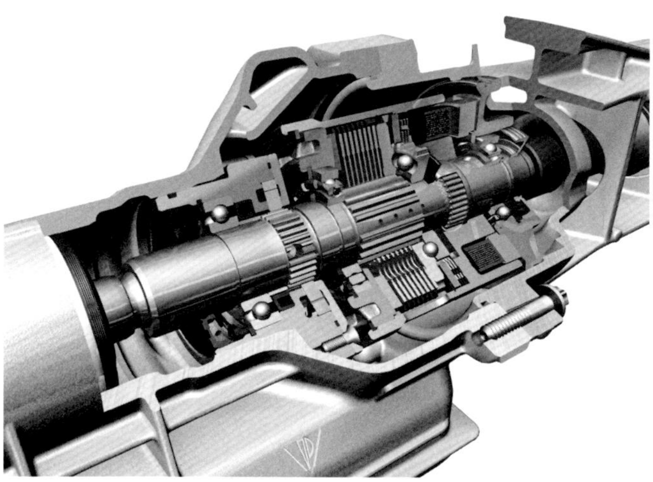

Schnittzeichnung der im Vorderachsantrieb eingebauten elektronisch gesteuerten Lamellenkupplung, dem Kernelement des PTM.

(Abbildung: Porsche AG)

Einführung

Das aktive Porsche Traction Management (PTM) gehörte zur Serienausstattung des 997 Turbo (außer GT2) und löste die bisherige Viscokupplung der vorigen 996 Turbo-Modelle ab.
Nach Angaben von Porsche ermöglicht das PTM eine volle Ausnutzung des Leistungspotenzials der neuen 997 Turbo-Baureihe. Es sorgt für eine höhere Fahrstabilität, bessere Traktion und ein agileres Handling und passt sich dabei der aktuellen Fahrsituation an. Damit ist das Auto auf engen Landstraßen äußerst handlich, hat exzellenten Vortrieb auch unter widrigen Bedingungen und besitzt auch im Hochgeschwindigkeitsbereich ein sicheres Fahrverhalten, selbst bei anspruchsvollen Fahrmanövern.

Was steckt dahinter?

Zum Porsche Traction Management gehören:

- Allradantrieb mit elektronisch gesteuerter Lamellenkupplung zur Verteilung der Antriebskräfte zwischen Vorder- und Hinterrädern
- Automatisches Bremsdifferenzial (ABD)
- Antriebsschlupfregelung (ASR)
- Sperrdifferenzial (mechanische Hinterachsquersperre) an der Hinterachse mit asymmetrischer Sperrwirkung (22% / 27%); serienmäßig bei den Allradmodellen, Individualausstattung bei Heckantrieb

Traktion und Fahrdynamik

Porsche vertritt die Ansicht, dass eine Trennung zwischen Traktion und Fahrdynamik eigentlich nicht möglich ist, da die Grenze zwischen diesen Faktoren fließend ist. Nur wenn ein Wagen eine gute Traktion hat, d. h. wenn die Räder keinen übermäßigen Schlupf aufweisen, können Längs- und Querkräfte übertragen werden.
Damit kann zum Beispiel an der Vorderachse gelenkt und an der Hinterachse Antriebskräfte übertragen werden. Das Durchdrehen der Räder kann durch das PTM auf einen optimalen Wert beschränkt werden.
Die Vorteile im aktiven Fahrverhalten durch das PTM im Vergleich zur Viscokupplung werden am deutlichsten beim Kurvenfahren auf einer rutschigen Fahrbahn. Wenn der Wagen mit ausbrechenden Hinterrädern übersteuert, reagiert die Viscokupplung so darauf, dass aufgrund der Drehzahlunterschiede zwischen der Vorder- und Hinterachse entsprechend Antriebskraft an die Vorderräder übertragen wird. Den Anteil bestimmt alleine die mechanische Auslegung der Viscokupplung.

Bei PTM führt die beschriebene Fahrsituation jedoch zu einer kontrollierten Krafteinleitung in die Vorderachse, mit der erforderlichenfalls eine Korrektur des Übersteuerns vorgenommen werden kann. Dabei wird der Wagen mit zusätzlicher Antriebskraft an der Vorderachse aktiv stabilisiert. Ein weiterer Vorteil des PTM ist, dass bei der Berechnung der zu übertragenden Antriebskraft der Lenkwinkel mit einfließt. Falls der Fahrer aufgrund des ausbrechenden Wagens gegenlenkt, passt das PTM die Zugkraft der Vorderräder entsprechend an, um den Wagen zu stabilisieren.
Das PTM verbessert im Vergleich zur Viscokupplung auch die Fahrstabilität, ohne dass Einschränkungen bei der Fahrdynamik und der Handlichkeit hingenommen werden müssen. Falls beim Kurvenfahren unter Last Untersteuern auftritt, wird bei Fahrzeugen mit Viscokupplung entsprechend des Drehzahlunterschieds zwischen Vorder- und Hinterachse mehr Leistung nach vorn übertragen, was in manchen Fahrsituationen destabilisierend wirken kann und das Untersteuern verstärkt (Gripverlust an der Vorderachse). In diesem Fall greift das Porsche Stability Management (PSM) ein, bremst zur Fahrzeugstabilisierung die Räder individuell ab und das Fahrzeug wird verlangsamt.
Erkennt dagegen das PTM ein Untersteuern, wird als Reaktion die Antriebskraft vorn verringert, um die Seitenführung der Vorderräder und das Lenkverhalten zu verbessern. Dadurch erreicht das Fahrzeug umgehend wieder einen stabilen Fahrzustand für schnelleres und dynamischeres Kurvenfahren, da das PSM weniger eingreifen muss.
Die durch das PTM im Vergleich zur im 996 Turbo vorhandenen Viscokupplung verbesserte Traktion wird deutlich, wenn stark beschleunigt wird und die Hinterräder durchdrehen. Beim Losfahren benötigt die Viscokupplung einen erheblichen Drehzahlunterschied, bevor die Antriebskraft an die Vorderräder übertragen werden kann. Beim PTM erkennt die elektronische Steuerung die Anfahrsituation und schließt unmittelbar die Lamellenkupplung. Alle vier Räder können nun die maximale Antriebskraft beim Losfahren übertragen, und das Durchdrehen der Räder wird weitgehend verhindert. Während des Beschleunigens überwacht die Schlupfregelung die Raddrehzahlen und das PTM ändert blitzschnell über die Lamellenkupplung die Kraftverteilung, um bestmögliche Traktion zu gewährleisten.
Die Steuerungsfunktionen des PTM sind eng mit denen des Porsche Stability Management (PSM) verwoben. Die Kraftverteilung an die Vorder- und Hinterachse wird permanent an die gegebenen Umstände angepasst, um die vorhandene Reibung zwischen Rad und Fahrbahn optimal zu nutzen.
Da durch das verbesserte Fahrverhalten das PSM nun weniger zur Fahrzeugstabilisierung eingreifen muss, sinkt auch der Verschleiß an der Bremsanlage, und damit fallen auch die Unterhaltskosten geringer aus. Der Allradantrieb ist immer vorhanden und kann nicht abgeschaltet werden.

PTM Steuerung

Die intelligente Allradsteuerung greift entsprechend der Fahrsituation und dem Fahrstil aktiv in die Kraftverteilung zwischen Vorder- und Hinterachse ein.
Das PTM ist in den CAN-Bus eingebunden und wertet diverse Daten aus, wie zum Beispiel die Raddrehzahlen aller vier Räder, die Längs- und Querbeschleunigung und den Lenkwinkel. Das Ziel der Antriebskraftverteilung ist, bestmögliche Traktion und hohen Fahrspaß mit maximaler Fahrsicherheit zu vereinen.

Folgende Funktionen führt das PTM aus:

Antriebskraftverteilung

Sie erfolgt an Vorder- und Hinterachse entsprechend der aktuellen Fahrsituation

Unmittelbare Regelung

Frühzeitige Erkennung von dynamischen Änderungen der Fahrbedingungen, um übermäßigen Schlupf zu verhindern, wie zum Beispiel Anfahren auf Schnee oder Eis. Durch direktes Erkennen eines Anfahrvorgangs schließt das PTM die Lamellenkupplung so weit, dass ein Durchdrehen der Räder weitgehend vermieden wird. Vorder- und Hinterachse erhalten beim Anfahren die maximale Antriebskraft, um die beste Beschleunigung zu ermöglichen.

Schlupfregelung

Aktive Begrenzung des Schlupfs an einer Antriebsachse, um die Traktion zu erhöhen.
Falls die Hinterräder beispielsweise beim Beschleunigen zum Durchdrehen neigen, wird über die Lamellenkupplung mehr Antriebskraft auf die Vorderräder übertragen.

Korrektur von Übersteuern

Bei Erkennung von Übersteuern wird die Antriebskraftverteilung geändert. Wenn der Wagen beim Kurvenfahren durch äußere Einflüsse, z. B. eine rutschige Fahrbahn, übersteuert, wird mehr Antriebskraft an die Vorderachse geleitet, um das Fahrzeug zu stabilisieren.

Korrektur von Untersteuern

Bei Erkennung von Untersteuern wird ebenfalls die Antriebskraftverteilung geändert. Sobald das Untersteuern beim Kurvenfahren auftritt, wird zur Fahrzeugstabilisierung mehr Antriebskraft an die Hinterachse geleitet.

Zum Schutz der Allradkomponenten hat die PTM-Steuerung noch zusätzliche übergeordnete Kontrollfunktionen.

PTM Lamellenkupplung

Mit der elektromechanisch arbeitenden PTM Lamellenkupplung wird die grundlegende Allradfunktion ermöglicht. Das Kupplungsscheibenpaket wird mit variablen Kräften aufeinandergepresst und verbindet die vom Getriebe (Schaltgetriebe bzw. PDK) kommende Kardanwelle mit der Antriebswelle des Vorderachsantriebs. Die Höhe der auf das Scheibenpaket wirkenden Anpresskraft wird über den Stromfluss bestimmt, der durch die Magnetspule der Kupplung fließt.
Der Ringmagnet betätigt eine Steuerkupplung mit drei Lamellenpaaren, die mit einem mechanischen Verstärker (Kugelrampe) verbunden ist. Über diesen Verstärker wird die Hauptkupplung betätigt, die acht Reibscheibenpaare umfasst. Der Vorteil dieses Aufbaus mit Steuerkupplung (die angesteuert wird) und Hauptkupplung (die das Drehmoment überträgt) liegt darin, dass die Steuerkupplung mit einem geringen Strom arbeitet und nur eine kleine Kraft zum Schließen der großen Kupplung erforderlich ist, um das hohe Antriebsmoment übertragen zu können.
Der kalkulierte erforderliche Anteil des Vorderachsantriebs wird in den nötigen elektrischen Strombedarf umgerechnet, dann in eine mechanische Bewegung umgewandelt, woraus die Kupplungsschließkraft resultiert, die letztendlich die zum Vorderachsantrieb weitergeleitete Antriebskraft bestimmt.
Zu einem geringen Anteil ist der Vorderachsantrieb immer aktiv, weil das Lamellenpaket immer teilweise im Eingriff steht.

Frontantriebseinheit

Die Lamellenkupplung des PTM hat den gleichen Einbauort im Vorderachsantrieb wie zuvor die Viscokupplung. In Verbindung mit einer neuen Momentabstützung der Aufhängung bilden die Komponenten eine kompakte Einheit. Die übrige Antriebseinheit entspricht der Vorgängerausführung, allerdings mit dem Unterschied, dass Kegel- und Tellerrad verstärkt ausgeführt wurden, weil sie jetzt mehr Kraft übertragen müssen. Außerdem musste berücksichtigt werden, dass die Raddrehzahlen an Vorder- und Hinterachse durch die unterschiedlichen Reifenumfänge der neuen 19-Zoll-Räder etwas voneinander abweichen.

Zusammenfassung

Ab Modelljahr 2009 waren alle Carrera 4-Modelle mit dem Porsche Traction Management (PTM) ausgerüstet, das die im Modelljahr 1994 eingeführte Viscokupplung bei den 911-Modellen mit Allradantrieb ablöste.
Die PTM-Software wurde an das gegenüber den Turbo-Modellen geringere Motordrehmoment angepasst.
Die ab Modelljahr 2013 eingeführten 991 Carrera 4-Modelle haben anstelle der Lamellenkupplung ein voll elektronisch-hydraulisches System mit einer eigenen elektrisch angetriebenen Hydraulikpumpe im Vorderachsantrieb.

Kapitel 6: Radaufhängungen, Reifen und Räder

Diese Baugruppen sorgen dafür, dass die Unterseite des 997 zur Fahrbahn und das Dach zum Himmel zeigt ...

Die Reifen sind von entscheidendem Einfluss auf das Fahrverhalten. (Bild: Porsche AG)

(Abbildungen: Porsche AG)

Gab es tatsächlich einen großen Unterschied zwischen dem Fahrwerk des 996 und dem des 997?

(Bild: Porsche AG)

Nicht zwischen dem 996 Carrera und dem 997 Carrera, aber ...

(Bild: Porsche AG)

... der 997 Carrera S legte durch das neue PASM und weitere neue Technologien die Messlatte deutlich höher.

(Bild: Porsche AG)

Einführung

Eine grundlegende Vorgabe im Lastenheft eines neuen 911 ist, dass er leichter, schneller, fahragiler und aerodynamischer als seine Vorgänger sein soll. Allerdings lässt sich das nicht immer vollständig umsetzen.

Als die ersten Prototypen des 997 mit 3,6-Liter-Motoren entstanden, waren die äußere Form, der Motor und das Getriebe bereits festgelegt. Nun lag es an den Fahrwerksingenieuren, eine optimale Abstimmung zu finden – aber die Vorgabe hatte sich geändert. Es war jetzt klar, dass von Anfang an zusätzlich eine leistungsstärkere Variante in Form des Carrera S mit 3,8-Liter-Motor gebaut würde. Aber die erforderlichen Radaufhängungen und daran anhängigen Systeme würden niemals die vorhandene Basisvorgabe erfüllen. Trotzdem waren später viele – auch der Autor – der Meinung, dass das geschaffene Gesamtpaket für den 997 Carrera S eines der besten war, trotz der höheren Komplexität der Systeme und den damit verbundenen gestiegenen Kosten im Unterhalt.

Bei der 997-Baureihe und allen folgenden gehört das lange Zeit praktizierte Konzept der größtmöglichen Einfachheit (im englischen Sprachgebrauch als KISS – keeping it stupid simple – bezeichnet) nun der Vergangenheit an.

In diesem Kapitel werden alle bekannten und erklärbaren Unterschiede bei den Radaufhängungen, Bremsen, Rädern und Reifen aller 997-Baureihen behandelt.

Alle neuen elektronischen Aufhängungs-, Fahr-, Stabilitäts- und Überwachungssysteme, die bei den 997-Modellen serienmäßig vorhanden oder als Individualausstattung angeboten wurden, sowie deren Weiterentwicklungen für die 2. Generation werden angesprochen und erklärt.

Die Bodenfreiheit, Fahrwerksgeometrie und Radlastverteilung kommen ebenfalls zur Sprache.

Darüber hinaus werden auch kontrovers diskutierte Themen behandelt, wie zum Beispiel die N-Spezifikation der Reifen oder warum im Winter Winterreifen erforderlich sind. Die Vielzahl der freigegebenen Felgen ist ebenfalls ein Thema wie auch räderbezogenes Zubehör (z. B. Distanzscheiben) und Vieles mehr.

Erstmals ist die Lenkradposition voll einstellbar.

(Bild: Porsche AG)

Das variable Übersetzungsverhältnis der Lenkung bietet auch in engen Kurven einige Vorteile.

(Bild: Adrian Streather)

Mittlerweile elektrisch: das Lenkradschloss.

(Bild: Porsche AG)

Lenkung

Einführung

Alle 997-Modelle sind mit der gleichen hydraulisch unterstützten Zahnstangenlenkung ausgerüstet. Zur Verbesserung des Lenkverhaltens hat diese Lenkung ein variables Übersetzungsverhältnis, das einerseits die Wendigkeit auf kurvigen Landstraßen erhöht, aber andererseits ein hohes Maß an Fahrstabilität bei Höchstgeschwindigkeit bietet.

Das Übersetzungsverhältnis für kleine Lenkwinkel im Bereich der Mittelstellung liegt bei 17,11 : 1, so dass der 997 noch einfach zu lenken ist, aber bei hohen Geschwindigkeiten nicht nervös reagiert.

Allerdings wird die Übersetzung ab einem Lenkraddrehwinkel von 30° zunehmend direkter und erreicht ab 270° ein Verhältnis von 13,76 : 1. Die Lenkradumdrehungen von Anschlag zu Anschlag sind von 2,98 beim 996 auf 2,62 beim 997 verringert worden. Der Wendekreis ist mit 10,9 m etwas größer als beim 996 (10,6 m), aber das ist kaum bemerkbar und die Vorteile, die sich durch das variable Übersetzungsverhältnis der Lenkung und die serienmäßig größeren Räder ergeben, heben den etwas größeren Wendekreis wieder auf. Es sei denn, man muss sich im Stadtverkehr in eine enge Parklücke zwängen.

Lenkradverstellung

Ein neues Merkmal der 997-Baureihe war die Höhenverstellbarkeit des Lenkrads, zusätzlich zu der schon vorher vorhandenen Längenverstellbarkeit um 40 mm. Auch die Höhe des Lenkrads kann nun um 40 mm verändert werden (gemessen im ganz ausgezogenen Zustand), um die Position besser den Bedürfnissen des Fahrers anpassen zu können. Der Verriegelungshebel für die Verstellung befindet sich unter der Lenksäule.

Lenkradschloss

Das Lenkradschloss arbeitet elektrisch und ist Bestandteil des Wegfahrsperrensystems, was den Diebstahlschutz weiter erhöht. Das Lenkradschloss erkennt, ob die Lenkung unter Belastung steht, wenn der Zündschlüssel aus dem Schloss entfernt wurde, was in manchen Situationen vorkommen kann.

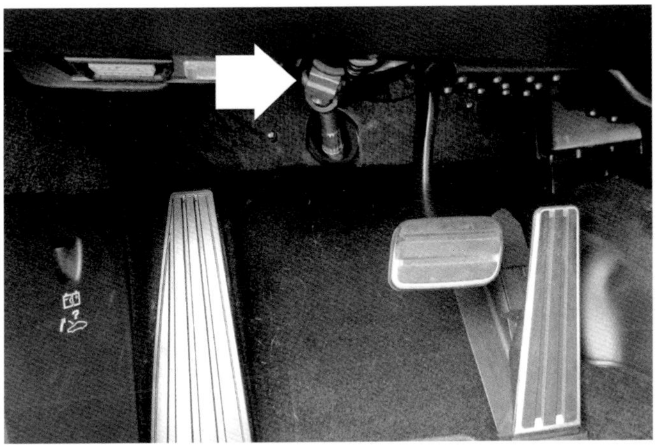

Über der Pedalerie kann die neue leichte Lenkzwischenwelle erkannt werden. *(Bild: Joe Ramos)*

Der Vorratsbehälter der Hydraulikflüssigkeit für die Servolenkung ist Bestandteil der Pumpe.

(Bild: Adrian Streather)

Nur die Turbo-Modelle besitzen eine servounterstützte Kupplung.

(Bild: Adrian Streather)

Hinweis:

Wenn der Zündschlüssel in das Schloss gesteckt wird und eine Belastung der Lenkung erkannt wird, erscheint im Bordcomputer die Textanzeige „Lenkung entlasten". Durch eine leichte Links- oder Rechtsdrehung des Lenkrads kann das Lenkschloss entlastet werden.

Lenksäule

Aus Gewichtsgründen sind alle drehenden Bauteile der Lenkung aus Aluminium gefertigt. Dabei wurde natürlich darauf geachtet, dass alle Anforderungen hinsichtlich Funktions- und Unfallsicherheit erfüllt sind. Der Verstellmechanismus ist ebenfalls aus leichtem Magnesium- bzw. Aluminiumdruckguss hergestellt.

Servolenkung

Die Lenkung ist hydraulisch unterstützt. Der dafür erforderliche Druck wird von einer Hydraulikpumpe erzeugt, die am Motor angebracht ist und bei beiden Modellgenerationen von der Kurbelwelle über den Polyrib-Riemen angetrieben wird.
Der Vorratsbehälter des Systems ist Bestandteil der Pumpe und wird mit Hydraulikflüssigkeit der Spezifikation Pentosin CHF11S® bzw. CHF202® befüllt.

Hinweis:

Die Hydraulikflüssigkeit Pentosin CHF202® erschien 2005 und ersetzte die bisherige Ausführung Pentosin CHF11S®.

Um das Übertragen von äußeren Einflüssen in das Lenkrad zu unterbinden, ist ein zusätzliches Rückschlagventil in der Förderleitung von der Pumpe zum Lenkgetriebe vorhanden.
Bei allen Turbo-Modellen der 997-Baureihe (außer GT2 und GT2 RS) dient der Servolenkungsölkreislauf auch zur Unterstützung der Kupplungsbetätigung. Zum Aus- und Einrücken der Kupplung ist ein zweiter Ausgleichsbehälter am Kupplungsgeberzylinder vorhanden, der mit Pentosin CHF202® befüllt ist. Die Servoeinheit und der Druckspeicher arbeiten dagegen mit Hydraulikflüssigkeit aus dem Lenkungssystem. Mehr technische Informationen darüber finden Sie im Kapitel 5, die Überprüfung des Flüssigkeitsstands wird in Kapitel 2 beschrieben.

Spurstangenköpfe

Aufgrund der größeren Spurbreite des 997 sind die Spurstangenköpfe auf jeder Seite um 15 mm verlängert.

Der erste 911 mit PASM war der 997 Carrera S aus der 1. Generation.

(Bild: Porsche AG)

Porsche Active Suspension Management (PASM)

Einführung

Der erste 911 mit PASM war der 997 Carrera S.

Hinweis:

In der folgenden Erklärung des PASM werden die vorderen McPherson-Federbeine und die hinteren Stoßdämpfer gleichermaßen als Dämpfer bezeichnet. Bei dem beschriebenen System handelt es sich um die Ausführung, die in den Carrera S-Modellen vorhanden ist.

Das PASM-Fahrwerk ist im Vergleich zum Serienfahrwerk um 10 mm tiefergelegt. Nach Angabe des Herstellers hilft das einstellbare Dämpfersystem, den Anforderungen gerecht zu werden, die an ein modernes Fahrwerk gestellt werden.
Der Fahrer kann zwischen verschiedenen Modi wählen – Normal und Sport – wobei der Normalmodus voreingestellt ist. Die Leuchtdiode in der PASM-Taste leuchtet nur bei eingeschaltetem Sportmodus, im Bordcomputer erscheint dabei neben dem Dämpfersymbol die Textanzeige „PASM Sport". Beim Einschalten des Normalmodus (Abschalten des Sportmodus) erscheint neben dem Dämpfersymbol die Textanzeige „PASM Normal". Text und Symbol bleiben vier Sekunden sichtbar und verschwinden danach.

Hinweis:

Bei den Modellen 997 Turbo, GT2 und GT3 gibt es keinen voreingestellten PASM-Modus. Das System wird daher beim Ausschalten der Zündung nicht automatisch in den Normalmodus zurückgesetzt, sondern dieser muss manuell vom Fahrer über die Taste in der Mittelkonsole gewählt werden.

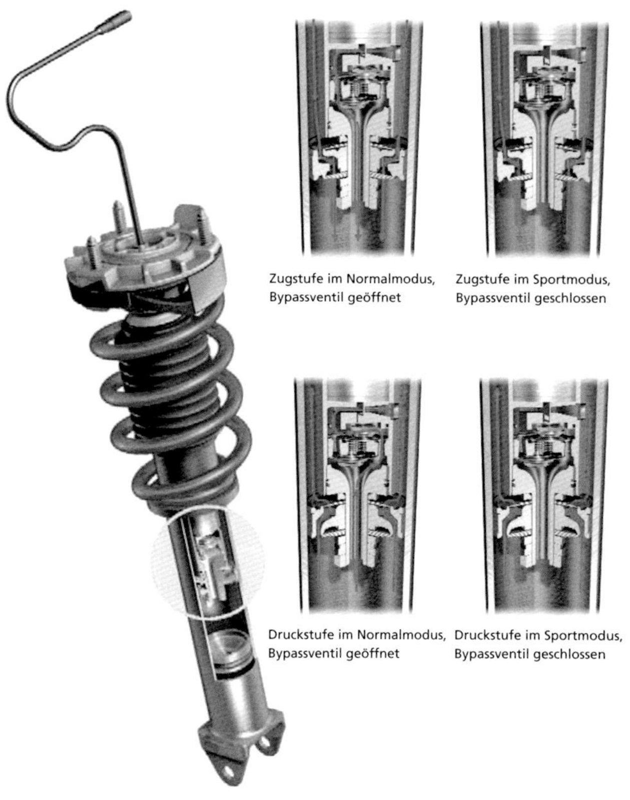

Funktion eines PASM-Dämpfers

(Bild: Porsche AG)

Funktion

Das PASM wählt aus präzise ausgearbeiteten Kennfeldern für den Normal- und Sportmodus für jedes Rad individuell die erforderliche Dämpfungsleistung. Die möglichen Einstellungen variieren von komfortabel bis hin zu sehr sportlich. In beiden Modi kann es zu leichten Überlappungen der Kennfelder kommen, wobei das System automatisch die passende Dämpfungseinstellung gemäß dem gewählten Modus und der erkannten Fahrsituation auswählt.

Der voreingestellte Normalmodus bietet eine komfortablere Einstellung mit geringeren Dämpferkräften. Besondere Steuerungs-Algorithmen in der PASM-Software verleihen dem Fahrwerk auch im Normalmodus in Extremsituationen eine hohe Fahrstabilität. Um das Fahrwerk an höhere Geschwindigkeiten anzupassen, wird mit zunehmender Geschwindigkeit die Dämpferabstimmung automatisch verhärtet.
Im Sportmodus wird die Dämpfungsleistung zusätzlich erhöht, um bei ebener Fahrbahn das Handling und die Lenkpräzision zu verbessern.
Eine harte Dämpfungseinstellung ist nicht für jede Fahrsituation ideal und kann bei schlechter Wegstrecke unruhiges und nervöses Fahrverhalten hervorrufen.
Erkennt das System bei eingeschaltetem Sportmodus eine unebene Fahrbahn, schaltet es automatisch auf eine weichere Abstimmung, um den Fahrbahnkontakt zu verbessern. Das PASM wählt dazu aus dem Sportkennfeld die dafür optimale Dämpfereinstellung aus.

Fahrsituationsabhängige Einstellungen

Spurwechsel:
Führt der Fahrer schnelle Lenkbewegungen aus, wie sie z. B, beim Spurwechsel oder bei Ausweichmanövern vorkommen, erhöht das Steuergerät sofort die Dämpferkräfte an beiden Achsen. Dadurch wird die Rollneigung der Karosserie unterdrückt und die Fahrstabilität gewährleistet.

Vertikalbewegungen:
Treten vertikale Bewegungen der Karosserie auf (z. B. durch Bodenwellen auf unebener Fahrbahn), die ein vorgegebenes Limit überschreiten, wird im Normalmodus die Dämpferkraft erhöht. Damit soll ein schwammiges Fahrverhalten unterbunden werden. Im Sportmodus wird dagegen die Dämpferkraft leicht verringert, um durch die Neigungsbewegungen der Karosserie den Fahrbahnkontakt zu verbessern.

Lateralbewegungen:
Wird im Normalmodus beim Kurvenfahren der vorgegebene Grenzwert für die Querbeschleunigung überschritten, wird die Dämpferkraft auf den Fahrzeugseiten unterschiedlich erhöht, um das Fahrzeug zu stabilisieren und dem Fahrer bessere Rückmeldung zu vermitteln. Falls beim schnellen Kurvenfahren größere Bodenwellen ausgeprägte Vertikalbewegungen verursachen – eine Fahrsituation, die einem 911 nicht besonders liegt – wird der entweder höhere Dämpfungswert für Vertikalbewegungen oder Lateralbewegungen verwendet. Dieser Fahrzustand ist für Rennstrecken mit Bodenwellen in schnellen Kurven im Sportmodus hinterlegt.

Bremsen:
Sobald das PASM das Einleiten eines Bremsvorgangs erkennt, schaltet es auf eine härtere Dämpfung um, damit die Frontpartie des Wagens nicht so stark eintaucht. Dadurch können insgesamt größere Bremskräfte übertragen werden. Nach einer vorgegebenen Zeitspanne stellt das PASM die Dämpfung wieder weicher ein, jedoch unterschiedlich an Vorder- und Hinterachse.

Lastwechsel:
Die Dämpfungseinstellung an Vorder- und Hinterachse wird individuell geändert, wenn stark beschleunigt, die Drosselklappe geschlossen oder die Fahrspur gewechselt wird. Im Normalmodus wird die Dämpfung kurz härter eingestellt, um das Nicken der Frontpartie zu reduzieren. Im Sportmodus wird die Dämpfung dagegen kurz weicher eingestellt, um die Traktion beim Beschleunigen auf unebenen Fahrbahnen zu erhöhen.

Systemkomponenten

Das PASM besteht aus den folgenden Bauteilen:

- Vier stufenlos einstellbare Dämpfer (zwei McPherson-Federbeine vorn und zwei Stoßdämpfer hinten), die im Gegensatz zu normalen Dämpfern ein elektrisch verstellbares Bypassventil besitzen. Der Dämpfungseffekt wird in erster Linie dadurch erzeugt, dass das Dämpferöl beim Ein- und Ausfedern des Rades durch Membranventile am Dämpferkolben strömen muss. Zusätzlich ist über das Bypassventil ein zweiter Weg für das Öl vorhanden, dessen Querschnitt allerdings stufenlos elektrisch verändert werden kann. Je nach Größe des freigegebenen Querschnitts ist die Dämpferkraft höher oder geringer. Sollte ein Fehler im System auftreten, schließt das Bypassventil. Damit ist eine Fortsetzung der Fahrt mit der höchsten Dämpferkraft möglich.
- Das PASM-Steuergerät befindet sich bei linksgelenkten 997 im vorderen Bereich des rechten Schwellers, bei rechtsgelenkten 997 im vorderen Bereich des linken Schwellers. Es erhält über den CAN-Bus Daten über die Querbeschleunigung, den Lenkwinkel, die Fahrgeschwindigkeit, den Druck im Bremssystem, die Drosselklappenstellung sowie weitere Informationen vom Motorsteuergerät.
- Zwei Beschleunigungssensoren für das Erkennen von vertikalen Karosseriebewegungen; einer ist am rechten vorderen Federbeindom befestigt, der andere am linken hinteren Stoßdämpferdom. Diese Anordnung ermöglicht

Beschleunigungssensor am vorderen rechten Federbeindom (Bild: Porsche AG)

Die erste 997-Generation mit PASM hatte in der Mittelkonsole nur eine Sport-Taste. (Bild: Porsche AG)

Die zweite 997-Generation mit PASM hatte in der Mittelkonsole sowohl eine Sport- als auch eine Sport Plus-Taste. (Bild: Adrian Streather)

das Messen von Hub-, Roll- und Nickbewegungen der Karosserie.

- PASM-Taste in der Mittelkonsole zum Umschalten zwischen Normal- und Sportmodus.

Hinweis:
Der Normalmodus ist voreingestellt. Wenn bei gewähltem Sportmodus die Zündung ausgeschaltet wird, ist nach dem Wiedereinschalten der Zündung der Normalmodus wieder aktiv.

PASM der 2. Generation

Das PASM gehörte bei den folgenden 997-Modellen der 2. Generation wieder zur Serienausstattung: Carrera S-Modelle (Carrera S, Carrera 4S und Targa 4S), alle auf dem Carrera S basierenden Sondermodelle (z. B. Sport Classic und Speedster), alle Turbo-Modelle, sowie bei den GT3-Versionen.
Als Individualausstattung konnte das PASM für die Carrera-Modelle (Carrera, Carrera 4 und Targa 4) bestellt werden.
Beim PASM der 2. Generation wurde die Dämpfungscharakteristik sowohl durch die Hydraulik, als auch durch eine neue Software geändert. Jedes neue 997-Modell wurde individuell abgestimmt.
Das neue PASM bietet im Normalmodus ein komfortabel abgestimmtes Fahrwerk für den Straßeneinsatz, und durch den Wechsel in den Sportmodus eine sportlich straffe Abstimmung für den Rennstreckeneinsatz.
Bei jedem 997, der mit PASM und PDK ausgestattet ist, befindet sich neben der PASM-Taste in der Mittelkonsole noch eine Sport Plus-Taste. Diese Taste ist für den Einsatz auf der Rennstrecke vorgesehen; der 7. Gang wird dabei nicht angewählt.

Hinweis:
Auch bei den Carrera-Modellen der 2. Generation ist der Normalmodus voreingestellt. Wenn bei gedrückter Sport- oder Sport Plus-Taste die Zündung ausgeschaltet wird, schaltet das System beim Einschalten der Zündung wieder in den Normalmodus.

997 Carrera der 1. Generation
(Bild: Porsche AG)

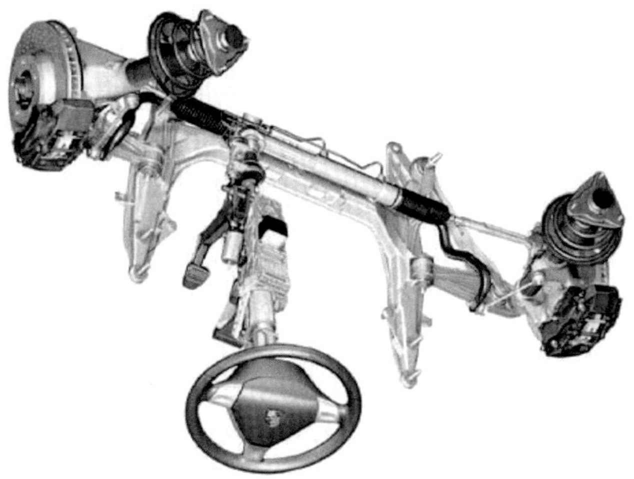

Vorderachse des Carrera
(Bild: Porsche AG)

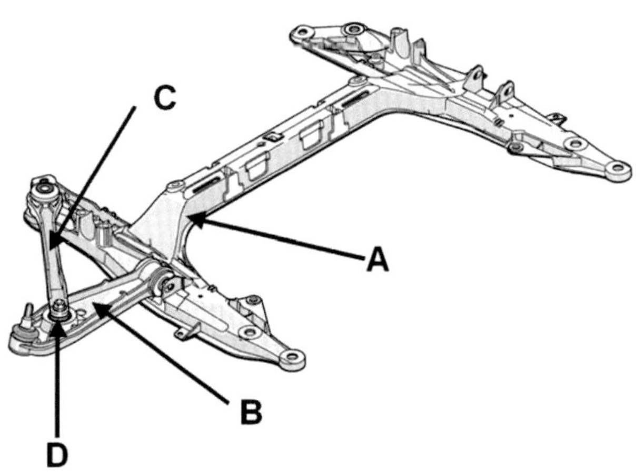

Geänderte Vorderradaufhängung des 997 Carrera
(Bild: Porsche AG)

Carrera und Carrera S Radaufhängung

Einführung

Von der Konstruktionsseite betrachtet, ist das Standardfahrwerk der 997-Baureihe dem des 996 sehr ähnlich. Die Abstimmung des Fahrwerks lässt jedoch die Carrera-Modelle (Carrera und Carrera 4 als Coupé bzw. Cabriolet sowie Targa 4) wesentlich sportlicher erscheinen als ihre Vorgänger, ohne Abstriche beim Fahrkomfort zu machen.

Vor allem die neuen leistungsfähigeren Reifen ermöglichen es dem 997 Carrera, deutlich mehr Kraft auf die Straße zu bringen – in Längs- und Querrichtung.

Zur Ergänzung des Standardfahrwerks wurden für die Carrera-Modelle zwei Individualausstattungen angeboten:

- Porsche Active Suspension Management (PASM) einschließlich einer Tieferlegung um 10 mm; erhältlich für alle Carrera-Modelle
- Sportfahrwerk mit einer Tieferlegung um 20 mm einschließlich einer mechanischen Hinterachs-Quersperre; erhältlich nur für das Carrera Coupé.

Vorderachse

Die Vorderradaufhängung besteht aus einem McPherson-Federbein mit Diagonal- und Querlenker.

Während die Grundkonstruktion vom 996 Carrera aus 2004 übernommen wurde, erfuhren einige Bauteile eine Überarbeitung, um zu anderen, ebenfalls geänderten Komponenten kompatibel zu sein, und um die Aufprallsicherheit zu erhöhen.

Die Spurweite der Vorderachse wurde im Vergleich zum Vorgänger-Carrera um 30 mm verbreitert, wodurch sich in Verbindung mit den größeren Rädern und breiteren Reifen die Rollneigung der Karosserie verringert.

Der Vorderachsquerträger (A) wurde aufgrund von Crashtestergebnissen modifiziert. Durch eine Verbreiterung um 15 mm auf jeder Seite verschoben sich die Aufnahmepunkte der Lenker um insgesamt 30 mm, woraus die breitere Spurweite resultiert. Zur Gewichtserleichterung besteht der Querträger nun aus Druckguss anstelle von Formenguss.

Die Abstützung des Querlenkers (B) ist ebenfalls geändert. Während am 996 Carrera die Verbindung zwischen der diagonalen Abstützung und dem Querlenker über einen Silentblock erfolgte, ist hier nun ein Hydrolager (D) vorhanden.

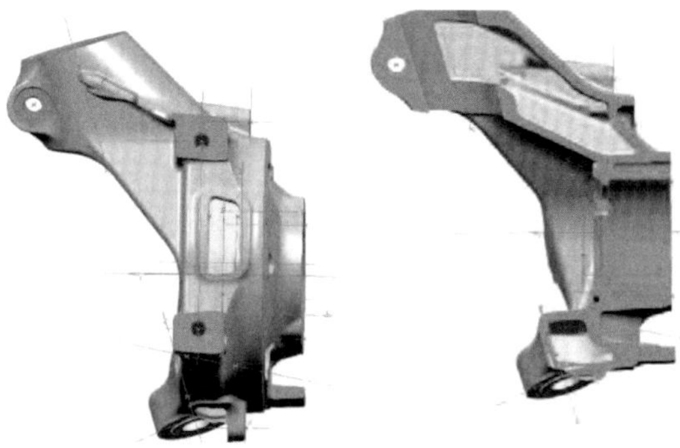

Der neue Radträger im Schnitt.
(Bild: Porsche AG)

Vorderachse mit montierter Keramikbremse
(Bild: Porsche AG)

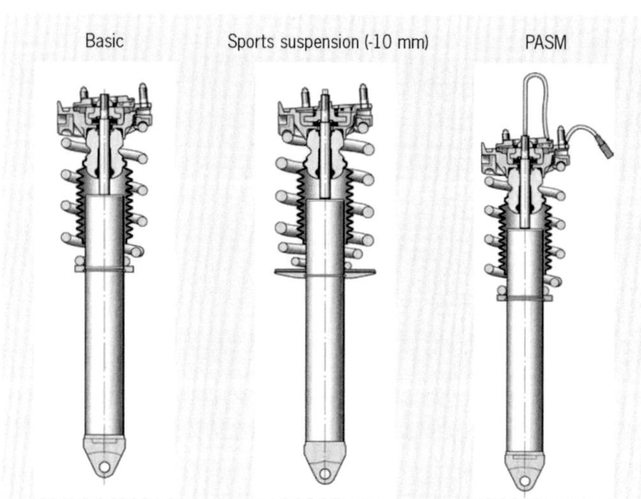

Serienfahrwerk:
Federrate 43 N/mm

PASM-Fahrwerk (-10 mm):
Federrate 56 N/mm

Sportfahrwerk (-20 mm):
Federrate progressiv 60/90 N/mm

Federraten an der Hinterachse bei den 997-Modellen der 1. Generation *(Bild: Porsche AG)*

Diese neue Abstützung unterdrückt hochfrequente Vibrationen, die sich sonst störend in der Lenkung bemerkbar machen würden.
Die Maße des diagonalen Lenkers (C) wurden an das neue Hydrolager angepasst.
Der Radträger ist nun nicht mehr im Vollen gegossen, sondern im Hohlgussverfahren hergestellt. Damit konnte das Gewicht des verdrehsteifen Bauteils deutlich verringert werden. Die neue Formgebung des Bauteils verbessert auch die Kühlluftzufuhr zu den Bremsen, was zusammen mit einem vergrößerten Luftleitblech für eine effektivere Kühlung sorgt. Die Einbaulage des ABS-Sensors am Radträger wurde ebenfalls verändert, da nun der Sensorring Bestandteil des Radlagers ist.
Je nach Bremssystemversion (Grauguss- oder Keramikbremse) sind die Radträger unterschiedlich bearbeitet, um den erforderlichen Freiraum für die Bremszangen zu schaffen.
Verstärkte Radlager mit einem größeren Durchmesser nehmen die höheren Kräfte auf, die durch die nun größeren Räder entstehen, und sorgen für eine bessere Führung des drehenden Rads.
Die Radlager übernehmen nun auch die Funktion des ABS-Sensorrings, der beim 996 noch vorhanden war. Dazu sind die Lager mit einer vielpoligen magnetischen Abdichtscheibe versehen. Über die am Sensor vorbeidrehenden Magnete erkennt der Sensor die Raddrehzahl.
Die McPherson-Federbeine bestehen jeweils aus einem Gasdruck-Stoßdämpfer und einer konischen Feder, die je nach Modell unterschiedlich ausgelegt ist:

- Vordere Federrate Carrera-Serienfahrwerk: 27 N/mm
- Vordere Federrate PASM-Fahrwerk (10 mm tiefergelegt): 33 N/mm
- Vordere Federrate Sportfahrwerk (20 mm tiefergelegt): 36 N/mm

Zur besseren Identifizierung der Federrate bzw. des Fahrwerks sind die Federn farbig markiert.

Stabilisator

Durchmesser und Wandstärke des vorderen Stabilisators sind dem Gewicht und der Getriebebauart des Carreras angepasst:

- Carrera-Serienfahrwerk und Schaltgetriebe: 23,6 mm x 3,5 mm
- Carrera-Serienfahrwerk und Tiptronic S: 24 mm x 3,8 mm
- PASM-Fahrwerk mit Schaltgetriebe oder Tiptronic: 24 mm x 3,8 mm
- Sportfahrwerk mit Schaltgetriebe oder Tiptronic: 24 mm x 3,8 mm

Vorderer Stabilisator mit Befestigungspunkten
(Bild: Chip Witt)

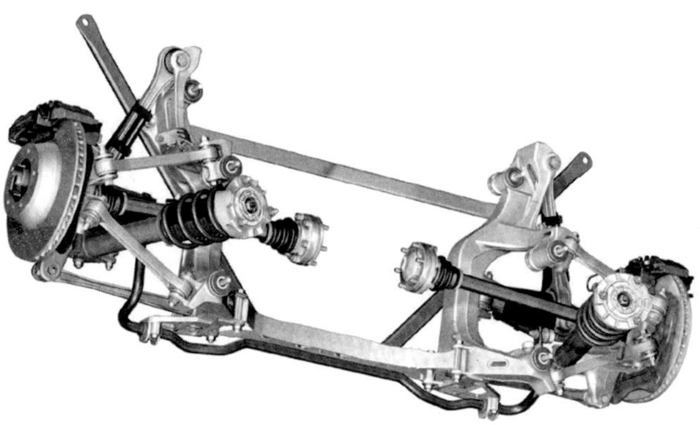

Hinterachse des Carrera
(Bild: Porsche AG)

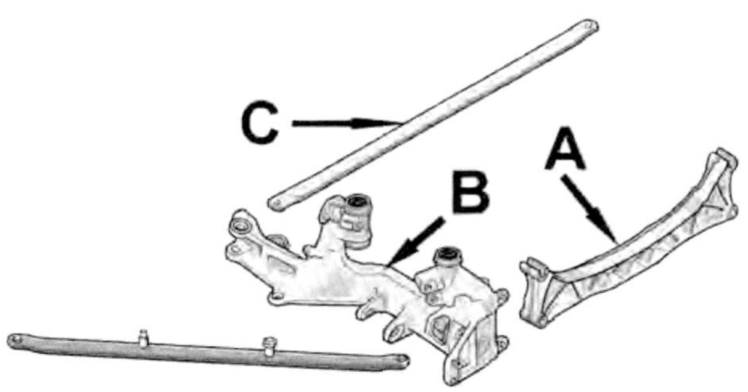

Einzelteile der hinteren Radaufhängung
(Bild: Porsche AG)

Neue Anlenkpunkte des Stabilisators verändern das Übersetzungsverhältnis, weshalb die Rollneigung der Karosserie stärker unterdrückt wird.

Hinterachse

Die vom Modell 996 Carrera bekannte Mehrlenker-Hinterachse wurde für den 997 Carrera in überarbeiteter Form übernommen.
Wie auch bei der Vorderachse ist die Spurweite hinten um 30 mm gewachsen, um die Geradeauslaufstabilität zu verbessern.
Eine modifizierte Kinematik und geänderte Anlenkpunkte der Lenker reduzieren deutlich das Einfedern des Wagens beim Beschleunigen. Nach Angaben von Porsche war das wesentliche Ziel bei der Überarbeitung der Hinterradaufhängung, die Quersteifigkeit zu erhöhen und gleichzeitig durch leichte Komponenten das Gewicht zu verringern.
Die Modifikationen an der Hinterachse schlossen auch den Querträger (A) ein, der völlig neugestaltet wurde. Er wurde auf jeder Seite um 15 mm verlängert, woraus die um 30 mm breitere Spurweite resultiert.
Das Seitenteil der Hinterachse (B) besteht weiterhin aus Aluminium, seine Verwindungssteifigkeit in Querrichtung wurde aber deutlich erhöht. Die Anlenkpunkte der oberen Lenker wurden um 10 mm nach oben verschoben, die der unteren Lenker wanderten um 5 mm nach unten. Damit können die durch die größeren Räder und Reifen verursachten höheren Querkräfte besser aufgenommen werden. Die Befestigung an der Karosserie erfolgt nun über einen Bolzen und zwei Bundschrauben.
Die Querstrebe (C) wurde analog zur 30 mm breiteren Spurweite um den gleichen Betrag verlängert.

PASM-Fahrwerk mit Stabilisator

(Bild: Adrian Streather)

Serienmäßiges 18-Zoll-Rad eines Carrera Coupé/Cabriolet der 1. Generation.

(Bild: Porsche AG)

Wie an der Vorderachse ist nun auch der hintere Radträger ein Hohlguss-Bauteil, das sehr verdrehsteif ausgeführt ist. Die hinteren Radlager haben die gleichen Dimensionen wie vorn.

Der hintere Stoßdämpfer ist als Einrohr-Gasdruckdämpfer ausgeführt und hat ein Aluminiumgehäuse. Je nach Fahrwerk sind hier unterschiedliche Schraubenfedern vorhanden:

- Hintere Federrate Carrera-Serienfahrwerk: 43 N/mm
- Hintere Federrate PASM-Fahrwerk (10 mm tiefergelegt): 56 N/mm
- Hintere Federrate Sportfahrwerk (20 mm tiefergelegt): 60 - 90 N/mm, progressiv

Die hinteren Federn haben die gleiche Farbcodierung wie die vorderen Federn.

Für höheren Fahrkomfort sorgen neue Stützlager am oberen Stoßdämpferende, die bessere Dämpfungseigenschaften aufweisen. Für die drei verschiedenen Fahrwerke gibt es auch drei unterschiedliche Stützlager sowie untere Federteller.

Stabilisator

Durchmesser und Wandstärke des hinteren Stabilisators sind dem Gewicht und der Fahrdynamik des Carreras angepasst:

- Carrera-Serienfahrwerk: 18,5 mm x 2,5 mm
- PASM-Fahrwerk: 18,5 mm x 2,5 mm
- Sportfahrwerk: 19,6 mm x 2,6 mm

Neue Anlenkpunkte des Stabilisators verändern das Übersetzungsverhältnis, weshalb die Rollneigung der Karosserie stärker unterdrückt wird.

Hinweis:

18-Zoll-Räder an Vorder- und Hinterachse sind bei den Carrera-Modellen serienmäßig.

Carrera S Coupé mit Sportfahrwerk, nachgerüstet bei Porsche Exclusive.

(Bild: Porsche AG)

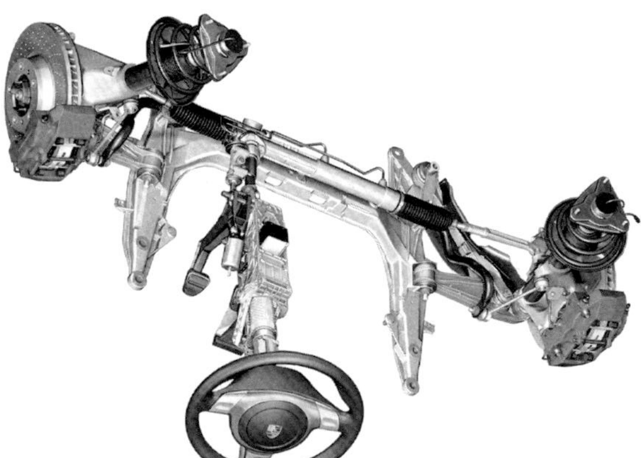

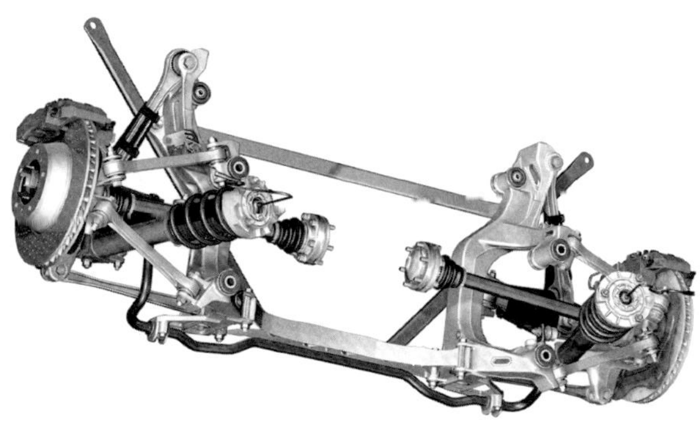

Vorder- und Hinterachse des Carrera S mit PASM

(Bild: Porsche AG)

Carrera S Radaufhängung

Einführung

Die Carrera S-Modelle sind serienmäßig mit einem PASM-Fahrwerk ausgerüstet. Durch die höhere Leistungsfähigkeit der neuen Reifengeneration kann der Carrera S deutlich höhere Kräfte in Längs- und Querrichtung aufbauen. Damit entstehen höhere Anforderungen für das gesamte Fahrwerk und besonders für Komponenten der Radaufhängung.

Nur das Carrera S Coupé kann mit dem optionalen Sportfahrwerk versehen werden. Damit wird das PASM-Fahrwerk um weitere 10 mm tiefergelegt; außerdem ist an der Hinterachse eine mechanische Quersperre (Sperrdifferenzial) vorhanden.

Vorderachse

Die Vorderachse der Carrera S-Modelle aller Karosserievarianten ist baugleich mit der bereits beschriebenen Ausführung der normalen Carrera-Modelle; allerdings arbeiten in den McPherson-Federbeinen verstellbare PASM-Dämpfer.

Hinterachse

Die Hinterachse der Carrera S-Modelle aller Karosserievarianten ist baugleich mit der bereits beschriebenen Ausführung der normalen Carrera-Modelle; allerdings sind die Stoßdämpfer als verstellbare PASM-Dämpfer ausgeführt.

Hinweis:

19-Zoll-Räder an Vorder- und Hinterachse sind bei den Carrera S-Modellen serienmäßig.

Carrera 4 der 1. Generation *(Bild: Porsche AG)*

Vorder- und Hinterradaufhängungen des Carrera 4
(Bild: Porsche AG)

Carrera 4 und Carrera 4S Radaufhängung

Einführung

Die Carrera 4-Modelle einschließlich des Targa 4 haben das gleiche Fahrwerk wie die Carrera-Modelle mit Heckantrieb. Allerdings musste es an die Erfordernisse des Allradantriebs angepasst werden, die sich aus dem anderen Fahrverhalten durch den zusätzlichen Frontantrieb und das höhere Gewicht an der Vorderachse ergeben.

Vorderachse

Die Vorderachse der Allrad-Modelle ist vom Prinzip baugleich mit denen der heckgetriebenen Carreras. Durch die zusätzlichen Antriebswellen sind die Radträger unterschiedlich ausgeführt, um den erforderlichen Freiraum für die durchgeführten Antriebswellen zu schaffen.
Neben dem Serienfahrwerk gab es noch zwei weitere Fahrwerksoptionen für die Carrera 4- und Targa-Modelle:

- PASM-Fahrwerk (Porsche Active Suspension Management) mit einer Tieferlegung um 10 mm. Passend für alle Carrera 4- und Targa-Modelle
- Sportfahrwerk mit einer Tieferlegung um 20 mm sowie einer mechanischen Hinterachs-Quersperre. Diese Option gab es nur für das Carrera 4 Coupé.

Die McPherson-Federbeine wurden an die höhere Radlast und die geänderte Fahrdynamik des Allradantriebs angepasst.
Die Federraten lauten nun:

- Vordere Federrate Serienfahrwerk: 30 N/mm
- Vordere Federrate PASM-Fahrwerk: 33 N/mm
- Vordere Federrate Sportfahrwerk: 36 N/mm

Zur besseren Identifizierung der Federrate bzw. des Fahrwerks sind die Federn farbig markiert.
Durch den veränderten Bauraum musste der Stabilisator der Carrera 4- und Targa-Modelle angepasst werden. Die Dimensionen der Stabilisatorrohre:

- Serienfahrwerk: 22,5 mm x 3,5 mm
- PASM-Fahrwerk: 23,6 mm x 3,5 mm
- Sportfahrwerk: 23,6 mm x 3,5 mm

Die vordere Radaufhängung eines Carrera 4 ohne PASM: Gut erkennbar sind die Farbmarkierungen der Feder.

(Bild: Porsche AG)

Hinterachse eines Carrera 4.

(Bild: Porsche AG)

Hinterachse

Da an der Hinterachse keine nennenswert höheren Belastungen auftreten, wurde die Hinterachse der Carrera-Modelle fast vollständig für die Carrera 4- und Targa-Modelle übernommen.

- Hintere Federrate Carrera Serienfahrwerk: 43 N/mm
- Hintere Federrate PASM-Fahrwerk: 56 N/mm
- Hintere Federrate Sportfahrwerk (nur Carrera 4 Coupé): 60 - 90 N/mm, progressiv

Stabilisator

Die Dimensionen des Stabilisatorrohrs sind an die Erfordernisse des Carrera 4 und Targa mit anderen Dimensionen angepasst: 22,5 mm x 3,5 mm.

Carrera 4S Radaufhängung

Einführung

Der Carrera 4S und Targa 4S waren serienmäßig mit PASM ausgestattet. Nur für das Carrera 4S Coupé war das Sportfahrwerk verwendbar, mit dem das PASM-Fahrwerk weitere 10 mm tiefergelegt werden konnte. Im Paket eingeschlossen war eine mechanische Hinterachs-Quersperre.

Vorderachse

Die Vorderachse der Carrera 4S- und Targa 4S-Modelle ist identisch mit der schon beschriebenen Ausführung der Carrera 4- und Targa 4-Modelle. Allerdings waren die 4S-Modelle bereits mit PASM ausgerüstet.

- Vordere Federrate PASM-Fahrwerk: 33 N/mm
- Vordere Federrate Sportfahrwerk (nur Carrera 4S Coupé): 36 N/mm

Hinterachse

Auch die Hinterachse der Carrera 4S- und Targa 4S-Modelle ist identisch mit der schon beschriebenen Ausführung der Carrera 4- und Targa 4-Modelle, aber mit dem Unterschied, dass die 4S-Modelle bereits mit PASM ausgerüstet waren.

- Hintere Federrate PASM-Fahrwerk: 33 N/mm
- Hintere Federrate Sportfahrwerk (nur Carrera 4S Coupé): 60 bis 90 N/mm, progressiv

Stabilisator

Der Stabilisator des Carrera 4 ist durch eine eigene Ausführung für die 4S-Modelle ersetzt worden. Die Dimensionen sind nun 23,6 mm x 3,5 mm.

Die neue 997-Palette hatte neue Motoren, aber keine grundlegenden Fahrwerksänderungen.

(Bild: Porsche AG)

Die Sondermodelle wurden bereits mit einer sportlicheren Fahrwerksabstimmung ausgeliefert.

(Bild: Porsche AG)

Aber am sportlichsten war der GT3 RS 4.0.

(Bild: Porsche AG)

Radaufhängungsänderungen bei der 2. Generation

Die grundlegende Ausführung der Radaufhängungen bei den Carrera- und Carrera S-Modellen der 2. Generation blieb bis auf geringe Ausnahmen unverändert.
Wegen der verbesserten Fahrleistungen erfolgte eine neue Abstimmung der vorderen und hinteren Federn, Dämpfer und Stabilisatoren. Besondere Aufmerksamkeit erforderten die 997-Modelle, die mit dem Porsche Doppelkupplungsgetriebe ausgerüstet waren.
Wie zuvor gab es neben dem Carrera-Serienfahrwerk zwei weitere Fahrwerksoptionen:

- Porsche Active Suspension Management (PASM) mit einer Tieferlegung um 10 mm für alle Carrera-, Carrera 4- und Targa 4-Modelle
- PASM-Sportfahrwerk mit einer Tieferlegung um 20 mm und einer mechanischen Hinterachs-Quersperre für Carrera, Carrera 4, Carrera S und Carrera 4S (nur Coupé)

Vorderachse

Um die Übertragung von Radvibrationen auf die Radaufhängung zu dämpfen, sind alle neuen 997-Modelle mit Hydrolagern an den vorderen Lenkern versehen.

McPherson-Federbeine

Die Federraten der vorderen McPherson-Federbeine wurden bei der 2. Modellgeneration angepasst:

- Vordere Federrate Carrera-Serienfahrwerk: 27 N/mm
- Vordere Federrate PASM-Fahrwerk: 33 N/mm
- Vordere Federrate PASM-Sportfahrwerk: 36 N/mm
- Vordere Federrate Carrera 4-Serienfahrwerk: 30 N/mm
- Vordere Federrate PASM-Fahrwerk: 33 N/mm
- Vordere Federrate PASM-Sportfahrwerk: 36 N/mm

Zur besseren Identifizierung der Federrate und der Fahrwerksausführung sind die Federn entsprechend farbig markiert.

Stabilisatorabmessungen
Carrera:
- Serienfahrwerk: 24,0 mm x 3,8 mm
- PASM-Fahrwerk Coupé: 24,0 mm x 3,8 mm
- PASM-Fahrwerk Cabriolet: 24,5 mm x 3,8 mm
- PASM-Sportfahrwerk (nur Coupé): 24,5 mm x 3,8 mm

Carrera S und GTS:
- PASM-Fahrwerk: 24,5 mm x 3,8 mm
- PASM-Sportfahrwerk (nur Coupé): 24,5 mm x 3,8 mm

Carrera 4 und Targa 4:
- Serienfahrwerk (Coupé, Cabriolet und Targa): 22,5 mm x 3,5 mm
- PASM-Fahrwerk (Coupé, Cabriolet und Targa): 23,6 mm x 3,5 mm
- PASM-Sportfahrwerk (nur Coupé): 22,5 mm x 3,5 mm

Carrera 4S, Carrera 4 GTS und Targa 4S:
- PASM-Fahrwerk (Coupé, Cabriolet und Targa): 23,6 mm x 3,5 mm
- PASM-Sportfahrwerk (nur Coupé): 23,6 mm x 3,5 mm

Hinterachse

Neben einer neuen Abstimmung des gesamten Fahrwerks erhielten die Stoßdämpfer neue Endanschläge, während die Federauflagen aus neuem Material gefertigt wurden.

Stoßdämpfer
Die hinteren Stoßdämpfer sind jetzt als Doppelrohrdämpfer mit einer Gasdruckfüllung ausgeführt und tragen eine konische Feder. Außerdem wurde neues Material (Celasto) für die Aufnahmen verwendet.
Auch die hinteren Federn wurden den gestiegenen Anforderungen der 2. Generation angepasst.
Carrera-, Carrera S- und Carrera GTS-Modelle:
- Serienfahrwerk mit Schaltgetriebe: 43 N/mm
- Serienfahrwerk mit PDK: 46 N/mm
- PASM-Fahrwerk, getriebeunabhängig: 56 N/mm
- PASM-Sportfahrwerk, getriebeunabhängig: 65 – 95 N/mm, progressiv

Carrera 4-, Carrera 4S- Carrera 4 GTS-, Targa 4- und Targa 4S-Modelle:
- Serienfahrwerk mit Schaltgetriebe: 43 N/mm
- Serienfahrwerk mit PDK: 46 N/mm
- PASM-Fahrwerk, getriebeunabhängig: 60 N/mm
- PASM-Sportfahrwerk, getriebeunabhängig: 65 – 95 N/mm, progressiv

Zur besseren Identifizierung der Federrate und der Fahrwerksausführung sind die Federn entsprechend farbig markiert.

Stabilisatorabmessungen
Carrera:
- Serienfahrwerk: 18,5 mm x 2,5 mm
- PASM-Fahrwerk: 18,5 mm x 2,5 mm
- PASM-Sportfahrwerk: 18,5 mm x 2,5 mm

Carrera S und Carrera GTS:
- PASM-Fahrwerk: 19,6 mm x 2,6 mm
- PASM-Sportfahrwerk: 18,5 mm x 2,5 mm

Carrera 4 und Targa 4:
- Serienfahrwerk: 20,7 mm x 2,8 mm
- PASM-Fahrwerk: 21,7 mm x 3,0 mm
- PASM-Sportfahrwerk: 20,7 mm x 2,8 mm

Carrera 4S, Carrera 4 GTS und Targa 4S:
- PASM-Fahrwerk: 21,7 mm x 3,0 mm
- PASM-Sportfahrwerk: 20,7 mm x 2,8 mm

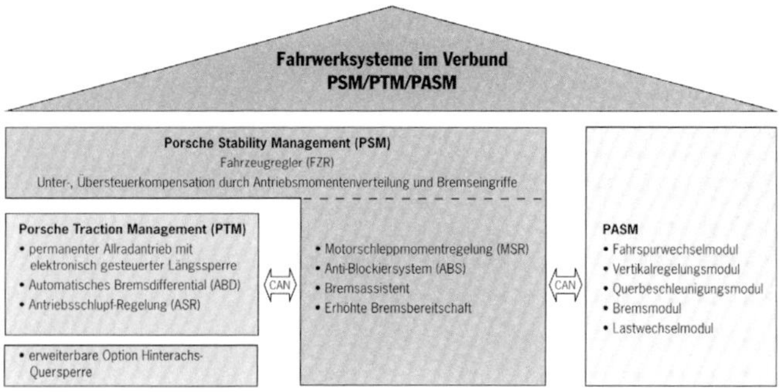

Zusammenspiel der verschiedenen Fahrwerkssysteme

(Abbildung: Porsche AG)

Vorder- und Hinterachse des Turbo

(Bild: Porsche AG)

Turbo Radaufhängung

Einführung

Das Fahrwerk der 997 Turbo-Modelle wurde gegenüber den 2005 eingestellten Vorgängermodellen deutlich verbessert.

Vernetzte Fahrwerkssysteme

Beim 997 Turbo sind die Fahrwerkssysteme PSM, PTM und PASM über ein Datennetzwerk miteinander verbunden. So können Informationen z. B. über den aktuellen Fahrzustand über den CAN-Bus ausgetauscht werden. Das Zusammenspiel dieser Systeme ist unbedingt erforderlich, um bestmögliche Fahrbarkeit und Fahrstabilität sowie kürzeste Bremswege im Falle eines ABS-Einsatzes zu realisieren. Wenn zum Beispiel, zusätzlich zur Gesamtregelung der Fahrdynamik durch das PSM, das PTM die elektromagnetische Lamellenkupplung öffnet und das PASM die optimale Dämpfereinstellung wählt, um die Karosserieneigung zu unterdrücken und die passende Radlastverteilung zu gewährleisten, müssen sich die Systeme darüber austauschen.

Vorderachse

Als Basis für die Vorderachse des Turbos dient die Ausführung des Carrera 4S, allerdings sind die vorderen Federn, McPherson-Federbeine mit PASM und der Stabilisator für den Turbo neu abgestimmt worden.

Weitere Änderungen gegenüber dem Vorgängermodell 996 Turbo sind:

- Spurweite um 18 mm verbreitert
- Neuer Vorderachs-Querträger
- Modifizierte Kugelgelenke
- Verstärkte Radlager
- Hydrolager an den Lenkern

Liftsystem Vorderachse

Durch das Liftsystem an der Vorderachse lässt sich der Vorderwagen elektrisch/pneumatisch um ca. 30 mm anheben, gemessen an der unteren Lippe des Frontspoilers.
Damit sollen Beschädigungen verhindert (oder zumindest begrenzt) werden, wenn steile Auffahrrampen oder Fahrbahnhöcker überfahren werden, wie sie zum Beispiel in Parkhäusern oder verkehrsberuhigten Zonen zu finden sind.

Funktionsweise

Das Liftsystem ist betriebsbereit, wenn der Motor läuft und der Wagen entweder steht oder unter 50 km/h fährt. Bei Überschreiten dieser Geschwindigkeit senkt sich der Vorderwagen automatisch auf die normale Höhe ab.
Zum Einschalten des Liftsystems ist in der Mittelkonsole ein Schalter vorhanden. Beim Betätigen leuchtet eine LED im Schalter auf, und innerhalb von drei Sekunden ist die maximale Höhe erreicht. Dann erscheint auch die Textanzeige „LIFT" im Display neben dem digitalen Tachometer. Um den Vorderwagen bei stehendem oder unter 50 km/h fahrendem Wagen manuell abzusenken, wird der Schalter erneut gedrückt. Sobald die normale Höhe wieder eingestellt ist, erlischt die LED und die Textanzeige verschwindet. Der gleiche Vorgang geschieht automatisch, wenn die Geschwindigkeitsgrenze überschritten wird.

Funktionshinweise

Im angehobenen Zustand ändern sich die Dämpfungseinstellungen des PASM an der Vorderachse, und beim Lenken können aus dem Bereich der vorderen Federn Geräusche auftreten.
Beim Absenken sollten beide Türen geschlossen sein.
Während des Absenkens kann austretende Luft Zischgeräusche verursachen. Das ist normal und keine Fehlererscheinung.
Bei längerem Stillstand des Fahrzeugs oder seltenem Gebrauch kann der Druckspeicher des Systems vollständig entleert sein. In diesem Fall kann es bis zu zwei Minuten dauern, bis die maximale Höhe erreicht ist und die Anzeige „LIFT" erscheint.
Eine blinkende LED im Schalter weist auf eine momentane Störung des Systems hin. Mögliche Ursachen dafür können sein:

- Der automatische Überlastschutz ist aktiv. Nach einer kurzen Abkühlphase ist das System wieder betriebsbereit. Bei hohen Außentemperaturen kann die Abkühlphase sich verlängern.
- Der Schalter wurde bei einer Geschwindigkeit von über 50 km/h gedrückt.
- Bei angehobenem Vorderwagen wurde eine Geschwindigkeit von 50 km/h überschritten.

Hinweis:
Beim starken Beschleunigen wird die Absenkphase verlängert und die entsprechende Textanzeige erscheint solange im Display, bis der Vorderwagen seine tiefste Position erreicht hat.

Fehler am Liftsystem werden vom Bordcomputer mittels einer Warnmeldung angezeigt.

Hinweis:
Das Liftsystem der Vorderachse wurde später in der 2. Generation auch bei anderen Modellen mit geringer Bodenfreiheit (z. B. GT3 RS) als Sonderausstattung angeboten.

Hinterachse

Die LSA-Mehrlenker-Hinterachse (LSA = Leicht, Stabil, Agil) des Turbo ist eine Weiterentwicklung der Version aus dem 996 Turbo und sehr ähnlich zu den bereits beschriebenen Ausführung des Carrera 4S.
Allerdings ist die Auslegung der Federn und Stoßdämpfer sowie des Stabilisators den Erfordernissen des Turbo angepasst. Weitere Modifikationen gegenüber dem 996 Turbo sind:

- Spurweite um 20 mm verbreitert
- Verstärkte Querträger und Radträger
- Leichtere PASM-Dämpfer
- Neue Befestigungsweise

PASM-Abweichungen

Der vor dem Ausschalten der Zündung gewählte PASM-Modus wird beim Wiedereinschalten automatisch wieder aufgerufen. Sowohl in der ersten als auch in der zweiten Generation der Turbo-Modelle kehrt das PASM nicht wie bei den Carrera-Modellen automatisch in den Normalmodus zurück. Die 2. Turbo-Generation mit PDK hat zusätzlich eine sogenannte Sport Plus-Taste neben der Sport-Taste. Mit dieser Taste wird eine Einstellung angewählt, die für den Rennstreckeneinsatz gedacht ist, und in der ein Hochschalten in den 7. Gang unterdrückt wird.

GT3 Radaufhängung

Einführung

Im GT3 ist das gleiche PASM-Fahrwerk eingebaut wie bei den Carrera S-Modellen, jedoch mit einer besonderen, rennstreckentauglichen Abstimmung.

Weitere Änderungen am GT3-Fahrwerk gegenüber dem Carrera S:

- Tieferlegung um 30 mm
- Einstellbare Stabilisatoren: vorn fünffach, hinten dreifach
- Federaufnahmen vorbereitet für Montage von Rennfedern für den Wettbewerbseinsatz
- Einstellmöglichkeiten der Achsgeometrie für spezielle Fahrwerksabstimmung (z. B. Anpassung an Rennreifen oder Sturzeinstellung)
- Für den Rennstreckeneinsatz verstärkte Anlenkpunkte und Radlager
- Optimierung der Radführung (besonders an der Hinterachse)

Vorderachse

Vom Vorgängermodell 996 GT3 übernommen wurde dessen erprobte und bewährte Vorderachs-Konstruktion, die jedoch härtere Federn, Dämpfer und Stabilisatoren erhielt. Die McPherson-Federbeine besitzen einen PASM-Dämpfer und haben ein außenliegendes Gewinde für die einstellbare Federauflage zur Fahrwerkseinstellung und eine begrenzte Korrektur der Bodenfreiheit. Zug- und Druckstufe des gasdruckunterstützten Einrohrdämpfers sind sportlicher abgestimmt als bei den anderen 997-Modellen.

Die Federn der McPherson-Federbeine sind zylindrisch gewickelt und haben eine lineare Kennlinie. Die Ausführung der Federn und der Federauflagen orientiert sich an den Standards für Rennfedern.

Vom 996 GT3 RS übernommen wurde das Uniball Stützlager des Federbeins, das in zwei verschiedenen Positionen montiert werden kann und so unterschiedliche Sturzwerte für Straßen- bzw. Rennreifen ermöglicht. Wie beim 996

Die Schnittzeichnung des GT3 zeigt unter anderem auch die PASM-Dämpfer.

(Bild: Porsche AG)

GT3 RS kann über Einstellscheiben am unteren Lenker eine Feineinstellung des Sturzwerts erfolgen. Durch diese Einstellungsmethode vergrößert sich bei hohen Sturzwerten auch die Spurweite in geringem Maß.
Damit bei den großen möglichen Sturzänderungen die restliche Fahrwerksgeometrie nicht zu stark beeinträchtigt wird, sind am Querlenker zwei Aufnahmepunkte für die Zugstreben vorhanden.
Der Radlagerdurchmesser ist mit 80 mm genauso groß wie beim 996 GT3 RS, und auch die McPherson-Federbeine werden wie dort mit einer doppelten Klemmung im Radträger befestigt.
Die Stabilisatoren sind über eine bewährte Technik einstellbar. Dazu sind im Stabilisator unterschiedliche Aufnahmebohrungen zur Befestigung der Schubstange vorhanden, deren anderes Ende am Radträger angelenkt ist. Durch Auswahl einer anderen Bohrung ändert sich der Hebeleffekt des Stabilisators, und die Abstimmung kann so an die Wünsche des Fahrers oder die Erfordernisse der Rennstrecke angepasst werden.

Hinterachse

Die Hinterachse des GT3 stammt vom Carrera 4, hat aber für den Rennstreckeneinsatz härtere Federn, straffere Dämpfer und einen dreifach einstellbaren Stabilisator erhalten.
Wie beim Vorgänger sind die Hinterachs-Seitenteile nicht in Gummibuchsen, sondern in Metallhülsen montiert. Diese steifere Verbindung ermöglicht die Anhebung der Aufnahmepunkte um 6 mm, wodurch sich eine bessere Kinematik ergibt und die Änderungen von Sturz und Spur beim Einfedern geringer ausfallen.
Bei der 1. Generation des GT3 und GT3 RS und auch bei der 2. Generation des GT3 stammen die Radträger und Querlenker vom Carrera 4. Der GT3 RS der 2. Generation hat jedoch einen geteilten hinteren Querlenker.
Die hinteren PASM-Dämpfer haben ein außenliegendes Gewinde für die einstellbare Federauflage zur Fahrwerkseinstellung, und für eine begrenzte Korrektur der Bodenfreiheit. Wie auch beim vorderen Dämpfer sind die Druck- und Zugstufe des gasdruckunterstützten Einrohrdämpfers sportlicher abgestimmt.
Die hinteren Federn sind zylindrisch ausgeführt und haben eine progressive Kennlinie. Sie stützen sich am oberen Dämpferende auf einem Federteller aus Aluminium ab, der wiederum von einer stabilen Aufnahme gehalten wird.
Das obere Ende der Dämpferkolbenstange ist genauso gelagert wie beim Carrera 4 Coupé mit optionalem Sportfahrwerk. Für möglichst hohen Komfort wird hier Gummi verwendet. Für einen eventuellen Rennstreckeneinsatz können hier die starren Kolbenstangenbefestigungen des GT3 Cup eingebaut werden.

PASM-Abweichungen

Sowohl in der ersten als auch in der zweiten GT3-Generation kehrt das PASM nach dem Einschalten der Zündung wieder in den zuvor ausgewählten Modus zurück. Beim PASM des GT3 handelt es sich um eine speziell abgestimmte Variante der im Carrera S eingebauten Version. Der Normalmodus bietet keinen allzu großen Fahrkomfort. Die sportlich-straffe Abstimmung resultiert wie beim Vorgängermodell in einem überragenden Handling, erfüllt aber dennoch die Ansprüche für einen täglichen Einsatz. Im Normalmodus kann der 997 GT3 so auf öffentlichen Straßen und Rennstrecken eingesetzt werden, die unterschiedliche Fahrbahnbeläge und Bodenwellen aufweisen. Der Sportmodus ist allerdings nur für die Umsetzung des 997 GT3-Potenzials auf einer Rennstrecke mit ebener Fahrbahn ausgelegt.

PASM-Modi beim GT3

Normalmodus: Er ist bei nicht gedrückter PASM-Taste eingestellt. Das Fahrwerk ist sportlich-straff abgestimmt für den Einsatz auf öffentlichen Straßen und Rennstrecken mit welliger Fahrbahn.
Sportmodus: Durch Drücken der PASM-Taste wird der Sportmodus gewählt. Das Fahrwerk ist kompromisslos für den Einsatz auf Rennstrecken mit ebener Fahrbahn und aufgezogenen Rennreifen abgestimmt.

GT3 RS

Zwischen GT3 und GT3 RS gibt es hinsichtlich der Radaufhängungen nur minimale Unterschiede. Eventuelle Abweichungen wie z. B. der geteilte hintere Querlenker wurden bereits erwähnt.

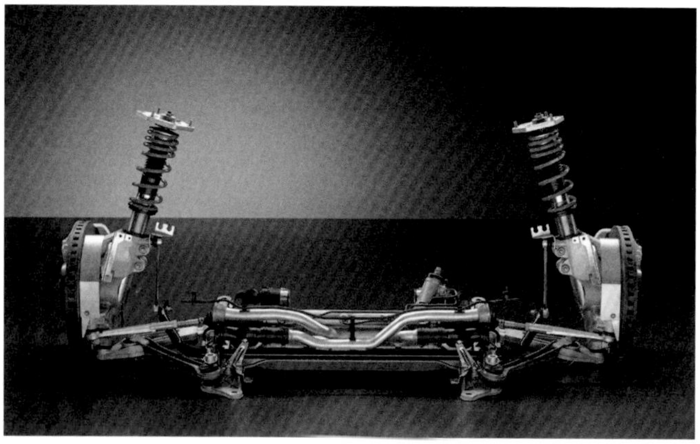
Vorderachse des GT2
(Bild: Porsche AG)

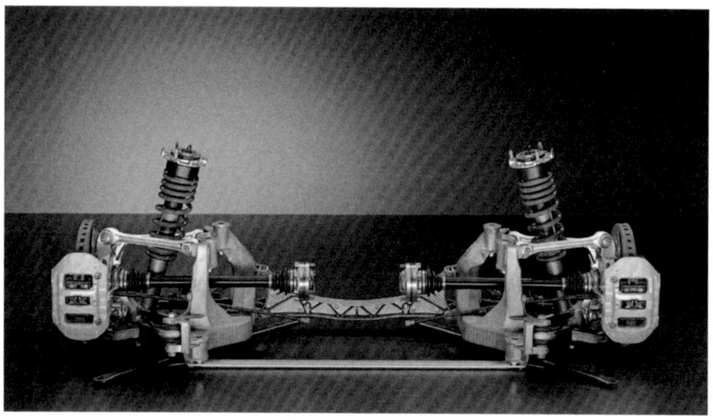
Hinterachse des GT2
(Bild: Paul Guggenbuehl)

Ein GT2 im Einsatzgebiet
(Bild: Paul Guggenbuehl)

GT2 Radaufhängung

Einführung

Der 997 GT2 ist die dritte Baureihe, die nach dem 993 und 996 diese Bezeichnung trägt. Allerdings ist es der erste GT2, der mit Fahrerassistenzsystemen wie dem PASM ausgerüstet ist.

Die wesentlichen Merkmale des GT2-Fahrwerks sind:

- 25 mm tiefergelegt als der Carrera
- Niedrigerer Schwerpunkt
- PASM
- Einstellbare Stabilisatoren; vorne vierfach, hinten dreifach
- Einstellbare Bodenfreiheit
- Einstellbare Federvorspannung
- Einstellbare Fahrwerkgeometrie für Montage von Rennreifen
- Vorderradträger mit geänderten Anlenkpunkten für Spurstangen und Querlenker
- Verbesserte Radführung

Vorderachse

Die Vorderachse des GT2 ist fast identisch mit der vorher beschriebenen GT3-Vorderachse. Unterschiede liegen in den Radträgern und der verstärkten Ausführung einiger Komponenten.

Während die über ein Gewinde einstellbare Federbasis von den Vorgängermodellen bekannt ist, sind die PASM-Dämpfer der McPherson-Federbeine GT2-spezifisch und überhaupt erstmalig an einem Modell dieser Baureihe vorhanden.

Wie beim 996 GT2 sind die Stützlager als Uniball-Lager ausgeführt, und die Drehlager der Federbeine sind doppelt gesichert.

Durch die geänderte Bodenfreiheit sind die Anlenkpunkte der Zugstreben angepasst.

Der vordere Stabilisator des GT2 ist vierfach einstellbar und straffer ausgelegt als bei den Turbo-Modellen. Dazu sind im Stabilisator unterschiedliche Aufnahmebohrungen zur Befestigung der Schubstange vorhanden, deren anderes Ende am Radträger angelenkt ist. Durch Auswahl einer anderen Bohrung ändert sich der Hebeleffekt des Stabilisators und die Abstimmung kann so an die Wünsche des Fahrers oder die Erfordernisse der Rennstrecke angepasst werden. Der Einfluss des Stabilisators auf das Lenkverhalten konnte durch eine Überarbeitung verringert werden.

Modifikationen am Vorderachs-Querträger erhöhen die Fahrstabilität des GT2. Neu positionierte Anlenkpunkte für die Querlenker und weitere Feinarbeit verbessern das Lenk- und Kurvenverhalten.

Hinterachse

Die LSA-Mehrlenker-Hinterachse (LSA = Leicht, Stabil, Agil) des GT2 ist eine Weiterentwicklung der Version aus dem 996 GT2 und ähnelt sehr der bereits beschriebenen Ausführung des 997 GT3.
Sie wurde jedoch den gestiegenen Anforderungen angepasst und erhielt stabilere Aufhängungskomponenten, überarbeitete Dämpfer und einen dreifach einstellbaren Stabilisator.
Wie beim Vorgängermodell sind zur Lagerung der Aufhängungsteile keine Gummibuchsen, sondern die Metallhülsen des 997 Turbo eingebaut. Querlenker und Radträger stammen ebenfalls vom 997 Turbo.
Die zylindrischen Federn der PASM-Dämpfer haben eine progressive Kennlinie und liegen auf höhenverstellbaren Auflagen auf. Sie stützen sich am oberen Dämpferende auf einem Federteller aus Aluminium ab, der wiederum von einer stabilen Aufnahme gehalten wird. Die Uniball-Stützlager sind identisch mit denen des GT3.

PASM-Abweichungen

Sowohl in der ersten als auch in der zweiten GT2-Generation kehrt das PASM nach dem Einschalten der Zündung wieder in den zuvor ausgewählten Modus zurück. Der Normalmodus bietet keinen allzu großen Fahrkomfort. Die sportlich-straffe Abstimmung resultiert wie beim Vorgängermodell in einem überragenden Handling, erfüllt aber dennoch die Ansprüche für einen täglichen Einsatz. Im Normalmodus kann der 997 GT2 so auf öffentlichen Straßen und Rennstrecken eingesetzt werden, die unterschiedliche Fahrbahnbeläge und Bodenwellen aufweisen. Der Sportmodus ist allerdings nur für die Umsetzung des 997 GT2-Potenzials auf einer Rennstrecke mit ebener Fahrbahn ausgelegt.

PASM-Modi beim GT2

Normalmodus: Er ist bei nicht gedrückter PASM-Taste eingestellt. Das Fahrwerk ist sportlich-straff abgestimmt für den Einsatz auf öffentlichen Straßen und Rennstrecken mit welliger Fahrbahn.
Sportmodus: Durch Drücken der PASM-Taste wird der Sportmodus gewählt. Das Fahrwerk ist kompromisslos für den Einsatz auf Rennstrecken mit ebener Fahrbahn und aufgezogenen Rennreifen abgestimmt.

GT2 RS

Zwischen dem GT2 und dem GT2 RS gibt es hinsichtlich des Fahrwerks keine nennenswerten Unterschiede.

Der GT2 RS und einige Vorgänger
(Bild: Porsche AG)

Werkseitig eingestellte geringe Bodenfreiheit
(Bild: Adrian Streather)

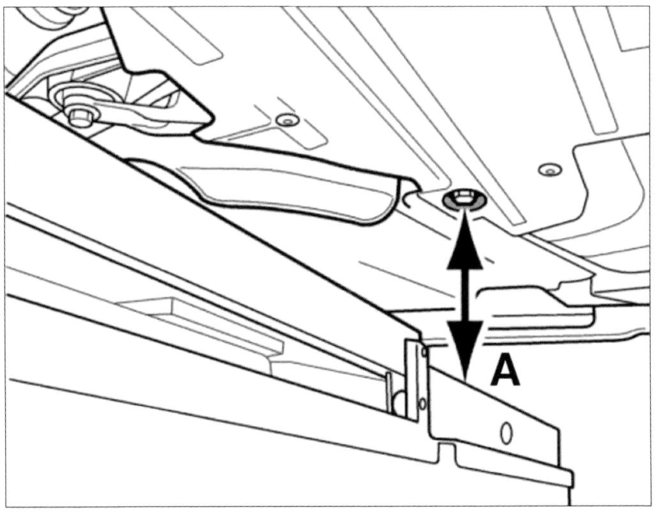

Messpunkt A zur Ermittlung der Bodenfreiheit
(Abbildung: Porsche AG)

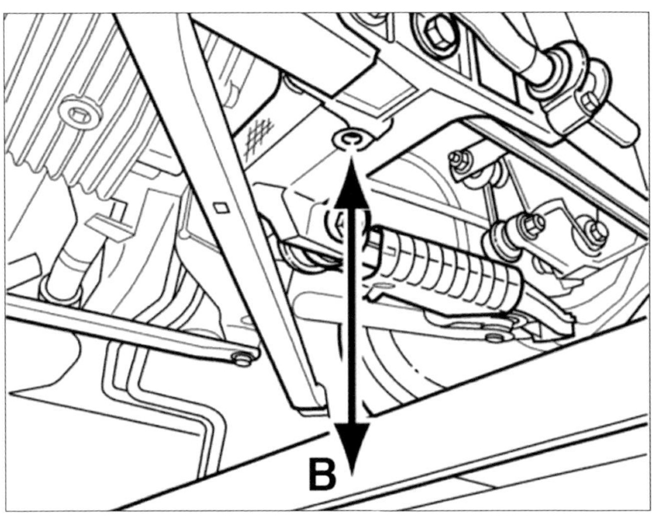

Messpunkt B zur Ermittlung der Bodenfreiheit
(Abbildung: Porsche AG)

Bodenfreiheit und Gewicht

Einführung

Erstmals in der Porsche-Geschichte haben mit dem 997 alle Modelle einer Baureihe weltweit eine einheitliche Bodenfreiheit. Sie kann auch nur an den Modellen GT2 und GT3 verändert werden. Bei allen anderen Modellen ist die Radaufhängung werkseitig eingestellt und Änderungen an der Bodenfreiheit sind nur möglich, wenn Teile der Radaufhängung ersetzt werden, oder ein Tieferlegungssatz eingebaut wird. Siehe dazu auch Kapitel 11.

Die Bodenfreiheit eines 997 hängt nicht nur von der werkseitigen Einstellung, sondern auch vom Fahrzeuggewicht ab. Nach dem Einbau der Radaufhängungen können noch etliche Individualausstattungen montiert werden, die das Gewicht zusätzlich erhöhen. Daher ist für die Bodenfreiheit eine Toleranzangabe vorhanden.

Hinweis:
Im Fahrbetrieb wird die Bodenfreiheit noch zusätzlich durch andere Faktoren beeinflusst, wie das Fahrergewicht, oder das Transportieren von zusätzlichem Gepäck.

Bodenfreiheit messen

Die Bodenfreiheit wird gemessen, wenn das Fahrzeug das Leergewicht nach DIN 70020 hat. Die Vorgaben dafür sind:

- Tank gefüllt (mindestens 90%)
- Bordwerkzeug vorhanden (mit Reifendichtmittel und werkseitig mitgeliefertem Kompressor)
- Warndreieck vorhanden
- Ohne Fahrer oder weitere zusätzliche Beladung

Zum Messen muss der 997 auf einer ebenen Fläche abgestellt sein. Am Fahrzeug befinden sich zwei Messpunkte, deren Abstand zum Boden ermittelt wird. Siehe dazu auch die Abbildungen und die Tabellenangaben.

Hinweis:
Vor der Messung muss der Wagen vorn und hinten vorsichtig mindestens dreimal in die Federn gedrückt worden und von alleine wieder ausgefedert sein.

Messpunkt A:
Von der Aufstandsoberfläche zur unteren Kante der Sechskantschraube zur Befestigung der Quertraverse am Rahmen.

Messpunkt B:
Von der Aufstandsoberfläche zur Messbohrung im Seitenbereich der Hinterachse.

Die Tabellen gelten für die erste und zweite 997-Generation.

Werkseitige Einstellung der Bodenfreiheit an der Vorderachse; nicht einstellbar				
Messpunkt A	Standardfahrwerk Carrera, Carrera 4 und Targa 4	PASM-Fahrwerk Carrera, Carrera 4 und Targa 4	Sportfahrwerk (nur Carrera Coupé)	PASM-Fahrwerk Turbo ohne GT2
Vordere Bodenfreiheit in Millimetern				
18-Zoll-Räder	141	131	121	130
19-Zoll-Räder	143	133	123	132
Toleranz	± 10	± 10	± 10	± 10

Werkseitige Einstellung der Bodenfreiheit an der Hinterachse; nicht einstellbar				
Messpunkt A	Standardfahrwerk Carrera, Carrera 4 und Targa 4	PASM-Fahrwerk Carrera, Carrera 4 und Targa 4	Sportfahrwerk (nur Carrera Coupé)	PASM-Fahrwerk Turbo ohne GT2
Vordere Bodenfreiheit in Millimetern				
18-Zoll-Räder	164	154	144	152
19-Zoll-Räder	165	155	145	153
Toleranz	± 10	± 10	± 10	± 10

Hinweis:
Der 997 Turbo kann mit 18-Zoll-Winterrädern gefahren werden.

Vorsicht:
Eine aussagekräftige Messung der Bodenfreiheit über das Fahrzeugdach, zwischen dem Kotflügel und der Fahrbahn oder zwischen dem Reifen und der Fahrbahn ist nicht möglich.

Die Tabellen gelten für die erste und zweite 997-Generation.

Einstellbare Bodenfreiheit vorn		
Messpunkt A	GT2 und GT2 RS	GT3 und GT3 RS
Vordere Bodenfreiheit in Millimetern		
19-Zoll-Räder	110	108
Toleranz	+ 5	+ 5
Hintere Bodenfreiheit in Millimetern		
19-Zoll-Räder	147	133
Toleranz	+ 5	+ 5

Leichte Gegenstände sollten vorn im Kofferraum verstaut werden.

(Bild: Adrian Streather)

Schwere Dinge wie eine Kühlbox gehören auf den Rücksitz.

(Bild: Adrian Streather)

Zum 997 gehören etliche Unterlagen, die auch das Gewicht erhöhen ... Alle wichtigen Informationen zur Beladung stehen in der Betriebsanleitung (Mitte).

(Bild: Adrian Streather)

Gewichtsverteilung

Jedes weitere Gewicht an einem Fahrzeug beeinträchtigt die Fahrleistungen, und je höher die zusätzliche Last ist, desto geringer ist die dynamische Bodenfreiheit. Bei geringerem Gewicht erhöht sich dagegen die Bodenfreiheit. Diese Veränderungen können erheblich sein, besonders wenn das Fahrzeug ungleichmäßig beladen ist.

Hinweis:
Schwere Lasten sollten grundsätzlich in der Mitte des Kofferraums verstaut werden. Bei einseitiger Beladung wird der Wagen zu dieser Seite „hängen" und das Fahrverhalten wird, besonders bei hohem Tempo, beeinträchtigt.

Die Gewichtsverteilung hat Auswirkungen auf das Fahrverhalten: Mehr Gewicht hinten beeinflusst das Beschleunigungsvermögen; mehr Gewicht vorn beeinflusst das Bremsvermögen.
Die vordere und hintere Achslast sind beschränkt. 997-Besitzer sollten die zulässigen Achslasten ihres jeweiligen Fahrzeugs kennen. Ein Aufkleber an der B-Säule der Fahrertür informiert darüber. Weitere Informationen erhält die Betriebsanleitung.

Vorsicht:
Überschreiten der zulässigen Achslasten vorn oder hinten verändert stark die Fahrwerksgeometrie und kann zu höherem Verschleiß führen.

Vorsicht:
Nur bei den Modellen GT2 und GT3 kann das Fahrzeugniveau zum Ausbalancieren angeglichen werden. An allen anderen 997-Modellen mit Serien- oder PASM-Fahrwerk kann die durch die Zuladung verursachte Gewichtsverteilung lediglich beim Verstauen der Zusatzlasten beeinflusst werden.

Beschädigungen am Fahrzeug, die durch falsches Beladen unter Nichtbeachtung der Betriebsanleitung entstehen, sind nicht durch die Gewährleistung abgedeckt.

Die folgenden Tabellen beinhalten Angaben zum Leergewicht aller 997-Modelle weltweit und sind nach Getriebebauart unterteilt.

1. Generation mit Schaltgetriebe

Gewicht in Kilogramm (70/156/EWG)	Carrera	Carrera S	Carrera 4 Targa 4	Carrera 4S Targa 4S	Turbo
Leergewicht Coupé	1.395	1.420	1.450	1.475	1.585
Leergewicht Cabriolet	1.480	1.505	1.535	1.560	1.655
Leergewicht Targa	Entfällt	Entfällt	1.510	1.535	Entfällt
Zulässige Dachlast (nicht bei Cabriolet und Targa)	75				

1. und 2. Generation mit Schaltgetriebe

Gewicht in Kilogramm (70/156/EWG)	GT3	GT3 RS	GT2	GT2 RS
Leergewicht Coupé	1.395	1.375	1.440	1.445
Zulässige Dachlast	75			

1. Generation mit Tiptronic S

Gewicht in Kilogramm (70/156/EWG)	Carrera	Carrera S	Carrera 4 Targa 4	Carrera 4S Targa 4S	Turbo
Leergewicht Coupé	1.435	1.460	1.490	1.515	1.620
Leergewicht Cabriolet	1.520	1.545	1.575	1.600	1.690
Leergewicht Targa	Entfällt	Entfällt	1.550	1.575	Entfällt
Zulässige Dachlast (nicht bei Cabriolet und Targa)	75				

2. Generation mit Schaltgetriebe

Gewicht in Kilogramm (70/156/EWG)	Carrera	Carrera S	Carrera 4 Targa 4	Carrera 4S Targa 4S	Turbo
Leergewicht Coupé	1.490	1.500	1.540	1.555	1.670
Leergewicht Cabriolet	1.575	1.585	1.630	1.640	1.720
Leergewicht Targa	Entfällt	Entfällt	1.605	1.615	Entfällt
Zulässige Dachlast (nicht bei Cabriolet und Targa)	75				

2. Generation mit PDK

Gewicht in Kilogramm (70/156/EWG)	Carrera	Carrera S	Carrera 4 Targa 4	Carrera 4S Targa 4S	Turbo
Leergewicht Coupé	1.520	1.550	1.575	1.585	1.670
Leergewicht Cabriolet	1.605	1.615	1.660	1.670	1.745
Leergewicht Targa	Entfällt	Entfällt	1.635	1.645	Entfällt
Zulässige Dachlast (nicht bei Cabriolet und Targa)	75				

*Carrera GTS- und Carrera 4 GTS-Modelle sind 35 kg bzw. 55 kg schwerer.

Vergleich der Fahrzeuggewichte bisheriger 911-Modelle mit Allradantrieb und 3,6-Liter-Motor

Gewicht in Kilogramm	964 Carrera 4 mit 5-Gang-Schaltgetriebe	993 Carrera 4 mit 6-Gang-Schaltgetriebe	993 Turbo mit 6-Gang-Schaltgetriebe	996 Carrera 4 mit 6-Gang-Schaltgetriebe	996 Turbo mit 6-Gang-Schaltgetriebe
Leergewicht US-Modell	1.550	1.515	1.575	1.505	1.515
Leergewicht RdW	1.500	1.465	1.500	1.430	1.465
Zulässige Dachlast			75		

An den 997-Modellen GT2 und GT3 lassen sich die Radlasten bzw. die Bodenfreiheit individuell einstellen.

(Bild: Adrian Streather)

Diese Arbeit erfordert jedoch Wissen und Erfahrung und sollte am besten einem Profi überlassen werden.

(Bild: Porsche AG)

Ausbalancieren bei GT2 und GT3

Bei den vorderen und hinteren PASM-Federelementen des GT2 und GT3 sind die unteren Federauflagen durch ein Gewinde in der Höhe einstellbar. Damit kann die Bodenfreiheit bzw. die statische Radlast an jedem Rad individuell angepasst werden.

Zur Anpassung der Radlasten muss sich unter jedem Rad eine geeignete und kalibrierte Waage befinden. Das Gewicht jedes Rads wird notiert und die Werte miteinander verglichen. Liegt der Unterschied zwischen den beiden Vorderrädern und zwischen den beiden Hinterrädern jeweils unter 15 kg, ist die Radlastverteilung innerhalb der Toleranz.

Falls die Werte außerhalb der Toleranz liegen, kann über das diagonal gegenüberliegende Rad die erforderliche Korrektur vorgenommen werden. Das Gewicht von vorn links wird also zur Einstellung hinten rechts herangezogen. Um Toleranzgrenzen der Bodenfreiheit nicht zu überschreiten, kann es erforderlich sein, an beiden Rädern Einstellungen vorzunehmen.

Beispiel:

Um die Last auf dem linken Vorderrad zu reduzieren, muss hinten rechts die Bodenfreiheit verringert werden. Da nur ein Unterschied von 5 mm zwischen links und rechts zulässig ist, kann eine leichte Erhöhung der Bodenfreiheit vorn links zusammen mit einer geringen Absenkung hinten rechts erforderlich sein, um das 5-mm-Limit einzuhalten.

Das Ausbalancieren kann eine zeitaufwändige und manchmal frustrierende Prozedur sein. Sind jedoch die Radlasten vorn und hinten innerhalb der Toleranz (je geringer die Abweichung, desto besser), ist eine spürbare Verbesserung im Handling bemerkbar.

Bremsen

Tandem-Bremskraftverstärker
Carrera 4 bzw. 4 S

Einzel-Bremskraftverstärker
Carrera bzw. Carrera S

Je nach Antriebsart sind zwei verschiedene Bremskraftverstärker eingebaut: 9-Zoll-Tandem- oder 10-Zoll-Einzel-Ausführung.
(Abbildung: Porsche AG)

Serienbremsen des 997 Carrera *(Bild: Porsche AG)*

Optionale Keramikbremse PCCB *(Bild: Porsche AG)*

Einführung

Alle 997-Modelle haben eine Zweikreis-Bremsanlage mit getrennten Bremskreisen für die Vorder- und Hinterachse. Je nach Modell ist ein 10-Zoll-Einzel- oder 9-Zoll-Tandem-Bremskraftverstärker eingebaut, der einen Verstärkungsfaktor von 4,5 bzw. 5,5 aufweist.

Die Bremskräfte an Vorder- und Hinterachse werden vom Hauptbremszylinder erzeugt, wobei eine Bremskraftregelung für die Hinterachse in der ABS-Hydraulikeinheit vorhanden ist. Sie ist Bestandteil des bei allen Modellen serienmäßigen Porsche Stability Management (PSM). Eine Ausnahme bildet der GT3, der eine einfachere PSM-Version hat.

Serienmäßig sind die meisten 997-Modelle an Vorder- und Hinterachse mit innenbelüfteten Grauguss-Bremsscheiben ausgerüstet, die zur Gewichtserleichterung gebohrt sind. Der GT2 und einige Modelle der 2. Generation werden bereits ab Werk mit dem Bremssystem Porsche Composite Ceramic Brake (PCCB) ausgeliefert.

Die Kühlung der Bremsscheiben ist gegenüber den 996-Scheiben verbessert worden, um die Temperatur der Bremse zu senken und das Fading zu reduzieren (bei PCCB weniger problematisch). Insgesamt wurde die Bremsleistung verbessert und das lästige Aufheizen des Kofferraums durch eine unzureichende Wärmeableitung der Bremsen damit beseitigt.

Die PCCB-Ausführung des 997 ist eine Weiterentwicklung der ursprünglichen Version, mit der bis zum Modelljahr 2004 einige 996-Modelle ausgerüstet waren. Hier gab es mitunter Anlass für Beschwerden. Mit Produktionsende der 996-Baureihe in 2005 erschien diese modifizierte Variante des PCCB, die erstmals im 997 GT2 eingebaut war.

Für die zweite 997-Generation wurden auch einige Komponenten der serienmäßigen Bremsanlage überarbeitet.

Vorsicht:

Ein Bremssystem kann nur so gut sein, wie es die montierten Reifen zulassen. Es ist nicht zielführend, Unsummen in eine PCCB-Bremsanlage zu stecken und dann mit abgefahrenen oder nicht zugelassenen Billigreifen herumzufahren.

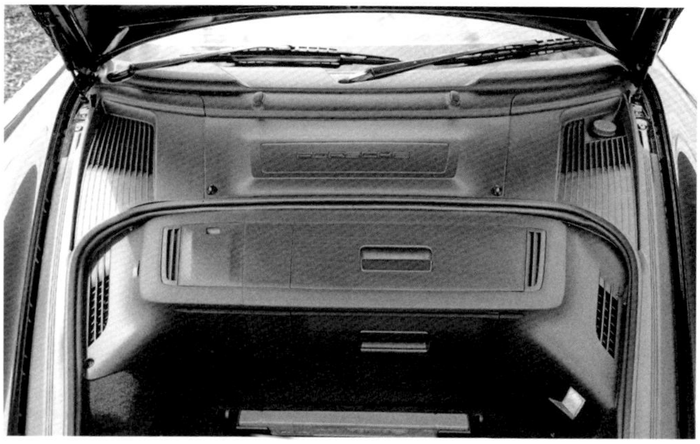

Die meisten Bauteile der Bremssystemsteuerung befinden sich im Kofferraum unter Kunststoffabdeckungen.

(Bild: Adrian Streather)

Wesentliche Bauteile

Hierzu zählen der Hauptbremszylinder, der Vakuumbremskraftverstärker, der Ausgleichsbehälter und das PSM mit dem darin integrierten 4-Kanal-ABS 8.0. Diese und weitere Komponenten befinden sich unter Kunststoffabdeckungen im Kofferraum; links angeordnet bei Fahrzeugen mit Linkslenkung, rechts bei Rechtslenkern.

Hauptbremszylinder

Der Serienhauptbremszylinder ist als Tandemzylinder mit getrennten Bremskreisen für vorn und hinten ausgeführt, wobei der Durchmesser je nach Modell unterschiedlich ist.

Hauptbremszylinderdurchmesser der 1. Generation; in Millimetern						
Carrera	**Carrera S**	**Carrera 4 Targa 4**	**Carrera 4S Targa 4S**	**Turbo**	**GT3 GT3 RS**	**GT2**
23,81	25,4	25,4	26,99	26,99	26,99	26,99
Hauptbremszylinderdurchmesser der 1. Generation; in Millimetern						
Carrera	**Carrera S**	**Carrera 4 Targa 4**	**Carrera 4S Targa 4S Carrera 4 GTS**	**Turbo**	**GT3 GT3 RS**	**GT2 RS**
25,4	25,4	25,4	26,99	26,99	26,99	26,99

Der Kolben für den vorderen Bremskreis innerhalb des Hauptbremszylinders wird direkt über die Druckstange betätigt, während der Kolben des hinteren Bremskreises schwimmend eingesetzt ist.

Der 9-Zoll-Tandem-Bremskraftverstärker mit montiertem Hauptbremszylinder

(Bild: Adrian Streather)

Bremskraftverstärker

In der 997-Baureihe kommen zwei Ausführungen zum Einsatz. Für den Carrera und Carrera S wurde der 10-Zoll-Einzel-Bremskraftverstärker vom 996 übernommen, in allen anderen Modellen ist ein 9-Zoll-Tandem-Bremskraftverstärker mit zwei Membranen eingebaut.

Die Membranfläche des Tandem-Verstärkers ist ca. 45% größer als die des Einzel-Verstärkers. Dadurch ließ sich eine bedeutende Vergrößerung der Bremskraft erzielen, ohne dass es zu Platzproblemen mit dem Vorderachsantrieb der Allradfahrzeuge kam. Gleichzeitig konnten der Kraftstofftank und auch der Stauraum im Kofferraum vergrößert werden.

Der Unterdruck für den Bremskraftverstärker wird über eine vom Motor angetriebene Pumpe erzeugt. Siehe Kapitel 3.

Bremsflüssigkeitsbehälter eines Carrera 4 GTS, montiert auf einem 9-Zoll-Tandem-Bremskraftverstärker.

(Bild: Paul Simmons)

Gelber Bremssattel einer PCCB-Bremse an einem GT2 RS

(Bild: Porsche AG)

Hinterer Bremssattel eines Carrera der 2. Generation

(Bild: Adrian Streather)

Bremsflüssigkeitsbehälter

Der Ausgleichsbehälter befindet sich auf dem Hauptbremszylinder am Bremskraftverstärker und kommt bei der 997-Baureihe in zwei unterschiedlichen Größen vor.

Hinweis:

Im Gegensatz zu den 996-Modellen ist der Ausgleichsbehälter nicht sichtbar, sondern unter einer schnell abnehmbaren Abdeckung verborgen.

Fassungsvermögen der Ausgleichsbehälter

Modelle mit Saugmotor	0,45 Liter
Modelle mit Turbomotor	0,63 Liter
GT2 und GT3	0,63 Liter

Vorsicht:

Nur von Porsche freigegebene Bremsflüssigkeit der Kategorie DOT 4 verwenden. Für Rennstreckenbetrieb kann DOT 4 mit höherem Siedepunkt eingesetzt werden. Auf keinen Fall Silikon-Bremsflüssigkeit in das Bremssystem des 997 einfüllen!

Bremssättel

Beim Modell 996 verbaute Porsche erstmals neue patentierte Monobloc-Bremssättel, die auch für die Standardmodelle des 997 übernommen wurden. Die Gewichtsreduzierung durch diese Bauweise trägt wesentlich zur Verringerung der ungefederten Massen bei. Außerdem wird durch unterschiedliche Bremskolbendurchmesser der Bremsbelag gleichmäßiger an die Bremsscheibe angepresst.

Für den Einsatz in der ersten 997-Generation wurden die Bremssättel geringfügig überarbeitet. Die 997 Turbo-Modelle erhielten an der Hinterachse neue 4-Kolben-Bremssättel mit aktiver Belüftung.

In der 2. Generation erhielten auch der Carrera, Carrera 4 und Targa 4 neue 4-Kolben-Bremssättel an der Vorderachse, während hinten bei allen Carrera-Modellen mit 3,6- und 3,8-Liter-Motor die Turbo-Bremssättel verbaut wurden.

An der Farbe kann beim 997 erkannt werden, um welchen Bremssattel es sich handelt (die Farben sind vorne und hinten gleich):

- Schwarz: 4-Kolben-Bremssattel, 1. Generation Carrera, Carrera 4 und Targa 4 mit 3,6-Liter-Motor
- Schwarz: 4-Kolben-Bremssattel, 2. Generation Carrera
- Titanfarben: 4-Kolben-Bremssattel, 2. Generation Carrera 4 und Targa 4
- Rot: 4-Kolben-Bremssattel, 1. und 2. Generation Carrera S, Carrera 4S und Targa 4S mit 3,8-Liter-Motor

Bremsscheibe aus Grauguss

(Bild: Adrian Streather)

- Rot: 6-Kolben-Bremssattel vorn und 4-Kolben-Bremssattel hinten, Turbo-Modelle (außer GT2)
- Rot: 6-Kolben-Bremssattel vorn und 4-Kolben-Bremssattel hinten, GT3 und GT3 RS mit 3,6-Liter- und 3,8-Liter-Motor
- Gelb: 6-Kolben-Bremssattel vorn und 4-Kolben-Bremssattel hinten, beide aus Aluminium gefertigt, Bestandteil der Keramikbremse PCCB, GT2 und GT2 RS

Bremsscheiben

Die serienmäßig eingebauten Bremsscheiben sind aus Grauguss hergestellt und haben je nach Modell unterschiedliche Durchmesser und Dicken. Alle Scheiben sind innenbelüftet und mit Bohrungen in der Reibfläche versehen.

Hinweis:

Eine Beschreibung der PCCB-Bremsscheiben folgt später in diesem Kapitel.

Bremsbeläge

Durch korrosionsresistenteres Material und eine neue Formgebung der Bremsbelag-Befestigungselemente wird ein schnelles Anpressen und vollständigeres Lösen der Bremsbeläge auch nach längerer Laufzeit sichergestellt. Dadurch wird auch die Kühlung der Bremse verbessert.

Warnkontakte

Jeder Bremsbelag ist mit einem Verschleißsensor versehen, der eine Warnleuchte im Instrumentenfeld einschaltet, wenn die Bremsbelagstärke nur noch 2 mm beträgt. Beim Erreichen dieses Werts wird die Isolierung eines Kontakts abgeschliffen und so eine Masseverbindung hergestellt. Falls ein Sensor einmal aktiviert wurde, muss er gemeinsam mit dem Bremsbelag getauscht werden.

Hinweis:

Um unnötige Kosten zu vermeiden, sollten die Bremsbeläge bei einer Reststärke von 2,5 mm getauscht werden.

Von Porsche entwickelt und patentiert, von Brembo hergestellt: der Monobloc-4-Kolben-Bremssattel, komplett mit Bremsbelägen und Warnkontakten (Belagverschleißsensoren).

(Bild: Porsche AG)

Die Kühlung der Vorderradbremse am 997 ist gegenüber dem Vorgängermodell deutlich verbessert.
(Bild: Porsche AG)

Kühlung

Bei allen 997-Modellen ist die gesamte Bremsenkühlung eingehend überarbeitet worden. Dazu gehören unter anderem größere Luftleitbleche, vergrößerte und besser ausgerichtete Kühlluftführungen im Unterbodenbereich, neu gestaltete Leitschaufeln in den Bremsscheiben, verkleidete Lenker an der Hinterachse und nicht zuletzt ein neues Raddesign. Damit steigt der Kühlungseffekt um ca. 30% an. Auch für die Bremsflüssigkeit ist ein eigener Kühlluftkanal vorhanden. So kann zusätzlich deren Temperatur gesenkt und die Gefahr des Kochens reduziert werden, was letztendlich die Betriebssicherheit erhöht.

Aktive Belüftung

Die unter dem Fahrzeug entlangströmende Luft wird speziell bei den hinteren Bremsen über zusätzliche Öffnungen kanalisiert und über Verkleidungen direkt zugeführt.
Die aktive Belüftung wurde erstmals bei den 997 Turbo-Modellen eingeführt. Ab Modelljahr 2009 erhielten auch die Modelle mit Saugmotor die eigens dafür ausgelegte hintere Bremszange und weitere Komponenten.

Aktive Belüftung der Hinterradbremse
(Bild: Porsche AG)

Einsatzbereit!
(Bild: Porsche AG)

Technische Daten der Bremssysteme

1. Generation

<table>
<tr><th>Modell</th><th>Carrera
Carrera 4
Targa 4</th><th>Carrera S</th><th>Carrera 4S
Targa 4S</th><th>Turbo</th><th>GT3
GT3 RS</th><th>GT2
PCCB</th></tr>
<tr><td colspan="7">Bremskraftverstärker</td></tr>
<tr><td>Funktionsweise</td><td colspan="6">Unterdruck</td></tr>
<tr><td>Bauart</td><td colspan="2">10-Zoll-Einzel</td><td colspan="4">9-Zoll-Tandem</td></tr>
<tr><td>Verstärkungsfaktor</td><td colspan="2">4,5</td><td colspan="4">5,5</td></tr>
<tr><td colspan="7">Bremskraftregler für Hinterachse</td></tr>
<tr><td>Funktionsweise</td><td colspan="6">Elektrisch</td></tr>
<tr><td colspan="7">Bremssattel</td></tr>
<tr><td>Bauart vorn</td><td colspan="3">4-Kolben-Monobloc</td><td colspan="2">6-Kolben-Monobloc</td><td>6-Kolben-Monobloc Aluminium</td></tr>
<tr><td>Bauart hinten</td><td colspan="5">4-Kolben-Monobloc</td><td>4-Kolben-Monobloc Aluminium</td></tr>
<tr><td colspan="7">Serienbremsscheiben vorn und hinten</td></tr>
<tr><td>Bauart</td><td colspan="5">Grauguss</td><td>Keramik</td></tr>
<tr><td colspan="7">Bremsscheibendurchmesser in Millimetern</td></tr>
<tr><td>Vorn</td><td>318</td><td colspan="2">330</td><td>380</td><td>350</td><td>380</td></tr>
<tr><td>Hinten</td><td>299</td><td colspan="2">330</td><td colspan="3">350</td></tr>
<tr><td colspan="7">Bremsscheibenstärke in Millimetern</td></tr>
<tr><td>Vorn</td><td>28</td><td colspan="5">34</td></tr>
<tr><td>Hinten</td><td>24</td><td colspan="5">28</td></tr>
</table>

2. Generation

<table>
<tr><th>Modell</th><th>Carrera
Carrera 4
Targa 4</th><th>Carrera S</th><th>Carrera 4S
Targa 4S</th><th>Turbo</th><th>GT3
GT3 RS</th><th>GT2 RS
Turbo S
PCCB</th></tr>
<tr><td colspan="7">Bremssattel</td></tr>
<tr><td>Bauart vorn</td><td>4-Kolben-Monobloc Aluminium</td><td colspan="4">Keine Änderung</td><td>6-Kolben-Monobloc Aluminium</td></tr>
<tr><td>Bauart hinten</td><td>4-Kolben-Monobloc Aluminium</td><td colspan="4">Keine Änderung</td><td>4-Kolben-Monobloc Aluminium</td></tr>
<tr><td colspan="7">Bremsscheibendurchmesser in Millimetern</td></tr>
<tr><td>Vorn</td><td>330</td><td colspan="4">Keine Änderung</td><td>380</td></tr>
<tr><td>Hinten</td><td>330</td><td colspan="4">Keine Änderung</td><td>350</td></tr>
<tr><td colspan="7">Bremsscheibenstärke in Millimetern</td></tr>
<tr><td>Vorn</td><td>34</td><td colspan="4">Keine Änderung</td><td>34</td></tr>
<tr><td>Hinten</td><td>28</td><td colspan="4">Keine Änderung</td><td>28</td></tr>
</table>

Mindeststärke einer ungelochten Bremsscheibe

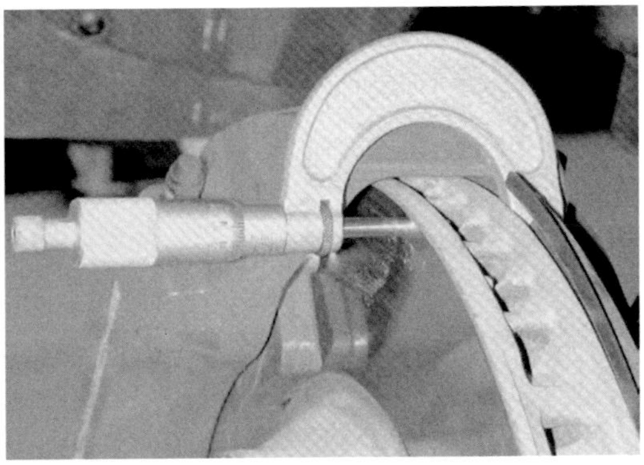

Die Bremsscheibenstärke wird mit einer Mikrometerschraube innerhalb der Reibfläche an etwa acht verschiedenen Stellen gemessen.

Mindeststärke einer gelochten Bremsscheibe

Gelochte Bremsscheiben verschleißen durch die unterschiedlichen Flächenpressungen an der Außen- und Innenseite der Reibfläche stärker als im gelochten Bereich. Aus diesem Grund sollte die Bremsscheibenstärke auch dort gemessen werden.

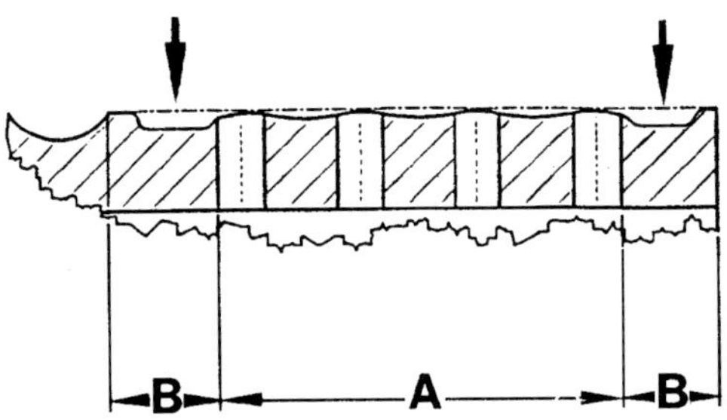

Pfeile = Bereiche, in denen der höchste Verschleiß in der Bremsscheibenreibfläche auftritt

A = Gelochte Reibfläche
B = Ungelochte Reibfläche

(Quelle: Porsche AG)

Verschleißgrenzen

Gültig für alle Modelle außer GT2

Bauteil	Verschleißgrenze in Millimetern
Bremsbelagstärke	2,0
Maximal zulässiger Bremsscheibenverschleiß pro Seite Verschleißgrenze insgesamt	1,0 2,0
Maximal zulässiger Materialabtrag beim Planschleifen ***Vorsicht:*** Bei nachbearbeiteten Bremsscheiben verringert sich die zulässige Verschleißgrenze von 2,0 mm auf 1,4 mm	0,7
Bremspedalspiel	1,0
Oberflächenrauigkeit nach dem Planschleifen	0,006
Maximaler Stärkenunterschied der Bremsscheibe	0,02
Maximaler Seitenschlag der Bremsscheibe	0,03
Maximaler Seitenschlag der Radnabe	0,03
Maximaler Seitenschlag der montierten Bremsscheibe	0,06

997 GT3 RS mit PCCB (Individualausstattung)

(Bild: Adrian Streather)

Porsche Ceramic Composite Brake (PCCB)

Einführung

Erstmals wurde die Keramik-Bremse im Modelljahr 2005 bei den Modellen 996 GT2 und Turbo Cabriolet S verwendet. Eine überarbeitete Ausführung davon gab es auf Wunsch als Individualausstattung für alle 997-Modelle; bereits serienmäßig war sie beim GT2 und GT2 RS eingebaut. Diese neue Version der PCCB zeichnet sich durch eine außergewöhnliche Standfestigkeit bei hoher Belastung und Langlebigkeit im Straßeneinsatz aus. Weitere Vorteile dieser Bremse sind:

- Schnelleres Ansprechverhalten
- Äußerst geringe Fadingneigung durch konstante Reibwerte zwischen Bremsbelag und Bremsscheibe
- Hohe Sicherheitsreserven auch bei extremer Belastung
- Ca. 50% weniger rotierende Massen
- Völlig korrosionsfrei

Hinweis:
Korrodierte Bremsscheiben erhöhen den Bremsbelagverschleiß.

Nahaufnahme einer Keramik-Bremsscheibe: Gut erkennbar ist der Scheibenträger aus rostfreiem Stahl.

(Bild: Adrian Streather)

Keramik-Bremsscheibe

Eine PCCB-Bremsscheibe basiert auf einem Gemisch aus Kohlefasern, Graphit und Silizium, das in einem Hochvakuumprozess bei 1.700°C verarbeitet wird. Während des Prozesses durchdringt das Silizium die Kohlefasern, wodurch die enorme Festigkeit des Materials entsteht. Die Bremsscheibe erreicht dadurch einen Härtegrad von 9,7 (nach Mohs).

Hinweis:
Diamanten haben einen Härtegrad von 10 (nach Mohs).

Das spezifische Gewicht dieses keramischen Materials liegt bei 2,4 g/cm^3, das von Grauguss bei 7,2 g/cm^3.
Um die daraus resultierende geringe Wärmeaufnahme zu kompensieren, wurde der Bremsscheibendurchmesser vergrößert, aber trotzdem ist die Keramik-Bremsscheibe 16,5 kg leichter als eine Grauguss-Bremsscheibe. Allerdings besteht nur die Reibfläche aus Keramik und ist mit einem Träger aus rostfreiem Stahl verschraubt.
Die für den 997 übernommenen Bauteile des Vorgängermodells wurden leicht modifiziert. Eine geänderte Form der innenliegenden Kühlluftkanäle verbessert den Ventilatoreffekt der Bremsscheibe und damit die Kühlungsleistung. Änderungen im Herstellungsprozess verringern besonders bei starker Belastung der Bremse den Verschleiß.

Keramik-Bremsscheibe mit Beschädigungen

(Bild: Adrian Streather)

Vorsicht:
Keramik-Bremsscheiben können sehr leicht beschädigt werden, vor allem an den Kanten. Daher auf keinen Fall beim Entfernen oder Einbauen einen Hammer verwenden. Auch beim Radwechsel sehr vorsichtig vorgehen und unbedingt die Montagehilfen anbringen. Falls die Kantenbeschädigung einen bestimmten Wert nicht überschreitet, können beschädigte Scheiben noch weiterverwendet werden.

Bremsbeläge
Die Bremsbeläge bestehen aus einer speziellen Materialzusammensetzung, die eigens für die PCCB-Bremsscheiben vorgesehen ist. Die Belagstärke beträgt etwa 12 mm; an der Trägerplatte aus rostfreiem Stahl befinden sich Dämpfungselemente. Weitere Informationen zu den Serien- und Rennbremsbelägen für die PCCB finden Sie im Kapitel 11.

Bremssättel
Die gelb lackierten vorderen Bremssättel für die PCCB bestehen aus einem einteiligen Aluminiumblock mit sechs Bremskolben. Ihr Durchmesser ändert sich entsprechend der Raddrehrichtung und beträgt 28, 32 und 38 Millimeter. Die hinteren Bremszangen für die PCCB sind ebenfalls gelb lackiert, einteilig und haben vier Kolben. Auch deren Durchmesser ist unterschiedlich und liegt bei 28 und 30 Millimetern.

Bremsenkühlung
Der Einbau einer PCCB erfordert zusätzliche Modifikationen am Fahrzeug:
- Größere Luftleitbleche an den vorderen Querlenkern.
- Zusätzliche Luftleitbleche an den hinteren Querlenkern.
- Die Spritzschutzbleche der vorderen und hinteren Bremsscheiben erhalten Aussparungen, um die Kühlluftzufuhr zu verbessern.

Hinweis:
Die Änderungen können von Modell zu Modell variieren.

Hinweis:
Der Umbau einer Standardbremse auf eine PCCB wird in Kapitel 11 behandelt.

Vorsicht:
Der Abstand zwischen den Kühlluftkanälen und der Fahrbahn beträgt ca. 50 mm. Werkstatthebebühnen oder andere Erhebungen vorsichtig befahren.

Vorsicht:
Wegen des größeren Durchmessers der PCCB-Bremsscheiben sind die Befestigungsschrauben der Bremszangen 85 mm lang und zur Erkennung goldfarben.

Vorsicht:
Falls eine PCCB-Bremsscheibe getauscht werden muss, sind beide Bremsscheiben an der betreffenden Achse zu wechseln. Der Austausch nur einer Scheibe ist nicht zulässig.

PCCB-Verschleiß
PCCB-Bremsscheiben verschleißen normalerweise nach lang andauernder starker Beanspruchung. Mittels Sichtprüfung wird die Scheibe auf Materialabplatzung oder Materialausbrüche in der Scheibenreibfläche untersucht. Falls an einer einzelnen Stelle die Materialablösung 1 cm^2 überschreitet, müssen beide Scheiben an der Achse getauscht werden.

Hinweis:
Die Flächenangabe bezieht sich nicht auf die Addition von allen kleineren Beschädigungen. Auf der Reibfläche können mehrere kleine Materialausbrüche vorhanden sein. Solange nicht ein einzelner den Grenzwert überschreitet, kann die Scheibe weiterverwendet werden.

Risse in der PCCB-Bremsscheibe
Bei der Herstellung einer PCCB-Bremsscheibe kann es zur Bildung feiner Haarrisse in der Bremsscheiben-Reibfläche kommen. Sie entstehen durch unterschiedliche Ausdehnungskoeffizienten zwischen der Reibfläche und dem Träger. Diese Risse erstrecken sich wie ein feines Netz über die gesamte Reibfläche. Dabei handelt es sich nicht um Materialermüdung, und PCCB-Bremsscheiben mit dem beschriebenen Rissbild können ohne weiteres weiterverwendet werden.
Solche Risse können auch auf neuen Bremsscheiben vorhanden sein und auf jeder Seite unterschiedlich aussehen. Sie sind unbedenklich, und an diese Stellen wird es deshalb zu keiner Materialablösung kommen.

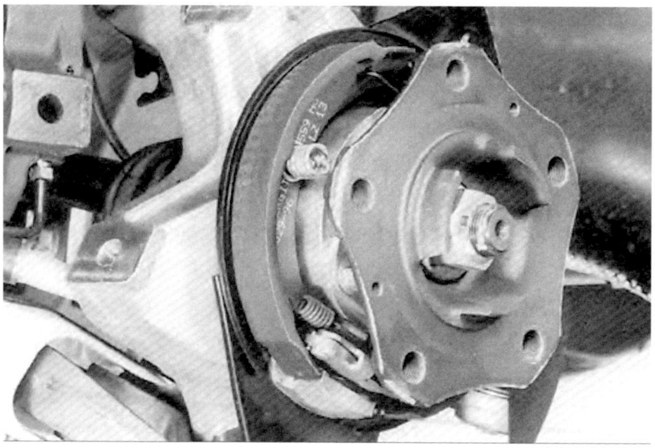

Innenleben der Handbremse
(Bild: Porsche AG)

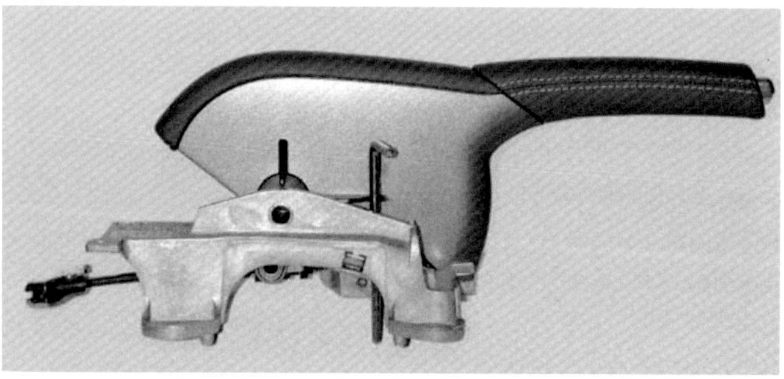

Ausgebauter Handbremshebel
(Bild: Porsche AG)

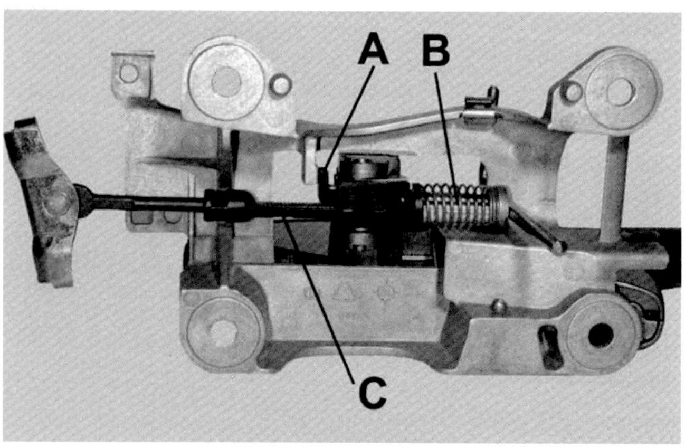

A – Klemmbacke
B – Nachstellfeder
C – Aufnahme

Einzelteile der Nachstellvorrichtung
(Bild: Porsche AG)

Handbremse

Die wesentlichen Bauteile der Handbremse wurden vom Modell 996 übernommen.
Sie ist in die Nabe der hinteren Bremsscheiben integriert und wird über einen Seilzug betätigt.
Der äußerst leichte Handbremshebel ist aus einer Magnesiumlegierung hergestellt und im Design an den 997-Innenraum angepasst.
Während des Fahrzeuglebens verlängert sich durch die Krafteinwirkung und den Belagverschleiß der Hebelweg. Als Gegenmaßnahme wurde ein neues Handbremsseil mit einer automatischen Selbstnachstellung eingebaut. Der Mechanismus zur Selbstnachstellung ist immer aktiv, wenn die Handbremse gelöst ist. In dieser Position liegt der Seilzug zwar lose in seinen Führungen, wird aber über eine Feder ständig unter leichter Spannung gehalten. Durch diese Vorspannung wird ein Durchhängen des Seils kompensiert. Beim Ziehen des Handbremshebels verschiebt sich eine Klemmbacke im Nachstellmechanismus, arretiert das Seil in seiner nachgestellten Position und korrigiert so den Leerweg des Handbremshebels.
Die Verriegelung des Handbremshebels erfolgt über ein Ratschensystem.
Die Handbremse ist als Trommelbremse in der Duo-Servo-Bauweise ausgeführt. Über den Handbremshebel und den Seilzug werden die Bremsbacken auseinandergespreizt, legen sich an die Innenseite der beiden Bremstrommeln an und verhindern so die weitere Bewegung des Rades.
Die Bremstrommeln sind Bestandteil der hinteren Bremsscheibennaben und nehmen pro Seite zwei Bremsbacken auf.

Technische Daten der mechanisch betätigten Handbremse (alle Modelle)	
Bremstrommeldurchmesser	180 mm
Bremsbelagbreite	25 mm
Bremsbelagstärke	4,5 mm

Vorsicht:
Die Handbremse nicht bei Frost verwenden. Ein Fahren des Wagens mit eingefrorener Handbremse ist nicht möglich.

PSM-Bauteile im Kofferraum

(Bild: Callas Rennsport)

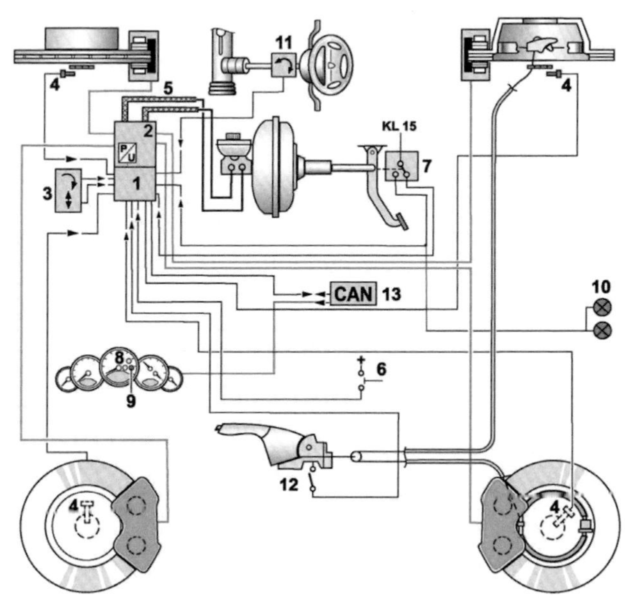

1- PSM-Steuergerät
2- Hydraulikeinheit
3- Beschleunigungssensoren
4- Geschwindigkeitssensor
5- Stahlflexleitungen
6- PSM-Abschalttaste
7- Bremslichtschalter
8- Kombiinstrument mit Anzeige- und Warnleuchten
9- ABS-Warnleuchte
10- Bremslichter
11- Lenkwinkelsensor
12- Schalter für Handbremswarnleuchte
13- CAN-Bauteile

PSM Systemschema

(Zeichnung: Porsche AG)

Porsche Stability Management (PSM)

Einführung

Bei Einführung im Modelljahr 1999 war das Porsche Stability Management serienmäßig im 996 Carrera 4 eingebaut. Dabei handelte es sich um eine revolutionäre Variante einer Traktionskontrolle, die das jeweilige Vorderrad oder die beiden Hinterräder abbremste, um das Durchdrehen und den damit verbundenen Traktionsverlust zu unterbinden. Es beinhaltete einige Untersysteme und war der Anfang der vernetzten Fahrerassistenzsysteme. Als die ersten 997 Carrera und Carrera S das Fertigungsband verließen, waren sie serienmäßig mit dem PSM V8.0 ausgerüstet. Darin integriert waren das 4-Kanal-ABS 8.0, das Automatische-Bremsen-Differenzial ABD, die Antriebs-Schlupf-Regelung ASR, die Motor-Schleppmoment-Regelung MSR und die Elektronische Bremskraftverteilung EBV. Doch damit war die Entwicklung noch nicht zu Ende. Nur ein Jahr später wurden neue Funktionen eingeführt, wie das Vorbefüllen der Bremsanlage und der Bremsassistent. Zuerst wurden die Carrera 4- und Carrera 4S-Modelle damit ausgestattet, im Anschluss die Turbo und der GT2. Sogar die rennstreckentauglichen GT3 und GT3 RS erhielten eine vereinfachte Version des PSM (Beschreibung am Ende dieses Abschnitts), und am GT2 war es möglich, alle PSM-Funktionen – ausgenommen das ABS – abzuschalten. Das optionale Sport Chrono Plus Paket beinhaltete zusätzlich einen besonderen Sportmodus für das PSM.

Änderungen am PSM 8.0

Im Vergleich zur letzten PSM-Version der 996-Modelle wurden folgende Verbesserungen vorgenommen:

- Verkürzung der Bremswege
- Mehr Handlungsspielraum für den Fahrer, bevor das PSM eingreift; besonders, wenn der Fahrer es abgeschaltet hat. Auch wenn der Fahrer dann meint, dass es inaktiv sei, bleibt es weiterhin in Bereitschaft und greift gegen den Fahrerwunsch in Notsituationen ein. Dabei wartet das PSM besonders bei Geschwindigkeiten bis ca. 70 km/h bis zuletzt mit einer Reaktion, um ein schnelles Einfahren in enge Kurven zu ermöglichen.
- Komfortablere Regelung. Das Eingreifen des neuen PSM erfolgt deutlich weicher durch verfeinerte Steuerungsabläufe.
- Durch das Entfallen der Vordruckpumpe samt Halterungen und Leitung ist das Gewicht des PSM um 3,0 kg niedriger. Die Pumpe des PSM 8.0 kann nun alleine den erforderlichen Druck aufbauen.
- Die Bremsdruck-Steuerventile der vorigen 996-Baureihe waren gewöhnliche Schalt-Magnetventile, die zwar in

definierten Druckabstufungen regulierten, aber nicht sehr fein arbeiteten. Die neuen Linear-Magnetventile der PSM 8.0 ABS-Hydraulikeinheit ermöglichen eine stufenlose und sehr genaue Bremsdruckregelung. Außerdem ist durch ihre Verwendung das Pulsieren des Bremspedals im ABS-Regelbereich stark verringert.

- Im Vergleich zum Vorgängersystem sind die Arbeitsgeräusche des PSM deutlich leiser. Dazu tragen drei Maßnahmen bei: Eine neue Software zum bedarfsgerechten Ansteuern der PSM-Hydraulikpumpe ruft die maximale Pumpenleistung nur ab, wenn sie auch tatsächlich erforderlich ist. Hydraulische Dämpfungselemente im Pumpenbereich vermindern die Arbeitsgeräusche, und neue weichere Halterungen der Bremsleitungen verhindern das Übertragen von Systemgeräuschen an die Karosserie.

Bauteile und Funktion

PSM Hydraulikeinheit

Die Hydraulikeinheit des PSM (im Porsche-Jargon auch als Hydroaggregat bezeichnet) ist neben dem Bremskraftverstärker vorn im Kofferraum eingebaut.
Zur Hydraulikeinheit gehören:

- Steuergerät
- Schaltkontakte für die Hydraulikpumpe
- Ventilblock mit Linear-Magnetventilen und Relais

Die Hydraulikeinheit wurde eingehend überarbeitet, weshalb die Vordruckpumpe entfallen konnte. Die Veränderungen gewährleisten gemeinsam mit einem größeren Hauptbremszylinder einen besseren Zulauf der Bremsflüssigkeit, besonders im kalten Zustand.
Die Modifikationen am Ventilblock ermöglichen schnellere Druckänderungen an den betroffenen Rädern beim PSM- oder ABS-Einsatz.
Um ein Verwechseln der Hydraulikleitungen zu vermeiden, haben diese unterschiedliche Gewindegrößen (M10 und M12) und sind mit Buchstaben gekennzeichnet. Die Druckleitungen zwischen dem Hauptbremszylinder und der Hydraulikeinheit sind als Stahlflexleitungen ausgeführt.

Funktion der Hydraulikeinheit

In jedem Radbremskreis sind ein Einlass- und ein Auslassventil vorhanden, über die der Bremsflüssigkeitsdruck angepasst werden kann. Trennventile ermöglichen über die Hydraulikpumpe einen unabhängigen Aufbau von Flüssigkeitsdruck, der für die Fahrdynamiksysteme bereitgestellt wird. Die Ansaugseite der Pumpe wird über elektrische Umschaltventile mit dem Bremsflüssigkeitsbehälter verbunden.

Drucksensor

Zur Erkennung des Bremsflüssigkeitsdrucks ist ein Drucksensor im Ventilblock vorhanden.
Über diesen Drucksensor erkennt das PSM-Steuergerät den aufgebauten Bremsdruck (gewünschte bzw. erforderliche Verzögerung) und berechnet daraus die dafür erforderlichen Radbremskräfte. Falls während des Verzögerungsvorgangs der Eingriff eines Assistenzsystems (ABS, elektronische Bremskraftverteilung usw.) erforderlich ist, dienen die vorhandenen Radbremskräfte als Berechnungsgrundlage für die Seitenführungskräfte.

PSM-Steuergerät

Das PSM-Steuergerät ist fest mit der Hydraulikeinheit verbunden und regelt alle Unterfunktionen einschließlich des ABS. Die Eingangssignale werden innerhalb des Steuergeräts verarbeitet, und die entsprechenden Befehle an die integrierten Linear-Magnetventile und Relais übermittelt.

Lenkwinkelsensor

Hinweis:
Der Lenkwinkelsensor der 997-Baureihe stammt vom Porsche Cayenne.

Der Lenkwinkelsensor befindet sich in der Schaltereinheit an der Lenksäule und besteht aus einem optischen Geber (Lichtschranke) mit einer zweiteiligen Steuerscheibe. Pro Lenkradumdrehung wird die Lichtschranke durch den inneren Ring der Steuerscheibe fünfmal durch 72° breite Segmente regelmäßig unterbrochen. Der äußere Ring der Steuerscheibe erzeugt zusätzliche Unterbrechungen in unterschiedlicher Länge. Anhand dieser Abfolge kann das System den genauen Lenkwinkel berechnen. Die gemessenen Daten werden mittels des CAN-Buses an das PSM-Steuergerät übermittelt und dienen zur Erkennung des Fahrverhaltens.

Raddrehzahlsensor

Zur Erfassung der Raddrehzahl tastet der Sensor nicht mehr einen konventionellen Rotorring ab, sondern die mit einer Vielzahl von Magneten versehene Abdichtung des Radlagers. Der Raddrehzahlsensor ist jetzt auch als aktiver Sensor ausgeführt, d. h. er wird über das PSM-Steuergerät mit Spannung und Masse versorgt. Seine Funktion beruht auf dem Hall-Prinzip, anstelle einer Blende dient jedoch die magnetische Radlagerabdichtung zur Signalerzeugung. Zum Auslösen genügt bereits eine schwankende Polarität um den magnetischen Nullpunkt. Im Sensor werden die Impulse in ein Rechtecksignal umgewandelt und an das PSM-Steuergerät übermittelt.

Giergeschwindigkeits- und Querbeschleunigungssensor

Diese Sensoren befinden sich in einem Gehäuse in der Mittelkonsole.

Das Sensorelement besteht aus vier Mikro-Beschleunigungssensoren. Anhand der von ihnen übermittelten Informationen erkennt die PSM-Steuereinheit, ob sich der Wagen vorwärts bewegt, beschleunigt, verzögert, eine Kurve durchfährt oder außer Kontrolle gerät. Neue Funktionen in einem System, das erstmals 1989 beim 964 Carrera vorgestellt wurde.

Bremslichtschalter

Wie bei der 996-Baureihe ist der Bremslichtschalter als Doppelschalter ausgeführt (Öffner und Schließer gleichzeitig), um ein Betätigen der Bremse eindeutig anzuzeigen. Die Funktion des Schalters wird von der Selbstdiagnose des Systems überwacht, und im Falle eines erkannten Fehlers ein Fehlercode gesetzt.

Vorbefüllen des Bremssystems (nur Allradmodelle der 1. Generation)

Das Vorbefüllen des Bremssystems trägt in kritischen Situationen zu kürzeren Anhaltewegen bei. Wenn der Fuß sehr schnell vom Gaspedal genommen wird (ein Anzeichen dafür, dass unmittelbar danach eine Notbremsung erfolgt), wird noch vor der Betätigung des Bremspedals Bremsflüssigkeit von der PSM-Hydraulikeinheit in das Bremssystem gefördert. Dadurch legen sich die Bremsbeläge bereits leicht an die Bremsscheiben an und bereiten die bevorstehende Bremsverzögerung vor. Damit verringert sich deutlich die Ansprechzeit der Bremse und verkürzt den Anhalteweg.

Bremsassistent (nur Allradmodelle der 1. Generation)

Der Bremsassistent hilft dabei, den Bremsweg zu verkürzen. Zusätzlich zum unterdruckgesteuerten Bremskraftverstärker erhöht eine Verstärkung des Hydraulikdrucks die Bremskräfte. Sobald eine Vollbremsung erkannt wird – wenn ein bestimmter Hydraulikdruck über das Bremspedal aufgebaut wird – liefert die Hydraulikeinheit des PSM den erforderlichen Flüssigkeitsdruck, um die gewünschte maximale Verzögerung zu erzielen. Der Bremsassistent ist deaktiviert, wenn das PSM ausgeschaltet ist (PSM OFF), und/oder wenn die Sport-Taste des optionalen Sport Chrono Paket Plus gedrückt ist.

PSM OFF-Taster

Das PSM kann über die Taste „PSM OFF“ in der Mittelkonsole abgeschaltet werden. Allerdings werden dadurch nicht alle Funktionen deaktiviert. Das Automatische Bremsdifferenzial bleibt aktiv, um beim Herausbeschleunigen aus Kurven mit unterschiedlichem Fahrbahnbelag die Traktion sicherzustellen. Bei Notbremsungen wird die gesamte Steuerung reaktiviert, allerdings muss die dafür erforderliche Pedalkraft höher sein als bei früheren Systemen. Falls das optionale Sport Chrono Paket Plus aktiv ist, setzt die dynamische Kontrolle noch später ein, d. h. es muss ein noch höherer Bremsdruck vom Fahrer eingeleitet werden. Ein abgeschaltetes PSM wird über die leuchtende PSM Multifunktionsleuchte im Instrumentenfeld und die Leuchtdiode im Taster angezeigt. Zusätzlich ertönt ein akustisches Signal, und im Bordcomputer erscheint die Meldung „PSM OFF“. Beim Wiedereinschalten des PSM erlöschen alle Leuchten und die Meldung „PSM ON“ wird für 10 Sekunden angezeigt.

Hinweis:

Die Modelle GT2 und GT2 RS haben zwei Schalter in der Mittelkonsole, um das System vollständig abschalten zu können.

Fehlererkennung und Diagnose

Alle PSM-Komponenten wie Sensoren, Relais oder die Pumpe werden ständig durch das Selbstdiagnoseprogramm der PSM-Steuereinheit überwacht. Falls ein Fehler erkannt wird, schaltet das PSM nicht unbedingt vollständig ab, solange bestimmte Systeme weiterhin relevante Daten an das Steuergerät übermitteln.

Beispiel:

- Beim Ausfall des Giergeschwindigkeitssensors ist nur die dynamische Fahrzeugsteuerung außer Funktion. ABS, ABD, MSR und EBV bleiben aktiv.
- Beim Ausfall eines Raddrehzahlsensors werden ABS, ABD und MSR abgeschaltet, aber die elektronische Bremskraftverteilung EBV bleibt weiterhin aktiv.

Entsprechende Fehlercodes werden im Fehlerspeicher hinterlegt und bleiben solange gespeichert, bis sie mittels des PIWIS-Testers ausgelesen und gelöscht werden.

Traktionskontrolle beim GT3

Einführung

Die 997 GT3-Modelle haben kein PSM, sind aber dafür mit einer Traktionskontrolle ausgestattet, die auf dem Automatischen Bremsdifferenzial basiert. Dieses System war erstmals bei den 993-Modellen im Modelljahr 1994 vorhanden. Die Traktionskontrolle (TC) des GT3 ist sehr ähnlich zu dem im Porsche 980 Carrera GT eingesetzten System und beinhaltet auch eine asymmetrisch arbeitende Hinterachs-Quersperre.

Zur Traktionskontrolle gehören diese Einzelsysteme: das Automatische Bremsen-Differenzial ABD, die Antriebs-Schlupf-Regelung ASR und die Motor-Schleppmoment-Regelung MSR. Die Systeme sind in einer Steuereinheit zusammengefasst und arbeiten mit dem ABS zusammen, um den Wagen beim Bremsen und Beschleunigen zu stabilisieren. Falls ein Hinterrad die Traktion verliert und durchdreht, greift das ABD ein und bremst das durchdrehende Rad soweit ab, bis es wieder zu greifen beginnt. Alle ABD-Eingriffe mittels der Bremse führt die ABS- Hydraulikeinheit aus. Sie befindet sich neben dem Bremskraftverstärker im Kofferraum. Während allerdings bei der ABS-Funktion der Bremsflüssigkeitsdruck reduziert wird, erfolgt beim Einschreiten des ABD mit dem Erhöhen des Drucks eine gegenteilige Reaktion.

Falls beide Hinterräder keine Haftung mehr aufbauen und durchzudrehen beginnen, greift die ASR ein und nimmt über das Motorsteuergerät die Motorleistung zurück, bis beide Räder wieder Grip aufbauen. Hier erfolgt kein Einsatz der Bremsen. Das Einsetzen der ASR wird dem Fahrer durch eine Warnleuchte im Instrumentenfeld angezeigt.

Eine weitere Funktion der ASR ist die Motor-Schleppmoment-Regelung MSR. Sie wird aktiv, wenn zum Beispiel der Fahrer auf rutschiger Fahrbahn zurückschaltet. Das System registriert anhand minimaler Änderungen in den Sensorsignalen die aktuelle Situation und erkennt das drohende seitliche Ausbrechen des Fahrzeugs (das Fahrzeugheck überholt die Fahrzeugfront). Als Gegenmaßnahme wird die Drosselklappe weiter geöffnet, um den GT3 auf Kurs zu halten. Auch hier erfolgt kein Eingriff über die Bremse.

Die Traktionskontrolle des GT3 ist beim Einschalten der Zündung automatisch aktiv. Durch Betätigen der TC OFF-Taste kann der Fahrer nur das Teilsystem ABD deaktivieren. Angezeigt wird das Abschalten durch die Nachricht „TC OFF" im Instrumentenfeld.

PSM 8.0, 2. Generation

Wie bei der 1. Generation besteht das PSM der 2. Generation aus folgenden Teilsystemen:

- 4-Kanal-ABS
- Automatisches Bremsen-Differenzial ABD
- Antriebs-Schlupf-Regelung ASR
- Motor-Schleppmoment-Regelung MSR
- Elektronische Bremskraft-Verteilung EBV

Allerdings wurden für die Modelle der 2. Generation einige Verbesserungen vorgenommen:

- Das Vorbefüllen des Bremssystems und die Bremsassistent-Funktionen, die bei der 1. Generation nur den Allradmodellen vorbehalten waren, sind nun in der gesamten Modellpalette vorhanden – außer beim GT3, GT3 RS und GT2 RS.
- Alle 997-Modelle der 2. Generation mit manuellem Schaltgetriebe oder PDK sind serienmäßig mit dem Anfahrassistenten ausgestattet, der für kurze Zeit das Zurückrollen am Berg verhindert.

Porsche Torque Vectoring (PTV)

Das PTV wurde nur für die zweite 997 Turbo-Generation mit Allradantrieb angeboten. *(Bild: Porsche AG)*

Das Porsche Torque Vectoring (PTV) erschien mit der Vorstellung der zweiten 997 Turbo-Generation auf dem Markt. Es ermöglicht eine variable Drehmomentverteilung an die beiden Hinterräder und ist verknüpft mit einer mechanischen Hinterachs-Quersperre (Sperrdifferenzial).

Hinweis:
Im Prinzip ist das PTV eine weiterentwickelte Version der Kombination des Automatischen Bremsen-Differenzials mit einem Sperrdifferenzial, die in den 993 Carrera 4-Modellen von 1994 bis 1998 eingebaut war.

So arbeitet das PTV beim Kurvenfahren (991-Schaubild): Im Prinzip funktioniert es genauso wie beim 993 Carrera 4 mit ABD und mechanischer Hinterachs-Quersperre – nur etwas besser ...

(Bild: Porsche AG)

Durch das PTV kann die Fahrstabilität des 997 Turbo auf vielen Fahrbahnbelägen deutlich verbessert werden. Folgende Information fließen ein: Lenkwinkel und Drehgeschwindigkeit des Lenkrads, Gaspedalstellung, Gierwinkel und Fahrgeschwindigkeit. Anhand dieser Daten kann das PTV durch Abbremsen des linken oder rechten Hinterrads die Reaktion auf den Lenkeinschlag und die Lenkpräzision deutlich verbessern. Das bedeutet: Wenn der Turbo recht zügig in eine Kurve gelenkt wird, bremst das PTV mit geringem Druck das kurveninnere Hinterrad ab. Gleichzeitig wird über das Sperrdifferenzial an beide Räder ein Antriebsmoment übertragen. Das kurvenäußere Rad wird stärker angetrieben und dreht dadurch das Fahrzeug um seine Hochachse und unterstützt somit das Einlenken. Damit verbessert sich auch die Rückmeldung an den Fahrer über die aktuelle Fahrsituation.
Bei niedrigen und mittleren Geschwindigkeiten erhöht das PTV deutlich die Lenkpräzision und das Gefühl für die Fahrbahn. Bei höheren Geschwindigkeiten verbessert es gemeinsam mit der Hinterachs-Quersperre die Fahrstabilität.

Hinweis:
Bei höheren Geschwindigkeiten wird der Bremsdruckaufbau an nur einem Bremssattel deutlich reduziert oder eingestellt, um eine Überhitzung zu vermeiden.

In der 991-Baureihe sind die Funktionen des PTV sogar noch ausgefeilter. *(Bild: Porsche AG)*

Die Kombination von PTV, PTM und PSM verleiht einem Fahrzeug das Optimum an Fahrstabilität auf allen möglichen Fahrbahnoberflächen mit unterschiedlichsten Reibwerten, bis hin zu Schnee und Eis.
Das PTV arbeitet mit dem PSM-System und ist daher als integrierte Weiterentwicklung des Standard-PSM zu betrachten.
Selbst wenn das PSM abgeschaltet ist, bleibt das PTV aktiv, da es nicht auswählbar ist.

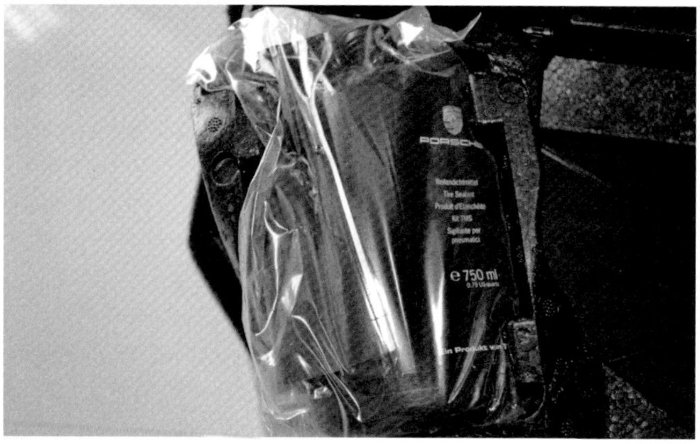

Kein wirkliches Rad: das Ersatzrad aus der Dose.
(Bild: Adrian Streather)

Carrera S, Modelljahr 2005, mit serienmäßigen 19-Zoll-Rädern
(Bild: Adrian Streather)

Winterräder im Einsatz
(Bild: Porsche AG)

Räder

Einleitung

Kein Ersatzrad!

Nur sehr wenige 997-Modelle sind mit einem Ersatzrad oder einem Wagenheber ausgerüstet. Für den Fall einer Reifenpanne ist ein Reifendichtmittel vorgesehen, das erstmals beim 996 GT2 vorhanden war. Ergänzt wird die Reifenfüllflasche durch einen Kompressor und einen Luftprüfer.

Ausgenommen sind Fahrzeuge für Verkaufsgebiete, in denen ein Ersatzrad Pflicht ist. Dazu gehören Saudi-Arabien, die Jungfrauen-Inseln und Israel. Im Kofferraum befindet sich dann ein 17-Zoll-Faltrad mit einem Reifen der Größe 185/60-17 samt Wagenheber und Stütze aus dem 996.

Die Theorie hinter der Einführung des Reifendichtmittels ist die Annahme, dass die meisten Reifenpannen damit schneller und sicherer behoben werden können, als mühsam den Wagen anzuheben – oftmals unter schwierigen oder gefährlichen Umständen – und das Rad zu wechseln. Kleine Undichtigkeiten, wie sie meist durch Nägel oder Schrauben verursacht werden, können mit dem Reifendichtmittel vorübergehend repariert werden. Anschließend ist es möglich, mit max. 80 km/h zur nächsten Werkstatt zu fahren, ohne das Rad oder das Auto zu beschädigen.

Serienräder

Alle Carrera-, Carrera 4- und Targa 4-Modelle der 1. und 2. Generation mit 3,6-Liter-Motor sind serienmäßig mit 18-Zoll-Rädern ausgerüstet.

Alle anderen Modelle der 997-Baureihe haben serienmäßig 19-Zoll-Räder in unterschiedlichen Ausführungen.

Zur Radbefestigung sind bei allen Modellen der 1. Generation fünf Radbolzen vorhanden, einige Fahrzeuge der 2. Generation haben 19-Zoll-Räder mit einer Zentralmutter.

Winterräder

Die Größen der Winterräder fallen je nach Modell unterschiedlich aus. Auf den GT2 und GT3 können nur 19-Zoll-Winterräder aufgezogen werden, während alle anderen Modelle mit 18-Zoll- oder 19-Zoll-Rädern gefahren werden können.

Nachlauf bei senkrechter Lenkachse

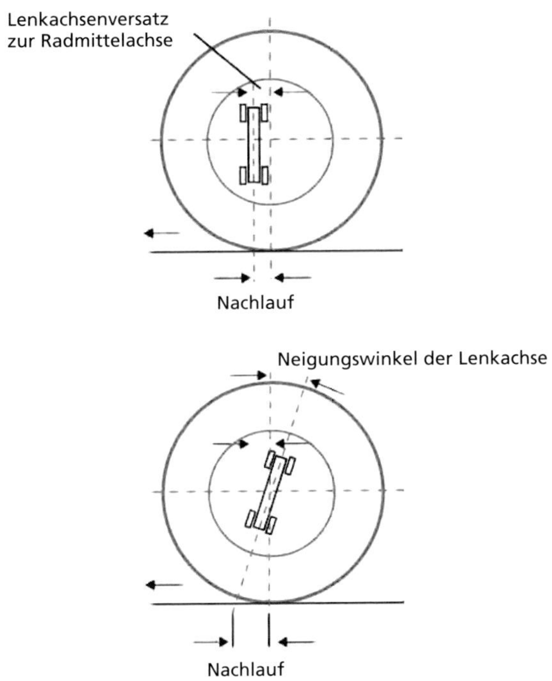

Nachlauf bei unterschiedlichen Neigungen der Lenkachse

(Abbildung: Porsche AG)

Spurdifferenzwinkel

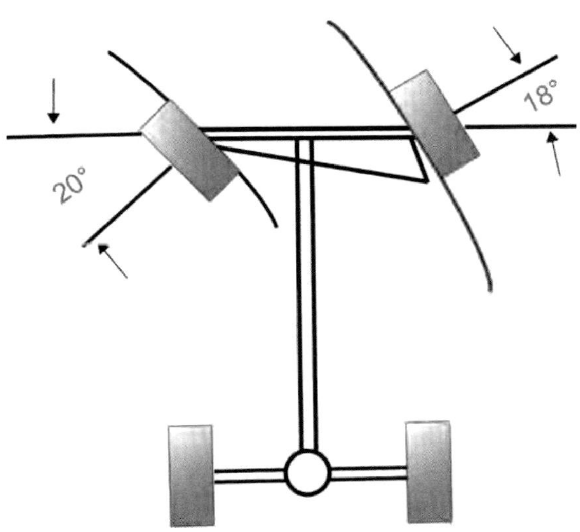

Der Spurdifferenzwinkel gibt den unterschiedlichen Einschlag der Vorderräder beim Kurvenfahren an.

(Abbildung: Porsche AG)

Fahrwerksgeometrie

Die überwiegende Mehrheit der Hobbyschrauber verfügt nicht über die notwendige Ausrüstung, um eine Fahrwerkseinstellung an einem 997 in der heimischen Garage vorzunehmen, und muss daher eine Werkstatt aufsuchen. Für die Einstellung des recht komplizierten 997-Fahrwerks reicht allerdings die althergebrachte Methode mit Schnur und Lineal nicht mehr aus. Die Werkstatt des Vertrauens sollte sorgfältig ausgewählt werden, da viele Betriebe nicht über die erforderliche Ausrüstung oder technische Dokumentation verfügen.
Stehen jedoch eine moderne, lasergestützte Messausrüstung, der PIWIS-Tester und die erforderlichen Unterlagen zur Verfügung, kann die Einstellung relativ schnell und kostengünstig vorgenommen werden. Für diese Arbeit ist ein Porsche-Premiumpreis nicht gerechtfertigt.

Vorsicht:
Nach jeder Arbeit an den Radaufhängungen muss die Position des Lenkwinkelsensors überprüft bzw. neu kalibriert werden. Das ist auch dann erforderlich, wenn die Arbeit nichts mit der Radstellung zu tun hatte, wie z. B. der Einbau anderer Federn. Für die Überprüfung bzw. Kalibrierung ist der PIWIS-Tester erforderlich.

Während einer normalen Fahrwerkseinstellung ist eine Korrektur des Nachlaufs normalerweise nicht erforderlich.

Hinweis:
Falls eine Nachlaufkorrektur erfolgen muss, kann eine Nachstellvorrichtung eingebaut werden.

Der Spurdifferenzwinkel wird durch die vorhandene eingestellte Bodenfreiheit des 997 beeinflusst. Daher muss das Messergebnis sorgfältig ausgewertet werden. Kleine Abweichungen des Spurdifferenzwinkels können ignoriert werden, sofern sie auf beiden Seiten gleich sind.
Die genauesten Messergebnisse werden erreicht, wenn die Vermessung mit einem Leergewicht nach DIN 70020 vorgenommen wird, d. h. mit gefülltem Kraftstofftank, Warndreieck, Werkzeugsatz und Reifendichtmittelsatz – aber ohne Fahrer bzw. zusätzliche Beladung.

Hinweis:
Das Leergewicht nach DIN 70020 entspricht dem Gewicht nach 70/156/EWG abzüglich 75 kg. Für Restwelt-Fahrzeuge gilt das EU-Gewicht, für US-Fahrzeuge das DIN-Gewicht. In der Betriebsanleitung sind beide Gewichte angegeben.

Vorderachseinstelldaten (Fahrzeuge mit Heckantrieb, alle Märkte)			
Modelle	**Carrera**	**PASM-Fahrwerk**	**Sport-Fahrwerk**
Vorspurwerte			
Ungedrückt	+5° ± 5′		
Differenz bei 20° Einschlag	-1° 40′ ± 30′	-1° 50′ ± 30′	-2° 15′ ± 30′
Sturzwerte			
Geradeausstellung	-15° ± 15′	-15° ± 15′	-30° ± 15′
Max. Differenz links/rechts	20′		
Nachlaufwerte			
Werkseinstellung	-8° 00′ ± 30′	-8° 10′ ± 30′	-8° 20′ ± 30′
Max. Differenz links/rechts	40′		

Hinterachseinstelldaten (Fahrzeuge mit Heckantrieb, alle Märkte)			
Modelle	**Carrera**	**PASM-Fahrwerk**	**Sport-Fahrwerk**
Vorspurwerte			
Je Rad	+10′ ± 5′		
Max. Differenz links/rechts	10′		
Sturzwerte			
Einstellung	-1° 10′ ± 15′	-1° 10′ ± 15′	-1° 40′ ± 15′
Max. Differenz links/rechts	20′		

Sturz und Spreizung der Lenkachse

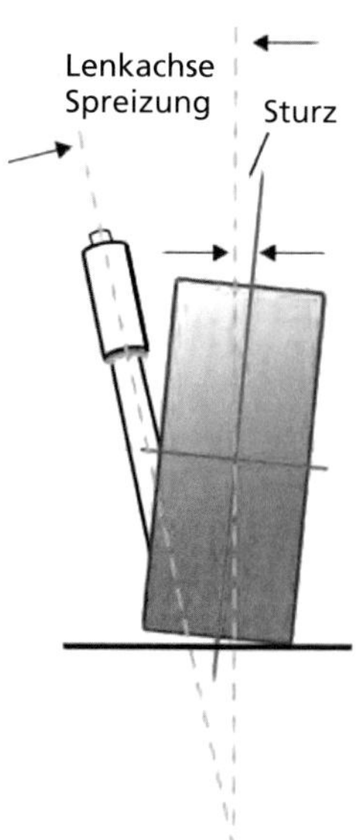

Sturz und Spreizung

(Abbildung: Porsche AG)

Vorderachseinstelldaten (Fahrzeuge mit Allradantrieb, alle Märkte)				
Modelle	**Carrera**	**PASM-Fahrwerk**	**Sport-Fahrwerk**	**Turbo-Fahrwerk**
Vorspurwerte				
Ungedrückt	+5° ± 5′			
Differenz bei 20° Einschlag	-1° 15′ ± 30′	-1° 38′ ± 30′	-2° 02′ ± 30′	-1° 38′ ± 30′
Sturzwerte				
Geradeausstellung	-15° ± 15′	-15° ± 15′	-30° ± 15′	-15° ± 15′
Max. Differenz links/rechts	20′			
Nachlaufwerte				
Werkseinstellung	-8° 00′ ± 30′	-8° 10′ ± 30′	-8° 20′ ± 30′	-8° 10′ ± 30′
Max. Differenz links/rechts	40′			

Hinterachseinstelldaten (Fahrzeuge mit Heckantrieb, alle Märkte)				
Modelle	**Carrera**	**PASM-Fahrwerk**	**Sport-Fahrwerk**	**Turbo-Fahrwerk**
Vorspurwerte				
Je Rad	+10′ ± 5′			
Max. Differenz links/rechts	10′			
Sturzwerte				
Einstellung	-1° 30′ ± 15′	-1° 30′ ± 15′	-1° 40′ ± 15′	-1° 40′ ± 15′
Max. Differenz links/rechts	20′			

Rad mit Zentralmutter *(Bild: Joe Ramos)*

Freigegebene Räder

In unregelmäßigen Abständen veröffentlicht Porsche aktualisierte TÜV-Freigaben von Rädern für alle Modelle. Diese Herstellerbescheinigungen werden den Importeuren, Händlern und Zulassungsbehörden zur Verfügung gestellt und sind nicht direkt für die Allgemeinheit zugänglich. Mittels einer Technischen Information wird der Handel über die neuen Freigaben informiert.

Die folgende Tabelle basiert auf diesen Technischen Informationen, die Porsche für die gesamte 997-Baureihe herausgegeben hat.

Zugelassene Räder für die 997-Baureihe				
Radtyp	Ersatzteilnummer	Größe	Einpresstiefe in mm	Anmerkung
18 Zoll Carrera III	V: 997 362 136 00	8J x 18 H2	57	Carrera 4, 4S und Targa 4S
	H: 997 362 142 00	11J x 18 H2	51	Carrera 4, 4S und Targa 4S
	V: 997 362 136 00	8J x 18 H2	57	Carrera und S (BBS)
	H: 997 362 140 01	10J x 18 H2	58	Carrera und S (BBS)
	V: 997 362 136 01	8J x 18 H2	57	Carrera und S (Lemmerz)
	H: 997 362 140 02	10J x 18 H2	58	Carrera und S (Lemmerz
19 Zoll Carrera S	V: 997 362 156 00	8J x 19 H2	57	Carrera 4, 4S und Targa 4S
	H: 997 362 162 00	11J x 19 H2	51	Carrera 4, 4S und Targa 4S
	V: 997 362 156 01	8J x 19 H2	57	Carrera und S
	H: 997 362 162 01	11J x 19 H2	67	Carrera und S
19 Zoll Sport Design	V: 997 362 156 04	8J x 19 H2	57	Carrera und S
	H: 997 362 162 06	11J x 19 H2	67	Carrera und S
	V: 997 362 156 04	8J x 19 H2	57	Carrera 4, 4S und Targa 4S
	H: 997 362 162 02	11J x 19 H2	51	Carrera 4, 4S und Targa 4S
19 Zoll Carrera Classic	V: 997 362 156 03	8J x 19 H2	57	Carrera 4, 4S und Targa 4S
	H: 997 362 162 03	11J x 19 H2	51	Carrera 4, 4S und Targa 4S
	V: 997 362 156 03	8J x 19 H2	57	Carrera und S
	H: 997 362 162 04	11J x 19 H2	67	Carrera und S
19 Zoll Carrera Sport	V: 997 362 156 55	8,5J x 19 H2	55	Carrera und S
	H: 997 362 162 55	11,5J x 19 H2	67	Carrera und S
	V: 997 362 156 56	8,5J x 19 H2	55	Alle Modelle außer Carrera und S
	H: 997 362 162 56	11,5J x 19 H2	50	Alle Modelle außer Carrera und S
18 Zoll Carrera IV	V: 997 362 137 01	8J x 18 H2	57	Carrera und S
	H: 997 362 141 05	10,5J x 18 H2	60	Carrera und S
	V: 997 362 137 01	8J x 18 H2	57	Carrera und S
	H: 997 362 143 00	11J x 18 H2	51	Carrera und S
19 Zoll Carrera S II	V: 997 362 157 00	8J x 19 H2	57	Carrera und S
	H: 997 362 163 00	11J x 19 H2	67	Carrera und S
	V: 997 362 157 00	8J x 19 H2	57	Carrera 4, 4S und Targa 4S
	H: 997 362 163 01	11J x 19 H2	51	Carrera 4, 4S und Targa 4S

Zugelassene Räder für die 997-Baureihe				
Radtyp	Ersatzteilnummer	Größe	Einpresstiefe in mm	Anmerkung
Sport Classic (Fuchs)	V: 997 362 157 56	8,5J x 19 H2	55	
	H: 997 362 163 56	11,5J x 19 H2	50	
	V: 997 362 157 06	8,5J x 19 H2	57	
	H: 997 362 162 06	11,5J x 19 H2	51	
RS Spyder	V: 997 362 157 06	8,5J x 19 H2	56	Zentralmutter
	H: 997 362 163 04	11J x 19 H2	51	Zentralmutter
Carrera GTS	V: 997 362 156 55	8,5 J x 19 H2	55	Zentralmutter
	H: 997 362 162 56	11,5J x 19 H2	50	Zentralmutter
Carrera 4 GTS	V: 997 362 156 55	8,5 J x 19 H2	55	Zentralmutter
	H: 997 362 162 56	11,5J x 19 H2	50	Zentralmutter
GT3	V: 997 362156 95	8,5J x 19 H2	53	GT3 und GT3 RS
	H: 997 362 164 90	12J x 19 H2	68	GT3
	H: 997 362 164 91	12J x 19 H2	51	GT3 RS
	V: 997 362 157 95	8,5J x 19 H2	53	GT3 RS mit Zentralmutter
	H: 997 362 165 90	12J x 19 H2	63	GT3 RS mit Zentralmutter
	V: 997 362 157 93	9J x 19 H2	47	GT3 RS mit Zentralmutter
	H: 997 362 165 91	12J x 19 H2	48	GT3 RS mit Zentralmutter
19 Zoll Turbo	V: 997 362 156 02	8J x 19 H2	57	Carrera und S
	H: 997 362 162 09	11J x 19 H2	67	Carrera und S
	V: 997 362 156 02	8J x 19 H2	57	Carrera 4, 4S und Targa 4S
	H: 997 362 162 02	11J x 19 H2	51	Carrera 4, 4S und Targa 4S
19 Zoll Turbo II	V: 997 362 157 02	8J x 19 H2	57	Carrera und S
	H: 997 362 163 03	11J x 19 H2	67	Carrera und S
	V: 997 362 157 02	8J x 19 H2	57	Carrera 4, 4S und Targa 4S
	H: 997 362 163 02	11J x 19 H2	51	Carrera 4, 4S und Targa 4S
	V: 997 362 157 05	8,5J x 19 H2	56	Turbo und Turbo S
	H: 997 362 163 02	11J x 19 H2	51	Turbo und Turbo S
GT2	V: 997 362 156 95	8,5J x 19 H2	53	Nur Sommerreifen
	H: 997 362 164 91	12J x 19 H2	51	Nur Sommerreifen
GT2 RS	V: 997 362 157 96	9J x 19 H2	47	Nur Sommerreifen
	H: 997 362 165 91	12J x 19 H2	48	Nur Sommerreifen
GT2 RS Winter	V: 997 362 157 06	8,5J x 19 H2	56	Nur Winterreifen (RS Spyder)
	H: 997 362 163 04	11J x 19H2	51	Nur Winterreifen (RS Spyder)

Das Sport Classic-Rad („Fuchs-Felge“) von Porsche Tequipment.
(Bild: Porsche AG)

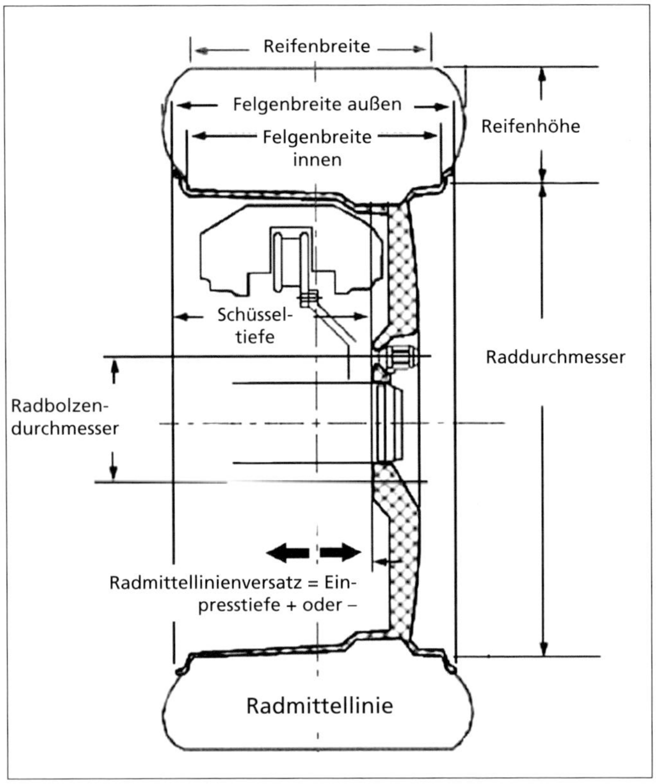

Darstellung der Einpresstiefe *(Bild: Adrian Streather)*

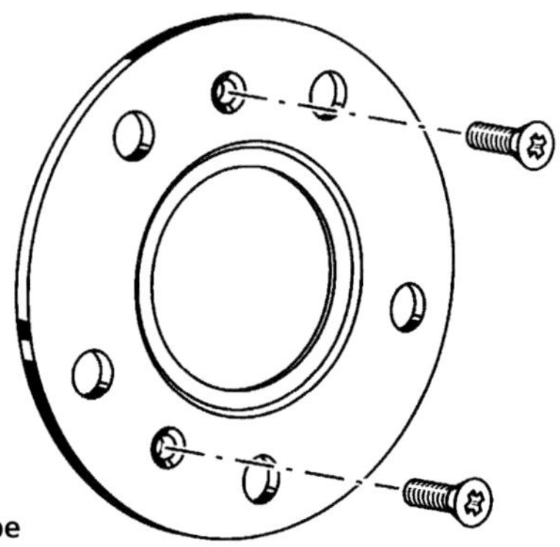

5-mm-Distanzscheibe

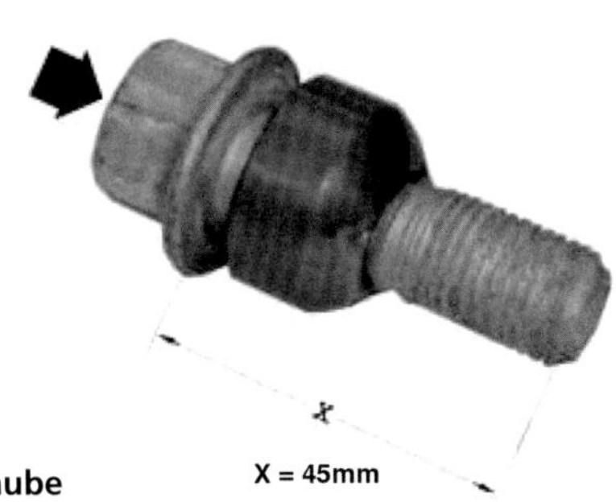

GT3-Radschraube

5-mm-Distanzscheibe und passende GT3-Radschraube
(Abbildung: Porsche AG)

Einpresstiefe der Felgen

Die Einpresstiefe misst man von der Auflagefläche der Felge auf der Nabe bis zur Radmittellinie. Eine Einpresstiefe von 50 mm bedeutet, dass die Reifenmitte gegenüber der Felgenauflagefläche um diese 50 mm zur Fahrzeugmitte hin versetzt ist.

Hinweis:
Bei der 997-Baureihe sind die Einpresstiefen meist mit den Buchstaben ET abgekürzt, allesamt negativ.

Bei 67 mm Einpresstiefe steht das Rad im Vergleich zu ET 50 nochmals um 17 mm weiter innen im Radhaus. Damit steigt die Gefahr, dass der Reifen am Radhaus scheuert, wenn das Fahrzeug nicht für diese Einpresstiefe der Felge ausgelegt ist.

Distanzscheiben

Distanzscheiben sind erforderlich, wenn ein Rad mit größerer negativer Einpresstiefe montiert werden soll als vom Fahrzeughersteller vorgesehen, damit das Rad auch bei dynamischer Verformung durch die beim Fahren auftretenden Kräfte nicht am Radhaus scheuert.
Für die Baureihe 997 sind zwei Distanzscheibengrößen freigegeben:

- 5 mm vorn und hinten. Zur Befestigung an der Nabe sind die Schrauben mit der Ersatzteilnummer 900 269 106 09 vorgeschrieben, die mit 10 Nm angezogen werden müssen. Gleichzeitig muss der längere Radbolzen des GT3-Rads (mit GT markiert und rot eloxiert) verwendet werden (Anzugsdrehmoment 130 Nm).
- 17 mm nur für hinten. Ersatzteilnummer 996 361 617 00, passend für Felgen der Größe 11,5J x 19 mit ET67.

Vorsicht:
Die Radbolzen des 997 GT3 sind ca. 5 mm länger als die serienmäßigen Bauteile. Falls die Distanzscheiben entfernt werden, müssen auch wieder die kürzeren Bolzen zurückgerüstet werden.

Hinweis:
Distanzscheiben aus dem Zubehör benötigen mindestens ein Teilegutachten, mit dem bei Prüfstellen eine Abnahme nach § 19.3 StVZO (Ausfüllen der Anbaubestätigung, die den Fahrzeugpapieren beigefügt und mitgeführt werden muss) bzw. nach § 21 StVZO (Eintragung in die Fahrzeugpapiere, also Brief und Schein) durchgeführt werden kann.

Ungefederte Massen
(Bild: Chip Witt)

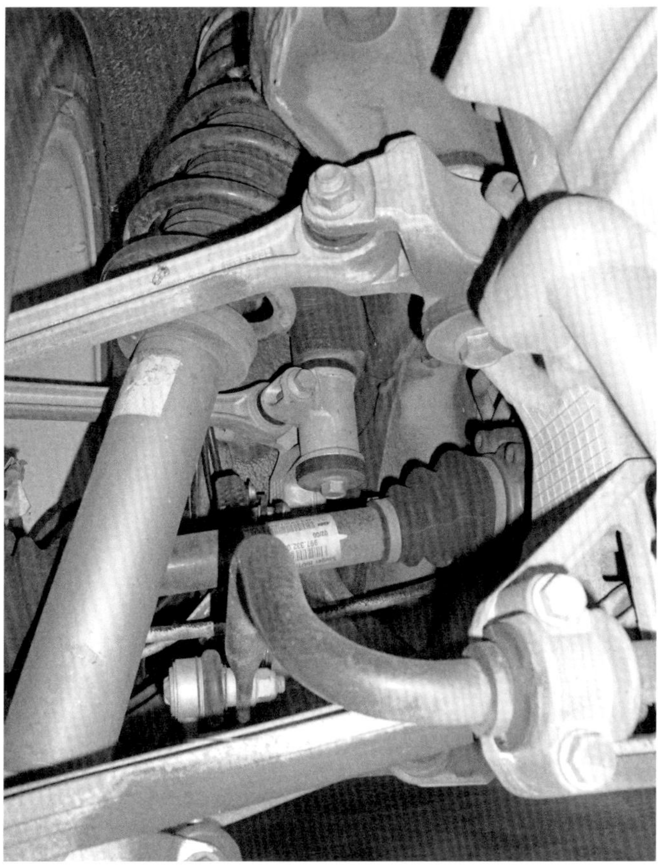

Eine weitere Ansicht
(Bild: Adrian Streather)

Ungefederte Massen

Zu den ungefederten Massen zählen das Gewicht von Reifen und Felgen, der Bremse und aller weiteren Teile der Radaufhängung, die über die Federn abgestützt sind und sich beim Ein- und Ausfedern bewegen – wobei manche Bauteile, wie z. B. die Querlenker, durch ihre Anordnung teilweise den ungefederten und teilweise den gefederten Massen zugeordnet werden.

Hinweis:
Die Karosserie, der Motor, das Getriebe usw. zählen zu den gefederten Massen.

Je niedriger die ungefederten Massen ausfallen, umso besser für das Fahrverhalten. Jeder Zuwachs bei den ungefederten Massen erhöht auch die Massenträgheit und beeinflusst die Reaktion der Radaufhängung auf Fahrbahnimpulse. Eine weitere Begleiterscheinung ist außerdem ein erhöhter Verschleiß der Fahrwerkskomponenten, besonders an der stark belasteten Hinterachse.
Zudem haben die zusätzlich rotierenden ungefederten Massen (z. B. das Rad bzw. die Bremsscheibe) einen Einfluss auf die Beschleunigung und Verzögerung.
Wenn beispielsweise schwerere Räder montiert werden, so verlangsamt sich wegen der zu überwindenden Massenträgheit die Beschleunigung, während sich der Bremsweg verlängert.

Diese schwarzen runden Dinger sind äußerst wichtig!

(Bild: Adrian Streather)

Die richtigen Reifen für dieses Auto? Sicher, es sind N2-klassifizierte Michelin Pilot Sport.

(Bild: Adrian Streather)

Nur mit den richtigen Reifen lässt sich das Potenzial des 911 auch sicher nutzen ...

(Bild: Adrian Streather)

Reifen

Grundlagen

Die „schwarzen runden Dinger", die den Fahrbahnkontakt herstellen, sind für viele Fahrzeugbesitzer ein notwendiges Übel. Beim Ersatz dieser Verschleißteile wird daher in erster Linie auf einen möglichst niedrigen Preis geachtet.

Im Vergleich zu anderen Herstellern verschleißen die Reifen an einem Porsche deutlich schneller. Leider verstehen nur wenige Fahrer, wie wichtig gute Reifen sind. Sie sind die einzige Verbindung zwischen dem Wagen und der Fahrbahn und sind verantwortlich für die Übertragung der Motorleistung, der Bremsverzögerung und der Lenkbefehle.

Ein Porsche kann nur so gut sein wie die Reifen, mit denen er fährt. Reifen mit N-Klassifizierung harmonieren am besten mit dem Heckmotorkonzept und seinen Besonderheiten.

997-Fahrer, die auch im Winter unterwegs sind, wählen am besten schmalere Reifen. Auch Winterreifen unterliegen der Physik: Sind sie zu breit, ergibt sich kein Vorteil.

Bereifungsänderungen am 997

Für die 997-Baureihe mit ihren neuen Rädern wurden auch neue Reifen mit einem größeren Abrollumfang entwickelt. Ziel war es, eine bessere Traktion (mehr Grip) beim Beschleunigen und Bremsen zu erhalten sowie höhere Seitenkräfte aufbauen zu können. Der Reifenumfang wurde vorn um 2,5% und hinten um 5% erhöht. Durch den größeren Umfang erhöht sich auch das Höhen-/Breitenverhältnis der Reifen. Die Serienreifengröße an der Hinterachse stieg bei den 19-Zoll-Rädern auf 295 mm an, wodurch deutlich mehr Kräfte in Längs- und Querrichtung übertragen werden können, was nicht zuletzt auch der Fahrsicherheit zugute kommt.

Die üblichen Reifenprofilausführungen bei Porsche-Fahrzeugen.
(Bild: Porsche AG)

Neue Reifen sollten zurückhaltend eingefahren werden.
(Bild: Adrian Streather)

Zwar ein Pirelli P Zero N4, aber für einen 997 GT3 RS die falsche Reifengröße auf dem falschen Rad. Diese Kombination gehört auf einen 996 GT3 RS. *(Bild: Adrian Streather)*

Reifenprofile

In den Bezeichnungen der von Porsche freigegebenen Reifen finden sich häufig zwei Reifenprofilangaben: laufrichtungsgebunden und asymmetrisch.

- Laufrichtungsgebundene Reifen weisen ein Profil oder einen Unterbau auf, die nur für eine Drehrichtung geeignet sind. Da der Reifen nur in eine Richtung rotiert, können die Traktion und die Wasserverdrängung wesentlich verbessert werden. Auch die Struktur des Gewebes und der Gürtellagen können eine bestimmte Drehrichtung erfordern. Einvulkanisierte Pfeile in den Reifenflanken geben die vorgeschriebene Laufrichtung an, auf die bei der Montage geachtet werden muss.
- Bei asymmetrischen Reifen verändert sich das Profilmuster innerhalb der Lauffläche. Während die Profilblöcke an der Außenseite größer sind, um die Stabilität beim Kurvenfahren zu erhöhen, ist die Profilierung auf der Innenseite enger gehalten, um das Wasser auf der Fahrbahn besser verdrängen und ableiten zu können.

Einfahren neuer Reifen

Zu Beginn bauen neue Reifen noch nicht die volle Haftung auf. Deshalb sollten die ersten 100 bis 200 km mit moderaten Geschwindigkeiten gefahren werden. Falls nur auf einer Achse neue Reifen aufgezogen werden, macht sich das oft mit einem deutlich schlechteren Handling bemerkbar, besonders beim alleinigen Wechsel der Hinterreifen. Grund dafür sind die unterschiedlichen Profiltiefen. Sobald die neuen Hinterreifen eingefahren sind, sollte eine merkliche Besserung eintreten.

Hinweis:
Einige Reifen sind im Neuzustand deutlich rutschiger als andere. Das kann durch den Herstellungsprozess bedingt oder eine Konservierungsmaßnahme sein. Das Einfahren der Reifen dient auch dazu, diesen Umstand zu beseitigen.

Porsche N-Klassifizierung

Über die Bedeutung der N-Klassifizierung wird seit jeher heiß diskutiert. Warum aber braucht der Porsche 997 spezielle Reifen? Der Motor des 997 ist im Fahrzeugheck eingebaut und dort befindet sich der Großteil des Fahrzeuggewichts. Alle 911 mit Heckmotor erfordern höher belastbare Reifen (verstärkte Flanken) an der Hinterachse und Reifen mit N-Klassifizierung erfüllen immer diese Vorgaben.

Hinweis:
Der Tragfähigkeitsindex kann auf den diversen Internetseiten der Reifenhersteller nachgelesen werden.

Sommer- und Winterreifen, die alle Tests von Porsche bestanden haben, erhalten eine N-Klassifizierung. Zu der Zeit, als dieses Buch geschrieben wurde (2015) gab es die Klassifizierungen N0 – N6. Die N-Markierung auf der Reifenflanke zeigt eindeutig und dauerhaft die Freigabe von Porsche. Eine N0-Markierung steht für die erste freigegebene Version eines Reifentyps in einer bestimmten Größe. Falls ein Reifen mit N0-Klassifizierung deutlich überarbeitet wird, führen die Änderungen zu einer neuen Generation dieses Reifens, die dann mit N1, N2 oder N3 bezeichnet wird. Damit sollen die Modifikationen an der Reifenkonstruktion kenntlich gemacht werden.

Sommerreifentest von Porsche im Jahr 2014

(Bild: Porsche AG)

Beispiel:
- Erste Version: 255/40 ZR17 N0
- Zweite Version: 255/40 ZR17 N1

Entwickelt der Reifenhersteller jedoch eine völlig neue Reifenkonstruktion in einer bestimmten Größe, erhält diese nach Bestehen der Test wieder die Freigabe mit einer N0-Klassifizierung und der Prozess beginnt von vorn.

Hinweis:
Die N-Klassifizierungen werden intern auch als laufende Nummer bezeichnet.

N2 bedeutet, dass es sich um die dritte freigegebene Version dieses Reifentyps für ein Porsche-Fahrzeug handelt.

(Bild: Porsche AG)

Die ausgetauschten Reifen sollten wieder vom gleichen Hersteller sein und die gleiche N-Klassifizierung aufweisen. Reifen müssen paarweise pro Achse ersetzt werden, wenn die 30%-Regel zutrifft:
Falls ein Reifen beschädigt ist und aus Sicherheitsgründen ersetzt werden muss, darf der noch verbleibende Reifen der Achse nicht mehr als 30% Verschleiß aufweisen. Sollte er über 30% verschlissen sein, muss auch er erneuert werden. Diese Porsche-Regel gilt für alle vier Reifen eines Modells mit Allradantrieb. Bei Nichtbefolgung dieser Regel kann sich das Handling des Fahrzeugs deutlich verschlechtern. N-Klassifizierungen sollten auch nicht vermischt werden – wobei es hier eine Ausnahme gibt. Die 997-Modelle GT2 und GT2 RS haben Michelin Pilot Sport Cup-Reifen mit unterschiedliche N-Klassifizierungen: N1 vorn und N2 hinten.

Hinweis:
Von den Reifenherstellern gibt es Reifen mit der gleichen Bezeichnung und Größe, dem identischen Geschwindigkeits- und Tragfähigkeitsindex wie die von Porsche freigegebenen N-klassifizierten Reifen. Aber diese Produkte sind nicht für Porsche-Fahrzeuge gedacht und unterscheiden sich im Aufbau der Karkasse usw. von den von Porsche freigegebenen Reifen.

Werksauslieferung mit N-klassifizierten Reifen

(Bild: Paul Simmons)

Für das Fahren im Schnee sind Winterreifen unbedingt erforderlich.

(Bild: Porsche AG)

Mit diesen Michelin Pilot Sport-Sommerreifen hat man im Winter keine Freude.

(Bild: Adrian Streather)

Warum Winterreifen?

Viele Porsche-Fahrer fragen sich, warum sie Winterreifen montieren sollten.

Die Frage ist legitim, weil die winterlichen Wetterbedingungen nicht überall auf der Welt gleich sind. Mancher 997-Besitzer aus dem Süden Spaniens oder Italiens wird auch im Winter angenehm warmes Wetter haben. In diesen Fällen wären Winterreifen Unfug.

Muss jedoch regelmäßig mit Temperaturen unter 7°C gerechnet werden, ist die Zeit für Winterreifen gekommen. Bei nassen oder verschmutzten Straßen verlängert sich der Bremsweg mit Sommerreifen gegenüber Winterreifen um bis zu 38%. Bekanntlich verhärtet sich die Gummimischung der ZR-Sommerreifen bei diesen Temperaturen, so dass sich die Haftung verschlechtert. Die Winterreifen punkten bei niedrigen Temperaturen hingegen mit ihrer weicheren Gummimischung, wobei dauerhaft höhere Temperaturen den Verschleiß erhöhen.

Auf den Internetseiten der Reifenhersteller können die Empfehlungen und Daten für die Winterreifen nachgelesen werden.

Porsche veröffentlicht jedes Jahr im September aktuelle Winterreifenempfehlungen, natürlich alle mit N-Klassifizierung.

Hinweis:

In Deutschland ist der Einsatz von Winterreifen in der kalten Jahreszeit ohnehin vorgeschrieben. Bis auf weiteres gilt die Faustregel „von O bis O“, also von Oktober bis Ostern.

Starker Reifenverschleiß
(Bild: Adrian Streather)

Normaler Reifenverschleiß
(Bild: Adrian Streather)

Auf der Reifenflanke ist mit der DOT-Nummer die Herstellungswoche und das Jahr angegeben. Dieser Yokohama Advan-Reifen trägt die DOT-Nummer 2009. Sie besagt, dass der Reifen in der 20. Kalenderwoche 2009 gefertigt wurde. Somit ist der Reifen schon über sechs Jahre alt und sollte ersetzt werden.

(Bild: Adrian Streather)

Reifenverschleiß

Die wichtigsten den Reifenverschleiß beeinflussenden Faktoren sind:

- Falscher Reifenluftdruck (zu hoher Luftdruck ist genauso schädlich wie zu niedriger)
- Falsches Ausbalancieren des Fahrzeugs (nur für GT2 und GT3 zutreffend)
- Falsch eingestellte Fahrwerksgeometrie
- Starke Sturzeinstellung (für Wettbewerbseinsatz)
- Sehr sportliche Fahrweise

Unterschiedlicher Verschleiß der vier Reifen (Porsche-Empfehlung: maximal 30% Abweichung zueinander) kann das Fahrverhalten des Fahrzeugs erheblich beeinträchtigen. Prüfen Sie daher regelmäßig den Reifenzustand und den Reifenluftdruck, besonders wenn kein Reifendruck-Kontrollsystem vorhanden ist. Allen 997-Besitzern sei dieses System dringend angeraten.

Reifenalter

Auch die weltbesten Reifen mit N-Klassifizierung verschleißen und altern. Die Bestandteile in der Gummimischung, die für die Elastizität des Gummis sorgen, verlieren im Lauf der Zeit und durch Umwelteinflüsse an Wirkung. Der Reifen wird hart, zeigt feine Risse und kann im schlimmsten Fall bei hoher Belastung undicht werden. Auf keinen Fall sollten Reifen länger als sechs Jahre auf einem Wagen gefahren oder als Ersatz vorgehalten werden.

Reifenregeln

- Immer nur neue N-klassifizierte Reifen verwenden
- Niemals nur einen Reifen ersetzen, wenn die 30%-Regel zutrifft
- Niemals Hersteller oder N-Bezeichnungen mischen
- Niemals Reifen fahren oder wiederverwenden, die älter als sechs Jahre sind

Vorsicht:
Mitunter werden Billigimitate hochwertiger Reifen angeboten, die aber die Anforderungen bei weitem nicht erfüllen.

Vorsicht:
Auf keinen Fall sollten Gebrauchtreifen von Schlachtfahrzeugen verwendet werden, wenn sich ihre Herkunft nicht eindeutig nachvollziehen lässt. Reifen von Unfallfahrzeugen dürfen nicht wiederverwendet werden.

295/30 ZR 19 (100Y)
(Bild: Ronn Hosmer)

305/30 ZR19 (102Y)
(Bild: Joe Ramos)

235/35 ZR19 (87Y)
(Bild: Adrian Streather)

Reifenbezeichnungen und Geschwindigkeitsindex

Die Reifenbezeichnung ist ein Buchstaben-/Zahlencode, der gut lesbar in die Reifenflanke einvulkanisiert ist. Damit werden die Reifengröße, die zulässige Geschwindigkeit und die Tragfähigkeit angegeben.

Beispiel: 295/30 ZR19 (100Y)

- Die ersten drei Zahlen (295) geben die Reifenbreite in Millimetern an.
- Die vierte und fünfte Stelle (30) stehen für das Höhe/Breite-Verhältnis des Reifens in Prozent. 30 bedeutet in diesem Fall, dass die Reifenflankenhöhe ca. 30% der Reifenbreite beträgt. Je niedriger diese Zahl ist, umso weniger Fahrkomfort bietet der Reifen.
- Der erste Buchstabe (Z) ist der Geschwindigkeitsindex, der auf der folgenden Seite entschlüsselt wird. Z bedeutet, dass die maximale Geschwindigkeit über 240 km/h liegt.
- Der folgende Buchstabe (R) ändert sich kaum. Das R steht für einen Reifen mit radial aufgebauter Karkasse.
- Die nächsten beiden Zahlen (19) geben den Felgendurchmesser in Zoll an, für den diese Reifen vorgesehen sind.
- Dann folgen in Klammern zwei oder drei Zahlen, die für den Tragfähigkeitsindex stehen. Der Zahlenwert kann zwischen 0 – 279 liegen und gibt die maximale Last an, die ein Reifen bei der angegebenen maximalen Geschwindigkeit tragen kann. Im Beispiel steht die Zahl 100 für eine maximale Last von 800 kg.
- Der Buchstabe (Y), der hinter dem Tragfähigkeitsindex ebenfalls in der Klammer steht, ist das Geschwindigkeitssymbol. Er ergänzt die Geschwindigkeitsangabe des Buchstaben Z. Das Y zeigt an, dass dieser Reifen für kurze Zeit Geschwindigkeiten von 300 km/h fahren kann.

Darüber hinaus gibt es noch weitere Angaben auf der Reifenflanke:

- Maximale Belastung und maximaler Fülldruck. Bei Reifen für Personenwagen geben diese Zahlen an, welche maximale Last bei maximalem Fülldruck im kalten Zustand aufgenommen werden kann.
- Nationale Zertifizierungen, wie z. B. die DOT-Freigabe für die USA
- Name des Reifenherstellers, z. B. Pirelli
- Reifentyp, wie z. B. ZERO
- Laufrichtungspfeil, falls vorhanden
- Montagehinweise wie. z. B. AUSSENSEITE oder INNENSEITE bzw. LINKS- oder RECHTS-Drehrichtung

ZR-Reifen Pirelli Zero

(Bild: Adrian Streather)

DOT-Zertifizierung für die USA

(Bild: Ronn Hosmer)

Geschwindigkeitsindex-Tabelle

Buchstabe	**Zulässige Höchstgeschwindigkeit in km/h**
	Sommerreifen
S	180
T	190
U	200
H	210
V	240
W	270
Y	300
VR*	über 210
ZR*	über 240
	Winterreifen
Q	160
R	170

* Alte Bezeichnungen

Hinweis:

Porsche erlaubt weder eine Reparatur von V, W, Y und ZR-Reifen noch den Einbau eines Schlauchs.

Das Reifendruck-Kontrollsystem war beim 997 Turbo bereits serienmäßig vorhanden.

(Bild: Porsche AG)

Auch der GT2 war bereits ab Werk damit ausgerüstet.

(Bild: Porsche AG)

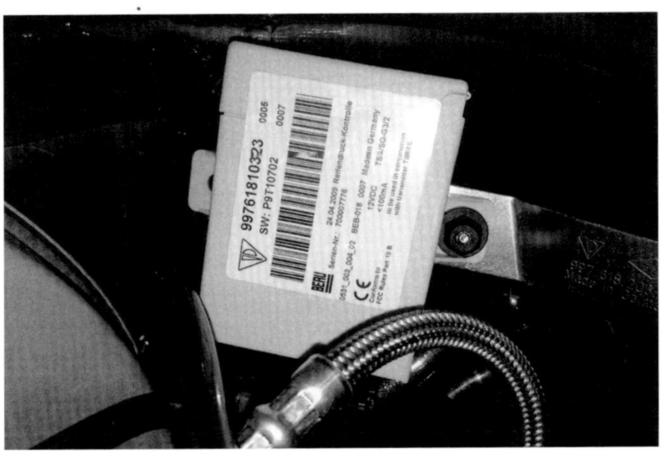

Das Steuergerät es Reifendruck-Kontrollsystem ist im Kofferraum eingebaut.

(Bild: Callas Rennsport)

Reifendruck-Kontrollsystem (RDK)

Einführung

Das Reifendruck-Kontrollsystem war bei den 997 Carrera- und GT3-Modellen der 1. Generation als Individualausstattung erhältlich (außer USA). Serienmäßig erhielten es weltweit die Turbo- und GT2-Modelle. Nach Angaben von Porsche stellt es einen erheblichen Sicherheitsgewinn dar, weil es permanent den Reifendruck in allen vier Reifen überwacht.

Das System informiert den Fahrer frühzeitig über einen schleichenden Druckverlust, der durch die normale Diffusion der Luft entsteht, und natürlich auch bei schlagartigem Luftabfall, um damit während des Fahrens Reifenplatzer möglichst zu verhindern. Ein weiterer Vorteil ist, dass die Einhaltung des korrekten Luftdrucks den Verschleiß reduziert, der sonst bei falschen Werten auftreten würde.

Hinweis:
Ein Fahren mit 0,3 bar weniger Luftdruck kann schon nach kurzer Zeit die Lebensdauer eines Reifens um 25% verkürzen.

Bauteile und Funktion

- Radsensoren
- Vier digitale Antennen
- Steuergerät

Radsensor(en)

Der wiederverwendbare Radsensor ist mittels einer selbstsichernden Torxschraube am Aluminiumventil der Felge befestigt. Er besteht aus folgenden Teilen:

- Sendeantenne
- Drucksensor
- Temperatursensor
- Elektronischer Schaltkreis
- Batterie

Je nach Land werden unterschiedliche Ubertragungsfrequenzen verwendet. In den meisten Ländern sind 433 MHz freigegeben, in anderen 315 MHz. Die Frequenz ist auf den Sensoren, Antennen und dem Steuergerät aufgedruckt und kann auch über die Ersatzteilnummer entschlüsselt werden.

Hinweis:
Das System funktioniert nur, wenn alle Komponenten die gleiche Frequenz verwenden.

Folgende Daten werden vom Radsensor übertragen:
- Jeweilige Radnummer (ID)
- Aktueller Reifendruck (Absolutdruck)
- Aktuelle Reifentemperatur
- Zustand der eingebauten Batterie
- Kontrolldaten für eine sichere und fehlerfreie Datenübertragung

Digitale Antennen
Hinter jeder Radhausabdeckung ist eine Antenne eingebaut. Sie empfangen die Funksignale der Radsensoren und bereiten diese mittels einer eingebauten Elektronik auf. Anschließend werden die über den LIN-Bus (Local Interconnect Network) an das Steuergerät übermittelt.
Die Antennen empfangen alle Funksignale der Frequenz, für die sie ausgelegt sind. Das heißt auch die Funksignale aller anderen Radsensoren, die in Empfangsreichweite sind. Deshalb werden die Signale in der Antennenelektronik gefiltert um sicherzustellen, dass auch die richtigen Daten weitergeleitet werden. Darüber hinaus sind die Antennen mit einer Selbstdiagnose ausgestattet.

Steuergerät
Das Steuergerät des Reifendruck-Kontrollsystems wertet die von den Antennen übermittelten Daten aus und überträgt sie an die Anzeige im Instrumentenfeld.
Eingebaut ist das Steuergerät im Kofferraum neben dem PSM-Steuergerät.

Funktion

System anlernen
Nach einem Radwechsel, einem Radsendertausch bzw. dem Aktualisieren der Reifeneinstellungen muss das Reifendruck-Kontrollsystem die Räder und ihre Montageposition erkennen. Dieser Lernprozess funktioniert nur, wenn das Fahrzeug sich vorwärts bewegt, da ansonsten Signale von daneben befindlichen, gleich ausgestatteten Fahrzeugen Störungen hervorrufen könnten.
Es dauert etwa 6 Minuten, bis die Daten für die Raderkennung gesammelt sind. Nach etwa 30 Minuten Fahrzeit hat das Steuergerät die Position jedes einzelnen Rads erkannt. Diese Information wird gespeichert und verwendet, bis ein anderer Reifentyp im RDK-Menü ausgewählt wurde oder das System erkennt, dass andere Radsensoren in einer oder mehreren Radpositionen montiert wurden.

Falls das RDK feststellt, dass ein Räderwechsel erfolgte, ohne dass im Menü die erforderliche Auswahl getroffen wurde, erscheint die Meldung „Radwechsel? RDK neu einstellen" im Bordcomputer. Etwas 2,5 Stunden nach dem Abstellen und Ausschalten der Zündung geht das System in den Ruhemodus. Nach dem Wiedereinschalten kann es bis zu zwei Minuten dauern, bis alle Reifendrücke angezeigt werden.

Aktuelle Reifendruckanzeige
Nach Abschluss der Lernphase wird der momentane Reifendruck eines jeden Rads sowohl bei stehendem als auch bei fahrendem Auto im Display angezeigt und man kann beobachten, wie der Reifendruck mit zunehmender Erwärmung ansteigt.
Diese Anzeige dient nur der Information, und der Reifendruck sollte ihretwegen nicht verändert werden.

Einstellen des Reifendrucks
Bei stehendem Fahrzeug kann der Fahrer nach der Montage neuer Reifen den erforderlichen Reifendruck über den Menü-Punkt „Info Druck" im RDK-Menü aufrufen. Falls die Reifen bereits im System hinterlegt sind, erscheint für jedes Rad der temperaturkompensierte Differenzdruck, d. h. das System zeigt den zu korrigierenden Nachfülldruck an.
Ein Minus-Symbol vor dem Wert gibt an, dass der momentane Druck unter dem vorgeschriebenen Druck liegt und baldmöglichst Luft nachgefüllt werden muss. Ein Plus-Symbol signalisiert einen zu hohen Druck, der entsprechend verringert werden muss.
Der Vorteil der temperaturkompensierten Anzeige liegt darin, dass selbst bei warmen Reifen der korrekte Druck eingestellt werden kann.

Reifendruckwarnungen
Für einen zu niedrigen Reifendruck gibt es zwei Anzeigemöglichkeiten:
- Stufe 1 – Luft auffüllen
- Stufe 2 – Reifenpanne

Die Warnleuchte mit dem RDK-Symbol leuchtet zur Erinnerung so lange auf, bis die Ursache beseitigt wurde. Zudem erscheint bei jedem Einschalten der Zündung die Warnmeldung.

Stufe 1 – Luft auffüllen
Sollte der Reifendruck mehr als 0,2 bar aber nicht über 0,4 bar abgesunken sein, erscheint eine Warnmeldung in weißer Schrift. Sie bleibt für 10 Sekunden nach dem Ausschalten der Zündung bestehen und wird bei jedem Einschalten

der Zündung wiederholt. Ein Weiterfahren ist damit noch möglich, aber der Reifendruck sollte umgehend korrigiert werden.

Stufe 2 – Reifenpanne
Bei einem Druckverlust von über 0,4 bar oder einem Druckabfall von mehr als 0,2 bar in einer Minute erscheint eine Warnmeldung in roter Schrift. Sobald diese Werte überschritten sind, wird diese Information angezeigt. Dabei ist es nicht relevant, ob der Wagen steht oder fährt. Der Fahrer sollte so bald wie möglich anhalten und den Reifen überprüfen.

Andere Warnmeldungen
Bei einem Reifenschaden warnt das RDK zusätzlich, wenn eine Geschwindigkeit von 80 km/h überschritten wird.

Grundeinstellungen
Das RDK-Menü lässt sich mittels des Bedienhebels nur auswählen, wenn der 997 steht. Über das Untermenü „Einstellen" können im System der aufgezogene Reifentyp (Sommer- bzw. Winterreifen) und seine Größe ausgewählt werden. Diese Grundeinstellung muss nach dem Radwechsel nur einmal vorgenommen und abschließend auch gespeichert werden.

2. RDK-Generation

Einführung
Die zweite 997-Generation war auch mit einer neuen RDK-Version ausgerüstet. In den meisten Märkten blieb das RDK eine Option; in den USA gehörte es dagegen bei allen 997-Modellen zur Serienausstattung. Der größte Vorteil des neuen RDKs war eine wesentlich schnellere Erkennung und Anzeige eines Luftverlusts.

Vorsicht:
Die Komponenten der beiden RDK-Versionen sind untereinander nicht kompatibel.

Bauteile und Funktion

Steuergerät
Wie bei der 1. Generation befindet sich das RDK-Steuergerät vorne im Kofferraum. Es hat die Aufgabe, die von der neuen zentralen Einzelantenne empfangenen Daten auszuwerten und die entsprechenden Informationen an den Bordcomputer zur Anzeige weiterzuleiten.

Hinweis:
Ein neues RDK-Steuergerät muss beim Einbau codiert werden.

Sender (Triggereinheit)
Unter den Radhausabdeckungen der vier Räder befindet sich jeweils ein Sender (neu bei dieser Version), der ein 125-kHz-Signal zum zugeordneten Reifendrucksensor im Reifeninnern übermittelt. Dieses Signal erteilt dem Radsender den Befehl zur unmittelbaren Datenübertragung an die zentrale Antenne.
Beim Aufschließen des 997 generiert das Steuergerät das erste 125-kHz-Signal für die vier Sender. Dabei wird vorne links begonnen und die Reihenfolge im Uhrzeigersinn fortgeführt. Danach erfolgt beim fahrenden Auto nur noch alle 60 Sekunden ein Auslösesignal. Da nun immer nur ein Radsender ein Signal überträgt, ist die Möglichkeit von Fehlfunktionen durch Signalüberlagerungen ausgeschlossen.

Zentrale Antenne
Die digitale zentrale Antenne mit integrierter Selbstdiagnosefunktion (Empfangsfrequenz 315 MHz oder 433 MHz) ersetzt die bisherigen vier Antennen und ist im Mitteltunnel zwischen den Kühlmittelrohren angeordnet. Die von den Radsensoren übermittelten Signale werden hier digitalisiert und über den LIN-Bus an das Steuergerät weitergeleitet.

Radsender
Die neuen Radsender sind wieder innerhalb der Felge am Ventil befestigt und bestehen aus folgenden Bauteilen:
- Drucksensor
- Temperatursensor
- Bewegungsschalter (neu)
- Elektronischer Schaltkreis
- Empfänger (neu)
- Sender
- Batterie

Die Radsender erhalten nacheinander vom RDK-Steuergerät über die vier Triggereinheiten in den Radhäusern den Befehl zur Datenübertragung. Das heißt, die zentrale Antenne empfängt immer nur ein Datenprotokoll, das auch vom gerade angesteuerten Radsensor stammt. Damit ist das System auch gegen Datenüberlagerungen abgesichert, die von anderen in der Nähe befindlichen 997 stammen können.
Ein Bewegungsschalter im Radsender erkennt, ob das Rad steht oder sich dreht. Diese Information dient dazu, den

Lernprozess für ein drehendes Rad einzuleiten oder die Sensorelektronik abzuschalten, wenn das Rad längere Zeit stillsteht.
Die Radsender der 2. Generation unterscheiden sich von ihren Vorgängern durch eine geänderte Form, einen kleinen Luftfilter und die Ersatzteilnummer. Änderungen im Datenprotokoll stellen sicher, dass bei einem fehlerhaften Einbau der Sensor nicht erkannt und eine Fehlermeldung hinterlegt wird.

Verbesserte Funktionen
Folgende Änderungen wurden an der neuen RDK-Version vorgenommen:

- Schnellere Erkennung eines Radwechsels ohne Aktualisierung. Falls das RDK nach einem Radwechsel nicht aktualisiert wird, wird das innerhalb von drei Minuten vom System erkannt und der Fahrer über eine Meldung aufgefordert, die Daten zu ändern.
- Schnellere Reifendruckanzeige während der Startphase. Nachdem die Fahrertüre geschlossen wurde, wird innerhalb von 5 Sekunden nach dem Einschalten der Zündung der momentane Reifendruck angezeigt.
- Schnellere Anzeigeaktualisierung nach Reifendruckänderung. Die Differenzdruckanzeige kann bei stehendem Fahrzeug zur Information im Reifendruck-Menü angezeigt werden, um ein korrektes Anpassen des Raddrucks sicherzustellen. Sobald diese Anzeige aufgerufen wurde, aktualisiert das System für maximal 15 Minuten die Reifendruckanzeige alle 10 Sekunden.
- Teilüberwachung. Bei einem Defekt von einem oder zwei Radsendern werden die restlichen Räder weiter überwacht und angezeigt. Beim nicht erkennbaren Rad sind in den Zahlenfeldern Linien (-,-) zu sehen.
- Reifendruckwarnung Stufe 1 – Luft auffüllen. Diese Anzeige dient dazu, den normalen Luftverlust frühzeitig zu erkennen. Falls der Reifendruck um 0,3 bis 0,5 bar abgesunken ist, erscheint bei stehendem Fahrzeug eine Reifendruckwarnung in weißen Buchstaben und bleibt nach dem Ausschalten der Zündung für 10 Sekunden sichtbar bis sie quittiert wurde. Die Reifendruckwarnleuchte im Instrumentenfeld erlischt erst, wenn der Reifendruck auf den Solldruck korrigiert wurde.
- Reifendruckwarnung Stufe 2 – Reifenpanne. Sollte der Reifendruck bei Geschwindigkeiten unter 160 km/h über 0,5 bar, über 160 km/h über 0,4 bar zu niedrig sein, erscheint eine Warnmeldung in roter Schrift. Gleiches trifft ein, wenn der Reifendruck innerhalb einer Minute um mehr als 0,2 bar absinkt. Dieser Warnung erscheint auch während der Fahrt und kann quittiert werden. Die Reifendruckwarnleuchte im Instrumentenfeld leuchtet ebenfalls auf und erlischt erst, wenn der Reifendruck korrigiert wurde. Da dieser Druckverlust eine Gefahr für die Verkehrssicherheit darstellt, sollte man umgehend an geeigneter Stelle anhalten und den Reifen prüfen. Falls erforderlich das Dichtmittel einfüllen und den korrekten Reifendruck einstellen.

Kapitel 7: Karosserie

Die Rundungen kehren zurück

Porsche formte über dem 996-Fahrwerk eine neue Karosserie, mit der wieder mehr Rundungen in die 911-Welt zurückkehrten.
(Bild: Porsche AG)

Designentwürfe

(Abbildungen: Porsche AG)

Egal ob als Targa ...
(Bild: Porsche AG)

... oder als Cabrio ...
(Bild: Porsche AG)

... ein offener 997 macht immer eine gute Figur.
(Bild: Porsche AG)

Einführung

Die Designarbeit an der Baureihe 993 unter der Leitung von Tony Hatter begann 1989 mit der Vorgabe, diesen neuen 911 1993 einzuführen. Daher stammt auch die Auftragsnummer 993. Die Arbeiten begannen mit dem Fahrzeugheck, und das Endergebnis sorgte für zahlreiche sexualisierte Diskussionsbeiträge – denn am meisten wurde über das Hinterteil dieses Autos gesprochen.

Allerdings war in diesen schwierigen Zeiten für Porsche das Budget begrenzt und es mussten Kompromisse gemacht werden. Sogar Ferry Porsche soll gefragt haben, was denn eigentlich mit der Fahrzeugfront passieren würde, aber schlussendlich war es der schönste 911, der je gebaut wurde. An seinen Formen mussten sich alle anderen messen lassen.

Die Arbeiten an seinem Nachfolger, dem 996, standen unter der Führung von dem in Hong Kong geborenen Designer Pinky Lai und begannen 1992, um den Wagen – gemäß seiner Projektnummer – im Jahre 1996 einführen zu können.

Das Design des 996 wurde in der Folgezeit sehr emotional diskutiert. Dabei dürfte vielen Freunden der Marke gar nicht bekannt sein, dass eigentlich bereits der 993 die Designmerkmale des ersten wassergekühlten 911 tragen sollte. Der polarisierenden Form des 996 zum Trotz, sprachen die Verkaufszahlen eine eindeutige Sprache: Über 175.000 Käufer entschieden sich für die damals neueste 911-Generation, sein Vorgänger 993 schaffte es nur auf 72.000 Einheiten. Dies ist umso bemerkenswerter, weil die Porsche-Gemeinde lange Zeit der Meinung war, dass der 996 mit seiner für die Baureihe 911 teils revolutionären Technik am Ziel vorbei entwickelt wurde.

Die Designarbeit am Nachfolger des 996 wurde 1998 aufgenommen; jetzt waren Matthias Kulla und Grant Larson dafür verantwortlich. Das Auto erhielt die Auftragsnummer 997. Sie hat keinerlei Bedeutung, außer dass sie auf die 996 folgt. Die Designer nahmen den gut verkauften 996 als Ausgangsbasis für einige kosmetische Änderungen. Mit dem Ergebnis konnten die Porsche-Designer auch die Kritiker wieder versöhnlich stimmen. Wie beliebt der 997 bei den Kunden war, offenbart ein Blick auf die Zahlen: Bei Produktionsende wies die Statistik 212.000 verkaufte 997-Exemplare aus.

In diesem Kapitel soll der Aufbau des 997 näher betrachtet werden: Nicht das, was man sieht, sondern was sich darunter verbirgt. Alle wichtigen Bereiche wie der Motor- und Kofferraum sowie weitere Details werden beschrieben und auch die Unterschiede zwischen Links- und Rechtslenkern gegenübergestellt, wenn möglich mit passenden Abbildungen.

Erste 997-Entwürfe stammen aus dem Jahr 1998.
(Abbildungen: Porsche AG)

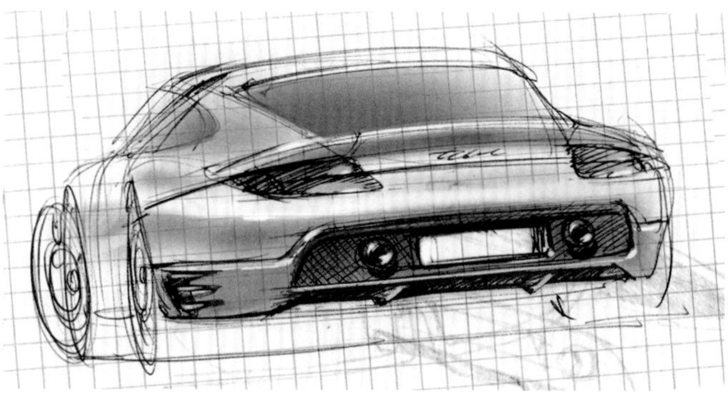

Designskizze des 997 Turbo Coupés von 2002
(Abbildungen: Porsche AG)

Designskizzen des 997 Carrera von 2003
(Abbildungen: Porsche AG)

Aufbau der Karosserie

Schönheitskorrekturen

Der 997 entstand nicht auf einer völlig neuen Plattform, sondern ist eine Weiterentwicklung des 996, die zweite 911-Plattform überhaupt. Dieser Abschnitt behandelt die dafür vorgenommenen strukturellen Veränderungen der Carrera-Modelle gegenüber ihren Vorgängern. Leider ist es nicht möglich, auf jedes kleine Detail einzugehen, weil das den Rahmen sprengen würde.

Hinweis:
Die dritte 911-Plattform entstand für die aktuelle 991-Baureihe, die Thema für ein anderes Buch ist.

Der Aufbau der Karosserie des 997 wurde gegenüber dem Vorgängermodell komplett überarbeitet, erhielt dadurch wieder deutlich mehr Rundungen und ein dynamischeres Erscheinungsbild.
Die vordere und hintere Spurweite wurden gegenüber der 996-Baureihe um 30 mm verbreitert, und ähnlich wie bei einer Schönheitsoperation wurde die Taille abgespeckt.
Zu den weiteren maßgeblichen Änderungen zählen:

- Stärker akzentuierte Kotflügel
- Klarere Konturierung, besonders im Heckbereich
- Deutlich verbesserte Aerodynamik gegenüber dem Vorgängermodell. Der Luftwiderstandsbeiwert sank auf 0,28 (bisher 0,30), der Auftrieb um 0,01 Punkte, so dass sich vorn ein Wert von 0,05 und hinten von 0,02 ergibt. Besonderen Wert legte man auf eine gute aerodynamische Integrierung der ausgestellten Radhäuser.
- Die Form und Radien der Frontschürze wurden ebenfalls aerodynamisch optimiert, um eine gute Umströmung durch den Fahrtwind zu erzielen.
- Seitliche Öffnungen in der Frontschürze erhöhen die Luftzufuhr zu den Kühlern.
- Der Konturverlauf der seitlichen Frontschürze und der vorderen Radhäuser führt den Fahrtwind an den Vorderrädern vorbei, verbessert die Radhausbelüftung und verringert den Auftrieb an der Vorderachse.
- Die A-Säule ist nun mehr gewölbt, was den Luftwiderstand senkt und auch die Windgeräusche bei höheren Geschwindigkeiten reduziert.
- Auch am Fahrzeugheck führen die runderen Konturen zu einer besseren Umströmung durch den Fahrtwind und verringertem Auftrieb an der Hinterachse.
- Die neue Kühlluftzufuhr ist sorgfältig abgedichtet, um Leckagen zu vermeiden. Durch eine zielgerichtete Luftführung wird ein optimaler Luftdurchsatz durch die Kühler erreicht und die Luftkanäle sind möglichst kurz und

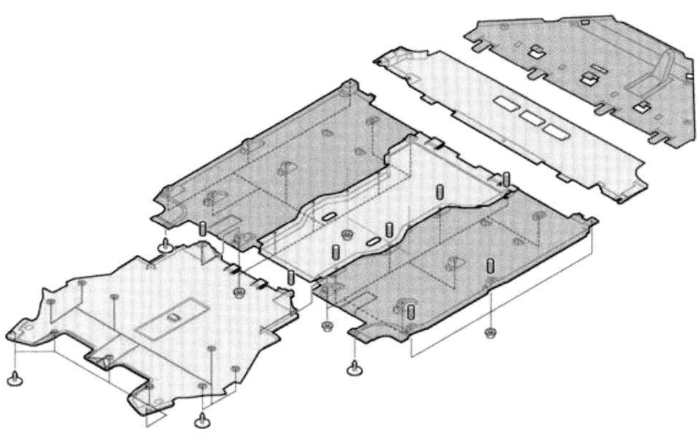

Die neue Unterbodenverkleidung. Die hellen Teile sind vom 996 übernommen, die dunkler eingefärbten sind neu hinzugekommen.

(Abbildung: Porsche AG)

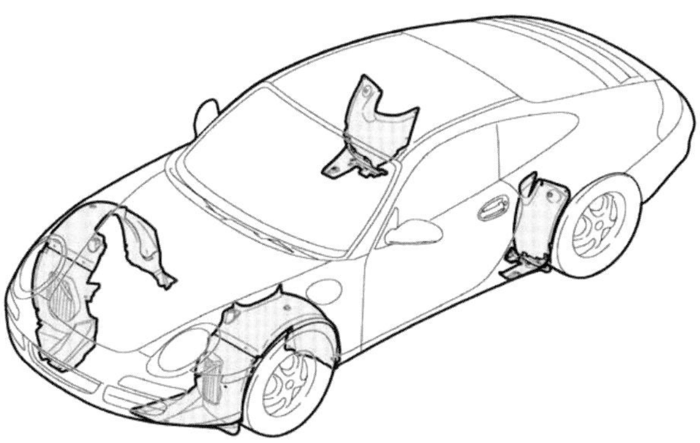

Auch die Luftführung um die Räder und die Radhäuser erfuhr eine Überarbeitung.

(Abbildung: Porsche AG)

Der Luftwiderstandsbeiwert des Cabriolets ist aus offensichtlichen Gründen etwas höher.

(Bild: Porsche AG)

gerade gehalten. Die warme Abluft der Kühler tritt nun seitlich in die Radhäuser aus, und wird nicht mehr vor den Rädern nach unten abgeleitet. Elektrisch gesteuerte Klappen öffnen ab einer Geschwindigkeit von 70 km/h, um den Luftdurchsatz zu erhöhen.

- Die Unterbodenverkleidung wurde gegenüber dem 996 um 50% vergrößert, um den höheren Luftwiderstand der größeren Stirnfläche zu kompensieren und den gestiegenen Kühlungsanforderungen gerecht zu werden. Dadurch ist die Luftströmung unterhalb des Fahrzeugs erheblich weniger anfällig für Turbulenzen und den damit einhergehenden Verlusten. Damit verringern sich der Luftwiderstand und der Auftrieb deutlich. Durch eine Verbreiterung im vorderen Bereich konnten auch die aerodynamischen Nachteile der neuen Luftzufuhr zu den Bremsen egalisiert werden. Zur besseren Belüftung des Getriebes sind in der Unterbodenverkleidung drei Öffnungen vorhanden. Ein Teil der am Unterboden entlanggeführten Luft wird über die drei Öffnungen zu Kühlungszwecken zum Getriebegehäuse geleitet. Über eine weitere Öffnung und einen Luftschacht gelangt auch Kühlluft zum Differenzialgehäuse.
- Neu gestaltete Spoiler vor den Rädern leiten den von vorn und unten ankommenden Luftstrom hinter den Reifen vorbei, was ebenfalls die Aerodynamik verbessert.
- Eine neue Spoilerlippe an der Unterseite der Frontschürze reduziert den Auftrieb an der Vorderachse, während Luftführungen an den Lenkern der Hinterachse dort den gleichen Effekt hervorrufen.

Hinweis:

Der Luftwiderstandsbeiwert (c_W) des Cabriolets ist besonders bei geöffnetem Dach etwas höher als beim Coupé.

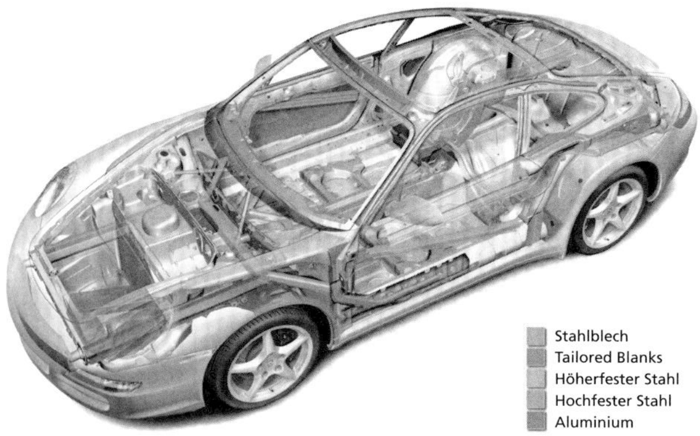

Rohbaukonzept des Carrera

(Abbildung: Porsche AG)

Noch ist beim Zusammenbau der dreiteiligen Rohkarosserie etwas Handarbeit erforderlich.

(Bild: Porsche AG)

Was steckt darunter?

Dieser Abschnitt beschreibt den grundsätzlichen Aufbau der 997-Baureihe. Zwischen den Baujahren und verschiedenen Modellen gibt es hier geringfügige Unterschiede; so ist z. B. der GT3 aus zwei unterschiedlichen Chassisteilen zusammengesetzt. Aber die grundlegende Konstruktion, die verwendeten Materialien und ihre Verarbeitung sind identisch.

Rohkarosserie

Für einen höheren Insassenschutz bei einem seitlich versetzten Frontalaufprall war es erforderlich, die Verdreh- und Biegesteifigkeit der Rohkarosserie zu erhöhen.

Darüber hinaus gelang es dem Design-Team, das Platzangebot im Innenraum zu vergrößern, ohne die äußeren Abmessungen zu ändern. Erreicht werden konnte das durch:

- Einsatz von Punktschweißen/Klebetechnik bei den Karosserieverbindungen
- Überarbeitung wichtiger Strukturbereiche (z. B. A-Säule und Dach/Rahmenverbindungen)
- Querstrebe an der Spritzwand aus hochfestem Stahl
- Verbesserte Verteilung der resultierenden Kräfte bei einem Frontal- oder Seitenaufprall

Trotzdem zeichnet sich die aus drei Teilen (Front-, Mittel- und Heckteil) bestehende und teilweise aus hochfestem Stahl gefertigte Rohkarosserie des 997 durch ein geringes Gewicht aus.

Für das Verbinden der Seitenteile mit der Bodengruppe wurde ein Kombiverfahren aus Laser-Punktschweißen und Verkleben angewendet. Dadurch stieg die Verdrehsteifigkeit um 8%, die Biegesteifigkeit sogar um 40% an.

Der überarbeitete Stirnwand-Querträger am Vorderwagen ist aus hochfestem Stahl hergestellt. Sein Querschnitt ist so bemessen, dass sich in diesem Bereich eine sehr widerstandsfähige Struktur ergibt und daher bei einem Aufprall der Fußraum deutlich geringer verformt wird. Durch einen geringeren Durchmesser konnten die Pedale um 10 mm weiter vorn angebracht werden, womit mehr Beinfreiheit für größere Fahrer entsteht.

Die Sitzschienen sind 10 mm tiefer angebracht. Daraus resultiert neben einer verbesserten Kopffreiheit auch ein niedrigerer Schwerpunkt.

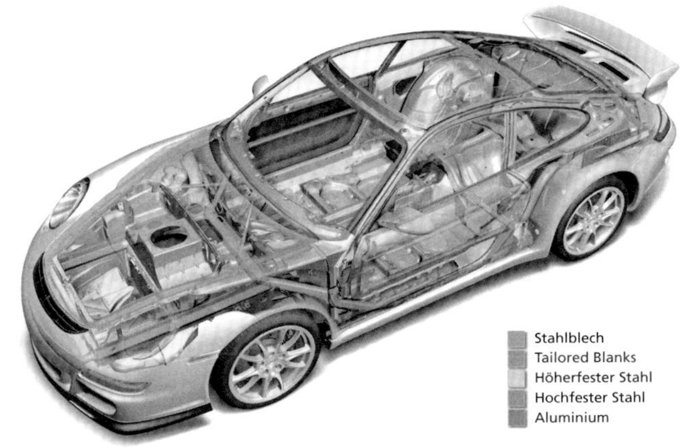

Rohbaukonzept des GT3
(Abbildung: Porsche AG)

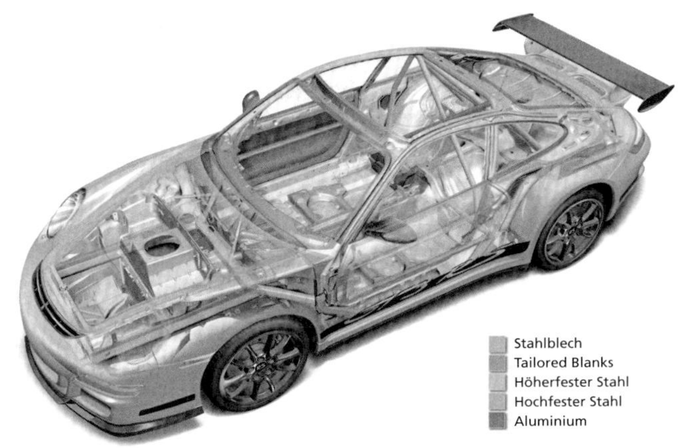

Rohbaukonzept des GT3 RS
(Abbildung: Porsche AG)

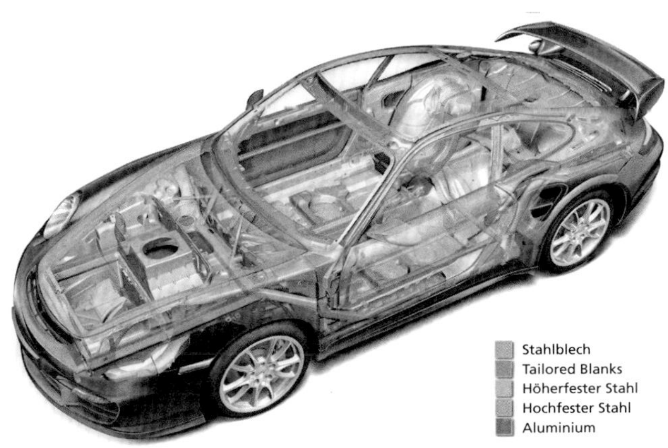

Rohbaukonzept des GT2
(Abbildung: Porsche AG)

Metalle und Verfahren

Hochfester Stahl

Zonen, die eine besonders hohe Widerstandsfähigkeit haben müssen, wie z. B. der Stirnwand-Querträger oder die Türen, sind mit Elementen aus hochfestem Borstahl verstärkt.
Formteile aus diesem Material werden durch Presshärten hergestellt. Dabei wird das Blech erwärmt und während der Formgebung abgekühlt. Diese Bauteile weisen höchste Festigkeit auf und sind nicht galvanisch behandelt.

Höherfester Stahl

Verschiedene Bereiche der Rohkarosse sind aus höherfestem Stahl gefertigt. Dadurch wird die Fahrgastzelle stabiler, während gleichzeitig Gewicht eingespart werden kann.
Bauteile aus höherfestem Stahl zeichnen sich bei einem Unfall durch eine hohe Energieabsorption aus. Allerdings sind auch hohe Kräfte erforderlich, um eine verformte Karosserie wieder in den Ursprungszustand zurückzuversetzen. Höherfeste Stähle können mit herkömmlichen Schweißverfahren verbunden werden, jedoch ist das Verschweißen mit Acetylen und Sauerstoff nicht zulässig.

Tailored Blanks

So genannte „Tailored Blanks" werden für den vorderen und hinteren Längsrahmen verwendet. Tailored Blanks bestehen aus mehreren vorgeformten Metalllagen unterschiedlicher Dicke und Qualität. Sie werden mittels Laser-Schweißverfahren miteinander verbunden, wodurch das Material nur geringer Wärmebelastung ausgesetzt ist und verzugsfreie Werkstücke entstehen. Durch diese maßgeschneiderte Herstellung der Bauteile für die vorgesehene Verwendung entsteht eine sehr leichte, aber auch äußerst stabile Karosseriestruktur.

Bake-Hardening-Stahl

Dieser Werkstoff wird für Pressteile verwendet, die eine große Umformung erfahren und auch eine hohe Stabilität aufweisen müssen. Bauteile aus diesem Material werden nach der Formgebung wärmebehandelt, wodurch die Festigkeit um ca. 15% steigt.

Galvanik-Tauchbad (Bild: Porsche AG)

Rohkarosserie in der Lackierstraße (Bild: Porsche AG)

Beim Verlassen der Lackierstraße wird die Lackschichtdicke gemessen. (Bild: Porsche AG)

Lackierung und Rostschutz

Zunächst wurde die 997-Rohkarosse in ein heißes Zinkbad getaucht, um das Blech von allen Seiten damit galvanisch zu beschichten.

Dieser vollautomatisch gesteuerte Prozess wurde viermal hintereinander ausgeführt, um eine vollständige Beschichtung der gesamten Karosserie sicherzustellen.

Alle tragenden Teile des 997 wurden so vor Korrosion geschützt. Ausgenommen davon sind die Elemente aus Bake-Hardening-Stahl und natürlich alle Bauteile, die in der Hitze des Bades schmelzen würden.

Nach der Galvanisierung durchlief die Karosserie noch vor der Lackierung eine Reihe weitere Prozesse:

- Vorbehandlung im Tauchbad
- Aufbringen der Grundierung im Kataphorese-Verfahren
- Hohlraumversiegelung mit Wachs
- PVC-Abdichtung

Nach diesen Behandlungen gelangte der 997 in die Lackierstraße, wo er von Hand in der vom Kunden gewünschten Farbe lackiert wurde. Dabei konnte zwischen Uni-Farbe und Metallic-Farbe gewählt werden.

Unabhängig von der gewählten Farbe wurden alle 997 einer strengen Endkontrolle hinsichtlich der Lackqualität unterzogen.

Eine Auflistung aller bekannten Farbcodes finden Sie im Anhang B.

Hinweis:

Auf die verzinkte Karosserie gewährte Porsche eine zehnjährige Durchrostungsgarantie. Zu den Garantiebedingungen gehört eine regelmäßige Karosserieinspektion bei einem Porsche-Zentrum.

Im September 2011 wurde im Porsche-Werk in Zuffenhausen eine neue Lackierstraße eingerichtet, auf der dann die letzten 997 des Modelljahres 2012 ihre Farbe erhielten.

Abmessungen

Bei der 997-Baureihe gibt es im Vergleich zum Vorgängermodell keine wesentlichen Unterschiede bei den Abmessungen der Restwelt- und US-Modelle. Allerdings sind zwischen den Modellen der 1. und 2. Generation einige Abweichungen vorhanden.

Abmessungstabelle 1. Generation (Maße in mm)

Modell	Länge	Breite*	Höhe	Spurweite vorn	Spurweite hinten	Radstand
Carrera	4.427	1.808	1.310	1.486	1.534	2.350
Carrara S	4.427	1.808	1.300	1.486	1.534	2.350
Carrera 4 und Targa 4	4.427	1.852	1.310	1.488	1.548	2.350
Carrera 4S und Targa 4S	4.427	1.852	1.300	1.488	1.548	2.350
GT3**	4.445	1.808	1.280	1.497	1.524	2.355
GT3 RS**	4.460	1.852	1.280	1.497	1.558	2.360
Turbo	4.450	1.852	1.300	1.490	1.548	2.350
GT2 und GT2 RS**	4.469	1.852	1.280	1.515	1.550	2.350

*Breite ohne Außenspiegel. Die Breite mit Spiegeln beträgt bei allen Modellen 1.937 mm.

**Identische Abmessungen bei den Modellen der 2. Generation. Lediglich die Breite mit Außenspiegeln beträgt durch die größeren Spiegel nun 1.952 mm.

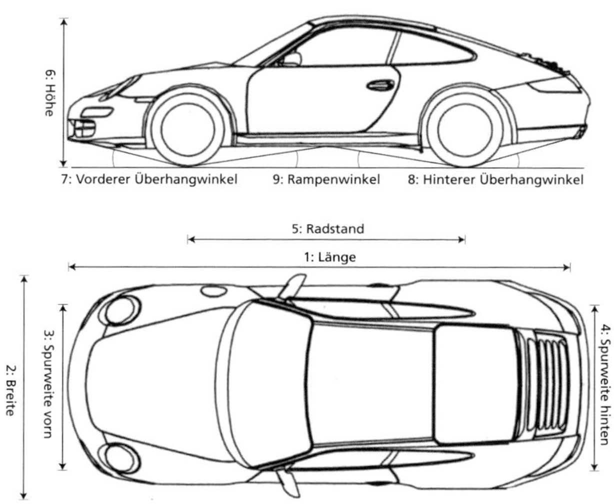

Zuordnung der Dimensionen (1. Generation)
(Abbildung: Porsche AG)

Abmessungstabelle 2. Generation (Maße in mm)

Modell	Länge	Breite*	Höhe	Spurweite vorn	Spurweite hinten	Radstand
Carrera	4.466	1.808	1.310	1.486	1.534	2.360
Carrara S	4.466	1.808	1.300	1.486	1.534	2.350
Carrera GTS	4.466	1.852	1.300	1.486	1.534	2.350
Carrera 4 und Targa 4	4.466	1.852	1.310	1.488	1.548	2.360
Carrera 4S und Targa 4S	4.466	1.852	1.300	1.488	1.548	2.350
Carrera 4 GTS	4.466	1.852	1.300	1.488	1.548	2.350
Turbo und Turbo S	4.450	1.852	1.300	1.490	1.548	2.350

*Breite ohne Außenspiegel. Die Breite mit Spiegeln beträgt bei allen Modellen 1.937 mm.

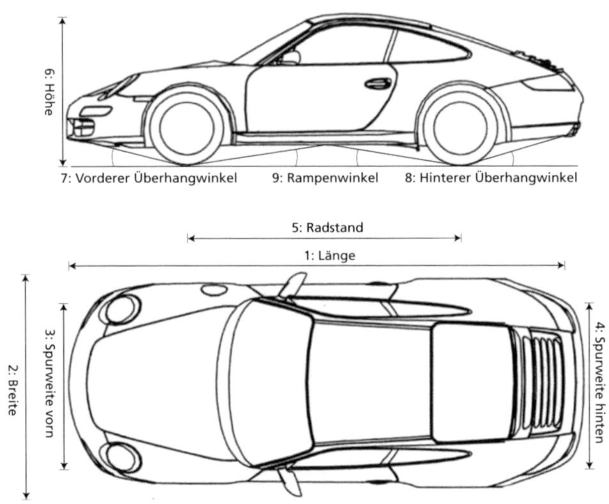

Zuordnung der Dimensionen (2. Generation)

(Abbildung: Porsche AG)

Motorraum

Hinweis:
Das Motorraumgebläse wird im Kapitel 3 behandelt

Zusätzliche Motorraumkühlung

Der später beschriebene Heckspoiler spielt auch eine Rolle bei der Kühlung des Motorraums. Solange die Motortemperatur unter 55°C liegt und eine Geschwindigkeit von 120 km/h nicht überschritten wird, bleibt der Spoiler in seiner Ruhestellung. Überschreitet die Motorraumtemperatur 60°C, fährt der Spoiler bei einer Geschwindigkeit von 80 km/h aus und bei 30 km/h wieder ein.

Motorraum eines 997 der 1. Generation
(Bild: Adrian Streather)

Motorlager

Standardausführung

Bei den meisten 997-Modellen ist der Motor über Hydrolager am Rahmen befestigt. Diese Aufhängungsart wurde vor einiger Zeit eingeführt und entkoppelt die Schwingungen der Motor-/Getriebeeinheit vom Rahmen.
Motorlager dieser Bauart verschleißen, können im Lauf der Zeit undicht werden, und die Hydraulikflüssigkeit im Innern tritt aus. Eine Instandsetzung ist nicht möglich, defekte Lager müssen ersetzt werden.

Motorlager in Standardausführung
(Bild: Adrian Streather)

Dynamische Motorlager

Eine sehr begrenzte Anzahl von 997-Modellen der 2. Generation war mit dynamischen Motorlagern ausgerüstet. Sie wurden mit dem Sport Chrono Paket Turbo oder unter dem Individualausstattungscode I140 (Dynamische Motorlagerung PADM) angeboten.
Die Elastizität der dynamischen Motorlager kann elektrisch verändert werden, um beim Kurvenfahren die durch die Massenträgheit des Motors verursachte Neigung zum Untersteuern zu minimieren. So wird bei Lastwechseln und in schnellen Kurven das Fahrverhalten durch eine härtere Motorlagerung merklich stabiler.

Dynamische Motorlager
(Abbildung: Porsche AG)

Funktionsweise

Die Motorlager sind mit einer magnetisierbaren Dämpferflüssigkeit gefüllt. Beim Anlegen einer Spannung wird im Motorlager ein Magnetfeld aufgebaut und dadurch die Viskosität der Dämpferflüssigkeit erhöht. Damit verhärtet sich die Lagerung und reduziert auch die vertikalen Schwingungen des Motors beim Beschleunigen unter Volllast.

Gasdruckdämpfer zur Abstützung der Motorraumhaube

(Bild: Adrian Streather)

Motorraumhaube eines Carrera 4 GTS mit integriertem Reflektorband

(Bild: Paul Simmons)

Geöffnete Motorraumhaube eines GT3

(Bild: Adrian Streather)

Die Intensität des erzeugten Magnetfelds wird berechnet anhand der Informationen des Lenkwinkelsensors und des Längs- bzw. Querbeschleunigungssensors. Damit ergibt sich

- eine weichere Motorlagerung für höheren Fahrkomfort und geringeren Vibrationen bei normaler Fahrweise,
- eine härtere Motorlagerung für ein stabileres Fahrverhalten, allerdings mit Einbußen beim Fahrkomfort.

Durch die Verringerung der vertikalen Motorbewegungen beim vollen Beschleunigen resultiert daraus auch gleichmäßigere und höhere Antriebskraft an der Hinterachse, höhere Traktion und eine bessere Beschleunigung.

Motorraumhaube

Die Motorraumhaube des 997 ist aus verzinktem Stahlblech hergestellt. Bei den Standard-und Turbo-Modellen ist darin der ausfahrbare und aus Kunststoff hergestellte Heckspoiler integriert. Bei den GT- und einigen Sondermodellen ist der Heckspoiler dagegen fest mit der Motorraumhaube verschraubt. Direkt an der Innenseite der Haube ist das Motorraumgebläse angebracht, mit dem die Motorraumtemperatur gesenkt wird.
Bei den Modellen Carrera 4/S/GTS und Targa 4/4S der 2. Generation ist ein durchgehender, rot eingefärbter Reflektor in den unteren Haubenabschluss integriert.
Die Befestigung an der Karosserie erfolgt über einstellbare Scharniere. Geöffnet wird die Motorraumhaube über eine elektrische Entriegelung. Der Schalter dazu befindet sich am Türschweller neben dem Fahrersitz. Ein Gasdruckdämpfer auf der rechten Seite stützt die Motorraumhaube im geöffneten Zustand ab. Zum Schließen muss die Haube per Hand abgesenkt und ins Schloss gedrückt werden.
Zur Notentriegelung der Motorraumhaube führt ein Seilzug vom Schloss zur linken Seite des Wagens.
Die Modellbezeichnung auf der Motorraumhaube ist bei den meisten Modellen titanfarben ausgeführt, bei manchen Fahrzeugen auch in schwarz. Beim 997 Turbo S 918 Spyder ist sie passend zum Fahrzeugkonzept in grün gehalten.

Hinweis:
Serienmäßig war die Zahlenreihe 911 nie auf der Motorraumhaube angebracht. Falls vorhanden, wurde sie nachträglich montiert.

Kofferraum eines GT3

(Bild: Adrian Streather)

Ein Kofferraum im Serienzustand ohne optionale Verkleidung. Zwei Klappen ermöglichen den Zugang zur Batterie und zum Bremsflüssigkeitsbehälter.

(Bild: Porsche AG)

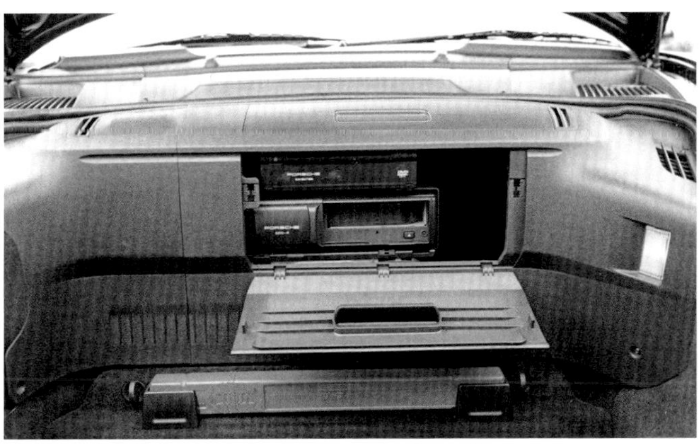

Kofferraum mit Verkleidung für Individualausstattungen: Dieses sinnvolle Zubehör schränkt leider den Stauraum ein.

(Bild: Adrian Streather)

Kofferraum

Eigentlich sollte der 997 durch das entfallene Reserve- bzw. Faltrad sowie eine Umgestaltung des Stirnwand-Querträgers im Vergleich zum Vorgängermodell deutlich mehr Platz im Kofferraum bieten. Allerdings konnte dieser Plan nicht wie gewünscht umgesetzt werden. Bei den Allradmodellen geht einiges an Stauraum durch das Vorderachsgetriebe und einen geänderten Kraftstofftank verloren. Bei allen Modellen verkleinert sich das Platzangebot je nach vorhandener Individualausstattung. Die folgende Auflistung der Kofferraumgrößen bezieht sich daher nur auf die serienmäßigen Fahrzeuge der 1. Generation:

- Carrera und Carrera S: 125 Liter
- Carrera 4, Carrera 4S, Targa 4 und Targa 4S: 95 Liter
- GT3, GT3 RS, GT2 und GT2 RS: 105 Liter
- Turbo: 95 Liter

Bei allen Allrad-Modellen der 2. Generation wurde das Kofferraumvolumen auf 105 Liter erhöht.

Mit einer neu gestalteten Innenverkleidung des 997-Kofferraums sollte dessen Erscheinungsbild aufgewertet werden. Die Verkleidung umschließt die Bereiche vor bzw. unterhalb der Frontscheibe, an den Seiten und um den Kraftstofftank. Durch die neue Formgebung konnte der nutzbare Stauraum etwas erhöht werden. Die Reifenfüllflasche, der Kompressor und die Werkzeugtasche (mit Radmutternwerkzeug und Abschleppöse) befinden sich in einer senkrecht an der Kofferraumrückwand angebrachten Werkzeugbox. Außen an der Box befindet sich auch ein Halter für das Warndreieck, während der Verbandskasten an der rechten Kofferraumseite fixiert werden kann. Je nach Sonderausstattung kann zum Schutz der hinzugekommenen Komponenten noch eine zusätzliche Verkleidung vorhanden sein. Diese verläuft dann oberhalb des Kraftstofftanks über die gesamte Kofferraumbreite. Bei Fahrzeugen ohne Individualausstattung ist hier lediglich eine Verkleidung des Bremskraftverstärkers bzw. Bremsflüssigkeitsbehälters vorgesehen.

Eine neue Blende deckt auch geschickt die bisher sichtbaren Schrauben und Metallkanten am vorderen Kofferraumende ab.

Kofferraumhaube eines GT3

(Bild: Adrian Streather)

Die Schalter zum Öffnen der Kofferraum- und Motorraumhaube

(Bild: Adrian Streather)

Sicherungshaken der Kofferraumhaube

(Bild: Adrian Streather)

Kofferraumhaube

Die Kofferraumhaube besteht jetzt aus Aluminium, was gegenüber der Vorgängerausführung zu einer Gewichtseinsparung von 6 kg (= 40%) führt.

Das Öffnen der Haube erfolgt in zwei Schritten:

- durch Drücken des Schalters im Schwellerbereich neben dem Fahrersitz wird die Haube elektromagnetisch entriegelt
- zum weiteren Aufklappen die Haube etwas anheben und den Sicherungshaken mit dem roten Hebel ausklinken

Zwei Gasdruckdämpfer halten die Kofferraumhaube geöffnet. Zum Schließen die Haube absenken und im Schlossbereich mit der Handfläche zudrücken.

In einigen Ländern, wie z. B. in den USA, ist eine Notöffnung von innen vorgeschrieben. Eine im Kofferraum eingeschlossene Person kann die Haube von innen über einen fluoreszierenden leuchtenden Griff öffnen.

Vorsicht:

Beim Beladen des Kofferraums muss unbedingt darauf geachtet werden, dass kein Gepäck oder andere Gegenstände mit diesem Griff in Kontakt kommen. Das könnte zu einem unbeabsichtigten Öffnen der Haube führen.

Im Bordcomputer erscheint eine Warnmeldung, wenn die Haube über diesen Griff entriegelt wird. Falls dies während der Fahrt geschieht, muss der 997 umgehend angehalten und der Kofferraum überprüft werden.

Falls die Kofferraumhaube bei stehendem Fahrzeug über den Notgriff entriegelt wird, kann sie sofort von innen geöffnet werden.

Erfolgt die Entriegelung über den Notgriff bei einer Geschwindigkeit von über 3 km/h, erscheint die Warnmeldung im Bordcomputer und der Sicherungshaken rastet ein.

Ein Seilzug zur Notöffnung der Kofferraumhaube verläuft vom Haubenschloss zum rechten Radhaus.

Hinweis:

Manche Besitzer wickeln den Notöffnungseilzug auf und verstauen ihn im Schlossbereich.

Neu gestaltete Frontscheinwerfer *(Bild: Adrian Streather)*

Die Rundungen sind zurück *(Bild: Adrian Streather)*

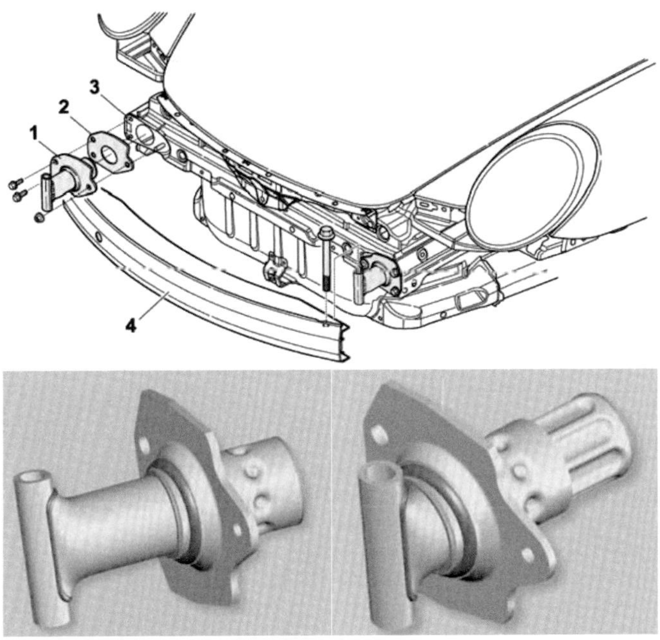

Vordere Pralldämpfer *(Abbildung: Porsche AG)*

Exterieur

Karosserie

Die Vorderansicht des 997 wird durch die geänderten Scheinwerfer, Lufteinlässe und die neue geschwungenere Form der Kofferraumhaube geprägt.

Durch die ovalen Scheinwerfer wirkt das neue Gesicht des Wagens ansprechender. Da sie tiefer und weiter auseinanderliegend angeordnet sind, erscheint die Frontpartie kürzer, breiter und kraftvoller als die des Vorgängermodells 993, ganz zu schweigen vom 996.

Die Seitenansicht ist klar und gefällig, was durch die stabil erscheinenden Türen noch verstärkt wird.

Größere Radhäuser bieten genug Freiraum für die neuen 18- bzw. 19-Zoll-Räder. Dank größerer Reifen erhöht sich gegenüber den Vorgängermodellen auch der Abrollumfang.

Die Dachkontur ist leicht verändert, was hauptsächlich auf die neue, kräftiger ausgeführte C-Säule zurückzuführen ist.

Schwungvoll verlaufende Formen an den hinteren Seitenteilen, neue Rückleuchten mit klaren Trennungen zwischen roten und grauen Bereichen und die nach oben verlegte Abschlusskante der Motorraumhaube verleihen dem 997-Heck die markante Ausstrahlung der ruhmreichen Zeiten.

Das bewährte Stoßfängersystem des 996 wurde übernommen und an die geschwungenere Karosserie des 997 angepasst. Zum besseren Schutz der Frontpartie gegen Beschädigungen bei geringer Geschwindigkeit wurden die Pralldämpfer allerdings eingehend überarbeitet. Die neuen energieabsorbierenden Dämpfer können sich nun 50 mm weit zusammenschieben. Sie bestehen aus zwei ineinandergeschobenen Rohren, anstelle eines einzelnen bisher. Die Befestigung an der vorderen Quertraverse erfolgt jetzt über drei, anstelle von zwei Verschraubungen. Zwischen dem Pralldämpfer (1) und der Karosserie (3) ist eine Dichtung (2) eingelegt. Der eigentliche Stoßfänger aus Metall (4) wird von oben mit den Pralldämpfern verschraubt. Das äußere Rohr des Pralldämpfers ist mit sternförmig angeordneten punktförmigen Einkerbungen versehen, die den Rohrquerschnitt verengen. Bei einem Aufprall schiebt sich das innere Rohr in das äußere und die Einkerbungen gleiten in dafür vorgesehene Bahnen. Damit wird ein Teil der Aufprallenergie absorbiert und die Frontpartie des 997 vor größeren Schäden bewahrt.

Im neuen Design setzt man in Österreich auf Verbrecherjagd.

(Bild: Porsche AG)

Neue Heckschürze

(Bild: Porsche AG)

Neue Nummernschildbefestigung: Dank Klettband entfällt das Bohren von Löchern.

(Bild: Porsche AG)

Die Frontschürze des 997 wurde auf eine optimale Aerodynamik ausgelegt und in folgenden Punkten gegenüber dem Vorgängermodell geändert:

- Integrierte Nebelscheinwerfer, Parkleuchten und Blinker: Die drei verschiedenen Leuchten sind auf jeder Seite jeweils in einer Einheit zusammengefasst. Zur Befestigung wird die Leuchteneinheit lediglich in die Frontschürze eingerastet und nicht verschraubt. Zum Ausbauen ist im Bordwerkzeug ein Entriegelungswerkzeug enthalten, das einer Kreditkarte ähnelt. Durch Einschieben des Werkzeugs zwischen die Leuchteneinheit und die Frontschürze kann die Einheit ausgebaut werden.
- Integrierte Scheinwerferwaschanlage:
  Beim Vorgängermodell war die Waschanlage Bestandteil des Scheinwerfermoduls. Da in den neuen runden Hauptscheinwerfern dafür kein Platz mehr vorhanden ist, wurde die Scheinwerferwaschanlage jetzt in der Frontschürze untergebracht.
- Neues Befestigungssystem für das Kennzeichen: Das Bohren von Löchern entfällt.
- Einführung des Nullfugen-Konzepts

Auch die Heckschürze musste sich einer umfassenden Überarbeitung unterziehen. Neben einer optimierten Aerodynamik wurden noch weitere Punkte geändert:

- Neue Anordnung der ParkAssistent-Sensoren
- Geändertes Styling im Bereich der Auspuffendrohre
- Analog zur Frontschürze auch hier die Einführung des Nullfugen-Konzepts

Der hintere Stoßfänger samt Pralldämpfer wurde unverändert vom 996 übernommen.

Hinweis:

Der neue Scheinwerfer und die anderen Leuchteneinheiten des 997 werden im Kapitel 8 eingehend beschrieben.

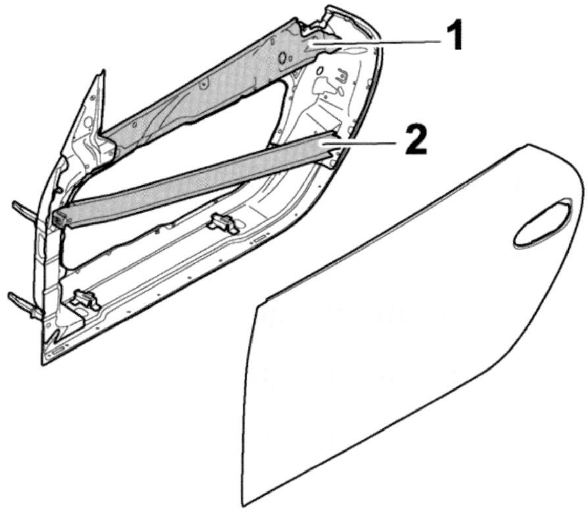

Überarbeitete Türkonstruktion
(Abbildung: Porsche AG)

Türen

Zur Erhöhung des Insassenschutzes wurden die Fahrer- und Beifahrertür verstärkt. Dazu fanden folgende Änderungen statt:

- Im oberen Bereich des Türrahmens wurde ein Element aus hochfestem Stahl (1) integriert, über welches bei einem einseitigen Frontalaufprall die auftretenden Kräfte übertragen werden können. Damit wurde das Deformationsverhalten der Fahrgastzelle weiter verbessert.
- Seitenaufprallschutz (2) durch die Integrierung einer Türverstärkung aus höchstfestem Stahl.
- Türschlösser mit einer zusätzlichen dritten Stellung für eine exakte Türposition beim Öffnen.

Die Türen sind modular aufgebaut. Der Seitenairbag, die Lautsprecher, der Fensterhebermotor und der Kabelbaum sind auf einem Innenteil aus Aluminium montiert, das wiederum mit der Tür verschraubt wird. Die Fensterhebermechanik ist ebenfalls am Innenteil befestigt und zusätzlich am Boden der Tür fixiert.

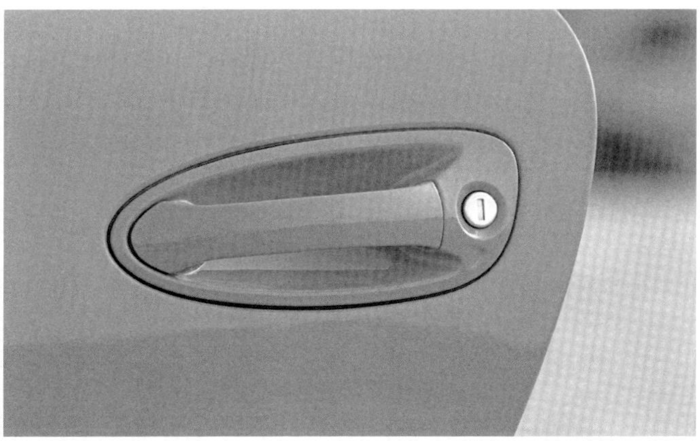

Mit neuem Schwung: der Türgriff des 997.
(Bild: Porsche AG)

Türgriffe

Für die 997-Modellreihe entstanden neue, stärker geschwungene Türgriffe, die in der jeweiligen Fahrzeugfarbe lackiert sind. Der Türgriff ist mit der Griffmulde und dem Halter des Schließzylinders über zwei Muttern mit der Türaußenhaut verschraubt. Das Übertragungsgestänge des Schließzylinders ist spielfrei in die dafür vorgesehene Aufnahme am Türschloss eingepasst.

Außenspiegel

Natürlich wurde auch die Form der Außenspiegel an das neue Fahrzeugdesign angepasst. Das Spiegelglas sitzt jetzt auch tiefer im Gehäuse und ist daher besser gegen Verwirbelungen, Verschmutzungen und Vibrationen bei hohen Geschwindigkeiten geschützt.

Beide Außenspiegel sind elektrisch verstellbar und beheizt. Falls die optionalen Komfortsitze bzw. adaptiven Sportsitze eingebaut sind, ist ebenfalls eine Memory-Funktion für die Spiegeleinstellung vorhanden.

Ebenfalls als Individualausstattung werden automatisch abblendende Außen- und Innenspiegel mit integriertem Regensensor angeboten.

Klappbarer Außenspiegel des 997 GT3, 1. Generation
(Bild: Adrian Streather)

Bei der zweiten 997-Generation sind die Außenspiegel etwas größer.
(Bild: Adrian Streather)

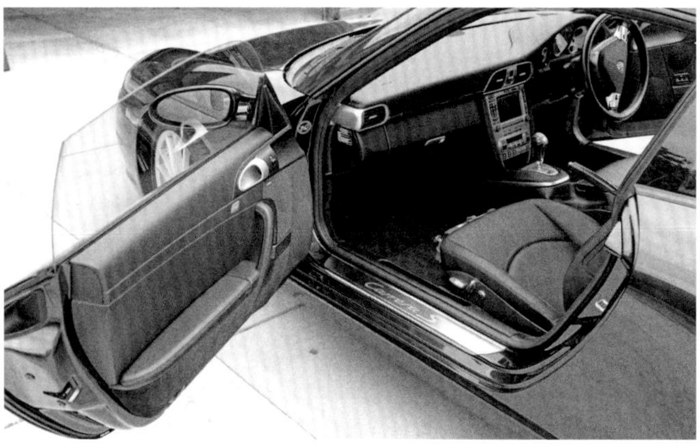

Überarbeitete Türverkleidung mit großem Staufach, dessen Deckel als Armauflage dient.
(Bild: Adrian Streather)

Ausgefahrener Heckspoiler mit integriertem vierten Bremslicht
(Bild: Adrian Streather)

Über zwei Ausleger ist das Spiegelgehäuse an der Tür befestigt.
Der Spiegel kann per Hand eingeklappt werden. Dazu den Spiegel gegen eine recht hohe Federkraft in Richtung Türscheibe schwenken und festhalten. Anschließend den Verriegelungshebel bis zum Anschlag drehen und Spiegel langsam loslassen.

Hinweis:
Weitere Informationen zu den Außenspiegeln der 2. Generation finden Sie im Kapitel 1.

Türverkleidung

Die Türverkleidungen sind nun stabiler ausgelegt und nehmen den Türöffner und die Fensterheberschalter auf. Die Bedienung der Fensterheber ist intuitiver und nach der Bewegung der Scheibe ausgerichtet. Bei vorhandenen Komfort- oder adaptiven Sportsitzen mit Fahrermemory sind die Schalter für die Sitzverstellung ebenfalls in die Türverkleidung integriert.
An jeder Türverkleidung ist ein großes Staufach angebracht, das mit einer Abdeckung versehen ist, die auch als Armauflage dient.

Hinweis:
Befestigt ist die Türverkleidung am Türinnenteil mittels Klammern sowie fünf Schrauben, die nach dem Entfernen von Abdeckungen zugänglich sind.

Ausfahrbarer Heckspoiler

Der ausfahrbare Heckspoiler sorgt für eine kontrollierte Luftströmung, die auch den Anpressdruck des Fahrzeughecks erhöht. Dadurch verringert sich der Luftwiderstand, während gleichzeitig der Auftrieb an der Hinterachse verringert wird. Als Nebeneffekt kann durch den höheren Druck mehr Luft zur Kühlung in den Motorraum eintreten. Da bei niedrigen Geschwindigkeiten die aerodynamischen Einflüsse vernachlässigbar sind, fährt der Heckspoiler ab einer Geschwindigkeit von ca. 120 km/h aus und kehrt bei ca. 60 km/h in seine Ruheposition zurück.

Ausgefahrener Heckspoiler in der Ausführung für Saugmotoren
(Bild: Porsche AG)

Turbo-Heckspoiler im eingefahrenen Zustand
(Bild: Porsche AG)

Turbo-Heckspoiler im ausgefahrenen Zustand
(Bild: Porsche AG)

Wie allerdings bereits erwähnt, hat der Heckspoiler auch Einfluss auf die Motorraumtemperatur. Daher ändern sich bei bestimmten Temperaturen die Geschwindigkeiten, bei denen der Spoiler aus- bzw. einfährt.
Für das neue Design des 997 wurde zwar die Form des Heckspoilers geändert, der prinzipielle Aufbau aus zwei Kunststoffteilen mit einem integrierten Bremslicht ist identisch mit dem des 996.
Der Heckspoiler bildet im geschlossenen Zustand mit der Motorraumhaube eine Einheit und passt sich exakt in die Haubenfläche ein.

Aus folgenden Teilen setzt sich der ausfahrbare Heckspoiler der 997-Modelle zusammen:
- Spoiler-Oberteil
- Spoiler-Unterteil
- Stellmotor
- Steuergerät (Bestandteil des hinteren Steuergeräts)
- Faltbare Rückwand zum Abdichten des hinteren Spoilerbereichs im ausgefahrenen Zustand (nur für Modelle mit Saugmotor)
- Schalter zur manuellen Steuerung in der Mittelkonsole

Mechanik des Heckspoilers
Das Aus- und Einfahren des Heckspoilers erfolgt über einen Stellmotor, der wiederum direkt in einen Verstellmechanismus eingreift.

Automatische Funktionsweise des Heckspoilers
Der ausfahrbare Heckspoiler bleibt bei allen 997-Modellen eingefahren, solange die Motorraumtemperatur unter 55°C liegt, und fährt aus, wenn eine Geschwindigkeit von 120 km/h überschritten wird. Bei einer Geschwindigkeit unter 60 km/h kehrt der Heckspoiler wieder in seine Ausgangslage zurück.
Falls jedoch die Temperatur im Motorraum 60°C überschreitet, fährt der Spoiler schon bei 80 km/h aus und kehrt erst bei 30 km/h wieder zurück.

Hinweis:
Das Steuergerät überwacht die Zeit, die der Heckspoiler zum Aus- bzw. Einfahren benötigt. Sollte das nicht innerhalb einer vorgegebenen Zeitspanne (ca. 15 Sekunden) erfolgen, wird der Stellmotor stromlos geschaltet, um Schäden an der Verstelleinrichtung zu verhindern.

Der Schalter zur manuellen Steuerung des Heckspoilers befindet sich in der Mittelkonsole ganz unten links.

(Bild: Ronn Hosmer)

Manuell ausgefahrener Heckspoiler.

(Bild: Adrian Streather)

Manuelle Funktionsweise des Heckspoilers

Bei eingeschalteter Zündung kann bei allen 997-Modellen der Heckspoiler über den Tastschalter in der Mittelkonsole aus- und eingefahren werden.

Zum Ausfahren reicht ein kurzes Betätigen des Tasters, er sollte nicht gedrückt gehalten werden. Der Spoiler fährt daraufhin bis zur Endstellung aus und die Leuchtdiode im Taster leuchtet.

Das manuelle Einfahren unterliegt bestimmten Vorgaben. Zum Einfahren des Spoilers bei einer Geschwindigkeit zwischen 0 und 30 km/h muss der Taster gedrückt und gehalten werden, bis die Endstellung erreicht ist. Die Leuchtdiode erlischt und das System wechselt in den Automatikmodus. Zum Einfahren des Spoilers bei einer Geschwindigkeit zwischen 30 und 100 km/h reicht es aus, den Taster nur kurz zu drücken. Der Heckspoiler fährt ein und die Leuchtdiode im Taster erlischt. Auch jetzt wechselt das System in den Automatikmodus.

Bei Geschwindigkeiten über 100 km/h ist es ebenfalls ausreichend, die Taste nur kurz zu drücken. Allerdings bleibt der Heckspoiler ausgefahren, aber die Leuchtdiode im Taster erlischt und das System geht in den Automatikmodus über.

Heckspoiler-Warnsystem

Sollte der Heckspoiler nicht öffnen bzw. schließen oder verklemmt sein, erscheint im Bordcomputer eine Warnmeldung.

911 Sport Classic mit Entenbürzel.
(Bild: Porsche AG)

Der obere Flügel des GT3-Heckspoilers ist einstellbar.
(Bild: Adrian Streather)

Am GT3 RS ist der einstellbare Spoilerteil aus Kohlefaser gefertigt.
(Bild: Adrian Streather)

Starrer Heckspoiler

Diese sechs Modelle der 997-Baureihe sind mit einem starren Heckspoiler ausgerüstet:

- GT3
- GT3 RS
- GT3 RS 4.0
- GT2
- GT2 RS
- Sport Classic

Das Sondermodell 911 Sport Classic Coupé der 2. Generation war mit einem Retro-Spoiler versehen, der an den Entenbürzel des legendären 911 RS von 1973 erinnerte.
Der Heckspoiler und die Motorraumhaube des GT3 sind komplett überarbeitet und bilden eine Einheit.
Für den Rennstreckeneinsatz kann der Neigungswinkel des oberen Flügelteils verändert werden.
Am unteren Flügelteil ist eine Abrisskante (Gurney-Flap) vorhanden, welche ohne den Luftwiderstand zu erhöhen, zusätzliche Abtriebskraft erzeugt.
Über zwei Lufteinlässe in der Motorraumhaube gelangt Luft zur Verbrennung in das Ansaugsystem, sowie zur Kühlung in den Motorraum. Die warme Abluft tritt über ein Belüftungssystem in der Heckschürze in die Umgebung aus.
Bei den GT3 RS-Modellen ist die Motorraumhaube identisch ausgeführt, jedoch besteht der obere einstellbare Spoilerteil aus Kohlefaser.
Im öffentlichen Straßenverkehr muss der Spoiler in der niedrigsten Position eingestellt sein.
Das richtige Anzugsdrehmoment der Einstellschrauben beträgt 15 Nm.

Vorsicht:
Sollte der Spoiler für den Wettbewerbseinsatz verstellt werden, können sich die Einstellschrauben lockern und der Spoiler verändert beim Fahren seine Position. Daher sollten die Einstellschrauben mit Schraubensicherungsmittel (z. B. Loctite 270) gesichert werden.

Die Modelle mit starrem Spoiler haben zum Öffnen der Motorraumhaube das gleiche elektrische Entriegelungssystem wie die Fahrzeuge mit ausfahrbarem Heckspoiler.

Durch Drücken und Halten des Tasters kann die genaue Schiebedachposition bestimmt werden.

(Bild: Adrian Streather)

Vollständig geöffnetes Schiebedach eines GT3

(Bild: Adrian Streather)

Maximal aufgestelltes Schiebedach

(Bild: Adrian Streather)

Schiebe-/Hubdach

Für alle 997 Coupés konnte als Individualausstattung ein Schiebedach bestellt werden. Es lässt sich elektrisch stufenlos öffnen bzw. heben und senken. In den meisten Ländern gehört es schon zur Standardausrüstung und sogar die „Komfortausgabe" des GT3 wird damit angeboten.
Als Basis diente die Schiebedachkonstruktion des Vorgängermodells von 2005. Es lässt sich um 28 mm geneigt anheben und erlaubt so eine geräuscharme Belüftung des Innenraums bei hohen Geschwindigkeiten. Die einzige wesentliche Änderung ist die Integrierung der Schiebedachsteuerung im multifunktionalen hinteren Steuergerät des 997.
Das Schiebedach wird als komplette Einheit an entsprechenden Befestigungspunkten am Dachrahmen verschraubt. Auf der Innenseite ist das Schiebedach mit Kunststoff verkleidet – so wie der Windabweiser, der bei geöffnetem Dach ausfährt.

Schiebe-/Hubdachfunktion

Die Betätigung des Schiebedachs erfolgt über einen beleuchteten Wipptaster in der Dachmittelkonsole.
Der Schalter hat drei Positionen für die entsprechenden Dachbewegungen:

- Schließen-Öffnen-Anheben/Neigen

Das Dach kann verstellt werden, wenn die Zündung eingeschaltet ist, auch bei stehendem Motor oder wenn die Türen geöffnet sind. Bei ausgeschalteter Zündung kann es noch so lange verstellt werden, bis eine der Türen geöffnet wird.
Wenn man den Schalter nur kurz antippt, wird das Dach bis zur Endstellung bewegt, ohne dass der Schalter weiter gedrückt bleiben muss. Tippt man den Schalter währenddessen nochmals kurz an, so bleibt das Dach in der gerade erreichten Position stehen.
Drückt man den Schalter jedoch gleich länger, so kann durch Loslassen des Schalters die genaue Zwischenposition bestimmt werden, in der das Dach bleiben soll. Betätigt man den Schalter nochmals, so fährt es in die gewünschte Richtung weiter.

Einklemmschutz

Falls ein Widerstand vorhanden ist, hält das schließende Schiebedach selbsttätig an und öffnet sich wieder.
Sollte der 997 für zwei Stunden unverschlossen stehen, kann das Schiebedach zum Schutz der Batterie nicht mehr elektrisch bewegt werden.

Schiebedachkomponenten

Sämtliche Bewegungen des Schiebedachs werden elektrisch ausgeführt. Ein Elektromotor überträgt dabei seine Kraft über ein Seilzugsystem; zur Steuerung sind ein Wipptaster in der Dachmittelkonsole, Hallsensoren für die Dachstellungserkennung und ein Steuergerät im Fahrzeugheck vorhanden.

Die hinten angehobene Position dient als Nullstellung für das automatische Öffnen oder Schließen. Sie ist im Steuergerät hinterlegt, das davon ausgehend die Anzahl der Umdrehungen berechnet, die der Motor für das vollständige Schließen bzw. Öffnen benötigt. Falls die Steuerung aus irgendwelchen Gründen diese Information verliert (z. B. Austausch von Bauteilen), kann die Ausgangsstellung jederzeit wieder neu initialisiert werden.

Die Vorgehensweise:

- Bei eingeschalteter Zündung den Wipptaster in der Mitte drücken, bis das Schiebedach die voll angehobene Stellung erreicht hat.
- Schalter erneut drücken und halten. Nach ca. 10 Sekunden beginnt das Dach automatisch, alle Positionen zu durchfahren, also sich abzusenken, auf- und wieder zuzufahren.
- Während dieses Vorgangs darf der Wipptaster nicht losgelassen werden. Sollte eine Wiederholung erforderlich sein, muss wieder in der voll geöffneten Stellung begonnen werden.
- Wenn das Dach beim Heben oder Öffnen bereits vor Erreichen der Endstellung wieder zurückfährt, hat die Schließkraftbegrenzung angesprochen. In diesem Fall muss die Öffnungsfunktion wieder neu angelernt werden.

Anlernen der Öffnungsfunktion:

- Wipptaster auf Öffnen drücken, bis das Schiebedach anhält, dann Schalter loslassen.
- Öffnen-Taster erneut drücken, bis das Dach aufhört, sich zu bewegen und Schalter loslassen.
- Schalter erneut drücken und halten. Nach ungefähr 10 Sekunden durchfährt das Schiebedach dann automatisch nochmals alle Stellungen.

Notschließung des Schiebedachs

Bevor man die Notschließung vornimmt, sollte man die Sicherung E3 prüfen.

Die Notschließung wird folgendermaßen ausgeführt:

- Mit einem Schraubendreher (aus dem Bordwerkzeug) die beiden Kunststoffabdeckungen in der Dachmittelkonsole auf den beiden Seiten des Wipptasters entfernen. Sollte das optionale HomeLink installiert sein, müssen anstelle der Abdeckungen die beiden HomeLink-Tasten vorsichtig herausgehebelt werden.
- Beide Schrauben unter den Abdeckungen herausschrauben
- Abdeckung des Schiebedachantriebs entfernen, um Zugang zur Antriebswelle zu erhalten
- Innensechskantschlüssel aus seiner Halterung entfernen, in die Antriebswelle einsetzen und im Uhrzeigersinn drehen, bis das Dach geschlossen ist
- Innensechskantschlüssel entfernen, Abdeckung wieder anbringen und festschrauben

Vorsicht:

Nach einer Notschließung darf das Schiebedach vorläufig nicht über die Wipptaster bedient werden. Daher ist es sinnvoll, die Sicherung E3 zu entfernen, bis das Dach wieder repariert ist.

Öffnen des Cabrioverdecks
(Bild: Porsche AG)

Schließen des Cabrioverdecks
(Bild: Porsche AG)

Anordnung der Verdeckschalter
(Bild: Porsche AG)

Cabrioverdeck

Die 997 Cabriolets sind mit einem elektrischen Verdeck ausgerüstet, das sich in drei Segmenten zusammenfaltet und mit einer von Porsche patentierten Technik arbeitet. Eine gegenüber den Vorgängermodellen zusätzlich vorhandene Wasserleitkante verbessert die seitliche Wasserführung.

Das Verdeck wird Z-förmig zusammengefaltet im Verdeckkasten verstaut. Durch diese Faltmethode weist die Außenseite nach außen, während bei einer herkömmlichen Faltung die Innenseite außen liegt. Damit wird der Innenhimmel des Verdecks vor Verschmutzung geschützt und die Höhe im zusammengefalteten Zustand beträgt nur noch 140 mm.

Das geschlossene Dach ist über zwei seitlich versetzte Zapfen und eine zentrale elektrische Verriegelung mit dem Windschutzscheibenrahmen verbunden.

Verdeckaufbau

Die Verdeckmechanik besteht aus nur zehn Hauptbauteilen, die zu 19% aus Aluminium, zu 15% aus Magnesium und zu 39% aus Schmiedestahl hergestellt sind. Der Verdeckstoff und der Innenhimmel sowie die Dichtungen und Anbauteile bilden die restlichen 27%.

Die Befestigungspunkte sind hauptsächlich gabelförmig ausgelegt und tragen so zur außergewöhnlich hohen Stabilität des Verdecks bei. Ein wesentliches sichtbares Merkmal des geschlossenen Verdecks sind die ausgeprägten Kanten.

Der Verdeckstoff ist nur in wenigen Farben erhältlich und äußerst strapazierfähig. Zudem ist er gegen Ausbleichen geschützt. Eine kratzfeste und beheizbare Heckscheibe aus Glas sorgt für eine gute Sicht nach hinten.

Verdeckkastendeckel

Zum Öffnen und Schließen des Dachs und des Verdeckkastendeckels ist nur ein Antrieb vorhanden, um das System möglichst einfach zu gestalten. Mittels einer ausgeklügelten Mechanik bewegen sich Verdeck und Verdeckkastendeckel zeitweise parallel, um die Öffnungs- bzw. Schließzeit möglichst kurz zu halten.

Verdeckkomponenten

Die wesentlichen Bauteile des Cabrioverdecks sind:

- Verdeckschalter
- Mikroschalter am Verriegelungshaken am Windschutzscheibenrahmen
- Potenziometer für Stellung des Verdecks
- Steuergerät
- Mikroschalter für Verdeckkastendeckel
- Potenziometer für Stellung der Verdeckkastendeckel
- Mikroschalter für Stellung der linken und rechten Seitenklappe
- Segmente 1, 2 und 3 des Verdeckrahmens
- Verdeckspriegel
- Seitenklappen links und rechts
- Spannseile
- Hydraulischer Antrieb
- Verdeckkastendeckel mit Antrieb
- Seitenscheibensteuerung

Verdeckfunktion

Die Bedienung des Verdecks erfolgt über Tastschalter in der Mittelkonsole zwischen den Sitzen.

Warn- und Sicherheitshinweise

Unter diesen Bedingungen darf das Verdeck nicht betätigt werden:

- Bei Temperaturen unter 0°C
- Wenn das Fahrzeug einseitig auf einem Bordstein, auf einer Hebebühne oder einem Wagenheber steht
- Wenn Gepäckstücke oder sonstige Gegenstände die Verdeckbewegung beeinträchtigen
- Bei ausgefahrenen Überrollbügeln

Warnhinweise:

- Nur mit vollständig geöffnetem oder verschlossenem Verdeck (Endstellungen) fahren.
- Beim Öffnen oder Schließen auf ausreichenden Freiraum über dem Verdeck achten, z. B. in der Garage.
- Um Stockflecken und Scheuerstellen zu vermeiden, Verdeck nur in trockenem und sauberem Zustand öffnen.
- Den Wagen möglichst im Schatten parken, da anhaltende Sonneneinstrahlung das Gewebe, die Gummidichtungen und Farbe angreift.
- Das Verdeck darf während der Fahrt nur auf ebener Fahrbahn betätigt werden. Bei starkem Gegenwind (über 80 km/h) nicht betätigen.
- Sicherstellen, dass sich keine Gegenstände hinter den Rücksitzen befinden.
- Vor dem Schließen des Dachs die Klappen der Make-Up-Spiegel in den Sonnenblenden schließen.
- Häufige Verdeckbetätigungen bei stehendem Motor vermeiden, da ansonsten die Batterie entladen wird. Eine leere Batterie an einem 997 verursacht etliche weitere Schwierigkeiten.

Tür- und Seitenscheiben

Beim Öffnen des Verdecks werden die Seitenscheiben automatisch abgesenkt. Falls die Verdeckbewegung nicht unterbrochen wird und es seine endgültige volle Öffnung erreicht hat, schließen die Türscheiben automatisch. Wenn die Türscheiben geschlossen sind, können auch die Seitenscheiben nach oben gefahren werden. Sollten die Türscheiben geöffnet werden, fahren auch die Seitenscheiben automatisch nach unten.
Beim Schließen des Verdecks senken sich die Seitenscheiben automatisch ab. Sobald das Verdeck vollständig geschlossen ist, schließen auch die Seitenscheiben selbsttätig.

Bedingungen für die Funktion:

- Zündung muss eingeschaltet sein (Motor an oder aus)
- Motorraumhaube muss geschlossen sein
- Fahrgeschwindigkeit unter 50 km/h

Vorsicht:
Beim Überschreiten der Höchstgeschwindigkeit wird der Öffnungs-/Schließvorgang unterbrochen.

Vorsicht:
Darauf achten, dass beim Öffnen des Verdecks niemand durch den Mechanismus des Verdecks oder Verdeckkastendeckels verletzt wird.

Vorsicht:
Um die Verdeckbetätigung bei Gefahr abzubrechen, Taster sofort loslassen.

Verdeck öffnen

Der Tastschalter zur Verdecköffnung befindet sich in der Mittelkonsole zwischen den Fahrersitzen neben dem Handbremshebel. Zum Öffnen den Schalter nach hinten ziehen und halten, bis das Verdeck voll geöffnet ist und/ oder die Seitenscheiben die gewünschte Stellung erreicht haben, und die Warnmeldung im Bordcomputer erlischt.

Verdeck schließen

Den Tastschalter nach vorn drücken und halten, bis das Verdeck vollständig geschlossen ist, die Seitenscheiben in der gewünschten Position stehen und die Warnmeldung erlischt.

Vorsicht:

Bei Gefahr den Taster sofort loslassen!

Verdeckfehlfunktion

Falls aus irgendwelchen Gründen das Verdeck am Windschutzscheibenrahmen nicht einrastet, öffnen Sie es wieder und schließen Sie es erneut mit dem Tastschalter. Dabei kann die Schließbewegung durch vorsichtiges Ziehen am Handgriff unterstützt werden.

Windschott

Das Windschott befindet sich in einer Schutztasche im Kofferraum, die mit Klettbändern gesichert ist.

Montage des Windschotts:

- Rücksitzlehnen nach vorn umlegen.
- Windschott auseinander klappen, bis die Scharniere oben und unten fühlbar einrasten.
- Überprüfen, ob die Arretierung des Windschottunterteils eingerastet ist. Arretierung gegebenenfalls zusammendrücken.
- Kontrollieren, ob die beiden Verriegelungsgriffe geöffnet sind. Erforderlichenfalls Verriegelung öffnen. Dazu die Griffe bis zum Anschlag nach innen schieben und zur Seite schwenken.
- Befestigungslaschen des Windschotts in die Führungen der Sicherheitsgurte einstecken.
- Darauf achten, dass der Kunststoffzapfen in die mittlere Führung des Windschotts eingreift.
- Rote Verriegelungsgriffe nach innen drücken und nach unten schwenken. Die Vierkantstifte der Verriegelungen schieben sich unter Federkraft in die Aufnahmen der Seitenverkleidungen. Überprüfen, ob die Vierkantstifte richtig eingerastet sind.
- Windschottoberteil bei Bedarf aufstellen.

Windschott ausbauen:

- Windschottoberteil nach hinten klappen
- Die beiden roten Verriegelungshebel öffnen
- Windschott aus den Führungen der Sicherheitsgurte herausziehen
- Windschott so zusammenklappen, dass das geteilte Windschottunterteil außen liegt.
- Windschott in der Schutztasche im Kofferraum verstauen und Schutztasche verschließen.

Verdecknotbetätigung

Bevor das Verdeck notbetätigt wird, sollte geprüft werden, ob die Motorraumhaube geschlossen und die Sicherung E3 intakt ist.

Vorsicht:

Bei der Notbetätigung besteht eine hohe Beschädigungsgefahr der Verdeckbauteile. Die Notbetätigung sollte daher mit größter Vorsicht durchgeführt werden; dabei sollte auf keinen Fall das Verdeck elektrisch betätigt werden.

Vorbereitende Arbeiten:

- Zündschlüssel abziehen, um eine unbeabsichtigte Verdeckbetätigung zu vermeiden.
- Schraubendreher aus Bordwerkzeugtasche entnehmen
- Rücksitzlehnen nach vorn umklappen
- Rückwandverkleidung ausbauen. Schraubendrehereinsatz erforderlichenfalls herausziehen und umstecken.
- Rückwandverkleidung an den Ausschnitten für die Sicherheitsgurte anpacken und nach unten drücken. Anschließend Verkleidung nach vorne ziehen und herausnehmen.

Verdeckkastendeckel öffnen:

- Roten Innensechskantschlüssel aus seiner Halterung herausnehmen und auf den Griff des Schraubendrehers stecken.
- Innensechskantschlüssel in die Antriebsachse stecken und so lange gegen den Uhrzeigersinn drehen, bis der Verdeckkastendeckel voll geöffnet ist.
- Innensechskantschlüssel herausziehen

Vorsicht:

Der Innensechskantschlüssel kann bei der Verdeckbetätigung drehen und weggeschleudert werden. Daher muss er vor der Verdeckbetätigung unbedingt entfernt werden.

Wenn der Verdeckkastendeckel geöffnet ist, kann über den Schalter erneut versucht werden, das Verdeck zu schließen. Sollte das nicht möglich sein, wird die Notbetätigung fortgesetzt:

- Zündschlüssel abziehen
- Mit dem Schraubendreher die Kunststoffdeckel aus der hinteren Verkleidung entfernen.
- Innensechskantschlüssel in die Antriebsachse für die linke Seitenklappe stecken. Werkzeug so lange im Gegenuhrzeigersinn drehen, bis die Seitenklappe voll geöffnet ist. Vorgang bei der rechten Seitenklappe wiederholen, anschließend Werkzeug entfernen.
- Nach dem Öffnen der Seitenklappen erneut versuchen, mit dem Schalter das Verdeck elektrisch zu schließen. Notbetätigung fortsetzen, wenn sich das Verdeck nicht schließen lassen sollte.

Verdeck schließen:

- Innensechskantschlüssel durch die Bohrung in das Hydraulikventil stecken und eine Umdrehung im Gegenuhrzeigersinn drehen.
- Werkzeug unbedingt entfernen.
- Hinter die Vordersitze stellen und das Verdeck in der Mitte anpacken.
- Verdeck so weit schließen, bis es seine höchste Stellung erreicht hat.

Hinweis:
Die folgenden Arbeiten sollten von der rechten Seite ausgeführt werden.

Verdeckverriegelung:

- Kunststoffdeckel an den vorderen Enden vorsichtig nach unten ziehen, dann nach hinten schieben und abnehmen.
- Innensechskantschlüssel aus dem Ablagefach zwischen den Vordersitzen entnehmen.
- Innensechskantschlüssel in die Öffnung stecken und so lange in Pfeilrichtung „Open" drehen, bis deutlicher Widerstand zu spüren ist und der Haken voll ausgefahren ist.
- Werkzeug entfernen
- Verdeck vollständig nach vorn ziehen und darauf achten, dass die Zentrierzapfen in die Aufnahme am Windschutzscheibenrahmen einfahren. Innensechskantschlüssel wieder einstecken und so lange in Pfeilrichtung „Close" drehen, bis ein deutlicher Widerstand zu spüren und das Verdeck verriegelt ist.
- Werkzeug entfernen.
- Kunststoffdeckel von hinten über die Verdeckverriegelung schieben, dabei muss der Deckel mittig in die Führung eingreifen. Anschließend an der Vorderkante nach oben drücken und einrasten.

Vorsicht:
Verletzungsgefahr bei einem Unfall: Nie ohne aufgesteckten Kunststoffdeckel fahren!

Hinweis:
Beim Verriegeln darauf achten, dass der Haken richtig in den Windschutzscheibenrahmen eingreift. Falls nötig, das Verdeck zum Windschutzscheibenrahmen ziehen.

Verdeckkastendeckel schließen:

- Hinter das Fahrzeug stellen
- Verdeckkastendeckel oberhalb der Bremsleuchte anfassen und gegen einen spürbaren Widerstand nach vorn schieben, bis er ganz geschlossen ist.

Vorsicht:
Einklemmgefahr beim Schließen des Verdeckkastendeckels.

Vorsicht:
Nach einer Notbetätigung das Verdeck nicht elektrisch betätigen. Aus Sicherheitsgründen sollte die Sicherung E3 entfernt werden, um unbeabsichtigtes Bedienen zu verhindern.

Hardtop

Als Individualausstattung wurde ein in Wagenfarbe lackiertes Hardtop angeboten.
Das Hardtop besteht aus hochfesten Aluminiumteilen, die über das Stanzniet-Verfahren verbunden sind. Durch die fehlende Wärmeeinleitung entstehen hochbelastbare, verzugsfreie Verbindungen. Die Sicht nach hinten gewährt eine heizbare und kratzfeste Glasscheibe; außerdem sind noch zwei Kleiderhaken vorhanden.
Die Innenseite ist mit einem schalldämmenden Innengewebe bezogen, das auch für das Cabrioverdeck verwendet wird. Die Kunststoffleisten und Abdeckungen sind farblich dem restlichen Interieur angepasst.
Dank eines Gewichts von nur 33 kg kann das Hardtop von zwei Personen problemlos aufgesetzt werden.

Schema des Überrollschutzsystems

(Bild: Porsche AG)

Überrollschutzsystem

Für den erhöhten Schutz bei einem Überschlag sorgt ein in Sekundenbruchteilen automatisch ausfahrendes Überrollschutzsystem mit zwei Überrollbügeln. Der Überrollsensor überwacht ständig die Neigungsänderungen der Karosserie, die Längs- und Querbeschleunigungen sowie den Kontakt zur Fahrbahn. Im Fall eines Überschlags wird eine Sperrklinke ausgelöst und die durch Federkraft vorgespannten Überrollbügel schnellen nach oben.

Das System umfasst diese wesentlichen Bauteile:

- Einen Hilfsträger, der aus gezogenen und miteinander verschweißten Aluminiumprofilen besteht und mit der Karosserie verschraubt ist. An ihm sind unter anderem die Überrollbügelmodule und die Gurtstraffer befestigt.
- Zwei Module mit ausfahrbaren, federvorgespannten Überrollbügeln, die unter Abdeckungen verborgen sind. Die Freigabe der Sicherungshaken erfolgt elektromagnetisch.
- Überrollsensor zur Erkennung der Fahrzeugbewegungen. Das System verfügt zudem über eine Selbstdiagnose und über Kondensatoren, über die noch die erforderliche Energie zum Auslösen bereitgestellt werden kann, falls die Stromversorgung bereits unterbrochen ist.

Hinter den Sitzen kann man die Abdeckungen der Überrollbügel erkennen.

(Bild: Porsche AG)

Auch mit geschlossenem Verdeck ein Hingucker: der 997 Speedster.
(Bild: Porsche AG)

Der Speedster mit geöffnetem und geschlossenem Verdeck
(Bild: Porsche AG)

Geschwungene Konturen bestimmen das Heck des Speedsters.
(Bild: Porsche AG)

Speedsterverdeck

Das auf 356 Exemplare limitierte Sondermodell ist mit einem schwarzen Verdeck ausgerüstet, das ebenfalls eine kratzfeste und heizbare Heckscheibe aus Glas hat.
Hier ist nur eine manuelle Bedienung vorhanden, lediglich der Verdeckkastendeckel wird elektrisch über ein Stellglied und einen Seilzug entriegelt.
Zum Öffnen des Verdecks müssen zuerst die beiden Türscheiben abgesenkt werden, dann wird ähnlich wie beim Boxster über eine große rote Taste mit der Aufschrift „Press" die Verriegelung am Windschutzscheibenrahmen gelöst. Nun muss um den Wagen herumgegangen werden und dabei die hintere linke und rechte Verdeckverriegelung geöffnet werden.
Dann wird die Zündung eingeschaltet und in der Mittelkonsole der Schalter zum Entriegeln der Verdeckkastenabdeckung betätigt. Der Deckel springt nur etwas auf und muss mit der Hand vollständig geöffnet werden.
Der nächste Schritt wird am besten mit zwei Personen ausgeführt. Eine Person hebt das hintere Rahmenende des Verdecks an, während die zweite den Verdeckkastendeckel so weit wie möglich über die Motorraumhaube klappt. Dann wird das hintere Verdeckrahmenende wieder abgesenkt. Jetzt kann mit einer Person auf jeder Seite das Verdeck von vorn nach hinten bewegt werden. Dabei wird es Z-förmig zusammengefaltet und ohne größere Kraftanwendung im geöffneten Verdeckkasten verstaut.
Aus dem Kofferraum werden nun die beiden aerodynamisch geformten Abdeckungen entnommen und hinter den Sitzen angebracht. Abschließend wird der Verdeckkasten geschlossen und über den Schalter in der Mittelkonsole verriegelt.
Das Schließen des Verdecks erfolgt in der umgekehrten Reihenfolge wie das Öffnen.
Auch der Speedster ist mit dem gleichen Überrollschutzsystem wie das Cabriolet ausgerüstet. Durch die manuelle Bedienung des Verdecks entfällt natürlich die Notbetätigung.

Targa-Dachmodul
(Bild: Porsche AG)

Targa-Dach

Das Targa-Dachmodul, bestehend aus durchgehendem Glasdach, klappbarer Heckscheibe, einem Rollo zum Schutz vor Hitze und Kälte, sowie diversen Halterungen ist bei den Modellen Targa 4 und Targa 4S mit einer dachlosen Rohkarosse eines Carrera 4 Coupés verschraubt. Unabhängig von der Fahrzeugfarbe ist die Blende vor dem Glasdach in glänzend schwarz ausgeführt, während die beiden seitlichen Formteile in hochglanzpoliertem und eloxiertem Aluminium gehalten sind.

Hinweis:
Das Glasdachsystem des Targa wurde ursprünglich bei Daimler Chrysler entwickelt und gefertigt. Später erfolgte der Bau bei einem gemeinsamen Joint-Venture-Unternehmen, das Porsche noch vor der Produktion des 997 Targa übernahm.

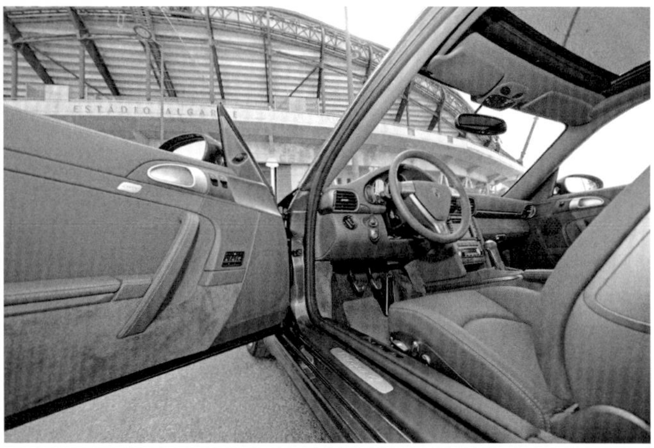

Innenraum eines Targa-Modells
(Bild: Porsche AG)

Einzelteile

Die wesentlichen Elemente des Targa-Dachmoduls sind:

- Panorama-Glasdach
- Drei Mikroschalter zur Erkennung der Dachpositionen arretiert, unverriegelt und verriegelt
- Elektrischer Antriebsmotor
- Zwei Seilzüge
- Anhebevorrichtungen vorn und hinten
- Elektrische Schaltereinheit
- Windabweiser
- Aufklappbare Heckscheibe
- Tragrahmen mit Führungsschienen
- Sonnenrollo mit elektrischem Seilzugantrieb
- Hallsensoren in den Antriebsmotoren zur Positionsbestimmung für Dach und Rollo
- Elektromotor als Schließhilfe für die Heckscheibe
- Steuergerät
- Stoffverkleidungen vorn und hinten

Windabweiser

Der Windabweiser ist ein pulverbeschichtetes schwarzes Luftleitstück, das über einen federbelasteten Mechanismus gesteuert beim Öffnen und Schließen des Dachs automatisch ausklappt und einfährt.

Klappbare Heckscheibe des Targas
(Bild: Porsche AG)

Die Funktion des Targa-Dachs

Das Targa-Dach hat drei Elemente, die vom Fahrer bedient werden können:

- Sonnenrollo
- Glasdach
- Heckscheibe

Vorsicht:
Bei der Bedienung aller Elemente des Targa-Dachs besteht Verletzungsgefahr, besonders beim Schließen des Glasdachs. Bei Gefahr den Schalter sofort loslassen und Dach oder Rollo in die andere Richtung bewegen.

Vorsicht:
Die Heckscheibe wird automatisch verriegelt. Achten Sie darauf, dass nichts eingeklemmt ist.

Bedienung des Sonnenrollos

Das Rollo kann bewegt werden, wenn die Zündung eingeschaltet ist, auch bei stehendem Motor und geöffneter Tür. Bei ausgeschalteter Zündung kann sie noch verstellt werden, bis eine der Türen geöffnet wird.
Öffnen des Rollos: Den Schalter in der Mittelkonsole bis zur ersten Stufe ziehen und halten, bis die gewünschte Position des Rollos erreicht ist.
Öffnen durch einmaliges Antippen: Schalter bis zur ersten Stufe antippen und das Rollo öffnet vollständig.
Schließen des Rollos: Den Schalter bis zur ersten Stufe ziehen und halten, bis die gewünschte Position des Rollos erreicht ist.
Schließen durch einmaliges Antippen: Schalter bis zur ersten Stufe antippen und das Rollo schließt vollständig.

Glasdach

Das Glasdach kann verstellt werden, wenn die Zündung eingeschaltet ist, auch bei stehendem Motor. Bei ausgeschalteter Zündung kann sie noch verstellt werden, bis eine der Türen geöffnet wird. Dabei muss die Heckscheibe immer geschlossen sein.
Öffnen des Glasdachs: Den Schalter in der Mittelkonsole bis zur zweiten Stufe ziehen und halten, bis die gewünschte Position des Dachs erreicht ist.
Schließen des Glasdachs: Den Schalter bis zur zweiten Stufe ziehen und halten, bis die gewünschte Position des Dachs erreicht ist.

Heckscheibe

Vor dem Öffnen der Heckscheibe muss das Glasdach geschlossen sein. Zum Entriegeln wird der Schalter im Schwellerbereich auf der Fahrerseite gedrückt oder die entsprechende Taste in der Fernbedienung betätigt. Nach dem Entriegeln kann die Heckscheibe per Hand aufgeklappt werden.
Zum Schließen die Scheibe mit der Hand zudrücken, bis sie automatisch verriegelt.

Hinweis:
Bei nicht richtig geschlossener Heckscheibe erscheint eine Warnmeldung im Bordcomputer.

Notöffnung der Heckscheibe:

- Hintere Abdeckung entfernen
- Zum Entriegeln mit der flachen Klinge eines Schraubendrehers das Schloss an der Schließhilfe vorsichtig nach außen drücken.

Notschließung des Targa-Dachs

Vorsicht:
Während und nach der Notschließung nicht versuchen, das Dach elektrisch zu bewegen.

- Zündschlüssel entfernen.
- Vordersitze nach vorn schieben und Rückenlehnen ebenfalls nach vorn klappen.
- Verkleidung des Rücksitzraums unten anpacken und nach vorn ziehen. Hinter der Verkleidung befinden sich die Innensechskantschlüssel für die Notschließung.
- Beide Werkzeuge entnehmen und fest in die Antriebswellen der Elektromotoren einstecken, bis sie hörbar einrasten.
- Beide Innensechskantschlüssel gedrückt halten und die Antriebswellen nach rechts drehen, bis das Dach völlig geschlossen ist.
- Schlüssel wieder abziehen, an dem vorgesehenen Platz verstauen und die Verkleidung wieder einbauen.

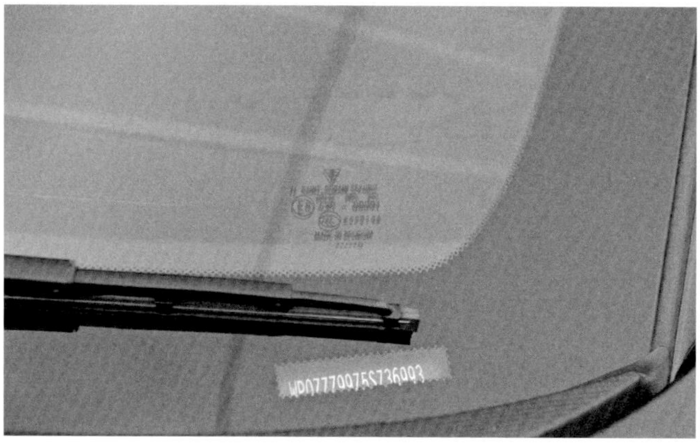

Hersteller der Windschutzscheibe ist die belgische Firma SEKURIT.
(Bild: Adrian Streather)

Der 997 Speedster erhielt die Windschutzscheibe des 987 Boxster und Teile seines Verdecks.
(Bild: Porsche AG)

Targa-Dach von oben
(Bild: Porsche AG)

Scheiben

Alle Scheiben der 997-Modelle sind bündig in die Karosserie eingelassen, wodurch sich die Windgeräusche bei allen Geschwindigkeiten deutlich reduzieren. Bei der 997-Baureihe kommt eine neue Abdichtung an der Windschutz- und Heckscheibe zur Anwendung. Sie hat einen geringeren Querschnitt und schließt mit den Ecken ab, anstatt sie zu bedecken. Damit sollen die Konturen der Front- und Heckpartie stärker betont werden.

Windschutzscheibe

Die am Rand rückseitig schwarz bedruckte Windschutzscheibe ist mit der Karosserie verklebt. Dadurch wird die Karosserie verwindungssteifer und Gewicht eingespart.
Das Glas schließt mit der äußeren Karosseriehaut bündig ab, was der Aerodynamik zugutekommt und die Verletzungsgefahr bei Unfällen mit Fußgängern verringert. Auch treten Undichtigkeiten so gut wie nicht mehr auf.
Jede 997-Windschutzscheibe ist mit einer U-förmigen Antenne versehen. Sie besteht aus einem 0,2 mm dicken aufgedampften Kupferband, das sich auf der rechten Seite zwischen den beiden Glasschichten befindet. Der Anschluss befindet sich unten rechts an der Scheibe.
Die Windschutzscheiben der 997-Modelle werden entweder in Klarglas oder mit einem Grünkeil angeboten.
Das Sondermodell 997 Speedster ist mit der Windschutzscheibe des 987 Boxster ausgerüstet.

Heckscheibe

Coupé

Wie die Windschutzscheibe ist die am Rand rückseitig schwarz bedruckte Heckscheibe mit der Karosserie verklebt. In die Scheibe integriert ist eine elektrische Heizung; als Sonderausstattung 425 konnte ein Heckscheibenwischer bestellt werden.

Cabriolet
Das Cabrioverdeck besitzt eine feste heizbare Heckscheibe aus 3,15 mm dickem einlagigen und kratzfestem Sicherheitsglas und wird über eine aufwändige Befestigung mit diversen Haltern und Dichtungen fixiert.
Die Verkleidung auf der Innenseite ist zweiteilig und nimmt den Anschluss für die Heckscheibenheizung auf.

Türscheiben
Die elektrisch betätigten Türscheiben können auf der Fahrer- und Beifahrerseite durch einmaliges Tippen des Schalters voll geöffnet bzw. geschlossen werden. Geschlossene Scheiben werden beim Öffnen der Tür automatisch um einige Millimeter abgesenkt und beim Schließen der Tür wieder angehoben. Dadurch lassen sich die Türen leichter öffnen und schließen, und die Dichtungen werden geschont. Zudem verringern sich die Windgeräusche.
Die Fensterheber können bedient werden, wenn die Zündung eingeschaltet ist, auch bei stehendem Motor und geöffneter Tür. Bei ausgeschalteter Zündung können sie noch bedient werden, bis eine der Türen geöffnet wird.
Die Türscheiben am Cabriolet öffnen und schließen automatisch, falls die Verdeckbetätigung nicht vor dem völligen Öffnen oder Schließen unterbrochen wird.

Hintere Seitenscheiben

Coupé und Targa
Die hinteren Seitenscheiben weisen einen geringeren Luftwiderstand und eine bessere Wasserabweisung auf. Erstmals wurde bei der 997-Baureihe hier eine hydrophobische Beschichtung eingeführt, die das Verschmutzen der Scheiben stark reduziert. Sie sind aus Sicherheitsglas hergestellt und haben einen aufgedruckten schwarzen Rahmen. Die verschraubten Scheiben können an der B-Säule zur Scheibe an der Fahrertür ausgerichtet werden.

Cabriolet
An allen 997 Cabrio-Modellen lassen sich die Seitenscheiben über einen Schalter in der Mittelkonsole vollständig versenken, auch bei geschlossenem Verdeck. Bei geöffnetem Verdeck werden die Scheiben automatisch heruntergefahren, um Beschädigungen zu vermeiden.
Beim Öffnen des Verdecks sorgt das Steuergerät für die korrekte dreidimensionale Bewegung der Scheiben, damit sie immer richtig auf den Dichtungen aufliegen.
Für ein besseres Platzangebot auf den hinteren Sitzen wurden die Fensterhebermotoren direkt hinter der Außenhaut des Fahrzeugs angebracht.

Targa-Glasdach
Das Targa-Glasdach besteht aus 7,45 mm dickem Verbund-Sicherheitsglas. Zwischen zwei Glasscheiben befindet sich eine Folie, die das Splittern des Glases verhindert, um die Gefahr von Verletzungen zu senken. Durch Tempern konnte eine hohe Genauigkeit in der Fertigung erreicht und so eine gute Passform sichergestellt werden. Um Windgeräusche zu vermeiden, ist das Glasdach von unten abgedichtet. Mit zunehmender Geschwindigkeit entsteht hier ein Unterdruck, der die Anpresskraft der Abdichtung weiter erhöht.
Die Heckscheibe des Targa besteht aus 3,85 mm starkem getönten Einscheiben-Sicherheitsglas und wird mit zwei Gasdruckdämpfern offengehalten. Beim Öffnen läuft eventuell vorhandenes Wasser von der Scheibe in eine eigens dafür vorgesehene Regenrinne im Dachmodul. Das Glas selbst ist auf einen Rahmen geklebt und hat zwei schwarze Umfassungen. Die serienmäßige Heckscheibenheizung ist in die Scheibe integriert.
Durch den über die Heckscheibe erreichbaren zusätzlichen Kofferraum erhöht sich die Ladekapazität auf 230 Liter.
Der Targa hat gegenüber dem Coupé eine etwas anders verlaufende Dachlinie.
Unter der Option 425 war ein Scheibenwischer für die Heckscheibe des Targa erhältlich. Er ist wie beim Coupé in die Heckscheibe integriert und über ein Gestänge mit dem mittig angebrachten Motor verbunden. Beim Öffnen der Heckscheibe wird der Heckwischer durch das Steuergerät des Targa-Dachs außer Funktion gesetzt, bis die Scheibe wieder geschlossen wird.

Zusammenbau des Schalttafel-Moduls in der Fabrik
(Bild: Porsche AG)

Die Instrumenteneinheit
(Bild: Porsche AG)

Perfektion bis ins Detail: die Becherhalter.
(Bild: Porsche AG)

Instrumententafel

Das von Porsche als Instrumenten- oder Schalttafel bezeichnete Armaturenbrett des 997 wurde neu gestaltet und verglichen mit dem 996 proportional etwas verkleinert. Traditionell befindet sich das Zündschloss bei den Linkslenkermodellen links und bei den Rechtslenkermodellen rechts von der Lenksäule. Die Instrumente sind wie zuvor angeordnet, wurden jedoch klarer gezeichnet und sind besser ablesbar. Durch eine weiße LED-Beleuchtung bei Dunkelheit werden die Anzeigen effektvoll in Szene gesetzt und die Qualitätsanmutung des Interieurs angehoben.

Die gesamte Schalttafel wurde als fertiges Modul mit einem Trägersystem in das Fahrzeug eingebaut. Sie ist nicht nur dekoratives Element, sondern dient zugleich als Träger für verschiedene Bauteile. Ein Teil des Kabelbaums befindet sich auf der linken Seite der Schalttafel, einschließlich des links unten angebrachten Diagnosesteckers.

Die Funktionselemente haben eine qualitativ hochwertige Optik. Die Innenraumbelüftung erfolgt durch Düsen in der Mitte und an den Seiten der Schalttafel (siehe auch Kapitel 8). Die Instrumenteneinheit besteht aus den 911-typischen fünf Rundinstrumenten mit indirekter Beleuchtung. Sie sind jedoch als Einheit ausgeführt und liefern eine Fülle von Informationen. Der Beifahrerairbag ist ebenfalls in die Schalttafel integriert.

Handschuhfach

Im Vergleich zu den Vorgängermodellen ist das beifahrerseitige Handschuhfach deutlich größer, denn der Stauraum wurde von 5,0 Liter auf 6,5 Liter erhöht. Im Innern sind Ablagefächer für zwei CDs, und ein Stifthalter vorhanden. Das Fach wird über eine mittige Griffklappe in Aluminiumoptik (silberfarbener Kunststoff) geöffnet und ist abschließbar.

Über dem Handschuhfach sind diskret zwei Becherhalter für Fahrer und Beifahrer versteckt. Sie können ausgeklappt werden und erlauben selbst dann noch das Öffnen des Handschuhfachs. Ihre Größe ist so bemessen, dass Becher mit einem Durchmesser von bis zu 74 mm aufgenommen werden können. Im ausgeklappten Zustand befindet sich der linke Becherhalter vor der mittleren Luftdüse, der rechte vor der Beifahrerluftdüse. Damit wird eine sehr effiziente Erwärmung – oder Kühlung – des Getränks ermöglicht.

Innenausstattung

Dieses Kapitel behandelt nur die wesentlichen Elemente der Innenausstattung. Die verschiedenen Systeme wie das Porsche Communication Management oder die Klimaanlagensteuerung werden in Kapitel 8 eingehend beschrieben.

Auf der Türeinstiegsleiste ist die Modellbezeichnung angegeben. (Bild: Porsche AG)

Innenausstattungselemente

Schwellerabdeckung

In die Schwellerabdeckung auf der Beifahrerseite ist ein längliches Ablagefach integriert.

Türeinstiegsblende

Die Modellbezeichnung findet sich in den Türeinstiegsblenden wieder.

Der Innenraum eines 997 Cabriolets. (Bild: Porsche AG)

Innenspiegel

Der Innenspiegel wurde analog zum neuen Fahrzeugdesign überarbeitet. Das LED-Orientierungslicht wurde von der Innenbeleuchtung weg zum Fuß des Innenspiegels verlegt. Damit werden mögliche Reflektionen vermieden und die Lichtverteilung verbessert. Zudem ist diese Anordnung etwas unauffälliger. Als Option war ein automatisch abblendender Innenspiegel in Verbindung mit einem Regensensor und abblendenden Außenspiegel erhältlich.

Schminkspiegel

Je nach Karosserieausführung werden zwei unterschiedliche Schminkspiegel verwendet. An allen 997-Modellen hat jede Sonnenblende einen Schminkspiegel, dessen Abdeckung beim Coupé und Cabriolet aufklappt, während sie beim Targa seitlich verschoben werden muss, um den Spiegel freizugeben.

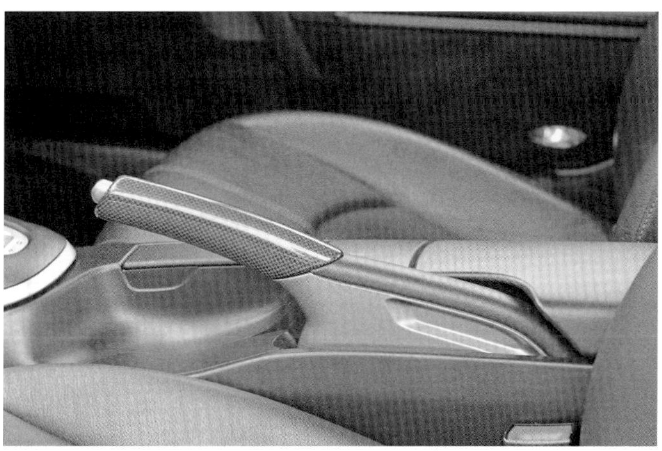

Mittelkonsole mit Handbremshebel. (Bild: Porsche AG)

Mittelkonsole

Im vorderen Teil der Mittelkonsole ist ein kleines offenes Staufach vorhanden, in dem Schlüssel und andere Gegenstände abgelegt werden können. Weitere Ablagemöglichkeiten sind im hinteren Bereich der Mittelkonsole vorgesehen.

Unter einer gepolsterten Abdeckung, die auch als Armauflage dient, befindet sich ein Stauraum mit einem Volumen von 1,5 Litern, in den eine 12-Volt-Steckdose und ein Münzenhalter eingebaut sind. Dieses Staufach wird über die Zentralverriegelung verschlossen. Ebenfalls in die Mittelkonsole integriert sind ein Aschenbecher und ein Zigarettenanzünder.

Vordersitze und Gurte

Vordersitze

Die verschiedenen Vordersitzausführungen des 997 unterliegen diesen Anforderungen:

- Beibehaltung eines höchstmöglichen Sitzkomforts durch Anwendung der neuesten ergonomischen Erkenntnisse
- Erweiterung der Sitzverstellmöglichkeiten
- Erfüllung der Porsche-eigenen Sicherheitsanforderungen
- Erfüllung der höchsten Qualitätsanforderungen
- Gewichtsersparnis
- Berücksichtigung der Umweltschutzbelange und europäischen Recycling-Vorschriften
- Anschluss sämtlicher elektrischer Funktionen über einen einzigen Zentralstecker
- Starre, in die Lehnen integrierte Kopfstützen
- Gurtschloss an biegsamem Stahlseil direkt am Sitz befestigt.

Siehe Anhang B für die diversen möglichen Sitzoptionen für jedes 997-Modell.

Gurte

Der 997 ist mit Dreipunkt-Automatikgurten ausgestattet. Bei der Konstruktion und Ausführung einschließlich der Höhenverstellung wurde auf eine optimale Anpassung an die jeweilige Größe der Person geachtet.
Die fünfstufige, federgestützte Gurthöhenverstellung gestattet ein bequemes Einstellen des oberen Gurtanlenkpunktes, der zur Höherverstellung einfach verschoben wird, während zur Tieferstellung zusätzlich ein Knopf gedrückt werden muss.
Die Gurte waren nicht nur in klassischem Schwarz, sondern auch noch in einigen anderen Farben erhältlich.
Alle 997-Modelle sind mit Gurtstraffern und Gurtkraftbegrenzern ausgerüstet. Der pyrotechnisch angetriebene Gurtstraffer ist mit dem Gurtkraftbegrenzer zu einem Bauteil zusammengefasst. Der Auslöseimpuls für den Gurtstraffer wird ebenso wie die Auslösung der Airbags aus dem Fahrzeugverzögerungswert errechnet.
Bei einem Frontalaufprall löst der Gurtstraffer gleichzeitig mit den vorderen Airbags aus, während bei einem Heckaufprall nur die Gurtstraffer gezündet werden.
Um Prellungen und innere Verletzungen weitgehend zu vermeiden, wurde die Gurtkraft auf ein bestimmtes Maß begrenzt. Stärker als bis zu diesem Wert kann der Gurt nicht belastet werden. Über einen Torsionsstab im Gurtmechanismus kann der Gurt in der Länge angeglichen werden.

Rücksitze und Gurte

Die 997-Baureihe weist auf den Rücksitzen ein größeres Platzangebot auf. Sowohl die Sitzbreite als auch die Kopffreiheit und der Zugang wurden verbessert.
Hinter den Rücksitzlehnen befindet sich eine Ablage, die durch Vorklappen der Lehnen zu einer ebenen Fläche vergrößert werden kann. Eine Schiene verhindert das Verrutschen des Gepäcks.
Der Entriegelungshebel der jeweiligen Rücksitzlehne befindet sich an der Sitzaußenkante.
Auch hinten sind serienmäßig Dreipunkt-Automatikgurte vorhanden.

Kindersitze und Rückhalteeinrichtungen

Wenn ein Kindersitz eingebaut ist, muss der Beifahrerairbag abgeschaltet sein.
Verwenden Sie nur von Porsche empfohlene Kinderrückhaltesysteme mit Isofix-System. Lesen Sie vor der Montage eines Kindersitzes unbedingt die Betriebsanleitung und folgen Sie den dort angegebenen Hinweisen. Erkundigen Sie sich im Zweifelsfall bei einem Porsche-Händler nach der richtigen Vorgehensweise.

Tankklappe an einem rechtsgelenkten GT3
(Bild: Adrian Streather)

Die Lenksäule ist zwar nach rechts versetzt, aber die Ausführung ist identisch.
(Bild: Porsche AG)

Auch der unter dem Code I425 bestellbare Heckwischer befindet sich an derselben Stelle.
(Bild: Porsche AG)

Vergleich Links-/Rechtslenker

Eine häufig gestellte Frage von Besitzern rechtsgelenkter 997 lautet, ob die Rechtslenkermodelle eigens entwickelte Fahrzeuge oder nur umgebaute Linkslenkermodelle sind. Die Antwort ist, dass alle rechtsgelenkten 997-Modelle werkseitige Umbauten von entsprechenden Linkslenker-Ausführungen sind.

Was bleibt gleich?

Eine Untersuchung eines 997 Carrera S und eines GT3, die werkseitig als Rechtslenker ausgeliefert wurden, ergab folgende Erkenntnisse:
Der Kraftstofftankverschluss samt Klappe befindet sich wie bei den linksgelenkten Fahrzeugen auf der rechten Seite.
Die Anordnung der im Kofferraum untergebrachten Komponenten ist meist identisch. Ausgenommen sind:

- Kofferraumverkleidungen
- Bremskraftverstärker mit Hauptbremszylinder und Flüssigkeitsbehälter
- PSM 8.0 Hydraulikeinheit mit Steuergerät und Leitungssystem
- Lenkungsbauteile, die durch den Kofferraum verlaufen
- Kraftstofftank

Die Lenksäule befindet sich entsprechend auf der rechten Seite, aber die daran angebrachten Schaltereinheiten sind identisch mit denen der linksgelenkten Fahrzeuge, obwohl die Schalttafel geändert wurde.
Auch der Heckwischer ist auf der linken Seite der Heckscheibe angebracht und bewegt sich von links nach rechts unten.
Unverändert ist auch die Anordnung des Diagnosesteckers, der sich im linken Fußraum unter dem Armaturenbrett neben der Beleuchtung befindet.
Die Zugangsbohrung in der Frontschürze für das Einschrauben der Abschleppöse ist ebenfalls an der gleichen Stelle rechts neben dem Kennzeichen.
Der Motorraum ist identisch mit dem der Linkslenkermodelle.
Die Dach- bzw. Verdeckkomponenten der Modelle Targa, Cabriolet und Speedster sind einschließlich der Schalter genauso ausgeführt.
Gleich geblieben ist auch die Anordnung der Schalter zwischen den Vordersitzen in der Mittelkonsole.

Gegenüberstellung

Unterschiede und Übereinstimmungen von Links- und Rechtslenkern

Linkslenker

Vorderansicht

Kofferraum

Interieur

Rechtslenker

Vorderansicht

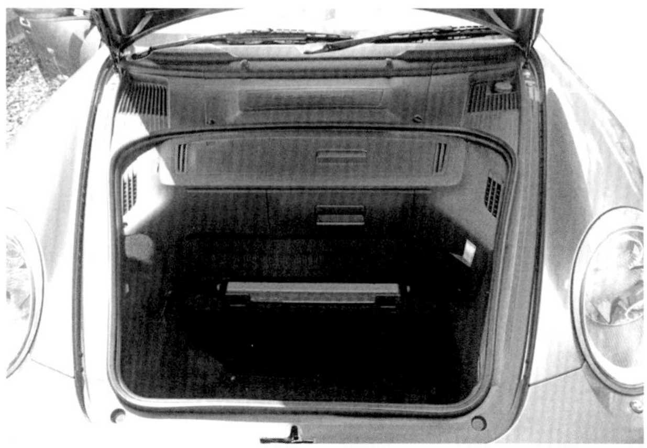

Kofferraum

Interieur

Linkslenker | **Rechtslenker**

Türeinstiegsleiste Fahrerseite

Türeinstiegsleiste Fahrerseite

Motorraum

Motorraum

Heckansicht

Heckansicht

Auch wenn die rechtsgelenkten Versionen sich nach und nach zu einem Spiegelbild der linksgelenkten Ausführungen entwickeln, werden sie es doch nie völlig sein. Generell ist zu bemerken, dass in Deutschland der Wiederverkaufswert einer rechtsgelenkten Ausführung teilweise deutlich niedriger liegt als bei Exemplaren, die das Lenkrad auf der linken Seite haben. Ein Umbau von Rechts- auf Linkslenker lohnt sich in der Regel nicht.

Dichtungen, Wasserabläufe und Wassereinbrüche

Dichtungen

Türdichtungen

Die einteilige Türdichtung ist am Türausschnitt der Karosserie über Klammern befestigt. Sie weist verschiedene Querschnitte auf und liegt mit ihrer Außenfläche am inneren Türblatt an.
Die Befestigung des Außenspiegels an der dreieckförmigen Auflage erfolgt mit drei Schrauben. Über eine Abdeckung an der Tür wird die Stelle verborgen, an der die Türverstärkung hinten verschraubt ist. Die Türscheibe wird zur Montage am Fensterheber von oben in die Fensterschachtführungen eingeschoben.

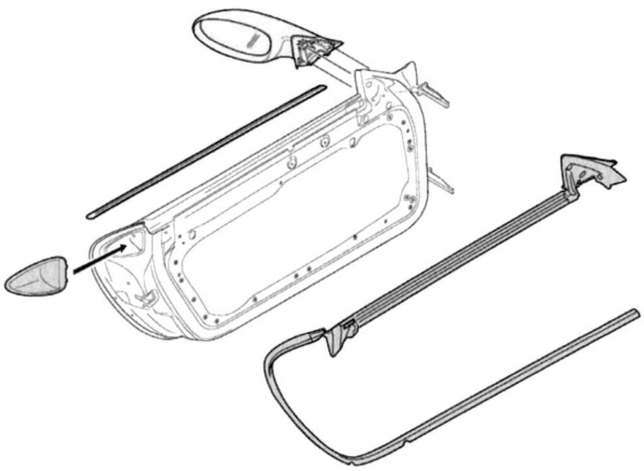

Türdichtung
(Bild: Porsche AG)

Dachrahmendichtung

Die einteilige Dachrahmendichtung verläuft beginnend vom unteren Ende der vorderen Dachstrebe entlang der Dachkontur nach hinten und schließt auch das hintere Seitenfenster ein. Die Befestigung am Dachrahmen erfolgt über Blindnieten. Bei geschlossenem Türfenster fährt die Scheibe in das Dichtungsprofil hinein, so dass ihre Oberkante von der Dichtung verdeckt ist.

Die Türdichtungen erfüllen unauffällig ihre Funktion.
(Bild: Adrian Streather)

Windschutzscheibendichtung

Die einteilige Dichtung ragt nun nicht mehr über die Kanten der Scheibe hinaus, sondern schließt bündig mit ihnen ab.

Heckscheibendichtung

Auch hier schließt die Dichtung bündig mit den Kanten der Scheibe ab.

Deckeldichtungen

Sowohl der Kofferraum als auch der Motorraum sind mit einer einteiligen umlaufenden Dichtung abgedichtet.

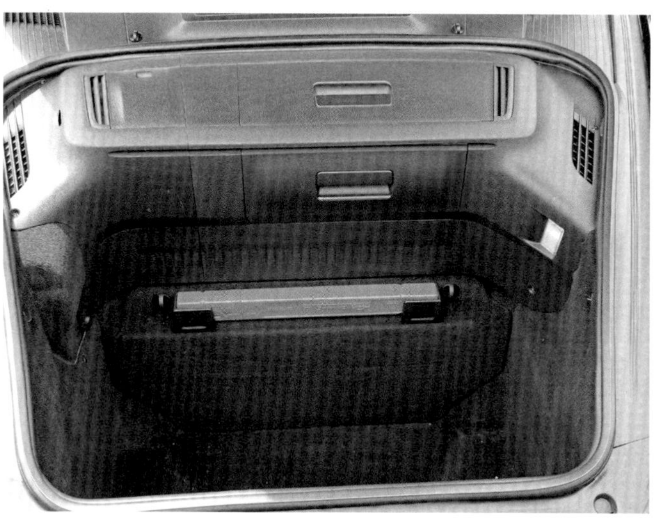

Auch die Kofferraumdichtung ist einteilig ausgeführt.
(Bild: Adrian Streather)

Wasserabläufe

Sie sind über den ganzen Wagen verteilt, die genaue Lage variiert je nach Modelljahr, Karosserieausführung und Sonderausstattungen.

So hat ein Schiebedach vier Wasserabläufe – zwei vorne und zwei hinten – mit Ablaufrinnen, die unter dem Wagenboden enden.

Das Cabriolet weist sogar noch mehr dieser Abläufe auf und hat sogar Sammelwannen. Eine regelmäßige Überprüfung aller Wasserabläufe beugt späteren Problemen vor.

Das Targa-Dach weist einen seitlichen Wasserablauf am Rahmen des Dachmoduls auf. Auf den Ablauf ist ein Schlauch aufgeschoben, der im Windschutzscheibenrahmen nach unten in die A-Säule und dort weiter zur unteren Ablauföffnung verläuft. Am hinteren Dachende sind zwei weitere Abläufe vorhanden, die mit Schläuchen versehen sind und das Wasser im Heckbereich nach unten ableiten.

Auch der Kofferraum und die Fahrgastzelle besitzen Wasserabläufe. Sie sind allerdings nur schwer erreichbar. Wasserabläufe können verstopfen, aber es kann Jahre dauern, bevor sich das zu einem Problem entwickelt.

Wassereinbrüche

Mit Wassereinbrüchen wird der 997 mehr zu kämpfen haben, wenn er älter wird, jedoch wurde konstruktionsbedingt besonders an Windschutz- und Heckscheibe weitaus gründlicher Vorsorge getroffen als bei früheren 911-Modellen.

Die Dichtungen altern je nach Umweltbedingungen langsamer oder schneller, unterliegen durch die ständige Pressung einem Verschleiß und härten aus. Irgendwann kommt der Tag, an dem sie ihrer Funktion nicht mehr nachkommen können.

Hinweis:
Porsche selbst räumt in seinen technischen Informationen ein, dass weder das Cabriolet noch der Targa hundertprozentig wasserdicht sind.

An folgenden Stellen tritt beim 997 durch alte oder falsch montierte Dichtungen Wasser ein:

- Windschutzscheibe
- Türen und Seitenschieben
- Heckscheibe

Die Dichtungen an Windschutz- und Heckscheibe können ein hochfrequentes Quietschen erzeugen, wenn sie defekt oder nach einem Scheibentausch nicht richtig eingeklebt sind.

Während eine undichte Windschutzscheibe das Wasser auf die Füße der Insassen tropfen lässt, ist bei einer undichten Heckscheibe die hintere Ablage feucht.

Undichte Türdichtungen sind schwieriger zu erkennen, ein Klappern der Türen kann sie verraten.

Öffnen und Schließen Sie die Türen während der Fahrt. Das hilft den Dichtungen, sich richtig anzupassen, falls sie nicht völlig beschädigt sind.

Ein weiteres Problem entsteht, weil die Türabläufe kräftig gegen die Türdichtung gedrückt werden, solange die Tür geschlossen ist. Dadurch kann in der Tür befindliches Wasser nicht ungestört abfließen. Wenn die Gegenstände in den Türablagen feucht sind, ist das ein Zeichen für Wasser in der Tür.

Wenn man die Türen für kurze Zeit offen stehen lässt, kann das Wasser besonders auf der manchmal wenig benutzten Beifahrerseite gut ablaufen.

Besitzer eines Targa oder Cabrio sollten die Dach- bzw. Verdeckdichtungen sowie die Wasserabläufe in gutem Zustand halten, um hier Wassereintritte zu vermeiden.

Wenn der 997 beginnt, muffig zu riechen – die Duftnote ist unverkennbar – muss man die Teppiche herausnehmen und den Innenraum trocknen lassen. Anschließend sollte die Ursache für die Feuchtigkeit gesucht werden.

Kapitel 8: Bord-Systeme

Es wird digital ...

Geballte Komplexität

(Bild: Porsche AG)

Schnittzeichnungen

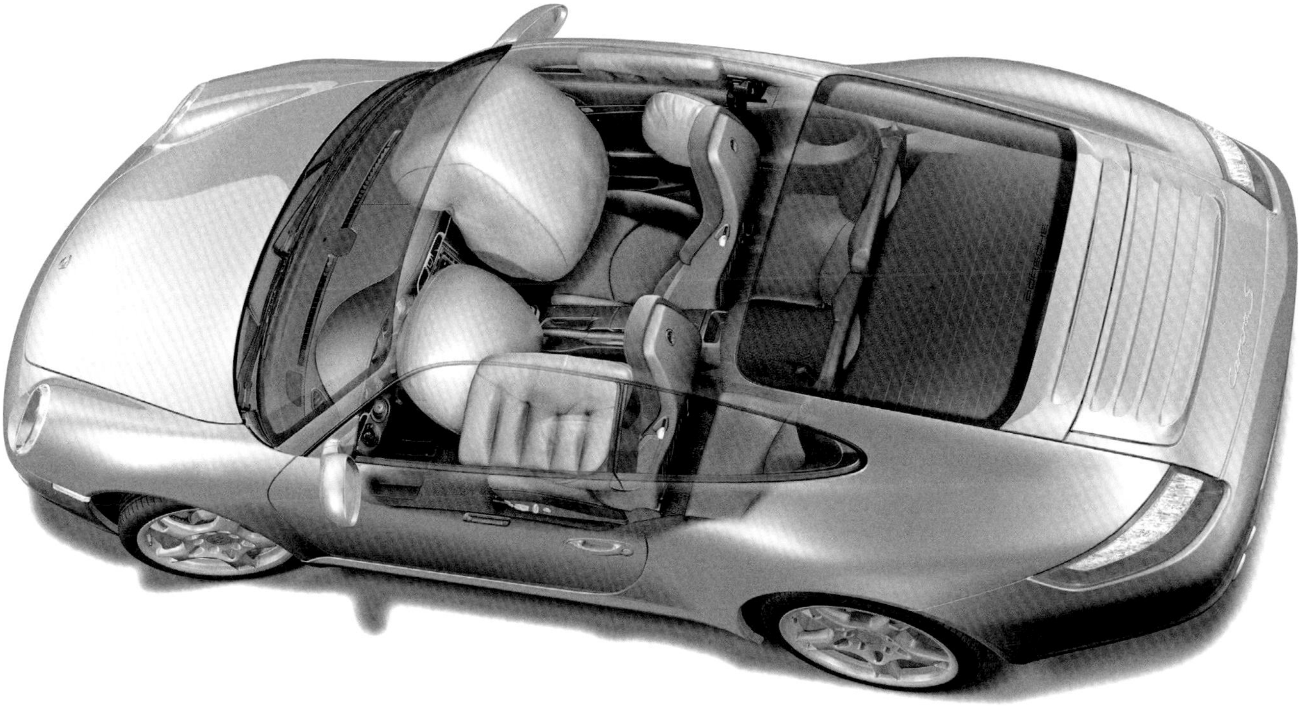

BOSE® Surround Sound-System

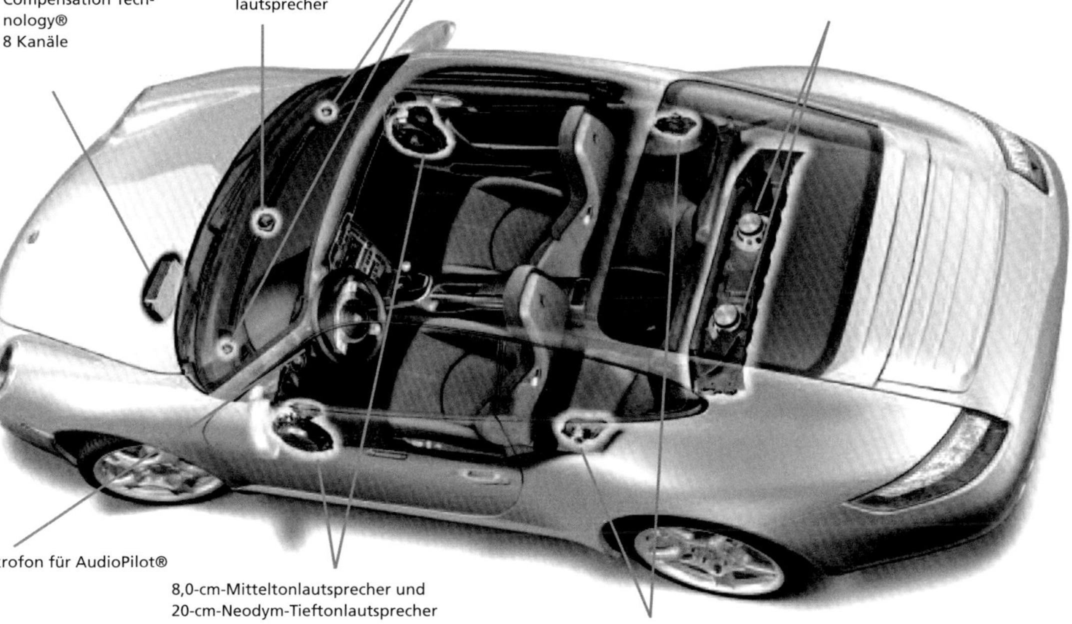

(Bild: Porsche AG)

Seit dem (in den Augen der Kunden) unkomfortablen 964 von 1989 hat Porsche einiges verändert.

(Bild: Porsche AG)

Die charakteristische Stoppuhr des Sport Chrono Paket Plus.

(Bild: Joe Ramos)

Ein wesentliches Merkmal des PCM 3.0 ist der größere Touch-Screen.

(Bild: Joe Ramos)

Einführung

Nach der Vorstellung des relativ spartanischen 964 im Jahr 1989 wurden Klagen der Porsche-Kunden über mangelnden Komfort lauter. Die Geschäftsleitung von Porsche nahm diese Beschwerden ernst, und bei der Entwicklung der Folgemodelle standen Komfortverbesserungen ganz weit oben im Lastenheft. Genauso wichtig war für die Entwicklungsmannschaft, mit der 997-Baureihe auch den Eintritt in das digitale Zeitalter einzuleiten. Zwar hielt die Digitaltechnik beim 911 bereits im Modelljahr 2002 Einzug, aber erst beim 997 wurde sie wirklich umgesetzt.

Um den gewünschten Komfort und die erforderliche Sicherheit zu gewährleisten, tauschen 29 Steuergeräte permanent über das Controlled Area Network-System (den CAN-Bus) Daten aus. Etwa 2500 definierte unterschiedliche Signale sorgen für einen Datenfluss von 2 MB pro Minute. Weitere Vorgaben für die Entwicklungsmannschaft waren ein niedrigeres Gewicht, eine höhere Zuverlässigkeit der verschiedenen Systeme, eine Senkung der Produktionskosten und eine spürbare Verringerung der Unterhaltskosten. Daneben entstanden für den 997 neue Systeme, wie zum Beispiel das optional erhältliche Sport Chrono Paket Plus, das in bisher nie gekannter Weise Fahrzeug und Fahrer miteinander interagieren lässt, oder eine neue Klimaanlagensteuerung. Auch die damaligen neuesten Erkenntnisse in der Airbagtechnologie wurden im 997 umgesetzt, genauso wie die Bluetooth®-Technik und andere Verbindungsmöglichkeiten mit externen Geräten.

In diesem Kapitel sollen viele Systeme im Detail beschrieben werden, so auch das Porsche Communication Management (PCM) einschließlich des Navigationsmoduls, wie es in beiden Modellgeneration verwendet wurde. Auch die Änderungen bei den elektrischen Fensterhebern, der Stromverteilung und weiteren banalen Einrichtungen wie der Beleuchtung, den Scheibenwischern samt Waschanlage oder den Spiegeln kommen zur Sprache, tragen sie doch im Alltagsbetrieb zum Wohlbefinden des Fahrers bei.

Der 997 ist wirklich komplex, bereitet aber trotzdem – oder deswegen? – riesigen Fahrspaß.

Sicherungskasten eines rechtsgelenkten Carrera S aus dem Modelljahr 2005

(Bild: Adrian Streather)

Die Relaisgruppe 1 befindet sich unter der fahrerseitigen Schalttafel und kann nach dem Lösen abgesenkt werden.

(Bild: Adrian Streather)

Elektrische Anlage

Hinweis:
Die Erzeugung des elektrischen Stroms wird in Kapitel 4 behandelt.

Sicherungen

Der Sicherungskasten befindet sich bei den links- und rechtsgelenkten 997-Modellen jeweils im Fußraum auf der Fahrerseite, d. h. bei den Linkslenkern vor der linken A-Säule in der Fußraumaußenseite und bei den Rechtslenkern entsprechend rechts. Eine schwarze Kunststoffabdeckung dient als Schutz und Aufnahme für den Belegungsplan. Wegen der elektrischen Entriegelung des Koffer- und Motorraums ist im Sicherungskasten ein herausziehbarer Pluspol vorhanden, an den eine Fremdbatterie angeschlossen werden kann, um bei entleerter Fahrzeugbatterie die Hauben öffnen zu können. Diese viel Diskussionsstoff bietende Lösung wurde von der 996-Baureihe übernommen. Die Vorgehensweise beim Entriegeln der Haube mit einer Fremdbatterie ist in der Betriebsanleitung des 997 ausführlich erklärt.

Relais

In jedem 997 sind zwei Relaisgruppen vorhanden. Relaisgruppe 1 befindet sich unter dem fahrerseitigen Teil der Schalttafel über dem Sicherungskasten. Zur besseren Zugänglichkeit kann die Halterung der Relaisgruppe gelöst und in den Fußraum abgelassen werden. Die Relaisgruppe 2 ist bei allen Karosserieausführungen hinter der Rückwand des Innenraums angeordnet.

Hinweis:
Die Relais des PSM (ABS) 8.0 sind mit den anderen Systemkomponenten im Kofferraum untergebracht.

Hinweis:
Im Kapitel 9 werden die verschiedenen Sicherungen und Relais, ihre Nummerierung und Anordnung eingehender behandelt.

Stromverteilung

An der vorderen Spritzwand unter der Schalttafel (links bei den Linkslenkern, rechts bei den Rechtslenkern) befindet sich die Hauptstromverteilung des 997. Hier teilt sich der Hauptstromkreis in verschiedene Nebenstromkreise auf, die gegen Kurzschlüsse abgesichert sind.

Bordnetz-Steuergerät

Das Bordnetz-Steuergerät wandelt analoge Spannungssignale in digitale Signale um, damit sie über den CAN-Bus übertragen werden können, sendet und empfängt Daten und steuert verschiedene Systeme an.

Analoge Signale erhält das Bordnetz-Steuergerät von:

- Tagfahrlicht
- Vordere Nebelscheinwerfer (nicht zutreffend bei GT2 und GT2 RS)
- Nebelschlussleuchte
- Rückfahrscheinwerfer
- Klemme 30
- Zündschloss Klemme 15
- Klemme 15 (zusätzlich)
- Masse
- Masse 2 (Klemme 31 zusätzlich)
- Klemme 50
- Schalter Kofferraumentriegelung
- Schalter Motorraumentriegelung
- Schalter Heckscheibenentriegelung (nur Targa 4/Targa 4S)
- Schalter Heckspoiler
- Schalter Sport-Modus
- Regensensor, Leitung 1
- Regensensor, Leitung 2
- Regensensor, Leitung 3

Das Bordnetz-Steuergerät liefert außerdem die Spannung zum Schalten von:

- Innenbeleuchtung
- Tankklappenverriegelung und -entriegelung
- Heckscheibenheizung
- Heimleuchtautomatik
- Frontscheibenwischer und Scheibenwaschanlage
- Scheinwerferwaschanlage

Das Bordnetz-Steuergerät empfängt digitale Signale über den CAN-Bus von:

- Klemme 50
- Schlüsselkontakt (Klemme 86S)
- Fahrertürposition
- Beifahrertürposition
- Fahrertürverriegelung
- Beifahrertürverriegelung
- Innenbeleuchtungsverzögerung
- Orientierungslichtdimmer
- Sonnenintensität
- Alarmanlage
- Tankklappenverriegelung und -entriegelung
- Schalter linke Sitzheizung
- Schalter rechte Sitzheizung
- Innenraumtemperatur
- Heckspoilermodus
- Tippfunktion Frontscheibenwischer
- Schalter Frontscheibenwischer Intervallschaltung
- Schalter Frontscheibenwischer langsam
- Schalter Frontscheibenwischer schnell
- Schalter Scheibenwaschanlage
- Schalter Intervallbetrieb/Regensensorbetrieb
- Scheinwerferwaschanlage
- Fern- oder Abblendlicht
- Außentemperatur
- Schalter Heckscheibenheizung
- Kraftstofftank-Prüfwert (von Instrumenteneinheit)
- Fahrgeschwindigkeit
- Klemme 15
- Klemme 30 (interne Spannungsversorgung)
- CAN-Bus Komfort High
- CAN-Bus Komfort Low
- Schalter Tagfahrlicht
- Schalter vordere Nebelscheinwerfer (nicht zutreffend bei GT2 und GT2 RS)
- Schalter Nebelschlussleuchte
- Schalter Rückfahrscheinwerfer
- Schalter Zentralverriegelung
- Schalter Kofferraumentriegelung
- Schalter Motorraumentriegelung
- Schalter Heckscheibenentriegelung (nur Targa 4/Targa 4S)
- Funktionskontrolle linke und rechte Sitzheizung
- Heckscheibenheizung
- Kraftstofftankprüfung

Das Bordnetz-Steuergerät sendet analoge Steuersignale an:

- Innenbeleuchtung (Klemme 30G)
- Dimmer Innenbeleuchtung
- Dimmer Orientierungslicht
- Stellmotor Tankklappe
- Heizelemente Heckscheibenheizung
- Sitzheizung links
- Sitzheizung rechts
- LED-Leuchte Heckspoiler
- LED-Leuchte Sport-Taste
- Aufwachsignal
- Frontscheibenwischermotor langsam
- Frontscheibenwischermotor schnell
- Scheibenwaschanlagenpumpe
- Scheinwerferwaschanlagenpumpe

Diagnose

Über den Diagnosestecker kann der PIWIS-Tester angeschlossen werden, um Zugang zu den Daten und Funktionen zu erhalten. Darüber können dann alle Eingangssignale ausgelesen und alle Komponenten angesteuert werden. Zudem können gespeicherte Fehler ausgelesen und gelöscht werden. (Dies gilt genauso für die anderen Steuergeräte an Bord.)

Vorderes Steuergerät

Das vordere Steuergerät digitalisiert verschiedene analoge Eingangssignale zur Übertragung über den CAN-Bus. Dabei handelt es sich um Signale von:

- Schalter Parkleuchte
- Scheinwerfer (Abblend- oder Fernlicht)
- Schalter Warnblinkanlage
- Spannungsversorgung
- Schalter Kofferraumhaube
- Außentemperatursensor
- Notöffnung im Kofferraum
- Radsensoren vorn und hinten

Das vordere Steuergerät sendet analoge Steuersignale an:

- Standlicht (vorn)
- Hupe
- Kofferraumbeleuchtung
- Blinkerkontrollleuchten
- Kofferraumentriegelung
- Sicherungshakenentriegelung
- Automatische Leuchtweitenregulierung
- Kühlerventilatoren

Das vordere Steuergerät erhält digitale Eingangssignale über den CAN-Bus von:

- Parkleuchten (links oder rechts)
- Schalter Tagfahrlicht
- Schalter vordere Nebelscheinwerfer (nicht zutreffend bei GT2 und GT2 RS)
- Schalter Nebelschlussleuchte
- Schalter Fernlicht
- Schalter Lichthupe
- Blinkerkontrollleuchten (links oder rechts)
- Aufprallintensität (Beschleunigungssensor)
- Warnblinkanlage
- Heimleuchtautomatik
- Türöffnung (links und/oder rechts)
- Sonnenintensität
- Heimleuchtautomatikdauer
- Tagfahrlicht eingeschaltet
- Motor in Betrieb
- Warnleuchte Check Engine Light
- Klemme 50
- Klemme 86S
- Hupenschalter
- Referenzgeschwindigkeit
- Warnleuchte Bremse
- Schalter Kofferraumhaubenöffnung
- Kühlerventilatorsteuerung
- Klemme 15
- Klemme 30 (interne Spannungsversorgung)
- Bidirektionale Verbindungen
- CAN-Bus Komfort High
- CAN-Bus Komfort Low
- Schalter Parklicht
- Schalter Abblend-/Fernlicht
- Linke und rechte Seitenbeleuchtung
- Aktivierung der Instrumentenbeleuchtung
- Status Abblendlicht
- Status Fernlicht
- Schalter Warnblinkanlage
- Lampen-/Leuchtenausfall
- Linker oder rechter Blinker eingeschaltet
- Taglicht ausgeschaltet
- Status Kofferraumhaube
- Status Kühlerventilatorsignal links
- Status Kühlerventilatorsignal rechts
- Außentemperatur
- Ausfall der automatischen Leuchtweitenregulierung

Das vordere Steuergerät sendet analoge Ausgangssignale an:

- Warnblinkanlage
- Seitliche Blinkleuchten und Positionsleuchten
- Blinkleuchten vorn und hinten
- Standlicht vorn
- Fernlicht
- Abblendlicht
- LED-Blinkerkontrollleuchten
- Vordere Nebelscheinwerfer (nicht zutreffend bei GT2 und GT2 RS)
- Hupe
- Kofferraumbeleuchtung
- Kofferraumhaubenöffnung
- Kühlerventilatoren
- Schrittmotoren für Leuchtweitenregulierung
- Sicherungshakenentriegelung

Hinteres Steuergerät

Das hintere Steuergerät digitalisiert verschiedene analoge Eingangssignale zur Übertragung über den CAN-Bus. Dabei handelt es sich um Signale von:

- Handschuhfachschloss
- Motorhaubenschloss
- Heckspoilersteuerung
- Innenraumsensorsystem
- Neigungssensorsystem

Das hintere Steuergerät sendet Ausgangssignale an:

- Hintere Warnblinkleuchten
- Schiebedachsteuerung
- Heckspoilersteuerung
- Heckspoiler-Bremsleuchte
- Alle Heckleuchten, die nicht über das vordere Steuergerät angesteuert werden.

Netzwerk und Datenübertragung

Über das Netzwerk können digitale Daten und elektrische Informationen zwischen den 29 Steuergeräten ausgetauscht und im gesamten Fahrzeug verteilt werden. Die Datenübertragung im 997 erfolgt über ein Controlled Area Network (CAN-Bus) und das glasfasergestützte Media Oriented System Transport Network (MOST).

Die digitale Datenübertragung wurde in erster Linie eingeführt, um die Anzahl der Leitungen und Verbindungsstecker zu verringern. Die Kabelbaumlänge wird dadurch deutlich kleiner und das Gewicht sinkt um 5 kg. Zudem steigt die Zuverlässigkeit der Verkabelung an.

Der CAN-Bus wird in erster Linie für diese Funktionen verwendet:

- Schneller Datenaustausch bei der Motorsteuerung
- Verbindung aller an einer bestimmten Aktion beteiligten Steuergeräte
- Übertragung digitaler Audio- und Steuerdaten über den MOST-Bus

Gateway-Steuergerät

Der Gateway-Controller ist aktiv in den CAN-Bus eingebunden. Bei der 997-Baureihe handelt es sich hier um ein separates Steuergerät, anstatt wie z. B. im Porsche Cayenne in die Instrumenteneinheit integriert zu sein. Aufgabe des Gateway-Controllers ist die Koordinierung aller Nachrichten und Signale, die von den diversen Steuergeräten über die verschiedenen Bus-Systeme zusammenlaufen. Das Übertragungsprotokoll des Gateway-Controllers wird auch als Routingtabelle bezeichnet. Er unterstützt auch die Fehlerdiagnose durch Sammeln und Bereitstellen vieler Fahrzeuginformationen. Dazu gehören:

- Übertragung von Daten an alle BUS-Systeme
- Bereitstellung von Steuergerätinformationen
- Sammeln und Bereitstellen von Fehlern für Testgeräte
- Erkennen von Steuergeräten, die nicht in den Schlaf-Modus versetzt werden
- Sammeln und Bereitstellen allgemeiner CAN-Bus-Informationen

Änderungen in der 2. Modellgeneration

Die elektrische Anlage der zweiten 997-Generation ist prinzipiell mit der Anlage der 1. Generation identisch. Allerdings kamen neue Systeme wie Sitzbelüftung oder ein beheiztes Lenkrad hinzu. Andere Systeme wie die Klimaanlagensteuerung wurden überarbeitet, was zu Änderungen wie zusätzlichen Schaltern im Bedienfeld führte. Auch die Sicherungen wurden neu angeordnet und erhielten eine andere Nummerierung.

Dreistufiger Schalter im Klimaanlagenbedienfeld neben dem Schalter der Sitzheizung
Aktive Belüftung der Sitzmittelbahn (1) und Sitzlehne (2)
Passive Belüftung der Seitenwangen durch Luftsog (Pfeile)
Perforierte Sitzbezüge

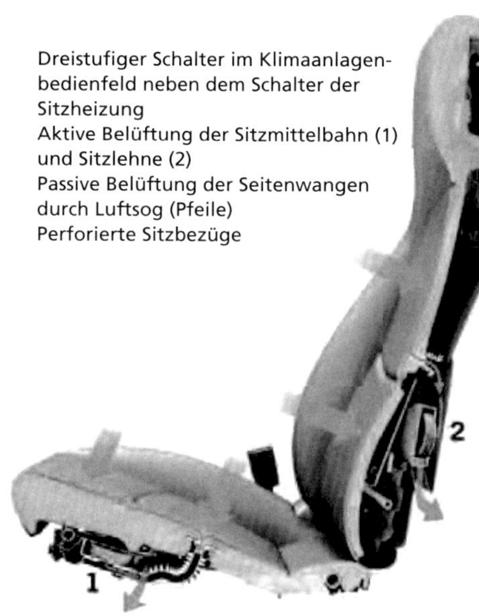

Sitzbelüftung
(Bild: Porsche AG)

Belüftungsschema der Klimaanlage

(Bild: Porsche AG)

Klimaanlage

Einführung

Die 997-Baureihe weist gegenüber den Vorgängermodellen eine – für den 911 – völlig neue Klimaanlagensteuerung auf. Hinzu kam auch ein neuer Partikelfilter (Pollenfilter) für den Innenraum.

Die komplette Anlage wurde überarbeitet und zeigte sich deutlich verbessert und komfortabler. Die wesentlichen Vorzüge sind:

- Gleichmäßigere Belüftung des Innenraums
- Wesentlich geringere Zugluft-Neigung
- Größeres verfügbares Luftvolumen für extreme Bedingungen (mehr Kaltluft bei Hitze und mehr Warmluft bei Kälte)
- Leiser durch wesentlich verringerte Strömungsgeräusche
- Verbesserte Funktionalität
- Befüllung mit umweltfreundlichem Kältemittel

Überarbeitete Luftdüsen in der Schalttafel

(Bild: Adrian Streather)

Luft

Im Vergleich zum Vorgängermodelle wurde die Luftverteilung komplett überarbeitet. Vergrößerte Querschnitte in den nun verkürzten Luftkanälen erhöhen den Luftdurchsatz und senken den Druck im gesamten System. Das bedeutet, das mit einer verringerten Gebläseleistung der gleiche Luftdurchsatz und die gleiche Belüftungswirkung erreicht werden kann.

Geänderte Luftdüsen in der Schalttafel bieten nun mehr Einstellmöglichkeiten. Sie lassen sich weiter nach oben und unten verschwenken. Dazu erlaubt die getrennte Seiteneinstellbarkeit der beiden mittleren Luftdüsen eine bessere Anpassung an die individuellen Bedürfnisse als zuvor.

Klimagerät

Das Klimagerät entspricht in seinem Aufbau dem Bauteil aus der 996-Baureihe. Er ist an der vorderen Spritzwand angebracht und ragt sowohl in den Kofferraum als auch in den Innenraum. Die zu den Luftdüsen führenden Luftkanäle sind unter der Schalttafel verlegt.

Das Klimagerät an der vorderen Spritzwand und weitere Komponenten der Klimaanlage.

(Bild: Adrian Streather)

1-Frischlufteinlass
2-Gebläsemotor
3-Gebäsemotorendstufe
4-Wärmetauscher
5-Zentrale Luftverteilungsklappe
6-Verdampfergehäuse
7-Expansionsventil (auf der Rückseite)

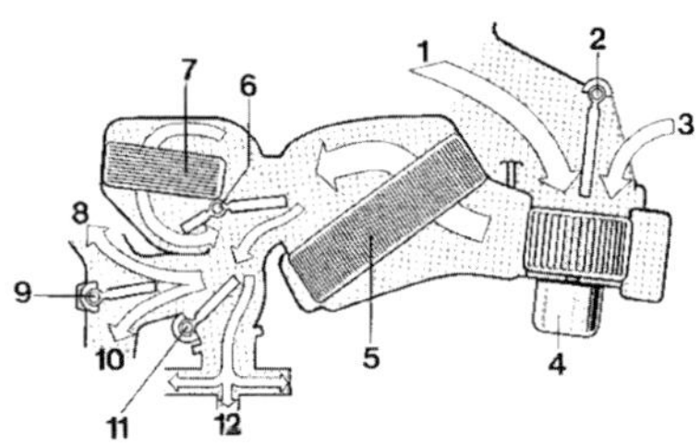

1-Frischlufteinlass
2-Stellmotor für Außen-/Umluftklappe
3-Umlufteintritt
4-Gebläsemotor
5-Verdampfer
6-Temperaturmischklappe
7-Wärmetauscher
8-Defrosterauslass
9-Fußraumbelüftungsklappe
10-Fußraumbelüftungsauslass
11-Zentrale Luftverteilungsklappe
12-Mittlere und seitliche Ausgänge

Klimagerät

(Bild: Porsche AG)

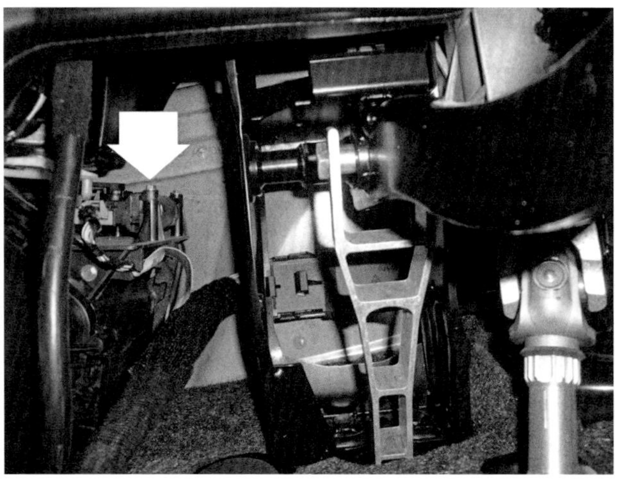

Unter der Schalttafel auf der Fahrerseite befindet sich der Stellmotor für die Klappe zur Fußraumbelüftung.

(Bild: Adrian Streather)

Bedienfeld der Klimaanlage

(Bild: Ronn Hosmer)

Aus folgenden Unterbaugruppen setzt sich das Klimagerät zusammen:

- Frischlufteinlass
- Frischluftgebläse
- Gebläseendstufe
- Wärmetauscher zur Erwärmung der Klimaanlagenluft über die Motorkühlmitteltemperatur
- Zentrale Luftverteilungsklappe
- Verdampfer (im Gehäuse)
- Expansionsventil (an der Rückseite)
- Klappe für Außen-/Umluftbetrieb
- Externer Sensor für Frischluft
- Stellmotor für Außen-/Umluftklappe
- Stellmotor für Fußraumklappe
- Luftaustritt für Scheibenentfrostung
- Luftaustritt Fußraumbelüftung
- Fußraumsensor
- Luftklappe für Fußraumbelüftung
- Stellmotor für zentrale Luftklappe
- Stellmotor für Klappe zu Temperaturregulierung

Frischluft

Die Frischluftführung wird im Abschnitt zur Kühlung behandelt.

Warmluft

Die Warmluft wird vom Kühlmittel/Luft-Wärmetauscher am Klimagerät der Mischkammer zugeführt.
Frischluft von außen durchströmt das Netz des Wärmetauschers, erwärmt sich und wird in das Klimagerät weitergeleitet.
Der Heizungsbereich der Klimaanlage ist vollständig automatisiert, der Fahrer hat keine direkte Eingriffsmöglichkeit. Wie viel erwärmte Luft in den Innenraum gelangt, wird über die gewählte Temperatur bestimmt. Die Stellung der Temperaturmischklappe beeinflusst letztendlich die Mischung aus erwärmter Luft, kühler Luft und Frischluft, die zum Erreichen dieser Temperatur in den Innenraum gelangt.

Frischluft

Die erforderliche Frischluft gelangt über den Kofferraum in das Luftverteilungssystem.

Frischluftdruckausgleich

Der Frischluftmenge, die in den Innenraum eintritt, steht im direkten Zusammenhang mit dem Druck, der wiederum von der Fahrgeschwindigkeit abhängt.

Um dieses Verhältnis auszugleichen, wird die Klappe zur Frischluftzufuhr mit zunehmender Geschwindigkeit geschlossen. Bei 0 km/h ist sie voll geöffnet, während sie bei Geschwindigkeiten über 90 km/h fast vollständig schließt. Außerdem hängt ihre Stellung auch noch von der Drehzahl des Gebläsemotors ab.

Hinweis:
Ein vollständiges Schließen der Frischluftklappe ist nicht zulässig, da ein konstanter Eintritt von Außenluft in den Innenraum gewährleistet sein muss, um eine Gefährdung bei einem möglichen Einströmen von Abgasen zu verhindern.

Zentrale Luftdüsen

Die erweiterten vertikalen und horizontalen Verstellmöglichkeiten der zentralen Luftdüsen ermöglichen eine noch individuellere Einstellung als zuvor. Wenn eine hohe Heizleistung erforderlich ist, sollten die Düsen geschlossen und für eine hohe Kühlungsleistung geöffnet werden.

Klimaanlagensteuerung

Einführung

Die Klimaanlagensteuerung regelt die im Bedienfeld eingestellte Innenraumtemperatur vollständig automatisch. Dabei kann eine Innenraumtemperatur zwischen 16,0°C und 29,5°C gewählt werden. Generell wird eine Temperatur von 22°C empfohlen.

Funktionsweise

Die Innenraumtemperaturüberwachung erkennt über Sensoren eventuelle Änderungen bei den klimatischen Verhältnissen. Dabei werden die Außentemperatur, die Innentemperatur und die Sonnenintensität überwacht. Die eingehenden Temperaturdaten werden im Bedienteil der Klimaanlage weiterverarbeitet. Anschließend werden entsprechende Befehlssignale an die Stellmotoren zur Steuerung der Klappenpositionen, an den Gebläsemotor und an den Klimakompressor erteilt.
Zusätzlich zur automatischen Klimaanlagensteuerung können über das Bedienfeld noch manuelle Einstellungen vorgenommen werden:

- Temperatur
- Gebläsedrehzahl
- Luftverteilung

Die Kühlleistung der Klimaanlage wird durch einen vom Motor angetriebenen Klimakompressor erzeugt, dessen Fördervolumen über eine einstellbare Taumelscheibe verändert werden kann.

Klimaanlagensteuerung

Die Klimaanlage wird über das Bedienfeld in der Mittelkonsole der Schalttafel eingestellt. Es unterscheidet sich durch eine neue Oberfläche deutlich von dem des bisherigen Modells.
Die wichtigsten Änderungen am Bedienfeld der Klimaanlagensteuerung sind:

- Integrierung des Innentemperatursensors (bisher in der Schalttafel auf der Beifahrerseite)
- Integrierung der Sitzheizungsschalter für Fahrer und Beifahrer (bisher in der Mittelkonsole)
- Integrierung des Schalters für die Heckscheibenheizung (bisher neben dem Bedienfeld)
- Neue Schalter für das Einstellen der Temperatur und Gebläseleistung (höhere Einstellung = Taste hochdrücken, niedrigere Einstellung = Taste herunterdrücken)
- ECO-Anzeige für ECOnomy-Modus, wenn der Klimakompressor ausgeschaltet ist (das Schneeflockensymbol in der Anzeige erlischt).

Der Economy-Modus wird unterbrochen, wenn:

- der Lufttemperatursensor erkennt, dass die eintretende Frischluft den Gefrierpunkt erreicht
- der Klimakompressor nicht einschaltet
- der Umluftbetrieb eingeschaltet ist.

Bedienfeld

Aktuelle Einstellungen werden im LCD-Anzeigefeld oder über LEDs in manchen Schaltern angezeigt. Wenn „LO" oder „HI" anstelle der normalen Temperaturangabe im Anzeigefeld erscheint, liefert die Klimaanlage die maximale Kühlungs- oder Heizleistung (die Temperatursteuerung ist dann deaktiviert). „OFF" zeigt an, dass der Gebläsemotor ausgeschaltet ist.

Folgende Anschlüsse sind am Klimaanlagen-Bedienfeld vorhanden:

- Klemme 31
- Klemme 30
- Sensormasse
- Sensorspannung 5 V Gleichspannung
- CAN-Bus Schnittstelle

Die Temperaturanzeige kann mittels des Bordcomputers umgeschaltet werden.

Sitzheizung

Die Sitzheizung lässt sich für den linken und rechten Sitz individuell einstellen. Dabei können zwei Stufen ausgewählt werden. Wenn eine Sitzheizungstaste ein oder zweimal gedrückt wird, überträgt die Klimaanlagensteuerung die gewünschte Auswahl an das Bordnetz-Steuergerät, dass die Heizelemente im Sitz direkt ansteuert (Aufheizphase) und eine Statusmeldung (Stufe 1 oder 2) an das Bedienfeld zurücksendet, die über LEDs im Sitzheizungsschalter angezeigt wird. Die Dauer der Aufheizphase hängt von der Innenraumtemperatur ab (CAN-Signal) und richtet sich auch nach der gewählten Einstellung:

- Stufe 2 (von 40°C bis < -20°C) heizt 2,2 bis 11 Minuten
- Stufe 1 (von 40°C bis < -20°C) heizt von 0,5 bis 9,2 Minuten

Nach der Aufheizphase schaltet das Steuergerät auf eine kontinuierliche Heizung um. Die Heizleistung verringert sich dann in Stufe 2 um 40% und in Stufe 1 um 14%.
Steigt die Innenraumtemperatur über 40°C, schaltet das Steuergerät die Sitzheizung ab, und sobald die Temperatur 40°C unterschreitet, wieder ein.

Defrosterfunktion

Windschutzscheibe

Auf die Defrosterfunktion kann in allen gewählten Einstellungen sofort zurückgegriffen werden. Nach dem Einschalten wird die Innenraumtemperatur automatisch auf „HI" eingestellt, die Gebläseleistung erhöht und der Luftstrom vorwiegend auf die Windschutzscheibe geleitet.

Heckscheibe und Spiegel

Die Heckscheibenheizung kann über eine Taste im Bedienfeld eingeschaltet werden, das daraufhin ein digitales Datensignal über den CAN-Bus zum Bordnetz-Steuergerät übermittelt. Dieses schaltet das Heckscheibenrelais (in der Relaisgruppe 2) ein und informiert das Bedienfeld über den Schaltzustand, woraufhin die LED im Schalter aufleuchtet. Gleichzeitig dient das CAN-Bus-Signal auch dazu, die Heizungen der beiden Außenspiegel einzuschalten. Die maximale Heizdauer für die Heckscheibe und die Spiegel beträgt 15 Minuten.

Modi

Automatischer Umluftbetrieb

Sollte die Außentemperatur 26°C überschreiten, wird nach einer Belüftungsdauer von 30 Sekunden automatisch in den Umluftbetrieb gewechselt, um bei eingeschalteter Klimaanlage die Kühlungsphase zu verkürzen.

Manueller Umluftbetrieb

Die Klappe für Außen-/Umluftbetrieb kann jederzeit umgeschaltet werden, um lästige Gerüche von außen fernzuhalten. Bei ausgeschaltetem Klimakompressor (ECO-Modus) ist der manuelle eingestellte Umluftbetrieb auf drei Minuten begrenzt.

Automatikbetrieb

Im Automatikbetrieb wird die Luftverteilung automatisch gesteuert. Dazu werden unter anderem die Außentemperatur und die Motortemperatur ausgewertet, um die Kaltstartbedingungen und das mögliche Vereisen der Scheiben zu berücksichtigen. Der Automatikbetrieb wird über die Anzeige „AUTO" im Anzeigefeld dargestellt.

Manuelle Gebläseeinstellung

Zusätzlich zur automatischen Steuerung kann die Leistung des Gebläsemotors durch Tastschalter auch manuell eingestellt werden. Eine Anzeige im Anzeigefeld mit insgesamt 19 Segmenten (Balken) gibt die vorgenommene Einstellung an. Hochdrücken des Tastschalters erhöht die Gebläsedrehzahl, herunterdrücken verringert die Drehzahl auf ein Minimum. Wird in der niedrigsten Gebläsestufe der Taster nochmals nach unten gedrückt, sind das Gebläse und die automatische Regelung abgeschaltet. Im Anzeigefeld erscheint der Schriftzug „OFF". Bei ausgeschaltetem Gebläsemotor wird der Klimakompressor abgeschaltet, um ein Vereisen des Verdampfers zu verhindern. Gleichzeitig werden die Luftverteilung auf Defrosten und Umluftbetrieb umgestellt und alle anderen Klappen geschlossen.

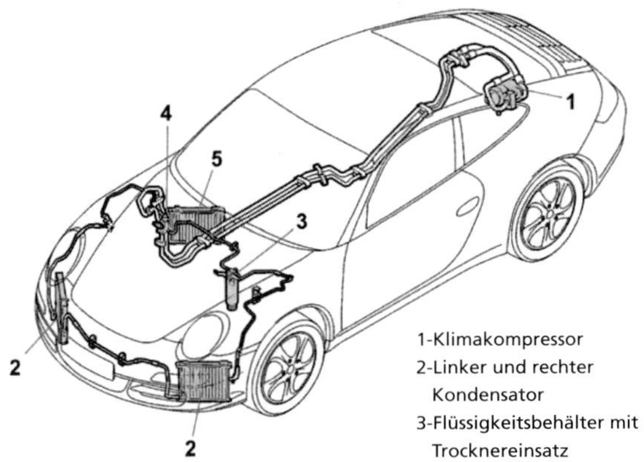

Kältemittelkreislauf *(Abbildung: Porsche AG)*

Motorgetriebener Klimakompressor *(Bild: Porsche AG)*

Der Klimakompressor ist rechts neben dem Generator angeordnet. (Bild: Porsche AG)

Kälteerzeugung

Die Kälteerzeugung in der Klimaanlage des 997 beruht auf dem Verdampferprinzip, das schon seit Jahrzehnten verwendet wird.

Klimakompressor

Der Klimakompressor wird vom Motor über eine Magnetkupplung angetrieben und hat 7 Zylinder, deren Arbeitskolben über die Taumelscheibe bewegt werden. Das Fördervolumen des Kompressors kann durch die Änderung des Taumelscheiben-Neigungswinkels zwischen 5% und 100% der maximalen Leistung stufenlos verändert werden. Bei 100% Förderleistung beträgt das Arbeitsvolumen 3 cm^3. Zur Schmierung sind 195 cm^3 ± 15 cm^3 Kompressoröl der Spezifikation ND8 eingefüllt.

Die Winkeländerung der Taumelscheibe erfolgt allein über die an den Kolben wirkenden Gaskräfte. Die Summe aller Gaskräfte, sowohl oberhalb der Kolben (Saug-, Förderdruck) als auch unterhalb der Kolben (Gasdruck im Taumelscheibenraum), und die konstruktiv bedingten wirksamen Hebellängen der jeweiligen Gaskräfte zum Drehpunkt ergeben die aktuelle Stellung des Taumelscheibenantriebes. Durch die variable Förderleistung kann die Ein- und Ausschaltfrequenz der Kompressorkupplung deutlich verringert werden und der Kompressor bleibt die meiste Zeit im Betrieb.

Kompressorsteuerung

Etwa 8 Sekunden nach dem Anlassen des Motors schaltet die Motronic über ein Relais in der Relaisgruppe 2 den Klimakompressor ein. Unter diesen Bedingungen erfolgt eine Abschaltung des Kompressors:

- Außentemperatur unter 3°C. Überschreitet die Außentemperatur 3,5°C, wird der Kompressor wieder eingeschaltet.
- Kühlmitteltemperatur übersteigt 118°C. Wiedereinschalten des Kompressors bei einer Temperatur unter 115°C
- Kältemittelsystemdruck unter 2 bar bzw. über 28 bar
- Wird das Gaspedal über 92% durchgetreten, wird der Kompressor abhängig von der Geschwindigkeit der Stellungsänderung zwischen 6 und 9 Sekunden lang abgeschaltet.

Vor dem linken und rechten Kühler ist jeweils ein Kondensator angeordnet.

(Bild: Adrian Streather)

Der Flüssigkeitsbehälter mit dem Trockner befindet sich im Kofferraum links neben der Batterie.

(Bild: David Yusem)

Weitere Klimaanlagenkomponenten befinden sich auf der anderen Seite des Batteriefachs.

(Bild: Adrian Streather)

Kondensator

Die beiden Kondensatoren der Klimaanlage befinden sich vorn am Fahrzeug vor den Kühlern und sind an diesen befestigt.

Flüssigkeitsbehälter und Trockner

Der Flüssigkeitsbehälter befindet sich im Kofferraum links neben der Batterie. Dort ist auch das Expansionsventil untergebracht.

Sensoren

Folgende Sensoren sind im System vorhanden:

- Der Innenraumtemperatursensor ist im Bedienfeld integriert und hat einen eigenen kleinen Mikrolüfter, um die Genauigkeit der Temperaturmessung zu gewährleisten.
- Der Frischlufttemperatursensor befindet sich am Frischlufteintritt. Seine Information dient als Referenz zur Steuerung des Klimakompressors. Die Umgebungstemperatur spielt eine große Rolle im gesamten System und wird aus zwei Werten ermittelt. Eine Messgröße stellt die Temperatur der eintretenden Frischluft dar, die andere die vordere Außentemperatur am Fahrzeug. Die niedrigere der beiden wird zur Weiterverarbeitung herangezogen. Ein Anstieg der Umgebungstemperatur, der durch zusätzliche Wärmequellen (wie z. B. die Kühler) hervorgerufen wird, kann durch einen fahrgeschwindigkeitsabhängigen elektronischen Filter egalisiert werden.
- Ein weiterer Temperatursensor befindet sich am Luftaustritt im Fußraum
- Ein Sensor zur Messung der Sonnenintensität befindet sich in der Mitte der Schalttafel. Er wird mit einer Referenzspannung von 5 Volt versorgt und seine Messwerte unterliegen zwei unterschiedlichen Zeitkonstanten. Damit sollen schnelle Änderungen bei der Sonneneinstrahlung egalisiert werden, wenn zum Beispiel durch einen Tunnel oder in einer Allee gefahren wird. Daher reagiert das System erst, wenn eine gewisse Zeitspanne verstrichen ist. Die Auswertung der Sonneneinstrahlungsänderungen dient zur Steuerung des Stellmotors der Temperaturmischklappe und zur Anpassung des Luftdurchsatzes (Gebläsemotordrehzahl).
- Über den Drucksensor im Kältemittelkreislauf wird ein zu niedriger oder zu hoher Druck erkannt und erforderlichenfalls der Klimakompressor abgeschaltet.

Hinweis:

Der Außentemperatursensor dient ebenfalls als Steuervariable.

Hauptregelung (Energy Requirement Level)

Im Betrieb unterliegen alle Steuerfunktionen der Klimaanlage der Hauptregelung, dem so genannten Energy Requirement Level ERL. Darüber wird der Wärmeenergiebedarf des Fahrzeugs bestimmt; die wichtigsten einfließenden Faktoren sind:

- Eingestellte Temperatur
- Aktuelle Innenraumtemperatur
- Außentemperatur
- Sonnenintensität
- Kompressor ein- oder ausgeschaltet

Der Hauptregelungswert wird als digitale Zahl zwischen 0 und 255 (8 Bit) ausgedrückt, wobei 0 für eine maximale Kühlung und 255 für die maximale Heizung steht. ERL-Zahlen unter 85 drücken einen Kühlmodus aus, ERL-Zahlen über 150 stehen für einen Heizungsmodus.

Gebläsesteuerung

Der Luftdurchsatz wird durch die ERL-Zahl gesteuert und erfolgt durch die Regelung der Betriebsspannung des Gebläsemotors. Sowohl für die automatisch als auch für die manuell vorgenommene Luftverteilung sind entsprechende Vorgaben festgelegt.

Kondensator/Kühlerventilator

Die für den Kühlerventilator erforderliche Drehzahl wird vom Motorsteuergerät berechnet. In die Berechnung fließen der Kältemitteldruck (über den CAN-Bus vom Klimaanlagenbedienfeld übertragen) und die Kühlmitteltemperatur ein.
Das Drehzahlsteuersignal gelangt über den CAN-Bus vom Motorsteuergerät zum vorderen Steuergerät und von dort über die Endstufen zum linken und rechten Kühlerventilator. Für die Erfordernisse der Klimaanlage fließt der vorhandene Kühlmitteldruck linear in die Lüftersteuerung ein.

CAN-Bus-Schnittstelle

Folgende Informationen erhält das System über die CAN-Bus-Schnittstelle:

- Außentemperatur (über CAN-Bus vom vorderen Steuergerät)
- Kältemitteltemperatur
- Fahrgeschwindigkeit (zur Bestimmung des Frischlufteintritts)
- Motordrehzahl
- Heckscheiben- und Außenspiegelheizung ein oder aus
- Schiebedach, Verdeck oder Targa-Dach geöffnet oder geschlossen
- Standheizung ein oder aus (falls vorhanden)
- Scheibenwischer- und Waschanlagensignal
- Linke Sitzheizung ein oder aus
- Rechte Sitzheizung ein oder aus
- Innenraumtemperatur
- Klimakompressor ein oder aus
- Kältemitteldruck
- Abschaltung wegen Nieder- oder Hochdruck
- Diagnose
- Vergangene Zeitspanne seit Ausschalten der Zündung

Diagnose

Die Diagnose erfolgt mittels des PIWIS-Testers über die CAN-Bus-Schnittstelle (Diagnosestecker). Folgende Aktionen können unter anderem darüber vorgenommen werden:

- Auslesen und Löschen von Fehlern
- Abrufen aktueller Messwerte und Daten
- Stellgliedansteuerung
- Kalibrierungen
- Sensorvoreinstellungen

Fehlersuche

Die Klimaanlagensteuerung verfügt über eine Selbstdiagnose, die ständig bestimmte Funktionen der Steuereinheit und der Systemkomponenten überwacht und erkannte Fehler in einem Speicher (EEPROM) hinterlegt.

Klimaanlagenbedienfeld der 2. Generation

(Bild: Adrian Streather)

Extern gesteuerter Klimakompressor von Denso. Er wird ständig angetrieben, arbeitet aber nicht immer als Pumpe.

(Bild: Porsche AG)

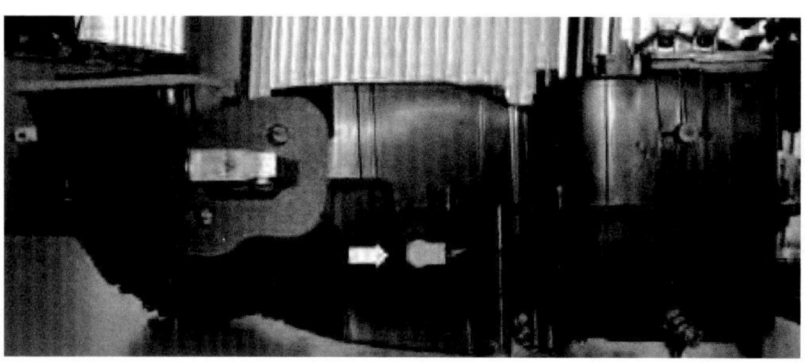

Klimagerät der 2. Generation mit Verdampfertemperatursensor (Pfeil)

(Bild: Porsche AG)

Klimasteuerung der 2. Generation

Einführung

Die Klimaanlage blieb bei der zweiten 997-Generation im Wesentlichen unverändert bis auf den Klimakompressor, der nun extern gesteuert war. Bei dieser Klimakompressorsteuerung haben die auf dem Bedienfeld vorgenommenen Einstellungen einen direkten Einfluss auf die Kühlungsleistung.

Hinweis:
Eine vergleichbare Klimaanlage mit externer Kompressorsteuerung hat auch der Porsche Cayenne.

Wichtige Änderungen:

- Extern gesteuerter Kompressor (elektronisches Steuerventil)
- Keine Magnetkupplung; Kompressor läuft ständig mit; dadurch Gewichtseinsparung von 1,4 kg
- Systemsteuerung über Verdampfertemperatur
- Steuerventilaktivierung über Klimaanlagen-Bedienfeld (neue Software)
- Geänderter Verlauf einiger Kältemittelleitungen durch den neuen DFI-Motor

Extern gesteuerter Klimakompressor

Hersteller des neuen Kompressors ist das japanische Unternehmen Denso. Der Aufbau und die Funktionsweise sind prinzipiell identisch mit dem bisherigen Typ, allerdings ist keine Magnetkupplung mehr vorhanden und der Kompressor wird permanent angetrieben.

Das Kältemittel steht unter einem Druck zwischen 10 bis 30 bar bei einer Temperatur von bis zu 100°C, wenn es bei maximaler Förderleistung aus dem Kompressor austritt. Sollte der Druck zu hoch ansteigen, öffnet ein elektronisch gesteuertes Bypassventil im Kompressor und lässt den Überdruck in den Taumelscheibenraum ab. Die Ansteuerung des Bypassventils erfolgt durch das Klimaanlagen-Bedienfeld mittels eines pulsweitenmodulierten Spannungssignals.

Zur Berechnung des Signals dient die Information des Verdampfertemperatursensors.

Hinweis:
Die Kältemitteltemperatur ist direkt proportional zum Kältemitteldruck. Hohe Temperatur = hoher Druck.

Bei Außentemperaturen unter 2°C schaltet der Klimakompressor automatisch ab und kann nicht wieder eingeschaltet werden.
Das im Kompressor eingebaute Bypassventil öffnet bei einem kritischen Systemdruck von 140 bar, um die Leitungen vor irreparablen Schäden zu schützen. Sobald der Druck sich wieder normalisiert hat, schließt das auf der Hochdruckseite angeordnete Ventil wieder.
Übersteigt die Kältemitteltemperatur 118°C, fährt das Motorsteuergerät über den CAN-Bus die Leistung der Klimaanlage herunter. Dazu schaltet das elektrische Steuerventil die Kompressorleistung auf Nullförderung (beide Kühlerventilatoren sind eingeschaltet).
Bei einer Drosselklappenöffnung von über 92% erfolgt eine zeitlich begrenzte Abschaltung des Kompressors.

Klimaanlagen-Bedienfeld

Wie bei der 1. Generation sind das Klimaanlagen-Bedienfeld und die Steuerung als eine Einheit in der Mittelkonsole angeordnet. Das Bedienfeld gleicht bis auf einige wenige Änderungen der Vorgängerausführung. Die Unterschiede sind:

- AC OFF (ECO-Funktion = der Kompressor arbeitet mit Nullförderung)
- Zwei zusätzliche Tasten für die Sitzheizungen
- Neue Anordnung der Tasten

Wie schon bei der 1. Generation werden auch alle Heizungsfunktionen über dieses Bedienfeld gesteuert.

Verdampfertemperatursensor

Die Verdampfertemperatur dient als Grundlage zur Schaltung des elektronischen Steuerventils des extern gesteuerten Kompressors. Der Sensor befindet sich nicht direkt in den Verdampfer eingesetzt, sondern befindet sich 20 mm versetzt auf der Rückseite des Klimageräts. Durch diese Entfernung vom Verdampfer liefert der Sensor bei allen Temperaturen gleichmäßigere Werte.
Durch Überwachung dieser Temperatur wird der Verdampfer auch vor dem Einfrieren geschützt. Sollte diese Gefahr bestehen, ändert das elektronische Steuerventil die Förderleistung des Kompressors. Dadurch ist weniger Kühlmittel zum Verdampfen verfügbar und ein mögliches Einfrieren wird verhindert.

Wartungstipp: Zum Ausbauen des Verdampfertemperatursensors greift man zwischen Klimagerät und Spritzwand auf der Beifahrerseite, dreht den Sensor eine Viertel Umdrehung und zieht ihn dann aus dem Klimagerät heraus.

Sitzbelüftung

Für die zweite 997-Generation gab es erstmals eine neue Sitzbelüftung. Sie wurde als Individualausstattung in Verbindung mit einer Sitzheizung angeboten und sowohl für die Standardsitze als auch für die voll elektrisch verstellbaren Sitze erhältlich. Über Tasten im Klimaanlagen-Bedienfeld können drei verschiedene Einstellungen vorgenommen werden. Elektrolüfter in der Sitzfläche und Rückenlehne lassen Schweiß zwischen dem Körper und der Sitzoberfläche verdunsten. Damit ist auch bei großer Hitze ein angenehmes Sitzgefühl gewährleistet.

Funktionsweise

Eine feine Perforierung des Lederbezugs der Sitzmittelbahn und der Rückenlehne ermöglicht eine Luftzirkulation am Sitzpolster. Belüftung und Heizung können unabhängig voneinander eingestellt werden.
Die Sitzbelüftung wird durch einen Tastendruck im Klimaanlagen-Bedienfeld eingeschaltet. Einmaliges Drücken stellt automatisch die höchste Stufe ein. Über drei LEDs im Tastschalter wird die momentan aktive Ventilatorstufe angezeigt.

Die leise und gleichmäßig arbeitenden Lüfter transportieren den entstandenen Schweiß durch die perforierte Sitzbahn und Rückenlehne. Die dafür erforderliche Luft tritt über die luftdurchlässige Polsterung ein und wird über im Sitzinnern angeordnete Kanäle nach unten ins Fahrzeuginnere abgeleitet. Auch durch die Sonne aufgeheizte Sitze werden damit schnell gekühlt und somit die Schweißbildung begrenzt.

Die Sitzbelüftung kann mit einer Sitzheizung kombiniert werden. Damit wird ständig die Feuchtigkeit beseitigt und gleichzeitig eine angenehme Sitztemperatur gewährleistet.

Ein im Sitzheizelement integrierter Temperatursensor erfasst die Sitztemperatur, die – wie auch die Innenraumtemperatur – mindestens 15°C betragen muss, damit die Sitzbelüftung eingeschaltet wird, um eine zu starke Auskühlung des Rückens zu vermeiden.

Die Lüftermodule in den Sitzen werden direkt mit Bordspannung (Klemme 15) versorgt und über das Klimaanlagen-Bedienfeld gesteuert; die drei möglichen Stufen sind 100%, 78% und 68%. Sollte die Bordspannung unter 9 V fallen oder über 16 Volt ansteigen (bei einem Defekt des Spannungsreglers), werden sie automatisch abgeschaltet.

Sitzbelüftung und -heizung funktionieren nur, wenn der Motor läuft.

Wichtigste Systemkomponenten:

- Dreistufiger Tastschalter im Klimaanlagen-Bedienfeld
- Lüftermodule in der Sitzfläche und Rückenlehne
- Luftkanäle im Sitzinnern
- Luftdurchlässige Sitzbezüge
- Kabelbaum

Multifunktionslenkrad mit Heizung: Die Taste zum Einschalten ist auf der Rückseite der unteren Speiche angeordnet.

(Bild: Porsche AG)

Lenkradheizung

Für alle Lenkräder wurde als Individualausstattung eine Lenkradheizung angeboten, mit der sich an kalten Tagen der Fahrkomfort deutlich steigern lässt.

Die Lenkradheizung wird über eine Taste auf der Rückseite der unteren Lenkradspeiche betätigt. Nach dem Einschalten erscheint im Bordcomputer für zwei Sekunden die Meldung „Lenkradheizung eingeschaltet". Der Innenraumtemperatursensor im Klimaanlagen-Bedienfeld wird zur Steuerung der Lenkradheizung herangezogen. Die Einschaltdauer wird variabel geregelt. Nach dem Ausschalten erscheint im Bordcomputer für zwei Sekunden die Meldung „Lenkradheizung ausgeschaltet".

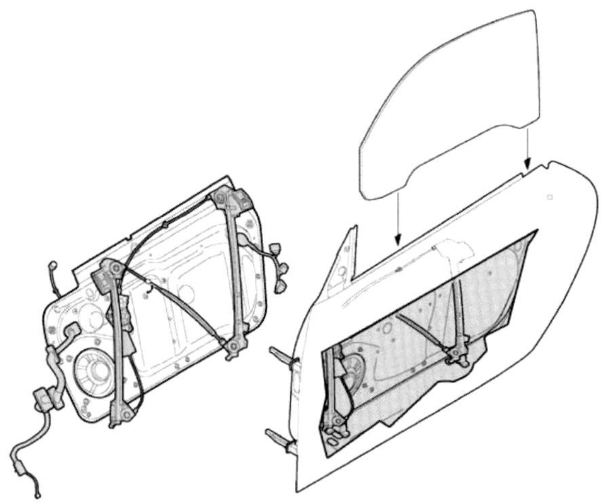

Einbaulage des elektrischen Fensterhebers
(Abbildung: Porsche AG)

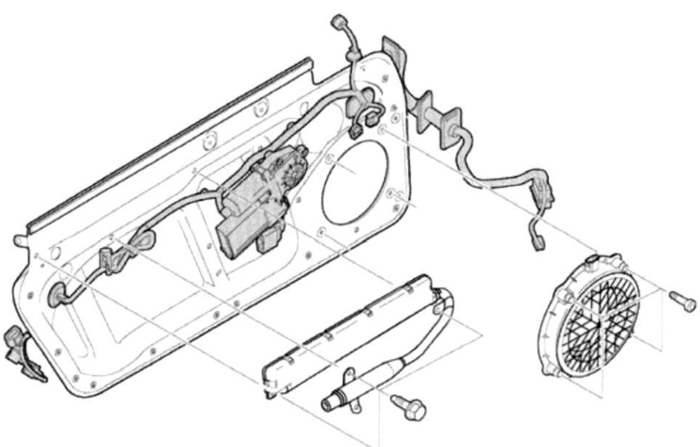

Einbaulage des Fensterhebermotors
(Abbildung: Porsche AG)

Fensterheberschalter an einem linksgelenkten Fahrzeug
(Bild: Joe Ramos)

Scheiben und Spiegel

Elektrische Fensterheber

Der Motor und die elektrische Anlage der elektrischen Fensterheber sind bei allen 997-Modellen im „trockenen" Bereich der Türen eingebaut und nicht mehr wie bisher der Feuchtigkeit ausgesetzt. Dadurch sind der Mechanismus und der Elektromotor bereits nach dem Lösen weniger Schrauben zugänglich.

Das Türsteuergerät ist in den CAN-Bus eingebunden, was den Schutz gegen Einklemmen und thermische Überlastung verbessert. Diese Einbindung bedeutet auch eine bessere Diagnosefähigkeit.

Der Schalter für den Fensterheber ist in der Türverkleidung angeordnet.

In alle elektrischen Funktionen der Fahrer- und Beifahrertür ist das jeweilige Türsteuergerät eingebunden. Folgende Komponenten sind an das Türsteuergerät angeschlossen:

- Elektrischer Fensterheber
- Türschloss
- Innerer Türgriffschalter/äußerer Türgriffschalter
- Außenspiegel
- Alle Schalter, die sich auf Tür, Scheibe, Spiegel oder die Memoryfunktion beziehen
- Türbeleuchtung
- CAN-Bus

Das Türsteuergerät aktiviert:

- Elektrische Fensterheber (Öffnen und Schließen der Scheiben)
- Außenspiegelverstellung
- Zentralverriegelung
- Türbeleuchtung

Wenn eine geöffnete Tür mit vollständig hochgefahrener Scheibe geschlossen werden soll, wird diese automatisch um 7% abgesenkt und nach dem Schließen der Tür wieder angehoben. Die momentane Scheibenposition wird über den CAN-Bus an andere Steuergeräte übermittelt.

Die elektrischen Fensterheber können unter diesen Voraussetzungen bedient werden:

- Zündung eingeschaltet
- Tür geöffnet
- Nach dem Ausschalten der Zündung können die Fensterheber bedient werden, bis eine Tür geöffnet wird.

Spiegeljustiereinrichtung an einem linksgelenkten Fahrzeug
(Bild: Porsche AG)

Außenspiegel an einen Fahrzeug der 1. Generation
(Bild: Porsche AG)

Außenspiegel an einen Fahrzeug der 2. Generation
(Bild: Porsche AG)

Einklemmschutz
Falls die Fensterbewegung beim Schließen behindert wird, hält die Scheibe an, fährt einige Zentimeter nach unten und bleibt schließlich stehen. Frühestens nach 11 Sekunden sollte wieder versucht werden, die Scheibe zu schließen, weil sie ansonsten mit voller Kraft hochfährt.

Hinweis:
Durch die neue Anordnung der elektrischen Fensterheber am 997 sind diese wesentlich besser zugänglich als bei den Vorgängermodellen.

Außenspiegel

Alle 997-Modelle haben klappbare, elektrisch einstellbare und beheizbare Außenspiegel, allerdings in zwei unterschiedlichen Größen. Die Spiegel der 1. Generation waren etwa 40% kleiner als die der Nachfolgegeneration. Eine überarbeitete Form und geänderte Aerodynamik verringern bei der 2. Spiegelgeneration die Sichtbeeinträchtigung durch Wasseransammlungen auf der Spiegeloberfläche. Wasser von der Spiegeloberseite wird durch eine Ablaufrinne zu den Seiten abgeleitet. Eine Luftleitkante an der Unterseite verringert Verwirbelungen, durch die Regenwasser auf die Spiegelfläche gelenkt wurde.

Der Außenspiegel besteht aus folgenden Bauteilen:
- Gehäuse
- Spiegelgrundplatte
- Stellmotor
- Spiegelglas

Der Spiegel wird über ein zwischengelegtes Füllstück (Dichtung) an der Tür befestigt. Nach Abnahme der Abdeckung sind die Befestigungsschrauben zugänglich. Das Spiegelgehäuse ist aus ABS-Kunststoff hergestellt und in Wagenfarbe lackiert.
Zur Einstellung sind zwei Schalter an der jeweiligen Fahrertür des Links- bzw. Rechtslenkermodells vorhanden. So kann vom Fahrersitz aus mit einem Schalter der Spiegel ausgewählt und mit einem Vier-Wege-Schalter eingestellt werden.

Hinweis:
Die Vorgehensweise zum Einklappen der Spiegel ist in der Betriebsanleitung beschrieben.

Schwarze Ziffernblätter beim Carrera

(Bild: Porsche AG)

Weiße Ziffernblätter bei den S-Modellen

(Bild: Porsche AG)

Instrumenteneinheit eines GT3 RS

(Bild: Porsche AG)

Instrumenteneinheit

Einführung

Die Instrumenteneinheit der 997-Modelle ist im traditionellen Erscheinungsbild mit fünf Anzeigeinstrumenten ausgeführt, hat aber einige Änderungen aufzuweisen. Die fünf Instrumente sind weiterhin klar getrennt, was eine bessere Darstellung und Ablesbarkeit ermöglicht. Bei den Carrera S-Modellen sind die Zifferblätter in Aluminiumoptik ausgeführt, während sie bei den normalen Carrera-Modellen in schwarz gehalten sind. Die GT- und Turbo-Modelle haben modellspezifisch gestaltete Zifferblätter in einer Sonderausführung. Permanent angezeigt werden zudem auch der Gesamtkilometerstand, der Tageskilometerzähler, die Uhrzeit. Die Außentemperatur und unterhalb des Drehzahlmessers die aktuelle Geschwindigkeit.
Die Voltmeteranzeige der Vorgängermodelle wurde durch eine Öltemperaturanzeige ersetzt. Geändert wurde auch die Lage der Warnleuchten, die jetzt nicht mehr unter den Instrumenten angeordnet, sondern auf in die Zifferblätter der Instrumente integriert sind. Das digitale Anzeigefeld ist weiterhin im mittig platzierten Drehzahlmesser vorhanden und informiert über zusätzliche Funktionen wie das Reifendruckkontrollsystem oder die Stoppuhr des Sport Chrono Pakets Plus.
Zur Anpassung an die Innenraumbeleuchtung ist die Instrumentenbeleuchtung in weiß ausgeführt. Sie wird digital von der Instrumenteneinheit gesteuert und kann über einen Verstellknopf in der Helligkeit verändert werden.
Die Zeiger der Rundinstrumente werden von Schrittmotoren bewegt, die eine hohe Anzeigegenauigkeit und Unempfindlichkeit gegenüber Magnetfeldern aufweisen. Für die Rückstellung der Zeiger sind keine Federn mehr vorhanden und sie werden nach dem Ausschalten der Zündung wieder neu auf ihren Nullpunkt ausgerichtet. Sollte die Spannungsversorgung zu niedrig oder ganz unterbrochen sein, bleiben die Zeiger in der aktuellen Position stehen und werden bei korrekter Betriebsspannung wieder automatisch neu abgeglichen.
Je nach Landesausführungen ist die Instrumenteneinheit unterschiedlich ausgeführt. Auch für Nordamerika-Modelle gibt es eine amerikanische Version mit Meilenskala und eine kanadische Ausführung mit km/h-Anzeige.

Hinweis:
Jede Instrumenteneinheit ist auf das jeweilige Modell, die vorhandenen Individualausstattungen und die verwendete Software-Version ausgelegt und mit keiner Einheit mit einer anderen Ersatzteilnummer kompatibel. Beim Kauf von Ersatzteilen im Internet muss überprüft werden, ob

die gesamte Teilenummer übereinstimmt, besonders die beiden letzten Ziffern. A 00 und A 01 sind in der Regel nicht untereinander austauschbar, selbst wenn der Rest der Ersatzteilnummer übereinstimmt.

Die Instrumenteneinheit besteht aus:
- Motoröltemperatur-Anzeige
- Analoger Tachometer
- Reifendruck-Warnleuchte
- Fahrtrichtungs-Anzeige links
- Drehzahlmesser
- Fernlicht-Kontrollleuchte
- Fahrtrichtungs-Anzeige rechts
- ABS Warnleuchte
- Kühlsystem Temperatur-Anzeige und Warnleuchte
- Kraftstoff Vorrats-Anzeige und Warnleuchte
- Motoröldruck-Anzeige
- Einstelltaster für Instrumentenbeleuchtung und Tageskilometerzähler
- Anzeige Gesamtkilometerstand und Tageskilometerzähler
- Tempostat-Kontrollleuchte
- Lichtsensor für Instrumentenbeleuchtung
- Airbag-Warnleuchte
- Engine Check Warnleuchte
- Zentrale Warnleuchte
- Bordcomputer-Anzeige
- Porsche Stability Management (PSM) Multifunktionsleuchte
- Bremsen-Warnleuchte
- Sicherheitsgurt-Warnleuchte
- Ganganzeige
- PDK-Getriebe Wählhebelstellung
- Uhr und Außentemperatur-Anzeige
- Einstelltaster für Zeituhr

Beim Einschalten der Zündung leuchten alle Warnleuchten zur Funktionskontrolle auf.
Folgende Informationen werden in der Instrumenteneinheit analog dargestellt:
- Fahrgeschwindigkeit
- Motordrehzahl
- Kühlmitteltemperatur
- Kraftstoffstand
- Motoröldruck
- Öltemperatur

Folgende Informationen werden digital angezeigt:
- Wählhebelstellungen des Automatik-/PDK-Getriebes und Ganganzeige
- Gesamtkilometerstand und Tageskilometerzähler
- Uhrzeit und Außentemperatur
- Geschwindigkeit
- Reichweite, durchschnittlicher Kraftstoffverbrauch, durchschnittliche Geschwindigkeit und Ladedruck
- Ölstand
- Auswahlmenüs für Radio, Telefon, Navigation und Fahrzeugüberprüfung
- Gefahrhinweise

Eingangs- und Ausgangsdaten
Die Instrumenteneinheit verarbeitet Eingangssignale von folgenden Systemen bzw. Schaltern:
- Einstelltaster Zeituhr
- Einstelltaster Instrumentenbeleuchtung
- Ölstandsensor
- Kraftstoffstandsensor
- ParkAssistent Warntöne
- Bremsbelagverschleißsensor
- Kupplungsschalter
- Wählhebelstellung
- Waschwasserstand
- Zentralverriegelung
- Aufwachsignal

Über den CAN-Bus erhält die Instrumenteneinheit digitale Signale von/über:
- Lenksäulenbewegung
- Lenkradbewegung
- Raddrehzahl
- Fahrtrichtungs-Anzeiger
- Tachosensor
- PSM Multifunktionsleuchte
- ABS-Warnleuchte
- Schlüsselkontakt
- Fernbedienung
- Warnmeldungen
- Außentemperatur
- Statusinformation Fahrtrichtungs-Anzeiger
- Statusinformation aller Beleuchtungen
- Fehler in der automatischen Leuchtweitenregulierung
- Fehler in der Scheibenwischeranlage
- Fehler am Regensensor
- Status der Kofferraumhaube
- Eingeschaltete Instrumentenbeleuchtung
- Motorraumhaube geöffnet
- Bremsleuchte im Heckspoiler
- Fensteröffnung
- Türöffnung
- Heimleuchtautomatik
- Motordrehzahl

- Ziel- bzw. Ist-Gangposition
- Getriebenotlauf
- Motortemperatur
- Ländercode
- Sonnenintensität
- Sitzgurt-Warnanzeige
- GPS Zeit
- Reifen-Warnmeldungen
- Reifendruck
- Empfohlene Geschwindigkeit
- Reifendruckabweichung

Ausgänge und Ausgangsdaten

Zur Dimmung der LEDs erzeugt die Instrumenteneinheit ein pulsweitenmoduliertes Spannungssignal.

Darüber hinaus überträgt die Einheit über den CAN-Bus folgende digitale Informationen an das PCM:

- Außentemperatur
- Durchschnittlicher Kraftstoffverbrauch
- Restreichweite
- Durchschnittsgeschwindigkeit
- Tageskilometerzählerstand
- Uhrzeit
- Gesamtkilometerstand
- Bremsflüssigkeitsstand
- Bremskraftverteilung
- Motordiagnose
- Motortemperatur
- Kühlmitteltemperatur

Das Steuergerät des Reifendruck-Kontrollsystems erhält von der Instrumenteneinheit digitale Daten zur Nachfüllwarnung und zum erforderlichen Reifendruck, während der Kraftstoffstand an das Motorsteuergerät übermittelt wird.

Wartungsanzeige

Die 997-Baureihe verfügt auch über eine Wartungsanzeige, die den Fahrer über den Bordcomputer informiert, nach wie vielen Tagen bzw. Kilometern eine Wartung ansteht.

Bordcomputer

Der Bordcomputer wird bei eingeschalteter Zündung über einen Hebel an der Lenksäule bedient; das Anzeigefeld befindet sich unter dem Drehzahlmesser. Er hat etliche Funktionen, die in der Betriebsanleitung und in den verschiedenen Kapiteln dieses Buchs beschrieben sind.

Warnsystem

Die Instrumenteneinheit steuert auch das Warnsystem des 997. Es erhält dazu Status- und Fehlerinformationen von den Steuergeräten und auch direkt Signale von einigen Sensoren.

Sobald ein ständiger oder zeitweiser Fehler bestätigt wurde, schaltet die Instrumenteneinheit die entsprechende Warnleuchte(n) ein.

Die Warnleuchten haben die Aufgabe, den Fahrer auf ein Problem hinzuweisen. Sie einfach zu ignorieren ist fahrlässig und kann unter Umständen sehr gefährlich sein; nicht nur für den Fahrer und Beifahrer, sondern auch für andere Verkehrsteilnehmer.

Das Warnsystem im 997 setzt keine komplizierten Prioritäten, sondern hat lediglich zwei Anzeigearten:

- Blinken bedeutet ein bevorstehendes größeres Problem. Es sollte umgehend angehalten und entsprechend gehandelt werden. Mit blinkenden Warnleuchten sollte das Auto nicht mehr gefahren werden.
- Permanentes Leuchten bedeutet, die Betriebsanleitung zu lesen und die dort gegebenen Hinweise zu befolgen. Meist verweisen diese an den nächsten Porsche-Händler, der sich um das Problem kümmern soll. Manchmal werden auch zusätzliche Anweisungen gegeben, wie der Wagen mit der aktiven Warnleuchte gefahren werden soll. Verschiedene Warnmeldungen sind auch akustisch unterlegt.

Warnleuchten

Beim Einschalten der Zündung werden alle Warnleuchten zur Funktionskontrolle eingeschaltet. Nach einer gewissen Zeitspanne werden die von der Instrumenteneinheit gesteuerten Leuchten wieder ausgeschaltet; die von anderen Systemen aktivierten Leuchten bleiben dagegen eingeschaltet, bis alle Selbsttestprogramme abgeschlossen sind.

Akustische Warnsignale

Eine akustische Warnung ertönt unter folgenden Umständen:

- Zündung ausgeschaltet, Licht eingeschaltet und Fahrertür geöffnet
- Gurt nicht geschlossen und Zündung eingeschaltet
- Zündung ausgeschaltet, Zündschlüssel nicht abgezogen und Fahrertür geöffnet
- Geschwindigkeit überschreitet eingestellte Grenzwerte

Hinweis:

Auch bei anderen Systemen ertönen akustische Warnsignale.

Instrumenteneinheit eines Carrera Cabriolets der 2. Generation mit schwarzen Zifferblättern.

(Bild: Jinny Lee)

Carrera GTS der 2. Generation mit PDK-Instrumenteneinheit.

(Bild: Joe Ramos)

Schalttafel des Speedsters.

(Bild: Porsche AG)

Unterschiede zur 2. Generation

Für die zweite 997-Generation wurde die Instrumenteneinheit ebenfalls überarbeitet, dazu änderten sich einige Eingangssignale durch eine Weiterentwicklung des jeweiligen dahinterstehenden Systems.

Die wesentlichste Änderung war die Darstellung der PDK-Gangwechsel in der Instrumenteneinheit. Für die Ganganzeige wurde das vorhandene Tiptronic S-Konzept modifiziert. Zusätzlich zur Darstellung der Wählhebelposition mit roten LEDs hatte die neue Einheit nun eine numerische Ganganzeige.

Weitere neue PDK-relevante Anzeigen bzw. Warnmeldungen:

- Eine blinkende Wählhebelposition signalisiert, dass sich der Hebel zwischen zwei Stellungen befand
- „Getriebe Temperatur zu hoch" bzw. „Getriebe Notlauf" in weißer Schrift weist auf ein Problem hin, mit dem ein Weiterfahren noch eingeschränkt möglich ist.
- „Getriebe Notlauf" in roter Schrift zeigt ein schwerwiegendes Problem an, und das Fahrzeug muss abgestellt werden.

Änderungen im Reifendruck-Kontrollsystem (RDK) betrafen auch die Instrumenteneinheit:

- Sofortige Reifendruckanzeige beim Losfahren, da die Überprüfung bereits mit dem Schließen der Fahrertür eingeleitet wurde. Bereits nach fünf Sekunden wurde der Reifendruck im Display angezeigt.
- Falls beim neuen RDK ein Rad keine Informationen mehr übermittelte, überprüft das System weiterhin alle anderen Räder und zeigt deren Druck an. Das nicht zu prüfende Rad wird im Bordcomputer nur mit Linien (-,-) dargestellt.

Bei eingeschalteter Lenkradheizung erscheint die Meldung „Lenkradheizung eingeschaltet" für 2 Sekunden im Bordcomputer. Die Meldung „Lenkradheizung ausgeschaltet" erscheint für 2 Sekunden nach dem Abschalten.

Tempostat

Einführung

Zweck eines Tempostats ist das Einhalten einer konstanten Geschwindigkeit, unabhängig von den Fahrwiderständen und ohne jegliches Mitwirken des Fahrers über das Gaspedal. In beiden Modellgenerationen des 997 erfolgt die Geschwindigkeitsregelung des Tempostats über das Motorsteuergerät. Der Fahrer legt die gewünschte Fahrgeschwindigkeit fest, und das Motorsteuergerät erledigt über das elektronische Gaspedal (Drive-by-Wire) den Rest. Verwendet werden kann der Tempostat ab einer Geschwindigkeit von 30 km/h bis zu 240 km/h in allen Gängen. Die Bedienung erfolgt über einen Hebel an der Lenksäule.

Hinweis:
Auch wenn der Tempostat sehr hohe Geschwindigkeiten einhalten kann, sollte doch die erlaubte Höchstgeschwindigkeit nie überschritten werden.

Einstellung

Die gewünschte Geschwindigkeit kann bei aktivem Tempostat schrittweise angepasst werden:

- Bedienhebel kurz nach vorne tippen erhöht die Geschwindigkeit um 2 km/h (maximal 10 mal).
- Bedienhebel kurz zum Lenkrad ziehen verringert die Geschwindigkeit um 2 km/h (maximal 10 mal).

Um beim Bergabfahren die Geschwindigkeit möglichst effektiv einhalten zu können, kann die Motorbremswirkung bei Fahrzeugen mit Automatikgetriebe oder PDK erhöht werden:

- Das System schaltet beim Bergabfahren selbsttätig maximal zweimal zurück.
- Durch Ziehen und Halten des Bedienhebels beim Bergabfahren schaltet das Getriebe maximal zweimal zurück
- Zieht der Fahrer mehr als dreimal kurz den Bedienhebel, ohne dass die Geschwindigkeit sinkt, leitet das System maximal zwei Rückschaltvorgänge ein.

System

In den Tempostat des 997 sind folgende Bauteile bzw. Systeme eingebunden:

- Bedienhebel am Lenkrad mit direkter Verbindung zur Instrumenteneinheit. Über eine Taste am Hebelende lässt sich der Tempostat ein- und ausschalten. Der Hebel lässt sich in vier Richtungen bewegen, um folgende Einstellungen vorzunehmen: Beschleunigen und Geschwindigkeit speichern, Verzögern, Unterbrechen, Wiederaufnahme.
- Die Instrumenteneinheit führt alle Aktivierungen und Deaktivierungen sowie die Geschwindigkeitsberechnungen aus.
- CAN-Bus zur Verbindungsherstellung zwischen Instrumenteneinheit und dem Motorsteuergerät.
- Das Motorsteuergerät stellt anhand der Informationen von der Instrumenteneinheit über den Schrittmotor die erforderliche Drosselklappenstellung ein.
- Getriebesteuergerät für erforderliches Zurückschalten.
- Wählhebelposition bei Tiptronic und PDK. Sollte beim Fahren mit eingeschaltetem Tempostat das Getriebe auf N geschaltet werden, wird der Tempostat abgeschaltet.
- Bremsen- und Kupplungsschalter. Der Bremslichtschalter ist ein Doppelkontaktschalter und deaktiviert beim Bremsen die Tempostatfunktion, selbst wenn der Bremslichtschalter defekt sein sollte. Der Kupplungsschalter wird beim Treten des Kupplungspedals (nur Schaltgetriebe) betätigt und unterbricht nur die Tempostatfunktion. Beim Wiedereinkuppeln nimmt der Tempostat die vorher eingestellte Geschwindigkeit wieder auf.

Ein automatisches Abschalten erfolgt, wenn:

- die eingestellte Geschwindigkeit für länger als 20 Sekunden um 25 km/h überschritten wird.
- die eingestellte Geschwindigkeit länger als 5 Sekunden um 10 km/h absinkt (starke Steigung).
- das PSM aktiviert ist.

Hinweis:
Ausführliche Hinweise zur Bedienung des Tempostats sind in der Betriebsanleitung zu finden.

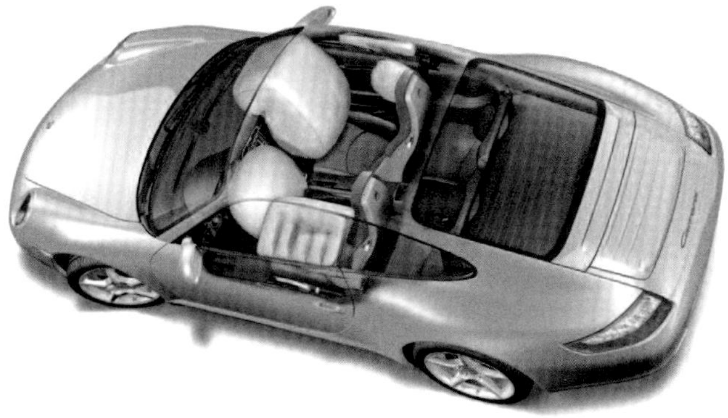

Die Airbags eines Carrera Coupés
(Abbildung: Porsche AG)

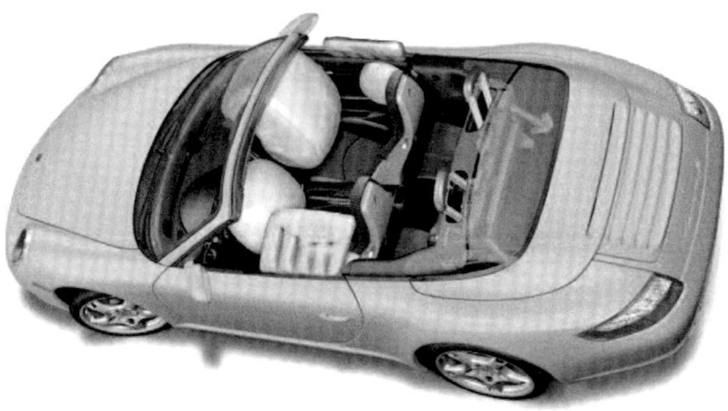

Die Airbags eines Carrera Cabriolets
(Abbildung: Porsche AG)

Die Airbags eines Turbo Cabriolets
(Abbildung: Porsche AG)

Airbag

Einführung

Jeder 997 hat serienmäßig auf der Fahrer- und Beifahrerseite einen zweistufigen Airbag. Während der Fahrerairbag sich im Lenkrad befindet, ist der Beifahrerairbag in den oberen Bereich des Armaturenbretts (Schalttafel) eingebaut. Die bei den Vorgängermodellen noch erkennbare Abdeckung ist nun unsichtbar in das Armaturenbrett integriert. In einigen Landesausführungen ist ein Seitenairbagsystem mit Gewichtserkennung vorhanden.
Es gibt etliche Unfallarten, bei denen eine Auslösung der Airbags nicht erwünscht ist. Dazu gehören Unfälle, bei denen Airbags keine Vorteile bringen, wie zum Beispiel bei einem Heckaufprall. Darüber hinaus gibt es Situationen, bei denen das Risiko einer Verletzung durch die Auslösung der Airbags höher ist als der wahrscheinliche Schutz, wie zum Beispiel bei Unfällen mit niedrigen Geschwindigkeiten oder Unfällen mit hoher Geschwindigkeit und langer Verzögerungsphase. Da Airbags nicht bei allen Unfällen ausgelöst werden, sollten die Fahrzeuginsassen immer angeschnallt sein.
Alle 997 sind mit einer Software ausgerüstet, die erkennt und aufzeichnet, ob der Fahrer und Beifahrer beim Auslösen der Airbags oder Gurtstraffer angeschnallt waren.

Warnhinweise

Falls ein Kinderrückhaltesystem auf dem Beifahrersitz angebracht wird, muss der Beifahrerairbag abgeschaltet werden, da ansonsten eine erhebliche Verletzungsgefahr besteht. Wenn Kinder mit einem Körpergewicht bis 27 kg in einem Kinderrückhaltesystem transportiert werden, muss der Beifahrerairbag abgeschaltet werden. Übersteigt das Körpergewicht 27 kg, sollte der Beifahrerairbag eingeschaltet sein.
Falls ein Airbagsystem mit Gewichtserkennung vorhanden ist, schaltet diese den Airbag automatisch ab, wenn ein Kind auf dem Beifahrersitz Platz nimmt.
Der Schlüsselschalter für die Abschaltung des Beifahrerairbags und die Isofix-Befestigung für den Kindersitz sind nicht werksseitig eingebaut. Diese können über einen Porsche-Händler nachgerüstet werden.

Achtung:
Generell bedarf es für Arbeiten mit Airbags einer speziellen Schulung, wie sie die Werkstattmitarbeiter in Porsche Zentren oder auf Porsche spezialisierte Werkstätten auf jeden Fall nachweisen können. Überlassen Sie also im Zweifelsfall diese Arbeiten einem Fachbetrieb.

Frontalaufprall

Nach dem Einschalten der Zündung führt das System einen Selbsttest durch, für dessen Dauer die Warnleuchte eingeschaltet bleibt. Falls kein Fehler erkannt wird, erlischt die Warnleuchte nach ca. 3 Sekunden.
Tritt im System ein Fehler auf, leuchtet die Warnleuchte auf. Die Diagnose und das Auslesen des Fehlercodes erfordern das Anschließen des PIWIS-Testers.
Der zweistufige Airbag auf der Fahrerseite ist in den Pralltopf des Lenkrads integriert. Zum Aufblasen dient ein umweltfreundliches organisches Treibmittel.

Hinweis:
Zwei selbstsichernde Torx-Schrauben T30 fixieren den Fahrerairbag. Falls der Airbag einmal ausgebaut wird, müssen diese Schrauben ersetzt werden.

Die gepolsterte Airbagabdeckung besteht aus thermoplastischem Kunststoff. Wird der Airbag ausgelöst, so reißt es an einer vorgegebenen Stelle, klappt auf und gibt den Airbag frei. Der Airbag ist aus unbeschichtetem Polyamidgewebe. Eine besondere Abnähung stellt sicher, dass er bei voller Entfaltung die optimale Kissenform bildet. Aufgeblasen hat der Airbag ein Volumen von ca. 64 Litern.
Für den zweistufigen Beifahrer-Airbag wird ein Hybrid-Gasgenerator mit organischem Treibmittel verwendet, das zu 95% aus Argon und zu 5% aus Helium besteht. Der Gasdruck beträgt ca. 200 bar. Bei der Zündung wird die Stahlkappe über der Zündkapsel weggesprengt und das Gas kann durch Löcher und Leitbleche in den Airbag eintreten. Da das Gas bereits unter Druck vorhanden ist, muss der Druck nicht erst durch eine Verbrennung erzeugt werden. So entsteht beim Entfalten des Airbags kein nennenswerter Temperaturanstieg (Kaltgasgenerator). Das Aufblasen des etwa 140 Liter großen Beifahrer-Airbags durch eine 55 mm große Öffnung dauert wie auf der Fahrerseite etwa 30 Millisekunden.
Zusätzlich zum Crashsensor im Airbag-Steuergerät in der Mittelkonsole sind am Vorderwagen zwei weitere Crashsensoren vorhanden. Sie befinden sich neben den Scheinwerfern und erkennen den Aufprallbereich und die Aufprallrichtung. Damit kann zum Beispiel ein versetzter Frontalaufprall besser erkannt werden. Nach dem Aufblasen erschlaffen die Airbags sehr schnell, um die Folgen für die Insassen gering zu halten.

Erweitertes Airbagsystem

Das erweiterte Airbagsystem des 997 erfüllt die Vorgaben des US Federal and Canadian Motor Vehicle Safety Standard 208.
In Abhängigkeit vom Gewicht des Insassen wird der Beifahrerairbag automatisch ein- oder ausgeschaltet.
Je nach Aufprallwinkel und Krafteinwirkung erfolgt oder unterbleibt eine Auslösung des Beifahrerairbags (siehe Einführung).

Porsche Side Impact Protection System (POSIP)

Der 997 war das erste Fahrzeug von Porsche, das mit einer weiterentwickelten Ausführung des Porsche Side Impact Protection System (POSIP) ausgestattet war. Bestandteile dieses Systems sind:
- Zwei Airbags auf jeder Seite
- Ein Thoraxairbag
- Ein Kopfairbag

Seitenairbag

Der Seitenairbag ist so ausgelegt und angeordnet, dass er den Brust- und Kopfbereich schützt. Ergänzend bietet die besonders gestaltete Türverkleidung zusätzlichen Schutz für das Becken. Nach dem Auslösen bildet der Airbag ein flaches Kissen zwischen dem Insassen und der Tür. Das Volumen beträgt etwa 30 Liter und die Form wurde so gewählt, dass möglichst alle Sitzpositionen abgedeckt sind. Zur Auslösung dient auch hier ein Hybrid-Gasgenerator; die Gasfüllung besteht aus Argon und Helium und hat einen Druck von ca. 270 bar.
Das Seitenairbag-Modul ist am Türinnenteil an Metallstreben angebracht und mit einer Lederabdeckung versehen. Damit ist sichergestellt, dass beim Auslösen keine Abdeckungsteile weggeschleudert werden.

Hinweis:
Aufgrund der Seitenairbags mit ihren explosiven Bauteilen ist bei Arbeiten an Türen und im Türbereich besondere Vorsicht geboten. Ausgelöste Airbags können eine kleine Reparatur zu einem teuren Alptraum ausweiten.

Thoraxairbag

In den Fahrer- und Beifahrersitz ist ein besonders gestalteter Airbag integriert, der bei einem Seitenaufprall einen maximalen Schutz für den Oberkörper bietet. Das Aufblasen des 8 Liter großen Airbags erfolgt über einen Hybrid-Gasgenerator.

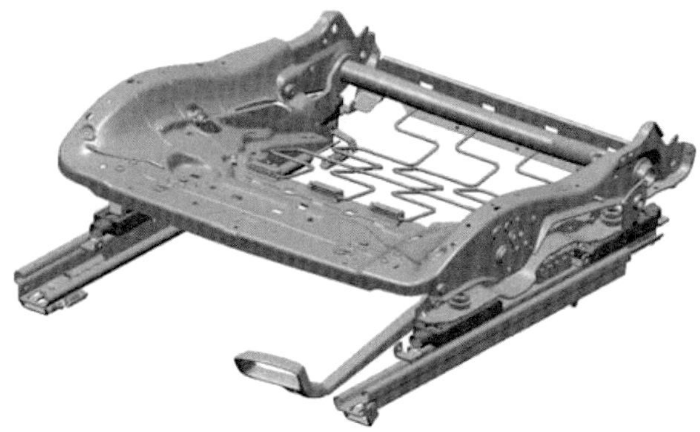

Sitzschiene mit Gewichtserkennung

Sitzgestell der erweiterten Airbagsysteme
(Abbildung: Porsche AG)

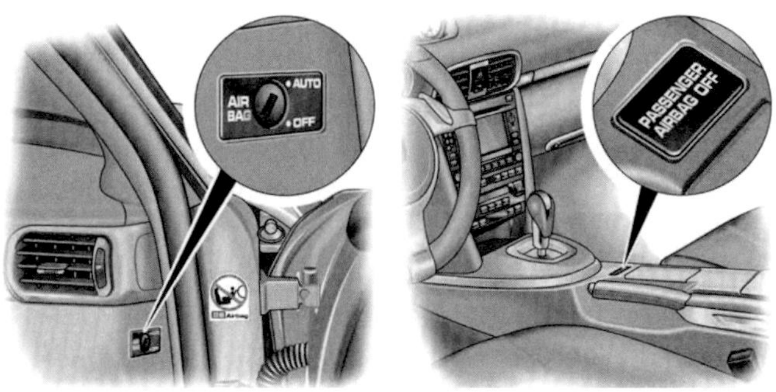

Beifahrerairbag aus- und einschalten Warnleuchte „Passenger Airbag OFF“

Ausschalten des Beifahrerairbags mit dem Zündschlüssel
(Abbildung: Porsche AG)

Ausgelöste Airbags
(Bild: Adrian Streather)

Kopfairbag

In jeder Tür befindet sich auch ein Kopfairbag mit einem Volumen von 8 Litern. Bei einem Seitenaufprall entfaltet er sich aus dem oberen Bereich der Türverkleidung zu einem schmalen Kissen und bietet bestmöglichen Schutz für den Kopf des Insassen. Wie der Thoraxairbag wird auch der Kopfairbag über einen Hybrid-Gasgenerator entfaltet.

Sensoren

Die Sensoren zum Erkennen eines Seitenaufpralls und zum Auslösen der POSIP-Airbags sind im Airbagsteuergerät in der Mittelkonsole und in den Türschwellern angeordnet.

Wegfahrsperre, Zentralverriegelung und Alarmanlage

Wegfahrsperre

Die Wegfahrsperre des 997 soll den Diebstahl des Wagens verhindern. Folgende Bauteile sind darin eingebunden:

- Zündschlüssel
- Porsche Access System (PAS) zur Fahrerautorisierung
- Steuergerät unter der Schalttafel neben der Lenksäule
- Elektromechanisches Lenkradschloss
- Motorsteuergerät

Nach dem Einstecken des Zündschlüssels in das Zündschloss werden die im Schlüssel hinterlegten verschlüsselten Informationen über eine Funkantenne ausgelesen und an das Wegfahrsperrensteuergerät übertragen. Nachdem die Daten als korrekt erkannt wurden, laufen folgende Schritte ab:

- Die Spannungsversorgung des Porsche Communication Management (PCM) wird eingeschaltet.
- Zwischen dem elektromechanischen Lenkschloss und dem Wegfahrsperrensteuergerät findet ein weiterer Austausch verschlüsselter Daten statt. Wird der Schlüssel als korrekt erkannt, erfolgt die Freigabe des Lenkschlosses. Sollte die Lenksäule dabei belastet sein, erscheint eine Warnmeldung im Bordcomputer. Sie fordert den Fahrer auf, das Lenkrad zu bewegen, damit die Lenksäule freigegeben werden kann.
- Wird der Schlüssel im Uhrzeigersinn weitergedreht, wird eine Verbindung zum Motorsteuergerät hergestellt und der Schlüssel ein weiteres Mal identifiziert. Nachdem der Schlüssel als richtig erkannt worden ist, wird die Zündung eingeschaltet und der Motor kann angelassen werden.

Hinweis:
Sobald der Motor läuft, hat die Wegfahrsperre keinen Einfluss mehr.

Elektromechanisches Lenkschloss

Nach dem Ende der Fahrt kann über die Fernbedienung das elektromechanische Lenkschloss verriegelt werden. Es blockiert die Lenkung und erschwert so das Wegfahren bzw. Wegschieben des Fahrzeugs. Die Einrichtung ist in das Lenksystem eingebaut und kann nur nach dessen Zerlegen ausgebaut werden.

Zentralverriegelung

Beide Türen und die Tankklappe des 997 können über die Fernbedienung gleichzeitig ver- und entriegelt werden. Bei nicht vollständig geschlossener Fahrertür ist das Verriegeln nicht möglich.

Ein kurzer Signalton von der Hupe zeigt an, dass eine der folgenden Öffnungen nicht korrekt geschlossen ist:

- Beifahrertür
- Kofferraumhaube
- Motorraumhaube
- Heckscheibe des Targa-Dachs
- Handschuhfach

Hinweis:
Wird das Fahrzeug mit dem Schlüssel entriegelt, muss innerhalb von 20 Sekunden die Tür geöffnet und innerhalb von 10 Sekunden der Zündschlüssel ins Zündschloss gesteckt werden, da ansonsten die Alarmanlage auslöst.

Bei 997-Modellen mit optionalem Sport Chrono Paket Plus kann über das PCM eine automatische Türverriegelung vorgenommen werden.

Automatische Türverriegelung

Falls der Wagen über die Fernbedienung entriegelt wird und innerhalb von 60 Sekunden keine Tür geöffnet wird, verriegeln die Türen wieder automatisch. Die Zeitspanne kann bei einem autorisierten Porsche-Händler individuell angepasst werden.
Durch einmaliges Verriegeln können die Türen von außen nicht mehr geöffnet werden. Die Alarmanlage ist betriebsbereit und die Innenraumüberwachung eingeschaltet.
Sollte im Innenraum eine Person eingeschlossen sein, kann die Tür mit dem Innengriff entriegelt werden:

- Einmaliges Ziehen entriegelt das Türschloss
- Nochmaliges Ziehen öffnet die Tür
- Beim Öffnen der Tür schaltet die Alarmanlage ein

Fehleranzeige

Ein doppeltes Hupensignal weist auf einen Fehler in der Zentralverriegelung oder der Alarmanlage hin.

Überlastschutz

Sollte die Zentralverriegelung mehr als zehnmal in einer Minute betätigt werden, wird die Funktion für 30 Sekunden unterbrochen.

Zentralverriegelungstaste
Mit der Zentralverriegelungstaste in der Schalttafel können beide Türen elektrisch verriegelt und entriegelt werden. Wurden die Türen mit dem Schlüssel oder der Fernbedienung verriegelt, kann man sie nicht mit der Taste entriegeln.

Verriegeln:
Zentralverriegelungstaste drücken. Bei eingeschalteter Zündung leuchtet die Leuchtdiode in der Taste.

Entriegeln:
Zentralverriegelungstaste drücken, die Leuchtdiode geht aus.

Falls die Türen mit der Zentralverriegelungstaste verriegelt wurden, können sie wie bereits beschrieben mit dem inneren Türgriff geöffnet werden.

Automatische Türverriegelung
Ein autorisierter Porsche-Händler kann verschiedene Türverriegelungsfunktionen im Steuergerät der Zentralverriegelung programmieren:

- Version 1: Die Türen verriegeln automatisch beim Einschalten der Zündung.
- Version 2: Die Türen verriegeln bei Erreichen einer Geschwindigkeit von 5 bis 10 km/h
- Version 3: Die Türen verriegeln automatisch beim Einschalten der Zündung, wenn aber die Türen bei laufendem Motor geöffnet werden, wird die Verriegelung aufgehoben und bei Erreichen einer Geschwindigkeit von 5 bis 10 wieder aktiviert.
- Version 4: Die automatische Verriegelung der Türen ist abgeschaltet.

Hinweis:
Automatisch verriegelte Türen können durch die Zentralverriegelungstaste entriegelt oder über doppeltes Ziehen des inneren Türgriffs geöffnet werden.

Bei Fahrzeugen mit Sport Chrono Paket Plus kann die automatische Türverriegelung im PCM aktiviert werden.

Vorsicht:
Lassen Sie niemals Kinder oder Tiere unbeaufsichtigt in einem verriegelten Fahrzeug zurück.

Alarmanlage

Jeder 997 ist serienmäßig mit einer Alarmanlage und einer Innenraumüberwachung ausgerüstet.

Anstelle des bisherigen Infrarotsensors ist bei der 997-Baureihe nun ein Radarsensor vorhanden. Der Vorteil dieser Sensorbauart liegt darin, dass sie bei Reflektionen von hellen Lederbezügen unempfindlich ist.

Hinweis:
Fehlalarme, ausgelöst durch im Wind wogende Bäume, bewegende Schatten oder Reflektionen auf Fähren mit besonderer Farbgebung, haben die Nerven mancher 996-Besitzer (einschließlich des Autors) erheblich strapaziert.

Hinweis:
Mittels Radar (Radio detection and ranging; Funkortung und -abstandsmessung) können Objekte in einem Raum erkannt werden. Dazu werden gebündelte elektromagnetische Wellen ausgesendet und ihre Reflexionen durch Gegenstände im Raum in einem Steuergerät ausgewertet.

Der 997 kann sowohl über die Fernbedienung als auch über den Schließzylinder in der Tür entriegelt werden. Die Fahrertür wird dann mechanisch geöffnet. Danach ist nur die Innenraumüberwachung und der fahrerseitige Türkontakt deaktiviert, aber nicht die Alarmanlage.

Hinweis:
Der Alarmschalter für die Ablage in der Mittelkonsole ist nicht mehr erforderlich, da die Ablage in die Zentralverriegelung eingebunden ist.

Falls der Zündschlüssel nicht innerhalb von 15 Sekunden in das Zündschloss gesteckt und erfolgreich identifiziert wird, schaltet die Alarmanlage ein. Wenn die Tür nicht innerhalb von 20 Sekunden nach dem Aufschließen geöffnet wird, verriegelt sie wieder automatisch, und alle Alarmkontakte sowie die Innenraumüberwachung werden aktiviert.

Alarmanlagenkomponenten

Alarmanlagensteuergerät
Sowohl das serienmäßige Steuergerät (433 MHz) als auch das optionale M535-Steuergerät (315 MHz) sind unter dem linken Sitz angebracht. Sie haben eine integrierte Selbsttestfunktion und ermöglichen mit dem PIWIS-Tester eine weitreichende Systemdiagnose.

Radarsensor
Der Radarsensor zur Innenraumüberwachung ist im oberen Bereich des Windschutzscheibenrahmens angeordnet.

Bereitschaftsanzeige
Die Bereitschaftsanzeige der Alarmanlage befindet sich in der Zentralverriegelungstaste in der Mittelkonsole zwischen den mittleren Luftdüsen.

Transponder
Der Transponder ist ein kleines vergossenes Bauteil, in dem sich ein Mikrochip und eine kleine Induktionsspule befinden. Bei der Herstellung erhält der Mikrochip eine zehnstellige Codenummer unlöschbar eingespeichert. Gleichzeitig ist auch ein Speicherplatz für den Sicherheitscode vorgesehen, der für jeden 997 einzigartig ist.

Überwachung
Folgende Bereiche werden von der Alarmanlage überwacht:
- Türen
- Kofferraumhaube
- Motorraumhaube
- Verriegelung des Cabrioverdecks
- Heckscheibe des Targa-Dachs
- Innenraum
- Handschuhfach

Hinweis:
Wenn das Cabrioverdeck oder das Targa-Dach geöffnet sind, ist die Innenraumüberwachung deaktiviert.

Wird einer der Alarmkontakte unterbrochen, schaltet nach 10 Sekunden die Alarmanlage ein. In der Grundeinstellung werden dabei das Signalhorn, die Blinker und die Innenbeleuchtung aktiviert. Allerdings kann das je nach Landesvorschrift abweichen. Falls die Beifahrertür nicht korrekt geschlossen ist, ertönt beim Versuch der Verriegelung ein dezentes Warnsignal vom Signalhorn.
Ein Alarm wird auch unter folgenden Bedingungen ausgelöst:
- Ein Zündschlüssel mit ungültigem Transpondercode wird in das Zündschloss gesteckt.
- Abtrennen der Signalhornkabel
- Abtrennen des Sensors zur Innenraumüberwachung
- Abklemmen der Batterie

Innenraumüberwachung
Der Innenraum wird über den Radarsensor überwacht. Durch Aktivierung der Alarmanlage ist auch der Innenraumsensor betriebsbereit. Der Sensor führt dann einen Selbsttest durch und kalibriert sich innerhalb von 10 Sekunden. Falls innerhalb der nächsten 10 Sekunden keine Bewegung im Wagen erkannt wird, verschließt die Zentralverriegelung den Wagen. Weitere 20 Sekunden müssen vergehen, bevor nach der Aktivierung des Sensors ein Alarm ausgelöst werden kann.

Fehleranzeige
Ein dezenter akustischer Alarm wird ausgelöst, wenn:
- die Türen nicht ordnungsgemäß geschlossen sind,
- während der Vorbereitungszeit bereits ein Grund zum Auslösen eines Alarms festgestellt wurde,
- wegen doppelten Verriegelns der Bewegungssensor oder ein zugehöriges Bauteil nicht feststellen können, ob ein Alarm ausgelöst werden soll, oder
- wenn die Türen nur teilverriegelt sind.

Ein doppeltes akustisches Signal ertönt, wenn
- ein Fehler im Bewegungsmelder festgestellt wird oder
- die Wegfahrsperre defekt ist.

Verwaltung der Codes
Während der Produktion eines 997 hat ein Computer die Codes und Seriennummern im Wegfahrsperren- und Motorsteuergerät hinterlegt. Diese Daten wurden auch in einer Datei gespeichert, die für jedes Fahrzeug angelegt wurde. Wird ein Steuergerät ausgetauscht, müssen diese individuellen Codes mit dem PIWIS-Tester in das neue Steuergerät übertragen werden.

Hinweis:
Die individuellen Codes können nur über das Porsche-eigene System IPAS abgerufen werden, das auch nur den Porsche-Vertragshändlern zur Verfügung steht. Der Zugang setzt eine Sicherheitsüberprüfung und einen Eigentumsnachweis voraus.

Signalhorn
Der Alarm kann entweder über die beiden Fanfaren hinter dem vorderen Stoßfänger oder über ein optionales eigenes Signalhorn im Kofferraum ausgegeben werden.

Sport Chrono Paket Plus der 1. Generation
(Bild: Porsche AG)

Sport Chrono Paket Plus in einem rechtsgelenkten Fahrzeug
(Bild: Adrian Streather)

Sport Chrono Paket Plus in einem linksgelenkten Fahrzeug
(Bild: Porsche AG)

Sport Chrono Paket Plus

Dieser Abschnitt gibt einen Überblick über die wesentlichen Funktionen des optionalen Sport Chrono Pakets Plus der 1. Generation, sowie die bei der 2. Generation eingeführten Verbesserungen. Während der gesamten Bauzeit der 997-Reihe gab es verschiedene Ausführungen des Sport Chrono Pakets Plus bei den verschiedenen Modelltypen, und es würde den Rahmen sprengen, alle diese Varianten einzeln zu beschreiben.

Systembeschreibung

Die auf den Motor, das Getriebe und das Fahrwerk bezogenen Funktionen des Sport Chrono Pakets Plus dienen dazu, schnellere Rundenzeiten zu erzielen und dem Fahrer ein sportlicheres Fahrgefühl zu vermitteln.

Das Paket umfasst folgende Funktionen:
- Stoppuhr
- Sporttaste/Sportmodus
- Eingriffe in die Motor- und Getriebesteuerung
- PCM Performance-Anzeige
- Individuelles Memory

Hinweis:
Einige der oben aufgeführten Funktionen waren bei den 997-Modellen Carrera und Carrera S des Modelljahres 2004 nicht verfügbar. Siehe dazu auch Anhang A.

Stoppuhr

An der in der Mitte des Armaturenbretts angebrachten Stoppuhr kann ein Fahrzeug erkannt werden, das mit dem Sport Chrono Paket Plus ausgestattet sind. Die Stoppuhr ist horizontal drehbar und kann so dem Fahrer oder Beifahrer zugewendet werden. Parallel zur analogen Stoppuhr erfolgt in der Instrumenteneinheit eine digitale Anzeige. Die Funktionen der Stoppuhr können über das „Chrono"-Menü im Anzeigefeld aufgerufen werden.

Sporttaste/Sportmodus

Nach dem Drücken der Sporttaste erscheint der Schriftzug „Sport" neben dem digitalen Tachometer. Die damit verbundenen Änderungen im Fahrverhalten werden in diesem Buch bei der Beschreibung der damit verbundenen Systeme erläutert.

PCM Performance-Anzeige

Neben der Bedienung der Stoppuhr über die Instrumenteneinheit und den Lenkstockhebel kann das PCM auch zusätzliche Informationen darstellen.

Mit dieser Performance-Anzeige und der Stoppuhr können die schnellsten Rundenzeiten oder Streckenzeiten gespeichert und für eine eingehende Analyse archiviert werden. Sie ermöglicht auch das Fahren gegen eine gespeicherte schnelle Referenzzeit. Um diese zusätzlichen PCM-Funktionen zu nutzen, muss das entsprechende Programm unter der Menüauswahl „Sport-Display" im „Trip"-Hauptmenü ausgewählt werden.

Funktionen

Der Fahrer kann seine gefahrenen Runden speichern und dazu folgende Informationen aufrufen:

- Wie schnell die schnellste Runde war und die gegenwärtige Rundenzeit.
- Ob die Runde schneller, gleich schnell oder langsamer als ihre schnellste Runde war (orange, gelb und grün).
- Die Anzahl der gefahrenen Runden.
- Wie viel der zu fahrenden Runde bereits zurückgelegt ist (100% = volle Runde)
- Wie viele Runden mit dem vorhandenen Kraftstoff noch gefahren werden können.

Natürlich können diese Funktionen für jede beliebige Strecke verwendet werden. So kann der tägliche Arbeitsweg als eine Runde betrachtet werden. Jede aufgenommene Strecke kann gespeichert und später für eine eingehende Analyse wieder aufgerufen werden. Für diesen Zweck ist eine Auswertungsfunktion hinterlegt.

Unterfunktionen:

- Speichern einer Runde
- Festlegung einer Referenzrunde
- Anzeige der schnellsten Rundenzeit
- Anzeige der derzeitigen Rundenzeit
- Zeitvergleich zwischen Referenzrunde und der gegenwärtigen Runde und Hervorhebung durch Farbinformation (orange, gelb, grün)
- Anzeige der noch zu fahrenden Kilometer und Runden
- Speichern und Verwalten der aufgenommenen Runden

Runden aufnehmen

Die Aufnahme beginnt mit dem Starten der Stoppuhr und endet mit dem Anhalten der Stoppuhr. Die Fahrt kann unmittelbar danach gespeichert oder angesehen werden.

Unterschiede 2. Generation

Für die 2. Generation wurde das Sport Chrono Paket Plus überarbeitet und weist folgende Funktionen auf:

- Sporttaste zur Aktivierung des Sportmodus des Motors
- Erweiterung für das PDK
- Erweiterung für das Porsche Traction Management (ein neues serienmäßiges System für alle Allradmodelle)
- Erweiterung für das Porsche Active Suspension Management (serienmäßig bei allen Allradmodellen)
- Sport Plus-Taste mit Launch Control, eine rennstreckenoptimierte Schaltstrategie (nur PDK-Modelle)
- Performance-Anzeige im PCM
- Individuelles Memory (Einstellungen für Licht, Scheibenwischer, Klimaanlage und Türschlösser)

Die Sport Plus-Taste in der linken Lenkradspeiche gibt es nur bei den 997-Modellen der 2. Generation mit PDK.

(Bild: Joe Ramos)

PCM 2.1
(Bild: Ronn Hosmer)

Ein Carrera mit installiertem BOSE® Surround Sound-System
(Bild: Ronn Hosmer)

Audio- und Kommunikationssysteme

Porsche Communication Management (PCM) 2.1 mit Standard-Soundsystem

Einführung

Alle 997-Modelle der 1. Generation erhielten serienmäßig das Porsche Communication Management (PCM) 2.1, das durch eine Überarbeitung dem neuen Innenraumdesign angepasst wurde. So erfolgt die Bedienung über Tastschalter, und zur Beleuchtung dienten weiße LEDs.
Über das neue optional erhältliche Multifunktionslenkrad können etliche Funktionen des PCM 2.1 abgerufen werden. Unter anderem kann dem Lenkrad auch die Bedienung verschiedener PCM-Funktionen übertragen werden. Im Einstellungsmenü des PCM wird die dazu erforderliche Programmierung vorgenommen.
Ebenfalls serienmäßig vorhanden war das Porsche Sound Package Plus. Mit seinen neun Lautsprechern und externem analogen Verstärker bietet es ein überragendes Klangerlebnis mit genügend Reserven für alle Fahrbedingungen. Hinter deutlich vergrößerten Gitterabdeckungen verbergen sich folgende Lautsprecher:

- Zwei 19-mm-Hochton-Lautsprecher
- Ein 70-mm-Mittelton-Lautsprecher
- Zwei 100-mm-Mittelton-Lautsprecher
- Zwei 200-mm-Tiefton-Lautsprecher
- Zwei 100-mm-Mittelton-Lautsprecher

Für den Betrieb der Lautsprecher sind eine 4 x 25-Watt-Endstufe im PCM und ein analoger Verstärker im Kofferraum vorhanden. Dieser externe Verstärker versorgt die beiden 70-Watt-Tieftöner und die 40-Watt-Mitteltöner im Armaturenbrett. Über Filter wird der analoge Verstärker an die besonderen Klanganforderungen des 997-Innenraums angepasst.
Alle Klangeinstellungen werden im Sound-Menü des PCM vorgenommen.

Optionaler CD-Wechsler

Als Individualausstattung wurde der CDC-4-CD-Wechsler angeboten. Alle 997-Modelle waren für den Einbau des CD-Wechslers vorbereitet mit im Kofferraum vormontierten Kabeln zur Spannungsversorgung sowie dem Glasfaserkabel für den MOST-Bus.

Navigationssystem (Individualausstattung)

Als Teil der PCM-Weiterentwicklung wurde auch das Navigationsmodul überarbeitet. Zum Modul gehört ein im Kofferraum installiertes DVD-Laufwerk. Da es nun möglich ist, erstmals alle Navigationsdaten auf einer DVD unterzubringen, kann man durch einen gesamten Kontinent navigieren. Die hohe Datendichte einer DVD erlaubt nun auch die volle Digitalisierung der zugrundeliegenden Landkarte.
Das DVD-Laufwerk ermöglicht auch einen wesentlich schnelleren Datenzugriff als ein CD-Laufwerk. Damit kann schneller navigiert und aktualisiert werden.
Darüber hinaus bietet die digitale Landkarte deutlich mehr Vergrößerungsstufen.

Integrierte Antenne

Wie schon die Vorgängermodelle waren auch die 997-Modelle serienmäßig mit mehreren Antennen für das PCM ausgestattet. Die Antennen sind in die Windschutzscheibe eingearbeitet und gewährleisten einen ausgezeichneten Empfang. Sollte sich das Signal einer Antenne als zu schwach oder gestört erweisen, schaltet das System auf eine andere Antenne um. Eine Antenne ist als Hauptantenne festgelegt und direkt verbunden. Wenn der UKW-Bereich eingestellt ist, übermittelt das Radio ein ZF-Signal an das Antennensteuergerät, das die Signalqualität auswertet. Falls das Signal als unzureichend eingestuft wird, werden nacheinander andere Antennen eingeschaltet (insgesamt vier), bis das von einer Antenne empfangene Signal als „gut" bewertet wird.

Hinweis:

Das System ist nicht für den Empfang von Mittelwellensignalen vorgesehen, da der Antennenwechsel hörbare Interferenzen hervorrufen würde.

Telefonantenne

Die Telefonantenne ist für die Frequenz GSM 900/1, 800 MHz ausgelegt, außerdem unterstützt sie auch das US-Telefonnetz AMPS und PCS 1900. Sie befindet sich rechts im Kofferraum vor der Windschutzscheibe unter der Abdeckung. Die Antennen der Linkslenker und Rechtslenkermodelle sind elektrisch identisch, aber in ihrer Gestaltung spiegelbildlich ausgeführt. Antenne und Anschlüsse (Impedanz 50 Ohm) sind wasser- und korrosionsgeschützt.

Telefonmodul (Individualausstattung)

Das Telefon mit Freisprecheinrichtung wurde dem neuen Interieur des 997 angepasst und weist eine verbesserte Sprachqualität auf. Das Mikrofon wurde von der Schalttafel an die Lenksäule verlegt und mehr auf den Fahrer ausgerichtet. Optional war ein Passivhörer mit einer lederbezogenen Konsole erhältlich. Durch die mehr fahrerbezogene Ausrichtung ist eine bessere Verständigung möglich.

Individuelles PCM-Memory

Das individuelle PCM-Memory ermöglicht erweiterte Einstellungen am Fahrzeug. Diese Einstellungen sind dem Zündschlüssel zugeordnet, mit dem sie auch vorgenommen wurden. Bei Einstecken des Zündschlüssels in das Zündschloss werden dann die individuellen Einstellungen des PCM abgerufen. Folgende Einstellungen sind möglich:

- Tagfahrlicht ein/aus
- Zeit der Heimleuchtautomatik einstellbar zwischen 10 Sekunden und 120 Sekunden
- Heckwischerautomatik ein/aus. Damit kann der Fahrer auswählen, ob der Heckwischer beim Einlegen des Rückwärtsgangs einen Wischvorgang innerhalb der nächsten 40 Sekunden ausführen soll (falls ein Wischvorgang an der Windschutzscheibe stattfand).
- Speichern der Klimaanlagengrundeinstellung
- Entriegeln beider Türen oder nur der Fahrertür
- Automatisches Verriegeln ausgeschaltet
- Automatisches Verriegeln beim Einschalten der Zündung
- Automatisches Verriegeln beim Anfahren

Porsche Communication Management (PCM) 3.0

Alle 997-Modelle der 2. Generation waren serienmäßig mit dem neuen Porsche Communication Management (PCM) 3.0 ausgerüstet.
Davon gab es zwei Ausführungen: Eine Basisausführung und eine erweiterte Version mit Festplatte, Navigationssystem und Sprachbedienung.
Gegenüber dem bisherigen PCM 2.1 ist das neue PCM 3.0 deutlich kompakter und weist einen 6,5-Zoll-Farb-Touchscreen in elegantem schwarzen Design auf. Integriert in die PCM-Einheit sind nun auch der CD-Wechsler, das Telefon- und Navigationsmodul, die vorher separat im Fahrzeug untergebracht waren.

Viele der Tastenfunktionen sind nun im Touchscreen integriert, wodurch sich die Anzahl der Schalter und Tasten von bisher 32 auf 16 reduzierte – ohne Einschränkungen bei der Funktionalität hinnehmen zu müssen. Zusätzlich wurden weniger benötigte Funktionen in eine zweite Menüebene verlegt. Bei der Bildschirmdarstellung wurden die Listeneinträge pro Seite auf fünf begrenzt, was die Lesbarkeit deutlich verbessert. Außerdem wird eine Hilfefunktion in der Fußzeile des Bildschirms angeboten.

Radio

Für Radiohörer gab es einen FM-Doppeltuner mit RDS und bis zu 48 Speicherplätzen für UKW und Mittelwelle und die neueste Antennendiversity-Funktion. Dieses System sucht im Hintergrund permanent die beste Frequenz für den gewählten Sender, und bis zu vier Antennen sind bei Bedarf für optimalen Empfang zusammengeschaltet.
Das integrierte Laufwerk spielt nicht nur CDs, sondern auch Musik- und Video-DVDs in Stereo ab. Außerdem werden folgende Formate unterstützt:

- MP3
- AAC
- WMA
- Dolby Digital
- MLP
- DTS

Navigationsmodul (Individualausstattung)

Erstmals steht für das Navigationssystem eine Festplatte mit 40 GB Speichervolumen zur Verfügung, auf der die Daten der meisten Länder einer bestimmten Region gespeichert sind. Damit ist eine deutlich schnellere Routenberechnung möglich. Das System berechnet auch bis zu drei Alternativstrecken. Über den Touchscreen lassen sich die Zielinformationen wesentlich schneller und einfacher eingeben. Informationen über Stauumfahrungen, Sehenswürdigkeiten, Zwischenziele oder Zwischenstopps können nun problemlos zur aktuellen Zielführung hinzugefügt werden. Die Landkarte zeigt auch das Höhenprofil, und sie kann perspektivisch oder wie üblich zweidimensional dargestellt werden. Beim Anzeigen der Gesamtstrecke wird der Maßstab kontinuierlich angepasst. Zusätzliche Richtungsangaben erleichtern z. B. das Ausfahren an Autobahnen. In einem geteilten Bildschirm sind neben der Landkarte auch die nächsten Richtungsänderungen, die der Fahrer vornehmen muss, in Form von Piktogrammen aufgelistet. Die Navigation in einer nicht-digitalisierten Gegend wird mittels Kompass und GPS unterstützt.
Falls der optionale TV-Tuner bestellt wurde, sollte in Gegenden mit besonders hohen Außentemperaturen ein Kühlsystem für den Kofferraum vorhanden sein.

Elektronisches Fahrtenbuch (Individualausstattung)

Das elektronische Fahrtenbuch wurde in Verbindung mit dem Navigationssystem angeboten. Damit können die Entfernung, die zurückgelegte Strecke, das Datum und die Zeit sowie die Start- und Zieladresse jeder Fahrt automatisch aufgezeichnet werden. Das Auslesen der Daten aus dem PCM kann entweder über Bluetooth® oder einen USB-Anschluss erfolgen. Mittels einer mitgelieferten Software können die Daten dann auf einem PC ausgewertet werden.

Telefonmodul (Individualausstattung)

Das auf Wunsch lieferbare interne GSM-Telefonmodul bietet eine erneut verbesserte Klangqualität und lässt sich sehr einfach bedienen. Als Quadband-Telefon (für die GSM-Netze 800, 900, 1800 und 1900) deckte es alle seinerzeit weltweit verwendeten Frequenzbereiche ab.
Die neue Generation weist eine deutlich verbesserte Qualität bei der Freisprechanlage auf. Zwei kreisförmige Mikrofone in der Lenksäulenabdeckung sind mittels der Beamingforming-Technik zusammengeschaltet. Signalüberlagerungen werden durch diese innovative Technik besonders effektiv herausgefiltert und beseitigt.

Zwei Telefonmodi sind möglich:

- In das PCM kann wie üblich eine SIM-Karte eingelegt werden, und Anrufe können über die Freisprecheinrichtung oder den optionalen schnurlosen Hörer getätigt werden.
- Über Bluetooth® und das SIM Access Profile (SAP) kann das Mobiltelefon des Fahrers oder Beifahrers mit dem Telefonmodul verbunden werden. Kabellos können so alle Telefonfunktionen ausgeführt werden, unabhängig davon, ob sich das Mobiltelefon in der Mittelkonsole oder irgendwo anders im Wagen befindet.

Einmal verbunden, erkennt das PCM das Mobiltelefon jedes Mal, wenn es sich im Fahrzeug befindet. Bis zu fünf unterschiedliche Telefone können so gespeichert werden. Um die Batterie des Mobiltelefons zu schonen, kann dessen Antenne ausgeschaltet und die Fahrzeugantenne für Telefonate verwendet werden. Darüber hinaus ist je nach Telefontyp der Zugriff auf die Daten der SIM-Karte und der Telefonnummern im internen Speicher möglich.
Die Anrufe können über das PCM, das Multifunktions-Lenkrad oder die Sprachbedienung ausgelöst oder angenommen werden.

Mobiltelefonvorbereitung (Individualausstattung)

Auf Wunsch war eine Mobiltelefonvorbereitung erhältlich. Damit ist eine Bluetooth®-Anbindung von Mobiltelefonen möglich, die nur das Handsfree Profile (HFP) unterstützen (auch GSM- oder CDMA-Telefone). Bei der Verbindung über HFP dient das PCM lediglich als Freisprecheinrichtung. Die Grundfunktionen des Mobiltelefons können über das PCM, das Multifunktions-Lenkrad oder die Sprachbedienung gesteuert werden. Über die Antenne ist das Mobiltelefon ständig mit dem GSM verbunden. Die Benutzung eines Mobiltelefons in einem Fahrzeug erhöht die elektromagnetische Feldstärke und setzt die Insassen einer erhöhten Strahlenbelastung aus. Das PCM-Telefonmodul umgeht diese Belastung, weil es immer die externe Fahrzeugantenne verwendet.

Schnurloser Hörer (Individualausstattung)

Ein schnurloser Bluetooth®-Hörer ersetzt den Passivhörer. Er ist farblich auf die Instrumenteneinheit abgestimmt, hat ein Display und eine Tastatur für diskrete Telefonanrufe im Wagen. Im Satz enthalten sind auch eine lederbezogene Halterung und Ladestation.

Sprachbedienung (Individualausstattung)

In Verbindung mit dem Navigationssystem war eine moderne und komfortable Sprachbedienung erhältlich.

Besonderheiten:

- Die Sprachbedienung lässt sich über den unteren linken Hebel an der Lenksäule einschalten. Fast alle PCM-Funktionen können jetzt über die Sprache gesteuert werden.
- Das System ist so ausgelegt, dass jeder Menüpunkt so gesprochen werden kann, wie er auf dem Bildschirm angezeigt wird. Die Sprachbedienung erkennt Kommandos oder Ziffernfolgen unabhängig vom Sprecher. Ein Anlernen ist nicht erforderlich.
- Die Sprachbedienung führt den Nutzer interaktiv durch die Funktionen und gibt akustische Rückmeldungen. Kontext-spezifische Listen mit möglichen Spracheingaben werden ebenfalls auf dem Bildschirm angezeigt.
- Der Aufruf von Telefonbucheinträgen, das Einstellen von Radiosendern oder die Navigationsziel-Eingabe erfolgen direkt durch das Sprechen ganzer Wörter.
- Das System verfügt zudem über eine hohe Wiedererkennungsrate.

6-fach CD-/DVD-Wechsler (Individualausstattung)

Anstelle des serienmäßigen CD-/DVD-Laufwerks lässt sich das PCM mit einem 6-fach CD-/DVD-Wechsler ausrüsten. Er unterstützt etliche Formate; das Laden und Auswerfen der CDs/DVDs erfolgt nacheinander über einen Schacht.

PCM-Einheit 3.0 mit integriertem 6-fach CD-/DVD-Wechsler.
(Bild: Porsche AG)

BOSE® Surround Sound-System

Das komplett überarbeitete BOSE® Surround Sound-System umfasst 13 Lautsprecher und einen digitalen 7-Kanal-Verstärker. Durch die Einbindung in den MOST-Bus wurde eine nie zuvor gehörte Klangqualität realisiert.
Zum System gehören diese Einzelkomponenten:

- Zwei 25-mm-Neodym-Hochtonlautsprecher
- Ein 70-mm-Neodym-Mitteltonlautsprecher
- Zwei 80-mm-Neodym-Mitteltonlautsprecher
- Zwei 200-mm-Neodym-Tieftonlautsprecher
- Zwei 25-mm-Neodym-Hochtonlautsprecher
- Zwei 80-mm-Neodym-Mitteltonlautsprecher
- Ein aktiver Subwoofer mit zwei 130-mm-Tieftonlautsprechern in einer Bassreflexbox

Elektronisches System

Zum elektronischen System der BOSE®-Anlage gehören:

- Digitaler 7-Kanal-Verstärker mit fünf linearen 25-Watt-Ausgängen und einem 100-Watt-Effektkanal für tiefe Töne
- 100-Watt-Verstärker im Subwoofergehäuse
- Externes Mikrofon in der Lenksäulenabdeckung zur Erkennung der Hintergrundgeräusche im Innenraum

Die Signale werden durch folgende Technologien verarbeitet:

- SurroundStage®
- Centerpoint®
- Aktive elektronische Abgleichung
- Dynamische Loudness-Funktion
- BOSE® AudioPilot

Funktionalität

Folgende Einstellungen werden über das Sound-Menü im PCM vorgenommen:

- Bässe und Höhen
- Fader und Balance
- Einschalten des AudioPilots
- Einschalten des Surround Sound (BOSE® Centerpoint Technology)

Hinweis:
Der zusätzliche Mittellautsprecher in der Schalttafel wird mittels einer besonderen Signalaufbereitung durch den linken und rechten Kanal aktiviert.

Centerpoint Signalaufbereitung

Das Centerpoint-System ist ein Surround-Decoder, der eigens für das begrenzte Raumangebot in PKWs entwickelt wurde. Diese BOSE®-eigene Technologie liefert ein außergewöhnliches Klangerlebnis mit beeindruckendem Surround-Sound. Damit können auch konventionelle Stereoaufnahmen in fünf getrennte Kanäle umgewandelt werden.

Aktive elektronische Abgleichung

Die von BOSE® entwickelte SurroundStage Signalverarbeitung ordnet jeden einzelnen Audiokanal, gleich ob von einer DVD oder durch Centerpoint generiert, einer ausgewählten Kombination von Lautsprechern zu und sorgt somit stets für optimal ausbalancierten Sound auf allen Sitzen.

Dynamische Loudness-Funktion

Die dynamische Loudness-Funktion hebt die Bässe mit abnehmender Lautstärke an und gleicht so die abnehmende Empfindlichkeit des menschlichen Gehörs bei diesen Frequenzen aus. Diese Funktion ist bei diesem System wesentlich präziser als bei herkömmlichen Ausführungen.

BOSE® AudioPilot

Die BOSE® AudioPilot Technology misst mit Hilfe eines Mikrofons in der Lenksäulenabdeckung laufend alle Geräusche im Fahrzeuginnern und passt die Musikwiedergabe automatisch so an, dass ein gleichbleibender Klangeindruck über alle Fahrzustände entsteht.

Surround Sound (BOSE® Centerpoint Technology)

Über Tastendruck kann der Surround Sound eingeschaltet werden. Das System verwendet zusätzliche unabhängige Audiokanäle vorn und hinten im Fahrzeug, um ein realistisches 360°-Klangerlebnis zu erzeugen. Die von BOSE® patentierte Signalverarbeitung verbessert auch den Klang normaler Stereoaufnahmen. Über das Sound-Menü kann der Surround Sound-Effekt den Wünschen des Hörers angepasst werden.

PCM 3.0 mit optionalem TV-Tuner
(Bild: Porsche AG)

Audiosysteme der 2. Generation

Aufgrund von Entwicklungsfortschritten und Kundennachfragen wurde für die zweite 997-Generation das Individualisierungsangebot an elektronischen Geräten erweitert.

Universelle Audio-Schnittstelle (Individualausstattung)

Über die universelle Audio-Schnittstelle können externe Datenträger, wie z. B. ein iPod® oder USB-Stick, an das PCM angeschlossen und abgespielt werden.
Mit dieser Option sind drei Anschlussmöglichkeiten in der Mittelkonsole vorhanden:

- iPod®-Schnittstelle und Anschlusskabel zum Verbinden und Laden diverser iPod®-Modelle. Es ist auch möglich, gleichzeitig ein iPhone® über Bluetooth® HFP mit dem PCM zu verbinden und über die Freisprecheinrichtung zu telefonieren (nur in Verbindung mit Mobiltelefonvorbereitung).
- USB-Anschluss für USB-Sticks mit MP3-Musik. Die Bedienung des iPods® oder USB-Sticks kann bequem über das PCM, das Multifunktions-Lenkrad oder die Sprachsteuerung erfolgen. Über den USB-Anschluss können auch die gespeicherten Daten des optionalen Sport Chrono Pakets Plus und des optionalen Fahrtenbuchs heruntergeladen werden.
- AUX-Schnittstelle zum Anschließen anderer externer Audioquellen. Auch hier können die Basisfunktionen über das PCM, das Multifunktionslenkrad oder die Sprachsteuerung abgerufen werden.

TV-Tuner (Individualausstattung)

Der TV-Tuner empfängt unverschlüsselte analoge (PAL, Secam und NTSC) und digitale (DVB-T) TV-Signale. Aus Sicherheitsgründen und wegen gesetzlicher Vorschriften wird während des Fahrens nur der Ton wiedergegeben. Je nach gesetzlichen Landesvorgaben und Verfügbarkeit können auch der elektronische Programmführer (Electronic Program Guide EPG) und Teletext dargestellt werden.

Satellitenradio

In den USA und in Kanada war das digitale Satellitenradio SDARS von XM erhältlich. Die dazu erforderliche Antenne ist in Wagenfarbe gehalten und bei den Cabriolets auf der Kofferraumhaube und bei den Coupés am hinteren Dachende montiert. Die optionale Stabantenne für verbesserten Mittelwellenempfang befindet sich dann auf dem rechten Kotflügel.

Scheibenwischer und Waschanlage

Frontscheibenwischer

Der vordere Scheibenwischer des 997 lässt sich über einen Hebel rechts an der Lenksäule einschalten. Er hat zwei Wischgeschwindigkeiten und ein Intervall, dass sich mittels eines Potenziometers am Hebel einstellen lässt.

Der optional erhältliche Regensensor ist in den Fuß des Innenspiegels integriert. Wenn es regnet, wird die Wischergeschwindigkeit automatisch ständig den vorhandenen Anforderungen angepasst. Die Empfindlichkeit des Regensensors kann über das Potenziometer am Hebel verändert werden.

Durch die Steuerung der Scheibenwischer über das Bordnetz-Steuergerät sind zusätzliche Informationen für die automatische Steuerung der Geschwindigkeit und Fehlerdiagnose verfügbar. So erkennt das System anhand der für die Klimaanlagensteuerung vorgesehenen Informationen über die Sonneneinstrahlung, ob es Tag oder Nacht ist, und passt die Scheibenwischersteuerung an, wenn der Regensensor aktiv ist.

Die Scheibenwischergeschwindigkeit für die Wisch-/Waschfunktion kann auch unterschiedlich eingestellt werden. Bei Geschwindigkeiten über 110 km/h wird die Wischfunktion automatisch auf Stufe 2 gestellt, um dem Fahrer so schnell wie möglich klare Sicht zu verschaffen.

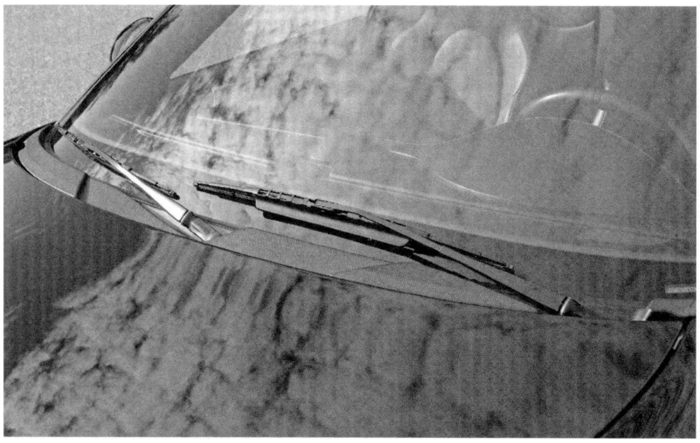

Wischerarme eines Linkslenkers in der Ruhestellung

(Bild: Joe Ramos)

Wischerarme eines Rechtslenkers in der Ruhestellung

(Bild: Adrian Streather)

Funktionsweise des vorderen Wischermotors

Die Spannungsversorgung des Windschutzscheibenwischers erfolgt über das Bordnetz-Steuergerät. Über ein kurzschlussgesichertes Spannungsmodul mit Rückstromabsicherung und Umschaltrelais wird die Betriebsspannung des Motors bereitgestellt. Die am Lenksäulenhebel vorgenommenen Einstellungen werden über die Elektronikeinheit an der Lenksäule in digitale Signale umgewandelt und mit dem CAN-Bus an das Steuergerät übertragen. Beim Ausschalten der Zündung wird die Spannungsversorgung des Scheibenwischermotors sofort unterbrochen. Nach dem Wiedereinschalten der Zündung nehmen die Wischerarme ihre Ruhestellung ein – vorausgesetzt, die Wischerfunktionen (Intervall, Stufe 1 und 2) sind ausgeschaltet.

Der Wischermotor hat eine ständige Masseverbindung und wird mit einer den Geschwindigkeiten entsprechenden Spannung versorgt. Nach dem Ausschalten kehren die Wischerarme in ihre Ruhestellung zurück.

Der Hebel zum Einschalten der vorderen Scheibenwischer befindet sich immer rechts an der Lenksäule, unabhängig davon, wo sich das Lenkrad befindet (hier ein Rechtslenker).

(Bild: Adrian Streather)

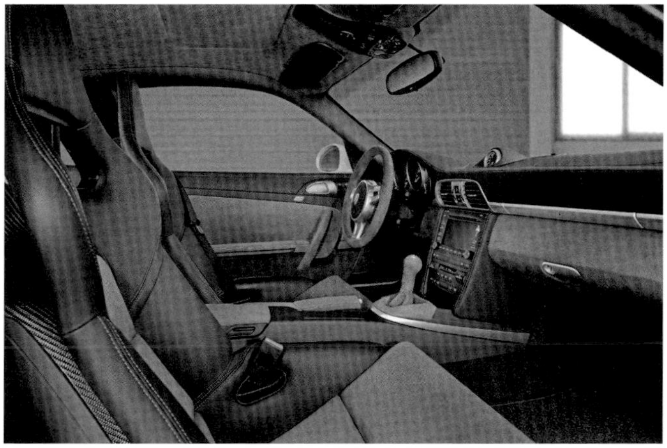

Wischerhebelanordnung am Linkslenker
(Bild: Porsche AG)

Heckwischer an einem rechtsgelenkten Modell
(Bild: Adrian Streather)

Heckwischer an einem linksgelenkten Modell
(Bild: Paul Simmons)

Die Rückkehr in die Ruhestellung wird durch eine Mechanik im Wischermotor sichergestellt. Falls diese Stellung durch einen internen Fehler nicht erkannt wird, können die Wischer nur in Stufe 1 oder 2 arbeiten und nehmen nach dem Abschalten nicht automatisch die Ruhestellung ein.

Heckwischer (Individualausstattung 425)

Das Wischerblatt des 997-Heckwischers hat eine flache aerodynamische Form. Durch seine geringe Bauhöhe und den besonders gestalteten Wischerarm verringern sich der Luftwiderstand und die Geräuschentwicklung.

Der hintere Wischerarm ist wieder direkt an der Heckscheibe des Coupés befestigt und durch das Glas geführt (wie zuletzt beim 993) und nicht wie beim 996 auf die Heckfensterabdeckung aufgesetzt. Damit werden die Konturen des 997-Hecks weniger gestört. Beim Targa wurde der Heckwischer immer durch die Heckscheibe durchgeführt.

Eingeschaltet wird der Heckwischer, indem der Wischerhebel nach vorn gedrückt wird. Danach wischt er in einem vorgegebenen Intervall. Wie auch der Windschutzscheibenwischer ist auch der Heckwischer an den CAN-Bus angeschlossen, hier allerdings über das hintere Steuergerät. Beim Überschreiten von 210 km/h wird der Heckwischer automatisch ausgeschaltet. Der Grund dafür ist, dass die Heckscheibe oberhalb dieser Geschwindigkeit nicht mehr nass wird, und der Wischer über eine trockene und somit verschleißfördernde Oberfläche wischen würde. Außerdem wird die Aerodynamik des 997 nicht durch einen unnötig bewegten Wischer gestört. Sobald die Geschwindigkeit wieder unter 200 km/h sinkt, schaltet der Heckwischer wieder ein.

Hinweis:
Weder für das Cabriolet noch den Speedster wird ein optionaler Heckwischer angeboten.

Waschanlage

Je nach Ausrüstung des 997 sind zwei verschieden große Vorratsbehälter für die Waschanlage vorhanden:

- Ohne Scheinwerferwaschanlage ist ein 2,5 Liter fassender Behälter mit einer Pumpe vorhanden, aus dem das Waschwasser zu den beheizten Waschdüsen gefördert wird.
- Mit optionaler Scheinwerferwaschanlage hat der Behälter ein Volumen von 6,0 Litern und zwei Pumpen.

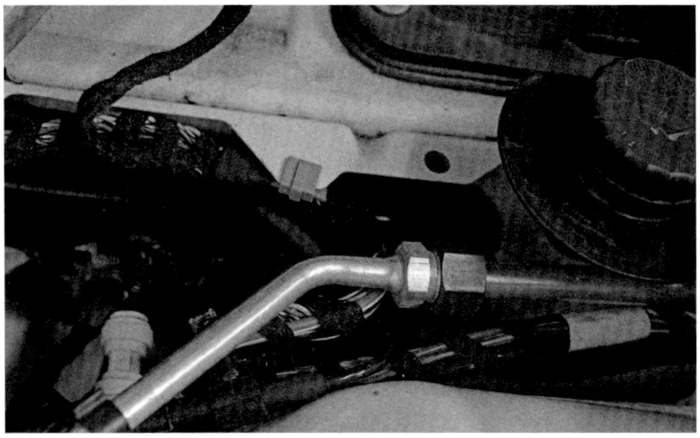

Über den blauen Deckel rechts oben im Bild kann das Waschwasser nachgefüllt werden. *(Bild: David Yusem)*

Die beiden Waschdüsen der Windschutzscheibe sind beheizt. *(Bild: Adrian Streather)*

Scheinwerferwaschanlage eines GT3 RS *(Bild: Adrian Streather)*

Eine Pumpe versorgt die beheizten Scheibenwaschdüsen, die andere die Scheinwerferwaschdüsen.
Beide Waschwassertanks befinden sich bei linksgelenkten und rechtgelenkten Modellen hinten im linken vorderen Radhaus. Die Einfüllöffnung befindet sich hinten links im Kofferraum unter einer blauen Verschlusskappe. Über einen Sensor im Behälter wird der Flüssigkeitsstand überwacht. Sobald die Füllmenge 0,5 Liter unterschreitet, erscheint eine Warnmeldung im Bordcomputer.

Hinweis:
Im Winter sollte dem Waschwasser ein Frostschutzmittel beigemischt und der Behälter nur zur Hälfte gefüllt werden, um beim Einfrieren das Aufplatzen zu verhindern.

Windschutzscheiben-Waschdüsen
In die Abdeckung der Scheibenwischermechanik sind zwei beheizte Waschdüsen mit je zwei Austrittsöffnungen eingelassen. Bei geschlossener Kofferraumhaube sind die Waschdüsen nicht sichtbar. Wenn der Wischerhebel an der Lenksäule zum Lenkrad gezogen wird, fördert die elektrische Pumpe das Waschwasser durch Kunststoffleitungen zu den Düsen.

Scheinwerferwaschanlage (Individualausstattung)
Durch das geänderte Design der Leuchten ist nun vor jedem Scheinwerfer eine ausfahrbare Scheinwerferspritzdüse in die Frontschürze eingelassen. Beim Einschalten der Scheinwerferwaschanlage fährt unter dem Waschwasserdruck ein verchromter Zylinder 83 mm weit aus der Schürze heraus. Der Spritzwasserstrahl passt seine Richtung zudem der Fahrzeugbewegungsrichtung an, womit der Fahrtwind den Sprayeffekt noch erhöht. Eine elektrische Pumpe fördert das Waschwasser über Kunststoffleitungen zu den Spritzdüsen. Die Bedienung erfolgt ebenfalls über den Wischerhebel rechts am Lenkrad, aber die Scheinwerferwaschanlage funktioniert nur, wenn das Abblendlicht oder Fernlicht eingeschaltet ist.

Hinweis:
Bei den Bi-Xenon-Scheinwerfern ist eine Waschanlage im Lieferumfang enthalten.

Beleuchtung

Einführung

Wie bereits an anderer Stelle dieses Buchs beschrieben, wurden im Rahmen der Neugestaltung der Frontpartie die Scheinwerfereinheiten des 997 ebenfalls überarbeitet. Die Positionsleuchten, Nebelscheinwerfer und Blinkleuchten sind nun in einer separaten Bugleuchte untergebracht.

Hinweis:
Bei den 997 Turbo-Modellen befinden sich die Nebelscheinwerfer im äußeren unteren Bereich der Frontschürze, während der 997 GT2 und GT2 RS keine Nebelleuchten haben.

Lichtschalter an einem rechtsgelenkten Modell
(Bild: Adrian Streather)

Schalter

Lichtschalter

Bei den linksgelenkten 997-Modellen befindet sich der Lichtschalter links neben dem Zündschloss, bei den rechtsgelenkten Modellen rechts davon.
Lichtschalterpositionen:

- Licht ausgeschaltet
- Heimleuchtautomatik
- Standlicht
- Abblendlicht/Fernlicht
- Nebelschlussleuchte

Lichtschalter an einem linksgelenkten Modell
(Bild: Porsche AG)

Warngong

Wird bei eingeschaltetem Licht (nicht bei Parklicht oder Heimleuchtautomatik) der Zündschlüssel abgezogen und die Tür geöffnet, ertönt eine Gong-Warnung.

Heimleuchtautomatik

Um die Heimleuchtautomatik einzuschalten, wird der Lichtschalter in die Stellung „HOME" gedreht. Für bessere Sicht und Sicherheit sind in dieser Position die Nebelscheinwerfer und die Schlussleuchten für einen bestimmten Zeitraum eingeschaltet:

- Beim Aussteigen werden mit dem Öffnen der Tür die Leuchten für ca. 30 Sekunden eingeschaltet. Beim Verriegeln des Fahrzeugs wird die Nachleuchtzeit neu gestartet.
- Beim Entriegeln des Fahrzeugs werden die Leuchten für ca. 30 Sekunden eingeschaltet. Mit dem Einschalten der Zündung oder Verdrehen des Lichtschalters aus der „HOME"-Stellung gehen die Leuchten aus.

Heimleuchtautomatik
(Bild: Adrian Streather)

Die Fahrtrichtungsanzeiger, Lichthupe, Fernlichtumschaltung und das Parklicht werden über einen Hebel links an der Lenksäule geschaltet (siehe auch Betriebsanleitung).

H7-Hauptscheinwerfer eines Restwelt-Modells der 1. Generation
(Bild: Porsche AG)

Die ersten 997 GT3 Cup S-Modelle waren noch mit H4-Scheinwerfern ausgerüstet.
(Bild: Porsche AG)

US-Modell der 1. Generation mit Bi-Xenon-Scheinwerfern
(Bild: Ronn Hosmer)

Das Parklicht kann nur bei ausgeschalteter Zündung eingeschaltet werden.
Parklicht darf in Deutschland an innerorts abgestellten Fahrzeugen anstelle des Standlichts eingeschaltet werden, wenn der Parkplatz keine ausreichende Fremdbeleuchtung bietet, so beispielsweise in einer Straße, in der die Straßenbeleuchtung nicht während der gesamten Nacht eingeschaltet bleibt. Darauf weist eine rote Markierung am Laternenmast hin. Das Parklicht leuchtet nur die der Straße zugewandte Seite aus.

Hauptscheinwerfer

Die Scheinwerferlinse des Projektionsscheinwerfers ist mit einer klaren Kunststoffabdeckung versehen und projiziert ihren Lichtstrahl über einen Freiflächenreflektor auf die Straße.
Bei den Scheinwerfern der Standardausführung kommt Halogentechnologie zum Einsatz. Für das Abblendlicht ist eine H7-Glühlampe mit 12V/55W vorhanden, das Fernlicht wird von einer H9-Glühlampe mit 12V/65W erzeugt.
Ein zusätzlicher Reflektor in der Abblendlichtzone des Scheinwerfers reflektiert einen Teil des Abblendlichts und erhellt die Umgebung.
In Verbindung mit dem optionalen Sport Chrono Paket Plus kann das Abblendlicht auch als Tagfahrlicht verwendet werden.
Die Vorteile des Projektionssystems beim Abblendlicht sind:

- Hohe Lichtausbeute
- Mehr Licht in der Hell/Dunkelübergangszone
- Geringere Blendgefahr des Gegenverkehrs durch schärfere Helligkeitsabgrenzung
- Gleichmäßigere Ausleuchtung
- Breitere horizontale Ausleuchtung für mehr Sicht beim Kurvenfahren

Durch die höhere Anordnung der Scheinwerfer über der Straße ist zudem die Reichweite des Abblendlichts höher.

Bi-Xenon-Scheinwerfer

Bi-Xenon-Scheinwerfer gehörten bei den Turbo-Modellen zur Serienausstattung und waren für die anderen Modelle als Individualausstattung erhältlich. Neben einer automatischen Leuchtweitenregulierung gehörte auch eine Scheinwerferreinigungsanlage zum Ausstattungsumfang.
Vom Aufbau ist der Bi-Xenon-Scheinwerfer mit einem Halogenscheinwerfer vergleichbar. Die obere Halogenlampe des Abblendlichts wird durch eine Gasentladungslampe ersetzt, die nun die Funktion des Abblend- und Fernlichts übernimmt. Eine H11-Halogenlampe mit 55 Watt, deren

Bi-Xenon-Scheinwerfer mit dynamischer Leuchtweitenregulierung

(Bild: Adrian Streather)

Walter Röhrl testet die dynamische Leuchtweitenregulierung.

(Bild: Porsche AG)

Freiflächenreflektor im unteren Scheinwerferbereich angeordnet ist, wird beim Fernlicht zugeschaltet und dient zur Erhöhung der Leuchtweite.

Gegenüber den Halogen-Scheinwerfern weist das Bi-Xenon-System folgende Vorteile auf:

- Noch höhere Lichtausbeute
- Höhere Farbtemperatur mit tageslichtähnlicher Wirkung

Wie die Halogen-Scheinwerfer können auch die Bi-Xenon-Scheinwerfer als Tagfahrlicht verwendet werden.

Dynamische Leuchtweitenregulierung

Die Steuerung der dynamischen Leuchtweitenregulierung ist in das vordere Steuergerät integriert. Sie korrigiert automatisch die Höhe des Scheinwerferstrahls bei eingeschaltetem Abblendlicht, so dass weder eine Beladung des Wagens noch Federbewegungen des Fahrwerks im Fahrbetrieb den Gegenverkehr blenden können. Damit verbessert sie auch die Sicht des Fahrers.

Funktion der dynamischen Leuchtweitenregulierung

Sensoren an der Vorder- und Hinterachse übermitteln Signale an das vordere Steuergerät, die direkt proportional zu den Federbewegungen an diesen Stellen sind. Ein Mikroprozessor im Steuergerät berechnet den Fahrzeugneigungswinkel und die erforderlichen Positionen der Schrittmotoren für die Scheinwerfereinstellung.

Ein analoges, zur Fahrgeschwindigkeit (Raddrehzahl) proportionales Signal wird vom ABS/PSM-Steuergerät an das vordere Steuergerät übertragen, das anhand der Änderungsgeschwindigkeit der Raddrehzahl erkennen kann, ob der Wagen dahinrollt oder beschleunigt. Durch Bodenwellen oder andere Störeinflüsse überlagerte Signale werden herausgefiltert. Das System erkennt auch schlechte Fahrbahnoberflächen und verringert dadurch die Ansteuerung der Schrittmotoren oder schaltet das System vollständig ab. Bremsen oder Beschleunigen erkennt das System innerhalb von 0,1 Sekunden. Der Stellmotor beginnt bereits unmittelbar nach dieser Zeitspanne mit der Scheinwerferverstellung. Damit wird die Blendgefahr für den Gegenverkehr ausgeschlossen und die maximale Leuchtweite für den Fahrer sichergestellt.

Selbst bei stehendem Fahrzeug wird dessen Neigung berechnet.
(Bild: Porsche AG)

Die Anordnung der Nebelscheinwerfer und die Ausführung der Bugleuchte weichen bei den Turbo-Modellen von den restlichen 997-Modellen ab.

(Bild: Porsche AG)

Bugleuchte eines Carrera S der 1. Generation
(Bild: Porsche AG)

Wenn der Wagen abgestellt wird, wird anhand der Sensorsignale seine Neigung berechnet und die Scheinwerfereinstellung anhand der Differenz zwischen erforderlicher und tatsächlicher Position korrigiert.
Bei eingeschaltetem Fernlicht kann der vollständige Funktionsumfang genutzt werden.
Folgende Systemeingänge sind vorhanden:

- Zündung, Klemme 15 (Spannungsversorgung des Steuergeräts)
- Raddrehzahlsignal über CAN-Bus oder analoge Signalleitung
- Abblendlicht, Klemme 56b (oder Parklicht, Klemme 58)
- Fernlicht, Klemme 56a, über CAN-Bus
- Umgebungshelligkeit, über CAN-Bus vom Sonnenintensitätssensor über das Klimaanlagensteuergerät

Zündung eingeschaltet

Mit dem Einschalten der Zündung werden die Schrittmotoren der Leuchtweitenregulierung neu ausgerichtet. Der Motor verstellt den Reflektor in Richtung der maximalen Absenkung bis zu einem internen Anschlag. Dann wird die berechnete Position eingestellt.

Abblendlicht oder Fernlicht eingeschaltet

Wenn das Abblendlicht (oder das Tagfahrlicht mit höherer Verstellverzögerung) eingeschaltet ist und eine entsprechende Dunkelheit erkannt wurde, schaltet das vordere Steuergerät die Regulierung ein, und die Schrittmotoren werden anhand der empfangenen Sensorinformationen und den daraus berechneten Neigungswinkeln der Karosserie verstellt.

Vordere Leuchteinheit

Die vordere Bugleuchte der 997 Carrera- und GT3-Modelle der 1. Generation (d. h. alle außer den Turbo-Modellen) besteht aus der Begrenzungsleuchte, Blinkleuchte und dem Nebelscheinwerfer. Wie auch der Hauptscheinwerfer ist sie mit einer klaren Kunststoffscheibe abgedeckt und hat Freiflächenreflektoren. Durch ein beigelegtes Werkzeug in Form einer Karte, das sich in der Dokumententasche befindet, kann die Einheit schnell ausgebaut werden. Die Blinker, die sich beim Vorgängermodell noch in der Scheinwerfereinheit befanden, sind jetzt an den Außenseiten der jeweiligen Bugleuchte angebracht. Damit wird die Erkennbarkeit des Blinksignals verbessert. Der Leuchtenbereich wurde auch vergrößert, was der Sicherheit zugute kommt.

Bugleuchte an einem GT3 der 1. Generation mit integriertem Nebelscheinwerfer

(Bild: Adrian Streather)

Seitenblinkleuchte an einem Carrera S der 1. Generation

(Bild: Adrian Streather)

Nahaufnahme einer Heckleuchte

(Bild: Adrian Streather)

Auch die Begrenzungsleuchten sind nicht mehr im Hauptscheinwerfer, sondern auf der Innenseite der Bugleuchten angeordnet. Der Abstand zwischen den Begrenzungsleuchten und dem Abblendlicht ergibt ein neues Nachtdesign mit vier Leuchten. Eine blaue Glühlampe (12V/5W) erzeugt dazu ein ähnliches Lichtspektrum wie der Hauptscheinwerfer.

Vorderer Nebelscheinwerfer

Die vorderen Nebelscheinwerfer wurden ebenfalls von den Hauptscheinwerfern getrennt und nun deutlich tiefer und näher an der Straße angebracht. Zudem leuchten sie die Straße horizontal besser aus.

Beim 997 Turbo Coupé und Cabriolet sind die Nebelscheinwerfer separat links und rechts im äußeren Bereich der Frontschürze aerodynamisch eingelassen.

Bei den Modellen GT2 und GT2 RS sind keine Nebelscheinwerfer vorhanden.

Seitenblinkleuchte

Jedes 997-Modell hat Seitenblinkleuchten, in die auch jeweils eine seitliche Markierungsleuchte integriert ist. Sie befinden sich links und rechts am Übergang der Frontschürze zum vorderen Radhaus.

Heckleuchten

Die Heckleuchteneinheit setzt sich aus folgenden Einzelleuchten zusammen:

- Blinker
- Bremslicht
- Rücklicht
- Nebelschlussleuchte
- Rückfahrscheinwerfer

Rücklicht

Besondere Aufmerksamkeit wurde bei der Entwicklung der Rücklichter auf das Aussehen bei Nacht gelegt. Im Tagfahrbetrieb sind die Rücklichter ausgeschaltet.

Bremslicht

Das PSM-Steuergerät im Kofferraum erkennt über die Schalterkombination am Bremspedal, dass das Bremslicht eingeschaltet werden soll. Die Schalterkombination besteht aus dem Bremslichtschalter und einem Kontrollschalter.

Unter der Heckscheibe befindet sich die dritte Bremsleuchte.
(Bild: Adrian Streather)

Die vierte Bremsleuchte ist in den Heckspoiler integriert.
(Bild: Porsche AG)

Heckansicht eines Carrera GTS
(Bild: Joe Ramos)

Das PSM überprüft auch anhand des Öffnens und Schließens der Schalter die Plausibilität des Signals. Zuerst muss beim Betätigen des Bremspedals der Kontrollschalter geöffnet und nach einer kurzen Verzögerung der Bremslichtschalter geschlossen werden. Neben dem PSM-Steuergerät erhalten auch das hintere Steuergerät und das PAS-Steuergerät diese Information.

Dritte und vierte Bremsleuchte

Die mittlere, höher angebrachte dritte Bremsleuchte arbeitet mit LED-Technik. Sie wurde gemeinsam mit dem Heckspoiler dem neuen Design der Motorraumhaube angepasst. Die breite Lamelle, in der die Bremsleuchte untergebracht ist, dient als zusätzliches Designelement für den Lufteinlass auf der Motorraumhaube. Eine vierte Bremsleuchte ist in den Heckspoiler integriert, um die Erkennbarkeit bei ausgefahrenem Spoiler zu gewährleisten. Beide LED-Leuchten werden über das hintere Steuergerät eingeschaltet.

Hinweis:
Die Bremslichter werden direkt über den Bremslichtschalter eingeschaltet. Die dritte und vierte Bremsleuchte schaltet das hintere Steuergerät.

Die LED-Technik hat eine Reihe deutlicher Vorteile, besonders hinsichtlich der Lebensdauer und Ansprechzeit. Die Reaktionszeit einer Glühlampe liegt bei ca. 100 Millisekunden, die einer LED bei 0,1 Millisekunden. Das entspricht bei einer Geschwindigkeit von 100 km/h einer Strecke von 3 m. Zudem haben LEDs eine deutlich längere Lebensdauer.

Hintere Nebelschlussleuchte

Bei links gelenkten Fahrzeugen befindet sich die Nebelschlussleuchte in der linken Heckleuchte, bei rechts gelenkten Fahrzeugen entsprechend rechts. Nur in einer Leuchtenkammer befindet sich eine Glühlampe, die andere bleibt leer.

Rückfahrscheinwerfer

Die Rückfahrscheinwerfer werden automatisch über einen Schalter am Schaltgestänge eingeschaltet. Mit dem Einlegen des Rückwärtsgangs leuchten die Scheinwerfer auf.

Kennzeichenbeleuchtung

Die Kennzeichenbeleuchtung ist über dem Nummernschild in der Heckschürze angebracht und wird mit dem Licht eingeschaltet.

Der Schalter für die Warnblinkanlage ist zwischen den beiden mittleren Luftdüsen in der Mittelkonsole angeordnet.

(Bild: Joe Ramos)

1-Kofferraum
2-Handschufach
3-Fußraum
4-Schminkspiegel(LED)
5-Leseleuchte, Innenbeleuchtung, LED in Spiegelgehäuse
6-Einstiegsleuchte
7-Sicherheitsleuchte
8-Motorraum

A A-Leuchte
B B-Orientierungslicht (LED)

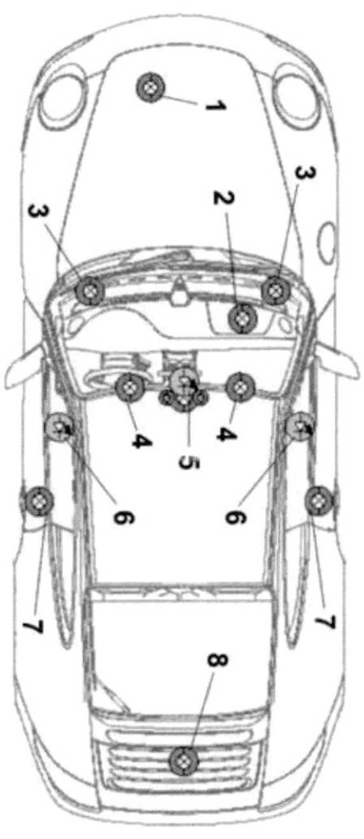

Übersicht der Innenraumbeleuchtung

(Bild: Porsche AG)

Warnblinkanlage

In der Mittelkonsole befindet sich der Schalter für die Warnblinkanlage, die aus den Blinkleuchten besteht. Nach dem Drücken des Schalters leuchtet dieser auf, und das Blinken beginnt.

Überwachung der Außenbeleuchtung

Die Funktion der Außenbeleuchtung wird größtenteils überwacht. Im Falle eines Glühlampendefekts oder einer Kabelunterbrechung erscheint im Anzeigefeld eine Warnmeldung. Folgende Beleuchtungseinrichtungen unterliegen einer Überwachung:

- Abblendlicht
- Fernlicht
- Blinker
- Rücklicht
- Bremslicht
- Hintere Nebelschlussleuchte
- Rückfahrscheinwerfer

Innenbeleuchtung

Die Innenbeleuchtung der 997-Baureihe basiert im Wesentlichen auf der Ausführung der vorangegangenen 996-Baureihe. Anstelle der bislang verwendeten gelben LEDs sind nun weiße LEDs zur Beleuchtung der Instrumente und Schalter vorhanden. Sie verbessern auch die Ablesbarkeit der Instrumente in der Dämmerung und ermüden weniger die Augen.

Innenraumbeleuchtung

Die Glühlampen der Innenraum- und Fußraumbeleuchtung werden mittels eines pulsweitenmodulierten Spannungssignals auf der Masseseite gesteuert. Die LEDs des Orientierungslichts erhalten ein solches Spannungssignal über die Plusseite. Das Orientierungslicht wurde aus der Innenbeleuchtungseinheit an den Fuß des Innenspiegels verlegt. Damit werden mögliche Spiegelungen verhindert und eine bessere Lichtverteilung erzielt.

Sicherheits- und Türleuchten

In den Sicherheits- und Türleuchten sind 12V/10W-Glühlampen vorhanden, die über die Türsteuergeräte eingeschaltet werden.

Automatisches Abschalten

Die Innenbeleuchtung wird über Klemme 30G mit Spannung versorgt. Um eine Entladung der Batterie durch eine versehentlich eingeschaltete Innenbeleuchtung zu verhindern, wird Klemme 30G abgeschaltet, wenn über den CAN-Bus das entsprechende Abschaltsignal übertragen wird.

Vorderansicht eines Carrera der 2. Generation: Beachten Sie die Unterschiede zur 1. Generation.

(Bild: Adrian Streather)

Nahaufnahme eines Carrera-Scheinwerfers der 2. Generation.

(Bild: Adrian Streather)

Turbo-Modell der 2. Generation: Auch hier sind einige Änderungen in der Frontpartie zu sehen.

(Bild: Porsche AG)

Beleuchtung der 2. Generation

Hauptscheinwerfer und Bugleuchten wurden bei der zweiten 997-Generation wieder überarbeitet.

Hinweis:
Viele der hier aufgeführten Änderungen wurden bereits bei den Turbo-Modellen der 1. Generation eingeführt.

Folgende Änderungen wurden bei der 2. Generation vorgenommen:

- Alle 997-Modelle waren nun serienmäßig mit Bi-Xenon-Scheinwerfern und Scheinwerferreinigungsanlage ausgestattet.
- Dynamisches Kurvenlicht als Individualausstattung erhältlich
- Neue Tagfahrleuchten und Begrenzungsleuchten in LED-Ausführung, keine Nebelscheinwerfer mehr
- Überarbeitete Heckleuchten, vollständig in LED-Ausführung

Scheinwerfer der 2. Generation

Serienmäßig waren nun bei allen Modellen der 2. Generation Bi-Xenon-Scheinwerfer vorhanden. Während bisher nur das Abblendlicht einen Projektionsscheinwerfer mit Linse hatte und das zusätzliche Fernlicht mit einem Reflektor versehen war, hatten nun beide Lichtfunktionen eine eigene Linse.

Das Licht der Bi-Xenon-Lampen basiert auf dem Prinzip der Gasentladung. Ein Funke zwischen zwei Elektroden ionisiert das ursprünglich nicht leitende Gas und erzeugt einen leitfähigen Tunnel, durch den zwischen den Elektroden Strom fließt, der das Gas zum Leuchten bringt.

Die Klarglasausführung der Scheinwerfer ermöglicht einen ungehinderten Blick auf diese fortschrittliche Lichttechnik und das auf Wunsch erhältliche dynamische Kurvenlicht. Die Scheinwerfer schwenken um bis zu 7° nach außen und leuchten so die Kurven der Straße wesentlich besser aus.

Neben der dynamischen Leuchtweitenregulierung verfügen die neuen Scheinwerfer auch über eine weiterentwickelte Waschanlage. Durch eine neue Anordnung der Waschdüse und einen veränderten Hub konnte die Reinigungsleistung verdoppelt werden.

Hinweis:
Aufgrund gesetzlicher Regelungen sind nicht alle Lichtfunktionen in allen Ländern erhältlich. Das Tagfahrlicht wird in Japan nicht angeboten und der entsprechende Menüpunkt erscheint auch nicht in der Instrumenteneinheit.

Dynamisches Kurvenlicht
(Bild: Porsche AG)

Dynamische Leuchtweitenregulierung

Die dynamische Leuchtweitenregulierung passt die Scheinwerfereinstellung automatisch dem Beladungszustand des Fahrzeugs und der Fahrsituation an. Die Einstellung wird bei den serienmäßigen Bi-Xenon-Scheinwerfern über das vordere Steuergerät vorgenommen. Falls das optionale Kurvenlicht 603 vorhanden ist, sind andere Schrittmotoren zur Einstellung vorhanden, und das Kurvenlicht-Steuergerät übernimmt die Verstellung.

Dynamisches Kurvenlicht (Individualausstattung 603)

Dieses System ist in die BI-Xenon-Scheinwerfer integriert und kann an der geänderten Form der inneren Abdeckung erkannt werden, die auch lackiert und beschichtet ist.
Das dazugehörige Steuergerät ist hinter dem Bordwerkzeug unter der Abdeckung im Kofferraum eingebaut.
Beim Fahren folgt das Abblendlicht geschwindigkeitsangepasst den Lenkbewegungen des Fahrers. Sensoren messen kontinuierlich die Fahrgeschwindigkeit, Querbeschleunigung und den Lenkwinkel, und berechnen daraus die Kurve. Das Steuergerät bestimmt dafür den optimalen Winkel für das Kurvenlicht und die bestmögliche Ausleuchtung.
Ab einer Geschwindigkeit von 5 km/h ist das dynamische Kurvenlicht aktiv. Der Verstellwinkel hängt von der gefahrenen Geschwindigkeit und dem Lenkradeinschlag ab. Von der Mittelachse des Fahrzeugs betrachtet, können die Scheinwerfer maximal um 15° nach innen und 7° nach außen verdreht werden.
Diese unterschiedlichen Winkel gewährleisten eine optimale Ausleuchtung der Kurven, weil die beiden Lichtstrahlen keinen gemeinsamen Punkt fokussieren. Das Kurvenlicht funktioniert auch bei eingeschaltetem Fernlicht.
Wenn sich das Lenkrad in Mittelstellung befindet, gibt es keine dunkle Stelle, sondern eine leichte Überlagerung.

Dynamisches Kurvenlicht (Individualausstattung 603)
(Bild: Porsche AG)

Bugleuchten

Die Bugleuchten der zweiten 997-Generation sind horizontal über den vorderen seitlichen Lufteinlässen angeordnet und setzen sich jeweils aus LED-Tagfahrlicht, Begrenzungslicht und Blinker zusammen.

Bugleuchte eines Carrera der 2. Generation
(Bild: Adrian Streather)

Nebelscheinwerfer an einem Turbo der 2. Generation

(Bild: Porsche AG)

Heckleuchte mit Seitenbegrenzungsleuchte ECE*/SAE**

Fahrtrichtungsanzeiger ECE*

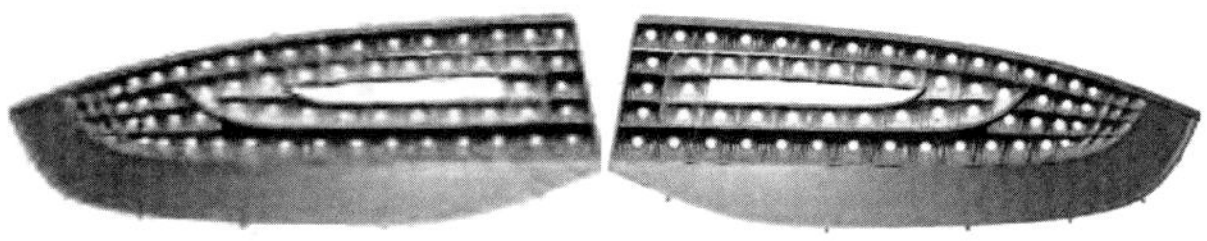

*ECE: Economic Commision for Europe
**SAE: Society of Automotive Engineers

LED-Heckleuchten der 2. Generation

(Abbildung: Porsche AG)

LED-Heckleuchte der 2. Generation

(Bild: Adrian Streather)

Das LED-Tagfahrlicht besteht jeweils aus sechs LEDs und ersetzt die Nebelscheinwerfer. Das Begrenzungslicht hat eine LED mit einem Lichtkanal. Für die Blinker sind jeweils zwei Hochleistungsglühlampen vorhanden.

Heckleuchte

Die LED-Technik der neuen Heckleuchten hat gegenüber den Glühlampen der bisherigen Version folgende Vorteile:

- Die Reaktionszeit ist 1000 mal schneller: Die Reaktionszeit einer Glühlampe liegt bei ca. 100 Millisekunden, die einer LED bei 0,1 Millisekunden. Das entspricht bei einer Geschwindigkeit von 100 km/h einer Strecke von 3 m.
- Bessere Leuchtwirkung
- Höhere aktive Sicherheit
- Höhere Beständigkeit gegen Vibrationen
- Längere Lebensdauer
- Geringerer Stromverbrauch
- Kompakte Ausführung

Carrera S der 1. Generation mit ParkAssistent

(Bild: Adrian Streather)

GT3 der 1. Generation ohne ParkAssistent

(Bild: Adrian Streather)

Carrera der 2. Generation mit ParkAssistent

(Bild: Adrian Streather)

ParkAssistent

Für den optional erhältlichen ParkAssistent der 997-Baureihe wurden bei der Produktion die damals kleinsten verfügbaren Parksensoren verwendet.
Die Sensoren werden von der Rückseite in eine Aufnahme in der Heckschürze eingesetzt. Das dazugehörige Steuergerät befindet sich unter dem linken Sitz.
Der ParkAssistent ist eine Sicherheitseinrichtung für das Fahrzeugheck. Vier Ultraschallsensoren in der Heckschürze überwachen den Raum hinter dem Fahrzeug auf eventuelle Hindernisse.
Über einen Tongenerator in der Instrumenteneinheit erzeugt das nicht abschaltbare System akustische Warnsignale.
Der ParkAssistent wird bei eingeschalteter Zündung mit dem Einlegen des Rückwärtsgangs aktiviert, was durch einen 0,5 Sekunden dauernden Ton mit 1200 Hz angezeigt wird.

Hinweis:
Der ParkAssistent ist nur bei eingelegtem Rückwärtsgang und eingeschalteter Zündung aktiviert! Falls der 997 ohne eingelegten Rückwärtsgang zurückrollt, wird der ParkAssistent nicht aktiviert.

Jeder Parksensor erzeugt ein Ultraschallsignal, das in der Horizontalen einen Streuwinkel von 120° und in der Vertikalen einen Streuwinkel von 60° hat. Nähert sich der Wagen einem Hindernis, wird ab einer Distanz von 150 cm ein periodischer Ton von 1 kHz erzeugt. Je kürzer der Abstand zu dem Hindernis wird, umso kürzer sind auch die Tonintervalle, bis bei einem Abstand von 30 cm ein Dauerton von 1 kHz ertönt.
Sollte einer der Sensoren ausfallen, ist für 3 Sekunden ein Ton mit 60 Hz zu hören. Das System kann nur über die k-Verbindung und nicht über den CAN-Bus diagnostiziert werden. Das heißt, es ist kein digitales System.

Systemeinschränkungen

Schallschluckende, übermäßig schallreflektierende und sehr dünne Objekte können nicht erkannt werden. Auch sehr niedrige Hindernisse sind schwierig zu erkennen und werden bestenfalls durch zeitweise aussetzende Signale angezeigt. Eine zuverlässige Warnung kann daher nicht stattfinden, selbst wenn alle Sensoren leicht nach unten geneigt eingebaut sind, um diese Einschränkungen so gering wie möglich zu halten. Externe Ultraschallquellen, wie z. B. Druckluftbremsen oder Presslufthämmer können ebenfalls die Hinderniserkennung beeinträchtigen.

Kapitel 9: Fehlersuche

Selberschrauben kann Geld sparen ...

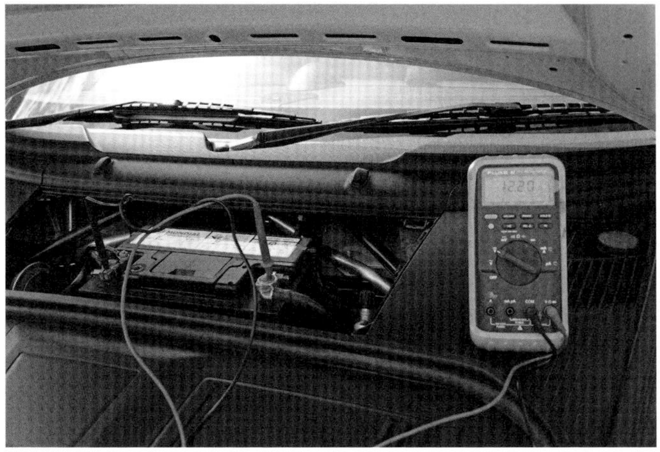

Was ist defekt? Kann der Hobbyschrauber den Fehler finden und beheben? Nicht immer aber ...

(Bild: Adrian Streather)

Systemübersichten

Eingangsdaten **Regelung/Steuerung von**

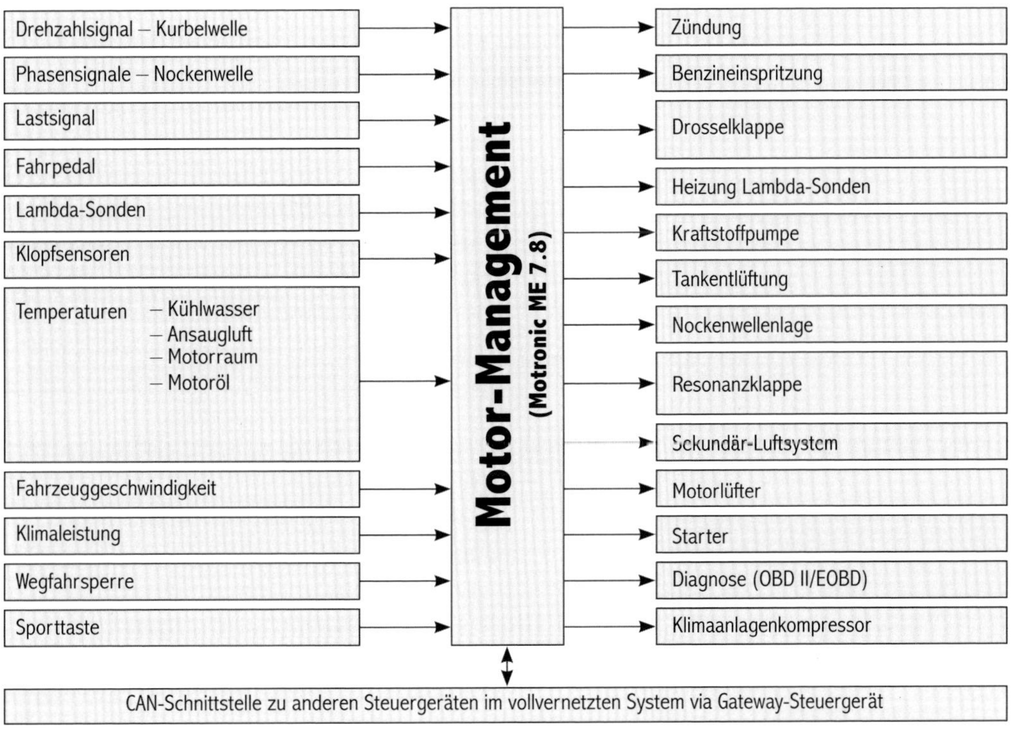

Eingangsdaten **Regelung/Steuerung von**

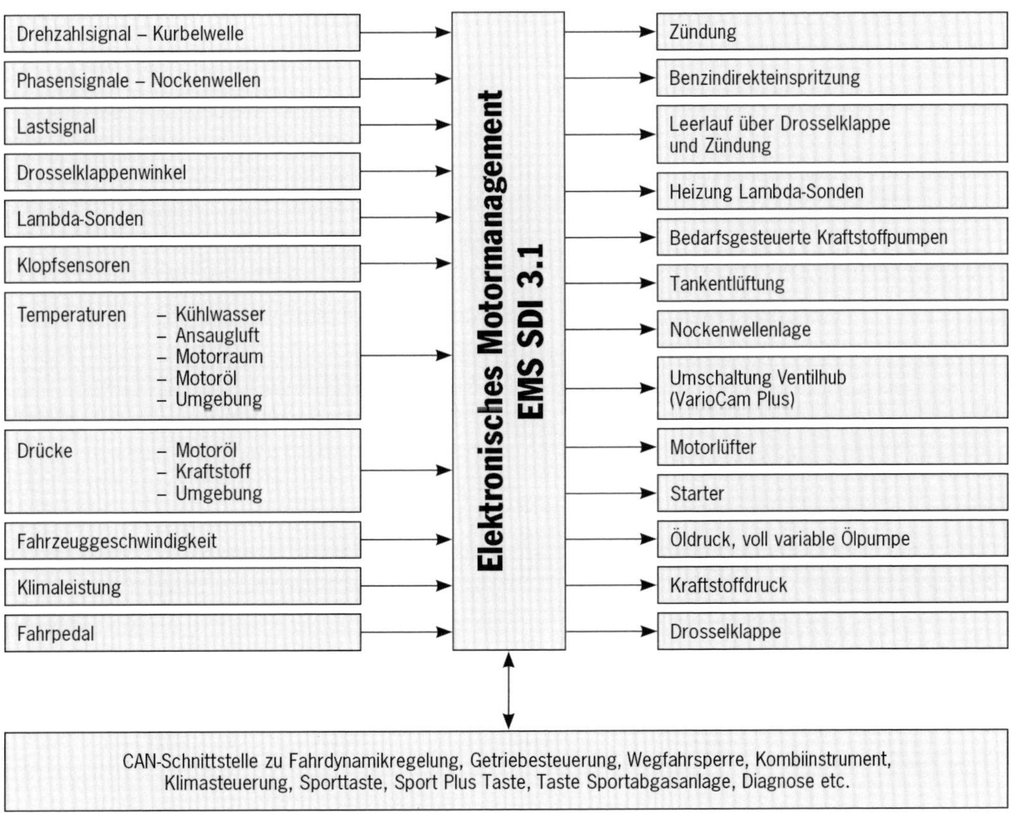

(Abbildung: Porsche AG)

Unter dem Fahrersitz geht es eng zu ...

(Bild: Adrian Streather)

Das PCM 2.1 arbeitet mit einem CAN-Bus und einem MOST-Bus.

(Bild: Ronn Hosmer)

Im Kofferraum der 1. Generation befinden sich neben dem Navigationsmodul und dem CD-Wechsler noch diverse Steuergeräte.

(Bild: Adrian Streather)

Einführung in die Fehlersuche

In der Vergangenheit lautete eine Entwicklungsvorgabe bei Porsche, dass Systeme einfach gehalten werden sollten, um Kosten und Gewicht zu sparen. Diese Vorgehensweise war äußerst erfolgreich, hatte aber Vor- und Nachteile. Die 911-Modelle hoben sich lange von anderen Supersportwagen wohltuend dadurch ab, dass sie noch nicht mit Warntönen und anderem „Überflüssigem" überfrachtet waren. Mit der Baureihe 997 änderte sich das. Was in der Vergangenheit noch kostspieliges Zubehör war, gehörte nun zur Serienausrüstung. Porsche bot zwar auch eine Basisausführung des Carrera an, aber diese erwies sich als bei weitem nicht so erfolgreich wie die Carrera S-Variante mit dem größeren Motor, und all den Zusatzausstattungen und ihren begleitenden Warntönen.

Damit wurde die Baureihe auch komplexer, und der 997 läutete beim Modell 911 das digitale Zeitalter ein. Analoge Signale sind weiterhin erforderlich, und Digital/Analog-Wandler in drei Steuergeräten dienen zur Steuerung der meisten analog arbeitenden Zubehöreinrichtungen. Das Kernelement der digitalen 997-Elektrik sind der CAN-Bus und der Multimedia MOST-Bus. Damit stoßen die Hobbyschrauber an ihre Grenzen, denn diese Systeme erfordern zur Fehlersuche das neue Porsche-Integrierte-Werkstattinformationssystem (PIWIS) einschließlich eines Testers. Dieses kann nur geleast und nicht gekauft werden, siehe Anhang C. Auf dem Zubehörmarkt werden allerdings Geräte und Programme angeboten, jedoch mit Einschränkungen in der Funktionalität. Der Autor kann daher nicht für einen erfolgreichen Einsatz dieser Systeme garantieren. Am 997 können bis zu 29 Steuergeräte vorhanden sein. Ohne PIWIS lassen sich die Systeme zumindest bis zu einem Punkt überprüfen, ab dem dann der Porsche-Händler des Vertrauens die Fehlersuche weiterführt, ohne die bereits vom Besitzer vorgenommenen Diagnosen ausführen zu müssen.

Dieses Kapitel enthält weiterführende Informationen zu den bisher beschriebenen Systemen. Vielleicht können sie dem selbstschraubenden 997-Besitzer helfen, selbst eine umfangreiche Fehlerdiagnose durchzuführen, bevor kostspielige Reparaturarbeiten oder der Austausch teurer Bauteile vorgenommen werden.

Eine systematische und effektive Fehlersuche senkt die Unterhaltskosten und verkürzt die Standzeiten des Fahrzeugs.

Übersicht über die Steuergeräte des 997

997 Steuergerät

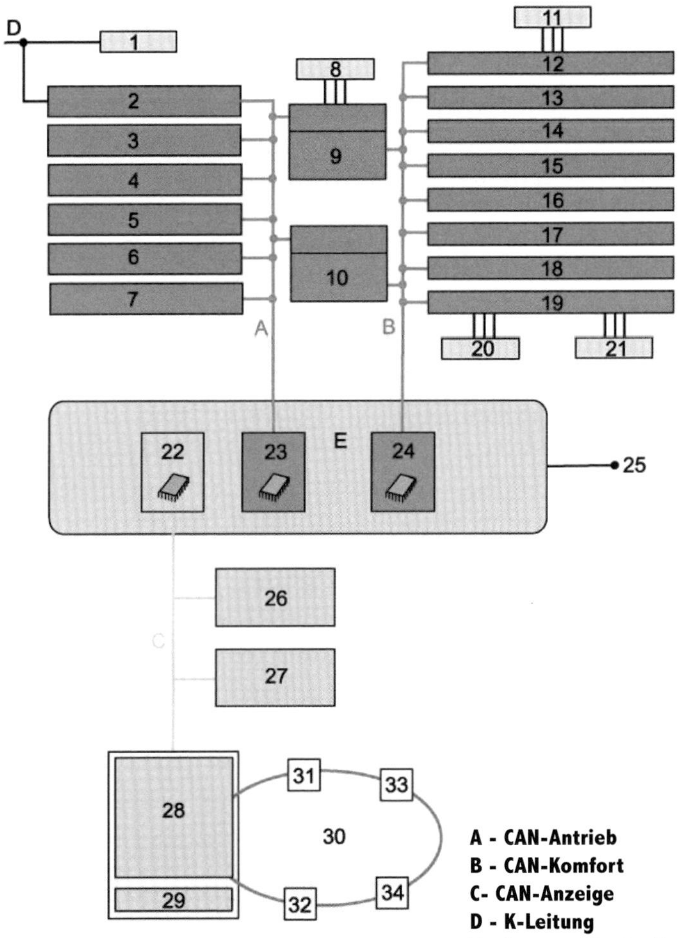

A - CAN-Antrieb
B - CAN-Komfort
C- CAN-Anzeige
D - K-Leitung
E - Gateway-Controller

1 – Steuergerät Parkassistent
2 – Steuergerät Motronik
3 – Steuergerät Getriebe
4 – Steuergerät PSM
5 – Gierratensensor/Querbeschleunigungssensor
6 – Steuermodul PASM
7 – Steuergerät Airbag
8 – Elektromechanisches Lenkradschloss
9 – Steuergerät Wegfahrsperre (PAS)
10 – Modul Lenkstockschalter
11 – Steuergerät Schiebedach
12 – Steuergerät Heck
13 – Steuergerät Bordelektrik
14 – Steuergerät Reifendruckkontrollsystem (RDK)
15 – Steuermodul Klimaanlage
16 – Steuergerät Sitze
17 – Steuergerät Fahrertüre
18 – Steuergerät Beifahrertüre
19 – Steuergerät Front
20 – Steuergerät Kühlventilator
21 – Steuergerät Bi-Xenon
22 – Steuergerät CAN-Anzeige
23 – Steuergerät CAN-Antrieb
24 – Steuergerät CAN-Komfort
25 – Diagnose-CAN
26 – Instrumenten-Cluster
27 – Analog-Uhr (Sport Chrono)
28 – PCM 2.1
29 – Gateway PCM
30 – MOST-Bus
31 – Verstärker
32 – Modul Telefon
33 – CD-Wechsler
34 – Modul Navigation

(Abbildung: Porsche AG)

Der 997 ist digitalisiert unterwegs.
(Bild: Porsche AG)

Ein umfangreiches Fehlerwarnsystem ist sowohl in der 1. Generation ...
(Bild: Porsche AG)

... als auch in der 2. Generation vorhanden.
(Bild: Porsche AG)

Was versteht man unter Fehlersuche?

Fehlersuche ist ein erlerntes Handwerk. Man kann sie nicht ausschließlich über ein Buch lehren, aber darüber zumindest die grundlegenden Informationen für eine systematische und logische Vorgehensweise bei der Fehlersuche vermitteln – und in der digitalen Welt ist alles logisch!
In diesem Kapitel erfährt der selbstschraubende 997-Besitzer, wie man systematisch an ein vorhandenes Problem herangeht, eine Diagnose durchführt und eine Lösung finden kann, ohne gleich alles komplett zerlegen zu müssen.

Allgemeiner Ratschlag

Die Fehlersuche folgt wie erwähnt den Gesetzen der Logik. Treffen Sie auf keinen Fall eine unüberlegte Entscheidung. Nehmen Sie sich Zeit, den Fehler zu verstehen und auszuwerten.
Zunächst gilt es, das aufgetretene Problem möglichst treffend zu beschreiben. Rekapitulieren Sie, unter welchen Umständen und Bedingungen es auftritt. Je mehr Informationen der Fachmann erhält, umso exakter kann er das Problem eingrenzen. Einfach zu sagen: „Das Sport Chrono funktioniert nicht" ist nicht zielführend. Woher wissen Sie, dass es nicht funktioniert? Dies müssen Sie erst sich selbst und dann Ihrem Mechaniker erklären können.

Fehlerwarnsystem

Der 997 hat ein sehr gut funktionierendes Warnsystem, das den Fahrer nicht nur auf zahlreiche Fehler hinweist, sondern im Vergleich zum Vorgängermodell auch mehr in die Tiefe der Systeme geht.
Eine aufleuchtende Warnleuchte sollte nicht ignoriert werden. Unterstellen Sie nicht, das Warnsystem sei fehlerhaft, denn das ist bei der 997-Baureihe äußerst selten der Fall. Das Warnsystem teilt dem Fahrer mit, dass etwas nicht in Ordnung ist und nicht funktioniert, wie es sollte. Beim 997 gibt es zwei Anzeigemöglichkeiten für die Warnleuchten:

- Blinken bedeutet, dass umgehend angehalten werden sollte, um größeren Schaden vom Fahrzeug oder wichtigen Bauteilen abzuwenden.
- Permanentes Leuchten zeigt an, dass ein Fehler aufgetreten ist, der möglichst bald behoben werden sollte.

Neu beim 997 sind die Warnmeldungen in der Instrumenteneinheit, jedoch sollte zuerst der Warnleuchte und dann der Nachricht Folge geleistet werden. Damit Sie die Bedeutungen der Warnleuchten auch nachlesen können, sollten Sie nie einen 997 ohne Betriebsanleitung kaufen.

Systemanalyse

Jedes System eines 997, das mechanisch, hydraulisch, elektrisch, elektronisch oder durch eine Kombination mehrerer

Irgendwann wird jeder Wagen einmal ein Problem haben.
(Bild: Adrian Streather)

Bei diesem Carrera S bereitete der Fahrersitz Schwierigkeiten.
(Bild: Adrian Streather)

Die Problemursache: Der Kabelstecker an der Sitzunterseite ist beschädigt, weil der Verriegelungshebel abgebrochen ist. Man sollte aufpassen, wo man seine Füße abstellt. Durch einen Kabelbinder wird der Stecker wieder in Position gehalten.

(Bild: Adrian Streather)

dieser Möglichkeiten arbeitet, kann man in drei einfache Unterfunktionen aufgliedern:
- Eingang
- Verarbeitung
- Ausgang

Ein Problem wird immer die Folge eines Fehlers in (mindestens) einer dieser Teilfunktionen sein:
- Sind alle Eingänge vorhanden?
- Werden die Eingänge verarbeitet?
- Sind alle Ausgänge vorhanden?

Jedes System hat seine Mindestanforderungen, ohne die es nicht funktioniert.
Elektrische und elektronische Systeme benötigen:
- Spannungsversorgung mit 12 Volt Gleichspannung (Bordspannung)
- Spannungsversorgung mit 5 Volt Gleichspannung (Sensorspannung)
- Masseverbindung
- Eingangssignale

Hydraulische Systeme benötigen:
- Arbeitsdruck von einer Pumpe (elektrisch, per Unterdruck, motorgetrieben)
- Hydraulikflüssigkeit
- Leitungsnetz
- Steuereinrichtungen

Mechanische Systeme benötigen:
- Hebelverbindungen
- Bewegungsfreiheit
- Intakte Befestigungen
- Steuereinrichtungen

Häufig wird ein Fehler unmittelbar durch die Nichterfüllung einer dieser Grundvoraussetzungen verursacht, zum Beispiel:
- Eine Sicherung ist durchgebrannt. Ein elektrisches oder elektronisches System, das seinen Arbeitsstrom über diese Sicherung erhält, kann dann nicht mehr funktionieren.
- Hydraulikflüssigkeit fehlt. Ein hydraulisches System ohne Flüssigkeit kann nicht arbeiten, verursacht aber ungewöhnliche Geräusche, weil es das trotzdem versucht. Ein guter Hinweis sind verräterische Flecken auf dem Stammparkplatz.

Kein Problem, alle Lichter funktionieren.

(Bild: Porsche AG)

Ein Beispiel für ein integriertes System: Die Hydraulikeinheit des PSM 8.0 besteht aus der Hydraulikpumpe, dem ABS-Ventilblock und dem PSM-Steuergerät.

(Bild: Adrian Streather)

Grundregeln zur Fehlersuche

Unbedingt Ruhe bewahren! Halten Sie an und vergegenwärtigen Sie sich die Symptome und Begleitumstände so genau wie möglich – danach können Sie immer noch in Panik geraten.

Wissen ist durch nichts zu ersetzen...

Versuchen Sie, die Systeme ihres 997 kennenzulernen, bevor ein Fehler auftritt. Die Betriebsanleitung gibt einen ersten Überblick und einige Ratschläge. Dieses Buch bietet mehr Informationen, aber der Autor kann nicht dafür garantieren, dass alle erforderlichen Hinweise für jeden möglichen Fehler vorhanden sind.

- Lesen Sie zuerst die Betriebsanleitung.
- Prüfen Sie zuerst das Offensichtliche.
- Vermeiden Sie Schnellschüsse.

Ein solcher Schnellschuss wäre der Austausch einer Komponente auf den bloßen Verdacht hin, sie könnte die Ursache für das Problem sein. Das kann sehr teuer werden, und Murphys Gesetz sagt: „Es ist nie so wie Sie denken." Fangen Sie also stets mit dem Billigen an und – bevor Sie sehr teure Steuergeräte auswechseln – überprüfen Sie:

- Sicherungen. Die meisten Sicherungen im Sicherungskasten des 997 leiten den Strom zu mehreren Verbrauchern, was die Fehlersuche vereinfacht. Durch eine durchgebrannte Sicherung fallen gleich mehrere Funktionen aus.
- Flüssigkeitsstände
- Relais
- Verdächtige Kabelverbindungen

Vorsicht:
Bevor Sie mit Fehlersuche oder Reparatur beginnen, machen Sie sich mit allen Sicherheitswarnungen vertraut. Einige Bauteile am 996 kann nur der Fachmann mit passender Ausrüstung überprüfen. Das sind unter anderem die Airbags, die Hochdruck-Bremsanlage und die Klimaanlage. Nutzen Sie stets ein digitales Multimeter, um im Auto den Strom zu messen.

Sollte sich nach allen Prüfungen herausstellen, dass doch eines der zahlreichen und teuren Steuergeräte ausgetauscht werden muss, sollte man sich auf dem Gebrauchtteilemarkt umsehen. Unter Umständen findet man hier das gesuchte Gerät zu einem vernünftigen Preis. Auch wenn diese Teile oftmals keine Garantie haben und somit ein gewisses Risiko besteht, kann sich so ein Kauf trotzdem lohnen. Dank der hohen Gesamtproduktion des 997 (über 212.000 gebaute Fahrzeuge) ist das Angebot sehr groß.

Diagnosestecker

Steckerbelegung des 16poligen Diagnosesteckers

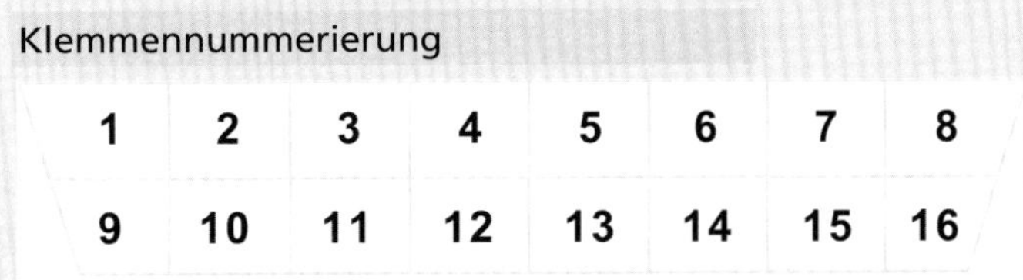

Klemme	Beschreibung
1	Klemme 15
2	Nicht frei belegbar [2)]
3	K-Leitung
4	Klemme 31
5	Klemme 31 (Elektronik-Masse)
6	Diagnose CAN High
7	K-Leitung
8	Frei belegbar [1)]
9	TN-Signal
10	Nicht frei belegbar [2)]
11	Frei belegbar [1)]
12	Frei belegbar [1)]
13	Frei belegbar [1)]
14	Diagnose CAN Low
15	Nicht frei belegbar [2)]
16	Klemme 30

1) Klemme 1, 3, 8, 9, 11, 12 und 13 sind vom Hersteller frei belegbar

2) Klemme 2, 6, 7, 10, 14 und 15 sind festgelegt

(Abbildung: Porsche AG)

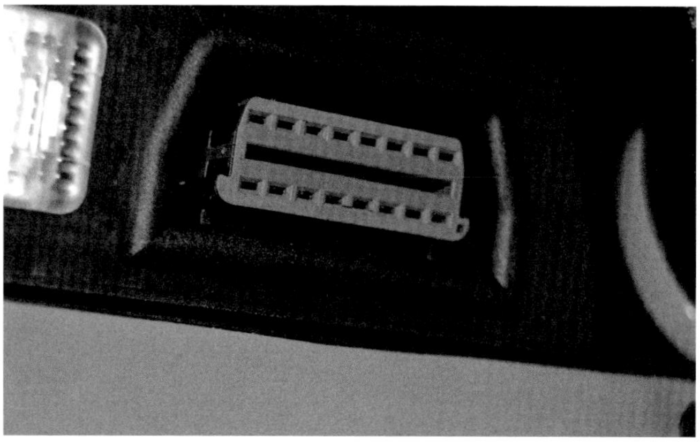

Der Diagnosestecker ist bei linksgelenkten Fahrzeugen unter der Schalttafel im Fahrerfußraum angeordnet.

(Bild: Ronn Hosmer)

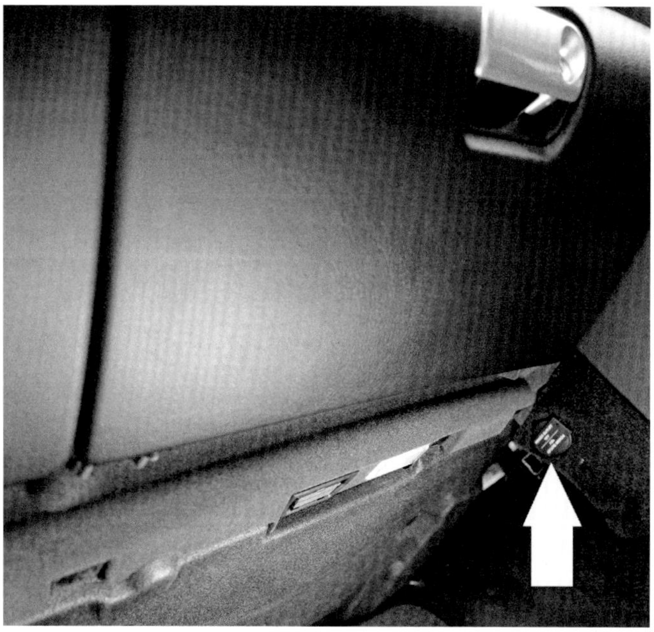

Bei rechtsgelenkten Fahrzeugen wie diesem Carrera S ist der Diagnosestecker im Beifahrerfußraum angebracht.

Anordnung

Die Einbaulage des violetten Diagnosesteckers ist bei links- und rechtsgelenkten Fahrzeugen identisch. Er ist unter dem Armaturenbrett (Schalttafel) im Fahrerfußraum (Linkslenker) bzw. Beifahrerfußraum (Rechtslenker) angeordnet.

Aufgabe

Über den Diagnosestecker kann der PIWIS-Tester angeschlossen werden, um Zugang zum kompletten Systemnetzwerk des 997 zu erhalten. Über diesen Anschluss können auch nicht nur Fehler lokalisiert werden, sondern auch Steuergeräte mit neuer Software versehen oder neu angelernt werden.

Ohne entsprechenden Tester ist der Diagnosestecker für den Hobbyschrauber mehr oder weniger bedeutungslos, und wird daher nicht weiter besprochen. Er dient für die Fehlersuche im digitalen System, während dieses Kapitel die Fehlersuche im analogen Bereich behandelt.

Siehe Anhang C für weitere Informationen zum PIWIS-Tester.

Fehlersuche in der elektrischen Anlage

Die elektrische Anlage des 997 entspricht prinzipiell der vorigen 996-Baureihe, aber mit einigen Unterschieden. So sind weniger Relais eingebaut, die Sicherungen sind standardisiert angeordnet, und für die digitale Steuerung sind ein vorderes Steuergerät, ein hinteres Steuergerät und ein Bordnetz-Steuergerät vorhanden.
Dieser Abschnitt behandelt die Fehlersuche im Bereich der Stromerzeugung (Batterie, Generator und Spannungsregler).

Fehlersuche in der Stromerzeugung		
Symptom	**Fehler**	**Abhilfe**
Batteriesymbol wird permanent im Bordcomputer angezeigt	Antriebsriemen gerissen	Antriebsriemen ersetzen
	Ausfall der Generator-/Reglereinheit: Die Ausgangsspannung des Generators beträgt 0 Volt und die Batteriespannung ändert sich bei laufendem Motor nicht.	Generator-/Reglereinheit ersetzen
	Kabelunterbrechung zwischen Generator und Batterie	Kabelverbindungen instandsetzen
Batterie wird überladen	Defekter Spannungsregler	Spannungsregler ersetzen und Spannung an der Batterie prüfen; normale Ladespannung ca. 14,4 Volt
Quietschendes Geräusch aus dem Motorraum	Antriebsriemen lose	Antriebsriemen prüfen und spannen, gegebenenfalls ersetzen
	Generatorlager schadhaft	Generator ersetzen
Rätselhafte Systemfehler, die teilweise die oben angegebenen einschließen sowie flackernde Kontrollleuchten weisen meist auf einen Massefehler hin.	Schlechte Verbindung zwischen dem Batterieminuspol und dem Massekabel: loser Batterieanschluss, korrodiertes Massekabel, loser Anschluss an Karosserie	- Anschlüsse kontrollieren und richtig festziehen - Korrosion beseitigen - Zustand des Kabels überprüfen, gegebenenfalls ersetzen
Batterie entleert sich über Nacht oder nach weniger Tagen	- Batterie schadhaft, zu schwach ausgelegt, zu klein - Übermäßiger Stromverbrauch bei ausgeschalteter Zündung („Leckstrom“)	- Batterie ersetzen - Leckstromprüfung bei ausgeschalteter Zündung durchführen

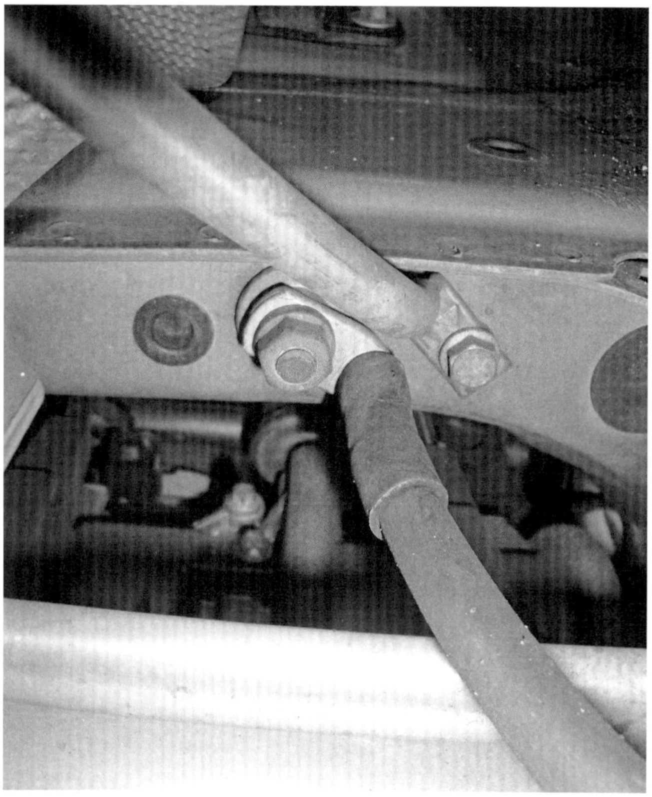

Masseverbindungen für den Motor und die Karosserie

(Bild: Adrian Streather)

Die vom Multimeter angezeigte Batteriespannung von 12,2 Volt ist zu niedrig. Das ist ein Problem von Batterien mit zu geringer Kapazität. Falls keine Rennen gefahren werden, ist der Einbau einer größeren Batterie empfehlenswert. Die entsprechenden Befestigungsmöglichkeiten sind vorhanden.

(Bild: Adrian Streather)

Hinweis:
Ein heimlicher Stromverbrauch bei ausgeschalteter Zündung (Leckstrom) tritt im Vergleich zu früheren Modellen bei der 997-Baureihe seltener auf. Allerdings sollte bei nachgerüstetem elektrischem Zubehör Vorsicht geboten sein. Nicht jeder Mechaniker ist hier entsprechend qualifiziert und weiß, was er tut. Das Anzapfen einer falschen Leitung kann zu gravierenden Problemen führen.

Batterie

Der Ausfall der Batterie ist nicht ungewöhnlich und erfolgt in der Regel ohne vorherige Ankündigung – wobei es allerdings kleine Anzeichen für eine nicht mehr voll leistungsfähige Batterie gibt. So dauert das Anlassen des Motors länger, und der Anlasser muss sich dabei hörbar mehr anstrengen.
Aufgrund der zahlreichen elektrischen und elektronischen Systeme ist der 997 auf eine stabile Bordspannung einschließlich einer leistungsfähigen Batterie angewiesen. Bei der ersten und zweiten Generation hatte die serienmäßige Batterie der GT3-Modelle eine Kapazität von 60 Ah, die der restlichen Modelle 70 Ah.

Hinweis:
Nach etwa vier bis fünf Wochen beginnt die Batteriespannung eines nicht bewegten 997 unter einen kritischen Wert zu sinken. Daher sollte unbedingt ein geeignetes Batterie-Erhaltungs-Ladegerät verwendet werden.

Schnelle Batterieüberprüfung

- Fahren Sie mindestens 15 Minuten und schalten Sie dabei keine großen Stromverbraucher ein. Nach der Rückkehr stellen Sie den Motor ab.
- Öffnen Sie den Kofferraum und entfernen Sie die Batteriefachabdeckung.
- Stellen Sie Ihr Multimeter auf einen passenden Messbereich (z. B. 20 Volt Gleichspannung) und messen Sie die Klemmenspannung der Batterie. Sie sollte zwischen 12,4 und 12,6 Volt betragen.
- Starten Sie bei angeschlossenem Multimeter den Motor (evtl. mit einem Helfer). Achten Sie darauf, dass die Batteriespannung nicht unter 9,9 Volt absinkt.
- Besteht die Batterie diesen Test nicht, muss sie von einem Fachmann nochmals geprüft werden. Erweist sich die Batterie als in Ordnung, liegt der Fehler (wahrscheinlich) an der Generator-/Reglereinheit.

Hinweis:
Die Anzahl der Entlade- und Ladezyklen einer Batterie ist begrenzt. Blei-Säure-Batterien werden durch eine Tief-

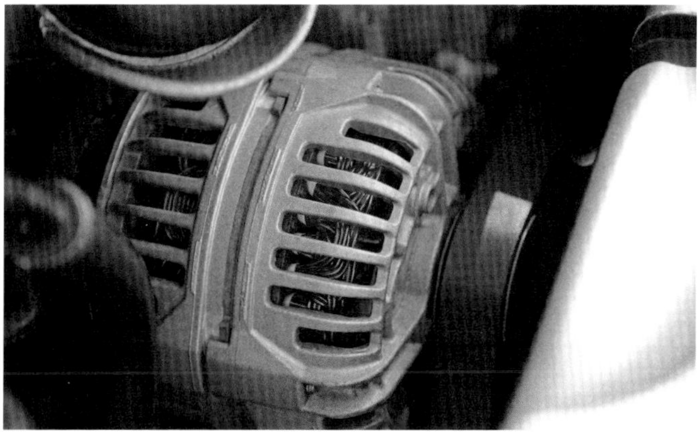

Ein Generator der 1. Generation

(Bild: Adrian Streather)

Die Generatoren der 2. Generation haben ein anderes Gehäuse, aber die gleichen Leistungsdaten.

(Bild: Adrian Streather)

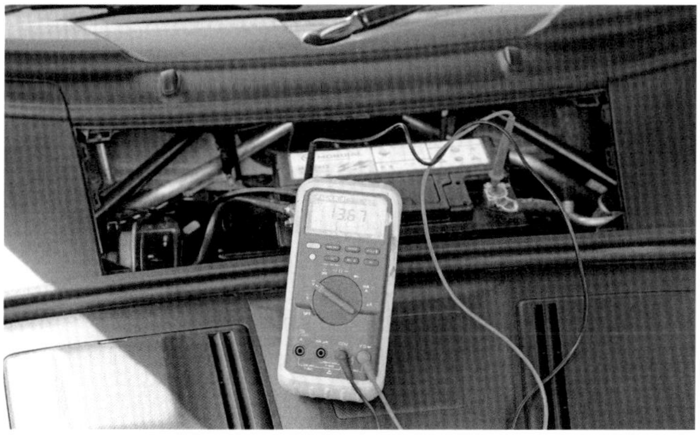

Hier liegt die gemessene Spannung an der Batterie bei 13,67 Volt.

(Bild: Adrian Streather)

entladung beschädigt und fallen daher nach drei bis fünf Tiefentladungen aus. Je älter die Batterie ist, umso empfindlicher wird sie gegenüber einer solchen Tiefentladung.

Generator und Spannungsregler

Wenn die Batterie den beschriebenen Test besteht, messen Sie im Leerlauf die Spannung zwischen den Batteriepolen. Sie sollte ca. 13,8 Volt betragen. Liegt die gemessene Spannung über 14,4 Volt, ist sehr wahrscheinlich der Regler defekt.

Vorsicht:

Ein defekter Regler sollte umgehend ersetzt werden, denn eine überladene Batterie kocht über, und ätzende Säure tritt aus. Zudem steigt das Risiko einer Batterieexplosion.

Ist die Spannung zu niedrig, so erhöhen Sie die Drehzahl, bis der Voltmeter 13,8 Volt anzeigt. Ist dies erst über 1.200 min^{-1} der Fall, so liegt sehr wahrscheinlich ein Fehler am Generator oder Regler vor.

Auch die Gleichrichterdioden können schadhaft sein. Sie unterbrechen dann entweder den Stromkreis, oder haben keine Sperrwirkung mehr. Letzteres lässt sich dadurch feststellen, dass die Gleichspannung mit Wechselspannung überlagert ist.

Vorsicht:

Wechselspannung bzw. Spitzenspannungen im Bordnetz des 997 können zu schlechtem Motorlauf führen oder empfindliche elektronische Bauteile beschädigen, von denen beim 997 einige vorhanden sind. Zwar sind Überspannungsschutzeinrichtungen vorhanden, aber grundsätzlich darf bei laufendem Motor niemals die Batterie abgeklemmt werden.

Um das Bordnetz auf eventuelle Wechselspannungen zu überprüfen, schalten Sie das Multimeter auf den Wechselspannungsbereich (AC) und messen die Spannung an den Batteriepolen. Maximal 300 Millivolt dürfen messbar sein. Falls eine deutlich höhere Spannung gemessen wird, sollte der Generator ausgetauscht werden.

Sicherungskasten mit einer selbstgebastelten Lösung: Eine potenzielle Quelle für Leckstrom und weiteres Ungemach.

(Bild: Joe Ramos)

Leckstrom

Unter Leckstrom versteht man den Strom, der bei ausgeschalteter Zündung aus der Batterie entnommen wird. Damit ein Strom fließen kann, müssen eine Spannungsquelle und ein geschlossener Stromkreis mit elektrischen Verbrauchern mit Masseverbindung vorhanden sein.

Hinweis:
Ein Kurzschluss einer 12-Volt-Spannungsquelle mit Masse ohne nennenswerten Verbraucher führt zum Durchbrennen der Sicherung, während in einem offenen Stromkreis kein Strom fließt.

Zur Messung des Leckstroms müssen entweder das Plus- oder das Minuskabel von der Batterie getrennt werden.

Vorsicht:
Immer zuerst das Minuskabel abklemmen. Falls für die Messungen das Pluskabel getrennt werden soll, zuerst das Minuskabel, dann das Pluskabel entfernen und anschließend wieder das Minuskabel anschließen. Vor dem Wiederanschließen des Pluskabels das Minuskabel abnehmen, dann das Pluskabel, und anschließend wieder das Minuskabel anklemmen.

Schließen Sie das Multimeter (Anzeigebereich bis 10 Ampere) in Reihe mit dem Batteriepol und dem entfernten Batteriekabel. Ist der gemessene Strom höher als 90 mA (Carrera-Modelle) bzw. als 150 mA (Carrera S-, GT- und Turbo-Modelle), besteht Handlungsbedarf. Allerdings dauert es eine gewisse Zeit, bis alle elektrischen Systeme in den Ruhezustand schalten, daher sollte man mit voreiligen Schlussfolgerungen vorsichtig sein.
Um die Ursache des Leckstroms zu finden, entfernt man eine Sicherung nach der anderen:

- Entfernen Sie Sicherung 1 der Reihe A.
- Sinkt der Leckstrom? Falls nein, wird die Sicherung 1 wieder eingesetzt und Sicherung 2 entnommen.
- Prüfen Sie erneut den Leckstrom.
- Diese Schritte werden an den Sicherungen 1 bis 10 der Reihen A bis D und an den Sicherungen 1 bis 3 der Reihe E durchgeführt, bis die Ursache des Leckstroms gefunden ist.

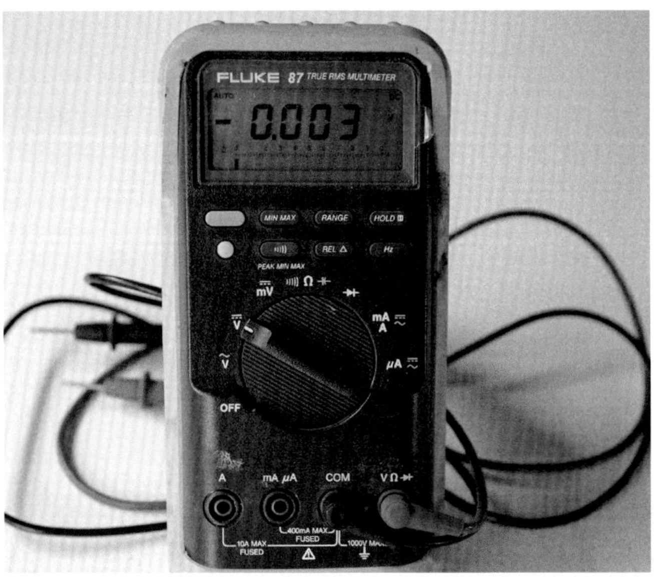

Beispiel für ein Multimeter

(Bild: Adrian Streather)

Nachdem der ursächliche Stromkreis gefunden wurde, kann eine normale Fehlersuche durchgeführt werden. Handelt es sich um einen untergeordneten Stromkreis, entfernen Sie die Sicherung und überlegen Sie die nächsten Schritte. Ist der Stromkreis jedoch unverzichtbar, muss er alsbald repariert werden.

Sicherungskastenabdeckung mit Zuordnungsverzeichnis
(Bild: Joe Ramos)

Sicherungskasten an einem rechtsgelenkten Carrera S von 2005
(Bild: Adrian Streather)

Sicherungskasten

Der Sicherungskasten ist in fünf Reihen mit den Bezeichnungen A bis E aufgeteilt. In den Reihen A bis D sitzen zehn Sicherungen, in der Reihe E vier, aber nur drei sind normalerweise vorhanden.
Der Sicherungskasten befindet sich an der A-Säule im Fahrerfußraum (bei Links- und Rechtslenkern). In die Rückseite der Abdeckung sollte auch ein mehrsprachiges Verzeichnis über die Sicherungszuordnung eingesteckt sein.
Im Sicherungskasten befindet sich auch der Notfallanschluss für das Öffnen der Kofferraumhaube, falls die Batterie entladen sein sollte.

Sicherungszuordnung Modelljahre 2005 und 2006

Reihe A:
F1 = Elektrischer Fensterheber linke Tür
F2 = Zentralverriegelung linke Tür
F3 = Hinteres Steuergerät, Heckspoiler, Motorhaubenverriegelung, Zweiton-Fanfaren
F4 = Elektrischer Fensterheber rechte Tür
F5 = Zentralverriegelung rechte Tür
F6 = Hinteres Steuergerät, linkes Rücklicht, Bremslicht, Nebelschlussleuchte
F7 = Hinteres Steuergerät, rechtes Rücklicht, Bremslicht, Nebelschlussleuchte
F8 = 12-Volt-Steckdose
F9 = Nicht belegt
F10 = Zigarettenanzünder

Reihe B:
F1 = Elektrisches Zündschloss, Instrumenteneinheit, Gewichtserkennung, Diagnosestecker
F2 = Sensor Beifahrerraum
F3 = Sitzeinstellung-Steuergerät, Memory-Steuergerät, Lenksäuleneinheit, Reifendruckkontrollsystem-Steuergerät, Alarmsirene, Sport Chrono, Neigungssensor
F4 = Scheinwerferwaschanlage
F5 = Nicht belegt
F6 = Bordnetz-Steuergerät, Tankklappenöffnung
F7 = Nicht belegt
F8 = Nicht belegt
F9 = Telefonsteuerung, Tiptronic-Positionsschalter
F10 = Heizung/Klimaanlage, Heckscheibenheizung, heizbare Waschdüsen vorn

Hinweis:
Reihe A und B werden über Klemme 30 (TRM30) versorgt.

Reihe C:
F1 = Nicht belegt
F2 = Diagnose, Klimaanlagensteuergerät, PASM-Steuergerät, Kältemitteldrucksensor, Kupplungsschalter, E-Box Mobiltelefon
F3 = Vorderes Steuergerät, Lichtschalter
F4 = Bremslichtschalter
F5 = Tiptronic-Steuergerät, Tiptronic-Positionsschalter
F6 = Heckscheibenwischer, selbstabblendende Außenspiegel, ParkAssistent-Steuergerät
F7 = Kombischaltereinheit Lenksäule
F8 = PSM-Steuergerät, Beschleunigungssensoren, Schlüsselmodul
F9 = PASM-Steuergerät TRM30
F10 = PSM-Steuergerät

Reihe D:
F1 = Kraftstoffpumpe
F2 = Nicht belegt
F3 = Nicht belegt
F4 = Motor-Steuergerät
F5 = Motor-Steuergerät TRM87, DMTL-Ventil, Sekundärluftpumpen-Relais, Motorraumgebläse-Relais, Ansaugstutzenklappe, Nockenwellensensor, Tankbelüftungsventil, Heißfilm-Luftmassenmesser, Klimakompressorkupplungs-Relais, Tiptronic-Abschaltventil
F6 = Lambdasonden
F7 = Zündspulen 1 – 6, Einspritzventile 1 – 6
F8 = Nicht belegt
F9 = E-Box Mobiltelefon, DVD-Spieler, PCM 2.1, Telefonsteuereinheit, CD-Wechsler
F10 = BOSE®-Verstärker, BOSE®-Subwoofer

Hinweis:
Wenn nicht anders angegeben, wird Reihe C über Klemme 15 (TRM15) und Reihe D über Klemme 30 mit Spannung versorgt.

Reihe E:
F1 = Sitzeinstellung links, Sitz-Memory rechts
F2 = Sitzeinstellung rechts, Sitz-Memory links
F3 = Schiebedach, Cabrioverdeck, elektrische Fensterheber hinten (Cabrio)
F4 = Nicht belegt

Sicherungszuordnung Modelljahre 2007 bis 2009

Reihe A:
F1 = Elektrischer Fensterheber linke Tür
F2 = Zentralverriegelung linke Tür
F3 = Hinteres Steuergerät, Heckspoiler, Motorhaubenverriegelung, Zweiton-Fanfaren
F4 = Elektrischer Fensterheber rechte Tür
F5 = Zentralverriegelung rechte Tür
F6 = Hinteres Steuergerät, linkes Rücklicht, Bremslicht
F7 = Hinteres Steuergerät, rechtes Rücklicht, Bremslicht, Nebelschlussleuchte
F8 = 12-Volt-Steckdose
F9 = Nicht belegt
F10 = Zigarettenanzünder

Reihe B:
F1 = Instrumenteneinheit, Gewichtserkennung, Diagnosestecker
F2 = Sensor Beifahrerraum
F3 = Sitzeinstellung-Steuergerät, Memory-Steuergerät, Lenksäulenschaltermodul, Reifendruckkontrollsystem-Steuergerät, Alarmsirene, Sport Chrono, Neigungssensor
F4 = Scheinwerferwaschanlage
F5 = Targa-Dach-Steuergerät
F6 = Bordnetz-Steuergerät, Tankklappenöffnung
F7 = Nicht belegt
F8 = Nicht belegt
F9 = Telefonsteuerung, Tiptronic-Positionsschalter
F10 = Heizung/Klimaanlage

Hinweis:
Falls nicht anders angegeben, werden Reihe A und B über Klemme 30 (TRM30) versorgt.

Reihe C:
F1 = Nur Turbo: Allradantrieb-Steuergerät
F2 = Diagnosestecker, Klimaanlagensteuergerät, PASM-Steuergerät, Kältemitteldrucksensor, Kupplungsschalter, E-Box Mobiltelefon, heizbare Scheinwerferwaschdüsen
F3 = Vorderes Steuergerät, Lichtschalter
F4 = Bremslichtschalter
F5 = Tiptronic-Steuergerät, Tiptronic-Positionsschalter
F6 = Heckscheibenwischer, selbstabblendende Außenspiegel, ParkAssistent-Steuergerät
F7 = Lenksäulenschaltermodul
F8 = PSM-Steuergerät, Beschleunigungssensoren, Schlüsselmodul
F9 = PASM-Steuergerät TRM30
F10 = PSM-Steuergerät

Sicherungskasten eines linksgelenkten Carrera (Bild: Ronn Hosmer)

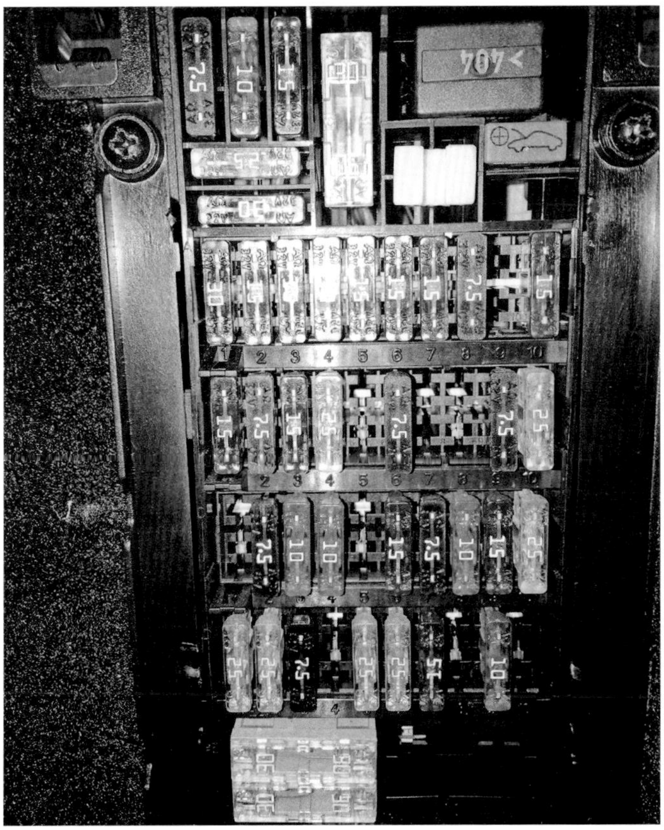

Sicherungskasten eines rechtsgelenkten GT3 (Bild: John Balson)

Reihe D:
F1 = Kraftstoffpumpe 1
F2 = Nur Turbo: Kraftstoffpumpe 2
F3 = Nicht belegt
F4 = Motor-Steuergerät
F5 = Alle Modelle außer Turbo: Motor-Steuergerät TRM87, DMTL-Ventil, Sekundärluftpumpen-Relais, Motorraumgebläse-Relais, Ansaugstutzenklappe, Nockenwellensensor, Tankbelüftungsventil, Heißfilm-Luftmassenmesser, Klimakompressorkupplungs-Relais, Tiptronic-Abschaltventil, Ventilhubsteuerung
F5 = Nur Turbo: Kühlmittelpumpe, Ladedruckeinstellung
F6 = Lambdasonden
F7 = Zündspulen 1 – 6, Einspritzventile 1 – 6
F8 = Alle Modelle außer Turbo: Nicht belegt
F8 = Nur Turbo: Motor-Steuergerät TRM87, DMTL-Ventil, Sekundärluftpumpen-Relais, Motorraumgebläse-Relais, Auspuffgas-Temperatursensor, Nockenwellensensor, Tankbelüftungsventil, Heißfilm-Luftmassenmesser, Klimakompressorkupplungs-Relais
F9 = E-Box Mobiltelefon, DVD-Spieler, PCM 2.1, Telefonsteuereinheit, CD-Wechsler
F10 = BOSE®-Verstärker, BOSE®-Subwoofer

Hinweis:
Wenn nicht anders angegeben, wird Reihe C wird über Klemme 15 (TRM15) und Reihe D über Klemme 30 mit Spannung versorgt.

Reihe E:
F1 = Sitzeinstellung links, Sitz-Memory rechts
F2 = Sitzeinstellung rechts, Sitz-Memory links
F3 = Schiebedach, Cabrioverdeck, elektrische Fensterheber hinten (Cabrio)
F4 = Nicht belegt

Sicherungskasten eines linksgelenkten Carrera GTS, Modelljahr 2012

(Bild: Joe Ramos)

Sicherungszuordnung Modelljahre 2009 bis 2013

Reihe A:
F1 = Elektrischer Fensterheber linke Tür
F2 = Zentralverriegelung linke Tür
F3 = Hinteres Steuergerät, Heckspoiler, Motorhaubenverriegelung, Zweiton-Fanfaren
F4 = Elektrischer Fensterheber rechte Tür
F5 = Zentralverriegelung rechte Tür
F6 = Hinteres Steuergerät, linkes Rücklicht, Bremslicht
F7 = Hinteres Steuergerät, rechtes Rücklicht, Bremslicht, Nebelschlussleuchte
F8 = 12-Volt-Steckdose
F9 = Nicht belegt
F10 = Zigarettenanzünder

Reihe B:
F1 = Instrumenteneinheit, Gewichtserkennung, Diagnosestecker, PDK-Steuergerät
F2 = Sensor Beifahrerraum
F3 = Sitzeinstellung-Steuergerät, Memory-Steuergerät, Lenksäulenschaltermodul, Reifendruckkontrollsystem-Steuergerät, Alarmsirene, Sport Chrono, Neigungssensor
F4 = Scheinwerferwaschanlage
F5 = Targa-Dach-Steuergerät
F6 = Bordnetz-Steuergerät, Tankklappenöffnung
F7 = Alle Modelle außer Turbo: ParkAssistent-Steuergerät
F8 = Nicht belegt
F9 = Nicht belegt
F10 = Heizung/Klimaanlage

Hinweis:
Falls nicht anders angegeben, werden Reihe A und B über Klemme 30 (TRM30) versorgt.

Abgedeckter Sicherungskasten

(Bild: Ronn Hosmer)

Reihe C:
F1 = Nur Turbo: Allradantrieb-Steuergerät
F2 = Diagnosestecker, Klimaanlagensteuergerät, PASM-Steuergerät, Kältemitteldrucksensor, Kupplungsschalter, E-Box, Mobiltelefon, heizbare Scheinwerferwaschdüsen
F3 = Vorderes Steuergerät, Lichtschalter, Kurvenlicht-Steuergerät
F4 = Bremslichtschalter
F5 = PDK-Steuergerät
F6 = Heckscheibenwischer, selbstabblendende Außenspiegel. Nur Turbo: ParkAssistent-Steuergerät
F7 = Lenksäulenschaltermodul
F8 = PSM-Steuergerät, Beschleunigungssensoren, Schlüsselmodul
F9 = PASM-Steuergerät TRM30
F10 = PSM-Steuergerät

Sicherung 10 in der Reihe D liefert im Carrera der 2. Generation die Betriebsspannung des PCM 3.0.

(Abbildung: Porsche AG)

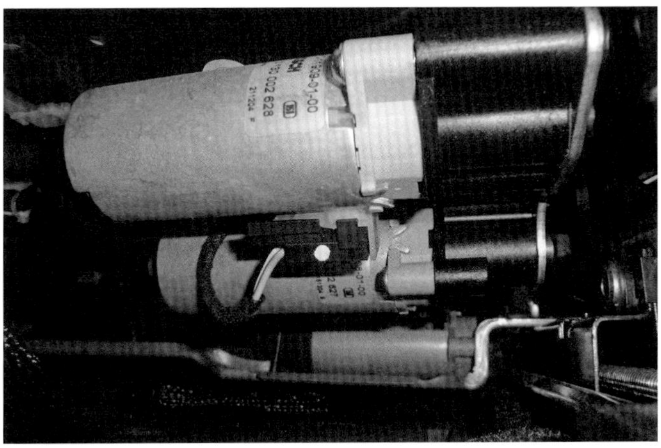

Die Sicherungen der Sitzverstellung befinden sich in Reihe E.

(Bild: Adrian Streather)

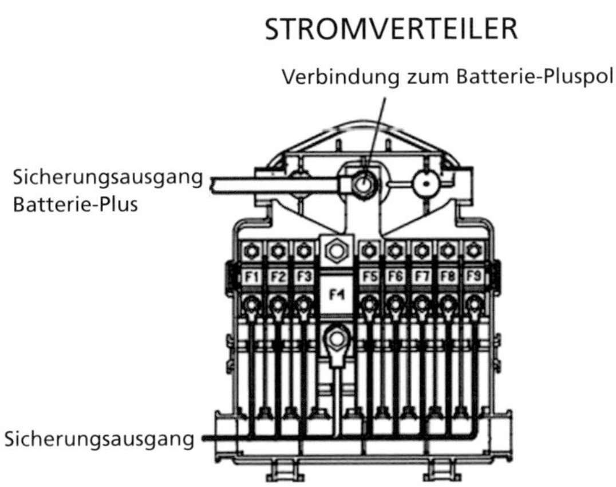

Schema des Stromverteilers

(Abbildung: Porsche AG)

Reihe D:
F1 = Kraftstoffpumpe 1
F2 = Nur Turbo: Kraftstoffpumpe 2
F3 = Motor-Steuergerät (TRM30)
F4 = Motor-Steuergerät (TRM87), Einspritzventile
F5 = Alle Modelle außer Turbo: Ventilhubsteuerung, Nockenwellenverstellung, Ansaugstutzenklappe
F5 = Nur Turbo: Kühlmittelpumpe, Ladedruckeinstellung
F6 = Lambdasonden
F7 = Zündspulen 1 – 6
F8 = Alle Modelle außer Turbo: Nicht belegt
F8 = Nur Turbo: Motor-Steuergerät TRM87, DMTL-Ventil, Motorraumgebläse-Relais, Auspuffgas-Temperatursensor, Nockenwellensensor
F9 = E-Box Mobiltelefon, TV-Tuner
F10 = PCM 3.0

Hinweis:
Wenn nicht anders angegeben, wird Reihe C wird über Klemme 15 (TRM15) und Reihe D über Klemme 30 mit Spannung versorgt.

Reihe E:
F1 = Sitzeinstellung links, Sitz-Memory rechts
F2 = Sitzeinstellung rechts, Sitz-Memory links
F3 = Schiebedach, Cabrioverdeck, elektrische Fensterheber hinten (Cabrio)
F4 = BOSE®-Verstärker, BOSE®-Subwoofer

Weitere Sicherungen
Rechts im Kofferraum ist eine weitere Sicherung für die beiden Kühlerventilatoren vorhanden.

Stromverteilung

In allen 997-Modellen ist ein Stromverteiler mit neun parallel geschalteten Sicherungen vorhanden:
F1 = 80 A
F2 = 80 A
F3 = 70 A
F4 = 150 A
F5 = 50 A
F6 = 80 A
F7 = 80 A
F8 = 70 A
F9 = 80 A

Aufgabe des Stromverteilers ist die abgesicherte Versorgung von Stromkreisen mit hoher Stromaufnahme, wie beispielsweise des Hydraulikmodul-Stromkreises des PSM 8.0.

Für eine bessere Zugänglichkeit lässt sich Relaisträger 1 absenken.

(Bild: Adrian Streather)

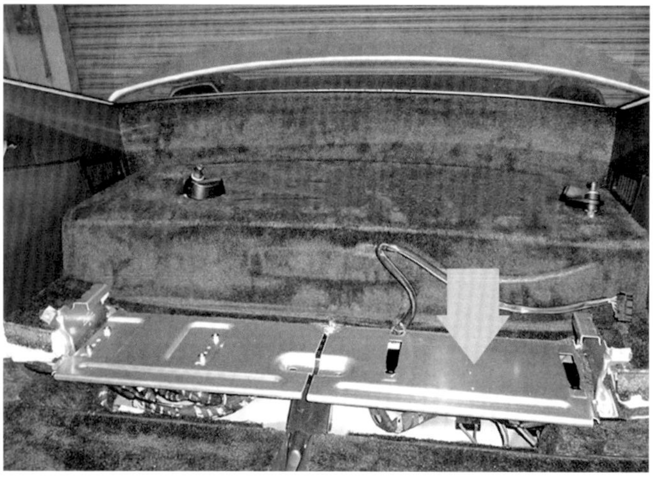

Bei den Coupés und Targa befindet sich der Relaisträger 2 unter einer Abdeckung (Pfeil). Bei den Cabriolets ist er völlig anders angeordnet.

(Bild: Adrian Streather)

Relaisträgeranordnung bei einem Cabriolet

(Bild: Don Cardamore)

Relaisträger

In jedem 997 sind zwei Relaisträger vorhanden.

Der vordere Relaisträger oder Relaisträger Nr. 1 ist unter der Schalttafel befestigt und lässt sich nach Lösen der Sicherungsclips nach unten in den Fahrerfußraum absenken (Linkslenker und Rechtslenker). Bei den Standardmodellen befinden sich im Relaisträger 1 sieben Relais und zwei Anschlussbrücken.

Der hintere Relaisträger oder Relaisträger Nr. 2 befindet sich hinten im Innenraum. Die exakte Anordnung unterscheidet sich je nach Karosserieausführung. Bei den Standardmodellen sind im Relaisträger 2 sechs Relais und drei Sicherungen vorhanden.

Sicherungen im Relaisträger 2

Sicherungszuordnung:

F1 = 12-Volt-Spannungsversorgung für Motorraumgebläse-Relais

F2 = Nicht belegt

F3 = Nicht belegt

F4 = 12-Volt-Spannungsversorgung für Heckscheibenheizung-Relais

F5 = 12-Volt-Spannungsversorgung für Sekundärluftpumpe der Motoren M96.XX und M97.XX

Relaisfunktionen:

- 12-Volt-Spannungsversorgung des Motorraumgebläses
- 12-Volt-Spannungsversorgung der Heckscheibenheizung
- 12-Volt-Spannungsversorgung der Sekundärluftpumpe der Motoren M96.XX und M97.XX
- 12-Volt-Spannungsversorgung der elektrischen Kraftstoffpumpe
- 12-Volt-Spannungsversorgung der Scheinwerferwaschanlage
- 12-Volt-Spannungsversorgung für diverse Verbraucher

Bordnetz-Steuergerät

(Bild: Porsche AG)

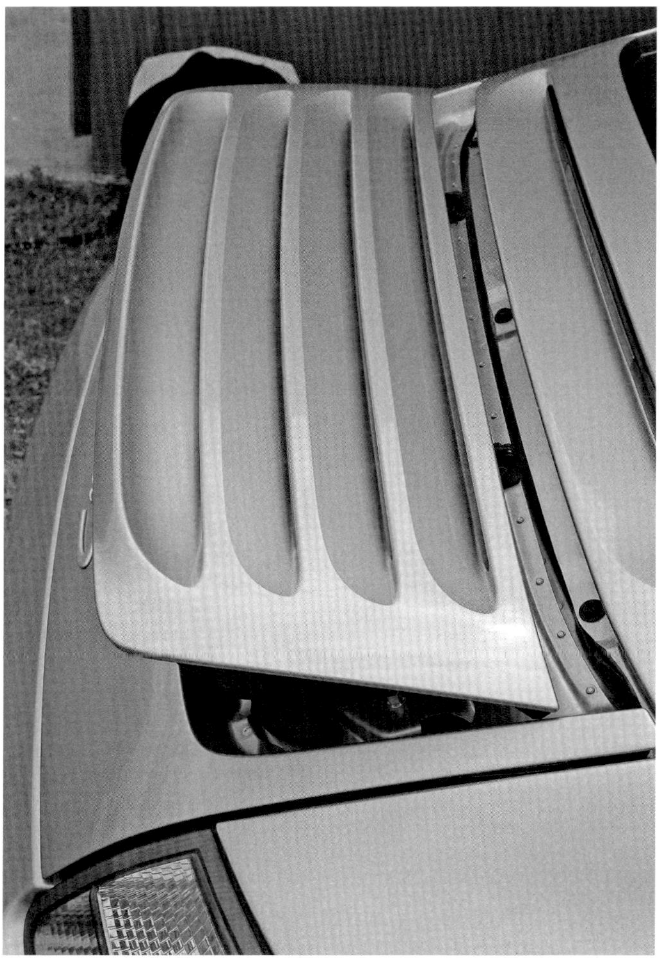

Das Bordnetz-Steuergerät ist auch für einige Funktionen des Heckspoilers zuständig.

(Bild: Adrian Streather)

Bordnetz-Steuergerät

Der digitale Bereich des Bordnetz-Steuergeräts kann nur mit dem PIWIS-Tester diagnostiziert werden, aber die analogen Eingänge und Ausgänge kann ein versierter Hobbyschrauber durchaus selbst überprüfen.

Analoge Eingänge:

- Automatische Lichteinschaltung
- Vordere Nebelscheinwerfer (nicht bei GT2 und GT2 RS)
- Nebelschlussleuchte
- Rückfahrscheinwerfer
- Klemme 30
- Elektrisches Zündschloss (Klemme 15)
- Masse
- Masse 2
- Klemme 50
- Taste für Kofferraumentriegelung
- Taste für Motorraumentriegelung
- Taste für Heckscheibenentriegelung (Targa-Modelle)
- Taste für Heckspoiler
- Tasten für Sport- und Sport Plus-Modus
- Regensensor Leitung 1
- Regensensor Leitung 2
- Regensensor Leitung 3

Analoge Ausgänge:

- Innenbeleuchtung (Klemme 30G)
- Dimmbare Innenbeleuchtung
- Dimmbares Orientierungslicht
- Aktuator Tankklappe
- Heckscheibenheizelemente
- Sitzheizung links
- Sitzheizung rechts
- Spoiler-Anzeigeleuchte in Taste
- Aufwachsignal
- Scheibenwischer Stufe 1
- Scheibenwischer Stufe 2
- Scheibenwaschanlage
- Pumpe für Scheinwerferwaschanlage

Falls mehr als eine Funktion ausgefallen ist, wie z. B. die heizbare Heckscheibe und die Sitzheizung, kann daraus geschlossen werden, dass die Spannungsversorgung, oder die Masse des Bordnetzsteuergeräts, oder das Steuergerät selbst fehlerhaft ist. Analoge Spannungssignale sind mit einem Multimeter einfach zu messen, und oftmals sind beschädigte Steckverbindungen die Ursache für ein Problem.

Motortyp M97.76

(Bild: Adrian Streather)

Anderer Blinkwinkel, selber Motor

(Bild: Adrian Streather)

Fehlersuche am Motor

Einführung

Im Gegensatz zu den früheren luft- und wassergekühlten 911-Baureihen gibt es bei der 997-Baureihe etliche verschiedene Motoren und Motorsteuerungen. Bevor es an die Fehlersuche geht, muss festgestellt werden, welcher Motortyp mit welcher Motorsteuerung eingebaut ist. Die Tabellen zu Anfang von Kapitel 3 helfen bei der Zuordnung.

Motorvarianten der 1. Generation		
Modell	**Motortyp**	**Hubraum**
Carrera Coupé	M96.05	3,6 Liter
Carrera Cabriolet	M96.05	3,6 Liter
Carrera S Coupé	M97.01	3,8 Liter
911 Club Coupé	M97.01S	3,8 Liter
Carrera S Cabriolet	M97.01	3,8 Liter
Carrera 4 Coupé	M96.05	3,6 Liter
Carrera 4 Cabriolet	M96.05	3,6 Liter
Carrera 4S Coupé	M97.01	3,8 Liter
Carrera 4S Cabriolet	M97.01	3,8 Liter
Targa 4	M96.05	3,6 Liter
Targa 4S	M97.01	3,8 Liter
GT3	M97.76	3,6 Liter
GT3 RS	M97.76	3,6 Liter
Turbo Coupé	M97.70	3,6 Liter
Turbo Cabriolet	M97.70	3,6 Liter
GT2	M97.70S	3,6 Liter

Motortyp MA1.02 mit 3,6 Liter Hubraum und Direkteinspritzung

(Bild: Adrian Streather)

Der oben gezeigte Motor sitzt in diesem Fahrzeug.

(Bild: Adrian Streather)

Motorvarianten der 2. Generation		
Modell	**Motortyp**	**Hubraum**
Carrera Coupé	MA1.02	3,6 Liter
China Style Edition Coupé	MA1.02	3,6 Liter
Black Edition Coupé	MA1.02	3,6 Liter
Carrera Cabriolet	MA1.02	3,6 Liter
China Style Edition Cabriolet	MA1.02	3,6 Liter
Black Edition Cabriolet	MA1.02	3,6 Liter
Carrera S Coupé	MA1.01	3,8 Liter
Sport Classic Coupé	MA1.01S	3,8 Liter
Carrera GTS Coupé	MA1.01S	3,8 Liter
Carrera S Cabriolet	MA1.01	3,8 Liter
Carrera GTS Cabriolet	MA1.01S	3,8 Liter
Speedster	MA1.01S	3,8 Liter
Carrera 4 Coupé	MA1.02	3,6 Liter
Carrera 4 Cabriolet	MA1.02	3,6 Liter
Carrera 4S Coupé	MA1.01	3,8 Liter
Carrera 4 GTS Coupé	MA1.01S	3,8 Liter
Carrera 4S Cabriolet	MA1.01	3,8 Liter
Carrera 4 GTS Cabriolet	MA1.01S	3,8 Liter
Targa 4	MA1.02	3,6 Liter
Targa 4S	MA1.01	3,8 Liter
GT3	M97.77	3,8 Liter
GT3 RS	M97.77R	3,8 Liter
GT3 RS 4.0	M97.74	4,0 Liter
Turbo Coupé	MA1.70	3,8 Liter
Turbo Cabriolet	MA1.70	3,8 Liter
Turbo S Coupé	MA1.70S	3,8 Liter
Turbo S Cabriolet	MA1.70S	3,8 Liter
Turbo S Coupé 918 Spyder	MA1.70S	3,8 Liter
Turbo S Cabriolet 918 Spyder	MA1.70S	3,8 Liter
GT2 RS	M97.70S	3,6 Liter

Allgemeine Fehler

Allgemeine Fehler bei allen Motortypen der 997-Baureihe	
Fehler	**Ursache/Abhilfe**
Motor springt nicht an, Anlasser dreht nicht und im Innenraum leuchten weder Innenbeleuchtung noch Kontrollleuchten. - Eine leere Batterie kann schon vermutet werden, wenn der Wagen nicht auf die Fernbedienung reagiert und die Alarmanlagen-LED nicht mehr blinkt, falls der 997 nicht unverschlossen war.	Leere Batterie - Vom Überbrücken einer tiefentladenen Batterie ist abzuraten. Sicherer ist, die Batterie auszubauen und extern aufzuladen. Falls die Batterie defekt sein sollte, können beim Überbrücken elektronische Bauteile durch Spannungsspitzen beschädigt werden. - Wird länger als 15 Minuten mit eingeschalteter Zündung am 997 gearbeitet, ist das Anschließen eines Batterieladegeräts empfehlenswert.
Motor springt nicht an, Anlasser dreht nicht, aber die restliche Elektrik funktioniert. - Alle Warnleuchten inklusive der Check Engine-Leuchte bleiben an, bis der Motor anspringt.	Bei Fahrzeugen mit Schaltgetriebe wird das Kupplungspedal nicht durchgetreten.
	Bei Fahrzeugen mit Schaltgetriebe ist der Kupplungsschalter fehlerhaft.
	Wählhebel der Tiptronic S oder des PDK nicht in Park- oder Neutral-Stellung
	Multifunktionsschalter bei Fahrzeugen mit Tiptronic S oder PDK fehlerhaft
	Bremspedal bei Fahrzeugen mit Tiptronic S nicht betätigt.
	Bremspedalschalter defekt (alle Modelle mit Tiptronic S)
	Sicherung defekt
	Batteriespannung zu niedrig. In diesem Fall hört der Fahrer beim Umdrehen des Schlüssels meist nur ein Klicken des Magnetschalters am Anlasser. - Das Überbrücken mit Hilfe eines anderen Autos, einer anderen Batterie oder einer Starthilfeeinrichtung kann unter diesen Voraussetzungen durchgeführt werden. Nachdem der Motor angelassen wurde, sollte die Batterie durch eine längere Fahrt richtig geladen werden, bevor der Motor wieder abgestellt wird.
	Die Wegfahrsperre verhindert das Anlassen. Ursache kann ein fehlerhafter Zündschlüssel sein, daher sollte ein anderer Schlüssel ausprobiert werden. - Neue Zündschlüssel müssen bei einem Porsche-Händler ins System eingelesen werden. Es reicht nicht aus, den Schlüssel nur mechanisch nachzufertigen.
	Start-Sicherheitsrelais defekt - Dieses Relais befindet sich im Relaisträger 1.
Motor springt nicht an, Anlasser dreht langsam und mühsam. - Alle Warnleuchten inklusive der Check Engine-Leuchte bleiben an, bis der Motor anspringt.	Anlasser defekt
	Sicherungen überprüfen
	Motorsteuergerät defekt - Ein defektes Motorsteuergerät kommt sehr selten vor und sollte als letzte Maßnahme in Betracht gezogen werden. Ersetzen Sie niemals ein teures Steuergerät, wenn nicht zweifelsfrei feststeht, dass es defekt ist.

Allgemeine Fehler bei allen Motortypen der 997-Baureihe	
Fehler	**Ursache/Abhilfe**
Motor springt nicht an, aber der Anlasser dreht normal.	Sicherungen für Zündung und Einspritzung überprüfen
	Elektrische Kraftstoffpumpe defekt
	Schwungradsensor oder Sensoraufnahme defekt, dadurch kein oder falsches Signal. - Nach längerer Zeit kann der Sensorhalter durch Korrosion beschädigt werden. Eine dadurch geänderte Einbaulage des Sensors oder ein falscher Luftspalt können zu fehlerhaften Signalen führen.
	Drosselklappe durch defekten Stellmotor fest
	Einlassventil schließt nicht
Leerlaufdrehzahl schwankt nach dem Anlassen	Motor wird in heißem Zustand bei hoher Außentemperatur und hoher Luftfeuchtigkeit gestartet.
	Drosselklappenpositions-Sensor defekt - Warnleuchte Check Engine leuchtet
	Undichtes Ansaugsystem
	Einlassventil schließt nicht richtig - Warnleuchte Check Engine leuchtet
	Motor-Steuergerät-Fehlfunktion durch falsche Kennfelder (siehe auch Kapitel 11). Vorsicht: Das Umprogrammieren des Motor-Steuergeräts ist bei allen 997-Modellen nachvollziehbar und führt zum Erlöschen von Garantieansprüchen.
Leerlaufdrehzahl ist zu niedrig und der Motor geht unmittelbar nach dem Anlassen wieder aus.	Fehlerhafte Einspritzventile - Warnleuchte Check Engine leuchtet
	Fehlerhafte Zündspulen - Warnleuchte Check Engine leuchtet
	Undichtes Ansaug- oder Auspuffsystem
	Einlassventil geöffnet - Warnleuchte Check Engine leuchtet
	Motor dreht zu schwer
	Motor-Steuergerät-Fehlfunktion durch falsche Kennfelder (siehe auch Kapitel 11). Vorsicht: Das Umprogrammieren des Motor-Steuergeräts ist bei allen 997-Modellen nachvollziehbar und führt zum Erlöschen von Garantieansprüchen.
	Katalysator(en) defekt (blockiert) - Warnleuchte Check Engine leuchtet
	Modifizierte Auspuffanlage mit falschem Rückstau montiert
	Erleichtertes Schwungrad montiert (trifft nur für Schaltgetriebe-Modelle zu)

Allgemeine Fehler bei allen Motortypen der 997-Baureihe	
Fehler	**Ursache/Abhilfe**
Nach dem Anlassen tritt Rauch aus dem Auspuff aus: - Blauer Rauch = verbranntes Motoröl - Schwarzer Rauch = zu viel Kraftstoff - Weißer Rauch = verbranntes Kühlmittel	Nach einigen Tagen Standzeit ist das normal.
	Zuviel Öl eingefüllt. - Passiert öfters nach einem Ölwechsel, da kein Ölmessstab vorhanden ist. Die Ölwechselmenge ist etwa 2 Liter geringer als die Gesamtölmenge, weil nicht das gesamte Öl aus dem Motor abgelassen werden kann (siehe auch Kapitel 2 und 3).
	Motor verschlissen
Flackernde Check Engine-Warnleuchte beim Beschleunigen	Eine oder mehrere Direktzündspulen sind defekt und Funken schlagen durch die Isolierung. Diese Bauteile sind relativ günstig zu ersetzen und sollten bei jeder größeren Inspektion überprüft werden.

Carrera der 1. Generation mit 3,6-Liter-Motor M96.05 und spezifischen Auspuff-Endrohren

(Bild: Ronn Hosmer)

Carrera der 2. Generation mit 3,6-Liter-Motor MA1.02 und spezifischen Auspuff-Endrohren

(Bild: Adrian Streather)

Motorspezifische Fehler

Motorbauart-bezogene Fehler	
Fehler	**Ursache/Abhilfe**
Motortypen M96.05 und M97.01	
Ölverlust	Schwungradseitiger Kurbelwellendichtring undicht
Motorgeräusche	Zwischenwellenlager defekt - Möglichst bald anhalten, um größere Schäden zu vermeiden (siehe Kapitel 3)
Warnleuchte Öldruck zu niedrig	Korrodierter Öldrucksensor oder Steckverbinder
Leerlaufdrehzahl zu niedrig, Motor geht nach dem Anlassen gleich wieder aus.	Ansauglufttemperatursensor defekt - Check Engine-Warnleuchte leuchtet auf
Motortyp M97.70	
Blauer Rauch nach dem Anlassen	Defekter O-Ring an der Öldruckleitung zum linken oder rechten VTG-Turbolader - Hoher Reparaturaufwand mit umfangreicher Zerlegungsarbeit, um die Leitungen zu erreichen, aber innerhalb der Möglichkeiten eines versierten Hobbyschraubers.
Kein Ladedruck	Dichtung zwischen Ladeluftkühler und Drosselklappe defekt - Mit defekten Dichtungen springt der Motor unter Umständen auch nicht an.
	Ladedrucksensor defekt
	Eingangsleitungen zu den Ladeluftkühlern nicht verbunden oder undicht
Motortyp M97.76	
Ölverlust	Schwungradseitiger Kurbelwellendichtring undicht
Motor springt nicht an	Unterdruckverlust durch Abstandsring des undichten Kurbelwellendichtrings
	Unterdruckverlust durch fehlenden Abstandsring des undichten Kurbelwellendichtrings Motornummer 61824155 bis 61829001
Leerlaufdrehzahl zu niedrig, Motor geht nach dem Anlassen gleich wieder aus.	Erleichtertes Schwungrad eingebaut (nur für Modelle mit Schaltgetriebe zutreffend) - Porsche veröffentlichte zu diesem Sachverhalt eine Technische Information zum GT3.
Motortypen MA1.XX	
Ruckeln beim Fahren	Überhitzung des PDK, Notlaufprogramm aktiv
	Kraftstoff-Hochdruckpumpe schadhaft - Die Hochdruckpumpe kann nur als komplette Einheit getauscht werden.

Nebenaggregate

Folgende Motoren sind mit einem Sekundärluftsystem (SLS) ausgerüstet: M96.05, M97.01, M97.70 und M97.77.

Fehlersuche am Sekundärluftsystem (M96- und M97-Motoren mit OBDII/LEVII/EOBD)	
Fehler	**Ursache/Abhilfe**
Warnleuchte Check Engine (CEL/MIL) leuchtet, die gespeicherten Fehler betreffen nur das SLS und weisen auf einen Fehler bei beiden Zylinderbänken hin. - Dieses Problem tritt selten auf, wird aber der Vollständigkeit halber erwähnt.	40-A-Sicherung in Relaisträger 2 überprüfen und bei Defekt ersetzen. Sollte die Sicherung nach kurzer Zeit wieder durchbrennen, deutet das auf einen Kurzschluss im Stromkreis der Sekundärluftpumpe hin (Pumpe oder Verkabelung).
	Relais der Sekundärluftpumpe defekt - Einbauort ist Relaisträger 2
	Sekundärluftpumpe defekt
	Ventil der Sekundärluftverteilung blockiert oder fehlerhaft
Warnleuchte Check Engine (CEL/MIL) leuchtet, die gespeicherten Fehler betreffen das SLS und eine oder mehrere Lambdasonden. - Dieser Fehler tritt häufiger auf.	Alle oben aufgeführten Ursachen können auch hier zutreffen, bleiben noch die Fehlercodes der Lambdasonden. Tatsache ist, dass die Selbstdiagnose nicht exakt die Fehler im Sekundärluftsystem und bei den Lambdasonden feststellen kann. Auch die Diagnose mittels des PIWIS-Testers führt hier nicht immer zu eindeutigen Ergebnissen (siehe auch Anhang C).
Warnleuchte Check Engine (CEL/MIL) leuchtet, die gespeicherten Fehler betreffen das SLS der beiden Zylinderbänke und eine oder beide Lambdasonden vor den Katalysatoren. - Auch die beiden Lambdasonden hinter den Katalysatoren können von der Selbstdiagnose (OBDII UND EOBD) als fehlerhaft erkannt werden.	Fehler im Sekundärluftsystem. Sicherung, Stromkreis und Pumpe überprüfen. Falls das SLS funktioniert, Spannungsversorgung der Lambdasondenheizung überprüfen. - Das SLS hat die Aufgabe, durch Einleiten von Außenluft (Sauerstoff) in den Abgasstrom mittels Nachverbrennung die Abgastemperatur zu erhöhen, damit die Katalysatorbetriebstemperatur schneller erreicht wird.
Nur für eine Zylinderbank und die zugehörigen Lambdasonden werden Fehlercodes ausgegeben, die andere Seite arbeitet normal.	Lambdasonde fehlerhaft: Die einfachste Lösung ist, die Sonden der beiden Seiten zu vertauschen. Falls der Fehler mitwechselt, liegt das Problem an der Sonde. So kann der Hobbyschrauber schnell und kostengünstig den Fehler einkreisen, ohne gleich teure Ersatzteile kaufen zu müssen.

Motorraumgebläse
(Bild: Adrian Streather)

Kühlerventilatoren

Die Funktion der Kühlerventilatoren wird von verschiedenen Systemen bestimmt:

- Klimaanlage. Wenn die Klimaanlage im Automatikbetrieb arbeitet, drehen die beiden Lüfter mit niedriger Drehzahl.
- Kühlsystem. Mit steigender Kühlmitteltemperatur schalten die Lüfter zuerst auf eine voreingestellte niedrige Drehzahl und später auf eine höhere Drehzahl. Bei turboaufgeladenen Motoren gibt es noch eine dritte Höchststufe.
- Getriebekühlung. Falls die Getriebeöltemperatur bei 997-Modellen mit Wärmetauschern einen bestimmten Wert überschreitet, werden die Wärmetauscher zugeschaltet, und die Kühlerventilatoren sorgen für eine Abkühlung des nun heißeren Kühlmittels.

Fehlersuche an den Lüfterventilatoren	
Fehler	**Ursache/Abhilfe**
Im Stand steigt die Motortemperatur über den Normalwert an, während der Fahrt sinkt die Temperatur wieder.	Beide Kühlerventilatoren funktionieren nicht. Zur Überprüfung den Wagen anhalten. Beide Ventilatoren sollten mit geringer Drehzahl laufen. Ist das nicht der Fall, kontrollieren Sie die Sicherungen im Kofferraum. Falls die Sicherungen in Ordnung sind, wird die ebenfalls im Kofferraum befindliche Ventilatorsteuereinheit geprüft. Anschließend kontrollieren Sie die beiden Lüfter. - Falls keine offensichtlichen Fehler zu finden sind, hilft ein Anschließen des PIWIS-Testers, unnötige Ausgaben zu vermeiden.
Die Klimaanlage schaltet nach dem Einschalten in den Automatikmodus schnell wieder ab, der Motor ist jedoch kalt.	Die Kühlerventilatoren arbeiten nicht und in der Klimaanlage entsteht ein zu hoher Überdruck, der vom Drucksensor erkannt wird.

Motorraumgebläse

Motorraumgebläse	
Fehler	**Ursache/Abhilfe**
Die Check Engine-Warnleuchte leuchtet auf und der Fehlercode weist auf einen Fehler des Motorraumgebläses hin, das trotz Einschaltsignals nicht reagierte. - In diesem Fall fährt der Heckspoiler früher aus und später ein, um die Motorraumtemperatur zu senken.	Sicherung F1 (15 A) im Relaisträger 2 überprüfen. Falls sie durchgebrannt ist und nach dem Ersetzen gleich wieder durchbrennt, liegt ein Kurzschluss im Stromkreis vor. Häufig ist die Isolierung der Stromversorgung beschädigt.
	Motorraumgebläse-Relais defekt - Das Relais befindet sich auf Relaisträger 2.
	Stromkreis des Motorraumgebläses unterbrochen. Durch direktes Anlegen von Batteriespannung an das Gebläse kann das schnell überprüft werden.
Die Check Engine-Warnleuchte leuchtet auf und der Fehlercode weist auf einen Fehler des Motorraumgebläses und einen Sensorausfall hin.	Motorraumtemperatursensor fehlerhaft. Der Sensor hat einen negativen Temperaturkoeffizienten (NTC), d. h. sein Widerstand verringert sich mit zunehmender Erwärmung. Mit einem Multimeter kann dieses Verhalten überprüft werden. - Allerdings kann es vorkommen, dass der Sensor trotz richtiger Messwerte im Stromkreis nicht korrekt funktioniert.

Sensoren und Motorsysteme an den Motortypen M96.XX und M97.XX

Sensoren und Motorsysteme	
Bauteil	**Anmerkung**
Motortemperatursensor	Nicht reparierbar, überwacht vom Motronic-Steuergerät.
Heißfilm-Luftmassenmesser	Bei allen Modellen in den Luftfilterkasten eingesetzt. Nicht reparierbar, überwacht vom Motronic-Steuergerät. Wird leicht durch Verschmutzungen (speziell Öl) beeinträchtigt.
Lambdasonde	Vier Sonden sind vorhanden, die nicht reparierbar sind und vom Motronic-Steuergerät überwacht werden.
Ansaugluftemperatursensor	Bestandteil des Heißfilm-Luftmassenmessers. Nicht reparierbar, überwacht vom Motronic-Steuergerät.
Nockenwellensensoren (Hallgeber)	Zwei Sensoren sind vorhanden, die nicht reparierbar sind und vom Motronic-Steuergerät überwacht werden.
Tankbelüftungsventil	Nicht reparierbar, überwacht vom Motronic-Steuergerät. Hauptursache für Beschädigungen ist Korrosion, die durch alkoholhaltigen Kraftstoff (hoher Wasseranteil) verursacht wird.
Ansaugverteilerklappen	Teil des Ansaugsystems. Nicht reparierbar, überwacht vom Motronic-Steuergerät. Austausch ohne Motorausbau möglich.
Einspritzventile	Sechs Einspritzventile sind vorhanden, die nicht reparierbar sind und vom Motronic-Steuergerät überwacht werden. Zur korrekten Prüfung müssen sie ausgebaut und mit entsprechenden Geräten getestet werden. - Der Einsatz von Additiven zur Reinigung der Einspritzventile ist bei diesen Ventilen zwecklos.
Motordrehzahlsensor	Nicht reparierbar, überwacht vom Motronic-Steuergerät. Bei Ausfall des Sensors springt der Motor nicht mehr an.
Drosselklappensensor	Bestandteil des Drosselklappengehäuses. Nicht reparierbar, überwacht vom Motronic-Steuergerät. Bei Ausfall des Sensors muss das gesamte Drosselklappenteil ersetzt werden.
Drosselklappenstellmotor	Nicht reparierbar, überwacht vom Motronic-Steuergerät. Bei Ausfall des Sensors muss das gesamte Drosselklappenteil ersetzt werden.
Warnleuchte Check Engine	Nicht reparierbar, überwacht vom Motronic-Steuergerät. Bauteil der Instrumenteneinheit. Je nach Defekt kann ein versierter Mechaniker hier Reparaturarbeiten durchführen.
Zündsystem	Besteht aus den sechs Zündkerzen und Zündspulen. Nicht reparierbar, überwacht vom Motronic-Steuergerät.
Klopfsensoren	Zwei Sensoren sind vorhanden, die nicht reparierbar sind und vom Motronic-Steuergerät überwacht werden. Sie arbeiten sehr zuverlässig und werden meist durch einen falschen Einbau beschädigt. Verkabelung und Anschlüsse können ebenfalls beschädigt werden.
VarioCam und VarioCam Plus	Nicht reparierbar, überwacht vom Motronic-Steuergerät. VarioCam und VarioCam Plus werden als interne Motorsysteme betrachtet und müssen komplett zerlegt werden, um alle Komponenten prüfen zu können. Diese Systeme überschreiten die Möglichkeiten eines Hobbyschraubers.
Ladedruck- und Temperatursensoreinheit	Eine Einheit, die nicht reparierbar ist und vom Motronic-Steuergerät überwacht wird.

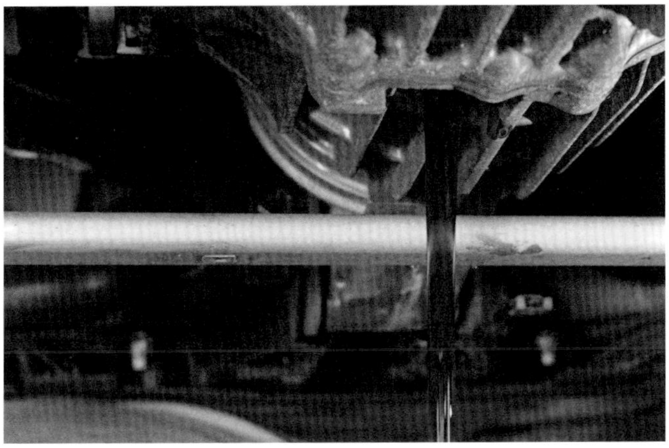

Einige Arbeiten am Sechsgang-Schaltgetriebe von AISIN kann auch der Hobbyschrauber noch erledigen (siehe Kapitel 10).

(Bild: David Yusem)

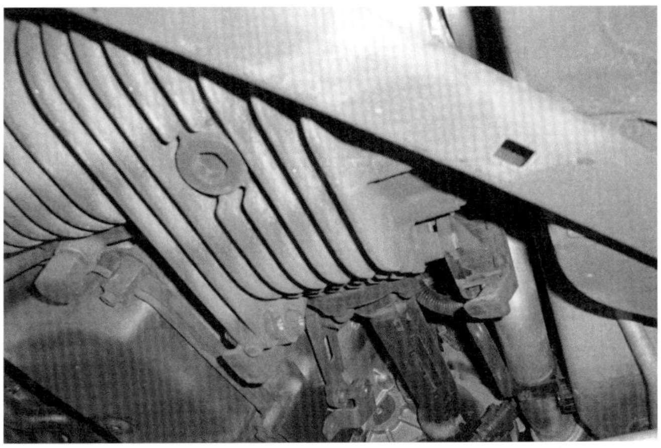

Auch an der Tiptronic S lassen sich noch einige Arbeiten in der heimischen Garage ausführen, aber die Zugänglichkeit der Bauteile kann eine Herausforderung sein.

(Bild: Adrian Streather)

Tiptronic S-Steuergerät (Getriebetyp A97)

(Bild: Adrian Streather)

Fehlersuche am Getriebe

Sechsgang-Schaltgetriebe

Das Sechsgang-Schaltgetriebe der 997-Baureihe ist vollkommen mechanisch ausgeführt; lediglich bei den GT2- und GT3-Getrieben ist ein Kühlmittelabschaltventil vorhanden, das vom Motronic-Steuergerät geschaltet wird. Allerding erfolgt im Fall einer Fehlfunktion kein Aufleuchten der Motorwarnleuchte.

Tiptronic S

Arbeiten an der Tiptronic S sind ohne das entsprechende Wissen und erforderliche Spezialwerkzeug sehr schwierig auszuführen und überfordern den durchschnittlichen Hobbyschrauber.

Das Tiptronic-Steuergerät befindet sich im rechten Türschwellerbereich, und der Ausbau erfordert nach Expertenauskunft ca. zwei Stunden.

Wichtig bei diesen Getrieben ist, ihre Schaltcharakteristik zu verstehen. Viele Kundenreklamationen wie z. B. das vermeintliche Rutschen von Kupplungen sind darin begründet, dass in der Warmlaufphase das Getriebe in einem anderen Schaltmodus arbeitet. Das Lesen der Betriebsanleitung verschafft hier die nötige Aufklärung.

Für einen begabten Hobbyschrauber, der tatsächliche Schaltprobleme festgestellt hat, gibt es eine einfache und relativ preiswerte Reparaturmöglichkeit, wobei die erforderliche Arbeitszeit etwa 90% der Reparaturkosten beträgt. Dabei wird das alte Öl abgelassen, die Ölwanne abgebaut, der Getriebeölfilter ersetzt, die Ölwanne wieder montiert und das Getriebe mit frischem Öl befüllt. Wenn diese Arbeit nicht in der heimischen Garage ausgeführt werden kann, fährt man zum Porsche-Händler seines Vertrauens und gibt sie dort in Auftrag. Dabei sollte man möglichst anwesend bleiben und die Arbeit beobachten. Etliche Firmen versuchen den Kunden diese einfache und recht erfolgreiche Arbeit aus naheliegenden Gründen auszureden. Lassen Sie sich nicht überreden.

Hinweis:

Diese einfache Reparaturarbeit ist bei vielen Automatikgetrieben von Porsche erfolgreich, angefangen vom frühesten 928 bis hin zum 2009er 997 Turbo mit Tiptronic S.

Viele Sicherungen teilt sich die Tiptronic S mit anderen Systemen, aber Sicherung 5 in Reihe C ist alleine für die Spannungsversorgung von Klemme 15 zum Steuergerät und zur Ventilschalteinheit zuständig.

Dieses Fahrzeug ist mit einem PDK ausgestattet, wie man am Bedienhebel erkennen kann.

(Bild: Adrian Streather)

Porsche Doppelkupplungsgetriebe (PDK)

Bereits in den 60er Jahren stellte der ungarische Ingenieur Imre Szofridt bei Porsche seine Ideen zu einem Doppelkupplungsgetriebe vor.

Seitdem wurde das PDK allmählich zur Serienreife entwickelt und ab der zweiten 997-Generation als Option angeboten (einige Sondermodelle waren sogar nur damit lieferbar). Es ist ein technisches Meisterwerk, aber auch recht komplex (siehe dazu Kapitel 5).

Ohne den PIWIS-Tester sind Arbeiten an diesem Getriebe äußerst schwierig. Möglich sind einfache Wartungsarbeiten wie der Wechsel der beiden Ölfüllungen (siehe Kapitel 10).

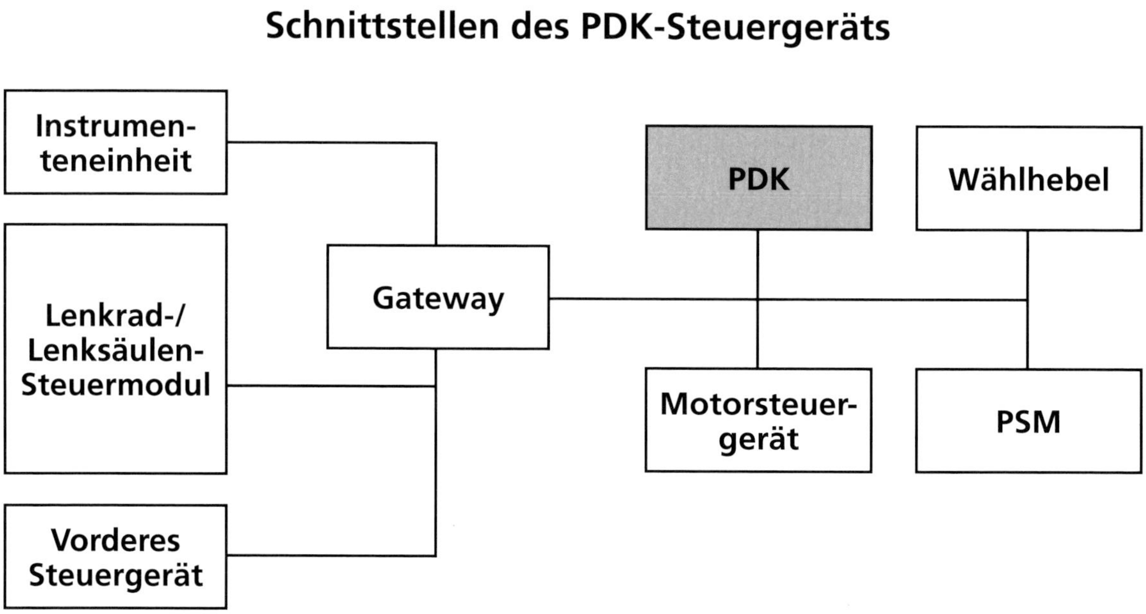

(Abbildung: Porsche AG)

Der ultimative 997: GT2 RS mit PCCB.

(Bild: Porsche AG)

10-Zoll-Vakuumbremskraftverstärker von TRW: Er bildet zusammen mit dem Vorratsbehälter und dem Hauptbremszylinder eine Einheit.

(Bild: Ronn Hosmer)

Fehlersuche an Bremse und Fahrwerk

Allgemeine Fehlersuche am Bremssystem

Die meisten Probleme mit den Bremsen sind offensichtlich und werden bei den regelmäßigen Inspektionen entdeckt (siehe Kapitel 6).

Folgende Punkte sollten regelmäßig überprüft werden:
- Rissbildung bei Guss-Bremsscheiben
- Rissbildung und Materialausbrüche bei PCCB-Bremsscheiben
- Bremsbelagverschleiß
- Zustand der Bremsleitungen
- Dichtheit der Bremssättel
- Dichtheit des Hauptbremszylinders
- Dichtheit und Funktion des Bremskraftverstärkers
- Dichtheit der PSM-Pumpe (falls vorhanden)

Vorsicht:
Um unnötige Kosten zu vermeiden, sollten die Bremsbeläge vor dem Erreichen der Mindeststärke von zwei Millimetern ersetzt werden. Beim Unterschreiten der Mindeststärke wird der Bremsbelagsensor aktiviert, der dann ebenfalls ersetzt werden muss.

Bremskraftverstärker

Bei der 997-Baureihe kommen zwei Bremskraftverstärkerausführungen zur Anwendung:
Die Carrera-Basismodelle und der Carrera S mit Heckantrieb besitzen einen 10-Zoll-Vakuumbremskraftverstärker, alle anderen Modelle einen 9-Zoll-Tandem-Vakuumbremskraftverstärker.
Die einzige Warnleuchte beim Bremskraftverstärker dient zur Anzeige eines zu geringen Bremsflüssigkeitsstands. Diese Leuchte ist auch gut erkennbar ausgeführt.

Bremskraftverstärker	
Fehler	**Ursache/Abhilfe**
Warnleuchte des Bremssystems leuchtet	Bremsflüssigkeitsstand zu niedrig - Flüssigkeitsstand im Vorratsbehälter unmittelbar kontrollieren und Ursache suchen. Eine undichte Stelle im System, aber auch der Bremsbelagverschleiß führen zum Absinken des Stands. - Flüssigkeit nachfüllen, wenn keine Fehler erkennbar sind (siehe Kapitel 2).
	Bremsflüssigkeitssensor im Vorratsbehälter defekt oder muss gereinigt werden.
	Die Bremsflüssigkeit muss alle zwei Jahre gewechselt werden.

Die PSM-Hydraulikeinheit: Sollte eine Komponente der Einheit einen Defekt aufweisen, muss das komplette Bauteil ersetzt werden.

(Bild: Adrian Streather)

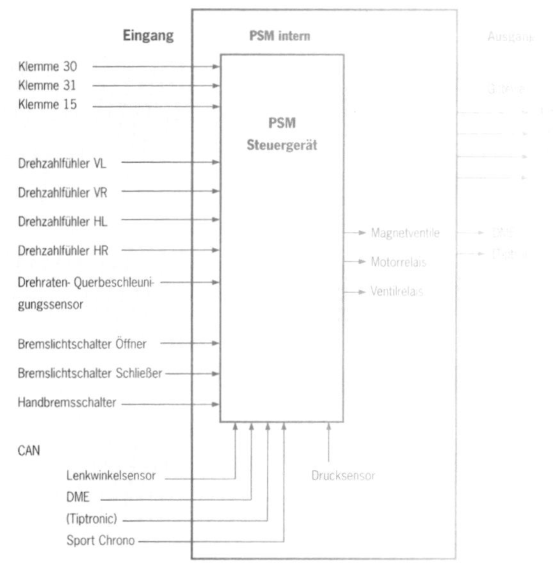

Anschlussschema des PSM-Steuergeräts 8.0

(Abbildung: Porsche AG)

PSM 8.0

Alle 997-Modelle verfügen über das Porsche Stability Management (PSM), in das ein 4-Kanal-ABS integriert ist. Wie so oft, gibt es allerdings auch hier Ausnahmen: Der GT3 und GT3 RS sind mit einer vereinfachten Traktionskontrolle ausgerüstet. Das bedeutet, es erfolgt nur ein Eingriff an der Hinterachse, nicht an der Vorderachse. Weiterhin vorhanden bei den GT3-Modellen ist das 4-Kanal-ABS. 4-Kanal bedeutet, dass jedes Rad mit einem individuell eingesteuerten Bremsdruck am Blockieren gehindert wird.

Die Hydraulikeinheit des PSM ist im Kofferraum neben dem Bremskraftverstärker angeordnet. Sie besteht aus folgenden Komponenten:

- PSM-Hydraulikpumpe
- ABS-Ventilblock
- PSM-Steuergerät

Sollte eine Komponente der Einheit einen Defekt aufweisen, muss das komplette Bauteil ersetzt werden.

ABS-Fehler werden über eine einzige Warnleuchte angezeigt, die bei den Restwelt-Modellen als ABS-Warnleuchte, bei den USA-Modellen als Anti-Lock-Warnleuchte bezeichnet wird.

Beim Einschalten der Zündung leuchtet die Warnleuchte zur Funktionskontrolle auf. Wenn kurz nach dem Anlassen des Motors die internen Funktionstests abgeschlossen sind, erlischt die Warnleuchte. Sollte ein Fehler erkannt worden sein, bleibt die Leuchte an.

Hinweis:

Falls nach einem Reifenwechsel ABS-Probleme auftreten sollten muss überprüft werden, ob der Abrollumfang der neuen Reifen nicht mehr als 5% vom vorgegebenen Wert abweicht, und dass die Reifengrößen in der Betriebsanleitung aufgeführt sind.

Hinweis:

Schäden am Radlager können auch zum Aufleuchten der ABS-Warnleuchte führen. Falls das Rad nach einem Ausfall des Radlagers zu Schlagen beginnt, beeinflusst das den Abstand zwischen dem Raddrehzahlsensor und der Radlagerabdeckung, die beim 997 als Sensorrotor dient. Ein fehlerhaftes Signal wird vom Steuergerät als Sensorfehler interpretiert.

Zu den PSM-Funktionen gibt es weitere Warnleuchten und Hinweise (siehe dazu Kapitel 6).

Für eine umfassende Funktionsprüfung des PSM ist der PIWIS-Tester erforderlich.

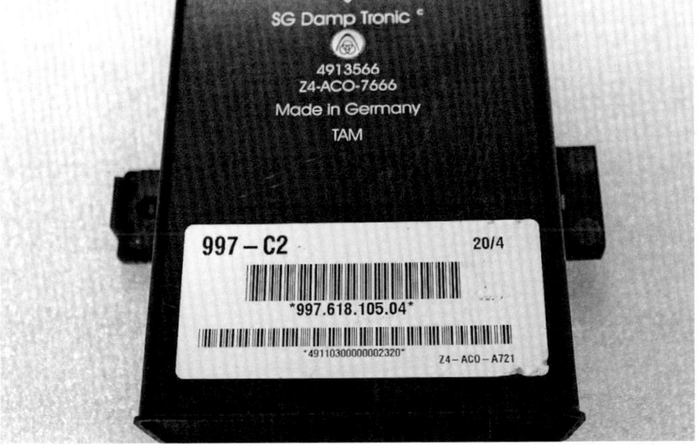

PASM-Steuergerät
(Bild: Porsche AG)

Hinweis:
Auch das Entlüften des PSM erfordert den PIWIS-Tester.

PASM

Das Porsche Active Suspension Management wurde für die Carrera-Basismodelle als Individualausstattung angeboten, während es bei allen anderen Modellen einschließlich des GT3 zum Serienumfang gehörte.
Eine ausführliche Beschreibung dieses System ist in Kapitel 6 zu finden. Für die Überprüfung und Fehlersuche ist der PIWIS-Tester Voraussetzung. Die meisten Komponenten einschließlich der Radaufhängungen können jedoch von einem versierten Hobbyschrauber ausgewechselt werden. Da die meisten 997-Modelle keine einstellbaren Radaufhängungen haben, ist ein einfacher Austausch möglich. Bei den GT-Modellen ist allerdings danach eine Einstellung erforderlich.

Anschlussschema des PASM-Steuergeräts

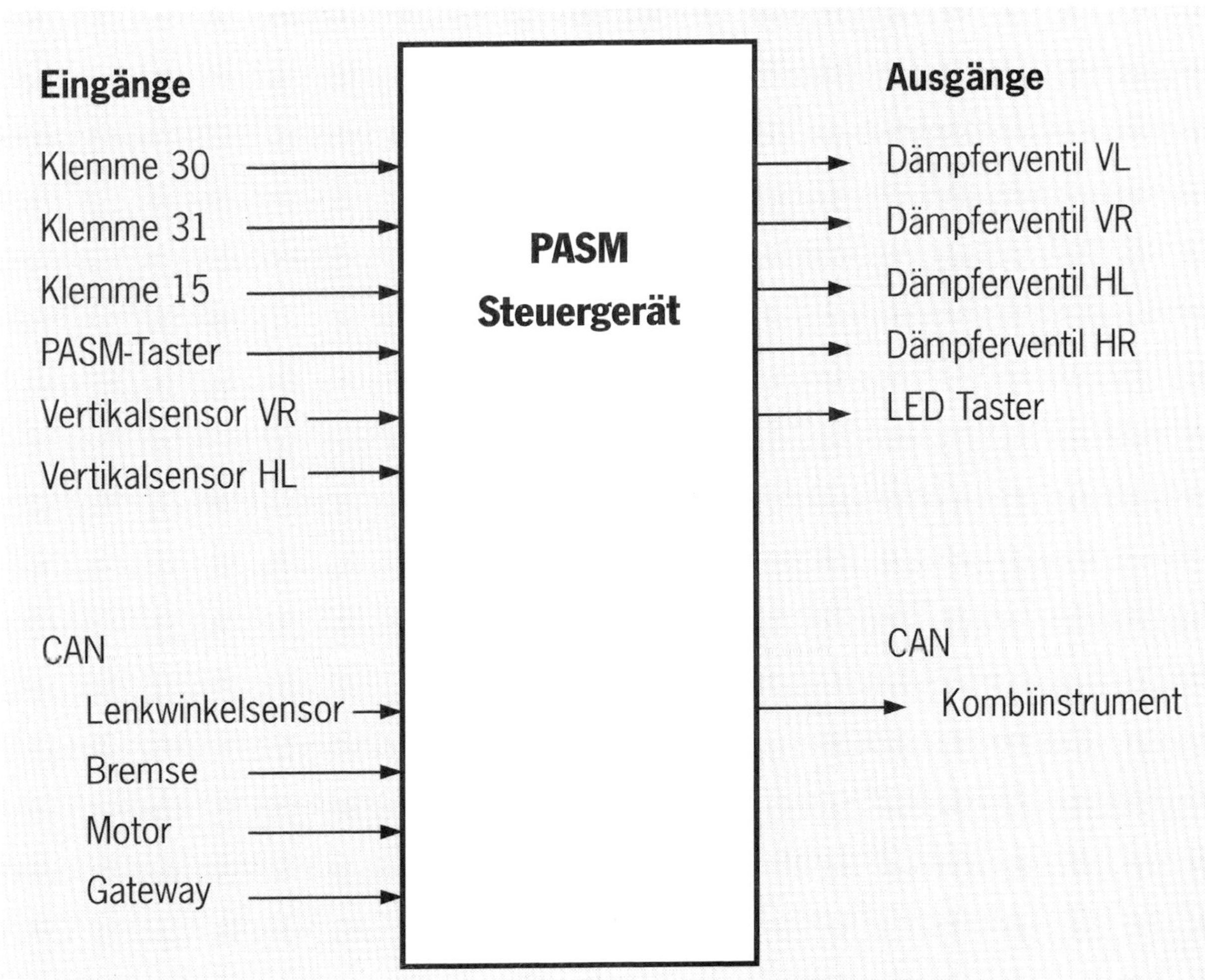

Instrumenteneinheit
(Abbildung: Porsche AG)

Fehlersuche an der Klimaanlage

Fehlersuche an der Klimaanlage, 1. Generation	
Fehler	**Ursache/Abhilfe**
Klimakompressor schaltet nicht ein - Das Einschalten des Kompressors erfolgt automatisch über das Klimaanlagen-Steuergerät, das im Bedienfeld integriert ist. Ein manuelles Einschalten ist nicht mehr möglich, der Schalter ist nicht mehr vorhanden.	- Sicherung F10 in Reihe B überprüfen. Sollte sie nach dem Ersetzen sofort wieder durchbrennen, liegt wahrscheinlich ein Fehler in der Magnetkupplung des Klimakompressors oder im Stromkreis vor. - Klimakompressor-Relais defekt. Das Relais befindet sich im Relaisträger 2. - Mechanischer Defekt an der Klimakompressor-Kupplung. - Dreistufiger-Druckschalter aktiviert aufgrund zu geringem Systemdrucks - Dreistufiger-Druckschalter fehlerhaft - Außentemperatur zu niedrig - Außentemperatursensor oder Temperaturüberwachung fehlerhaft - Antriebsriemen defekt
Klimakompressor schaltet ständig ein und aus.	- Dreistufiger Druckschalter aufgrund Temperatur- bzw. Druckproblemen aktiviert - Ursache kann ein defekter Kühlerventilator sein. - Dreistufiger-Druckschalter fehlerhaft - Klimakompressor-Relais fehlerhaft/überhitzt - Klimaanlagensteuergerät defekt
Klimakompressor-Kupplung schaltet ein, jedoch keine Kühlungsleistung ungeachtet der Temperatureinstellung.	- Klimaanlage muss gewartet werden.
Keine kühle Luft aus der linken, rechten oder den beiden mittleren Luftdüsen	- Temperaturmischklappe bzw. Stellmotor in Warmstellung blockiert - Steuergerät reagiert nicht auf Temperatureinstellungen
Kein Frischlufteintritt	- Frischluftzufuhr blockiert - Frischluftklappe bzw. Stellmotor in Umluftstellung blockiert
Umluftsystem funktioniert nicht	- Frischluftklappe bzw. Stellmotor in Frischluftstellung blockiert - Fehler im Stromkreis der Umluft-Wähltaste

Fehlersuche an der Klimaanlage, 2. Generation	
Fehler	**Ursache/Abhilfe**
Klimaanlagenkompressor arbeitet nicht. - Der Kompressor wird ständig angetrieben, es ist keine Kupplung mehr vorhanden.	-Antriebsriemen defekt - Mechanischer Defekt am Klimakompressor

Die weiteren Klimaanlagenbestandteile der zweiten 997-Generation sind mit denen der ersten Generation identisch und können somit auf die gleiche Weise überprüft werden (siehe auch Kapitel 8).
Für alle Überprüfungsarbeiten im digitalen oder die Sensoren bzw. die Steuerung betreffenden Bereich der Klimaanlage ist der PIWIS-Tester erforderlich.

Fehlersuche an der Klima-/Heizungsanlage, beide Generationen	
Fehler	**Ursache /Abhilfe**
Keine Warmluft aus der linken, rechten oder den beiden mittleren Luftdüsen	- Temperaturmischklappe bzw. Stellmotor in Kaltstellung blockiert - Steuergerät reagiert nicht auf Temperatureinstellungen - Kühlsystemthermostat im geöffneten Zustand blockiert - Fußraumklappe bzw. Stellmotor blockiert - Mittlere Belüftungsklappe bzw. Stellmotor in Defrosterstellung blockiert - Um Letzteres zu überprüfen, den Luftaustritt zur Windschutzscheibe kontrollieren.
Keine Fußraumheizung	- Fußraumklappe bzw. Stellmotor in Defrosterstellung blockiert - Zur Überprüfung den Luftaustritt zur Windschutzscheibe kontrollieren
Die Heizung funktioniert, aber die Temperaturregelung schwankt.	- Innenraumtemperatursensor verschmutzt/defekt - Temperatursensor am Fußraumheizungsausgang verschmutzt/defekt - Sensor für Sonneneinstrahlung fehlerhaft
Gebläsemotor funktioniert nicht	- Sicherung F10 in Reihe B kontrollieren. Defekte Sicherung ersetzen. - Falls sie sofort wieder durchbrennt, liegt ein Kurzschluss im Stromkreis des Gebläsemotors vor. - Steuergerät defekt
Trotz gewählter Defrosterstellung wird keine Luft an die Windschutzscheibe geleitet.	- Klimageräteinstellung fehlerhaft, weil Fußraumklappe oder Stellmotor in der Stellung für Fußraumheizung blockiert ist.

Hinter dem Klimaanlagenbedienfeld befindet sich das Steuergerät der Klimaanlage. Sollte eine Komponente dieser integrierten Einheit defekt sein, muss das komplette Bauteil ersetzt werden.

(Bild: Ronn Hosmer)

Auch bei der Heizungsanlage ist der PIWIS-Tester für eine tiefergehende Diagnose im digitalen Bereich des Systems erforderlich. Für den Hobbyschrauber sind die Reparaturmöglichkeiten auf die Systembauteile im Motorraum beschränkt.

Hinweis

PIWIS steht für Porsche Integrated Workshop Information System. Nähere Information dazu findet man auf: https://techinfo2.porsche.com/PAGInfosystem/VFModuleManager?Type=GVOPricing&lk=ELSE

Dort werden auch Hinweise auf von Porsche empfohlene Testgeräte gegeben und zeitbasierte oder betragsbezogene Abonnements für das Testprogramm angeboten.

Die Kofferraumhaubenöffnung erfolgt ebenfalls über das vordere Steuergerät.

(Bild: Adrian Streather)

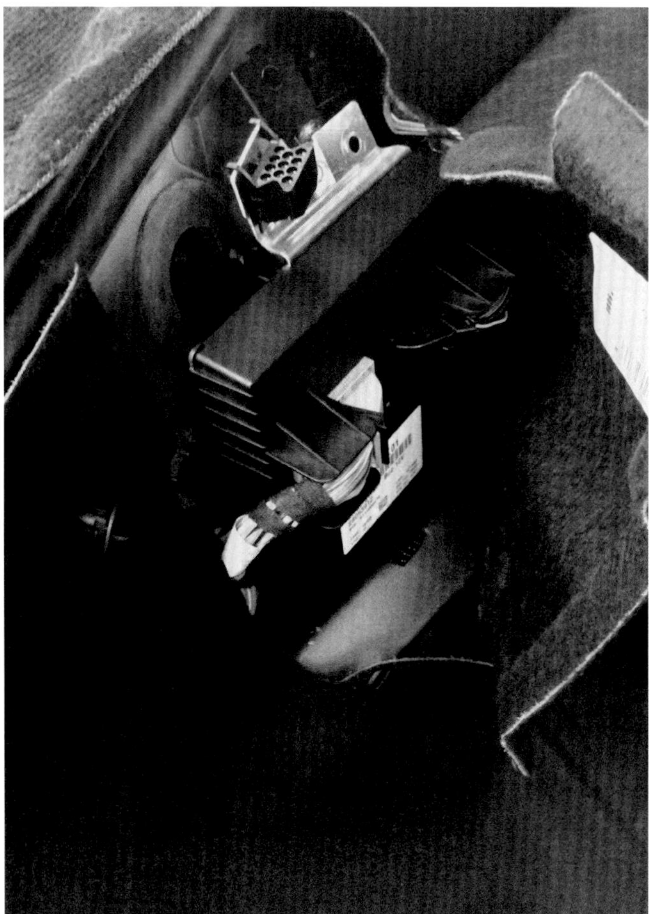

Freigelegt: das vordere Steuergerät im Kofferraum.

(Bild: Tony Callas)

Fehlersuche an elektrischen Systemen

Einführung

In jedem 997 ist ein vorderes und hinteres Steuergerät vorhanden. Sie leiten die digitalen und analogen Signale weiter bzw. tauschen sie untereinander aus und steuern die verschiedenen Systeme des Fahrzeugs an. Diese Steuergeräte ersetzen etliche Relais und Einzelsteuergeräte, die in den vorherigen 911-Baureihen vorhanden waren.

Alle digitalen Funktionen der beiden Steuergeräte können nur mit dem PIWIS-Tester überprüft werden. Allerdings kann die Kenntnis der analogen Eingänge und Ausgänge für den Hobbyschrauber sehr hilfreich sein. Viele analoge Systeme können noch mit einfachen Mitteln instandgesetzt werden. Das Ersetzen der Steuergeräte ist mit dem richtigen Werkzeug sehr einfach, aber sie zu finden kann eine Herausforderung sein. In der Regel erfordert der Zugang zu ihnen einige Vorarbeit.

Vorderes Steuergerät

Folgende Systeme bzw. Komponenten werden vom vorderen Steuergerät über analoge Signale geschaltet:

- Vordere Beleuchtung einschließlich Blinkanlage und Nebelscheinwerfer (falls vorhanden)
- Seitenblinker und Seitenleuchten
- Hupe
- Kofferraumbeleuchtung und -haubenöffnung
- Fanghakenfreigabe
- Dynamische Leuchtweitenregulierung
- Drehzahl der Kühlerventilator(en)
- Warnblinkleuchten vorn

Schiebedach und Heckspoiler werden vom hinteren Steuergerät kontrolliert, dass sich hinter der Rückwand des Innenraums befindet.

(Bild: Ronn Hosmer)

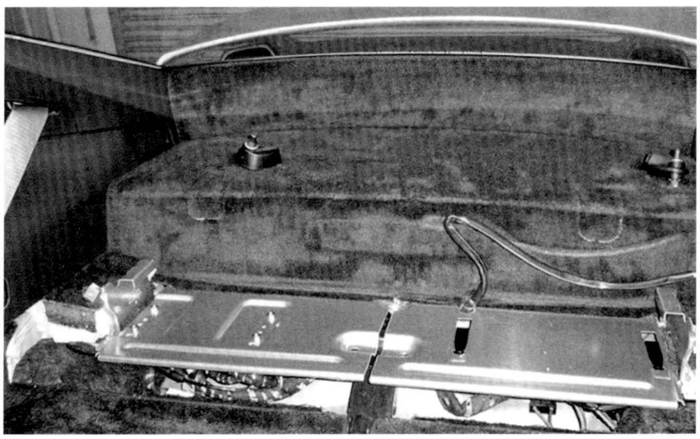

Der Zugang zum hinteren Steuergerät und zu weiteren elektronischen Einrichtungen erfordert Demontagearbeit.

(Bild: Adrian Streather)

Probleme mit der Alarmanlage und anderen Sicherheitseinrichtungen können anhand der kleinen LED erkannt werden, die sich im linken Bereich der Zentralverriegelungstaste befindet.

(Bild: Adrian Streather)

Hinteres Steuergerät

Das hintere Steuergerät wandelt für folgende Systeme analoge Signale in digitale Daten um:

- Handschuhfachverriegelung
- Motorhaubenverriegelung
- Innenraumüberwachung
- Neigungswinkelsensorsystem

Folgende Systeme werden vom hinteren Steuergerät analog angesteuert:

- Warnblinkleuchten hinten
- Schiebedach
- Ausfahrbarer Heckspoiler
- Heckspoiler-Bremsleuchte
- Alle Rückleuchten, die nicht über das vordere Steuergerät geschaltet werden.

Wegfahrsperre, Zentralverriegelung und Alarmanlage

Aus folgenden Bauteilen besteht die elektronische Wegfahrsperre des 997:

- Zündschlüssel
- Porsche Access System (PAS). Die Steuereinheit zur Autorisierung des Fahrers befindet sich unter der Schalttafel neben der Lenksäule.
- Elektromechanisches Lenkschloss
- Motorsteuergerät (DME)

Für die Fehlersuche im PAS ist der PIWIS-Tester erforderlich. Das Steuergerät der Zentralverriegelung befindet sich in den Türschlössern links und rechts.
Die Alarmanlage arbeitet mit unterschiedlichen Funkfrequenzen. Auf der Oberseite des unter dem linken Sitz angebrachten Steuergeräts befindet sich ein Aufkleber mit der entsprechenden Angabe.
Die Information des Fahrers über Probleme mit dem Zugang, der Verriegelung oder der Alarmanlage sind offensichtlich. Das erste Signal ist die schnell blinkende LED der Zentralverriegelungstaste, die sich in der Mittelkonsole der Schalttafel befindet. Eine andere unüberhörbare Anzeige, dass der 997 nicht verriegelt oder entriegelt werden, kann ist das Ertönen der Hupe.

Hinweis:
Wie das System auf Störungen reagiert, unterliegt den jeweiligen Landesvorschriften. Einige Länder gestatten das Ertönen der Hupe für maximal 30 Sekunden. Andernorts ist für die Alarmanlage alles erlaubt, was Krach macht und Signale erzeugt.

Bei Arbeiten im Innenraum erfordern Sitze mit Airbag zusätzliche Vorsicht.

(Bild: Adrian Streather)

Der Airbag verhinderte hier Schlimmeres. Schade für das Cabriolet, es war die erste Airbag-Auslösung – und wird die letzte bleiben, weil der Wagen verschrottet wird.

Airbag

Vorsicht:
Airbags unterliegen dem Sprengstoffgesetz und erfordern im Umgang äußerste Vorsicht. Arbeiten daran dürfen in Deutschland nur von Personen mit einem Sach- und Fachkundenachweis durchgeführt werden.

Zur Fehlersuche am Airbagsystem sind der PIWIS-Tester sowie die Spezialwerkzeuge 9516, 9516/1, 9516/2 und 9566 erforderlich.
Für den Hobbyschrauber gibt es am Airbagsystem nur wenige Arbeiten, die er ausführen kann (und darf). Vorsicht bei Arbeiten an Sitzen, die in der Rückenlehne mit einem Airbag versehen sind. Die Abdeckung ist mit dem Schriftzug „Airbag" markiert.
Falls das Airbagsystem über Sitze mit einer Belegerkennung verfügt, ist zusätzliche Vorsicht angesagt. So dürfen die Sitze z. B. nicht gegen Schalensitze getauscht werden.
Für einen 997-Besitzer sehr wichtig ist auch die Tatsache, dass das Airbag-Steuergerät nur dreimal auslösen kann. Das heißt, wenn das Steuergerät dreimal den Fall eines „Aufprallvorkommens" erkannt hat – ohne dass es dabei auch immer zu einer Auslösung kam – muss es ersetzt werden. Eine Rückstellung auf Null ist nicht möglich. An Beispielen soll erläutert werden, was das Steuergerät als „Aufprallvorkommen" interpretiert:

- Bei einem Seitenaufprall wurden die Airbags ausgelöst. Das System wurde repariert und zurückgesetzt.
- Während einer Starthilfe wurden die Überbrückungskabel vertauscht. Nach dem Anlassen blieb die Airbag-Warnleuchte aus, aber das Airbag-Steuergerät hatte den plötzlichen Batteriespannungsverlust als Unfall interpretiert.
- Der Fahrer verließ bei eingeschalteter Zündung das Auto und kehrte erst nach einigen Stunden wieder zurück. Die Batterie war natürlich tief entladen, aber nach dem Wiederaufladen leuchtete die Airbag-Warnleuchte weiter und ließ sich mit dem PIWIS-Tester nicht zurückstellen. Das Airbag-Steuergerät interpretierte das Absinken der Batteriespannung bei eingeschalteter Zündung wieder als einen Unfall und musste ersetzt werden.

Tempostat

Fehlersuche am Tempostat	
Fehler	**Ursache/Abhilfe**
Tempostat lässt sich nicht einschalten	- Sicherungen überprüfen - Kupplungspedalschalter defekt - Bremspedalschalter defekt - Interner Fehler an den Bedienelementen (Bedienhebel, Tasten) - Tempostat-Stromkreis in der Instrumenteneinheit defekt - PSM 8.0 Steuergerät defekt - Raddrehzahlsensor defekt
Tempostat hält eingestellte Geschwindigkeit nicht.	- Bergauffahrt - Interner Fehler an den Bedienelementen (Bedienhebel, Tasten)

Elektrische Fensterheber

Fehlersuche an den elektrischen Fensterhebern	
Fehler	**Ursache/Abhilfe**
Beide elektrischen Fensterheber funktionieren nicht.	- Sicherungen F1 und F4 in Reihe A überprüfen. - Fehler im Stromkreis
Beide hinteren elektrischen Fensterheber funktionieren nicht (nur Cabriolet) - Das Öffnen und Schließen des Verdecks wird unterbrochen, wenn ein Fehler an den hinteren Fensterhebern erkannt wird.	- Sicherung F3 in Reihe E überprüfen. Defekte Sicherung ersetzen. Falls sie sofort wieder durchbrennt, liegt ein Kurzschluss im Stromkreis des Fensterhebermotors vor. - Steuergerät für Verdecköffnung defekt
Ein vorderer Fensterheber funktioniert nicht.	- Sicherung F1 (linke Tür) und F4 (rechte Tür) überprüfen - Fensterhebermotor fehlerhaft - Fensterheberschalter fehlerhaft
Scheibe lässt sich völlig absenken, aber nur um etwa 25 mm anheben.	- Antrieb schadhaft

Scheibenwischer- und -waschanlage

Fehlersuche an der Scheibenwischer- und -waschanlage	
Fehler	**Ursache/Abhilfe**
Frontscheiben- und Heckscheibenwischer sowie Scheibenwaschanlage außer Funktion	- Sicherung F10 in Reihe B überprüfen. Defekte Sicherung ersetzen. Falls sie sofort wieder durchbrennt, liegt ein Kurzschluss im Frontscheibenwischer- bzw. Heckscheibenwischermotor, im jeweiligen Stromkreis oder in der Pumpe bzw. im Stromkreis des Waschanlagensystems vor. - Fehler im Bedienhebel an der Lenksäule - Antriebsmotoren defekt - Wischergestänge ausgeschlagen (führt auch zum Durchbrennen der Sicherung)
Intervallschaltung des Frontscheibenwischers funktioniert nicht	- Regelschalter für Wischerintervall überprüfen - Intervallrelais fehlerhaft - Regensensor fehlerhaft

Fehlersuche an der Scheibenwischer- und -waschanlage	
Fehler	**Ursache/Abhilfe**
Heckscheibenheizung und Außenspiegelheizung ohne Funktion	- Sicherung F4 im Relaisträger 2 überprüfen. Defekte Sicherung ersetzen. Falls sie sofort wieder durchbrennt, liegt ein Kurzschluss in den Heizungselementen der Heckscheibe, in einem der Außenspiegel oder im Stromkreis der Heizelemente vor. - Heckscheibenheizungsrelais defekt - Das Relais befindet sich auf Relaisträger 2 - Heizelement in der Scheibe defekt, Scheibe austauschen.
Scheinwerferwaschanlage ohne Funktion	- Fahrlicht nicht eingeschaltet. - Sicherung F4 in Reihe B überprüfen. Defekte Sicherung ersetzen. Falls sie sofort wieder durchbrennt, liegt ein Kurzschluss in der Waschwasserpumpe oder im Stromkreis vor. - Offener Stromkreis der Waschwasserpumpe - Fehler im Bedienhebel an der Lenksäule
Frontscheibenwaschanlage funktioniert nicht, alle anderen Einrichtungen arbeiten.	- Waschwassertank leer - Offener Stromkreis der Waschwasserpumpe

H7-Hauptscheinwerfer der 1. Generation

(Bild: Adrian Streather)

Bugleuchte der 2. Generation

(Bild: Adrian Streather)

Außenbeleuchtung

Der häufigste Fehler in Beleuchtungseinrichtungen ist eine defekte Glühlampe. Die Fehlersuche in der Beleuchtungsanlage ist relativ einfach und in den meisten Fällen eindeutig. Alle vorderen Leuchten werden vom vorderen Steuergerät geschaltet; daher ist bei einem Totalausfall ein defektes Steuergerät als Fehlerursache naheliegend.

Hauptscheinwerfer

Wichtige Informationen für die Fehlersuche:

- Der innere Aufbau der beiden Hauptscheinwerfer ist identisch, daher können sie für Testzwecke von links nach rechts getauscht werden.
- Lichtschalterprobleme sind selten, können aber gleich erkannt werden.
- Fehler am Bedienhebel an der Lenksäule äußern sich häufig beim Umschalten auf Fernlicht.
- Die Betriebsanleitung des 997 enthält ausführliche Informationen und Hinweise zum Ausbau der Scheinwerfer, zum Wechseln der Glühlampen (die vorgeschriebenen Glühlampen sind ebenfalls angegeben), zum Wiedereinbau und zur gegebenenfalls erforderlichen Einstellung.

Bugleuchte

Anleitungen zum Austausch der Glühlampen an Bugleuchte sind ebenfalls in der Betriebsanleitung enthalten. Mittels eines kreditkarten-ähnlichen Werkzeugs kann die Bugleuchte ausgebaut werden, weiteres ist nicht erforderlich. Bei den 997 Carrera-Modellen der 1. Generation waren die Nebelscheinwerfer in dieser Bugleuchte integriert.

Seitenbeleuchtung der 2. Generation

(Bild: Adrian Streather)

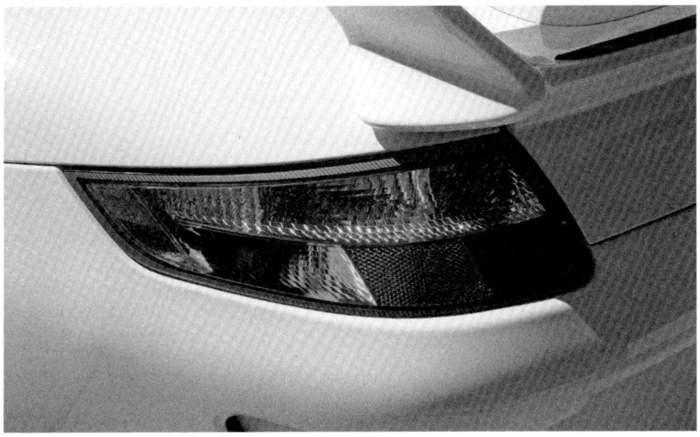

Heckleuchte der 1. Generation: Hier können noch die Glühlampen ausgetauscht werden.

(Bild: Adrian Streather)

Nebelscheinwerfer 997 Turbo

Bei den Turbo-Modellen sind die Nebelscheinwerfer separat seitlich in die Frontschürze eingelassen. Der Glühlampenwechsel wird in der Betriebsanleitung beschrieben.

Seitenleuchten

Alle 997-Modelle sind mit Seitenleuchten ausgestattet. Der Glühlampenwechsel ist in der Betriebsanleitung beschrieben; für die einfache Arbeit ist ein Schraubendreher erforderlich.

Heckleuchte 1. Generation

Ähnliches gilt auch für die einzelnen Leuchten in den Heckleuchteneinheiten. Ihre Stromkreise sind alle abgesichert und durchgebrannte Glühlampen sind einfach zu entdecken. Durch einen defekten Bremslichtschalter werden auch das ABS und der Tempostat beeinträchtigt, was entsprechende Fehlermeldungen nach sich zieht.

Heckleuchte 2. Generation

In der Heckleuchteneinheit der 2. Generation sind nur noch LEDs vorhanden, die nicht ersetzt werden können. Sollte ein LED-Segment ausfallen, muss die komplette Heckleuchte ausgetauscht werden.

Dritte und vierte Bremsleuchte

Die 997 Carrera-Modelle mit ausfahrbarem Heckspoiler haben eine dritte und vierte bandförmige Bremsleuchte aus LED-Segmenten. Modelle mit starrem Heckspoiler und auch die Turbo-Baureihe verfügen über ein drittes Bremslicht. Da auch hier keine einzelnen LEDs oder LED-Gruppen ersetzt werden können, muss bei einem Ausfall die komplette Bremsleuchte erneuert werden.

Automatisches Tagfahrlicht

Diese Funktion ist nur bei einigen Landesausführungen wie z. B. Norwegen oder Kanada vorhanden und wird in das vordere Steuergerät einprogrammiert. Der 997 ist im digitalen Zeitalter angekommen.

Innenbeleuchtung

Die Innenbeleuchtung wird vom vorderen Steuergerät geschaltet.

Fehlersuche an der Innenbeleuchtung	
Fehler	**Ursache /Abhilfe**
Innenbeleuchtung komplett ausgefallen	- Vorderes Steuergerät defekt
Einzelne Leuchten der Innenbeleuchtung ohne Funktion	- Glühlampen defekt - Zuständiger Schalter defekt - Korrosion in der Leuchte

Ausfahrbarer Heckspoiler

Fehlersuche am ausfahrbaren Heckspoiler (für alle damit ausgerüsteten 997-Modelle)	
Fehler	**Ursache/Abhilfe**
Anzeigeleuchte des Heckspoilers leuchtet, der Spoiler ist teilweise oder ganz ausgefahren, fährt aber nicht automatisch ein und kann auch nicht manuell eingefahren werden.	- Sicherung F3 in Reihe A überprüfen - Mikroschalter in Spoilerantrieb fehlerhaft - Spoilerantrieb verklemmt - Hinteres Steuergerät fehlerhaft
Anzeigeleuchte des Heckspoilers leuchtet, Spoiler fährt nicht automatisch aus und kann auch nicht manuell bewegt werden.	- Sicherung F3 in Reihe A überprüfen - Mikroschalter in Spoilerantrieb fehlerhaft - Spoilerantrieb verklemmt - Hinteres Steuergerät fehlerhaft
Heckspoiler fährt bei niedrigerer Geschwindigkeit aus und bleibt länger offen.	Motorraumtemperatur zu hoch: - Motor überhitzt - Motorraumgebläse ohne Funktion

Schiebedach

Schiebedach	
Fehler	**Ursache/Abhilfe**
Schiebedach lässt sich nicht bewegen, keine Antriebsgeräusche hörbar.	Sicherung F3 in Reihe E überprüfen. Defekte Sicherung ersetzen. Falls sie sofort wieder durchbrennt, liegt ein Kurzschluss im Antriebsmotor oder im Stromkreis vor.
Schiebedach öffnet und schließt nicht korrekt, ungleichmäßige Bewegung.	Antrieb fehlerhaft

Die Bedienelemente des Schiebedachs befinden sich am Dach zwischen den Sonnenblenden.

(Bild: Adrian Streather)

Cabrioverdeck

In den automatisierten Bewegungsablauf beim Öffnen und Schließen des Verdecks sind diese Sicherheitsvorkehrungen vorhanden:

- Jeder Schritt beim Öffnen und Schließen kann nur stattfinden, wenn der zuvor erfolgte Schritt korrekt ausgeführt wurde. Sollte ein zuvor eingeleiteter Schritt nicht in einer angemessenen Zeit beendet worden sein, unterbricht der Antrieb den Vorgang.
- Über die Signale von Mikroschaltern bzw. Potenziometern erkennt das Steuergerät die korrekte Ausführung eines Vorgangs, bevor es den nächsten Schritt einleitet.
- Das Steuergerät überwacht sich selbst und alle einbezogenen Komponenten. Erkannte Fehler können mittels des PIWIS-Testers ausgelesen werden.

Überrollschutz nach der Aktivierung. Er sollte immer betriebsbereit sein, damit er funktioniert, wenn man ihn tatsächlich braucht.
(Bild: Adrian Streather)

Folgende Fehlermeldungen können hinterlegt sein und abgerufen werden:
- Mikroschalterposition nicht korrekt
- Wippschalter hat Masseschluss
- Verdeck-Potenziometer fehlerhaft
- Zeitüberschreitungsfehler (über 6 Sekunden)
- Kalibrierung erforderlich
- Spannungsversorgung

Fehlersuche am Cabrioverdeck	
Fehler	**Ursache/Abhilfe**
Totalausfall: Das Verdeck öffnet weder aus dem geschlossenen Zustand noch schließt es aus geöffnetem Zustand. Keine Anzeichen einer Funktion (kein Antriebsgeräusch). - Je nachdem welches Problem vorhanden ist, erscheint im Bordcomputer nicht unbedingt eine Warnmeldung und es ist möglich, dass kein Fehler im System hinterlegt ist.	- Sicherung F3 in Reihe E kontrollieren. Defekte Sicherung ersetzen. Falls sie sofort wieder durchbrennt, liegt ein Kurzschluss im Antriebsmotor der Hydraulikpumpe oder im Stromkreis vor. - Offener Stromkreis des Wippschalters in der Mittelkonsole zwischen den Sitzen - Wippschalter fehlerhaft - Verdeck-Steuergerät fehlerhaft

Targa-Glasdach
(Bild: Porsche AG)

Realistisch betrachtet erfordert die Komplexität des 997-Verdecks den Einsatz des PIWIS-Testers und der dabei erforderlichen entsprechenden Testadapter, weil bei den Überprüfungen die Reaktionszeit auch berücksichtigt werden muss.

Targa-Dach und Heckscheibe

In diesem Abschnitt finden Sie weitere Informationen zum Targa-Dach, die noch nicht in Kapitel 7 behandelt wurden. Wie auch das Cabrioverdeck, ist das Glasdach des Targa ein komplexes Gebilde aus Elektromotoren, Mikroschaltern und Antriebsmechanismen, das über drei Schalter bedient wird.

Zur einfacheren Fehlersuche kann die Bedienung in drei Sektionen unterteilt werden, um aufgetretene Probleme besser eingrenzen zu können:

- Tastschalter für das Sonnenrollo
- Schalter für das Glasdach
- Schalter für die Heckscheibe

Hinweis:
Die zu öffnende Heckscheibe kann über die Fernbedienung entriegelt werden.

Der Elektromotor und Antrieb für das Schließen und Verriegeln der Glas-Heckscheibe sind am Scheibenrahmen befestigt; der Elektromotor für das Sonnenrollo ist im Dachrahmen angeordnet. Motor und Antriebsmechanismus für das Glasdach befinden sich hinter den Rücksitzen.

Fehlersuche am Targa-Dach	
Fehler	**Ursache/Abhilfe**
Das Sonnenrollo öffnet oder schließt nicht. - Falls das Rollo nicht öffnet, stoppt das Steuergerät alle weiteren Dachbewegungen. Ist das Rollo voll geöffnet und Sicherung E3 intakt, funktioniert das Glasdach normal.	- Sicherung 3 in Reihe E überprüfen. Defekte Sicherung ersetzen. Falls sie sofort wieder durchbrennt, liegt ein Kurzschluss im Stromkreis vor. - Beim 997 ist eine einzelne Sicherung für die Spannungsversorgung vorhanden, und das Steuergerät versorgt nach den Schalterbefehlen des Fahrers die verschiedenen Bauteile. - Antriebsmotor des Rollos defekt - Positionssensoren fehlerhaft - Offener Stromkreis des Tastschalters in der Mittelkonsole - Steuergerät fehlerhaft
Targa-Dach öffnet nicht, nachdem das Rollo zurückgefahren wurde. Keine Bewegungsanzeichen, keine Geräusche, keine Warnanzeige. - Wenn das Rollo zurückfährt, sind die Sicherungen intakt.	- Positionssensor fehlerhaft - Offener Stromkreis der beiden Antriebsmotoren (sehr unwahrscheinlich) - Offener Stromkreis der Schalter in der Mittelkonsole - Steuergerät fehlerhaft
Öffnen/Schließen des Targa-Dachs wird unterbrochen.	- Sicherung E3 in Reihe E überprüfen. Defekte Sicherung ersetzen. Falls sie sofort wieder durchbrennt, liegt ein Kurzschluss im Antriebsmotor oder im Stromkreis vor. - Fehler im linken oder rechten Antrieb - Mechanischer Fehler
Langsames Öffnen oder Schließen des Targa-Dachs.	- Schwergängigkeit des Antriebs durch Verklemmen oder mangelnde Schmierung
Öffnungs- und Schließfunktion an der Heckscheibe gestört, Glasdach und Rollo arbeiten normal.	- Positionssensoren fehlerhaft - Offener Stromkreis am Stellmotor - Antriebsmechanismus verklemmt - Steuergerät fehlerhaft
Heckscheibe lässt sich nicht über die Fernbedienung öffnen.	- Offener Stromkreis am Stellmotor - Antriebsmechanismus verklemmt - Steuergerät fehlerhaft

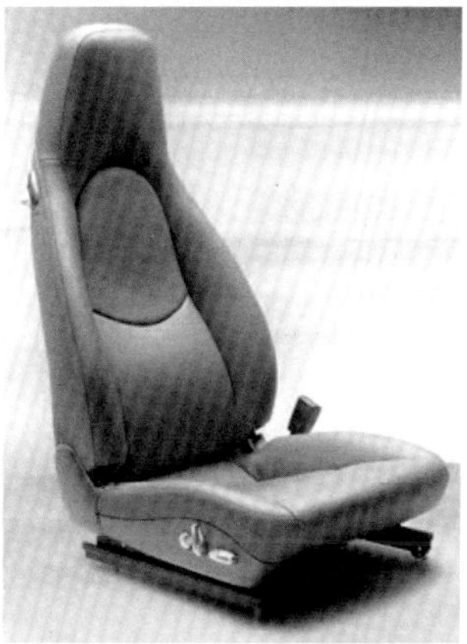

Standardsitz mit Sitzbelüftung

Adaptiver Sportsitz

Sportschalensitz

Sitze

Die meisten 997-Modelle konnten mit drei verschiedenen Sitzausführungen ausgestattet werden. Der wesentliche Unterschied zwischen den Sitzen der 1. und 2. Generation war die Einführung der Sitzbelüftung bei der 2. Generation.

Neben den diversen Auswahlmöglichkeiten in der optischen Aufmachung und im Material unterschieden sich die Sitze durch die Einstellmöglichkeiten (manuell oder elektrisch) und die Memory-Funktion. Über den PIWIS-Tester kann eine Diagnose der Sitzfunktionen vorgenommen werden, sofern kein offensichtlicher Fehler erkennbar ist.

Die häufigsten Fehlerursachen bei den Sitzen sind:

- Defekte Einstellschalter
- Durchgebrannte Sicherung aufgrund eines defekten Stellmotors
- Verklemmter Antrieb, (Sicherung brennt durch)
- Beschädigungen durch falschen Einbau
- Kurzschluss im Sitzheizungselement (Sicherung brennt durch)
- Offener Stromkreis der Sitzheizung

Für die 997-Modelle gab es drei unterschiedliche Sitzausführungen. Die hier abgebildeten Versionen stammen aus der 2. Generation.

(Bild: Porsche AG)

Fehlersuche an den Sitzen	
Fehler	**Ursache/Abhilfe**
Elektrische Sitzverstellung und/ oder Memory-Funktion fehlerhaft	- Für die linke Sitzverstellung und Memory-Funktion die Sicherung E1 in Reihe E überprüfen. Defekte Sicherung ersetzen. Falls sie sofort wieder durchbrennt, liegt ein Kurzschluss im Antriebsmotor oder im Stromkreis vor. - Linkes Sitzsteuergerät fehlerhaft - Linker Verbindungsstecker beschädigt - Für die rechte Sitzverstellung und Memory-Funktion die Sicherung E1 in Reihe E überprüfen. Defekte Sicherung ersetzen. Falls sie sofort wieder durchbrennt, liegt ein Kurzschluss im Antriebsmotor oder im Stromkreis vor. - Rechtes Sitzsteuergerät fehlerhaft - Rechter Verbindungsstecker beschädigt - Falls alle Sitzfunktionen ausgefallen sind, Sicherung F3 in Reihe B prüfen. - Vier-Weg-Schalter defekt (zwei oder drei pro Sitz) - Stellmotor(en) defekt - Stellantrieb(e) defekt - Sehr häufig sind defekte Kabel die Fehlerursache. Oftmals werden die Kabel beim Bewegen des Sitzes durchtrennt (meistens nachdem der Sitz aus- und eingebaut wurde). - Zu Überprüfen der Verkabelung muss der Sitz ausgebaut werden. Beachten Sie die Sicherheitsvorschriften zum Trennen und Wiederverbinden der Kabelverbindungen zu den Airbags. Prüfen Sie die auf dem Boden verlegten Kabel auf Beschädigungen und die Steckverbinder auf herausgezogene Kontakte.

Fehlersuche an den Sitzen	
Fehler	**Ursache/Abhilfe**
Linke und/oder rechte Sitzheizung ausgefallen	- Bei defekter linker Sitzheizung die Sicherung E1 in Reihe E überprüfen. Sollte sie durchgebrannt sein, Zündung ausschalten und Sicherung ersetzen. Sicherstellen, dass die linke Sitzheizung im Bedienfeld ausgeschaltet ist. Zündung einschalten, aber Sitzheizung ausgeschaltet lassen. Überprüfen, dass sich der Sitz problemlos verstellen lässt. Brennt jetzt die Sicherung durch, liegt ein Fehler in der Sitzverstellung vor. Funktioniert alles, Sitzheizung einschalten und die Heizleistung allmählich steigern. Wenn jetzt die Sicherung durchbrennt, liegt ein Kurzschluss in einem der Heizelemente oder im Stromkreis vor. - Linkes Sitzsteuergerät fehlerhaft - Linker Verbindungsstecker beschädigt - Bei defekter rechter Sitzheizung die Sicherung E2 in Reihe E überprüfen - Die weitere Vorgehensweise ist identisch der linken Sitzheizung - Rechtes Sitzsteuergerät fehlerhaft - Rechter Verbindungsstecker beschädigt
Gewichtserkennung fehlerhaft	- Überprüfung nur mit dem PIWIS-Tester möglich
Sitzbelüftung fehlerhaft	- Überprüfung nur mit dem PIWIS-Tester möglich. Die Sitzbelüftung funktioniert aus Komfortgründen nicht bei niedrigen Außentemperaturen.

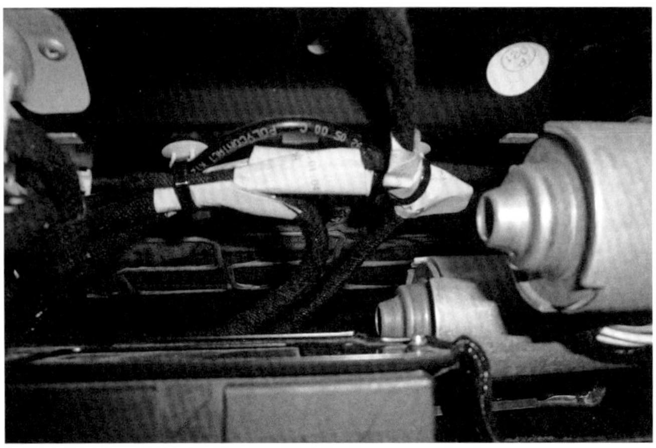

So sieht es unter einem Standardsitz aus.

(Bild: Adrian Streather)

Instrumenteneinheit eines Coupés

(Bild: Porsche AG)

Instrumenteneinheit eines Targa

(Bild: Porsche AG)

Instrumenteneinheit eines Cabrios

(Bild: Porsche AG)

Instrumenteneinheit

Die Fehlersuche an der Instrumenteneinheit sowie die Diagnose und Instandsetzung überschreiten eigentlich die Möglichkeiten des durchschnittlichen Hobbyschraubers. Mit zunehmendem Alter der Fahrzeuge ziehen aber immer mehr Besitzer in Erwägung, selbst Reparaturen daran durchzuführen.

Fehler an der Instrumenteneinheit können in drei Kategorien unterteilt werden:

- Beschädigungen am Gehäuse
- Ausfall eines Instruments, wie z. B. einer digitalen Anzeige oder eines Zeigers (Schrittmotor)
- Systemfehler durch ein fehlerhaftes Eingangssignal oder innerhalb der Einheit

Für die Instrumenteneinheit sind Ersatzteile erhältlich, aber bei der Bestellung müssen die Landesausführung, das Baujahr und das Modell genau bekannt sein.
Falls ein Problem an der Instrumenteneinheit auftritt, denken die meisten 997-Besitzer über den Austausch der kompletten Einheit nach. Auch hier muss sichergestellt sein, dass in das vorhandene Fahrzeug auch die passende Einheit eingebaut wird!
Die Instrumenteneinheiten lassen sich bei allen Karosserieausführungen ähnlich ausbauen. Vergessen werden darf nicht, dass einige interne Systeme nicht von Kilometern auf Meilen und umgekehrt umgestellt werden können.

Vorsicht:
Eine ausgebaute und zerlegte Instrumenteneinheit muss an einem trockenen, staubfreien und antistatischen Platz abgelegt werden. Tragen Sie bei Arbeiten daran ein Erdungskabel und berühren bzw. beschädigen Sie keine Zifferblätter oder Lötpunkte der Anzeigeeinheit.

Ein bekanntes Problem bei einigen frühen 997-Modellen der 1. Generation sind Rasselgeräusche aus dem Bereich der Instrumenteneinheit durch zu große Einbautoleranzen zwischen der Einheit und seiner Aufnahme in der Schalttafel. Mittels Klebeband an den Fixierstiften und aufgeklebten Filzstreifen an der Unterseite lassen sich diese Geräusche beseitigen.

Hinweis:
Ab Modelljahr 2006 flossen diese Änderungen in die Produktion ein.

PCM 2.1 (Bild: Adrian Streather)

PCM 8.1 (Bild: Adrian Streather)

PCM und Audioanlage

Das PCM ist beim 997 Bestandteil der integrierten Fahrzeugelektronik; sogar verschiedene Programmierungen können darüber vorgenommen werden. Der selbstschraubende 997-Besitzer stößt hier schnell an seine Grenzen, zumal manche PCM-Komponenten den Einsatz des PIWIS-Testers verlangen.

Um Geld zu sparen, sollte der Besitzer die regelmäßig erforderliche Aktualisierung des optionalen Navigationssystems selbst vornehmen können.

Für die Aktualisierung der Systemsoftware ziehen die meisten Besitzer den Besuch in der Fachwerkstatt vor, allerdings liegt diese Arbeit auch im Möglichen eines computerversierten Hobbyschraubers.

Bekannte Fehlfunktionen des PCM 2.1:

- Fehlerhafte Ein-/Ausschalttaste
- Kein Ton
- Warnmeldung PCM Sicherheitsabschaltung wegen zu hoher Temperatur
- Fehlfunktion des CD-Spielers
- Rechter Drehknopf rutscht durch
- Mute-Funktion deaktiviert
- Flackernde Anzeige mit anschließendem Totalausfall
- Schwarze Streifen auf dem Bildschirm
- Kein GPS-Empfang
- Keine Navigationsansagen
- Meldung: Navigations-DVD einlegen
- DVD-Laufwerk schaltet ab

Einige dieser Probleme lassen sich durch ein Software-Update beseitigen, einige erfordern allerdings den Austausch von Komponenten.

Hinweis:

Zwei Pixelfehler (helle Punkte) im Bildschirm gelten als noch akzeptabel, drei nicht mehr.

Das PCM 3.0 der 2. Generation unterscheidet sich wesentlich vom PCM 2.1 (siehe Kapitel 8). Bei Veröffentlichung dieses Buches gab es noch keine Informationen über etwaige Fehlfunktionen.

Kapitel 10: Selbst ist der Mann ...

Wer schmutzige Finger nicht scheut, kann Zeit und Geld sparen.

Sehr wichtiges Handwerkzeug für jeden 997-Besitzer. Im Kofferraum ist kein Wagenheber mehr vorhanden.

(Bild: Adrian Streather)

Ein GT3 beim Boxenstopp in Mallala, Süd-Australien

(Bild: Adrian Streather)

Unverzichtbares Handwerkzeug für den 997-Schrauber. Ein guter Wagenheber mit niedriger Unterfahrhöhe mit einer Hebelast von zwei Tonnen kostet um die 200 Euro. Etwas mehr sollte man für einen belastbaren Akkuschrauber anlegen.

(Bild: Adrian Streather)

Einführung

Als Autor schreibe ich normalerweise nicht in der Ersten Person, aber für dieses Buch mache ich eine Ausnahme. Ich verfasse auch selten ein Vorwort oder eine Einleitung, in diesem Fall aber gestatte ich mir das.

Kapitel 10 ist mein Lieblingskapitel dieses Buchs, weil hier 997-Besitzer und Porsche-Enthusiasten einen Beitrag leisteten, von dem andere Porsche-Freunde profitieren können. Jeder 997-Fahrer, der an diesem Kapitel mitarbeitete, handelte aus vollem Enthusiasmus, ohne dafür etwas zu verlangen, wofür ihnen der Dank der 997-Fangemeinde gebührt. Bei jeder beschriebenen Arbeit ist der Urheber und/oder Autor erwähnt.

Für mich persönlich war es eine große Freude, mit all den 997-Fahrern und auch Nicht-Besitzern zusammenzuarbeiten, die zu diesem Kapitel ihren Beitrag leisteten.

Dieses Kapitel richtet sich an den Hobbyschrauber, den 997-Besitzer, der sich entschlossen hat die Sache selbst in die Hand zu nehmen, anstelle jemandem Geld zu geben, der an seinem Auto arbeitet. Natürlich braucht man für viele Reparaturen einen Porsche-Mechaniker seines Vertrauens, aber einige Arbeiten können auch noch zu Hause erledigt werden. Einige 997-Besitzer haben sogar eine Hebebühne in der heimischen Garage, was natürlich die Arbeitsvoraussetzungen erheblich verbessert, nicht zuletzt auch für befreundete 997-Fahrer.

Ohne Zweifel ist der 997 ein recht komplexes Fahrzeug, aber vielleicht ermuntert dieses Buch den einen oder anderen zum Schraubenschlüssel zu greifen und loszulegen. Auf geht´s!

Eine Reifenpanne unterwegs kann mangels Ersatzrad beim 997 ein Problem darstellen. Darum sollte man immer das Pannenset im Fahrzeug mitführen.

(Bild: Adrian Streather)

Vorderer Aufnahmepunkt am Carrera und Carrera S

(Bild: Porsche AG)

Anheben des 997

Einführung

Jeder 997-Besitzer weiß, dass im Kofferraum und Werkzeugsatz des Wagens einiges fehlt, was bei den bisherigen 911-Baureihen vorhanden war. Dazu gehören das Ersatzrad und der Wagenheber samt Radmutterschlüssel; dafür ist jetzt eine Dose Reifendichtmittel beigelegt. Für den Hobbyschrauber, der einen Wagenheber besitzt, ist das kein Problem – solange man nicht unterwegs ist. Ein Schutzbrief sollte daher zur Fahrzeugausstattung dazugehören. Aus der Sicht des Autors ist der nicht mehr vorhandene, etwas „wackelige" Porsche-Wagenheber auch kein großer Verlust. Ein Vorfall bei einer Veranstaltung erinnerte den Autor daran, warum er nie so recht dem Wagenheber aus dem Bordwerkzeug traute – aber diese Geschichte gehört in das 964-Buch und das ist bereits geschrieben. Festzuhalten bleibt, dass zum Anheben eines 997 der alte Wagenheber besser nicht verwendet werden sollte.

Aufnahmepunkte

Der 997 darf nur an den bezeichneten Aufnahmepunkten angehoben werden.

Vorsicht:
Beim falschen Anheben des Wagens besteht die Gefahr schwerer oder sogar tödlicher Verletzungen. Heben Sie den Wagen niemals an anderen Stellen als den vorgegebenen an.

Vorsicht:
Heben Sie den Wagen niemals am Motor, Getriebe oder an den Achsen an.

Vorsicht:
Achten Sie auf empfindliche Bauteile in der Nähe der Aufnahmepunkte.

Vorsicht:
Vor dem Befahren einer Hebebühne muss auf ausreichend Bodenfreiheit geachtet werden.

Wagenheber-Aufnahmepunkte (Fortsetzung)

Hinterer Aufnahmepunkt am Carrera und Carrera S
(Bild: Porsche AG)

Aufnahmepunkte am GT3
(Bild: Porsche AG)

Wagenheber-Aufnahmepunkte (Fortsetzung)

Wichtig: die Abstützung des angehobenen Fahrzeugs mit einem Unterstellbock.

(Abbildung: Porsche AG) (Bild: Adrian Streather)

Hier wird der Wagenheber am vorderen Aufnahmepunkt eines GT3 angesetzt.

(Bild: Adrian Streather)

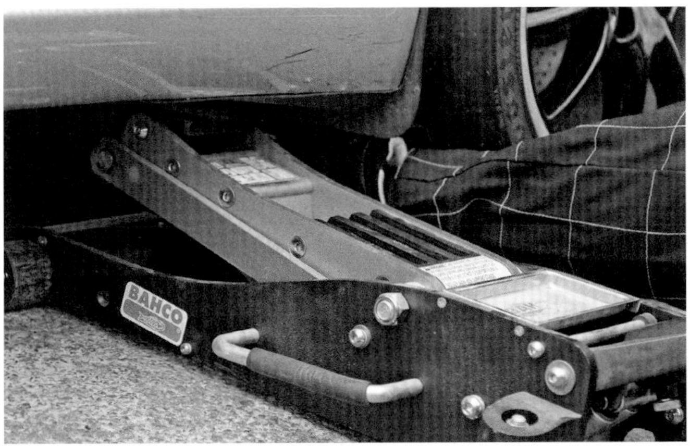

So wird der Wagenheber am hinteren Aufnahmepunkt eines GT3 angesetzt.

(Bild: Adrian Streather)

Greg Limbert bei der Arbeit

(Bild: Adrian Streather)

Lösen der Schrauben an den Vorderrädern mit einem kräftigen Akkuschrauber

(Bild: Adrian Streather)

Wichtig: Festziehen der Radschrauben mit einem Drehmomentschlüssel.

(Bild: Adrian Streather)

Unterwegs

Manchmal muss ein Rad unterwegs gewechselt werden – draußen im Geschehen und außerhalb der sicheren Garage. Diese Arbeit ist nicht jedermanns Sache.

Greg Limbert aus Ceduna, 997 GT3-Besitzer und Mitglied im Porsche Club Süd-Australien, ist routiniert in dieser Arbeit. Der Autor fotografierte Greg im Februar 2015 am Mallala Motorsport Park, ebenfalls in Süd-Australien, als er seine Reifen für das Qualifying gegen Rennreifen wechselt. Durch das Handicap-Reglement belegte er leider nur den 13. Platz in der Gesamtwertung, aber er war schnell unterwegs.

Diese Punkte sind beim Anheben des 997 zu beachten:

- Suchen Sie sich für diese Arbeit einen sicheren, ebenen Platz mit festem Untergrund.
- Bereiten Sie den Wagen vor.
- Suchen Sie die Aufnahmepunkte am Fahrzeug.
- Verwenden Sie einen geeigneten Wagenheber, dessen Bedienung sie kennen.
- Passendes Werkzeug für die Radschrauben. Denken Sie an den Adapter für die Radsicherungsschrauben (Diebstahlschutz).
- Zum Lösen kann wie hier gezeigt auch ein sehr kräftiger Akkuschrauber eingesetzt werden.
- Wichtig: Drehmomentschlüssel für das korrekte Anziehen der Radschrauben.

Hinweis:

Gregs GT3 aus der 1. Generation hat 19-Zoll-Räder mit Fünf-Loch-Befestigung. Der GT3 RS der 2. Generation und einige andere 997-Modelle haben 19-Zoll-Räder mit Zentralmutter. Für diese Räder ist zum Wechseln Spezialwerkzeug erforderlich; auf sie wird später noch eingegangen.

In der Garage

Ein Beitrag von David Yusem (Bilder) und Wayne Smith.

Anheben eines 997 der 2. Generation mit üblicher Werkstattausrüstung

◀ Erforderliches Werkzeug:
- Unterlegkeile
- Zwei flache Wagenheber
- Vier Unterstellböcke

Zum Anheben eines 997 gibt es verschiedene Möglichkeiten. Die hier beschriebene Vorgehensweise erfolgt mit den Hilfsmitteln, die üblicherweise in der Garage eines selbstschraubenden 997-Besitzers vorhanden sind oder sein sollten. Das Chassis des 997 ist sehr verwindungssteif und durch das schwerere Heck hebt sich die Frontpartie mit an, wenn der Wagenheber am hinteren Aufnahmepunkt angesetzt wird.

◀ Die Räder auf der noch nicht angehobenen Fahrzeugseite sollten immer mit Unterlegkeilen gegen Wegrollen gesichert werden.

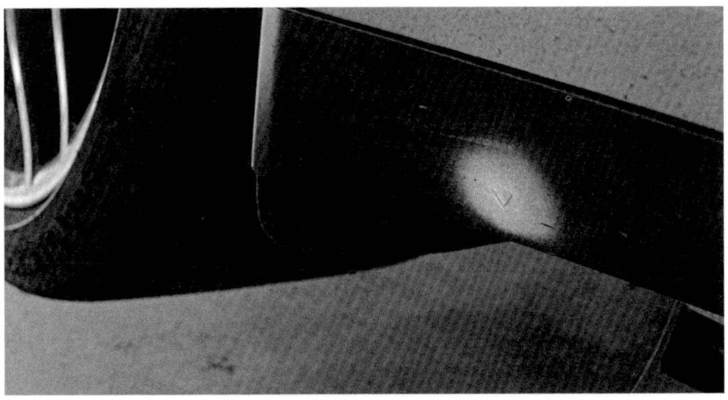

◀ Pfeile an der Schwellerschürze markieren die Aufnahmepunkte vor und hinter den Türen.

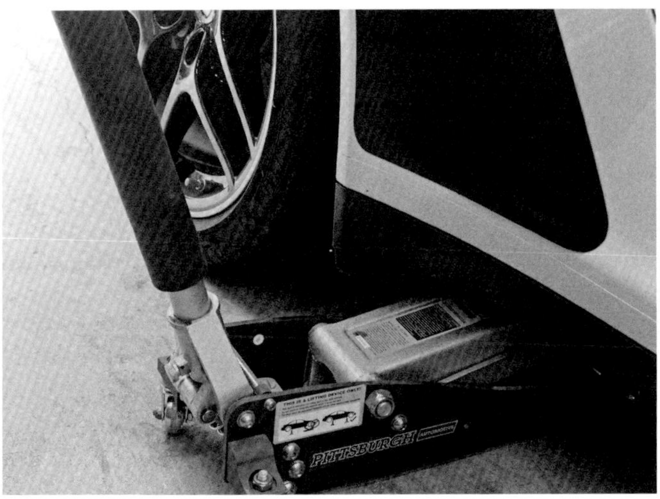

◀ Zum Anheben am hinteren Aufnahmepunkt ist ein flach bauender Wagenheber erforderlich.

◀ Unter den vorderen Aufnahmepunkt wird ein Unterstellbock gestellt und der Wagenheber vorsichtig soweit abgelassen, bis der Wagen am vorderen Aufnahmepunkt mittig auf dem Unterstellbock aufsitzt.

Vorsicht:
Metall auf Metall ist eine rutschige Angelegenheit. Sicherheitshalber sollte eine Auflage aus Holz, Gummi oder Kunststoff zwischen den Wagenheber und den Aufnahmepunkt gelegt werden.

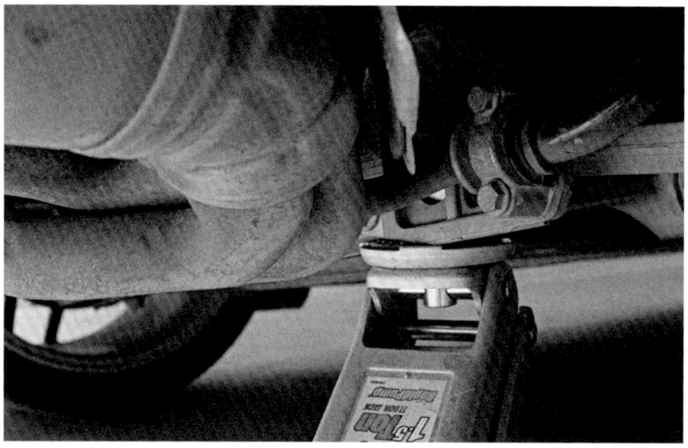

◀ Anschließend wird ein zweiter Wagenheber am inneren Ende eines Querlenkers angesetzt. Entscheidend ist, dass dieser Ansetzpunkt an einem festen Teil der Karosserie liegt.

Mit diesem Wagenheber wird nun der bereits angesetzte Wagenheber entlastet. Achten Sie darauf, dass dabei der Wagen nicht vom vorderen Unterstellbock abhebt.

◀ Jetzt kann der Wagenheber vom hinteren Aufnahmepunkt entfernt und gegen einen Unterstellbock ausgetauscht werden. Lassen Sie vorsichtig den zweiten Wagenheber ab, bis der Wagen sicher auf beiden Unterstellböcken steht.

◀ Heben Sie die andere Seite auf die gleiche Weise an.

Wagenheber im Einsatz

Vorsicht:
Lassen Sie beim aufgebockten Fahrzeug niemals den Motor an.

◀ Der Wagen steht nun komplett auf Unterstellböcken.

◀ Das Ablassen des 997 erfolgt in der umgekehrten Reihenfolge.

Vorsicht:
Sichern Sie beim Ablassen die bereits auf dem Boden stehenden Räder mit Unterlegkeilen gegen Wegrollen, bevor Sie die andere Seite ablassen.

In der Werkstatt

Eine Werkstatt, die Porsche-Fahrzeuge wartet und repariert, ist ohne Hebebühne undenkbar. Zum Anheben gibt es nicht viel zu sagen, aber einige Warnhinweise sind zu beachten.

Vorsicht:
Vor dem Befahren einer Hebebühne muss auf ausreichend Bodenfreiheit geachtet werden.

Vorsicht:
Der Autor bemerkte an einigen 996 in verbreiterter Ausführung sowie an einem 997 Carrera Haarrisse in den Rücklichtgläsern. Die einzige Gemeinsamkeit dieser Fahrzeuge war das Anheben auf der gleichen Hebebühne. Es gibt keinen Beweis für die Vermutung des Autors, aber er glaubt, dass das Gewicht der ausgefederten Räder bei längerem Anheben zu Verspannungen im hinteren Karosseriebereich führt, die letztendlich diese Schäden hervorrufen.

Hinweis:
Alle Bilder dieses Abschnitts stammen von David Yusem.

◀ Vor dem Anheben müssen die Tragarme der Hebebühne exakt auf die Aufnahmepunkte am Fahrzeug ausgerichtet sein. Es wäre nicht das erste Mal, dass ein Fahrzeug beim Anheben abrutscht.

Vorsicht:
Beim Betrieb der Hebebühne sollten alle Sicherheitsabschaltungen funktionieren. Der Autor selbst war Zeuge, wie ein sehr wertvoller 911 aufgrund defekter Abschaltvorrichtungen in das Werkstattdach gedrückt wurde.

◀ Mit der richtigen Arbeitshöhe lassen sich Reparaturen einfacher ausführen.

◀ Überprüfen Sie vor Arbeitsbeginn, dass alles ordnungsgemäß ausgerichtet ist.

◀ Mit etwas Abstand lassen sich Schiefstellungen besser erkennen.

Rad mit Zentralmutter an einem Carrera GTS

(Bild: Joe Ramos)

Spezialwerkzeug für Zentralmutter am Aufbewahrungsort im Kofferraum.

Allgemeine Wartungsarbeiten

Radwechsel mit Zentralmuttern

Basierend auf Informationen der Porsche AG; Bilder vom Werk und anderen Fotografen.

Einige Modelle der 2. Generation erhielten Räder mit Zentralmuttern, deren Wechsel eine besondere Vorgehensweise erfordert. Für die Mechaniker in den Boxen eine alltägliche Arbeit, aber für den Normalfahrer eine Herausforderung.

Die für den Radwechsel erforderlichen Hilfsmittel wie Wagenheber, Drehmomentschlüssel usw. sind im Bordwerkzeug des 997 nicht enthalten.

Beim Wechsel eines Rads mit Zentralmutter muss die von Porsche angegebene bzw. hier beschriebene Vorgehensweise genau befolgt werden, da ansonsten die Gefahr besteht, dass sich die Zentralmutter mit katastrophalen Folgen löst.

Für das sehr hohe Anzugsdrehmoment der Zentralmutter ist ein Drehmomentschlüssel mit einem Einstellbereich bis 500 Nm erforderlich. Dieser ist im Fachhandel erhältlich; alternativ kann über Porsche Motorsport ein Drehmomentverstärker (Ersatzteilnummer 997 450 323 90) bezogen werden.

Hinweis:
Bei der Verwendung eines Drehmomentverstärkers verändert sich das in das Werkzeug eingeleitete Drehmoment entsprechend den Angaben der Bedienungsanleitung.

Vorsicht:
Verletzungs- bzw. Lebensgefahr: Der Wagen kann durch die erforderlichen hohen Kräfte vom Wagenheber abrutschen. Wenn möglich, immer eine Hebebühne benutzen.

Vorsicht:
Verwenden Sie zum Lösen der Zentralmutter niemals einen Schlagschrauber.

Vorgehensweise zum Radausbau:

- Handbremse ziehen
- 1. Gang bzw. P-Stufe einlegen und Zündschlüssel abziehen
- Fahrzeug gegen Wegrollen in beide Richtungen sichern (Unterlegkeile an beiden Seiten der Räder anbringen). Das ist besonders im Gefälle wichtig.

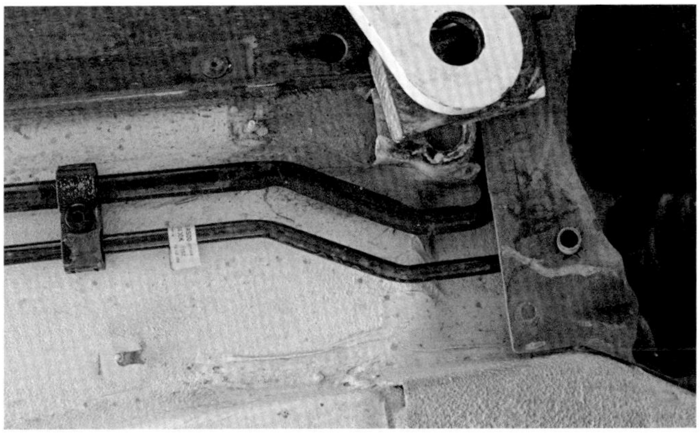

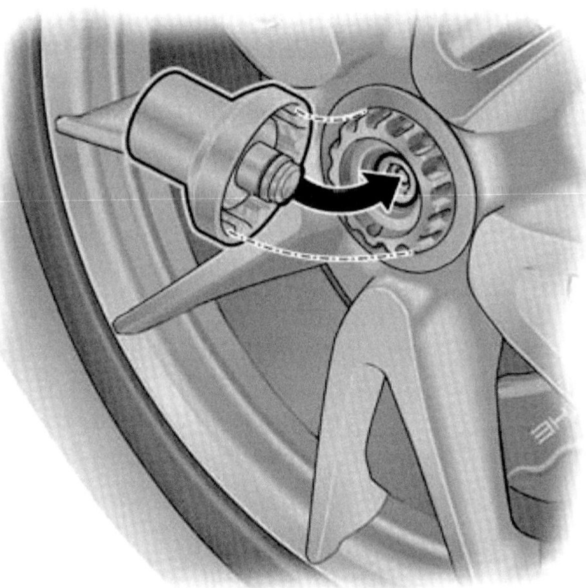

- Wagen an den vorgeschriebenen Aufnahmepunkten anheben. Die Vorgehensweise wurde weiter vorn bereits beschrieben.

Hinweis:
Achten Sie darauf, dass beim Abnehmen der Radnaben-Abdeckkappe keine Kratzer entstehen.

Führen Sie in die Aussparung A einen Schraubendreher ein und hebeln Sie die Abdeckkappe vorsichtig ab.

Zum Lösen der Zentralmutter muss immer die originale Stecknuss verwendet werden, die sich im Kofferraum befindet.

Hinweis:
Dieses Werkzeug sollte immer an seinem Platz im Kofferraum aufbewahrt werden, damit es zur Hand ist, wenn es erforderlich ist.

Schieben Sie die Stecknuss soweit wie möglich auf. Dabei wird die Sicherungseinrichtung der Zentralmutter zurückgeschoben.

Die Stecknuss rastet in dieser Stellung ein. Zum Lösen der Mutter ist ein sehr hohes Drehmoment erforderlich, wobei die Drehrichtung beachtet werden muss.

Um das Rad beim Lösen am Drehen zu hindern, sollte eine zweite Person die Bremse treten.

Vorsicht:
Beschädigungsgefahr der Sicherungseinrichtung! Achten Sie darauf, dass beim Lösen der Zentralmutter das Werkzeug vollständig aufgeschoben ist und nicht herausrutscht.

Vorsicht:
Entfernen Sie nicht die Sicherungseinrichtung.

Entfernen Sie die Zentralmutter und legen Sie diese so ab, dass die Auflagefläche und das Trapezgewinde nicht verschmutzt werden.

Vorsicht:
Beim Abnehmen des Rads können die PCCB-Bremsscheiben beschädigt werden.

Beim Abnehmen des Rads darauf achten, dass es nicht verkantet oder abrutscht und die PCCB-Bremsscheibe beschädigt.

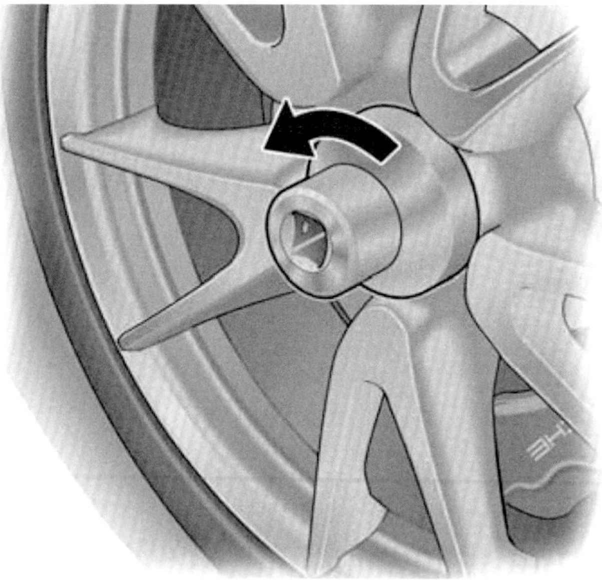

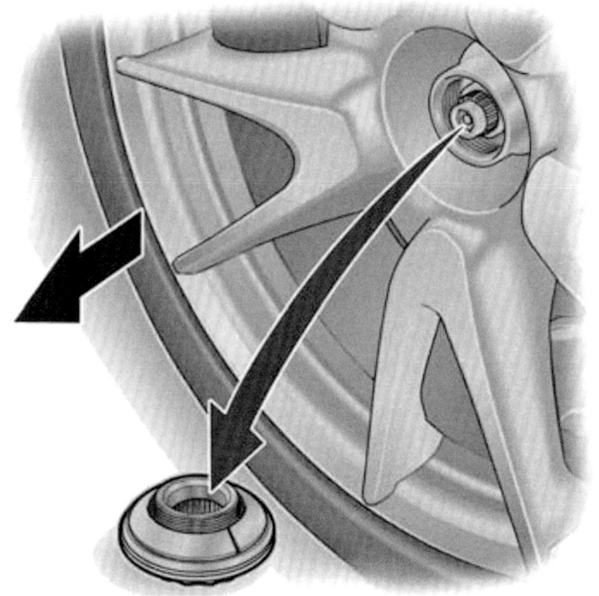

Vorbereitende Arbeiten

Vor dem Einbau des alten oder eines neuen Rads sollten alle Teile gründlich überprüft werden. Die Zentralmutter und die Sicherungseinrichtung sind sicherheitsrelevante Teile und müssen jedes Mal auf etwaige Schäden kontrolliert werden.

Der konische Auflagebereich der Mutter und auch die Gewinde an Nabe und Mutter dürfen keine Risse oder Kratzer aufweisen.

Die Sicherungseinrichtung darf von der Radnabe nicht entfernt werden.

Prüfen Sie, ob sich der verzahnte Verriegelungszapfen leicht bewegen lässt. Wenn der Zapfen zurückgedrückt wird, muss er wieder ohne zu klemmen in seine Ausgangsposition zurückkehren. Die Verzahnung darf nicht beschädigt sein.

Zweifelhafte oder beschädigte Teile müssen ersetzt werden.
Prüfen Sie nochmals die Sicherungseinrichtung in der Radnabe.

Kontrollieren Sie alle Auflageflächen am Rad, an der Radnabe und am Trapezgewinde. Sie dürfen keinen Verschleiß aufweisen und müssen frei von Staub, Sand und anderen verschleißverursachenden Verschmutzungen sein.

Außer den Gewinden der Radnabe und Zentralmutter müssen alle Teile fettfrei sein.

Radeinbau

Tragen Sie etwas Aluminiumpaste auf das Trapezgewinde der Radnabe auf.

Vorsicht:
Beim Montieren des Rads können die PCCB-Bremsscheiben beschädigt werden.

Beim Aufschieben des Rads auf die Radnabe darauf achten, dass es nicht verkantet und die PCCB-Bremsscheiben beschädigt.

◀ PCCB-Bremsscheibe

Vorsicht:
Beim Festziehen der Zentralmutter darf der Wagen nicht auf den Rädern stehen.

Zentralverschlussrad mit Standardabdeckung der Zentralmutter (Bild: Paul Simmons)

Zentralmutterrad eines GT3 RS 4.0 (Bild: Porsche AG)

Zentralmutter in die Stecknuss einschieben, bis sie einrastet. Mutter gerade auf die Radnabe aufsetzen und ohne zu verkanten handfest anziehen.

Hinweis:
Um das Rad beim Festziehen am Drehen zu hindern, sollte eine zweite Person die Bremse treten.

Die Zentralmutter mit einem Drehmoment von 500 Nm festziehen und wieder eine Viertel Umdrehung lösen. Anschließen erneut mit 500 Nm festziehen.

Die Abdeckung der Zentralmutter so ansetzen, dass die Fixierung in die Aussparung A eingreift, und dann die Kappe andrücken. Etwas Fett auf den Gummiring der Kappe auftragen.

Jetzt kann der 997 wieder abgelassen werden – vergessen Sie nicht die Unterlegkeile an den Rädern der gegenüberliegenden Seite.

Behelfsmäßiges Festziehen und Sichern
Falls bei einer Reifenpanne kein passender Drehmomentschlüssel zur Verfügung steht, kann die Zentralmutter behelfsmäßig festgezogen und gesichert werden.

Nachdem die Radmutter so fest wie möglich angezogen wurde, prüfen Sie, ob der Verriegelungszapfen A in die Zentralmutter eingerastet ist. Der Zapfen ist dann mit dem äußeren Ende der Verzahnung bündig.

Sollte der Zapfen noch zurückgedrückt sein, muss er mit dem Vierkantschlüssel aus dem Bordwerkzeug oder einem ähnlichen Werkzeug nach links und rechts bewegt werden, bis er in die Verzahnung einrastet.

Vorsicht:
Unfallgefahr mit schwerwiegenden Risiken für Leib und Leben: Fahren Sie niemals mit nicht eingerasteter Sicherungseinrichtung. Die Radmutter könnte sich lösen und das Rad abfallen.

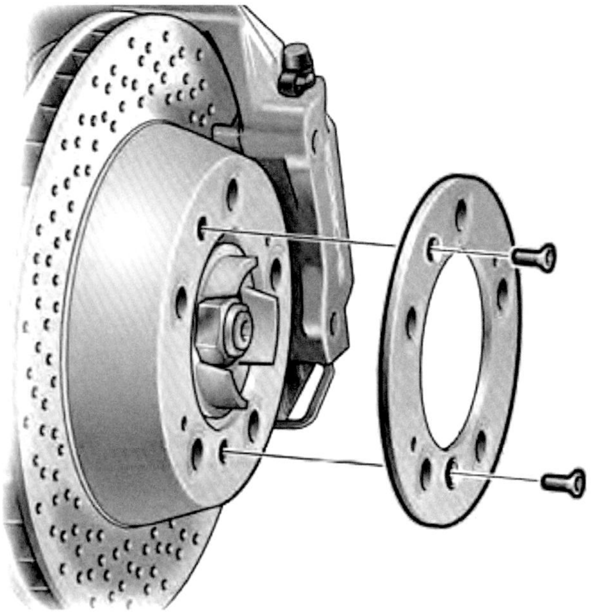

5-mm-Distanzscheiben *(Bild: Porsche AG)*

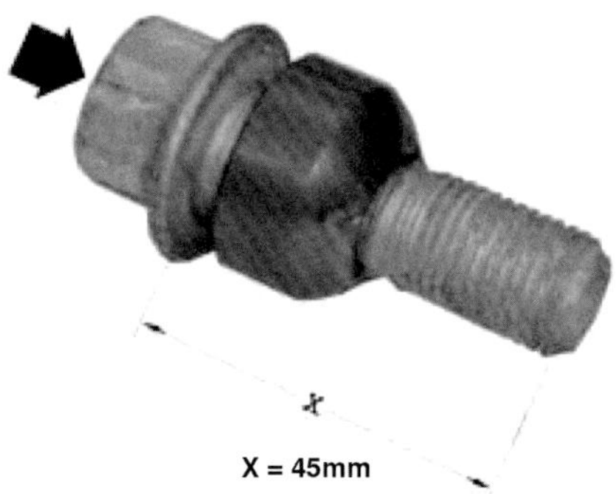

GT3-Radschraube

Mit eingebauten 5-mm-Distanzscheiben müssen die GT3-Radschrauben verwendet werden. *(Bild: Porsche AG)*

Distanzscheiben

Carrera und Carrera S

Basierend auf Informationen der Porsche AG; Bilder vom Werk und anderen Fotografen.
Die Verwendung der 5-mm-Distanzscheiben ist nur mit von Porsche freigegebenen Rädern zulässig. Vor dem Einbau der Distanzscheiben muss die aktuelle Freigabe von Porsche geprüft werden.

Hinweis:
In Ländern, in denen ein Notrad vorgeschrieben ist, müssen die Distanzscheiben bei der Montage des Notrads eingebaut bleiben.

Hinweis:
Mit montierten Distanzscheiben ist das Aufziehen von Schneeketten nicht zulässig.

Ausbau der 5-mm-Distanzscheiben
Fahrzeug anheben
Räder abnehmen

Die beiden M6x16-Senkkopfschrauben aus den Radnaben herausdrehen.

Distanzscheiben entfernen

Die ausgebauten Schrauben durch die kürzeren M6x12-Senkkopfschrauben (Ersatzteilnummer 900 269 047 09) ersetzen und mit 10 Nm festziehen.
Zur Radbefestigung ohne 5-mm-Distanzscheiben müssen die kürzeren Radschrauben (Ersatzteilnummer 996 361 203 02) und die kurze Radsicherungsschraube (996 361 057 01) verwendet werden. Das Anzugsdrehmoment beträgt 130 Nm.

Einbau der 5-mm-Distanzscheiben
Fahrzeug anheben
Räder abnehmen

Die beiden M6x12-Senkkopfschrauben aus den Radnaben herausdrehen.

5-mm-Distanzscheiben auflegen und mit den längeren M6x16-Senkkopfschrauben befestigen, Anzugsdrehmoment 10 Nm.

Zur Radbefestigung mit 5-mm-Distanzscheiben werden die längeren roten GT3-Radschrauben benötigt. Das Anzugsdrehmoment beträgt 130 Nm.

Nur für die Carrera 4- und 4S-Modelle erteilt Porsche eine Freigabe für die Verwendung von 17-mm-Distanzscheiben an der Hinterachse.

(Bild: David Yusem)

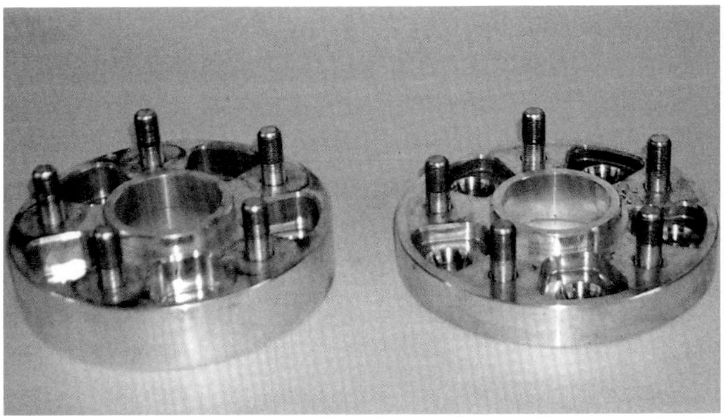

Die 17-mm-Distanzscheiben werden mitunter auch als Radnabenerweiterung bezeichnet.

(Bild: Adrian Streather)

Distanzscheibensatz von Sportec/Schweiz

(Bild: Adrian Streather)

Carrera 4, Carrera 4S, Targa 4 und Targa 4S

Basierend auf Informationen der Porsche AG.

Die Verwendung der 17-mm-Distanzscheiben ist nur mit von Porsche freigegebenen Rädern zulässig. Vor dem Einbau der Distanzscheiben muss die aktuelle Freigabe von Porsche geprüft werden.
Der Einbau der 17-mm-Distanzscheiben ist nur an der Hinterachse in Verbindung mit Rädern der Größe 11,5 J x 19, ET 67 mm, zulässig.
Vor der Montage anderer Radgrößen müssen die Distanzscheiben ausgebaut werden.

Hinweis:
Die 17-mm-Distanzscheiben werden mitunter auch als Radnabenerweiterung bezeichnet. Diese Distanzscheiben werden mittels der originalen Radschrauben an der Nabe befestigt, und die Räder über mitgelieferte Muttern wiederum mit den Distanzscheiben verschraubt.

Ausbau der 17-mm-Distanzscheiben

Fahrzeug anheben

Betroffene Räder abnehmen, die an den Distanzscheiben mittels Radmuttern anstelle von Radschrauben befestigt sind.

Radschrauben entfernen, mit denen die Distanzscheibe an der Nabe befestigt ist.

Distanzscheibe abnehmen.

Eine oder zwei Montagehilfen anstelle der Radschrauben eindrehen.

Rad montieren.

Radschrauben eindrehen und mit der Hand festziehen.

Montagehilfen ausbauen und stattdessen die verbliebenen Radschrauben montieren.

Radschrauben in Stufen über Kreuz beiziehen, damit sich das Rad zentrieren kann.

Fahrzeug auf den Boden ablassen.

Radschrauben über Kreuz mit 130 Nm festziehen.

Ein angehobener 997 wartet auf den Mechaniker.
(Bild: David Yusem)

Zum endgültigen Festziehen der Radschrauben mit dem Drehmomentschlüssel sollte das Fahrzeug auf dem Boden stehen.
(Bild: Adrian Streather)

Einbau der 17-mm-Distanzscheiben

Fahrzeug anheben

Betroffene Räder abnehmen.

Distanzscheibe mit den Radschrauben an der Radnabe befestigen.

Radschrauben in Stufen über Kreuz beiziehen, damit sich die Distanzscheibe zentrieren kann.

Radschrauben mit einem Anzugsdrehmoment von 130 Nm über Kreuz festziehen.

Rad montieren und mit den mitgelieferten Muttern mit einem Anzugsdrehmoment von 130 Nm über Kreuz festziehen.

Hinweis:
Eine Radsicherungsmutter zum Diebstahlschutz ist erhältlich, sie muss aber extra bestellt werden.

Hinweis:
Distanzscheiben aus dem Zubehör benötigen mindestens ein Teilegutachten, mit dem bei Prüfstellen eine Abnahme nach § 19.3 StVZO (Ausfüllen der Anbaubestätigung, die den Fahrzeugpapieren beigefügt und mitgeführt werden muss) bzw. nach § 21 StVZO (Eintragung in die Fahrzeugpapiere, also Brief und Schein) durchgeführt werden kann.

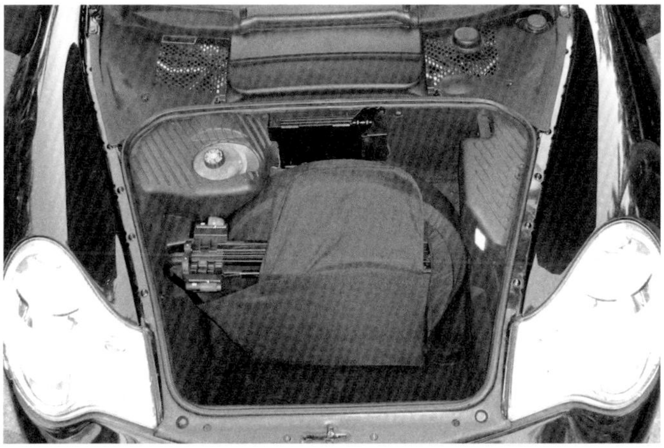

Ein Ersatz- bzw. Faltrad, wie hier im 996, ist nicht mehr vorhanden.
(Bild: Adrian Streather)

Auch der Wagenheber ist aus dem Bordwerkzeugsatz verschwunden, was jedoch kein großer Verlust ist.
(Bild: Adrian Streather)

Diese Beschädigung war zu groß für das Reifendichtmittel.
(Bild: Rennlist.net)

Reifendichtmittel

Kein Ersatzrad

Basierend auf Informationen der Porsche AG.

Reifenpanne

Falls Sie eine Reifenpanne haben sollten, fahren Sie auf einen sicheren Platz neben der Straße, stellen Sie den Wagen ab und sichern Sie ihn mit der Handbremse. Schalten Sie die Warnblinkanlage ein, legen Sie die Warnweste an und stellen Sie ein Warndreieck auf, um andere Verkehrsteilnehmer darauf aufmerksam zu machen. Parken Sie den Wagen nicht an Stellen, wo er mit trockenem Gras, Gestrüpp oder anderem brennbaren Material in Kontakt kommt, da heiße Teile der Auspuffanlage es in Brand setzen können. In manchen Ländern ist das ein großes Problem.

In der Werkzeugbox im Kofferraum befindet sich Reifendichtmittel mit einem Kompressor und Druckprüfer.

Mit dem Reifendichtmittel können Schnitt- oder Stichverletzungen abgedichtet werden, die nicht größer als 4 mm sind.

Das Reifendichtmittel darf keinesfalls angewendet werden, wenn die Felge beschädigt ist.

Vorsicht:
Das Abdichten des Reifens mit Reifendichtmittel ist nur eine Notreparatur. Mit dem so abgedichteten Reifen darf nur bis zur nächsten Werkstatt mit einer maximalen Geschwindigkeit von 80 km/h gefahren werden. Vermeiden Sie scharfes Beschleunigen und schnelles Kurvenfahren.

Vorsicht:
Verwenden Sie nur das von Porsche gelieferte Reifendichtmittel und keines aus dem freien Zubehörhandel.

Vorsicht:
Das Dichtmittel ist leicht entflammbar und gesundheitsschädlich. Feuer, Rauchen und offenes Licht sind im Umgang mit dem Dichtmittel verboten. Kontakt mit Augen, Haut und Kleidung vermeiden. Von Kindern fernhalten und Dämpfe nicht einatmen.

Vorsicht:
Überlegen Sie sich den Einsatz des Reifendichtmittels gut, wenn der 997 mit dem Reifendruck-Kontrollsystem ausgestattet ist. Der Drucksensor am Ventil wird durch das Dichtmittel unbrauchbar.

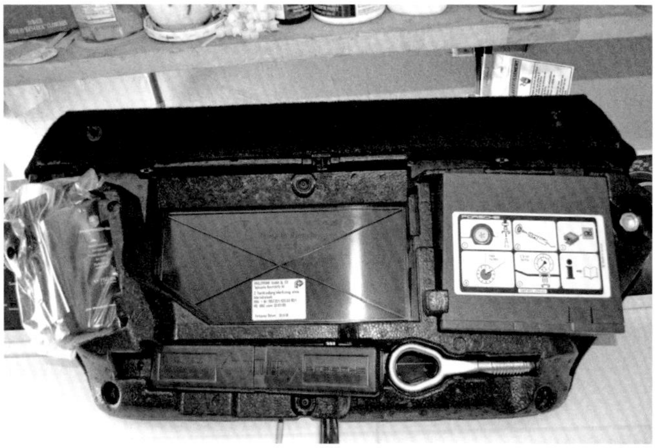

Reifendichtmittelsatz. *(Bild: Ronn Hosmer)*

Leider hilft das Dichtmittel nicht immer ... *(Bild: Rennlist)*

Der Reifendichtmittelsatz besteht aus:

- Einfüllflasche
- Geschwindigkeitsaufkleber zur Anbringung im Sichtbereich des Fahrers
- Einfüllschlauch
- Ventildreher
- Ersatz-Ventileinsatz

Dichtmittel einsetzen

Lassen Sie den eingedrungenen Fremdkörper im Reifen.

Kompressor, Dichtmittel und den beiliegenden Aufkleber aus dem Kofferraum entnehmen.

Aufkleber in den Sichtbereich des Fahrers kleben.
Einfüllflasche schütteln.

Einfüllschlauch auf die Einfüllflasche schrauben, wodurch die Einfüllflasche geöffnet wird.

Ventilkappe vom Ventil des platten Reifen abschrauben.
Ventileinsatz mit dem Ventildreher aus dem Reifenventil entfernen.

Hinweis:
Bewahren Sie den Ventileinsatz an einem trockenen und sauberen Ort auf.

Verschluss des Einfüllschlauchs abziehen.
Einfüllschlauch auf das Reifenventil schieben.

Einfüllflasche höher als das Reifenventil halten und kräftig zusammendrücken bis der gesamte Flascheninhalt sich in den Reifen entleert hat.

Einfüllschlauch vom Reifenventil abziehen und Ventileinsatz mit dem Ventildreher fest in das Reifenventil drehen.

Kompressor am Zigarettenanzünder anschließen und Reifen bis zum vorgegebenen Reifendruck aufpumpen (siehe Betriebsanleitung oder Kapitel 6).

Ventilkappe auf das Reifenventil schrauben.

Nach einer Fahrzeit von ca. 10 Minuten Reifendruck überprüfen. Falls der Reifendruck unter 1,5 bar abgefallen ist, nicht weiterfahren. Werden mehr als 1,5 bar angezeigt, den Luftdruck gegebenenfalls auf den vorgeschriebenen Wert korrigieren. Bei der Weiterfahrt 80 km/h nicht überschreiten.

Luftfilterwechsel (Motortypen M96.05 und M97.01)

Basierend auf Informationen der Porsche AG; Bilder vom Werk und weiteren Fotografen.

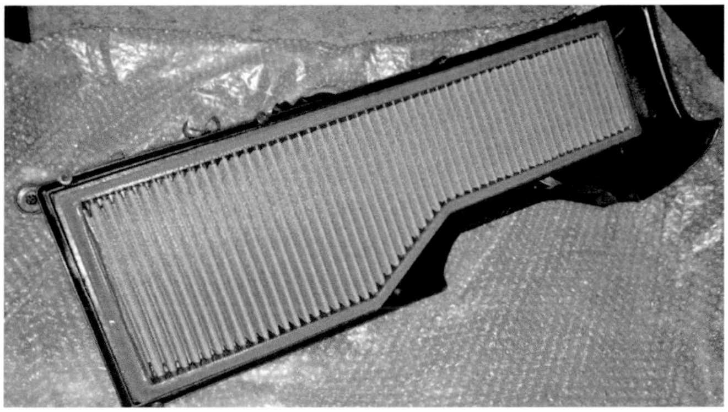

Erforderliche Ersatzteile:

◀ 1 Luftfilterelement (Ersatzteilnummer 996 110 131 52)

Hinweis:

Für den Motortyp M97.01 mit der optionalen Leistungssteigerung X51 wird dieses Luftfilterelement benötigt: 997 110 132 00.

Erforderliche Werkzeuge:

- Torx-Schraubendreher T20
- Torx-Schraubendreher T25
- 7-mm-Stecknuss mit Griffstück oder Schraubendreher

Ausbau des Luftfiltergehäuses

◀ Der 3,8-Liter-Motor M97.01 hat im Luftfiltergehäuse ein zuschaltbares Resonanzvolumen (Resonator), dessen Steuerung vor dem Ausbau des Luftfilters entfernt werden muss.

Ziehen Sie den Kabelstecker vom elektrischen Umschaltventil ab. Gilt nicht für den Motortyp M96.05.

Lösen Sie die Unterdruckleitung der Tandempumpe vom Luftfilterkasten.

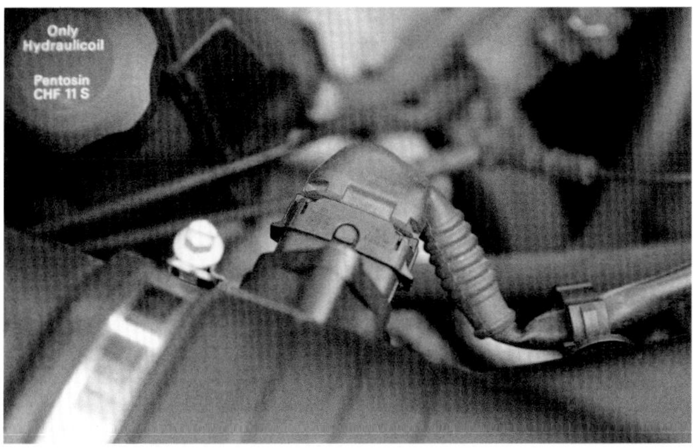

◀ Ziehen Sie den Kabelstecker vom Heißfilm-Luftmassenmesser (MAF) ab. Dazu müssen die Verriegelungen am Stecker zusammengedrückt und der Stecker herausgezogen werden. Entfernen Sie das Anschlusskabel aus den Omega-Clips.

Lockern Sie die Schlauchschelle der Gummihutze zwischen dem Luftfiltergehäuse und dem Drosselklappenstutzen.

Lösen Sie das Öleinfüllrohr aus dem Luftfiltergehäuse und heben Sie dann das Luftfiltergehäuse aus seiner Aufnahme.

◀ Entfernen Sie das Umschaltventil für den Resonator aus dem Luftfiltergehäuse und nehmen Sie die Unterdruckleitung von Luftfiltergehäuse und Resonator ab. Gilt nicht für den Motortyp M96.05.

◀ Jetzt kann der Luftfilterkasten aus dem Motorraum herausgenommen werden.

Falls erforderlich, kann der Luftfilterkasten mit einem feuchten Lappen und etwas Reinigungsmittel außen gesäubert werden. Legen Sie ihn anschließend auf einer weichen Unterlage ab, um Kratzer in den lackierten Flächen zu vermeiden.

Hinweis:
Die Außenseiten des Luftfiltergehäuses dürfen nicht mit einem scharfen Reinigungsmittel gesäubert werden.

Ausbau und Austausch des Luftfilterelements
Lösen Sie die acht Torx-Schrauben am Luftfiltergehäuse.

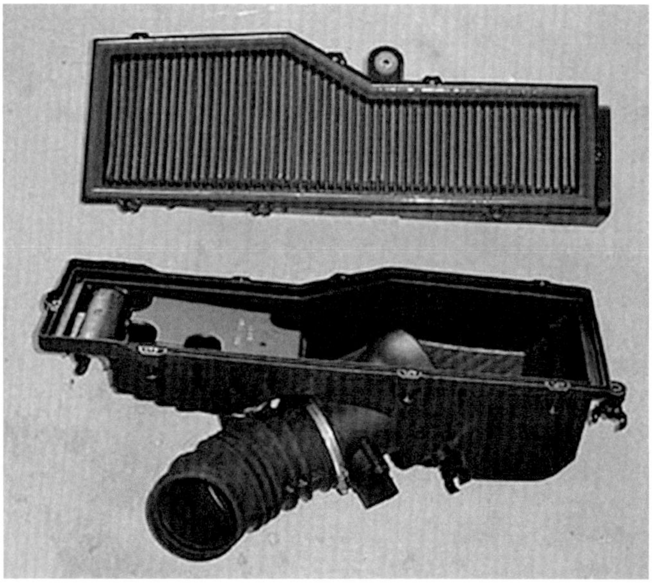

◀ Entnehmen Sie den Luftfiltereinsatz aus der Gehäusehälfte.

Die Innenseiten der Luftfiltergehäusehälften können mit einem sauberen, fusselfreien Tuch gereinigt werden.

Setzen Sie ein neues Luftfilterelement ein und verschrauben Sie die beiden Gehäusehälften wieder mit den acht Torx-Schrauben.

Einbau des Luftfiltergehäuses
Verlegen Sie die Unterdruckleitung wie vorgegeben am Luftfiltergehäuse und verbinden Sie die Leitung mit dem Anschluss am Resonator. Gilt nicht für den Motortyp M96.05.

Bringen Sie das Umschaltventil am Luftfilterkasten an. Gilt nicht für den Motortyp M96.05.

Setzen Sie das Luftfiltergehäuse wieder in seine Aufnahme im Motorraum.

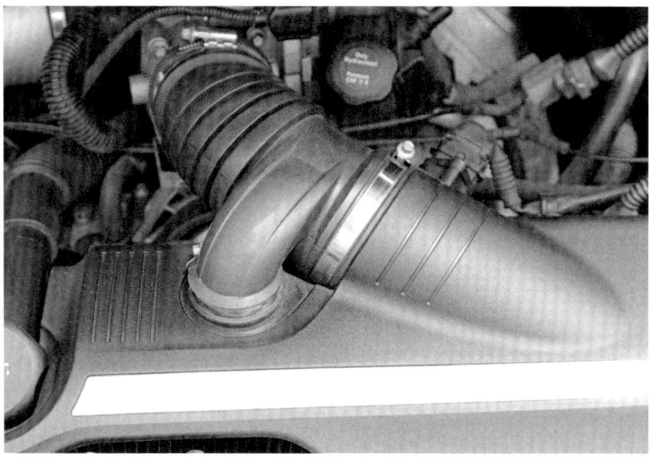

◀ Installieren Sie die Gummihutze zwischen Luftfiltergehäuse und Drosselkörper und achten Sie dabei darauf, dass beide Anschlüsse der Gummihutze am Luftfiltergehäuse aufgesteckt sind.

Bringen Sie das Öleinfüllrohr wieder in seiner Aufnahme am Luftfiltergehäuse an.

◀ Ziehen Sie jetzt die Schlauchschellen der Gummihutze an Drosselkörper und Luftfiltergehäuse fest.

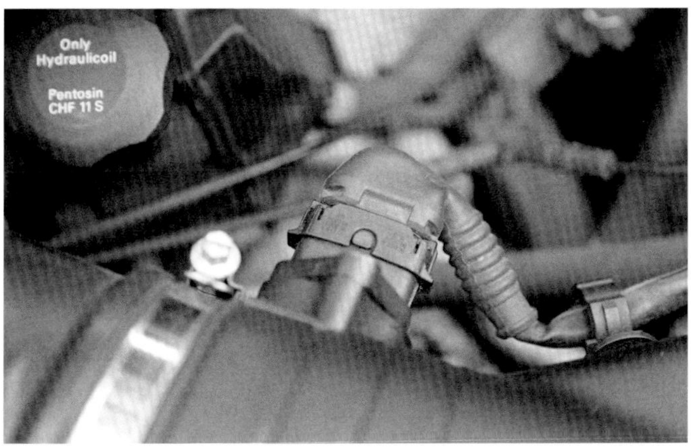

◀ Schließen Sie den Kabelstecker des MAF an und verlegen Sie das Kabel in den Omega-Clips am Luftfiltergehäuse.

Verlegen Sie die Unterdruckleitung der Tandempumpe am Luftfiltergehäuse.

Schließen Sie den Kabelstecker für den Resonator am Umschaltventil an. Gilt nicht für den Motortyp M96.05.

◀ Das Luftfiltergehäuse des Motortyps M96.05 hat kein umschaltbares Resonanzvolumen, daher sind auch keine Steuerelemente vorhanden.

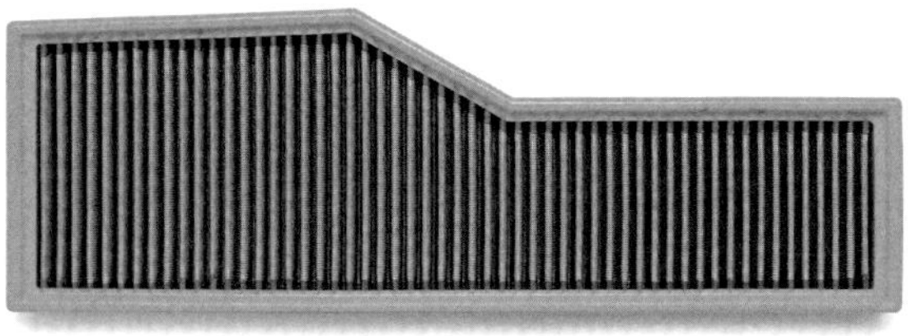

Luftfilterwechsel (Motortypen M97.70, M97.76 und M97.77)

Basierend auf Informationen der Porsche AG; Bilder vom Werk und weiteren Fotografen.

◀ Erforderliche Ersatzteile:
Motortyp M97.70: 1 Luftfilterelement 997 110 131 73 oder 997 110 131 74
Motortyp M97.76: 1 Luftfilterelement 997 110 131 71
Motortyp M97.77: 1 Luftfilterelement 997 110 131 74

Ausbau des Luftfiltergehäuses

◀ Ziehen Sie den Kabelstecker vom Heißfilm-Luftmassenmesser (MAF) ab. Dazu müssen die Verriegelungen am Stecker zusammengedrückt und der Stecker gleichzeitig abgezogen werden.

Entfernen Sie den Verbindungsschlauch zwischen dem linken Turbolader und dem Ansaugrohr (gilt nicht für die Motortypen M97.76 und M97.77). Lösen Sie dazu mit einem Schraubendreher die Halteklammern und ziehen Sie den Schlauch heraus. Bringen Sie die Halteklammern gleich wieder an.

◀ Lösen Sie die Schlauchschellen zwischen dem Luftfiltergehäuse und dem Ansaugrohr.

Lösen Sie die Befestigungsschraube auf der Rückseite des Luftfiltergehäuses.

Kippen Sie das Luftfiltergehäuse zuerst nach außen, drehen Sie es dann um ca. 90° nach rechts oben und schließlich um etwa 90° nach links.

Ziehen Sie den Kabelstecker des MAF-Sensors ab, öffnen Sie die Omega-Clips auf der linken Seite des Luftfiltergehäuses und entfernen Sie das Kabel.

Das Luftfiltergehäuse kann nun aus dem Motorraum entfernt werden.

Ausbau und Austausch des Luftfilterelements

Durch Herausschrauben der neun Torx-Schrauben kann das Luftfiltergehäuse in zwei Hälften getrennt werden.

Nehmen Sie das alte Luftfilterelement heraus und reinigen sie die beiden Hälften mit einem fusselfreien Lappen.

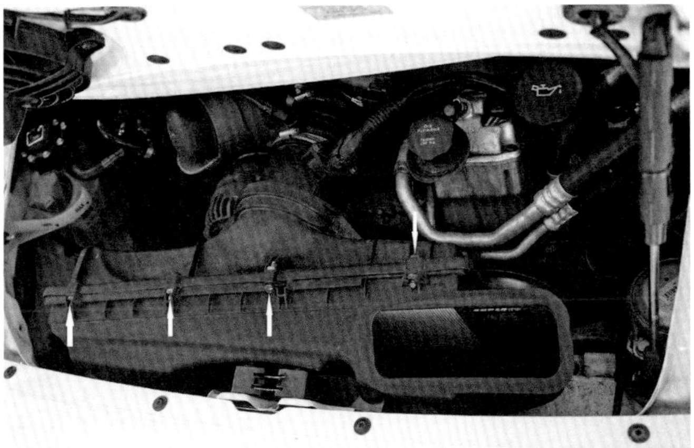

Setzen Sie das neue Luftfilterelement ein, fügen Sie die beiden Gehäusehälften zusammen und ziehen Sie die neun Torx-Schrauben fest.

Einbau des Luftfiltergehäuses

Verlegen Sie das MAF-Sensorkabel in den Omega-Clips an der linken Luftfiltergehäuseseite und schließen Sie die Clips.

Zum Einbau des Luftfiltergehäuses in den Motorraum drehen Sie es zuerst um ca. 90° nach rechts und schieben Sie den Gummischlauch über den Anschluss. Dann schwenken Sie es um ca. 90° nach unten.

Ziehen Sie die Befestigungsschraube M6 mit 10 Nm an.

Ziehen Sie die Schlauchschelle des Verbindungsschlauchs fest und schließen Sie den MAF-Sensorstecker wieder an.

Hinweis:
Der Stecker muss hörbar einrasten!

◀ GT3

Bringen Sie den Verbindungsschlauch zwischen dem linken Turbolader und dem Ansaugverteiler wieder an (gilt nicht für die Motortypen M97.76 und M97.77).

Hinweis:
Der Schlauch muss hörbar einrasten.

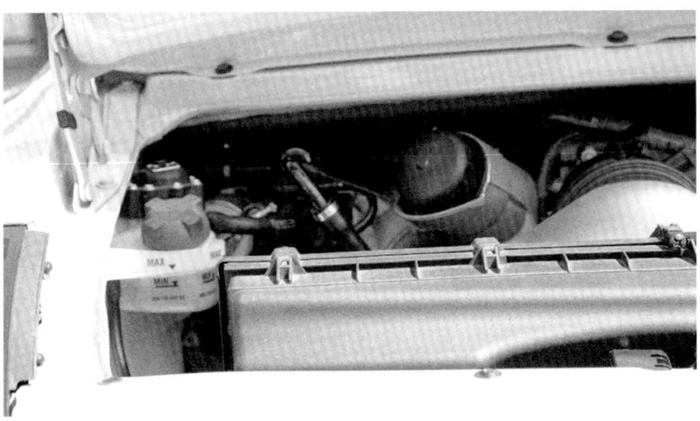

◀ GT3

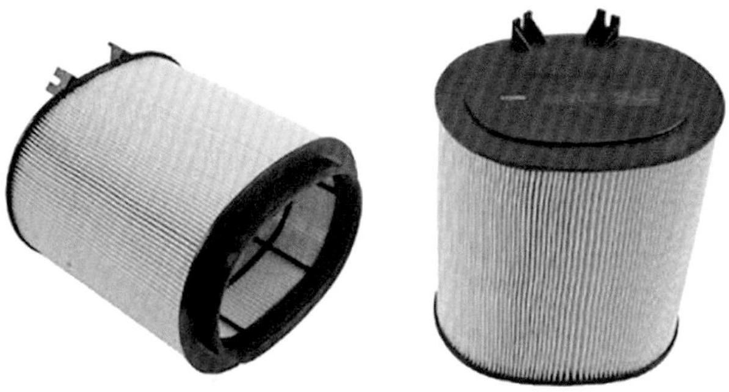

Luftfilterwechsel (Motortypen MA1.01 und MA1.02)

Basierend auf einem Beitrag von Chris Kolstad, von dem auch die Bilder stammen.

Erforderliche Ersatzteile:
2 Luftfilterelemente (Ersatzteilnummer 997 110 130 31)

Erforderliches Werkzeug:
- Torx-Schraubendreher T20
- Torx-Schraubendreher T25
- 7-mm-Stecknuss mit Griffstück oder Schraubendreher

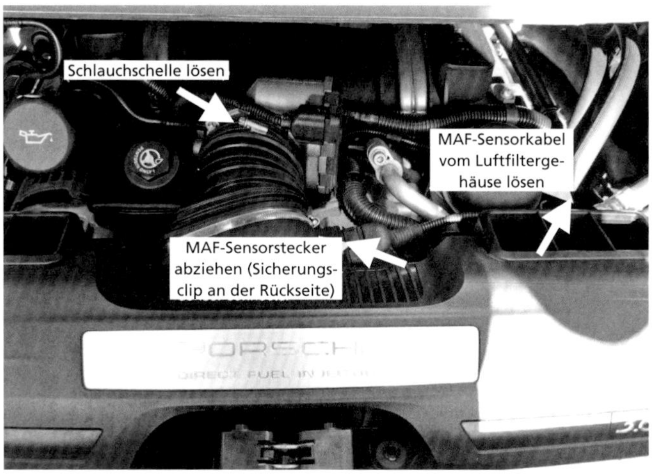

Ausbau des Luftfiltergehäuses

◀ Lösen Sie die Schlauchschelle am Drosselkörper mit der 7-mm-Stecknuss oder einem Schraubendreher.

◀ Ziehen Sie den Kabelstecker des MAF-Sensors ab. Drücken Sie beim Entriegeln der Haltenase den Stecker gegen den Sensor, das erleichtert das Ausrasten. Lösen Sie die Anschlussleitung des MAF-Sensors aus den Halterungen auf der rechten Seite des Luftfiltergehäuses.

◀ Nehmen Sie die Lufthutze vom Drosselkörper ab und ziehen Sie das Luftfiltergehäuse gerade nach oben heraus. Das Gehäuse ist nicht verschraubt, es behält allein durch seine exakte Einpassung und sein Gewicht seine Lage. Zum Herausnehmen aus dem Motorraum muss der vordere Teil geneigt werden.

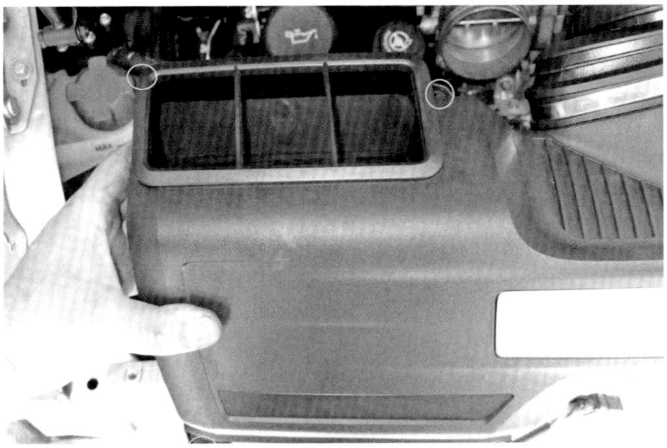

◀ Entfernen Sie die acht T25-Torx-Schrauben am Umfang des Luftfiltergehäuses.

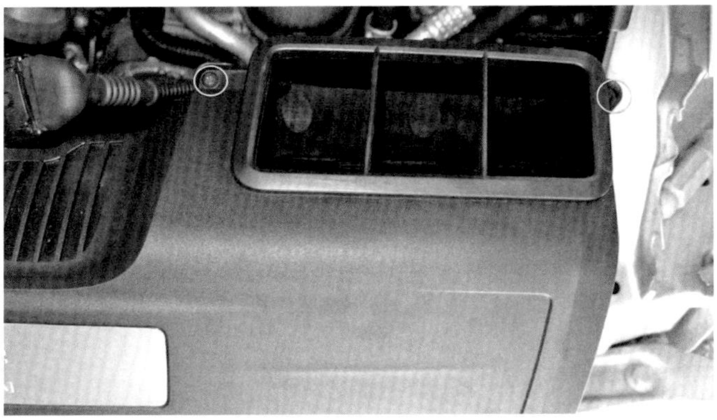

◀ Heben Sie die Abdeckung ab und bauen Sie die beiden T20-Torx-Schrauben aus, mit denen die beiden Luftfilterelemente fixiert werden. Entnehmen Sie die beiden Luftfilterelemente und tauschen Sie diese gegen neue aus.

Einbau des Luftfiltergehäuses
Ziehen Sie die beiden T20-Torx-Schrauben wieder fest.

Bringen Sie die Abdeckung an und befestigen Sie diese mit den acht T25-Torx-Schrauben.

Setzen Sie den Luftfilterkasten wieder korrekt an seinem Platz im Motorraum ein.

◀ Bringen Sie die Lufthutze wieder an.

Verlegen Sie das MAF-Sensorkabel und schließen Sie es wieder an.

◀ Mit dem Festziehen der Schlauchschelle ist die Arbeit erledigt.

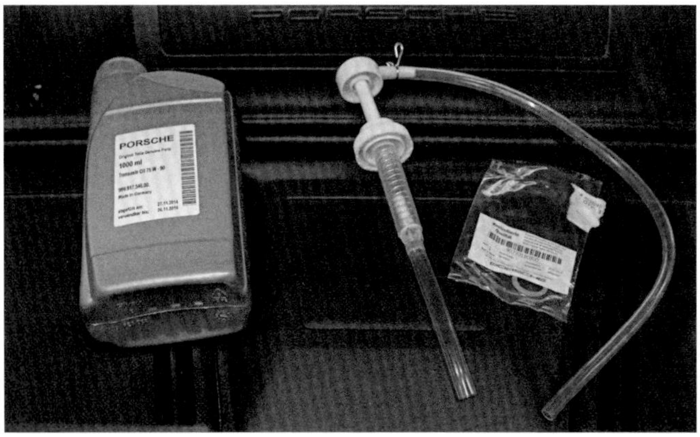

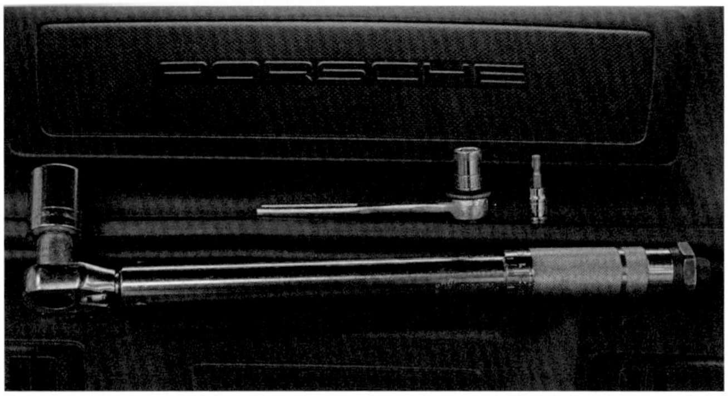

Ölwechsel am Schaltgetriebe

Basierend auf einem Beitrag von David Yusem und Wayne Smith; alle Bilder stammen von David Yusem.

Benötigtes Werkzeug und erforderliche Ersatzteile:

- Vier 1-Liter-Gebinde Getriebeöl 75W-90 mit Freigabe von Porsche
- Pumpe für das Einfüllen des Öls in das Getriebegehäuse
- Ölablasswanne, idealerweise mit Füllmengenmarkierung
- 24-mm-Sechskantnuss
- Drehmomentschlüssel
- Kurze Verlängerung, um den seitlichen Einfüllverschluss besser erreichen zu können
- Zwei Dichtringe (Ersatzteilnummer 997 301 808 00) für die Ablass- und Einfüllschraube

Hinweis:
Getriebeöl hat einen durchdringenden penetranten Geruch. Daher ist es ratsam, eine Plane oder ähnliches unterzulegen, um verspritztes Öl aufzufangen. Es sollten auch genügend Werkstattlappen bereitliegen.

Hinweis:
Vor dem Ölwechsel sollte das Getriebe warmgefahren werden.

Vorsicht:
Achten Sie bei Arbeiten unter dem Auto darauf, dass Sie sich nicht an heißen Motorteilen wie dem Auspuff verbrennen.

Ölwechsel

◀ Heben Sie den 997 an. Eine Hebebühne erleichtert die Arbeit wesentlich, aber der Getriebeölwechsel kann auch durchgeführt werden, wenn der Wagen auf Unterstellböcken steht. Hinweise zum Anheben finden Sie zu Beginn dieses Kapitels.

Um ein vollständiges Entleeren und korrektes Befüllen sicherzustellen, muss der 997 waagrecht stehen.

◀ Damit das Getriebe zugänglich ist, muss die hintere Unterverkleidung entfernt werden. Siehe Abschnitt „Arbeiten an der Karosserie".

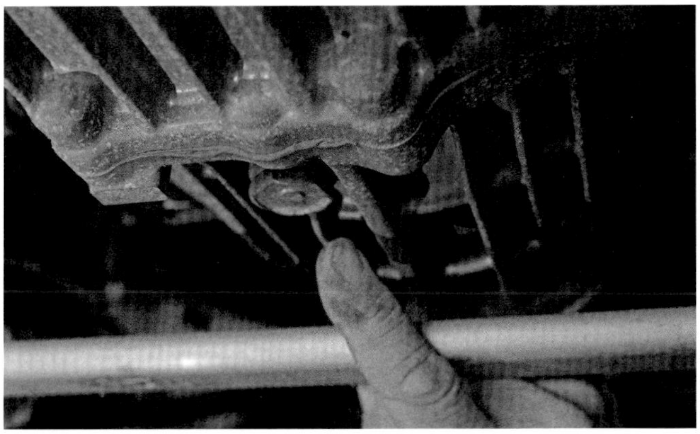

◀ Die Ölablassschraube befindet sich an der Getriebeunterseite und hat eine Schlüsselweite von 24 mm.

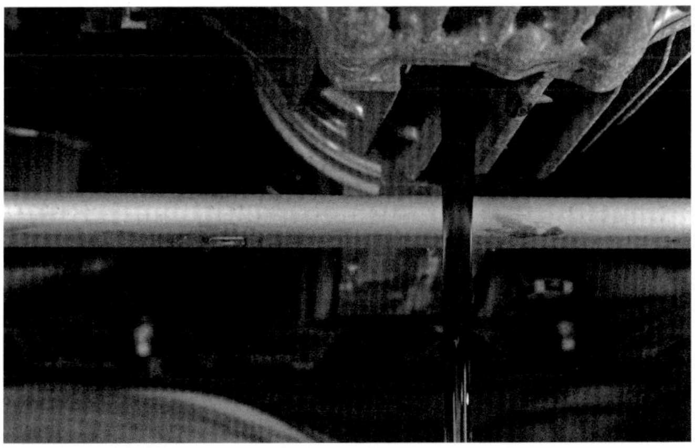

◀ Stellen Sie eine Ölauffangwanne unter die Ablassschraube und entfernen Sie diese. Bei warmem Getriebe dauert es etwa 60 Minuten, bis das Öl vollständig ausgelaufen ist.

Reinigen Sie den Bereich um die Ablassöffnung und erneuern Sie den Dichtring der Ablassschraube. Nach dem Wiedereindrehen ziehen Sie diese mit 42 Nm fest.

◀ Entfernen Sie die seitliche Einfüllschraube. Auch sie hat eine Schlüsselweite von 24 mm. Schieben Sie die Ölwanne unter die Einfüllöffnung. Beim Befüllen wird soviel Öl in die Einfüllöffnung gepumpt, bis es auszutreten beginnt. Das ist nach ca. drei eingefüllten Litern der Fall. Die Ölwanne dient dazu, überschüssiges Öl aufzufangen.

Verbinden Sie die Pumpe mit dem ersten Ölbehälter und führen Sie den Schlauch in die Einfüllöffnung ein. Achten Sie darauf, dass das Öl gut ablaufen kann und nicht aus der Einfüllöffnung zurückspritzt.

Pumpen Sie jeweils einen Liter in das Getriebe. Mit dem vierten Liter beginnt das Öl aus der Einfüllöffnung auszutreten. Ist das der Fall, entfernen Sie die Pumpe und lassen das überschüssige Öl abtropfen.

◀ Reinigen Sie den Bereich um die Einfüllöffnung und erneuern Sie den Dichtring der Einfüllschraube. Nach dem Wiedereindrehen ziehen Sie diese mit 42 Nm fest.

Bringen Sie die Unterbodenverkleidung wieder an und lassen Sie den 997 ab. Entfernen Sie eventuell verschüttetes Öl und entsorgen Sie das Altöl ordnungsgemäß.

Ölwechsel an der Tiptronic S

Einführung

Wie bereits in vorhergehenden Kapiteln erwähnt, sind für 997-Besitzer Schaltschwierigkeiten bei der Tiptronic S (Getriebetyp A97.XX) nicht unbedingt ein Anlass für größere Sorgen. In vielen Fällen lassen sich solche Probleme mit einem Wechsel des ATF-Öls samt Ölfilter beseitigen. Zwar ist diese Arbeit nichts für einen blutigen Anfänger, lässt sich aber mit den entsprechenden Voraussetzungen (Hebebühne und Zugang zu einem PIWIS-Tester oder gleichwertigem) auch in der heimischen Garage durchführen. Die folgende Beschreibung entstand anhand von Informationen der Porsche AG, die Bilder stammen von Porsche und vom Autor.

Sicherheitshinweise

Lassen Sie das ATF-Öl abkühlen.

Tragen Sie eine Schutzausrüstung (Handschuhe und Schutzbrille).

Vorbereitende Arbeiten

◀ Heben Sie den 997 an den vorgesehenen Aufnahmepunkten so an, dass er für die Arbeit waagrecht steht. Sichern Sie den Wagen mit Unterstellböcken, wenn Sie keine Hebebühne verwenden.

Für den Getriebezugang muss die hintere Unterbodenverkleidung entfernt werden.

Ablassen des ATF-Öls

Stellen Sie eine Ölauffangwanne unter das Getriebe.

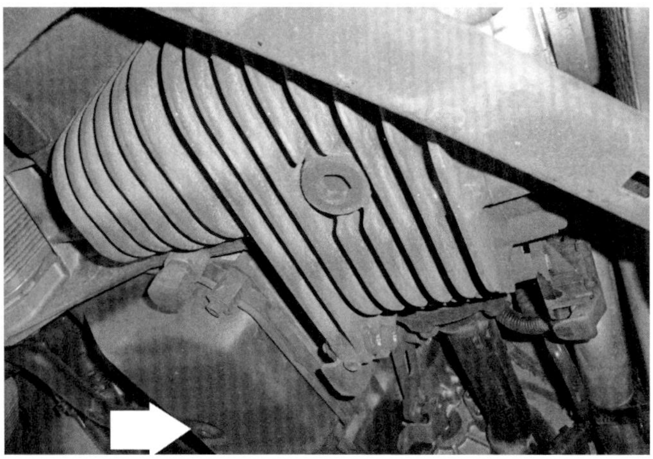

◀ Entfernen Sie die Ablassschraube und lassen Sie das Öl in die Wanne ablaufen. Das vollständige Entleeren dauert etwa 30 bis 60 Minuten.

Die Ablassschraube wird mit einem neuen Dichtring (Ersatzteilnummer 900 123 062 20) wieder eingedreht und mit einem Drehmoment von 22 Nm festgezogen.

Abbauen der Getriebeölwanne

Entfernen Sie die Querstrebe.

Lösen Sie die Kühlmittelleitungen an ihren Befestigungspunkten.

Ziehen Sie den Kabelstecker ab und entfernen Sie das Kabel und die Unterdruckleitung aus den Halteclips an der Ölwanne.

Anschließend wird die Ölwanne über Kreuz gelöst und abgenommen.

Wechsel des ATF-Ölfilters

Ziehen Sie den ATF-Ölfilter mit einer Abwärtsbewegung von der Ventileinheit ab.

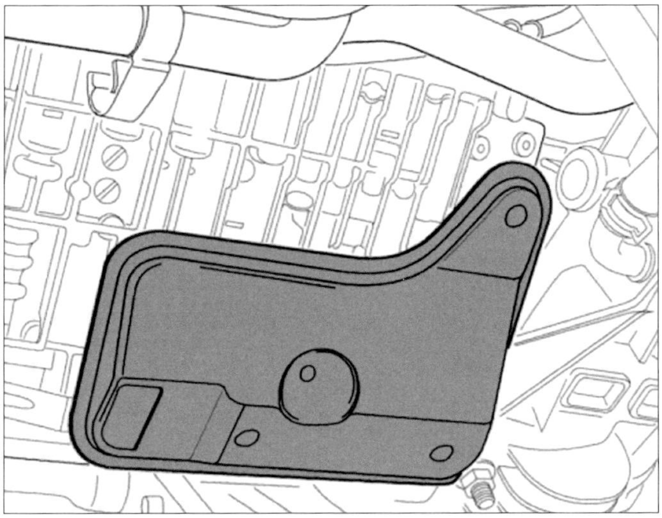

◀ Tragen Sie auf die Dichtung der Ansaugöffnung am neuen ATF-Ölfilter (Ersatzteilnummer 722 277 009 5) etwas säurefreies Fett (Vaseline®) auf und setzen Sie den Filter ein.

Einbau der Getriebeölwanne

Reinigen Sie die Ölwanne und montieren Sie diese mit einer neuen Dichtung (Ersatzteilnummer 140 271 008 0).

Ziehen Sie die Schrauben über Kreuz mit einem Drehmoment von 8 Nm fest.

Verlegen Sie wieder die Unterdruckleitung sowie das Kabel und schieben Sie den Kabelstecker wieder auf.

Befestigen Sie die Kühlmittelleitungen.

◀ Abschließend wird die Querstrebe montiert und mit einem Drehmoment von 65 Nm festgezogen.

ATF-Öl auffüllen

Hinweis:
Beim Lösen und Festziehen der Verschlusskappe am Füllventil muss das Ventil mit einem Maulschlüssel gegengehalten werden.

◀ Lösen Sie die Kontrollschraube.

◀ Entfernen Sie die Verschlusskappe des Füllventils.

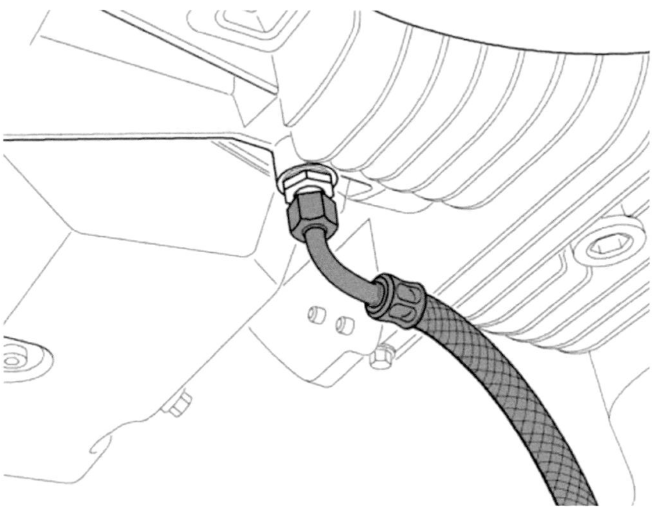

◀ Schließen Sie den Verbindungsschlauch 95071 an das Füllventil an.

Befüllen Sie das Getriebe mit ATF-Öl, bis es aus der Kontrollbohrung auszutreten beginnt.

ATF-Ölstand prüfen und ergänzen

Die ATF-Öltemperatur muss zwischen 30°C und 40°C liegen.

Hinweis:
Falls die Temperatur zu hoch ist, wird nicht genug Öl eingefüllt; ist die Temperatur zu niedrig, wird zu viel Öl eingefüllt.

◀ Der Wählhebel muss sich in Position „P“ befinden und der Motor mit ausgeschalteter Klimaanlage im Leerlauf laufen. Schließen Sie den PIWIS-Tester 97810 an und wählen Sie ATF-Temperatur im Menü aus.

Füllen Sie über das Füllventil ATF-Öl nach, bis Öl aus der Kontrollbohrung austritt.

◀ Treten Sie die Bremse und schalten sie alle Wählhebelpositionen durch. Jede Position sollte mindestens für 10 Sekunden eingelegt bleiben.

Füllen Sie über das Füllventil ATF-Öl nach, bis Öl aus der Kontrollbohrung austritt.

Abschließende Arbeiten

Entfernen Sie den Verbindungsschlauch 95071 vom ATF-Füllventil.

Die Verschlusskappe wird mit einem neuen Dichtring (Ersatzteilnummer 900 123 007 30) wieder eingedreht und mit einem Drehmoment von 41 Nm festgezogen.

Die Kontrollschraube wird mit einem neuen Dichtring (Ersatzteilnummer 900 123 007 30) wieder eingedreht und mit einem Drehmoment von 22 Nm festgezogen.

◀ Bringen Sie die hintere Unterverkleidung wieder an.

◀ Lassen Sie den 997 ab und machen Sie eine Probefahrt.

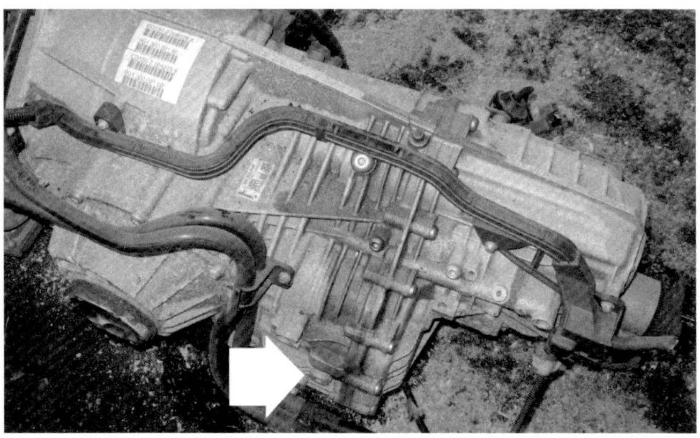

Ölwechsel am Porsche Doppelkupplungsgetriebe (PDK)

Einführung

Aufgrund der hohen Scherkräfte, denen das Öl im Schaltgetriebe und Winkelgetriebe des Differenzials ausgesetzt ist, hat das PDK zwei verschiedene Ölfüllungen, die sich in unterschiedlichen Kammern befinden.

Die Ölkammer für das Hydrauliköl ist mit 5,2 Litern Pentosin Gear Oil FFL3 befüllt.

Zur Schmierung des Getriebes sind 2,95 Liter Mobilube PTX Formula A (SAE 75W-90) vorhanden.

Die Wechselintervalle liegen bei 90.000 km für das Hydrauliköl und 180.000 km für das Getriebeöl.

Für die Arbeitsbeschreibung wurden Informationen sowie Bilder der Porsche AG verwendet.

Hydraulikölfüllung

Folgende Bedingungen müssen erfüllt sein, damit der Hydraulikölstand geprüft bzw. ergänzt werden kann:

- Motor läuft im Leerlauf.
- Fahrzeug muss waagerecht stehen.
- Die Hydrauliköltemperatur liegt zwischen 30°C und 40°C.
- Wählhebel in Stellung „P“
- Die Kupplungskühlung muss über den PIWIS-Tester ausgeschaltet sein.

Diese Bedingungen müssen für eine Minute eingehalten werden, um den Ölstand einzuregulieren.

◀ Stellen Sie eine Ölauffangwanne unter die Überlaufbohrung. Öffnen sie deren Verschlussschraube und lassen Sie solange Öl austreten, bis es nur noch unregelmäßig tropft.

Sobald das Tropfen aufhört, wird Hydrauliköl nachgefüllt, bis das Öl wieder aus der Überlaufbohrung austritt.

Um Schäden an den Kupplungen zu vermeiden, muss diese Arbeit innerhalb von 5 Minuten beendet sein. Daher schaltet der PIWIS-Tester nach 5 Minuten den Öleinfüllmodus ab.

◀ Die Überlaufbohrung für das Schaltgetriebe und Differenzial befindet sich auf der gegenüberliegenden Seite des Getriebes. Der Ölstand dort wird auf die gleiche Weise an der Überlaufbohrung geprüft.

Sichtprüfung der Bremsbeläge

Basierend auf Informationen der Porsche AG; Bilder vom Werk und weiteren Fotografen.

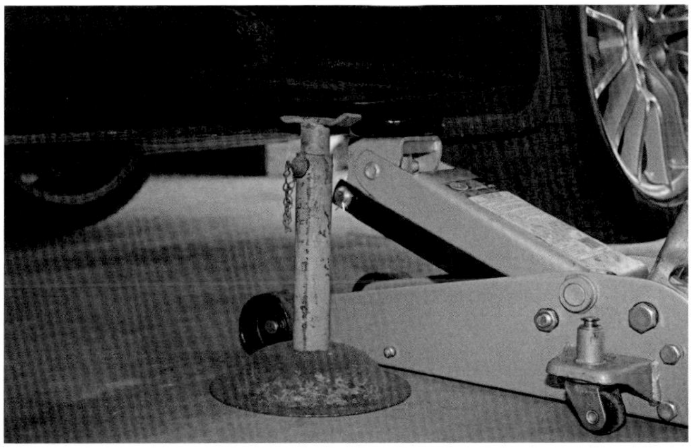

◀ Zur Überprüfung der vorderen und hinteren Bremsbeläge muss der 997 angehoben werden, damit die Räder abgenommen werden können. Das kann nacheinander an jedem Rad erfolgen oder bei allen gleichzeitig, wenn der Wagen auf einer Hebebühne oder so wie hier gezeigt, auf Unterstellböcken steht.

Durch entsprechendes Drehen am Lenkrad können die vorderen Bremsbeläge einfacher kontrolliert werden.

Die hinteren Bremsbeläge können von der Rückseite erreicht werden, was bei abgenommenen Rädern problemlos möglich ist.

◀ Prüfen Sie den Verschleiß der Bremsbeläge.
Die Verschleißgrenze ist erreicht, wenn der Belag noch eine Reststärke von 2 mm hat.

Falls die Belagstärke noch über 3 mm beträgt, müssen sie nicht gleich ausgetauscht werden. Liegt die Stärke aber zwischen 2,5 mm und 3 mm, sollte über einen unmittelbaren Austausch nachgedacht werden (siehe nächster Abschnitt).

◀ Eine PCCB-Anlage wartet auf ihre Inspektion.

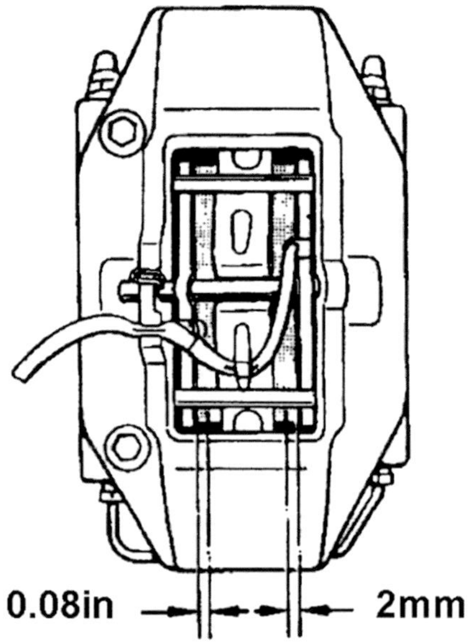

◀ Verschleißgrenze

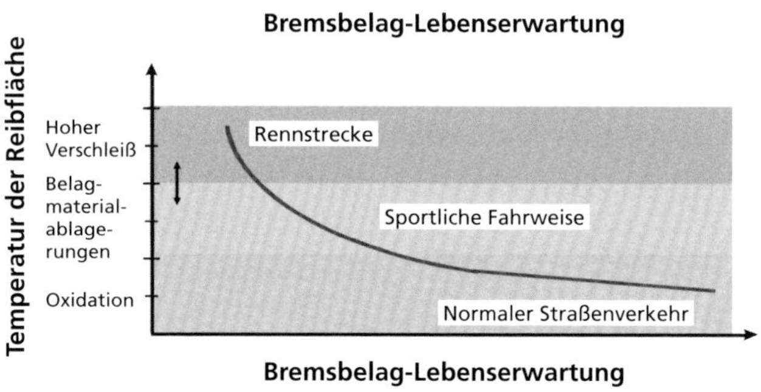

◀ Diagramm zur Bremsbelag-Lebenserwartung

◀ Je mehr auf der Rennstrecke gefahren wird, desto höher ist der Verschleiß der Bremsbeläge. Eigentlich eine Binsenweisheit, aber manche sind immer noch überrascht, welche Kosten das Rennstreckenfahren verursacht.

Wechsel der vorderen und hinteren Bremsbeläge

Basierend auf Informationen der Porsche AG; Bilder vom Werk und weiteren Fotografen.

Hinweis:
Die Vorgehensweise beim Bremsbelagwechsel ist bei der vorderen und hinteren Bremse identisch, Unterschiede gibt es lediglich bei der Ausführung der Dämpfungsbleche.

Die Bremsbeläge müssen immer als Satz an einer Achse ersetzt werden, wenn die Warnleuchte aufleuchtet, was bei einer Restbelagstärke von 2 mm der Fall ist.

Falls der Belagverschleiß über die Warnleuchte angezeigt wurde, muss auch der Warnkontakt ausgetauscht werden.

◀ Der Austausch des Warnkontakts kann vermieden werden, wenn die Bremsbeläge bereits bei einer Reststärke von 2,5 mm gewechselt werden.

Sobald der Kupferkern des Warnkontakts angeschliffen wurde, ist sein Ersatz erforderlich. Sollte jedoch nur die Kunststoffummantelung angeschliffen sein, kann er weiterverwendet werden.

Hinweis:
Achten Sie beim Belagwechsel auf die richtige Ausführung gemäß Ersatzteilliste.

◀ Beim Wechsel der vorderen Bremsbeläge müssen auch die Dämpfungsbleche erneuert werden.

Die Dämpfungsbleche (die vorderen haben eine zusätzliche schwingungshemmende Masse) sind mit einer Schutzfolie versehen, die vor dem Einbau abgezogen werden muss.

◀ Auch die hinteren Dämpfungsbleche müssen beim Bremsbelagwechsel erneuert werden.

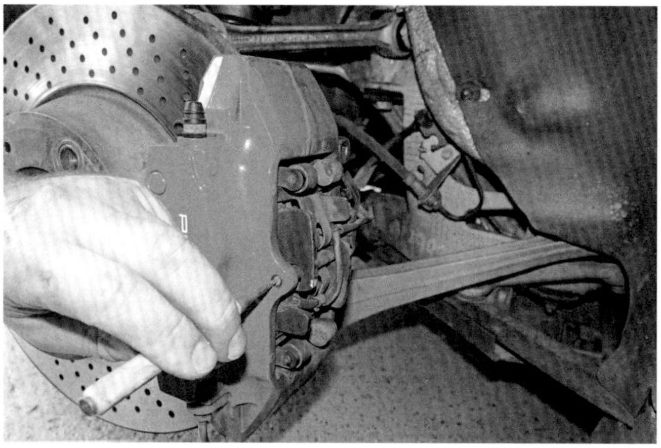

Hinweis

Vor Beginn der Arbeit öffnen Sie den Bremsflüssgkeitsvorratsbehälter und decken ihn mit einem sauberen, fusselfreien Tuch ab. Beim Zurückdrücken der Beläge könnte ansonsten Bremsflüssigkeit aus dem Behälter laufen.

Bremsbelagausbau

◀ Entfernen Sie den Sicherungssplint und drücken Sie die Haltestifte zur Innenseite heraus.

◀ Lösen Sie das Kabel der Warnkontakte aus dem Bremssattel und ziehen Sie die Warnkontakte aus den Bremsbelägen.

Bauen Sie mit einem Bremsbelagauszieher oder einem gleichwertigen Werkzeug die Bremsbeläge aus den Bremssätteln aus.

Entfernen Sie die Bremsbeläge zusammen mit den Dämpfungsblechen. Falls das wegen des Belagverschleißes nicht möglich ist, trennen Sie mit einer Spachtel das Dämpfungsblech vom Belag, bevor Sie die Beläge ausbauen.

In beiden Fällen sollten zuerst die Bremsbeläge so weit wie möglich mit einem Rückstellwerkzeug in die Schächte zurückgedrückt werden. Da durch das Zurückdrücken der Bremskolben der Flüssigkeitspegel im Vorratsbehälter ansteigt, kann das Absaugen von Bremsflüssigkeit erforderlich sein.

Bremsbelageinbau

Vor dem Einbau der Bremsbeläge muss der Bremsscheibenverschleiß überprüft werden. Mittels des Rückstellwerkzeugs werden dann die Bremskolben ganz zurückgedrückt.

◀ Bringen Sie die neuen Dämpfungsbleche an den Bremskolben an. Vergessen Sie vor dem Einbau nicht, die Schutzfolie abzuziehen.

Bauen Sie die Beläge ein.

Hinweis:

Die Rückseite der Bremsbeläge darf niemals geschmiert werden.

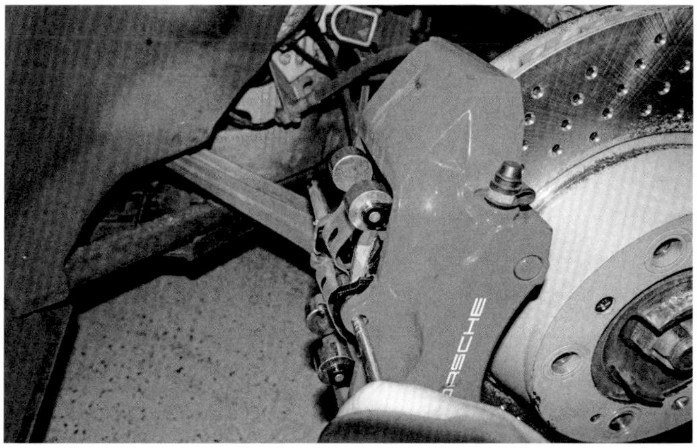

◀ Bauen Sie die neue Spreizfeder und die neuen Haltestifte mit ihren Sicherungssplinten ein.

Diese Bauteile sind als Satz erhältlich und müssen bei jedem Belagwechsel ebenfalls erneuert werden.

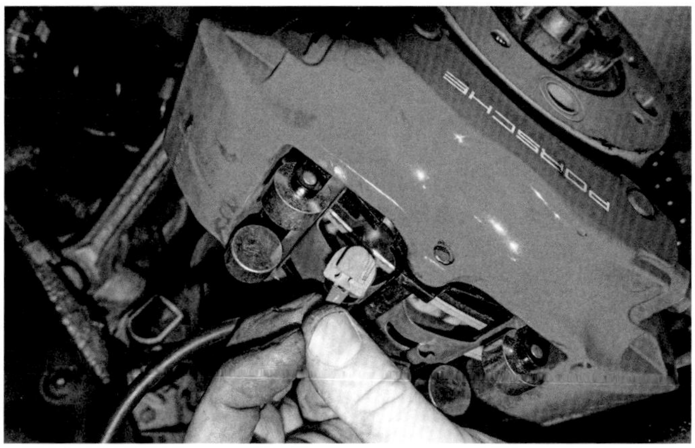

◀ Setzen Sie die Warnkontakte wieder ein und verlegen Sie das Anschlusskabel.

Nach Beendigung der Arbeiten an der Bremse werden die Räder wieder montiert und die fünf Radschrauben mit 130 Nm, die Zentralmutter mit 500 Nm angezogen.

◀ Betätigen Sie bei stehendem Fahrzeug mehrmals das Bremspedal, damit sich die Bremsbeläge anlegen können. Kontrollieren Sie danach den Bremsflüssigkeitsstand und füllen Sie gegebenenfalls Flüssigkeit nach.

Einfahren der Bremsbeläge

Neue Bremsbeläge benötigen eine Einlaufdistanz von etwa 200 km. Erst dann erreichen sie ihre besten Reibwerte. In dieser Phase sollten unnötige starke Abbremsungen vermieden werden.

Gelochte Bremsscheiben können durch thermische Einflüsse reißen. An den Bohrungen treten dann radial verlaufende Haarrisse auf.

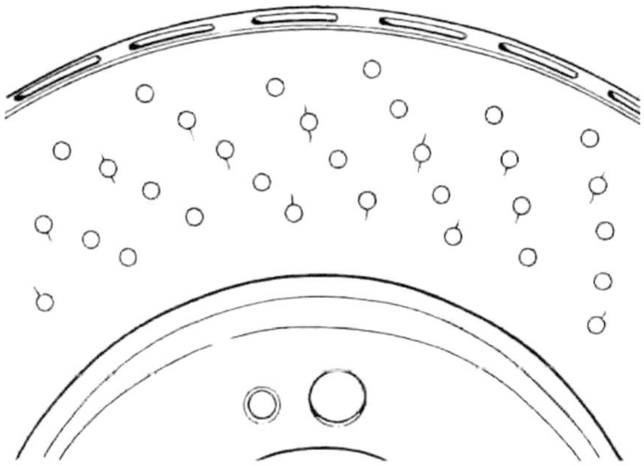

Rissbildung im Grenzbereich

Die zulässige Risslänge an einer Bremsscheibenbohrung beträgt 5 mm. Längere Risse, die an der Außenkante der Reibfläche beginnen beeinflussen das Bremsgefühl und reduzieren die Festigkeit der Bremsscheibe. Daher müssen die Scheiben ausgetauscht werden.

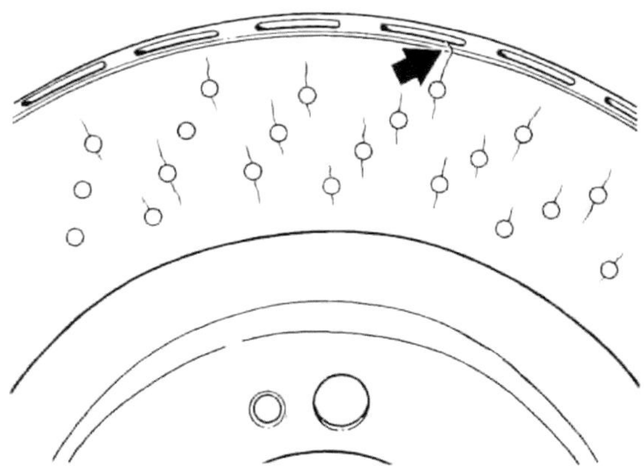

Rissbildung außerhalb des Grenzbereichs

Überprüfung der Gussbremsscheiben

Basierend auf Informationen der Porsche AG; Bilder vom Werk und weiteren Fotografen.

◀ Nach Vorgabe von Porsche müssen die Bremsscheiben ersetzt werden, wenn die Haarrisse an den Bremsscheibenbohrungen eine Länge von 5 mm überschreiten.

Hinweis:

Bei längeren Rissen leidet die Dosierbarkeit der Bremse und steigt die Gefahr, dass die Scheibe ausfallen kann.

◀ Diese Bremsscheiben haben die Verschleißgrenze erreicht und müssen ausgetauscht werden.

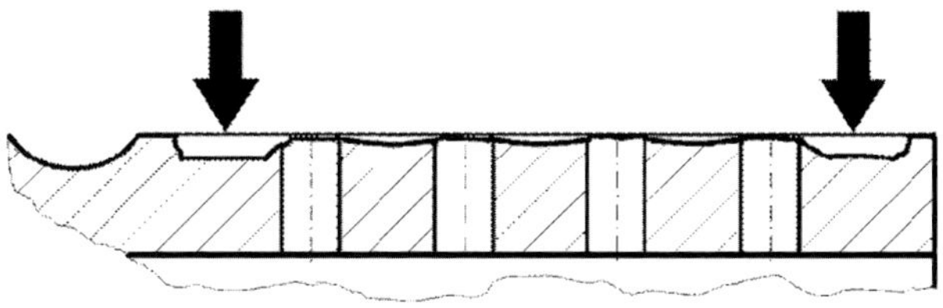

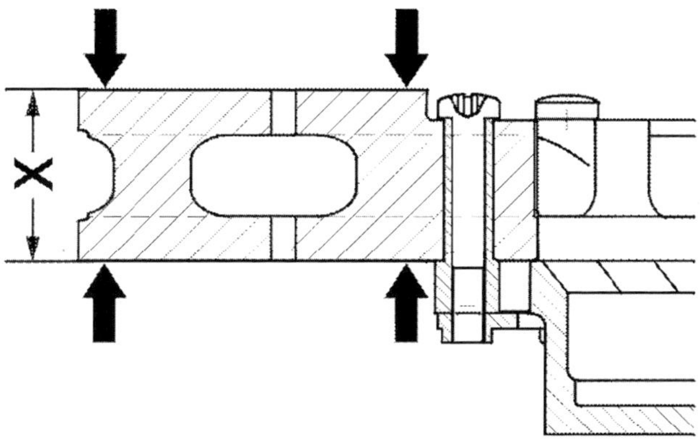

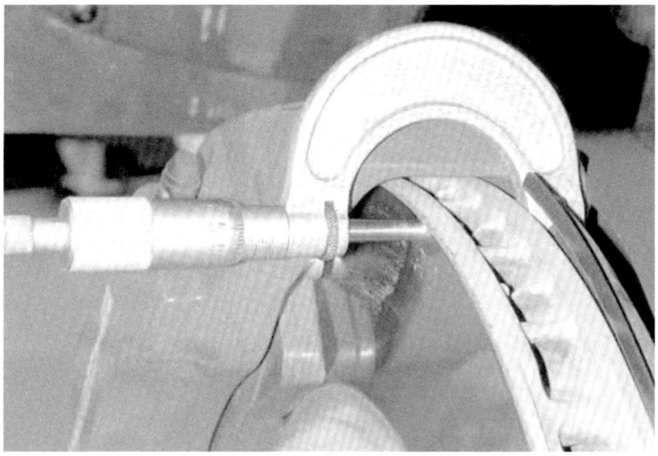

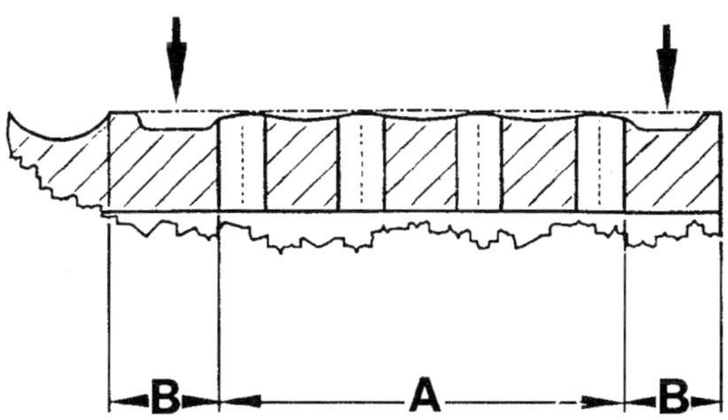

Pfeile = Bremsscheibenzonen mit dem höchsten Verschleiß

A = Gelochter Bereich
B = Ungelochter Bereich

Bremsscheibenstärke

Bei hohen Anpresskräften haben die Bremsbeläge in den Zonen außerhalb des gelochten Bereichs eine geringere Flächenpressung und verschleißen dadurch geringer als im gelochten Bereich.

Werden dagegen die Beläge mit geringerer Kraft angepresst, tritt in diesen Zonen jetzt eine höhere Flächenpressung auf, die zu einem höheren Verschleiß führt.

Das übliche Verhältnis zwischen normalen und starken Abbremsungen führt dazu, dass in den meisten Fällen bei gelochten Bremsscheiben die Zonen außerhalb der Bohrungen stärker verschlissen sind (Pfeile).

Im Gegensatz zu nicht gelochten Bremsscheiben, bei denen die Reststärke in der Mitte der Reibfläche gemessen werden muss, wird bei gelochten Bremsscheiben die Reststärke außerhalb der gelochten Zone (innen und außen) gemessen.

Bei einem Verschleiß von 2 mm muss die Bremsscheibe ausgetauscht werden. Siehe Kapitel 6 für detaillierte Verschleißangaben.

◀ Stärkenmessung einer Bremsscheibe (X) mittels einer Bügelmessschraube in einer der Zonen mit dem höchsten Verschleiß (Pfeile).

Hinweis:

Haarrisse an den Bremsscheibenbohrungen entstehen durch Materialermüdung aufgrund der häufigen extremen Temperaturschwankungen. Im Rennstreckeneinsatz erhöhen sich diese Belastungen und führen zum Einreißen der Bohrungen in radialer Richtung. Dadurch reduzieren sich aber auch die Spannungen im Material, so dass sich die Risse nur sehr langsam ausdehnen.

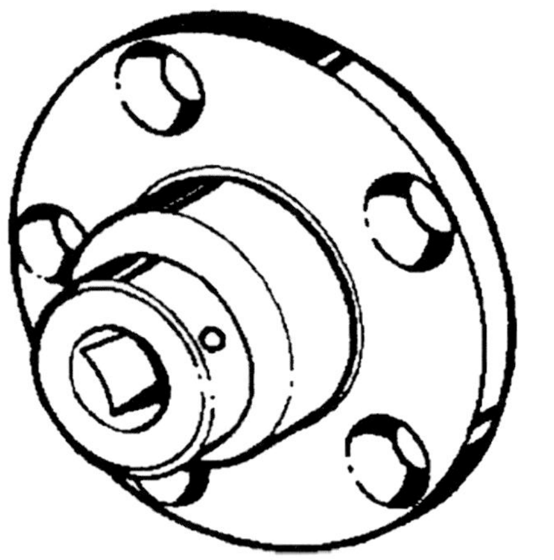

Messen des Bremsscheibenseitenschlags

Vor der Messung muss das Radlagerspiel korrekt eingestellt sein.

Vorbereitende Arbeiten

◀ Bringen Sie die Adapterplatte (Spezialwerkzeug-Nr. 9510/1) an der Radnabe an.

Ziehen Sie die fünf Radschrauben mit 130 Nm bzw. die Zentralmutter mit 500 Nm fest.

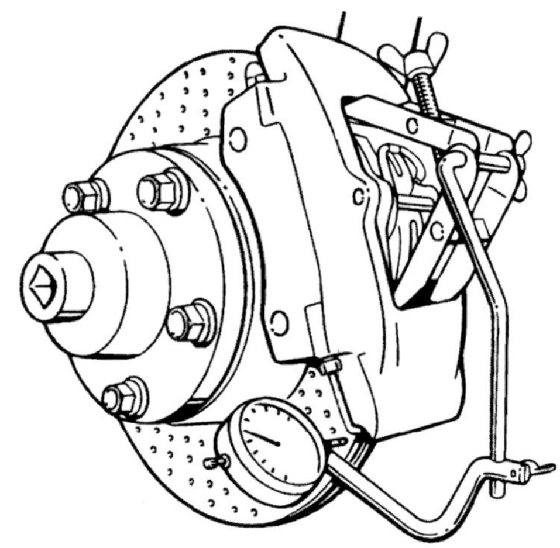

◀ Setzen Sie den Messuhrhalter (Spezialwerkzeug-Nr. 03.9314-5500.3/01) in den Bremssattel ein und sichern Sie ihn mit der Flügelschraube.

Falls die Bremsscheiben nicht frei drehen, müssen die Bremsbeläge etwas zurückgesetzt werden.

Achten Sie darauf, dass beim Einsetzen des Messuhrhalters die Befestigungsteile der Bremsbeläge nicht beschädigt werden.

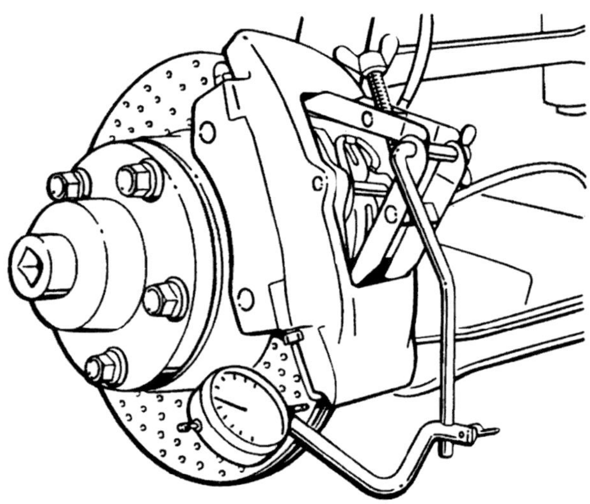

◀ Einbau an der Hinterradbremse

Messung

Setzen Sie die Messuhr mit etwas Vorspannung am größten möglichen Durchmesser der Bremsscheibenreibfläche an.

Drehen Sie langsam die Bremsscheibe, während Sie den Seitenschlag an der Messuhr ablesen.

Der maximal zulässige Seitenschlag einer montierten Bremsscheibe beträgt 0,06 mm.

Überprüfung der PCCB-Bremsscheiben

Basierend auf Informationen der Porsche AG; Bilder vom Werk und weiteren Fotografen.

◀ Bremsscheibenzustand nach normaler Belastung im ausschließlichen Straßeneinsatz.

Kein Austausch erforderlich.

◀ Bremsscheibenzustand nach längerem Einsatz und gelegentlicher höherer Belastung.

Kein unmittelbarer Austausch, aber häufigere Überprüfungen erforderlich.

◀ Verschlissene Bremsscheibe nach hartem Rennstreckeneinsatz.

Wenn die einzelnen Ausbrüche auf der Reibfläche größer als 1 cm^2 sind, muss die Bremsscheibe ausgetauscht werden.

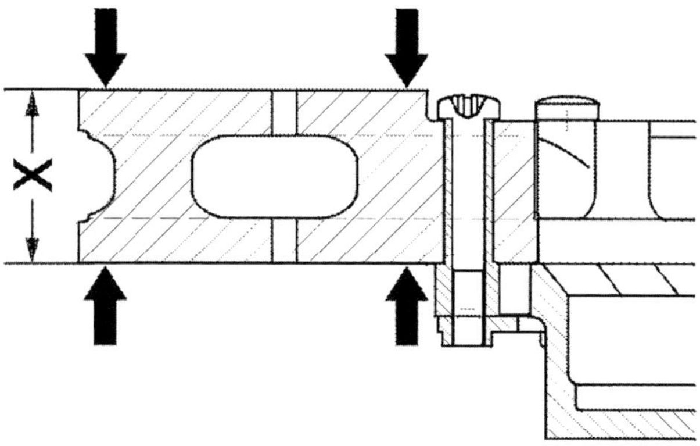

Bremsscheibenstärke

An gelochten Bremsscheiben muss die Reststärke immer außerhalb des gelochten Bereichs am kleinsten und größten Durchmesser der Reibfläche gemessen werden.

Der zulässige Verschleiß einer PCCB-Bremsscheibe beträgt 0,5 mm. Siehe Kapitel 6 für detaillierte Angaben.

Messen Sie die Bremsscheibenstärke mit einer Bügelmessschraube (Mikrometer) in den am meisten verschlissenen Zonen der Reibfläche (Pfeile).

Die Messungen an einer PCCB-Bremsscheibe werden genauso durchgeführt wie an einer Gussbremsscheibe.

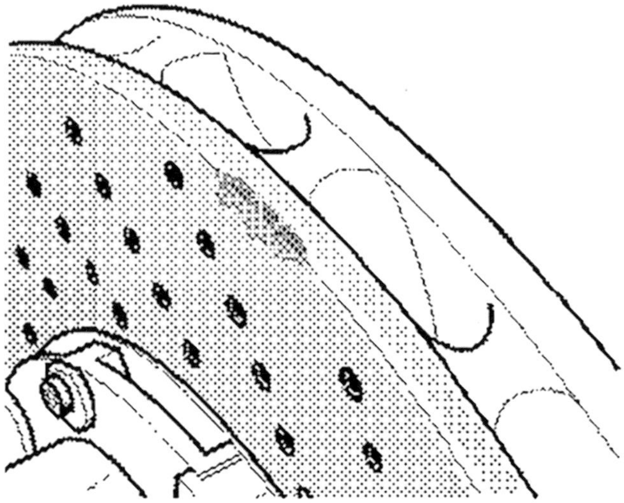

Überprüfung einer PCCB-Bremsscheibe auf Ausbrüche

Unabhängig vom eigentlichen Verschleiß ist ein Austausch der Bremsscheibe erforderlich, wenn die Kanten der Scheibe beschädigt sind!

Falls nur eine Bremsscheibe Ausbrüche an den Kanten aufweist, kann sie einzeln ersetzt werden, sofern die anderen PCCB-Bremsscheiben noch innerhalb der Toleranz liegen.

Toleranzen für Kantenbeschädigungen:
- Maximale Tiefe der Ausbrüche = 2 mm
- Maximale Länge der Ausbrüche = 10 mm

◀ Um eine Beschädigung der PCCB-Bremsscheiben zu vermeiden, sollten beim Radwechsel immer die Montagehilfen verwendet werden.

Wechsel der Bremsscheiben

Basierend auf Informationen der Porsche AG; Bilder vom Werk und weiteren Fotografen.

Ausbau Bremsscheiben vorn

◀ Wagen anheben und absichern. Siehe dazu die Hinweise zu Beginn dieses Kapitels.

Vorderräder abnehmen.

◀ Öffnen Sie den Verbindungsstecker am Radträger und ziehen Sie den Anschluss für den Warnkontakt heraus. Entfernen Sie das Kabel aus seiner Führung.

Lösen Sie die Halterung für den Bremsschlauch und die Bremsleitung am Radträger.

◀ Bauen Sie den Bremssattel vom Radträger ab.

◀ Befestigen Sie ihn an einem sicheren Platz, ohne die Bremsleitungen zu lösen.

Hinweis:
Nach jedem Ausbau müssen die Bremssattelschrauben erneuert werden.

◀ Entfernen Sie die beiden Senkkopfschrauben und nehmen Sie die Bremsscheiben ab.

◀ Sitzt die Bremsscheibe fest, helfen Sie vorsichtig mit einem Kunststoffhammer und einem mechanischen Schlag-Schrauber nach.

Hinweis:
Durch Eindrehen von Schrauben in die 8-mm-Gewinde am Bremsscheibenflansch kann diese auch darüber abgedrückt werden.

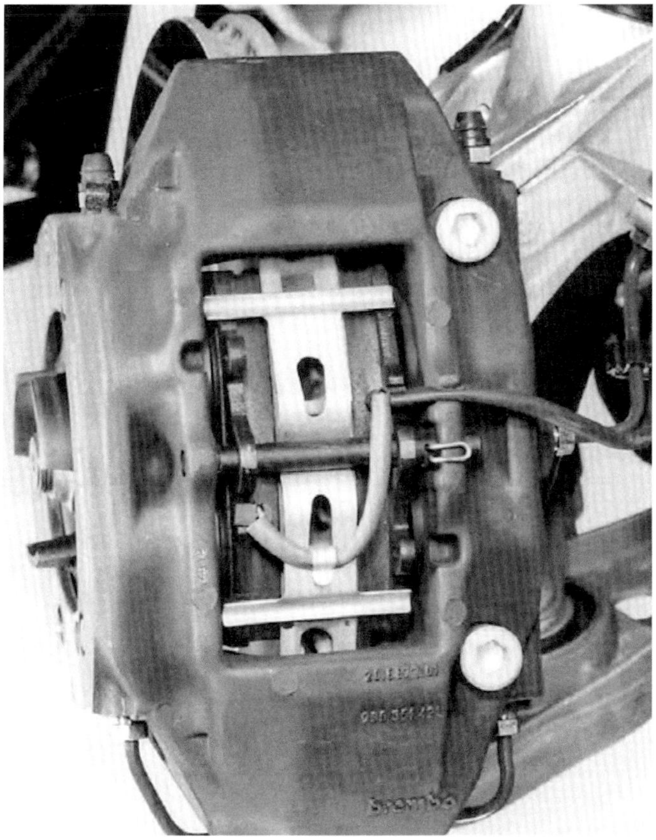

Einbau Bremsscheiben vorn

Überprüfen Sie, ob alle Teile in Ordnung sind, und ersetzen Sie fehlerhafte.

Reinigen Sie mit Bremsenreiniger sorgfältig die Auflagefläche der Bremsscheibe und der Radnabe.

Tragen Sie eine dünne Schicht Optimoly TA auf die Auflagefläche der Radnabe auf.

Setzen Sie die neue Bremsscheibe auf.

Verwechseln Sie beim Einbau nicht die linke und rechte Bremsscheibe. Unterscheidungsmerkmale sind:

- Anordnung der Bohrungen
- Ersatzteilnummer

Zudem sind die Bremsscheiben mit L (links) und R (rechts) markiert.

◀ Montieren Sie den Bremssattel wieder mit neuen Schrauben und ziehen Sie diese mit einem Drehmoment von 85 Nm fest.

Prüfen Sie die richtige Verlegung von Bremsleitung und Bremsschlauch, damit sie nicht scheuern können.

◀ Montieren Sie die Räder wieder und ziehen Sie die fünf Radmuttern mit 130 Nm bzw. die Zentralmutter mit 500 Nm fest.

Bei den GT2 und GT3-Modellen sind die Bremssattelbefestigungsschrauben vorn und hinten 5 mm länger als bei den anderen 997-Modellen. Sie unterscheiden sich in der Farbe:

- 997 GT3: rot, 77 mm lang
- 997-Modelle: silbern, 72 mm lang

Ausbau Bremsscheiben hinten

Wagen anheben und absichern. Siehe dazu die Hinweise zu Beginn dieses Kapitels.

Hinterräder abnehmen.

Öffnen Sie den Verbindungsstecker am Radträger und ziehen Sie den Anschluss für den Warnkontakt heraus.

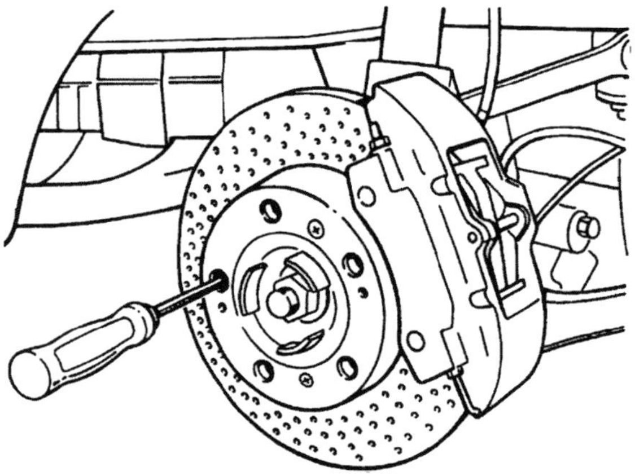

◀ Führen Sie einen passenden Schraubendreher durch eine der Radbolzenbohrungen in der Bremsscheibe ein, um den Nachstellmechanismus der Handbremse zurückzudrehen.

Ziehen Sie die Kabel aus der Halterung am Bremssattel und das Warnkontaktkabel aus der Halterung am Radträger.

Entfernen Sie den Bremssattel vom Radträger und befestigen Sie ihn an einem passenden Ort im Radhaus, ohne die Bremsleitungen zu lösen.

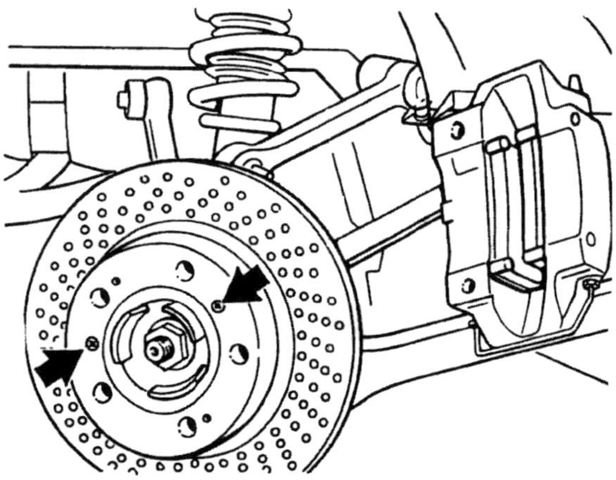

◀ Entfernen Sie die Senkkopfschrauben.

Nehmen Sie die Bremsscheibe ab.

Sitzt die Bremsscheibe fest, helfen Sie vorsichtig mit einem Kunststoffhammer und einem mechanischen Schlag-Schrauber nach.

Hinweis:
Durch Eindrehen von Schrauben in die 8-mm-Gewinde am Bremsscheibenflansch kann die Scheibe auch abgedrückt werden.

Einbau Bremsscheiben hinten

Überprüfen Sie, ob alle Teile in Ordnung sind und ersetzen Sie fehlerhafte.

Reinigen Sie mit Bremsenreiniger sorgfältig die Auflagefläche der Bremsscheibe und der Radnabe. Tragen Sie eine dünne Schicht Optimoly TA auf die Auflagefläche der Radnabe auf.

Setzen Sie die neue Bremsscheibe auf.

Verwechseln Sie beim Einbau nicht die linke und rechte Bremsscheibe. Unterscheidungsmerkmale sind:
- Anordnung der Bohrungen
- Ersatzteilnummer

Zudem sind die Bremsscheiben mit L (links) und R (rechts) markiert.

◀ Montieren Sie den Bremssattel wieder mit neuen Schrauben und ziehen Sie diese mit einem Drehmoment von 85 Nm fest.

Prüfen Sie die richtige Verlegung von Bremsleitung und Bremsschlauch, damit sie nicht scheuern können.

◀ Stellen Sie die Handbremse wieder ein. Siehe nächster Abschnitt.

Montieren Sie die Räder wieder und ziehen Sie die fünf Radmuttern mit 130 Nm bzw. die Zentralmutter mit 500 Nm fest.

Bei den GT2 und GT3-Modellen sind die Bremssattelbefestigungsschrauben vorn und hinten 5 mm länger als bei den anderen 997-Modellen. Sie unterscheiden sich in der Farbe:
- 997 GT3: rot, 77 mm lang
- 997-Modelle: silbern, 72 mm lang

Handbremse

Basierend auf Informationen der Porsche AG; Bilder vom Werk und weiteren Fotografen.

Hinweis:
Der Seilzug der Handbremse stellt sich automatisch nach.

Prüfung des Handbremshebel-Leerwegs
Die Handbremse muss nachgestellt werden, wenn sich der Handbremshebel mit mäßiger Kraft um fünf Zähne nach oben ziehen lässt, ohne dass eine spürbare Bremswirkung vorhanden ist.

Einstellen der Handbremse
Nehmen Sie die Hinterräder ab.

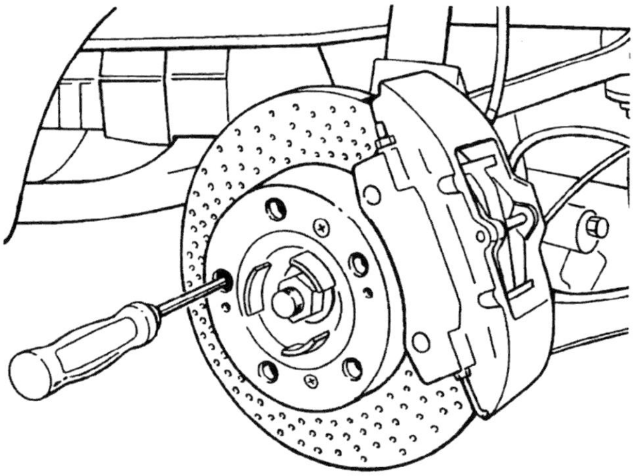

Lösen Sie den Handbremshebel und drücken Sie die hinteren Scheibenbremsbeläge soweit zurück, bis die Scheibe frei dreht.

Drehen Sie die Scheibe in eine Position, in der die Einstellvorrichtung zugänglich ist.

Führen Sie einen Schraubendreher ein und drehen Sie die Einstellvorrichtung so weit, bis sich das Rad nicht mehr drehen lassen kann. Legen Sie den Leerlauf ein, setzen Sie an der Sicherungsmutter der Antriebswelle einen Drehmomentschlüssel an und prüfen Sie, ob der Schlüssel zwischen 50 Nm und 150 Nm auslöst (im Uhrzeigersinn drehen).

Drehen Sie jetzt die Einstellvorrichtung um vier Raststellungen zurück (nach ungefähr drei Raststellungen dreht das Rad frei und dann noch eine weitere). Führen Sie diese Arbeit dann am anderen Rad durch.

Prüfen Sie das Spiel am Handbremshebel. Nach zwei bis vier Zähnen dürfen sich die Räder nur noch mit erheblichem Kraftaufwand drehen lassen.

◀ Lösen Sie die Handbremse und kontrollieren Sie, ob beide Räder frei drehen.

Montieren Sie die Räder wieder und ziehen Sie die fünf Radmuttern mit 130 Nm, die Zentralmutter mit 500 Nm fest.

Hinweis:
Eine ordnungsgemäße Funktion der Handbremse ist eine der Grundvoraussetzungen zur erfolgreichen Abnahme der Hauptuntersuchung an Kraftfahrzeugen nach § 29 StVZO.

Arbeiten am Motor

Antriebsriemenwechsel (Motortypen M96.05 und M97.01)

Basierend auf Informationen der Porsche AG; Bilder vom Werk und weiteren Fotografen.

Erforderliche Ersatzteile:
1 Antriebsriemen (Polyrib-Riemen), Ersatzteilnummer 996 102 151 66 (nur für Modelle mit Klimaanlage).

Ausbau

Entfernen Sie das Luftfiltergehäuse

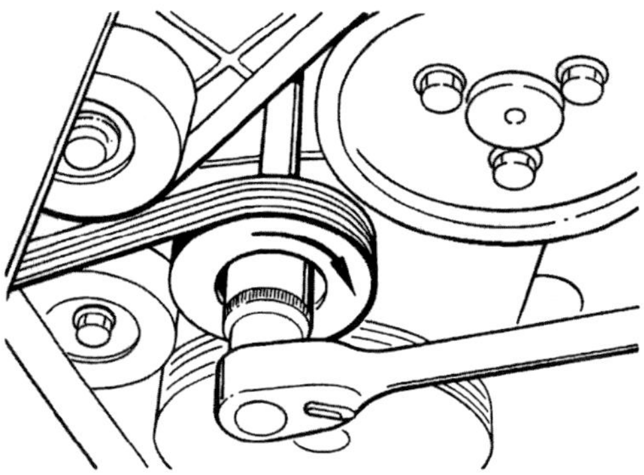

Vergewissern Sie sich, dass der Antriebsriemen abgekühlt ist und markieren Sie seine Laufrichtung mit einem Farbstift.

Entspannen Sie den Antriebsriemen, indem Sie die Riemenspannrolle mit einer 24-mm-Stecknuss im Uhrzeigersinn drehen, und nehmen Sie gleichzeitig den Riemen von der Spannrolle und den Riemenscheiben ab.

Hinweis:
Lassen Sie die 24-mm-Stecknuss auf der Spannrolle stecken.

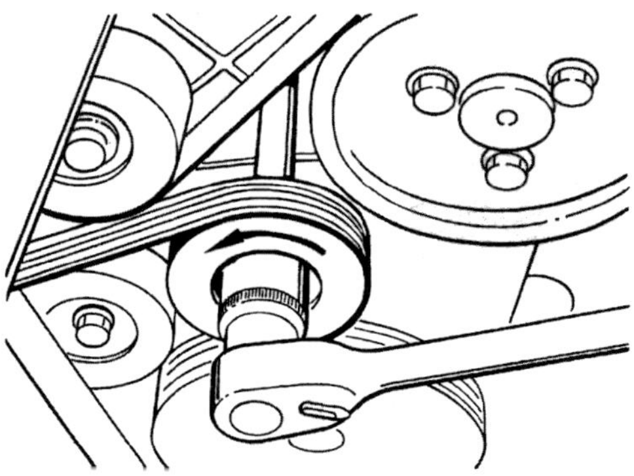

Hinweis:
Ein verschlissener oder beschädigter Antriebsriemen muss erneuert werden.

Einbau

Legen Sie den neuen Antriebsriemen auf die Riemenscheiben und die Spannrolle.

Hinweis:
Achten Sie beim Auflegen darauf, dass die richtige Seite des Riemens über die Riemenscheiben und Rollen läuft.

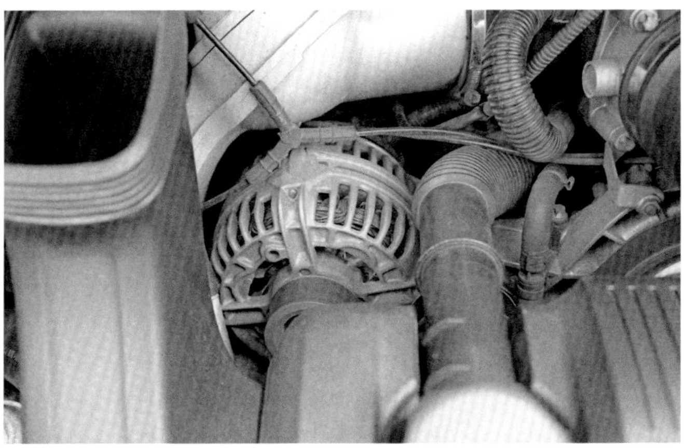

Geben Sie die Spannrolle durch langsames Drehen der Stecknuss im Gegenuhrzeigersinn wieder frei.

Kontrollieren Sie anschließend, dass der Riemen korrekt über alle Riemenscheiben und Rollen abläuft.

Bauen Sie das Luftfiltergehäuse wieder ein.

Antriebsriemenwechsel (Motortypen M97.76 und M97.77)

Basierend auf Informationen der Porsche AG; Bilder vom Werk und weiteren Fotografen.
Erforderliche Ersatzteile:
1 Antriebsriemen, Ersatzteilnummer: 996 102 151 03

Ausbau

Entfernen Sie das Luftfiltergehäuse.

Vergewissern Sie sich, dass der Antriebsriemen abgekühlt ist und markieren Sie seine Laufrichtung mit einem Farbstift. Lösen Sie anschließend die drei Sechskantschrauben an der Riemenscheibe der Servolenkungspumpe um etwa eine halbe Umdrehung.
Entspannen Sie den Antriebsriemen, indem Sie die Riemenspannrolle mit einer 24-mm-Stecknuss im Uhrzeigersinn drehen, und nehmen Sie gleichzeitig den Riemen von der Spannrolle und den Riemenscheiben ab.
Bauen Sie jetzt die Riemenscheibe an der Servolenkungspumpe vollständig ab und entfernen Sie den Antriebsriemen.

Hinweis:
Lassen Sie die 24-mm-Stecknuss auf der Spannrolle stecken.

Hinweis:
Ein verschlissener oder beschädigter Antriebsriemen muss erneuert werden.

Einbau

Hinweis:
Achten Sie beim Auflegen darauf, dass die richtige Seite des Antriebsriemens über die Riemenscheiben und Rollen läuft.

Legen Sie den Antriebsriemen um die Riemenscheibe der Servolenkungspumpe, montieren Sie die Riemenscheibe mit dem Riemen und ziehen Sie die Schrauben handfest an.
Legen Sie den Antriebsriemen auf die übrigen Riemenscheiben und die Spannrolle.
Drehen Sie die Spannrolle im Gegenuhrzeigersinn und achten Sie dabei darauf, dass der Riemen über die Umlenkrolle läuft.
Kontrollieren Sie anschließend, dass der Riemen korrekt über alle Riemenscheiben und Rollen abläuft und ziehen Sie die Riemenscheibenschrauben der Servolenkungspumpe mit 23 Nm fest.
Bauen Sie das Luftfiltergehäuse wieder ein.

Antriebsriemenwechsel (Motortypen MA1.01 und MA1.02)

Basierend auf Informationen und Bildern von Chris Kolstad.

Erforderliche Ersatzteile:
1 Antriebsriemen, Ersatzteilnummer 9A1 102 216 01

Erforderliche Werkzeuge:
- 30-mm-Maulschlüssel
- Schraubendreher mit schmaler Klinge
- 16-mm-Stecknuss
- 200-mm-Verlängerung für Stecknuss
- Drehmomentschlüssel

Vorbereitende Arbeiten

Entfernen Sie die Heckschürze (die Anleitung dazu finden Sie in diesem Kapitel unter „Arbeiten an der Karosserie") oder das Kennzeichen, was möglicherweise einfacher und schneller ist.
Bauen Sie den Luftfilterkasten aus (die Anleitung dazu finden Sie in diesem Kapitel unter „Arbeiten am Motor").

Antriebsriemenausbau

◀ Schaut man von oben auf den Motor, kann man eine Schraube erkennen, die aus der hinteren Motoraufnahme herausragt.

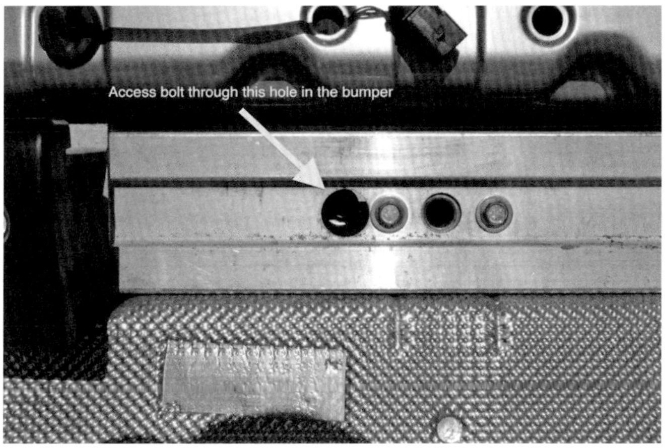

◀ Schaut man hinten auf den Wagen, erkennt man links neben dem Gewinde für den Abschlepphaken eine Bohrung. Über diese Bohrung kann die Stecknuss mit der Verlängerung eingeführt und die Schraube ausgebaut werden. Das ist auch möglich, wenn nur das Kennzeichen entfernt wurde.

Hebeln Sie nun mit dem Schraubendreher die Distanzhülse heraus.

◀ Zugangsbohrung unter dem Kennzeichen.

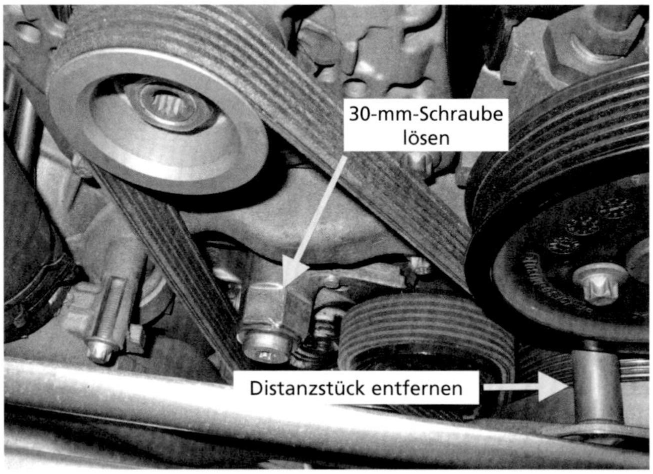

◀ Setzen Sie einen 30-mm-Schlüssel am Spannergehäuse an und drehen Sie es im Uhrzeigersinn, um den Antriebsriemen zu entspannen. Nehmen Sie anschließend den Riemen von der Generatorriemenscheibe ab.

Jetzt kann der Riemen von den anderen Riemenscheiben und Rollen entfernt werden, was teilweise auch von der Unterseite erfolgen muss.

Antriebsriemeneinbau

◀ Bringen Sie den neuen Antriebsriemen an, wobei der Riemen als Letztes auf die Generatorriemenscheibe aufgelegt werden sollte.

Setzen Sie einen 30-mm-Schlüssel am Spannergehäuse an und drehen Sie es im Uhrzeigersinn, um die Spannung wegzunehmen. Legen Sie anschließend den Riemen auf die Generatorriemenscheibe auf.

Montieren Sie die Distanzhülse, schieben Sie die Schraube durch die Bohrung und ziehen Sie diese mit 37 Nm fest.

Montieren Sie abschließend die Heckschürze bzw. das Kennzeichen und das Luftfiltergehäuse.

◀ So sieht es aus, wenn die Arbeit erledigt ist.

Arbeiten an der Karosserie

Heckschürze aus- und einbauen

Basierend auf Informationen von Renntech.

Ausbau

◀ Öffnen Sie die Motorraumhaube, um die Befestigungselemente der Bauteile erreichen zu können, die für den Ausbau der Heckschürze entfernt werden müssen.

◀ Lösen Sie mit einem Torx-Schraubendreher die beiden Befestigungsschrauben der linken und rechten Heckleuchte. Entfernen Sie weiter die vier Schrauben an der hinteren Kante der Heckschürze.

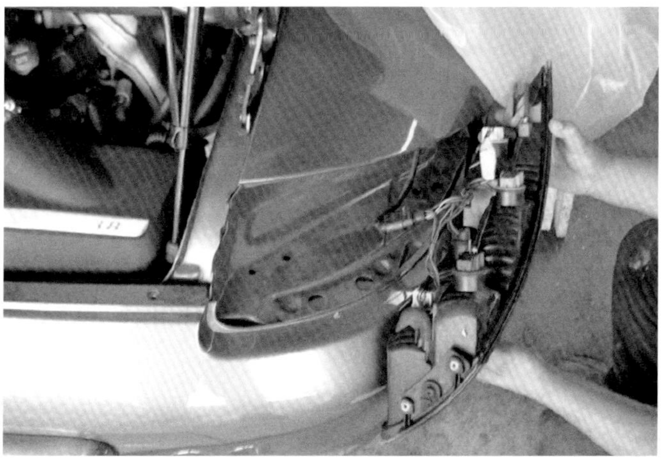

◀ Bauen Sie die Heckleuchten aus und trennen Sie dabei die Anschlussstecker.

◀ Entfernen Sie das Befestigungselement an der Heckschürzenlasche.

◀ Lösen Sie von der Unterseite auf beiden Seiten die Schrauben, mit denen die Heckschürze an der Heckverkleidung befestigt ist.

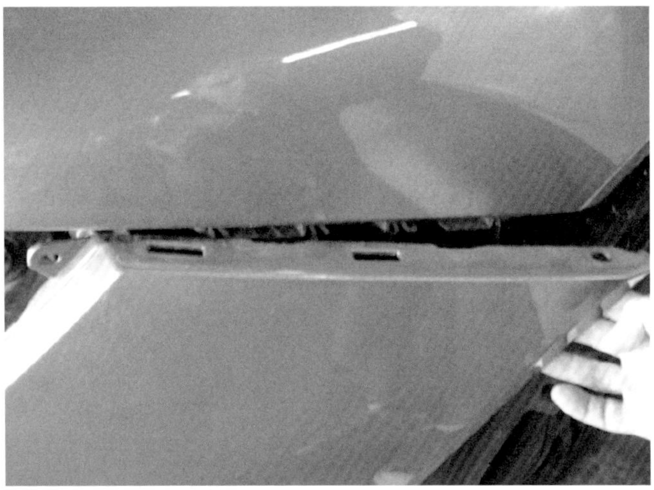

◀ Ziehen Sie die Heckschürze von der Heckverkleidung weg.

◀ Lösen Sie von der Unterseite die beiden Schrauben, mit denen die untere Kante der Heckschürze befestigt ist.

◀ Entfernen Sie ebenfalls von unten neben dem Schalldämpfer die beiden mittleren Befestigungsschrauben der Heckschürze.

◀ Ziehen Sie – vorsichtig – die Heckschürze vom Seitenteil weg.

Einbau

Der Einbau erfolgt im Prinzip in der umgekehrten Reihenfolge wie der Ausbau.

Setzen Sie die Heckschürze wieder an ihren Platz und drehen Sie die mittleren beiden Schrauben in der Nähe des Schalldämpfers ein. Wichtig ist, dass die Heckschürze dabei richtig sitzt und beim Montieren der Schrauben nicht verdreht ist.
Vergessen Sie auch nicht, beim Einsetzen der Heckleuchten die Anschlussstecker wieder zu verbinden.

Hintere Unterbodenverkleidung aus- und einbauen

Basierend auf Informationen von David Yusem und Wayne Smith; alle Bilder von David Yusem.

Erforderliche Werkzeuge:
- 10-mm-Stecknuss
- T25-Torx-Schraubendreher

Ausbau

◀ Heben Sie den 997 auf einer Hebebühne an; die Arbeit kann allerdings auch durchgeführt werden, wenn der Wagen auf Unterstellböcken steht.

◀ Beachten Sie, wie die hintere Unterbodenverkleidung mit der mittleren Verkleidung zusammengesteckt ist, damit der Wiedereinbau korrekt erfolgt.

◀ Lösen Sie zuerst die Muttern. Die Unterbodenverkleidung ist hier geschlitzt, daher müssen die Muttern nicht vollständig entfernt werden.

Bauen Sie alle Schrauben aus und stützen Sie dabei die Verkleidung.

◀ Senken Sie das hintere Verkleidungsende ab und schieben Sie die Verkleidung nach hinten, um sie abzunehmen.

◀ Reinigen Sie die Unterbodenverkleidung.

Einbau

Schieben Sie die Unterverkleidung wieder in ihre Einbaulage. Achten Sie darauf, dass sie richtig in die Mittelverkleidung eingesteckt ist und die Schlitze unter den Muttern liegen.

Drücken Sie die Verkleidung nach oben und setzen Sie die Schrauben ein. Ziehen Sie dann alle Schrauben und Muttern fest.

◀ Lassen Sie den Wagen ab.

Innenraum mit serienmäßiger Audioanlage

(Bild: Porsche AG)

Innenraum mit BOSE® Surround Sound-System

(Bild: Porsche AG)

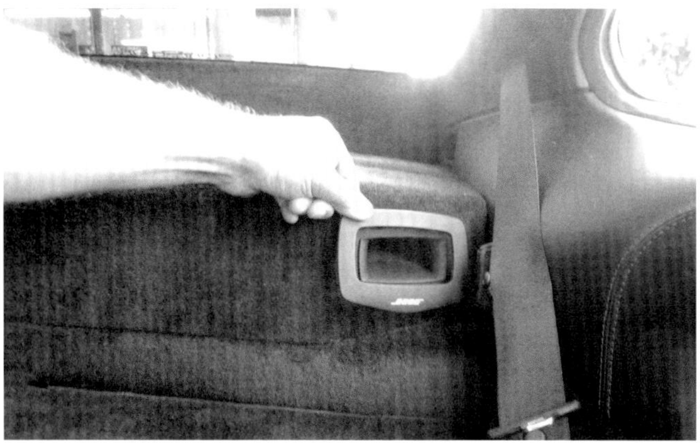

Ausbau einer Subwoofer-Austrittsöffnung

(Bild: Tom Prine von Callas Rennsport)

Arbeiten im Innenraum

Wechsel des Motorsteuergeräts (DME)

Einführung

Folgende Punkte sind beim Wechsel des Motorsteuergeräts zu beachten:

- Die Modelle der 1. und 2. Generation sind mit unterschiedlichen Steuergeräten ausgerüstet. Bei der 1. Generation sind Steuergeräte von Bosch eingebaut, bei der 2. Generation ist Siemens der Hersteller.
- Der Einbauort des Motorsteuergeräts ist beim Coupé und Targa identisch, und der Wechsel des Steuergeräts erfolgt auf die gleiche Weise.
- Das Motorsteuergerät des Cabriolets befindet sich auf einer zusätzlichen Strebe, die über den Verdeckkasten zugänglich ist und ein Spezialwerkzeug erfordert.

Sollte der 997 mit einer serienmäßigen Audioanlage ausgerüstet sein, lässt sich die zu entfernende teppichbezogene Abdeckung relativ einfach ausbauen.

Ist dagegen das BOSE® Sound-System vorhanden, ist der Ausbau etwas schwieriger, weil sich der BOSE® Subwoofer auf der Abdeckung befindet.

Die Austrittsöffnungen des Subwoofers müssen vorsichtig aus ihren Aufnahmen entfernt werden. Anschließend werden die hinteren Sitzbefestigungen mit einem 6-mm-Innensechskantschlüssel ausgebaut.

Der Subwoofer ist mit zwei T30-Torxschrauben unter der Abdeckung fixiert. Nach dem Ausbau der Schrauben kann der Subwoofer etwas nach vorn gezogen werden, um den Anschlussstecker auf der Rückseite (bei allen Modellen auf der linken Seite) abzuziehen.

Nach dem Abtrennen des Steckers kann der Subwoofer herausgenommen werden.

Anleitung für Coupé und Targa

Basierend auf Informationen der Porsche AG; ausgeführt von Callas Rennsport (Tony Callas und Tom Prine); Bilder vom Werk, Callas Rennsport und Adrian Streather.

Erforderliche Werkzeuge:

- 6-mm-Innensechskantschlüssel
- T30-Torx-Schraubendreher
- 10-mm-Steckschlüssel
- 10-mm-Schraubenschlüssel

◀ Öffnen Sie das Batteriefach im Kofferraum.

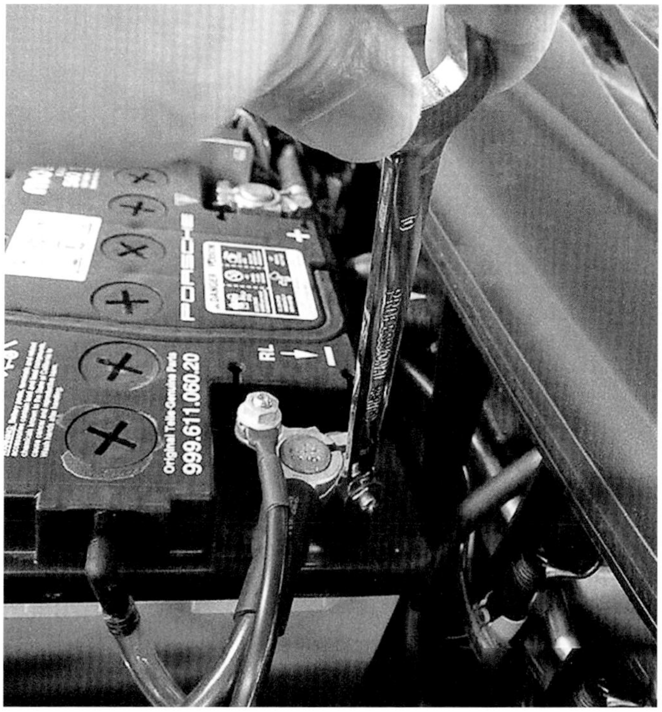

◀ Klemmen Sie das Massekabel der Batterie ab. Dazu ist ein 10-mm-Gabelschlüssel oder eine kurze Stecknuss mit Ratsche erforderlich.

Hinweis:

Die Batterien sind unterschiedlich eingebaut. Das obere Bild stammt von einem rechtsgelenkten GT3, das nebenstehende Bild zeigt die Situation an einem linksgelenkten Turbo.

◀ Klappen Sie die Rückenlehne der Rücksitze nach vorn (falls sie eingebaut sind).

Sollte das BOSE® Surround Sound-System vorhanden sein, muss die entsprechende Lautsprecherabdeckung entfernt werden.

Hinweis:

Der Bose® Subwoofer befindet sich auf der Abdeckung des Motorsteuergeräts und muss daher vorher entfernt werden.

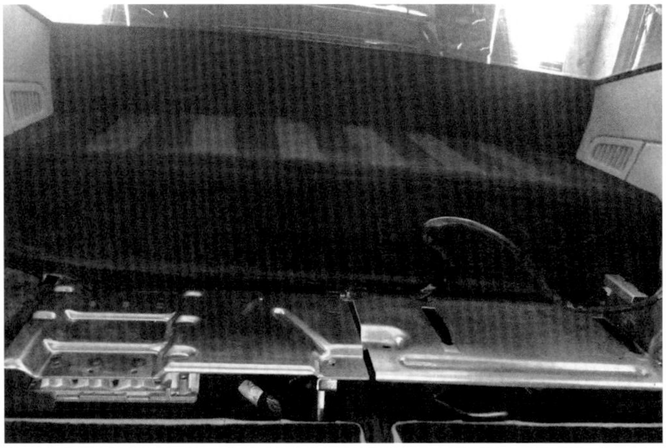

◀ Zum Ausbau der teppichbezogenen Abdeckung wird diese in der Mitte nach oben gezogen, damit die Seiten aus den Führungen rutschen.

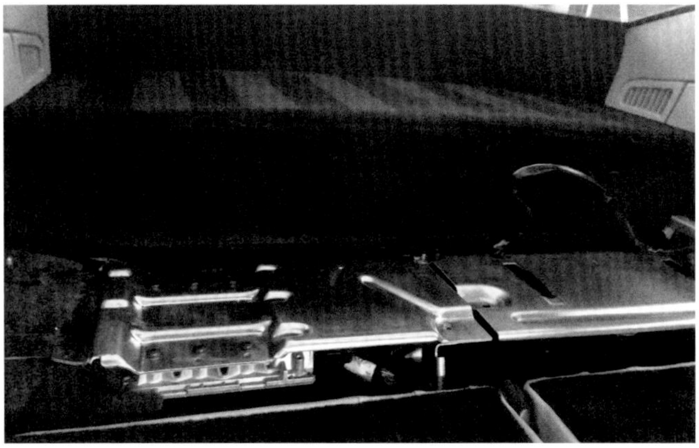

◀ Darunter befinden sich zwei Halter für elektrische/elektronische Bauteile. Bei allen 997 Coupé- und Targa-Modellen ist das Motorsteuergerät auf der Unterseite des rechten Halters angebracht.

Hinweis:
Der hintere Relaisträger (Relaisträger 2) ist an der Unterseite des linken Halters montiert.

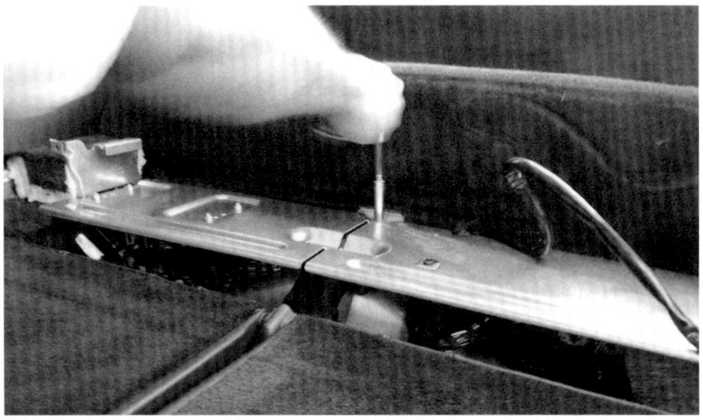

◀ Lösen Sie die zentrale Mutter mit dem 10-mm-Steckschlüssel.

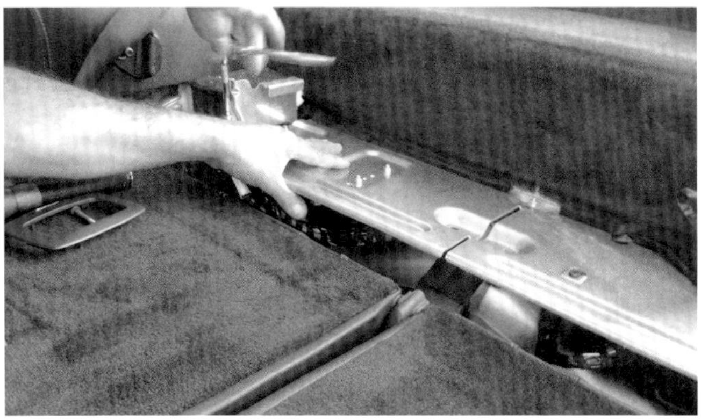

◀ Anschließend entfernen Sie die beiden Muttern an der Außenseite des Halters.

◀ Der Halter kann nun angehoben und umgeklappt werden.

Hinweis:
Bei den 997 Turbo-Modellen der 1. Generation befindet sich noch eine Elektronikeinheit über dem Motor-Steuergerät, die zuerst entfernt werden muss. Sie wird mit den gleichen T30-Torx-Schrauben befestigt, mit denen auch das Motorsteuergerät fixiert ist.

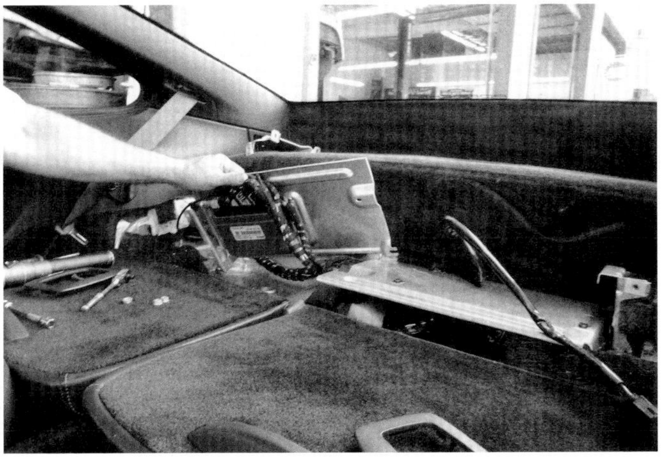

◀ Nachdem das Motorsteuergerät freigelegt ist, kann es vom Halter abgeschraubt, angehoben und abgeklemmt werden.

Die Vorgehensweise beim Abklemmen der Anschlussstecker lautet: 1, 2, 3, 4 und zuletzt 5. Drücken Sie die auf den Entriegelungsknopf und drehen Sie den Halter.

Der Einbau erfolgt in der umgedrehten Reihenfolge und beginnt mit dem Verbinden der Anschlussstecker in der Reihenfolge 5, 4, 3, 2 und 1. Durch das Drehen der Halter rasten die Stecker automatisch ein.

Das Anzugsmoment für die Muttern des Halters beträgt 10 Nm.

Die letzte Arbeit ist das Anschließen der Batterie.

Vorsicht:
Falls das Motorsteuergerät durch eine neue Einheit ersetzt wurde, muss ein komplettes Neuanlernen unter Einsatz des PIWIS-Testers gemäß Werkstatthandbuch vorgenommen werden.

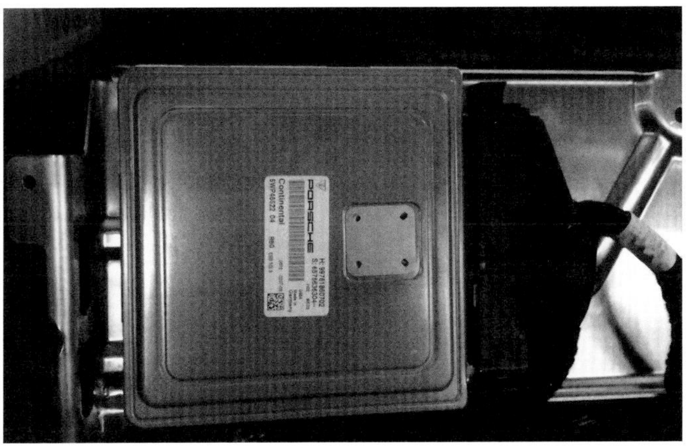

◀ Motorsteuergerät SD1 3.1 von Siemens.

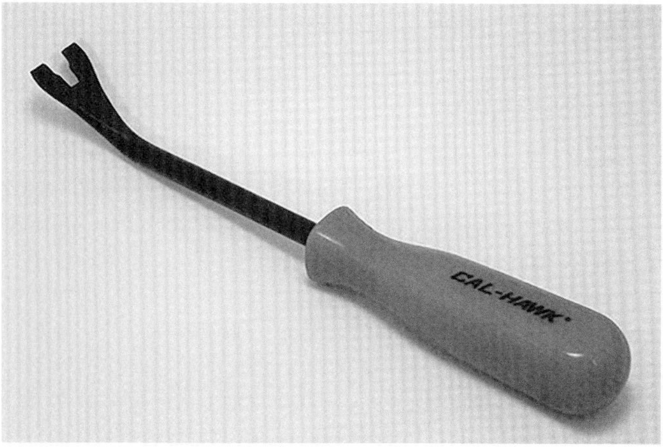

Anleitung für das Cabriolet

Erforderliche Werkzeuge:

- Spezialwerkzeug NR. 21 zum Ausbau der Kunststoffklammern
- T30-Torx-Schraubendreher

◀ Alternativ zum Originalwerkzeug von Porsche gibt es auch im gut sortierten Werkzeughandel Clipheber zum Ausbau der Kunststoffklammern. Diese nützlichen Helfer gibt es mit unterschiedlich geformten Klingen und kosten zwischen 10 und 20 Euro.

◀ Öffnen Sie das Verdeck und bringen Sie es in diese Position. Damit wird die teppichbezogene Rückwandverkleidung hinter den Sitzen zugänglich.

◀ Um das Motorsteuergerät zu erreichen, muss die Rückwandverkleidung zurückgezogen werden.

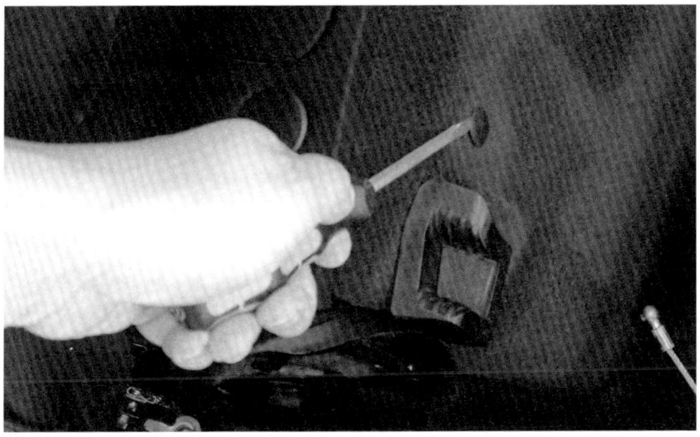

◀ Um die Rückwandverkleidung zu entfernen, müssen Sie mittels des Spezialwerkzeugs NR. 21 oder einem gleichwertigen Werkzeug (Spachtel, Schraubendreher) die Kunststoffklammern heraushebeln.

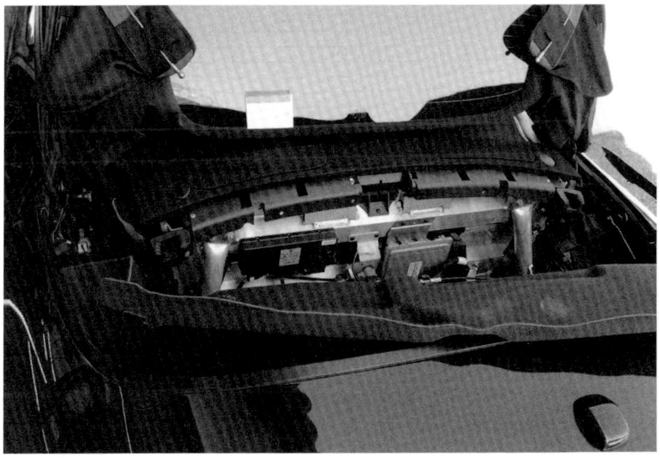

◀ Nach dem Ausbau der Rückwand sind die Bauteile sichtbar, die auf der zusätzlichen Strebe des Cabriolets angebracht sind. Das Motorsteuergerät ist die silberfarbene Einheit.

◀ Nahaufnahme eines abgenommenen Motorsteuergeräts und der Strebe.

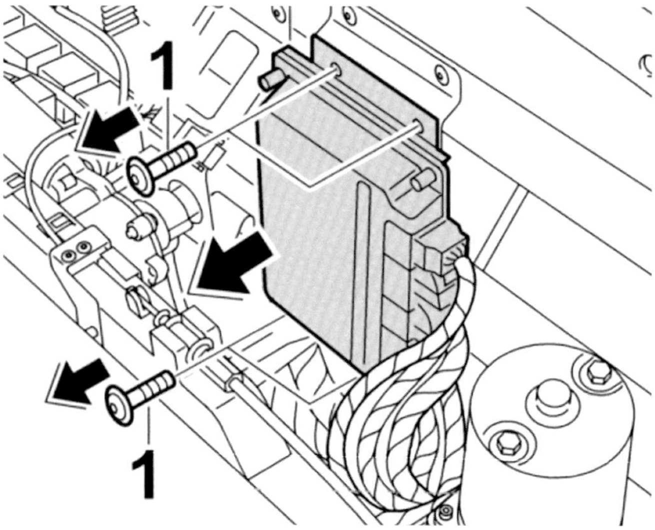

◀ Zum Abschrauben des Motorsteuergeräts von der Strebe müssen die vier T30-Torx-Schrauben ausgebaut werden (1).

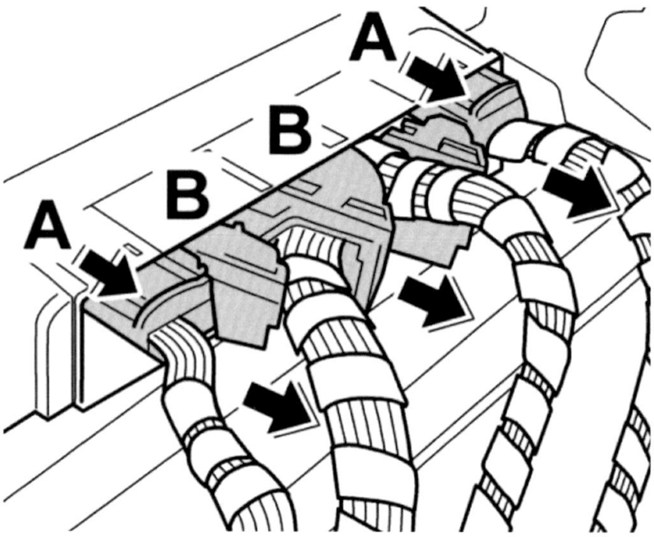

◀ Anschließend werden die fünf Anschlussstecker abgetrennt.

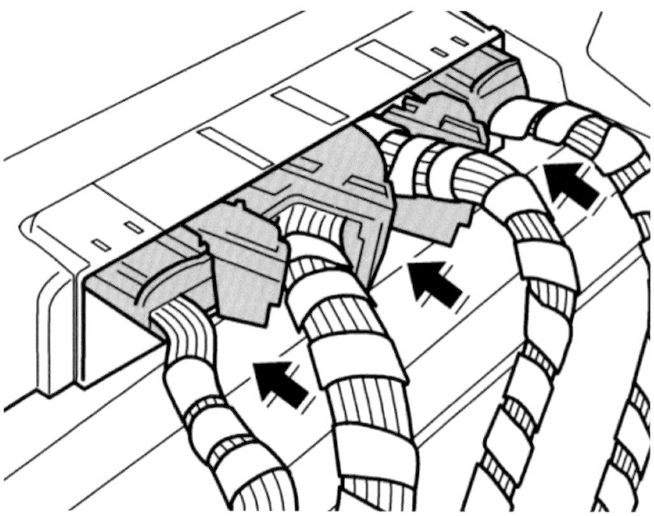

Der Einbau erfolgt in der umgekehrten Reihenfolge und beginnt mit dem Anschließen der Stecker.

Anschließend wird die teppichbezogene Rückwandverkleidung wieder angebracht.

Vorsicht:
Falls das Motorsteuergerät durch eine neue Einheit ersetzt wurde, muss ein komplettes Neuanlernen unter Einsatz des PIWIS-Testers gemäß Werkstatthandbuch vorgenommen werden.

Bei einer leeren Batterie bleibt der Zugang zum Kofferraum verwehrt.

(Bild: Adrian Streather)

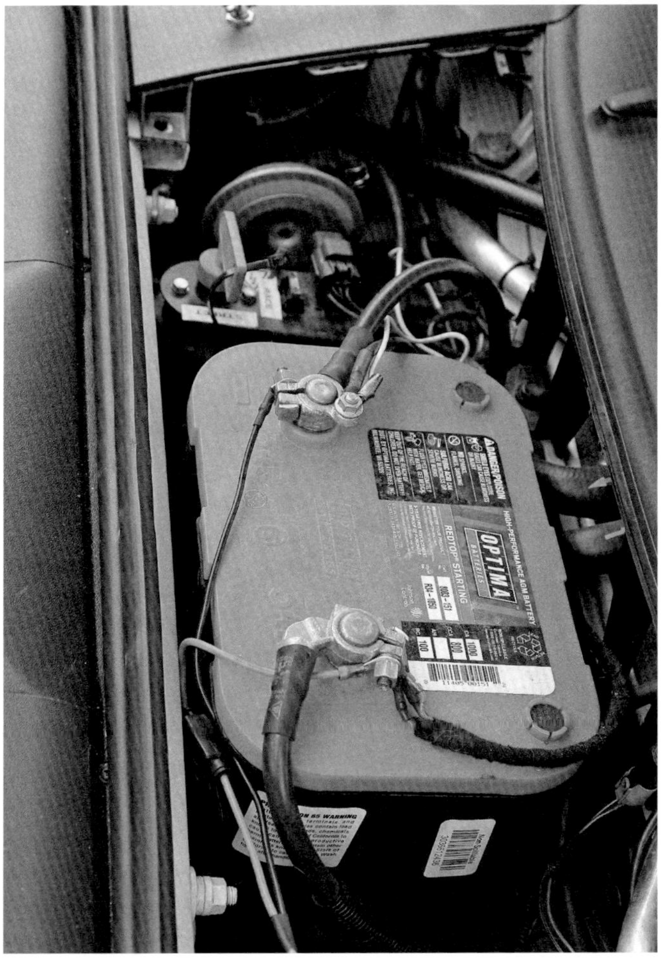

Zum Öffnen des Kofferraums bei einer leeren Batterie sind der Zündschlüssel, eine externe 12-Volt-Batterie und ein Kabelsatz erforderlich.

Notöffnung der Kofferraumhaube

Einführung

Irgendjemand hat entschieden, dass der mechanische Öffnungszug der Kofferraumhaube durch eine elektrische Entriegelung abgelöst wurde.

Das bedeutet, dass bei einer leeren Batterie diese nicht erreicht werden kann, weil sie sich im Kofferraum befindet.

Zum Öffnen des Kofferraums sind daher eine zweite 12-Volt-Batterie und ein Kabelsatz erforderlich, um den Kofferraum über Anschlüsse im Sicherungskasten zu öffnen.

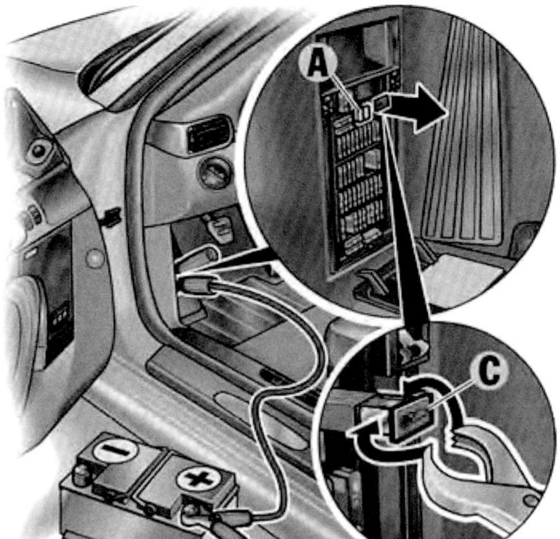

A = Kunststoffklammer (gelb)
C = Pluspol (rot)

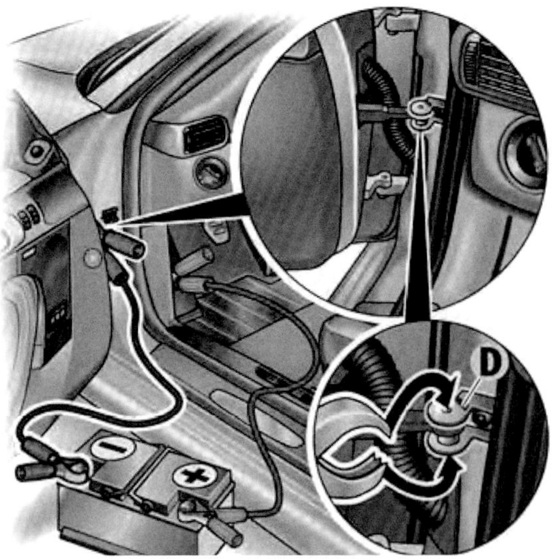

D = Masseverbindung (Türfeststellbremse)

Öffnen des Kofferraums

Basierend auf Informationen der Porsche AG und Adrian Streather; Bilder vom Werk und Adrian Streather.

Ein rot markierter Pluspol befindet sich im Sicherungskasten im Fahrerfußraum. Dieser Pluspol muss etwa 3 cm herausgezogen werden, damit das Überbrückungskabel einer Fremdbatterie angeklemmt werden kann.

Hinweis:
Die Stromversorgung der Kofferraumentriegelung erfolgt über ein Relais, dass sich auf der Rückseite des Sicherungskastens befindet.

Hinweis:
Falls die Türen verriegelt sind, wird beim Anschließen einer Batterie Alarm ausgelöst.

Entriegeln Sie das Fahrzeug am Türschloss mit dem Schlüssel.

Entfernen Sie die Kunststoffabdeckung des Sicherungskastens, ziehen Sie den Pluspol heraus und verbinden Sie ihn über das rote Kabel mit dem Pluspol der Fremdbatterie.

Klemmen Sie das schwarze Kabel an den Minuspol der Fremdbatterie und an das Gelenk der Türfeststellbremse (Masse).

Drücken Sie für 2 Sekunden die Kofferraumentriegelungstaste auf der Funkfernbedienung.

Klemmen Sie dann zuerst das Minus- und dann das Pluskabel ab und schieben Sie den Pluspol wieder in den Sicherungskasten zurück.

Bringen Sie die Kunststoffabdeckung wieder an.

Hinweis:
Einige 997-Besitzer berichteten, dass sie bei leerer Batterie das Fahrzeug nicht öffnen konnten. In diesem Fall können die Türen mit dem Notschlüssel geöffnet werden – falls er sich nicht im Fahrzeug befindet und dort eingeschlossen ist ...

Kapitel 11: Leistungssteigerung

Ist mehr Leistung für den 997 bezahlbar?

Der 997 GT3 RS 4.0 war zu seiner Produktionszeit der leistungsstärkste 911 mit Saugmotor und ist auch heute noch auf der Rennstrecke ein ernstzunehmender Gegner.

(Bild: Porsche AG)

Perfektion ab Werk

(Bild: Porsche AG)

Ein Werk des Porsche-Veredlers GEMBALLA

(Foto: Techart)

Optimiert in der heimischen Garage

(Foto: Cristophe Poos)

Einführung

Viele 997-Besitzer glauben tatsächlich, die Fahrleistungen und die Straßenlage ihres Wagens ließen sich noch beträchtlich steigern. Ist es wirklich möglich, ein Porsche-Fahrzeug nachträglich zu verbessern?
Vielleicht sind die 997-Motoren der 1. und 2. Generation nicht 100% perfekt, aber können sie wirklich optimiert werden – und wenn ja, zu welchen Kosten? Was bekommt der Besitzer dafür? Leistungssteigerungen am Motor sind nicht billig, und die Ergebnisse sind nicht immer überzeugend.
Ein seriöser Porsche-Tuner wird dem 997-Besitzer erklären, dass sein Betrieb zwar die Arbeiten durchführen kann, aber eine sach- und fachgerechte Ausführung viel Geld kostet. Gerade in dieser Tuning-Szene tummeln sich viele selbsternannte Spezialisten, die mit fragwürdigen Leistungsversprechen werben. Gesundes Misstrauen ist hier angebracht.
Eine Steigerung der Motorleistung ist nur möglich, wenn bei der Verbrennung ein höherer Druck entsteht, d. h. die im Kraftstoff-Luftgemisch beinhaltete Energie bestmöglich umgesetzt wird. Und das können die Weissacher Ingenieure ganz gut.
Die Auswirkungen von ethanolhaltigem Kraftstoff auf getunte Motoren sind noch unbekannt. Befragen Sie Ihren Tuner zum Thema Ethanol-Kraftstoffe, und ob dies berücksichtigt wurde? Kennt er die Kraftstoffqualität, die in der Region des Käufers angeboten wird? Das sind wichtige Fragen, besonders wenn im Internet leistungssteigernde Produkte aus Übersee gekauft werden.
Aber nicht nur der Motor kann optimiert werden. Auch wenn die Aerodynamik des 997 bereits sehr ausgefeilt ist, sind hier noch Verbesserungen möglich. Der Anbau des Aerokit II ist eine solche Maßnahme. Darüber hinaus gibt es noch weitere Mittel und Wege für den letzten Feinschliff an der Aerodynamik.
In diesem Kapitel sollen so objektiv wie möglich das vorhandene Wissen und die gesammelten Erfahrungen auf dem Gebiet der Leistungssteigerung wiedergegeben werden. Wo sind echte Verbesserungen möglich und wo muss der 997-Besitzer aufpassen, damit er sein sauer verdientes Geld nicht umsonst investiert.

Hinweis:
Alle Preisangaben in diesem Kapitel dienen nur als ungefährer Anhaltspunkt.

Ist es nur für die Optik?
(Bild: Porsche AG)

Nur für die Straße?
(Bild: Porsche AG)

Motortuning (Saugmotoren)?
(Foto: Adrian Streather)

Was will ich?

Vorsicht:
Bei Leistungssteigerungen muss immer auch an die Fahrzeugsicherheit gedacht werden.

Vorsicht:
Bevor Sie Modifikationen ausführen lassen, sollten Sie Version, Baujahr, Ausführung und Individualausstattungen Ihres Fahrzeugs berücksichtigen. Die Unterschiede hinsichtlich Ausstattung, Abgasreinigung und anderer Details können die Auswahl der möglichen Modifikationen einschränken.

Die folgenden Fragen sollen dem 997-Besitzer helfen, die richtige Wahl zu treffen und nicht unnötig Geld zu verschwenden:

- Warum soll das Fahrzeug optimiert werden? Geht es nur um die Optik oder ist Ihnen noch etwas anderes wichtig?
- Ist die geplante Verbesserung auf reinen Alltagsbetrieb oder Rennbetrieb ausgerichtet – oder beides?
- Welches Endergebnis erwarten Sie?
- Spielt der Fahrkomfort für Sie eine Rolle?
- Haben Sie sich wegen der geplanten Maßnahmen den Rat eines Porsche-Fachmanns eingeholt?
- Reicht das Budget aus, dass Sie dafür eingeplant haben?
- Wird der Versicherungsschutz durch die Veränderungen beeinflusst?
- Was ist hinsichtlich der Zulassung Ihres Fahrzeugs zu unternehmen?
- Werden die Abgas- und Geräuschvorschriften nach der Modifikation noch erfüllt?
- Muss wegen der Umbauten beim Weiterverkauf des Fahrzeugs mit Problemen gerechnet werden?
- Kann man die Veränderungen für einen eventuellen Verkauf wieder rückgängig machen?

Hinweis:
Vorsicht vor dem möglichen Suchtpotenzial, das in den Tuningmaßnahmen steckt: Einmal eingeschlagene Schritte in diese Richtung lassen sich meist nur durch das Eingreifen der Ehefrau beenden.

Hinweis:
Bedenken Sie, dass es auf dem Tuningsektor neben zahlreichen seriösen Unternehmen auch genug Firmen gibt, die nur an Ihrem Geld interessiert sind und die eine nachvollziehbare Wirksamkeit der durchgeführten Maßnahmen wenig kümmert.

Ein abschließender Prüfstandlauf ist ein absolutes Muss.
(Foto: Adrian Streather)

Motortuning (Saugmotoren)

Einführung

Ein wichtiger Aspekt bei allen Leistungssteigerungen ist ihre Nachvollziehbarkeit. Daher ist eine abschließende Leistungsmessung auf einem Prüfstand mit dem vorgeschriebenen Kraftstoff ein absolutes Muss.
Lassen Sie sich niemals mit einem Tuning-Betrieb ein, der weder einen Motorprüfstand noch einen Rollenprüfstand vorzuweisen hat.
In diesem Abschnitt werden die positiven und negativen Auswirkungen des Motortunings an einem 997 behandelt. Die Leistungssteigerung eines bereits leistungsstarken Motors gibt es nicht umsonst.

Luftfilter

Über den Austausch der serienmäßigen Luftfilter gegen Zubehörfilter gibt es zahlreiche Meinungen. Hier sind die Fakten:

Bei allen 997-Modellen der 1. und 2. Generation mit den Motoren M96, M97 und MA1 ist es pure Zeit- und Geldverschwendung, zur Leistungssteigerung einen Zubehörluftfilter mit ölbenetztem Filtermaterial einzubauen. Diese Motoren sind mit einer elektronischen Drosselklappensteuerung ausgerüstet und das Motorsteuergerät bestimmt, wie viel Luft der Motor ansaugen darf – und nicht der Fahrer.

Nahaufnahme eines serienmäßigen GT3-Luftfilterelements
(Foto: Adrian Streather)

Selbst wenn ein Luftfiltereinsatz mit höherem Durchsatz anstelle des serienmäßigen Filters eingebaut ist, verändert sich vielleicht das Ansauggeräusch, mehr aber auch nicht. Porsche selbst hat bereits beim Luftfiltergehäuse des 997 durch entsprechende Einrichtungen das Ansauggeräusch optimiert (siehe Kapitel 4).

Hinweis:
Beim Einbau der Leistungssteigerung X51 werden die serienmäßigen Luftfilterelemente weiter verwendet.

Der Heißfilm-Luftmassenmesser (HM5 MAF) reagiert empfindlich auf Verschmutzungen. Sein Ausfall ist bei Verwendung eines eingeölten Luftfiltereinsatzes vorprogrammiert, da das Filteröl vom Luftstrom mitgerissen wird und sich auf dem Sensor ablagert.

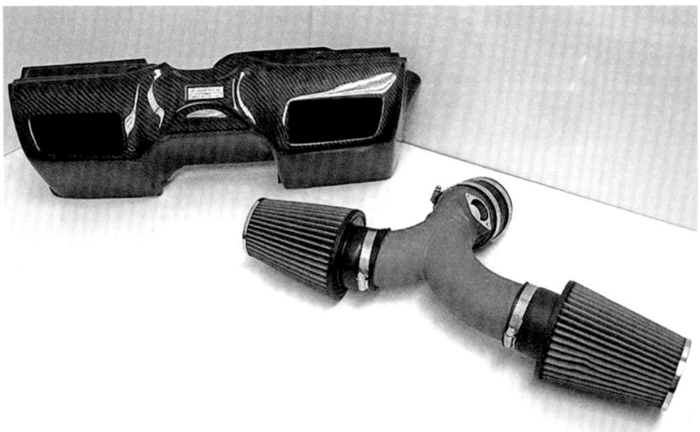

Umrüstsatz mit konischen Luftfiltern
(Foto: Vivid Racing)

Lufteinlasssystem des GT3 Cup
(Foto: Porsche AG)

Bei den GT3-Motoren M97.76 und M97.77 kann durch den Einbau einer GT3-Cup-Luftfilteranlage eine Leistungssteigerung erzielt werden, allerdings stellt sich die Frage, ob der Fahrer durch die alleinige Montage dieser Anlage eine deutliche Verbesserung bemerkt. Die Leistung des GT3 RS 4.0-Motors steht völlig außer Frage. Diese noch deutlich zu steigern ist die wahre Herausforderung.
Änderungen an der Luftfilteranlage der 997 Turbo-Modelle mit 3,6- und 3,8-Liter-Motor erfordern zusätzliche Modifikationen, weil auch hier die elektronische Drosselklappe den Lufteintritt in den Motor regelt. Gleiches trifft für die GT2 und GT2 RS-Modelle zu. Die Leistung eines GT2 RS zu steigern dürfte ebenfalls eine schwierige Aufgabe sein. Eine ähnliche Leistung aus anderen (zahmeren) Motoren herauszuholen ist dagegen einfacher.

Drosselklappenstutzen

Die einzigen Gründe, den Drosselklappenstutzen an einem M96.05- oder M97.XX-Motor zu ersetzen, sind entweder ein Defekt am Originalteil oder Modifikationen zur Leistungssteigerung, die einen höheren Luftdurchsatz erfordern.
Für die Interessierten: Der Drosselklappenstutzen der 997-Modelle der 1. Generation hat einen Querschnitt von 74 mm und lässt sich durch den des GT3 mit 82 mm ersetzen. Allerdings bringt diese Änderung allein nicht viel. Erforderlich ist auch eine komplett neue Auspuffanlage mit Krümmern, Katalysatoren und Schalldämpfer. Die Mehrleistung soll zwischen 18 und 21 kW (24 bis 28 PS) betragen.
Der Einbau des größeren Drosselklappenstutzens in die Turbomotoren M97.70 und MA1.70 wirkt sich hier bemerkbar leistungssteigernd aus.
Bei den MA1.XX-Motoren der 2. Generation mit Direkteinspritzung ist der Drosselklappenstutzen Bestandteil des Ansaugverteilers und bereitete durch seine außergewöhnliche Form den Tunern etwas Kopfzerbrechen. Der Drosselklappenstutzen des 997 GT3 konnte zwar in den DFI-Motor des 987 Cayman erfolgreich implantiert werden und steigerte dort die Leistung um 15 kW (20 PS) und das Drehmoment um 20 Nm, passt aber nicht in die MA1.01- und MA1.02-Motoren des 997.
Ein Unternehmen, das sich intensiv mit dieser Thematik auseinandergesetzt hat, ist IPD (Innovative Pro Design) in Huntington Beach, Kalifornien, USA.

Drosselklappenstutzen mit 82 mm Querschnitt
(Foto: Adrian Streather)

Die Leistung der MA1.XX-Motoren mit Direkteinspritzung lässt sich auch von einem versierten Hobbyschrauber steigern. Eine Kontaktaufnahme mit IPD bereitet den Weg. Allerdings zahlt IPD nicht den Motorschaden.

Einspritzventile des 997 Turbo aus der 1. Generation
(Foto: Adrian Streather)

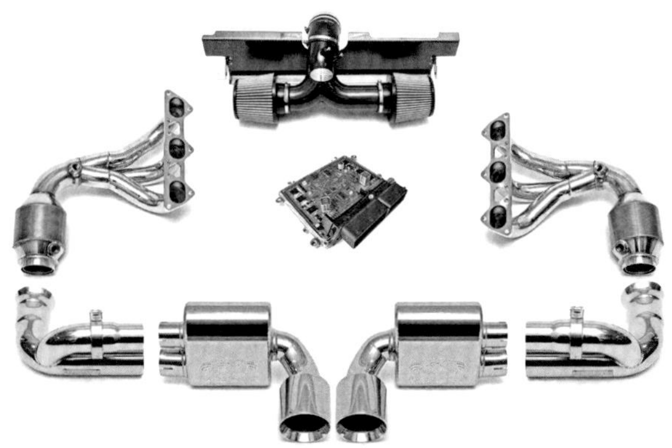

Kompletter Umrüstsatz von Fabspeed
(Foto: Fabspeed)

997-Auspuffanlage von Kline
(Foto: Kline Innovation)

Einspritzventile

Für einen Austausch der Serien-Einspritzventile gibt es ebenfalls keinen Grund, wenn er nicht durch eine umfassende Motorüberarbeitung erforderlich wird. Und das trifft dann auch nur für die Motortypen M96.05 und M97.XX zu. TPC Racing bietet andere Einspritzventile in Verbindung mit einem Carrera-Turbo-Kit an.
Mit den 75-Volt-Einspritzventilen der MA1.XX-Motoren herumzuspielen, endet in einem Desaster – hier lässt man besser die Finger davon.

Auspuffanlagen

Das teilweise oder vollständige Austauschen der Auspuffanlage sollte nicht allzu unbekümmert erfolgen. Weltweit unterliegen 997-Besitzer den Überwachungsmaßnahmen der jeweiligen Regierungen:

- Regelmäßig vorgeschriebene und zufällige Abgas-Emissionskontrollen
- Regelmäßige und zufällige Geräuschmessungen. Diese gibt es in vielen Ländern, und wenn ein Wagen hier negativ auffällt, wird er im günstigsten Fall als mangelhaft eingestuft. Er kann aber auch beschlagnahmt, oder sogar seine Verschrottung angeordnet werden, und der Besitzer zahlt die Kosten und ein saftiges Bußgeld.

Hinweis:
Viele Rennstrecken weltweit führen mittlerweile Geräuschmessungen durch, und viele Porsche-Besitzer mussten erkennen, dass ihre Auspuffanlagen zu laut waren und daher der Zugang zur Rennstrecke verweigert wurde.

Vor irgendwelchen Veränderungen an der Auspuffanlage sollten die Vorschriften bekannt sein – und zwar nicht nur die des Heimatlandes, sondern auch die der angrenzenden Länder.

Vorsicht:
Manche lokalen Behörden, wie z. B. der US-Bundesstaat Kalifornien, führen nicht nur Abgasmessungen durch, sondern schließen auch ein Testgerät über den Diagnosestecker an. Falls das Motorsteuergerät nicht die richtigen Messwerte liefert, besteht der 997 den Test nicht – mit allen Konsequenzen.

Durch den alleinigen Austausch der Auspuffanlage an den wassergekühlten Saugmotoren lässt sich keine Leistungs- oder Drehmomentsteigerung erzielen; was sich ändert ist der Sound. Daher werden die werkseitig angebotenen optionalen Auspuffanlagen mitunter als „Soundpaket" bezeichnet, oder Zubehör-Auspuffanlagen tragen den

Werkseitige Sportabgasanlage für einen 997 der 1. Generation

(Foto: Rennlist.net)

Carrera mit Sport Chrono Paket Plus

(Foto: Adrian Streather)

Carrera S ohne Sport Chrono Paket Plus

(Foto: Adrian Streather)

Hinweis „Nicht zulassungsfähig". Der Autor hat hier Erfahrungen gesammelt.
Für alle 997 Carrera-Modelle mit Saugmotor bietet bzw. bot Porsche eine Sportabgasanlage über Tequipment, oder bereits werkseitig montiert unter der Individualausstattungsnummer XLF an.
Bei der 997-Sportabgasanlage kommt das Signal zum Öffnen der Klappen im Schalldämpfer nicht vom Tachometer, wie bei den 996-Modellen, sondern wird im Motorsteuergerät in Abhängigkeit von der Fahrsituation, Gaspedalstellung und weiteren Faktoren berechnet.

Steuerung der Sportabgasanlage:

- 997-Modelle mit Sport Chrono Paket Plus (Individualausstattungen 639 und 640): Über Sporttaste in der Mittelkonsole der Schalttafel, siehe Bedienungshinweise in der Betriebsanleitung.
- 997-Modelle ohne Sport Chrono Paket Plus: Neue Schalterleiste mit zusätzlichem Schalter für Doppelendrohre. Die Reaktionszeit auf die Betätigung des Schalters beträgt bedingt durch die Unterdrucksteuerung etwa 1 bis 2 Sekunden. Eine Leuchtdiode im Schalter zeigt die Aktivierung an. Ab Modelljahr 2006 wurde die Schaltung geändert, und die Leuchtdiode leuchtet jetzt bei deaktivierter Klappe.

Durch den Einbau der von Porsche angebotenen Sportabgasanlage ändern sich weder die Motorleistung noch das Abgasverhalten des 997.
Darüber hinaus sind noch viele weitere Auspuffanlagen für den 997 erhältlich. Jedes namhafte Tuning-Unternehmen hat etwas im Programm.
Holen Sie sich Angebote ein und haben Sie ein gesundes Misstrauen.

Bosch Motronic Motorsteuergerät (DME) der 1. Generation

(Foto: Adrian Streather)

Wechsel eines Chips im Motorsteuergerät

(Foto: Adrian Streather)

Das Umprogrammieren des Motorsteuergeräts (DME) des 997 erfordert einen sehr erfahrenen Techniker wie Ueli.

(Foto: Adrian Streather)

Chip-Tuning

Einführung

Mittlerweile ist dem Leser sicher bewusst geworden, dass die 997-Baureihe, unabhängig von Modell oder Generation, erheblich komplexer ist als alle bisher gebauten 911-Serien.

Das Motorsteuergerät (DME) ist nicht mehr nur für die Kraftstoffeinspritzung zuständig, sondern ist in viele weitere Steuerungsaufgaben eingebunden. Es ist ein Teil der so genannten integrierten Steuerung. Die Frage, die ein Interessent daher an einen Anbieter des Chip-Tunings stellen sollte, ist, ob durch die vorgenommenen Änderungen andere Systeme beeinträchtigt werden. Welche Auswirkungen hat die Veränderung zum Beispiel auf die Funktionen des Sport Chrono Pakets oder die Schalteigenschaften der Tiptronic bzw. des PDK?

Chip-Tuning/Flashing

In den Zeiten des Carrera 3.2 bis zur Einstellung der 993-Baureihe konnten im Motorsteuergerät (DME) Speicherbausteine (Chips) mehr oder weniger einfach ausgetauscht werden. Diese Chips beinhalteten die Kennfelder, die zur Leistungssteigerung verändert werden konnten. Diese Änderung allein brachte meist nicht den gewünschten Erfolg, aber in Verbindung mit weiteren Modifikationen musste diese Anpassung sogar durchgeführt werden. Bei der 997-Baureihe lassen sich diese Chips sowohl beim Bosch-Steuergerät der 1. Generation als auch beim Siemens-Steuergerät der 2. Generation nicht mehr austauschen, können aber neu programmiert werden. Diese Maßnahme wird auch als „Flashing" bezeichnet.

Falls diese Umprogrammierung gewünscht wird, sollte man sich unbedingt mit seriösen Tuning-Unternehmen in Verbindung setzen, bei denen ausgewiesene Spezialisten arbeiten, die zudem einen einwandfreien Ruf besitzen und entsprechende Erfolge aufweisen können. Solche Firmen gibt es, und für diesen Eingriff ist eine genaue Nachfrage ein absolutes Muss.

Die Firma FVD Brombacher (www.fvd.net) aus Umkirch in Baden-Württemberg ist ein solches Unternehmen mit einer langjährigen Erfahrung und bietet für die 997-Modelle der 1. und 2. Generation ein Software-Tuning an, das bequem zu Hause mit dem Handgerät MyGenius vorgenommen werden kann. Der Preis für das Gerät inklusive Software liegt bei ca. 1.500 € (August 2017).

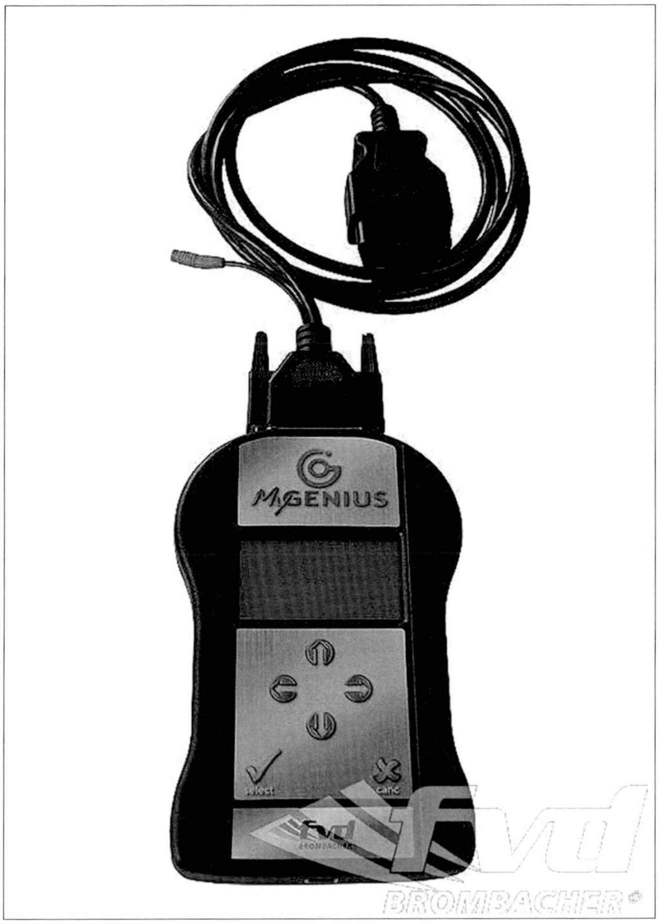

MyGenius, ein Handgerät für Umprogrammierungen

(Foto: FVD-Brombacher)

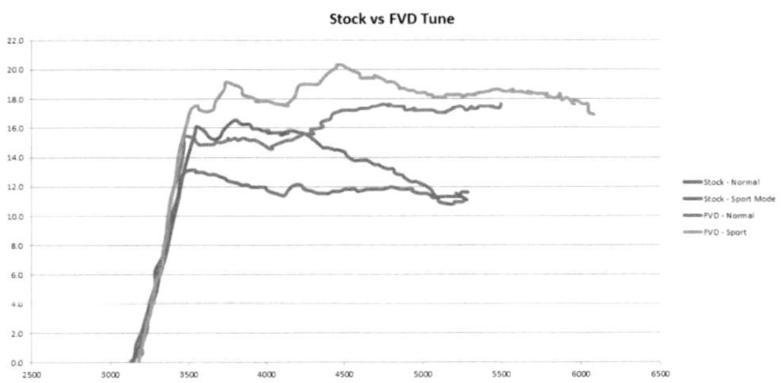

Verschiedene Leistungskurven eines 997 Turbo nach Umprogrammierung durch FVD

(Foto: Rennlist.net)

Nach Angabe von FVD werden Änderungen an folgenden Einstellungen vorgenommen:

- Zündzeitpunkt
- Kraftstoff-/Luftverhältnis
- Drehzahlbegrenzer
- Ladedruckkennfeld für turboaufgeladene Motoren

Daraus ergibt sich ein Leistungs- und Drehmomentanstieg von 3 – 5%.

Warum all diese Vorsicht? Flash-Programme zur Steigerung der Motorleistung sind im Prinzip nur Zahlenreihen, die von jemandem erstellt wurden, der genau wissen muss, welche Auswirkungen die Änderungen haben können. Denn in Wahrheit manipuliert der Programmierer die verschiedenen werkseitigen Kennfelder, ändert Einstellungen und definiert die Funktionsweise und das Zusammenarbeiten verschiedener Komponenten einschließlich der Sensoren neu. Um wirklich eine spürbare Leistungssteigerung durch eine solche Umprogrammierung zu erzielen, muss sie von einem erfahrenen Kennfeld-Programmierer direkt auf einem Prüfstand und unter Einbeziehung anderer Änderungen, wie z. B. einer Sportauspuffanlage oder Änderungen im Ansaugsystem (größerer Drosselklappenstutzen) vorgenommen werden.

Es sollte auch erwähnt werden, dass Porsche zusammen mit Bosch und Siemens eine Software zum Aufspüren solcher Manipulationen entwickelt hat. Sobald der PIWIS-Tester über den Diagnosestecker verbunden wird, erscheint eine Meldung, dass Eingriffe am Steuergerät vorgenommen wurden. Die Folge sind Schwierigkeiten bei der Geltendmachung von Garantieansprüchen und die Anordnung einer Abgasmessung (landesabhängig).

Zum Veröffentlichungszeitpunkt dieses Buches lagen die durchschnittlichen Kosten pro kW (1,36 PS) am Schwungrad gemessen für alle 997-Modelle bei ca. 500 Euro.

Falls ein 997-Besitzer ein Angebot erhält, das diese Zahl deutlich unterschreitet, sollte er sich an den Spruch erinnern: „Zu schön, um wahr zu sein“.

Hinweis:

Angaben von beeindruckenden Leistungssteigerungen in Verbindung mit Behauptungen, dass Leistungsmessungen vorher und nachher nicht aussagekräftig seien, sind mit Vorsicht zu genießen.

Die Turboaufladung überlässt man am besten den Experten.
(Abbildung: Porsche AG)

RUF RT 12 mit Turboaufladung
(Foto: RUF Automobile GmbH)

Geeignet für den 997: Rotrex-Kompressor C38-71.
(Foto: Adrian Streather)

Turboaufladung

Hinweis:
Dieser Abschnitt trifft nur auf die Motortypen M96.05 und M97.01 der 1. Generation zu.

Einen Saugmotor auf Turboaufladung umzubauen ist realistisch betrachtet eigentlich Unsinn. Es ist weitaus billiger und einfacher, einen 997 Turbo mit neuer VTG-Technik, Allradantrieb und Fahrerassistenzsystemen zu kaufen. Oder die ganz Verwegenen kaufen einen 997 GT2 bzw. GT2 RS. Für die Unbelehrbaren mit ordentlichem Budget bietet die Firma TPC Racing ein Carrera Turbo Kit für den 997 an. Zum Preis von etwa 10.000 Euro erhält der Kunde einen Umbausatz mit einem Einzelturbolader, ausreichend für eine Leistung von 382 kW (520 PS) und ein Drehmoment von 610 Nm.
Speziell angefertigte Turbo-Modelle auf 997-Basis, wie z. B. das RUF RT 12 Coupé, sind auch eine Überlegung wert, kosten aber deutlich mehr als einen serienmäßigen 997 Turbo zu kaufen und umzubauen.

Hinweis:
Der Basispreis eines RUF RT 12 Coupés ohne Extras liegt bei 209.900 Euro.

Kompressoraufladung

Hinweis:
Dieser Abschnitt trifft nur auf die Motortypen M96.05 und M97.01 der 1. Generation zu.

Eine Füllungsverbesserung durch Aufladung ist eine Alternative zur Aufrüstung der M96.05- und M97.01-Motoren mit einem Turbolader und war bisher die Kompetenz der Firma TPC Racing. Das Unternehmen hat sich aber mittlerweile der Turboaufladung zugewendet.
Der wesentliche Unterschied zwischen Aufladung und Turboaufladung besteht darin, dass Turbolader mittels der Abgasenergie angetrieben werden, während der Antrieb des Kompressors mechanisch über den Motor erfolgt (meist mittels Riemenantrieb).
Durch den Motorantrieb verbraucht der Kompressor wieder etwas von der erzeugten Leistung, so dass im Vergleich zur Turboaufladung die Verlustleistung höher ist. Die wesentlichen Vorteile einer Aufladung mittels Kompressor beim 997 sind:
- Nur ein Kompressor ist erforderlich.

Rotrex-Kompressor C38-71
(Bild: Adrian Streather)

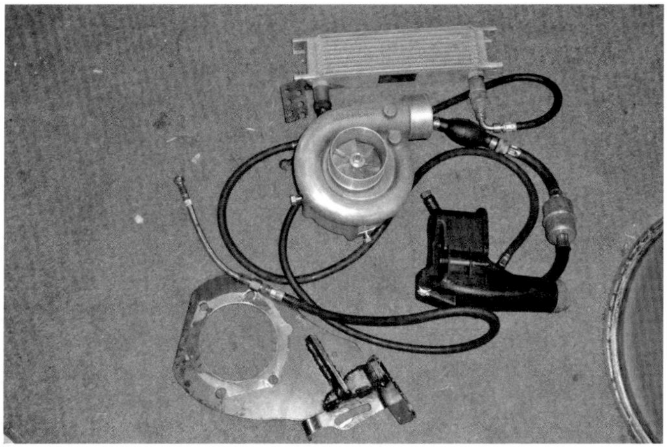

Rotrex-Kompressor-Kit
(Bild: Adrian Streather)

Der überwältigende RUF R Kompressor
(Foto: RUF Automobile GmbH)

- Der Leistungsanstieg ist gleichmäßiger und direkter, weil die Kompressordrehzahl mit der Motordrehzahl im Einklang steht (kein „Turboloch").
- Die Bauteile lassen sich einfach im Motorraum des 997 installieren.
- Die Ladeluftkühler sind flüssigkeitsgekühlt und platzsparend in das Ansaugsystem integriert.
- RUF gibt folgende Leistungsdaten an: Für den Motortyp M96.05 zusätzliche 66 kW (90 PS) und 80 Nm Drehmoment; für den Motortyp M97.01 zusätzliche 81 kW (110 PS) und 100 Nm Drehmoment.

Leider gibt es auch einige Nachteile:
- Kompressoreinbauten sind im Verhältnis zum Endergebnis sehr teuer. Das Gewicht der Anlage inklusive der zusätzlichen Kühler samt Kühlmittel ist recht hoch. Neben der Verlustleistung durch den Kompressor steigt auch das zu bewegende Fahrzeuggewicht an.
- Porsche hat nie einen 997 mit Kompressor hergestellt, so dass Fahrzeugbesitzer in manchen Ländern wie in der Schweiz mit Homologations- und Zulassungskosten rechnen müssen.
- Wie ist der Einfluss auf die Abgasemissionen; wie ist es um die Fehlerfreiheit des Motor-Steuergeräts (DME) bestellt, wenn es im Zuge eines Abgastest ausgelesen wird?
- Wie reagiert das Kompressorsystem auf niederoktanigen Kraftstoff und alkoholhaltige Kraftstoffe?

Neben den Schwierigkeiten nach dem Einbau müssen zuvor noch einige Hürden überwunden werden:
- Viele Firmen, die einen Kompressor einbauen, verlangen zu Recht eine vorherige Motorinspektion. Falls der Einbau danach verweigert wird, wie verhält es sich mit den Kosten für den unglücklichen 997-Besitzer?
- RUF empfiehlt, dass ein Motor mit einer Laufleistung von über 80.000 km vor dem Einbau eines Kompressors erneuert werden sollte. Die zusätzlichen Kosten eines neuen Motors stellen das Projekt in Frage.

Über die Langlebigkeit des umgerüsteten Motors sollte sich ein potenzieller Käufer ebenfalls Gedanken machen. So ist die Garantiedauer nicht einmal halb so lang wie die 80.000-km-Grenze, ab der für den Einbau ein neuer Motor erforderlich wäre ...

Autofarm setzt zur Hubraumvergrößerung Laufbuchsen in den 3,6-Liter-Motor M96.05 ein.

(Foto: Autofarm 1973 Ltd)

Hubraumvergrößerung

Autofarm 1973 Ltd in Großbritannien bietet für den M96.05-Motor eine Hubraumvergrößerung von 3,6 Liter auf 3,9 Liter an. Der Leistungsanstieg fällt je nach Motor unterschiedlich aus und relativiert das Kosten-Nutzen-Verhältnis; aber es ist sicherlich eine Alternative, über die man nachdenken kann.

Hinweis:
Mehr Informationen finden Sie auf unter: www.autofarm.co.uk.

Tuningteile

Neben der Porsche-eigenen Leistungssteigerung X51 bieten auch andere Firmen Tuningteile für den 997 an. Das belgische Unternehmen Kempower bietet einen Nockenwellensatz (4 Stück) für den 3,6-Liter-Motor M96.05 und den 3,8-Liter-Motor M97.01 der 1. Generation an.
Zum Zeitpunkt der Drucklegung kostete der Nockenwellensatz 1.858,– Euro.

Hinweis:
Weiter Informationen finden Sie unter: www.kempower.be.

Die Spezialisten von FVD-Brombacher aus Umkirch mit 30-jähriger Erfahrung auf dem Gebiet des Porsche-Tunings bieten für rund 3.200,– Euro einen Satz Sportnockenwellen für den 997 Turbo-Motor an; die gleiche Tuningmaßnahme für den 997 GT3 kostet rund 3.700,– Euro.

Hinweis:
Weiter Informationen finden Sie unter: www.fvd.net.

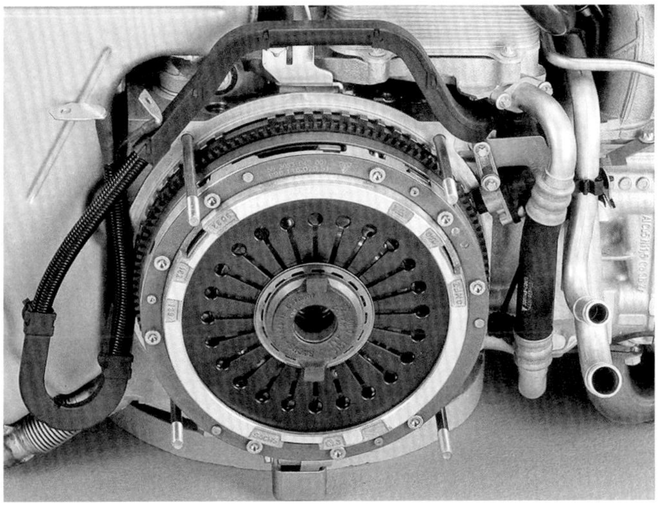

Immer noch die beste Lösung: das Zweimassenschwungrad.
(Bild: Porsche AG)

Erleichtertes Schwungrad

Ein erleichtertes Einmassenschwungrad dient nicht zur Leistungssteigerung, sondern ermöglicht ein schnelleres Hochdrehen des Motors. Im Alltagsbetrieb ist der Nutzen gering und Porsche erteilt auch keine Freigabe dafür. Die Anbieter dieser Teile werben teilweise mit den Vorzügen des gewichtsoptimierten Zweimassenschwungrads des 993 GT2, das sich sowohl im Alltagsbetrieb als auch im Rennstreckeneinsatz sehr gut bewähren würde. Der teure Austausch des Schwungrads gegen eine gewichtserleichterte Ausführung birgt das Risiko von technischen Problemen und des Verlusts von Garantieleistungen. Selbst bei den Turbo-Modellen besteht keine Veranlassung, das Schwungrad zu wechseln – falls nicht eine erhebliche Leistungssteigerung vorgenommen werden soll, die dann aber ein verstärktes Schwungrad und eine Zweischeibenkupplung erfordert, um das zusätzliche Drehmoment übertragen zu können.

Für den GT3 ist keine erleichterte Kupplung freigegeben, daher ist die elektronische Motorsteuerung auch nicht darauf ausgelegt.
(Bild: Porsche AG)

Erleichterte Kupplung

Auch der Einbau einer erleichterten Kupplung ist eine umstrittene Maßnahme und ebenfalls von Porsche nicht freigegeben.

Eine gewichtsoptimierte Renn-Kupplung erfordert zusätzlich ein erleichtertes Einmassenschwungrad und ist daher nur für den Besitzer eines 997 Cup interessant, der den Wagen auch entsprechend einsetzt.

Im Alltagsbetrieb entsteht daraus kein Vorteil, ganz im Gegenteil kann der Motor sogar leichter absterben, wenn unter bestimmten Bedingungen beim Einkuppeln die Drehzahl schneller abfällt, als das Motorsteuergerät reagieren kann.

Das einzige 997-Modell mit der Freigabe für eine gewichtserleichterte Kupplung ist der GT3 RS.
(Bild: Porsche AG)

Motortuning (Turbomotoren)

Verrückt?!

Auch für die 997 Turbo-Modelle (Motortyp M97.70) der 1. Generation gibt es einige Angebote für eine Leistungssteigerung, aber nur ein Anbieter ist es wert, erwähnt zu werden. Für knapp 20.000 US-Dollar plus $US 3.000 für die Kupplung sowie $US 4.500 für eine Auspuffanlage (ohne Arbeitszeit) bietet die Firma Alpha Performance das Alpha 9-Paket an.

Hinweis:
Weiter Informationen finden Sie unter:
www.alphaperformance.com

Unvernünftig ...
(Foto: Alpha Performance)

... furchteinflößend ...
(Foto: Alpha Performance)

... präsentiert sich der schrecklich-schöne Alpha 9.
(Foto: Alpha Performance)

So weist Porsche auf eine Leistungssteigerung hin.
(Foto: Porsche AG)

Porsche Exclusive-Plakette
(Foto: Paul Simmons)

Carrera 4 GTS mit Leistungssteigerung X51
(Foto: Paul Simmons)

Leistungssteigerung

Einführung

Die erfolgreichste und zuverlässigste Methode zur Steigerung der Motorleistung ist der Einbau eines sorgfältig entwickelten und ausgiebig getesteten Umbaukits eines renommierten Anbieters.
Von Porsche wurde ab Werk bzw. wird über Tequipment für die 3,8-Liter-Motoren M97.01 und MA1.01 eine Leistungssteigerung angeboten, die zusätzliche 19 kW (26 PS) bzw. 17 kW (23 PS) freisetzte. Allerdings erhöhen diese recht teuren Umbausätze auch das Gewicht, so dass die nutzbare Mehrleistung etwas geschmälert wird.

Hinweis:
Für die 3,6-Liter-Motoren M96.05 und MA1.02 bietet Porsche keine Leistungssteigerung an.

Porsche Exclusive und Tequipment

Porsche Exclusive und Tequipment (die Zubehörsparte von Porsche) bieten unter der Individualausstattungsnummer X51 ein Kit zur Leistungssteigerung für die Motortypen M97.01 und MA1.02 an.

Umfang der Leistungssteigerung X51

Die wichtigsten Bauteile sind:
- Neue Zylinderköpfe mit strömungsoptimierten Ansaug- und Auslasskanälen
- Größere Querschnitte der Auslasskanäle und Auslassventile sowie härtere Auslassventilfedern
- Neue strömungsoptimierte Auspuffkrümmer mit größeren Querschnitten
- Neue Aluminiumansaugkrümmer aus Sandguss mit modifizierten Querschnitten
- Größerer Drosselklappenstutzen mit 82 mm (vorher 76 mm)
- Neues Luftfiltergehäuse aus Kohlefaser mit zwei Ansaugöffnungen
- Angepasstes Motorsteuergerät mit geänderten Kennfeldern
- Späterer Eingriff des Drehzahlbegrenzers
- Sportabgasanlage mit verchromten Endrohren
- Neue hintere Unterbodenverkleidung
- Zusätzlicher mittlerer Kühler vorn mit eigenem Lufteinlass in der Bugschürze (falls nicht schon vorhanden)

Nach dem Einbau erhält das Motorsteuergerät eine neue Teilenummer für das jeweilige Land bzw. die Ausführung.

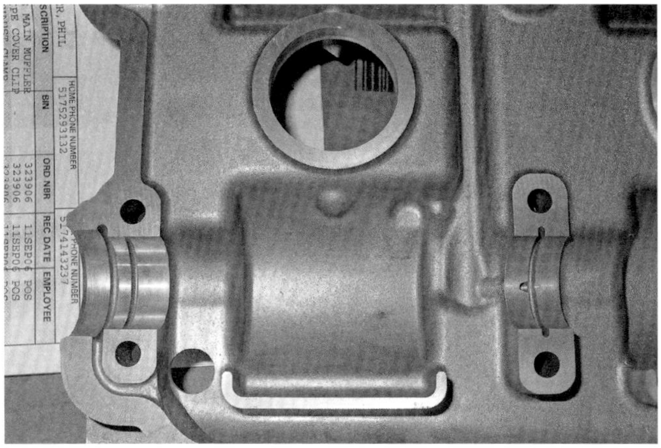

Teil der Leistungssteigerung X51

(Foto: Adrian Streather)

M97.01-Motorblock während der Umrüstung

(Foto: Adrian Streather)

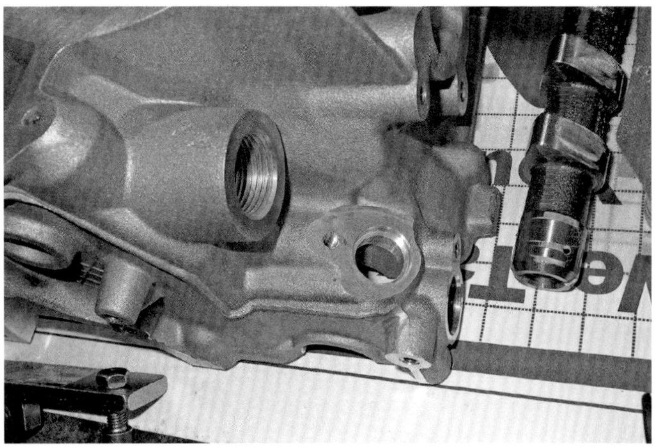

Eine einbaubereite Nockenwelle

(Foto: Adrian Streather)

Hinweis:

Ob die maximale Leistung von 280 kW (381 PS; Motortyp M97.01) bzw. 300 kW (408 PS; Motortyp MA1.01) erreicht wird, hängt von der Laufleistung des Motors beim Umbau ab.

Hinweis:

Falls der umzubauende Motor eine Laufleistung von über 40.000 km hat, müssen die Kurbelwellenhauptlager und die unteren Pleuellager ersetzt werden. Sollten die Pleuelbuchsen größere Laufspuren aufweisen, müssen die Pleuel ebenfalls erneuert werden.

Teilenummern der wesentlichen Kit-Teile, die in der Leistungssteigerung X51 beinhaltet sind (nur Motortyp M97.01):

- 997 044 100 00: Leistungssteigerungskit mit Auspuffanlage
- 997 044 100 02: Leistungssteigerungskit ohne Auspuffanlage
- 997 044 100 04: Dichtungssatz
- 997 044 100 05: Zusätzlicher Kühler (Einbausatz)
- 997 104 001 40: Zylinderkopfsatz
- 997 110 115 40: Ansaugverteiler (2x erforderlich)
- 997 110 025 00: Kohlefaser-Luftfiltergehäuse mit Heißfilm-Luftmassenmesser, Luftfilterelement sowie linker und rechter Abdichtung
- 997 504 629 04: Hintere Unterbodenverkleidung
- 997 044 200 02: Sportabgasanlage komplett
- 997 104 201 02: Zylinderkopfdichtungen (2x erforderlich)
- 999 917 560 00: Schmiermittel für O-Ringe
- 000 043 204 35: Dichtmittel 50 ml
- 997 106 037 02: Mittlerer Kühler mit vier Silentblöcken
- 997 505 541 01: Lufteinlass für Bugschürze

Hinweis:

Für Instandsetzungsarbeiten ist ein kompletter Zylinderkopf mit Ventilen, Ventilfedern, Zündkerzen und einem passenden Zylinderkopfdeckel erhältlich.

Der 911 Sport Classic war serienmäßig mit der Leistungssteigerung X51 ausgerüstet ...

(Bild: Porsche AG)

... genauso der Speedster.

(Bild: Porsche AG)

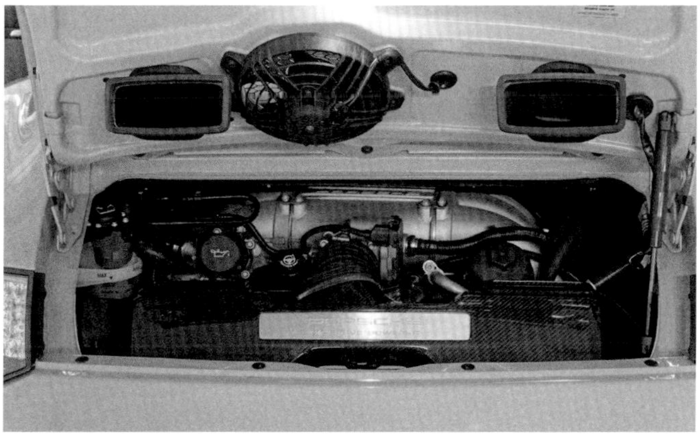

So sieht es im Motorraum des Sport Classic aus.

(Bild: Porsche AG)

Beschreibung der Leistungssteigerung von Porsche Exclusive für den Motortyp MA1.01:

Die Leistungssteigerung für die Modelle Carrera S, Carrera 4S und Targa 4S mit MA1.01-Motor und Direkteinspritzung (DFI) beinhaltet eine umfangreiche Änderung des Ansaugsystems, beginnend von den Ansaugöffnungen des Luftfiltergehäuses bis hin zu den Einlassventilen.

Die variable Resonanzsauganlage mit sechs schaltbaren Klappen leistet einen wesentlichen Beitrag zur Steigerung der Motorleistung.

Durch die unterdruckgesteuerten Klappen kann die Geometrie der sechs Ansaugkanäle entweder leistungs- oder drehmomentoptimiert verändert werden. Damit steigt das Drehmoment im mittleren Drehzahlbereich an, was den Durchzug und die Beschleunigungswerte verbessert.

Aufgrund des optimierten Strömungsverhaltens der Ansaugkanäle verbessert sich auch der Verbrennungsablauf in den Zylindern.

Ein zusätzlicher Kühler erhöht die Kühlungsleistung; für eine ansprechende Optik sorgt das Luftfiltergehäuse mit zwei Ansaugöffnungen und seinem in Kohlefaser ausgeführten Oberteil.

Das Ergebnis der Entwicklungsarbeit ist ein beeindruckender Drehmomentverlauf und eine maximale Leistung von 300 kW (408 PS). Die Beschleunigungswerte von 0 auf 100 km/h verbessern sich von 4,7 auf 4,6 Sekunden (Schaltgetriebe) bzw. 4,2 Sekunden (PDK mit Sport Plus-Taste). Auch die Höchstgeschwindigkeit steigt um 5 km/h.

Im Paket enthalten ist eine Sportabgasanlage mit speziellen Doppel-Endrohren, die für einen optimalen Abgasdurchsatz ausgelegt ist. Der Auspuffton kann durch Drücken einer Taste verändert werden.

Ein 997 Turbo wartet bei RUF USA auf seinen Umbau ...

(Foto: Rennlist.net)

... ebenso wie dieses Exemplar.

(Foto: Rennlist.net)

Dieser Carrera S wurde als erster 997 im September 2004 zum Umbau an Sportec übergeben.

(Bild: Adrian Streather)

Weitere Porsche-Tuner

Weltweit gibt es eine große Anzahl von Unternehmen, die verschiedenste Tuning-Pakete für den 997 anbieten.

Hier ein kurzer Einblick in die 997-Tuning-Szene:

RUF Automobile GmbH in Deutschland

Die Firma RUF als Porsche-Tuner zu bezeichnen, ist schon fast abwertend, denn es handelt sich hier um einen Autohersteller. Einige seiner Produkte wurden schon im Kapitel 1 vorgestellt. Der von RUF angebotene Leistungsumbau für den 997 kostete im Jahr 2013 ca. 12.000,– Euro.
Auch für den 997 Turbo und 997 Turbo S mit DFI hat RUF Angebote im Programm.
Damit wird die serienmäßige Leistung von 368 kW (500 PS) des Turbo Coupé/Cabriolet bzw. 390 kW (530 PS) des Turbo S Coupé/Cabriolet auf 456 kW (620 PS) gesteigert. Hinzu kommt das beeindruckende Drehmoment von 820 Nm, das zwischen 3.000 und 3.500 min^{-1} anliegt.
Erreicht wird das im Wesentlichen durch:

- Modifiziertes Motor-Steuergerät
- Sportluftfilter
- Sportkatalysatoren
- Neue Auspuffanlage mit Doppelendrohren

Natürlich sind die Fahrleistungen dieser Turbo-Modelle entsprechend:

- 0 – 100 km/h in 2,9 Sekunden
- 0 – 200 km/h in 9,1 Sekunden
- Höchstgeschwindigkeit 326 km/h

Diese Leistungsumrüstung ist sowohl für Modelle mit Schaltgetriebe als auch mit PDK erhältlich.
Allerdings kann dieser Umbau nicht in der heimischen Garage vorgenommen werden. Der 997 muss dafür zum nächstgelegenen RUF-Stützpunkt gebracht werden. Auch die serienmäßige Turbo-Auspuffanlage muss zum Umbau angeliefert werden.

Sportec in der Schweiz

Auf der Firmen-Webseite bietet Sportec ein Software-Tuning für den 3,6-Liter-Motor M97.70 an. Damit steigen Leistung und Drehmoment von 353 kW (480 PS) und 650 Nm auf 401 kW (546 PS) und 710 Nm an.

Seit 1987 steht TECHART aus Leonberg für unübertroffene Individualisierungsvielfalt und höchsten Qualitätsanspruch – für jeden Porsche. *(Foto: TECHART)*

Der Name GEMBALLA steht seit 1981 vor allem für veredelte Fahrzeuge der Marke Porsche. Auf Basis des 997 Turbo entstand der Avalanche. *(Foto: GEMBALLA GmbH)*

In der über 30-jährigen Geschichte des ebenfalls in Leonberg bei Stuttgart beheimateten Unternehmens wurden besonders in den Bereichen Aerodynamik, Design und Leistungssteigerung immer wieder neue Maßstäbe gesetzt ... *(Foto: GEMBALLA GmbH)*

... so auch bei dem 2008 präsentierten GEMBALLA Avalanche auf 997-Basis. *(Foto: GEMBALLA GmbH)*

TECHART in Deutschland

TECHART hat einige Tuning-Angebote für den 997 im Programm:

TA 097/1
Leistungssteigerung für den 3,6-Liter-Motor M96.05 um 11 kW (15 PS), bestehend aus:
- Sportluftfilter
- TECHART Motor-Steuergerät

TA 097/S1
Leistungssteigerung für den 3,8-Liter-Motor M97.01 um 11 kW (15 PS), bestehend aus:
- Sportluftfilter

TA 097/S2
Leistungssteigerung für die Motoren MA1.01 und MA1.02 um 25 kW (35 PS), bestehend aus:
- Edelstahlauspuffkrümmer
- Sportkatalysatoren
- Schalldämpfer mit Klappen
- Doppelendrohr in Chrom- bzw. Schwarzchromoptik
- TECHART Motor-Steuergerät

Hinweis:
Alle TECHART Motor-Steuergeräte werden nur im Austausch gegen ein Originalteil angeboten.

GEMBALLA GmbH in Deutschland

GEMBALLA bietet zwei hauseigene 997-Umbauten an:
- Avalanche, ein Umbau des Turbo Coupé oder Cabriolet (Bezeichnung dann Avalanche Roadster), mit einer Leistung von 494 kW (671 PS) und einem Drehmoment von 925 Nm. Beschleunigung von 0 auf 100 km/h in 3,1 Sekunden, Höchstgeschwindigkeit 337 km/h.

Darüber hinaus hat GEMBALLA einige weitere Tuning-Kits im Angebot:
- 997 Turbo, 1. Generation: + 37 kW (50 PS), 100 Nm
- 997 Turbo, 1. Generation: + 140 kW (191 PS), 245 Nm*
- 997 Turbo, 2. Generation: + 22 kW (30 PS), 90 Nm*
- 997 Turbo, 2. Generation: + 132 kW (180 PS), 250 Nm*

*Erfordert eine Umprogrammierung des Motorsteuergeräts.

Karosserie, Aufhängung, Bremsen und Räder

Aerodynamische Verbesserungen

Ab Werk

Mit den Carrera- und Carrera S-Coupés verließen 2004 die windschlüpfrigsten 911-Modelle das Fließband, die bis dahin gebaut wurden. Das Design-Team hatte es geschafft, den Luftwiderstandsbeiwert c_W auf sehr niedrige 0,28 zu senken.

Der niedrige Luftwiderstand ermöglicht hohe Geschwindigkeiten auf der Autobahn, eine entsprechende Gestaltung der Frontpartie und der Heckspoiler sorgen für den erforderlichen Abtrieb zur Kraftübertragung.

Für den Rennstreckeneinsatz mit den dort auftretenden hohen Kurvengeschwindigkeiten reicht dieser jedoch nicht aus. Wie in der Vergangenheit entschied sich Porsche, die für den GT3 Cup entwickelten aerodynamischen Bauteile zur Nachrüstung über die Zubehörsparte Tequipment anzubieten. Zudem gab es auch die Möglichkeit für Neukunden, unter der Individualausstattungsnummer XAA den Aerokit Cup für die Coupé-Modelle Carrera und Carrera S ab Werk zu bestellen und einbauen zu lassen.

Die mit diesem Kit vorgenommenen Änderungen dienen in erster Linie der Optik und haben im Straßenverkehr nur einen geringen Einfluss auf das Fahrverhalten. Allerdings können 997-Besitzer, die öfters bei Club-Rennen teilnehmen, bei entsprechenden fahrerischen Fähigkeiten davon deutlich profitieren.

Vorteile des Aerokits:

- Der 997 sieht einfach besser aus
- Erhöhter Wiederverkaufswert
- Größerer Interessentenkreis im Falle eines Verkaufs
- Der feststehende Heckspoiler verringert die potenzielle Ausfallgefahr von Komponenten (Spoilermechanik, Bremsleuchten).

Nachteile des Aerokits:

- Teuer in der Anschaffung
- Erhöhtes Gewicht
- Hohe Beschädigungsgefahr des Frontspoilers
- Nur geringe Vorteile im Alltagsbetrieb

Ohne jegliche Änderungen ist das Carrera S Coupé sehr windschlüpfig.

(Foto: Adrian Streather)

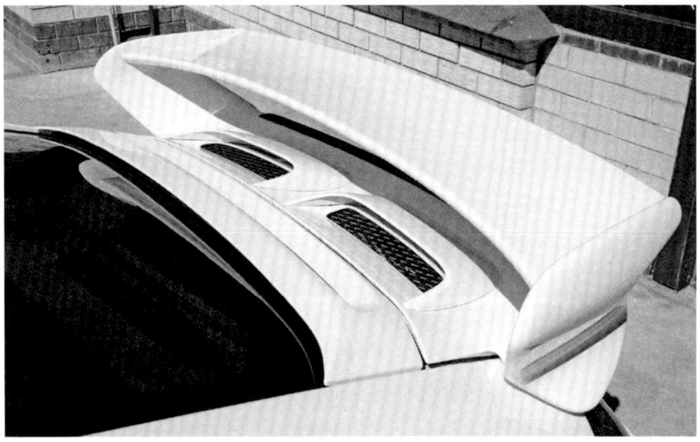

Spoilerwerk des GT3

(Foto: Adrian Streather)

Aerokit Cup

(Foto: Porsche AG)

Aerokit Cup
(Bild: Porsche AG)

Aerokit Turbo
(Bild: Porsche AG)

Aerokit Turbo, 2. Generation
(Bild: Porsche AG)

Beschreibung des Aerokit Cup (Individualausstattungsnummer XAA für das Carrera Coupé der 1. Generation, Individualausstattungsnummer XAF) für das Turbo Coupé der 1. Generation
Das Aerokit Cup setzt sich aus folgenden Hauptbauteilen zusammen:

- Modifizierter und grundierter Frontspoiler
- Zwei grundierte Schwellerblenden
- Grundierte Heckschürze
- Neue Motorhaube mit starrem Spoiler und Spoilerlippe

Hinweis:
Die grundierten Teile können in der entsprechenden Farbe des 997 lackiert werden.

Hinweis:
Die jeweilige Typenbezeichnung muss extra als Ersatzteil bestellt werden und kann an der gleichen Stelle angebracht werden.

Die Montageanleitung von Porsche kann von dieser Webseite heruntergeladen werden: www.renntech.org.

Für die 997-Modelle der 2. Generation sind sehr ähnliche Aerokits im Angebot, die entweder werkseitig über Porsche Exclusive eingebaut wurden oder jetzt über Tequipment zum Nachrüsten bezogen werden können. Für die Modelle Carrera, Carrera 4 Coupé, Cabriolet und Targa 4 mit dem 3,6-Liter-Motor MA1.02 ist eine SportDesign-Bugschürze erhältlich, die allerdings die Bodenfreiheit verringert.

Starrer, aber manuell verstellbarer Spoiler des GT3 RS

(Bild: Adrian Streather)

Aerokit Turbo mit starrem Heckspoiler für die 2. Generation des Turbo Coupés bzw. Cabriolets

(Foto: Porsche AG)

Starrer Heckspoiler

Serienmäßig waren die Modelle GT2, GT3 und GT3 RS der 1. Generation mit einem starren Heckspoiler ausgerüstet.

In der 2. Generation hatten die Modelle GT2 RS, GT3, GT3 RS, und GT3 RS 4.0 einen starren Heckspoiler. Hinzu kommt noch das Sondermodell 911 Sport Classic mit dem Entenbürzel.

Nach der Einführung der zweiten 997-Generation konnte das Aerokit für neu gefertigte 997 Coupés über Porsche Exclusive bestellt werden (Individualausstattungscode ebenfalls XAA bzw. XAF).

GEMBALLA GT Coupé
(Foto: GEMBALLA GmbH)

GEMBALLA GT Targa
(Foto: GEMBALLA GmbH)

GEMBALLA GT Cabriolet
(Foto: GEMBALLA GmbH)

Aerodynamikpakete von anderen Herstellern

GEMBALLA bot fünf vollständige Aerodynamikpakete an, die auf verschiedenen 997-Modellen basierten.
Für den GEMBALLA GT dienten sowohl der 997 Turbo als auch der 997 Carrera als Basis. Der Umbausatz beinhaltete:

- Frontspoilerlippe GT
- Kofferraumhaube GT
- Seitenverkleidungen GT
- Heckspoiler GT
- 20-Zoll-Räder
- Aufhängungspaket
- Auspuffanlage GT
- Interieurpaket

Auch der GEMBALLA GT EVO basierte auf dem 997 Turbo oder dem 997 Carrera. Dieser Umbausatz umfasste:

- Frontspoilerlippe GT
- Kofferraumhaube GT
- Seitenverkleidungen GT
- Heckschürze GT EVO
- Heckspoiler GT
- 20-Zoll-Räder
- Aufhängungspaket
- Auspuffanlage GT EVO
- Interieurpaket

GEMBALLA GT EVO 2
(Foto: GEMBALLA GmbH)

Eine von drei starren Heckspoilerversionen, die GEMBALLA anbietet.
(Foto: GEMBALLA GmbH)

Dieser Entenbürzel aus Kohlefaser stammt von RUF.
(Foto: Rennlist)

Zusätzlich gab es noch den GEMBALLA GT2 EVO, den es nur in der Turboversion gab. Der Umfang des Umbausatzes war mit dem des EVO identisch.

Starre Heckspoiler anderer Hersteller

Das ist wohl die beste Lösung für 997-Besitzer, die den ausfahrbaren Heckspoiler mit einer starren Ausführung ersetzen wollen.

Hier bietet GEMBALLA mit dem GT, GT EVO und GT2 EVO drei verschiedene Versionen an.

Auch RUF hat einen starren Heckspoiler im Programm.

Darüber hinaus bieten TECHART und weitere Hersteller weltweit eine beeindruckende Auswahlmöglichkeit. Bedacht werden sollte, dass der Heckspoiler nicht nur angeschraubt wird, sondern auch Arbeiten an der elektrischen Anlage erforderlich sind.

Hinweis:

Am einfachsten ist der Kauf einer zusätzlichen Motorhaube, um den starren Heckspoiler zu befestigen. So bleibt der ausfahrbare Heckspoiler in der originalen Motorhaube und kann beim Verkauf des Fahrzeugs wieder einfach eingebaut werden. Im Originalzustand lässt sich häufig ein höherer Preis erzielen.

Eine typische Bedrohung für die tiefliegende Spoilerlippe eines GT3

(Foto: Adrian Streather)

Noselift-Kit zur Anhebung der Frontpartie von TECHART

(Foto: TECHART)

Das Noselift-System hilft, Beschädigungen am Frontspoiler zu vermeiden. Auch wenn die Spoilerlippe einfach zu tauschen ist, kann es teuer werden.

(Foto: Adrian Streather)

Weitere Angebote anderer Hersteller

Das Zubehörangebot der diversen Anbieter ist sehr vielfältig, aber TECHART hat für die Besitzer eines GT3 und GT3 RS etwas Besonderes im Programm, das sich in manchen Gegenden als sehr praktisch erweist.

Es verbessert nicht die Aerodynamik, ist aber sehr hilfreich, um die Spoilerlippe z. B. beim Überfahren von Bordsteinen vor Beschädigung zu schützen.

Mit dem TECHART-Noselift-System kann per Knopfdruck die Frontpartie des 997 über die Vorderachse um ca. 60 mm hydraulisch angehoben werden.

Probleme an Tiefgaragenzufahrten, Auffahrrampen, Fahrbahnpollern und Bordsteinen gehören mit dem TECHART-Noselift-System damit der Vergangenheit an.

Das System hat folgende Eigenschaften:

- Die Funktion ist nur möglich, wenn der Wagen steht oder unter 60 km/h fährt.
- Abblendfunktion für Fahrzeuge mit Bi-Xenon-Scheinwerfern, aber keine automatische Leuchtweitenregulierung.
- Schnelle Verstellung mit 10 mm pro Sekunde
- Bedienung mit Statusanzeige über eine Taste in der Dachkonsole
- Geräuschlose Funktion.
- Keine Einschränkung des Kofferraumstauvolumens
- Volle Genehmigung und Freigabe

Hinweis:

Auch Porsche bot ein vergleichbares System als Individualausstattung an, die in einer sehr begrenzten Anzahl von Fahrzeugen eingebaut ist. Allerdings ist keine Nachrüstung über Tequipment möglich.

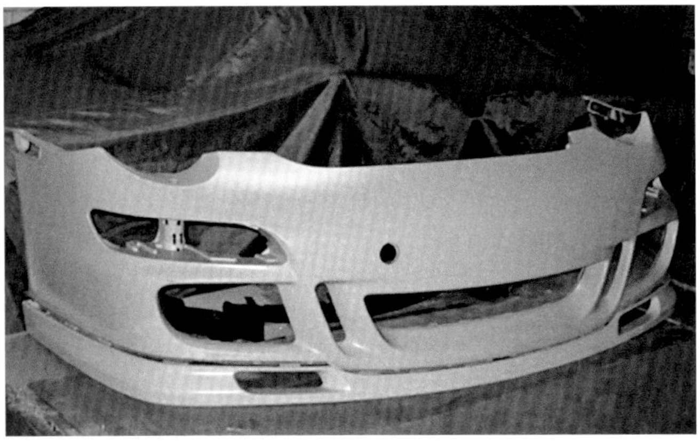

Die gebrauchte Bugschürze aus England
(Foto: Christophe Poos)

Der Heckspoiler aus Amerika, über das Internet bezogen.
(Foto: Christophe Poos)

Fertig: Der Carrera S mit Aerokit Cup.
(Foto: Christophe Poos)

Aerokit-Einbau in Eigenregie

Nicht jeder 997-Besitzer ist bereit, ein 4.500,– Euro teures Aerokit Cup für seinen Carrera S der 1. Generation zu kaufen. Dazu addieren sich noch die Kosten für die Lackierung und Montagearbeiten, so dass sich am Ende eine Summe von 7.000,– Euro ergibt. Es geht aber auch günstiger, wie das Beispiel von Christophe Poos aus Belgien zeigt.
Er erstand in England eine intakte gebrauchte Bugschürze aus Kunststoff ohne Einbauteile, aber ansonsten komplett. Über das Internet konnte er in Amerika einen kompletten Heckspoiler kaufen, bei dem sogar der Kabelsatz für das Anschließen des Motorraumgebläses enthalten war.

Hinweis:
Der originale ausfahrbare Heckspoiler lässt sich nach dem Entfernen von vier Schrauben in kurzer Zeit abnehmen.

Der neue Heckspoiler konnte an den gleichen Befestigungspunkten des vorher vorhandenen Spoilers an der Motorraumhaube verschraubt werden und erforderte lediglich etwas Feinarbeit beim Einstellen der Spaltmaße.
Vorher wurden alle Teile in der Farbe (Farbcode M7Z) seines Carrera S Coupés lackiert. Hier unterscheiden sich die Preisforderungen gewaltig; wer für diese Arbeiten einen guten Freund hat, kann sich glücklich schätzen.
Nach dem Lackieren wurden die Gitter in den Spoiler eingesetzt. Dafür verwendete Chris ein preiswertes Standardgitter, das er ebenfalls an der Bugschürze einsetzte. Da es nicht im Aerokit beinhaltet ist, soll hier auch nicht weiter darauf eingegangen werden.
Für den Austausch seiner alten Bugschürze gegen die neue Aerokit Cup-Version verwendete Chris die Anleitungen, die er von www.rennlist.net heruntergeladen hatte. Dabei waren auch kleine Änderungen an den Schächten für die Luftzufuhr zu den Bremsen erforderlich.
Schließlich entfernte Chris mit einem Fön und einem kleinen Schraubendreher den Schriftzug vom alten Spoiler und brachte ihn mit etwas klarem Silikon am neuen an.

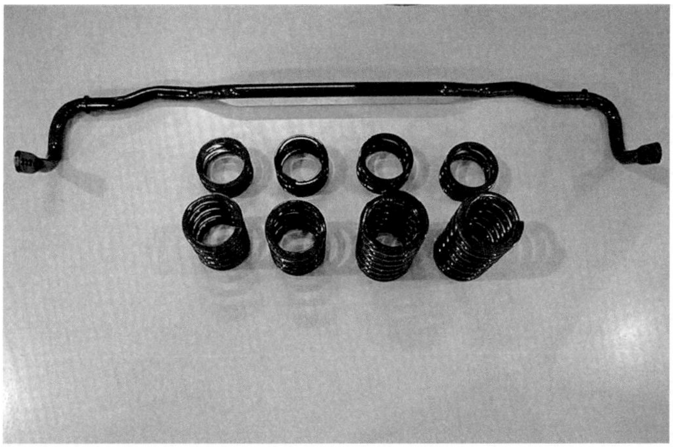

Fahrwerkskit von RUF mit Federn und Stabilisator für den 997 Turbo

(Foto: RUF Automobile GmbH)

Modifizierungen an der Radaufhängung

Ein klarer Nachteil bei der 997-Baureihe ist die Schwierigkeit, die Radaufhängungen zu ändern bzw. zu optimieren. Ohne Porsche Active Supension Management (PASM) sind Änderungen an den Radaufhängungen relativ einfach vorzunehmen, mit PASM ist ein Umbau sehr begrenzt und auch sehr teuer.
Falls Änderungen an den Radaufhängungen beabsichtigt sind, sollte vorher überlegt werden, welche Einflüsse diese Modifikationen haben könnten.

Diese können sein:

- Verstärktes Untersteuern
- Verstärktes Übersteuern
- Verringerte Bodenfreiheit
- Schlechterer Fahrkomfort
- Verstärktes Nachlaufen von Spurrillen (je härter die Fahrwerksabstimmung, desto ausgeprägter folgen die Räder den Spurrillen).
- Verschlechterung des Fahrverhaltens bis zur Unfahrbarkeit

Von allen Einflüssen auf das Fahrverhalten sind das Unter- und Übersteuern am wenigsten geläufig, sie sind aber am gefährlichsten.

Untersteuern

Untersteuern entsteht durch eine geringere Haftung der Vorderreifen im Vergleich zu den Hinterreifen. Die Vorderräder werden durch die Lenkung eingeschlagen, aber die Vorderreifen bauen nicht genug Haftung auf, um das Fahrzeug auf der vorgegebenen Kurvenbahn zu halten und es rutscht über die Vorderreifen aus der Kurve.

Hinweis:
Traditionell habe die Porsche-Entwickler dem 911 immer eine gewisse Tendenz zum Untersteuern verliehen. Damit soll das Übersteuern ausgeglichen werden, das durch das schwere Heck verursacht wird.

Untersteuern

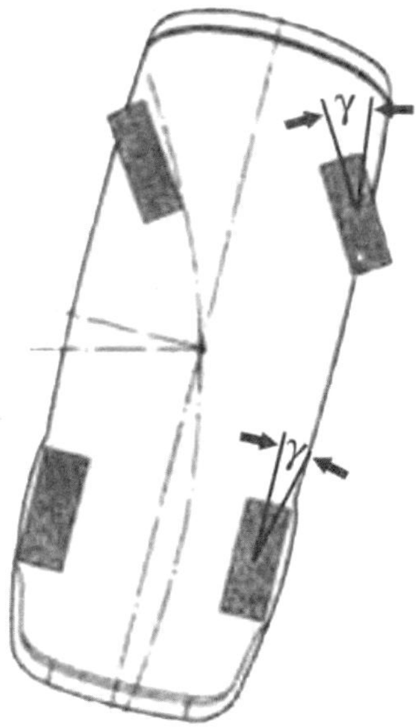

Wenn der Driftwinkel der Vorderachse größer ist als der der Hinterachse, spricht man von Untersteuern. Es wird oft auch als „Schieben" bezeichnet, weil das Fahrzeug nicht der Lenkbewegung folgt, sondern trotz der eingeschlagenen Vorderräder geradeaus fährt.

Übersteuern

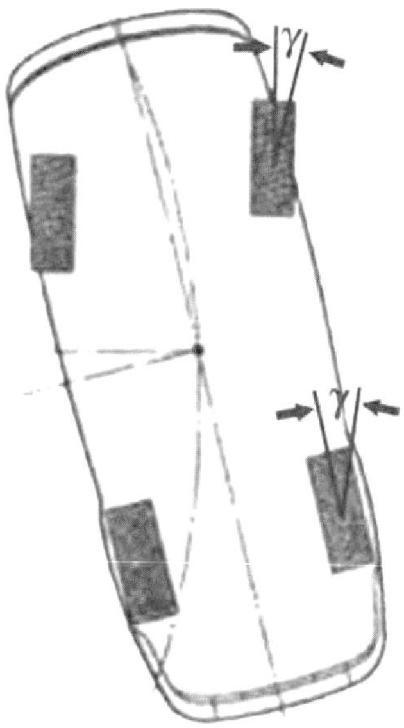

Wenn der Driftwinkel der Hinterachse größer ist als der der Vorderachse, spricht man von Übersteuern. Ein übersteuerndes Fahrzeug lenkt schneller als erwartet in eine Kurve ein und das Fahrzeugheck kann seitlich ausbrechen.

Das Ergebnis eines massiven Untersteuerns mit Sommerreifen in der kalten und nassen Schweiz.

(Foto: Adrian Streather)

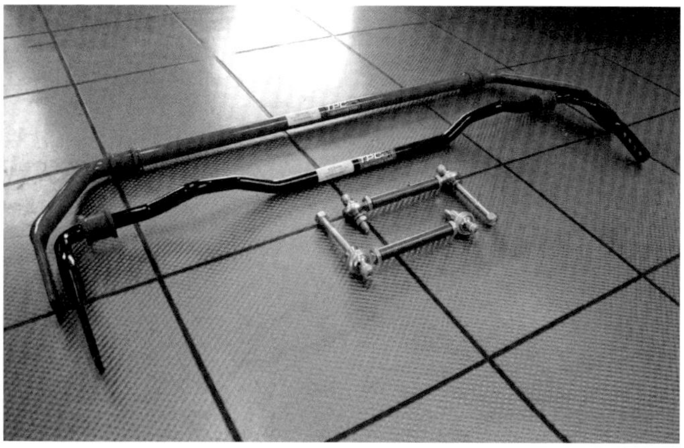

Übersteuern

Wenn der Driftwinkel der Hinterachse größer ist als der der Vorderachse, spricht man von Übersteuern. Durch das seitlich ausbrechende Heck wird bei gleichem Kurvenradius mit zunehmender Geschwindigkeit ein immer kleinerer Lenkeinschlag erforderlich.

Hinweis:

Eine alte Rennfahrerweisheit besagt sinngemäß, dass die Geschwindigkeit am Kurveneingang nicht zu hoch sein darf, damit man schnell wieder aus der Kurve herausbeschleunigen kann. Ist dagegen die Eingangsgeschwindigkeit zu hoch, verlässt man die Kurve auf anderen Wegen ... Das trifft sowohl für die Straße als auch für die Rennstrecke zu. Allerdings ist Unter- oder Übersteuern im Straßenverkehr weitaus gefährlicher als auf der Rennstrecke.

Die Tabelle listet auf, inwieweit sich Veränderungen an der Radaufhängung auf das Unter- und Übersteuern auswirken:

Untersteuern und Übersteuern		
Verringern des Untersteuerns	**Änderung**	**Verringerung des Übersteuerns**
Weicher	Federrate vorn	Härter
Dünner (weicher)	Stabilisatorquerschnitt vorn	Dicker (härter)
Härter	Federrate hinten	Weicher
Dicker (härter)	Stabilisatorquerschnitt hinten	Dünner (weicher)

Hinweis:

Ein stärkeres Untersteuern eines im Alltagsbetrieb eingesetzten 997 ist nicht empfehlenswert.

◀ Das Ergebnis, wie verschiedene Komponenten miteinander harmonieren, lässt sich nicht eindeutig vorhersagen. Hier muss man sich auf die Erfahrungswerte anderer verlassen. Vor irgendwelchen Umbauten an der Radaufhängung sollte daher gründlich recherchiert werden.

Welche Federraten verwendet Porsche?

Dazu sei auf Kapitel 6 verwiesen. Die serienmäßigen Federraten für alle Modelle mit oder ohne PASM und das optionale Sportfahrwerk werden von Porsche angegeben und sind in einem eigenen Abschnitt dieses Buchs zusammengefasst.

Federsatz von EIBACH zur Tieferlegung des 997
(Foto: Adrian Streather)

Fahrwerksumbauten

Ein bekannter Fahrwerksexperte ist Gert Carnewal in Belgien, der sich auch mit der Entwicklung, der Erprobung und dem Einbau von Aufhängungskomponenten in den 997 beschäftigt.

Bilstein ist sowohl der Serienausrüster für den 997 als auch einer der Hauptanbieter für Fahrwerkskits, wie zum Beispiel den PSS10 oder B14.

Andere Marken, wie zum Beispiel H & R, KW, EIBACH oder KONI, werden auch von vielen namhaften Porsche-Tunern verwendet und haben ein breit gefächertes Angebot an Umrüstteilen, die auch einbaufertig direkt an den Endkunden geliefert werden.

EIBACH bietet Federn an, um 997 mit PASM tieferlegen zu können; auch TECHART hat einen Tieferlegungssatz im Programm.

◀ Die Radaufhängung der 997-Modelle Carrera, Carrera 4 und Targa 4 ohne PASM lässt sich auch mit dem Einbau eines Fahrwerkskits nicht einstellen.

Nach dem Einbau des Kits und dem Setzen der Radaufhängung muss die Fahrwerksgeometrie vermessen werden. Allerdings können diese Modelle aufgrund der fehlenden Einstellmöglichkeiten nicht zusätzlich ausbalanciert werden.

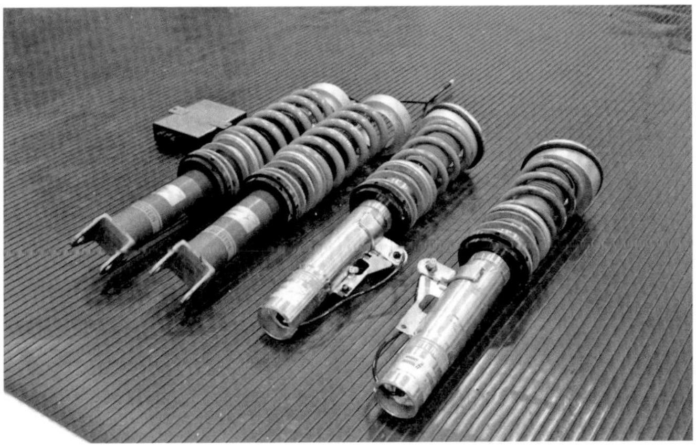

◀ Für die Modelle Carrera S, Carrera 4S und Targa 4S ist ein Federsatz von Bilstein für die PASM-Federbeine erhältlich.

Manche 997 GT-Besitzer sind der Meinung, dass es möglich sei, die werkseitig eingebaute einstellbare Radaufhängung durch andere einstellbare Systeme aus dem Zubehörmarkt zu ersetzen. Allerdings sind alle 997 GT-Modelle mit PASM ausgerüstet und es ist extrem teuer, hier etwas zu ändern, falls nicht der GT zu einem reinrassigen GT3 Cup oder RSR umgebaut werden soll.

Für die Besitzer eines GT3 oder GT3 RS gibt es weitere interessante Möglichkeiten, ihr hart verdientes Geld anzulegen. Mehr Informationen finden Sie im Abschnitt zum Motorsportzubehör am Ende dieses Kapitels.

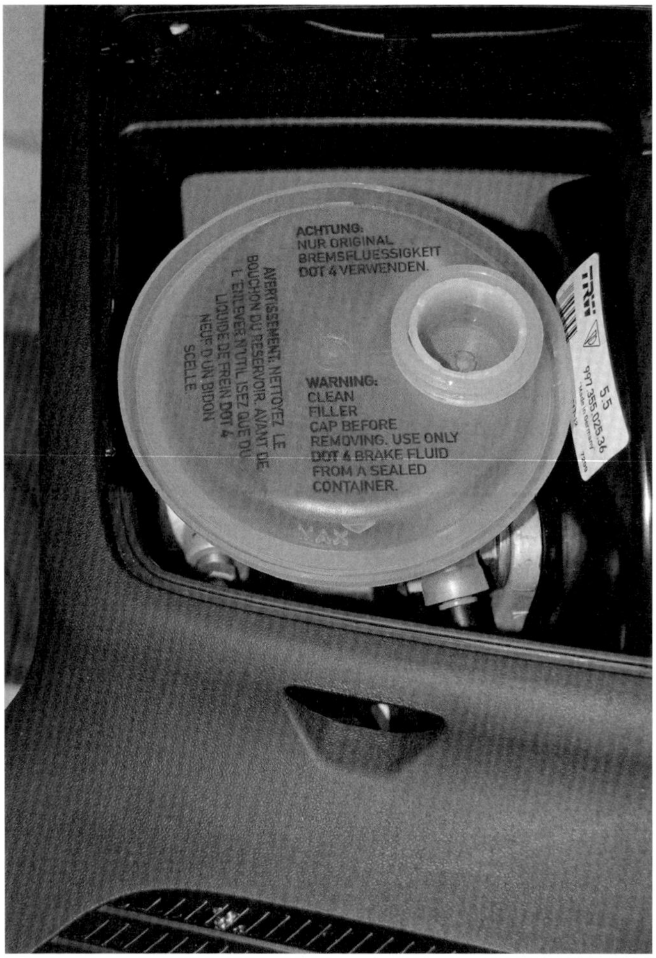

Nur beim harten Rennstreckeneinsatz kann der Umbau der Bremsanlage sinnvoll sein – und selbst dann ist der Vorteil fragwürdig. Was dagegen regelmäßig gewechselt werden sollte ist die Bremsflüssigkeit.

(Foto: Paul Simmons)

Modifizierungen an den Bremsen

Für Änderungen am Bremssystem des 997 gibt es keine logische Begründung, es sein denn, eine gigantische Leistungssteigerung ist geplant, oder der Wagen soll für den Renneinsatz umgebaut werden.

Das serienmäßige Bremssystem ist für den durchschnittlichen 997-Besitzer – selbst für diejenigen mit einem leistungsstarken GT2 – mehr als ausreichend. Vor Änderungen am Bremssystem sollte folgendes bedacht werden:

- Die Anpresskraft der Bremsbeläge wird durch den Flüssigkeitsdruck im Bremssystem und die Fläche der Bremskolben erzeugt. Das Bremsmoment entsteht durch den Hebelarm (Scheibendurchmesser), an dem diese Kraft angreift. Ein höherer Druck bei gleicher Pedalkraft lässt sich nur durch einen größeren Hauptbremszylinder und/oder Bremskraftverstärker erzielen. Durch Mehrkolbenzangen kann die Kolbenfläche erhöht werden; bei gleichbleibender Kolbenfläche vergrößert sich durch die kleineren Bremskolben der Hebelarm, an dem die Bremskraft angreift. Größere Bremsbeläge, die mit der gleichen Kraft angepresst werden, haben eine geringere Flächenpressung und erzeugen dadurch keine bessere Verzögerung, verschleißen allerdings geringer.
- Bremsscheiben mit größerem Durchmesser erhöhen in Verbindung mit nach außen verlegten Bremssätteln den wirksamen Hebelarm. Sie haben den weiteren Vorteil, dass sie schneller abkühlen und so dem Fading entgegenwirken. Ob sich das im Alltagsbetrieb bemerkbar macht, ist allerdings mehr als fraglich.
- Das Volumen des Bremsflüssigkeits-Ausgleichsbehälters ist für die erforderliche Flüssigkeitsmenge im System ausgelegt. Durch Bremssättel mit mehr oder größeren Kolben steigt der Flüssigkeitsbedarf beim Verschleiß der Bremsbeläge. Reicht die Vorratsmenge im Ausgleichsbehälter noch dafür aus? Bei früheren 911-Baureihen kam es öfters zu einem Ausfall der Bremse, weil bei den nachträglich eingebauten größeren Bremszangen bereits ab einem Belagverschleiß von 75% der Inhalt des Ausgleichsbehälters aufgebraucht war.
- Größere Bremsen in traditioneller Stahlbauweise sind schwer und erhöhen das Gewicht der ungefederten Massen, was sich nachteilig auf das Fahrverhalten auswirken kann.

◀ Eine Möglichkeit, das Gewichtsproblem zu umgehen, ist der Einbau des Porsche Ceramic Composite Brake Systems (PCCB). Allerdings sprechen auch etliche Einwände dagegen; einer davon sind die hohen Kosten für die Anschaffung und den Unterhalt. Es kann gestandenen Männern die Tränen in die Augen treiben, wenn die Bremsscheiben ausgetauscht werden müssen ...

19 Zoll GT3 II Sporträder von Tequipment
(Foto: Porsche AG)

18 Zoll Carrera IV Räder von Tequipment
(Foto: Porsche AG)

19 Zoll Turbo II Räder von Tequipment
(Foto: Porsche AG)

Räder

Porsche Tequipment hat ein breites Angebot an Rädern für alle 997-Modelle der 1. und 2. Generation. Bevor bestimmte Räder in die engere Auswahl gezogen werden, gibt es allerdings einige Punkte zu beachten:

- Sind die ausgewählten Räder auch für den betreffenden 997 freigegeben? Diese Frage muss besonders in Ländern wie Deutschland oder der Schweiz geklärt sein. Auch wenn neue Räder über Porsche Tequipment angeboten werden, bedeutet das noch nicht, dass sie auch automatisch für jedes 997-Modell freigegeben sind.
- Haben die neuen Räder die gleiche Einpresstiefe?
- Sind die neuen Räder breiter als die bisherigen? Wenn ja, wie viel? Welche maximale Radbreite ist zulässig?
- Sind Distanzscheiben erforderlich? Wenn ja, welche Breite? Welche Ausführung ist erforderlich (Distanzscheibe und längere Radschrauben oder Radnabenerweiterung)? Ist der Einbau der Distanzscheiben für den betreffenden 997 von Porsche bzw. den Zulassungsbehörden freigegeben? Informationen zu den Distanzscheiben finden Sie in den Kapiteln 6 und 10.
- Wie viel schwerer sind die neuen Räder im Vergleich zu den bisher montierten? Schwerer ist nachteilig – siehe Kapitel 6.
- Warum sollen die Räder getauscht werden? Rechtfertigen die Kosten das veränderte Aussehen? Viele Fahrer meinen, mit neuen Rädern würde sich vieles verbessern, was aber häufig nicht der Fall ist.
- Das Reifenangebot kann in Zukunft in manchen Ländern begrenzter sein.

Den Fahrbahnkontakt des 997 stellt der Reifen her. Neue Räder alleine verbessern nicht allzu viel. In erster Linie sind es die Reifenqualität, die Tragfähigkeit, die Kontaktfläche, der Reibungskoeffizient und der Reifendruck, die das Fahrverhalten verbessern oder verschlechtern. Die wesentliche Aufgabe des Rads ist, den Reifen aufzunehmen, so dass dieser seine Funktionen erfüllen kann.

19 Zoll Sport Classic Rad
(Foto: Porsche AG)

19 Zoll RS Spyder Rad mit Zentralmutter
(Foto: Porsche AG)

19 Zoll Carrera II Rad
(Foto: Porsche AG)

Komplettradsätze von Tequipment

19 Zoll Sport Classic Komplettradsatz mit Sommerreifen. Leichtmetallrad in breiter Ausführung (8,5 Zoll vorne, 11,5 Zoll hinten) im klassischen Look der so genannten Fuchsfelge. Es ermöglicht eine größere Radaufstandsfläche für mehr Sicherheit und Fahrdynamik. Der Felgenstern ist in Schwarz Hochglanz lackiert, das Felgenhorn glanzgedreht.

Hinweis:

Das 19 Zoll Sport Classic Rad wurde ursprünglich nur für das Sondermodell Sport Classic und den Speedster angeboten, ist jetzt aber für alle 997-Modelle erhältlich.

19 Zoll 911 Turbo II Sommer-/ Winterkomplettradsatz. Das geschmiedete Rad ist aus Leichtmetall gefertigt. Die Reduzierung der ungefederten Massen trägt wesentlich zur Fahrstabilität bei.

19 Zoll RS Spyder Sommer-/ Winterkomplettradsatz. Das Design ist vom Rad des erfolgreichen Porsche Rennfahrzeugs RS Spyder abgeleitet. Hauptmerkmal des geschmiedeten Aluminium- Leichtbaurades mit 7 Y-förmigen Doppelspeichen ist die Zentralmutter.

19 Zoll 911 Turbo Komplettradsatz mit Sommerreifen. Aus geschmiedetem Aluminium im filigranen 5-Speichen-Design mit Bi-Color-Optik.

19 Zoll SportDesign Komplettradsatz mit Sommerreifen. Abgeleitet vom Motorsport: das 19 Zoll große SportDesign Rad in Vielspeichen-Bauweise. Diese Radkonstruktion hat ihren festen Platz auf der Rennstrecke.

19 Zoll SportDesign Komplettradsatz mit Sommerreifen. In Schwarz Hochglanz inklusive schwarz lackierter Radnabenabdeckung mit farbigem Porsche Wappen.

19 Zoll Carrera Sport Komplettradsatz mit Sommerreifen. Im klassischen 10-Speichen-Design. Die breitere Ausführung (8,5 Zoll vorne, 11,5 Zoll hinten) und die daraus resultierende vergrößerte Radaufstandsfläche sorgen nicht nur für einen nochmals sportlicheren Auftritt, sondern auch für eine verbesserte Fahrdynamik. Für den passenden optischen Effekt sorgen der in GT-silbermetallic lackierte Felgenstern und das glanzpolierte Felgenhorn.

19 Zoll Carrera S II Sommer-/ Winterkomplettradsatz. Das Design des 19 Zoll Carrera S II Rads ist gleichermaßen sportlich wie kraftvoll.

19 Zoll Carrera Classic Komplettradsatz mit Sommerreifen. Ein elegantes Rad im Porsche typischen 5-Speichen-Design.

Unter diesen Bedingungen sollte der 997 nur mit Winterreifen gefahren werden. *(Foto: Porsche AG)*

Die GEMBALLA Spurverbreiterungen erfüllen extrem hohe technische Ansprüche und werden mit einer Allgemeinen Betriebserlaubnis (ABE) ausgeliefert; Preis pro Paar je nach Ausführung 120 bis 200,– Euro. *(Foto: GEMBALLA GmbH)*

997-Räder von GEMBALLA *(Foto: GEMBALLA GmbH)*

18 Zoll Carrera IV Komplettradsatz. Mit Winterreifen sorgt es bei niedrigen Temperaturen für eine bessere Traktion.

Radzubehör von Tequipment

Radnabenabdeckung
Radnabenabdeckungssatz mit farbigem Porsche Wappen.

Radschrauben in Schwarz
Satz von 20 Radschrauben, darunter vier mit effektivem Codierungssystem. Erhältlich in 2 Varianten: für Fahrzeuge mit und ohne 5-mm-Distanzscheiben.

Nachrüstung Zentralmutter
Diese üblicherweise im Rennsport eingesetzte Verschraubungstechnik ermöglicht schnelle Radwechsel. Zudem werden die drehenden Massen reduziert und damit das Ansprechverhalten von Lenk- und Drehbewegungen begünstigt. Der Verschluss besteht aus einer hochwertigen, geschmiedeten Aluminiumlegierung. Die Zentralmutter ist titanfarben eloxiert und besitzt eine Radnabenabdeckung mit farbigem Porsche Wappen.

Zierhülsen
Silberfarbene Abdeckhülsen für die Reifenventile mit geprägtem Porsche Wappen.

Räder weiterer Anbieter
Auch hier gibt es ein sehr großes Angebot, für das die bereits erwähnten Hinweise hinsichtlich Gewicht, Größe, Einpresstiefen und Freigabe natürlich auch gelten. Stellvertretend sind hier einige Beispiele von GEMBALLA aufgeführt:

GT Sport Forged 19 Zoll Black Magic
Vorn: 9J x 19 ET 49, 5-Loch
Hinten: 12J x 19 ET 63, 5-Loch

GT Sport Forged 19 Zoll Gunmetal
Vorn: 9J x 19 ET 49, 5-Loch
Hinten: 12J x 19 ET 43, 5-Loch

GT Sport Forged 19 Zoll Black Magic
Vorn: 9J x 19 ET 49, Zentralmutter
Hinten: 12J x 19 ET 63, Zentralmutter

GT Sport Forged 19 Zoll Gunmetal
Vorn: 9J x 19 ET 49, Zentralmutter
Hinten: 12J x 19 ET 43, Zentralmutter

GT3 II-Rad
(Bild. Porsche AG)

Doppelendrohre aus Titan
(Bild: Porsche AG)

Spoilerlippe (Gurney Flap) aus Kohlefaser
(Bild: Porsche AG)

Motorsportzubehör

19 Zoll GT3 II Radsatz
inklusive rot eloxierter Zentralschrauben. Nur für GT3, GT3 RS, GT3 RS 4.0 und GT2 RS.

Titanendrohr
Dieses Doppelendrohr ist aus Titan gefertigt, einem besonders leichten Metall. Besonderer Effekt: Die weißmetallische Patina des Titanendrohrs verfärbt sich bei Hitze bläulich. Nur für den GT3.

Zentralmutter in Rot eloxiert
Die rote Farbe signalisiert die Drehrichtung für rasche Radwechsel. Nur für GT3, GT3 RS, GT3 RS 4.0, GT2 RS.

Staulufthutze (Ram Air) aus Kohlefaser
Zwei gewichtsoptimierte Staulufthutzen aus Kohlefaser. Nur für den GT3.

Spoilerlippe (Gurney Flap) aus Kohlefaser
Die Spoilerlippe am Heckflügel beeinflusst wesentlich die Aerodynamik auf der Rennstrecke. Nur für den GT3.

Außenspiegel aus Kohlefaser
Nur für den GT3, GT3 RS, GT3 RS 4.0 und GT2 RS.

Leichte Lithium-Ionen-Batterie
Für den Einsatz auf der Rundstrecke und für den Alltagsbetrieb bietet Porsche erstmals eine Lithium-Ionen-Batterie an. Ihr Hauptvorteil: eine Gewichtsersparnis von über 10 kg gegenüber der konventionellen Serienbatterie. Nur für den GT3, GT3 RS, GT3 RS 4.0 und GT2 RS.

Anhang A
Fahrzeugidentifizierung

Gut zu wissen, dass das Fahrzeug original ist ...

Die Produktion des 997 begann im April 2004, und im November 2007 rollte das 100.000. Exemplar vom Band.

(Bild: Porsche AG)

VIN eines 997 GT3 RS für den Restwelt-Markt
(Foto: Adrian Streather)

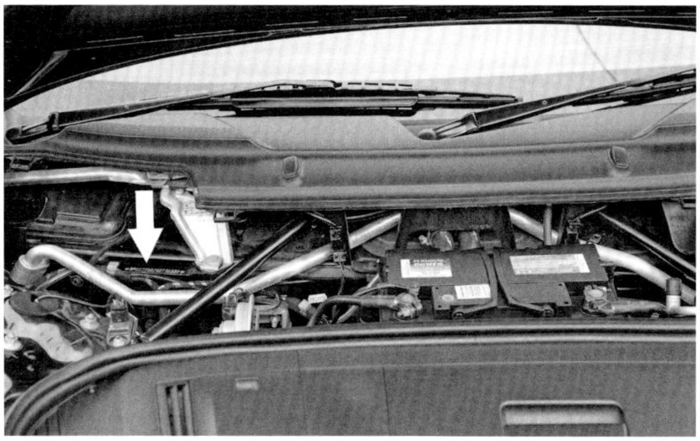

Ein weiterer Anbringungsort für die VIN.
(Foto: Adrian Streather)

Einführung

Der erste Teil dieses Anhangs beschäftigt sich mit den Fahrzeug-Identifizierungsnummern (VIN), Motor- und Getriebenummern. Anhand dieser Nummern kann der potenzielle 997-Käufer bei der Fahrzeugüberprüfung vor einem Kauf kontrollieren, ob das betreffende Fahrzeug auch dem Angebot entspricht.
Weitere Informationen zu den Fahrzeug-Ident.-Nr. und vom Werk vergebenen Codes enthält das Kapitel 2. Der Rest des Kapitels ist den Produktionszahlen gewidmet.
Bei der 997-Baureihe verwendete Porsche auch das 17-stellige, international genormte VIN-System (VIN = Vehicle Identification Number), das relativ einfach zu entschlüsseln ist. Interessanterweise beginnt in der Porsche Dokumentation (die Vorspannseiten im Ersatzteilkatalog) die eigentliche Zählnummer unabhängig von Modell und Marktausführung immer mit der Zahl xx061.

Hinweis:
Die ersten 60 Seriennummern (1 – 60) sind den Prototypen und Vorserienfahrzeugen vorbehalten. Allerdings beginnen die Seriennummern von Sondermodellen, die nur in geringer Stückzahl gebaut wurden, häufig mit der 001.

Hinweis:
Die Fahrzeug-Identifizierungsnummern sind darauf ausgelegt, in Datenverarbeitungssystemen weiterverarbeitet zu werden, und geben nicht exakt die Produktionszahlen wieder. Die genauen Zahlen der jeweiligen Modelljahre finden Sie weiter hinten in diesem Kapitel.

Angaben auf dem Datenträger
(Foto: Adrian Streather)

◀ Die Porsche-Datenbank lässt grüßen.

Hinweis:
Ab Modelljahr 2005 fehlt oft der Datenträger. Ab da wurde er nur in das Handschuhfach gelegt und es blieb den Händlern überlassen, ihn an der Unterseite der Kofferraumhaube anzubringen sowie in das Serviceheft einzukleben. Das wurde häufig nur teilweise vorgenommen – wenn überhaupt.

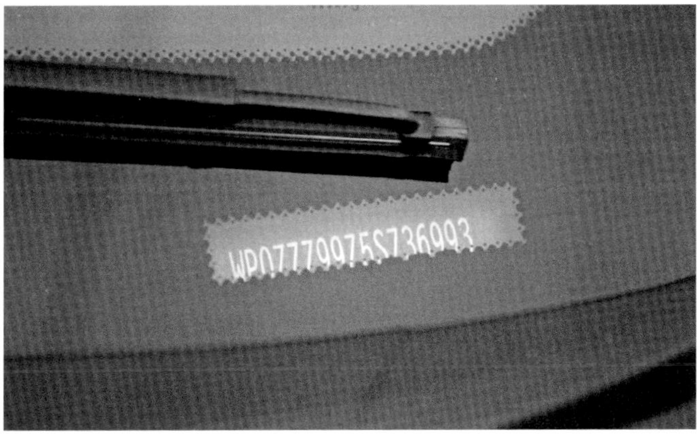

Die internationalen Standards entsprechende 17-stellige VIN ist von außen lesbar an der linken A-Säule angebracht.

(Foto: Adrian Streather)

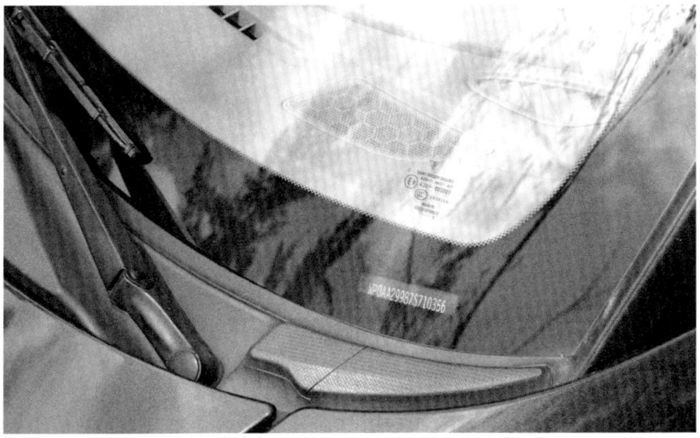

US-VIN vor Modelljahr 2010

(Foto: Ronn Hosmer)

US-Vin nach Modelljahr 2010 mit ein „A" an der siebten Stelle.

(Foto: Paul Simmons)

Identifizierungsnummern

Fahrzeug-Identifizierungsnummer

Porsche verwendete bei der 997-Baureihe drei Untergruppen:

- Modelljahr 2004 – 2013, Restwelt-Modelle
  Beispiel: WP0ZZZ99Z5S700198 = 997 Carrera Coupé Modelljahr 2005
- Modelljahr 2005 – 2009, US-Modelle
  Beispiel: WP0BB29908S755178 = 997 Targa 4S, Modelljahr 2008
- Modelljahr 2010 – 2013, US-Modelle
  WP0AB2A9XCS720177 = 997 Carrera GTS, Modelljahr 2012

Hinweis:
Von Modelljahr 2005 bis einschließlich 2009 wurde der 997 in US-Ausführung auch nach Kanada, Mexiko und Brasilien ausgeliefert. Ab Modelljahr 2010 erhielt nur noch Kanada die US-Ausführung, und für die Länder Korea, China, Mexiko und Brasilien wurde eine eigene Ausführung gebaut.

Die VIN aller Modelle befindet sich an der linken A-Säule und kann von außen durch die Windschutzscheibe abgelesen werden.

Hinweis:
Die zweite und dritte Stelle der VIN sorgte gelegentlich für Verwirrung. In Deutschland haben die Hersteller die Möglichkeit, die zweite und dritte Stelle der VIN zur Kennzeichnung von Hersteller und Fahrzeuggattung (PKW) zu gestalten. Tatsächlich verwendete Volkswagen hier die Buchstaben „V" und „W", Audi ein „A" und ein „U". Porsche wurde jedoch das „O" an der dritten Stelle wegen der Verwechselungsgefahr mit einer Null nicht gestattet. Zuerst wählte man stattdessen die „9", aber auch diese Ziffer war belegt. So entscheid man sich für P0. An der dritten Stelle der 17-stelligen VIN steht also bei Porsche stets eine Ziffer und kein Buchstabe.

Ab Modelljahr 2010 steht bei allen Porsche-Modellen (nicht nur beim 911) an der siebten Stelle der US-VIN ein „A".

Auf dem Bild links ist ein 997 Carrera Coupé mit dem 3,6-Liter-Motor M96.05 zu sehen, rechts ein 997 Carrera S Coupé mit dem 3,8-Liter-Motor M97.01.

(Foto: Porsche AG)

Auch der Targa 4S ist mit einem 3,8-Liter-Motor ausgerüstet.

(Foto: Porsche AG)

997 Turbo Coupé

(Foto: Porsche AG)

Erläuterung der Fahrzeug-Identifizierungsnummer		
Stelle	**Zeichen**	**Bedeutung**
1	W	Herkunftsland Deutschland
2	P	Dr. Ing. h. c. Porsche AG
3	0 (Ziffer)	Personenkraftwagen
4	Z	Nicht für USA (Restwelt)
	A	Coupé für USA
	B	Targa für USA
	C	Cabrio für USA
5	Z	Nicht für USA (Restwelt)
	A	3,6-Liter-Saugmotor (USA)
	B	3,8-Liter-Saugmotor (USA)
	C	GT3 Saugmotor (USA)
	D	Turbo (USA)
6	Z	Nicht für USA (Restwelt)
	2	Sicherheitsgurte und Airbags (USA)
7, 8	99	Ersten beiden Ziffern der Typenbezeichnung 997
	A9	Oder A97 Identifizierung ab Modelljahr 2010, nur USA
9	Z	Füllziffer, nicht für USA
	0-9 oder X	Prüfziffer für USA
10	3	Modelljahr 2003
	4	Modelljahr 2004
	5	Modelljahr 2005
	6	Modelljahr 2006
	7	Modelljahr 2007
	8	Modelljahr 2008
	9	Modelljahr 2009
	A	Modelljahr 2010
	B	Modelljahr 2011
	C	Modelljahr 2012
	D	Modelljahr 2013
11	S	Herstellungsort Stuttgart
12	7	Letzte Ziffer der Typenbezeichnung 997 oder A97 (USA ab Modelljahr 2010)
13-17	00061	Zählnummer des jeweiligen 997. In manchen Ländern diente die 13. oder 13. und 14. Ziffer zur Identifizierung der Karosserieausführung. Aufgrund der produzierten Stückzahl gibt es einige Übergangs-VIN.

Hinweis:

Ab Modelljahr 2010 steht bei allen Porsche-Modellen für die USA als siebte Ziffer der VIN ein „A".

997-Modelle, 1. Generation, Fahrzeug-Identifizierungsnummern (VIN) nach Modelljahr						
Modell-jahr	Markt	Modell	Sechsgang-Schaltgetriebe	Tiptronic S	VIN-Bereich	Motor-typ
2003	RoW	Carrera Coupé	X	X	WP0zzz99z3S700061-00062	M96.05
		Carrera S Coupé	X	X	WP0zzz99z3S730061-30069	M97.01
2004	RoW	Carrera Coupé	X	X	WP0zzz99z4S700061-01525	M96.05
		Carrera S Coupé	X	X	WP0zzz99z4S730061-31978	M97.01
2005	RoW	Carrera Coupé	X	X	WP0zzz99z5S700061-10000	M96.05
		Carrera S Coupé	X	X	WP0zzz99z5S730061-40000	M97.01
		Carrera Cabriolet	X	X	WP0zzz99z5S750061-55000	M96.05
		Carrera S Cabriolet	X	X	WP0zzz99z5S760061-65000	M97.01
		Carrera 4 Coupé	X	X	WP0zzz99z5S700061-10000	M96.05
		Carrera 4S Coupé	X	X	WP0zzz99z5S730061-40000	M97.01
		Carrera 4 Cabriolet	X	X	WP0zzz99z5S750061-55000	M96.05
		Carrera 4S Cabriolet	X	X	WP0zzz99z5S760061-65000	M97.01
		GT3	X	entfällt	WP0zzz99z5S790061-92000	M97.76
		GT3 RS	X	entfällt	WP0zzz99z5S790061-92000	M97.76
	US	Carrera Coupé	X	X	WP0AA299x5S715061-30000	M96.05
		Carrera S Coupé	X	X	WP0AB299x5S740061-50000	M97.01
		Carrera Cabriolet	X	X	WP0CA299x5S755061-60000	M96.05
		Carrera S Cabriolet	X	X	WP0CB299x5S765061-70000	M97.01
2006	RoW	Carrera Coupé	X	X	WP0zzz99z6S700061-10000	M96.05
		Carrera S Coupé	X	X	WP0zzz99z6S730061-40000	M97.01
		Carrera Cabriolet	X	X	WP0zzz99z6S750061-55000	M96.05
		Carrera S Cabriolet RDW-1	X	X	WP0zzz99z6S760061-65000	M97.01
		Carrera S Cabriolet RDW-2	X	X	WP0zzz99z6S750061-80000	M97.01
		Carrera 4 Coupé	X	X	WP0zzz99z6S700061-10000	M96.05
		Carrera 4S Coupé	X	X	WP0zzz99z6S730061-40000	M97.01
		Carrera 4 Cabriolet	X	X	WP0zzz99z6S750061-55000	M96.05
		Carrera 4S Cabriolet RDW-1	X	X	WP0zzz99z6S760061-65000	M97.01
		Carrera 4S Cabriolet RDW-2	X	X	WP0zzz99z6S750061-80000	M97.01
		Targa 4	X	X	WP0zzz99z6S740061-45000	M96.05
		Targa 4S	X	X	WP0zzz99z6S750061-55000	M97.01
		GT3	X	entfällt	WP0zzz99z6S790061-92000	M97.76
		GT3 RS	X	entfällt	WP0zzz99z6S790061-92000	M97.76
		Turbo Coupé	X	X	WP0zzz99z6S780061-83000	M97.70
	US	Carrera Coupé	X	X	WP0AA299x6S715061-30000	M96.05
		Carrera S Coupé	X	X	WP0AB299x6S740061-50000	M97.01
		Carrera Cabriolet	X	X	WP0CA299x6S755061-60000	M96.05
		Carrera S Cabriolet	X	X	WP0CB299x6S765061-71000	M97.01
		Carrera 4 Coupé	X	X	WP0AA299x6S715061-30000	M96.05
		Carrera 4S Coupé	X	X	WP0AB299x6S740061-50000	M97.01
		Carrera 4 Cabriolet	X	X	WP0CA299x6S755061-60000	M96.05
		Carrera 4S Cabriolet	X	X	WP0CB299x6S765061-71000	M97.01
2007	RoW	Carrera Coupé	X	X	WP0zzz99z7S700061-10000	M96.05
		Carrera S Coupé	X	X	WP0zzz99z7S720061-30000	M97.01

997-Modelle, 1. Generation, Fahrzeug-Identifizierungsnummern (VIN) nach Modelljahr						
Modell-jahr	Markt	Modell	Sechsgang-Schaltgetriebe	Tiptronic S	VIN-Bereich	Motor-typ
		Carrera Cabriolet	X	X	WP0zzz99z7S760061-65000	M96.05
		Carrera S Cabriolet	X	X	WP0zzz99z7S770061-75000	M97.01
		Carrera S Cabriolet	X	X	WP0zzz99z7S795001-96000	M97.01
		Carrera 4 Coupé	X	X	WP0zzz99z7S700061-10000	M96.05
		Carrera 4S Coupé	X	X	WP0zzz99z7S720061-30000	M97.01
		Carrera 4 Cabriolet	X	X	WP0zzz99z7S760061-65000	M96.05
		Carrera 4S Cabriolet	X	X	WP0zzz99z7S770061-75000	M97.01
		Carrera 4S Cabriolet	X	X	WP0zzz99z7S795001-96000	M97.01
		Targa 4	X	X	WP0zzz99z7S740061-45000	M96.05
		Targa 4S	X	X	WP0zzz99z7S750061-55000	M97.01
		GT3	X	entfällt	WP0zzz99z7S790061-92000	M97.76
		GT3 RS	X	entfällt	WP0zzz99z7S790061-92000	M97.76
		Turbo Coupé	X	X	WP0zzz99z7S780061-83000	M97.70
		Turbo Cabriolet	X	X	WP0zzz99z7S787061-90000	M97.70
		GT2	X	entfällt	WP0zzz99z7S794061-96000	M97.70S
	US	Carrera Coupé	X	X	WP0AA299x7S710061-20000	M96.05
		Carrera S Coupé	X	X	WP0AB299x7S730061-40000	M97.01
		Carrera Cabriolet	X	X	WP0CA299x7S760061-65000	M96.05
		Carrera S Cabriolet	X	X	WP0CB299x7S775061-80000	M97.01
		Carrera 4 Coupé	X	X	WP0AA299x7S710061-20000	M96.05
		Carrera 4S Coupé	X	X	WP0AB299x7S730061-40000	M97.01
		Carrera 4 Cabriolet	X	X	WP0CA299x7S760061-65000	M96.05
		Carrera 4S Cabriolet	X	X	WP0CB299x7S775061-80000	M97.01
		Targa 4	X	X	WP0BA299x7S745061-50000	M96.05
		Targa 4S	X	X	WP0BB299x7S755061-60000	M97.01
		GT3	X	entfällt	WP0AC299x7S792061-94000	M97.76
		GT3 RS	X	entfällt	WP0AC299x7S792061-94000	M97.76
		Turbo Coupé	X	X	WP0AD299x7S783061-87000	M97.70
2008	RoW	Carrera Coupé	X	X	WP0zzz99z8S700061-10000	M96.05
		Carrera S Coupé	X	X	WP0zzz99z8S720061-30000	M97.01
		Carrera Cabriolet	X	X	WP0zzz99z8S760061-65000	M96.05
		Carrera S Cabriolet	X	X	WP0zzz99z8S770061-75000	M97.01
		Carrera 4Coupé	X	X	WP0zzz99z8S700061-10000	M96.05
		Carrera 4S Coupé	X	X	WP0zzz99z8S720061-30000	M97.01
		Carrera 4 Cabriolet	X	X	WP0zzz99z8S760061-65000	M96.05
		Carrera 4S Cabriolet	X	X	WP0zzz99z8S770061-75000	M97.01
		Targa 4	X	X	WP0zzz99z8S740061-45000	M96.05
		Targa 4S	X	X	WP0zzz99z8S750061-55000	M97.01
		GT3	X	entfällt	WP0zzz99z8S790061-92000	M97.76
		GT3 RS	X	entfällt	WP0zzz99z8S790061-92000	M97.76
		Turbo Coupé	X	X	WP0zzz99z8S780061-83000	M97.70
		Turbo Coupé (RoW1)	X	X	WP0zzz99z8S790061-10000	M97.70
		Turbo Cabriolet	X	X	WP0zzz99z8S786061-88000	M97.70

997-Modelle, 1. Generation, Fahrzeug-Identifizierungsnummern (VIN) nach Modelljahr						
Modell-jahr	**Markt**	**Modell**	**Sechsgang-Schaltgetriebe**	**Tiptronic S**	**VIN-Bereich**	**Motor-typ**
		Turbo Cabriolet (RoW1)	X	X	WP0zzz99z8S706061-07000	M97.70
		GT2	X	entfällt	WP0zzz99z8S794061-96000	M97.70S
	US	Carrera Coupé	X	X	WP0AA299x8S710061-20000	M96.05
		Carrera S Coupé	X	X	WP0AB299x8S730061-40000	M97.01
		Carrera Cabriolet	X	X	WP0CA299x8S760061-65000	M96.05
		Carrera S Cabriolet	X	X	WP0CB299x8S775061-80000	M97.01
		Carrera 4 Coupé	X	X	WP0AA299x8S710061-20000	M96.05
		Carrera 4S Coupé	X	X	WP0AB299x8S730061-40000	M97.01
		Carrera 4 Cabriolet	X	X	WP0CA299x8S760061-65000	M96.05
		Carrera 4S Cabriolet	X	X	WP0CB299x8S775061-80000	M97.01
		Targa 4	X	X	WP0BA299x8S740061-45000	M96.05
		Targa 4S	X	X	WP0BB299x8S750061-55000	M97.01
		GT3	X	entfällt	WP0AC299x8S792061-94000	M97.76
		GT3 RS	X	entfällt	WP0AC299x8S792061-94000	M97.76
		Turbo Coupé	X	X	WP0AD299x8S783061-86000	M97.70
		Turbo Cabriolet -1	X	X	WP0CD299x8S788061-90000	M97.70
		Turbo Cabriolet -2	X	X	WP0CD299x8S708061-09000	M97.70
		GT2	X	entfällt	WP0AD299x8S796061-98000	M97.70S
2009	RoW	GT3	X	entfällt	WP0zzz99z9S790061-92000	M97.76
		GT3 RS	X	entfällt	WP0zzz99z9S790061-92000	M97.76
		Turbo Coupé RDW	X	X	WP0zzz99z9S760061-66000	M97.70
		Turbo Cabriolet	X	X	WP0zzz99z9S770061-73000	M97.70
		GT2	X	entfällt	WP0zzz99z9S794061-96000	M97.70S
	US	GT3	X	entfällt	WP0AC299x9S790061-92000	M97.76
		GT3 RS	X	entfällt	WP0AC299x9S790061-92000	M97.76
		Turbo Coupé	X	X	WP0AD299x9S766061-70000	M97.70
		Turbo Cabriolet	X	X	WP0CD299x8S773061-75000	M97.70
		GT2	X	entfällt	WP0AD299x8S778061-79000	M97.70S

Das auf der Plakette angegebene Produktionsdatum des 997 stimmt mit der Modelljahrangabe in der VIN überein.

(Foto: Adrian Streather)

Den in der Tabelle aufgeführten VIN-Bereichen für die erste 997-Generation liegen die im Jahresreport von 2013 veröffentlichten Produktionszahlen sowie die Vorspannseiten von drei Ersatzteilkatalogen der Porsche AG zugrunde: Modell 997 Coupé 05-08, Modell 997 Turbo 07-09, Modell GT3 07-10.

Hinweis:
Das in den US-Fahrzeug-Ident.-Nummern erscheinende X an der 9. Stelle ist ein Platzhalter, der eine Zahl zwischen 0 und 9 oder ein Buchstabe von A bis Z sein kann.

Hinweis:
Restwelt 1 = China, Korea, Mexiko und Brasilien

997-Modelle, 2. Generation, Fahrzeug-Identifizierungsnummern (VIN) nach Modelljahr						
Modell-jahr	Markt	Modell	Sechsgang-Schaltgetriebe	PDK	VIN-Bereich	Motortyp
2008	RoW	Carrera Coupé	X	X	WP0zzz99z8S700061-10000	MA1.02
		Carrera S Coupé	X	X	WP0zzz99z8S720061-30000	MA1.01
		Carrera Cabriolet	X	X	WP0zzz99z8S760061-65000	MA1.02
		Carrera S Cabriolet	X	X	WP0zzz99z8S770061-75000	MA1.01
		Carrera 4Coupé	X	X	WP0zzz99z8S700061-10000	MA1.02
		Carrera 4S Coupé	X	X	WP0zzz99z8S720061-30000	MA1.01
		Carrera 4 Cabriolet	X	X	WP0zzz99z8S760061-65000	MA1.02
		Carrera 4S Cabriolet	X	X	WP0zzz99z8S770061-75000	MA1.01
		Targa 4	X	X	WP0zzz99z8S740061-45000	MA1.02
		Targa 4S	X	X	WP0zzz99z8S750061-55000	MA1.01
		Turbo Coupé	X	X	WP0zzz99z8S780061-83000	MA1.70
		Turbo Cabriolet	X	X	WP0zzz99z8S786061-88000	MA1.70
2009	RoW	Carrera Coupé	X	X	WP0zzz99z9S700061-06000	MA1.02
		Carrera S Coupé	X	X	WP0zzz99z9S710061-20000	MA1.01
		Carrera Cabriolet	X	X	WP0zzz99z9S735061-40000	MA1.02
		Carrera S Cabriolet	X	X	WP0zzz99z9S745061-54000	MA1.01
		Carrera 4Coupé	X	X	WP0zzz99z9S700061-06000	MA1.02
		Carrera 4S Coupé	X	X	WP0zzz99z9S710061-20000	MA1.01
		Carrera 4 Cabriolet	X	X	WP0zzz99z9S735061-40000	MA1.02
		Carrera 4S Cabriolet	X	X	WP0zzz99z9S745061-54000	MA1.01
		Targa 4	X	X	WP0zzz99z9S725061-28000	MA1.02
		Targa 4S	X	X	WP0zzz99z9S730061-33000	MA1.01
		GT3	X	entfällt	WP0zzz99z9S790061-92000	M97.76
		GT3 RS	X	entfällt	WP0zzz99z9S790061-92000	M97.76
		Turbo Coupé	X	X	WP0zzz99z9S760061-66000	MA1.70
		Turbo Cabriolet	X	X	WP0zzz99z9S770061-73000	MA1.70
	US	Carrera Coupé	X	X	WP0AA299x9S706061-10000	MA1.02
		Carrera S Coupé	X	X	WP0AB299x9S720061-30000	MA1.01
		Carrera Cabriolet	X	X	WP0CA299x9S740061-45000	MA1.02
		Carrera S Cabriolet	X	X	WP0CB299x9S754061-60000	MA1.01
		Carrera 4 Coupé	X	X	WP0AA299x9S706061-10000	MA1.02
		Carrera 4S Coupé	X	X	WP0AB299x9S720061-30000	MA1.01
		Carrera 4 Cabriolet	X	X	WP0CA299x9S740061-45000	MA1.02
		Carrera 4S Cabriolet	X	X	WP0CB299x9S754061-60000	MA1.01
		Targa 4	X	X	WP0BA299x9S728061-30000	MA1.02
		Targa 4S	X	X	WP0BB299x9S733061-35000	MA1.01
		GT3	X	entfällt	WP0AC299x9S790061-92000	M97.76
		GT3 RS	X	entfällt	WP0AC299x9S790061-92000	M97.76
		Turbo Coupé	X	X	WP0AD299x9S766061-70000	MA1.70
		Turbo Cabriolet	X	X	WP0CD299x9S773061-75000	MA1.70
2010	RoW	Carrera Coupé	X	X	WP0zzz99zAS700061-06000	MA1.02
		Carrera S Coupé	X	X	WP0zzz99zAS710061-20000	MA1.01
		Carrera GTS Coupé	X	X	WP0zzz99zAS710061-20000	MA1.01

997-Modelle, 2. Generation, Fahrzeug-Identifizierungsnummern (VIN) nach Modelljahr						
Modell-jahr	**Markt**	**Modell**	Sechsgang-Schaltgetriebe	**PDK**	**VIN-Bereich**	**Motortyp**
		Carrera Cabriolet	X	X	WP0zzz99zAS735061-40000	MA1.02
		Carrera S Cabriolet	X	X	WP0zzz99zAS745061-54000	MA1.01
		Carrera GTS Cabriolet	X	X	WP0zzz99zAS745061-54000	MA1.01
		Carrera 4Coupé	X	X	WP0zzz99zAS700061-06000	MA1.02
		Carrera 4S Coupé	X	X	WP0zzz99zAS710061-20000	MA1.01
		Carrera 4 Cabriolet	X	X	WP0zzz99zAS735061-40000	MA1.02
		Carrera 4S Cabriolet	X	X	WP0zzz99zAS745061-54000	MA1.01
		Targa 4	X	X	WP0zzz99zAS725061-28000	MA1.02
		Targa 4S	X	X	WP0zzz99zAS730061-33000	MA1.01
		GT3	X	entfällt	WP0zzz99zAS780061-83000	M97.77
		GT3 RS	X	entfällt	WP0zzz99zAS780061-83000	M97.77R
		Turbo Coupé	X	X	WP0zzz99zAS760061-66000	MA1.70
		Turbo Cabriolet	X	X	WP0zzz99zAS770061-73000	MA1.70
		Turbo S Coupé	X	X	WP0zzz99zAS760061-66000	MA1.70
		Turbo S Cabriolet	X	X	WP0zzz99zAS770061-73000	MA1.70
		GT2 RS	X	entfällt	WP0zzz99zAS776061-78000	M97.70S
	RoW1	Carrera Coupé	X	X	WP0zzz99zAS706061-10000	MA1.02
		Carrera S Coupé	X	X	WP0zzz99zAS720061-25000	MA1.01
		Carrera GTS Coupé	X	X	WP0zzz99zAS720061-25000	MA1.01
		Carrera Cabriolet	X	X	WP0zzz99zAS740061-45000	MA1.02
		Carrera S Cabriolet	X	X	WP0zzz99zAS754061-60000	MA1.01
		Carrera GTS Cabriolet	X	X	WP0zzz99zAS754061-60000	MA1.01
		Carrera 4Coupé	X	X	WP0zzz99zAS706061-10000	MA1.02
		Carrera 4S Coupé	X	X	WP0zzz99zAS720061-25000	MA1.01
		Carrera 4 Cabriolet	X	X	WP0zzz99zAS740061-45000	MA1.02
		Carrera 4S Cabriolet	X	X	WP0zzz99zAS754061-60000	MA1.01
		Targa 4	X	X	WP0zzz99zAS728061-30000	MA1.02
		Targa 4S	X	X	WP0zzz99zAS733061-35000	MA1.01
		GT3	X	entfällt	WP0zzz99zAS783061-85000	M97.77
		GT3 RS	X	entfällt	WP0zzz99zAS783061-85000	M97.77R
		Turbo Coupé	X	X	WP0zzz99zAS766061-70000	MA1.70
		Turbo Cabriolet	X	X	WP0zzz99zAS773061-75000	MA1.70
		Turbo S Coupé	X	X	WP0zzz99zAS766061-70000	MA1.70
		Turbo S Cabriolet	X	X	WP0zzz99zAS773061-75000	MA1.70
		GT2 RS	X	entfällt	WP0zzz99zAS772061-80000	M97.70S
2010	US	Carrera Coupé	X	X	WP0AA2A9xAS706061-10000	MA1.02
		Carrera S Coupé	X	X	WP0AB2A9xAS720061-25000	MA1.01
		Carrera GTS Coupé	X	X	WP0AB2A9xAS720061-25000	MA1.01
		Carrera Cabriolet	X	X	WP0CA2A9xAS740061-45000	MA1.02
		Carrera S Cabriolet	X	X	WP0CB2A9xAS754061-60000	MA1.01
		Carrera GTS Cabriolet	X	X	WP0CB2A9xAS764061-70000	MA1.01

997-Modelle, 2. Generation, Fahrzeug-Identifizierungsnummern (VIN) nach Modelljahr						
Modell-jahr	Markt	Modell	Sechsgang-Schaltgetriebe	PDK	VIN-Bereich	Motortyp
		Carrera 4 Coupé	X	X	WP0AA2A9xAS706061-10000	MA1.02
		Carrera 4S Coupé	X	X	WP0AB2A9xAS720061-25000	MA1.01
		Carrera 4 Cabriolet	X	X	WP0CA2A9xAS740061-45000	MA1.02
		Carrera 4S Cabriolet	X	X	WP0CB2A9xAS754061-60000	MA1.01
		Targa 4	X	X	WP0BA2A9xAS728061-30000	MA1.02
		Targa 4S	X	X	WP0BB2A9xAS733061-35000	MA1.01
		GT3	X	entfällt	WP0AC2A9xAS783061-85000	M97.77
		GT3 RS	X	entfällt	WP0AC2A9xAS783061-85000	M97.77R
		Turbo Coupé	X	X	WP0AD2A9xAS766061-70000	MA1.70
		Turbo Cabriolet	X	X	WP0CD2A9xAS773061-75000	MA1.70
		Turbo S Coupé	X	X	WP0AD2A9xAS766061-70000	MA1.70
		Turbo S Cabriolet	X	X	WP0CD2A9xAS773061-75000	MA1.70
		GT2 RS	X	entfällt	WP0AD2A9xAS778061-80000	M97.70S
2011	RoW	Carrera Coupé	X	X	WP0zzz99zBS700061-06000	MA1.02
		Carrera S Coupé	X	X	WP0zzz99zBS710061-20000	MA1.01
		Carrera GTS Coupé	X	X	WP0zzz99zBS710061-20000	MA1.01
		Carrera Cabriolet	X	X	WP0zzz99zBS735061-40000	MA1.02
		Carrera S Cabriolet	X	X	WP0zzz99zBS745061-54000	MA1.01
		Carrera GTS Cabriolet	X	X	WP0zzz99zBS745061-54000	MA1.01
		Carrera 4Coupé	X	X	WP0zzz99zBS700061-06000	MA1.02
		Carrera 4S Coupé	X	X	WP0zzz99zBS710061-20000	MA1.01
		Carrera 4 GTS Coupé	X	X	WP0zzz99zBS710061-20000	MA1.01
		Carrera 4 Cabriolet	X	X	WP0zzz99zBS735061-40000	MA1.02
		Carrera 4S Cabriolet	X	X	WP0zzz99zBS745061-54000	MA1.01
		Carrera 4 GTS Cabriolet	X	X	WP0zzz99zBS745061-54000	MA1.01
		Targa 4	X	X	WP0zzz99zBS725061-28000	MA1.02
		Targa 4S	X	X	WP0zzz99zBS730061-33000	MA1.01
		GT3	X	entfällt	WP0zzz99zBS780061-83000	M97.77
		GT3 RS	X	entfällt	WP0zzz99zBS780061-83000	M97.77R
		GT3 RS 4.0	X	entfällt	WP0zzz99zBS780061-83000	M97.74
		Turbo Coupé	X	X	WP0zzz99zBS760061-66000	MA1.70S
		Turbo Cabriolet	X	X	WP0zzz99zBS770061-73000	MA1.70S
		Turbo S Coupé	X	X	WP0zzz99zBS760061-66000	MA1.70S
		Turbo S Cabriolet	X	X	WP0zzz99zBS770061-73000	MA1.70S
		GT2 RS	X	entfällt	WP0zzz99zBS776061-78000	M97.70S
	RoW1	Carrera Coupé	X	X	WP0zzz99zBS706061-10000	MA1.02
		Carrera S Coupé	X	X	WP0zzz99zBS720061-25000	MA1.01
		Carrera GTS Coupé	X	X	WP0zzz99zBS720061-25000	MA1.01
		Carrera Cabriolet	X	X	WP0zzz99zBS740061-45000	MA1.02
		Carrera S Cabriolet	X	X	WP0zzz99zBS754061-60000	MA1.01
		Carrera GTS Cabriolet	X	X	WP0zzz99zBS754061-60000	MA1.01

997-Modelle, 2. Generation, Fahrzeug-Identifizierungsnummern (VIN) nach Modelljahr						
Modell-jahr	Markt	Modell	Sechsgang-Schaltgetriebe	PDK	VIN-Bereich	Motortyp
		Carrera 4Coupé	X	X	WP0zzz99zBS706061-10000	MA1.02
		Carrera 4S Coupé	X	X	WP0zzz99zBS720061-25000	MA1.01
		Carrera 4 GTS Coupé	X	X	WP0zzz99zBS720061-25000	MA1.01
		Carrera 4 Cabriolet	X	X	WP0zzz99zBS740061-45000	MA1.02
		Carrera 4S Cabriolet	X	X	WP0zzz99zBS754061-60000	MA1.01
		Carrera 4 GTS Cabriolet	X	X	WP0zzz99zBS754061-60000	MA1.01
		Targa 4	X	X	WP0zzz99zBS728061-30000	MA1.02
		Targa 4S	X	X	WP0zzz99zBS733061-35000	MA1.01
		GT3	X	entfällt	WP0zzz99zBS783061-85000	M97.77
		GT3 RS	X	entfällt	WP0zzz99zBS783061-85000	M97.77R
		GT3 RS 4.0	X	entfällt	WP0zzz99zBS783061-85000	M97.74
		Turbo Coupé	X	X	WP0zzz99zBS766061-70000	MA1.70S
		Turbo Cabriolet	X	X	WP0zzz99zBS773061-75000	MA1.70S
		Turbo S Coupé	X	X	WP0zzz99zBS766061-70000	MA1.70S
		Turbo S Cabriolet	X	X	WP0zzz99zBS773061-75000	MA1.70S
		GT2 RS	X	entfällt	WP0zzz99zBS772061-80000	M97.70S
	US	Carrera Coupé	X	X	WP0AA2A9xBS706061-10000	MA1.02
		Carrera S Coupé	X	X	WP0AB2A9xBS720061-25000	MA1.01
		Carrera GTS Coupé	X	X	WP0AB2A9xBS720061-25000	MA1.01
		Carrera Cabriolet	X	X	WP0CA2A9xBS740061-45000	MA1.02
		Carrera S Cabriolet	X	X	WP0CB2A9xBS754061-60000	MA1.01
		Carrera GTS Cabriolet	X	X	WP0CB2A9xBS764061-70000	MA1.01
		Carrera 4 Coupé	X	X	WP0AA2A9xBS706061-10000	MA1.02
		Carrera 4S Coupé	X	X	WP0AB2A9xBS720061-25000	MA1.01
		Carrera 4 GTS Coupé	X	X	WP0AB2A9xBS720061-25000	MA1.01
		Carrera 4 Cabriolet	X	X	WP0CA2A9xBS740061-45000	MA1.02
		Carrera 4S Cabriolet	X	X	WP0CB2A9xBS754061-60000	MA1.01
		Carrera 4 GTS Cabriolet	X	X	WP0CB2A9xBS764061-70000	MA1.01
		Targa 4	X	X	WP0BA2A9xBS728061-30000	MA1.02
		Targa 4S	X	X	WP0BB2A9xBS733061-35000	MA1.01
		GT3	X	entfällt	WP0AC2A9xBS783061-85000	M97.77
		GT3 RS	X	entfällt	WP0AC2A9xBS783061-85000	M97.77R
		GT3 RS 4.0	X	entfällt	WP0AC2A9xBS783061-85000	M97.74
		Turbo Coupé	X	X	WP0AD2A9xBS766061-70000	MA1.70S
		Turbo Cabriolet	X	X	WP0CD2A9xBS773061-75000	MA1.70S
		Turbo S Coupé	X	X	WP0AD2A9xBS766061-70000	MA1.70S
		Turbo S Cabriolet	X	X	WP0CD2A9xBS773061-75000	MA1.70S
		GT2 RS	X	entfällt	WP0AD2A9xAS778061-80000	M97.70S
2012	RoW	Carrera Coupé	X	X	WP0zzz99zCS700061-06000	MA1.02
		Carrera S Coupé	X	X	WP0zzz99zCS710061-20000	MA1.01
		Carrera GTS Coupé	X	X	WP0zzz99zCS710061-20000	MA1.01

997-Modelle, 2. Generation, Fahrzeug-Identifizierungsnummern (VIN) nach Modelljahr						
Modell-jahr	Markt	Modell	Sechsgang-Schaltgetriebe	PDK	VIN-Bereich	Motortyp
		Carrera Cabriolet	X	X	WP0zzz99zCS735061-40000	MA1.02
		Carrera S Cabriolet	X	X	WP0zzz99zCS745061-54000	MA1.01
		Carrera GTS Cabriolet	X	X	WP0zzz99zCS745061-54000	MA1.01
		Carrera 4Coupé	X	X	WP0zzz99zCS700061-06000	MA1.02
		Carrera 4S Coupé	X	X	WP0zzz99zCS710061-20000	MA1.01
		Carrera 4 GTS Coupé	X	X	WP0zzz99zCS710061-20000	MA1.01
		Carrera 4 Cabriolet	X	X	WP0zzz99zCS735061-40000	MA1.02
		Carrera 4S Cabriolet	X	X	WP0zzz99zCS745061-54000	MA1.01
		Carrera 4 GTS Cabriolet	X	X	WP0zzz99zCS745061-54000	MA1.01
		Targa 4	X	X	WP0zzz99zCS725061-28000	MA1.02
		Targa 4S	X	X	WP0zzz99zCS730061-33000	MA1.01
		GT3 RS 4.0	X	entfällt	WP0zzz99zCS780061-83000	M97.74
		Turbo Coupé	X	X	WP0zzz99zCS760061-66000	MA1.70S
		Turbo Cabriolet	X	X	WP0zzz99zCS770061-73000	MA1.70S
		Turbo S Coupé	X	X	WP0zzz99zCS760061-66000	MA1.70S
		Turbo S Cabriolet	X	X	WP0zzz99zCS770061-73000	MA1.70S
	RoW1	Carrera Coupé	X	X	WP0zzz99zCS706061-10000	MA1.02
		Carrera S Coupé	X	X	WP0zzz99zCS720061-25000	MA1.01
		Carrera GTS Coupé	X	X	WP0zzz99zCS720061-25000	MA1.01
		Carrera Cabriolet	X	X	WP0zzz99zCS740061-45000	MA1.02
		Carrera S Cabriolet	X	X	WP0zzz99zCS754061-60000	MA1.01
		Carrera GTS Cabriolet	X	X	WP0zzz99zCS754061-60000	MA1.01
		Carrera 4Coupé	X	X	WP0zzz99zCS706061-10000	MA1.02
		Carrera 4S Coupé	X	X	WP0zzz99zCS720061-25000	MA1.01
		Carrera 4 GTS Coupé	X	X	WP0zzz99zCS720061-25000	MA1.01
		Carrera 4 Cabriolet	X	X	WP0zzz99zCS740061-45000	MA1.02
		Carrera 4S Cabriolet	X	X	WP0zzz99zCS754061-60000	MA1.01
		Carrera 4 GTS Cabriolet	X	X	WP0zzz99zCS754061-60000	MA1.01
		Targa 4	X	X	WP0zzz99zCS728061-30000	MA1.02
		Targa 4S	X	X	WP0zzz99zCS733061-35000	MA1.01
		GT3 RS 4.0	X	entfällt	WP0zzz99zCS783061-85000	M97.74
		Turbo Coupé	X	X	WP0zzz99zCS766061-70000	MA1.70S
		Turbo Cabriolet	X	X	WP0zzz99zCS773061-75000	MA1.70S
		Turbo S Coupé	X	X	WP0zzz99zCS766061-70000	MA1.70S
		Turbo S Cabriolet	X	X	WP0zzz99zCS773061-75000	MA1.70S
	US	Carrera Coupé	X	X	WP0AA2A9xCS706061-10000	MA1.02
		Carrera S Coupé	X	X	WP0AB2A9xCS720061-25000	MA1.01
		Carrera GTS Coupé	X	X	WP0AB2A9xCS720061-25000	MA1.01
		Carrera Cabriolet	X	X	WP0CA2A9xCS740061-45000	MA1.02
		Carrera S Cabriolet	X	X	WP0CB2A9xCS754061-60000	MA1.01

997-Modelle, 2. Generation, Fahrzeug-Identifizierungsnummern (VIN) nach Modelljahr						
Modelljahr	**Markt**	**Modell**	Sechsgang-Schaltgetriebe	**PDK**	**VIN-Bereich**	**Motortyp**
		Carrera GTS Cabriolet	X	X	WP0CB2A9xCS764061-70000	MA1.01
		Carrera 4 Coupé	X	X	WP0AA2A9xCS706061-10000	MA1.02
		Carrera 4S Coupé	X	X	WP0AB2A9xCS720061-25000	MA1.01
		Carrera 4 GTS Coupé	X	X	WP0AB2A9xCS720061-25000	MA1.01
		Carrera 4 Cabriolet	X	X	WP0CA2A9xCS740061-45000	MA1.02
		Carrera 4S Cabriolet	X	X	WP0CB2A9xCS754061-60000	MA1.01
		Carrera 4 GTS Cabriolet	X	X	WP0CB2A9xCS764061-70000	MA1.01
		Targa 4	X	X	WP0BA2A9xCS728061-30000	MA1.02
		Targa 4S	X	X	WP0BB2A9xCS733061-35000	MA1.01
		GT3 RS 4.0	X	entfällt	WP0AC2A9xCS783061-85000	M97.74
		Turbo Coupé	X	X	WP0AD2A9xCS766061-70000	MA1.70S
		Turbo Cabriolet	X	X	WP0CD2A9xCS773061-75000	MA1.70S
		Turbo S Coupé	X	X	WP0AD2A9xCS766061-70000	MA1.70S
		Turbo S Cabriolet	X	X	WP0CD2A9xCS773061-75000	MA1.70S
2013	RoW	Turbo Coupé	X	X	WP0zzz99zDS760061-66000	MA1.70S
		Turbo Cabriolet	X	X	WP0zzz99zDS770061-73000	MA1.70S
		Turbo S Coupé	X	X	WP0zzz99zDS760061-66000	MA1.70S
		Turbo S Cabriolet	X	X	WP0zzz99zDS770061-73000	MA1.70S
	RoW1	Turbo Coupé	X	X	WP0zzz99zDS766061-70000	MA1.70S
		Turbo Cabriolet	X	X	WP0zzz99zDS773061-75000	MA1.70S
		Turbo S Coupé	X	X	WP0zzz99zDS766061-70000	MA1.70S
		Turbo S Cabriolet	X	X	WP0zzz99zDS773061-75000	MA1.70S
	US	Turbo Coupé	X	X	WP0AD2A9xDS766061-70000	MA1.70S
		Turbo Cabriolet	X	X	WP0CD2A9xDS773061-75000	MA1.70S
		Turbo S Coupé	X	X	WP0AD2A9xDS766061-70000	MA1.70S
		Turbo S Cabriolet	X	X	WP0CD2A9xDS773061-75000	MA1.70S

Dieser 997 Carrera GTS wurde im April 2011 gebaut, hat aber gemäß der Fahrzeugdokumentation eine 2012er VIN.

(Foto: Joe Ramos)

Den in der Tabelle aufgeführten VIN-Bereichen für die zweite 997-Generation liegen die im Jahresreport von 2013 veröffentlichten Produktionszahlen sowie die Vorspannseiten von drei Ersatzteilkatalogen der Porsche AG zugrunde: Modell 997 Coupé 09-12, Modell 997 Turbo 07-13, Modell GT3 09-11.

Hinweis:
Restwelt 1 = China, Korea, Mexiko und Brasilien

Hinweis:
Das in den US-Fahrzeug-Ident.-Nummern erscheinende X an der 9. Stelle ist ein Platzhalter, der eine Zahl zwischen 0 und 9 oder ein Buchstabe von A bis Z sein kann.

997-Sondermodelle, Fahrzeug-Identifizierungsnummern (VIN) nach Modelljahr						
Modell-jahr	Markt	Modell	Sechsgang-Schaltgetriebe	PDK	VIN-Bereich	Motor-typ
2006	US	911 Club Coupé*	X	entfällt	WP0AB299x6S740061-50000	M97.01S
	RoW	911 Sport Classic**	X	entfällt	WP0zzz99zAS710061-20000	MA1.01
	RoW	Speedster***	X	X	WP0zzz99zAS795531-95900	MA1.01S
	RoW1	Speedster***	X	X	WP0zzz99zAS795531-95900	MA1.01S
	US	Speedster***	X	X	WP0CB2A9xAS795531-95900	MA1.01S
	RoW1	Coupé China Style Edition	X	X	WP0zzz99zAS710061-20000	MA1.02
	RoW1	Cabriolet China Style Edition	X	X	WP0zzz99zAS745061-54000	MA1.02
2011	RoW	Speedster***	X	X	WP0zzz99zBS795531-95900	MA1.01S
	RoW1	Speedster***	X	X	WP0zzz99zBS795531-95900	MA1.01S
	US	Speedster***	X	X	WP0CB2A9xBS95531-95900	MA1.01S
	RoW	Coupé Black Edition	X	X	WP0zzz99zBS786061-88000	MA1.02
	RoW1	Coupé Black Edition	X	X	WP0zzz99zBS788061-90000	MA1.02
	US	Coupé Black Edition	X	X	WP0AB2A9xBS880061-90000	MA1.02
	RoW	Cabriolet Black Edition	X	X	WP0zzz99zBS790061-92000	MA1.02
	RoW1	Cabriolet Black Edition	X	X	WP0zzz99zBS792061-94000	MA1.02
	US	Cabriolet Black Edition	X	X	WP0CB2A9xBS792061-94000	MA1.02
	RoW1	Coupé China Style Edition	X	X	WP0zzz99zBS788061-90000	MA1.02
	RoW1	Cabriolet China Style Edition	X	X	WP0zzz99zBS792061-94000	MA1.02
	China	Turbo S Coupé China Edition	entfällt	X	WP0zzz99zBS760061-66000	MA1.70S
	RoW	Turbo S Coupé 918 Spyder	entfällt	X	WP0zzz99zBS760061-66000	MA1.70S
	RoW1	Turbo S Coupé 918 Spyder	entfällt	X	WP0zzz99zBS760061-66000	MA1.70S
	US	Turbo S Coupé 918 Spyder	entfällt	X	WP0AD2A9xBS766061-70000	MA1.70S
	RoW	Turbo S Cabriolet 918 Spyder	entfällt	X	WP0zzz99zBS773061-75000	MA1.70S
	RoW1	Turbo S Cabriolet 918 Spyder	entfällt	X	WP0zzz99zBS773061-75000	MA1.70S
	US	Turbo S Cabriolet 918 Spyder	entfällt	X	WP0CD2A9xBS773061-75000	MA1.70S
2012	RoW	Coupé Black Edition	X	X	WP0zzz99zCS786061-88000	MA1.02
	RoW1	Coupé Black Edition	X	X	WP0zzz99zCS788061-90000	MA1.02
	US	Coupé Black Edition	X	X	WP0AB2A9xCS880061-90000	MA1.02
	RoW	Cabriolet Black Edition	X	X	WP0zzz99zCS790061-92000	MA1.02
	RoW1	Cabriolet Black Edition	X	X	WP0zzz99zCS792061-94000	MA1.02
	US	Cabriolet Black Edition	X	X	WP0CB2A9xCS792061-94000	MA1.02
	RoW	Turbo S Coupé 918 Spyder	entfällt	X	WP0zzz99zCS760061-66000	MA1.70S
	RoW1	Turbo S Coupé 918 Spyder	entfällt	X	WP0zzz99zCS760061-66000	MA1.70S
	US	Turbo S Coupé 918 Spyder	entfällt	X	WP0AD2A9xCS766061-70000	MA1.70S
	RoW	Turbo S Cabriolet 918 Spyder	entfällt	X	WP0zzz99zCS773061-75000	MA1.70S
	RoW1	Turbo S Cabriolet 918 Spyder	entfällt	X	WP0zzz99zCS773061-75000	MA1.70S
	US	Turbo S Cabriolet 918 Spyder	entfällt	X	WP0CD2A9xCS773061-75000	MA1.70S

Hinweis:
Das Sondermodell Turbo S 918 Spyder wurde nur an Kunden verkauft, die bereits einen 918 Spyder bestellt hatten.

Der 997 Sport Classic war nicht für den US-Markt vorgesehen.

(Foto: Porsche AG)

Hinweis:

Restwelt 1 = China, Korea, Mexiko und Brasilien

*Das Club Coupé entstand anlässlich des 50-jährigen Jubiläums des Porsche Club America für den US-amerikanischen und kanadischen Markt. Von 50 gebauten Exemplaren wurden 48 verkauft und eines verlost.

**Von 256 gebauten Exemplaren wurden 250 verkauft, allerdings nicht in den USA.

***Von 361 gebauten Exemplaren wurden weltweit 361 verkauft.

Hinweis:

Das in den US-Fahrzeug-Ident.-Nummern erscheinende X an der 9. Stelle ist ein Platzhalter, der eine Zahl zwischen 0 und 9 oder ein Buchstabe von A bis Z sein kann.

Hinweis:

Die Modelle 997 GT3 RSR, GT3 R, GT3 Cup und GT3 Cup S werden nicht im Werk Zuffenhausen, sondern in der Rennsportabteilung in Flacht bei Weissach gebaut.

◀ 997 GT3 Cup in den Hallen von Porsche Motorsport

(Foto: Porsche AG)

◀ Der 997 GT3 RSR mit einem auf 3,8 Liter Hubraum vergrößerten Triebwerk und einer Motorleistung von 465 PS feierte sein Debüt beim 24-Stunden-Rennen von Spa-Francorchamps im Jahre 2006.

(Foto: Porsche AG)

Motornummer eines M97.76-Motors für einen GT3: Bei allen M96- und M97-Motoren beider 997-Generationen befindet sich die Motornummer an der gleichen Stelle.

Motornummer eines MA1-Motors: Die erste Stelle ist ein Leerzeichen, die zweite ein Stern.

(Foto: Joe Ramos)

Motornummer eines MA1-Motors: Hier ist die erste und die zweite Stelle ein Leerzeichen.

(Foto: Wayne Smith)

Motornummern

Der achtstelligen Motornummer ist die Motortypenbezeichnung direkt vorangestellt. Sie befindet sich bei den M96- und M97-Motoren auf einem Anguss unten links am Motorgehäuse.

Erläuterung der Motornummer für die Motortypen M96.05 sowie M97.01/70/70S/74/76/77		
Stelle	**Zeichen**	**Bedeutung**
1	6	Zylinderzahl
2		Motorversion
	1	GT3-Motor 3,6- , 3,8- , 4,0-Liter
	2	3,6-Liter-Turbomotor
	8	3,6-Liter-Motor
	9	3,8-Liter-Motor
3	3	Modelljahr 2003
	4	Modelljahr 2004
	5	Modelljahr 2005
	6	Modelljahr 2006
	7	Modelljahr 2007
	8	Modelljahr 2008
4 bis 8		Seriennummer des jeweiligen Motors

Hinweis:

Die M97-Motoren der GT2- und GT3-Modelle der 1. und 2. Generation haben unabhängig vom Hubraum die gleiche Motorversionsnummer (1).

Die Motornummer der MA1-Motoren beginnt ebenfalls mit der Typenbezeichnung und befindet sich an der Motorunterseite hinten in der Mitte.

Erläuterung der Motornummer für die Motortypen MA1.01/02/70/70S		
Stelle	**Zeichen**	**Bedeutung**
1	Leer	Lücke zwischen Motortyp und Seriennummer
	S	Leistungssteigerung
2	Stern	*
	Leer	Lücke
	T	Taiwan
3	9	Modelljahr 2009
	A	Modelljahr 2010
	B	Modelljahr 2011
	C	Modelljahr 2012
	D	Modelljahr 2013
4 bis 8		Seriennummer des jeweiligen Motors

Die Getriebenummer dieses Sechsganggetriebes G97.05. befindet sich auf dem Aufkleber.

(Foto: Adrian Streather)

Auch die Getriebenummer dieser Tiptronic S, Typ A97.XX, ist nur auf dem Aufkleber vorhanden.

(Foto: Adrian Streather)

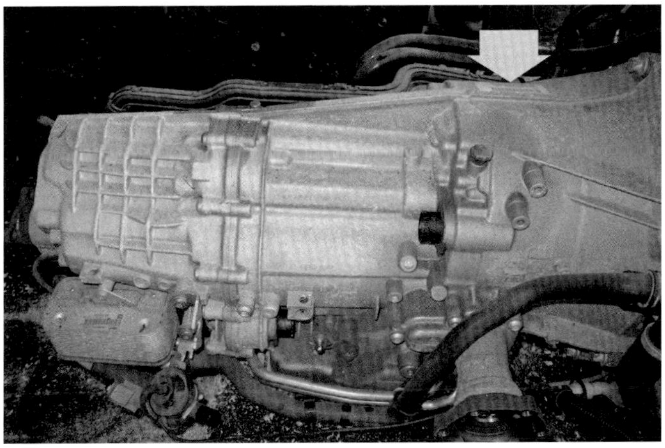

Ebenfalls nur aufgeklebt: die Getriebenummer des PDK, Typ CG1.XX.

(Foto: Adrian Streather)

Getriebenummern

Die elfstellige Getriebenummer befindet sich auf einem Aufkleber mit einem Balkencode auf dem Gehäuse.

Erläuterung der Getriebenummern		
Stelle	**Zeichen**	**Bedeutung**
1	G A C	Sechsgang-Schaltgetriebe* 5-Gang Tiptronic S** 7-Gang PDK***
2, 3, 4 und 5	 97XX 97XX G1XX	Getriebeversion Sechsgang-Schaltgetriebe-Typen 01/31/05/35/50/55/88/90/92 5-Gang Tiptronic S-Typen 01/31/50 7-Gang-PDK-Typen 00/30/50
6	1	Version
7 bis 11		Jeweilige Seriennummer

(*) = hergestellt von AISIN Seiki Co, Japan
(**) = Hergestellt von Daimler, Deutschland
(***) = Hergestellt von ZF, Deutschland

Hinweis:
Die sequenziellen Rennsportgetriebe G97.XX werden von der Porsche Motorsport-Abteilung in Flacht bei Weissach gefertigt.

Produktionszahlen

Die Produktionszahlen der 997-Baureihe wurden vom Historischen Archiv der Porsche AG zur Verfügung gestellt.

Produktionszahlen der 1. Generation

Porsche 997, Produktionszahlen nach Modellen, 1. Generation, alle Länder		
Modelljahr	**Modell**	**Stückzahl**
2003	Carrera Coupé	2
	Carrera S Coupé	9
2004	Carrera Coupé	1.464
	Carrera S Coupé	1.917
2005	Carrera Coupé	6.239
	Carrera S Coupé	10.501
	Carrera Cabriolet	3.019
	Carrera S Cabriolet	4.058
	Carrera 4 Coupé	215
	Carrera 4S Coupé	314
	Carrera 4 Cabriolet	87
	Carrera 4S Cabriolet	112
	GT3	1
	GT3 RS	2
	GT3 Cup	35
	TOP Turbo Coupé	13
2006	Carrera Coupé	3.559
	Carrera S Coupé	6.935
	Carrera Cabriolet	3.083
	Carrera S Cabriolet	5.714
	Carrera 4 Coupé	1.766
	Carrera 4S Coupé	6.057
	Carrera 4 Cabriolet	1.706
	Carrera 4S Cabriolet	5.059
	Targa 4	86
	Targa 4S	141
	GT3	44
	GT3 RS	9
	GT3 Cup	195
	Turbo Coupé	2.150

2007	Carrera Coupé	3.168
	Carrera S Coupé	4.797
	Carrera Cabriolet	1.684
	Carrera S Cabriolet	3.141
	Carrera 4 Coupé	1.068
	Carrera 4S Coupé	5.084
	Carrera 4 Cabriolet	783
	Carrera 4S Cabriolet	4.372
	Targa 4	894
	Targa 4S	1.761
	GT3	2.333
	GT3 RS	1.095
	GT3 Cup	233
	Turbo Coupé	7.885
	Turbo Cabriolet	608
	GT2	16
2008	Carrera Coupé	2.089
	Carrera S Coupé	3.078
	Carrera Cabriolet	1.463
	Carrera S Cabriolet	2.375
	Carrera 4 Coupé	760
	Carrera 4S Coupé	3.601
	Carrera 4 Cabriolet	621
	Carrera 4S Cabriolet	3.044
	Targa 4	545
	Targa 4S	1.426
	GT3	951
	GT3 RS	803
	GT3 Cup	280
	Turbo Coupé	4.263
	Turbo Cabriolet	4.282
	GT2	939

Die Fertigung des 997 basierte auf Just-in-Time-Lieferungen.
(Foto: Porsche AG)

Am Bau eines 997 waren immer noch viele fleißige Hände beteiligt.
(Foto: Porsche AG)

Porsche 997, Gesamtproduktionszahlen 1. Generation	
Modell	**Stückzahl**
Carrera Coupé	16.521
Carrera S Coupé	27.237
Carrera Cabriolet	9.249
Carrera S Cabriolet	15.288
Carrera 4 Coupé	3.809
Carrera 4S Coupé	15.056
Carrera 4 Cabriolet	3.197
Carrera 4S Cabriolet	12.587
Targa 4	1.525
Targa 4S	3.328
GT3	3.329
GT3 RS	1.909
GT3 Cup	743
Turbo Coupé	15.626
Turbo Cabriolet	6.099
GT2	1.242
Gesamt	**136.745**

Produktionszahlen der 2. Generation

Porsche 997, Produktionszahlen nach Modellen, 2. Generation, alle Länder		
Modelljahr	**Modell**	**Stückzahl**
2008	Carrera Coupé	827
	Carrera S Coupé	1.069
	Carrera Cabriolet	338
	Carrera S Cabriolet	822
	Carrera 4 Coupé	47
	Carrera 4S Coupé	279
	Carrera 4 Cabriolet	21
	Carrera 4S Cabriolet	159
	Targa 4	40
	Targa 4S	109
	Turbo Coupé	24
	Turbo Cabriolet	15
2009	Turbo Coupé*	1.315
	Turbo Cabriolet*	1.209
	GT2*	287
	Carrera Coupé	2.954
	Carrera S Coupé	4.629
	Carrera Cabriolet	1.858
	Carrera S Cabriolet	3.223
	Carrera 4 Coupé	800
	Carrera 4S Coupé	4.464
	Carrera 4 Cabriolet	530
	Carrera 4S Cabriolet	3.827
	Targa 4	451
	Targa 4S	1.156
	GT3**	766
	GT3 RS	1
	GT3 Cup	214
	Turbo Coupé	48
	Turbo Cabriolet	35
2010	Carrera Coupé	2.003
	Carrera S Coupé	2.427
	Sport Classic	256
	Carrera GTS Coupé	2
	Carrera GTS Cabriolet	1
	Carrera Cabriolet	873
	Carrera S Cabriolet	1.393
	Carrera 4 Coupé	401
	Carrera 4S Coupé	2.343
	Carrera 4 Cabriolet	326

Porsche 997, Produktionszahlen nach Modellen, 2. Generation, alle Länder		
Modelljahr	**Modell**	**Stückzahl**
	Carrera 4S Cabriolet	2.013
	Targa 4	293
	Targa 4S	629
	GT3	1.167
	GT3 RS	1.223
	GT3 Cup	145
	Turbo Coupé	2.113
	Turbo Cabriolet	1.075
	Turbo S	832
	Turbo S Cabriolet	592
	GT2 RS	27
	Speedster	2
2010-2 R	Carrera Coupé	566
	Carrera S Coupé	496
	Coupé China Style Edition	75
	Carrera GTS Coupé	389
	Carrera GTS Cabriolet	270
	Carrera Cabriolet	386
	Carrera S Cabriolet	343
	Cabriolet China Style Edition	32
	Carrera 4 Coupé	136
	Carrera 4S Coupé	824
	Carrera 4 Cabriolet	93
	Carrera 4S Cabriolet	555
	Targa 4	82
	Targa 4S	211
	GT3	320
	GT3 RS	295
	GT3 Cup	139
	Turbo Coupé	328
	Turbo Cabriolet	180
	Turbo S Coupé	546
	Turbo S Cabriolet	301
	GT2 RS	470
	Speedster	24
2011	Carrera Coupé	840
	Carrera S Coupé	849
	Coupé Black Edition	1.038
	Carrera GTS Coupé	2.265
	Carrera GTS Cabriolet	1.542
	Carrera Cabriolet	453
	Carrera S Cabriolet	796

Porsche 997, Produktionszahlen nach Modellen, 2. Generation, alle Länder		
Modelljahr	**Modell**	**Stückzahl**
	Cabriolet Black Edition	845
	Coupé China Style Edition	65
	Cabriolet China Style Edition	15
	Carrera 4 Coupé	289
	Carrera 4S Coupé	1.163
	Carrera 4 Cabriolet	233
	Carrera 4S Cabriolet	1.126
	Carrera 4 GTS Coupé	885
	Carrera 4 GTS Cabriolet	803
	Targa 4	150
	Targa 4S	379
	GT3	3
	GT3 RS	100
	GT3 RS 4.0	550
	GT3 Cup	233
	Turbo Coupé	528
	Turbo Cabriolet	292
	Turbo S Coupé	1.180
	Turbo S Cabriolet	821
	Turbo Coupé 918 Spyder	38
	Turbo Cabriolet 918 Spyder	37
	GT2 RS	13
	Speedster	335
2012	Carrera 4 Coupé	75
	Carrera 4S Coupé	115
	Carrera 4 Cabriolet	41
	Carrera 4S Cabriolet	95
	Carrera 4 GTS Coupé	436
	Carrera 4 GTS Cabriolet	354
	Targa 4	30
	Targa 4S	76
	GT3 RS 4.0	63
	GT3 Cup	41
	Turbo Coupé	260
	Turbo Cabriolet	155
	Turbo S Coupé	537
	Turbo S Cabriolet	341
	Turbo S Coupé 918 Spyder	41
	Turbo S Cabriolet 918 Spyder	30
2013	Turbo Coupé	keine Angaben
	Turbo Cabriolet	keine Angaben

Porsche 997, Produktionszahlen nach Modellen, 2. Generation, alle Länder		
Modelljahr	**Modell**	**Stückzahl**
	Turbo S Coupé	keine Angaben
	Turbo S Cabriolet	keine Angaben

* 1. Generation
** In dieser Stückzahl können einige GT3 der 1. Generation mit dem Motortyp M97.76 beinhaltet sein.

Der Motortyp M97.01 war der am häufigsten eingebaute Motor der 997-Baureihe.
(Foto: Porsche AG)

Porsche 997, Gesamtproduktionszahlen 2. Generation	
Modell	**Stückzahl**
Carrera Coupé	7.190
Carrera S Coupé	9.470
Coupé Black Edition	1.038
Carrera GTS Coupé	2.656
Carrera GTS Cabriolet	1.813
Carrera Cabriolet	3.908
Carrera S Cabriolet	6.577
Cabriolet Black Edition	845
Coupé China Style Edition	140
Cabriolet China Style Edition	47
Carrera 4 Coupé	1.748
Carrera 4 Cabriolet	1.244
Carrera 4S Coupé	9.188
Carrera 4S Cabriolet	7.775
Carrera 4 GTS Coupé	1.321
Carrera 4 GTS Cabriolet	957
Targa 4	1.046
Targa 4S	2.560
GT3	2.256
GT3 RS	1.619
GT3 RS 4.0	613
GT3 Cup	772
Turbo Coupé	3.301
Turbo Cabriolet	1.752
Turbo S Coupé	3.095
Turbo S Cabriolet	2.055
Turbo Coupé 918 Spyder	38
Turbo Cabriolet 918 Spyder	37
GT2 RS	510
Speedster	361

Insgesamt verließen 212.704 Exemplare des 997 die Montagestraße.

(Foto: Porsche AG)

Porsche 997, Gesamtproduktionszahlen 2. Generation	
Modell	**Stückzahl**
Sport Classic	256
Turbo S Coupé 918 Spyder	41
Turbo S Cabriolet 918 Spyder	30
Gesamt	76.259

Hinweis:
Die Rennsportmodelle GT3 R oder RSR sind in den 997-Produktionszahlen nicht enthalten.

Gesamtproduktion

997-Produktion gesamt	**212.704**

Anhang B: Individualausstattungscodes

Wichtige Informationen zur Überprüfung der Originalität

Zum 25-jährigen Jubiläum von Porsche Exclusive gab es den 997 als Sondermodell Sport Classic. Es kann am Individualausstattungscode 756 identifiziert werden.

(Foto: Porsche AG)

Einführung

Ab Modelljahr 2004 entfiel das „M"-Kürzel vor den Individualausstattungscodes und Porsche verwendete nur noch das „I"-Kürzel für die Zusatzausstattungen, die entweder bei der Produktion oder bei Porsche Exclusive eingebaut wurden.

Hinweis:
Das vorangestellte Kürzel ist weder auf dem Datenträger angegeben, noch in der Fahrzeugdatenbank hinterlegt.

In diesem Anhang sind die Codes der Individualausstattungen (fabrikseitig bzw. von Porsche Exclusive eingebaut), die der Exterieur- und Interieurfarben, sowie die Ländercodes aufgelistet, die in erster Linie der werkseitigen Dokumentation entnommen wurden.

Hinweis:
Aufgrund der verschiedenen Individualisierungsmöglichkeiten während der Produktion bei Porsche kann es sein, dass nicht jeder verfügbare Farbcode jeder 911-Baureihe aufgenommen wurde. Diese Liste ist nicht endgültig und wird ständig erweitert.

Individualausstattungscodes

„M"- bzw. „I"-Zusatzausstattungen (1978 – 2012)

Angeblich geht die Reihe der „M"-Zusatzausstattungen auf den 911 SC von 1978 zurück. Im Modelljahr 2004 wurden daraus die „I"-Zusatzausstattungen. Die folgende Auflistung umfasst alle bekannten werkseitigen Individualisierungsmöglichkeiten für die 911-Baureihen von 1978 bis 2012 sowie weiterer Modelle.

Hinweis:
Porsche verwendete häufig die Codes vorheriger Ausstattungen für neue Modelle weiter. Im Fall einer Doppelnennung gilt der Code für das aktuellste Modell, in diesem Fall den 997.

Werkseitige Optionen	
Code	**Beschreibung**
001	Carrera Cup und GT3 Cup
002	911 Carrera RS Langstreckenversion
002	911 Carrera RS Straßenversion
002	GT3 Straßenversion
003	964 Carrera RS NGT-Version
003	Clubsportversion
003	Sicherheitseinrichtungen für Rennsport
004	GT3 RS
004	Carrera GT
005	Rennwagenversionen
005	GT3 R
006	GT3 RS 4.0
007	993 Carrera RS Japan-Ausführung
008	Boxster S 3,2 Liter
009	3-Gang Sportomatic
009	Boxster 2,7 Liter
011	Sondermodell Carrera GTS
012	Sondermodell China Style Edition
013	Sondermodell Black Edition
014	Sportpaket
018	Lenkrad mit erhöhter Nabe
019	Sondermodell Carrera 4 GTS
020	Tachometer mit zwei Skalen (km und Meilen)
022	Zifferblätter Kombiinstrument in schwarz
023	Zifferblätter Kombiinstrument in silber
024	Griechenland-Ausführung
025	Zifferblätter Stoppuhr in schwarz
026	Zifferblätter Stoppuhr in silber
027	Kalifornien-Ausführung
029	Serienfahrwerk
030	Sportfahrwerk
030	PASM Sportfahrwerk (- 20 mm)
031	Sportstoßdämpfer
032	Langstreckenfahrwerk
033	Sportstoßdämpfer
034	Italien-Ausführung
036	Stoßfänger mit Pralldämpfer
042	Martini-Dekorstreifen
042	Dunlop-Reifen für RS 3.8
058	Pralldämpfer vorn und hinten
061	Großbritannien-Ausführung
062	Spritzlappen hinten (Serienausstattung in Schweden)
062	Schweden-Ausführung
063	Luxemburg-Ausführung
064	Niederlande-Ausführung
065	Dänemark-Ausführung
066	Norwegen-Ausführung
067	Finnland-Ausführung

Werkseitige Optionen	
Code	**Beschreibung**
068	Thailand-Ausführung
068	Rechtslenker-Ausführung PAP (Pazifik und Asien)
069	Sonstige-Länderausführung
070	Fahrgastraumabdeckung Cabriolet
070	Fußgängeraufprallschutz
071	EU-Länderausführung
072	Mexiko-Ausführung
073	Russland-Ausführung
074	Linkslenker-Ausführung PAP (Pazifik und Asien)
075	China-Ausführung
082	Kraftstofftank 90 Liter
092	Turbo S-Ausführung
094	Sondermodell 996 Millennium
095	Sondermodell 40 Jahre 911
096	Sondermodell 30 Jahre Carrera 4
097	Sondermodell 25 Jahre 911 (Deutsche Ausführung)
098	Sondermodell 25 Jahre 911 (US-Ausführung)
098	Lederausstattung in abweichenden Farben
098	Linkslenker-Ausführung
099	Sondermodell 25 Jahre 911 (Sonstige Märkte)
101	Spezielle Motorteile GT2
103	Einstellbare Federbeinabstützung
111	Österreich-Ausführung
113	Kanada-Ausführung
114	Taiwan-Ausführung
119	Spanien-Ausführung
124	Frankreich-Ausführung
126	Digitalradio 1982 (nur 911)
126	Beschriftung französisch
127	Beschriftung schwedisch
130	Beschriftung englisch
139	Sitzheizung links
140	Dynamische Motorlager (PADM)
148	Modifizierter Motor 930/66/S/SL
150	Betrieb mit verbleitem Kraftstoff
151	968 CS-Motor mit abweichenden Teilen
152	Verringertes Motorgeräusch
152	Kraftstoffkühlung
153	Motorteilesatz für Typ 951
154	Steuereinheit für verringerte Emissionswerte
155	Motronic für Katalysatorbetrieb
156	Verringertes Auspuffgeräusch

Werkseitige Optionen	
Code	**Beschreibung**
157	Lambdasonde und Katalysator
158	Radio Monterey 1986 und Reno 1987
159	Motorsoundpaket
159	Motorleistung auf 155 kW (211 PS) beschränkt
160	Radio Charleston
160	EU4-konform ohne OBD
161	EU4-konform mit OBD
162	LEV2-konform (US Low Emission Vehicle regulations 2)
164	Reifengröße 215/60 VR15
165	EU5-konform
167	Bridgestone-Reifen
170	Akustikpaket Restwelt
171	Akustikpaket USA
176	Ölkühler mit Kühlerlüfter
176	Sportabgasanlage
182	Sicherheitseinrichtungen im Innenraum
182	Heißland
183	Superheißland (dritter Kühler)
185	2-Punkt-Automatikgurte hinten
186	2-Punkt-Gurte hinten
187	Asymmetrisches Fahrlicht
190	Verstärkte Türen
191	Leichte Batterie
193	Japan-Ausführung
194	60 Ah-Batterie
195	Vorbereitung für Mobiltelefon
195	70 Ah-Batterie
196	80 Ah-Batterie
197	88 Ah-Batterie
198	Stärkerer Anlasser (1,7 kW)
199	Batterietrennschalter
200	95 Ah-Batterie
208	Anhängerkupplung
209	Kennzeichenhalter Ausführung 1
210	Kennzeichenhalter Ausführung 2
211	Charakteristisches Besitzmerkmal
211	Kennzeichenhalter Ausführung 3
215	Saudi-Arabien-Ausführung
218	Kennzeichenhalter Ausführung 4
219	Ausgleichsgetriebe
220	Mechanische Hinterachs-Quersperre 40%

Werkseitige Optionen	
Code	**Beschreibung**
220	Porsche Torque Vectoring (PTV)
221	Porsche Sperrdifferenzial
222	Traktionskontrolle
224	Automatisches Bremsdifferenzial (ABD)
224	Automatisches Sperrdifferenzial
225	Belgien-Ausführung
226	Geänderter Reifenhersteller bei Produktion (nicht wählbar vom Kunden)
227	Geänderter Reifenhersteller bei Produktion (nicht wählbar vom Kunden)
228	Geänderter Reifenhersteller bei Produktion (nicht wählbar vom Kunden)
229	Geänderter Reifenhersteller bei Produktion (nicht wählbar vom Kunden)
230	Geänderter Reifenhersteller bei Produktion (nicht wählbar vom Kunden)
231	Geänderter Reifenhersteller bei Produktion (nicht wählbar vom Kunden)
232	Geänderter Reifenhersteller bei Produktion (nicht wählbar vom Kunden)
234	Geänderter Reifenhersteller bei Produktion (nicht wählbar vom Kunden)
235	Geänderter Reifenhersteller bei Produktion (nicht wählbar vom Kunden)
236	Geänderter Reifenhersteller bei Produktion (nicht wählbar vom Kunden)
237	Geänderter Reifenhersteller bei Produktion (nicht wählbar vom Kunden)
238	Geänderter Reifenhersteller bei Produktion (nicht wählbar vom Kunden)
239	Geänderter Reifenhersteller bei Produktion (nicht wählbar vom Kunden)
240	Ausführung für Länder mit geringwertiger Kraftstoffqualität
241	Schaltwegverkürzung
243	Kürzerer Schalthebel
243	Werksproduktion
244	Werksproduktion
248	Werksproduktion
249	Tiptronic S
250	Porsche Doppelkupplungsgetriebe (PDK)
251	Kürzer übersetztes Automatikgetriebe (33/13) für Schweiz, Schweden und Österreich
255	Kraftstoffverbrauchsanzeige
258	Außenspiegelheizung

Werkseitige Optionen	
Code	**Beschreibung**
261	Außenspiegel Beifahrerseite elektrisch verstellbar, ebenes Glas
262	Außenspiegel Beifahrerseite manuell verstellbar, ebenes Glas
265	Automatisch abblendendbarer Innenspiegel mit Regensensor
266	Automatisch abblendendbarer Außenspiegel
268	Regensensor
269	Zusatzscheinwerfer
270	Außenspiegel für Fahrerseite elektrisch verstell- und heizbar, plan
271	Außenspiegel für Fahrerseite elektrisch verstell- und heizbar, asphärisch
273	Außenspiegel elektrisch verstell- und heizbar
274	Make-up-Spiegel beleuchtet
277	Schweiz-Ausführung
286	Scheinwerfer-Reinigungsanlage verstärkt
288	Scheinwerfer-Reinigungsanlage
298	Vorbereitung für bleifreien Kraftstoff, Schaltgetriebe
299	Vorbereitung für bleifreien Kraftstoff, Automatikgetriebe
301	Längere Endübersetzung
302	Modellbezeichnung am Heck
305	Schalthebel in Alcantara, schwarz
308	Gasdruckfeder für Motorhaube
308	Wählhebel in schwarzem Alcantara
310	PDK-Wählhebel EXC
319	Zusätzliche Motorkühlung für Heissländer
320	Radio Porsche CR-11
321	Radio Porsche CR-22
323	Aufkleber, ohne ESE-Vorschriften
324	Radio Porsche CR-10
325	Südafrika und Neuseeland-Ausführung
326	Radio Blaupunkt Berlin
326	Radio Porsche CR-21
327	Radio Blaupunkt Köln
328	Radio Porsche CR-2000 (nur Japan)
328	Radio Blaupunkt Bremen oder Symphony
329	Radio Blaupunkt Toronto SQR48, alle Ausführungen außer USA
329	Radio Porsche CR-210 (nur US)
330	Radio Blaupunkt Toronto SQR46, alle Ausführungen außer USA

Werkseitige Optionen	
Code	**Beschreibung**
330	Radio Porsche CR-31 (nur USA von Modelljahr 1997 bis 2005)
331	AM/FM-Kasettenradio mit zwei Türlautsprechern
333	Kasettenradio Paris RCR 41
334	Radio Blaupunkt Bremen RCM 42
335	3-Punkt-Automatikgurte hinten (nur Cabriolet)
336	Radio Blaupunkt Düsseldorf RCR 84
337	Ausbau der Transporteinrichtungen ab Modelljahr 1992
338	Heckantrieb
339	Allradantrieb
340	Sitzheizung rechts
341	Zentralverriegelung
341	Weiße Räder
342	Sitzheizung links und rechts
345	Lenkradheizung
346	Felgen in silber
346	Radnabenabdeckung für silberfarbene Felgen
347	Platinfarben eloxierte Räder
348	Geschmiedete Räder, Grand-Prix-Weiß lackiert
349	Schwarze Räder
351	Porsche Autoradio, CR Stereo, deutsche Ausführung
360	Kantenspritzschutz
369	Seriensitz links
370	Seriensitz rechts
371	Sportsitz links, manuell verstellbar
372	Sportsitz rechts, manuell verstellbar
373	Sportsitz links, elektrisch verstellbar
374	Sportsitz rechts, elektrisch verstellbar
375	Asbestfreie Kupplungsbeläge
375	Sportsitz, Lehnenschale, links
376	Lackierte Sitzrückseite
376	Sportsitz, Lehnenschale, rechts
377	Sportsitz, Lehnenschale, links, elektrisch verstellbar
378	Sportsitz, Lehnenschale, rechts, elektrisch verstellbar
379	Seriensitze, links elektrisch höhenverstellbar
380	Seriensitze, rechts elektrisch höhenverstellbar
381	Seriensitz links
382	Seriensitz rechts
382	Carrera GT Sitzhöhenverstellung links
383	Sportsitz links

Werkseitige Optionen	
Code	**Beschreibung**
383	Carrera GT Sitzhöhenverstellung rechts
384	Schalensitz mit Lederbezug links
384	Carrera GT Schalensitz links
385	Schalensitz mit Lederbezug rechts
385	Carrera GT Schalensitz rechts
387	Sportsitz rechts
388	Sportschalensitz links
389	Porsche Autoradio, CR Stereo, US-Ausführung
389	Sportschalensitz rechts
391	Steinschlagschutz für hintere Kotflügel, nachträglich montiert
392	Interieur in Schottenkaro
392	17 Zoll Carrera Rad
393	Schmiederäder 8J x 16 und 9J x 16
393	Heckaufkleber für Turboausführung
393	17 Zoll Räder (Targa)
393	18 Zoll Targa Rad (Coupé, Cabriolet, C4S)
393	17 Zoll Boxster II Rad
394	Wählscheiben-Rad aus Magnesiumguss, 8J x 16 und 9J x 16
394	Heckaufkleber für Turboausführung
394	17 Zoll Boxster III Rad
395	Geschmiedetes Leichtmetallrad
395	Pirelli-Reifen P7 205/50 VR15 vorn und 225/50 VR15 hinten
396	Wählscheibenrad hinten, 8J x 15
396	17 Zoll Gussrad
397	18 Zoll Boxster II Rad
398	Außenspiegel links elektrisch, ebenes Glas
398	17 Zoll Cup Rad
398	P31 Sportfahrwerk (968) mit Cup-Rädern
398	17 Zoll Cayman Rad
399	Klimaanlage ohne Kondensator
399	17 Zoll Carrera 4 Rad
399	17 Zoll Cayman II Rad
400	16 Zoll Druckgussrad (Design 90)
401	16 Zoll Cup Rad
401	18 Zoll Cayman S Rad
402	18 Zoll Carrera 3 Rad
403	17 Zoll Druckgussrad
403	Aluminiumzierleiste Schweller
403	19 Zoll Carrera S Rad
404	Stabilisator

Werkseitige Optionen	
Code	**Beschreibung**
404	19 Zoll Turbo Rad
405	Niveauausgleich
405	18 Zoll RS Rad
405	19 Zoll Carrera Classic Rad
406	Radhausschale vorn (1983 – 1986)
406	18 Zoll RS 3.8 Rad (lackiert)
406	19 Zoll Carrera GT Rad
406	20 Zoll Carrera GT Rad
407	18 Zoll Rad poliert
407	19 Zoll Sport Design Rad
408	18 Zoll Turbo Look Rad (C4S)
408	18 Zoll Techno Rad
408	18 Zoll Boxster S II Rad
409	Sportsitze links und rechts, Lederausführung
409	18 Zoll Cayman S II Rad
409	Sportsitze links und rechts in Teilleder-/Stoffausführung
410	18 Zoll Turbo 2 Rad
411	Kennzeichenträger vorn
411	18 Zoll Carrera Rad, Druckgussausführung
411	18 Zoll Carrera Rad
412	Externer Ölkühler
413	18 Zoll Turbolook Rad
414	Kombinierte Öldruck- und -temperaturanzeige
414	Getriebeölkühler
414	18 Zoll Rad, poliert
414	18 Zoll Carrera S Facelift Rad
415	Spurverbreiterung 21 mm
415	18 Zoll Turbolook-2 Rad
416	Lenkrad und Schalthebelsack in Lederausführung
416	18 Zoll GT3 Rad
417	18 Zoll Carrera Rad, poliert
418	Seitenschutz
418	Aluminiumzierleisten am Radhaus
418	Seitenschutzsatz für 944
418	Seitenschutzsatz für 968
418	18 Zoll Turbo Rad, GT silbermetallic
419	Gepäckauflage anstelle Rücksitze
419	19 Zoll Carrera S Facelift Rad
420	19 Zoll GT3 Rad
421	Kassettenablagefach in Mittelkonsole
421	Kassettenablage vorn

Werkseitige Optionen	
Code	**Beschreibung**
421	19 Zoll Turbo 2 Rad
422	Radio Blaupunkt Bamberg
422	Kassettenablage hinten
422	19 Zoll Turbo Rad mit Zentralmutter
423	Kassettenbox und Münzfach
424	Automatische Temperaturregelung
424	CD-Ablage in Mittelkonsole
424	CD-Staufach
425	Heckscheibenwischer
426	924 Sondermodell Weltmeister 1976 - 1978 (Martini)
426	Ohne Heckscheibenwischer
427	924 Sondermodell, nur Frankreich (100 Exemplare)
429	Nebelscheinwerfer, weiß
429	924 Sondermodell Sebring, nur USA
430	Nebelscheinwerfer rechteckig, gelb
430	19 Zoll GT3 Rad mit Zentralmutter
431	Lederlenkrad mit 363 mm Durchmesser
431	Multifunktionslenkrad, Touch & Feel
432	Längsstreifen Martini 1978 - 1982
432	4-Speichen-Sportlenkrad in Lederausführung, 363 mm Durchmesser
432	Schutzlack in Schwarz
432	Lenkrad mit Tiptronic S-Wipptasten
433	Lederlenkrad ATIWE
433	Sportlenkrad GT3 Alcantara
434	Arbeitsanweisung für Übersee-Fahrzeuge (924 und 944)
435	Lederlenkrad MOMO
435	Sportlenkrad
436	3-Speichen-Sportlenkrad mit Airbag
436	Targa-Faltdach
437	Komfortsitz links, elektrisch verstellbar
437	Vollelektrisch verstellbarer Sitz links
438	Komfortsitz rechts, elektrisch verstellbar
438	Porscheschriftzug auf Türen, goldfarben
438	Vollelektrisch verstellbarer Sitz rechts
439	Sondermodell Weissach 1980
439	Porscheschriftzug auf Türen, schwarz
439	Elektrisches Cabrioverdeck
439	Elektrisches Targa-Dach

Werkseitige Optionen	
Code	**Beschreibung**
440	Manuelle Antenne, vier Lautsprecher, bis einschließlich Modelljahr 2002
440	Antennen-Diversity, ab Modelljahr 2003
441	Fader, Antennenverstärker, vier Lautsprecher
441	Lautsprecher und Antennenverstärker
441	Radiovorbereitung
443	Getönte Front- und Seitenscheiben, heizbare Frontscheibe
444	Stahlfelgen
444	Cabriolet
444	Diebstahlschutz, „Thatcham"-Radschrauben
445	Radabdeckung in Silber mit lackiertem Stern
446	Erforderlicher Teilesatz für Targa
446	Gewölbte Radkappen mit farbigem Porsche-Wappen, für alle Räder
446	Chromleistensatz Carrera
446	Radzierdeckel konkav mit farbigem Wappen
447	Notrad mit Faltreifen
448	Bremsbelag, Sportausführung
449	Geschmiedetes Notrad
449	Radio Blaupunkt Lübeck
449	Gussbremse GT2
450	Leichtmetallräder schwarz, nur Carrera, 6J x 15 vorn und 7J x 15 hinten
450	Porsche Ceramic Composite Brake (PCCB)
451	Eingeschränkte Radiovorbereitung
451	Multifunktionslenkrad, Makassar, Touch & Feel
452	Radio Blaupunkt Frankfurt
452	Multifunktionslenkrad Platane, Touch & Feel
453	Multifunktionslenkrad Carbon, Touch & Feel
454	Radio Blaupunkt Coburg
454	Tempostat
455	Radschlösser
455	Distanzscheiben vorn
456	Sportstoßdämpfer und -stabilisator
458	16 Zoll Leichtmetallräder silbergrün-diamantmetallic, 6J x 15
459	Wie 458, comet-diamant-metallic
459	Sondermodell 924 Weissach
459	Domstrebe
459	3-Speichen-Sportlenkrad Glattleder
460	Wie 458, graublau-metallic
460	Sportlenkrad, Glattleder

Werkseitige Optionen	
Code	**Beschreibung**
461	Elektrische Antenne, vier Lautsprecher
461	Stabantenne
462	Securiflex-Windschutzscheibe
462	Sondermodell Weissach 1982
462	Carrera-Schriftzug auf Türen, schwarz
463	Klare Windschutzscheibe
463	Getönte Windschutz- und Heckscheibe (Serienausstattung in Australien)
464	Ohne Kompressor und Reifendruckprüfer
465	Befestigungsteile für Transport (Serienausstattung für Übersee-Modelle)
465	Nebelschlussleuchte links
466	Nebelschlussleuchte rechts
467	Außenspiegel Fahrerseite asphärisch
468	Getönte Windschutzscheibe mit Grünkeil, getönte Seitenscheiben
468	Kompressor
469	Schwarze Beschriftung
470	Ohne Spoiler, in Verbindung mit Turbolook
470	Starrer Heckspoiler, 993-Baureihe und folgend
471	Einfahrbarer Heckspoiler
471	Sportgruppe 1
471	Carrera RS Sport
471	Starrer Heckspoiler mit zusätzlichem Flügel, 993-Baureihe und folgend
472	Zusätzliche Heckschürze
472	Carrera RS Touring
472	Turbo mit Standardfahrwerk 1980
472	944 Turbo (951)
473	Mit Spoiler
474	Bilstein-Sportstoßdämpfer
474	Liftfunktion Vorderachse
475	Asbestfreie Bremsbeläge
475	Kennzeichenbefestigung (Serienausstattung in Österreich, Finnland, Australien)
475	Porsche Active Suspension Management (PASM)
476	Sportbremsbeläge
476	Porsche Stability Management (PSM)
477	Leichtmetallräder 6J x 15 für 911 S
477	Leichtmetallräder Carrera, 6J x 15 vorn und 7J x 15 hinten
479	Australien-Ausführung
480	6-Gang-Schaltgetriebe

Werkseitige Optionen	
Code	**Beschreibung**
481	5-Gang-Schaltgetriebe
482	Motorraumbeleuchtung
482	Reifendruckkontrollsystem (RDK), 433 MHz
483	Rechtslenker
483	Reifendruckkontrollsystem (RDK), 315 MHz
484	Anzeigensymbole
484	US-Ausführung am Modelljahr 1989
485	Geschmiedete Räder, goldmetallic, 5,5J x 15
487	Verbindung von Nebelscheinwerfern und Parklicht
488	Beschriftung deutsch
489	Symbole und Beschriftung deutsch
490	Soundsystem bis einschließlich Modelljahr 2001
490	Harman Analoges Sound System ab Modelljahr 2002
490	Klangpaket „ASK"
491	Turbolook (nur C4S in der Baureihe 993)
492	2,8-Liter Carrera RSR
492	Scheinwerfer für Linksverkehr (Rechtslenker)
493	Schmale Karosserieform
494	Zwei Lautsprecher hinten
494	Verstärker
495	Carrera S
496	Schwarz lackierte Scheinwerferzierringe
497	Selbststarter
498	Ohne Modellbezeichnung
499	Ausführung für die Bundesrepublik Deutschland
501	Turbo-Schriftzug
501	Car-Cover
503	Speedster
504	RSA-Ausführung
505	Flache 930-Frontpartie für USA
506	Flache 930-Frontpartie für Restwelt
509	Feuerlöscher
510	Kontrastfarbe Rot (GT3 RS)
511	Kontrastfarbe Gold (GT3 RS)
513	Lordosenstütze rechter Sitz
514	GTS-Dekor mit Modellbezeichnung in Silber
515	GTS-Dekor mit Modellbezeichnung in Schwarz
520	Infrarot-/Ultraschall-Alarmanlage
521	Neigungsgeber
524	Wegfahrsperre, Zentralverriegelung, 433 MHz

Werkseitige Optionen	
Code	**Beschreibung**
525	Wegfahrsperre, Zentralverriegelung, 315 MHz
526	Stoffbezogene Türverkleidung
528	Außenspiegel rechts mit asphärischem Glas
529	Außenspiegel rechts, manuell, mit asphärischem Glas
529	Wegfahrsperre 315 MHz
530	3,8-Liter-Umbausatz 210 kW (285 PS) für Motortypen M64/05/06/07/08, Modelljahre 1994 und 1995
530	Wegfahrsperre 315 MHz, Modelljahr 1996
530	Wegfahrsperre 433 MHz, Modelljahr 1997
532	Entfall Funkbetätigung Alarmanlage
533	Alarmanlage
533	Entfall Funkbetätigung Verdeck
534	Diebstahlsicherungsanlage 433 MHz
535	Diebstahlsicherungsanlage 315 MHz
536	Alarmsirene und Neigungssensor
537	Sitzpositionssteuerung für Komfortsitz, links
538	Sitzpositionssteuerung für Komfortsitz, rechts
539	Mechanische Sitzhöhenverstellung links
540	Mechanische Sitzhöhenverstellung rechts
541	Aktive Sitzbelüftung (inkl. Sitzheizung)
542	Aktive Sitzbelüftung vorn und hinten (inkl. Sitzheizung)
544	Kraftstofftank 75 Liter
544	Diebstahlsicherung ohne Infrarotüberwachung 433 MHz
545	Kraftstofftank 92 Liter
545	Diebstahlsicherung ohne Infrarotüberwachung 315 MHz
546	Kraftstofftank 100 Liter
548	Tankeinfüllstutzen mit Klappe für bleifreien Kraftstoff
549	Dachgepäckträger/Dachtransportsystem
550	Hardtop in Wagenfarbe
551	Windschott für Cabriolet
553	USA-Kanada-Ausführung
554	Bugspoilerlippe beigelegt
555	944 S Cabriolet
555	Sicherheitsgurte in schwarz
556	944 S Cabriolet
557	944 S Cabriolet
559	Klimaanlage

Werkseitige Optionen	
Code	**Beschreibung**
560	Abnehmbares Dach
560	Erweiterter Airbag (Knie)
561	Nur Fahrerairbag
562	Fahrer- und Beifahrerairbag
563	Klimaautomatik
563	Seitenairbag
564	Ohne Airbag
565	Sicherheitslenkrad in Lederausführung, 380 mm
566	Rechteckige Nebelscheinwerfer, weiß
567	Windschutzscheibe im oberen Bereich stark eingefärbt
568	Getönte Windschutzscheibe und Seitenscheiben
568	Windschutzscheibe ohne Bandfilter
569	Satz aus 429 und 571 (Nebelscheinwerfer und Nebelschlussleuchte)
570	Klimaanlage mit verstärkter Leistung
571	Nebelschlussleuchte
571	Aktivkohlefilter
572	Heizung
572	Manuell einstellbare Klimaanlage
573	Klimaanlage
573	Nachrüstsatz 210 kW für 993 M64.05/06
574	Ohne Klimaanlage
575	Kofferraumkühlung
576	Ohne Nebelschlussleuchte
577	Heizbare und getönte Windschutzscheibe
577	Carrera GT Koffersatz in Ascot-braun
578	Carrera GT Koffersatz in Terrakotta
579	Hongkong-Ausführung
579	Carrera GT Koffersatz in Dunkelgrau
580	Nichtraucherpaket
581	Mittelkonsole vorn
582	Ablagetasche auf Motorabdeckung
584	Ablagebox auf Motorabdeckung
585	Cupholder
586	Linker Sitz mit Lordosenstütze
589	GT2 RS Kohlefaser-Frontspoiler
590	Komfortsatz mit 14 Zoll Fuchs-Felgen, Reifen 185 HR 14 und weiteres
590	Elektrische Verriegelung (Kofferraum- und Motorraumhaube)
590	Stahltüren
591	Bosch-Teves ABS

Werkseitige Optionen	
Code	**Beschreibung**
592	Bremsflüssigkeitsstand-Warnsystem
593	Bosch ABS
594	Wabco ABS
594	Dachhimmel Alcantara
595	Heckspoiler in Wagenfarbe
595	GT2 RS Überrollkäfig, schwarz lackiert
596	Spoiler in mattschwarz lackiert
597	Verstärkte Batterie und Anlasser
597	GT3 RS Radspeichen in rot lackiert (nur Restwelt-Modelle). US-Ausführung mit rot lackierten Speichen und rotem GT3-Logo
598	16-Ventil-Bezeichnung
598	GT3 RS Radspeichen in blau lackiert (nur Restwelt-Modelle). US-Ausführung mit blau lackierten Speichen und blauem GT3-Logo
599	Aluminiumtüren
600	Leichtbau-Halogenscheinwerfer
601	Xenon-Scheinwerfer
602	Hochgesetzte Bremsleuchte
603	Xenon-Scheinwerfer mit dynamischem Kurvenlicht
605	Leuchtweitenregulierung
605	LED-Tagfahrlicht
606	Tagfahrlicht
607	Erweiterte Verkabelung an der Schalttafel
607	Garagentoröffner Homelink 315 MHz
608	Garagentoröffner Homelink 433 MHz
609	Ohne Radio
610	DVD-Navigationssystem Europa
611	Vorbereitung für Nokia (D-Netz)
611	DVD-Navigationssystem Südafrika
612	Vorbereitung für Philips (C-Netz)
612	DVD-Navigationssystem Mittlerer Osten
613	DVD-Navigationssystem Australien
614	Vorbereitung für Motorola (D-Netz), nur Deutschland
614	DVD-Navigationssystem Asien-Pazifik
615	Vorrichtung für Telefoneinbau
615	DVD-Navigationssystem Nordamerika
616	DVD-Navigationssystem Russland
617	DVD-Navigationssystem Südamerika
618	Mobiltelefonvorbereitung mit Konsole
619	Mobiltelefonvorbereitung ohne Konsole

Werkseitige Optionen	
Code	**Beschreibung**
620	Elektronisches Gaspedal (E-Gas ab Modelljahr 1999)
621	Abweichende Motorteile für 924 S
621	12-Volt-Steckdose im Beifahrerfußraum
622	Abweichende Motorteile für 2V-Motoren
625	Porsche „entry and drive“, „Kessy“
630	Polizeiausrüstung
631	Kindersitzerkennung, 993-Baureihe
635	ParkAssistent
637	Clubsport-Ausführung
638	Turbo Cup (944)
639	928 GT
639	Sport Chrono Paket ohne PCM
640	Sport Chrono Paket Plus
641	Elektronisches Fahrtenbuch
642	Kühlmitteladditiv
650	Elektrisches Schiebe-/Hubdach
650	Targa-Dach
651	Elektrische Fensterheber
652	Scheibenwischer-Intervallschaltung
652	Ohne Schiebedach
655	Elektrische Dachsteuerung (944)
656	Lenkung ohne Unterstützung
657	Servolenkung
659	Nebelscheinwerfer (1979)
659	Bordcomputer
660	OBD 2
661	Verschärftes Abgaskonzept und EOBD
662	PCM Navigationssystem
663	Freisprecheinrichtung
663	Kraftstoffpumpensteuerung
664	ORVR
665	Modelljahr 2008: PCM 2-Modul mit Radio
665	Modelljahr 2009: PCM 3-Modul mit Radio
666	Ohne Lack- und Chromkonservierung
666	Modelljahr 2008: PCM 2 Telefonmodul (GSM)
666	Modelljahr 2009: PCM 3 Telefonmodul (GSM)
668	PCM 2 Telefon Bedienhörer
669	PCM 3 Telefon Bedienhörer (Bluetooth®)
670	PCM 2 Navigationssystem
671	Sprachsteuerung
672	Modelljahr 2006: Erweitertes Navigationsmodul
672	Modelljahr 2008: PCM 2 mit Off-Road-Navigation

Werkseitige Optionen	
Code	**Beschreibung**
672	Modelljahr 2009: PCM 3 mit Off-Road-Navigation
673	Vorbereitung für verplombten Wegstreckenzähler
673	Navigationssystemvorbereitung für China
674	Vehicle Tracking System
675	Effektbeleuchtung Instrumenteneinheit
675	Japanisches Navigationssystem ohne Radiovorbereitung
676	TV-Tuner
677	„Drivercard“-Antenne
678	Anbindung Alarmanlage
679	Wiederstartverhinderung
680	Digitales Soundpaket (993 Turbo)
680	Modelljahr 2001: Digitales Soundpaket
680	BOSE® Surround Sound System
681	Carrera GT Sound System
684	Einteiliger Rücksitz
685	Gepäckraumabdeckung 944
685	Geteilte Rücksitzanlage
686	Radio Blaupunkt Ludwigsburg SQM
686	Radio Porsche CDR-21
686	SAT-Radioempfang XM (SDARS)
687	Radio Blaupunkt München RD 104
688	Radio Blaupunkt Boston
688	Radio Porsche CDR-210
689	CD-Wechsler Vorbereitung
690	CD-Player CD-10 mit Radio
690	CD-Radio Porsche Online Pro
691	CD-Player CD-1 mit Radio
692	6-fach CD-Wechsler Porsche
693	Radio Blaupunkt London RDM 42
693	6-fach CD-/DVD-Wechsler
694	CD-Radio Porsche CDR-24
695	Radio Porsche CDR-22
695	Radio Porsche CDR-30
696	AM/FM-Radio mit CD-Spieler
696	Radio Porsche CDR-220
697	Radio Porsche CDR-23
698	Radio Porsche CDR-32
699	MD-Radio MDR-32
701	Ausführung mit flacher Fahrzeugfront
702	930/66-Motor
703	Kofferraum mit innerer Entriegelungsmöglichkeit

Werkseitige Optionen	
Code	**Beschreibung**
703	Ohne Clubsport-Paket
708	Werksproduktion
709	Werksproduktion
710	911 Turbo S zweifarbiges Interieur
711	Entfall Unterbodenschutz
718	VIN-Änderung P- und R-Programm (nur für USA und Kanada)
718	VIN-Änderung S-Programm (nur für USA und Kanada)
719	Rekonstruktion (944)
750	Ohne Cabriolet-Hardtop
751	Porsche Ceramic Composite Brake (PCCB), vorn und hinten 3K
752	Porsche Ceramic Composite Brake (PCCB), vorn MFF, hinten 3K
753	Spyder Sondermodell Orange
754	Turbo Cup
754	Spyder Sondermodell RS 60
755	924 S Sondermodell Le Mans 1988 für Restwelt
755	Sondermodell Porsche Design Edition 1
756	924 S Sondermodell Le Mans 1988 für USA
756	Sondermodell Sport Classic
757	944 Sondermodell 1988
757	Sondermodell Porsche Design Edition 2
758	944 Turbo S Sondermodell 1988
758	Sondermodell Cayman S Sport
760	Werksproduktion
762	Werksproduktion
767	Werksproduktion
780	Ohne Sicherheitszertifikat
789	Farbe nach Muster
796	Ganzlederausstattung Naturleder
798	Ganzlederausstattung Sonderleder
799	Ganzlederausstattung nach Wahl
801	Interieur-Paket Makassar, dunkel (seidenmatt)
802	Interieur-Paket Platane, hell (seidenmatt)
803	Carbonpaket
804	GT2 Exterieur-Paket Carbon
805	Lifestyle-Paket
810	Fußmatten
839	GT3-Lenkrad Alcantara
840	Sportlenkrad (für PDK mit Paddle)
841	Basislenkrad in Glattleder

Werkseitige Optionen	
Code	**Beschreibung**
844	Multifunktionslenkrad Glattleder
845	Multifunktionslenkrad Carbon
847	Multifunktionslenkrad Makassar
870	Universelle Multimedia-Schnittstelle
900	Werksabholung
911	Modellbezeichnung 911
912	Fahrzeug ohne Typenschild
925	USA-Ausführung für große Höhen
930	Sitzbezüge hinten LLL
931	Sitzbezüge hinten KKK
932	Sitzbezüge hinten SKK
933	Sitzbezüge hinten SLL
934	Sitzbezüge hinten SSK
935	Sitzbezüge hinten RLL
936	Sitzbezüge hinten Leder
937	Sitzbezüge hinten Kunstleder
938	Sitzbezüge hinten Stoff
939	Sitzbezüge hinten Raffleder
945	Sitzbezüge vorn SKK
946	Sitzbezüge vorn Stoff/Leder/Kunstleder
948	Sitzbezüge vorn SLL
950	Sitzbezüge vorn Alcantara
951	Sitzbezüge vorn Alcantara und Leder
970	Lederausstattung in Bi-Color
971	Naturleder mit „Toro"-Prägung
974	Kofferraumabdeckung
975	Innenausstattung Alcantara
980	Sitzbezüge in Raffleder
981	Lederausstattung, ohne Sitzbezüge
982	Sitzbezüge in Raffleder oder Glattleder
983	Ledersitzbezüge vorn und hinten
985	Teile silberfarben
985	Sitzbezüge aus Leder oder Kunstleder
986	Teillederausstattung
989	Sportsitze links und rechts mit Stoffbezug
990	Sitzbezüge aus Stoff oder Stoff kombiniert mit Kunstleder
991	Lederlenkrad mit Airbagmodul
999	Innenraumüberwachungssensor für Lederfarbe nach Wahl

Zusatzausstattungen von Porsche Exclusive

Aussage der Porsche Exclusive Manufaktur:
„Die Porsche Exclusive Manufaktur baut Ihren Porsche nach Ihren individuellen Vorstellungen. Selbst die außergewöhnlichsten Vorstellungen können verwirklicht werden."

Porsche Exclusive Optionen	
Code	**Beschreibung**
CCP	PCM Paket Alu-Optik
CCR	PCM Hörer Alu-Optik
CCT	Türtafel Alu-Optik
CCU	Lamellen Seitenluftdüsen Alu-Optik
CCV	Lamellen Mittelluftdüsen Alu-Optik
CCW	Blende Gurtaustritt B-Säule Alu-Optik
CCX	Tiptronic S Wählhebelkulisse Alu-Optik
CDA	Lamellen Luftdüsen Alu-Optik
CDB	Carrera S Rad in schwarz
CDD	Y-Blende Lenkrad Alu-Optik
CDE	Zierblende Schalttafel Alu-Optik
CDF	Zierblende Schalt- bzw. Wählhebel Alu-Optik
CDG	Interieur-Paket Schalttafel lackiert
CDH	Interieur-Paket Türtafel lackiert
CDJ	Zierblende Schalt- bzw. Wählhebel lackiert
CDM	Zierblende Schalttafel lackiert
CDN	Lamellen Luftdüsen lackiert
CDP	Rahmen Kombiinstrument lackiert
CDR	Blende Gurtaustritt B-Säule lackiert
CDT	Gurtschlösser Leder
CDU	Blende Gurtaustritt B-Säule Leder
CDW	Y-Blende Lenkrad Leder
CDZ	Zierblende Schalt- bzw. Wählhebel Leder
CD3	18 Zoll Turbo 2 Rad
CEA	PCM Telefonbedienhörer Leder
CED	PCM Telefonbedienhörer Carbon
CEF	LED-Beleuchtung Türablagefach
CER	PCM Telefonbedienhörer lackiert
CFR	Tiptronic S Wählhebelkulisse Leder
CFC	PCM Telefonbedienhörer Platane
CFE	Blende Gurtaustritt B-Säule Platane
CFH	PCM Telefonbedienhörer Makassar
CFP	Handbremshebel in Alu-Optik II mit abweichender Ziernaht
CFS	Blende Gurtaustritt B-Säule Makassar
CFX	Individuelle Fußmatten mit Ledereinfassung

Porsche Exclusive Optionen	
Code	**Beschreibung**
CGA	Abdeckung Scheinwerfer-Reinigungsanlage lackiert
CGD	Zifferblatt Sport Chrono Stoppuhr Sandbeige
CGG	Zifferblatt Sport Chrono Stoppuhr Indischrot
CGH	Zifferblatt Sport Chrono Stoppuhr Speedgelb
CGJ	Zifferblatt Sport Chrono Stoppuhr Carraraweiß
CJA	Tiptronic S Wählhebelkulisse Carbon
CJD	Tiptronic S Wählhebelkulisse Platane
CJE	Tiptronic S Wählhebelkulisse Makassar
CJF	Tiptronic S Wählhebelkulisse lackiert
CIJ	Blende Gurtaustritt B-Säule Carbon
CJX	Fußmatten mit Ledereinfassung
CKA	Mitteldüse mit Schalterblende lackiert
CLA	Lenkrad Alcantara
CLE	Zierblende Schalttafel Alcantara
CLF	Türtafel Alcantara
CLG	Ablagefachdeckel Alcantara mit Logo
CMS	Gurtdurchführung Sportschalensitz Alu-Optik
CNA	Zierblende Defrosterdüse Leder
CNB	Defrosterdüsen Leder
CND	Kombiinstrumentabdeckung lackiert
CNW	Unterseite der Außenspiegel in Alu-Optik
CPR	Schalttafel Zierleisten lackiert
CPT	Porschewappen auf Staufachdeckel
CTN	Spiegelsockel Leder
CPU	Schlüsselmäppchen Leder
CPZ	Dickerer Lenkradkranz
CRD	Bremssättel rot lackiert
CRF	Bremssättel gelb lackiert
CRX	Felgenstern lackiert in abweichender Exterieurfarbe
CVSL	Elektrischer Sportsitz, links
CVSR	Elektrischer Sportsitz, rechts
CTG	Innenschwellerverkleidung Leder
CUC	Modellbezeichnung auf Motorraumhaube in Exterieurfarbe lackiert
CUF	PCM Paket lackiert
CUJ	Deckel Sicherungskasten Leder
CUL	Porsche Schriftzug farbig auf Windschottgitter
CUP	Lenksäulenbedienelemente Leder
CUR	PCM Paket Leder
CUT	Windschutzscheiben-Rahmenzierleiste Leder
CUV	Modelllogo auf Staufachdeckel

Porsche Exclusive Optionen	
Code	**Beschreibung**
CUW	Türtafel lackiert
CUX	Entriegelungshebel Sitzlehne hinten Leder
CUY	Blende Gurtaustritt B-Säule lackiert
CVB	Blende Getränkehalter Leder
CVC	Kleiderhaken B-Säule Leder
CVD	Kofferanschlag Sitzlehnen hinten Leder
CVJ	Blende Gurtaustritt C-Säule Leder
CVP	Zierblende Schalttafel Leder
CVT	Tür- und Lautsprecherblende Leder
CVW	Innenspiegelblende in Leder
CVX	Abdeckung Gurthöhenverstellung Leder
CVZ	BOSE® Subwoofer-Ausgänge Leder
CV9	Blende Gurtaustritt B-Säule Leder
CWD	Kleiderhaken B-Säule Platane
CWE	Blende Gurtaustritt B-Säule Platane
CWF	Blende Gurtaustritt B-Säule Makassar
CXB	Türeinstiegsblenden aus Edelstahl, beleuchtet
CXD	Türeinstiegsblenden aus Carbon, beleuchtet
CYX	Lamellen Mittelluftdüsen lackiert
CYY	Lamellen Seitenluftdüsen lackiert
CYZ	Seitenluftdüsen lackiert
CZD	Abdeckung Innenleuchte Leder
DAA	Interieur-Paket A-Säule Leder
DAB	Interieur-Paket B-Säule Leder
DAC	Interieur-Paket C-Säule Leder
DAD	Schalt- und Handbremshebel Alu-Optik/Leder
DAF	Exterieur-Paket Alu-Optik
DAP	PDK-Wähl-/Handbremshebel Alcantara
DAT	Schalt-/Handbremshebel Alcantara
DAW	Individualisierungspaket Schalt-/Handbremshebel II
DAX	Individualisierungspaket Schalt-/Handbremshebel I
DAZ	Individualisierungspaket PDK-Wähl-/Handbremshebel I
EAA	Interieur-Zusatzpaket Schalttafel Leder
EAB	Interieur-Zusatzpaket Schalttafel Makassar
EAC	Interieur-Zusatzpaket Schalttafel Platane
EAD	Interieur-Zusatzpaket Schalttafel Carbon
EAE	Interieur-Zusatzpaket Schalttafel Alu-Optik
EAF	Interieur-Zusatzpaket Leder
EAG	Interieur-Zusatzpaket Makassar
EAH	Interieur-Zusatzpaket Carbon
EAK	A-Säulen-Paket Alu-Optik

Porsche Exclusive Optionen	
Code	**Beschreibung**
EAJ	Interieur-Paket Alu-Optik
EBF	Interieur-Zusatzpaket Leder
EBJ	Interieur-Zusatzpaket Alu-Optik
ECA	Schalt-/Handbremshebel Aluminium I
ECB	PDK-Wähl-/Handbremshebel Aluminium
ECC	Schalt-/Handbremshebel Aluminium II
EZA	Interieur-Paket Carbon
EZB	Carbon-Paket Schalttafel
E00	Schalttafel und Türverkleidungen Holz
E03	Luftaustritt Schalttafel Leder
E04	Bedienknöpfe und Schalter Leder
E07	Schalt-/Handbremshebel Leder
E11	Konsole und Tunnel Leder
E12	Konsole Carbon
E13	Bedienelemente Sitzverstellung Leder
E15	Gurtschlösser & Gehäuse Leder
E21	Aerokit (außer Turbo)
E22	Aerokit Turbo
E31	Interieur-Zusatzpaket Schalttafel Leder
E33	Interieur-Zusatzpaket Schalttafel Makassar
E34	Interieur-Zusatzpaket Schalttafel Platane
E35	Interieur-Zusatzpaket Schalttafel Carbon
E36	Interieur-Zusatzpaket Schalttafel Alu-Optik
E61	Interieur-Paket Arktissilbermetallic
E70	Interieur-Paket-Leder
E71	Interieur-Paket Platane
E72	Interieur-Paket Makassar
E73	Interieur-Paket Carbon
E74	Interieur-Paket-Leder klein
E75	Interieur-Paket Platane klein
E76	Interieur-Paket Makassar klein
E77	Interieur-Paket Carbon klein
E78	Interieur-Paket Arktissilbermetallic, groß
FLY	Luftfracht ab Werk
L1	Interieur Leder (nicht Turbo Coupé)
L1	Interieur Leder (Cabriolet)
M4P3	911 Turbo Sport Feb. 1993
M4P3	911 Turbo Sport 1994 3.6 Turbo
M6A	Fußmatten Schwarz mit Porsche-Schriftzug
M6B	Fußmatten Seeblau
M6C	Fußmatten Cocoa
M6E	Fußmatten Spacegrau

Porsche Exclusive Optionen	
Code	**Beschreibung**
M6F	Fußmatten Metropolblau
M6G	Fußmatten Steingrau
M6H	Fußmatten Braun natur
M6J	Fußmatten Nephritegrün
M6K	Fußmatten Dunkelgrau natur
M6M	Fußmatten Boxsterrot
M6N	Fußmatten Sandbeige
M6P	Fußmatten Graphitgrau
M6S	Fußmatten Savannabeige
M6T	Fußmatten Terrakotta
P01	Komfortpaket
P01	Adaptive Sportsitze mit Fahrermemory
P01L	Adaptive Ledersportsitze mit Fahrermemory
P02	Stereoradio mit CD-Player (Coupé und Targa)
P03	Sportschalensitze
P04	Fortschrittliches Technik-Paket mit BOSE® Sound System
P05	Fortschrittliches Technik-Paket
P06	Sport-Paket mit Sportfahrwerk, Aerokit und Edelstahl-Auspuffanlage
P08	Aktives Sperrdifferenzial
P12	Automatisch abblendende Innen-/Außenspiegel mit integriertem Regensensor
P13	Erweitertes Design-Paket
P14	Beheizte Vordersitze
P15	Elektrisch verstellbare Komfortsitze vorn mit fahrerseitiger Memoryfunktion
P16	Porsche Communication Management
P17	PASM-Sportfahrwerk mit mechanischer Hinter-achsquersperre
P23	PCM3 mit erweitertem Navigationssystem
P31	Sportfahrwerk mit 17-Zoll-Rädern
P32	Sportfahrwerk mit 18-Zoll-Rädern, Coupé
P36	Sonderfahrwerk mit 17-Zoll-Rädern, Targa
P39	Digitales Sound-Paket
P44	Kleines Carbon-Paket
P45	Carbon-Paket
P46	Carbon-Paket Tiptronic S
P49	Digitales Sound-Paket (inkl. 490)
P50	Interieur-Paket Makassar, dunkel
P51	Interieur-Paket Makassar, dunkel, Tiptronic S
P52	Interieur-Paket Platane, hell
P53	Interieur-Paket Platane, hell, Tiptronic S

Porsche Exclusive Optionen	
Code	**Beschreibung**
P55	Ledervollausstattung
P63	Sport-Paket
P64	Langstrecken-Paket
P65	Schiebedach
P71	Design-Paket
P72	Design-Paket Tiptronic S
P74	Bi-Xenon-Scheinwerfer mit Waschanlage
P77	Ledersportsitze
P78	Ledersportsitze mit teilweise manueller und elektrischer Verstellung
P78	Ledervollausstattung mit Sportsitzen
P86	Velour-Fußmatten
R01	Langstrecken-Paket (nur ohne Airbags)
R74	Langstrecken-Paket
SAC	Ladegerät
SBE	Batterietrennschalter
SL	Ledersonderausstattung
SLB	Serienbatterie
SUL	Leichte Batterie
SVD	Sprachsteuerung Telefon
S6	Mobiltelefon mit Konsole
TD4	Werksabholung (nur Boxster-Baureihe)
TD5	Werksabholung
TS2	911 Turbo S2 (nur für USA)
VA3	Vorbereitung für Werksabholung Europa
XAA	Aerokit Cup
XAB	Speedster-Abdeckung hinten, in Wagenfarbe lackiert
XAD	GT-Seitenblenden hinten
XAE	Starrer Heckspoiler mit Motorraumhaube
XAF	Aerokit Turbo
XAG	Carrera-Heckspoiler
XAH	Aerokit Carrera 4S
XAJ	Schwellerverkleidung lackiert
XAL	SportDesign-Paket
XAS	SportDesign Bugverkleidung
XCA	Nutleiste (3-teilig) in Sportsilber
XCB	Instrumentenabdeckung Unterteil in Sportsilber
XCC	Seitliche Luftdüsen in Sportsilber
XCD	Mitteldüsenträger in Sportsilber
XCE	Mittelkonsole hinten in Sportsilber
XCG	Sportsitzrückenlehne in Alu-Optik

Porsche Exclusive Optionen	
Code	**Beschreibung**
XCH	Seiten-/Mitteldüsenlamellen in Sportsilber
XCK	Mittelkonsole hinten in Galvanosilber
XCL	Instrumentenabdeckung Unterteil in Galvanosilber
XCM	Überrollbügel in Galvanosilber
XCN	Seitliche Luftdüsen in Alu-Optik
XCW	Blende Gurtaustritt B-Säule in Alu-Optik
XCY	Mitteldüse in Alu-Optik
XCZ	Schaltwegverkürzung
XC3	Hardtop für Cabriolet
XC9	Schalthebelknauf in dunklem Wurzelholz
XDA	Felgenstern in Schwarz lackiert
XDB	Felgenstern in Basaltschwarzmetallic lackiert
XDC	Felgenstern in Speedgelb lackiert
XDD	Felgenstern in Carraraweiß lackiert
XDE	Felgenstern in Indischrot lackiert
XDJ	Zierblende Schalt- bzw. Wählhebel lackiert
XDM	Zierblende Schalttafel lackiert
XDP	Rahmen Kombiinstrument lackiert
XDR	Blende Gurtaustritt B-Säule lackiert
XDS	Rosette Zündschloss Leder
XDU	Blende Gurtaustritt B-Säule in Leder
XDV	Schalttafel Abschlussblende in Leder
XDX	Spiegeldreieck in Leder
XDZ	Blende Schalthebel in Leder
XD3	Regensensor für Windschutzscheibe
XD4	Porsche-Wappen auf Radnabenabdeckung
XD9	Felgenstern in Wagenfarbe lackiert mit farbigem Porsche-Wappen auf Radnabenabdeckung
XEA	Passivhörer in Leder
XEH	Automatisch abblendender Innen- und Außenspiegel
XE2	Auspuffanlage mit vier Endrohren
XE3	Automatisch abblendender Innenspiegel
XE7	Zusätzlicher Ölkühler für 993 Turbo S
XE8	Schaltknopf Alu/Wurzelholz Dunkel/Leder
XE9	Schaltknopf Alu/Wurzelholz Dunkel/Leder
XFD	Zifferblätter Kombiinstrument lackiert in Sandbeige
XFE	Zifferblätter Kombiinstrument lackiert in Terrakotta
XFF	Zifferblätter Kombiinstrument lackiert in Braun/ Natur
XFG	Zifferblätter Kombiinstrument lackiert in Indischrot

Porsche Exclusive Optionen	
Code	**Beschreibung**
XFH	Zifferblätter Kombiinstrument lackiert in Speedgelb
XFJ	Zifferblätter Kombiinstrument lackiert in Carraraweiß
XFP	Handbremshebel Aluminium II
XF2	Instrumentengehäuse Leder
XF7	Lederablage
XGC	Schalthebel Carbon/Alcantara
XGD	Handbremshebel Carbon/Alcantara
XGE	Einsatz Griffmulde Carbon
XH6	Hupenknopf Leder
XJB	Mittelkonsole hinten in Silber lackiert
XJJ	Blende Gurtaustritt B-Säule in Carbon
XJL	Seitliche Luftdüsen Makassar
XJM	Seitliche Luftdüsen Platane
XJN	Mittlere Luftdüsen Makassar
XJP	Mittlere Luftdüsen Platane
XJR	Defrosterblende Makassar
XJS	Defrosterblende Platane
XJT	Mittelkonsole hinten Makassar
XJU	Mittelkonsole hinten Platane
XJ2	Pralltopf in Leder
XJ3	Sicherungsknopf und Rosette in Leder
XJ4	Rosette Zündschloss in Leder
XJ6	Lenkstockverkleidung in Leder
XJ8	Wählhebelblende Tiptronic Leder
XKB	Seitliche Luftdüsen Wurzelholz/Ahorn hell
XKC	Seitliche Luftdüsen Wurzelholz/Ahorn dunkel
XKD	Seitliche Luftdüsen Carbon
XKE	Seitliche Luftdüsen in Arktissilber
XKG	Defrosterblende Wurzelholz/Ahorn dunkel, Leder
XKH	Defrosterblende Wurzelholz/Ahorn hell, Leder
XKJ	Defrosterblende Carbon/Leder
XKL	Lautsprecherabdeckungen Leder
XKM	Lautsprecherabdeckungen Wurzelholz/Ahorn hell
XKN	Lautsprecherabdeckungen Wurzelholz/Ahorn dunkel
XKP	Lautsprecherabdeckungen Carbon
XKR	Mitteldüse/Schalterblende Wurzelholz/Ahorn hell
XKS	Mitteldüse/Schalterblende Wurzelholz/Ahorn dunkel

Porsche Exclusive Optionen	
Code	**Beschreibung**
XKW	Mitteldüse/Schalterblende in Arktissilber
XKX	Instrumentenabdeckung Unterteil in Arktissilber
XK7	Schalthebelabdeckung in Leder (Schaltgetriebe)
XLA	Boxster-Endrohr
XLB	Doppelrohrauspuff 993 Turbo S
XLC	K24-Turbos mit angepasstem Steuergerät für 993 Turbo S
XLF	Sportabgasanlage
XLG	Deckel Ablagefach Mittelkonsole in Alcantara, mit Schriftzug
XLT	Sportendrohre 997
XL4	Wurzelholzeinlage Mittelkonsole und Türverkleidungen, analoge Uhr
XL5	Wurzelholzeinlage Mittelkonsole und Türverkleidungen, analoge Uhr
XMA	Dachhimmel in Leder
XMB	Sonnenblende in Leder mit Leseleuchte
XME	Mittelkonsole hinten lackiert
XMF	Mittelkonsole vorn inklusive zweier Ablagen in Leder
XMJ	Mittelkonsole hinten in Carbon
XMK	Überrollbügel in Exterieurfarbe
XML	Mittelkonsole hinten Wurzelholz Ahorn hell
XMP	Sonnenblende in Leder mit beleuchtetem Make-Up-Spiegel
XMR	Sonnenblende in Leder mit beleuchtetem Make-Up-Spiegel und Leseleuchte
XMY	Überrollbügel in Arktissilber
XMZ	Mittelkonsole hinten in Leder
XM6	Türöffner und Griffschale in Leder
XM9	Blinkerschalter in grünem Leder
XNB	Mittelkonsole hinten in Wurzelholz Ahorn dunkel
XND	Instrumentenabdeckung Unterteil in Exterieurfarbe lackiert
XNG	Instrumentenabdeckung Unterteil in Leder
XNH	Seitliche Luftdüsen und Defrosterdüsen in Leder
XNN	Mitteldüsenträger in Leder
XNR	Mitteldüsenträger in Carbon
XNS	Lenkstockverkleidung 4-teilig in Leder
XNU	Zierleiste (Nut) in Leder
XNV	Zierleiste (Nut) in Wurzelholz/Ahorn hell
XNW	Zierleiste (Nut) in Wurzelholz/Ahorn dunkel
XNX	Zierleiste (Nut) in Carbon

Porsche Exclusive Optionen	
Code	**Beschreibung**
XNY	Zierleiste (Nut) in Arktissilber
XN2	Türgriffabdeckung innen in Leder
XN3	Seitliche Luftdüsen in Leder
XN4	Mittlere Luftdüsen in Leder
XN7	Handbremshebelabdeckung in Leder
XN8	Sonnenblenden in Leder
XN9	Sonnenblenden mit Make-Up-Spiegel in Leder
XPA	3-Speichen-Sportlenkrad in Leder Interieurfarbe
XPB	3-Speichen-Sportlenkrad in Wurzelholz/Ahorn hell, Leder
XPC	3-Speichen-Sportlenkrad in Wurzelholz/Ahorn dunkel, Leder
XPD	3-Speichen-Sportlenkrad in Carbon/Leder
XPG	3-Speichen-Sportlenkrad in Sportsilber
XPP	Lautsprecherabdeckung Schalttafel in Interieurfarbe
XPT	Deckel Ablagefach Mittelkonsole mit Porsche-Wappen
XPU	Multifunktions-Lenkrad in Galvanosilber, neue Generation
XPV	Multifunktions-Lenkrad in Galvanosilber
XPW	Instrumentenabdeckung Unterteil in Wurzelholz/Ahorn hell
XPX	Instrumentenabdeckung Unterteil in Wurzelholz/Ahorn dunkel
XPY	Instrumentenabdeckung Unterteil in Carbon
XP3	Innenraumabdeckung Cabriolet in Leder
XP6	Sicherheitsgurtschlösser in Leder
XP7	Sicherheitsgurtschlösser hinten in Leder
XP9	Lautsprecherabdeckungen in Leder
XRA	17 Zoll Sport-Classic Rad
XRB	18 Zoll Sport-Classic-2 Rad
XRC	18 Zoll Sport-Techno Rad
XRD	Bremszangen in Rot lackiert
XRL	18 Zoll Sport-Design Rad
XRN	Distanzscheiben 17 mm, hinten
XRP	Distanzscheiben 5 mm, vorn und hinten
XRR	19 Zoll Carrera Sport Rad
XRS	19 Zoll Carrera Sport-Classic Rad
XR3	Sitzscharniere vorn in Leder
XR5	Sitzhebel vorn und hinten in Leder
XR7	Heckscheibenwischer
XSA	Sportsitzrückenlehne lackiert
XSB	Sportsitzrückenlehne in Leder

Porsche Exclusive Optionen	
Code	**Beschreibung**
XSC	Porsche-Wappen in Kopfstütze geprägt
XSD	Sitzbedienelemente in Leder
XSE	Schalensitz links
XSF	Schalensitz rechts
XSG	Rennschalensitz links
XSH	Sicherheitsgurte in Silber
XSJ	6-Punkt-Gurte
XSL	6-Punkt-Sicherheitsbügel
XSM	Rennsport-Sicherheitskäfig
XSN	Entfall hintere Sitzanlage
XSR	Schalensitz rechts, Rückseite Carbon
XSS	Schalensitz links, Rückseite Carbon
XST	Sicherheitsgurte in Sandbeige
XSU	Abgepolsterter Sitz (- 10 mm)
XSW	Sicherheitsgurte in Maritimblau
XSX	Sicherheitsgurte in Indischrot
XSY	Sicherheitsgurte in Speedgelb
XTA	Schwellerabdeckung innen Carbon
XTC	Türtafelteile in Leder
XTE	Türtafelteile Leder/Carbon
XTF	Türtafelteile Arktissilber/Leder
XTG	Schwellerverkleidung innen Leder
XTJ	Türtafelteile in Platane/Leder
XTK	Türtafelteile in Makassar/Leder
XTN	Spiegelverstellung in Leder
XTR	Türtafelteile Alu-Optik
XTT	Türtafelteile in Makassar
XTU	Türtafelteile in Platane
XTV	Türtafelteile in Leder
XTW	Türtafelteile in Galvanosilber
XUA	Spoilerlippe lackiert
XUB	Abdeckung Scheinwerferreinigungsanlage lackiert
XUC	Modellbezeichnung lackiert
XUV	Deckel Ablagefach Mittelkonsole mit Schriftzug
XUX	Entriegelungsschlaufe Sitzlehne hinten in Leder
XUZ	Außenspiegelunterschale in Aluminium matt
XVM	Mittlere Luftdüse in Leder
XVP	Zierleiste und Abdeckung Cupholder in Leder
XVR	Seitliche und mittlere Luftdüsen in Leder
XVT	Abdeckung Lautsprecher Türen und Fond in Leder
XV1	Defrosterblende in Leder

Porsche Exclusive Optionen	
Code	**Beschreibung**
XV3	Bedienelemente Klimaanlage in Leder
XV4	Bedienelemente Sitzheizung in Leder
XV5	Sitzbedienelemente in Leder
XV6	Einfassung Sitzbedienelemente in Leder
XWR	Rahmen PDK-Kulisse in Alu-Optik
XWS	Rahmen PDK-Kulisse lackiert
XWT	Rahmen PDK-Kulisse Schwarz lackiert
XWU	Rahmen PDK-Kulisse in Leder
XW2	Sicherheitsgurtgehäuse hinten in Leder
XW6	Rosette Türverriegelung in Leder
XXB	Türeinstiegsblenden in Edelstahl, beleuchtet
XDD	Türeinstiegsblenden in Carbon, beleuchtet
XXF	Rote Heckleuchten
XXG	Heckleuchten in Klarglasoptik
XXH	Sonnenblende in Alcantara
XXJ	Abdeckung Innenleuchte in Alcantara
XXK	Sitzbezüge vorn in Flechtleder
XXL	Sitzbezüge hinten in Flechtleder
XXZ	Fußstütze
XX1	Fußmatten mit Porsche-Schriftzug, eingefasst
XX2	Fußraumbeleuchtung
XX3	Beleuchtete Ablagefächer
XX6	Schalthebeleinlage in Leder
XYA	PDK-Wählhebel (EXC)
XY1	Anzeigen Mittelkonsole in Leder
XY3	Sitzmemory-Schalter in Leder
XY4	Rahmen Mittelkonsole in Leder
XY5	Kulisse Tiptronic-Wählhebel in Leder
XY6	Aschenbecherabdeckung in Leder
XY7	Alle elektrischen Schalter in Leder
XY8	Schalterrahmen in Leder
XY9	Abblendschalter in Leder
XZB	Mittlere Luftdüse in Carbon
XZD	Abdeckung Innenleuchte in Leder
XZ1	Rosette Handbremse in Leder
XZ2	Rosette hinterer Sicherheitsgurt in Leder
XZ3	Zentralverriegelungsschalter in Leder
XZ4	Handschuhfachrahmen in Leder
XZ5	Innenraumsensorabdeckung in Leder
XZ6	Rechte Luftdüse in Leder
XZ7	Außenspiegelverstellung und Rahmen in Leder
X09	Mittelkonsole in Leder

Porsche Exclusive Optionen	
Code	**Beschreibung**
X18	Schalttafel mit Wurzelholzeinlagen
X19	Instrumentenabdeckung in Leder
X26	4-Speichen-Lederlenkrad, Interieurfarbe
X28	Lenkrad mit Wurzelholzeinlage, hell
X30	Lenkrad mit Wurzelholzeinlage, dunkel
X34	Instrumentenabdeckung lackiert
X40	Sonnenblenden in Leder mit Seitenbeleuchtung
X45	Instrumentenzifferblatt lackiert in Wagenfarbe
X45E	Instrumentenzifferblatt lackiert in Speedgelb, Indischrot oder Carraraweiß
X46	Tiptronic-Wählhebel in Carbon/Alu
X47	Schaltknopf Carbon/Alu/Leder
X48	Tiptronic-Wählhebel in Carbon/Alu
X50	Leistungssteigerung 993 TT 321 kW (430 PS)
X50	Leistungssteigerung 996 TT 331 kW (450 PS)
X51	Leistungssteigerung 996 3,4-Liter, RoW, Modelljahre 1999 bis 2001
X51	Leistungssteigerung 996 3,4-Liter 235 kW (320 PS) für Restwelt, Modelljahre 1999 bis 2001
X51	Leistungssteigerung 996 3,6-Liter 254 kW (345 PS), ab Modelljahr 2002
X51	Leistungssteigerung 250 kW (340 PS)
X52	CD-Playereinfassung in Leder
X54	Edelstahlendrohre
X58	Handbremshebel in Carbon/Leder
X65	Tiptronic-Wählhebel Wurzelholz/Ahorn hell/Alu
X66	Tiptronic-Wählhebel Wurzelholz/Ahorn dunkel/Alu
X69	Einstiegsblenden in Carbon mit Schriftzug
X70	Einstiegsblenden in Edelstahl mit Schriftzug
X71	Instrumentenzifferblatt lackiert in Alufarbe
X72	Schaltknopf Alu/Wurzelholz hell/Leder
X73	Sportfahrwerk Turbo
X74	Sportfahrwerk (exklusiv)
X75	Sperrdifferenzial (exklusiv)
X76	Schwellerverkleidungen links/rechts
X77	Airbag-Lenkrad in Carbon/Leder Interieurfarbe
X83	Flache Fahrzeugfront für Turbo 3,6 S, Japan-Ausführung
X84	Flache Fahrzeugfront für Turbo 3,6 S, Restwelt-Ausführung
X85	Flache Fahrzeugfront für Turbo 3,6 S, USA-Ausführung
X88	Leistungssteigerung Turbo 3,6 S, 385 PS
X89	Gewölbte Radnabenabdeckungen in Exterieurfarbe lackiert mit farbigem Porsche-Wappen
X91	Handbremshebel in hellem Wurzelholz mit Aluminiumeinlagen und Leder
X92	Frontspoiler Turbo 3,6 S für flache Fahrzeugfront
X93	Heckspoiler für Turbo 3,6 S für normale und flache Fahrzeugfront
X97	Schaltknopf in Aluminium/Leder
X98	Handbremshebel in Aluminium/Leder
X99	Seitenbelüftungen Turbo 3,6 S normale und flache Fahrzeugfront
X99	Naturleder
Y	Holzausstattung
Y6	Tiptronic-Wählhebel und Handbremshebel in Holz
Y0	Schalt- und Handbremshebel in Holz
Y01	Aerokit 1 mit Front- und Heckspoiler
Y02	Aerokit 2 mit Front- und Heckspoiler
Y04	Carbon-Paket
Y05	Schalt-/Handbremshebel Carbon
Y06	Schalt-/Handbremshebel Aluminium
Y07	Schalt-/Handbremshebel Wurzelholz Ahorn, hell
Y08	Schalt-/Handbremshebel Wurzelholz Ahorn, dunkel
Y17	Konsole in Leder
Y23	Tiptronic Wähl-/Handbremshebel in Aluminium
Y24	Tiptronic Wähl-/Handbremshebel in Carbon
Y29	Alu-Edelstahl-Chrompaket (X54, X70 und X71)
Y61	Tiptronic Wähl-/Handbremshebel Carbon
Y62	Tiptronic Wähl-/Handbremshebel Wurzelholz Ahorn, hell
Y63	Tiptronic Wähl-/Handbremshebel Wurzelholz Ahorn, dunkel
Y65	Lederpaket Schalttafel
Y75	Aerokit Carrera 4S
Z02	Dachhimmel in Leder
Z05	Dachhimmel, Säulenverkleidungen und Sonnenblenden in Sonderfarbe
Z06	Lederkeder in Farbe
Z08	Kofferraumteppich in Interieurfarbe
Z09	Teppichkeder 1998 und 1999
Z10	Kunstlederkeder in Farbe
Z11	Teppichkeder in aktuellen Porsche-Farben
Z12	Kunstlederkeder in aktuellen Porsche-Farben

Porsche Exclusive Optionen	
Code	**Beschreibung**
Z18	Sonnenblende in Leder
Z21	Nähte in abweichender Farbe
Z23	Türtafelnähte in abweichender Farbe
Z24	Schalttafelnähte in abweichender Farbe
Z25	Mittelkonsolennähte in abweichender Farbe
Z27	Himmel, Verkleidung B-Säule und Sonnenblenden in Leder
Z28	Himmel, Verkleidung B-Säule und Sonnenblenden in Kunstleder
Z30	Lederkeder in aktuellen Porsche-Farben
Z31	Sitznähte in aktuellen Porsche-Farben
Z32	Lederkeder
Z34	Teppich in Sonderfarbe
Z36	Kofferraumabdeckung in Leder
Z41	Exterieurfarbe Perlweißmetallic
Z42	Türzierblenden in Leder, Sonderfarbe
Z43	Türzierblenden und Armlehnen in Leder, Sonderfarbe
Z45	Sitzmittelbahn in Leder, Sonderfarbe
Z46	Vordere Sitzmittelbahn in Leder, Sonderfarbe
Z48	Kofferraumhaube ohne Porsche-Wappen
Z49	Sicherheitsgurte vorn in abweichender Farbe
Z50	Sicherheitsgurte vorn und hinten in Indischrot, Speedgelb oder Rivierablau
Z51	Ledersitze
Z53	Kopfstützen mit Porsche-Wappen
Z69	Teppich Sonderfarbe
Z77	Lenkrad Sonderfarbe
Z79	Verkleidung B-Säule in abweichender Farbe
Z80	Verkleidung A-Säule und Windschutzscheibenrahmen in Leder
Z81	Verkleidung A- und B-Säule in Leder
Z84	Sitznähte vorn und hinten in abweichender Farbe
Z84G	Sitznähte in abweichender Farbe, GT2 und GT3 nur vorn
Z86	Schalttafel in abweichender Farbe, nur in Verbindung mit Lederausstattung
Z88	Nähte in abweichender Farbe, ohne Sitze
Z95	Lackierte Bremssättel
Z96	Himmel in Kunstleder in Sonderfarbe
Z97	Lenkrad in Sonderfarbe
Z099	Porsche Exclusive-Stickerei
Z100	Teppich in Sonderfarbe

Porsche Exclusive Optionen	
Code	**Beschreibung**
Z103	Nähte in abweichender Farbe
Z108	Schalttafeloberteil in Sonderfarbe
Z109	Schalttafelunterteil in Sonderfarbe
Z110	Instrumentenabdeckung in Sonderfarbe
Z111	Sitzmittelbahn in Sonderfarbe
Z112	Sitze vorn in Leder, Sonderfarbe Boxsterrot oder Nephritegrün
Z113	Sitze vorn und hinten in Leder, Sonderfarbe
80D	USA-Paket

Räder mit schwarz lackiertem Felgenstern

(Bild: Adrian Streather)

911-Schriftzug in Silber

(Bild: Adrian Streather)

Farben und Farbcodes

Exterieurfarben der Baureihe 997

Uni-Farben Exterieur	
Code	**Farbbezeichnung (Prospekt)**
B9A	Carraraweiß (B4)
041	Schwarz (A1)
1C1	Fayencegelb
12G	Speedgelb (X4)
2D8	Grün (J5)
51A	Cremeweiß (T2)
63A	Sportclassicgrau
7A1	Grau/Schwarz
719	Schwarz (A1)
8C6	Orange (N2)
80K	Indischrot (G1)
98	Uni-Farbe Individual

Metallic-Farben Exterieur	
Code	**Farbbezeichnung (Prospekt)**
C9Z	Basaltschwarz (C4)
M2Z	Nordischgold (8W)*
M3W	Carmonarot (E4)
M3X	Rubinrot (A6)***
M4Z	Amethyst (N6)
M5B	Purblau (M0)
M5Q	Eisblau (H3)
M5R	Aquablau (D2)**
M5W	Lapisblau (J2)
M5X	Dunkelblau (N4)
M6W	Lagogrün (G4)
M6W	Dark Teal (G4)
M6X	Dunkelolive (7G)
M7T	Platinsilber (1H)
M7W	Meteorgrau (9Q)
M7X	Altasgrau (E7)
M7Z	GT-Silber (U2)
M8W	Macadamia (9S)*
2B5	Malachitgrün (H1)
22D	Schiefer (59)
22E	Tannengrün (53)
22G	Porsche-Racinggreen (J1)
3F3	Azurro California-Blau****
3S2	Ipanemablau (F2)

Metallic-Farben Exterieur	
Code	**Farbbezeichnung (Prospekt)**
32B	Segelblau (E5)**
37U	Kobaltblau (56)
37W	Nachtblau (E9)
6B5	Sealgrau (Y1)
8A7	Rubinrot (L2)*
92T	Arktissilber (X1)
99	Metallic-Farbe Individual

* Modelljahr 2008
** Modelljahr 2009
*** Modelljahr 2010
**** Porsche 911 Club Coupé der 997-Baureihe. Später wurde die Farbe auch für andere Modelle wie den Boxster angeboten.

Hinweis:
In den US-Prospekten wurde der Farbcode G4 nicht wie in allen anderen Unterlagen als „Lagogrün", sondern als „Dark Teal" bezeichnet. Ab Modelljahr 2006 ersetzte „Tannengrün" das „Dark Teal", das dann als Sonderfarbe erhältlich war.

Hinweis:
Eine Lackierung in einer Individualfarbe (Option 98 und 99) erhöhte die Lieferzeit um mindestens 6 Monate und kostete ca. 3000 € bis 4500 €.

Verdeckfarben	
Code	**Farbbezeichnung (Prospekt)**
C17	Steingrau (V3)
G02	Metropolblau (V4)
R17	Cocoa (Braun) (V5)
A10	Schwarz (V9)
92T	Arktissilber (X1)
99	Metallic-Farbe Individual

Interieurfarben der Baureihe 997

Die Interieurcodes in diesem Abschnitt beziehen sich auf die zweistelligen Codes, die auf dem Datenträger am Fahrzeug hinterlegt sind. Diese können durch zusätzliche Individualisierungen erweitert sein, auf die aufgrund der nahezu unendlichen Kombinationsmöglichkeiten nicht weiter eingegangen werden kann.

Hinweis:
Eine vollständige Aufschlüsselung der Codes kann nur über ein Porsche-Zentrum erhalten werden, da jeder 997 ein individuelles Fahrzeug ist.

Hinweis:
Beim Serien-Interieur waren die Sitzmittelbahn, Seitenwangen und Kopfstützen in Leder ausgeführt.

Farben Interieur	
Code	**Farbe**
AN	Serieninterieur Schwarz
AP	Serieninterieur Schwarz mit Ledersportsitzen
AR	Serieninterieur Schwarz mit Ledersitzen
AT	Ledervollausstattung Schwarz
BK	Ledervollausstattung Schwarz/Steingrau
BM	Ledervollausstattung Schwarz/Sandbeige
BP	Ledervollausstattung Schwarz/Terrakotta
DC	Serieninterieur Steingrau
DD	Serieninterieur Steingrau mit Ledersportsitzen
DE	Serieninterieur Steingrau mit Ledersitzen
DF	Ledervollausstattung Steingrau
FB	Serieninterieur Seeblau
FC	Serieninterieur Seeblau mit Ledersportsitzen
FD	Serieninterieur Seeblau mit Ledersitzen
FE	Ledervollausstattung Seeblau
JU	Serieninterieur Palmgrün
JV	Serieninterieur Palmgrün mit Ledersportsitzen
JW	Serieninterieur Palmgrün mit Ledersitzen
JX	Ledervollausstattung Palmgrün
MB	Ledersonderausstattung Terrakotta
RA	Ledersonderausstattung Cocoa
TD	Serieninterieur Sandbeige
TE	Serieninterieur Sandbeige mit Ledersportsitzen

Farben Interieur	
Code	**Farbe**
TF	Serieninterieur Sandbeige mit Ledersitzen
TG	Ledervollausstattung Sandbeige
05	Naturleder Grau
06	Naturleder Braun
07	Naturleder Carrerarot
18	Naturleder Dunkelgrau GT3 Interieur
28	GT3 und GT3 RS Interieur
29	GT3 RS Interieur
78	Ledervollausstattung Schwarz
99	Lederausstattung Individual
998	Lederausstattung Natur (GT3)

Interieurcode AN
(Foto: Adrian Streather)

Individualausstattung XPA (Komfortlenkrad)
(Foto: Adrian Streather)

Ländercodes

(Stand: 11.04.2015)

Ländercodes	
Code	**Land**
C00	Deutschland
C02	USA insgesamt
C05	Frankreich
C06	Französische Kolonien
C07	Italien
C08	Japan (Linkslenker)
C09	Schweden
C10	Schweiz
C11	Österreich
C12	Dänemark
C13	Finnland
C14	Asien/Pazifik (Linkslenker)
C15	Asien/Pazifik (Rechtslenker)
C16	Großbritannien
C17	Hongkong
C18	Japan
C19	Luxembourg
C20	Niederlande
C21	Norwegen
C22	Belgien
C23	Australien und Neuseeland
C26	Südafrika
C27	Spanien
C28	Griechenland
C31	Saudi-Arabien
C32	Arabische Golfstaaten
C33	China
C34	Mexiko
C35	Zentral-Südamerika
C36	Kanada
C37	Brasilien
C38	Russland
C46	Indien, Kenia und Pakistan
C96	Karibik
C98	Mittelmeer (Rechtslenker)
C99	Sonderausführung

Anhang C: Fehlercodes

Das Geheimnis der Fehlercodes ...

Bei modernen Fahrzeugen mit ihrer komplexen Elektronik ist die Fehlersuche keine leichte Angelegenheit.

(Foto: Porsche AG)

Diagnosestandards

In den 1980er Jahren führten Hersteller wie Mercedes, Jaguar, Volvo oder BMW eine Diagnosesoftware für ihre Fahrzeuge ein. 1991 erließ die Regierung des US-Bundesstaats Kalifornien ein Gesetz, nach dem die dort verkauften Personenkraftwagen eine elektronische Überwachung der emissionsrelevanten Komponenten besitzen mussten, die beim Auftreten eines Fehlers den Fahrer darüber informierte. Das geschah über die Warnleuchte Check Engine (CEL), die auch als Motorkontrollleuchte bzw. Fehlerwarnleuchte (Malfunction Indicator Light – MIL) bezeichnet wird.

Mit der Verschärfung der Abgasvorschriften stiegen auch die Anforderungen an die Diagnosesoftware. Die zuerst in den USA eingeführte Vorschrift On Board Diagnostic 1 (OBD-1) wurde dort 1996 von der OBD-2 abgelöst, während ab 2001 die EOBD (European Onboard Diagnostics) Standard wurde.

Innerhalb nur weniger Jahre wurden die Abgasreinigungssysteme der PKW wesentlich komplexer. Die Warnleuchte zeigt mittlerweile nicht nur eine fehlerhafte Lambdasonde an, sondern weist auch auf eine Fehlfunktion anderer Sensoren oder Systeme hin.

Auch die OBD-2-Anforderungen wurden ständig aktualisiert und erweitert. Der Gesetzgeber wollte Zugriff auf die Motorsteuerung, um zu kontrollieren, ob auch alles wie vorgeschrieben funktioniert. Eine reine Abgasmessung reichte nicht mehr aus. Die Prüfer wollten mehr und bekamen es auch.

Um die ab Anfang 2000 gültigen EURO-3-Vorschriften zu erfüllen, erhielten die Porsche-Fahrzeuge ein Sekundärluftsystem und Dreiwege-Katalysatoren.

Mit dem Erscheinen der 997-Baureihe trat auch die verschärfte EURO-4-Regelung in Kraft. Für die neuen Motortypen M96.05 und M97.01 des Carrera bzw. Carrera S passte Porsche gemeinsam mit Bosch die ursprünglich für den 996 Turbo entwickelte Motorsteuerung DME 7.8 an. Die Software erhielt die Bezeichnung ME78min und erfüllte die neuen strengeren Anforderungen. Im Jahr 2005 wurde sie aktualisiert und kam bis zum Produktionsende der ersten 997-Generation mit Saugmotoren Ende 2008 zum Einsatz.

Hinweis:
Die turboaufgeladenen Modelle des 997 (ME7.8.1) sowie der GT3 (ME7.8.2) verwendeten zur Fehlerdiagnose die gleiche Software wie die Saugmotoren.

Ab dem Modelljahr 2009 kamen mit der 2. Generation die neuen Saugmotoren mit Direkteinspritzung zum Einsatz, gefolgt ein Jahr später von der Turboversion. Diese neuen MA1-Motoren hatten auch ein neues Motorsteuergerät, das von Continental entwickelt und von Siemens unter der Bezeichnung SDI 3.1 gefertigt wurde. Es arbeitete auch mit einer neuen Diagnosesoftware, die einen neuer Tester erforderte. Dieser Anhang beinhaltet eine Auflistung der Fehlercodes für die beiden verschiedenen Motorsteuerungen der 997-Baureihe.

Fehlercodeübersicht

In den Diagnoseprogrammen der Steuergeräte ist eine Datenbank an allgemeinen (bei allen Autos gültigen), zuliefererseitigen und herstellerseitigen Fehlercodes eingespeichert.

Hinweis:
Die in allen 997-Modellen vorhandene Diagnosesoftware überwacht nicht nur die Motorsteuerung, sondern auch andere Komponenten. In Verbindung mit dem Porsche Integrierten Werkstatt Informations-System (PIWIS) ergeben sich für den 997 weitreichende Diagnosemöglichkeiten, die in dieser Form bisher nicht bekannt waren.

Für jedes überwachte Modul und individuelle Bauteil gibt es vier verschiedene Fehlerarten:

Typ 1: Falsches Eingangssignal, nicht plausibel. Das überwachte Bauteil liefert zwar ein Signal, aber das System kann es nicht verwerten. Dieser Fehler kann durch das Bauteil selbst oder den dazugehörigen Stromkreis (Leitungen, Kabelstecker) verursacht werden.

Typ 2: Kein Eingangssignal. Fehlerhaftes Bauteil oder Stromkreisunterbrechung.

Typ 3: Eingangssignal außerhalb der unteren Toleranz (Signalspannung zu niedrig).

Typ 4: Eingangssignal außerhalb der oberen Toleranz (Signalspannung zu hoch).

Bereits die Diagnosesoftware der DME 7.2 für die 996-Baureihe enthielt eine Fehlzündungserkennung, die dann für die Motoren M96 und M97 der ersten 997-Generation übernommen wurde.

Auch die Fehlerarten bei den Fehlzündungen werden in vier Kategorien eingeteilt:

Typ 1: Fehler im Abgasreinigungssystem nach dem Anlassen erkannt.

Typ 2: Nicht anwendbar

Typ 3: Fehler im Abgasreinigungssystem im Betrieb erkannt.

Typ 4: Fehler, der einen Schaden am Dreiwege-Katalysator verursachen kann.

Mit der Einführung der DME 7.8 für die gesamte 1. Generation der 997-Baureihe kamen weitere Fehlercodes dazu und auch die Fehleranzeigen für die Lambdasonde wurden überarbeitet. Eine Erklärung all dieser Fehlercodes würde den Rahmen dieses Buches sprengen, daher soll eine Beschreibung der möglichen Lambdasondenstörungen genügen:
Typ 1: Alle möglichen elektrischen Fehlerursachen
Typ 2: Lambdasondensignal durch Lambdasondenheizung fehlerhaft
Typ 3: Interner Lambdasondenfehler, z. B. durch Alterung
Typ 4: Lambdasondenfehler durch äußere Einflüsse, z. B. durch Verschmutzung

Hinweis:
Die häufigste Ursache für einen Ausfall der Lambdasonde ist Wassereintritt. Er kann nach Regenfahrten oder intensivem Waschen mit einem Hochdruckreiniger auftreten. Durch die Hitzeeinwirkung altert im Laufe der Zeit die Abdichtung der Sonde, und über die entstehenden Risse kann Wasser eintreten.

Porsche verwendet generell nur eine Auswahl von allgemeinen Fehlercodes aus den verschiedenen Fehlertypgruppen. Daher kann nicht jeder mögliche Fehler angezeigt werden.
Die Fehlercodes werden zunächst im temporären Speicher des Motorsteuergeräts hinterlegt. Da dieser beim Ausschalten der Zündung gelöscht wird, erfolgt eine Übertragung der Fehlercodes in den Fehlerspeicher, um sie zu einem späteren Zeitpunkt wieder aufrufen und auslesen zu können. Das Auftreten eines Fehlers kann der Fahrer mittels der Warnleuchte Check Engine (bzw. Fehlerwarnleuchte MIL) erkennen.
Anhand der Warnleuchtensignale wird der Fahrer über die Bedeutung des aufgetretenen Fehlers informiert. Folgende Anzeigen sind möglich:

- Warnleuchte aus: Normale Funktion, kein Fehler vorhanden. Es kann jedoch sein, dass eine Fehlfunktion erkannt wurde, die allerdings nicht gravierend ist und daher dem Fahrer nicht mitgeteilt werden muss. Allerdings ist das Auslesen dieser Information im Rahmen der nächsten Wartung hilfreich.
- Warnleuchte leuchtet: Es ist eine Störung im Abgasreinigungssystem aufgetreten, über die der Fahrer informiert werden muss, die aber noch keinen Schaden an den Katalysatoren oder am Motor verursachen kann.
- Warnleuchte blinkt: Es ist ein schwerwiegender Fehler aufgetreten und die Katalysatoren oder der Motor können beschädigt werden.

Vorsicht:
Bei einer blinkenden Check Engine Warnleuchte muss die Motorbelastung sofort durch Gaspedalrücknahme verringert werden. Sollte die Leuchte weiterblinken, muss umgehend an einer sicheren Stelle angehalten werden.

Wann die Warnleuchte Check Engine aktiviert wird, hängt vom Zusammenspiel diverser Faktoren ab und auch davon, wie häufig eine Fehlfunktion während eines Fahrzyklus aufgetreten ist.

Hinweis:
Weitere Hinweise zum Verhalten nach dem Aufleuchten der Warnleuchte Check Engine sind in der Betriebsanleitung angegeben. Achten Sie darauf, dass sie immer im Fahrzeug vorhanden ist.

Die beschriebene Warnleuchte Check Engine befindet sich links im mittleren Instrument.

(Foto: Porsche AG)

Überwachte Komponenten

Für folgende Steuergeräte und Module der 1. und 2. 997-Generation ist eine Diagnosefunktion vorhanden:

- Motorsteuergeräte ME78min, ME782, SDI 3.1
- Tiptronic S-Steuergeräte, Typ A97.XX
- PDK-Steuergeräte, Typ CG1.XX
- PDK Wählhebel
- Porsche Stability Mangement (PSM; ABS-Funktion)
- Porsche Traction Management (PTM; Allradantriebsteuerung)
- Porsche Active Suspension Mangement (PASM)
- Porsche Access System (Alarmanlage; Kessy)
- Reifendruckkontrollsystem (RDK)
- Instrumenteneinheit
- Airbagsystem/POSIP
- Gewichtserkennungssensor
- Lenksäulenelektronik
- Klimaanlagensteuerung
- Kurvenlicht
- Gateway-Steuergerät
- Vorderes Steuergerät
- Hinteres Steuergerät
- Rechte Tür
- Linke Tür
- Cabrioverdeck
- Targa-Dach
- ParkAssistent
- Sitzmemory
- Sport Chrono
- Dynamische Motorlager

Anschlussstecker

Der Zugang zur Fahrzeugelektronik erfolgt über einen genormten 16-poligen Anschlussstecker. Bei der 997-Baureihe befindet sich dieser pinkfarbene Stecker bei den Linkslenkern und Rechtslenkern im linken Fußraum an der Unterseite der Schalttafel und ermöglicht das Anschließen eines Testers für OBD-Zwecke und die Fehlersuche.

Vorsicht:
Beim Anschließen und Abklemmen eines Testgeräts muss die Zündung ausgeschaltet sein.

Die angezeigten Informationen erfordern ein tiefergehendes Fachwissen, denn die Fehlercodes können nur die Richtung für die Fehlersuche vorgeben.
Sie können die Fehlfunktion eines Bauteils anzeigen, das aber aus einem völlig anderen Grund nicht richtig funktioniert. Daher sollte immer noch eine Gegenprüfung stattfinden, besonders wenn es sich um sehr teure Teile handelt. Das planlose Austauschen von Teilen verursacht unnötige Kosten und ist nicht zielführend. Zur Fehlersuche siehe auch Kapitel 9.

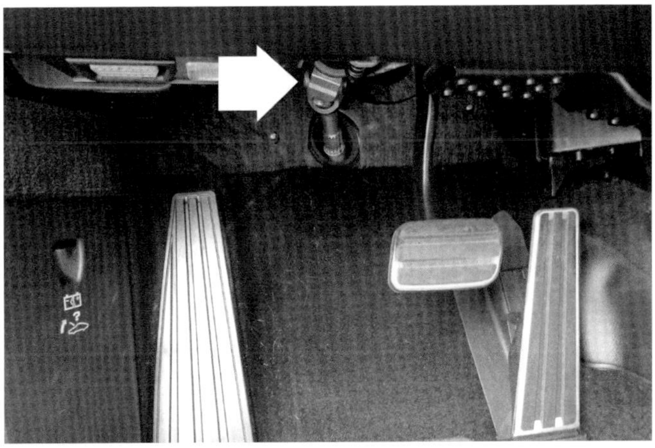

Der Diagnosestecker befindet sich bei allen 997-Modellen links unter der Schalttafel und links neben der Fußraumleuchte.

(Foto: Joe Ramos)

Der PIWIS-Tester ist mit dem 16-poligen Anschlussstecker verbunden.

(Foto: Callas Rennsport)

Testgeräte

Beim Produktionsstart der 997-Baureihe im April 2004 war der Porsche System Tester 2 (PST2) noch das Standarddiagnosegerät. 2006 wurde er von einem neuen Testsystem abgelöst, das PIWIS – Porsche Integriertes Werkstatt Informations-System – genannt wird.
Über ein Laptop können unter anderem folgende Funktionen abgerufen werden:

- Auslesen von Fehlercodes
- Anzeigen aktueller Daten
- Aktivieren von Aktuatoren
- Grafische Darstellung aktueller Datenwerte über einen zeitlichen Verlauf
- Weitere Funktionen wie Softwareaktualisierungen, Intervallrückstellungen etc.

Bei Bedarf können die Mess-/Testergebnisse ausgedruckt werden.
Mit der zweiten 997-Generation wurde auch ein neuer PIWIS-Tester eingeführt. Der PIWIS 2 verfügt über eine neue Diagnosesoftware für die neuen Motorsteuergeräte sowie weitere aktualisierte Steuergeräte.

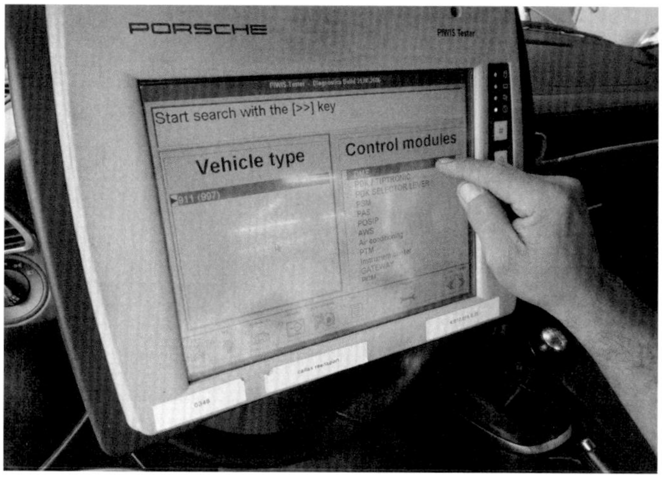

Der PIWIS-Tester für die erste 997-Generation. Die zweite Generation kann mit dem Gerät nicht diagnostiziert werden.
(Foto: Callas Rennsport)

PIWIS 2-Tester für die zweite 997-Generation
(Foto: Callas Rennsport)

Fehlercodes DME 7.8X

Fehler-code	Beschreibung
P0010	Einlassnockenwellenverstellung Zylinderreihe 1, offener Stromkreis
P0011	Nockenwellenstellung Zylinderreihe 1 im Verhältnis zur Kurbelwellenstellung zu früh
P0012	Nockenwellenstellung Zylinderreihe 1 im Verhältnis zur Kurbelwellenstellung zu spät
P0013	Nockenwellenverstellung Zylinderreihe 1, Endstufe offener Stromkreis, unter oder über Grenzwert
P0016	Kurbelwellenfehlstellung im Verhältnis zur Einlassnockenwelle Zylinderreihe 1
P0018	Kurbelwellenfehlstellung im Verhältnis zur Einlassnockenwelle Zylinderreihe 2
P0020	Einlassnockenwellenverstellung Zylinderreihe 2, offener Stromkreis
P0021	Nockenwellenstellung Zylinderreihe 2 im Verhältnis zur Kurbelwellenstellung zu früh
P0022	Nockenwellenstellung Zylinderreihe 2 im Verhältnis zur Kurbelwellenstellung zu spät
P0023	Nockenwellenverstellung Zylinderreihe 2, Endstufe offener Stromkreis, außerhalb Toleranz
P0026	Ventilhubsteuerung Zylinderreihe 1, offener Stromkreis, außerhalb Toleranz
P0028	Ventilhubsteuerung Zylinderreihe 2, offener Stromkreis, außerhalb Toleranz
P0030	Lambdasondenheizung Steuerstromkreis Zylinderreihe 1, Sensor 1
P0031	Lambdasondenheizung Steuerstromkreis Zylinderreihe 1, Sensor 1 Eingang zu niedrig
P0032	Lambdasondenheizung Steuerstromkreis Zylinderreihe 1, Sensor 1 Eingang zu hoch
P0036	Lambdasondenheizung Steuerstromkreis Zylinderreihe 1, Sensor 2
P0037	Lambdasondenheizung Steuerstromkreis Zylinderreihe 1, Sensor 2 Eingang zu niedrig
P0038	Lambdasondenheizung Steuerstromkreis Zylinderreihe 1, Sensor 2 Eingang zu hoch
P0040	Lambdasonde Signale vertauscht Zylinderreihe 1, Sensor 1 / Zylinderreihe 2, Sensor 1
P0041	Lambdasonde Signale vertauscht Zylinderreihe 1, Sensor 2 / Zylinderreihe 2, Sensor 2
P0045	Ladedrucksteuerventil offener Steuerstromkreis
P0046	Ladedrucksteuerventil Steuerstromkreis Eingang zu niedrig
P0047	Ladedrucksteuerventil Steuerstromkreis Eingang zu hoch
P0050	Lambdasondenheizung Steuerstromkreis Zylinderreihe 2, Sensor 1
P0051	Lambdasondenheizung Steuerstromkreis Zylinderreihe 2, Sensor 1 Eingang zu niedrig
P0052	Lambdasondenheizung Steuerstromkreis Zylinderreihe 2, Sensor 1 Eingang zu hoch
P0056	Lambdasondenheizung Steuerstromkreis Zylinderreihe 2, Sensor 2
P0057	Lambdasondenheizung Steuerstromkreis Zylinderreihe 2, Sensor 2 Eingang zu niedrig
P0058	Lambdasondenheizung Steuerstromkreis Zylinderreihe 2, Sensor 2 Eingang zu hoch
P0069	Umgebungsluftdruck unplausibel
P0071	Umgebungsluftdruckwert über CAN-Bus von Instrumenteneinheit unplausibel
P0072	Umgebungsluftdruckwert zu niedrig
P0073	Umgebungsluftdruckwert zu hoch
P0102	Fehlercode 115 – Heißfilm-Luftmassensensor, Eingang zu niedrig
P0103	Fehlercode 115 – Heißfilm-Luftmassensensor, Eingang zu hoch
P0107	Fehlercode 299 – Umgebungsluftdrucksensor, Eingang zu niedrig
P0108	Fehlercode 299 – Umgebungsluftdrucksensor, Eingang zu hoch
P0111	Ansauglufttemperatursensor Wert unplausibel
P0112	Fehlercode 124 – Ansauglufttemperatursensor, Eingang zu niedrig
P0113	Fehlercode 124 – Ansauglufttemperatursensor, Eingang zu hoch

Fehler-code	Beschreibung
P0115	Fehlercode 123 – Motorkühlmitteltemperatur, Schaltkreisfehlfunktion
P0116	Fehlercode 123 – Motorkühlmitteltemperatur, Signal unplausibel
P0117	Fehlercode 123 – Motorkühlmitteltemperatur, Eingang zu niedrig
P0118	Fehlercode 123 – Motorkühlmitteltemperatur, Eingang zu hoch
P0121	Fehlercode 117 – Drosselklappen- oder Gaspedal-Potenziometersignal unplausibel
P0122	Gaspedal-Potenziometersignal 1, Eingang zu niedrig
P0123	Gaspedal-Potenziometersignal 1, Eingang zu hoch
P0125	Motorkühlwassertemperatursensor offener Stromkreis
P0127	Ansauglufttemperatursensor, Signal unplausibel
P0128	Kühlwasserthermostat Fehlfunktion
P0129	Umgebungsluftdruck zu niedrig
P0130	Fehlercode 10 – Lambdasondensignal Zylinderbank 1, Sensor 1 Fehlfunktion,
P0131	Lambdasondensignal Zylinderbank 1, Sensor 1 Spannung zu niedrig
P0132	Fehlercode 10 – Lambdasondensignal Zylinderbank 1, Sensor 1 Spannung zu hoch
P0133	Fehlercode 10 – Lambdasondensignal Zylinderbank 1, Sensor 1 Signal zu träge
P0134	Fehlercode 10 – Lambdasonde Zylinderbank 1, Sensor 1 inaktiv
P0135	Lambdasondenheizung Zylinderbank 1, Sensor 1 Schaltkreis Fehlfunktion
P0136	Fehlercode 12 – Lambdasondensignal Zylinderbank 1, Sensor 2 Fehlfunktion
P0137	Lambdasondensignal Zylinderbank 1, Sensor 2 Spannung zu niedrig
P0138	Fehlercode 12 – Lambdasondensignal Zylinderbank 1, Sensor 2 Spannung zu hoch
P0139	Fehlercode 12 – Lambdasondensignal Zylinderbank 1, Sensor 2 Signal zu träge
P0140	Fehlercode 12 – Lambdasonde Zylinderbank 1, Sensor 2 inaktiv
P0141	Fehlercode 373 – Lambdasondenheizung Zylinderbank 1, Sensor 2 Schaltkreis Fehlfunktion
P0150	Fehlercode 18 – Lambdasondensignal Zylinderbank 2, Sensor 1 Fehlfunktion
P0151	Lambdasondensignal Zylinderbank 2, Sensor 1 Spannung zu niedrig
P0152	Fehlercode 18 – Lambdasondensignal Zylinderbank 2, Sensor 1 Spannung zu hoch
P0153	Fehlercode 18 – Lambdasondensignal Zylinderbank 2, Sensor 1 Signal zu träge
P0154	Fehlercode 18 – Lambdasonde Zylinderbank 2, Sensor 1 inaktiv
P0155	Lambdasondenheizung Zylinderbank 2, Sensor 1, Schaltkreis Fehlfunktion
P0156	Fehlercode 20 – Lambdasondensignal Zylinderbank 2, Sensor 2 Fehlfunktion,
P0157	Lambdasondensignal Zylinderbank 2, Sensor 2 Spannung zu niedrig
P0158	Fehlercode 20 – Lambdasondensignal Zylinderbank 2, Sensor 2 Spannung zu hoch
P0159	Fehlercode 20 – Lambdasondensignal Zylinderbank 2, Sensor 2 Signal zu träge
P0160	Fehlercode 20 – Lambdasonde Zylinderbank 2, Sensor 2 inaktiv
P0161	Lambdasondenheizung Zylinderbank 2, Sensor 2 Schaltkreis Fehlfunktion
P0171	Gemisch zu mager, Zylinderbank 1
P0172	Gemisch zu fett, Zylinderbank 1
P0174	Gemisch zu mager, Zylinderbank 2
P0175	Gemisch zu fett, Zylinderbank 2
P0195	Öltemperatursensor Fehlfunktion
P0196	Öltemperatursensor Fehlfunktion
P0197	Fehlercode 125 – Öltemperatur, Eingang zu niedrig

Fehler-code	Beschreibung
P0198	Fehlercode 125 – Öltemperatur, Eingang zu hoch
P0201	Einspritzventil Zylinder 1 offener Stromkreis
P0202	Einspritzventil Zylinder 2 offener Stromkreis
P0203	Einspritzventil Zylinder 3 offener Stromkreis
P0204	Einspritzventil Zylinder 4 offener Stromkreis
P0205	Einspritzventil Zylinder 5 offener Stromkreis
P0206	Einspritzventil Zylinder 6 offener Stromkreis
P0221	Gaspedal-Potenziometersignal 2 unplausibel
P0222	Gaspedal-Potenziometersignal 2 Eingang zu niedrig
P0223	Gaspedal-Potenziometersignal 2 Eingang zu hoch
P0230	Kraftstoffpumpenrelais Schaltkreis Fehlfunktion
P0234	Ladedruck zu hoch
P0237	Fehlercode 353 – Ladedrucksensorwert zu niedrig
P0238	Fehlercode 353 – Ladedrucksensorwert zu hoch
P0261	Einspritzventil Zylinder 1, Wert zu niedrig
P0262	Einspritzventil Zylinder 1, Wert zu hoch
P0264	Einspritzventil Zylinder 2, Wert zu niedrig
P0265	Einspritzventil Zylinder 2, Wert zu hoch
P0267	Einspritzventil Zylinder 3, Wert zu niedrig
P0268	Einspritzventil Zylinder 3, Wert zu hoch
P0270	Einspritzventil Zylinder 4, Wert zu niedrig
P0272	Einspritzventil Zylinder 4, Wert zu hoch
P0273	Einspritzventil Zylinder 5, Wert zu niedrig
P0274	Einspritzventil Zylinder 5, Wert zu hoch
P0276	Einspritzventil Zylinder 6, Wert zu niedrig
P0277	Einspritzventil Zylinder 6, Wert zu hoch
P0300	Fehlercode 507 – Fehlzündungen erkannt
P0301	Fehlercode 508 – Fehlzündung Zylinder 1
P0302	Fehlercode 509 – Fehlzündung Zylinder 2
P0303	Fehlercode 510 – Fehlzündung Zylinder 3
P0304	Fehlercode 511 – Fehlzündung Zylinder 4
P0305	Fehlercode 512 – Fehlzündung Zylinder 5
P0306	Fehlercode 513 – Fehlzündung Zylinder 6
P0324	Klopfsensor Kontrollsystem Fehlfunktion
P0327	Fehlercode 210 – Klopfsensor 1 Eingangswert zu niedrig
P0328	Fehlercode 210 – Klopfsensor 1 Eingangswert zu hoch
P0332	Fehlercode 210 – Klopfsensor 2 Eingangswert zu niedrig
P0333	Fehlercode 210 – Klopfsensor 2 Eingangswert zu hoch
P0335	Motordrehzahlsensor offener Stromkreis
P0336	Fehlercode 110 – Motordrehzahlsignal oder Nockenwellenstellungssignal unplausibel
P0336	Fehlercode 110 – Kurbelwellenstellungssignal unplausibel
P0337	Kurbelwellensensor A, Eingangswert zu niedrig

Fehler-code	Beschreibung
P0338	Kurbelwellensensor A, Eingangswert zu hoch
P0339	Kurbelwellensensor A, Aussetzer
P0341	Fehlercode 112 – Nockenwellenpositionssensorsignal 1 unplausibel
P0342	Fehlercode 112 – Nockenwellenpositionssensorsignal 1 Eingangswert zu niedrig
P0343	Fehlercode 112 – Nockenwellenpositionssensorsignal 1 Eingangswert zu hoch
P0344	Nockenwellenpositionssensor 1 offener Stromkreis
P0346	Nockenwellenpositionssensorsignal 2 unplausibel
P0347	Nockenwellenpositionssensorsignal 2 Eingangswert zu niedrig
P0348	Nockenwellenpositionssensorsignal 2 Eingangswert zu hoch
P0349	Nockenwellenpositionssensor 2 offener Stromkreis
P0410	Fehlercode 80 – Sekundärluftsystem Zylinderreihe Eingangswert zu niedrig
P0413	Fehlercode 85 – Sekundärluftventil offener Stromkreis
P0414	Fehlercode 85 – Sekundärluftventil Eingangswert zu niedrig oder zu hoch
P0418	Fehlercode 84 – Sekundärluftpumpe offener Stromkreis, Eingangswert zu niedrig oder zu hoch
P0420	Fehlercode 40 – Katalysatorwirkungsgrad Zylinderreihe 1 über Grenzwert
P0430	Fehlercode 45 – Katalysatorwirkungsgrad Zylinderreihe 2 über Grenzwert
P0440	Fehlercode 93 – Kraftstofftankbelüftungssystem Eingangswert zu hoch
P0441	Fehlercode 93 – Kraftstofftankbelüftungssystem falscher Spülwert
P0444	Fehlercode 98 – Kraftstofftankbelüftungssystemventil offener Stromkreis
P0445	Fehlercode 98 – Kraftstofftankbelüftungssystemventil Kurzschluss gegen B+ oder Masse
P0446	Fehlercode 95 – Kraftstofftankbelüftungssystem Fehlfunktion
P0447	Fehlercode 96 – Kraftstofftankbelüftungssystemventil offener Steuerstromkreis
P0448	Fehlercode 96 – Kraftstofftankbelüftungssystemventil Steuerstromkreis Kurzschluss
P0450	Fehlercode 99 – Kraftstofftankdrucksensorsignal unplausibel
P0451	Kraftstofftankdrucksensorsignal außerhalb Betriebsbereich
P0452	Fehlercode 99 – Kraftstofftankdrucksensorsignal Eingangswert zu niedrig
P0453	Fehlercode 99 – Kraftstofftankdrucksensorsignal Eingangswert zu hoch
P0455	Fehlercode 94 – Kraftstofftankbelüftungssystem größere Leckage
P0456	Kraftstofftankbelüftungssystem Leck erkannt
P0460	Kraftstofftankfüllstandsensor Fehlfunktion
P0461	Kraftstofftankfüllstandsensor außerhalb Betriebsbereich
P0480	Fehlercode 494 – Kühlerlüfter 1 offener Stromkreis, unter oder über Toleranz
P0481	Fehlercode 495 – Kühlerlüfter 2 offener Stromkreis, unter oder über Toleranz
P0482	Fehlercode 495 – Kühlerlüfter 2 offener Stromkreis, unter oder über Toleranz
P0491	Fehlercode 591 – Kühlerlüfter 3 offener Stromkreis, unter oder über Toleranz
P0492	Sekundärluftsystem Zylinderreihe 2 Eingangswert zu niedrig
P0501	Fehlercode 120 – Geschwindigkeitssensor offener Stromkreis
P0502	Geschwindigkeitssensor Eingangswert zu niedrig
P0503	Geschwindigkeitssensor Eingangswert zu hoch
P0506	Fehlercode 32 – Leerlaufsteuerung Drehzahl zu niedrig
P0507	Fehlercode 32 – Leerlaufsteuerung Drehzahl zu hoch
P0513	Falscher Fahrzeugschlüssel

Fehler-code	Beschreibung
P0560	Fehlercode 107 – Falsche Systemspannung
P0562	Fehlercode 107 – Systemspannung zu niedrig
P0563	Fehlercode 107 – Systemspannung zu hoch
P0564	Tempomat Multifunktionseingang A
P0564	Bremslichtschaltersignal unplausibel
P0600	Fehlercode 236 – Serielle Schnittstelle Tiptronic Fehlfunktion
P0601	DME Steuergerät interner Fehler
P0603	Fehlercode 105 – DME Steuergerät EEPROM-Fehler
P0604	Fehlercode 406 – DME Steuergerät RAM-Speicherfehler
P0605	Fehlercode 405 – DME Steuergerät ROM-Speicherfehler
P0607	DME Steuergerät Betriebsverhalten
P0621	Ladekontrollleuchte
P0638	Drosselklappenstellmotor außerhalb Betriebsbereich
P0645	Klimakompressor Kupplungsrelais offener Stromkreis
P0646	Klimakompressor Kupplungsrelais unterhalb Toleranz
P0647	Klimakompressor Kupplungsrelais oberhalb Toleranz
P0650	Fehlercode 661 – Fehlerwarnleuchte Kontrollschaltkreis unterbrochen
P0660	Steuerventil Ansaugklappe offener Stromkreis
P0661	Steuerventil Ansaugklappe Eingangswert zu niedrig
P0662	Steuerventil Ansaugklappe Eingangswert zu hoch
P0674	Klimakompressor Kupplungsrelais oberhalb Toleranz
P0700	Fehlercode 555 – Tiptronic-Steuerung Fehlfunktion
P0701	Fehlercode 554 – Tiptronic-Steuerung außerhalb Betriebsbereich
P0702	Fehlercode 544 – Tiptronic-Steuergerät fehlerhaft
P0705	Wählhebelsensor Fehlfunktion
P0712	Getriebeöltemperatursensor unterhalb Grenzwert
P0713	Getriebeöltemperatursensor oberhalb Grenzwert
P0715	Fehlercode 552 – Fehler an unbelegtem Ausgang
P0720	Fehlercode 553 – Tiptronic CAN Raddrehzahl hinten rechts
P0730	Fehlercode 557 – Tiptronic-Fehler Gangvergleich
P0740	Fehlercode 556 – Tiptronic Drehmomentwandlerkupplung
P0743	Fehlercode 548 – Tiptronic Magnetventil Drehmomentwandler
P0748	Fehlercode 549 – Tiptronic Magnetventil Modulierdruck
P0753	Fehlercode 545 – Tiptronic Schaltmagnetventil 1-2 / 4-5
P0758	Fehlercode 546 – Tiptronic Schaltmagnetventil 2-3
P0763	Fehlercode 547 – Tiptronic Schaltmagnetventil 3-4
P0778	Tiptronic Druckkontrollmagnetventil
P0830	Kupplungsschaltersignal unplausibel
P1041	Auspuffklappensteuerung
P1042	Auspuffklappensteuerung
P1043	Auspuffklappensteuerung
P1090	Heißfilm-Luftmassenmesser, elektrischer Fehler

Fehler-code	Beschreibung
P1091	Heißfilm-Luftmassenmesser, elektrischer Fehler
P1095	Heißfilm-Luftmassenmesser vor Drosselklappe unplausibler Wert
P1096	Heißfilm-Luftmassenmesser vor Drosselklappe unplausibler Wert
P1097	Heißfilm-Luftmassenmesser vor Drosselklappe unplausibler Wert
P1098	Heißfilm-Luftmassenmesser vor Drosselklappe unplausibler Wert
P1101	Fehlercode 594 – Eingangslastdruck Klimaanlage
P1102	Umgebungsluftdrucksensor oberhalb Grenzwert
P1105	Lambdasondenwert Zylinderreihe 1 oberer Bereich außerhalb Grenzwert
P1106	Lambdasondenwert Zylinderreihe 2 oberer Bereich außerhalb Grenzwert
P1107	Lambdasondenwert Zylinderreihe 1 unterer Bereich außerhalb Grenzwert
P1108	Lambdasondenwert Zylinderreihe 2 unterer Bereich außerhalb Grenzwert
P1109	Eingangsvariablen außerhalb Toleranz
P1110	Fehlercode 294 – Lambdasonden vor Katalysator vertauscht
P1114	Fehlercode 723 – Trägheitsventil Kraftstoffabschaltung unplausibel
P1115	Fehlercode 13 – Lambdasondensignal Zylinderreihe 1 unplausibel
P1116	Fehlercode 724 – Trägheitsventil Kraftstoffabschaltung unplausibel
P1117	Fehlercode 14 – Lambdasondenheizung Zylinderreihe 1 Signal unplausibel
P1118	Fehlercode 4 – Lambdasondenheizung Zylinderreihe 2 Signal unplausibel
P1119	Fehlercode 5 – Lambdasondenheizung Zylinderreihe 2 Signal unplausibel
P1120	Drosselklappensignal unplausibel
P1121	Fehlercode 430 – Drosselklappenpositionssensor 1 Signal fehlerhaft
P1122	Fehlercode 431 – Drosselklappenpositionssensor 2 Signal fehlerhaft
P1124	Fehlercode 167 – Kraftstoffpumpenrelais Lastschaltkreis außerhalb Toleranz
P1125	Fehlercode 357- Lambdasondenanpassung Zylinderreihe 1 hohe Last, außerhalb Toleranz
P1126	Fehlercode 356- Lambdasondenanpassung Zylinderreihe 1 hohe Last, außerhalb Toleranz
P1127	Fehlercode 418 – Lambdasondenfehler Zylinderreihe 1
P1128	Fehlercode 360 – Lambdasondenanpassung Zylinderreihe 1 Leerlauf, außerhalb Toleranz
P1130	Fehlercode 361 – Lambdasondenanpassung Zylinderreihe 1 Leerlauf, außerhalb Toleranz
P1132	Lambdasondenanpassung Zylinderreihe 1 oder 2, hohe Last, außerhalb Toleranz
P1133	Fehlercode 358 – Lambdasondenanpassung Zylinderreihe 2 außerhalb Toleranz
P1134	Fehlercode 419 – Lambdasondenfehler Zylinderreihe 2
P1136	Fehlercode 440 – Drucksensorsignale fehlerhaft
P1137	Fehlercode 446 – Kupplungsschaltersignal fehlerhaft
P1138	Drosselklappen-Positionssensor 1 oberhalb Grenzwert
P1139	Drosselklappen-Positionssensor 1 unterhalb Grenzwert
P1140	Drosselklappen-Positionssensor 2 oberhalb Grenzwert
P1141	Drosselklappen-Positionssensor 2 unterhalb Grenzwert
P1142	Lambdasondenfunktion Zylinderbank 1 bei Kurztest außerhalb Toleranz
P1143	Lambdasondenfunktion Zylinderbank 2 bei Kurztest außerhalb Toleranz
P1145	Lambdasonde vor Katalysator, Zylinderreihe 1 außerhalb Toleranz
P1146	Lambdasonde vor Katalysator, Zylinderreihe 1 offener Stromkreis
P1155	Lambdasonde vor Katalysator, Zylinderreihe 2 außerhalb Toleranz

Fehler-code	Beschreibung
P1156	Lambdasonde vor Katalysator, Zylinderreihe 2 offener Stromkreis
P1157	Fehlercode 30 – Motorraumtemperatursensor unterhalb Grenzwert
P1158	Fehlercode 30 – Motorraumtemperatursensor oberhalb Grenzwert
P1159	Lambdasondenstromkreis
P1160	Lambdasondenstromkreis
P1161	Öldrucksensor
P1162	Öldrucksensor
P1163	Öldruckschalter
P1164	Öldrucksensor
P1175	Ansauglufttemperatur außerhalb Toleranz
P1213	Fehlercode 150 – Einspritzventil Zylinder 1 oberhalb Grenzwert
P1214	Fehlercode 151 – Einspritzventil Zylinder 6 oberhalb Grenzwert
P1215	Fehlercode 152 – Einspritzventil Zylinder 2 oberhalb Grenzwert
P1216	Fehlercode 153 – Einspritzventil Zylinder 4 oberhalb Grenzwert
P1217	Fehlercode 154 – Einspritzventil Zylinder 3 oberhalb Grenzwert
P1218	Fehlercode 155 – Einspritzventil Zylinder 5 oberhalb Grenzwert
P1219	Fehlercode 256 – Gaspedalstellungssignal außerhalb Betriebsbereich
P1225	Fehlercode 150 – Einspritzventil Zylinder 1 unterhalb Grenzwert
P1216	Fehlercode 151 – Einspritzventil Zylinder 6 unterhalb Grenzwert
P1227	Fehlercode 152 – Einspritzventil Zylinder 2 unterhalb Grenzwert
P1228	Fehlercode 153 – Einspritzventil Zylinder 4 unterhalb Grenzwert
P1229	Fehlercode 154 – Einspritzventil Zylinder 3 unterhalb Grenzwert
P1230	Fehlercode 155 – Einspritzventil Zylinder 5 unterhalb Grenzwert
P1237	Fehlercode 150 – Einspritzventil Zylinder 1 offener Stromkreis
P1238	Fehlercode 151 – Einspritzventil Zylinder 6 offener Stromkreis
P1239	Fehlercode 152 – Einspritzventil Zylinder 2 offener Stromkreis
P1240	Fehlercode 153 – Einspritzventil Zylinder 4 offener Stromkreis
P1241	Fehlercode 154 – Einspritzventil Zylinder 3 offener Stromkreis
P1242	Fehlercode 155 – Einspritzventil Zylinder 5 offener Stromkreis
P1246	Fehlercode 171 – Ladedrucksteuerventil Laststromkreis Masseschluss
P1247	Fehlercode 171 – Ladedrucksteuerventil Laststromkreis Kurzschluss gegen B+
P1249	Fehlercode 231 – Ladedruck außerhalb Toleranz
P1250	Ladedrucküberwachung außerhalb Toleranz
P1255	Fehlercode 230 – oberer Ladedruckwert oberhalb Grenzwert
P1265	Fehlercode 301 – Airbagsignal fehlerhaft
P1266	Fehlercode 409 – Signalüberwachung Kraftstoffabschaltung fehlerhaft
P1324	Fehlercode 325 – Nockenwellenstellung zur Kurbelwellenstellung Zylinderbank 2 außerhalb Toleranz
P1325	Fehlercode 178 – Nockenwellenverstellung Zylinderreihe 2 fehlerhaft
P1328	Einlassnockenwellen Leistungsstromkreis Zylinderreihe 1 unterbrochen
P1331	Einlassnockenwellen Leistungsstromkreis Zylinderreihe 2 unterbrochen
P1340	Fehlercode 322 – Nockenwellenstellung zur Kurbelwellenstellung Zylinderbank 1 außerhalb Toleranz
P1341	Fehlercode 174 – Nockenwellenverstellung Zylinderreihe 1, Signal fehlerhaft

Fehler-code	Beschreibung
P1342	Fehlercode 189 – Nockenwellenverstellung Zylinderreihe 1, Leistungsstromkreis fehlerhaft
P1343	Fehlercode 189 – Nockenwellenverstellung Zylinderreihe 2, Leistungsstromkreis fehlerhaft
P1344	Fehlercode 579 – Ventilhubsteuerung Zylinderreihe 1, Leistungsstromkreis fehlerhaft
P1345	Fehlercode 580 – Ventilhubsteuerung Zylinderreihe 1, Leistungsstromkreis fehlerhaft
P1348	Nockenwellenverstellung Zylinderbank 1 über Grenzwert
P1349	Nockenwellenverstellung Zylinderbank 1 unter Grenzwert
P1350	Fehlercode 637 – Ventilhubsteuerung Prüfsummenfehler
P1351	Fehlercode 627 – Ventilhubsteuerung Zylinder 1 Signal fehlerhaft
P1352	Fehlercode 628 – Ventilhubsteuerung Zylinder 6 Signal fehlerhaft
P1353	Fehlercode 629 – Ventilhubsteuerung Zylinder 2 Signal fehlerhaft
P1354	Fehlercode 630 – Ventilhubsteuerung Zylinder 4 Signal fehlerhaft
P1355	Fehlercode 631 – Ventilhubsteuerung Zylinder 3 Signal fehlerhaft
P1356	Fehlercode 632 – Ventilhubsteuerung Zylinder 5 Signal fehlerhaft
P1357	Nockenwellenverstellung Zylinderbank 2 über Grenzwert
P1358	Nockenwellenverstellung Zylinderbank 2 unter Grenzwert
P1359	Ventilhubsteuerung Zylinder 1 über Grenzwert
P1360	Ventilhubsteuerung Zylinder 6 über Grenzwert
P1361	Ventilhubsteuerung Zylinder 2 über Grenzwert
P1362	Ventilhubsteuerung Zylinder 4 über Grenzwert
P1363	Ventilhubsteuerung Zylinder 3 über Grenzwert
P1364	Ventilhubsteuerung Zylinder 5 über Grenzwert
P1371	Ventilhubsteuerung Prüfsumme über Grenzwert
P1374	Ventilhubsteuerung Prüfsumme unter Grenzwert
P1384	Fehlercode 220 – Klopfsensor Testsignal Fehlfunktion
P1385	Fehlercode 221 – Klopfsensor Versatzkontrollsignal fehlerhaft
P1396	Fehlercode 222 – Klopfsensor Testsignal fehlerhaft
P1397	Fehlercode 113 – Nockenwellenpositionssensorsignal 2 fehlerhaft
P1411	Fehlercode 208 – Sekundärluftsystem Zylinderreihe 2 unterhalb Grenzwert
P1455	Fehlercode 170 – Klimakompressorsteuerung offener Stromkreis
P1456	Fehlercode 170 – Klimakompressorsteuerung oberhalb Grenzwert
P1457	Fehlercode 170 – Klimakompressorsteuerung unterhalb Grenzwert
P1480	Diagnosemodul Tankleckage Endstufe
P1481	Diagnosemodul Tankleckage Endstufe
P1482	Diagnosemodul Tankleckage Endstufe
P1484	Diagnosemodul Tankleckage
P1485	Diagnosemodul Tankleckage
P1486	Diagnosemodul Tankleckage
P1487	Diagnosemodul Tankleckage
P1501	Fehlercode 403 – Drosselklappenstellmotor Leistungsstromkreis fehlerhaft
P1502	Fehlercode 412 – Drosselklappenstellmotor Federkraft oberhalb Grenzwert
P1503	Fehlercode 402 – Drosselklappenstellmotor Positionssignal fehlerhaft
P1504	Fehlercode 410 – Drosselklappenstellmotor Notlaufstellung fehlerhaft

Fehler-code	Beschreibung
P1505	Fehlercode 404 – Drosselklappenstellmotor offener Stromkreis, außerhalb Grenzwerte
P1506	Fehlercode 413 – Drosselklappenstellmotor Signal für mechanischen Anschlag fehlerhaft
P1507	Fehlercode 411 – Drosselklappenstellmotor Einstellungssignal fehlerhaft
P1508	Fehlercode 408 – Drehmomentvergleich Überwachungssignal fehlerhaft
P1509	Fehlercode 429 – Drehmomentbegrenzer
P1510	Drosselklappenstellmotor
P1511	Fehlercode 543 – Drosselklappenstellmotor Testabbruch
P1512	Fehlercode 76 – Umgebungstemperatur fehlerhaft
P1513	Fehlercode 541 – Drosselklappenstellmotor Federtest außerhalb Grenzwerte
P1514	Fehlercode 540 – Drosselklappenstellmotor Signal für mechanischen Anschlag fehlerhaft
P1515	Drosselklappenstellmotor – Federtest oberhalb Grenzwert
P1516	Drosselklappenstellmotor – Steuerbereich oberhalb Grenzwert
P1517	Drosselklappenstellmotor – Testabbruch
P1518	Drosselklappenstellmotor – Steuerbereich unterhalb Grenzwert
P1546	Fehlercode 171 – Ladedrucksteuerventil Leistungsstromkreis oberhalb Grenzwert
P1547	Fehlercode 171 – Ladedrucksteuerventil Leistungsstromkreis unterhalb Grenzwert
P1548	Fehlercode 171 – Ladedrucksteuerventil Leistungsstromkreis offener Stromkreis
P1550	Funktionsüberwachung: Drehzahl
P1551	Funktionsüberwachung: Lastsignal
P1552	Funktionsüberwachung: Kontrollmodul Fehler Gruppe A
P1553	Funktionsüberwachung: Kontrollmodul Fehler Gruppe B
P1554	Funktionsüberwachung: Gaspedal
P1556	Fehlercode 575: Kühlmittelabschaltventil
P1557	Fehlercode 274 – Umluftventil Leistungsstromkreis
P1570	Fehlercode 39 – Wegfahrsperrensignal fehlerhaft
P1571	Fehlercode 39 – Wegfahrsperre offener Stromkreis, kein Signal
P1574	Fehlercode 364 – Bremslichtschaltersignal fehlerhaft
P1575	Pedalsensor Bewegungssignal fehlerhaft
P1576	Fehlercode 662 – Tempostatleuchte Betriebsbereitschaft CAN-Fehler
P1577	Fehlercode 427 – Gaspedalpositionssensor 1 Signal fehlerhaft
P1578	Fehlercode 428 – Gaspedalpositionssensor 2 Signal fehlerhaft
P1579	Fehlercode 111 – Kurbelwellenstellungssensor Signal fehlerhaft
P1600	Fehlercode 216 – CAN-Abschaltung PSM offener Stromkreis
P1601	CAN-Abschaltung Instrumenteneinheit Signal fehlerhaft
P1602	CAN-Abschaltung Instrumenteneinheit Signal fehlerhaft
P1603	Airbagsteuergerät keine Kommunikation
P1608	Nachricht Tempostatunterbrechung
P1610	Klimaanlagensteuergerät keine Kommunikation
P1613	CAN-Schnittstelle Gateway 1 Abschaltung
P1614	Lenkwinkelsensorsteuermodul keine Kommunikation
P1626	Airbagsteuergerät keine Kommunikation
P1628	CAN-Schnittstelle SGS

Fehler-code	Beschreibung
P1629	CAN-Schnittstelle SGS
P1630	Nachricht Tempostatunterbrechung
P1632	Klimaanlagensteuergerät keine Kommunikation
P1634	Lenkwinkelsensorsteuermodul keine Kommunikation
P1635	CAN-Schnittstelle Gateway 1 Abschaltung
P1654	Kühlmittelabschaltventil oberhalb Grenzwert
P1655	Kühlmittelabschaltventil unterhalb Grenzwert
P1656	Fehlercode 575 – Kühlmittelabschaltventil offener Stromkreis, außerhalb Grenzwerte
P1657	Fehlercode 274 – Umluftventil Leistungsstromkreis außerhalb Grenzwerte
P1658	Umluftventil Leistungsstromkreis oberhalb Grenzwerte
P1659	Umluftventil Leistungsstromkreis unterhalb Grenzwerte
P1671	Fehlercode 407 – DME Relais/Steuermodul fehlerhaftes Signal
P1674	Fehlercode 497 – Motorraumgebläse Leistungsstromkreis fehlerhaft
P1675	Fehlercode 658 – Motorraumgebläse oberhalb Grenzwert
P1676	Fehlercode 658 – Motorraumgebläse oberhalb Grenzwert
P1677	Fehlercode 658 – Motorraumgebläse unterhalb Grenzwert
P1680	Sekundärluftsystemventil Leistungsstromkreis
P1681	Sekundärluftsystemventil Leistungsstromkreis
P1682	Sekundärluftsystemventil Leistungsstromkreis
P1701	Tiptronic Steuergerät Gangvergleich negativ
P1702	Fehlercode 551 – Tiptronic Spannungsversorgung Ventile oder Wählhebel
P1748	Fehlercode 550 – Tiptronic Magnetventile, Schaltdruck
P2088	Einlassnockenwelle Zylinderreihe 1 Leistungsstromkreis unterhalb Grenzwert
P2089	Einlassnockenwelle Zylinderreihe 1 Leistungsstromkreis oberhalb Grenzwert
P2092	Einlassnockenwelle Zylinderreihe 2 Leistungsstromkreis unterhalb Grenzwert
P2093	Einlassnockenwelle Zylinderreihe 2 Leistungsstromkreis oberhalb Grenzwert
P2096	Reaktionszeit Lambdasonde Zylinderreihe 1 oberhalb Grenzwert
P2097	Reaktionszeit Lambdasonde Zylinderreihe 1 unterhalb Grenzwert
P2098	Reaktionszeit Lambdasonde Zylinderreihe 2 oberhalb Grenzwert
P2099	Reaktionszeit Lambdasonde Zylinderreihe 2 unterhalb Grenzwert
P2100	Drosselklappenstellmotor Endstufe
P2101	DVE-Fehler: Positive Abweichung
P2102	DVE Steuerbereich
P2103	DVE Steuerbereich
P2108	Drosselklappenstellmotor mechanischer Anschlag im geschlossenen Zustand
P2119	Drosselklappenstellmotor Federöffnungstest
P2121	Drosselklappenstellmotor Potenziometer 1
P2122	Drosselklappenstellmotor Potenziometer 1
P2123	Drosselklappenstellmotor Potenziometer 1
P2126	Drosselklappenstellmotor Potenziometer 2
P2127	Drosselklappenstellmotor Potenziometer 2
P2128	Drosselklappenstellmotor Potenziometer 2

Fehler-code	Beschreibung
P2135	Gaspedalsignal fehlerhaft
P2176	Drosselklappenstellmotor nicht kalibriert nach Austausch
P2177	Gemischanpassungsfehler Zylinderreihe 1
P2178	Gemischanpassungsfehler Zylinderreihe 1
P2179	Gemischanpassungsfehler Zylinderreihe 2
P2180	Gemischanpassungsfehler Zylinderreihe 2
P2181	Thermostat geöffnet blockiert
P2187	Lambdasondensteuerung RKAT Zylinderreihe 1
P2188	Lambdasondensteuerung RKAT Zylinderreihe 1
P2189	Lambdasondensteuerung RKAT Zylinderreihe 2
P2190	Lambdasondensteuerung RKAT Zylinderreihe 2
P2191	Lambdasondensteuerung FRAO Zylinderreihe 1
P2192	Lambdasondensteuerung FRAO Zylinderreihe 1
P2193	Lambdasondensteuerung FRAO Zylinderreihe 2
P2194	Lambdasondensteuerung FRAO Zylinderreihe 2
P2227	Umgebungsluftdruck unplausibel
P2228	Umgebungsluftdrucksensor, elektrischer Fehler
P2229	Umgebungsluftdrucksensor, elektrischer Fehler
P2230	Umgebungsluftdrucksensor, elektrischer Fehler
P2232	Lambdasonde nach Katalysator Zylinderreihe 1
P2235	Lambdasonde nach Katalysator Zylinderreihe 2
P2257	Sekundärluftpumpe Leistungsstromkreis
P2258	Sekundärluftpumpe Leistungsstromkreis
P2270	Lambdasondensignal nach Katalysator Zylinderreihe 1 zu mager
P2271	Lambdasondensignal nach Katalysator Zylinderreihe 1 zu fett
P2272	Lambdasondensignal nach Katalysator Zylinderreihe 2 zu mager
P2273	Lambdasondensignal nach Katalysator Zylinderreihe 2 zu fett
P2400	Tankleckage-Diagnosemodul Pumpenmotor Leistungsstromkreis
P2401	Tankleckage-Diagnosemodul Pumpenmotor Leistungsstromkreis
P2402	Tankleckage-Diagnosemodul Pumpenmotor Leistungsstromkreis
P3081	Kühlmitteltemperatur unplausibel

Fehlercode DME SDI 3.1

Fehler-code	Beschreibung
P000A	Einlassnockenwellensteuerung Zylinderreihe 1 langsame Reaktion
P000C	Einlassnockenwellenverstellung Zylinderreihe 2 langsame Reaktion
P0010	Einlassnockenwellenverstellung Zylinderreihe 1 Leistungsstromkreis
P0011	Nockenwellenverstellung Zylinderreihe 1 Systemverhalten
P0016	Kurbelwellenfehlstellung im Verhältnis zur Einlassnockenwelle Zylinderreihe 1
P0018	Kurbelwellenfehlstellung im Verhältnis zur Einlassnockenwelle Zylinderreihe 2
P0020	Einlassnockenwellenverstellung Zylinderreihe 2, offener Stromkreis
P0021	Nockenwellenstellung Zylinderreihe 2 im Verhältnis zur Kurbelwellenstellung zu früh
P0030	Lambdasondenheizung Steuerstromkreis Zylinderreihe 1, Sensor 1
P0031	Lambdasondenheizung Steuerstromkreis Zylinderreihe 1, Sensor 1 Eingang zu niedrig
P0032	Lambdasondenheizung Steuerstromkreis Zylinderreihe 1, Sensor 1 Eingang zu hoch
P0036	Lambdasondenheizung Steuerstromkreis Zylinderreihe 1, Sensor 2
P0037	Lambdasondenheizung Steuerstromkreis Zylinderreihe 1, Sensor 2 Eingang zu niedrig
P0038	Lambdasondenheizung Steuerstromkreis Zylinderreihe 1, Sensor 2 Eingang zu hoch
P0040	Lambdasonde Signale vertauscht Zylinderreihe 1 Sensor 1 / Zylinderreihe 2 Sensor 1
P0041	Lambdasonde Signale vertauscht Zylinderreihe 1 Sensor 2 / Zylinderreihe 2 Sensor 2
P0049	Turbolader Drehzahlbegrenzung
P0050	Lambdasondenheizung Steuerstromkreis Zylinderreihe 2, Sensor 1
P0051	Lambdasondenheizung Steuerstromkreis Zylinderreihe 2, Sensor 1 Eingang zu niedrig
P0053	Lambdasondenheizung vor Katalysator Zylinderreihe 1
P0052	Lambdasondenheizung Steuerstromkreis Zylinderreihe 2, Sensor 1 Eingang zu hoch
P0056	Lambdasondenheizung Steuerstromkreis Zylinderreihe 2, Sensor 2
P0057	Lambdasondenheizung Steuerstromkreis Zylinderreihe 2, Sensor 2 Eingang zu niedrig
P0058	Lambdasondenheizung Steuerstromkreis Zylinderreihe 2, Sensor 2 Eingang zu hoch
P0059	Lambdasondenheizung vor Katalysator Zylinderreihe 2
P0068	Luftmassenwert unplausibel
P0071	Umgebungstemperaturwert über CAN-Bus von Instrumenteneinheit unplausibel
P0072	Umgebungstemperaturwert zu niedrig
P0073	Umgebungstemperaturwert zu hoch
P0074	Umgebungstemperaturwert über CAN
P0076	Ventilhubsteuerung Zylinderreihe 1 Endstufe
P0077	Ventilhubsteuerung Zylinderreihe 1 Endstufe
P0082	Ventilhubsteuerung Zylinderreihe 2 Endstufe
P0083	Ventilhubsteuerung Zylinderreihe 2 Endstufe
P0107	Saugrohrdrucksensor elektrischer Fehler
P0108	Saugrohrdrucksensor elektrischer Fehler
P0111	Ansauglufttemperatursensor Wert unplausibel
P0112	Ansauglufttemperatursensor Eingang zu niedrig
P0113	Ansauglufttemperatursensor Eingang zu hoch
P0114	Motorkühlmitteltemperatur Schaltkreisfehlfunktion

Fehler-code	Beschreibung
P0116	Motorkühlmitteltemperatur Signal unplausibel
P0117	Motorkühlmitteltemperatur, elektrischer Fehler
P0118	Motorkühlmitteltemperatursensor, elektrischer Fehler
P0119	Motorkühlmitteltemperatursensor 1 fehlerhaft
P0121	Drosselklappen-/Gaspedal-Potenziometersignal unplausibel
P0122	Drosselklappen-/Gaspedal-Potenziometersignal 1 Eingang zu niedrig
P0123	Drosselklappen-/Gaspedal-Potenziometersignal 1 Eingang zu hoch
P0131	Lambdasondensignal Zylinderbank 1 vor Katalysator Spannung zu niedrig
P0132	Lambdasondensignal Zylinderbank 1 vor Katalysator Spannung zu hoch
P0133	Lambdasondensignal Zylinderbank 1 vor Katalysator Signal zu träge
P0135	Lambdasondenheizung Zylinderbank 1 vor Katalysator Fehlfunktion
P0136	Lambdasondensignal Zylinderbank 1, Sensor 2 Fehlfunktion,
P0137	Lambdasondensignal Zylinderbank 1, Sensor 2 Spannung zu niedrig
P0138	Lambdasondensignal Zylinderbank 1, Sensor 2 Spannung zu hoch
P0139	Lambdasondensignal Zylinderbank 2 vor Katalysator Signal zu träge
P013A	Lambdasondensignal Zylinderreihe 1, Sensor 2
P013B	Lambdasondensignal Zylinderreihe 2, Sensor 2
P013C	Lambdasondensignal Zylinderreihe 2, Sensor 2
P013D	Lambdasondensignal Zylinderreihe 1, Sensor 2
P0141	Lambdasondenheizung Zylinderbank 1, Sensor 2, Schaltkreis Fehlfunktion
P0151	Lambdasondensignal Zylinderbank 2, Sensor 1 Spannung zu niedrig
P0152	Lambdasondensignal Zylinderbank 2, Sensor 1 Spannung zu hoch
P0153	Lambdasondensignal Zylinderbank 2, Sensor 1 Signal zu träge
P0154	Lambdasonde Zylinderbank 2, Sensor 1 inaktiv
P0155	Lambdasondenheizung Zylinderbank 2, Sensor 1, Schaltkreis Fehlfunktion
P0156	Lambdasondensignal Zylinderbank 2, Sensor 2 Fehlfunktion,
P0157	Lambdasondensignal Zylinderbank 2, Sensor 2 Spannung zu niedrig
P0158	Lambdasondensignal Zylinderbank 2, Sensor 2 Spannung zu hoch
P0159	Lambdasondensignal Zylinderbank 2, Sensor 2 Signal zu träge
P0160	Lambdasonde Zylinderbank 2, Sensor 2 inaktiv
P0161	Lambdasondenheizung Zylinderbank 2, Sensor 2, Schaltkreis Fehlfunktion
P0171	Gemisch zu mager, Zylinderbank 1
P0172	Gemisch zu fett, Zylinderbank 1
P0174	Gemisch zu mager, Zylinderbank 2
P0175	Gemisch zu fett, Zylinderbank 2
P0190	Kraftstoffdruck Hochdrucksensor
P0192	Kraftstoffdruck Hochdrucksensor
P0195	Öltemperatursensor Fehlfunktion
P0197	Öltemperatur Eingang zu niedrig
P0198	Öltemperatur Eingang zu hoch
P0201	Einspritzventil Zylinder 1 offener Stromkreis
P0202	Einspritzventil Zylinder 2 offener Stromkreis

Fehler-code	Beschreibung
P0203	Einspritzventil Zylinder 3 offener Stromkreis
P0204	Einspritzventil Zylinder 4 offener Stromkreis
P0205	Einspritzventil Zylinder 5 offener Stromkreis
P0206	Einspritzventil Zylinder 6 offener Stromkreis
P0222	Gaspedal-Potenziometersignal 2 Eingang zu niedrig
P0223	Gaspedal-Potenziometersignal 2 Eingang zu hoch
P0230	Kraftstoffpumpe 1 Relaisschaltkreis Fehlfunktion
P0234	Ladedruck zu hoch
P025A	Kraftstoffpumpensteuergerät Aktivierung
P025C	Kraftstoffpumpensteuergerät Aktivierung
P025D	Kraftstoffpumpensteuergerät Aktivierung
P0261	Einspritzventil Zylinder 1 Wert zu niedrig
P0262	Einspritzventil Zylinder 1 Wert zu hoch
P0264	Einspritzventil Zylinder 2 Wert zu niedrig
P0265	Einspritzventil Zylinder 2 Wert zu hoch
P0267	Einspritzventil Zylinder 3 Wert zu niedrig
P0268	Einspritzventil Zylinder 3 Wert zu hoch
P0270	Einspritzventil Zylinder 4 Wert zu niedrig
P0271	Einspritzventil Zylinder 4 Wert zu hoch
P0273	Einspritzventil Zylinder 5 Wert zu niedrig
P0274	Einspritzventil Zylinder 5 Wert zu hoch
P0276	Einspritzventil Zylinder 6 Wert zu niedrig
P0277	Einspritzventil Zylinder 6 Wert zu hoch
P0298	Motoröltemperatur zu hoch
P0299	Ladedruck Kontrollabweichung
P0300	Fehlzündungen erkannt
P0301	Fehlzündung Zylinder 1
P0302	Fehlzündung Zylinder 2
P0303	Fehlzündung Zylinder 3
P0304	Fehlzündung Zylinder 4
P0305	Fehlzündung Zylinder 5
P0306	Fehlzündung Zylinder 6
P0326	Klopfsensor 1 Eingangswert fehlerhaft
P0327	Klopfsensor 1 Eingangswert zu niedrig
P0331	Klopfsensor 2 Eingangswert zu niedrig
P0332	Klopfsensor 2 Eingangswert zu niedrig
P0335	Kurbelwellenpositionssensor A fehlerhaft
P0336	Kurbelwellenpositionssensor A fehlerhaft
P0341	Nockenwellenpositionssensorsignal 1 unplausibel
P0342	Nockenwellenpositionssensorsignal 1 Eingangswert zu niedrig
P0343	Nockenwellenpositionssensorsignal 1 Eingangswert zu hoch
P0344	Nockenwellenpositionssensor 1 offener Stromkreis

Fehler-code	Beschreibung
P0346	Nockenwellenpositionssensorsignal 2 unplausibel
P0347	Nockenwellenpositionssensorsignal 2 Eingangswert zu niedrig
P0348	Nockenwellenpositionssensorsignal 2 Eingangswert zu hoch
P0349	Nockenwellenpositionssensor 2 offener Stromkreis
P0350	Zündspule Primär/Sekundär
P0351	Zündspule A Primär-/Sekundärkreis
P0352	Zündspule B Primär-/Sekundärkreis
P0533	Zündspule C Primär-/Sekundärkreis
P0354	Zündspule D Primär-/Sekundärkreis
P0355	Zündspule E Primär-/Sekundärkreis
P0356	Zündspule F Primär-/Sekundärkreis
P0371	Kurbelwellensensor
P0373	Kurbelwellenpositionssensor A fehlerhaft
P0411	Sekundärluftsystem falscher Durchfluss
P0418	Sekundärluftsystem Leistungsstromkreis Pumpe
P0421	Katalysatorvorwärmung Zylinderreihe 1 unter Grenzwert
P0431	Katalysatorvorwärmung Zylinderreihe 2 unter Grenzwert
P0441	Kraftstofftankbelüftungssystem falscher Spülwert
P0444	Kraftstofftankbelüftungssystemventil offener Stromkreis
P0447	Kraftstofftankbelüftungssystemventil Leistungsstromkreis DMTL/DLDP
P0448	Kraftstofftankbelüftungssystemventil Leistungsstromkreis DMTL/DLDP
P0455	Kraftstofftankbelüftungssystem größere Leckage
P0456	Kraftstofftankbelüftungssystem Leck erkannt
P0458	Kraftstofftankbelüftungsventil Leistungsstromkreis
P0459	Kraftstofftankbelüftungsventil Leistungsstromkreis
P0460	Kraftstofftankfüllstandsensor Fehlfunktion
P0461	Kraftstofftankfüllstandsensor außerhalb Betriebsbereich
P0464	Kraftstofftankfüllstandsensor außerhalb Betriebsbereich
P0491	Sekundärluftsystem Zylinderreihe 1
P0492	Sekundärluftsystem Zylinderreihe 2
P0501	Geschwindigkeitssensorsignal PSM/ASR
P0502	Geschwindigkeitssensorsignal PSM/ASR
P0503	Geschwindigkeitssensorsignal PSM/ASR
P0506	Leerlaufsteuerung Drehzahl zu hoch
P0507	Leerlaufdrehzahlsteuerung
P050A	Leerlaufdrehzahlsteuerung nach Kaltstart
P050B	Zündverstellwinkel bei Leerlaufdrehzahl nach Kaltstart
P050C	Kühlmitteltemperatur zu niedrig
P050D	Leerlaufdrehzahlsteuerung nach Kaltstart
P0513	Falscher Fahrzeugschlüssel
P0521	Öldrucksensor
P0522	Öldrucksensor

Fehler-code	Beschreibung
P0523	Öldrucksensor
P0524	Öldrucksensor
P052A	Nockenwellenverstellung nach Kaltstart Zylinderreihe 1
P052C	Nockenwellenverstellung nach Kaltstart Zylinderreihe 2
P052F	Kraftstoffdruck nach Kaltstart zu hoch
P0544	Abgastemperatursensor Zylinderreihe 1
P0545	Abgastemperatursensor Zylinderreihe 1
P0546	Abgastemperatursensor Zylinderreihe 1
P0547	Abgastemperatursensor Zylinderreihe 2
P0548	Abgastemperatursensor Zylinderreihe 2
P0549	Abgastemperatursensor Zylinderreihe 2
P0562	Systemspannung zu niedrig
P0563	Systemspannung zu hoch
P0564	Tempomat Bedienhebel
P0568	Tempomat Bedienhebel
P0571	Bremslichtschalter
P0601	DME Steuergerät interner Fehler
P0603	DME Steuergerät EEPROM-Fehler
P0604	DME Steuergerät RAM-Speicherfehler
P0605	DME Steuergerät ROM-Speicherfehler
P0606	DME Steuergerät fehlerhaftes Betriebsverhalten
P0607	DME Steuergerät Reset
P0611	DME Steuergerät fehlerhaft
P0627	Kraftstoffpumpe 1 Steuerkreis
P0628	Kraftstoffpumpe 1 Steuerkreis
P0629	Kraftstoffpumpe 1 Steuerkreis
P0642	Sensorspannung 1 (5 V)
P0643	Sensorspannung 1 (5 V)
P064A	Kraftstoffpumpensteuergerät
P0650	Fehlerwarnleuchte Stromkreis unterbrochen
P0652	Sensorspannung 2 (5 V)
P0653	Sensorspannung 2 (5 V)
P0660	Steuerventil Ansaugklappe Zylinderreihe 1 offener Stromkreis
P0661	Steuerventil Ansaugklappe Zylinderreihe 1 Eingangswert zu niedrig
P0662	Steuerventil Ansaugklappe Zylinderreihe 1 Eingangswert zu hoch
P0663	Steuerventil Ansaugklappe Zylinderreihe 2 offener Stromkreis
P0664	Steuerventil Ansaugklappe Zylinderreihe 2 Eingangswert zu niedrig
P0665	Steuerventil Ansaugklappe Zylinderreihe 2 Eingangswert zu hoch
P0685	PCM-Steuergerätrelais Steuerkreis
P0686	PCM-Steuergerätrelais Steuerkreis
P0687	PCM-Steuergerätrelais Steuerkreis
P0700	Fehlercode 555 – Tiptronic-Steuerung Fehlfunktion

Fehler-code	Beschreibung
P0830	Kupplungsschaltersignal unplausibel
P0831	Kupplungsschaltersignal
P0832	Kupplungsschaltersignal
P0833	Unterer Kupplungsschalter (blockiert)
P0834	Unterer Kupplungsschalter (blockiert)
P0835	Unterer Kupplungsschalter (blockiert)
P0850	Park/Neutral-Eingangssignal
P0851	Park/Neutral-Eingangssignal
P1021	Kraftstoffhochdrucksystem Menge
P1023	Kraftstoffhochdruck beim Starten zu niedrig
P1024	Kraftstoffhochdruck nach Abschalten zu hoch
P1025	Kraftstoffhochdruck Anpassung
P1026	Kraftstoffhochdruck unplausibel
P1027	Kraftstoffhochdruck schwankt
P1030	Kraftstoffhochdrucksensor blockiert
P1031	Kraftstoffhochdrucksensor beim Start blockiert
P1041	Auspuffklappensteuerung
P1042	Auspuffklappensteuerung
P1043	Auspuffklappensteuerung
P1072	Luftmasse bei Leerlaufdrehzahl zu hoch
P1073	Luftmasse bei Leerlaufdrehzahl zu niedrig
P1074	Luftmasse bei Teillast zu hoch
P1075	Luftmasse bei Teillast zu niedrig
P1076	Luftmasse bei Vollast zu hoch
P1077	Luftmasse bei Vollast zu niedrig
P1078	Luftmasse vor Drosselklappe im Leerlauf fehlerhaft
P1079	Luftmasse vor Drosselklappe im Leerlauf fehlerhaft
P1080	Luftmasse vor Drosselklappe bei Teillast fehlerhaft
P1081	Luftmasse vor Drosselklappe bei Teillast fehlerhaft
P1082	Luftmasse vor Drosselklappe bei Volllast fehlerhaft
P1083	Luftmasse vor Drosselklappe bei Volllast fehlerhaft
P1084	Turboladerstellmotor B1, fehlerhaftes Signal
P1085	Turboladerstellmotor B1, elektrischer Fehler
P1086	Turboladerstellmotor B1, elektrischer Fehler
P1087	Turboladerstellmotor B2, fehlerhaftes Signal
P1088	Turboladerstellmotor B2, elektrischer Fehler
P1089	Turboladerstellmotor B2, elektrischer Fehler
P1090	Heißfilm-Luftmassenmesser, elektrischer Fehler
P1091	Heißfilm-Luftmassenmesser, elektrischer Fehler
P1094	Heißfilm-Luftmassenmesser vor Drosselklappe unplausibler Wert
P1097	Heißfilm-Luftmassenmesser vor Drosselklappe unplausibler Wert
P1098	Heißfilm-Luftmassenmesser vor Drosselklappe unplausibler Wert

Fehler-code	Beschreibung
P1147	Öldruckregulierventil Spannungsversorgung
P1148	Öldruckregulierventil Spannungsversorgung
P1149	Öldruckregulierventil Spannungsversorgung
P1150	Öldruckregulierventil Aktivierung
P1151	Öldruckregulierventil Aktivierung
P1152	Öldruckregulierventil Aktivierung
P1157	Motorraumtemperatursensor unterhalb Grenzwert
P1158	Motorraumtemperatursensor oberhalb Grenzwert
P1165	Turboladerverstellung Lastkreis B1
P1166	Turboladerverstellung Lastkreis B1
P1167	Turboladerverstellung Lastkreis B1
P1168	Turboladerverstellung Lastkreis B2
P1169	Turboladerverstellung Lastkreis B2
P1170	Turboladerverstellung Lastkreis B2
P1183	Saugrohrdrucksensor elektrischer Fehler
P1184	Saugrohrdrucksensor elektrischer Fehler
P1186	Umgebungsluftdrucksensor Signal fehlerhaft
P1187	Umgebungsluftdrucksensor Signal fehlerhaft
P1188	Umgebungsluftdrucksensor elektrischer Fehler
P1189	Drucksensor vor Drosselklappe elektrischer Fehler
P1190	Drucksensor vor Drosselklappe elektrischer Fehler
P1251	Signal an Turboladerverstellung fehlerhaft
P1252	Turboladerverstellung B1 fest
P1253	Turboladerverstellung B1 Verstellbereich
P1254	Turboladerverstellung B1 Temperatur
P1255	Signal an Turboladerverstellung fehlerhaft
P1256	Turboladerverstellung B2 fest
P1257	Turboladerverstellung B2 Verstellbereich
P1258	Turboladerverstellung B2 Temperatur
P1261	Turboladerverstellung B1 nicht angepasst
P1262	Turboladerverstellung B2 nicht angepasst
P1265	Aufprallsignal
P1280	Kraftstoffpumpensteuergerät
P1284	Kraftstoffpumpe elektrischer Fehler
P1285	Kraftstoffpumpe elektrischer Fehler
P12A1	Kraftstoffsammelrohr Druck zu hoch
P12A2	Kraftstoffsammelrohr Druck zu hoch
P1324	Nockenwellenstellung zur Kurbelwellenstellung Zylinderreihe 2 außerhalb Toleranz
P1340	Nockenwellenstellung zur Kurbelwellenstellung Zylinderreihe 1 außerhalb Toleranz
P1346	Ventilhubverstellung Zylinderreihe 1 nach Kaltstart
P1347	Ventilhubverstellung Zylinderreihe 2 nach Kaltstart
P1351	Ventilhubsteuerung Zylinder 1 Signal fehlerhaft

Fehler-code	Beschreibung
P1352	Ventilhubsteuerung Zylinder 6 Signal fehlerhaft
P1353	Ventilhubsteuerung Zylinder 2 Signal fehlerhaft
P1354	Ventilhubsteuerung Zylinder 4 Signal fehlerhaft
P1355	Ventilhubsteuerung Zylinder 3 Signal fehlerhaft
P1356	Ventilhubsteuerung Zylinder 5 Signal fehlerhaft
P1359	Ventilhubsteuerung Zylinder 1 über Grenzwert
P1360	Ventilhubsteuerung Zylinder 6 über Grenzwert
P1361	Ventilhubsteuerung Zylinder 2 über Grenzwert
P1362	Ventilhubsteuerung Zylinder 4 über Grenzwert
P1363	Ventilhubsteuerung Zylinder 3 über Grenzwert
P1364	Ventilhubsteuerung Zylinder 5 über Grenzwert
P1372	Ventilhubsteuerung – eine Zylinderreihe mit falschem Hub
P1373	Ventilhubsteuerung – eine Zylinderreihe mit falschem Hub
P1380	Klopferkennung
P1381	Ventilhubsteuerung – eine Zylinderreihe mit falschem Hub
P1382	Ventilhubsteuerung – eine Zylinderreihe mit falschem Hub
P13EA	Zündverstellwinkel beim Kaltstart außerhalb Leerlaufdrehzahl
P1480	Diagnosemodul Tankleckage Endstufe
P1481	Diagnosemodul Tankleckage Endstufe
P1482	Diagnosemodul Tankleckage Endstufe
P1484	Diagnosemodul Tankleckage
P1485	Diagnosemodul Tankleckage
P1486	Diagnosemodul Tankleckage
P1487	Diagnosemodul Tankleckage
P1502	Drosselklappenstellmotor
P1506	Drosselklappenstellmotor
P1507	DVE-Fehler während Abgleich
P1508	Drehmomentvergleich Überwachungssignal fehlerhaft
P1509	Drehmomentbegrenzer
P1517	Drosselklappenstellmotor – Testabbruch
P1528	Umgebungstemperatur über CAN
P1530	Zeitinformation über CAN fehlt
P1531	Ansaugsystemüberwachung Steuerkreis (Zylinderreihe 2) P1533
P1532	Ansaugsystemüberwachung Steuerkreis (Zylinderreihe 2) P1533
P1533	Ansaugsystemüberwachung Steuerkreis (Zylinderreihe 2) P1533
P1536	Öldrucküberwachung Grenzwert überschritten
P1537	Öldrucküberwachung Grenzwert unterschritten
P1538	Ölpumpensteuerung
P1539	Ölpumpensteuerung
P1540	Drosselklappenverstellung
P1541	Drosselklappenverstellung
P1542	Drosselklappenverstellung

Fehler-code	Beschreibung
P1543	Drosselklappenverstellung
P1550	Funktionsüberwachung: Drehzahl
P1552	Funktionsüberwachung: Kontrollmodul Fehler Gruppe A
P1556	DME Steuergerät fehlerhaft
P1557	DME Steuergerät fehlerhaft
P1558	DME Steuergerät fehlerhaft
P1559	Spannungsversorgung bei stehendem Motor
P1561	Tempostat
P1563	Tempostat
P1565	Tempostat
P1570	Spannungsversorgung R/C
P1575	Pedalsensor Bewegungssignal fehlerhaft
P1576	Kommunikation Lenkradelektronik – Tempostatbereitschaftsanzeige
P1581	Kickdownanpassung
P1582	Steuergerät fehlerhaft (RAM)
P1600	PSM-Steuergerät Kommunikation
P1603	POSIP-Steuergerät Kommunikationsfehler
P1606	ASR-Steuergerät Kommunikation
P1620	Aufprallsignal
P1626	POSIP-Steuergerät Kommunikationsfehler
P1627	PSM-Steuergerät Kommunikation
P1628	CAN-Schnittstelle Kommunikation
P1629	Getriebe-Steuergerät fehlerhaft
P1631	Gateway-Steuergerät Kommunikation
P1637	Fahrzeug-Ident.-Nr-Speicherung fehlerhaft
P1638	Fahrzeug-Ident.-Nr-Speicherung fehlerhaft
P1639	Fahrzeug-Ident.-Nr-Speicherung fehlerhaft
P1641	Lambdasonde Steuergerätfehler IC1
P1642	Lambdasonde Steuergerätfehler IC2
P1647	Zusatzkühlmittelpumpe Leistungsstromkreis
P1649	Zusatzkühlmittelpumpe Leistungsstromkreis
P1650	Zusatzkühlmittelpumpe Leistungsstromkreis
P1654	Kühlmittelabschaltventil oberhalb Grenzwert
P1655	Kühlmittelabschaltventil unterhalb Grenzwert
P1656	Kühlmittelabschaltventil offener Stromkreis, außerhalb Grenzwerte
P1657	Umluftventil Leistungsstromkreis außerhalb Grenzwerte
P1658	Umluftventil Leistungsstromkreis oberhalb Grenzwerte
P1659	Umluftventil Leistungsstromkreis unterhalb Grenzwerte
P1674	Motorraumgebläse Leistungsstromkreis fehlerhaft
P1675	Motorraumgebläse
P1676	Motorraumgebläse Leistungsstromkreis
P1677	Motorraumgebläse Leistungsstromkreis

Fehler-code	Beschreibung
P1680	Auspuffklappe
P1686	Motorraumgebläse Drehzahl zu niedrig
P1687	Motorraumgebläse Drehzahl zu niedrig
P1688	Motorraumgebläse Drehzahl zu niedrig
P1691	Getriebe-Steuergerät Kommunikation
P1692	Getriebe-Steuergerät Software inkompatibel
P1693	PSM-Steuergerät Kommunikation
P1696	Generator, elektrischer Fehler
P1697	Generator, mechanischer Fehler
P1698	Offener Stromkreis zwischen Generator und Fahrzeug
P1699	Verbindung zu Generator unterbrochen
P169A	Getriebe-Steuergerät Kommunikation
P2080	Abgastemperatursensor Zylinderreihe 1
P2081	Abgastemperatursensor Zylinderreihe 1
P2082	Abgastemperatursensor 1 Zylinderreihe 2 außerhalb Betriebsbereich
P2083	Abgastemperatursensor 1 Zylinderreihe 2 außerhalb Betriebsbereich
P2088	Einlassnockenwellenverstellung Zylinderreihe 1 Leistungsstromkreis unterhalb Grenzwert
P2089	Einlassnockenwellenverstellung Zylinderreihe 1 Leistungsstromkreis oberhalb Grenzwert
P2092	Einlassnockenwellenverstellung Zylinderreihe 2 Leistungsstromkreis unterhalb Grenzwert
P2093	Einlassnockenwellenverstellung Zylinderreihe 2 Leistungsstromkreis oberhalb Grenzwert
P2096	Lambdaverhältniskorrektur nach Katalysator Zylinderreihe 1 zu mager
P2097	Lambdaverhältniskorrektur nach Katalysator Zylinderreihe 1 zu fett
P2098	Lambdaverhältniskorrektur nach Katalysator Zylinderreihe 2 zu mager
P2099	Lambdaverhältniskorrektur nach Katalysator Zylinderreihe 2 zu fett
P2099	Reaktionszeit Lambdasonde Zylinderreihe 2 unterhalb Grenzwert
P2100	Drosselklappenstellmotor Endstufe
P2101	DVE-Fehler: Positive Abweichung
P2103	DVE Steuerbereich
P2104	Drosselklappeneinstellung für Notlaufprogramm
P2121	Drosselklappenstellmotor Potenziometer 1
P2122	Drosselklappenstellmotor Potenziometer 1
P2123	Drosselklappenstellmotor Potenziometer 1
P2126	Drosselklappenstellmotor Potenziometer 2
P2127	Drosselklappenstellmotor Potenziometer 2
P2128	Drosselklappenstellmotor Potenziometer 2
P2138	Drosselklappenstellglied
P2146	Einspritzventile Spannungsversorgung
P2149	Einspritzventile Spannungsversorgung
P2152	Einspritzventile Spannungsversorgung
P2155	Einspritzventile Spannungsversorgung
P2181	Thermostat geöffnet blockiert
P2195	Lambdasondensignal Zylinderreihe 1, Sensor 1, verbleibt auf mager

Fehler-code	Beschreibung
P2196	Lambdasondensignal Zylinderreihe 1, Sensor 1 verbleibt auf fett
P2197	Lambdasondensignal Zylinderreihe 2, Sensor 1 verbleibt auf mager
P2198	Lambdasondensignal Zylinderreihe 2, Sensor 1 verbleibt auf fett
P2227	Umgebungsluftdruck unplausibel
P2228	Umgebungsluftdrucksensor elektrischer Fehler
P2229	Umgebungsluftdrucksensor elektrischer Fehler
P2237	Lambdasondensignal vor Katalysator Zylinderreihe 1 zu mager
P2240	Lambdasonde 1 Zylinderreihe 2 ohne Aktivität
P2243	Lambdasonde 1 Zylinderreihe 1 Referenzspannung
P2247	Lambdasonde 1 Zylinderreihe 2 Referenzspannung
P2257	Sekundärluftpumpe Leistungsstromkreis
P2258	Sekundärluftpumpe Leistungsstromkreis
P2270	Lambdasondensignal Zylinderreihe 1, Sensor 1 verbleibt auf mager
P2271	Lambdasondensignal Zylinderreihe 1, Sensor 1 verbleibt auf fett
P2272	Lambdasondensignal Zylinderreihe 2, Sensor 1 verbleibt auf mager
P2273	Lambdasondensignal Zylinderreihe 2, Sensor 1 verbleibt auf fett
P2279	Ansaugsystem undicht
P2294	Mengensteuerventil Leistungsstromkreis
P2295	Mengensteuerventil Leistungsstromkreis
P2296	Mengensteuerventil Leistungsstromkreis
P2297	Lambdasonde vor Katalysator Zylinderreihe 1 Betriebsverhalten
P2298	Lambdasonde 1 Zylinderreihe 2 außerhalb Betriebsbereich beim Beschleunigen
P2300	Zündspule A Primär-/Sekundärkreis
P2301	Zündspule A Primär-/Sekundärkreis
P2302	Zündmodul Zylinder 1 abgeschaltet
P2303	Zündspule B Primär-/Sekundärkreis
P2304	Zündspule B Primär-/Sekundärkreis
P2305	Zündmodul Zylinder 2 abgeschaltet
P2306	Zündspule C Primär-/Sekundärkreis
P2307	Zündspule C Primär-/Sekundärkreis
P2308	Zündmodul Zylinder 3 abgeschaltet
P2309	Zündspule D Primär-/Sekundärkreis
P2310	Zündspule D Primär-/Sekundärkreis
P2311	Zündmodul Zylinder 4 abgeschaltet
P2312	Zündspule E Primär-/Sekundärkreis
P2313	Zündspule E Primär-/Sekundärkreis
P2314	Zündmodul Zylinder 5 abgeschaltet
P2315	Zündspule F Primär-/Sekundärkreis
P2316	Zündspule F Primär-/Sekundärkreis
P2317	Zündmodul Zylinder 6 abgeschaltet
P2400	Tankleckage-Diagnosemodul Pumpenmotor Leistungsstromkreis
P2401	Tankleckage-Diagnosemodul Pumpenmotor Leistungsstromkreis

Fehler-code	Beschreibung
P2414	Lambdasonde vor Katalysator Zylinderreihe 1 Lufteintritt
P2415	Lambdasonde vor Katalysator Zylinderreihe 2 Lufteintritt
P2626	Lambdasonde 1 Zylinderreihe 1, Pumpenstromsteuerung
P2629	Lambdasonde 1 Zylinderreihe 2, Pumpenstromsteuerung
P2632	Kraftstoffpumpe B Steuerstromkreis
P2633	Kraftstoffpumpe B Steuerstromkreis
P2634	Kraftstoffpumpe B Steuerstromkreis
P2A00	Lambdasonde vor Katalysator Zylinderreihe 1 elektrischer Fehler
P2A01	Gemisch hinter Katalysator Zylinderreihe 1 unplausibel
P2A03	Lambdasonde vor Katalysator Zylinderreihe 2 elektrischer Fehler
P2A04	Gemisch hinter Katalysator Zylinderreihe 2 unplausibel
P3052	Startrelaisaktivierung
P3053	Startrelaisaktivierung
P3081	Kühlmitteltemperatur unplausibel
P3082	Motortemperatursensor
U0073	CAN-Bus Kommunikation
U0101	Getriebe-Steuergerät Kommunikation
U0103	Getriebe-Steuergerät Kommunikation
U0109	EKPSM Modulendstufe
U0111	Elektrisches System Steuergerät Kommunikation
U0114	Allrad-Steuergerät Kommunikation
U0126	Lenkwinkelsensormodul Kommunikation
U0129	Liftsystem-Steuergerät Kommunikation
U0140	Bordnetz-Steuergerät Kommunikation
U0146	Gateway-Steuergerät (CAN-Bus) Kommunikation
U0155	Instrumenteneinheit Kommunikation
U0164	Klimaanlagen-Steuergerät Kommunikation
U0167	PAS-Steuergerät Kommunikation
U0212	Lenksäulen-Steuergerät Kommunikation
U0300	DME-Steuergerät Programmierung
U0302	Getriebe-Steuergerät Software inkompatibel
U0319	Ungültige Daten von Bremssystem-Steuergerät
U0402	Getriebe-Steuergerät Software inkompatibel
U0404	Getriebe-Steuergerät Software inkompatibel
U0414	Allrad-Steuergerät fehlerhaft
U0418	Ungültige Daten von Bremssystem-Steuergerät
U0423	Instrumenteneinheit fehlerhaft
U0424	Wechselspannungsregelung fehlerhaft
U0428	Ungültige Daten von Lenkwinkelsensormodul
U0429	Ungültige Daten von Lenksäulen-Steuergerät

Fehlercodes Getriebe

Tiptronic S, Typ A97.XX

Fehler-code	Beschreibung
2000	Steuermodul Getriebesteuerung (Test interne Überwachungsschaltung)
2001	Steuermodul Getriebesteuerung (interne Überwachungsschaltung)
2002	Steuermodul Getriebesteuerung (Test externe Überwachungsschaltung)
2003	Getriebe-Steuergerät (externe Überwachungsschaltung)
2004	Getriebe-Steuergerät (Uhr)
2005	Getriebe-Steuergerät (RAM)
2006	Steuermodul Getriebesteuerung (CAN-Steuerung 1 RAM)
2007	Steuermodul Getriebesteuerung (CAN-Steuerung 2 RAM)
2008	Getriebe-Steuergerät (ROM)
200a	Getriebe-Steuergerät (EEPROM, nicht funktionskritisch)
200b	Getriebe-Steuergerätfunktion (nur interne Testfunktion)
200c	Getriebe-Steuergerät Programmfunktionstest (nur Test)
2010	Getriebe-Steuergerät
2011	Getriebe-Steuergerät (ungültige Version)
2012	Tiptronic-Steuergerät defekt
2013	Endstufendeaktivierung durch Überwachungsschaltung nicht möglich
2030	Getriebe-Steuergerät (allgemeiner Fehler)
2100	Magnetventil 1-2/4-5 Schaltung
2101	Magnetventil 1-2/4-5 Schaltung Kurzschluss gegen Masse
2102	Magnetventil 2-3 Schaltung
2103	Magnetventil 2-3 Schaltung Kurzschluss gegen Masse
2104	Magnetventil 3-4 Schaltung
2105	Magnetventil 3-4 Schaltung Kurzschluss gegen Masse
2106	Pulsweitenmoduliertes Magnetventil Wandlerkupplung
2107	Magnetventil Druckmodulation
2108	Magnetventil Schaltdruck
2109	Magnetstellglied R/P-Arretierung
210a	Startfreigabe Ausgang
2200	Geschwindigkeitssensor n2 kein Signal
2203	Geschwindigkeitssensor n3 kein Signal
220a	Geschwindigkeitsvergleich zwischen n2 und n3 unplausibel
2210	Wählhebel (ungültige Programmierung)
2211	Wählhebel Zwischenstellung (Coding 0 0 0 0)
2220	ATF-Temperatursensor Kurzschluss gegen Masse
2221	ATF-Temperatursensor Signal unplausibel
2222	ATF-Temperatursensor fehlerhaft
2226	ATF-Temperatur Grenzwertüberschreitung
2300	CAN-Bus High

Fehler-code	Beschreibung
2301	CAN-Bus Low
2310	Kommunikation mit PSM-Steuergerät unplausibel
2311	Kommunikation mit DME-Steuergerät unplausibel
2314	Kommunikation mit PAS-Steuergerät
2315	Keine Kommunikation mit Instrumenteneinheit-Steuergerät
2318	Kommunikation Lenkradkomfortelektronik
2330	PSM-Steuergerät Fehler
2331	DME-Steuergerät Fehler
2335	Instrumenteneinheit Fehler
2338	Lenkradkomfortelektronik Steuergerät Fehler
2400	CAN: Kein Raddrehzahlsignal hinten rechts (von ESP)
2401	CAN: Kein Raddrehzahlsignal hinten links (von ESP)
2402	CAN: Kein Raddrehzahlsignal vorn rechts (von ESP)
2403	CAN: Kein Raddrehzahlsignal vorn links (von ESP)
2404	CAN: Kein Bremslichtschaltersignal (von ESP)
2405	CAN: Kein Gaspedalsignal (von Motorsteuergerät)
2406	CAN: Kein Motordrehmomentsignal (von Motorsteuergerät)
2407	CAN: Kein ESP-Signal (von Motorsteuergerät)
2408	CAN: Kein unteres Motordrehmomentsignal (von Motorsteuergerät)
2409	CAN: Kein maximales Motordrehmomentsignal (von Motorsteuergerät)
240a	CAN: Kein Motordrehzahlsignal (von Motorsteuergerät)
240b	CAN: Kein Motortemperatursignal (von Motorsteuergerät)
2430	CAN: Diverse Raddrehzahlen fehlerhaft (von ESP)
2500	Unzulässige Übersetzungsverhältnisse
2501	Motorüberdrehzahl
2503	Gangvergleich negativ (mehrmals)
2507	n2 Überdrehzahl
2508	n3 Überdrehzahl
2510	Wandlerkupplung: Unzulässige Verriegelung
2511	Wandlerkupplung: Hoher Stromverbrauch
2512	Wandlerkupplung nicht aktivierbar
2520	Keine Rückmeldung der Getriebeschutzeinrichtung
2560	1. Gang rutscht
2561	2. Gang rutscht
2562	3. Gang rutscht
2563	4. Gang rutscht
2564	5. Gang rutscht
2600	Spannungsversorgung Klemme 87 Unterspannung
2601	Spannungsversorgung Klemme 87 Überspannung
2602	Ventilspannungsversorgung außerhalb Toleranzbereich
260e	Sensorspannungsversorgung Unterspannung

Fehler-code	Beschreibung
260f	Sensorspannungsversorgung Überspannung
c100	Steuergerät fehlerhaft
c101	Steuergerät fehlerhaft
c102	CAN Single Wire Komfort
c103	CAN Single Wire Steuerung
c104	CAN Single Wire Anzeige
c105	CAN Single Wire Diagnose
c106	CAN Single Wire Infotainment
c110	Fehler CAN Komfor
c111	Fehler CAN Steuerung
c112	Fehler CAN Anzeige
c113	Fehler CAN Diagnose
c120	Kommunikation Bordnetz-Steuergerät (Komfort)
c121	Kommunikation hinteres Steuergerät (Komfort)
c122	Kommunikation Fahrertür-Steuergerät (Komfort)
c124	Kommunikation Verdeck-Steuergerät (Komfort)
c125	Kommunikation Targa-Dach-Steuergerät (Komfort)
c126	Kommunikation Sitzverstellung Memory (Komfort)
c127	Kommunikation vorderes Steuergerät (Komfort)
c128	Kommunikation PAS-Steuergerät (Komfort)
c129	Kommunikation Reifendruckkontrollsystem (Komfort)
c130	Kommunikation Lenkradelektronik-Steuergerät (Komfort)
c131	Kommunikation Gateway-Steuergerät (Komfort)
c132	Kommunikation Klimaanlagen-Steuergerät (Komfort)
c133	Kommunikation Frontspoiler-Steuergerät (Komfort)
c134	Reserve (Hersteller)
c135	Kommunikation Zusatzheizung Steuergerät (Komfort)
c136	Kommunikation AWS-Steuergerät (Komfort)
c140	Kommunikation Instrumenteneinheit (Anzeige)
c141	Kommunikation PCM (Anzeige)
c142	Kommunikation Stoppuhr-Steuerung (Anzeige)
c143	Kommunikation Gateway-Steuergerät (CAN Anzeige)
c144	Kommunikation CDR (Anzeige)
c145	Kommunikation ParkAssistent (Anzeige)
c150	Kommunikation DME-Steuergerät (Steuerung)
c151	Kommunikation Tiptronic-Steuergerät (Steuerung)
c152	Kommunikation Lenkradelektronik-Steuergerät (Steuerung)
c154	Kommunikation POSIP-Einheit (Steuerung)
c155	Kommunikation PAS-Steuergerät (Steuerung)
c156	Kommunikation PASM-Steuergerät (Steuerung)
c157	Reserve (Hersteller)
c158	Kommunikation Gateway-Steuergerät (CAN-Steuerung)

Fehler-code	Beschreibung
c159	Kommunikation PTM-Steuergerät (Steuerung)
c160	Kommunikation Sensoreinheit (Steuerung)
c161	Kommunikation Kurvenlicht-Steuergerät (Steuerung)
c162	Kommunikation Wählhebel (Steuerung)
c170	Bordnetz-Steuergerät Fehler (Komfort)
c171	Hinteres Steuergerät Fehler (Komfort)
c172	Fahrertür-Steuergerät Fehler (Komfort)
c173	Beifahrertür-Steuergerät Fehler (Komfort)
c174	Verdeck-Steuergerät Fehler (Komfort)
c175	Targa-Dach-Steuergerät Fehler (Komfort)
c176	Steuergerät Sitzverstellungsmemory Fehler (Komfort)
c177	Sitzverstellung-Steuergerät Fehler (Komfort)
c178	Fehlerhafter Zündschlüssel
c179	Reifendruckkontrollsystem-Steuergerät Fehler (Komfort)
c180	Lenkradelektronik-Steuergerät Fehler (Komfort)
c182	Klimaanlagen-Steuergerät Fehler (Komfort)
c183	Frontspoiler-Steuergerät (Komfort)
c184	Reserve (Hersteller)
c185	Frontspoiler Fehler (Komfort)
c186	AWS-Steuergerät Fehler (Komfort)
c190	Instrumenteneinheit Fehler (Komfort)
c191	PCM Fehler (Anzeige)
c192	Stoppuhrsteuerung Fehler (Anzeige)
c193	CDR Fehler (Anzeige)
c194	ParkAssistent Steuergerät Fehler (Anzeige)
c200	DME-Steuergerät Fehler (Anzeige)
c201	Tiptronic-Steuergerät Fehler (Anzeige)
c202	PSM-Steuergerät Fehler (Anzeige)
c203	Lenkradelektronik Fehler (Steuerung)
c204	POSIP-Einheit Fehler (Steuerung)
c205	Fehlerhafter Zündschlüssel
c206	PASM-Steuergerät Fehler (Anzeige)
c207	Übertragungseinheit Fehler
c208	Sensoreinheit Fehler (Steuerung)
c209	Kurvenlicht-Steuergerät Fehler (Steuerung)
c210	Wählhebel Fehler (Steuerung)
c320	Lenkwinkelsensor Zeitüberschreitung
c323	CAN BCM Zeitüberschreitung
c346	Standheizung Zeitüberschreitung
c360	AHBA links Zeitüberschreitung
c361	AHBA links Zeitüberschreitung
c362	ACC Zeitüberschreitung

Fehler-code	Beschreibung
c363	PDCC-Steuergerät CAN Zeitüberschreitung
c370	Lenkwinkelsensor CAN-Signal fehlerhaft
c371	Rückfahrkamera Signal fehlerhaft
c372	BCM_H CAN-Signal fehlerhaft
c373	BCM_V CAN-Signal fehlerhaft
c374	Anhänger CAN-Signal fehlerhaft
c375	Elektrische Heckklappe CAN-Signal fehlerhaft
c376	Gateway CAN-Signal fehlerhaft
c390	Zusatzheizung CAN-Signal fehlerhaft
c450	Hinterachs-Quersperre CAN-Signal fehlerhaft
c451	Elektrische Parkbremse CAN-Signal fehlerhaft
c460	Leuchtweitenregulierung links CAN-Signal fehlerhaft
c461	Leuchtweitenregulierung rechts CAN-Signal fehlerhaft
c462	ACC CAN-Signal fehlerhaft
c463	PDCC CAN-Signal fehlerhaft

Porsche Doppelkupplungsgetriebe, Typ CG1.XX

Fehler-code	Beschreibung
P0562	Spannungsversorgung unter 9 Volt DC
P0563	Spannungsversorgung über 16,5 Volt DC
P0602	Steuergerät nicht programmiert
P0603	Speicherfehler
P604	Speicherfehler
P0605	Speicherfehler
P0614	Datenversion passt nicht zum Motor
P0702	Speicherfehler
P0703	Bremslichtschalterinformation unplausibel
P0706	Wählhebelstellung unplausibel
P0711	Getriebetemperatursensor unplausibel
P0712	Getriebetemperatursensor Kurzschluss gegen Masse
P0730	Überwachung Getriebeübersetzung
P0754	Magnetventil 1 (Übersetzungsauswahl) offener Stromkreis
P0759	Magnetventil 2 (Schaltzylinderauswahl) offener Stromkreis
P0817	Steuerung für Anlasssperre offener Stromkreis
P081A	Steuerung für Anlasssperre Kurzschluss gegen Masse

Fehler-code	Beschreibung
P081B	Steuerung für Anlasssperre Kurzschluss gegen B+
P0841	Drucksensor 1 Messwert unplausibel
P0843	Drucksensor 1 Kurzschluss gegen Masse
P0846	Drucksensor 2 Messwert unplausibel
P0848	Drucksensor 2 Kurzschluss gegen B+
P0928	Magnetventil Schaltsperre offener Stromkreis
P0930	Magnetventil Schaltsperre Kurzschluss gegen Masse
P0931	Magnetventil Schaltsperre Kurzschluss gegen B+
P0960	Elektrische Druckanpassung 1 (Kupplung 1) offener Stromkreis
P0962	Elektrische Druckanpassung 1 (Kupplung 1) Kurzschluss gegen Masse
P0963	Elektrische Druckanpassung 1 (Kupplung 1) Kurzschluss gegen B+
P0964	Elektrische Druckanpassung 2 (Kupplung 2) offener Stromkreis
P0966	Elektrische Druckanpassung 2 (Kupplung 2) Kurzschluss gegen Masse
P0967	Elektrische Druckanpassung 2 (Kupplung 2) Kurzschluss gegen B+
P0968	Elektrische Druckanpassung 3 (Kupplung 3) offener Stromkreis
P0970	Elektrische Druckanpassung 3 (Kupplung 3) Kurzschluss gegen Masse
P0971	Elektrische Druckanpassung 3 (Kupplung 3) Kurzschluss gegen B+
P0973	Magnetventil 1 Kurzschluss gegen Masse
P0974	Magnetventil 1 Kurzschluss gegen B+
P0976	Magnetventil 2 Kurzschluss gegen Masse
P0977	Magnetventil 2 Kurzschluss gegen B+
P1706	Sensorversorgungsspannung 5V DC zu niedrig
P1707	Sensorversorgungsspannung 8,5V DC zu niedrig
P170A	Sensorversorgungsspannung 5V DC zu hoch
P170B	Sensorversorgungsspannung 8,5V DC zu hoch
P1715	Speicherfehler
P172D	Getriebetemperatursensor Signal sprunghaft
P172F	Getriebetemperatursensor Kurzschluss gegen B+ oder offener Stromkreis
P1731	Schaltstange 1 Sensorfehler
P1732	Schaltstange 2 Sensorfehler
P1733	Schaltstange 3 Sensorfehler
P1734	Schaltstange 4 Sensorfehler
P173B	Drehzahlsensor Kupplung 1, Kurzschluss gegen Masse
P173C	Drehzahlsensor Kupplung 2, Kurzschluss gegen Masse
P173D	Drehzahlsensor Getriebeeingangswelle 1 Kurzschluss gegen B+
P173E	Drehzahlsensor Getriebeeingangswelle 2 Kurzschluss gegen B+
P1743	Drehzahlsensor Kupplung 1 Signal unplausibel
P1744	Drehzahlsensor Kupplung 2 Signal unplausibel
P1745	Eingangswelle Überdrehzahl
P1749	Ungültige Versionscodierung

Fehler-code	Beschreibung
P174B	Vertauschte Anschlüsse
P174C	BIN-Information passt nicht zur Software-Version
P174E	EEPROM-Information beim Start unplausibel
P1752	Spannungsversorgung unter 7 V (Funktionsgrenze)
P1760	Doppelfehler: zwei Fehler gleicher Prioritätseinstufung (GWS)
P1764	Synchronisations- oder Schaltfehler
P1768	4. Gang kann nicht geschaltet werden/springt heraus
P1769	6. Gang kann nicht geschaltet werden/springt heraus
P176A	2. Gang kann nicht geschaltet werden/springt heraus
P176B	Rückwärtsgang kann nicht geschaltet werden/springt heraus
P176C	1. Gang kann nicht geschaltet werden/springt heraus
P176D	3. Gang kann nicht geschaltet werden/springt heraus
P176E	7. Gang kann nicht geschaltet werden/springt heraus
P176F	5. Gang kann nicht geschaltet werden/springt heraus
P1777	4. Gang kann nicht herausgenommen werden
P177A	6. Gang kann nicht herausgenommen werden
P177B	2. Gang kann nicht herausgenommen werden
P177C	Rückwärtsgang kann nicht herausgenommen werden
P177D	1. Gang kann nicht herausgenommen werden
P177E	3. Gang kann nicht herausgenommen werden
P177F	7. Gang kann nicht herausgenommen werden
P1780	5. Gang kann nicht herausgenommen werden
P17A1	Elektrische Druckanpassung 1 (Kupplung 1) Steuerstrom zu niedrig
P17A2	Elektrische Druckanpassung 2 (Kupplung 2) Steuerstrom zu niedrig
P17A3	Elektrische Druckanpassung 3 (Systemdruck) Steuerstrom zu niedrig
P17A4	Elektrische Druckanpassung 4 (Kühlung) Steuerstrom zu niedrig
P17A5	Elektrische Druckanpassung 5 (Synchronisierung B D F H) Steuerstrom zu niedrig
P17A6	Elektrische Druckanpassung 6 (Synchronisierung A C E G) Steuerstrom zu niedrig
P17A9	Elektrische Druckanpassung 1 (Kupplung 1) Steuerstrom zu hoch
P17AA	Elektrische Druckanpassung 2 (Kupplung 2) Steuerstrom zu hoch
P17AB	Elektrische Druckanpassung 3 (Systemdruck) Steuerstrom zu hoch
P17AC	Elektrische Druckanpassung 4 (Kühlung) Steuerstrom zu hoch
P17AD	Elektrische Druckanpassung 5 (Synchronisierung B D F H) Steuerstrom zu hoch
P17AE	Elektrische Druckanpassung 6 (Synchronisierung A C E G) Steuerstrom zu hoch
P17B1	Kupplung 1 Steuerdruck unplausibel
P17B2	Kupplung 2 Steuerdruck unplausibel
P17B3	Kupplung 1 Ventil fehlerhaft
P17B4	Kupplung 2 Ventil fehlerhaft
P17B5	Kupplung 1 rutscht mit niedriger Differenzdrehzahl
P17B6	Kupplung 2 rutscht mit niedriger Differenzdrehzahl

Fehler-code	Beschreibung
P17B7	Kupplung 1 rutscht mit hoher Differenzdrehzahl
P17B8	Kupplung 2 rutscht mit hoher Differenzdrehzahl
P17BB	Kupplung 1 öffnet nicht
P17BC	Kupplung 2 öffnet nicht
P17BD	Kupplung 1 öffnet nicht bei Schaltüberlagerung
P17BE	Kupplung 2 öffnet nicht bei Schaltüberlagerung
P17D0	Hydraulische Gangwahl: Schaltstangenbewegung ohne Rückmeldung
P17D1	Hydraulikfehler Gangwahl: Keine oder falsche Schaltstange bewegt
P17D2	Hydraulikfehler Gangwahl: Falsches Zielgangrad bei Schaltüberlagerung
P17D3	Hydraulikfehler Gangwahl: Gleiches Zielgangrad bei Schaltüberlagerung
P17D8	Hydraulikfehler Gangwahl: Schaltstangenbewegung unplausibel
P17D9	Hydraulikfehler Gangwahl: Schaltstangenbewegung unplausibel
P17DA	Hydraulikfehler beim Schalten in Neutral
P17E0	Hydraulische Nothaltefunktion kann nicht abgeschaltet werden
P17E1	Hydraulische Nothaltefunktion fehlerhaft aktiviert
P17E2	Hydraulische Nothaltefunktion Kupplung 1 kann nicht abgeschaltet werden
P17E3	Hydraulische Nothaltefunktion Kupplung 2 kann nicht abgeschaltet werden
P17E6	Hydraulische Nothaltefunktion Kupplungen geöffnet
P17F0	Getriebetemperatur über Stufe 1
P17F1	Getriebetemperatur über Stufe 2
P17F2	Getriebetemperatur über Stufe 3
P181A	Drucksensor 1 Kurzschluss gegen Masse oder offener Stromkreis
P181B	Drucksensor 2 Kurzschluss gegen Masse oder offener Stromkreis
P1830	Spannungsversorgung für Druckregler 1 Kurzschluss gegen Masse
P1831	Spannungsversorgung für Druckregler 2 und 3 Kurzschluss gegen Masse
P1832	Spannungsversorgung für Druckregler und Magnetventile Kurzschluss gegen Masse
P1833	Spannungsversorgung für Magnetventil R/P-Sperre Kurzschluss gegen Masse
P1838	Spannungsversorgung für Druckregler 1 Kurzschluss gegen B+
P1839	Spannungsversorgung für Druckregler 2 und 3 Kurzschluss gegen B+
P183A	Spannungsversorgung für Druckregler und Magnetventile Kurzschluss gegen B+
P183B	Spannungsversorgung für Magnetventil R/P Sperre Kurzschluss gegen B+
P1841	Spannungsversorgung für Druckregler 2 und 3 offener Stromkreis
P1842	Spannungsversorgung für Druckregler und Magnetventile offener Stromkreis
P186F	Speicherfehler
P1870	Datenaufzeichnung für Schaltwegkalibrierung ungültig
P1871	Datenaufzeichnung für Kupplungskalibrierung ungültig
P1872	Datenaufzeichnung für Hydraulikkalibrierung ungültig
P1877	Systemfehler, spezifisches Motordrehmoment nicht berücksichtigt
P187A	Systemfehler, spezifisches Motordrehmoment nicht berücksichtigt
P187C	Softwareüberwachung A der Datenverarbeitung

Fehler-code	Beschreibung
P187D	Softwareüberwachung B der Datenverarbeitung
P18A0	Systemfehler: Berechnung des Übersetzungsbereichs
P18A5	Wählhebelinformation unplausibel
P18B0	Softwarefehler
P18B4	Softwarefehler
P18B5	Softwarefehler
P1990	Motordrehmomentberücksichtigung nicht möglich
P1991	Motordrehmomentberücksichtigung nicht möglich
P19E8	Drehzahlsensor Kupplung 1 unplausibel
P19E9	Drehzahlsensor Kupplung 2 unplausibel
P19FF	Getriebetemperatursensorsignal sprunghaft – Abweichung zu groß
P2718	Elektrische Druckanpassung 4 (Kühlung) offener Stromkreis
P2720	Elektrische Druckanpassung 4 (Kühlung) Kurzschluss gegen Masse
P2721	Elektrische Druckanpassung 4 (Kühlung) Kurzschluss gegen B+
P2727	Elektrische Druckanpassung 5 (Synchronisierung B D F H) offener Stromkreis
P2729	Elektrische Druckanpassung 5 (Synchronisierung B D F H) Kurzschluss gegen Masse
P2730	Elektrische Druckanpassung 5 (Synchronisierung B D F H) Kurzschluss gegen B+
P2736	Elektrische Druckanpassung 6 (Synchronisierung A C E G) offener Stromkreis
P2738	Elektrische Druckanpassung 6 (Synchronisierung A C E G) Kurzschluss gegen Masse
P2739	Elektrische Druckanpassung 6 (Synchronisierung A C E G) Kurzschluss gegen B+
U0073	CAN-Bus aus
U0100	CAN Zeitüberschreitung Motor
U0103	CAN Zeitüberschreitung Wählhebel
U0111	CAN Zeitüberschreitung Fahrzeugelektrik
U0126	CAN Zeitüberschreitung Lenkwinkelsensor
U0129	CAN Zeitüberschreitung Bremse
U0146	Kommunikation Gateway-Steuergerät
U0155	CAN Zeitüberschreitung Instrumenteneinheit
U0163	Kommunikation Steuergerät Dynamische Motorlagerung
U0401	CAN Fehler Motor
U0404	CAN Signalfehler Wählhebel
U0418	CAN Fehler Bremse
U0423	CAN Fehler Instrumenteneinheit
U0428	CAN Signalfehler Lenkwinkelsensor
U1710	CAN Zeitüberschreitung Lenksäulenschalter
U1713	CAN Zeitüberschreitung Fahrererkennung
U1770	Serielle Kommunikation Zeitüberschreitung Wählhebel
U17A0	Wählhebel Kommunikation Totalausfall
U1810	CAN Signalfehler Lenksäulenschalter
U1870	Serielle Kommunikation Signalfehler Wählhebel

Der Porsche 911 GT3 RSR wurde ab der Saison 2007 an die Kundenteams übergeben. Das brandneue Sechszylindertriebwerk generierte (mit zwei 30-mm-Luftbegrenzern) 485 PS aus 3.795 cm³ Hubraum bei 8.400/min⁻¹.

(Bild: Porsche AG)

Für Porsche-Fahrer
und -Fans
PORSCHE FAHRER
JUBILÄUMS-AUSGABE
75 Jahre Porsche Sportwagen
30 JAHRE 993
RENNSPORT REUNION USA
DIE GRÖSSTE PARTY DES JAHRES
JETZT KAUFEN! 997 TURBO
930 + 964 + 993
50 JAHRE TURBO
993 GT2 EXCLUSIVE
UNIKAT AUF SONDERWUNSCH
911 TURBO 3.0
AUFTAKT EINER ÄRA
924 TURBO TARGA
UNVOLLENDET UND UNBEKANNT
DLS TURBO BY SINGER
AUF DEN SPUREN DES 934
ALLE 2 MONATE NEU
im Handel und als Download!
Infos zum Magazin, News aus Zuffenhausen, Gewinnspiele und Bestellmöglichkeit unter www.porsche-fahrer.de